全国科学技术名词审定委员会

公　布

科学技术名词·自然科学卷（全藏版）

21

# 生物化学与分子生物学名词

## CHINESE TERMS IN BIOCHEMISTRY AND MOLECULAR BIOLOGY

生物化学与分子生物学名词审定委员会

国家自然科学基金资助项目

科　学　出　版　社

北　京

# 内 容 简 介

本书是全国科学技术名词审定委员会审定公布的生物化学与分子生物学名词，内容包括：总论，氨基酸、多肽与蛋白质，酶，核酸与基因，基因表达与调控，糖类，脂质，生物膜，信号转导，激素与维生素，新陈代谢，方法与技术 12 部分，共 5039 条。本书对每条词都给出了定义或注释。这些名词是科研、教学、生产、经营以及新闻出版等部门应遵照使用的生物化学与分子生物学规范名词。

**图书在版编目（CIP）数据**

科学技术名词. 自然科学卷：全藏版 / 全国科学技术名词审定委员会审定.
—北京：科学出版社，2017.1
ISBN 978-7-03-051399-1

I. ①科⋯ II. ①全⋯ III. ①科学技术–名词术语 ②自然科学–名词术语
IV. ①N61

中国版本图书馆 CIP 数据核字（2016）第 314947 号

责任编辑：高素婷 / 责任校对：陈玉凤
责任印制：张 伟 / 封面设计：铭轩堂

**科 学 出 版 社** 出版
北京东黄城根北街 16 号
邮政编码：100717
http://www.sciencep.com
北京厚诚则铭印刷科技有限公司印刷
科学出版社发行 各地新华书店经销
\*
2017 年 1 月第 一 版 开本：787×1092 1/16
2017 年 1 月第一次印刷 印张：33 3/4
字数：872 000
定价：5980.00 元（全 30 册）

（如有印装质量问题，我社负责调换）

# 全国科学技术名词审定委员会
# 第五届委员会委员名单

特邀顾问：吴阶平　　钱伟长　　朱光亚　　许嘉璐
主　　任：路甬祥
副 主 任(按姓氏笔画为序)：

王　杰　　刘　青　　刘成军　　孙寿山　　杜祥琬　　武　寅
赵沁平　　程津培

常　　委(按姓氏笔画为序)：

王永炎　　李宇明　　李济生　　汪继祥　　沈爱民　　张礼和
张先恩　　张晓林　　张焕乔　　陆汝钤　　陈运泰　　金德龙
宣　湘　　贺　化

委　　员(按姓氏笔画为序)：

马大猷　　王　夔　　王大珩　　王玉平　　王兴智　　王如松
王延中　　王虹峥　　王振中　　王铁琨　　卞毓麟　　方开泰
尹伟伦　　叶笃正　　冯志伟　　师昌绪　　朱照宣　　仲增墉
刘　民　　刘　斌　　刘大响　　刘瑞玉　　祁国荣　　孙家栋
孙敬三　　孙儒泳　　苏国辉　　李文林　　李志坚　　李典谟
李星学　　李保国　　李焯芬　　李德仁　　杨　凯　　肖序常
吴　奇　　吴凤鸣　　吴兆麟　　吴志良　　宋大祥　　宋凤书
张　耀　　张光斗　　张忠培　　张爱民　　陆建勋　　陆道培
陆燕荪　　阿里木·哈沙尼　　阿迪亚　　陈有明　　陈传友
林良真　　周　廉　　周应祺　　周明煜　　周明鉴　　周定国
郑　度　　胡省三　　费　麟　　姚　泰　　姚伟彬　　徐　僖
徐永华　　郭志明　　席泽宗　　黄玉山　　黄昭厚　　崔　俊
阎守胜　　葛锡锐　　董　琨　　蒋树屏　　韩布新　　程光胜
蓝　天　　雷震洲　　照日格图　　鲍　强　　鲍云樵　　窦以松
蔡　洋　　樊　静　　潘书祥　　戴金星

# 生物化学与分子生物学名词审定委员会委员名单

顾　问(按姓氏笔画为序)：

李玉瑞　　邹承鲁　　张昌颖　　张树政　　郑　集

主　任：祁国荣

副主任：张廼蘅　　周筠梅　　王克夷

委　员(按姓氏笔画为序)：

王琳芳　　卢义钦　　李　刚　　李伯良　　李茂深

杨开宇　　杨克恭　　吴家睿　　汪　垣　　沈士弼

沈孝宙　　张树庸　　张庭芳　　张惟杰　　陈苏民

陈诗书　　明镇寰　　罗超权　　周海梦　　金冬雁

郑仲承　　查锡良　　袁士龙　　夏寿萱　　龚祖埙

谭景莹

秘　书：袁士龙(兼)

# 路甬祥序

我国是一个人口众多、历史悠久的文明古国,自古以来就十分重视语言文字的统一,主张"书同文、车同轨",把语言文字的统一作为民族团结、国家统一和强盛的重要基础和象征。我国古代科学技术十分发达,以四大发明为代表的古代文明,曾使我国居于世界之巅,成为世界科技发展史上的光辉篇章。而伴随科学技术产生、传播的科技名词,从古代起就已成为中华文化的重要组成部分,在促进国家科技进步、社会发展和维护国家统一方面发挥着重要作用。

我国的科技名词规范统一活动有着十分悠久的历史。古代科学著作记载的大量科技名词术语,标志着我国古代科技之发达及科技名词之活跃与丰富。然而,建立正式的名词审定组织机构则是在清朝末年。1909 年,我国成立了科学名词编订馆,专门从事科学名词的审定、规范工作。到了新中国成立之后,由于国家的高度重视,这项工作得以更加系统地、大规模地开展。1950 年政务院设立的学术名词统一工作委员会,以及 1985 年国务院批准成立的全国自然科学名词审定委员会(现更名为全国科学技术名词审定委员会,简称全国科技名词委),都是政府授权代表国家审定和公布规范科技名词的权威性机构和专业队伍。他们肩负着国家和民族赋予的光荣使命,秉承着振兴中华的神圣职责,为科技名词规范统一事业默默耕耘,为我国科学技术的发展作出了基础性的贡献。

规范和统一科技名词,不仅在消除社会上的名词混乱现象,保障民族语言的纯洁与健康发展等方面极为重要,而且在保障和促进科技进步,支撑学科发展方面也具有重要意义。一个学科的名词术语的准确定名及推广,对这个学科的建立与发展极为重要。任何一门科学(或学科),都必须有自己的一套系统完善的名词来支撑,否则这门学科就立不起来,就不能成为独立的学科。郭沫若先生曾将科技名词的规范与统一称为"乃是一个独立自主国家在学术工作上所必须具备的条件,也是实现学术中国化的最起码的条件",精辟地指出了这项基础性、支撑性工作的本质。

在长期的社会实践中,人们认识到科技名词的规范和统一工作对于一个国家的科技发展和文化传承非常重要,是实现科技现代化的一项支撑性的系统工程。没有这样一个系统的规范化的支撑条件,不仅现代科技的协调发展将遇到极大困难,而且在科技日益渗透人们生活各方面、各环节的今天,还将给教育、传播、交流、经贸等多方面带来困难和损害。

全国科技名词委自成立以来,已走过近 20 年的历程,前两任主任钱三强院士和卢嘉锡院士为我国的科技名词统一事业倾注了大量的心血和精力,在他们的正确领导和广大专家的共同努力下,取得了卓著的成就。2002 年,我接任此工作,时逢国家科技、经济飞速发展之际,因而倍感责任的重大;及至今日,全国科技名词委已组建了 60 个学科名词审定分委员会,公布了 50 多个学科的 63 种科技名词,在自然科学、工程技术与社会科学方面均取得了协调发展,科技名词蔚成体系。而且,海峡两岸科技名词对照统一工作也取得了可喜的成绩。对此,我实感欣慰。这些成就无不凝聚着专家学者们的心血与汗水,无不闪烁着专家学者们的集体智慧。历史将会永远铭刻着广大专家学者孜孜以求、精益求精的艰辛劳作和为祖国科技发展作出的奠基性贡献。宋健院士曾在 1990 年全国科技名词委的大会上说过:"历史将表明,这个委员会的工作将对中华民族的进步起到奠基性的推动作用。"这个预见性的评价是毫不为过的。

科技名词的规范和统一工作不仅仅是科技发展的基础,也是现代社会信息交流、教育和科学普及的基础,因此,它是一项具有广泛社会意义的建设工作。当今,我国的科学技术已取得突飞猛进的发展,许多学科领域已接近或达到国际前沿水平。与此同时,自然科学、工程技术与社会科学之间交叉融合的趋势越来越显著,科学技术迅速普及到了社会各个层面,科学技术同社会进步、经济发展已紧密地融为一体,并带动着各项事业的发展。所以,不仅科学技术发展本身产生的许多新概念、新名词需要规范和统一,而且由于科学技术的社会化,社会各领域也需要科技名词有一个更好的规范。另一方面,随着香港、澳门的回归,海峡两岸科技、文化、经贸交流不断扩大,祖国实现完全统一更加迫近,两岸科技名词对照统一任务也十分迫切。因而,我们的名词工作不仅对科技发展具有重要的价值和意义,而且在经济发展、社会进步、政治稳定、民族团结、国家统一和繁荣等方面都具有不可替代的特殊价值和意义。

最近,中央提出树立和落实科学发展观,这对科技名词工作提出了更高的要求。我们要按照科学发展观的要求,求真务实,开拓创新。科学发展观的本质与核心是以人为本，我们要建设一支优秀的名词工作队伍，既要保持和发扬老一辈科技名词工作者的优良传统，坚持真理、实事求是、甘于寂寞、淡泊名利，又要根据新形势的要求，面向未来、协调发展、与时俱进、锐意创新。此外，我们要充分利用网络等现代科技手段，使规范科技名词得到更好的传播和应用，为迅速提高全民文化素质作出更大贡献。科学发展观的基本要求是坚持以人为本，全面、协调、可持续发展，因此，科技名词工作既要紧密围绕当前国民经济建设形势，着重开展好科技领域的学科名词审定工作，同时又要在强调经济社会以及人与自然协调发展的思想指导下，开展好社会科学、文化教育和资源、生态、环境领域的科学名词审定工作，促进各个学科领域的相互融合和共同繁荣。科学发展观非常注重可持续发展的理念，因此，我们在不断丰富和发展已建立的科技名词体系的同时，还要进一步研究具有中国特色的术语学理论，以创建中国的术语学派。研究和建立中国特色的术语学理论，也是一种知识创新，是实现科技名词工作可持续发展的必由之路，我们应当为此付出更大的努力。

当前国际社会已处于以知识经济为走向的全球经济时代，科学技术发展的步伐将会越来越快。我国已加入世贸组织，我国的经济也正在迅速融入世界经济主流，因而国内外科技、文化、经贸的交流将越来越广泛和深入。可以预言，21世纪中国的经济和中国的语言文字都将对国际社会产生空前的影响。因此，在今后10到20年之间，科技名词工作就变得更具现实意义，也更加迫切。"路漫漫其修远兮，吾今上下而求索"，我们应当在今后的工作中，进一步解放思想，务实创新、不断前进。不仅要及时地总结这些年来取得的工作经验，更要从本质上认识这项工作的内在规律，不断地开创科技名词统一工作新局面，作出我们这代人应当作出的历史性贡献。

2004 年深秋

# 卢嘉锡序

科技名词伴随科学技术而生,犹如人之诞生其名也随之产生一样。科技名词反映着科学研究的成果,带有时代的信息,铭刻着文化观念,是人类科学知识在语言中的结晶。作为科技交流和知识传播的载体,科技名词在科技发展和社会进步中起着重要作用。

在长期的社会实践中,人们认识到科技名词的统一和规范化是一个国家和民族发展科学技术的重要的基础性工作,是实现科技现代化的一项支撑性的系统工程。没有这样一个系统的规范化的支撑条件,科学技术的协调发展将遇到极大的困难。试想,假如在天文学领域没有关于各类天体的统一命名,那么,人们在浩瀚的宇宙当中,看到的只能是无序的混乱,很难找到科学的规律。如是,天文学就很难发展。其他学科也是这样。

古往今来,名词工作一直受到人们的重视。严济慈先生60多年前说过,"凡百工作,首重定名;每举其名,即知其事"。这句话反映了我国学术界长期以来对名词统一工作的认识和做法。古代的孔子曾说"名不正则言不顺",指出了名实相副的必要性。荀子也曾说"名有固善,径易而不拂,谓之善名",意为名有完善之名,平易好懂而不被人误解之名,可以说是好名。他的"正名篇"即是专门论述名词术语命名问题的。近代的严复则有"一名之立,旬月踟蹰"之说。可见在这些有学问的人眼里,"定名"不是一件随便的事情。任何一门科学都包含很多事实、思想和专业名词,科学思想是由科学事实和专业名词构成的。如果表达科学思想的专业名词不正确,那么科学事实也就难以令人相信了。

科技名词的统一和规范化标志着一个国家科技发展的水平。我国历来重视名词的统一与规范工作。从清朝末年的科学名词编订馆,到1932年成立的国立编译馆,以及新中国成立之初的学术名词统一工作委员会,直至1985年成立的全国自然科学名词审定委员会(现已改名为全国科学技术名词审定委员会,简称全国名词委),其使命和职责都是相同的,都是审定和公布规范名词的权威性机构。现在,参与全国名词委领导工作的单位有中国科学院、科学技术部、教育部、中国科学技术协会、国家自然科学基金委员会、新闻出版署、国家质量技术监督局、国家广播电影电视总局、国家知识产权局和国家语言文字工作委员会，这些部委各自选派了有关领导干部担任全国名词委的领导，有力地推动科技名词的统一和推广应用工作。

　　全国名词委成立以后，我国的科技名词统一工作进入了一个新的阶段。在第一任主任委员钱三强同志的组织带领下，经过广大专家的艰苦努力，名词规范和统一工作取得了显著的成绩。1992年三强同志不幸谢世。我接任后，继续推动和开展这项工作。在国家和有关部门的支持及广大专家学者的努力下，全国名词委15年来按学科共组建了50多个学科的名词审定分委员会，有1800多位专家、学者参加名词审定工作，还有更多的专家、学者参加书面审查和座谈讨论等，形成的科技名词工作队伍规模之大、水平层次之高前所未有。15年间共审定公布了包括理、工、农、医及交叉学科等各学科领域的名词共计50多种。而且，对名词加注定义的工作经试点后业已逐渐展开。另外，遵照术语学理论，根据汉语汉字特点，结合科技名词审定工作实践，全国名词委制定并逐步完善了一套名词审定工作的原则与方法。可以说，在20世纪的最后15年中，我国基本上建立起了比较完整的科技名词体系，为我国科技名词的规范和统一奠定了良好的基础，对我国科研、教学和学术交流起到了很好的作用。

　　在科技名词审定工作中，全国名词委密切结合科技发展和国民经济建设的需要，及时调整工作方针和任务，拓展新的学科领域开展名词审定工作，以更好地为社会服务、为国民经济建设服务。近些年来，又对科技新词的定名和海峡两岸科技名词对照统一工作给予了特别的重视。科技新词的审定和发布试用工作已取得了初步成效，显示了名词统一工作的活力，跟上了科技发展的步伐，起到了引导社会的作用。两岸科技名词对照统一工作是一项有利于祖国统一大业的基础性工作。全国名词委作为我国专门从事科技名词统一的机构，始终把此项工作视为自己责无旁贷的历史性任务。通过这些年的积极努力，我们已经取得了可喜的成绩。做好这项工作，必将对弘扬民族文化，促进两岸科教、文化、经贸的交流与发展作出历史性的贡献。

　　科技名词浩如烟海，门类繁多，规范和统一科技名词是一项相当繁重而复杂的长期工作。在科技名词审定工作中既要注意同国际上的名词命名原则与方法相衔接，又要依据和发挥博大精深的汉语文化，按照科技的概念和内涵，创造和规范出符合科技规律和汉语文字结构特点的科技名词。因而,这又是一项艰苦细致的工作。广大专家学者字斟句酌,精益求精,以高度的社会责任感和敬业精神投身于这项事业。可以说,全国名词委公布的名词是广大专家学者心血的结晶。这里,我代表全国名词委,向所有参与这项工作的专家学者们致以崇高的敬意和衷心的感谢!

审定和统一科技名词是为了推广应用。要使全国名词委众多专家多年的劳动成果——规范名词,成为社会各界及每位公民自觉遵守的规范,需要全社会的理解和支持。国务院和4个有关部委[国家科委(今科学技术部)、中国科学院、国家教委(今教育部)和新闻出版署]已分别于1987年和1990年行文全国,要求全国各科研、教学、生产、经营以及新闻出版等单位遵照使用全国名词委审定公布的名词。希望社会各界自觉认真地执行,共同做好这项对于科技发展、社会进步和国家统一极为重要的基础工作,为振兴中华而努力。

值此全国名词委成立15周年、科技名词书改装之际,写了以上这些话。是为序。

卢嘉锡

2000 年夏

# 钱 三 强 序

科技名词术语是科学概念的语言符号。人类在推动科学技术向前发展的历史长河中,同时产生和发展了各种科技名词术语,作为思想和认识交流的工具,进而推动科学技术的发展。

我国是一个历史悠久的文明古国,在科技史上谱写过光辉篇章。中国科技名词术语,以汉语为主导,经过了几千年的演化和发展,在语言形式和结构上体现了我国语言文字的特点和规律,简明扼要,蓄意深切。我国古代的科学著作,如已被译为英、德、法、俄、日等文字的《本草纲目》、《天工开物》等,包含大量科技名词术语。从元、明以后,开始翻译西方科技著作,创译了大批科技名词术语,为传播科学知识,发展我国的科学技术起到了积极作用。

统一科技名词术语是一个国家发展科学技术所必须具备的基础条件之一。世界经济发达国家都十分关心和重视科技名词术语的统一。我国早在 1909 年就成立了科学名词编订馆,后又于 1919 年中国科学社成立了科学名词审定委员会,1928 年大学院成立了译名统一委员会。1932 年成立了国立编译馆,在当时教育部主持下先后拟订和审查了各学科的名词草案。

新中国成立后,国家决定在政务院文化教育委员会下,设立学术名词统一工作委员会,郭沫若任主任委员。委员会分设自然科学、社会科学、医药卫生、艺术科学和时事名词五大组,聘任了各专业著名科学家、专家,审定和出版了一批科学名词,为新中国成立后的科学技术的交流和发展起到了重要作用。后来,由于历史的原因,这一重要工作陷于停顿。

当今,世界科学技术迅速发展,新学科、新概念、新理论、新方法不断涌现,相应地出现了大批新的科技名词术语。统一科技名词术语,对科学知识的传播,新学科的开拓,新理论的建立,国内外科技交流,学科和行业之间的沟通,科技成果的推广、应用和生产技术的发展,科技图书文献的编纂、出版和检索,科技情报的传递等方面,都是不可缺少的。特别是计算机技术的推广使用,对统一科技名词术语提出了更紧迫的要求。

为适应这种新形势的需要,经国务院批准,1985 年 4 月正式成立了全国自然科学名词审定委员会。委员会的任务是确定工作方针,拟定科技名词术语审定工作计划、实施方案和步骤,组织审定自然科学各学科名词术语,并予以公布。根据国务院授权,委员会审定公布的名词术语,科研、教学、生产、经营以及新闻出版等各部门,均应遵照使用。

全国自然科学名词审定委员会由中国科学院、国家科学技术委员会、国家教育委员会、中国科学技术协会、国家技术监督局、国家新闻出版署、国家自然科学基金委员会分别委派了正、副主任担任领导工作。在中国科协各专业学会密切配合下,逐步建立各专业审定分委员会,并已建立起一支由各学科著名专家、学者组成的近千人的审定队伍,负责审定本学科的名词术语。我国的名词审定工作进入了一个新的阶段。

这次名词术语审定工作是对科学概念进行汉语订名,同时附以相应的英文名称,既有我国语言特色,又方便国内外科技交流。通过实践,初步摸索了具有我国特色的科技名词术语审定的原则与方法,以及名词术语的学科分类、相关概念等问题,并开始探讨当代术语学的理论和方法,以期逐步建立起符合我国语言规律的自然科学名词术语体系。

统--我国的科技名词术语,是一项繁重的任务,它既是一项专业性很强的学术性工作,又涉及到亿万人使用习惯的问题。审定工作中我们要认真处理好科学性、系统性和通俗性之间的关系;主科与副科间的关系;学科间交叉名词术语的协调一致;专家集中审定与广泛听取意见等问题。

汉语是世界五分之一人口使用的语言,也是联合国的工作语言之一。除我国外,世界上还有一些国家和地区使用汉语,或使用与汉语关系密切的语言。做好我国的科技名词术语统一工作,为今后对外科技交流创造了更好的条件,使我炎黄子孙,在世界科技进步中发挥更大的作用,作出重要的贡献。

统一我国科技名词术语需要较长的时间和过程,随着科学技术的不断发展,科技名词术语的审定工作,需要不断地发展、补充和完善。我们将本着实事求是的原则,严谨的科学态度做好审定工作,成熟一批公布一批,提供各界使用。我们特别希望得到科技界、教育界、经济界、文化界、新闻出版界等各方面同志的关心、支持和帮助,共同为早日实现我国科技名词术语的统一和规范化而努力。

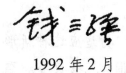

1992 年 2 月

# 前　言

　　1990 年由全国自然科学名词审定委员会（现称"全国科学技术名词审定委员会"）公布的《生物化学名词》（1531 条）是与《生物物理学名词》合并为一册，于 1991 年 9 月由科学出版社出版发行的。由于在第一批公布的名词中，绝大多数名词没有释义，在进行学术交流时往往因对名词内涵理解不同而产生歧义，迫切需要通过释义进一步明确其科学内涵。加之，自第一批生物化学名词公布后 10 多年来，生物化学与分子生物学的快速发展，涌现了许多新的以及交叉的专业名词。鉴于此，2001 年 9 月中国生物化学与分子生物学会受全国科学技术名词审定委员会的委托，成立了生物化学与分子生物学名词审定委员会。具体任务是：对第一批公布的生物化学名词进行修订和加注释义，收集、审定和释义 1990 年以来新出现的生物化学与分子生物学名词。

　　生物化学与分子生物学名词审定委员会由来自全国各地的 5 位顾问和 30 位专家组成。整个审定工作分为名词遴选、审定和名词释义、审定两个阶段。2002 年 6 月召开了全体委员会会议对遴选的 6527 条进行了分组审定，确定 5000 余条进行下一步释义工作。2003 年 11 月召开了第二次全体委员会议对各组分别完成的释义初稿进行了讨论。经过各组反复修改于 2004 年形成《生物化学与分子生物学名词》三稿，2005 年全国科学技术名词审定委员会委托李玉瑞、潘华珍、金冬雁和崔肇春 4 位先生对定名和释义进行复审。同时，我们也将除 1990 年已公布的《生物化学名词》以外的新增补名词在"中国生物化学与分子生物学会"主办的刊物《生命的化学》上刊登，广泛听取意见。2006 年 6 月在杭州会议上根据复审专家和读者的反馈意见，对审定稿的定名和释义进行了认真讨论，并对少数词条进行修改。2006 年底全国科学技术名词审定委员会在上海召开了几个生物学科的名词审定协调会，对个别条目的定名在最大可能上进行了统一，尔后又经协调修改形成了定稿。现经全国科学技术名词审定委员会审核批准，予以公布。

　　这次公布的名词共 5039 条，分为 12 个分支学科：总论，氨基酸、多肽与蛋白质，酶，核酸与基因，基因表达与调控，糖类，脂质，生物膜，信号转导，激素与维生素，新陈代谢，方法与技术。分支学科负责人分别是：张廼蘅/李刚、王克夷、周筠梅、祁国荣、汪垣、张惟杰、卢义钦、明镇寰、郑仲承、李茂深和陈苏民。公布的每条名词包括序号、汉文名、英文名和释义。因同一个名词可能与多个分支学科相关，目前的分类不一定很合理，但作为公布的规范词在本书编排时只出现一次，不重复列出。

　　在审定过程中，我们尽量不改变 1990 年公布的《生物化学名词》的定名。同时制定了一些原则，特别是关于蛋白质和肽的定名，以及界定一些含义比较接近的词和少数"约定俗成"的名词等。例如，对已知其化学本质是蛋白质类和肽类的物质（它们通常以"-in"为字尾，以前多以"素"定名），定名或改名为某某肽或某某蛋白（质字可省略），但习惯的特例除外，如胰岛素、催产素等。又如 "ubiquitin" 一词的定名，经历了从"遍在蛋白质"（以前定名）到"泛蛋白"（曾建议名）再到"泛素"(现在定名)。突出的需要界定的名词有:"inhibition(抑制)"、"suppression(阻抑)"与"repression(阻遏)"及其相关词"response(应答)"与"reaction(反应)"等。还有对争论多年的"prion"和"ribozyme",我们采用"朊病毒"(又称"普里昂")和"核酶"的定名,虽然不是最好的定名,但相对而言,它们比其他建议名较为接近原意。由于不同学科间的分歧,"frame"、"box"与"cassette"及其相关词的界定定名还难以协调,有待于以后再统一。

在审定中,我们得到许多机构及个人的支持。特别要感谢的是:中国科学院上海生命科学研究院生物化学与细胞生物学研究所、王应睐基金会、曹天钦学术基金会,以及裘敏燕、黄熙泰、欧罗周、单拓生、孙 册、张英珊、陈惠黎、田梦玉、陈南春、王成济、静国忠、赫荣乔、王志新、吴江涛、徐祖洪、张全斌等。

本书的公布是一个阶段性结果。热切希望读者在使用中提出宝贵意见和建议,以便今后修订补充,使之日臻完善。

生物化学与分子生物学名词审定委员会
2008 年春

# 编 排 说 明

一、本书公布的是生物化学与分子生物学名词,共5039条,对每条词均给出了定义或注释。

二、全书分12部分:总论,氨基酸、多肽与蛋白质,酶,核酸与基因,基因表达与调控,糖类,脂质,生物膜,信号转导,激素与维生素,新陈代谢,方法与技术。

三、正文按汉文名所属学科的相关概念体系排列。汉文名后给出了与该词概念相对应的英文名。

四、每个汉文名都附有相应的定义或注释。定义一般只给出其基本内涵,注释则扼要说明其特点。当一个汉文名有不同的概念时,则用(1)、(2)……表示。

五、一个汉文名对应几个英文同义词时,英文词之间用","分开。

六、凡英文词的首字母大、小写均可时,一律小写;英文除必须用复数者,一般用单数形式。

七、"[  ]"中的字为可省略的部分。

八、主要异名和释文中的条目用楷体表示。"简称"、"全称"、"又称"、"俗称"可继续使用,"曾称"为被淘汰的旧名。

九、正文后所附的英汉索引按英文字母顺序排列;汉英索引按汉语拼音顺序排列。所示号码为该词在正文中的序码。索引中带"﹡"者为规范名的异名或在释文中出现的条目。

# 目　　录

# 01. 总　论

**01.001　生物化学　biochemistry**
简称"生化"。用化学的原理和方法,研究生命现象的学科。通过研究生物体的化学组成、代谢、营养、酶功能、遗传信息传递、生物膜、细胞结构及分子病等阐明生命现象。

**01.002　生物无机化学　bioinorganic chemistry**
利用生物学或化学的方法研究无机物质(尤其是金属离子及其复合体)的存在形式、分布、代谢及生理作用的学科。

**01.003　原始生物化学　protobiochemistry**
在拉瓦锡(Lavoisier)及道尔顿(Dalton)建立现代化学基础之前的生物化学。

**01.004　古生物化学　paleobiochemistry**
研究化石中有机成分(蛋白质、脂肪等),用于地层的划分和对比,探索地质历史时期生物有机成分的演变规律,研究古生物的分类系统和亲缘关系,并为探索生命起源和分析古环境等提供依据的学科。

**01.005　前生命化学　prebiotic chemistry**
研究地球上生命出现之前时期的化学学科。

**01.006　地球生物化学　geobiochemistry**
研究地球(包括部分天体)上生物体的化学组成、化学作用和化学演化的学科。对于了解生命的起源和生物进化有重要作用。

**01.007　放射生物化学　radiobiochemistry**
应用放射化学的理论与技术,研究生命现象和规律的学科。包括:①研究辐射对生物体内物质(如核酸、蛋白质、酶、脂肪和水等)的作用,对这些物质的结构和代谢过程的影响;②研究如何加速体内放射性物质的排除;③应用放射化学技术研究生物化学问题,如利用示踪标记物研究物质代谢过程。

**01.008　低温生物化学　cryobiochemistry**
在低温条件下进行生物化学研究的学科。因采用低温(一般 0℃以下)及液态低温溶剂,可使生物化学反应速率大为降低,故可对各种瞬间变化的过程进行研究。

**01.009　制备生物化学　preparative biochemistry**
研究生物化学制品的工作路线、制作流程、产品的分离纯化与鉴定的学科。

**01.010　反向生物化学　reverse biochemistry**
通过克隆化基因的表达产物,反过来研究体内蛋白质生化特性的学科。

**01.011　生命科学　life science, bioscience**
研究生命现象、生命活动的本质、特征和发生、发展规律,以及各种生物之间和生物与环境之间相互关系的科学。

**01.012　分子生物学　molecular biology**
从分子水平上研究生命现象物质基础的学科。研究细胞成分的物理、化学的性质和变化以及这些性质和变化与生命现象的关系,如遗传信息的传递,基因的结构、复制、转录、翻译、表达调控和表达产物的生理功能,以及细胞信号的转导等。

**01.013　结构分子生物学　structural molecular biology**
从生物学结构及功能的角度阐明生命现象与活动规律的学科。主要利用物理学实验和理论,阐明与生物大分子发挥生物功能时的结构变化及其与其他分子相互作用的过程。

**01.014 分子遗传学 molecular genetics**
在分子水平上研究基因的结构与功能,以及遗传信息传递的学科。包括 DNA 的复制、RNA 的复制和转录、翻译以及其调控等。

**01.015 生物信息学 bioinformatics**
综合计算机科学、信息技术和数学的理论和方法来研究生物信息的交叉学科。包括生物学数据的研究、存档、显示、处理和模拟,基因遗传和物理图谱的处理,核苷酸和氨基酸序列分析,新基因的发现和蛋白质结构的预测等。

**01.016 反向生物学 reverse biology**
利用基因工程技术先分离出基因,经克隆后测序并进行表达,然后再研究其功能的学科。

**01.017 结构生物学 structural biology**
以生物大分子的特定空间结构及结构的特定运动与其生物学功能的关系为基础,阐明生命现象的学科。研究特殊分子的性质以及分子间的相互作用,如膜蛋白的拓扑学、蛋白质的二级结构中残基的接近和移动以及蛋白质的三级折叠等。

**01.018 生物能学 bioenergetics**
研究生命系统中能量转化的学科。

**01.019 生物物理化学 biophysical chemistry**
以物理化学方法研究或阐明生物体生命现象的学科。如生物体内气体的扩散、离子的传递、能量的转换、液态与固态的相互转变、胶体性质以及与各种生命活动的关系等。

**01.020 生物物理学 biophysics**
用物理学的理论和方法研究生命现象的学科。

**01.021 酶学 enzymology**
研究酶的化学本质、结构、作用机制、分类、辅酶和辅因子等的学科。

**01.022 糖生物学 glycobiology**
研究糖类及其衍生物的结构、代谢以及生物功能,在以糖链为生物信息的水平上阐明生命现象的学科。

**01.023 基因组学 genomics**
研究基因组的结构、功能及表达产物的学科。基因组的产物不仅是蛋白质,还有许多复杂功能的 RNA。包括三个不同的亚领域,即结构基因组学、功能基因组学和比较基因组学。

**01.024 结构基因组学 structural genomics**
制作人类基因的遗传图和物理图,最终完成人类和其他重要模式生物的全部基因组 DNA 序列测定的学科。

**01.025 功能基因组学 functional genomics**
研究基因组中各基因的功能,包括基因的表达及其调控模式的学科。

**01.026 比较基因组学 comparative genomics**
比较不同物种的整个基因组,并研究每个基因组的功能和进化关系的学科。

**01.027 药物基因组学 pharmacogenomics**
综合药理学和遗传学、研究个体基因遗传因素如何影响机体对药物反应的交叉学科。主要研究基因结构多态性与不同药物反应之间关系,解释由于个体之间差异所表现出药物的不同治疗效果,趋向于用药个性化。用药个性化将产生最大的效果和安全性。

**01.028 转基因学 transgenics**
分子遗传学的一个新的分支学科,包括运用转基因技术将外源基因转入动植物的合子或胚胎细胞中,并观察与分析外源基因表达所产生的生物学效应。

**01.029 蛋白质组学 proteomics**
阐明生物体各种生物基因组在细胞中表达的全部蛋白质的表达模式及功能模式的学科。包括鉴定蛋白质的表达、存在方式(修饰形式)、结构、功能和相互作用等。

**01.030 RNA 组学 RNomics**
又称"RNA 功能基因组学"。研究 RNA 组的学科,主要是直接鉴定生物体中非信使小 RNA(snmRNA)在特定条件和不同状态下的种类、功能、差异及其与蛋白质的相互作用,是基因组学和蛋白质组学研究的扩充、发展和延伸。

**01.031 糖组学 glycomics**
从分析和破解一个生物体或细胞全部糖链所含信息入手,研究糖链的分子结构、表达调控、功能多样性以及与疾病关系的学科。

**01.032 相互作用物组学 interactomics**
研究有机体内各种相互作用的物质及其作用机制的学科。

**01.033 代谢物组学 metabolomics**
研究生物体内代谢物及其代谢的途径、产物、调控及研究方法的学科。

**01.034 代谢组学 metabonomics**
通过组群指标分析,进行高通量检测和数据处理,研究生物体整体或组织细胞系统的动态代谢变化,特别是对内源代谢、遗传变异、环境变化乃至各种物质进入代谢系统的特征和影响的学科。

**01.035 表型组学 phenomics**
研究基因组与表型特征之间关系的学科。如通过某一基因的缺失来检测表型改变或利用基因组的知识研究生物体的形态学、生理学和生物化学等的表型特征。

**01.036 转录物组学 transcriptomics**
研究细胞内全部信使核糖核酸(mRNA)、转移核糖核酸(tRNA)、核糖体核糖核酸(rRNA)等转录产物表达的学科。

**01.037 基因组 genome**
一种生物体具有的所有遗传信息的总和。

**01.038 功能基因组 functional genome**
细胞内所有具有生物学功能的基因。

**01.039 蛋白质组 proteome**
在一定条件下,存在于一个体系(包括细胞、亚细胞器、体液等)中的所有蛋白质。

**01.040 转基因组 transgenome**
含有利用某种实验方法转移过来的外源基因组。

**01.041 转录物组 transcriptome**
细胞内的一套信使核糖核酸(mRNA)、转移核糖核酸(tRNA)、核糖体核糖核酸(rRNA)等转录产物。包含在某一环境条件、某一生命阶段、某一生理或病理(功能)状态下,生命体的细胞或组织所表达的基因种类和水平。

**01.042 表型组 phenome**
一个细胞、组织、器官、生物体或物种所有表型的总和。

**01.043 代谢物组 metabolome**
细胞内在某一特定生理和发育阶段的所有小分子量的代谢物质。

**01.044 RNA 组 RNome**
生物体在特定条件下所拥有的全套非信使 RNA(nmRNA),即非编码 RNA(ncRNA)或基因组编码的除信使 RNA 及其前体(hnRNA)外的全部 RNA。主要是非信使小 RNA(snmRNA),包括核仁小 RNA、核小 RNA、微 RNA 和干扰小 RNA 等,广义地说,也包括转移 RNA 和核糖体 RNA。

**01.045 糖组 glycome**
一个生物体或细胞中全部糖类的总和,包括简单的糖类和缀合的糖类。在糖缀合物(糖蛋白和糖脂等)中的糖链部分有庞大的信息量。

**01.046  相互作用物组  interactome**
有机体内能够相互作用的所有物质。这种作用包括物理的和遗传的相互作用。如蛋白质-蛋白质从物理上到功能上的相互作用;配体类小分子与大分子间也有相互作用;代谢网络中相邻大分子的相互作用,以及稳定的和瞬时的相互作用等。

**01.047  生物大分子  biomacromolecule**
存在于生物体内的大分子物质。如蛋白质、核酸以及脂质和糖类等。

**01.048  生物多聚体  biopolymer**
由分子量较低的基本结构单元首尾相连形成的多聚化合物。如氨基酸组成的蛋白质和核苷酸组成的核酸等。

**01.049  单体  monomer**
能形成聚合体的单一分子。

**01.050  多体  multimer**
由多个单体通过非共价键连接成的大分子。

**01.051  寡聚体  oligomer**
一种由数量较少的单体以共价键重复的连接而成的短多聚体,常是指氨基酸、糖、核苷酸的短多聚体。其单体的数目一般在 20 以下,常为 2~10 个。

**01.052  多聚体  polymer**
分子量很高(通常为 $10^4 \sim 10^6$)的一类化合物,其分子链是由许多简单的、结构相同或不相同的结构单元通过共价键重复连接而成。如生物大分子中的核酸、蛋白质、多糖等。

**01.053  残基  residue**
存在于多聚体中的单体部分,即在聚合时去除某些原子及基团的单体。如多肽链中的氨基酸残基。

**01.054  一级结构  primary structure**
由多个单体以共价键组成的生物大分子中不同单体的排列顺序。包括结构单元(单体、亚基)的化学结构、立体化学构型和构象,结构单元之间的键连接和序列等。就蛋白质的一级结构而言,是指氨基酸的序列,此外还包括共价连接的非肽组成,即指蛋白质中所有组成的共价连接方式。

**01.055  二级结构  secondary structure**
多肽链或多核苷酸链沿分子的一条轴所形成的旋转和折叠等,主要是由分子内的氢键维系的局部空间排列。如蛋白质的 α 螺旋、β 片层、β 转角、无规卷曲及 DNA 的双螺旋结构。

**01.056  三级结构  tertiary structure**
生物大分子在二级、超二级结构的基础上进一步盘绕形成的高级结构。如多肽链和多核苷酸链所形成的不规则三维折叠。三级结构产生于肽链上氨基酸侧链之间或多核苷酸链上碱基与碱基(或核糖)之间的相互作用。

**01.057  二维结构  two-dimensional structure**
原子或离子基团中的原子或离子具有在空间沿二维的正、反方向延伸并作有规律排布的结构。

**01.058  超螺旋  superhelix**
(1)双链环状 DNA 进一步缠绕时形成的结构。(2)由两条或多条螺旋状的多核苷酸链或多肽链互相缠绕而成的螺旋。

**01.059  氢键  hydrogen bond**
氢原子与电负性的原子 X 共价结合时,共用的电子对强烈地偏向 X 的一边,使氢原子带有部分正电荷,能再与另一个电负性高而半径较小的原子 Y 结合,形成的 X—H---Y 型的键。

**01.060  二级氢键  secondary hydrogen bond**

核酸或蛋白质二级结构中的氢键。

**01.061　三级氢键　tertiary hydrogen bond**
在转移核糖核酸(tRNA)折叠成倒 L 字母形结构中,各种不同的氢键供体与接纳体基团之间所形成的氢键。并非普通双螺旋 RNA 片段中碱基对间的氢键,而是用来维系 tRNA 三级折叠结构的氢键。

**01.062　共价键　covalent bond**
原子间通过共享电子所形成的化学键。

**01.063　离子键　ionic bond**
同一分子的不同部位或不同分子上的正负电荷基团之间所形成的化学键。

**01.064　疏水作用　hydrophobic interaction**
(1)非极性分子间或分子的非极性基团间的吸引力。导致这些基团在水性环境中的缔合。(2)在某些大离子的水溶液中,离子的电荷中心上的功能团与水分子相互作用的倾向,小于水分子之间相互作用的倾向。

**01.065　螺旋结构　helical structure**
在多种聚合物的晶区中,由于相邻分子链的侧基之间的相互作用和紧密堆积的需要,其分子链采取正、反式和左、右式不同交替方式的构象排列形成的结构。

**01.066　螺旋度　helicity**
表示螺旋结构特性的一种方式,通常用 p/q 表示,指在一个螺旋恒定周期中包含有 p 个单体单元及 q 个螺旋圈。

**01.067　螺旋参数　helix parameter**
描述螺旋特性的数据,包括螺旋的直径、螺距及倾斜角等。

**01.068　十字形[结构]　cruciform structure**
具有反向重复序列的 DNA 的每一单链分别自我配对而形成的一种二元对称、形似"十"字的结构。见于原核 DNA 的复制起始点。此外,在层连蛋白和胶原凝素中也有十字形结构。

**01.069　环　loop**
(1)蛋白质的一种二级结构,指连接 α 螺旋和/或 β 片层的肽段,通常由 5～16 个氨基酸残基组成,比 β 转角更长,且其末端的两个氨基酸残基的距离较小。(2)核酸分子结构中的单链区。如 RNA 的茎环结构中的环。

**01.070　凸起　bulge**
在 RNA 分子的双链区个别碱基不参与配对而形成的突起。在蛋白质二级结构的 β 片层中也存在此类似结构。

**01.071　序列　sequence**
多聚体中单体的线性顺序。如多肽链中的氨基酸排列顺序及多核苷酸链中的核苷酸的排列顺序。

**01.072　共有序列　consensus sequence**
在不同但相关的 DNA、RNA 或蛋白质分子序列的同源区中出现的共同的核苷酸或氨基酸序列。

**01.073　保守序列　conserved sequence**
在进化过程中,核酸或蛋白质分子中不变或变化不大的核苷酸或氨基酸序列。

**01.074　前导序列　leader sequence, leader**
(1)信使核糖核酸(mRNA)5′端的核苷酸片段,位于翻译起始密码子 AUG 之前。在真核生物中前导序列通常是不翻译的;在原核生物中,前导序列含有的 SD(Shine-Dalgarno)序列可与核糖体小亚基的 16S 核糖体核糖核酸(rRNA)相配对,置起始密码子于核糖体上适当位置,以启动翻译过程。(2)蛋白质的一段 N 端短序列,具有启动通透膜的作用。

**01.075　下游　downstream**
(1)某一 DNA 序列或信使核糖核酸(mRNA)的位置和方向,远离转录或翻译起始位点,即 3′方向。(2)信号转导途径的后随步骤。(3)某些工艺和工程中的后随步骤。如目标蛋白质的分离即为基因工程中的下游。

**01.076　下游序列　downstream sequence**
DNA 或 RNA 分子中,相对于某一序列的 3′方向的序列。

**01.077　模件　module**
序列中可以组合和变换的标准单元。①具有特异功能蛋白质的一级结构连续片段可由几个模体组成,其在蛋白质中可以被插入或删除;②真核细胞中许多相关基因按功能组成一家族,可以紧密排列成基因簇,更多的是分布在同一染色体的不同部位,或位于不同染色体上。

**01.078　模体　motif**
又称"基序"。构成任意一种特征序列或结构的基本单位。

**01.079　结构模体　structural motif**
核酸或蛋白质分子上的亚序列或亚结构。通常具有某种功能。

**01.080　域　domain**
(1)限定在一定范围内以及或在独特的控制下的拓扑学区域。(2)蛋白质分子结构中的紧密球状的折叠区。(3)分子结构未知时,根据功能而限定的蛋白质分子的一定区域。如催化区和穿膜区。(4)在细胞膜内由一类组分(如脂质)构成的区域。(5)DNA 中的含有易被 DNA 酶降解的表达基因的一段序列。

**01.081　激活域　activation domain**
转录因子中除了 DNA 结合结构域外的一个与转录起始复合体相互作用的结构域。

**01.082　结构域　structural domain**
蛋白质或核酸分子中含有的、与特定功能相关的一些连续的或不连续的氨基酸或核苷

酸残基。

**01.083　结构元件　structural element**
影响邻近基因表达的 DNA 序列。

**01.084　链　strand**
由多个单体通过共价键连接的线性结构。如核苷酸或脱氧核苷酸借 3′,5′-磷酸二酯键连接而形成的多核苷酸链;氨基酸借肽键连接而形成的多肽链;单糖借糖苷键连接而形成的多糖链。

**01.085　主链　backbone**
在具有侧链和侧基的多聚体中,成键原子的序列结构。

**01.086　侧链　side chain**
(1)连接在较长主链侧面的短链。(2)连接在环上的链。(3)氨基酸分子中除 α 碳原子及其氢原子、α 氨基和 α 羧基以外的原子或其他基团。

**01.087　反向平行链　antiparallel strand**
(1)DNA 和双链 RNA 中的两条互补链,其极性和方向性相反。(2)蛋白质的二级结构 β 片层的两种形式之一,其中两条相邻肽链是反向的。

**01.088　折叠　folding**
在机体中新合成的、线性的长链生物大分子,包括蛋白质、核酸和糖类,通过链内的非共价相互作用形成特定立体结构的过程。

**01.089　错折叠　misfolding**
在特定条件下,包括一些病理的条件,线性的长链生物大分子形成没有活性和仅有部分活性的立体结构的折叠过程。

**01.090　解折叠　unfolding**
又称"伸展"。天然的有活性的生物分子因内部的非共价键的改变而偏离原有立体结构的过程。

**01.091　重折叠　refolding**

解折叠或错折叠的结构,重新变成有活性的立体结构的过程。

**01.092 变性 denaturation**
蛋白质或核酸分子中除了连接氨基酸或核苷酸链的一级化学键以外的任何天然构象的改变。可涉及非共价键如氢键的断裂和共价键如二硫键的断裂,可导致蛋白质或核酸的一种或多种化学、生物学或物理学特性的改变。

**01.093 变性剂 denaturant**
能引起变性作用的物理的或化学的试剂或因子。

**01.094 复性 renaturation**
变性的逆转。蛋白质或核酸分子变性后,又全部或部分恢复其天然构象的过程。

**01.095 退火 annealing**
(1)热变性核酸或蛋白质经缓慢降温后的复性过程。(2)两条单链多核苷酸通过互补碱基之间的氢键形成双链分子的过程。可发生在同一来源或不同来源核酸链之间,可以形成双链 DNA 分子、双链 RNA 或 DNA-RNA 杂交分子。

**01.096 重退火 reannealing**
同一来源、具有互补碱基序列的单链核酸之间重新形成配对双链的过程。

**01.097 失活 inactivation**
生物活性被破坏。

**01.098 活性 activity**
(1)生物体内发生的生理过程或处于活动的状态或属性。(2)某种酶、药物、激素或其他物质的效能。(3)某种放射活性物质的强度。(4)某种物质参加某一化学反应的能力。

**01.099 比活性 specific activity, SA**
(1)每个质量单位所含活性单位的数目。如

每毫克蛋白质所含酶单位数,每千克蛋白质所含开特数,每微摩尔所含微居里数。(2)标记分子中标记放射性的相对强度或非放射性标记物(如酶标记物)相对活性的表示方法。一般以单位质量所含放射性核素量(如d/m、Bq或所测得的放射性记数率)或酶的活性单位(如 U)等表示。

**01.100 激活[作用] activation**
(1)生物分子或信号转导途径从无活性或低活性转变为有活性或高活性的过程。如无活性的酶原转变成有活性的酶的过程。(2)受体经与激素结合后而产生生物学效应的过程。

**01.101 激活物 activator**
又称"激活剂"。能激活其他物质或加速生化反应及信号转导过程的分子。如能提高特定酶活性的离子或简单的有机化合物;对酶原起激活作用的大分子物质;能与基因上游的调节性 DNA 序列相结合从而激活基因转录的一类蛋白质等。

**01.102 激动剂 agonist**
能与细胞上受体或信号转导途径的分子相结合,并产生天然物质的典型生理效能的化学品或药物。

**01.103 解聚 depolymerization**
多聚体降解成低聚体及(或)单体的过程。

**01.104 解离 dissociation**
(1)化合物断裂成比较小的组分的过程。如酸解离成质子和阴离子。(2)含有两个以上分子的复合体分离成组分分子的过程。

**01.105 效应物 effector**
(1)能与酶结合而改变其催化活性(通常是改变了酶的米氏常数或反应的最大速度)的小分子物质或配体。可和非酶的别构蛋白质结合,并改变该蛋白质的性质。(2)能对刺激产生生物学反应的细胞或组织。(3)参

与信号转导的下游分子。

**01.106　正效应物　positive effector**
能起激活作用并使底物与其他效应分子的结合增加的效应物。

**01.107　负效应物　negative effector**
(1)能起抑制作用并使底物与其他效应分子的结合降低的效应物。(2)阻遏转录、翻译或信号转导的调节物。

**01.108　同促效应　homotropic effect**
同一类型配体的结合部位之间的协同作用。如一分子血红蛋白与四个氧分子结合部位间的协同作用;再如一个别构酶分子结合几个底物分子的作用,底物既作为底物也是别构效应物。

**01.109　异促效应　heterotropic effect**
发生在不同种类的配体的结合部位间的协同作用。可在底物、激活物、抑制剂与别构酶的结合时发生。

**01.110　协同作用　synergism**
两种或多种物质协同地起作用,其效果比每种物质单独起作用的效果之和大得多的现象。

**01.111　负协同　negative cooperation**
在协调结合中,一个配体与分子某部位结合时,降低了后续配体与同一分子上另一些部位结合亲和力作用的现象。

**01.112　拮抗作用　antagonism**
一种物质的作用被同时存在的另一种物质所抵消的现象。

**01.113　拮抗剂　antagonist**
能减弱或阻止另一种分子或信号转导途径的药物、酶、抑制剂或激素类等分子。

**01.114　辅因子　cofactor**
在生物体系中,可与主要组分结合并有辅助功能的分子。如酶的辅因子,转录和免疫过程中的辅因子等。

**01.115　协同部位　cooperative site**
大分子中参与协同作用的部位。如别构酶与底物或调节物相结合的部位。

**01.116　抑制　inhibition**
物质的活性程度或反应速率降低、停止、阻止或活性完全丧失的现象。

**01.117　阻抑　suppression**
通过在染色体的不同部位上发生的第二次突变,可部分地或全部地恢复第一次突变所丧失的基因功能的现象。

**01.118　阴性对照　negative control**
在实验研究中,人为设置的具有阴性结果的对照实验。

**01.119　化学修饰　chemical modification**
通过添加或去除蛋白质或核酸等分子上的某些功能基团而改变酶、蛋白质或基因活性的过程。

**01.120　修饰系统　modification system**
参与修饰作用的组成与机制。

**01.121　调制　modulation**
(1)细胞分化和功能状态的可逆改变。(2)生物活性物质对细胞的调节作用。(3)细胞(主要是免疫活性细胞)受生物活性物质(如细胞因子)作用而发生的功能性变化。(4)特异基因的转录频率的调节。(5)由密码子造成信使核糖核酸(mRNA)翻译速率减低的调节。(6)效应物对调节酶的控制。

**01.122　调制物　modulator**
调节或引导调节作用的物质,以及起效应物作用的分子。如某代谢物(作为调制物)与别构酶的调节部位结合时,改变了酶的动力学特性。

**01.123　调制系统　modulating system**
参与调制作用的组成与机制。

**01.124 调节 regulation**

维持和调整分子、细胞、组织或机体功能的作用和能力。

**01.125 正调节 positive regulation**

又称"上调[节]（up regulation）"。调控因子（如转录、翻译的调控因子）等通过直接结合或间接作用。引起激活或增强基因表达的调控作用。可提高目的基因的转录效率以及基因产物的数量或活性。

**01.126 负调节 negative regulation**

又称"下调[节]（down regulation）"。转录、翻译或信号转导的调控过程被一些因子（如阻遏蛋白）所阻遏的调节方式。可使基因表达水平下降以及基因产物（RNA 或蛋白质）的数量减少。

**01.127 邻近依赖性调节 context-dependent regulation**

转录因子对转录的调节受到其同启动子上结合的其他转录因子的相对位置的影响或受共同参与的转录因子丰度的影响。

**01.128 负调控 negative control**

由于特异分子的存在而阻止了生物活性的一种调控过程。

**01.129 全局调节 global regulation**

又称"全局调控"。大肠杆菌等微生物在环境中有葡萄糖作为碳源时，优先利用葡萄糖而抑制利用其他糖类的基因的调节方式。是对外界环境刺激等做出全面反应的一种复杂的调节网络。

**01.130 顺式调节 cis-regulation**

调节元件对与其连接在一起的靶进行的调节。在 DNA、RNA 和蛋白质水平都有。

**01.131 反式调节 trans-regulation**

调控因子（如转录、翻译调控因子）等在调控基因表达过程中，由调控因子直接结合或间接作用，引起基因表达变化的调控作用。

**01.132 反式阻遏 trans-repression**

抑制因子（如转录、翻译抑制因子）等在调控基因表达过程中，由抑制因子直接结合或间接作用，引起基因表达抑制的调控作用。

**01.133 时序调节 temporal regulation**

生命体在生长、发育等各个阶段中，按照一定的时间顺序对相关基因进行调控表达的模式。

**01.134 反向调节 retroregulation**

由 DNA 片段对信使核糖核酸（mRNA）翻译作用进行的调节作用。这些 DNA 片段位于编码该 mRNA 的基因下游。

**01.135 协同调节 coordinate regulation**

一种对酶活性、别构蛋白质或核酸代谢等进行调节的作用。如酶的诱导物可诱导若干诱导酶的合成或酶的阻遏物可阻遏酶的合成的现象，这些酶可催化一个连续的或有关的序列反应。

**01.136 调节物 regulator**

能够对其他分子的结构和功能进行调节的分子。

**01.137 正调物 positive regulator**

对某个基因有正调节作用的分子，包括正调节蛋白以及固醇等小分子。

**01.138 下调物 down regulator**

调节基因表达水平下降和基因产物的数量减少的物质，可以是蛋白质，也可以是激素或小 RNA。

**01.139 调节因子 regulatory factor**

（1）在基因表达调控中，能直接或间接地识别或结合在各顺式作用元件序列上，参与调控靶基因转录效率的蛋白质。（2）下丘脑产生的刺激或抑制另一激素释放的激素。

**01.140 调节域 regulatory domain**

蛋白质（酶）分子上起调节作用的结构部位。

**01.141 调节区 regulatory region**
（1）DNA 分子上对结构基因的表达起调控作用的区域。如启动子、操纵基因和弱化子。（2）蛋白质（酶）分子上能与小分子调节物结合、并可以改变其功能的区域。

**01.142 调节部位 regulatory site**
（1）在酶分子催化部位外，能结合调节物而影响酶活性的部位。（2）特指血红蛋白分子上能结合调节物而调节其功能的部位。

**01.143 调节级联 regulatory cascade**
泛指精密调节一系列反应而实现某种生物学作用的过程。如控制组织或细胞的专门化和分化的基因调节级联、控制器官形成的遗传调节级联、控制神经元左右对称性的转录调节级联和使细胞对给定信号的应答加以放大的信号转导调节级联等。

**01.144 副作用 side effect**
与主要作用同时产生的继发效应。这种效应不一定是相反的效应，但常是不必要的或毒性的。

**01.145 副产物 side product**
与主要反应产物同时产生的次要产物。

**01.146 副反应 side reaction**
与主要反应同时发生的次要反应。

**01.147 稳定性 stability**
某一物体稳定的性质、状态或程度，或对理化条件改变或破坏的稳定程度或抵抗程度。

**01.148 转运 transport**
物质从一个部位移动到另一个部位，尤指在生物体内运动或穿膜的移动。

**01.149 接纳体 acceptor**
（1）在化学反应中接受电子、原子、原子基团、离子或分子的化学物质。（2）转移核糖核酸（tRNA）三叶草模型中负责接纳对应氨基酸的片段。（3）蛋白质生物合成时核糖体上与新的氨酰 tRNA 相结合的部位，即 A 位。（4）糖链合成时作为糖基转移酶的两个底物之一而接纳糖基的部位。

**01.150 衔接子 adapter, adaptor**
将两个或多个部分连接起来的部件。如人工合成的含有限制性内切酶位点的 DNA 短片段，在重组 DNA 研究中，用于将具有平头末端的分子与具有黏性末端的分子连接。

**01.151 连接物 adapter, adaptor**
（1）在蛋白质生物合成中，携带氨基酸并将其结合到信使核糖核酸（mRNA）密码子上的转移核糖核酸（tRNA）分子。（2）一类不具酶活性的蛋白质分子，具有多个与其他分子相结合的结构，可连接信号分子，协助信号传递。

**01.152 抗体 antibody**
在人和动物体内，由于抗原或半抗原入侵刺激机体而在细胞中产生的免疫球蛋白。能可逆、非共价、特异地与相应抗原结合，形成抗原-抗体复合体。

**01.153 单克隆抗体 monoclonal antibody, McAb, mAb**
只识别一种表位（抗原决定簇）的抗体，来自单个 B 淋巴细胞的克隆或一个杂交瘤细胞的克隆。

**01.154 多克隆抗体 polyclonal antibody**
对特定抗原所产生的一组免疫球蛋白混合物，每种免疫球蛋白能识别抗原分子上的一个表位。

**01.155 嵌合抗体 chimeric antibody**
不同物种来源的免疫球蛋白的 V 基因和 C 基因重组后所编码的抗体。

**01.156 抗原 antigen**
能使人和动物体产生免疫反应的一类物质，既能刺激免疫系统产生特异性免疫反应，形成抗体和致敏淋巴细胞，又能与之结合而出现反应。通常是一种蛋白质,但多糖和核酸等也可作为抗原。

**01.157　表位　epitope**
又称"抗原决定簇(antigenic determinant)"。肽类抗原与抗体或受体接触的部位,是抗原分子表面几个氨基酸残基组成的特殊序列及其空间结构,是抗原特异性的基础。

**01.158　同种型　isotype**
在同一物种中所有个体都完全相同的一组表位,而不存在于其他物种中。

**01.159　结合部位　binding site**
大分子或膜上分子与配体结合的特定区域。

**01.160　配体　ligand**
(1)与大分子物质结合的原子、离子或分子。如在抗原与抗体的结合,激素与受体的结合以及底物与酶的结合中,抗原、激素及底物为特异的配体。(2)与金属原子或离子配位结合的原子、离子或分子。常见者有 $H_2O$、$NH_3$、$CO$、$CN^-$、$Cl^-$、$OH^-$、$NO^+$ 等。

**01.161　衍生物　derivative**
通过一种或多种化学反应对母体有机化合物进行修饰所产生的化合物。

**01.162　排比　alignment**
又称"比对"。将两个或两个以上的氨基酸或核苷酸序列加以比较,以便分析其相关性或同源性的方法。

**01.163　供体　donor**
能把一个或一个以上的电子、原子或基团提供给另一化合物的化合物。

**01.164　受体　receptor**
(1)细胞膜上或细胞内能特异识别生物活性分子并与之结合,进而引起生物学效应的特殊蛋白质,个别的是糖脂。(2)生物体内接受特殊刺激的部位。如化学感受器、渗透压感受器、光感受器等。

**01.165　同源物　homolog**
从共同始祖分子经趋化或进化而产生的,在序列或结构上存在着相似性的物质。如同源基因、同源蛋白。

**01.166　同系物　homolog**
(1)一对同源染色体中的一个;同系列器官或结构中的一个。(2)有机化合物中具有同一通式、组成上相差一个或多个某种原子团、在结构与性质上相似的化合物系列。

**01.167　杂合体　hybrid**
指一个杂合子。如,单杂合体是在一个单一位置杂合,双杂合体是在两个位置杂合。

**01.168　杂交体　hybrid**
不同的核酸分子通过序列互补形成的产物。

**01.169　同形体　isomorph**
形态学上类似并且有相同形状和结构的物体、物质或机体。

**01.170　嵌合体　chimera**
一种含有两种以上基因型组织的机体,可能是基因突变、染色体异常分离或移植的结果。

**01.171　重组体　recombinant**
通过重组作用所产生的具有与双亲中任一方都不同的基因型的子代。

**01.172　衔接点　junction**
通过两个真核细胞膜相互作用形成的一个特化的细胞内区域。根据功能分为黏附衔接点、不通透衔接点和相通衔接点三类。

**01.173　接界　junction**
描述分子的两个结构或功能不同部分的接头部分。如初始转录物中内含子与外显子的交界处。

**01.174　前体　precursor**
(1)在代谢过程中位于某一个化合物的一个代谢步骤或几个代谢步骤之前的一种化合

物。（2）在外界存在的简单的低分子量分子。如二氧化碳或氮可被生物体利用合成生物分子。

**01.175 引物 primer**

在聚合作用的起始时,可以刺激合成另一种大分子,并与反应物以共价键形式连接的序列。在核酸化学中,引物是一段短的单链 RNA 或 DNA 片段,可结合在核酸链上与之互补的区域,其功能是作为核苷酸聚合作用的起始点,核酸聚合酶可由其 3′端开始合成新的核酸链。体外人工设计的引物被广泛用于聚合酶链反应、测序和探针合成等。

**01.176 识别元件 recognition element**

（1）DNA 分子上能与其他分子结合的区域。如在细菌启动子上有 RNA 聚合酶 α 亚基结合的部位。（2）生物传感器上的一部分,可用其进行定量和半定量分析。（3）在转移核糖核酸（tRNA）中促进 tRNA 经相关氨酰 tRNA合成酶催化而进行氨酰化反应的元件。

**01.177 报道分子 reporter molecule**

具有类似指示剂作用的分子。如编码可供检测蛋白质的基因即报道基因。

**01.178 应答元件 response element, responsive element**

基因控制区的一个短的片段。另一个基因的蛋白质产物可以与之相互作用,在结构上相当于 DNA 结合位点。

**01.179 亚基 subunit**

（1）蛋白质的最小共价单位。由一条多肽链或以共价键连接在一起的几条多肽链组成。（2）寡蛋白质的功能单位;大分子的亚结构,如细菌 70S 核蛋白体中的 30S 或 50S 亚基。

**01.180 基因家族 gene family**

基因组中存在的许多来源于同一个祖先,结构和功能相似的一组基因。同一家族的这些基因的外显子具有相关性,可在基因组内集中或分散分布。

**01.181 蛋白质家族 protein family**

具有序列相似性基因表达的产物。

**01.182 亚家族 subfamily**

基因或蛋白质家族中具有序列相似性较高的一组基因或蛋白质。

**01.183 超家族 superfamily**

从共同祖先进化而来、但相似性较少的一组基因或蛋白质。

**01.184 兼性离子 zwitterion, amphion, amphoteric ion**

同时带有正电荷和负电荷的离子。如氨基酸处于某一 pH 时游离成正、负离子相等的状态,此时该氨基酸的净电荷为零。

**01.185 趋化性 chemotaxis**

细胞和机体针对环境中化学物质的分布梯度做出响应所表现的定向运动。可趋向高浓度（正趋化性）或低浓度（负趋化性）。

**01.186 协同性 cooperativity**

大分子上相同的或不同的配体结合部位之间的相互作用,致使一个配体结合于分子上的一个部位能影响下一个配体与同一分子上其他部位结合的特性。

**01.187 两亲性 amphipathicity, amphiphilicity**

描述一个分子既有亲水性基团又有疏水性基团的特性。

**01.188 亲水性 hydrophilicity**

描述极性分子中一群原子或表面被水溶剂化的趋势。

**01.189 疏水性 hydrophobicity**

由于水对非极性分子的排斥,非极性基团或分子在水溶液中出现相互缔合的趋势。

**01.190 亲脂性** lipophilicity

表示分子或基团易溶于脂质溶剂的性质。

**01.191 同源性** homology

从共同始祖分子经趋化与进化,在序列或结构上存在的相似性。

**01.192 旋光色散** optical rotatory dispersion, ORD, rotatory dispersion

旋光度随入射光波长和频率的变化而变化的现象。可用于研究大分子的构象。

**01.193 旋光异构** optical isomerism

两个异构化合物具有相同的理化性质,但因其异构现象而使偏振光的旋转方向不同的现象。

**01.194 旋光性** optical rotation, optical activity

当光通过含有某物质的溶液时,使经过此物质的偏振光平面发生旋转的现象。可通过存在镜像形式的物质显示出来,这是由于物质内存在不对称碳原子或整个分子不对称的结果。由于这种不对称性,物质对偏振光平面有不同的折射率,因此表现出向左或向右的旋光性。利用旋光性可以对物质(如某些糖类)进行定性或定量分析。

**01.195 变旋** mutarotation

当一种旋光异构体如糖,溶于水中转变成几种不同旋光异构体的平衡混合物时,随着时间而发生的旋光变化。

**01.196 手性** chirality

化学分子的实物与其镜像不能重叠的现象。

**01.197 外消旋化** racemization

一个光学活性化合物转变为外消旋体的过程。在此过程中,由于酸、碱、加热等作用,光学活性化合物中的手性碳原子发生构型转化,生成其立体异构对映体,至体系达到平衡时,旋光性完全消失。

**01.198 构型** configuration

在立体化学中,因分子中存在不对称中心而产生的异构体中的原子或取代基团的空间排列关系。有 D 型和 L 型两种。构型的改变要有共价键的断裂和重新组成,从而导致光学活性的变化。

**01.199 构象** conformation

分子中由于共价单键的旋转所表现出的原子或基团的不同空间排列。指一组结构而不是指单个可分离的立体化学形式。构象的改变不涉及共价键的断裂和重新组成,也无光学活性的变化。

**01.200 顺向构象** cisoid conformation

有机分子中单键为顺式的构象。

**01.201 异构现象** isomerism

两种或多种化合物分子的组成相同,但结构和性质不同的现象。

**01.202 异构化** isomerization

一种同分异构体与另一种同分异构体相互转化的作用或过程。

**01.203 顺反异构** *cis-trans* isomerism

构型异构的一种形式,根据在两个由双键连接的碳原子上所连的四个原子或基团中两个相同者的位置来决定异构体的类型。当两个相同的原子或基团处于 π 键平面的同侧时称"顺式异构(*cis*-isomerism)";当处于 π 键平面的异侧时称"反式异构(*trans*-isomerism)"。

**01.204 互变异构** tautomerism

一个分子中,原子的相对位置和原子间化学键显著不同的两种异构体之间处于平衡状态的现象。这时分子可以根据不同反应条件,以这两种异构体中的任意一种形式参与反应。

**01.205 异构体** isomer

分子组成相同、但结构和性质不同的两种

或多种化合物之一。异构体的构型由 D 或 L 表示。α 甘油酸以其 α 碳原子上的羟基在左或右侧决定，在左侧的为 L 型，在右侧的为 D 型。氨基酸或糖类均按此规则分型。如 L 型的左旋甘油酸，其全名可写作 L(-)-甘油酸。D 型左旋乳酸，其全名可写作 D(-)-乳酸。

**01.206　顺式异构体　*cis*-isomer**

几何构型中的一种异构体，在该异构体中两个由双键连接的碳原子所连的四个原子或基团中，两个相同的原子或基团处于双键平面的同侧。

**01.207　反式异构体　*trans*-isomer**

几何构型中的一种异构体，在该异构体中双键相连的两个碳原子上的两个基团位于双键平面的相反两侧。

**01.208　右旋异构体　dextroisomer**

能使平面偏振光向右或顺时针方向旋转的光学异构体。通常用(+)表示右旋。

**01.209　左旋异构体　levoisomer**

能使平面偏振光向左旋转的光学异构体。通常用(-)表示左旋。

**01.210　对映[异构]体　enantiomer**

某一化合物的两个光学异构体之一，其分子在整体上互为不能重叠的镜像。

**01.211　非对映[异构]体　diastereomer**

有机化合物分子中，其碳原子互为非对映关系的构型异构体。

**01.212　互变异构体　tautomer**

两种表现互变异构现象的异构体之一。

**01.213　差向异构体　epimer**

同一不对称碳原子，各取代基取向不同，而产生两种差向同分异构体。

**01.214　差向异构化　epimerization**

通过改变差向异构手性中心的构型，将一个差向异构体转变为其非对映异构体的过程。

**01.215　专一性　specificity**

一些分子之间相互作用时所表示的选择性。几乎所有的生物活性分子都有专一性。如：①酶对其结合的作用物的类型和数目，以及酶促反应速度及其程度的选择程度；②抗体对与其相结合的抗原的类型和数目以及对抗原抗体反应速度及程度的选择程度；③膜或膜组分在介导转运中对穿过膜的作用的类型及通透程度的选择性。

**01.216　立体选择性　stereoselectivity**

在化学反应中，一种立体异构体比另一种立体异构体优先发生作用的化学特性。一些酶具有立体选择性，如 L-氨基酸氧化酶仅催化 L-氨基酸而不作用于 D-氨基酸。

**01.217　立体专一性　stereospecificity**

特指酶能识别同一分子的不同立体化学结构的特性。

**01.218　均一性　homogeneity**

(1)一种单一类型的大分子(如一种酶)制品的状态，其在大小、电荷、结构和所有其他性质方面是相同的。(2)仅存在一相的体系的状态。

**01.219　不均一性　heterogeneity**

(1)一种大分子制品中，其体积、电荷、结构或其他性质均不相同的状态。(2)在体系中有两种或两种以上不同相的状态。

**01.220　微不均一性　microheterogeneity**

(1)生物大分子制品(如蛋白质或糖)的表面看似均一但精细分析表明其在分子大小、序列、电荷、聚集状态或其他性质上常存在微小差异的特性。此差异或是人为造成的或是遗传原因引起的。(2)特指任一种糖蛋白分子中，就一个糖基化位点来说，其所连接的糖链，在结构上也存有的差异，是构成众多不同糖类的原因之一。

**01.221　集落　colony**
（1）在通常分布和繁殖范围以外生活在一起的相同类型的一组动物或生长在一起的相同类型的一组植物。（2）从单个亲本细胞生长成的一组微生物，多为单细胞微生物，彼此黏附成链状或团块，或由胶样被膜维系在一起。

**01.222　丰度　abundance**
（1）在给定生物组织细胞中，某特异大分子的相对含量。（2）存在于自然界的某一元素的某种同位素量，通常以占该元素的所有同位素总量的百分数表示。

**01.223　抗终止作用　anti-termination**
生物体内大分子合成中的抑制机制。如转录过程中，某些抗终止因子作用于操纵子内存在的顺反子终止位点，使 RNA 聚合酶绕过终止位点，继续转录。

**01.224　装配　assembly**
由组成分子或亚基自发地形成超分子结构的过程。如核糖体、病毒、质膜或多酶体系等的装配。

**01.225　缔合　association**
两个或两个以上相同的或不相同的化学本体之间通过可逆连接而形成复杂物质的过程。

**01.226　亚基缔合　subunit association**
蛋白质的两个或多个单一亚基在某种条件下以非共价键形式结合在一起的方式。如蛋白质生物合成时，核蛋白体大小亚基的结合。

**01.227　平衡常数　equilibrium constant**
在特定物理条件下（如温度、压力、溶剂性质、离子强度等），可逆化学反应达到平衡状态时反应产物与反应物的浓度比或反应物与反应产物的浓度比。用符号"$K$"表示。

**01.228　缔合常数　association constant**
两个或两个以上较为简单组分可逆形成复杂化合物的平衡常数。与解离常数互为倒数。用符号"$K_a$"表示。

**01.229　解离常数　dissociation constant**
复合体或化合物可逆地分解为两个或两个以上较为简单组分时可逆分解反应的平衡常数，为缔合常数的倒数。用符号"$K_d$"表示。

**01.230　延伸　extension**
蛋白质的生物合成过程中逐个添加氨基酸的过程；核酸等的生物合成过程中逐个添加核苷酸的过程；糖链合成过程中逐个添加糖基的过程。

**01.231　识别　recognition**
分子间特异结合的相互作用。如转移核糖核酸（tRNA）分子与氨酰 tRNA 合成酶的相互作用；免疫细胞与抗原之间的相互作用。

**01.232　阻滞　retardation**
延迟或阻止反应过程的发生和发展。

**01.233　易位　translocation**
（1）在蛋白质生物合成过程中，由易位酶催化的反应，肽酰 tRNA 从 A 位移到 P 位。（2）激活的激素-受体复合体或其他蛋白质从胞质移入胞核的过程。（3）发生在染色体之间的畸变，其中一个染色体的片段插入到另一个非同源的染色体中。

**01.234　分子模拟　molecular mimicry**
有些分子可以作用于一定受体的相同部位，由此而具有了相似的特征。可见于许多领域，如蛋白质及核酸等。①一个蛋白质的某一片段与另一个完全不同的蛋白质的某一片段相似。如在自身免疫性疾病中，T 细胞识别外来侵入蛋白质的某一片段后，激活免疫系统，不仅可攻击外来蛋白质也可攻击自身蛋白质相似的片段；②源于寄生虫的表位与宿主的表位类似，以至于其不能引起宿主产生抗体。这种由寄生虫产生的隐蔽抗原为分子模拟;③通过化学合成法合成结构类似于蛋白质的活性部位,如利用环糊精模拟酶的活性中心。

**01.235 成熟 maturation**

新生成的分子或细胞经过一定的发展成为最终形式的过程。如:①红细胞从其发生直到最后形成红细胞的发育过程;②病毒的各个组分组合生成一个完整的、有感染力的病毒体的过程;③孢子的发育过程;④ 在真核细胞中,转录生成的 RNA 前体,通过剪接等作用,切除内含子及连接外显子等,转变为功能 RNA 分子的过程;⑤蛋白质的新生肽链,其前肽、原肽以及内含肽经过切除、肽链折叠等修饰步骤达到最终形式的过程。

**01.236 细胞程序性死亡 programmed cell death**

正常机体细胞在受到生理和病理刺激后出现的一种主动的死亡过程。机体在产生新细胞的同时,衰老和突变的细胞通过程序性死亡机制被清除,使器官和组织得以正常发育和代谢,是动物个体发育过程不可缺少的步骤。细胞程序性死亡强调细胞功能上的改变。

**01.237 细胞凋亡 apoptosis**

生物体内细胞在特定的内源和外源信号诱导下,其死亡途径被激活,并在有关基因的调控下发生的程序性死亡过程。是程序性死亡过程的一种主要形式,强调的是形态学上的改变。它涉及染色质凝聚和外周化、细胞质减少、核片段化、细胞质致密化、与周围细胞联系中断、内质网与细胞膜融合,最终细胞片段化形成许多细胞凋亡体,被其他细胞吞入。

**01.238 发酵 fermentation**

细菌和酵母等微生物在无氧条件下,酶促降解糖分子产生能量的过程。

**01.239 融合 fusion**

两个或更多的不同物质连接起来成为一体的过程。如融合基因是用重组技术将两个或更多的不同基因连接起来,并处于同一调控系统中;融合蛋白是指由两个不同蛋白质连接形成的杂交蛋白质分子。

**01.240 [细]胞外基质 extracellular matrix**

与细胞表面基底膜缔合的存在于细胞外空间的筛网状物质,由蛋白质和多糖等大分子构成。可促进细胞增殖,并为细胞提供支持结构。

**01.241 基质 matrix, matrices(复数)**

(1)细胞的胞质及核中的胶状物质,存在于线粒体嵴间、高尔基体和核仁等之中。(2)细胞或组织之间的胶状物质,主要成分为胶原和蛋白聚糖等。(3)在分离技术如层析或区带电泳中,形成或支持固定相的介质。

**01.242 古核生物 archaea**

曾称"古细菌(archaebacteria)"。常生活于热泉水、缺氧湖底、盐水湖等极端环境中的原核生物。具有一些独特的生化性质,如膜脂由醚键而不是酯键连接。在能量产生与新陈代谢方面与真细菌有许多相同之处,而复制、转录和翻译则更接近真核生物。古核生物与真核生物可能共有一个由真细菌的祖先歧化而来的共同祖先。

**01.243 生物信息 bioinformation**

生物体中包含的全部信息,如基因组信息、蛋白质、核酸、糖类等生物大分子的结构等。

**01.244 多态性 polymorphism, pleiomorphism**

有两种或两种以上的存在形式。如:①生物体在其生命周期中的不同形式;②遗传多态性发生于基因组群体,表现出由于等位基因受影响而产生不同的基因型,由此形成个体之间的多态性。结构基因的遗传性变化可以影响到表达的蛋白质(或酶)的序列变化,从而有等位基因酶。DNA 结构的变化也可影响到限制性片段长度多态性或单链构象，可用于基因诊断。

**01.245　生物多样性　biodiversity**
生物体及其所生活的生态系统的多种变化。包括不同物种的多样性(物种多样性)，物种内部基因的多样性(基因多样性)，生态系统内和生态系统间相互作用的多样性(生态系统多样性)。

**01.246　生物安全性　biosafety**
在特定的时空范围内，由于自然或人类活动引起的外来物种迁入，并由此对当地其他物种和生态环境造成改变和危害。或指人为造成环境的剧烈变化而对生物的多样性产生影响和威胁。或指在科学研究、开发、生产和应用中对人类健康、生存环境和社会生活产生危害的程度。

**01.247　生物可利用度　bioavailability**
指食物成分、营养物、药物或毒物被吸收进入人体循环的相对分量及速度。一般用分数或吸收百分率表示。不同的制剂其生物可利用度可以有较大的差异。

**01.248　生物危害　biohazard**
由生物因子(如在病原学和遗传学实验的废弃物中生长的微生物)对环境及生物体的健康所造成的危害。

**01.249　生物发光　bioluminescence**
某些生物体内发生的化学发光现象。如萤火虫的萤光素经萤光素酶的激发而发射可见光。

**01.250　微环境　microenvironment**
一个极微小的环境区域。如围绕一个分子或分子的一个功能基团、一个单细胞、一小群细胞或机体的环境。特别用于比较整体环境中局部区域的差异。

**01.251　分子病　molecular disease**
由于基因或 DNA 分子的缺陷，致使细胞内 RNA 及蛋白质合成出现异常、人体结构与功能随之发生变异的疾病。DNA 分子的此种异常，有些可随个体繁殖而传给后代。如镰状细胞性贫血，是合成血红蛋白的基因异常所致的贫血疾患。

**01.252　人类基因组计划　human genome project，HGP**
于 20 世纪 80 年代提出的，由国际合作组织包括有美、英、日、中、德、法等国参加进行了人体基因作图，测定人体23 对染色体由 $3 \times 10^9$ 核苷酸组成的全部 DNA 序列，于 2000 年完成了人类基因组"工作框架图"。2001 年公布了人类基因组图谱及初步分析结果。其研究内容还包括创建计算机分析管理系统，检验相关的伦理、法律及社会问题，进而通过转录物组学和蛋白质组学等相关技术对基因表达谱、基因突变进行分析，可获得与疾病相关基因的信息。

# 02.　氨基酸、多肽与蛋白质

**02.001　氨基酸　amino acid**
同时含有一个或多个氨基和羧基的脂肪族有机酸。根据氨基和羧基的位置，有 α 氨基酸和 β 氨基酸等类型。参与蛋白质合成的常见的是 20 种 L-α-氨基酸。

**02.002　必需氨基酸　essential amino acid**
体内合成的量不能满足机体需要，必须从食物中摄取的氨基酸。其氨基酸种类与机体发育阶段和生理状态有关，成人维持氮平衡必需的是亮氨酸、异亮氨酸等8 种氨基酸，儿童生长必需的还有精氨酸和组氨酸。

**02.003　非必需氨基酸　non-essential amino**

acid

人或动物机体能自身合成,不需通过食物补充的氨基酸,共12种。

**02.004 支链氨基酸** branched chain amino acid

侧链具有分支结构的氨基酸。在蛋白质中常见的有苏氨酸、缬氨酸和异亮氨酸等。

**02.005 生酮氨基酸** ketogenic amino acid

经过代谢能产生酮体的氨基酸。

**02.006 生糖氨基酸** glycogenic amino acid, glucogenic amino acid

在代谢中可以作为丙酮酸、葡萄糖和糖原前体的氨基酸。

**02.007 生酮生糖氨基酸** ketogenic and glycogenic amino acid

经过代谢,既能产生酮体,又能转化为葡萄糖的氨基酸。

**02.008 兴奋性氨基酸** excitatory amino acid, EAA

L-谷氨酸、L-天冬氨酸及其人工合成的类似物。如红藻氨酸、N-甲基-D-天冬氨酸等,在中枢神经系统是兴奋性神经递质,可能起长程增强和兴奋性毒素的作用。已发现3种类型受体。

**02.009 苏氨酸** threonine, Thr

学名:2-氨基-3-羟基丁酸。一种含有一个醇式羟基的脂肪族α氨基酸。L-苏氨酸是组成蛋白质的20种氨基酸中的一种,有两个不对称碳原子,可以有4种异构体。是哺乳动物的必需氨基酸和生酮氨基酸。符号:T。

**02.010 丙氨酸** alanine, Ala

学名:2-氨基-丙酸。一种脂肪族的非极性氨基酸。常见的是L-α-氨基酸,是蛋白质编码氨基酸之一,哺乳动物非必需氨基酸和生糖氨基酸。D-丙氨酸存在于多种细菌细胞壁的肽聚糖。β丙氨酸是维生素泛酸和辅酶

A的组分。符号:A。

**02.011 色氨酸** tryptophan, tryptophane, Trp

学名:2-氨基-3-吲哚基丙酸。一种芳香族、杂环、非极性α氨基酸。L-色氨酸是组成蛋白质的常见20种氨基酸中的一种,是哺乳动物的必需氨基酸和生糖氨基酸。在自然界中,某些抗生素中有D-色氨酸。符号:W。

**02.012 酪氨酸** tyrosine, Tyr

学名:2-氨基-3-对羟苯基丙酸。一种含有酚羟基的芳香族极性α氨基酸。L-酪氨酸是组成蛋白质的20种氨基酸中的一种,是哺乳动物的必需氨基酸,又是生酮和生糖氨基酸。符号:Y。

**02.013 缬氨酸** valine, Val

学名:2-氨基-3-甲基丁酸。一种含有五个碳原子的支链非极性α氨基酸。L-缬氨酸是组成蛋白质的20种氨基酸中的一种,是哺乳动物的必需氨基酸和生糖氨基酸。在一些放线菌素(如缬霉素)中存在D-缬氨酸。符号:V。

**02.014 正缬氨酸** norvaline

学名:2-氨基戊酸。一种不存在于蛋白质中的氨基酸,是缬氨酸的异构体,不含分支。

**02.015 精氨酸** arginine, Arg

学名:2-氨基-5-胍基-戊酸。一种脂肪族的碱性的含有胍基的极性α氨基酸,在生理条件下带正电荷。L-精氨酸是蛋白质合成中的编码氨基酸,哺乳动物必需氨基酸和生糖氨基酸。D-精氨酸在自然界中尚未发现。符号:R。

**02.016 高精氨酸** homoarginine

学名:2-氨基-6-胍基-己酸。与精氨酸相比,侧链中多一个亚甲基。

**02.017 天冬酰胺** asparagine, Asn

学名:2-氨基-4-羧基丁酰胺。一种脂肪族极性α氨基酸,是天冬氨酸的酰胺。L-天冬酰

胺是蛋白质合成中的编码氨基酸,哺乳动物非必需氨基酸和生糖氨基酸。D-天冬酰胺存在于短杆菌肽 A 分子中。符号:N。

**02.018　天冬氨酸　aspartic acid,Asp**
学名:2-氨基-4-羧基丁酸。一种脂肪族的酸性的极性 α 氨基酸。L-天冬氨酸是蛋白质合成中的编码氨基酸,哺乳动物非必需氨基酸和生糖氨基酸,是神经递质。D-天冬氨酸存在于多种细菌的细胞壁和短杆菌肽 A 中。符号:D。

**02.019　丝氨酸　serine,Ser**
学名:2-氨基-3 羟基丙酸。一种脂肪族极性 α 氨基酸。L-丝氨酸是组成蛋白质的常见 20 种氨基酸中的一种,是哺乳动物的非必需氨基酸,也是生酮氨基酸。在自然界中也有 D-丝氨酸,如丝原蛋白中。在一些抗生素中也有 D-丝氨酸。符号:S。

**02.020　高丝氨酸　homoserine**
学名:L-2-氨基-4-羟基丁酸。与丝氨酸相比,侧链的主链中多一个亚甲基,是苏氨酸、甲硫氨酸和胱硫醚生物合成的中间产物,也存在于细菌的肽聚糖中。其 O-脲基衍生物的形式即豆类植物中的刀豆氨酸。

**02.021　半胱氨酸　cysteine,Cys**
学名:2-氨基-3-巯基丙酸。一种脂肪族的含巯基的极性 α 氨基酸,在中性或碱性溶液中易被空气氧化成胱氨酸。L-半胱氨酸是蛋白质合成编码氨基酸,哺乳动物非必需氨基酸和生糖氨基酸。D-半胱氨酸存在于萤火虫的萤光素酶中。符号:C。

**02.022　高半胱氨酸　homocysteine**
学名:2-氨基-4-巯基丁酸。与半胱氨酸相比,侧链中多一个亚甲基,是 S-甲基甲硫氨酸代谢的重要中间产物。人突然受到打击后,血清中高半胱氨酸浓度升高。

**02.023　法尼基半胱氨酸　farnesylcysteine**

蛋白质分子(如 G 蛋白的 γ 亚基)中半胱氨酸残基经法尼基修饰后的衍生物,可帮助蛋白质定位于细胞质膜的内表面。

**02.024　硒代半胱氨酸　selenocysteine**
在天然蛋白质中罕见的第 21 种由三联体密码编码的 L-α-氨基酸。正常情况 UGA 是终止密码子,如果其附近有特定的碱基序列,则由特殊的转移核糖核酸携带丝氨酸,此丝氨酸被转换为硒代半胱氨酸。

**02.025　高胱氨酸　homocystine**
两个高半胱氨酸分子通过巯基之间形成的二硫键相连接而成的产物。

**02.026　胱氨酸　cystine**
由两个半胱氨酸通过其侧链巯基氧化成二硫键后形成的产物,含有两个手性中心,不溶于水,可形成尿结石。蛋白质中的 L-胱氨酸在肽链形成后,由两个半胱氨酸残基氧化形成。

**02.027　谷氨酸　glutamic acid,Glu**
学名:2-氨基-5-羧基戊酸。构成蛋白质的 20 种常见 α 氨基酸之一。作为谷氨酰胺、脯氨酸以及精氨酸的前体。L-谷氨酸是蛋白质合成中的编码氨基酸,哺乳动物非必需氨基酸,在体内可以由葡萄糖转变而来。D-谷氨酸参与多种细菌细胞壁和某些细菌杆菌肽的组成。符号:E。

**02.028　谷氨酰胺　glutamine,Gln**
学名:2-氨基-5-羧基戊酰胺。谷氨酸的酰胺。L-谷氨酰胺是蛋白质合成中的编码氨基酸,哺乳动物非必需氨基酸,在体内可以由葡萄糖转变而来。符号:Q。

**02.029　苯丙氨酸　phenylalanine,Phe**
学名:2-氨基-3-苯基丙酸。一种芳香族的非极性的 α 氨基酸。L-苯丙氨酸是组成蛋白质的 20 种氨基酸中的一种氨基酸,是哺乳动物的必需氨基酸和生酮生糖氨基酸。符号:F。

**02.030 脯氨酸 proline, Pro**
学名:吡咯烷酮羧酸。一种环状的亚氨基酸,在组成蛋白质的常见 20 种氨基酸中唯一的亚氨基酸。在肽链中有其特殊的作用,易于形成顺式的肽键,不利于 α 螺旋的形成等。符号:P。

**02.031 羟脯氨酸 hydroxyproline, Hyp**
脯氨酸羟化后的产物,为 3-羟基脯氨酸(3Hyp)或 4-羟基脯氨酸(4Hyp)。胶原中约 50% 的脯氨酸被羟基化成为 4Hyp 和少量 3Hyp。也存在于弹性蛋白、牙齿珐琅、补体 C1 和伸展蛋白中。在天然蛋白质中尚未发现 D-羟脯氨酸。

**02.032 甘氨酸 glycine, Gly**
学名:2-氨基乙酸。非手性分子,最简单的天然氨基酸。L-甘氨酸是蛋白质合成中的编码氨基酸,哺乳动物非必需氨基酸,在体内可以由葡萄糖转变而来,因具有甜味而得名。符号:G。

**02.033 组氨酸 histidine, His**
学名:2-氨基-3 咪唑基丙酸。一种含有咪唑基侧链的碱性及极性的 α 氨基酸。L-组氨酸是蛋白质合成的编码氨基酸,哺乳动物的必需氨基酸和生糖氨基酸。其侧链是弱碱性的咪唑基。天然蛋白质中尚未发现 D-组氨酸。符号:H。

**02.034 白喉酰胺 diphthamide**
一种经过修饰的组氨酸,存在于真核生物蛋白质合成延伸因子 EF-2 的多肽链中。

**02.035 亮氨酸 leucine, Leu**
学名:2-氨基-4-甲基戊酸。一种含有 6 个碳原子的脂肪族支链非极性的 α 氨基酸。L-亮氨酸是组成蛋白质的常见 20 种氨基酸之一,是哺乳动物的必需氨基酸和生酮生糖氨基酸。符号:L。

**02.036 异亮氨酸 isoleucine, Ile**
学名:2-氨基-3-甲基戊酸。疏水性氨基酸。L-异亮氨酸是组成蛋白质的常见 20 种氨基酸之一,有两个不对称碳原子,是哺乳动物的必需氨基酸和生酮氨基酸。符号:I。

**02.037 高异亮氨酸 homoisoleucine**
学名:2-氨基-4-甲基己酸。异亮氨酸的同系物,与异亮氨酸相比,其侧链的主链中多一个亚甲基。某些微生物能合成此种氨基酸,可用于合成肽类拮抗剂。

**02.038 正亮氨酸 norleucine**
学名:2-氨基己酸。一种不存在于蛋白质中的氨基酸,是亮氨酸和异亮氨酸的异构体,不含分支。

**02.039 赖氨酸 lysine, Lys**
学名:2,6-二氨基己酸。蛋白质中唯一带有侧链伯氨基的氨基酸。L-赖氨酸是组成蛋白质的常见 20 种氨基酸中的一种碱性氨基酸,是哺乳动物的必需氨基酸和生酮氨基酸。在蛋白质中的赖氨酸可以被修饰为多种形式的衍生物。符号:K。

**02.040 羟赖氨酸 hydroxylysine, Hyl**
赖氨酸的 5-羟化后的产物。胶原中 15% ~ 20% 的赖氨酸在酶的作用下转变为 L-羟赖氨酸,其中某些羟基侧链被糖基化。

**02.041 吡咯赖氨酸 pyrrolysine**
第 22 个基因编码的 L-α-氨基酸,其三联体密码子与终止密码子 UAG 相同。

**02.042 联赖氨酸 syndesine**
在骨、软骨和肌腱等钙化组织中,赖氨酸残基的侧链经氧化还原反应后形成的交联产物,是一类化合物的总称。最简单的是两个赖氨酸残基侧链的交联,其中一个产物是羟赖氨基醛醇。最多的为 5 个赖氨酸残基侧链的交联,其中包括锁链素。

**02.043 甲硫氨酸 methionine, Met**

学名:2-氨基-4-甲巯基丁酸。一种含硫的非极性α氨基酸。L-甲巯氨酸是组成蛋白质的20种氨基酸中的一种,是哺乳动物的必需氨基酸和生酮氨基酸。其侧链易氧化成甲巯氨(亚)砜。符号:M。

**02.044 甲酰甲巯氨酸 formylmethionine, fMet**

一种被修饰的甲巯氨酸残基,其α氨基被甲酰化,出现于细菌、噬菌体、真核生物线粒体和叶绿体的新生多肽链的N端,以AUG或GUG为密码子。

**02.045 副刀豆氨酸 canaline**

一种存在于刀豆和其他含有刀豆氨酸的豆类中的碱性L-α-氨基酸,由L-刀豆氨酸通过脱氨基或转氨基反应后形成,抑制依赖吡哆醛的酶的活性。

**02.046 刀豆氨酸 canavanine**

一种存在于某些豆类中的碱性L-α-氨基酸,占刀豆干重8%,是主要贮氮化合物。种子发芽时水解释放出氮用于生物合成,副刀豆氨酸和尿素等水解产物最终形成氨。

**02.047 瓜氨酸 citrulline**

一种最初发现于西瓜汁,但不存在于蛋白质中的L-α-氨基酸,是动物体内氨基酸代谢尿素循环的中间产物。

**02.048 南瓜子氨酸 cucurbitin**

学名:3-氨基-3-羧基-吡咯烷。不常见的氨基酸,存在于南瓜中,有毒性,作为驱蛔虫药。番茄中有类似作用的番茄碱。

**02.049 亚氨基酸 imino acid**

一种带有亚氨基的羧酸的总称。在生物化学中主要是指脯氨酸。

**02.050 红藻氨酸 kainic acid**

学名:2-羧甲基-3-异丙烯基脯氨酸。从一种红藻中得到的L-谷氨酸的环状类似物。为兴奋性氨基酸受体的选择性激动剂。

**02.051 羊毛硫氨酸 lanthionine**

一种由半胱氨酸和丙氨酸通过侧链氧化而成的二氨基酸。在一些蛋白质或肽类中,丝氨酸或苏氨酸侧链氧化脱氢后与半胱氨酸反应,即形成此类二氨基酸。因羊毛经温和碱处理后可得到此类氨基酸而得名。

**02.052 含羞草氨酸 mimosine**

热带银合欢属(*Leucaena*)豆科植物种子和叶内发现的非蛋白质组分氨基酸,可以游离形式存在,对动物和微生物有毒性,具有抗有丝分裂活性。

**02.053 合欢氨酸 albizziin**

学名:脲基丙氨酸。一种非蛋白质组分的氨基酸,为天冬酰胺合成酶的抑制剂。

**02.054 肽 peptide**

两个或两个以上氨基酸通过肽键共价连接形成的聚合物。自然界中主要是由组成蛋白质的20种氨基酸形成的肽类。根据组成氨基酸残基数目的多少,可分为寡肽和多肽。蛋白质则属于多肽。

**02.055 肽键 peptide bond**

一个氨基酸的羧基与另一氨基酸的氨基发生缩合反应脱水成肽时,羧基和氨基形成的酰胺键。具有类似双键的特性,除了稳定的反式肽键外,还可能出现不太稳定的顺式肽键。

**02.056 异肽键 isopeptide bond**

两个氨基酸通过侧链羧基或侧链氨基形成的肽键。

**02.057 二肽 dipeptide**

由两个氨基酸残基通过肽键连接形成的肽。

**02.058 寡肽 oligopeptide**

2~20个氨基酸残基通过肽键连接形成的肽。

**02.059 多肽 polypeptide**

由 20 个以上的氨基酸残基组成的肽。

**02.060 环肽** cyclic peptide, cyclopeptide
肽链一端(N 端)游离的 α 氨基与另一端(C 端)游离的 α 羧基发生缩合脱水反应而形成的环状肽。如短杆菌肽。

**02.061 胨** peptone
不同来源的蛋白质经部分酶解或酸水解后,得到的可溶性产物混合物(一般是 600 ~ 3000 Da)。主要作为微生物的培养基。

**02.062 肽链** peptide chain
氨基酸通过羧基和氨基脱水后,缩合而成的呈现一维伸展形式的产物。

**02.063 多肽链** polypeptide chain
氨基酸残基组成多肽的一维形式。

**02.064 C 端** C-terminal
又称"羧基端(carboxyl terminal)"。多肽链的两个末端之一,此末端的氨基酸残基携带游离的 α 羧基(—COOH),在某些肽链中也可被酰胺化。

**02.065 N 端** N-terminal
又称"氨基端(amino terminal)"。多肽链的两个末端之一,此末端的氨基酸残基携带游离的 α-氨基(—NH$_2$),在某些肽链中也可被酰胺化或环化。

**02.066 肽文库** peptide library
以不同方法构建的一组不同序列的肽组成的混合物。构建方法可以是组合化学方式的化学合成,也可以利用噬菌体和细菌的展示系统。

**02.067 肽平面** peptide plane
肽链主链上的肽键因具有双键性质,不能自由旋转,使连接在肽键上的 6 个原子共处的同一平面。

**02.068 肽单元** peptide unit
对肽链的一级结构而言,是肽链中的氨基酸

残基;对肽链的高级结构而言,则是肽键组成的肽平面。

**02.069 二硫键** disulfide bond
两个硫原子之间形成的共价键,一般指多肽链中的两个半胱氨酸残基侧链的硫原子之间形成的共价键。对于维持许多蛋白质分子的天然构象和稳定性十分重要。

**02.070 平均残基量** mean residue weight
通常指组成蛋白质的常见 20 种氨基酸残基的平均分子质量,约 110 Da。而有时指任何一个蛋白质的相对质量除以其含有的残基数,所得到的商。

**02.071 前导肽** leading peptide
真核生物中引导新合成的多肽到达特定的细胞器、原核生物中引导新合成的多肽从胞质到外周质的肽段。可存在于新合成多肽的 N 端或 C 端,常在引导任务完成后被切除。

**02.072 信号肽** signal peptide
又称"信号序列(signal sequence)"。分泌蛋白新生肽链 N 端的一段 20 ~ 30 氨基酸残基组成的肽段。将分泌蛋白引导进入内质网,同时这个肽段被切除。现这一概念已扩大到决定新生肽链在细胞中的定位或决定某些氨基酸残基修饰的一些肽段。

**02.073 转运肽** transit peptide
定位于叶绿体蛋白质新生肽链的 N 端或 C 端,约 4 kDa 的肽段。起引导作用,使新生肽链能正确地定位。进入叶绿体后,此肽段被切除。定位于线粒体内的蛋白质,在肽链的末端也有类似的肽段。

**02.074 新生肽** nascent peptide
特指由核糖体上刚形成的或正在形成的肽链。需要经翻译后加工才能成为构象正确的有活性的成熟蛋白质。

**02.075 内含肽** intein

曾称"蛋白质内含子(protein intron)"。存在于某些蛋白质前体肽链内部的一些肽段。在转变为成熟蛋白质时,通过非酶促的转肽反应被切除,与其对应的是保留于成熟蛋白质中的外显肽。这些肽段具有核酸酶活性。

**02.076 归巢内含肽 homing intein**
含有内切核酸酶活性的内含肽,可介导其编码序列的基因进行特异的移位,使其整合到已不含有内含肽的同源物中,故名。

**02.077 外显肽 extein**
曾称"蛋白质外显子(protein exon)"。某些蛋白质前体中经自我剪接后保存下来的一些肽段。其重新连接成为成熟的蛋白质,与被切除的内含肽相对应。

**02.078 胞壁酰二肽 muramyl dipeptide, MDP**
学名:*N*-乙酰胞壁酰-D-丙氨酰-D-异谷氨酰胺。一种合成的水溶性肽聚糖衍生物。为细菌肽聚糖结构的一部分,常用做免疫佐剂。

**02.079 膦酰二肽 phosphoramidon**
学名:*N*-(α-鼠李吡喃糖基膦酰胺)-L-亮氨酸-L-色氨酸。一种来自微生物的蛋白酶抑制剂。专一地抑制嗜热蛋白酶和降解心房钠尿肽的蛋白酶,具有一定的药理作用。

**02.080 三叶肽 trefoil peptide**
一类具有 P 结构域的分泌性肽类。其结构特征是含有 3 对保守配对的二硫键,其模式为 1-5、2-4 和 3-6,同时还有位置保守的丙氨酸、甘氨酸和色氨酸残基。

**02.081 嗜铬粒抑制肽 chromostatin**
嗜铬粒蛋白 A 在体外经过蛋白酶解产生的小肽,含 20 个氨基酸残基。强烈抑制嗜铬细胞被氨甲酰胆碱等诱导释放儿茶酚胺,抑制促分泌素诱导的钙内流。

**02.082 锁链素 desmosine**

纤维状弹性蛋白的水解产物,由 4 个赖氨酸的侧链交联而形成的化合物。锁链素和异锁链素可以使蛋白质分子中 2 条以上的多肽链之间发生共价交联。

**02.083 异锁链素 isodesmosine**
存在于弹性蛋白中的一种稀有氨基酸,由 4 分子赖氨酸缩合为一吡啶鎓环而成。

**02.084 天冬苯丙二肽酯 aspartame**
学名:L-α-天冬氨酰-L-苯丙氨酸甲酯。人工增甜剂,低卡路里,在水溶液中比蔗糖甜 160 倍。在烹饪过程中,其甲酯组分发生水解,导致甜味丧失。

**02.085 阿片样肽 opioid peptide**
天然存在的具有阿片活性的肽类,包括内啡肽、脑啡肽、强啡肽,以及牛乳中的酪蛋白水解得到的酪啡肽等。

**02.086 内源性阿片样肽 endogenous opioid peptide**
一组体内产生的天然肽。具有吗啡药理作用,主要包括脑啡肽、强啡肽、新内啡肽,以及几种强啡肽前体衍生肽、内啡肽,几种存在于体液(如牛奶)抗链霉蛋白酶的肽。

**02.087 内啡肽 endorphin**
与吗啡活性相似的高等生物内源性阿片样肽,最常见于脑下垂体分泌的 α 内啡肽、β 内啡肽和 γ 内啡肽,分别含 16、17、31 个氨基酸残基,其结构相似,仅 C 端不同。胰脏、胎盘、肾上腺髓质等组织内啡肽长约 7 kDa,其前体较大,为阿片皮质素原。

**02.088 脑啡肽 enkephalin**
属于内啡肽,为五肽(YGGFX)。有两种天然脑啡肽存在于脑、脊髓和肠,两者的区别仅在于 C 端分别是亮氨酸和甲硫氨酸,其前体(前脑啡肽)相同。内啡肽和脑啡肽的 N 端 4 肽序列相同。

**02.089 脑啡肽原 proenkephalin**

脑啡肽的前体。人的此类蛋白质由 267 个氨基酸残基组成，经酶解后可以得到 4 分子的甲硫氨酸（Met）脑啡肽和 1 分子的亮氨酸（Leu）脑啡肽。

**02.090 前脑啡肽原 preproenkephalin**
带有信号肽的脑啡肽的蛋白质前体。

**02.091 皮脑啡肽 dermenkaphaline**
存在于叶泡蛙皮肤中的一种五肽，对 δ 阿片样肽受体的亲和力和选择性很强。

**02.092 小脑肽 cerebellin**
十六肽，特异存在于小脑皮层中层内的浦肯野细胞的突触后结构，其浓度出生时较低，5~15 天达到峰值，在哺乳动物和鸟类中比较保守。

**02.093 新内啡肽 neoendorphin**
由亮氨酸内啡肽向 C 端延伸得到的活性肽。如 α 和 β 新内啡肽分别是十肽和九肽。

**02.094 强啡肽 dynorphin**
十三肽，存在于猪脑、十二指肠、垂体，具有很强的阿片样活性，其 N 端的 5 个氨基酸序列与脑啡肽相同。其前体是强啡肽原，含 236 个氨基酸残基，是由前强啡肽原经过加工形成的。

**02.095 强啡肽原 prodynorphin**
强啡肽的蛋白质前体。

**02.096 皮啡肽 dermorphin**
从一种蛙类和某些两栖动物皮肤分离的七肽酰胺，表现长时间的阿片样活性。

**02.097 δ 啡肽 deltorphin**
存在于叶泡蛙皮肤中的一类七肽。对 δ 阿片样肽受体的亲和力和选择性很强。

**02.098 肯特肽 kentsin**
又称"避孕四肽"。因发现者肯特（Kent）而得名。其序列为 TPRK，具有吗啡样性质，能改变痛觉，但不直接与阿片样受体结合。

**02.099 肯普肽 kemptide**
因发现者肯普（Kemp）而得名。S6 激酶的底物肽（LRRASLG），可被磷酸化。

**02.100 δ 睡眠诱导肽 δ-sleep inducing peptide, δ-SIP**
简称"δ 睡眠肽"，"睡眠诱导肽（sleep inducing peptide, SIP）"。最初发现于兔与大鼠血浆中的一种小肽，氨基酸残基序列为 WAGGDASGE，其在睡眠时浓度会增加 7 倍，注射清醒的动物后可快速诱导慢波睡眠，在脑电图中出现 δ 睡眠波。

**02.101 激动肽 exendin**
一组胰高血糖素家族相关肽，发现于钝尾毒蜥（美国西南部和墨西哥西部的一种毒蜥蜴），与血管活性肠肽和肠促胰液素的生物学活性相似。

**02.102 产婆蟾紧张肽 alytensin**
从欧洲产婆蟾中分离得到的类似于铃蟾肽具有血管紧张活性的十四肽。

**02.103 麦角肽 ergopeptide**
一类具有血管收缩活性的生物碱类肽，或具有神经递质作用的肽。与 5-羟色胺、多巴胺和去甲肾上腺素等相关。

**02.104 麦角毒素 ergotoxin**
麦角中主要的生物碱，是麦角酸和前环肽的复合体。

**02.105 鸟苷肽 guanylin**
十五肽激素，存在于大鼠空肠，可以结合并激活肠中的鸟苷酸环化酶。

**02.106 甘丙肽 galanin**
又称"神经节肽"。广泛分布在几种哺乳动物中枢神经元的生物活性肽。人甘丙肽含 30 个氨基酸残基，主要产生于胰岛内的兴奋性神经末梢，影响胃肠道、尿道平滑肌的收缩，调节生长激素的释放和肾上腺的分泌，抑制胰岛素的释放。

**02.107 颊肽 buccalin**

一种具有调节神经活性的十一肽。

**02.108 神经肽 neuropeptide**

具有神经内分泌活性的肽类。如神经肽 K 和神经肽 Y。

**02.109 速激肽 tachykinin**

一组神经肽,在 N 端有 F-X-G-L-M-NH$_2$ 序列的生物活性肽。能引起肠道平滑肌收缩。包括 P 物质和 K 物质。

**02.110 肾上腺髓质肽 adrenomedullin**

简称"肾髓质肽"。一种具有降血压作用的肽激素,降钙素家族肽之一,可调节血液循环。

**02.111 抗冻肽 antifreeze peptide**

一些存在于某些鱼类血液中的、约 35～40 个氨基酸残基组成的具有抗冻活性的肽类。某些抗冻肽整条肽链全是 α 螺旋。

**02.112 味[多]肽 gustin**

在唾液腺中的含锌的蛋白质,可影响味蕾的生长(味蕾特别依赖锌),对维持味觉很重要,与碳酸酐酶Ⅳ的前体相关。

**02.113 直肠肽 proctolin**

一种昆虫神经肽(五肽),可引起原肛及后肠肌肉收缩,对钾离子通道和鲎的心脏收缩也有影响。

**02.114 腺苷调节肽 adenoregulin**

一种来自蛙的抗菌肽。

**02.115 成骨生长性肽 osteogenic growth peptide**

一种从大鼠再生的骨髓和小鼠基质细胞培养液分离得到的肽,由 14 个氨基酸残基组成,对多种细胞有作用,特别是成骨细胞和造血细胞。

**02.116 呼吸活化肽 resact**

一种海胆卵中的肽激素,可刺激精子的呼吸,影响运动和代谢。其受体是质膜的鸟苷酸环化酶。

**02.117 恐暗肽 scotophobin**

小鼠经过躲避黑暗的训练后,在脑中积聚的一种十五肽。对未经训练的小鼠给予此类肽可以产生同样的效果。是首次分离并鉴定的具有特定记忆的物质。

**02.118 缬酪肽 valosin**

最初在猪小肠中分离的二十五肽。在机体中存在着一些含有此肽的蛋白质。

**02.119 锯鳞肽 echistatin**

锯鳞蝮蜱蛇毒液中一种可与血小板膜糖蛋白受体结合的肽,抑制血小板聚集。

**02.120 蛙皮肽 frog skin peptide**

从蛙类皮肤中得到的肽类的总称。包括铃蟾肽、雨蛙肽、爪蟾肽等。

**02.121 铃蟾肽 bombesin**

十四肽神经激素,发现于蛙皮,其 N 端为 5-羟脯氨酸,C 端为甲硫氨酰胺。在哺乳动物中来自胃肠神经,能促进胃泌素和胆囊收缩素分泌,参与肠和脑组织免疫反应,刺激平滑肌收缩。

**02.122 雨蛙肽 caerulin**

十肽,存在于多种蛙类的皮肤,常与叶泡雨蛙肽(九肽)相伴,两者都有和猪缩胆囊肽相同的 C 端五肽酰胺序列。从两栖动物的腔和小肠中分离出相似的雨蛙肽样肽,可强烈刺激胃酸分泌。

**02.123 爪蟾肽 xenopsin**

一种神经紧张肽,序列为 pDGKRPWIL。牛乳经胃蛋白酶水解也可能得到此类活性肽。其中 pD 为焦谷氨酸。

**02.124 雨滨蛙肽 litorin**

一个活性九肽,其氨基酸残基序列为 QQWAVGHFM,其 N 端 Q 环化,C 端 M 为酰胺化,属于铃蟾肽/神经调节肽 B 家族。

**02.125 叶泡雨滨蛙肽 phyllolitorin**
铃蟾肽的同系物,为九肽,氨基酸残基序列为 pELWA[V/T]GS[L/F]M-NH$_2$。

**02.126 叶泡雨蛙肽 phyllocaerulin, phyllo-caerulein**
一种从蛙类皮肤中分离得到的九肽,强烈地刺激胃酸的分泌。经常与雨蛙肽(类似的十肽)共存。

**02.127 蛙紧张肽 ranatensin**
简称"蛙肽"。序列为 pDVPQWAVGHFM-NH$_2$ 的活性肽,是铃蟾肽类似物。

**02.128 豹蛙肽 pipinin**
一种可刺激活性物质(如胰岛素、组胺等)释放的肽。

**02.129 泡蛙肽 physalaemin**
从一种两栖类皮肤中得到的十一肽,属于速激肽家族。

**02.130 色氨肽 tryptophyllin**
富含脯氨酸残基的一类蛙皮肽。

**02.131 颗粒释放肽 granuliberin**
可以使肥大细胞脱颗粒化的一种蛙皮十二肽。

**02.132 鲱精肽 clupein**
曾称"鲱精蛋白"。从鲱鱼精子中分离得到的、由约 30 个氨基酸残基构成的多肽。

**02.133 鲟精肽 sturin**
曾称"鲟精蛋白"。从鲟鱼精子中分离得到的属于鱼精蛋白类的碱性多肽。

**02.134 鹅肌肽 anserine**
学名:$N$-β-丙氨酰-$N$-甲基组氨酸。由 β 丙氨酸和甲基组氨酸通过异肽键结合的二肽。存在于某些动物、人的骨骼肌和脑组织(20mmol/kg)中。

**02.135 水螅肽 pedin**
一类能特异地刺激水螅足分化的十三肽,其氨基酸残基序列为 EELRPEVLPDVSE。

**02.136 援木蛙肽 hylambatin**
由蛙皮得到的十二肽,属于速激肽类。

**02.137 耳腺蛙肽 uperolein**
一种十一肽,为速激肽类似物。

**02.138 芋螺毒素 conotoxin**
主要来自芋螺的几种神经毒素肽,有 α、μ、ω 型。α 型(13~18 个氨基酸)竞争性抑制烟碱性乙酰胆碱受体;μ 型(22 个氨基酸)结合肌肉电压门控钠离子通道,造成瘫痪;ω 型可分离自两种海蜗牛毒液,抑制电压门控钙离子通道,阻断突触信号传递。

**02.139 表皮抗菌肽 epidermin**
从表皮葡萄球菌(*Staphylococcus epidermidis*)分离得到的一种抗生素,含有羊毛氨酸,可以在其他细菌的细胞壁上形成孔。其类似物有乳链菌肽和枯草菌素。它们先合成为前体,需经过加工、交联而成。

**02.140 表面活性肽 surfactin**
枯草芽孢杆菌胞外产生的一种具有表面活性的溶血素,能抗菌但无免疫原性。是由九肽和豆蔻酸的衍生物形成的环形分子。

**02.141 丙甲甘肽 alamethicin**
来自绿色木霉的一种小肽,离子载体类线性多肽抗生素,富含 β 氨基异丁酸残基,可在质膜或人造磷脂膜中形成非特异性阴离子或阳离子的运输通道。

**02.142 博来霉素 bleomycin**
分离自轮枝链霉菌的糖肽抗生素,能阻断细胞周期的 G$_2$ 期,用于诱导细胞同步培养,以及抗肿瘤药物,特别是抗淋巴瘤药物。

**02.143 抗菌肽 antibiotic peptide**
具有抗菌活性的肽类,其中研究得较多的有

天蚕杀菌肽和防御肽等。

**02.144 [天蚕]杀菌肽 cecropin**

一组碱性多肽,由约 40 个氨基酸残基组成,存在于天蚕蛾等昆虫蛹,具有较强杀菌作用,使大肠杆菌等革兰氏阴性菌和革兰氏阳性菌发生溶菌。

**02.145 防御肽 defensin**

一组带正电荷的小肽,二级结构以 β 折叠链为主,有 3 对二硫键,以多聚体形式在膜上形成孔,使膜通透,有广谱抗生素活性,使宿主能抵抗微生物,多数存在于吞噬细胞、人和哺乳动物的小肠黏膜、昆虫的血淋巴中。在植物中也发现此类小肽。

**02.146 隐防御肽 cryptdin**

与防御肽类似的具有抗菌活性的肽类。

**02.147 牛抗菌肽 bactenecin**

几种含较多正电荷的肽链,最初分离自牛中性粒细胞的溶酶体颗粒,具有杀菌作用,可能抑制呼吸链。除牛、羊外,在大多数动物的中性粒细胞中没有发现。

**02.148 爪蟾抗菌肽 magainin**

来自爪蟾皮肤的几种抗菌肽,具有形成孔的活性,从而使细菌的膜具有可通透性。对细菌、原虫和真菌有广谱作用。爪蟾抗菌肽 Ⅰ 是二十三肽。

**02.149 贻贝抗菌肽 myticin**

从贻贝血液中得到的一类抗菌肽,由约 40 个氨基酸残基组成,含 4 对二硫键。其序列模体为—CX₄CX₃CX₄CX₄CX₈CXCXXC—,其中 C 为半胱氨酸残基,X 为其他氨基酸残基。

**02.150 贻贝抗真菌肽 mytimycin**

6.5kDa 的抗真菌肽,含有 12 个半胱氨酸残基。

**02.151 贻贝杀菌肽 mytilin**

从贻贝中得到的一类抗菌肽,由约 35 ~ 37 个氨基酸残基组成,含 4 对二硫键。其序列模体为—CX₃CX₃CX₄CX₁₀ CXCXCXXC—,其中 C 为半胱氨酸残基,X 为其他氨基酸残基。

**02.152 麻蝇抗菌肽 sarcotoxin**

一种苍蝇血淋巴中的抗菌肽,由约 40 个氨基酸残基组成。

**02.153 铃蟾抗菌肽 bombinin**

在铃蟾皮肤中发现的一种具有抗菌和溶血活性的二十四肽。

**02.154 家蚕抗菌肽 moricin**

由家蚕蛹中分离得到的抗菌肽,由 42 个氨基酸残基组成。无半胱氨酸残基的、易于形成两亲螺旋的抗菌肽。

**02.155 皮抑菌肽 dermaseptin**

来自两栖动物皮肤的抗微生物多肽,能保护裸露的蛙类皮肤免受感染,系首次发现可以杀死真菌的脊椎动物多肽,其中 S1 ~ 5(含 28 ~ 34 个氨基酸残基,富含赖氨酸)组成带正电荷的抗真菌肽家族。

**02.156 乳链菌肽 nisin**

一种天然的抗菌肽,通常由乳酸杆菌产生,能抑制革兰氏阴性菌,此类肽含有一些特殊的氨基酸残基。如羊毛氨酸。用于热加工和低 pH 的食品。

**02.157 微菌素 microcin**

微生物产生的肽类毒素,具有抗菌作用,其结构和作用有明显的多样性。微菌素 E492 是分子质量 6kDa 的多肽,可以在磷脂双层膜中形成阳离子选择性通道;而微菌素 B17 是四十三肽,是 DNA 解旋酶的抑制剂。

**02.158 蕈环十肽 antamanide**

一类高度亲脂的环状十肽,在体外可以与钠和钙离子形成复合体,可用做离子载体。

**02.159 羊毛硫肽 lanthiopeptin**

含有羊毛硫氨酸的抗菌肽(1890～4630 Da)。主要由革兰氏阳性菌产生,可分为 A 和 B 两类。A 类是伸展的两亲肽,通过在质膜上形成孔而杀菌。

**02.160 短杆菌素 tyrothricin**

又称"混合短杆菌肽"。20% 短杆菌肽和 80% 短杆菌酪肽的混合物。

**02.161 杆菌肽 bacitracin**

枯草杆菌和地衣芽孢杆菌产生的环肽,抑制革兰氏阳性菌细胞壁肽聚糖的合成,有杀菌作用,也抑制糖蛋白核心寡糖的合成。

**02.162 短杆菌酪肽 tyrocidine**

由短小芽孢杆菌产生的环状十肽,可以改变膜的通透性,导致胞质中的物质外漏,以及使正常情况下不能进入的离子进入细胞内。其结构为—LFPFFNQYVO—,其中第 2、5 位的 F 为 D-氨基酸,O 为鸟氨酸。

**02.163 短杆菌肽 gramicidin**

一组多肽抗生素,从短小杆菌中分离,具有抗革兰氏阳性菌的作用。市售短杆菌肽是 4 种短杆菌肽(A～D)的混合物,均为十五肽,L-氨基酸和 D-氨基酸交替出现,N 端有甲酰基,C 端有乙醇胺基。其二聚体可形成穿膜离子通道,提高生物膜对质子和碱金属离子的通透性。

**02.164 双翅菌肽 diptericin**

一种具有杀菌作用的多肽(约 8 kDa),富含甘氨酸,存在于双翅目昆虫的血淋巴中。

**02.165 短制菌素 brevistin**

一种从短小芽孢杆菌(*Bacillus brevis* 342-14)中分离得到的肽类抗生素,由天冬氨酸、苏氨酸、甘氨酸、缬氨酸、异亮氨酸、丙氨酸、色氨酸和 2,4-二氨基丁酸组成,并被酰化。在体内外具有抗革兰氏阳性菌的活性,对小鼠也有较低的毒性。

**02.166 肌肽 carnosine**

由 β 丙氨酸和组氨酸组成的二肽。存在于包括人在内的某些脊椎动物的骨骼肌中,含量约 30mmol/kg。

**02.167 肌调肽 myomodulin**

一种神经活性肽(七肽)。对甲壳动物的肌肉纤维的电学和力学应答有调节作用。

**02.168 血纤肽 fibrinopeptide**

两种带负电荷的肽,产生于凝血酶切割血纤蛋白原生成血纤蛋白单体的过程中。人血纤肽 A(十六肽)来自血纤蛋白原 Aα 链,血纤肽 B(十四肽)来自 Bβ 链。

**02.169 金属肽 metallopeptide**

含有金属离子的肽。如胸腺肽,包括许多人为设计的金属肽、模拟酶以及 DNA、RNA 结合肽。

**02.170 角蝰毒素 sarafotoxin**

由角蝰分离得到的一类剧毒的二十一肽,具有强烈的心脏收缩活性,引起心跳停止,其前体由 543 个氨基酸残基组成。

**02.171 毒环肽 toxic cyclic peptide**

一些细菌能合成并分泌的具有毒性的环状肽类。如多黏菌素是环状的九肽。此种肽类中的一些成员可以作为穿膜的离子载体。

**02.172 毒蕈肽 phallotoxin**

一组存在于极毒的伞菌中的结构相关的含有两个环的七肽,其中含有 4-羟基脯氨酸和 D-苏氨酸等罕见的氨基酸。特异地与纤丝状肌动蛋白结合,抑制后者解聚为球状肌动蛋白,影响细胞的运动。

**02.173 鬼笔[毒]环肽 phalloidin**

存在于极毒的伞菌中的环状七肽,能以高亲和力与纤丝状肌动蛋白结合,防止其解聚,稳定纤丝。是毒蕈肽中研究得最清楚的一种。

**02.174　蜂毒明肽　apamin**
已知最小的神经毒性肽,系高度碱性的十八肽酰胺,占蜜蜂毒液干重2%,含有两个链内二硫键,阻断钙离子激活的钾离子通道,抑制中枢神经系统。

**02.175　蜂毒肽　melittin**
一个强碱性的、不含硫的二十六肽,其N端的甘氨酸残基被甲酰胺化。占蜂毒干重的40%~50%。其二级结构为两亲螺旋,呈现明显的表面活性,导致溶血。

**02.176　鳞柄毒蕈肽　virotoxin**
存在于蕈类中的毒素,多数是肠毒素。

**02.177　毒液肽　venom peptide**
存在于动物毒液中的肽类总称。

**02.178　蛋白质　protein**
生物体中广泛存在的一类生物大分子,由核酸编码的α氨基酸之间通过α氨基和α羧基形成的肽键连接而成的肽链,经翻译后加工而生成的具有特定立体结构的、有活性的大分子。泛指某一类蛋白质,与前面的限定词组成复合词时,一律用"蛋白质",如血浆蛋白质、纤维状蛋白质、酶蛋白质等,此时"质"字不得省略(习惯词除外,新命名者从此)。凡指具体蛋白质时,"质"字可省略,如血红蛋白、肌球蛋白等。

**02.179　超二级结构　super-secondary structure**
蛋白质二级结构和三级结构之间的一个过渡性结构层次,在肽链折叠过程中,因一些二级结构的构象单元彼此相互作用组合而成。典型的超二级结构有罗斯曼折叠模式βαβ、4股α螺旋形成的四螺旋束等。

**02.180　四螺旋束　four-helix bundle**
一种常见的蛋白质超二级结构,4个两亲α螺旋紧密聚集成一束,形成疏水核心。

**02.181　罗斯曼折叠模式　Rossman fold**
由两个相邻的βαβ单位组成的超二级结构,经常出现在带有辅酶的氧化还原酶以及一些与核苷酸结合的蛋白质中。

**02.182　四级结构　quaternary structure**
蛋白质的层次结构中的第四个层次,特指组成蛋白质的各个亚基通过非共价键相互作用(包括疏水相互作用、氢键和盐键等)排列组装而成的立体结构。

**02.183　五级结构　quinary structure**
蛋白质之间、蛋白质与生物表面之间的相互作用后产生的特定结构。

**02.184　α螺旋　α-helix**
一种最常见的蛋白质中的二级结构,肽链主链骨架围绕中心轴盘绕成螺旋状。典型的此种螺旋由18个氨基酸残基形成,为5圈螺旋,每圈含有3.6个氨基酸残基,螺距为5.4Å。在蛋白质中,多数是右手螺旋,靠氢键维持此种螺旋结构。

**02.185　α螺旋束　α-helix bundle**
一种蛋白质肽链折叠模式,多数由4段α螺旋构成,首先是2段两亲螺旋形成一个组合,然后2个组合形成4股的α螺旋束。

**02.186　两亲螺旋　amphipathic helix**
一种具有特征结构的α螺旋,其亲水性和疏水性氨基酸残基有规律地集中排列在与对称轴平行的两个侧面。

**02.187　β发夹　β-hairpin, beta hairpin**
蛋白质立体结构中的一种最简单的模体,由β转角旁侧的两段反向平行的β折叠链通过氢键排列而成。

**02.188　β螺旋　β-helix**
一种不多见的蛋白质肽链折叠模式,此种螺旋,每圈由22个氨基酸残基组成,螺距为4.8Å,其外部直径为27Å,中间孔的直径为22Å。在蛋白质中多数是右手螺旋。

**02.189　β 转角**　β-turn, β-bend, reverse turn

蛋白质二级结构类型之一,由 4 个氨基酸残基组成,其中第一个残基的 CO 基团和第四个残基的 NH 基团之间形成氢键,使多肽链的方向发生"U"形改变。

**02.190　β[折叠]链**　β-strand, beta strand

蛋白质二级结构的两种基本类型之一,外观伸展并稍有折叠。

**02.191　β 片层**　β-sheet, β-pleated sheet

两条或多条 β 折叠链通过氢键相互作用,彼此排列成的一种近似于打折的平面样结构。根据相邻肽链的走向,可分为平行、反平行和混合型三类。

**02.192　无规卷曲**　random coil

直链多聚体的一种比较不规则的构象,其侧链间的相互作用比较小。无规卷曲对围绕单键转动阻力极小,并且由于溶剂分子的碰撞而不断扭曲,因此不具独特的三维结构和最适构象。无规卷曲可因环境而改变,有其生物学意义。

**02.193　熔球态**　molten-globule state

蛋白质从线形的肽链折叠为特定立体三维结构过程中的过渡态,其特征是已具有天然蛋白质立体结构中应有的许多二级结构,即已形成了蛋白质的框架。经过进一步的局部调整,折叠成为有活性的正确天然构象(三级结构)。

**02.194　胶冻卷**　jelly roll

一种常见的由 β 片层构成的特定蛋白质立体结构,其外形是两组反平行的 β 片层组成的夹心或桶形结构。

**02.195　克罗莫结构域**　chromodomain

染色质结构修饰结构域(chromatin organization modifier domain)的缩写。真核生物蛋白质模体之一,高度保守,含 30 ~ 50 个氨基酸,常结合甲基化氨基酸残基,存在于动物、

植物细胞核内参与调节染色质结构的若干蛋白质中。

**02.196　布罗莫结构域**　bromodomain

真核生物蛋白质模体,果蝇 *brm* 基因表达产物,存在于参与染色质活化或具有促有丝分裂信号作用的核蛋白,含 61 ~ 63(或 ~110)个保守的氨基酸残基,结合于核小体组蛋白 N 端乙酰赖氨酸,介导蛋白质-蛋白质相互作用,募集重要的功能复合体。

**02.197　亮氨酸拉链**　leucine zipper

一种蛋白质中常见的结构模体,由一组(通常是 4 ~ 5 个)重复片段组成,每个重复片段的第 7 个氨基酸残基均为亮氨酸,两条含有此模体的多肽链可形成卷曲螺旋结构,最初发现于 DNA 结合蛋白,但也可存在于其他类型蛋白质。

**02.198　碱性亮氨酸拉链**　basic leucine zipper

又称"碱性拉链模体(basic zipper motif)"。真核细胞转录因子 DNA 结合结构域模体之一,由 1 个亮氨酸拉链和碱性氨基酸区组成,前者通过 2 个富含亮氨酸的 α 螺旋之间的疏水性相互作用(拉链)形成蛋白质二聚体,后者与 DNA 骨架相互作用。

**02.199　锌指**　zinc finger

一些蛋白质中的模体,主要存在于作为转录因子的 DNA 结合结构域模体中,通常由约 20 多个氨基酸残基组成,可形成指形的环,其中有 2 个半胱氨酸和 2 个组氨酸(或 4 个半胱氨酸)残基螯合锌离子。

**02.200　螺旋-环-螺旋模体**　helix-loop-helix motif, HLH motif

一种蛋白质模体,存在于转录因子的 DNA 结合结构域,由 2 个 α 螺旋和中间的 1 个环组成,识别并结合特异的 DNA 序列。

**02.201　双面角**　dihedral angle

又称"二面角"。多肽链由一系列肽平面通过 $C_\alpha$ 原子连接而成，N—$C_\alpha$ 和 $C_\alpha$—C 之间均以单键相连，可以自由旋转，两者旋转的角度分别以 $\varphi$ 和 $\psi$ 表示。决定多肽链骨架在空间的折叠特征。

**02.202 拉氏图** Ramachandran map

根据蛋白质中非键合原子间的最小接触距离，确定哪些成对双面角（$\varphi$ 和 $\psi$）所规定的两个相邻肽单位的构象是允许的，哪些是不允许的，并且以 $\varphi$ 为横坐标，以 $\psi$ 为纵坐标在坐标图上标出所构成的图。

**02.203 疏/亲水性[分布]图** hydropathy profile, hydropathy plot

一种描述亲水肽段和疏水肽段在蛋白质肽链中分布的图示方法，以每个氨基酸残基疏/亲水性的大小（疏水者为正值，亲水者为负）为纵坐标，氨基酸残基的编号为横坐标，绘制成图，可粗略地给出蛋白质的高级结构的轮廓。

**02.204 EF 手形** EF hand

蛋白质模体之一，广泛存在于钙离子结合蛋白。首次发现于鲤鱼肌肉中的小清蛋白，其钙离子结合位点由 E、F 螺旋和其之间的一个环组成，形成螺旋-环-螺旋结构。

**02.205 折叠模式** fold

又称"结构模体"。天然蛋白质分子三维结构的详细构象模式，勾画肽链/二级结构构象单元的走向。

**02.206 三环结构域** Kringle domain

一个约 85 个氨基酸残基组成的保守的结构域，通过 3 对内部的二硫键形成特征的三维结构，其命名源于其外形和北欧的一种食品模板相似。最初在凝血酶原中发现，也存在于组织纤溶酶原激活剂等蛋白质中。

**02.207 胶原螺旋** collagen helix

3 条含有 G-P-Hyp 重复单位组成的、具有左手 α 螺旋结构的胶原肽链相互作用而形成的右手超螺旋。

**02.208 塌陷多肽链** collapsed polypeptide chain

一种蛋白质折叠假设说中推测的一种中间态，即蛋白质肽链在疏水作用下瞬间收缩形成的结构，一般认为肽链中大约有 2/3 的氨基酸残基参与这一过程。

**02.209 希腊钥匙模体** Greek key motif

蛋白质立体结构模体中的一种，由 4 股 β 折叠链组成，因其肽段走向的形状如同在希腊花瓶上经常见到的一种图案而得名。

**02.210 原聚体** protomer

一些具有四级结构蛋白质在组装过程中，少数几个相同或不同的亚基形成低聚体，是更高聚合度完整的蛋白质的组装单元。

**02.211 等电点** isoelectric point

蛋白质或两性电解质（如氨基酸）所带净电荷为零时溶液的 pH，此时蛋白质或两性电解质在电场中的迁移率为零。符号为 pI。

**02.212 等离子点** isoionic point

蛋白质或两性电解质（如氨基酸）在纯水溶液中所带净电荷为零时溶液的 pH。

**02.213 蛋白质异形体** protein isoform

一些功能上相关，而结构不同的蛋白质形式。如由同一信使核糖核酸前体经可变剪接而产生的不同蛋白质，拟南芥中的酰基载体蛋白就是一个例子。

**02.214 序列段** sequon

特指糖蛋白中氨基酸序列中可以发生 *N*-糖基化的序列。

**02.215 蛋白质原** proprotein

含有原肽片段不呈现活性的蛋白质前体。经蛋白酶去除原肽片段后，可以转化为有活性的功能蛋白质。

**02.216 前蛋白质原 preproprotein**
在其新生肽链合成后,尚未除去信号肽以及原肽片段的蛋白质前体。

**02.217 同工蛋白质 isoprotein**
具有多态性的蛋白质所表现的一种形式。典型的例子是同工酶,即功能相似(催化同一化学反应),但结构不同的酶蛋白。

**02.218 同源蛋白质 homologous protein**
结构和功能类似的蛋白质。这些蛋白质可以是在进化过程中,来自共同的祖先蛋白质,但以后发散进化成为结构类似,而功能差异较大的蛋白质。另一种可能是在一定条件的作用下,由不同的祖先收敛进化为结构和功能类似的蛋白质。

**02.219 类蛋白质 proteinoid**
一类组成上与蛋白质相同,但其结构不同于天然蛋白质的物质。此类物质被认为可能与生命起源有关。经常用此类物质组装成微球作为生物系统和生物材料。

**02.220 纤维状蛋白质 fibrous protein**
能够聚集为纤维状或细丝状的蛋白质。主要起结构蛋白的作用,其多肽链沿一个方向伸展或卷曲,其结构主要通过多肽链之间的氢键维持。

**02.221 球状蛋白质 globular protein**
多肽链能够折叠,使分子外形成为球状的蛋白质。

**02.222 单纯蛋白质 simple protein**
完全由氨基酸构成的蛋白质。

**02.223 缀合蛋白质 conjugated protein**
又称"结合蛋白质"。含有一定的非肽成分(金属离子、脂质、糖类或核酸)的蛋白质。这种非肽成分可松散或紧密地与多肽链相结合。

**02.224 全蛋白质 holoprotein**
具有正常功能的蛋白质形式,包括蛋白质部分和适当的辅基或辅酶在内。

**02.225 脱辅蛋白质 apoprotein**
缀合蛋白质中的蛋白质组分。如脱铁铁蛋白、载脂蛋白等。

**02.226 镶嵌蛋白质 mosaic protein**
由来自不同蛋白质中的肽段(包括模体和/或结构域)构成的蛋白质。

**02.227 嵌合型蛋白质 chimeric protein**
利用基因工程技术,将一个蛋白质分子的部分序列插入或取代另一个蛋白质分子的序列所产生的、兼有两种原来蛋白质序列和特点的新蛋白质。

**02.228 寡聚蛋白质 oligomeric protein**
由两个以上、十个以下亚基或单体通过非共价连接缔合而成的蛋白质。

**02.229 易位蛋白质 translocator, translocation protein**
一类可以将各种极性分子(包括氨基酸、蛋白质、糖类和离子)转位通过膜(包括质膜和细胞器膜)的蛋白质。

**02.230 转座蛋白质 transposition protein**
与基因转座有关的蛋白质。如重组酶、转座酶、整合酶和解离酶等。

**02.231 变性蛋白质 metaprotein**
早期使用过的名词,指蛋白质经酸或碱处理后得到的水解产物,微溶于弱酸或碱,但不溶于中性溶液。

**02.232 表面活性型蛋白质 surfactant protein**
主要是指肺泡中降低表面张力的蛋白质。有 A、B 和 D 等几种亚型。在结构上看,有的属于胶原凝素。

**02.233 应激蛋白质 stress protein**
生物或细胞在非生理条件下,为了应答外来

的刺激而表达的蛋白质。这些蛋白质可具有不同的功能，目前研究得最多的是热激蛋白。

**02.234 移动性蛋白质 movement protein**
某些病毒产生的，可穿梭于不同细胞器之间的一类蛋白质。烟草花叶病毒的移动蛋白是由 α 螺旋组成的膜蛋白。

**02.235 脂肪酸结合蛋白质 fatty acid-binding protein**
一组细胞质中的小蛋白质，与脂肪酸或其他有机溶解物结合。

**02.236 周质结合蛋白质 periplasmic binding protein**
在细菌周质中与多种分子（糖类、氨基酸、二肽、寡肽、氧阴离子、金属和维生素等）结合的蛋白质。

**02.237 蛋白质转位体 protein translocator**
帮助蛋白质转运的蛋白质或蛋白质体系。

**02.238 淀粉样物质 amyloid**
一些蛋白质形成的纤维样物质，为多条肽链聚集的扭曲的 β 折叠链，沉淀于淀粉样变性病的组织细胞外，抗蛋白酶水解，产生于抗体轻链或其他蛋白质。其中 β 淀粉样物质纤维沉淀于脑组织，为淀粉样前体蛋白的衍生物。

**02.239 泛素 ubiquitin**
曾称"遍在蛋白质"。一个高度保守的蛋白质，由 76 个氨基酸残基组成。几乎存在于所有的物种中，但已发现的差别不超过两个氨基酸。参与短半寿期蛋白质的快速降解。以多蛋白质的形式被合成，在翻译后加工过程中，被切割成多个泛素分子。

**02.240 泛素-蛋白质缀合物 ubiquitin-protein conjugate**
在泛素参与的短半寿期蛋白质降解过程中，泛素与被降解蛋白质连接的蛋白质缀合物。

**02.241 泛素缀合蛋白质 ubiquitin-conjugated protein**
一些细胞内短半寿期蛋白质在降解过程中，与泛素形成的中间体。

**02.242 泛素载体蛋白质 ubiquitin carrier protein**
在泛素参与的短半寿期蛋白质降解过程中，介导泛素与被降解蛋白质连接的蛋白质。泛素先与此蛋白质结合，形成中介物，然后将泛素转移给将被降解的蛋白质。

**02.243 清蛋白 albumin**
又称"白蛋白"。一类能溶于水中、仅在高盐浓度下才能沉淀的蛋白质。通常指血清清蛋白，脊椎动物血清蛋白质的主要成分，单一多肽链，含有多个结构域，容易结合水、脂肪酸、胆汁色素、钙离子等，主要功能是调节血液胶体渗透压。也存在于鸟蛋的蛋清中。

**02.244 清蛋白激活蛋白 albondin**
内皮组织中的一个特征地与清蛋白结合的受体，然后进入细胞的液泡中，为约 60 kDa 的糖蛋白。

**02.245 肌清蛋白 myoalbumin**
肌质中溶于中性低离子强度的盐溶液中的蛋白质，约占总蛋白质的 25% ~30% 。

**02.246 肝清蛋白 hepatoalbumin**
由肝脏中分离得到可溶于水的蛋白质，属于清蛋白类。

**02.247 乳清蛋白 lactalbumin, lactoalbumin**
一种存在于几乎所有哺乳动物乳汁中的蛋白质，由 123 个氨基酸残基组成，其氨基酸序列和立体结构均与溶菌酶同源，是乳糖合酶的一个亚基。

**02.248 卵清蛋白 ovalbumin**
蛋清中的主要糖蛋白（45 kDa）。其一级结构和立体结构均与血清中的丝氨酸蛋白酶抑制剂家族的成员同源。鸡卵清蛋白由385

个氨基酸残基组成,仅有一条杂合型糖链。

**02.249 卵黏蛋白 ovomucin**
在鸡的蛋清中含量较少(约 3.5%)的糖蛋白,含有 $O$-连接的糖链,这些糖与水形成广泛的氢键,形成凝胶样结构,使蛋清黏稠。

**02.250 伴清蛋白 conalbumin**
又称"卵运铁蛋白(ovotransferrin)"。鸡蛋清中的一种蛋白质(约 77 kDa),占蛋清干重 12%,结合 $Fe^{3+}$,氨基酸序列和鸡血清运铁蛋白大致相同,但糖基不同。

**02.251 副清蛋白 paralbumin**
(1)电泳行为异常的清蛋白。(2)一种卵巢囊肿等组织的液体中的蛋白质样物质,常与糖原类物质缔合。

**02.252 后清蛋白 postalbumin**
自由电泳时迁移率比清蛋白慢的蛋白质的统称。

**02.253 前清蛋白 prealbumin**
自由电泳时迁移率比清蛋白快的蛋白质的统称。在血清中,属于此类蛋白质的有甲状腺素视黄类运载蛋白和 $\alpha_1$ 酸性糖蛋白。

**02.254 小清蛋白 parvalbumin**
一类肌肉中的钙结合蛋白(约 12 kDa)。小清蛋白 α 具有 EF 手形模体,参与肌肉的收缩。

**02.255 甲状腺素视黄质运载蛋白 transthyretin, TTR**
又称"甲状腺素结合前清蛋白(thyroxine binding prealbumin, TBPA)"。存在于血浆的一类运载蛋白,可以同时结合甲状腺素和视黄质,是一种同源四聚体。人的此类蛋白质的前体由 147 氨基酸残基组成。

**02.256 甲状腺素结合球蛋白 thyroxine binding globulin, TBG**
又称"甲状腺激素结合球蛋白(thyroid hor-mone binding globulin)"。哺乳动物血液中的甲状腺素运载蛋白,其血液中的浓度随甲状腺素的浓度改变,同时亲和力也随甲状腺素的浓度改变,浓度低时,两者的亲和力也降低。人的此种蛋白质由 415 个氨基酸残基组成。

**02.257 酰基载体蛋白质 acyl carrier protein, ACP**
由 77 个氨基酸残基组成的单链多肽,为脂肪酸合成酶系的一组分,其辅基与辅酶 A(CoASH)的相同,为 4-磷酸泛酰巯基乙胺,巯基是反应基团。担负着脂肪酸合成过程中脂酰基的载体,脂酰基通过该辅基与酰基载体蛋白的丝氨酸羟基形成酯键(ACP-SH),并同 CoASH 连接。

**02.258 固醇载体蛋白质 sterol carrier protein, SCP**
固醇类的运载蛋白质。

**02.259 球蛋白 globulin**
一类不溶或微溶于水,可溶于稀盐溶液的单纯蛋白质,可以被半饱和中性硫酸铵沉淀,广泛存在于动物和植物中,通过电泳或者超速离心可以区分。如 α 球蛋白和 β 球蛋白,7S 球蛋白和 19S 球蛋白。

**02.260 丙种球蛋白 gamma globulin**
又称"γ 球蛋白"。在经典的血清蛋白电泳时迁移速度最慢,含量最多的人球蛋白,主要由抗体组成,不在肝脏合成,因此其和清蛋白的比值经常作为肝功能的指标。

**02.261 热球蛋白 pyroglobulin**
一种非典型的丙种球蛋白,在 56 ℃ 不可逆热失活的产物,当 pH 低于 3 或大于 9 时,可防止这种热沉淀。热球蛋白存在于血清中,可引起热球蛋白血症。

**02.262 优球蛋白 euglobulin**
血浆中的一类球蛋白,溶于等渗盐溶液,不

溶于低离子强度的溶液或纯水,加入硫酸铵至浓度33%时沉淀。

**02.263 乳球蛋白 lactoglobulin**
全称"β乳球蛋白(β-lactoglobulin)"。反刍动物乳糜中的主要蛋白质,占总乳糜的50%~60%。以二聚体形式存在,分子质量约36 kDa,pI约5.2。是脂质转运蛋白家族的一个成员,可与视黄醇结合。

**02.264 假球蛋白 pseudoglobulin**
又称"拟球蛋白"。可溶于低离子强度或纯水中的球蛋白。

**02.265 副球蛋白 paraglobulin**
(1)电泳行为异常的球蛋白。(2)一种存在于血液中的清蛋白样的物质,可以与血纤维蛋白原结合形成血纤维。

**02.266 肝球蛋白 hepatoglobulin**
由肝脏中分离得到仅溶于盐溶液的蛋白质,属于球蛋白类。

**02.267 胎盘球蛋白 placental globulin**
从胎盘中分离得到的一些球蛋白,包括胎盘蛋白质5、胎盘蛋白质12、胎盘蛋白质14、α-2-妊娠相关球蛋白1等。

**02.268 冷球蛋白 cryoglobulin**
将血清或含有此种蛋白质的溶液冷却后能形成凝胶,或形成絮状沉淀,或自发结晶的一种免疫球蛋白。特别是IgM或IgG。

**02.269 抗血友病球蛋白 antihemophilic globulin**
又称"抗血友病因子(antihemophilic factor, AHF)","凝血因子Ⅷ(blood coagulation factor Ⅷ)"。在内源性凝血途径中,结合具有丝氨酸蛋白酶活性的凝血因子Ⅸa,促使后者激活凝血因子X的一种辅助蛋白。如缺失,可导致一种隐性遗传的出血性疾病,即血友病A。

**02.270 免疫球蛋白 immunoglobulin, Ig**
具有抗体活性或化学结构上与抗体相似的球蛋白,是一类重要的免疫效应分子。由高等动物免疫系统淋巴细胞产生的蛋白质,经抗原的诱导可以转化为抗体。因结构不同可分为IgG、IgA、IgM、IgD和IgE 5种,多数为丙种球蛋白。

**02.271 免疫球蛋白G immunoglobulin G, IgG**
含量最多的人体免疫球蛋白,占总血清免疫球蛋白的80%左右,分子质量150kDa,是再次抗体应答中所产生的主要免疫球蛋白。

**02.272 免疫亲和蛋白 immunophilin**
一些能和抑制T细胞信号转导的环孢素蛋白结合的蛋白质。包括亲环蛋白和FK506结合蛋白(FKBP)等,兼有肽酰基-脯氨酰异构酶的活性。

**02.273 免疫球蛋白结合蛋白质 immunoglobulin binding protein**
可以和免疫球蛋白结合的各种蛋白质的总称。包括细菌产生的可与IgG结合的蛋白质A和G,能与IgA结合的波罗蜜凝集素以及免疫球蛋白结合蛋白1(CD79a-结合蛋白1,B细胞信号转导分子α4)等。

**02.274 免疫球蛋白重链结合蛋白质 immunoglobulin heavy chain binding protein, BiP**
又称"78 kDa葡糖调节蛋白(78 kDa glucose-regulated protein, GRP78)"。能够和免疫球蛋白重链结合的蛋白质,在蛋白质转运和加工中起作用,帮助蛋白质新生肽链的折叠。

**02.275 抗-抗体 anti-antibody**
又称"第二抗体"。在一种动物体内产生的针对另一种动物抗体的免疫球蛋白。

**02.276 抗原肽转运蛋白体 transporter of antigenic peptide, TAP**

在蛋白质抗原提呈过程中帮助表位相关肽段转运的蛋白质。包括 TAP-1、TAP-2。

**02.277　主要组织相容性复合体　major histocompatibility complex，MHC**
一类与抗原提呈密切相关的、细胞表面的穿膜糖蛋白。可分为Ⅰ和Ⅱ两种类型，其膜外部分的肽链折叠为免疫球蛋白结构域样的立体结构，能与抗原衍生的肽段结合，为适当的 T 细胞所识别。

**02.278　嗜铬粒蛋白　chromogranin**
可溶的酸性蛋白质，发现于牛嗜铬颗粒（贮存儿茶酚胺）中，广泛分布于动物内分泌组织，可被内肽酶裂解产生几种活性肽，分 A、B 两种类型。

**02.279　嗜铬粒蛋白 A　chromogranin A**
为钙结合糖蛋白，在胰腺、甲状腺与多种激素共分泌。

**02.280　嗜铬粒蛋白 B　chromogranin B**
又称"分泌粒蛋白（secretogranin）"。在肾上腺髓质和交感神经中分别与儿茶酚胺和去甲肾上腺素一起分泌的酸性蛋白质。pI 为 4.5~5.0。

**02.281　分泌片　secretory piece**
特指参与分泌型免疫球蛋白 A 形成的一个多肽（58 kDa），对黏膜有强烈的亲和作用，从而延长 IgA 在黏膜表面的滞留时间，并且可防止蛋白酶对其降解。

**02.282　C 反应蛋白　C-reactive protein，CRP**
酸性热敏感蛋白（118kDa），存在于人或猴血清中，仅感染早期、炎症、组织损伤或坏死时可检测，正常情况下检测不出，是一种急性时相蛋白质，属于正五聚蛋白质家族。其名称源于在钙离子存在时，可和肺炎球菌多糖 C 形成沉淀。

**02.283　衰变加速因子　decay accelerating factor，DAF**
通过阻断 C3bBb 复合体（不同途径的 C3 转换酶）从而调节补体级联的血浆蛋白，广泛分布于组织中，但在夜间阵发性血红蛋白尿症患者中缺乏。

**02.284　Cro 蛋白　Cro protein**
λ 噬菌体合成的阻遏蛋白，小分子二聚体，有螺旋-环-螺旋模体，结合于操纵基因，抑制 λ 噬菌体 *cI* 基因的表达，使 λ 噬菌体进入溶菌性周期。

**02.285　GTP 酶激活蛋白质　GTPase-activating protein，GAP**
可与 Ras 及 Ras 相关蛋白等 GTP 结合蛋白结合的一类蛋白质，并激活其 GTP 酶活性，使 Ras 蛋白等由有活性的 GTP 结合型变为无活性的 GDP 结合型，从而改变其生物活性。

**02.286　G 蛋白调节蛋白质　G-protein regulatory protein**
所有能调节 G 蛋白活性的蛋白质。

**02.287　Rab 亲和蛋白　rabphilin**
能与 Rab 结合的蛋白质。Rab 系大鼠（rat）脑（brain）中的 Ras 相关蛋白质。可以是 Rab 的受体，由 704 个氨基酸残基组成，其 N 端与 Rab3 结合，C 端与钙和磷脂结合。

**02.288　Ras 蛋白　Ras protein**
一类能与鸟苷三磷酸结合的蛋白质，参与细胞内的信号转导，最初发现于大鼠肉瘤病毒（rat sarcoma），以字头缩写而得名。

**02.289　蛋白酶连接蛋白　protease nexin**
一类具有蛋白酶抑制活性的蛋白质，成纤维细胞等多种培养细胞都能分泌这类蛋白质。有 1 和 2 等不同组分，蛋白酶连接蛋白 1 是一个 43~50 kDa 的糖蛋白，抑制丝氨酸蛋白酶。

**02.290　共济蛋白　frataxin**
含 210 个氨基酸残基的蛋白质，发现于弗里德赖希(Friedreich's)共济失调症,其基因在某些患者体内发生点突变,但大多数为第一个内含子中出现不稳定 GAA 三核苷酸扩增的纯合子。

**02.291 亨廷顿蛋白 huntingtin**
一种在神经系统独特和高水平表达的蛋白质,是与亨廷顿病相关的蛋白质。分子量极大,约由 3000 个氨基酸残基组成。在网格蛋白介导的细胞胞吞、神经转运过程以及突触后信号转导中起作用,可保护神经元细胞不凋亡。

**02.292 刺激甲状腺免疫球蛋白 thyroid stimulating immunoglobulin,TSI**
一种可引起甲状腺自身免疫疾病的免疫球蛋白。90% 以上的格雷夫斯(Graves)病的患者此种抗体水平升高。

**02.293 抗凝蛋白质 anticoagulant protein**
能够阻止或抑制血液、牛奶凝聚作用的蛋白质。

**02.294 巨球蛋白 macroglobulin**
一类分子质量大于 400 kDa 的球蛋白,包括血浆中的免疫球蛋白 M、$\alpha_2$ 巨球蛋白和多种脂蛋白。

**02.295 $\alpha_2$ 巨球蛋白 $\alpha_2$-macroglobulin,$\alpha_2$M**
存在于脊椎动物血浆中的一种糖蛋白,是广谱的蛋白酶抑制剂,其活性中心含硫酯键。

**02.296 微球蛋白 microglobulin**
分子质量小于 40 kDa 的血浆球蛋白或球蛋白碎片。如 $\beta_2$ 微球蛋白和本周(Bence-Jones)蛋白等。

**02.297 $\beta_2$ 微球蛋白 $\beta_2$-microglobulin,$\beta_2$M**
人血浆中的一种蛋白质,由 99 个氨基酸残基组成。其一级结构、三级结构均和免疫球蛋白中恒定区的结构域极其相似。也是 I 型主要组织相容性复合体的一个组分。其

血浆中的水平可以作为多种疾病的指标。

**02.298 甲胎蛋白 $\alpha$-fetoprotein,$\alpha$-FP,AFP**
在胎肝和羊水中发现的一种糖蛋白,在成人中水平极低,可以作为肝癌的指标,70% 的肝癌患者血清中此种蛋白质的水平升高,但患者和胎儿的此种蛋白质的糖链结构有所不同。

**02.299 胎球蛋白 fetuin**
又称"$\alpha$ 球蛋白"。发现于胎牛血清,两条肽链自同一前体切割产生并以一对二硫键相连,含量占总蛋白质的 45%,等电点较低,含糖量达 35%,有 3 条寡糖链(每条 3.4kDa),由分子质量不等的糖蛋白组成。具有细胞所需的生长因子,促进细胞胞吞等功能。

**02.300 副蛋白质 paraprotein**
血浆或尿液在蛋白质电泳时,区带出现异常的蛋白质。最常见的是作为单克隆抗体的免疫球蛋白,此外还有本周蛋白、淀粉样蛋白质和冷球蛋白等。

**02.301 本周蛋白 Bence-Jones protein**
一种只由轻链组成的异常免疫球蛋白。通常为二聚体形式。在多发性骨髓瘤患者体内大量生成。可出现于尿中,该蛋白加热至 40~50℃ 发生沉淀,继续加热则重新溶解。

**02.302 备解素 properdin**
补体系统中的一员,分子质量约 220 kDa 的糖蛋白,由 4 个相同亚基组成。

**02.303 过敏毒素 anaphylatoxin**
血清中补体系统激活时产生的补体片段 C3a 和 C5a,可结合于肥大细胞和嗜碱性粒细胞表面,导致肥大细胞脱颗粒和释放组胺,引起炎症。

**02.304 血纤蛋白原 fibrinogen,profibrin**
一种高度可溶的细长蛋白质(340 kDa),经凝血酶加工成血纤蛋白单体,然后聚合形成血凝块。为六聚体,由三种多肽链(A$\alpha$、B$\beta$、

γ)组成,肽链间以二硫键相连。在血小板聚集中起辅助因子的作用。

**02.305 血纤蛋白 fibrin**
在凝血过程中,凝血酶切除血纤蛋白原中的血纤肽 A 和 B 而生成的单体蛋白质。易于平行交错聚集形成可溶性血纤蛋白多聚体,在凝血因子 XⅢa 作用下转变为不溶性血纤蛋白多聚体,形成血凝块。

**02.306 补体 complement**
脊椎动物血液或新鲜制备的血清中存在的血清蛋白质系统,由血浆补体成分、可溶性和膜型补体调节蛋白、补体受体等 30 余种糖蛋白组成。被抗原-抗体复合体或微生物激活,可通过直接裂解或者促进吞噬作用消灭病原微生物。

**02.307 补体蛋白质 complement protein**
大约 20 种组成补体系统的血清蛋白质,多数是 β 球蛋白和 γ 球蛋白,主要在肝脏合成。绝大多数补体开始没有活性,被抗原-抗体复合体或微生物激活,对感染产生免疫效应。

**02.308 ADP 核糖基化因子 ADP-ribosylation factor, ARF**
一类在真核细胞中广泛存在的蛋白质。至少有 3 亚类,共 6 种,是 Ras 相关的小 GTP 结合蛋白。最初发现其成员可以增强霍乱毒素的 ADP 核糖基转移酶的活性,其后证明是细胞内小泡转运的调节者。

**02.309 ADP 核糖基化因子结合蛋白 arfaptin**
由 arf(ADP 核糖基化因子)+ apto(希腊词义为"与结合")+ protein 构成。其家族的成员 1 和 2 均由 341 个氨基酸残基组成,为 ADP 核糖基化因子 1 的靶蛋白,可募集在高尔基体膜上,有助于高尔基体膜行使功能。

**02.310 cAMP 结合蛋白质 cAMP binding protein**
又称"分解代谢物激活蛋白质(catabolite activator protein, CAP)""cAMP 受体蛋白质(cAMP receptor protein, CRP)"。原核基因转录起始因子,结合 cAMP 并被其激活,结合在细菌操纵子的操纵基因附近,是操纵子有效转录所必需的蛋白质。

**02.311 cAMP 应答元件结合蛋白质 cAMP response element binding protein, CREB protein**
简称"CREB 蛋白质"。哺乳动物基因的转录因子,被磷酸化后结合于许多基因调控区中的 cAMP 应答元件(CRE),以激活这些基因的表达,对细胞质 cAMP 水平的提高做出应答。

**02.312 凝血因子 blood coagulation factor**
一组参与凝血过程的血浆因子,多为蛋白质。人有 13 种,用罗马数字 Ⅰ ~ XⅢ编号。这些因子形成酶促级联反应,即前一个因子激活下一个因子,以此类推,最终导致凝血。

**02.313 降脂蛋白 adipsin**
具有补体因子 D 活性的丝氨酸蛋白酶,主要在脂肪和坐骨神经组织中合成,有 37 kDa 和 44 kDa 两种形式。其血清水平在某些遗传性和获得性肥胖综合征中发生特征性改变。

**02.314 聚集蛋白 aggregin**
在血小板聚集过程中可被切割的一种向外取向的血小板膜蛋白(100 kDa)。可以与腺苷二磷酸(ADP)结合,从而发生构象改变,影响血小板的聚集。

**02.315 抗黄体溶解性蛋白质 antiluteolytic protein**
能抗黄体溶解的蛋白质。牛滋养层蛋白质 Ⅰ 复合体是由孕牛在着床前分泌的一种能抗黄体溶解的蛋白质,为 αⅡ 干扰素,具有免疫调节活性。

**02.316 颗粒蛋白 granin**

一个相关的酸性蛋白质家族,含 400～600 个氨基酸残基,发现于许多内分泌细胞产生的分泌小泡中。

**02.317 颗粒体蛋白 granulin**

构成颗粒体病毒包含体的蛋白质。

**02.318 颗粒钙蛋白 grancalcin**

一种钙离子结合蛋白质,有 4 个 EF 手形模体,富含于中性粒细胞及单核细胞中,由 2 个相同的亚基组成。

**02.319 配体蛋白 ligandin**

一类分布很广、含量较高的碱性二聚体蛋白质。常见于肝、肾和小肠中,可以和胆红素、有机阴离子、多环芳香致癌剂等代谢产物以高亲和力结合。

**02.320 片段化蛋白 fragmin**

从一种黏菌中分离出的钙敏感蛋白(43 kDa),在体外可调节肌动蛋白纤维的长度。

**02.321 普列克底物蛋白 pleckstrin**

一种发现于血小板和白细胞中的蛋白质,是蛋白激酶 C 的底物。其命名中"plec"来源于血小板及白细胞 C 激酶底物(platelet and leukocyte C kinase substrate),"kstr"来自于氨基酸序列 KSTR。

**02.322 血栓收缩蛋白 thrombosthenin**

血小板中具有收缩功能的蛋白质,约占血小板总蛋白质的 15%～20%。

**02.323 β 血小板球蛋白 β-thromboglobulin, β-TG**

由低亲和血小板因子 4 衍生的同源四聚体,被激活的血小板释放,属于间分泌 α 家族,参与很多炎症应答,包括淋巴细胞趋化。

**02.324 血小板应答蛋白 thrombospondin**

存在于血小板 α 颗粒中的主要糖蛋白,对凝血酶敏感,血小板激活时被释放,在钙存在下与膜结合,成为黏附分子,参与细胞与细胞、细胞与胞外基质结合。含有表皮生长因子和钙调蛋白的结构域。

**02.325 亲雌激素蛋白 estrophilin**

与雌激素结合的蛋白质,包括雌激素的受体。

**02.326 筑丝蛋白 tektin**

一类纤毛和鞭毛轴丝中的与微管相关的蛋白质。有 A、B 和 C 三类。

**02.327 桩蛋白 paxillin**

一种黏着蛋白,与黏着斑蛋白结合。在对一些刺激做出应答时,被磷酸化,随后与黏着斑缔合,被固定在质膜内侧,还与钙黏蛋白依赖性的细胞-细胞接触和细胞铺展有关。

**02.328 着丝粒结合蛋白质 centromere binding protein**

结合于真核细胞染色体着丝粒 DNA 的蛋白质。如酵母染色体动粒中的着丝粒结合因子 1 和着丝粒结合因子 2。

**02.329 纤连蛋白 fibronectin**

一组大分子黏着糖蛋白,以二硫键连接的异源二聚体,含 3 种类型结构域。发现于动物细胞表面、结缔组织基质和细胞外液体。能与细胞表面,以及胶原、血纤蛋白、肝素、肌动蛋白和整联蛋白等结合。参与细胞的黏着、运动、损伤修复和形态维持。分为血浆纤连蛋白和细胞纤连蛋白两类。

**02.330 纤丝成束蛋白质 filament bundling protein**

一组能和肌动蛋白结合,并使纤丝状肌动蛋白成束的蛋白质。包括丝束蛋白、胶质纤丝蛋白质等,以及来自盘基网柄菌的 30 kDa 能抑制纤丝状肌动蛋白解聚的蛋白质。

**02.331 纤丝切割性蛋白质 filament severing protein**

一组能切割肌动蛋白纤丝的蛋白质,能动态

控制肌动蛋白纤丝,包括丝切蛋白、凝溶胶蛋白、肌切蛋白和抑制蛋白。

**02.332 色蛋白 chromoprotein**
含有生色基团的蛋白质。如叶绿体中含有叶绿素和类胡萝卜素的蛋白质。

**02.333 血色蛋白 hemochromoprotein**
一类携带血红素发色团的蛋白质的统称。

**02.334 血色素结合蛋白 hemopexin**
存在于人血清中的高丰度 $\beta_1$ 糖蛋白(57 kDa)。对血红素有高亲和力,其血红素复合体能够被连二亚硫酸盐还原,并产生特征性的 3 条铁血色原吸收光谱。可能是肝脏吸收和降解血红素所必需。

**02.335 镰刀状血红蛋白 sickle hemoglobin, S-Hb**
$\beta$ 亚基第 6 位氨基酸由谷氨酸突变为缬氨酸的人血红蛋白,致使红细胞的外形由面包圈变成镰刀状,易于发生溶血并造成贫血。但这种血红蛋白具有抗疟的特性。

**02.336 珠蛋白 globin**
血红蛋白和肌红蛋白中的蛋白质组分。血红蛋白分子由 2 对不同的珠蛋白组成四聚体,而肌红蛋白只有 1 条珠蛋白多肽链。

**02.337 子宫珠蛋白 uteroglobin**
能调节进入胚泡孕酮浓度的蛋白质。是磷脂酶 $A_2$ 的强烈抑制剂。由近百个氨基酸残基组成,形成同源二聚体,通过二硫键相连接。

**02.338 触珠蛋白 haptoglobin**
一种酸性糖蛋白,血浆 $\alpha_2$ 球蛋白组分,与血浆中游离的氧合血红蛋白形成复合体,这一复合体在肝脏被降解。分子为四聚体,由 2 条 $\alpha$ 链和 2 条 $\beta$ 链组成,其中 $\alpha$ 链有 2 种类型,故人有 3 种触珠蛋白。

**02.339 血红蛋白 hemoglobin, haemoglobin, Hb**
一组红色含铁的携氧蛋白质。存在于脊椎动物、某些无脊椎动物血液和豆科植物根瘤中。人血红蛋白由 2 对珠蛋白组成四聚体,每个珠蛋白(亚基)结合 1 个血红素,其亚铁离子可逆地结合 1 个氧分子。血红蛋白的氧解离曲线呈 S 形,提示亚基之间存在正协同作用。

**02.340 血红素蛋白质 hemoprotein**
一组以血红素(铁卟啉)为辅助因子的蛋白质。包括血红蛋白、肌红蛋白、细胞色素、过氧化氢酶以及某些过氧化物酶。

**02.341 血红素黄素蛋白 hemoflavoprotein**
一些兼有血红素和黄素的蛋白质。通常是一些氧化还原酶,如硝酸还原酶(作为粗糙链孢霉的光受体)和心脏中的亚硫酸还原酶,为寡聚体。

**02.342 血铁黄素蛋白 hemosiderin**
一种不溶性颗粒状复合体,其质量的三分之一是铁,存在于肝、脾和骨髓中,可通过普鲁士蓝反应显示。铁的一种贮藏形式。由于维生素 C 缺乏等原因,铁蛋白可转变为血铁黄素蛋白。

**02.343 氧合肌红蛋白 oxymyoglobin**
与氧结合的肌红蛋白。

**02.344 氧合血红蛋白 oxyhemoglobin**
与氧结合的血红蛋白。

**02.345 高铁血红蛋白 methemoglobin, methaemoglobin**
血红蛋白的氧化产物,其 4 个铁离子全是三价的高铁,且第 6 个配位体在酸性条件下为水分子,在碱性条件下是 $OH^-$,不再结合和运输氧。红细胞中出现此类血红蛋白即为高铁血红蛋白血症。

**02.346 假血红蛋白 pseudohemoglobin**
某些寄生性线虫含有的一种血红蛋白类似

物。

**02.347 豆血红蛋白 leghemoglobin**

豆科植物根瘤中发现的血红蛋白样红色蛋白质。有抗氧化活性，可避免同类细菌中的固氮酶受到抑制，是共生固氮所必需的。豌豆中的此种蛋白质由 147 个氨基酸残基组成。

**02.348 蚯蚓血红蛋白 hemerythrin, haemerythrin**

一种不含血红素但含铁的携氧蛋白质。同源八聚体，每个亚基（约 113 个氨基酸）含有 2 个二价铁原子，1 个氧分子结合于这两个铁原子之间。发现于某些无脊椎动物（如星虫、软体动物、甲壳类等）中。

**02.349 蠕虫血红蛋白 helicorubin**

一种细胞色素 b 类血红素蛋白质。存在于蜗牛（*Helix pomatia*）等相关物种的肝胰腺中。

**02.350 肌红蛋白 myoglobin**

肌肉中运载氧的蛋白质，由 153 个氨基酸残基组成，含有血红素，和血红蛋白同源，与氧的结合能力介于血红蛋白和细胞色素氧化酶之间，可帮助肌细胞将氧转运到线粒体。

**02.351 肌基质蛋白 myostromin**

存在于肌肉组织基质或网架中的蛋白质。

**02.352 肌巨蛋白 titin**

横纹肌肌原纤维节中的巨型蛋白质（1000 kDa），以单个分子的形式形成从 M 线伸展到 Z 线的弹性纤丝。是目前已知的最大的蛋白质之一。

**02.353 胆绿蛋白 choleglobin**

珠蛋白和开环铁卟啉的复合体，是血红蛋白降解形成胆色素的中间物。

**02.354 胆藻［色素］蛋白 biliprotein, phycobilin protein, phycobiliprotein**

与藻胆色素缀合的蛋白质。存在于蓝藻、红藻、隐藻和甲藻中，是深色荧光水溶性色素复合蛋白，由脱辅基蛋白和开链四吡咯结构的色基通过硫醚键共价交联而成，常见的是藻蓝蛋白、藻红蛋白和别藻蓝蛋白。

**02.355 藻红蛋白 phycoerythrin**

藻类叶绿体中的一种红色辅助色素，含有一个与藻胆色素结合的蛋白质。

**02.356 藻蓝蛋白 phycocyanin**

藻类叶绿体中的一种蓝色辅助色素，含有一个与藻胆色素结合的蛋白质。

**02.357 别藻蓝蛋白 allophycocyanin, APC**

藻胆蛋白的一种，单聚体由一条 α 肽链及一条 β 肽链所组成，每一肽链各与一分子的藻蓝素结合。别藻蓝蛋白是在藻胆体的类囊体侧配位结合，有将藻红蛋白及藻蓝蛋白的激发能传递给类囊体的叶绿素 a 的作用。

**02.358 血蓝蛋白 hemocyanin, haemocyanin**

一种蓝色、含铜、不含血红素的携氧蛋白质。存在于许多软体动物和节肢动物，由 20～40 个亚基组成（2000～8000 kDa），在电镜下呈特征性立方体外形，其氧化型呈强亮蓝色，光吸收比其他已知的铜化合物高 5～10 倍。

**02.359 藻胆［蛋白］体 phycobilisome**

由藻胆色素蛋白聚集而成的颗粒，排列在一些藻类类囊体膜的外表面，作为光合作用的集光装置。

**02.360 天青蛋白 azurin**

一组含铜蛋白质，亮蓝色，存在于某些细菌中，可以将电子转移到细胞色素氧化酶。

**02.361 血影蛋白 spectrin**

红细胞细胞骨架中的主要蛋白质之一，与带 4.1 蛋白、肌动蛋白一起构成红细胞质膜骨架的超结构。由 α 和 β 两种亚基形成二聚体、四聚体直至多聚体，同时介导其他细胞骨架蛋白质的功能。

**02.362 增殖蛋白 proliferin**
一种有丝分裂原调节蛋白质,为催乳素相关蛋白质。某些鼠类细胞株在生长时出现其信使核糖核酸(mRNA)。在胎盘中也发现其 mRNA,胎盘分泌的蛋白质是一种糖蛋白。

**02.363 增殖细胞核抗原 proliferating cell nuclear antigen,PCNA**
一种参与真核细胞 DNA 复制的蛋白质。由三个相同亚基(约 29 kDa)组成的环状三聚体。能与 DNA 聚合酶 δ、聚合酶 ε、复制因子 C 结合,并使 DNA 在其形成的环中滑行,使前导链连续合成。

**02.364 致育蛋白 fertilin**
在受精过程中参与结合和融合的蛋白质,是一个异源二聚体。其两个亚基均属于解整联蛋白和金属蛋白酶家族。

**02.365 周期蛋白 cyclin**
调节真核细胞周期的一组蛋白质,其浓度在细胞周期中出现周期性变化,激活特异的依赖细胞周期的蛋白激酶,控制细胞周期按照阶段逐一进行。

**02.366 玻连蛋白 vitronectin**
又称"血清铺展因子"。一种血清蛋白质(70 kDa),是细胞外基质中的一种结构糖蛋白,促进在培养基中细胞的黏附和铺展黏着,含精-甘-天冬氨酸(RGD)三肽。

**02.367 网格蛋白 clathrin**
有被小泡、有被小窝、突触小泡外被的主要蛋白质(180 kDa),与真核细胞膜组分之间分子运输有关。这种网格蛋白外被由许多亚基形成多面体网格状结构,每个亚基含 3 条重链和 3 条轻链。

**02.368 网钙结合蛋白 reticulocalbin**
内质网腔面的钙结合蛋白。

**02.369 透明带黏附蛋白 zonadhesin**
精子膜上的蛋白质,以物种特异性方式与卵子的透明带结合,含有黏蛋白样的结构域。

**02.370 突触蛋白 synapsin**
一组与突触小泡相关的具有神经元特异性的磷酸蛋白质家族。几乎存在于所有的突触颗粒的表面,并且与细胞骨架结合。可以被钙调蛋白和 cAMP 依赖性的蛋白激酶磷酸化。人的突触蛋白 A1 由 705 个氨基酸残基组成,B1 是可变剪接的产物。

**02.371 突触核蛋白 synuclein**
存在于突触前末梢和神经元核内的蛋白质,有 α、β 和 γ 等类型。α 突触核蛋白与帕金森病等疾病有关。

**02.372 突触结合蛋白 synaptotagmin**
一类在突触小泡和嗜铬细胞颗粒中丰富的膜内在蛋白质,可能在突触小泡向突触活性区域转运中起作用。其一级结构中含有两个类似于蛋白激酶 C 的调节结构域的重复片段。

**02.373 突触孔蛋白 synaptoporin**
突触小泡蛋白中的一种,为小突触小泡固有的膜蛋白。

**02.374 突触融合蛋白 syntaxin**
一种在突触前区参与突触小泡泊靠与融合的突触相关蛋白质。

**02.375 突触小泡蛋白 synaptophysin**
存在于前突触颗粒和肾上腺髓质样颗粒的一类膜内在糖蛋白,是神经内分泌和肿瘤特有的蛋白质,可在膜上形成通道。

**02.376 小突触小泡蛋白 synaptobrevin**
一种突触颗粒相关蛋白,参与突触颗粒的黏着和融合,在突触颗粒胞吐中起重要作用。

**02.377 突触小泡磷酸酶 synaptojanin**
在神经末梢中发现的一种蛋白质。具有肌醇-5-磷酸酶活性,可以和双载蛋白 SH3 结构域结合,与酵母蛋白质 Sac1 同源。

**02.378 突触小体相关蛋白质** synaptosome-associated protein, SNAP

最初是从神经细胞表面分离得到的与神经递质胞吐密切有关的蛋白质,后来发现也存在于其他细胞表面中。

**02.379 单胺转运蛋白体** monoamine transporter

存在于突触小泡中的负责单胺转运的蛋白质。

**02.380 成束蛋白** fasciclin

神经束中的一组蛋白质。其中,成束蛋白 I 是神经元细胞黏附分子,成束蛋白 II 是神经元识别分子,与神经元细胞黏附分子相关。

**02.381 穿孔蛋白** perforin

特指可以在细胞膜上形成孔的蛋白质。由细胞毒性 T 细胞等细胞产生,平时贮存在分泌颗粒中,与靶细胞接触时释放。在钙离子存在时聚合为可穿透靶细胞膜的管状的孔,使靶细胞裂解。

**02.382 促分裂原活化蛋白质** mitogen-activated protein, MAP

一类在促有丝分裂原激活的蛋白质,通常是一些激酶。目前几乎都是与激酶联用。

**02.383 加帽蛋白** capping protein

存在于所有真核细胞中的杂二聚蛋白质。可以与肌动蛋白纤维的正端结合,并稳定肌动蛋白纤维,防止其解聚,控制细胞的运动。

**02.384 帽结合蛋白质** cap binding protein

又称"mRNA 帽结合蛋白质(mRNA cap binding protein)"。结合于真核信使核糖核酸(mRNA)分子 5′端帽子结构的蛋白质。在翻译起始阶段促使 mRNA 与核糖体小亚基相结合。

**02.385 力蛋白** herculin

又称"成肌蛋白因子6"。肌肉调节基因 *myf*-6 的表达产物,MyoD 蛋白家族成员。该家族的功能是决定肌细胞的发生,仅存在于成肌细胞和骨骼肌细胞,调节若干肌细胞特异基因的转录。

**02.386 前列腺蛋白** prostatein

前列腺中分化的表皮细胞合成和分泌的一种蛋白质。可与类固醇结合,由三类亚基组成。与子宫珠蛋白有同源性。

**02.387 前胰岛素原** preproinsulin

带有信号肽的胰岛素的蛋白质前体。

**02.388 谷氧还蛋白** glutaredoxin

一种单链蛋白质,功能与硫氧还蛋白相似。在核苷酸还原过程中,谷氧还蛋白可以取代硫氧还蛋白,成为主要的反应物。

**02.389 钴胺传递蛋白** transcobalamin

血浆中结合并运载维生素 $B_{12}$ 的蛋白质。

**02.390 钙结合性蛋白质** calcium binding protein

结合钙离子的蛋白质。主要分为两类:①EF 手形模体蛋白,如钙调蛋白;②膜联蛋白,结合钙与磷脂,如脂皮质蛋白。许多其他蛋白质也能结合钙,其结合位点与钙调蛋白相应位点同源性较高。此外,尚有一些以钙离子为辅因子的酶和通道。

**02.391 钙结合蛋白** calbindin

依赖维生素 D 与钙结合的蛋白质(28 kDa),含有 EF 手形模体,存在于灵长类动物多种组织细胞。如肾、海马和十二指肠吸收细胞。

**02.392 胆钙蛋白** cholecalcin, visnin

一种细胞内钙结合蛋白。

**02.393 钙促蛋白** caltropin

一种高亲和性平滑肌钙结合蛋白,当钙存在时能有效地逆转钙调蛋白结合蛋白对 ATP

水解的抑制作用,调制钙调蛋白结合蛋白与重酶解肌球蛋白间的相互作用。

**02.394 钙依赖蛋白质 calcium-dependent protein**

活性依赖于钙离子的蛋白质。

**02.395 钙传感性蛋白质 calcium sensor protein**

与钙信号调节有关的蛋白质。如视锥蛋白样蛋白质1是一种豆蔻酰化的蛋白质,可调节 $\alpha_4\beta_2m$ 烟酰乙酰胆碱受体的表达,并参与老年痴呆有关的淀粉样斑块形成。

**02.396 海马钙结合蛋白 hippocalcin**

神经元特异的钙离子结合蛋白质,含 EF 手形模体,特异存在于人大脑皮质的海马锥体细胞层。

**02.397 肾钙结合蛋白 nephrocalcin**

在肾脏中表达的一种钙结合蛋白质。在人尿中以酸性糖蛋白的形式存在,在哺乳动物中强烈抑制草酸钙结石的形成。

**02.398 钙精蛋白 calspermin**

高亲和力钙和钙调蛋白的结合蛋白质。存现于减数分裂后的睾丸生殖细胞中。含有蛋白激酶Ⅳ的 C 端 169 个氨基酸残基,缺乏激酶结构域,其启动子位于蛋白激酶Ⅳ基因的一个内含子中。

**02.399 钙粒蛋白 calgranulin**

一类钙结合蛋白,与髓系细胞相关,属于 S100 蛋白质家族。在中性粒细胞和单核细胞中高表达,但在分化为巨噬细胞过程中消失。在角质细胞中与细胞骨架结合,与迁移抑制因子同源。

**02.400 钙连蛋白 calnexin**

内质网膜上的钙结合蛋白,有单一穿膜 α 螺旋,与钙网蛋白共同作为蛋白质新生肽链的分子伴侣,帮助蛋白质新生肽链的折叠,参与内质网蛋白质加工、组装,防止其被泛素化和被蛋白酶降解。

**02.401 钙磷蛋白 calcyphosine**

甲状腺内的蛋白质,属于与钙调蛋白相关的钙结合蛋白,是依赖于 cAMP 的蛋白激酶的底物。

**02.402 钙黏着蛋白 cadherin**

穿膜蛋白质,介导依赖钙离子的细胞间黏附作用,分为上皮(E)、神经(N)、胎盘(P)三类。胞外有 5 个相似的免疫球蛋白结构域,其中 3 个有钙离子结合位点,胞内 C 端结构域与肌动蛋白相互作用。

**02.403 钙牵蛋白 caltractin**

一种钙结合蛋白,存在于真核细胞中心体和基粒,含有 4 个 EF 手形模体,在微管组织中心起重要作用,属于钙调蛋白/肌钙蛋白 C 超家族成员。

**02.404 钙[视]网膜蛋白 calretinin**

神经元蛋白质(29 kDa),钙调蛋白家族成员,含有 EF 手形模体,分离自小鸡视网膜,与肠组织中依赖维生素 D 的钙结合蛋白的氨基酸序列同源性达 58%。

**02.405 钙网蛋白 calreticulin, calregulin**

一种钙结合蛋白,存在于内质网腔中,与钙连接蛋白共同作为新合成蛋白质的分子伴侣,对于所结合的蛋白质的选择性可能比钙连接蛋白高。

**02.406 胞衬蛋白 fodrin**

又称"钙影蛋白(calspectin)"。发现于牛脑的一种蛋白质,不仅和血影蛋白结构相似,而且功能相同,与钙调蛋白相互作用,参与膜细胞骨架对钙依赖的运动。

**02.407 钙周期蛋白 calcyclin**

催乳素受体结合蛋白,小钙结合蛋白家族成员,含 EF 手形模体,受细胞周期调控,能与膜联蛋白和甘油醛-3-磷酸脱氢酶等蛋白质结合,在成纤维细胞中经生长因子诱导产生,在急性非淋巴细胞白血病中过量表达。

**02.408 钙阻蛋白 calcicludine**
一种毒性蛋白质,是小脑颗粒神经元 L 型通道的强阻断剂,尤其对高阈值钙通道有高亲和力。

**02.409 钙调蛋白 calmodulin, CaM**
重要的钙结合蛋白(17 kDa),广泛存在于动植物细胞质中,单一多肽链中有 4 个 EF 手形模体,进化上高度保守,没有种属或组织特异性,激活许多真核细胞的酶系统和多个细胞代谢过程。

**02.410 钙调蛋白结合蛋白 caldesmon**
纤丝状肌动蛋白交联蛋白,同源二聚体,结合肌球蛋白和原肌球蛋白,存在于平滑肌细丝和成纤维细胞中,控制肌动蛋白-肌球蛋白相互作用,抑制肌球蛋白 ATP 酶,其活性受钙调蛋白和原肌球蛋白调节。

**02.411 钙调理蛋白 calponin**
存在于许多脊椎动物平滑肌,为细丝结合蛋白,调节平滑肌收缩,是肌动蛋白、钙调蛋白和原肌球蛋白的结合蛋白,其免疫和生物化学特性与肌钙蛋白相似。

**02.412 钙防卫蛋白 calprotectin**
中性粒细胞产生的钙结合蛋白(约 36 kDa),占细胞总蛋白质的 5%,能和锌结合,有杀菌作用。

**02.413 钙感光蛋白 calphotin**
感光细胞的一种钙结合蛋白,存在于黑腹果蝇光受体细胞的细胞质中,脯氨酸、丙氨酸和缬氨酸含量超过 50%,C 端有亮氨酸拉链。

**02.414 脱钙钙调蛋白 apocalmodulin**
不含钙的钙调蛋白。

**02.415 脱钙肌钙蛋白 apotroponin**
不含钙的肌钙蛋白。

**02.416 运铁蛋白 transferrin, iron binding globulin**
一类分子质量约 76 ~ 81 kDa 糖蛋白,能与金属结合,广泛地存在于脊椎动物的体液细胞中。主要和 $Fe^{3+}$ 结合,并转运铁离子。

**02.417 子宫运铁蛋白 uteroferrin**
最初从猪子宫分泌物中回收到的一种富含铁的酸性磷酸酶,能传递铁。

**02.418 乳运铁蛋白 lactotransferrin**
又称"乳铁蛋白(lactoferrin)"。乳汁中与铁结合,并运载铁的蛋白质。与血清运铁蛋白是同系物。其血浆中的水平可作为评估胰腺炎的指标。

**02.419 脱铁运铁蛋白 apotransferrin**
不含铁的运铁蛋白。

**02.420 铁蛋白 ferritin**
贮铁蛋白质,广泛存在于动植物组织中,由 24 条多肽链(亚基)形成一中空的球形壳,其中央孔穴可容纳 4500 个铁原子(正 3 价),铁为可溶、可使用形式,主要与羟基和磷酸基团结合。血浆铁蛋白水平偏低,是铁贮存性疾病的特征。

**02.421 铁硫蛋白质 iron-sulphur protein, Fe-S protein**
一组铁结合蛋白质,铁通过含硫的配体结合于蛋白质,其分子质量较低,铁原子不结合血红素,硫原子活泼(遇酸时),低氧化还原电位时能够转移电子。单纯型铁-硫蛋白仅含有 1 个或多个铁-硫原子簇,缀合型则含有黄素、血红素等基团或其他金属。

**02.422 里斯克蛋白质 Rieske protein**
又称"质体醌-质体蓝蛋白还原酶"。细胞色素 $b_6f$ 复合体的 4 个亚基之一,是一个铁硫中心形式的蛋白质。

**02.423 铁氧还蛋白 ferredoxin**
一类非酶蛋白质(6 ~ 24 kDa),含有数目相同的铁原子和活泼的硫原子(易酸化成硫化氢),广泛存在于微生物、叶绿体和线粒体中,氧化还原电位较低,在多种氧化还原系统中作为电子载体。

**02.424 硫氧还蛋白 thioredoxin**
一类广泛存在的热稳定的作为氢载体的蛋白质(约 12 kDa)。在许多还原反应中作为氢供体,特别是核苷二磷酸变成相应的脱氧产物和光依赖性的还原反应中。也以结构域的形式出现于二硫键异构酶中。

**02.425 含铁蛋白质 iron protein**
生物中含铁蛋白质的总称。如贮存铁的铁蛋白,运载铁的各种运铁蛋白,携带血红素的血红蛋白、肌红蛋白和细胞色素,某些氧还酶,以及铁钼蛋白和铁硫蛋白等。

**02.426 含铁钼蛋白质 iron-molybdenum protein**
自然界同时含有铁和钼的蛋白质。不多,典型的代表是豆科植物根瘤菌中的固氮酶,其组分 I 是钼铁氧还蛋白。

**02.427 含硒蛋白质 selenoprotein**
含有硒代半胱氨酸的蛋白质,偶尔也含有硒代甲硫氨酸。典型的硒蛋白是哺乳动物的谷胱甘肽过氧化物酶,此外还有四碘甲状腺素 5′-去碘酶,以及细菌中的甲酸脱氢酶和甘氨酸还原酶。

**02.428 脱铁铁蛋白 apoferritin**
铁蛋白的中空球形蛋白质外壳,由 24 条多肽链(亚基)组成,中间的空腔可以容纳 4500 个三价铁离子,这些铁离子主要以氢氧化物和磷酸盐的形式存在,形成核心。

**02.429 运皮质激素蛋白 transcortin**
又称"皮质醇结合球蛋白(cortisol-binding globulin)","皮质类固醇结合球蛋白(corticosteroid-binding globulin, CBG)"。一种特异的血浆 $\alpha_1$ 球蛋白(约 52 kDa),可以与可

的松特异地结合并运载之。还能结合其他一些可的松类似物,但是与醛固醇的结合很弱。

**02.430 抗冻蛋白质 antifreeze protein**
一类具有抗冻活性的蛋白质。已知的有 6 种不同结构类型。其中一组大小不等的糖蛋白,含重复单位二糖基三肽(丙氨酸-丙氨酸-苏氨酸-O-二糖),存在于极地海洋生活的某些冷水鱼血清中,其降低水溶液冰点的效率是等摩尔氯化钠的 200 ~ 500 倍;另一种属于 C 类动物凝集素超家族。

**02.431 肌成束蛋白 fascin**
一种参与形成肌动蛋白束和肌动蛋白组装的蛋白质。

**02.432 肌质蛋白 myogen**
又称"肌浆蛋白"。用水从动物骨骼肌中提取得到的多种蛋白质的混合物。如肌质蛋白 A 是从兔肌肉中制备的可以结晶出醛缩酶和甘油-3-磷酸脱氢酶的混合物。

**02.433 收缩蛋白质 contractile protein**
参与收缩过程的蛋白质,为纤维状组织的成分,并能在纤维组分的长度上产生变化。

**02.434 肌动蛋白 actin**
肌肉细肌丝和真核细胞骨架中微丝的主要蛋白质,由 374 个氨基酸残基组成(42 kDa),约占细胞总蛋白质的 5% ~ 10%。在低离子强度溶液中,肌动蛋白是球状的单体,称作"G 肌动蛋白(globular actin)"。

**02.435 纤丝状肌动蛋白 filamentous actin**
简称"F 肌动蛋白(F-actin)"。在中性盐溶液中,由球状的 G 肌动蛋白单体经过组装后形成的纤维状的肌动蛋白,是肌肉细肌丝和真核细胞骨架中微丝的主要组分。

**02.436 消去蛋白 destrin**
存在于许多脊椎动物组织,特别是神经细胞中的 F 肌动蛋白的解聚因子(19 kDa)。

**02.437 伴肌动蛋白 nebulin**

一种脊椎动物骨骼肌肌节基质中特有的巨型蛋白质（800 kDa），可能是调节细肌丝长度的"分子尺"，含有一些约 35 个氨基酸残基组成的重复单位。

**02.438 中心体肌动蛋白 centractin**

与肌动蛋白同源的蛋白质，结合于脊椎动物细胞中心体，在种属间高度保守。

**02.439 张力蛋白 tensin**

一种肌动蛋白的结合蛋白质，可维持微丝锚着点的张力。

**02.440 针形蛋白 aciculin**

磷酸葡糖变位酶基因超家族一个无酶活性的表达产物，是肌动蛋白纤丝与细胞骨架和细胞外基质连接的一部分。

**02.441 根蛋白 radixin**

真核细胞中能与肌动蛋白结合的红细胞带 4.1 蛋白质家族成员，高度浓集在黏着连接和减数分裂期的断裂沟中。

**02.442 冠蛋白 coronin**

土壤中盘基网柄菌（*Dictyostelium discoideum*）的肌动蛋白结合蛋白质（55 kDa），结合于生长期细胞表面冠状突起，聚集于细胞前端，对 cAMP 的趋化性梯度做出应答。N 端和 G 蛋白 β 亚基相似。

**02.443 肌动蛋白解聚因子 actin depolymerizing factor**

调节发育中的骨骼肌细胞肌动蛋白的聚集，具有解聚 F 肌动蛋白和结合 G 肌动蛋白能力的一种肌动蛋白结合蛋白质。与丝切蛋白在功能上相似，但为不同基因的产物。有核定位结构域，与肌动蛋白的相互作用受磷酸肌醇的调节。

**02.444 肌动结合蛋白 actobindin**

由一条多肽链组成，可结合两分子 G 肌动蛋白单体。在一定条件下，可通过结合寡（聚）肌动蛋白，强烈抑制肌动蛋白多聚化。

**02.445 肌动球蛋白 actomyosin**

由肌动蛋白和肌球蛋白组成的马达系统，两者接触使肌球蛋白的构象发生改变，导致肌动蛋白纤维滑动，而肌球蛋白可依赖 ATP 恢复结构，循环往复。

**02.446 辅肌动蛋白 actinin**

肌肉中的少量二聚体蛋白质，集中于肌节 Z 线和 I 带，有 α 和 β 两种类型，α 型（200 kDa）是纤丝状肌动蛋白交联蛋白，将微丝聚集成束，促使肌动蛋白纤维在凝胶和溶胶之间转变；β 型（70 kDa）促进肌动蛋白多聚化。

**02.447 富组亲动蛋白 hisactophilin**

土壤中盘基网柄菌（*Dictyostelium discoideum*）的肌动蛋白结合蛋白质（13.5 kDa，118 个氨基酸），结合于微丝束，促进肌动蛋白的聚合，含有 31 个组氨酸残基，对 pH 很敏感。

**02.448 亲棘蛋白 spinophilin**

一种神经系统中发现的肌动蛋白结合蛋白质，参与 F 肌动蛋白的重新组织化以及 F 肌动蛋白与质膜的交联。

**02.449 半人马蛋白 centaurin**

一组调节肌动蛋白细胞骨架和小泡转运的蛋白质家族。通过使 ADP 核糖基化因子的 GTP 酶活性丧失而进行调节。从大鼠脑中分离得到的半人马蛋白 α 含 419 个氨基酸残基，参与磷酸肌醇-3-磷酸激酶的激活及随后的信号转导。

**02.450 闭合蛋白 occludin**

定位于鸡肝紧密连接的膜内在蛋白，由 504 个氨基酸残基组成。对 Raf1 介导的肿瘤发生有强烈的抑制作用。

**02.451 波形蛋白 vimentin**

存在于间叶细胞和非表皮细胞，以及骨骼肌

和心肌 Z 盘中的Ⅲ型中间纤丝内的蛋白质。是一个磷酸化的蛋白质,在细胞分裂时,磷酸化程度提高。

**02.452　纤胶凝蛋白　ficolin**

一类糖结合蛋白质,除了糖识别域外,还有胶原样和血纤维蛋白原样结构域,此蛋白质因这些结构域而得名。可分为 H、M 和 L 三类。与胶原凝素等协同,在固有免疫中发挥作用。

**02.453　颤搐蛋白　twitchin**

线虫中与肌肉的组装和功能密切有关的 40 个重要基因之一 unc-22 的表达产物,由 6048 个氨基酸残基组成,包含 31 个类似神经黏着蛋白类似的和 26 个免疫球蛋白样的重复肽段。还可自身磷酸化。因其突变能引起颤搐而得名。

**02.454　肌钙腔蛋白　sarcalumenin**

肌质网内膜的一种酸性糖蛋白,但来源不同分子质量(130 ~ 160 kDa,甚至 205 kDa),是其基因初始转录产物通过选择性加工的结果。

**02.455　高尔基体蛋白　golgin**

高尔基体中的一个蛋白质家族,包括高尔基体蛋白-67、高尔基体蛋白-95、高尔基体蛋白-245、高尔基体蛋白-160 和末梢膜蛋白 gm130,都有卷曲螺旋的结构,形成高尔基体的外骨架。在细胞凋亡时,被胱天蛋白酶降解。

**02.456　切割蛋白　severin**

全称"肌动蛋白切割蛋白"。一种从盘基网柄菌分离得到的、依赖于钙的、断裂纤丝状肌动蛋白的蛋白质。

**02.457　基底膜连接蛋白质　basement membrane link protein**

一类参与基底膜形成的蛋白质,以及与其连接的蛋白质。如一些蛋白聚糖——串珠蛋白聚糖和巢蛋白等,包括细胞骨架内的肌养蛋白和肌营养相关蛋白。

**02.458　集钙蛋白　calsequestrin**

钙结合蛋白质(44 kDa),占肌质网液泡蛋白质的 19%,在肌肉内部储备钙,并通过钙通道释放之。每一分子能结合 40 多个钙离子,中度亲和力,ATP 可提高其选择性,有蛋白激酶活性。

**02.459　绒毛蛋白　villin**

存在于肠表皮细胞和肾近管细胞微绒毛中的钙调节的肌动蛋白结合蛋白质。人的此类蛋白质由 826 个氨基酸残基组成。

**02.460　细胞绒毛蛋白　cytovillin**

又称"埃兹蛋白(ezrin)"。参与连接细胞骨架和质膜的蛋白质。特异的生长因子受体被激活后,作为质膜-细胞骨架衔接者参与壁细胞顶端微绒毛的组装。与胃酸分泌的调节有关。最初是由位于美国康奈尔大学的埃兹(Ezra)实验室分离得到。

**02.461　组装抑制蛋白　profilin**

一种通常与球状肌动蛋白单体 1∶1 结合的蛋白质,从而抑制球状肌动蛋白的聚合,能与磷脂酰肌醇二磷酸结合,为磷脂酶 C 的 γ 同工酶。

**02.462　拘留蛋白　arrestin**

曾称"抑制蛋白"。视杆细胞的视紫红质(光受体)抑制性蛋白质家族,结合于光受体的磷酸化酪氨酸,阻止受体与 G 蛋白(转导蛋白)相互作用,有效地终止光信号转导,产生光适应。

**02.463　肌球蛋白　myosin**

一组肌肉和非肌肉细胞收缩装置中的蛋白质,具有 ATP 酶活性,由两条相同的重链和两对轻链组成。重链的大部分是 α 螺旋,其头部具有 ATP 酶活性,并与肌动蛋白结合,而轻链具有激酶活性。

**02.464　肌生成抑制蛋白　myostatin**
属于转化生成因子 β 家族的成员，约 26 kDa。抑制肌肉细胞的生长。

**02.465　肌细胞生成蛋白　myogenin**
一种参与肌肉分化的蛋白质，可以诱导成纤维细胞分化为成肌细胞。是序列特异的 DNA 结合蛋白，属于螺旋-转角-螺旋模体转录因子 Myc 蛋白质家族。大鼠中此种蛋白质由 287 个氨基酸残基组成。

**02.466　肌养蛋白　dystrophin**
曾称"肌营养不良蛋白"。一种少量存在于正常肌肉中的蛋白质（426 kDa），在多种肌营养不良症患者中缺乏或异常，起到将细胞骨架锚定于质膜上的作用。

**02.467　肌营养相关蛋白　utrophin**
肌养蛋白的同系物，与 α 辅肌动蛋白相关的肌动蛋白结合蛋白质。

**02.468　酶解肌球蛋白　meromyosin**
肌球蛋白经胰蛋白酶和其他蛋白酶水解后得到的碎片，有轻酶解肌球蛋白和重酶解肌球蛋白两种。

**02.469　原肌球蛋白　tropomyosin**
存在于平滑肌、骨骼肌和心肌中的蛋白质，由 α 和 β 两种亚基组成，与肌动蛋白形成肌钙蛋白复合体，进而影响肌肉收缩。

**02.470　原肌球蛋白调节蛋白　tropomodulin**
细胞骨架中与原肌球蛋白结合的蛋白质。结合后阻断了其沿着肌动蛋白的自身首尾缔合，也影响和肌动蛋白的结合。在红细胞中，对血影蛋白与肌动蛋白相互作用的调节影响红细胞的黏弹性。

**02.471　副肌球蛋白　paramyosin**
一些非脊椎动物粗丝中的重要蛋白质，分子质量约 200 kDa，含有两股 α 螺旋，可形成卷曲螺旋。

**02.472　肌钙蛋白　troponin**
在横纹肌中起主要调节作用的蛋白质。有三个亚基：与原肌球蛋白结合的肌钙蛋白 T、调节肌动球蛋白 ATP 酶活性的肌钙蛋白 I 和钙结合的肌钙蛋白 C。肌钙蛋白复合体调节了肌动蛋白与肌球蛋白的结合，影响肌肉收缩。

**02.473　肌联蛋白　connectin**
细胞表面蛋白质（70 kDa），存在于小鼠纤维肉瘤细胞，可结合层粘连蛋白和肌动蛋白。

**02.474　肌切蛋白　scinderin**
能切割 F 肌动蛋白的蛋白质，其活性依赖于钙离子，存在于嗜铬细胞、血小板和其他分泌性细胞中。牛的相应蛋白质由 715 个氨基酸残基组成。

**02.475　细丝蛋白　filamin**
存在于平滑肌等组织的蛋白质，同源二聚体，含有肌动蛋白结合结构域。可诱发钙离子不敏感的肌动蛋白胶凝作用，促进肌动蛋白细丝发生垂直分支，并使肌动蛋白细丝连接于膜上的糖蛋白。

**02.476　三脚蛋白[复合体]　triskelion**
由 3 条重链和 3 条轻链构成的网格蛋白分子的六聚体在电镜下呈现的一种三腿状结构。

**02.477　斑联蛋白　zyxin**
细胞基质和细胞间接头中的蛋白质组分。参与黏着斑的形成。

**02.478　斑珠蛋白　plakoglobin**
在细胞连接处的一种蛋白质，在桥粒和中间连接的功能中起重要作用。

**02.479　骨钙蛋白　osteocalcin**
骨中与钙和羟基磷灰石结合的蛋白质，其结合能力与所含有 γ 羧基谷氨酸有关。

**02.480　骨架蛋白　skelemin**

存在于横纹肌中的一种蛋白质,可使细胞骨架与微原纤维相连。

**02.481 骨架连接蛋白 articulin**
眼虫的细胞骨架蛋白。有两种异构体,可以形成纤维、大片层和微管,功能与血影蛋白相似,但结构完全不同。核心结构域含有12个氨基酸残基重复单位,并富含缬氨酸和脯氨酸。

**02.482 骨架型蛋白质 skeleton protein**
参与生物体及其组织、器官和细胞中起到支撑和保护作用的结构装置形成的蛋白质。

**02.483 骨桥蛋白 osteopontin**
在类骨质中由基质细胞产生的骨特异的、含唾液酸的蛋白质,在细胞和基质无机物之间起桥连作用。与尿中的结石形成有关。在心脏平滑肌形成粥样斑块时,其含量升高。还可与细胞外基质中的结构糖蛋白结合。

**02.484 骨形态发生蛋白质 bone morphogenetic protein, BMP**
简称"骨形成蛋白"。从脊椎动物骨骼基质中分离提纯的蛋白质。具有内肽酶(含锌离子)活性、表皮生长因子模体,同源二聚体之间以二硫键相连,属于转化生长因子-β家族,能诱导骨与软骨形成。

**02.485 交叉蛋白 intersectin**
一种多结构域的蛋白质,可以与膜以及内吞必需的发动蛋白结合。有长、短两种形式。长的形式主要在神经系统中表达,其两个结构域具有 Ras 超家族成员的鸟苷酸交换因子功能,进而通过调节肌动蛋白和网格蛋白的组装,影响细胞的胞吞。

**02.486 接触蛋白 contactin**
一种集于中间神经元接触区的糖蛋白(130kDa)。通过其细胞质结构域连接细胞骨架,含免疫球蛋白和Ⅲ型纤连蛋白重复结构域,属于细胞黏附分子。

**02.487 结蛋白 desmin**
一种存在于骨骼肌和心肌的 Z 盘,以及平滑肌和非肌肉细胞的中间纤丝中的蛋白质(50~55 kDa)。

**02.488 接头蛋白 junctin**
在心脏细胞中连接肌质网系的一种膜蛋白。分子质量约 26 kDa。穿越肌质网系膜,与其他一些蛋白质缔合,参与钙离子的释放。

**02.489 整联蛋白 integrin**
一类质膜上的、作为细胞黏附分子受体的蛋白质。为 α 和 β 两种亚基组成的异源二聚体,其性质决定了细胞所能结合的黏附分子的类型。

**02.490 解整联蛋白 disintegrin**
一类含有精氨酰甘氨酰天冬氨酰三肽的多肽。与整联蛋白结合,进而影响细胞与基质的结合,也可抑制血小板-血纤蛋白原相互作用和其他聚集作用,存在于某些蛇毒中。

**02.491 界面蛋白 emilin**
全称"弹性蛋白微原纤维界面定位蛋白(elastin microfibrin interface located protein)"。一种细胞外基质糖蛋白,是弹性蛋白纤维的组分之一,主要定位于弹性蛋白-微原纤维的界面。

**02.492 巨蛋白 giantin**
一种在泊靠到高尔基体膜过程中起作用的蛋白质,因其分子巨大(376 kDa)而得名。通过起桥连作用的 p115 与 GM130 结合,与顺式和中间高尔基体的嵴结合。

**02.493 巢蛋白 entactin, nidogen**
一种硫酸化的钙结合糖蛋白,存在于动物组织基底膜,参与细胞黏附,与层粘连蛋白和Ⅳ型胶原结合,有 2 个球形结构域、1 个 EF 手形结构域、几个表皮生长因子样结构域和 1 个甲状腺球蛋白Ⅰ型结构域。

**02.494 成骨蛋白 osteogenin**

又称"骨生成蛋白"。诱导骨形成的蛋白质（小于 50 kDa），与细胞外基质和肝素结合，是多功能细胞因子，属于转化生长因子超家族。

**02.495 成骨生长性多肽** osteogenic growth polypeptide, OGP

一类与骨形态发生有关的蛋白质，分子质量为 12 ~ 15 kDa。属于转化生长因子 β 超家族，多肽链通过二硫键形成二聚体。引发、促进、调节骨的发育、生长和重建。

**02.496 网蛋白** plectin

细胞基质中富含的蛋白质（300 kDa），与各种中间纤丝蛋白质共存。

**02.497 微管蛋白** tubulin

广泛分布的一类球状蛋白质，作为亚基可以形成细胞骨架结构元件微管。有 α 和 β 两条链，两者可以组成一种稳定的存在形式。此外，还有 γ、δ 和 ε 微管蛋白。

**02.498 微管成束蛋白** syncolin

在鸡红血球中发现的与微管相关的蛋白质。

**02.499 微管连接蛋白** nexin

真核生物纤毛和鞭毛轴丝中的蛋白质，使微管内中心对外围的微管外层之间相互连接。

**02.500 微管切割性蛋白质** microtubule severing protein

一类能切割微管的蛋白质总称。包括肌割蛋白等。

**02.501 微管相关蛋白质** microtubule-associated protein, MAP

一类和微管蛋白专一结合的蛋白质的统称。可以改变微管蛋白的性质。有的诱导微管蛋白聚合，有的则促进它们和其他组分（包括动力蛋白和 τ 蛋白以及一些激酶）交联。

**02.502 外壁性蛋白质** exine-held protein

花粉壁中的蛋白质。在授粉的不相容反应中起到识别作用。

**02.503 停靠蛋白质** docking protein

又称"信号识别颗粒受体（signal recognition particle receptor, SRP receptor）"。存在于内质网表面的蛋白质，是信号识别颗粒的受体。一旦与信号识别颗粒结合，多肽链的延伸反应就可以继续进行。

**02.504 通道形成肽** channel-forming peptide

可以在膜上形成通道的肽类。广义则包括那些天然存在于膜上可形成通道的蛋白质；狭义则是专指对膜有毒性的肽类。

**02.505 同源异形蛋白质** homeoprotein

又称"同源域蛋白质（homeodomain protein）"。一类含有同源异形结构域（约 60 个氨基酸）模体的蛋白质。这类 DNA 结合结构域由保守的同源异形框（180 bp）编码。广泛存在于真核生物中，调节高等动物（尤其是脊椎动物）的发育和细胞分化。

**02.506 双载蛋白** amphiphysin

哺乳动物脑中富含的一类酸性蛋白质，分子量大小不等，与网格蛋白、发动蛋白以及突触小泡磷酸酶结合，参与突触小泡的胞吞。在果蝇中，此类蛋白质主要存在于肌肉的 T 管网络中，而其 N 端两亲螺旋结构域广泛出现于其他蛋白质中。

**02.507 衔接蛋白** adaptin

将网格蛋白结合到网格蛋白有被小泡膜表面上的衔接体复合物中的一种蛋白质。与主要组分为网格蛋白的有被小泡外层结合，在动物细胞表面受体介导的胞吞作用过程中识别、连接该受体胞质结构域中的四个氨基酸残基（FRXY）模体，或参与高尔基体小泡运输。

**02.508 次晶[形成]蛋白** assemblin

骨骼肌的一种微管相关蛋白质，可形成次晶。

**02.509 陷窝蛋白 caveolin**

动物质膜穴状内陷部位的一类多次穿膜整合蛋白。属于膜内在蛋白质家族，排列在细胞膜穴状内陷的胞质侧表面，包括 VIP-21 陷窝蛋白和 M 陷窝蛋白（来自肌肉）等，有的类型具有组织特异性。

**02.510 协同转运蛋白 cotransporter**

协同运送两种类型化学物质同向或反向穿过细胞膜的蛋白质或蛋白质体系。

**02.511 发动蛋白 dynamin**

一个微管结合蛋白质家族，能结合并水解鸟苷三磷酸（GTP）。分 2 种类型，Ⅰ型为神经元特有，Ⅱ型广泛分布。其 N 端约 300 个氨基酸残基和 GTP 结合位点的序列高度相似；在 C 端约 100 个氨基酸残基为富含脯氨酸区，只有Ⅰ型存在 1 个磷酸化位点，以调节其鸟苷三磷酸酶的活性。参与微管束的形成和小泡的输送。

**02.512 去磷蛋白 dephosphin**

最初从完整突触小体中鉴定的磷蛋白。与发动蛋白Ⅰ类似，参与胞吞作用的一种鸟苷三磷酸结合蛋白质。此蛋白质在神经末梢因去极化作用而脱去磷酸基团，在细胞周期中起作用。

**02.513 连接蛋白 nectin**

（1）基质黏附蛋白的统称，包括纤连蛋白等。（2）特指一类不依赖钙离子的免疫球蛋白样的细胞间黏附分子。（3）曾称"柄蛋白"。特指形成线粒体 ATP 酶柄的蛋白质。

**02.514 间隙连接蛋白 connexin**

连接子主要组分，其六聚体形成一个连接子，每个物种和组织有不同的连接蛋白亚型，形成不同功能的连接子。两个连接子形成一个间隙连接（细胞间通道），以输送糖类、氨基酸、核苷酸、离子等。

**02.515 亲中心体蛋白 centrophilin**

一种微管结合蛋白质，在有丝分裂时核心化纺锤体生长中起重要作用。利用抗分离的着丝粒单克隆抗体时发现，其存在不限于着丝粒，亦为有丝分裂细胞中纺锤体极体的主要抗原。

**02.516 马达蛋白质 motor protein**

一类具有驱动能力的蛋白质，包括动力蛋白和驱动蛋白等。通常在核苷三磷酸水解的情况下沿着纤丝、微管或其他高聚分子推动自身前行。

**02.517 动力蛋白 dynein**

巨大的蛋白质复合体，由 2 条重链、4 条轻链、3~4 条中间链组成，具有 ATP 酶活性，与微管结合，其功能是分子马达，驱动内体、溶酶体、线粒体等沿着微管向中心体运动，结合真核生物外周的鞭毛和纤毛并驱动其运动，参与细胞分裂过程中染色体的分离。

**02.518 动力蛋白激活蛋白 dynactin**

动力蛋白激活蛋白复合体中最大的蛋白质，在体内激活动力蛋白的活性。广泛存在于脊椎动物细胞质中，几种同型蛋白质（117~160 kDa）产生于其信使核糖核酸前体的可变剪接。

**02.519 驱动蛋白 kinesin**

一类微管动力蛋白，由两条重链（110~135 kDa）和数条轻链（60~70 kDa）组成，其重链的头部具有 ATP 酶的活性，利用水解 ATP 得到的能量沿着微管移动，参与细胞器的转运、有丝分裂和减数分裂。

**02.520 驱动蛋白结合蛋白 kinectin**

内质网内的膜蛋白，分子质量 160 kDa。与驱动蛋白结合，作为小泡运动时的锚。在结构上与肌球蛋白类似，富含螺旋，具有细长（100 nm）的外形。

**02.521 剑蛋白 katanin**

一种与微管有关的 ATP 酶，可使微管断裂，并使微管解聚为微管蛋白的二聚体。

**02.522 踝蛋白 talin**

一种参与细胞骨架和质膜连接的磷蛋白质，能与黏着斑蛋白结合，但结合强度比整联蛋白弱。小鼠的此种蛋白质由 2541 个氨基酸残基组成。

**02.523 快蛋白 prestin**

存在于哺乳动物耳蜗外毛细胞膜中的一种动力蛋白，有 12 段穿膜的肽段，与电压-运动转换有关。小鼠快蛋白由 744 个氨基酸残基组成。

**02.524 联蛋白 catenin**

结合于桑椹黏着蛋白胞质结构域的蛋白质，并连接细胞骨架蛋白。分为 α 联蛋白（102 kDa）、β 联蛋白（88kDa）、γ 联蛋白（80 kDa）三种类型。

**02.525 联丝蛋白 synemin**

从禽类平滑肌和红细胞分离的一种大分子肌肉细胞骨架蛋白质，分子质量为 230kDa。在哺乳动物肌肉中亦存在，可与肌肉中的波形蛋白及结蛋白丝结合。

**02.526 螺旋去稳定蛋白质 helix-destabilizing protein, HDP**

一种单链 DNA 结合蛋白，参与 DNA 复制，防止 DNA 解旋后再形成双螺旋结构，与其他蛋白质相互作用，使单链 DNA 适合于作为复制的模板，令暴露的碱基易于和底物形成碱基配对。

**02.527 吞蛋白 endophilin**

一个含有 SH3 结构域的蛋白质家族，其多数成员由约 350 个氨基酸残基组成。在果蝇中，其相关蛋白质可以将突触小泡磷酸酶募集到突触小泡上，并使后者稳定，以此参与突触小泡的再循环，还与细胞内的细胞器结合。在体外，与膜结合后，可使膜变形。

**02.528 热激蛋白 heat shock protein, Hsp**

一个原核或真核细胞高度保守的蛋白质家族，在高温、自由基损伤等异常情况下产生，但许多成员在正常条件下也存在。根据大小主要分为 3 类：Hsp60，Hsp70，Hsp90。具有分子伴侣功能，参与蛋白质新生肽链的折叠和组装。

**02.529 冷激蛋白 cold shock protein**

一类因温度下降而诱导产生的蛋白质。或是针对膜流动性减低，或是稳定核酸的二级结构，降低转录和翻译的效率等。冷激蛋白 A 是一种 RNA 分子伴侣，通过与 RNA 结合阻止发夹结构的形成，由 67 个氨基酸残基构成的单个结构域蛋白质，含有 5 股反平行的 β 折叠链。

**02.530 分子伴侣 chaperone, molecular chaperone**

一组从细菌到人广泛存在的蛋白质，非共价地与新生肽链和解折叠的蛋白质肽链结合，并帮助它们折叠和转运，通常不参与靶蛋白的生理功能。主要有三大类：伴侣蛋白、热激蛋白 70 家族和热激蛋白 90 家族。

**02.531 伴侣蛋白 chaperonin**

分子伴侣中的一个亚类，直接帮助新生肽链和解折叠的蛋白质肽链折叠成具有生物功能构象的蛋白质。包括 GroEL 蛋白和热激蛋白 60 等。

**02.532 伴侣伴蛋白 chaperone cohort**

一类可提高伴侣蛋白的效率，并促进伴侣蛋白再循环的蛋白质。

**02.533 分子伴侣性蛋白质 chaperone protein**

一类能帮助非折叠的多肽链正确折叠和组装、转运蛋白质的总称。包括通常的分子伴侣，以及二硫键异构酶和肽酰基脯氨酰顺反异构酶等。

**02.534 寿命蛋白 mortalin, MOT**

约 75 kDa 的葡糖调节蛋白,其序列和热激蛋白相似,属于伴侣蛋白,是热激蛋白 70 家族的一员。在成纤维细胞中,作为长寿命的标记,以 MOT-1 和 MOT-2 形式存在,前者均匀地分布在胞质中,后者则在核外周。

**02.535　微卵黄原蛋白　microvitellogenin**
又称"卵黄原蛋白Ⅱ"。血清和卵黄中能与钙结合的糖脂磷蛋白。

**02.536　微原纤维蛋白质　microfibrillar protein**
细胞两侧微原纤维中的蛋白质(如肌钙蛋白)或胞外基质中的原纤蛋白。与细胞骨架和胞外基质的形成和功能有关。

**02.537　纤细蛋白　tenuin**
一种插入微丝束的肌肉蛋白。

**02.538　细胞角蛋白　cytokeratin**
构成上皮细胞内细胞骨架的中间纤丝类蛋白质。

**02.539　辅助蛋白　auxilin**
一种衔接蛋白,发现于脑组织,与有被小泡外层的主要组分网格蛋白相结合。

**02.540　内联蛋白　endonexin**
一种依赖钙离子的膜结合蛋白质,位于成纤维细胞内质网中。在钙离子浓度 1 ~ 10 $\mu$mol/L 时可与脂质体结合;若脂质体含鞘磷脂或胆固醇,则不能结合。

**02.541　内披蛋白　involucrin**
又称"囊包蛋白"。角质细胞和其他复层扁平上皮合成的蛋白质。最初存在于细胞质中,然后通过转谷氨酰胺酶的作用,转变为交联的膜蛋白。

**02.542　内皮联蛋白　endoglin**
血管内皮细胞的一种主要糖蛋白,通过二硫键形成同源二聚体,含整联蛋白识别模体(RGD),对于内皮细胞结合于整联蛋白很重

要。与信号蛋白转化生长因子 β 的受体形成复合体。

**02.543　内皮抑制蛋白　endostatin**
ⅩⅧ型胶原 C 端的 184 个氨基酸残基组成的蛋白质。可抑制金属基质蛋白酶 2,抑制内皮细胞侵入基质。可与整联蛋白结合,抑制内皮细胞的黏着。

**02.544　内收蛋白　adducin**
红细胞膜骨架蛋白质,异源二聚体,与钙调蛋白结合,并可以与血影蛋白-肌动白复合体结合,促使血影蛋白组装于该复合体。

**02.545　锚蛋白　ankyrin**
细胞骨架蛋白(200 kDa),紧密结合于人红细胞膜的胞质侧,将血影蛋白与带 3 蛋白相连接。在其他组织的细胞中存在异构体。

**02.546　伸展蛋白　extensin**
一种糖蛋白,存在于植物细胞壁,与果胶结合,像动物细胞中的胶原那样富含反式-4-羟基-脯氨酸,而 L-呋喃阿拉伯糖和 D-吡喃半乳糖以寡糖单位形式结合于蛋白质的羟基。参与植物细胞壁的再生。

**02.547　鞭毛蛋白　flagellin**
一组相似的单体可溶性球蛋白,构成细菌鞭毛的亚单位。

**02.548　晶体蛋白　crystallin**
脊椎动物眼球晶状体中的水溶性结构蛋白,约占晶状体蛋白质的 90%。主要有 3 种类型($\alpha$、$\beta$、$\gamma$),还有 $\delta$、$\epsilon$ 型,其比例、翻译后修饰或聚集程度具有种属差异,但其一级结构明显保守。

**02.549　视蛋白　opsin**
(1)一类存在于脊椎动物视色素中的糖蛋白(35 ~ 40 kDa),等摩尔地与视黄醛结合,包括视青质、视紫质等。(2)一种嗜盐菌紫膜中的与视黄醛结合的蛋白质。

**02.550 光视蛋白 photopsin**
视青蛋白的脱辅基蛋白。

**02.551 光敏黄蛋白 photoreactive yellow protein**
一种含有8-氰-核黄素的蛋白质。其中8-氰-核黄素或8-氰-黄素单核苷酸与普通的核黄素和黄素单核苷酸不同,在紫外区附近有光吸收。

**02.552 光生物传感性蛋白质 optical biosensor protein**
一种天然或人工的对光敏感的蛋白质。可用于光生物传感器技术。

**02.553 视紫[红]质 rhodopsin**
大多数脊椎动物视网膜杆细胞中亮紫红色的光敏视色素,最大光吸收在近 500 nm。由视蛋白和视黄醛组成。

**02.554 变视紫质 metarhodopsin**
视紫质在光解过程中形成的两种产物之一,其最大吸收波长分别为480nm 和380nm。

**02.555 红光视紫红质 bathorhodopsin**
一种视紫质的类似物,与全反式视黄醛结合。

**02.556 视青质 iodopsin**
又称"视紫蓝质"。由圆锥视蛋白加视黄醛组成,与视紫质类似的一种视蛋白,但含有不同的色素。在哺乳动物和其他脊椎动物中存在,其最大吸收在562nm 处。

**02.557 视色蛋白质 visual chromoprotein**
存在于视杆中的色素蛋白质。主要是视紫质类型的蛋白质。

**02.558 视锥蛋白 visinin**
视锥细胞特有的一种钙结合蛋白。鸡的此类蛋白质与牛的恢复蛋白类似,由 191 个氨基酸残基组成,有 3 个钙结合位点。

**02.559 暗视蛋白 scotopsin**
一种视蛋白,为视紫质的脱辅基蛋白。

**02.560 核蛋白 nucleoprotein**
蛋白质与 DNA 或 RNA 形成的复合体。

**02.561 核孔蛋白 nucleoporin**
在真核细胞核膜上的一种蛋白质复合体,形成双向通道,在特定条件下允许某些蛋白质和 RNA 的通透。

**02.562 核仁蛋白 nucleolin**
又称"蛋白质C23"。一种磷蛋白,是真核细胞核仁中的主要蛋白质,与核仁内染色质缔合,或在核糖体颗粒周围,在核糖体核糖核酸(rRNA)前体加工和核糖体组装中发挥作用。人的此种蛋白质由 706 个氨基酸残基组成。

**02.563 核仁磷蛋白 nucleophosmin**
又称"核磷蛋白 B23"。与单链核酸和核糖体核糖核酸(rRNA)结合的蛋白质,可以是单体,也可通过二硫键形成二聚体。人的此种蛋白质的前体由 294 个氨基酸残基组成。

**02.564 核仁纤维蛋白 fibrillarin**
核小核糖核蛋白颗粒(snRNP)中的组分,结合于 U3、U8、U13 snRNP 的 RNA,参与 rRNA 前体的第一步加工。为核仁硬皮病抗原,富含二甲基精氨酸,与核仁 snRNP 主要家族相同。

**02.565 核糖体失活蛋白质 ribosome inactivating protein, RIP**
一类广泛存在的蛋白质,能使核糖体大亚基核糖体核糖核酸(rRNA)断链以致核糖体失活的蛋白质。分为Ⅰ型和Ⅱ型。Ⅰ型为单链,具有酶活性;Ⅱ型有两条肽链,由二硫键连接,其中 A 链具有Ⅰ型酶的活性,B 链可结合糖。

**02.566 核[纤]层蛋白 lamin**
又称"核膜层蛋白"。一类形成核膜内表面纤维状基质的中间纤丝类蛋白质,可分为

A、B 和 C 三类。小鼠对应的三类蛋白质分别由 665、584 和 574 个氨基酸残基组成。

**02.567 核质蛋白 nucleoplasmin**
存在于许多细胞类型中的一种酸性热稳定的蛋白质,与组蛋白形成复合体,在染色质形成中与核小体装配有关。

**02.568 组蛋白 histone**
一组进化上非常保守的碱性蛋白质,其中碱性氨基酸(Arg,Lys)约占 25%,存在于真核生物染色质,分为 5 种类型(H1,H2A,H2B,H3,H4),后 4 种各 2 个形成组蛋白八聚体,构成核小体的核心,占核小体质量的一半。

**02.569 高速泳动族蛋白 high-mobility group protein, HMG protein**
一类核内非组蛋白类的蛋白质,低分子质量(一般小于 30 kDa),富含电荷,因电泳迁移率高而得名。结合于核小体 DNA,与维持基因的可转录结构有关。

**02.570 非组蛋白型蛋白质 nonhistone protein, NHP**
一组极不均一的在细胞内与 DNA 结合的组织特异蛋白质(10~150 kDa),参与基因表达调控。

**02.571 鲭组蛋白 scombron, scombrone**
从鲭鱼中分离得到的类似组蛋白的碱性蛋白质。

**02.572 精液蛋白 spermatin, spermatine**
精液中一类溶于水、稀酸、稀碱或稀氨水中的蛋白质。

**02.573 精结合蛋白 bindin**
从海胆精子不溶性颗粒中提取的蛋白质(35 kDa),含 285 个氨基酸残基,协助精子吸附于卵细胞的卵黄层,可能介导精子与卵细胞的种属特异识别。

**02.574 精胶蛋白 semenogelin**
存在于精子中可形成凝胶的蛋白质。

**02.575 正五聚蛋白 pentraxin**
一个蛋白质家族,在电镜下能观察到特定的正五边形,包括 C 反应蛋白、血清淀粉样物质 P 组分和神经元的正五聚蛋白。其中一些成员还有糖结合活性。

**02.576 顶体正五聚蛋白 apexin**
一种精子顶体中的组成性表达的蛋白质,能形成正五聚体,亚基约 50 kDa,参与精子和卵细胞相互作用。

**02.577 兜甲蛋白 loricrin**
最终分化的角质细胞的角质化被膜的主要组分,是转谷氨酰胺酶的底物,以二硫键和 $N$-(γ 谷氨酰胺)赖氨酸异肽键双重交联的形式存在。人兜甲蛋白由 316 个氨基酸残基组成。

**02.578 醌蛋白 quinoprotein**
在许多微生物中,以吡咯并喹啉醌为辅基或辅因子的、具有氧化还原酶活性的蛋白质。

**02.579 内磺蛋白 endosulfine**
磺酰脲受体的内源性配体。人的内磺蛋白有 α 和 β 两种,分别由 121 和 117 个氨基酸残基组成。内磺蛋白抑制磺酰脲与其受体结合,并使与受体偶联的 ATP 依赖的钾通道活性降低,刺激 β 细胞释放胰岛素,故是胰岛素分泌的内源性调节者。

**02.580 尿调制蛋白 uromodulin**
在人尿中的主要糖蛋白,在牛和大鼠中也发现,是一个由糖蛋白亚基(约 80 kDa,含有 25% 糖,以及少量的脂质)组装而成的纤丝状分子,分子量可高达几百万,囊性纤维化时,分子量更高。

**02.581 钳合蛋白 sequestrin**
一种疟原虫感染后的红细胞膜上的蛋白质(约 270 kDa),可与内皮细胞的 CD36 结合,利于红细胞的黏附。

**02.582　嵌合蛋白　chimerin**

一些对 p21 等 GTP 酶有激活作用的蛋白质，其 N 端类似蛋白激酶 C 的锌指区，C 端又与 *BCR* 基因表达的丝氨酸/苏氨酸激酶类似，是外周佛波酯的受体。有 n、α 和 β 等几种类型，n 和 β 分别来自小脑和睾丸。

**02.583　融膜蛋白　parafusin**

进化上保守的参与胞吐的磷糖蛋白。在诱导胞吐过程中，迅速地去磷酸化。草履虫中的此类蛋白质由 475 个氨基酸残基组成。

**02.584　施万膜蛋白　schwannomin**

又称"膜突样蛋白(merlin)"。来自胎儿脑、肾和肺等组织的蛋白质，起稳定膜结构的作用。

**02.585　嗜铬粒膜蛋白　chromomembrin**

肾上腺髓质内儿茶酚胺贮存小泡的膜蛋白。

**02.586　嗜乳脂蛋白　butyrophilin**

乳腺上皮细胞的膜糖蛋白(59 kDa)，含单一穿膜 α 螺旋，多肽链 C 端位于胞质侧，能刺激乳汁中脂滴的分泌，其细胞外结构域可能有受体功能。

**02.587　水通道蛋白　aquaporin**

膜内在蛋白质，形成专门输送水的穿膜通道，存在于红细胞和肾组织中，由 4 个相同的亚基组成，每个亚基(28 kDa)含 6 个穿膜 α 螺旋，极大地增加膜的水通透性。

**02.588　髓鞘蛋白质　myelin protein**

参与髓鞘形成的蛋白质。包括髓鞘碱性蛋白、髓鞘相关糖蛋白和髓鞘脂质蛋白。

**02.589　髓鞘碱性蛋白质　myelin basic protein**

髓鞘蛋白质的一种，位于髓鞘膜的胞质一侧，是中枢神经系统正常髓鞘的主要组分，具有强碱性(pI >10.5)，通过可变剪接，可产生三种不同形式。

**02.590　肽转运蛋白体　peptide transporter**

能转运肽类蛋白质或蛋白质体系的统称。参与抗原提呈，可分为 ATP 结合盒家族，转运二肽、三肽家族，转运寡肽家族三类。

**02.591　头蛋白　noggin**

在非洲爪蟾胚胎中发现的在背部发育中起重要作用的蛋白质(26 kDa)，参与脊索的形成，还能特异地与骨形态发生蛋白结合，并抑制后者的信号转导。

**02.592　退化蛋白　degenerin**

线虫的 *deg*-1、*mec*-4 和 *mec*-10 基因表达的产物，与氨氯吡嗪脒敏感的钠通道蛋白有同源性，其突变会阻断离子流动，从而引起神经元的退化。

**02.593　外周蛋白　periphcrin**

一种眼盘形态发生时必需的糖蛋白。

**02.594　外周髓鞘型蛋白质　peripheral myelin protein**

一个蛋白质家族，由施万细胞表达的有调节生长能力的髓磷脂蛋白。常见的外周髓鞘型蛋白质 22 是穿膜蛋白质。

**02.595　形成蛋白　formin**

核内磷蛋白，与发育有关，发现于若干组织中，系小鼠 *ld* 基因转录产物可变剪接表达产物，该位点突变将导致胚胎发育中肢体和肾的生长出现缺陷。

**02.596　鸡锰蛋白　avimanganin**

从鸡肝线粒体中分离得到的一种蛋白质(89 kDa)，每分子紧密地结合一个三价锰离子。

**02.597　鸡精蛋白　galline**

禽类的一种鱼精蛋白。

**02.598　鱼精蛋白　protamine**

最初从鲑和鳟等鱼类精子中分离得到的一类分子质量约 5 kDa 的多肽，主要含有精氨酸残基。在精子中，和组蛋白一样，与 DNA

结合,成为染色质。

**02.599 鲑精蛋白 salmin**
存在于鲑鱼精子中的鱼精蛋白(约 6 ~ 7 kDa)。

**02.600 鲔精蛋白 thynnin**
从一种金枪鱼(*Thunnus thynnus*)中分离得到的鱼精蛋白。

**02.601 剑鱼精蛋白 xiphin**
从剑鱼精子中分离得到的属于鱼精蛋白类的碱性蛋白质。

**02.602 水母蛋白 aequorin**
从水母中提取的发光蛋白质(30 kDa),其发光与钙离子浓度成比例,可用于测定细胞中游离钙离子的浓度。

**02.603 乌贼蛋白 squidulin**
一种存在于乌贼视叶中的钙结合蛋白质。

**02.604 无脊椎动物血红蛋白 erythrocruorin**
无脊椎动物呼吸色素蛋白(400 ~ 700kDa),每个分子含有 30 ~ 400 个血红素。

**02.605 海绵硬蛋白 spongin**
在一些海绵中,构成骨架网络的纤维状的胶原样物质。

**02.606 鱼鳞硬蛋白 ichthylepidin**
鱼鳞中的主要硬蛋白,和胶原共占总蛋白质的 41% ~ 84%。

**02.607 大豆球蛋白 glycinin**
大豆的主要蛋白质(350 kDa),为富含甘氨酸的一种球蛋白。

**02.608 豆胆绿蛋白 legcholeglobin**
存在于豆科植物中的胆绿蛋白。

**02.609 豆球蛋白 legumin**
豆科和非豆科植物种子中主要的贮存蛋白,由酸性的 α 链和碱性的 β 链组成,两者通过一对二硫键相连。α 链和 β 链来自同一个

前体。

**02.610 叶绿蛋白 chloroplastin**
一种存在于叶绿体中、与叶绿素结合的可溶性蛋白质。从某些藻类分离得到的叶绿蛋白约 37 kDa。

**02.611 叶绿素 a 蛋白质 chlorophyll a protein**
植物和蓝细菌进行光合作用的光系统 I(PS I)作用中心的色素蛋白质,最大吸收光谱波长为 700 nm,氧化还原电势为 +0.5V,其电子在光合作用中最终经铁氧还蛋白将烟酰胺腺嘌呤二核苷酸磷酸(NADP)还原。

**02.612 集光复合体 light harvesting complex, LHC**
一种存在于类囊体的蛋白质复合体,主要由叶绿素 a 和 b 及其结合的蛋白质组成,还有一些与色素结合的辅助蛋白,主要功能是捕获能量,并将能量转移到光合中心。

**02.613 集光叶绿体[结合]蛋白质 light harvesting chlorophyll protein, LHCP**
绿色植物中含量丰富的蛋白质。由 25 kDa 的蛋白质组成,由核基因编码,但在叶绿体中合成,主要与叶绿素 b 和叶黄素结合,可以将吸收的光子能量转移到光合系统 I 和 II。

**02.614 黄素蛋白 flavoprotein**
以黄素核苷酸作为辅酶或辅基的蛋白质(包括酶类),存在于所有细胞中,起氧化还原酶的作用,或者在电子传递链中作为电子载体。

**02.615 黄素血红蛋白 flavohemoglobin**
一种具有过氧化物酶活性的珠蛋白,其 C 端结构域类似于珠蛋白家族,具有加氧酶活性。

**02.616 黄素氧还蛋白 flavodoxin**

一组小蛋白质电子载体,广泛分布于厌氧菌、光合作用菌和蓝细菌中,共价结合黄素单核苷酸,易生成稳定的蓝半醌,可取代铁氧还蛋白的功能。

**02.617 质体蓝蛋白 plastocyanin**
又称"质体蓝素"。真核植物叶绿体中的一种可溶性蛋白质,每分子含有一个铜原子,氧化形式呈蓝色。

**02.618 豌豆球蛋白 vicilin**
豌豆中的贮存蛋白质(17 kDa),由 124 个氨基酸残基组成。

**02.619 豇豆球蛋白 vignin**
豇豆中的盐溶的贮存性球蛋白。

**02.620 菜豆蛋白 phaseolin**
菜豆中的一种可结晶的球蛋白,属于贮存蛋白质。

**02.621 伴刀豆球蛋白 concanavalin, ConA**
巨刀豆(*Cannvalia ensiformis*)中的一种球蛋白,有细胞凝集和促有丝分裂作用,因纯化巨刀豆球蛋白时与之相伴得名。为四聚体,每个亚基(27.5 kDa)有 $Mn^{2+}$、$Ca^{2+}$、糖基结合位点各 1 个。糖结合专一性为:αMan、Glc、GlcNAc。使红细胞凝集,使淋巴细胞转变为母细胞,使某些动物肿瘤细胞凝集并抑制其生长。

**02.622 蚕食蛋白 depactin**
分离于海星卵的一种蛋白质,结合于 F 肌动蛋白纤维中的肌动蛋白单体,可以使 F 肌动蛋白解聚,并抑制肌动蛋白多聚体的延伸。

**02.623 谷蛋白 glutelin**
一组单纯蛋白质,特异发现于谷类种子,是种子的贮存蛋白质,有富含谷氨酰胺的结构域。不溶于水、稀盐溶液和乙醇,但溶于稀酸和稀碱溶液。

**02.624 谷醇溶蛋白 prolamin, prolamine**
一类富含脯氨酸残基的蛋白质,存在于谷物种子中,不溶于水和盐溶液中,但是溶于稀酸、稀碱和 70% ~80% 的醇溶液中。属于此类的蛋白有:麦醇溶蛋白、大麦醇溶蛋白和玉米醇溶蛋白。

**02.625 麦醇溶蛋白 gliadin**
发现于谷类(如小麦、黑麦等)种子的一组蛋白质混合物,分为两大类(α/β 和 γ),其组成和性质相似,富含脯氨酸,贮存小麦种子中的大部分蛋白质。水存在时黏成一团,并使面粉黏结形成面团。

**02.626 大麦醇溶蛋白 hordein**
大麦种子中的谷蛋白,是种子的贮存蛋白质,性质与谷蛋白相似。

**02.627 玉米醇溶蛋白 zein**
玉米中的谷醇溶蛋白。

**02.628 高粱醇溶蛋白 kafirin**
高粱中含量丰富的蛋白质,分子质量约 22 kDa,不溶于水,非过敏原。

**02.629 麦谷蛋白 glutenin**
小麦种子胚乳中的谷蛋白,可以通过二硫键形成巨大的分子聚合体,是面团具有黏弹性的主要原因。

**02.630 米谷蛋白 oryzenin**
一些禾谷类种子内的碱溶性蛋白质,是稻谷中的主要贮存蛋白质,占总蛋白质的 80% ~90%,常与淀粉相互作用。

**02.631 胶原 collagen**
纤维状蛋白质家族,动物细胞外基质和结缔组织的主要成分,占哺乳动物总蛋白质 25%。有多种类型,Ⅰ型最为常见(如皮肤、骨骼、肌腱等),分子细长,有刚性,由 3 条胶原多肽链形成三螺旋结构。

**02.632 前胶原 procollagen**
由 3 条肽链形成三股螺旋的胶原(150

kDa),每条肽链的 N 端和 C 端均保留着一些肽段,经蛋白酶解切除去这些肽段后,成为可溶性的原胶原。

**02.633 原胶原 tropocollagen**
胶原蛋白质的前体。

**02.634 胶原纤维 collagen fiber**
胶原原纤维进一步聚集形成的更大的纤维,呈集束电缆状,直径达几毫米,在光学显微镜下可见,具有较高抗张强度。

**02.635 胶原原纤维 collagen fibril**
胶原分泌到动物细胞外以后发生聚集,许多胶原分子并行排列,四分之一错位,首尾相连,N 端和交错的 C 端之间形成共价键以稳定结构,产生直径 10 ~ 300 nm、长达几百毫米的纤维。

**02.636 胶质细胞原纤维酸性蛋白 glial fibrillary acidic protein**
又称"胶质纤丝酸性蛋白质(glial filament acidic protein,GFAP)"。中枢神经系统发育过程中作为特异标志物的Ⅲ型中间纤丝蛋白,以此可以区分星状细胞和胶质细胞。人的此类蛋白质由 432 个氨基酸组成。

**02.637 原纤蛋白 fibrillin**
一种巨大的糖蛋白,是结缔组织中微原纤维的钙离子结合蛋白质,含有 34 个六半胱氨酸重复单位(类上皮生长因子)和 5 个八半胱氨酸重复单位(类转化生长因子 $\beta_1$ 结合蛋白)。其缺陷与常染色体显性遗传的马方(Marfan's)综合征有关。

**02.638 骨胶原 ossein**
骨经过稀酸处理后,除去无机成分的残留物。

**02.639 明胶 gelatin**
水溶性蛋白质混合物,皮肤、韧带、肌腱中的胶原经酸或碱部分水解或在水中煮沸而产生,无色或微黄透明的脆片或粗粉状,在 35

~40 ℃水中溶胀形成凝胶(含水为自重 5 ~ 10 倍)。是营养不完全蛋白质,缺乏某些必需氨基酸,尤其是色氨酸,广泛用于食品和制作黏合剂、感光底片、滤光片等。

**02.640 弹性蛋白 elastin**
哺乳动物结缔组织尤其是弹性纤维的主要结构蛋白,其中甘氨酸、脯氨酸、丙氨酸和缬氨酸占 80% 以上,多条多肽链交联在一起,形成可延伸的三维网状结构。

**02.641 原弹性蛋白 tropoelastin, proelastin**
弹性蛋白的可溶性前体,单体排列经交联后,形成水不溶性的弹性蛋白纤维。

**02.642 弹连蛋白 elastonectin**
来自人皮肤成纤维细胞的、分子质量为 120kDa 的蛋白质。与间充质细胞和弹性纤维间的黏着有关。

**02.643 节肢弹性蛋白 resilin**
在昆虫甲壳中存在的无定形的橡皮状的蛋白质。虽没有形成纤维,但类似于弹性蛋白。

**02.644 硬蛋白 scleroprotein**
一类结构简单、普遍存在的不溶于水的纤维状蛋白质。包括角蛋白和丝原蛋白等。

**02.645 角蛋白 keratin**
一类结构纤维硬蛋白,存在于脊椎动物皮肤、毛发和指甲等部位,富含半胱氨酸残基和大量的二硫键。

**02.646 角母蛋白 eleidin**
角蛋白的前体,经化学修饰后的产物,最后再变为角蛋白。

**02.647 基质蛋白 stromatin**
存在于一些细胞(如红细胞)基质中,与角蛋白相似。

**02.648 假角蛋白 pseudokeratin**
存在于皮肤和神经鞘中的蛋白质,和角蛋白

类似,不易溶解,但对酶没有抗性。在雄性性器官顶端有假角蛋白。

**02.649 网硬蛋白 reticulin**
细胞间质中的Ⅲ型胶原等蛋白质形成的纤维状结构蛋白。

**02.650 壳硬蛋白 sclerotin**
甲壳动物外骨架中的一种色素化的蛋白质,与共存的甲壳质共价连接。

**02.651 卵壳蛋白 chorionin**
昆虫卵壳中的一种蛋白质。

**02.652 衣壳蛋白 capsid protein**
组成病毒衣壳的蛋白质,在病毒颗粒中负责包被病毒核酸和核酸-蛋白质复合体,由若干有规律排列的亚基组成。

**02.653 丝心蛋白 fibroin**
家蚕幼虫后腺分泌的丝状纤维蛋白质,由1条重链和1条轻链组成,链间通过二硫键连接,其二级结构以β片层为主,重链和轻链组装为成熟的丝心蛋白才能在细胞内运输和分泌。

**02.654 丝束蛋白 fimbrin, plastin**
一种肌动蛋白结合蛋白质(68 kDa),存在于上皮细胞刷状缘微绒毛中,含有EF手形模体,参与细胞极性发育和维持。

**02.655 丝切蛋白 cofilin**
一种与肌动蛋白纤丝一侧结合的蛋白质(19 kDa)。能切割F肌动蛋白,对pH敏感,与原肌动球蛋白共享F肌动蛋白结合域的13个氨基酸残基。

**02.656 丝胶蛋白 sericin**
存在于蚕丝中的一类富含丝氨酸(约30%)的蛋白质。

**02.657 角质蛋白 cornifin**
角质细胞膜蛋白,富含脯氨酸、谷氨酰胺、半胱氨酸及八肽重复序列(EPCQPKVP)。首先出现于胞质中,然后经转谷氨酰胺酶与膜蛋白交联,其存在与鳞状分化相关,类维生素A使之含量下调。

**02.658 膜蛋白质 membrane protein**
存在于质膜和细胞内膜的蛋白质。有膜周边蛋白质和整合蛋白质两种类型。

**02.659 周边蛋白质 peripheral protein**
又称"外在蛋白质(extrinsic protein)"。一类和细胞质膜结合比较松散的蛋白质,可以通过提高离子强度和加入螯合剂,将它们从细胞质膜上解离并释放到溶液中。

**02.660 整合蛋白质 integral protein**
又称"内在蛋白质(intrinsic protein)"。嵌插在质脂双层中的膜蛋白。

**02.661 白细胞共同抗原相关蛋白质 leukocyte common antigen-related protein, LAR protein**
一种膜蛋白,具有蛋白质酪氨酸激酶活性,在T细胞和B细胞的发育及其受体的信号转导过程中起重要作用。

**02.662 嗅觉受体 olfactory receptor**
一群参与嗅觉效应的膜整合蛋白质,属于G蛋白偶联的受体。

**02.663 嗅觉纤毛蛋白质 olfactory cilia protein**
一类嗅觉的受体蛋白,为7次穿膜的G蛋白偶联受体以及相关的蛋白质。如p26olf及其受体。

**02.664 膜联蛋白 annexin**
一类与膜上的酸性膜磷脂反应的钙结合蛋白家族。广泛存在于真核生物中,分为多种类型(Ⅰ~Ⅻ),其N端区不同,但C端区高度同源,含4~8个重复单位,每个单位形成5个α螺旋。参与膜转运、膜表面依赖钙调蛋白的活动等。

**02.665 膜联蛋白Ⅰ annexin Ⅰ**

又称"脂皮质蛋白(lipocortin)"。从家兔的中性粒细胞中分离的一种调节蛋白。分子量为 $40 \times 10^3$。其脱磷酸化型是磷脂酶 $A_2$ 的抑制剂;当被蛋白激酶催化而磷酸化后即丧失此抑制作用。产生反应时,能调节中性粒细胞或其他细胞释放花生四烯酸。

**02.666 膜联蛋白Ⅱ annexin Ⅱ**

又称"依钙结合蛋白(calpactin)"。一种钙和磷脂结合性四聚体蛋白质,属膜联蛋白家族成员,具有使磷脂小泡及嗜铬颗粒聚集的作用,其活性受磷酸化作用的抑制。

**02.667 膜联蛋白Ⅴ annexin Ⅴ**

钙离子结合蛋白,与膜中酸性磷脂相互作用,有 4 个重复单位,每个单位(61 个氨基酸残基)折叠成 5 个 α 螺旋。

**02.668 膜联蛋白Ⅵ annexin Ⅵ**

又称"钙电蛋白(calelectrin)","钙磷脂结合蛋白(calphobindin)","钙介蛋白(calcimedin)"。膜联蛋白家族成员之一,膜结合蛋白,其结构与脂皮质蛋白和依钙结合蛋白有同源性。最初发现于电鳐的电器官中,后来发现于牛肝中,可以调节胞吐作用。

**02.669 膜联蛋白Ⅶ annexin Ⅶ**

膜联蛋白家族的成员,是钙依赖性的脂质结合蛋白,可促进膜融合、嗜铬细胞颗粒聚集,以及在天然和人工膜上形成电压依赖性的钙通道。来自不同组织的此种蛋白质略有差异。

**02.670 膜免疫球蛋白 membrane immuno-globulin, mIg**

存在于 B 细胞膜上的免疫球蛋白,作为抗原的受体,如果没有此类蛋白质,B 细胞会凋亡,不能分化成浆细胞。

**02.671 膜桥蛋白 ponticulin**

盘基网柄菌(*Dictyostelium discoideum*)质膜中的穿膜糖蛋白,可和纤丝状肌动蛋白结合,促进纤丝的成束和成核,由 143 个氨基酸残基组成。

**02.672 膜突蛋白 moesin**

为膜组织化延伸突出蛋白(membrane-organizing extension spike protein)的字首词。从牛子宫中分离得到,连接细胞骨架和质膜,含有一个和细胞绒毛蛋白相似的结构域,为踝蛋白家族的成员。

**02.673 衰老蛋白 presenilin**

一种高尔基体上的多次穿膜蛋白质。有 PS1 和 PS2 两种剪接产物。PS1 的突变与阿尔茨海默病的早年发作有 5% 的相关性,在胚胎发生期间促进刻缺蛋白介导的信号转导,也可能参与精子发生期间蛋白质向高尔基体的转运。

**02.674 双调蛋白 amphiregulin**

穿膜糖蛋白,C 端有表皮生长因子结构域,双功能生长因子。在体外,可抑制几种人肿瘤细胞的生长,并刺激人成纤维细胞和某些肿瘤细胞的增殖。

**02.675 金属螯合蛋白质 metal-chelating protein**

广义地说,所有含有金属离子的蛋白质,甚至包括在蛋白质基因表达时,为便于分离而引入 $His_6$-标签(易与镍结合)的蛋白质。

**02.676 金属蛋白 metalloprotein**

含有以一定比例结合金属离子的蛋白质。如血红蛋白、铜蓝蛋白等。

**02.677 金属黄素蛋白 metalloflavoprotein**

一种含有金属黄素的蛋白质。主要是黄嘌呤氧化酶。

**02.678 金属调节蛋白质 metalloregulatory protein**

最初在某些微生物膜中发现的、活性依赖于金属的蛋白质。如白喉菌的 MntR 是锰依赖性的需能的金属转运蛋白；枯草芽孢杆菌的 Zur 控制锌的转运；merR 可和汞结合，参与细菌体内重金属脱毒作用。

**02.679 金属硫蛋白** metallothionein, MT
一类分子质量较低，半胱氨酸残基和金属含量极高的蛋白质。与其结合的金属主要是镉、铜和锌，广泛地存在于从微生物到人类各种生物中，其结构高度保守。哺乳动物的金属硫蛋白由 61 个氨基酸组成，含有 20 个半胱氨酸和 7 个金属离子。

**02.680 铜蛋白** cuprein
一种具有超氧化物歧化酶活性的含铜蛋白质。可以去除剧毒的超氧化物自由基，将其转变为氧气和过氧化氢。

**02.681 铜蓝蛋白** ceruloplasmin, caerulo-plasmin
血清中的含铜蛋白质，结合 6 或 7 个铜离子，亮蓝色，具有亚铁氧化酶活性，在铜解毒和贮存以及铁代谢中起重要作用，并可能参与清除氧自由基和超氧阴离子。

**02.682 脂蛋白** lipoprotein
一种与脂质复合的水溶性蛋白质。通常根据其密度分为极低密度脂蛋白、低密度脂蛋白、高密度脂蛋白、极高密度脂蛋白和乳糜微粒。每一种脂蛋白中均含有相应的载脂蛋白。

**02.683 载脂蛋白** apolipoprotein, Apo
缀合蛋白质，脂蛋白（特别是血浆脂蛋白）中的蛋白质组分。分为若干类型，如 ApoA、ApoB 等。

**02.684 脂质运载蛋白** lipocalin
一个配体（特别是疏水配体）结合蛋白大家族，包括视黄醇结合蛋白质、α 微球蛋白、$\alpha_1$ 酸性糖蛋白、昆虫胆色素结合蛋白和 β 乳球蛋白等，具有同源的 β 桶形结构。

**02.685 脂转运蛋白** lipophorin
一类存在于昆虫血淋巴中的脂质运载蛋白。蝗虫的此类蛋白质由脂肪体合成，分子质量为 85 kDa。

**02.686 载肌动蛋白** actophorin
一种来自原虫的纤丝状肌动蛋白的解聚因子，切割纤丝状肌动蛋白，并与球状肌动蛋白更紧密地结合，再使后者分开，分子质量约 13 ~ 15 kDa，含有核定位序列。与脊椎动物的丝切蛋白和消去蛋白，以及其他来源的纤丝状肌动蛋白的解聚因子高度同源。

**02.687 核糖体结合糖蛋白** ribophorin
在糙面内质网中发现的核糖体结合蛋白质，是 N-寡糖基转移酶必需的亚基。有 Ⅰ 和 Ⅱ 两种形式，人体内相应的蛋白质分别由 607 和 631 个氨基酸残基组成。

**02.688 载芳基蛋白** arylphorin
由虾等甲壳类动物的脂肪体和血淋巴产生的贮存类蛋白质，由 77 kDa 和 72 kDa 两种糖基化的亚基形成六聚体。

**02.689 磷酸脂蛋白** phospholipoprotein
含有磷脂并可溶于水溶液中的一种缀合蛋白质。

**02.690 桥蛋白质** pontin protein
骨桥蛋白、尿桥蛋白、乳桥蛋白等一类蛋白质的统称。

**02.691 尿桥蛋白** uropontin
与骨桥蛋白相关、存在于尿液中的蛋白质，富含天冬氨酸的磷蛋白。可抑制草酸钙晶体（肾结石）的形成。

**02.692 桥粒斑蛋白** desmoplakin
一类存在于桥粒的蛋白质。Ⅰ型（240 kDa）和Ⅱ型（210 kDa）是两条平行排列的多肽链，形成柔软的长约 100nm 棒状分子；Ⅲ型（81 kDa）相对较小。

**02.693 桥粒胶蛋白** desmocollin

存在于桥粒胶黏层(桥粒芯)的两种糖蛋白(115kDa、130kDa),其抗体可以阻止桥粒的形成。

**02.694 桥粒黏蛋白 desmoglein**
存在于桥粒胶黏层(桥粒芯)的一种穿膜糖蛋白,其氨基酸序列和空间结构与钙黏着蛋白相似,参与中间纤丝和盘状致密斑中的蛋白质之间的相互作用。

**02.695 糖蛋白 glycoprotein**
糖类分子与蛋白质分子共价结合形式形成的蛋白质。糖基化修饰使蛋白质分子的性质和功能更为丰富和多样。分泌蛋白质和质膜外表面的蛋白质大都为糖蛋白。

**02.696 足萼糖蛋白 podocalyxin**
肾小球的足细胞表面的一种主要的唾液酸化的糖蛋白。主要由肾小球表皮细胞表达,肾小球性肾炎患者体内发现此种蛋白质。

**02.697 呆蛋白 nicastrin**
一种穿膜的糖蛋白。以一个意大利村庄Nicastro命名,因为该村庄的一组村民是早年研究老年前期痴呆症的对象。其结构与功能均与γ分泌酶复合体相关,参与淀粉样前体蛋白质的加工。

**02.698 黏附蛋白 adhesin**
泛指与黏附有关的分子,在微生物学中仅限于细菌表面成分。

**02.699 黏附性蛋白质 adhesion protein**
包括黏附蛋白在内的具有黏附能力的蛋白质。如整联蛋白、钙黏着蛋白,具有糖结合能力的选凝素等。

**02.700 黏菌素 colistin**
一种肽类抗生素,来自黏菌素芽孢杆菌,由黏菌素A、B、C组成,具有阳离子表面活性去污剂的作用,能破坏微生物的细胞壁结构。

**02.701 黏着斑蛋白 vinculin**
在质膜胞质一侧的细胞骨架蛋白,与黏着斑结合,从而将肌动蛋白纤丝锚定到质膜上,而且与踝蛋白一起与整联蛋白缔合。可以被磷酸化和酰化。人的此类蛋白质由1065个氨基酸残基组成。

**02.702 桑椹[胚]黏着蛋白 uvomorulin**
一种非神经表皮组织的依赖钙离子的细胞黏附分子,最初发现与鼠桑椹胚发育有关而得名。

**02.703 软骨粘连蛋白 chondronectin**
存在于鸡血清中的蛋白质(180 kDa),当适当的软骨蛋白聚糖存在时,能促使软骨细胞特异地与Ⅱ型胶原结合。

**02.704 软骨钙结合蛋白 chondrocalcin**
人前胶原 $\alpha_1$ 的C端第1173~1418位氨基酸残基组成的肽段形成的蛋白质。

**02.705 骨粘连蛋白 osteonectin**
一种分泌性的蛋白质,呈酸性又富含半胱氨酸残基。当形态发生和创伤修复时,相关组织的细胞表达此种蛋白质并分泌到基底膜中,与胶原等蛋白质及羟基磷灰石相互作用。

**02.706 生腱蛋白 tenascin**
又称"臂粘连蛋白(brachionectin)","胞触蛋白(cytotactin)","神经粘连蛋白(neuronectin)"。细胞外基质中的黏附蛋白质,可能抑制细胞迁移并支持上皮肿瘤生长。

**02.707 层粘连蛋白 laminin, LN**
一种糖蛋白,基底膜的主要组分,由三条肽链组成,外形似十字架,一条长臂和三条短臂的末端均为球状,和Ⅳ型胶原相互作用,介导细胞的附着、迁移和在组织中的有序化,按结构可分为1~5型。

**02.708 缰蛋白 kalinin**
又称"Ⅴ型层粘连蛋白"。层粘连蛋白家族

的纤丝相关蛋白质。是上皮细胞基底膜的一种黏着蛋白质。

**02.709 血管舒张剂刺激磷蛋白** vasodilator-stimulated phosphoprotein

一种能与肌动蛋白、肌动蛋白抑制蛋白结合的蛋白质,磷酸化可以调节此蛋白质与肌动蛋白的结合,进而促进肌动蛋白的聚合。

**02.710 卵黄蛋白** livetin

卵黄中的一种蛋白质,是过敏原。

**02.711 卵黄原蛋白** vitellogenin

又称"卵黄生成素"。在鸡卵中是卵黄脂磷蛋白与卵黄高磷蛋白两者的前体蛋白。而在爪蟾中,存在不同基因编码的两种卵黄原蛋白。

**02.712 黏蛋白** mucin

消化道、呼吸道、生殖道等处分泌黏液中含有的蛋白质。通常带有大量短链 $O$-糖链,使其溶液呈黏稠性。

**02.713 卵黄类黏蛋白** vitellomucoid

在卵黄中含量约1%的一种类黏蛋白,其电泳行为与卵黄高磷蛋白类似,属于α级分。

**02.714 卵类黏蛋白** ovomucoid

蛋清中一种糖蛋白(约 23 kDa),具有蛋白酶抑制剂的活性。

**02.715 卵黄磷蛋白** vitellin, ovotyrin

从卵黄和许多植物种子中得到的属于球蛋白的含磷的蛋白质。植物种子中此类蛋白质,常以晶体的形式被分离。

**02.716 卵黄高磷蛋白** phosvitin

约25kDa的磷脂蛋白,占卵黄总蛋白质的7%,其含磷量约10%,是所有磷蛋白中含磷量最高的蛋白质。其磷含量占卵黄总磷量的60%,磷以磷酸化丝氨酸的形式存在,是鸟卵黄中的主要组分,与卵黄脂磷蛋白共存。两者的前体为卵黄原蛋白。

**02.717 卵黄脂蛋白** lipovitellin, LVT

又称"卵黄脂磷蛋白"。一种磷脂蛋白(约135 kDa),鸟卵蛋黄中的主要组分,与其共存的有卵黄高磷蛋白,两者在肝脏中以一个大分子质量前体蛋白质的形式(卵黄原蛋白)合成。

**02.718 鱼卵磷蛋白** ichthulin

在鱼卵中发现的一种含磷的球蛋白。

**02.719 虾卵绿蛋白** ovoverdin

在虾卵中的亮绿色蛋白质,最大光吸收在460nm 和 640nm,作为贮存性的脂糖蛋白。

**02.720 卵红蛋白** ovorubin

腹足类软体动物(如蜗牛)卵中的色素蛋白质,为胡萝卜素与糖蛋白的复合体。

**02.721 生物素阻遏蛋白** biorepressor

生物素在细菌细胞内合成时,与操纵子有关的阻遏蛋白。

**02.722 酪蛋白** casein

牛奶中的主要蛋白质,由 α、β、γ 和 κ 酪蛋白组成,其氨基酸组成和电泳行为有所不同。营养价值较高,经酸化或凝乳酶处理后沉淀。α 和 β 酪蛋白有较多的丝氨酸被磷酸化,形成钙结合位点。

**02.723 副酪蛋白** paracasein

又称"衍酪蛋白"。酪蛋白经凝乳酶处理后,除去了 κ 酪蛋白 C 端富含糖的 64 个氨基酸残基组成的肽段,致使乳汁凝聚而形成的产物。

**02.724 凝溶胶蛋白** gelsolin

一种单体蛋白质(90 kDa),发现于巨噬细胞、血小板、血浆中,可促使肌动蛋白在凝胶和溶胶之间转变,因此对细胞的迁移、分泌、胞吞具有重要作用。有血浆和细胞质两种形式,由可变剪接产生。

**02.725 仙茅甜蛋白** curculin

存在于马来西亚西部野生的兴奋性草药光叶仙茅（*Curculigo latifolia*）的果实中,有甜味的蛋白质,可改善味觉,以同源二聚体形式存在。

**02.726　奇异果甜蛋白　thaumatin**

在热带灌木奇异果的果实中发现的一种甜蛋白(约 20 kDa,),比蔗糖甜 25 000 倍。

**02.727　应乐果甜蛋白　monellin**

又称"莫内甜蛋白"。非洲灌木锡兰莓(应乐果)中分离得到的甜味蛋白(约 11 kDa),是以发现此蛋白质的实验室而命名的。以质量比,为蔗糖甜味的 300 倍,由两条相似的肽链组成。

**02.728　油质蛋白　oleosin**

存在于某些植物脂质贮存组织中的蛋白质(约 19 kDa),和磷脂一起包围在油质体外面起到稳定作用。

**02.729　促炎症蛋白质　proinflammatory protein**

在炎症早期出现的与炎症相关的蛋白质,主要是一些细胞因子。如白介素-1α、白介素-6、单核细胞趋化因子-1、肿瘤坏死因子以及 C 反应蛋白。

**02.730　轴激蛋白　axokinin**

一种磷蛋白(56 kDa),具有热稳定性,存在于脊椎动物和非脊椎动物的鞭毛和纤毛中。其依赖 cAMP 的磷酸化为鞭毛运动的起始和维持所必需。

**02.731　亲环蛋白　cyclophilin**

与免疫抑制剂环孢霉素 A 结合的蛋白质,具有肽酰基脯氨酰顺反异构酶活性。

**02.732　癌蛋白　oncoprotein**

又称"癌基因蛋白质(oncogene protein)"。癌基因表达后得到的蛋白质。

**02.733　癌调蛋白　oncomodulin**

具有 EF 手形模体的钙结合蛋白,许多功能类似于钙调蛋白,仅于胚胎早期、胎盘细胞滋养层和肿瘤组织中表达。人的此种蛋白质由 108 个氨基酸残基组成。

**02.734　抑瘤蛋白　tumstatin**

Ⅳ型胶原 α₃ 链经基质金属蛋白酶 9 降解和衍生得到的一种蛋白质(28 kDa),具有抑制内源性血管生成素的活性,能选择性的限制肿瘤硬块中新血管的形成,却不影响体内正常血管生成的发生。

**02.735　肿瘤阻抑蛋白质　tumor suppressor protein**

由抑癌基因表达的蛋白质。如 p53 和 Rb 蛋白等。是对细胞分裂起到负调控作用的蛋白质。

**02.736　凋亡蛋白　apoptin**

由鸡贫血病毒产生的蛋白质,能激活胱天蛋白酶,进而诱导肿瘤细胞凋亡。

**02.737　抗药蛋白　sorcin**

多重药物抗性细胞中的一种蛋白质,与钙以高亲和方式结合。人的此种蛋白质由 198 个氨基酸残基组成。

**02.738　抗增殖蛋白　prohibitin**

一种广泛存在的肿瘤强抑制物,有抗增殖活性,能与成视网膜细胞瘤家族的蛋白质结合。

**02.739　表皮整联配体蛋白　epiligrin**

一种细胞外基质蛋白,存在于上皮细胞基底膜,其 3 条肽链通过二硫键相连接,作为配体参与整联蛋白介导的细胞黏附,也是 T 淋巴细胞黏附配体。

**02.740　成视网膜细胞瘤蛋白　retinoblastoma protein**

简称"Rb 蛋白"。一种定位在细胞核内的 DNA 结合蛋白质(105 kDa),但在成视网膜细胞瘤中该蛋白质消失。在细胞周期中,可被蛋白激酶 Cdc2 磷酸化，可以和多种转录因子结合，抑制细胞增殖。

**02.741 恢复蛋白　recoverin**
选择性定位在视网膜和松果体中的钙结合蛋白质（约 26 kDa），参与视紫质对视杆鸟苷酸环化酶的激活，可促进环鸟苷酸的再合成、钙通道的重开放及暗状态的恢复。

**02.742 存活蛋白　survivin**
凋亡蛋白抑制剂家族成员，在癌细胞和淋巴瘤中表达，进而可以增加 Fas 配体的表达。还与细胞有丝分裂的调节有关。

**02.743 生存蛋白　livin**
凋亡蛋白抑制剂家族成员，特异地表达于人胚胎组织、大多数人类实体瘤细胞以及在某些正常组织中也有。其初级转录产物经可变剪接可以产生两种生存蛋白（α 和 β），分别含有 298 个和 280 个氨基酸残基。

**02.744 上皮因子　epithelin**
富含半胱氨酸的蛋白质（6 kDa），为表皮细胞生长的调节因子。有上皮因子-1 和上皮因子-2，两者有 47% 的氨基酸残基序列的同源性。

**02.745 调蛋白　heregulin, HRG**
又称"ErbB2 结合蛋白质（ErbB2 interacting protein, Erbin）"。表皮生长因子大家族中神经调节素家族的成员，也是一组不均一的糖蛋白，由其前体加工而成，结合于穿膜的酪氨酸激酶 ErbB2，并激活其活性。人乳腺癌培养细胞可分泌之，为原癌基因 *her* 的产物。

**02.746 神经上皮干细胞蛋白　nestin**
曾称"巢蛋白"。神经上皮干细胞中的一种中间纤丝类蛋白质，因其仅在此种细胞中特异表达而得名，与其他中间纤丝高度同源，均含有以亮氨酸为末端的七肽重复单位。

**02.747 神经调制蛋白　neuromodulin**
具有促使轴突生长活性的蛋白质，特别指在生长锥中与钙调蛋白结合，被蛋白激酶 C 磷酸化的蛋白质。

**02.748 神经钙蛋白　neurocalcin**
神经组织的一种钙结合蛋白质，存在于视网膜和脑神经元中。参与钙依赖性的视紫质的磷酸化。牛的此种蛋白质由 192 个氨基酸残基组成，含有 EF 手形。

**02.749 神经胶质蛋白　neuroglian**
一种细胞黏附分子，结构与神经黏附分子类似，存在于发育中的神经元和胶质细胞中，为一次穿膜蛋白质，其 N 端有免疫球蛋白样模体和纤维粘连蛋白Ⅲ型重复单位。

**02.750 神经角蛋白　neurokeratin**
一种存在于神经组织的类似于角蛋白的分子，作为髓质化神经纤维轴状圆柱体的鞘。

**02.751 神经颗粒蛋白　neurogranin**
由 78 个氨基酸残基组成的蛋白质，参与钙/钙调蛋白依赖性蛋白激酶Ⅱ、突触可塑性等功能的介调。

**02.752 神经连接蛋白　neurexin**
神经细胞表面的一次穿膜受体蛋白，具有高度的多态性，其胞外部分与层粘连蛋白同源。在轴突的引导和突触的发生中起作用。

**02.753 神经趋化因子　neurotactin**
一种主要在脑中表达的膜糖蛋白（135 kDa），介导异种细胞的黏附。其蛋白酶降解后的一个片段，对中性粒细胞有趋化作用。

**02.754 神经生长蛋白　neurolin**
可促进轴突生长的细胞表面糖蛋白，表观分子质量约 86 kDa，属于免疫球蛋白超家族。

**02.755 神经束蛋白　neurofascin**
轴突表面的一种糖蛋白，属于免疫球蛋白超家族。鸡神经束蛋白的 N 端有 6 个免疫球蛋白样模体和4个纤连蛋白Ⅲ型重复单位，参与轴突的延伸。

**02.756　神经纤丝蛋白　neurofilament protein**
在神经元中发现的纤丝类蛋白质,有轻和重纤丝蛋白之分。

**02.757　神经纤维瘤蛋白　neurofibromin**
一种与神经纤维瘤发生有关的蛋白质,是GTP酶的激活蛋白,为*NF1*基因表达产物,刺激Ras蛋白的GTP酶活性。

**02.758　神经珠蛋白　neuroglobin**
在神经组织中表达的珠蛋白。人和小鼠的神经珠蛋白均由151个氨基酸残基组成,含有血红素,对氧具有更强亲和力,可帮助氧通过血脑屏障。

**02.759　解链蛋白质　unwinding protein**
一类在DNA复制时使DNA双链分开的蛋白质,与单链DNA的亲和力大于对双链DNA的亲和力。

**02.760　脱落蛋白质　split protein**
泛指在一定条件下,从某些蛋白质复合体或细胞器上脱落下来的蛋白质。如从核糖体得到的脱落蛋白质仍有蛋白质的功能。

**02.761　麦芽糖孔蛋白　maltoporin**
细菌外膜中的穿膜蛋白质,约由16股α螺旋构成孔形通道,在大肠杆菌麦芽糖孔蛋白(446个氨基酸残基)有两个作用:一是转运麦芽糊精(包括麦芽糖);二是作为λ噬菌体的受体。

**02.762　绿脓蛋白　pyosin**
绿脓杆菌中一种有阻遏作用的转录调节蛋白。

**02.763　甲壳蓝蛋白　crustacyanin**
龙虾壳中的蛋白质,结合虾青素(类胡萝卜素)后显示蓝色,有2种类型(α,β),α型是二聚体,β型为十六聚体。亚基有5种类型

(A1,A2,A3,C1和C2),均系脂质运载蛋白。

**02.764　毛透明蛋白　trichohyalin**
一种由毛发和毛囊的内根鞘和髓质产生并保留在原位的结构蛋白质,富含谷氨酸、谷氨酰胺、精氨酸和赖氨酸残基。与角蛋白中间纤丝在规则的排列中缔合。人的此种蛋白质由1898个氨基酸残基组成。

**02.765　脑衰蛋白　collapsin**
脑中的一种糖蛋白(100kDa),在发育中可能起排斥信号的作用,抑制成熟神经元的再生,在皮摩尔水平可造成神经生长锥萎陷。其结构域序列与成束蛋白Ⅳ和免疫球蛋白同源。

**02.766　脑发育调节蛋白　drebrin**
存在于脑组织中的一种蛋白质,与纤丝状肌动蛋白结合,与神经元生长和调节脑发育相关,其表达在脑的不同发育阶段中呈特征性变化。

**02.767　毒素　toxin**
生物在生长代谢过程中产生的对另一种生物体有毒性的产物,包括内毒素和外毒素。

**02.768　内毒素　endotoxin**
全称"细菌内毒素"。革兰氏阴性菌胞壁成分中的脂多糖,由脂质A、核心寡糖和1条具有重复结构、长度可变的O-抗原糖链三部分组成。

**02.769　外毒素　exotoxin**
细菌分泌到外周介质的毒素。如霍乱毒素、百日咳毒素和白喉毒素,通常有特异性和剧毒。

**02.770　δ毒素　δ-toxin**
一种金黄色葡萄球菌产生的毒素,含有两亲性螺旋结构的穿孔性小肽。

**02.771　类毒素　toxoid**

由于变性或化学修饰而失去毒性的毒素,但仍保留其抗原性。

**02.772 气菌溶胞蛋白 aerolysin**
气单胞菌分泌的外毒素,一种通道形成蛋白质,与靶细胞特异受体结合(如人红细胞血型糖蛋白),多聚化后以七聚体形式插入质膜形成通道,导致质膜通透性屏障被破坏,细胞发生渗透性裂解。

**02.773 银环蛇毒素 bungarotoxin**
银环蛇毒液中的神经毒素,主要有 α 和 β 银环蛇毒,前者含 74 个氨基酸残基,与烟碱性胆碱能受体结合并引起瘫痪;后者有 2 个亚基(含 120 和 60 个氨基酸残基),抑制胆碱能神经元释放乙酰胆碱。

**02.774 响尾蛇毒素 crotoxin**
美洲响尾蛇(*Crotalus*)毒液中的毒素蛋白,异源二聚体,具有磷脂酶 $A_2$(PLA$_2$)活性,与人 PLA$_2$ 相似。结合于突触前特异的膜蛋白,改变递质释放。

**02.775 纺锤菌素 netropsin**
由链霉菌产生的一种碱性肽类抗生素,能选择性地与 B 型 DNA 小沟中的 A-T 碱基对结合,使 DNA 由 A 型转变为 B 型。

**02.776 白溶素 leucolysin**
棉口蛇毒液中含有的一种蛋白酶。

**02.777 脱落菌素 exfoliatin**
某些金黄色葡萄球菌产生的蛋白质毒素(26~32 kDa),可引起表皮松懈,破坏颗粒层的桥粒,导致皮肤外层脱落。

**02.778 菌毛蛋白 pilin**
一类构成细菌菌毛的蛋白质。

**02.779 结节蛋白 tuberin**
由肿瘤抑制基因 *TSC2* 编码的蛋白质,能激活一些蛋白质的 GTP 酶活性,可能与结节性硬化有关。

**02.780 结瘤蛋白 nodulin**
一类在大豆等植物根部在结瘤过程中诱导产生的蛋白质。大豆中的结瘤蛋白 24 和结瘤蛋白 26,与主要内在蛋白相关,有 6 段穿膜的肽段。

**02.781 多角体蛋白 polyhedrin**
一些杆状病毒包含体中的蛋白质。

**02.782 限制蛋白 restrictin**
具有基质特异的抑制浆细胞生长活性的蛋白质,能拮抗白介素-5 和白介素-11 的功能。

**02.783 细菌素 bacteriocin**
某些细菌分泌的肽抗生素,通常由质粒编码,吸附于敏感菌细胞表面特异受体。其作用机制不同,有的是通道形成穿膜蛋白,使膜去极化;有的是 DNA 酶或 RNA 酶的抑制剂。

**02.784 肠毒素 enterotoxin**
细菌外毒素,通过吸收或在肠内产生,作用于肠黏膜,通常引起腹泻等不适症状,如霍乱毒素。

**02.785 肉毒杆菌毒素 botulinus toxin**
肉毒杆菌分泌的外毒素,能有效地抑制胆碱能神经元释放乙酰胆碱。这种外毒素依肉毒杆菌菌株不同而异,均由重链和轻链通过二硫键连接形成异源二聚体。轻链具有蛋白酶活性。

**02.786 白喉毒素 diphtheria toxin, DT**
白喉杆菌分泌的毒素,具有 NAD$^+$:白喉酰胺 ADP-核糖基转移酶的活性,催化将 NAD$^+$ 的 ADP-核糖基团转移到真核生物蛋白质合成延伸因子 EF-2 的白喉酰胺残基上,使 EF-2 失活。

**02.787 破伤风毒素 tetanus toxin**
由破伤风梭状芽孢杆菌分泌的毒素,由不同结构的轻链和重链组成。重链参与细胞的结合,而轻链是锌离子依赖性的蛋白酶。后者水解小突触小泡蛋白,阻断突触小泡的胞吐。

**02.788　霍乱毒素　cholera toxin**
霍乱弧菌分泌的外毒素(84 kDa),由 A、B 亚基组成,为 $AB_5$ 型。B 亚基结合敏感细胞膜的神经节苷脂,促使 A 亚基进入细胞,使 Gs 蛋白发生 ADP-核糖基化,不可逆激活腺苷酸环化酶,导致剧烈腹泻。

**02.789　维罗毒素　verotoxin**
一种由大肠杆菌产生的志贺样毒素,其外部由 5 个有糖结合活性的 B 亚基形成五聚体,有毒性的 A 亚基(可阻断蛋白质生物合成)被包在内部。

**02.790　α 帚曲毒蛋白　α-sarcin**
从帚曲霉菌发现的一种核糖体失活蛋白质,能水解核糖体核糖核酸(rRNA)中特定部位的腺苷附近的磷酸二酯键,由 177 个氨基酸残基组成。

**02.791　香石竹毒蛋白　dianthin**
从香石竹种子中发现的 I 型核糖体失活蛋白质。其表达明显地降低病毒的增殖。

**02.792　西葫芦毒蛋白　pepocin**
从西葫芦果实中发现的一种核糖体失活蛋白质。

**02.793　槲寄生毒蛋白　viscusin**
从槲寄生叶中发现的一种 I 型核糖体失活蛋白质。

**02.794　槲寄生凝集素　mistletoe lectin, viscumin**
从槲寄生叶中发现的一种 II 型核糖体失活蛋白质。

**02.795　眼镜蛇毒素　cobrotoxin**
眼镜蛇中的一种突触后神经毒蛋白,分子质量为6949Da,作用于运动神经支配的横纹肌,使其痉挛而麻庳,与箭毒作用相似。

**02.796　树眼镜蛇毒素　dendrotoxin**
一种存在于树眼镜蛇分泌的毒液中,含 57~60个氨基酸残基的多肽,可选择性阻断多种组织和细胞的电压门控 $K^+$ 通道,与库尼茨(Kunitz)类丝氨酸抑制剂的氨基酸序列相似。

**02.797　半环扁尾蛇毒素　erabotoxin**
从半环扁尾蛇的蛇毒中分离得到的一种神经毒蛋白,由 62 个氨基酸残基组成,立体结构已测定,只有 β 片层和 β 转角,不含 α 螺旋。

**02.798　虎蛇毒蛋白　notexin**
来自澳洲虎蛇(*Notechis scutatus*)毒液中的一种小分子蛋白质,具磷脂酶 $A_2$ 活性,是突触前神经毒蛋白,具有钙依赖性。

**02.799　克木毒蛋白　camphorin**
从樟树种子中发现的不同于辛纳毒蛋白的另一种核糖体失活蛋白质。

**02.800　苦瓜毒蛋白　momordin**
从苦瓜种籽中发现的 I 型核糖体失活蛋白质,由 249 个氨基酸残基组成。

**02.801　蓝筛朴毒蛋白　sieboldin**
从蓝筛朴树皮中发现的 II 型核糖体失活蛋白质,具有与半乳糖/N-乙酰氨基半乳糖的结合能力。

**02.802　蓝藻抗病毒蛋白　cyanovirin**
由蓝藻得到的一种可溶性糖蛋白(11 kDa),具有广谱的抗病毒(如人类免疫缺陷病毒)活性。

**02.803　接骨木毒蛋白　nigrin**
从西洋接骨木浆果中发现的一种核糖体失活蛋白质。

**02.804　水蛭素　hirudin**
水蛭体内的一种蛋白质,含 65 个氨基酸残基和 3 对二硫键,具有高度特异的抗凝血酶活性,抑制凝血酶结合底物,故有抗凝血作用。

**02.805 丝石竹毒蛋白 gypsophilin**

从丝石竹叶中发现的一种核糖体失活蛋白质。

**02.806 蒴莲根毒蛋白 volkensin**

从塑莲根中发现的一种Ⅱ型核糖体失活蛋白质。

**02.807 多花白树毒蛋白 gelonin**

在多花白树种子中发现的一种单链糖蛋白(28~30 kDa),强烈抑制无细胞系统中的蛋白质合成,但对完整的细胞并无这一作用。特异水解28S核糖体核糖核酸(rRNA)的一个腺苷酸的N-糖苷键,使核糖体60S大亚基失活。

**02.808 木鳖毒蛋白S momorcochin S**

从木鳖种子中发现的Ⅰ型核糖体失活蛋白质。

**02.809 甜菜毒蛋白 betavulgin**

从甜菜根中发现的一种核糖体失活蛋白质。

**02.810 辛纳毒蛋白 cinnamomin**

从樟树种子中发现的一种Ⅱ型核糖体失活蛋白质。

**02.811 异株泻根毒蛋白 bryodin**

从异株泻根(叶)中发现的一种核糖体失活蛋白质。

**02.812 皂草毒蛋白 saporin**

来自皂草的Ⅰ型核糖体失活蛋白质,由254个氨基酸残基组成。

**02.813 绿苋毒蛋白 amaranthin**

从绿苋叶中发现的一种Ⅱ型核糖体失活蛋白质,同时还有糖结合能力。

**02.814 商陆毒蛋白 dodecandrin**

一种植物毒蛋白,发现于商陆叶中,催化

28S核糖体核糖核酸(rRNA)中的1个特异的腺苷酸的N-糖苷键水解断裂,从而使真核生物的核糖体失活,并可能具有抗病毒作用。

**02.815 巴豆毒蛋白 crotin**

从巴豆中分离得到的毒蛋白,作用机制与蓖麻毒蛋白相似,属核糖体失活蛋白质,抑制新生肽链的延伸。巴豆毒蛋白Ⅰ和巴豆毒蛋白Ⅱ的分子质量分别约40 kDa和15 kDa。

**02.816 相思豆毒蛋白 abrin**

剧毒糖蛋白,存在于相思豆或印度甘草的种子中,由二硫键连接的A链(30 kDa)和B链(35 kDa)组成。A链具有核糖体失活蛋白质的活性,是蛋白质生物合成的强阻断剂,B链具有糖结合活性,结合细胞膜并帮助A链进入细胞,两者来自同一前体。

**02.817 麻疯树毒蛋白 curcin**

从麻疯树中分离的蓖麻毒蛋白样凝集素,属于Ⅱ型核糖体失活蛋白质。

**02.818 半夏蛋白 pinellin**

从中草药半夏块根中分离得到的一种对甘露聚糖专一的凝集素(约44 kDa),由四个亚基组成。

**02.819 天花粉蛋白 trichosanthin**

从中草药天花粉(栝楼块根)中分离得到的一种Ⅰ型核糖体失活蛋白质。

**02.820 前阿黑皮素原 preproopiomelanocortin, pre-POMC**

带有信号肽的阿黑皮素原。

**02.821 阿黑皮素原 proopiomelanocortin, POMC**

多种肽类激素的共同前体。由其衍生得到的激素包括阿片样肽、促黑素、促肾上腺皮质素和促脂解素等。

**02.822 朊病毒 prion**
又称"普里昂"。可以引起同种或异种蛋白质构象改变而致病或功能改变的蛋白质。最常见的是引起传染性海绵样脑病（疯牛病）的蛋白质。

# 03. 酶

**03.001 酶 enzyme**
催化特定化学反应的蛋白质、RNA 或其复合体。是生物催化剂，能通过降低反应的活化能加快反应速度，但不改变反应的平衡点。绝大多数酶的化学本质是蛋白质。具有催化效率高、专一性强、作用条件温和等特点。

**03.002 全酶 holoenzyme**
(1)由蛋白质组分（即酶蛋白）和非蛋白质组分（一般为辅酶或激活物）组成的一种结合酶。(2)含有表达全部酶活性和调节活性所需的所有亚基的一种全寡聚酶。

**03.003 脱辅[基]酶 apoenzyme**
全酶脱去非蛋白质成分的酶蛋白。没有催化活性。

**03.004 同工酶 isoenzyme**
来源于同一种系、机体或细胞的同一种酶具有不同的形式。催化同一化学反应而化学组成不同的一组酶。产生同工酶的主要原因是在进化过程中基因发生变异，而其变异程度尚不足以成为一个新酶。

**03.005 酶原 proenzyme, zymogen**
酶的无活性前体，在特异位点水解后，转变为具有活性的酶。

**03.006 酶动力学 enzyme kinetics**
全称"酶促反应动力学"。探讨酶催化反应机制，研究酶催化反应的速度及影响反应速度因子的一门学科。

**03.007 米氏常数 Michaelis constant**
在酶促反应中，某一给定底物的动力学常数，是由反应中每一步反应的速度常数所合成的。根据米氏方程，其值是当酶促反应速度达到最大反应速度一半时的底物浓度。符号 $K_m$。

**03.008 米氏方程 Michaelis-Menten equation, Michaelis equation**
由德国化学家米夏埃利斯（Michaelis）和门藤（Menten）归纳的表示酶促动力学基本原理的数学表达式，此方程式表明了底物浓度与酶反应速度间的定量关系。

**03.009 米氏动力学 Michaelis-Menten kinetics**
可以用米氏方程表达的酶促反应动力学。如用反应速度作为底物浓度的函数作图时，得到典型的双曲线图。

**03.010 双倒数作图法 double-reciprocal plot, Lineweaver-Burk plot**
一个酶促反应速度的倒数$(1/v)$对底物浓度的倒数$(1/[S])$的作图。$X$ 和 $Y$ 轴上的截距分别代表米氏常数和最大反应速度的倒数。

**03.011 催化常数 catalytic constant**
又称"转换数（turnover number）"。酶促反应的催化速度常数。等于每个酶活中心每分钟将底物转化为产物的分子数。其数值等于 $V_{max}/[E]_0$，其中 $V_{max}$ 是最大速度，$[E]$ 是酶的初始浓度。符号：$K_{cat}$。

**03.012 酶催化机制 enzyme catalytic mechanism**

阐述酶如何与底物相结合,酶催化底物的反应进程,影响酶催化效率的主要因素等一系列问题。主要分为酸碱催化、共价催化、多元催化、金属离子催化、微观可逆原理五种机制。

**03.013 锁钥学说 lock and key theory**
特指对酶反应机制的一种描述。底物与酶结合形成复合体,酶上的结合部位(即活性部位)在结构上与底物互补以致底物与酶吻合,正如钥匙和锁吻合一样。

**03.014 诱导契合学说 induced fit theory**
为说明底物与酶结合的特性,在锁钥学说的基础上提出的一种学说。底物与酶活性部位结合,会引起酶发生构象变化,使两者相互契合,从而发挥催化功能。

**03.015 催化活性 catalytic activity**
酶活性的量度,衡量酶催化化学反应的能力,以酶催化反应的初速度表示。

**03.016 催化核心 catalytic core**
酶分子中能直接结合并催化底物化学反应的特定区域。对于不需辅因子的酶来说,它包括几个甚至十几个氨基酸残基,这些残基一级结构相距甚远,但三级结构上相互靠近;对于需辅因子的酶来说,辅因子或者其某一部分结构,往往就是活性部位的组成部分。

**03.017 催化部位 catalytic site**
指酶分子上直接催化底物化学反应的部位,一般由几个催化基团组成。

**03.018 催化亚基 catalytic subunit**
在别构酶分子中,能与底物结合并起催化作用的亚基,具有酶促活性,但不与效应物结合。

**03.019 不可逆抑制 irreversible inhibition**
抑制剂与酶的必需基团或活性部位以共价键结合而引起酶活力丧失,不能用透析、超滤或凝胶过滤等物理方法去除抑制剂而使酶活力恢复的作用。

**03.020 可逆抑制 reversible inhibition**
抑制剂与酶以非共价键可逆结合而引起酶活力的降低或丧失,用物理方法除去抑制剂后可使酶活力恢复的作用。

**03.021 竞争性抑制 competitive inhibition**
一种最常见的酶活性的抑制作用,抑制剂与底物竞争,从而阻止底物与酶的结合。其动力学特点是:酶促反应的表观米氏常数增大、最大速度不变。可以通过增加底物浓度来解除这种抑制。

**03.022 非竞争性抑制 noncompetitive inhibition**
抑制剂与酶分子在底物结合位点以外的部位结合,不影响酶与底物的结合。因此,只影响酶催化反应的最大反应速度,不影响米氏常数,非竞争性抑制反应的双倒数图表现为在不同抑制剂浓度下,所有直线交横轴于一点。

**03.023 反竞争性抑制 uncompetitive inhibition**
对酶活性的一种抑制作用,由于所加入的抑制剂能与酶-底物复合物结合,而不与游离酶结合,所以其特征是反应的最大速度比未加抑制剂时反应的最大速度低,当以速度的倒数相对底物浓度的倒数作图,所得图线与未被抑制反应的图线平行。

**03.024 非特异性抑制 non-specific inhibition**
特指非特异性地对酶的抑制作用。

**03.025 竞争性抑制剂 competitive inhibitor**
能够产生竞争性抑制作用的抑制剂。一般在结构上与被抑制酶的底物相似,只能与游离酶结合,不能与酶-底物复合物结合。能与底物竞争酶的活性部位,形成可逆的酶-抑制剂复合物,但酶-抑制剂复合物不能分解成产物,酶反应速度因此下降。

**03.026  非特异性抑制剂  non-specific inhibitor**

特指能对酶产生非特异性抑制作用的化合物。

**03.027  抑制结构域  inhibition domain**

蛋白质三级结构中的一种结构单元,通过该结构域与特异结合的蛋白质作用可以抑制这种蛋白质的活性。

**03.028  协同催化  concerted catalysis**

酶活性部位存在几个催化基团,在空间结构上有特定的排列位置,能够结合底物的不同部位,协同作用,共同完成催化反应。

**03.029  协作抑制  concurrent inhibition**

又称"并发抑制"。由两个或更多个酶抑制剂共同作用,结合在酶的不同位点,单独作用时抑制作用不完全,共同作用可以使酶活性完全丧失。

**03.030  反馈抑制  feedback inhibition**

一种负反馈机制,其中酶促反应的末端产物可抑制在此产物合成过程中起作用的酶。这种抑制具有协同性、积累性和序贯性。

**03.031  酶多重性  enzyme multiplicity**

又称"酶多样性"。催化同一个反应的酶不止一种,而是蛋白质结构和氨基酸组成不相同的几种同工酶的现象。

**03.032  酶多态性  enzyme polymorphism, multiple forms of an enzyme**

在单一物种中天然存在的、具有相同酶活性的多种蛋白质形式。

**03.033  酶-抑制剂复合物  enzyme-inhibitor complex**

由酶与抑制剂组成的复合物。如竞争性抑制剂常常与底物结构类似,因此也可以和酶结合,形成酶-抑制剂复合物,但形成复合物后不能催化反应进行。

**03.034  酶-底物复合物  enzyme-substrate complex**

在酶催化的反应中,酶首先与底物结合形成的过渡态中间物。可转化成产物和酶。

**03.035  酶系  enzyme system**

在细胞内的某一代谢过程中,由几个酶形成的反应链体系。其存在形式可以是可溶性的、寡聚化复合物的和在细胞结构上有定位关系的三种类型。

**03.036  多酶体系  multienzyme system**

在完整细胞内的某一代谢过程中,由几种不同的酶联合组成的一个结构和功能的整体,催化一组连续的密切相关的反应。

**03.037  多酶复合物  multienzyme complex**

又称"多酶簇(multienzyme cluster)"。由数种多功能蛋白质组成的复合物,顺序催化完成一组连续的反应。如真核生物的脂肪酸合成酶。

**03.038  酶解作用  enzymolysis, zymolysis**

由酶催化的分解作用。

**03.039  酶活性  enzyme activity**

酶催化特定化学反应的能力。可用在一定条件下其所催化某一化学反应的速度表示。酶活性单位可用来表示酶活力的大小。

**03.040  酶单位  enzyme unit**

一个国际通用酶单位指在 25 ℃、最适条件下,1min 内能引起 1μmol 底物发生反应的酶量。以 U 表示。

**03.041  开特  Kat, Katal**

国际纯粹化学和应用化学联合会(IUPAC)与国际生物化学联合会于 1972 年建议采用的表示酶活力的单位,指在特定条件下,每秒转化 1mol 底物所需要的酶量。一个国际通用酶单位 $1U = 16.67 \times 10^{-9}$ 开特。

**03.042　活化能　activation energy**
(1)活化的复合物和反应物间能量的差。
(2)在反应物转变成产物之前所提供给反应物的能量。符号: $E_a$。

**03.043　活性部位　active site**
酶分子与底物结合并参与催化反应的部位。

**03.044　最适 pH　optimum pH**
在特定条件下,酶显示最大活性时的 pH。

**03.045　最适温度　optimum temperature**
在特定条件下,酶显示最大活性时的温度。

**03.046　重组酶　recombinase**
参与基因定位重组过程的酶。负责识别、切割特异的重组位点,并连接两个参与重组的分子。

**03.047　调节酶　regulatory enzyme**
在多酶体系中对代谢过程起调节作用的酶,一般是反应序列中的第一种酶,或是代谢途径分支点的酶。其催化活性受到严格的调节控制。

**03.048　调节亚基　regulatory subunit**
调节酶中没有催化活性的亚基,但其通过与效应物结合、改变构象,进而影响催化亚基的活性。

**03.049　诱导酶　inducible enzyme**
在正常细胞中没有或只有很少量存在,但在酶诱导的过程中,由于诱导物的作用而被大量合成的酶。

**03.050　抗体酶　abzyme**
通过改变抗体中与抗原结合的微环境,并在适当的部位引入相应的催化基团,所产生的具有催化活性的抗体。可由两种途径获得抗体酶:①采用过渡态的底物类似物诱导;②在现有的抗体基础上,通过化学修饰或通过蛋白质工程向其配体结合部位导入催化基团。

**03.051　核酶　ribozyme**
一类具有催化活性的核糖核酸。

**03.052　弛豫时间　relaxation time**
一种测量弛豫作用的指标。(1)指系统原有平衡的打乱与新平衡的建立之间的时间间隔。(2)指系统从原有平衡部位变化到其平衡值的 $1/e$($e$ 为自然对数的底)所需的时间。

**03.053　稳态　steady state**
在一定的时间范围内,酶与底物形成酶-底物复合物的速度与产物生成的速度相等的状态,此时随时间的增加酶-底物复合物的浓度不变。

**03.054　前稳态　presteady state**
酶-底物复合物的浓度随时间的增加而增加,尚未达到稳态的状态。其反应非常快,只有应用测定快速反应的停流装置或弛豫技术才有可能跟踪。

**03.055　底物　substrate**
酶所作用和催化的化合物。用符号 S 表示。

**03.056　假底物　pseudosubstrate**
可以特异地结合到酶的活性中心但不被催化、阻止真底物结合的物质。有些酶具有假底物结构域,其中的特定序列或残基作为假底物结合到酶的活性部位,抑制酶活性,当酶与配基结合后发生构象变化,释放假底物,恢复催化功能。这是体内调节酶活性的一种重要方式。

**03.057　过渡态　transition state**
在酶催化反应中,酶与底物或底物类似物间瞬时生成的复合物,是具有高自由能的不稳定状态。

**03.058　过渡态类似物　transition state ana-**

logue
人工设计能模拟过渡态的化合物,通常由于其能比底物更好地结合到酶的活性部位,而与酶形成更紧密的复合物。

**03.059 别构酶 allosteric enzyme**
活性受别构调节物调控的酶。

**03.060 别构调控 allosteric control**
又称"别构调节(allosteric regulation)"。效应物与蛋白质、别构酶的别构部位相互作用,导致构象发生变化,从而对其活性产生影响。

**03.061 序变模型 sequential model**
又称"KNF 模型(Koshland-Nemethy-Filmer model,KNF model)"。科什兰(Koshland)、内梅蒂(Nemethy)和菲尔默(Filmer)提出的别构酶调节酶活性的机制模型,主张酶分子中的亚基结合小分子物质(底物或调节物)后,亚基构象逐个地依次变化,当底物或调节物浓度上升,升到可以与其中的一个亚基牢固地结合时,这时剩下的亚基就会按次序迅速地改变构象,形成一个有活性的四聚体,并给出 S 形动力学曲线。此模型既可解释正调节分子的作用,也可解释负调节分子的作用。

**03.062 齐变模型 concerted model**
又称"MWC 模型(Monod-Wyman-Changeux model,MWC model)"。由莫诺(Monod)、怀曼(Wyman)和尚热(Changeux)提出的别构酶调节酶活性的机制模型。主张别构酶的所有亚基或全部呈紧密的、不利于结合底物的"T"状态;或者全部是松散的、有利于结合底物的"R"状态。这两种状态间的转变对于每个亚基都是同时的、齐步发生的。与序变模型相对立。

**03.063 别构抑制 allosteric inhibition**
负效应物对别构酶的抑制作用。是指酶与效应物结合后,酶的构象发生了变化,抑制

了酶对后续底物分子或效应物的亲和性。

**03.064 别构调节物 allosteric modulator**
又称"别构效应物(allosteric effector)"。结合在别构酶的调节部位,调节酶催化活性的生物分子。

**03.065 别构抑制剂 allosteric inhibitor**
能产生别构抑制作用的负效应物。

**03.066 别构激活剂 allosteric activator**
具有别构激活作用的正效应物。

**03.067 别构相互作用 allosteric interaction**
别构酶与别构效应物之间的相互作用。

**03.068 别构配体 allosteric ligand**
别构酶的效应物。

**03.069 别构部位 allosteric site**
别构酶上结合效应物的部位。

**03.070 别构性 allostery**
具有别构调节的特性。

**03.071 酶谱 zymogram**
酶分离实验中区带电泳的记录。样品中各种酶按照所带电荷和分子大小被分离,这些酶的活性可以通过特殊的染色反应显示,可以从酶谱上区分酶的类型和相对量。细菌样品的酶谱可辅助细菌分类。

**03.072 酶电极 enzyme electrode**
生物传感器的一种。在基础电极的敏感面上装有固定化酶膜,当电极插入待测溶液时,酶膜中的酶发生催化反应产生电极活性物质,引起基础电极电位变化,由此测出该酶所催化的反应中反应物或反应产物的浓度。

**03.073 酶固定化 enzyme immobilization**
通过将酶包埋于凝胶、微囊体内,或通过共价键、离子键或吸附连接至固相载体上,或通过交联剂使酶分子互相交联等方法使酶

不溶或局限在一个有限的空间内的过程。可使酶反复使用,便于酶与产物分离。

**03.074 酶工程 enzyme engineering**
酶制剂在工业上的大规模应用,主要由酶的生产、酶的分离纯化、酶的固定化和生物反应器四个部分组成。

**03.075 酶免疫测定 enzyme immunoassay, EIA**
一种将酶的催化功能与抗原-抗体反应相结合的免疫学测定技术。在这种测定中抗原用酶标记。即首先将待测药物或激素(L)等用化学方法使之与载体蛋白结合,注射到动物体内以产生抗 L 的特异性抗体,与此同时再使 L 和一适当的纯酶共价结合在一起成为具有酶活性的 L-酶复合物。测定时将有一定待测浓度的 L 化合物溶液与定量的上述抗体混合,反应后过剩的未经结合的抗体再与定量的 L-酶结合,通过测定剩余的 L-酶量,即可计算出待测化合物 L 的量。

**03.076 酶分类 enzyme classification, EC**
为了避免酶命名上的混乱以及给大量新出现的酶命名,国际上采用了一个通用的酶的命名和分类系统,此系统根据酶所催化的反应类型,将所有的酶分为氧化还原酶、转移酶、水解酶、裂合酶、连接酶六大类。

**03.077 酶学委员会命名 enzyme commission nomenclature**
1961 年国际生物化学联合会酶学专业委员会推荐的命名法。酶学专业委员会规定:对每个酶给出一个四位数字的编号和一个根据催化反应所命名的系统名称,如 EC 2.7.1.1,ATP:葡糖磷酸转移酶,此酶催化磷酸基团从 ATP 转移至葡萄糖的反应,其酶学委员会编号为 2.7.1.1,其中第一位数字 2 表示它属于六大类酶中的第二类(转移酶),第二位为转移含磷基团的亚类,第三位为以醇为受体的亚亚类,第四位则为序号。随着科学的进步,此编号常有增、删和修订。由于国际生物化学联合会机构的变更,酶的命名现由国际生物化学与分子生物学联合会命名委员会推荐。

**03.078 氧化还原酶 oxido-reductase, redox enzyme**
简称"氧还酶"。编号:EC 1-。六大酶类之一,催化氧化还原反应的酶的总称。

**03.079 醇脱氢酶 alcohol dehydrogenase, ADH**
含锌蛋白质,催化乙醇脱氢形成乙醛。以 $NAD^+$ 为氢受体的脱氢酶,编号:EC1.1.1.1,作用于伯醇和仲醇或半缩醛。以 $NADP^+$ 为氢受体的脱氢酶编号为 EC 1.1.1.2,其中一些成员只作用于伯醇,而另一些成员可作用于伯醇和仲醇。

**03.080 乳酸脱氢酶 lactate dehydrogenase, LDH**
广泛存在的催化乳酸和丙酮酸相互转换的酶。L-乳酸脱氢酶(编号:EC 1.1.1.27)作用于 L-乳酸,D-乳酸脱氢酶(编号:EC 1.1.1.28)作用于 D-乳酸,两者均以 $NAD^+$ 为氢受体。在厌氧酵解时,催化丙酮酸接受由 3-磷酸甘油醛脱氢酶形成的 NADH 的氢,形成乳酸。

**03.081 葡糖-6-磷酸脱氢酶 glucose-6-phosphate dehydrogenase**
编号:EC 1.1.1.49。吡啶核苷酸脱氢酶的一种,催化磷酸己糖旁路的第一步反应,使 6-磷酸葡萄糖氧化成 6-磷酸葡糖酸 δ-内酯。

**03.082 羟基丙酮酸还原酶 hydroxypyruvate reductase**
编号:EC 1.1.1.81。催化 CH-OH 基团脱氢,以 $NAD(P)^+$ 为受体的酶。能催化 D-甘油酸在 $NAD(P)^+$ 的存在下生成羟基丙酮酸。是生物体内能量和物质代谢过程中的一种酶。

**03.083 苹果酸脱氢酶** malate dehydrogenase
催化 L-苹果酸和草酰乙酸相互转变的酶。以 $NAD^+$ 为氢受体,编号为 EC 1.1.1.37;以 $NADP^+$ 为氢受体,编号为 EC 1.1.1.82。

**03.084 苹果酸酶** malic enzyme
催化 L-苹果酸氧化脱羧生成丙酮酸和二氧化碳及其逆反应的酶。以 $NAD^+$ 为氢受体,编号为 EC 1.1.1.38、EC 1.1.1.39;以 $NADP^+$ 为氢受体,编号为 EC 1.1.1.40。

**03.085 3-羟[基]-3-甲戊二酸单酰辅酶 A 还原酶** 3-hydroxy-3-methylglutaryl coenzyme A reductase
以 NADPH(EC 1.1.1.34)或 NADH(EC 1.1.1.8)为氢供体的氧化还原酶。系统名:(R)-甲羟戊酸:$NADP^+$(或 $NAD^+$)氧化还原酶(辅酶 A 酰基化)。在胆固醇的生物合成中,催化 3-羟-3-甲戊二酸单酰辅酶 A 还原,生成 3-甲-3,5-二羟戊酸和辅酶 A。在植物中催化植物类异戊二烯生物合成的第一个限速步骤。

**03.086 4-羧基固醇 3-脱氢酶** sterol-4-carboxylate 3-dehydrogenase
编号:EC 1.1.1.170。一种脱氢酶,催化的反应为:3β 羟基-4β 甲基-5α 胆固醇基-7-烯-4α 羧酸 + NAD(P)$^+$ = 4α-甲基-5α 胆固醇基-7 烯-3-酮 + $CO_2$ + NAD(P)H + $H^+$,在此过程中脱氢的同时也脱羧。

**03.087 3-酮类固醇还原酶** 3-ketosteroid reductase
编号:EC 1.1.1.270。一种依赖 NADP(H) 的酶,主要作用是使类固醇激素失活,催化 4α-甲基-5α-胆固醇基-7-内-3β-醇与 4α-甲基-5α-胆固醇基-7-内-3β-酮相互转化,也作用于 5α-胆固基-7-内-3β-酮。

**03.088 葡糖氧化酶** glucose oxidase
编号:EC 1.1.3.4。一种氧化酶,能催化葡萄糖氧化成葡糖酸并产生过氧化氢,是一种含有两分子 FAD 的黄素蛋白,此酶最初从点青霉(*Penicillium notatum*)中分离得到,当时称之为"notatin",现此英文名已不用。

**03.089 醛脱氢酶** aldehyde dehydrogenase
一类在氢受体和水存在时将醛氧化成相应的酸的酶,以 $NAD^+$ 为受体时,编号为 EC 1.2.1.3;以 $NADP^+$ 为受体时,编号为 EC 1.2.1.4;以 $NAD^+$ 或 $NADP^+$ 为受体时,编号为 EC 1.2.1.5;以其他化合物为受体的编号为 EC 1.2.99.3 和 EC 1.2.99.6。

**03.090 甘油醛-3-磷酸脱氢酶** glyceraldehyde-3-phosphate dehydrogenase
编号:EC 1.2.1.12。在糖酵解中,催化甘油醛-3-磷酸在有 $NAD^+$ 和磷酸时,被磷酸化并氧化,形成 1,3-二磷酸甘油酸的酶。

**03.091 视黄醛脱氢酶** retinal dehydrogenase
编号:EC 1.2.1.36。催化以 $NAD^+$ 为氧化剂的视黄醛的脱氢反应,生成视黄酸和 NADH 的酶。

**03.092 醛氧化酶** aldehyde oxidase
编号:EC 1.2.3.1。在氧和水存在时,催化醛氧化成相应的羧酸,并生成过氧化氢。为含钼黄素的血红蛋白。

**03.093 芳基-醛氧化酶** aryl-aldehyde oxidase
编号:EC 1.2.3.9。作用于苯甲醛、香草醛和一些其他芳香醛,使它们被一分子的氧氧化成对应的酸,而水分子转变为过氧化氢的酶。

**03.094 视黄醛氧化酶** retinal oxidase
编号:EC 1.2.3.11。催化以氧为氧化剂将视黄醛氧化并生成视黄酸和过氧化氢反应的酶。

**03.095 歧化酶** dismutase
一类催化歧化反应的酶。可催化单个化合物同时发生氧化和还原反应,产生两种不同的化合物。如甲醛歧化酶(编号:EC 1.2. 99.4)和超氧化物歧化酶(编号:EC 1.15.1. 1)。

**03.096 亚油酸合酶** linoleate synthase
编号:EC 1.3.1.35。以 $NAD^+$ 为氢受体,催化 1-酰基-2 油酰-Sn-甘油基-3-磷酸胆碱脱氢形成 1-酰基-2-亚油酰-Sn-甘油基-3-磷酸胆碱的酶。

**03.097 琥珀酸脱氢酶** succinate dehydrogenase
编号:EC 1.3.99.1。在三羧酸循环中催化琥珀酸脱氢生成延胡索酸的酶。

**03.098 谷氨酸合酶** glutamate synthase, GOGAT
与谷氨酸生成有关的铁硫黄素蛋白复合体。催化 α-酮戊二酸接受 L-谷氨酰胺的氨基而生成两分子谷氨酸,可分别以 $NAD^+$ 和 $NADP^+$ 作为其氢受体,其相应编号为 EC 1. 4.1.14 和 EC 1.4.1.13。

**03.099 单胺氧化酶** monoamine oxidase, MAO
编号:EC 1.4.3.4。存在于线粒体中的一种黄素蛋白酶,催化单胺(如肾上腺素或去甲肾上腺素)的氧化脱氨作用生成相应的醛类。

**03.100 四氢叶酸脱氢酶** tetrahydrofolate dehydrogenase
编号:EC 1.5.1.3。以 $NADP^+$ 为氢受体催化四氢叶酸生成二氢叶酸的酶。

**03.101 二氢叶酸还原酶** dihydrofolate reductase, DHFR
编号:EC 1.5.1.3。催化二氢叶酸还原成四氢叶酸,受氨基蝶呤和氨甲蝶呤的竞争性抑制的酶。

**03.102 章鱼碱合酶** octopine synthase, OS
编号:EC 1.5.1.11。催化 $N^2$-(D-1-羧乙基)-L-精氨酸水解生成 L-精氨酸和丙酮酸,以 $NAD^+$ 为氢受体的酶。

**03.103 胭脂碱合酶** nopaline synthase, NS
编号:EC 1.5.1.19。催化 $N^2$-(D-1,3-二羧酸丙基)-L-精氨酸水解生成 L-精氨酸和 2-氧代戊二酸,以 $NADP^+$ 为氢受体的酶。

**03.104 黄素单核苷酸还原酶** flavin mononucleotide reductase, FMN reductase
编号:EC 1.5.1.29。一种以黄素腺嘌呤单核苷酸为辅酶的还原酶。催化 FMN 还原为 $FMNH_2$,NADH 或 NADPH 为其氢供体。

**03.105 二氢蝶啶还原酶** dihydropteridine reductase
系统名: NADPH:6,7-二氢蝶啶氧化还原酶。编号: EC 1.5.1.34。一种 NADH、NADPH 氧化还原酶。催化 6,7-二氢蝶啶还原成 5,6,7,8-四氢蝶啶。

**03.106 转氢酶** transhydrogenase
编号:EC 1.6.1.1-2。催化 $NAD^+$ 和 NADPH 与 NADH 和 $NADP^+$ 之间相互转化的线粒体酶。

**03.107 NADH-细胞色素 $b_5$ 还原酶** NADH-cytochrome $b_5$ reductase
编号:EC 1.6.2.2。在动物组织脂肪酸脱饱和电子传递途径中,催化将 NADH 上的氢原子转至该酶辅基 FAD 上(形成 $FADH_2$),从而使传递链中下一个成员细胞色素 $b_5$ 铁卟啉蛋白中的铁离子得以还原的酶。

**03.108 NADH 脱氢酶复合物** NADH dehydrogenase complex
又称"NADH-辅酶 Q 还原酶(NADH-coenzyme Q reductase)"。编号:EC 1.6.5.3。由至少 16 条肽链、辅基 FMN 和铁硫中心组成的一个传递电子的复合物。NADH 脱氢酶催化将 NADH 上的氢原子传递给与其结合牢固的辅基 FMN、铁硫中心再将氢从辅基上脱下转移给呼吸链中的下一个成员辅酶 Q。

**03.109　硝酸盐还原酶　nitrate reductase**
编号:EC 1.7.1.3。催化硝酸盐还原成亚硝酸盐的一种含钼的黄素蛋白。

**03.110　偶氮苯还原酶　azobenzene reductase**
编号:EC 1.7.1.6。属黄素蛋白酶类,可催化偶氮苯还原生成苯胺。

**03.111　硝基喹啉-N-氧化物还原酶　nitroquinoline-N-oxide reductase**
编号:EC 1.7.1.9。催化致癌物质 4-硝基喹啉 N-氧化物接受来自 NADH 或 NADPH 的氢,还原成 4-羟氨基喹啉 N-氧化物的酶。

**03.112　羟胺还原酶　hydroxylamine reductase**
编号:EC 1.7.1.10。催化羟胺还原的酶,也作用于一些氧肟酸。在 NADH 存在下,可将羟胺还原为氨并生成 $NAD^+$ 和水。

**03.113　N-羟基-2-乙酰胺基芴还原酶　N-hydroxy-2-acetamidofluorene reductase**
编号:EC 1.7.1.12。催化在酸性环境下 N-羟基-2-乙酰基芴接受 NADH 或 NADPH 的氢生成 2-乙酰基芴、NAD 或 NADP 和水的酶。

**03.114　亚硝酸还原酶　nitrite reductase**
编号:EC 1.7.2.1。催化亚硝酸盐还原成一氧化氮的酶。

**03.115　尿酸氧化酶　urate oxidase**
曾称"尿酸酶(uricase)"。编号:EC 1.7.3.3。催化分子氧将尿酸氧化成尿囊素和过氧化氢的含铜酶。

**03.116　丙酮酸脱氢酶复合物　pyruvate dehydrogenase complex**
由丙酮酸脱氢酶组分、硫辛酰胺还原转乙酰基酶、二氢硫辛酰胺脱氢酶组成,共同完成丙酮酸氧化脱羧形成乙酰辅酶 A。第一个酶催化丙酮酸脱羧,所生成的羟乙基与其辅

基焦磷酸硫胺素相连。

**03.117　二氢硫辛酰胺脱氢酶　dihydrolipoamide dehydrogenase**
又称"硫辛酰胺脱氢酶(lipoamide dehydrogenase)"。编号:EC 1.8.1.4。催化二氢硫辛酰胺脱氢产生硫辛酰胺,以 $NAD^+$ 为氢受体的酶。哺乳动物的二氢硫辛酰胺脱氢酶是线粒体丙酮酸脱氢酶多酶复合物及 α 酮戊二酸脱氢酶多酶复合物的一个组分,负责将该复合物中另一组分硫辛酰胺转乙酰基酶的辅基二氢硫辛酰胺转变为氧化型硫辛酰胺,该酶也是线粒体甘氨酸剪切体系的组分。为 51 kDa 亚基的同二聚体,每个亚基与一分子的黄素腺嘌呤二核苷酸共价相连。

**03.118　还原酶　reductase**
一种氧化还原酶,催化还原反应,即使底物失去氧和/或得到氢/电子。由于实际催化的反应是可逆的,在特定条件下也可以催化逆反应(即氧化反应)。

**03.119　核糖核苷酸还原酶　ribonucleotide reductase**
催化将核糖核苷酸还原成相应脱氧核糖核苷酸的酶。包括核苷二磷酸还原酶(ribonucleoside-diphosphate reductase)和核苷三磷酸还原酶(ribonucleoside-triphosphate reductase)。

**03.120　胱氨酸还原酶　cystine reductase**
编号:EC 1.8.1.6。催化以 NADH 为氢供体,由一分子胱氨酸还原形成两分子半胱氨酸的一种氧化还原酶。

**03.121　谷胱甘肽还原酶　glutathione reductase**
编号:EC 1.8.1.7。一种以 NADPH 为氢供体、氧化型谷胱甘肽为氢受体的还原酶,反应生成 $NADP^+$ 和还原型谷胱甘肽。

**03.122　硫氧还蛋白-二硫键还原酶　thiore-**

doxin-disulfide reductase

编号:EC 1.8.1.9。催化使硫氧还蛋白-$S_2$还原成硫氧还蛋白-$(SH)_2$,同时使 NADPH 氧化成 $NADP^+$ 的一种含黄素腺嘌呤二核苷酸的黄素蛋白。

**03.123 辅酶 A-谷胱甘肽还原酶** CoA-glutathione reductase

编号:EC 1.8.1.10。催化辅酶 A 和谷胱甘肽的巯基氧化,形成由二硫键连接的辅酶 A 和谷胱甘肽,或催化其逆反应的酶。该反应需要 $NADP^+$ 的参与,作为质子转移辅助底物。

**03.124 氧化型二谷胱甘肽亚精胺还原酶** trypanothione-disulfide reductase

编号:EC 1.8.1.12。催化反应:二谷胱甘肽亚精胺 + $NADP^+$ = 氧化型二谷胱甘肽亚精胺 + NADPH + $H^+$。是一种黄素蛋白。

**03.125 双-γ-谷氨酰半胱氨酸还原酶** bis-γ-glutamylcystine reductase

编号:EC 1.8.1.13。催化双-γ-谷氨酰半胱氨酸还原成 γ 谷氨酰半胱氨酸的酶。

**03.126 辅酶 A-二硫键还原酶** CoA-disulfide reductase

编号:EC 1.8.1.14。以 NADH 为氢的供体,催化一分子氧化型辅酶 A 还原成二分子还原型辅酶 A 及其逆反应的酶。

**03.127 氧化型真菌硫醇还原酶** mycothione reductase

编号:EC 1.8.1.15。催化氧化型真菌硫醇的二硫键还原,生成二分子真菌硫醇的酶。

**03.128 蛋白质二硫键异构酶** protein disulfide isomerase, PDI

编号:EC 1.8.4.2。一种内质网滞留蛋白,为多功能蛋白质,参与新合成的分泌性蛋白质的修饰和折叠,催化硫醇-二硫键交换反应,形成二硫键。

**03.129 蛋白质二硫键还原酶** protein-disulfide reductase

又称"蛋白质二硫键氧还酶(protein disulfide oxidoreductase)"。编号:EC 1.8.4.2。系统名:谷胱甘肽:蛋白质-二硫化物氧化还原酶。在谷胱甘肽的存在下,还原蛋白质二硫键成为蛋白质双硫醇。

**03.130 酪氨酸酶** tyrosinase

编号:EC 1.10.3.1 和 EC 1.14.18.1。催化酪氨酸氧化成多巴、多巴氧化成多巴醌反应的酶。

**03.131 多酚氧化酶** polyphenol oxidase

编号:EC 1.10.3.1。一类含铜的氧化还原酶,催化邻-苯二酚氧化成邻-苯二醌,也能作用于单酚单加氧酶的底物。

**03.132 过氧化物酶** peroxidase

编号:EC 1.11.1.-。利用过氧化氢作为电子受体来催化底物氧化作用的酶。

**03.133 含硒酶** selenoenzyme

一类含有硒代半胱氨酸的蛋白质。如谷胱甘肽过氧化物酶(GSH-Px),编号:EC 1.11.1.9;磷脂-氢过氧化物-谷胱甘肽过氧化物酶(phospholipid-hydroperoxide glutathione peroxidase),编号:EC 1.11.1.12。

**03.134 抗氧化酶** antioxidant enzyme

超氧化物歧化酶、硫氧还蛋白过氧化物酶、谷胱甘肽过氧化物酶和过氧化氢酶等的统称。一旦在体内形成过氧化物,它们即刻发挥作用,利用氧化还原作用将过氧化物转换为毒害较低或无害的物质。

**03.135 过氧化氢酶** catalase

编号:EC 1.11.1.6。催化过氧化氢分解成氧和水的酶,存在于细胞的过氧化物体内。

**03.136 辣根过氧化物酶** horseradish peroxidase, HRP

编号:EC 1.11.1.7。一种糖蛋白,由于在辣根中该酶的含量很高，故名。它以铁卟啉为辅基，在过氧化氢存在时能催化苯酚、苯胺及其取代物聚合。通常用做光学和电子显微镜的组织化学示踪物。

**03.137 乳过氧化物酶 lactoperoxidase**
编号：EC 1.11.1.7。存在于牛奶、眼泪、唾液等体液中的一种过氧化物酶，催化过氧化氢氧化底物并生成水。

**03.138 髓过氧化物酶 myeloperoxidase**
编号：EC 1.11.1.7。一种存在于具吞噬功能的白细胞中的溶酶体酶，通过将过氧化氢和氯离子变为次氯酸参与对外来物质的破坏。

**03.139 硫氧还蛋白过氧化物酶 thioredoxin peroxidase, TPx**
编号：EC 1.11.1.15。催化氧化还原反应，以 $NAD^+$ 或 $NADP^+$ 作为氢受体的酶。

**03.140 谷胱甘肽过氧化物酶 glutathione peroxidase, GSH-Px, GPx**
编号：EC 1.11.1.9。在过氧化氢存在下，催化谷胱甘肽转变为氧化型的一种金属酶，每分子含有 4 个硒原子，辅酶为 NADPH。为生物体中清除过氧化氢和其他有机过氧化物的脱毒酶。

**03.141 氢化酶 hydrogenase**
编号：EC 1.12.7.2。在氢分子存在下催化铁氧还蛋白及其他化合物的还原反应并参与细菌光合作用中的电子传递的酶。

**03.142 加氧酶 oxygenase**
又称"氧合酶"。编号：EC 1.13-；EC 1.14-。氧化还原酶的一种，催化分子氧参入被氧化的底物。

**03.143 脂加氧酶 lipoxygenase, LOX**
编号：EC 1.13.11.12。催化多不饱和脂肪酸氧化成氢过氧化酯酸，底物为亚油酸的酶。存在于白细胞、肥大细胞、肺细胞和血

小板中，还包括花生四烯酸 12-脂加氧酶（EC 1.13.11.31）、花生四烯酸 15-脂加氧酶（EC 1.13.11.33）、花生四烯酸 5-脂加氧酶（EC 1.13.11.34），分别催化花生四烯酸的 C-12，C-15，C-5 的加氧反应。在白细胞中，脂加氧酶是白三烯生物合成中的关键酶，催化花生四烯酸氧化为氢过氧化酯酸，而后此化合物脱水转化为白三烯。

**03.144 半胱氨酸双加氧酶 cysteine dioxygenase**
编号：EC 1.13.11.20。催化 L-半胱氨酸代谢的第一步和分支点反应，氧化半胱氨酸生成 3-亚磺基苯丙氨酸的酶。

**03.145 单加氧酶 monooxygenase**
又称"混合功能氧化酶（mixed functional oxidase）"。催化分子氧的一个氧原子进入底物中的酶类。其中一些酶编号为 EC 1.13.12.-，作用于单一氢供体，使一个氧原子参入其中的酶称"内单加氧酶（internal monooxygenase）"或"内混合功能氧化酶（internal mixed functional oxidase）"。另一些酶隶属于 EC1.14.-，作用于两个氢供体，使一个氧原子参入其中之一，发生羟化；另一氢供体为 NADH 或 NADPH、黄素酶等，由此又分为不同亚类。

**03.146 萤光素酶 luciferase**
编号：EC 1.13.12.7。在萤火虫的生物发光反应中起作用的酶。催化萤光素的氧化，同时发出可见光。

**03.147 一氧化氮合酶 nitric oxide synthase, NOS**
编号：EC 1.14.13.39。催化生物体内一氧化氮生成的酶。根据对钙离子及钙调蛋白的依赖性可分为组成型酶及诱导型酶两类。

**03.148 甲基固醇单加氧酶 methylsterol monooxygenase**
编号：EC 1.14.13.72。在胆固醇生物合成

途径中,催化一系列单加氧反应,把4-甲基固醇氧化为4-羟甲基固醇和4-羧基固醇的酶。

**03.149 芳烃羟化酶 aryl hydrocarbon hydroxylase**

又称"非特异性单加氧酶(unspecific monooxygenase)"。编号:EC 1.14.14.1。一类利用还原型黄素蛋白作为氢供体并插入一个氧原子的羟化酶。可作用于许多不同的底物,包括异生素、类固醇、脂肪酸、维生素、前列腺素等,所催化的反应还有环氧化、N-氧化、脱烃、脱硫、脱氨基等,因此在许多药物和毒素如苯巴比妥/致癌物及杀虫剂的氧化作用中起重要作用。

**03.150 碳链裂解酶 desmolase**

又称"胆固醇碳链裂解酶"。编号:EC 1.14.15.6。由单加氧酶和细胞色素 $P_{450}$ 组成的酶复合物,催化除去胆固醇侧链的反应,首先在胆固醇侧链 C-20,C-22 羟化,再将两者之间的连键断裂,除去含六个碳的侧链,使胆固醇变成孕烯醇酮,后者是类固醇激素的前体。

**03.151 胆碱单加氧酶 choline monooxygenase, CMO**

编号:EC 1.14.15.7。以还原型铁氧还蛋白为氢供体的酶,催化氧分子的一个氧原子参入胆碱生成甜菜醛水合物,而另一分子氧原子参入还原型铁氧还蛋白使之转变为氧化型铁氧还蛋白。

**03.152 酪氨酸羟化酶 tyrosine hydroxylase, TH**

编号:EC 1.14.16.2。催化儿茶酚胺生物合成的第一步(为限速步),即将 L-酪氨酸转变成 3,4-二羟-L-苯丙氨酸(L-DOPA)的羟化酶。

**03.153 ACC 氧化酶 ACC oxidase**

全称"1-氨基环丙烷基-1-羧酸氧化酶(1-

aminocyclopropane-1-carboxylate oxidase)"。编号:EC 1.14.17.4。在氧和抗坏血酸存在的条件下催化 1-氨基环丙烷基-1-羧酸(ACC)裂解生成乙烯、氰化氢和二氧化碳的氧化酶。

**03.154 脱饱和酶 desaturase**

一类催化脱饱和作用的酶,使饱和脂肪酸转变成不饱和脂肪酸。如:硬脂酰-CoA 9-脱饱和酶,编号:EC 1.14.19.1;酰基-[酰基载体蛋白]脱饱和酶,编号:EC 1.14.19.2;亚油酰-CoA 脱饱和酶,编号:EC 1.14.19.3 等。

**03.155 软脂酰 $\Delta^9$ 脱饱和酶 palmitoyl $\Delta^9$-desaturase**

编号:EC 1.14.19.1。催化软脂酰氧化,在 C-9 ~ C-10 之间形成不饱和键从而形成相应单烯酸的酶。

**03.156 硬脂酰 $\Delta^9$ 脱饱和酶 stearoyl $\Delta^9$-desaturase**

编号:EC 1.14.19.1。催化硬脂肪酰基(C18)的 $\Delta^9$ 顺式脱饱和作用,引入不饱和双键的酶。

**03.157 环加氧酶 cyclo-oxygenase, COX**

编号:EC 1.14.99.1。前列腺素类生物合成中的关键酶。催化环加氧酶途径中的第一步反应,花生四烯酸被氧化成过氧化物,后者再转变成前列腺素、前列环素及凝血噁烷。

**03.158 胡萝卜素双加氧酶 carotene dioxygenase**

编号:EC 1.14.99.36。能将一分子氧加入到胡萝卜素中间位置的双键上,将其分解为两分子视黄醛,也可从一端将其分解生成具有与维生素 A 相同的环、侧链较长的醛的酶。

**03.159 超氧化物歧化酶 superoxide dismutase, SOD**

编号：EC 1.15.1.1。催化超氧化物自由基 $O_2^-$ 和氢离子反应形成过氧化氢和分子氧的酶。

**03.160　水钴胺素还原酶　aquacobalamin reductase**

催化水钴（Ⅲ）胺素还原反应产生钴（Ⅱ）胺素，氢供体为 NADH 的酶，编号为 EC 1.16.1.3；氢供体为 NADPH 的酶，编号为 EC 1.16.1.5。

**03.161　氰钴胺素还原酶　cyanocobalamin reductase**

编号：EC 1.16.1.6。能催化氰钴胺素的还原反应的酶。钴的第 6 配基-氰基被还原，生成氰化氢和钴胺素，该酶作用需要 NADPH 作为质子供体。

**03.162　高铁螯合物还原酶　ferric-chelate reductase**

编号：EC 1.16.1.7。催化高价铁螯合物（如高铁细胞色素）中的 $Fe^{3+}$ 还原为 $Fe^{2+}$ 的酶。

**03.163　钴胺素还原酶　cobalamin reductase**

编号：EC 1.16.1.14。催化 NADH 和二价的钴胺素之间的氧化还原反应，产生 $NAD^+$ 和一价钴胺素的酶。

**03.164　黄嘌呤氧化酶　xanthine oxidase**

编号：EC 1.17.3.2。催化由黄嘌呤形成尿酸以及由次黄嘌呤形成黄嘌呤的氧化过程，是一种含钼的黄素蛋白。也能催化醛类的氧化。

**03.165　核苷二磷酸还原酶　ribonucleoside-diphosphate reductase**

编号：EC 1.17.4.1。催化将核苷二磷酸还原成相应的脱氧核苷二磷酸的酶。通常核糖核苷酸是在二磷酸水平上被还原。

**03.166　核苷三磷酸还原酶　ribonucleoside-triphosphate reductase**

编号：EC 1.17.4.2。催化将核苷三磷酸还原成相应的脱氧核苷三磷酸的酶。一些杆菌中存在的还原酶系主要催化核苷三磷酸的还原。

**03.167　铁氧还蛋白-NADP$^+$还原酶　ferredoxin-NADP$^+$ reductase, FNR**

编号：EC 1.18.1.2。催化还原态铁氧还蛋白还原 $NADP^+$ 形成 NADPH，是以黄素腺嘌呤二核苷酸为辅基的黄素蛋白。

**03.168　偶氮还原酶　azoreductase**

属黄素蛋白酶类，可将偶氮聚合物的偶氮双键—N＝N—还原裂解成芳香胺类物质，偶氮还原酶以 NADPH 或 NADH 为辅酶，对氧很敏感，有氧时丧失活性，除去氧后又可恢复活性。

**03.169　脱氢酶　dehydrogenase**

一类催化底物去除氢的酶，利用其他化合物而不是以分子氧作为氢受体。

**03.170　双加氧酶　dioxygenase**

催化氧分子中两个氧原子参入到被氧化的物质的酶。

**03.171　黄素酶　flavoenzyme**

一类催化氧化-还原反应的酶，以黄素单核苷酸（FMN）或黄素腺嘌呤二核苷酸（FAD）为辅酶。其中 FMN 以非共价键与蛋白质相连接，而 FAD 则可以共价键或以非共价键与蛋白质相连接。某些黄素酶的结构更复杂一些，除含黄素核苷酸外还含有金属离子或血红素。

**03.172　羟化酶　hydroxylase**

催化与氧分子反应的酶，该反应中一个或两个氧原子进入化合物中从而羟化。

**03.173　氧化酶　oxidase**

直接以分子氧作为电子受体生成水，催化底物氧化的酶。氧化酶均为结合蛋白质，辅基常含有 $Cu^{2+}$，如细胞色素氧化酶、酚氧化酶、抗坏血酸氧化酶等。

**03.174  末端氧化酶  terminal oxidase**

主要指在呼吸作用的电子传递链中最终把电子传递给氧分子的酶。与在呼吸链中最终将电子传递给氧的细胞色素复合体不同，此酶介导的电子传递过程产生的能量不用来生成 ATP,而是以热能形式释放。

**03.175  转移酶  transferase**

编号:EC 2.-。六大酶类之一,催化将功能团从一种底物转移到另一种底物的酶。

**03.176  RNA 甲基化酶  RNA methylase**

编号:EC 2.1.1.-。催化 RNA 中碱基甲基化反应的酶。

**03.177  甲基转移酶  methyltransferase**

又称"甲基化酶(methylase)","转甲基酶(transmethylase)"。编号:EC 2.1.1.-。一种催化将甲基从一种化合物转移给另一种化合物的酶。DNA、RNA、蛋白质、氨基酸等均可作为甲基的受体。

**03.178  儿茶酚-*O*-甲基转移酶  catechol-*O*-methyl transferase,COMT**

编号:EC 2.1.1.6。催化 *S*-腺苷酰甲硫氨酸的甲基转移至儿茶酚或儿茶酚胺的苯环 3-位羟基上的酶。来自哺乳动物的酶更容易作用于儿茶酚胺如肾上腺素、去甲肾上腺素,从而钝化其神经递质的作用。

**03.179  苯基乙醇胺-*N*-甲基转移酶  phenylethanolamine-*N*-methyltransferase,PNMT**

编号:EC 2.1.1.28。催化将甲基从 *S*-腺苷酰甲硫氨酸转移到去甲肾上腺素的氨基端生成肾上腺素反应的酶。

**03.180  DNA 甲基化酶  DNA methylase**

又称"DNA 甲基转移酶(DNA methyltransferase)"。编号:EC 2.1.1.37。催化 DNA 中碱基的甲基化作用的酶。甲基化作用一般发生在 DNA 合成之后。

**03.181  Ⅱ型 DNA 甲基化酶  type Ⅱ DNA methylase**

编号:EC 2.1.1.37。三类甲基化酶之一,包括内切酶和甲基化酶两种成分,作用在识别位点(回文结构)内或其附近,反应不需要 ATP;而Ⅰ型和Ⅲ型都是需要 ATP 的双功能酶,在距不对称的识别序列较远处使 DNA 甲基化,又能降解外源无甲基化 DNA。

**03.182  保持甲基化酶  maintenance methylase**

编号:EC 2.1.1.37。催化半甲基化的 DNA 双链分子内与 MeCpG 配对的 GpC 序列中的胞嘧啶甲基化,从而使甲基化在 DNA 复制中得以连续保持的酶。Ⅰ型、Ⅱ型 DNA 甲基化酶均能以半甲基化 DNA 为底物,而Ⅲ型 DNA 甲基化酶则只能以未甲基化的 DNA 为底物。

**03.183  修饰性甲基化酶  modification methylase**

编号:EC 2.1.1.72;EC 2.1.1.37。催化 DNA 甲基化作用的一种修饰酶。通常甲基化发生在限制性酶切位点的一两个碱基上,从而保护该酶切位点,使其不被相应的限制性内切酶所切割。

**03.184  反式乌头酸-2-甲基转移酶  *trans*-aconitate 2-methyltransferase**

编号:EC 2.1.1.144。催化甲基从 *S*-腺苷酰甲硫氨酸转移至反式 1-丙烯-1,2,3-三羧酸(反式乌头酸)的 2-位羧基上,形成(*E*)-2-(甲氧羰甲基)-2-丁烯二酸的酶。

**03.185  反式乌头酸-3-甲基转移酶  *trans*-aconitate 3-methyltransferase**

编号:EC 2.1.1.145。催化甲基从 *S*-腺苷酰甲硫氨酸转移到反式 1-丙烯-1,2,3-三羧酸(反式乌头酸)的 3-位羧基上,形成(*E*)-3-(甲氧羰甲基)-2-丁烯二酸的酶。

**03.186  羟甲基转移酶  hydroxylmethyl trans-**

ferase

又称"转羟甲基酶(transhydroxylmethylase)"。催化5,10-亚甲基四氢叶酸与羟甲基受体反应的酶。如 EC 2.1.2.1、EC 2.1.2.7、EC 2.1.2.8 分别催化甘氨酸、D-丙氨酸、脱氧胞苷酸羟甲基化,形成丝氨酸、2-甲基丝氨酸、5-羟甲基脱氧胞苷酸和四氢叶酸。

**03.187　磷酸核糖甘氨酰胺甲酰基转移酶**　phosphoribosyl glycinamide formyltransferase

编号:EC 2.1.2.2。催化将甲酰基从10-甲酰四氢叶酸转移至甘氨酰胺核苷酸的酶,该反应为嘌呤生物合成途径中的一个步骤。

**03.188　氨甲酰基转移酶**　carbamyl transferase, carbamoyl transferase

又称"转氨甲酰酶(transcarbamylase)"。编号:EC 2.1.3.-。催化从氨甲酰磷酸转移氨甲酰基的酶类。天冬氨酸转氨甲酰酶(编号:EC 2.1.3.2)催化氨甲酰基转移到天冬氨酸是嘧啶核苷酸生物合成的第一步反应。鸟氨酸转氨甲酰酶(编号:EC 2.1.3.3)催化氨甲酰基转移到鸟氨酸参与尿素循环。

**03.189　羧基转移酶**　carboxyl transferase

又称"转羧基酶(transcarboxylase)"。一种多酶体系,催化羧基从一个化合物转移到另一个化合物。如:甲基丙二酰-辅酶 A 羧基转移酶(编号:EC 2.1.3.1),催化羧基从甲基丙二酰-辅酶 A 转移到丙酮酸生成丙酰-辅酶 A 和草酰乙酸。

**03.190　天冬氨酸转氨甲酰酶**　aspartate transcarbamylase, ATCase

编号:EC 2.1.3.2。一种调节酶,催化嘧啶核苷酸生物合成中的第一步,即从氨甲酰磷酸和天冬氨酸形成氨甲酰天冬氨酸。该酶由两个催化亚基和三个调节亚基组成,催化亚基为 34 kDa 蛋白质的三聚体,调节亚基为 17 kDa 蛋白质的二聚体。胞苷三磷酸是

其负调节物,ATP 是其正调节物。

**03.191　鸟氨酸氨甲酰基转移酶**　ornithine carbamyl transferase, OCT

又称"鸟氨酸转氨甲酰酶(ornithine transcarbamylase)"。编号:EC 2.1.3.3。在尿素循环中,催化鸟氨酸接受由氨甲酰磷酸提供的氨甲酰基形成瓜氨酸的酶。

**03.192　转酮酶**　transketolase

又称"转羟乙醛基酶(glycolaldehydetransferase)"。编号:EC 2.2.1.1。催化从2-酮糖(如7-磷酸景天庚糖,5-磷酸核酮糖)上将2-羟基乙醛基($CH_2OHCO^-$)转移到一个醛糖(如5-磷酸核糖,4-磷酸赤藓糖,3-磷酸甘油醛)的第一个碳原子上的酶。

**03.193　转醛醇酶**　transaldolase

又称"转二羟丙酮基酶"。编号:EC 2.2.1.2。催化将7-磷酸景天庚酮糖的二羟丙酮基向3-磷酸甘油醛上第一个碳原子转移,产生 D-赤藓糖-4-磷酸和 D-果糖-6-磷酸的酶。

**03.194　酰基转移酶**　acyltransferase

又称"转酰基酶(transacylase)"。编号:EC 2.3.1.-。催化酰基转移,形成酯或酰胺的酶,酰基的供体大多是酰基辅酶 A。

**03.195　乙酰谷氨酸合成酶**　acetylglutamate synthetase

编号:EC 2.3.1.1。催化谷氨酸与乙酰辅酶 A 进行乙酰化反应生成 N-乙酰谷氨酸的酶。分布于肝和肠细胞线粒体基质中,在尿素合成中具有潜在的调控作用:N-乙酰谷氨酸作为辅因子,调节氨甲酰磷酸合成酶 I 的活性,而氨甲酰磷酸是尿素合成的关键中间体。

**03.196　胆碱乙酰转移酶**　choline acetyltransferase

编号:EC 2.3.1.6。催化胆碱和乙酰辅酶 A 转变为乙酰胆碱和辅酶 A 的酶。乙酰胆碱

作为神经递质在神经冲动传递中起重要作用,使突触后膜去极化。

**03.197 硫辛酰胺还原转乙酰基酶** lipoamide reductase-transacetylase

编号:EC 2.3.1.12。丙酮酸脱氢酶多酶复合物的一个组分,催化其辅基硫辛酰胺还原为二氢硫辛酰胺,与此同时将连接在丙酮酸脱氢酶辅基(焦磷酸硫胺素)上的羟乙基氧化为乙酰基,并将此乙酰基转移至二氢硫辛酰胺,形成乙酰基硫辛酰胺,进而将乙酰基转移至辅酶A生成乙酰辅酶A,使硫辛酰胺在丙酮酸脱羧氧化过程中传递乙酰基。

**03.198 半乳糖苷转乙酰基酶** galactoside transacetylase

编号:EC 2.3.1.18。催化乙酰基转移的酶,可将乙酰辅酶A中的乙酰基转移给β-D-半乳糖苷,反应生成辅酶A和6-乙酰基-β-D-半乳糖苷。也可作用于半乳糖硫苷和半乳糖苯苷。

**03.199 氯霉素乙酰转移酶** chloramphenicol acetyltransferase,CAT

编号:EC 2.3.1.28。催化氯霉素乙酰化生成氯霉素-3-乙酸酯的酶。因氯霉素-3-乙酸酯不能与细菌核糖体结合,且不是肽酰转移酶的抑制剂,因此氯霉素乙酰基转移酶与细菌中自然产生的氯霉素耐药性直接相关。抗氯霉素的革兰氏阳性及阴性菌中均有此酶存在。

**03.200 卵磷脂-胆固醇酰基转移酶** lecithin-cholesterol acyltransferase,LCAT

编号:EC 2.3.1.43。催化将高密度脂蛋白中的胆固醇转化为胆固醇酯,将磷脂酰胆碱中的酰基转移至胆固醇的酶。

**03.201 查耳酮合酶** chalcone synthase,CS

编号:EC 2.3.1.74。属于植物聚酮合成酶超家族。催化3分子丙二酰辅酶A与4分子香豆酰辅酶A经脱羧缩合成4′,5,7-三羟基黄烷酮型查耳酮。

**03.202 脂肪酸合酶** fatty acid synthase

编号:EC 2.3.1.85。催化脂肪酸合成的多酶复合物。包括酰基载体蛋白(ACP)、乙酰CoA-ACP转酰基酶、丙二酸单酰辅酶A-ACP转酰基酶、酮脂酰-ACP合酶、酮脂酰-ACP还原酶、羟脂酰-ACP脱水酶、烯脂酰-ACP还原酶七个组分。

**03.203 肉毒碱脂酰转移酶** carnitine acyltransferase

存在于线粒体内膜的一类酰基转移酶。可逆地催化从酰基辅酶A将酰基转移至L-肉毒碱的反应,在转运脂肪酸通过线粒体内膜的过程中起重要作用。包括肉毒碱辛酰基转移酶(编号:EC 2.3.1.137)和肉毒碱棕榈酰基转移酶(编号:EC 2.3.1.21)。

**03.204 肽酰转移酶** peptidyl transferase

又称"转肽酰酶(transpeptidylase)"。编号:EC 2.3.2.12。蛋白质合成中的一种酶,催化正在延伸中的多肽链与下一个氨基酸之间形成肽键。是核糖体大亚基的组成部分。

**03.205 柠檬酸合酶** citrate synthase

编号:EC 2.3.3.1。催化乙酰辅酶A的甲基去质子而形成负碳离子,亲核攻击草酰乙酸的羰基碳缩合生成柠檬酰辅酶A,再经高能硫酯键水解,生成柠檬酸的酶。

**03.206 ATP柠檬酸裂合酶** ATP-citrate lyase,ACL

又称"ATP柠檬酸合酶(ATP-citrate synthase)"。编号:EC 2.3.3.8。在辅酶A和ATP存在的条件下,催化柠檬酸裂解成乙酰辅酶A和草酰乙酸,消耗一分子ATP转变为ADP和正磷酸的一种调控酶。酶活性依赖于镁离子,受琥珀酰辅酶A和长链脂肪酰辅酶A抑制。

**03.207 糖基转移酶** glycosyltransferase

又称"转糖基酶(transglycosylase)"。编号：EC 2.4.亚类酶。催化将糖基由寡糖或含糖基的高能化合物(如尿嘧啶核苷二磷酸葡糖)转移到另一个化合物(可以是蛋白质、脂或是另一个糖)，形成聚糖或糖蛋白、糖脂等的酶。

**03.208　N-乙酰葡糖胺转移酶　N-acetylglu-cosaminyl transferase**

隶属于 EC 2.4.1-。在多肽的 N-糖苷键连接的糖基化修饰过程中，催化将 N-乙酰胺基葡糖基从 UDP-N-乙酰胺基葡糖转移到寡糖链上的酶。

**03.209　分支酶　branching enzyme**

编号：EC 2.4.1.18。催化糖原中1,6-糖苷键的形成，使直链淀粉生成支链淀粉的酶。

**03.210　半乳糖基转移酶　galactosyltrans-ferase**

催化从核苷二磷酸半乳糖中将活性半乳糖残基转移给糖基受体分子的酶。如乳糖合酶(编号：EC 2.4.1.22)、N-乙酰氨基乳糖合酶(编号：EC 2.4.1.90)、木糖基蛋白4-β-半乳糖基转移酶(编号：EC 2.4.1.133)，分别催化半乳糖基由 UDP-半乳糖转移至葡萄糖、乙酰氨基葡糖和 O-β-D-木糖基蛋白。

**03.211　愈伤葡聚糖合成酶　callose syn-thetase**

编号：EC 2.4.1.34。催化愈伤葡聚糖合成的酶，以 UDP-葡萄糖提供葡萄糖基，通过 β(1→3)糖苷键连接，转移到多糖链上。每循环一次增加一个葡萄糖单位。

**03.212　岩藻糖基转移酶　fucosyltransferase**

一类己糖基转移酶。催化从核苷二磷酸岩藻糖将岩藻糖转移至受体分子，受体分子常为另一种糖、糖蛋白或糖脂分子。如：3-半乳糖基-N-乙酰氨基葡糖苷 4-β-L-岩藻糖基转移酶(编号：EC 2.4.1.65)、糖蛋白6-β-L-岩藻糖基转移酶(编号：EC 2.4.1.68)、半乳糖苷 2-β-L-岩藻糖基转移酶(编号：EC 2.4.1.69)。人血清中一些岩藻糖基转移酶活性升高可作为恶性肿瘤的指征。

**03.213　寡糖基转移酶　oligosaccharyltrans-ferase, OT**

编号：EC 2.4.1.119。存在于内质网腔内，参与蛋白质 N-糖基化过程的诸多酶之一，催化核心寡糖由多萜醇二磷酸核心寡糖转移至新合成肽链的 NXS/T 序列中的天冬酰胺残基上形成 N-糖苷键。此过程与蛋白质新生肽链的延伸同时进行。

**03.214　嘌呤核苷磷酸化酶　purine nucleo-side phosphorylase, PNP**

编号：EC 2.4.2.1。系统名：嘌呤核苷：正磷酸核糖基转移酶。一种戊糖基转移酶。催化嘌呤核苷与正磷酸作用生成自由嘌呤及核糖-5-磷酸的反应。

**03.215　腺嘌呤磷酸核糖基转移酶　adenine phosphoribosyltransferase, APRT**

编号：EC 2.4.2.7。催化腺嘌呤与 5′-磷酸核糖焦磷酸反应，生成腺嘌呤核苷酸的酶。

**03.216　次黄嘌呤鸟嘌呤磷酸核糖基转移酶　hypoxanthine-guanine phosphoribosyl-transferase, HGPRT**

编号：EC 2.4.2.8。催化5-磷酸核糖基-1-焦磷酸与次黄嘌呤、鸟嘌呤或6-巯基嘌呤转变成相应的 5′-单核苷酸及焦磷酸的酶。对于嘌呤的生物合成及中枢神经系统功能都很重要。该酶的部分缺乏可导致尿酸过量生成。

**03.217　黄嘌呤磷酸核糖转移酶　xanthine phosphoribosyltransferase, XPRT**

编号：EC 2.4.2.22。催化黄嘌呤或鸟嘌呤与 5-磷酸-α-D-核糖-1-二磷酸反应生成 9-(5-磷酸-β-D-核糖)黄嘌呤或鸟嘌呤与焦磷酸的酶。

**03.218 多腺苷二磷酸核糖聚合酶** poly-(ADP-ribose) polymerase, PARP

编号:EC 2.4.2.30。催化 NAD$^+$ 的 ADP 核糖基转移至蛋白质(如组蛋白)的羧基上,随后再将 ADP 核糖基由 NAD$^+$ 陆续转移至上述产物末端的腺苷上,从而在底物蛋白羧基上形成多(ADP 核糖)的酶。已发现 18 种,构成一个家族,它们由不同的基因编码,但都具有保守的催化结构域,在 DNA 修复、细胞分化与死亡等过程中发挥不尽相同的作用。

**03.219 唾液酰基转移酶** sialyltransferase

编号:EC 2.4.99.-。催化从胞苷酸-*N*-乙酰神经氨酸将 *N*-乙酰神经氨酸转移给神经节苷脂或糖蛋白的末端糖残基,释放胞苷酸的酶。

**03.220 EPSP 合酶** 5-enolpyruvylshikimate-3-phosphate synthase, EPSP synthase

全称"5-烯醇式丙酮酰莽草酸-3-磷酸合酶"。编号:EC 2.5.1.19。芳香族氨基酸合成过程中的一个酶,催化莽草酸-3-磷酸与磷酸烯醇式丙酮酸合成 5-烯醇式丙酮酰莽草酸-3-磷酸的反应。

**03.221 法尼基转移酶** farnesyl transferase

编号:EC 2.5.1.21。催化法尼基基团在不同分子间发生转移的酶。如催化两分子焦磷酸法尼酯脱去两分子焦磷酸形成一分子前鲨烯二磷酸。

**03.222 氨基转移酶** aminotransferase

简称"转氨酶(transaminase)"。编号:EC 2.6.1.-。催化将氨基酸的氨基转移给酮酸的反应,从而产生相应的酮酸与氨基酸对的酶,需磷酸吡多醛作为辅基。

**03.223 谷草转氨酶** glutamic-oxaloacetic transaminase, GOT

又称"天冬氨酸转氨酶(aspartate aminotransferase)"。编号:EC 2.6.1.1。一种具有磷酸吡哆醛依赖性、由细胞核基因编码的线粒体酶。催化天冬氨酸的氨基转移到 α 酮戊二酸形成草酰乙酸和谷氨酸及其逆反应。

**03.224 谷丙转氨酶** glutamic-pyruvic transaminase, GPT

又称"丙氨酸转氨酶(alanine aminotransferase, ALT)"。编号:EC 2.6.1.2。可逆地催化丙酮酸和谷氨酸之间的氨基转移的酶。反应中需要磷酸吡哆醛作为辅因子。

**03.225 磷酸转移酶** phosphotransferase

编号:EC 2.7.-。催化磷酸基团由供体转移到接纳体的反应的酶。根据转移到不同的接纳体基团分为如下亚亚类:醇基(EC 2.7.1.-);羧基(EC 2.7.2.-);含氮基团(EC 2.7.3.-);磷酰基(2.7.4.-);转移到成对接纳体(EC 2.7.9.-)等。

**03.226 葡糖激酶** glucokinase

编号:EC 2.7.1.2。催化肝脏中葡萄糖酵解的第一步反应,使葡萄糖磷酸化为 6-磷酸葡糖的一个诱导酶,多存在于动物的肝脏中。

**03.227 半乳糖激酶** galactokinase

编号:EC 2.7.1.6。将 ATP 中的 γ 磷酸基转移到半乳糖的 C-1 上而生成半乳糖-1-磷酸,同时使 ATP 水解为 ADP 的酶。该酶的缺失导致半乳糖血症。

**03.228 磷酸果糖激酶** phosphofructokinase, PFK

编号:EC 2.7.1.11。催化糖酵解的限速步骤,将 ATP 上的磷酰基转移给 6-磷酸果糖,生成 1,6-二磷酸果糖的酶。

**03.229 胸苷激酶** thymidine kinase, TK

编号:EC 2.7.1.21。催化胸苷的磷酸化生成胸苷一磷酸的酶。

**03.230 烟酰胺腺嘌呤二核苷酸激酶** NAD kinase

简称"NAD 激酶"。编号:EC 2.7.1.23。特

异地催化 $NAD^+$ 磷酸化生成 $NADP^+$ 的酶。

**03.231　蛋白质丝氨酸/苏氨酸激酶　protein serine/threonine kinase**
编号:EC 2.7.1.37。特异地催化蛋白质底物上的丝氨酸/苏氨酸残基磷酸化,从而调节该蛋白质功能的酶。

**03.232　受体蛋白激酶　receptor kinase**
编号:EC 2.7.1.37。具有细胞外受体结构域的蛋白激酶,为穿膜蛋白。膜外信号物质与受体结合后,激活膜内的激酶活性域。

**03.233　泛素蛋白激酶　ubiquitin-protein kinase**
编号:EC 2.7.1.37。催化泛素磷酸化的酶。

**03.234　磷酸化酶激酶　phosphorylase kinase**
编号:EC 2.7.1.38。催化磷酸化酶的两种变构形式(磷酸化酶 a 及 b)转换的酶。在 ATP 存在下,催化无活性的磷酸化酶 b 的磷酸化,使成为有活性的磷酸化酶 a。

**03.235　丙酮酸激酶　pyruvate kinase**
编号:EC 2.7.1.40。催化 ATP 将高能磷酸键转移给丙酮酸形成磷酸烯醇式丙酮酸和 ADP 的酶。

**03.236　T4 多核苷酸激酶　T4 polynucleotide kinase**
简称"T4 激酶"。编号:EC 2.7.1.78。分离自感染了噬菌体 T4 的大肠杆菌细胞,可将 ATP 中 γ 磷酸基转移到具有 5′端羟基的 DNA 或 RNA 分子上的酶。

**03.237　氨基糖苷磷酸转移酶　aminoglycoside phosphotransferase, APH**
细菌产生的磷酸转移酶,能作用于氨基糖的特定羟基,使其磷酸化。如卡那霉素激酶(编号:EC 2.7.1.95)催化 ATP 的 γ 磷酸转移至卡那霉素 3′-羟基,产生 3′-磷酸卡那霉素,也可作用于庆大霉素、新霉素等氨基糖苷抗生素,从而抑制其与核糖体结合失去抗菌活力。

**03.238　非受体酪氨酸激酶　nonreceptor tyrosine kinase**
编号:EC 2.7.1.112。一类本身没有受体结构或不与受体偶联的酪氨酸激酶,与受体酪氨酸激酶相对。

**03.239　酪氨酸激酶　tyrosine kinase**
又称"磷酸酪氨酸激酶(phosphotyrosine kinase)"。编号:EC 2.7.1.112。特异地将蛋白质底物上的某些酪氨酸残基磷酸化,从而调节其功能的酶。

**03.240　肌球蛋白轻链激酶　myosin light chain kinase**
编号:EC 2.7.1.117。当 ATP 存在时,将肌球蛋白轻链磷酸化生成磷酸肌球蛋白轻链和 ADP 的酶,反应需 $Ca^{2+}$ 和钙调蛋白,在调节平滑肌收缩中起枢纽作用。

**03.241　肌醇脂-3-激酶　inositol lipid 3-kinase**
又称"磷脂酰肌醇 3-激酶(phosphatidylinositol-3 kinase)"。编号:EC 2.7.1.137。催化 ATP 上的 γ 磷酸转移至磷脂酰肌醇第 3 位羟基上的酶。

**03.242　磷脂酰肌醇激酶　phosphatidylinositol kinase, PI kinase**
简称"PI 激酶"。磷脂酰肌醇 3-激酶(编号:EC 2.7.1.137)、磷脂酰肌醇 4-激酶(EC 2.7.1.67)和磷脂酰肌醇 4-磷酸 5-激酶(EC 2.7.1.68)的统称。分别特异地催化 1-磷脂酰-1D-肌醇环上 3、4 或 5 位羟基磷酸化的酶。

**03.243　磷酸甘油酸激酶　phosphoglycerate kinase**
编号:EC 2.7.2.3。将 ATP 的磷酸基团转移给 3-磷酸甘油酸,生成 3-磷酸甘油磷酸和 ADP 可逆反应的酶。

**03.244　肌酸激酶　creatine kinase**

又称"肌酸磷酸激酶(creatine phosphoki-nase, CPK)"。编号:EC 2.7.3.2。可逆地催化 ATP 及肌酸之间转磷酸反应的酶,是细胞能量代谢的关键酶,根据分布的部位可分为肌肉型(M 型)、脑型(B 型)和线粒体型(Mt 型)肌酸激酶同工酶。

**03.245　磷酸烯醇丙酮酸-糖磷酸转移酶**
　　　　　phosphoenolpyruvate-sugar phospho-
　　　　　transferase
催化从磷酸烯醇丙酮酸将磷酰基转移至其糖类底物(即磷酸烯醇丙酮酸-糖磷酸转移系统糖类,PTS 糖类),同时伴有 PTS 糖类易位穿过细菌膜的酶。包括磷酸烯醇丙酮酸-糖磷酸转移酶酶Ⅰ(编号 EC 2.7.3.9)和酶Ⅱ(编号 EC 2.7.1.69)。酶Ⅰ催化将磷酸烯醇丙酮酸的磷酰基转移至一个载体蛋白,酶Ⅱ则催化将磷酸化载体蛋白的磷酰基转移至糖。

**03.246　蛋白质组氨酸激酶　protein histidine**
　　　　　kinase
蛋白质-组氨酸-近-激酶(protein-histidine-pros-kinase,编号 EC 2.7.3.11)和蛋白质-组氨酸-远-激酶(protein-histidine-tele-ki-nase,编号 EC 2.7.3.12)的统称。分别催化在蛋白质中特定的组氨酸残基咪唑环上距 β 碳原子"远"、"近"不同的两个氮原子的磷酸化。

**03.247　肌激酶　myokinase**
又称"腺苷酸激酶(adenylate kinase, AK)"。编号:EC 2.7.4.3。可逆地催化两分子 ADP 产生一分子 ATP 及一分子 AMP 的酶。该酶在哺乳动物中存在三种同工酶,即 AK1、AK2 和 AK3。

**03.248　胸苷酸激酶　thymidylate kinase**
编号:EC 2.7.4.9。催化 ATP 和胸苷一磷酸反应生成 ADP 和胸苷二磷酸的酶。

**03.249　核苷酸基转移酶　nucleotidyltrans-**
　　　　　ferase
编号:EC 2.7.7.-。一类可以转移核苷酸基团的酶。

**03.250　焦磷酸化酶　pyrophosphorylase**
催化将某一基团从其焦磷酸酯化合物转移至另一分子并释放无机焦磷酸的酶类:X-P-P + P-Y ←→ X-P-P-Y + PP。X-P-P-P 通常指核苷三磷酸,归属于核苷酰基转移酶。

**03.251　聚合酶　polymerase**
催化以核酸链为模板合成新核酸链的酶。包括 DNA 聚合酶(编号:EC 2.7.7.7 和 EC 2.7.7.49)和 RNA 聚合酶(编号:EC 2.7.7.6 和 EC 2.7.7.48)。

**03.252　复制聚合酶　replication polymerase**
编号:EC 2.7.7.7。大肠杆菌细胞内真正负责重新合成 DNA 的 DNA 聚合酶Ⅲ。

**03.253　DNA 聚合酶　DNA polymerase**
又称"依赖于 DNA 的 DNA 聚合酶(DNA-dependent DNA polymerase)","DNA 指导的 DNA 聚合酶(DNA-directed DNA polymer-ase)"。编号:EC 2.7.7.7。以单链或双链 DNA 为模板,催化由脱氧核糖核苷三磷酸合成 DNA 的酶。

**03.254　逆转录酶　reverse transcriptase**
又称"依赖于 RNA 的 DNA 聚合酶(RNA-di-rected DNA polymerase)","RNA 指导的 DNA 聚合酶(RNA-dependent DNA polymer-ase)"。编号:EC 2.7.7.49。以 RNA 为模板催化脱氧核苷-5'-三磷酸合成 DNA 的酶。在逆转录病毒及其他某些病毒中发现有此类酶。

**03.255　RNA 聚合酶　RNA polymerase**
以一条 DNA 链或 RNA 链为模板催化由核苷-5'-三磷酸合成 RNA 的酶。

**03.256　转录酶　transcriptase**
又称"依赖于 DNA 的 RNA 聚合酶(DNA-de-

pendent RNA polymerase）"，"DNA 指导的 RNA 聚合酶（DNA-directed RNA polymerase）"。编号：EC 2.7.7.49。以 DNA 为模板，催化从核苷-5'-三磷酸合成 RNA 的酶。

**03.257　复制酶　replicase**
又称"依赖于 RNA 的 RNA 聚合酶（RNA-dependent RNA polymerase）"，"RNA 复制酶（RNA replicase）"，"RNA 转录酶（RNA transcriptase）"。编号：EC 2.7.7.48，以 RNA 为模板，催化从核苷-5'-三磷酸合成 RNA 的酶。

**03.258　T3 RNA 聚合酶　T3 RNA polymerase**
编号：EC 2.7.7.6。一种依赖于 DNA 的 RNA 聚合酶，对 T3 启动子序列具有高度专一性。

**03.259　T7 RNA 聚合酶　T7 RNA polymerase**
编号：EC 2.7.7.6。一种依赖于 DNA 的 RNA 聚合酶，对 T7 噬菌体启动子序列具有高度专一性。

**03.260　*Taq* DNA 聚合酶　*Taq* DNA polymerase**
编号：EC 2.7.7.7。存在于水生嗜热菌（*Thermus aquaticus*）的嗜热 DNA 聚合酶，可在 74 ℃复制 DNA，在 95 ℃仍具有酶活力。该酶可在离体条件下，以 DNA 为模板，延伸引物，合成双链 DNA。这个酶只有 5'→3' DNA 聚合酶活性和 5'→3'的外切酶活性，缺少 3'→5'的外切酶活性。

**03.261　*Vent* DNA 聚合酶　*Vent* DNA polymerase**
编号：EC 2.7.7.7。从极端嗜热细菌（*Thermococcus litoralis*）中提纯的耐热 DNA 聚合酶，有 3'→5'外切酶活性。用此酶催化的 PCR 产物为平端。

**03.262　*Tth* DNA 聚合酶　*Tth* DNA polymerase**
编号：EC 2.7.7.7。存在于嗜热细菌（*Thermus thermophilus*）的耐热 DNA 聚合酶，有逆转录活性。

**03.263　*Mlu* DNA 聚合酶　*Mlu* DNA polymerase**
来自藤黄微球菌（*Micrococcus luteus*）的 DNA 聚合酶。

**03.264　*Pfu* DNA 聚合酶　*Pfu* DNA polymerase**
存在于嗜热古菌（*Pyrococcus furiosus*）的耐热 DNA 聚合酶，兼具 5'→3' DNA 聚合酶活性及 3'→5'外切酶活性。

**03.265　引发酶　primase**
又称"DNA 引发酶（DNA primase）"。一种依赖于 DNA 的 RNA 聚合酶，其功能是在 DNA 复制过程中先合成一段 RNA 引物，在这引物上延伸新合成的 DNA 片段。不同于在 DNA 转录中起作用的 RNA 聚合酶。

**03.266　多核苷酸磷酸化酶　polynucleotide phosphorylase**
编号：EC 2.7.7.8。催化核糖核苷二磷酸随机聚合成为多核糖核苷酸的酶，其逆反应为磷酸解多核糖核苷酸。反应式为：$(RNA)_n +$ 核糖核苷二磷酸 $= (RNA)_{n+1} +$ 磷酸。在体外可用来合成含单一碱基或多种碱基的多核苷酸。

**03.267　多腺苷酸聚合酶　polyadenylate polymerase, poly（A）polymerase**
简称"多（A）聚合酶"。编号：EC 2.7.7.19。真核细胞中的一种核苷酰基转移酶，催化从 ATP 合成多腺苷酸的反应。

**03.268　2',5'-寡腺苷酸合成酶　2',5'-oligoadenylate synthetase**
编号：EC 2.7.7.19。以 ATP 为底物，在双链 RNA 的激活下合成以 2',5'-磷酸二酯键连接寡腺苷酸（2~5 A）的酶。寡腺苷酸可以与核糖核酸酶 L 结合使之被激活,降解 RNA,从而抑制蛋白质的合成。该酶在干扰素诱导下形成,因而是干扰素抗病毒和抗肿瘤过程中的一个关键酶。

**03.269 末端脱氧核苷酸转移酶** terminal deoxynucleotidyl transferase, TdT

编号:EC 2.7.7.31。不需要模板,以 dNTP 为底物催化脱氧核糖核苷酸依次加到 DNA 链(片段)3'-OH 端的酶。

**03.270 Qβ 复制酶** Qβ-replicase

编号:EC 2.7.7.48。大肠杆菌 Qβ 噬菌体的 RNA 复制酶。以 RNA 为模板,催化 RNA 链的从头合成。

**03.271 加帽酶** capping enzyme

编号:EC 2.7.7.50。催化信使核糖核酸(mRNA)的 5'端帽子形成的酶。将 GTP 的鸟苷酸转移到(5')pp-pur-mRNA(pur 代表嘌呤核苷酸)上,形成 G(5')pppPur-mRNA,再经修饰加工形成"帽子"结构——5'-m$^7$GpppA(N)。

**03.272 mRNA 鸟苷转移酶** mRNA guanyltransferase

编号:EC 2.7.7.50。真核生物信使核糖核酸(mRNA)成熟时催化 5'端成帽作用第一步骤的酶。从鸟苷三磷酸转移鸟苷一磷酸残基至新合成 mRNA 的 5'-二磷酸端形成一独特的 5',5'-磷酸二酯键。

**03.273 末端尿苷酸转移酶** terminal uridylyltransferase, TUTase

编号:EC 2.7.7.52。催化尿苷酸转移至寡核苷酸或多核苷酸 3'-OH 上的酶,在 U6 snRNA 的 3'端形成长度不一的尿苷酸残基片段。

**03.274 蛋白质酪氨酸激酶** protein tyrosine kinase, PTK

编号:EC 2.7.10.1。特异地将蛋白质底物

上某些酪氨酸残基磷酸化,从而调节该蛋白质功能的酶。

**03.275 受体酪氨酸激酶** receptor tyrosine kinase, RTK

编号:EC 2.7.10.2。具有细胞外受体结构域的酪氨酸激酶,膜外信号物质结合受体部分后激活其细胞内的激酶活性域,从而对底物的酪氨酸残基进行磷酸化。在细胞信号的穿膜转导中起作用。

**03.276 硫氰酸生成酶** rhodanese

编号:EC 2.8.1.1。为硫代硫酸转硫酶,将硫代硫酸中的硫转移给氰化物,生成硫氰酸,从而解除氰化物的毒性。

**03.277 硫转移酶** sulfurtransferase

编号:EC 2.8.1.-。催化硫原子转移至各种受体分子的一类转移酶。

**03.278 磺基转移酶** sulfotransferase

编号:EC 2.8.2.-。催化硫酸基团从 3'-磷酸腺苷酰硫酸上转移给各种受体分子的酶。

**03.279 AMP 活化的蛋白激酶** AMP-activated protein kinase

一种能被腺苷一磷酸(AMP)激活的丝氨酸蛋白激酶,还可以被上游的一个激酶磷酸化而激活。一旦被激活,可以磷酸化乙酰辅酶 A 羧化酶,3-羟基-3-甲基戊二酰辅酶 A 还原酶等靶蛋白,从而影响脂肪酸胆固醇合成、脂肪酸氧化和胰岛素分泌等。

**03.280 依赖 Ca$^{2+}$/钙调蛋白的蛋白激酶** Ca$^{2+}$/calmodulin-dependent protein kinase

催化蛋白质磷酸化的一类蛋白激酶,该酶依赖 Ca$^{2+}$/钙调蛋白,介导细胞内 Ca$^{2+}$ 的升高。包括钙调蛋白激酶 I、钙调蛋白激酶 II、钙调蛋白激酶 III 和钙调蛋白激酶 IV。

**03.281 酪蛋白激酶** casein kinase, CK

催化肽链中邻近酸性氨基酸残基的丝氨酸/

苏氨酸磷酸化的酶。包括酪蛋白激酶 1（CK1）和酪蛋白激酶 2（CK2）。近来发现也能磷酸化酪氨酸残基，具有广谱底物特异性，因而具有多种生物功能。最初因能磷酸化酪蛋白而得此名，事实上 CK2 在体内并不参与酪蛋白的磷酸化。

**03.282　依赖 cGMP 的蛋白激酶　cGMP-dependent protein kinase，PKG**
一类被环鸟苷酸（cGMP）激活，催化蛋白质的丝氨酸或苏氨酸磷酸化的酶。哺乳动物组织中的依赖 cGMP 的蛋白激酶有 PKG Ⅰ 和 PKG Ⅱ 两种，前者存在于细胞质中，后者存在于膜组分中。在天然状态下均以同二聚体形式存在，单体包含调节结构域和催化结构域，相互结合呈自抑制状态，cGMP 结合到调节结构域后，释放催化结构域，使之具有催化活性。

**03.283　辅酶 A 转移酶　CoA-transferase**
一类催化酰基辅酶 A 或乙酰辅酶 A 将辅酶 A 转移给羧基受体并生成硫醇酯的酶。

**03.284　依赖 cAMP 的蛋白激酶　cyclic AMP-dependent protein kinase，cAMP-dependent protein kinase**
一种受到环腺苷酸（cAMP）激活才显示酶活性的催化蛋白质磷酸化反应的酶。该酶是含有两个催化亚基（2C）和两个调节亚基（2R）的四聚体。当两分子的 cAMP 与两个调节亚基结合后，四聚体解离，从而释放出两个自由的催化亚基，表现出酶活性。

**03.285　周期蛋白依赖[性]激酶　cyclin-dependent kinase，CDK**
细胞周期的关键性调节蛋白，通过对特定蛋白质的磷酸化使细胞从一个时相进入到下一个时相。

**03.286　依赖双链 RNA 的蛋白激酶　double-stranded RNA-dependent protein kinase，PKR**
对干扰素敏感的细胞经干扰素处理后能诱导产生的一种蛋白激酶。在双链 RNA 的激活下可使蛋白质合成起始因子 eIF-2 磷酸化而失活，从而阻止蛋白质合成，抑制病毒的复制和肿瘤细胞的生长。

**03.287　黏着斑激酶　focal adhesion kinase，FAK**
为非受体型的酪氨酸激酶，存在于细胞质中，活化后转移至黏着斑，催化黏着斑上的靶蛋白的酪氨酸磷酸化。

**03.288　葡糖基转移酶　glucosyltransferase**
催化将葡萄糖残基引入有机化合物的反应，生成异麦芽糖、潘糖等低聚糖的酶。

**03.289　激酶　kinase**
（1）全称"磷酸激酶（phosphokinase）"。催化 ATP 上的 5'-磷酸基团转移到其他化合物上的酶。也偶尔催化其他三磷酸核苷上磷酸基团转移。（2）催化酶原转变为有活性的酶。

**03.290　IκB 激酶　IκB kinase，IKK**
一种丝氨酸特异的蛋白激酶，由多组分构成。可被细胞外刺激激活、催化 IκB（NF-κB 的抑制蛋白）特异位点的磷酸化，导致 IκB 泛素化而被 26S 蛋白酶体降解，从而破坏 IκB 与 NF-κB 复合体，所释放的 NF-κB 进入细胞核，启动受其调节的基因转录。

**03.291　c-Jun 氨基端激酶　c-Jun N-terminal kinase，JNK**
一种能够使 c-Jun（一种转录调节因子，属亮氨酸拉链家族成员）氨基末端活性区 Ser63 和 Ser73 发生磷酸化的蛋白激酶。是促分裂原活化的蛋白激酶超家族中的一个家族，包括 JNK1、JNK2、JNK3，当其活化模体 Thr-Pro-Tyr 内的 Thr、Tyr 被 JNKK1、JNKK2 磷酸化后而激活，活化酶可磷酸化 c-Jun 等多种蛋白质，从而影响细胞凋亡、炎症和肿瘤的发生。

**03.292　促分裂原活化的蛋白激酶**　mitogen-activated protein kinase, MAPK

简称"MAP激酶"。一类受胞外刺激、通过MAPK级联反应而激活的丝氨酸/苏氨酸蛋白激酶。哺乳动物MAPK为一个超家族。根据活化部位的序列(活化模体)不同,分为三个家庭:①ERK、Thr-Glu-Tyr;②JNK、Thr-Pro-Tyr;③P38、Thr-Gly-Tyr。不同家族中的不同成员被不同的激酶(MAPKK)所激活,如:ERK1/2,JNK1/2,3和P38在相应的MAPKK(MEK1/2、MKK4/7、MKK3/6)的催化下,活化模体中的Tyr和Thr被磷酸化而得到激活。活化的酶转移到核内使许多调节细胞周期和分化的蛋白质(包括核转录因子)磷酸化,是MAPK信号传递途径中的最后一步。

**03.293　促分裂原活化的蛋白激酶激酶**　mitogen-activated protein kinase kinase, MAPKK

简称"MAP激酶激酶"。在MAP激酶激酶激酶(如Raf、MEKK1~4等)的催化下,通过丝氨酸/苏氨酸残基部位磷酸化而激活的一类丝氨酸/苏氨酸蛋白激酶,包括MEK1/2、MKK4/7、MKK3/6等。被激活后磷酸化ERK1/2、JNK1/2,3和P38,使MAPK信号转导得以继续。

**03.294　促分裂原活化的蛋白激酶激酶激酶**　mitogen-activated protein kinase kinase kinase, MAPKKK

简称"MAP激酶激酶激酶"。受体外促分裂信号(包括生长因子、细胞因子、细胞应急)等的刺激而激活的一类丝氨酸/苏氨酸蛋白激酶。包括Raf、MEKK1~4等。此酶被GTP结合蛋白(如Ras,Rac,Cdc42等)和特异性的蛋白激酶激活后磷酸化MAPKK(MEK1/2、MKK4/7、MKK3/6),是MAPK信号转导途径的第一步。

**03.295　胞外信号调节激酶**　extracellular signal-regulated kinase, ERK

促分裂原活化的蛋白激酶超家族中的一个家族,包含ERK1、2、4、5、7,具有相同的活化模体:Thr-Glu-Tyr。在其上游激酶(MAPKK)的催化下,活化模体中的Tyr和Thr被磷酸化,从而被激活。活化的ERK可磷酸化核内多种蛋白质,从而影响细胞增殖、发育、分化、存活。

**03.296　新霉素磷酸转移酶**　neomycin phosphotransferase, NPT

催化将ATP的磷酸基团转移到新霉素的特定羟基,从而抑制新霉素与核糖体相结合的酶。

**03.297　磷酸转酮酶**　phosphoketolase

催化木酮糖-5-磷酸分解为甘油醛-3-磷酸及乙酰磷脂的酶。是磷酸酮糖代谢途径的关键酶。

**03.298　蛋白激酶**　protein kinase

催化蛋白质磷酸化的酶类,反应中需有高能化合物(如ATP)参加。

**03.299　蛋白激酶激酶**　protein kinase kinase

催化蛋白激酶磷酸化的酶。生物体中往往通过这种磷酸化调节蛋白激酶的活性,在信号转导途径中起重要作用。

**03.300　依赖于Ras的蛋白激酶**　Ras-dependent protein kinase

特指需要由活化的(结合GTP的)Ras激活的一类蛋白激酶。

**03.301　修复内切核酸酶**　repair endonuclease

参与DNA的切除修复,即可特异地识别由紫外线或其他因素引起的DNA损伤部位,在其附近将核酸单链切开的酶。

**03.302　修复酶**　repair enzyme

又称"DNA修复酶(DNA repair enzyme)"。催化DNA修复过程的最后一步,连接修复后的 DNA 片段的酶。

**03.303 修复聚合酶 repair polymerase**
又称"DNA 聚合酶 Ⅰ（DNA polymerase Ⅰ）"。参与 DNA 修复过程,依赖于 DNA 的 DNA 聚合酶。该酶以双链 DNA 中未损坏的链为模板,合成新片段置换因损坏而被切除的片段。

**03.304 SP6 RNA 聚合酶 SP6 RNA polymerase**
一种依赖于 DNA 的 RNA 聚合酶,对 SP6 启动子序列表现高度专一性。

**03.305 金葡菌激酶 staphylokinase**
简称"葡激酶"。存在于葡萄球菌属细菌培养滤液中,可激活血纤蛋白溶酶原成为血纤蛋白溶酶,促进血纤蛋白溶解的酶。

**03.306 合酶 synthase**
不与分解 ATP 释能相偶联,催化由两种物质(双分子)合成为一种物质反应的酶。

**03.307 端锚聚合酶 tankyrase**
一种多腺苷二磷酸核糖聚合酶（PARP）,其 N 端含有锚蛋白结构域,负责与端粒 DNA 结合蛋白（TRF-1）结合,C 端为 PARP 结构域,在细胞分裂时与 TRF-1 相互作用从核孔复合体定位到中心体附近,通过对 TRF-1 进行多 ADP-核糖基化、减弱 TRF-1 与端粒 DNA 的结合能力。

**03.308 水解酶 hydrolase, hydrolytic enzyme**
编号:EC 3.-。六大酶类之一,催化水解反应的酶。

**03.309 核酸酶 nuclease**
属 EC 3.1.-酶类。催化核酸酯键的水解。具有糖特异性的核酸酶,指核糖核酸酶或脱氧核糖核酸酶;其中核酸内切酶在核酸内部切断核酸链,而 5′-和 3′-外切核酸酶则从 5′端和 3′端切除核苷酸残基。某些核酸酶具有双链或单链核酸的底物特异性。

**03.310 内切核酸酶 endonuclease**
催化多核苷酸链内部磷酸二酯键水解的酶。

**03.311 外切核酸酶 exonuclease**
只水解多核苷酸链末端磷酸二酯键的酶,产物为核苷酸。大多数外切核酸酶只能沿 3′→5′或 5′→3′方向分别将 3′端核苷酸或 5′端核苷酸切下。

**03.312 三酰甘油脂肪酶 triglyceride lipase, TGL**
又称"胰脂肪酶（steapsin,steapsase）"。编号:EC 3.1.1.3。可水解三酰甘油的 C-1、C-3 酯键,产生游离脂肪酸和二酰甘油(或 2-单酰甘油)的酶。

**03.313 溶血磷脂酶 lysophospholipase**
编号:EC 3.1.1.5。催化水解溶血磷脂酰胆碱生成甘油磷酸胆碱和羧酸盐的酶。

**03.314 胆碱酯酶 choline esterase**
水解各种不同的胆碱酯生成胆碱与羧酸的一类酶。

**03.315 乙酰胆碱酯酶 acetylcholinesterase**
编号:EC 3.1.1.7。催化乙酰胆碱水解为胆碱和乙酸,在神经冲动传递过程中起重要作用,恢复突触后膜极化的酶。

**03.316 丁酰胆碱酯酶 butyrylcholine esterase**
编号:EC 3.1.1.8。催化丁酰胆碱酯水解的酶。存在于神经系统以外的各种组织中。脊椎动物的毒扁豆碱敏感性酯酶水解胆碱酯的速度高于其他酯酶。

**03.317 果胶酯酶 pectin esterase**
编号:EC 3.1.1.11。催化果胶水解产生果胶酸和甲醇的酶。

**03.318 鞣酸酶 tannase**
编号:EC 3.1.1.20。鞣酸酰基水解酶,由各种青霉或曲霉在鞣酸存在时产生的一种诱导酶,能切断儿茶酚与没食子酸间的酯键,从鞣酸中释放没食子酸阴离子。

**03.319　磷脂酶　phospholipase**
催化水解磷脂酰、溶血磷脂酰化合物中的羧酸酯键、磷酸酯键和磷酸与胆碱之间的酯键。依水解部位不同,分为磷脂酶 $A_1$(编号:EC 3.1.1.32)、磷脂酶 $A_2$(编号:EC 3.1.1.4)、磷脂酶 B(编号:EC 3.1.1.5)、磷脂酶 C(编号:EC 3.1.4.3)、磷脂酶 D(编号:EC 3.1.4.4)。

**03.320　脂蛋白脂肪酶　lipoprotein lipase**
编号:EC 3.1.1.34。催化存在于乳糜微粒及极低密度脂蛋白的二酰甘油、三酰甘油中的 1 或 3 位酯键水解的酶。

**03.321　氨酰酯酶　aminoacyl esterase**
一种羧酸酯键水解酶,催化氨酰酯键的水解。如 α 氨基酸酯氨酰水解酶(α-amino-acid-ester aminoacylhydrolase,编号:EC 3.1.1.43)水解 α 氨基酸酯,产生 α 氨基酸和醇;氨酰 tRNA 氨酰水解酶(aminoacyl tRNA aminoacylhydrolase,编号:EC 3.1.1.29)水解 N-取代的氨酰 tRNA,产生 N-取代的氨基酸和 tRNA。

**03.322　蛋白质谷氨酸甲酯酶　protein-glutamate methylesterase**
编号:EC 3.1.1.61。催化蛋白质谷氨酸甲基酯水解生成蛋白质 L-谷氨酸和甲醇的酶。

**03.323　阿魏酸酯酶　feruloyl esterase**
编号:EC 3.1.1.73。催化阿魏酸糖酯水解为阿魏酸和多糖的酶。

**03.324　硫酯酶　thioesterase**
编号:EC 3.1.2.14。催化脂肪酸链的终止作用,水解脂酰基-S-酰基载体蛋白的硫酯键,释放自由脂肪酸的酶。

**03.325　磷酸[酯]酶　phosphatase**
编号:EC 3.1.3.-。一类催化正磷酸酯水解

的磷酸单酯酶。根据反应的 pH 分为碱性磷酸酶(alkaline phosphatase,编号:EC 3.1.3.1)和酸性磷酸酶(acid phosphatase,编号:EC 3.1.3.2)等。

**03.326　碱性磷酸[酯]酶　alkaline phosphatase**
编号:EC 3.1.3.1。最适 pH 在7.0以上,催化各种磷酸单酯键水解反应,产生无机磷酸和相应的醇、酚或糖的酶,也可以催化磷酸基团的转移反应,但不能水解磷酸二酯键。

**03.327　酸性磷酸[酯]酶　acid phosphatase**
编号:EC 3.1.3.2。最适 pH 值在酸性范围内的磷酸酯酶。能广泛地催化水解各种磷酸单酯与磷蛋白,但不能水解磷酸二酯。

**03.328　脂肪酶　lipase**
编号:3.1.3.3。催化脂肪水解为甘油和脂肪酸的酶。

**03.329　核苷酸酶　nucleotidase**
又称"核苷酸水解酶(nucleotidyl hydrolase)"。催化核苷酸水解成核苷和正磷酸的酶。包括 5′-核苷酸酶(5′-nucleotidase),编号:EC 3.1.3.5 和 3′-核苷酸酶(3′-nucleotidase),编号:EC 3.1.3.6。

**03.330　果糖-1,6-双磷酸[酯]酶　fructose-1,6-bisphosphatase**
又称"果糖-1,6-二磷酸[酯]酶(fructose-1,6-diphosphatase)"。编号:EC 3.1.3.11。在 $Mg^{2+}$ 存在下,催化果糖-1,6-二磷酸中磷酸单酯水解转化为果糖-6-磷酸的酶。

**03.331　钙调磷酸酶　calcineurin**
编号:EC 3.1.3.16。$Ca^{2+}$/CaM 依赖性的丝氨酸/苏氨酸蛋白磷酸酶,含 A、B 两个亚基,A 为催化亚基,B 为调节亚基。哺乳动物中的钙调磷酸酶在脑中含量丰富,且是 T 细胞活化中的关键酶。

**03.332　蛋白质丝氨酸/苏氨酸磷酸酶　pro-**

tein serine/threonine phosphatase

编号:EC 3.1.3.16。特异地水解蛋白质底物上的丝氨酸/苏氨酸磷酸酯键,脱去磷酸,从而调节该蛋白质功能的酶。

**03.333 蛋白磷酸酶 protein phosphatase**

编号:EC 3.1.3.16。催化蛋白质正磷酸酯水解的酶。生物体中往往通过这种去磷酸化调节该蛋白质的功能。

**03.334 肌醇单磷酸酶 inositol monophosphatase**

编号:EC 3.1.3.25。催化肌醇磷酸水解成肌醇,在磷脂酰肌醇信号传递途径中起关键作用的酶。为相同亚基的二聚体,每个亚基折叠成五层,有 3 对 α 螺旋、2 个 β 折叠,两个亚基的相同部位可与金属离子结合。可作用于 1-磷酸-肌醇和 4-磷酸-肌醇的两种对映异构体,但不作用于二磷酸肌醇、三磷酸肌醇或四磷酸肌醇。

**03.335 蛋白质酪氨酸磷酸酶 protein tyrosine phosphatase, PTP**

又称"磷酸酪氨酸磷酸酶(phosphotyrosine phosphatase)"。编号:EC 3.1.3.48。特异地水解蛋白质底物上的酪氨酸磷酸酯键,脱去磷酸,从而调节该蛋白质功能的酶。

**03.336 磷酸二酯酶 phosphodiesterase**

编号:EC 3.1.4.-。催化寡核苷酸及多核苷酸中双重酯化的磷酸分子进行水解的酶类。分为内切核酸酶及外切核酸酶两种类型。

**03.337 磷酸肌醇酶 phosphoinositidase**

编号:EC 3.1.4.11。磷脂酶的一种,催化磷脂酰肌醇二磷酸(PIP$_2$)中的磷酸基与甘油间键的断裂,产生信号转导通路中的第二信使——二酰甘油和肌醇三磷酸。

**03.338 鞘磷脂酶 sphingomyelinase**

编号:EC 3.1.4.12。催化鞘磷脂水解为酰基鞘氨醇和磷酸胆碱的酶。在人体成纤维

细胞中刺激低密度脂蛋白与细胞表面受体结合、内化及降解,刺激胆固醇酯合成。

**03.339 环核苷酸磷酸二酯酶 cyclic nucleotide phosphodiesterase**

催化 2′,3′-环核苷酸中 2′-或 3′-磷酸酯键的水解酶,编号分别为 EC 3.1.4.16 和 EC 3.1.4.37。催化水解 3′,5′-环核苷酸中的 3′-磷酸酯键,生成 5′-核苷酸的酶,编号为 EC 3.1.4.17。

**03.340 3′,5′-cGMP 磷酸二酯酶 3′,5′-cGMP phosphodiesterase**

编号:EC 3.1.4.35。主要分布在海绵体组织及血小板中,以 3′,5′-环鸟苷酸为特异性底物,催化环鸟苷酸转化为鸟苷酸的酶。肾上腺素 β$_2$ 受体能激活该酶,茶碱及其衍生物则抑制该酶活性。

**03.341 硫酸酯酶 sulfatase**

编号:EC 3.1.6.-。催化硫酸酯水解成相对应的醇和无机硫酸的酶。

**03.342 芳基硫酸酯酶 aryl sulfatase**

编号:EC 3.1.6.1。催化苯酚硫酸酯水解成苯酚和硫酸的酶。有 A、B、C 三种类型。缺少芳基硫酸酯酶是导致异染性脑白质营养不良的原因之一。

**03.343 硫[脑]苷脂酶 sulfatidase**

编号:EC 3.1.6.8。水解含硫酸基团的硫脑苷脂为脑苷脂与硫酸的酶。

**03.344 单链特异性外切核酸酶 single-strand specific exonuclease**

编号:EC 3.1.11.1。特异地催化从多核苷酸单链的末端相继切下核苷酸的酶。

**03.345 外切核酸酶Ⅲ exonuclease Ⅲ, exo Ⅲ**

编号:EC 3.1.11.2。沿 3′→5′方向催化脱氧核糖核酸外切,产生 5′-磷酸单核苷酸的酶。此酶优先水解双链 DNA,对 DNA 链上

无嘌呤核苷酸附近的位点具有核酸内切酶的活性。大肠杆菌外切脱氧核糖核酸酶Ⅲ是其中一种。

**03.346 蛇毒磷酸二酯酶** snake venom phos-phodiesterase, venom phosphodiesterase

编号:EC 3.1.15.1。从多核苷酸链的游离3′-羟基端开始,逐个水解磷酸二酯键,得到5′-核苷酸的核酸外切酶。

**03.347 牛脾磷酸二酯酶** bovine spleen phosphodiesterase

编号:EC 3.1.16.1。来源于牛脾,催化DNA或RNA双重酯化的磷酸分子水解的酶。该酶从DNA或RNA的5′端逐个水解5′-磷酯键,水解产物为3′-核苷酸。底物5′端有磷酸基时会抑制该酶活性。

**03.348 链球菌DNA酶** streptodornase

编号:EC 3.1.21.1。由链球菌属细菌所产生的一种细胞外内切DNA酶,产物为5′-磷酸二核苷酸、5′-磷酸寡核苷酸。

**03.349 脱氧核糖核酸酶** deoxyribonuclease, DNase

简称"DNA酶"。一类内切核酸酶,作用于DNA的磷酸二酯键,催化DNA水解。包括DNase Ⅰ(编号:EC 3.1.21.1)、DNase V(编号:EC 3.1.21.7)等

**03.350 限制性内切核酸酶** restriction endo-nuclease

简称"限制酶(restriction enzyme)"。原核生物中催化降解外源DNA的内切酶,通过识别DNA中特异碱基序列(一般为回文结构或反向重复序列)将DNA双链切断,形成黏末端或平末端的片段。包括Ⅰ型(EC 3.1.21.3)、Ⅱ型(EC 3.1.21.4)和Ⅲ型(EC 3.1.21.5)三种。

**03.351 Ⅱ型限制性内切酶** type Ⅱ restric-tion enzyme

编号:EC 3.1.21.4。识别特异碱基序列,并在其内或相邻位置的特定位点进行剪切的一类限制性内切酶。催化时需要镁离子作为辅因子,不需要ATP和S-腺苷酰甲硫氨酸。用于分子克隆。

**03.352 RNA限制性酶** RNA restriction en-zyme

能对RNA分子进行选择性、限制性切割的内切酶。包括:①一些具有内切酶活性的核酶,如L-19 RNA;②通过将RNase H与特定寡聚体共价连接而人为制造的RNA内切核酸酶。

**03.353 核糖核酸酶** ribonuclease, RNase

编号:EC 3.1.26.-; EC 3.1.27.-。催化RNA水解、作用于RNA中的3′,5′-磷酸二酯键的内切酶,分别生成5′-磷酸核苷和3′-磷酸核苷。

**03.354 核糖核酸酶H** ribonuclease H, RNase H

编号:EC 3.1.26.4。特异降解DNA-RNA杂交分子中RNA链的酶。不水解单链或双链DNA和RNA分子中的磷酸二酯键。

**03.355 核糖核酸酶P** ribonuclease P, RNase P

编号:EC 3.1.26.5。原核生物中,切除转移核糖核酸(tRNA)前体的5′端序列、产生成熟tRNA 5′端的核糖核酸内切酶。该酶含有蛋白质和RNA两组分,其蛋白质组分没有催化活性,而RNA组分具有全酶的催化活性,是一种核酶。

**03.356 核糖核酸酶T1** ribonuclease T1, RNase T1

编号:EC 3.1.27.3。一种核糖核酸内切酶,特异地攻击鸟苷3′侧的磷酸基团,切割与其相邻的核苷酸的5′-磷酯键,终产物为含3′-磷酸鸟苷末端的寡核苷酸或3′-磷酸鸟

苷。

**03.357　牛胰核糖核酸酶　bovine pancreatic ribonuclease**

编号:EC 3.1.27.5。来源于牛胰,催化 RNA 水解的一种内切酶。专一剪切 RNA 的嘧啶核苷酸 3′侧的 5′-磷酯键,水解产物为 3′-嘧啶核苷酸或 3′端以嘧啶核苷酸结尾的寡核苷酸片段。

**03.358　核糖核酸酶 A　ribonuclease A, RNase A**

编号:3.1.27.5。一种核酸内切酶,特异地攻击胞苷酸或尿苷酸 3′侧的磷酸基团,切割与其相邻的 5′-磷酯键,终产物为 3′-磷酸胞(尿)苷的寡核苷酸或 3′-磷酸胞(尿)苷。

**03.359　S1 核酸酶　S1 nuclease**

编号:EC 3.1.30.1。催化降解单链 DNA 或单链 RNA(对单链 DNA 的活性更高),产生以 5′-磷酸基末端的单核苷酸或寡核苷酸的酶。

**03.360　绿豆核酸酶　mungbean nuclease**

编号:EC 3.1.30.1。一种单链特异性的 DNA 和 RNA 内切酶,降解 DNA 和 RNA 分子 3′和 5′端的单链突出产生可用于连接平端的 DNA 或 RNA 片段。

**03.361　微球菌核酸酶　micrococcal nuclease**

编号:EC 3.1.31.1。从微球菌分离出的核酸内切酶,催化 DNA 和 RNA 中磷酸二酯键的水解,产物为 3′-磷酸的单核苷酸或寡核苷酸。此酶不作用于与蛋白质相接触的 DNA,因此可在核小体之间的部位将真核细胞染色质 DNA 切断。

**03.362　金葡菌核酸酶　staphylococcal nuclease**

编号:EC 3.1.31.1。一种存在于金黄色葡萄球菌、依赖 $Ca^{2+}$ 离子的酶,可将 DNA 或 RNA 水解成单核苷酸或双核苷酸。

**03.363　内切糖苷酶　endoglycosidase**

EC 3.2 亚类酶。催化水解寡糖及多糖的内部糖苷键的酶。其中内切糖苷酶 F 和内切糖苷酶 H,可用于鉴别 N-糖苷链的类型。内切糖苷酶 F 可断裂糖蛋白的天冬酰胺和甘露聚糖的糖苷键,内切糖苷酶 H 专一水解两个 N-乙酰氨基葡糖之间的 β(1,4)糖苷键,其底物主要是高甘露糖型和杂合型糖链。

**03.364　外切糖苷酶　exoglycosidase**

催化从糖链的非还原末端逐个水解糖苷键的酶。

**03.365　淀粉酶　amylase**

能水解淀粉、糖原和有关多糖中的 O-葡萄糖键的酶。

**03.366　α 淀粉酶　α-amylase**

编号:EC 3.2.1.1。淀粉酶的一种,为内切淀粉酶,催化随机水解 α-1,4-糖苷键,产生麦芽糖、麦芽三糖和 α 糊精。

**03.367　β 淀粉酶　β-amylase**

编号:EC 3.2.1.2。淀粉酶的一种,为外切淀粉酶,催化从淀粉分子的非还原性末端开始水解,产生麦芽糖。

**03.368　葡糖淀粉酶　glucoamylase**

又称"淀粉葡糖苷酶(amyloglucosidase)","1,4-α-D-葡糖苷外切酶"。编号:EC 3.2.1.3。催化糖苷键的水解,从 1,4-α-D-葡聚糖链的非还原性末端依次水解 1,4-α-D-葡糖苷键,释放出 β-D-葡萄糖的酶。多数情况下也能迅速水解与 1,4-糖苷键邻接的 1,6-α-D-糖苷键。

**03.369　糖化淀粉酶　saccharogenic amylase**

编号:EC 3.2.1.3。催化淀粉 α(1,4)糖苷键水解的酶。

**03.370　纤维素酶　cellulase**

编号:EC 3.2.1.4。由多种水解酶组成的一个复杂酶系,自然界中很多真菌都能分泌纤维素酶。习惯上,将纤维素酶分成三类:C1酶、Cx酶和β葡糖苷酶。C1酶是对纤维素最初起作用的酶,破坏纤维素链的结晶结构。Cx酶是作用于经C1酶活化的纤维素、分解β-1,4-糖苷键的纤维素酶。β葡糖苷酶可以将纤维二糖、纤维三糖及其他低分子纤维糊精分解为葡萄糖。

### 03.371　内切葡聚糖酶　endoglucanase
催化葡聚糖内部糖苷键断裂的酶。内切1,4-β-D-葡聚糖酶(编号:EC 3.2.1.4)是其中一种,水解纤维素或谷物中β-D-葡聚糖分子链内的1,4-β-D-糖苷键。

### 03.372　外切葡聚糖酶　exoglucanase
催化葡聚糖中末端糖苷键水解,将单糖分子切下,有一定的底物专一性的酶。

### 03.373　昆布多糖酶　laminarinase
催化昆布多糖水解的酶。编号:EC 3.2.1.6的酶催化内切β-D-葡聚糖1,3或1,4-糖苷键;编号EC 3.2.1.39的酶催化内切β-D-葡聚糖1,3-糖苷键。

### 03.374　木聚糖酶　xylanase
编号:EC 3.2.1.8。能破坏植物的纤维组织,将木聚糖分解成木糖的酶。

### 03.375　葡聚糖酶　dextranase
编号:EC 3.2.1.11。催化水解葡聚糖(右旋糖酐)中的α-1,6-D-葡糖苷键的酶,属内切酶。

### 03.376　壳多糖酶　chitinase
又称"几丁质酶","内切几丁质酶(endochitinase)"。编号:EC 3.2.1.14。催化壳多糖完全水解所需的双酶体系中的一种酶。催化水解N-乙酰氨基葡糖寡聚体,尤其是四聚体或四聚体以上的多聚体中的β-1',4-糖苷键,生成壳二糖。

### 03.377　果胶酶　pectinase
分解果胶的一个多酶复合物,通常包括原果胶酶、果胶甲酯水解酶、果胶酸酶。通过它们的联合作用使果胶质得以完全分解。天然的果胶质在原果胶酶作用下,转化成水可溶性的果胶;果胶被果胶甲酯水解酶催化去掉甲酯基团,生成果胶酸;果胶酸经果胶酸水解酶类和果胶酸裂合酶类降解生成半乳糖醛酸。

### 03.378　多半乳糖醛酸酶　polygalacturonase
编号:EC 3.2.1.15。一种糖苷水解酶,催化多1,4-α-D-半乳糖醛酸聚糖水解,生成半乳糖醛酸。参与微生物及高等植物细胞壁的降解。

### 03.379　溶菌酶　lysozyme
又称"胞壁酸酶(muramidase)"。编号:EC 3.2.1.17。存在于卵清、唾液等生物分泌液中,催化细菌细胞壁肽聚糖N-乙酰氨基葡糖与N-乙酰胞壁酸之间的1,4-β-糖苷键水解的酶。

### 03.380　神经氨酸酶　neuraminidase
又称"唾液酸酶(sialidase)"。编号:EC 3.2.1.18。催化水解寡糖、糖蛋白、糖脂质中α-2,3-、α-2,6-、α-2,8-糖苷键释放末端的N-乙酰神经氨酸残基的酶。存在于某些病毒的表面。病毒侵染细胞时,首先通过血凝素与细胞表面受体中的神经氨酸结合,再经该酶的催化,切下神经氨酸以利病毒进入细胞内。

### 03.381　受体破坏酶　receptor destroying enzyme, RDE
引起受体中的化学变化导致该受体失活的酶。

### 03.382　葡糖苷酶　glucosidase
一类催化糖苷键水解的酶。

### 03.383　α葡糖苷酶　α-glucosidase
编号:EC 3.2.1.20。催化末端非还原性1,

4-糖苷键连接的 α 葡萄糖残基水解,释放出 α 葡萄糖的酶。

**03.384 β 葡糖苷酶 β-glucosidase**
又称"纤维二糖酶(cellobiase)"。编号:EC 3.2.1.21。催化末端非还原性 β 葡萄糖残基水解,释放 β 葡萄糖的酶。是纤维素酶的组成之一,经纤维素酶另外两个组分——C1 酶和 Cx 酶降解成的纤维二糖被纤维二糖酶进一步水解成葡萄糖。

**03.385 麦芽糖酶 maltase**
在淀粉的酶解过程中催化麦芽糖水解生成葡萄糖的酶,属于 α 葡糖苷酶。

**03.386 半乳糖苷酶 galactosidase**
α 半乳糖苷酶和 β 半乳糖苷酶的统称。

**03.387 α 半乳糖苷酶 α-galactosidase**
编号:EC 3.2.1.22。催化 α-D-半乳糖苷(如半乳糖寡糖、半乳糖甘露聚糖)末端非还原性 α-D-半乳糖残基水解的酶。

**03.388 β 半乳糖苷酶 β-galactosidase**
编号:EC 3.2.1.23。催化 β-D-半乳糖苷(如乳糖、异乳糖)末端非还原性 β-D-半乳糖残基水解的酶。

**03.389 甘露糖苷酶 mannosidase**
编号:EC 3.2.1.24 和 EC 3.2.1.25,分别催化甘露糖苷中末端非还原性 α-或 β-D-甘露糖残基水解的酶。

**03.390 呋喃果糖苷酶 fructofuranosidase**
又称"转化酶(invertase)"。编号:EC 3.2.1.26。催化蔗糖分子中的 β-D-呋喃果糖苷键水解,产生等分子的葡萄糖和果糖的酶。

**03.391 海藻糖酶 trehalase**
编号:EC 3.2.1.28。一种二糖酶,属于糖苷水解酶类。催化 α,α-海藻糖水解为两个 D-葡萄糖。

**03.392 淀粉-1,6-葡糖苷酶 amylo-1,6-glu-**

**cosidase**
又称"糊精 6-α-D-葡糖水解酶"。编号:EC 3.2.1.33。催化水解与 1,4-α-D-葡萄糖链相连的 1,6-α-D-葡糖苷键的酶。

**03.393 透明质酸酶 hyaluronidase**
编号:EC 3.2.1.35。存在于蛇毒以及细菌中,催化水解透明质酸中 N-乙酰-β-D-葡糖胺与 D-葡糖醛酸之间的 1,4-连键的酶,促进入侵的微生物及毒物在组织中扩散。

**03.394 短梗霉多糖酶 pullulanase**
又称"α-糊精内切 1,6-α-葡糖苷酶(α-dextrin endo-1,6-α-glucosidase)"。编号:EC 3.2.1.41。一种脱支酶。催化水解短梗霉多糖、支链淀粉、糖原中的 1,6-α-D-葡糖苷键。

**03.395 葡糖脑苷酯酶 glucocerebrosidase**
又称"葡糖神经酰胺酶(glucosylceramidase)"。编号:EC 3.2.1.45。一种溶酶体酶,催化 D-葡糖-N-酰基鞘氨醇水解,反应生成 D-葡糖和 N-酰基鞘氨醇。缺乏该酶可导致戈谢病(Gaucher's disease)。

**03.396 蔗糖酶 sucrase**
编号:EC 3.2.1.48。催化蔗糖水解成葡萄糖和果糖的酶。与呋喃果糖苷酶作用方式不同,为 α-D-葡糖苷酶。

**03.397 乙酰葡糖胺糖苷酶 acetylglucosaminidase**
编号:EC 3.2.1.50。一种糖苷水解酶。催化 N-乙酰氨基葡糖苷键的水解,释放乙酰氨基葡糖。在各种糖复合体的降解过程中起关键作用。

**03.398 岩藻糖苷酶 fucosidase**
一类催化糖苷键水解的酶,包括 α-L-岩藻糖苷酶(编号:EC 3.2.1.51)、β-D-岩藻糖苷酶(编号:EC 3.2.1.38)、1,2-α-L-岩藻糖苷酶(编号:EC 3.2.1.63),分别水解不同形式糖苷键的非还原末端的 L-岩藻糖残基,其中

1,2-α-L-岩藻糖苷酶具高度专一性。

**03.399 脱支酶 debranching enzyme**
催化水解葡聚糖链分支点处 1',6-β-D-糖苷键的酶。

**03.400 异淀粉酶 isoamylase**
又称"糖原-6-葡聚糖水解酶(glycogen 6-glu-canohydrolase)"。编号:EC 3.2.1.68。一种脱支酶,催化水解糖原、支链淀粉以及它们的 β 极限糊精中的 α-1,6-糖苷支链。与短梗霉多糖酶的区别在于不能作用于短梗霉多糖。

**03.401 果糖苷酶 fructosidase**
全称"果聚糖 β 果糖苷酶(fructan β-fructosidase)"。编号:EC 3.2.1.80。一种胞外酶,特异性地催化水解由 β-D-果糖组成的果聚糖分子中的非还原性末端 2,1-β-糖苷键或 2,6-β-糖苷键,此外,还可水解菊糖、蔗糖、棉子糖等。

**03.402 琼脂糖酶 agarase**
编号:EC 3.2.1.81。催化琼脂糖的 1,3-β-D-半乳糖糖苷键水解的酶。主要产物为四聚糖。

**03.403 乳糖酶 lactase**
编号:EC 3.2.1.108。可催化乳糖水解为半乳糖和葡萄糖的酶。在乳糖的消化、吸收中起作用。

**03.404 硫葡糖苷酶 thioglucosidase**
编号:EC 3.2.1.147。一种存在于芥末籽中,催化硫葡糖苷分解成硫醇和糖的酶。

**03.405 核苷酶 nucleosidase**
编号:EC 3.2.2.-。催化水解核苷或核苷酸衍生物中 N-糖苷键的酶。根据对核苷酸的专一性,可分为嘌呤核苷酶(purine nucleosidase,编号:EC 3.2.2.1);次黄嘌呤核苷酶(inosine nucleosidase,编号:EC 3.2.2.2);尿嘧啶核苷酶(uridine nucleosidase,编号:

EC3.2.2.3)和 AMP 核苷酶(AMP nucleaosidase,编号:EC 3.2.2.4)等。

**03.406 DNA N-糖苷酶 DNA N-glycosylase**
一组可在 DNA 因突变而产生的异常碱基部位剪切 N-糖苷键的酶。如 DNA-3-甲基腺嘌呤糖苷酶 I(编号:EC 3.2.2.20)、DNA-3-甲基腺嘌呤糖苷酶 II(编号:EC 3.2.2.21)和尿嘧啶-DNA 糖苷酶,形成无嘌呤或无嘧啶位点,该反应是 DNA 修复过程中的一个步骤。

**03.407 环氧化物[水解]酶 epoxide hydrolase**
编号:EC 3.3.2.3。可逆地催化从乙二醇或芳香族二醇分别生成环氧化物或芳烃环氧化物的酶。

**03.408 肽酶 peptidase**
EC 3.4 亚类酶。催化肽类和蛋白质中肽键水解的一类蛋白酶。

**03.409 氨肽酶 aminopeptidase**
编号:EC 3.4.11.-。催化从蛋白质或多肽依次地水解氨基末端残基的酶。

**03.410 甲硫氨酸特异性氨肽酶 methionine-specific aminopeptidase**
编号:EC 3.4.11.18。催化从蛋白质链剪切氨基末端甲硫氨酸的酶。

**03.411 氨酰[基]脯氨酸二肽酶 prolidase**
编号:EC 3.4.13.9。特异地断裂羧基端为脯氨酸或羟脯氨酸的二肽(X-Pro/Hyp)间肽键的外肽酶。

**03.412 脯氨酰氨基酸二肽酶 prolinase**
编号:EC 3.4.13.18。特异地断裂氨基端为脯氨酸或羟脯氨酸的二肽(Pro/Hyp-X)间肽键的外肽酶。

**03.413 激肽酶 kininase**
存在于血浆或细胞表面,可以快速地降解激

肽的酶。已知有两种:激肽酶Ⅰ,即赖氨酸羧肽酶3;激肽酶Ⅱ,即血管紧张肽Ⅰ转化酶。

**03.414 血管紧张肽Ⅰ转化酶** angiotensin
Ⅰ-converting enzyme,ACE

又称"肽基二肽酶A(peptidyl-dipeptidase A)","二肽基羧肽酶Ⅰ(dipeptidyl carboxypeptidase Ⅰ)"。编号:EC 3.4.15.1。催化C端肽基二肽水解的酶,可作用于血管紧张肽Ⅰ和血管舒缓激肽。将十肽血管紧张肽Ⅰ转化为八肽血管紧张肽Ⅱ。

**03.415 膜天冬氨酸蛋白酶** memapsin

又称"β分泌酶(β-secretase)"。一种穿膜的天冬氨酸蛋白酶,与γ分泌酶协同,降解淀粉样前体蛋白,产生引起老年前期痴呆的肽段Aβ。有膜天冬氨酸蛋白酶Ⅰ(编号:EC 3.4.23.45)和膜天冬氨酸蛋白酶Ⅱ(编号:EC 3.4.23.46)两种。

**03.416 羧肽酶** carboxypeptidase

一类肽链端解酶,作用于肽链的游离羧基末端释放单个氨基酸。根据其催化机制分为三个亚类:丝氨酸羧肽酶(编号:EC 3.4.16.-)、金属羧肽酶(编号:EC 3.4.17.-)和半胱氨酸羧肽酶(编号:EC 3.4.18.-)。

**03.417 蛋白酶** protease, proteinase

又称"蛋白水解酶(proteolytic enzyme)"。催化蛋白质中肽键水解的酶。根据酶的活性中心起催化作用的基团属性,可分为:丝氨酸/苏氨酸蛋白酶(编号:EC 3.4.21.-/EC 3.4.25.-)、巯基蛋白酶(编号:EC 3.4.22.-)、金属蛋白酶(编号:EC 3.4.24.-)和天冬氨酸蛋白酶(编号:EC 3.4.23.-)等。

**03.418 丝氨酸/苏氨酸蛋白酶** serine/threonine protease, serine/threonine proteinase

编号:EC 3.4.21.-/EC 3.4.25.-。一类在三维结构上相似,活性中心含有丝氨酸/苏氨

酸残基,并且依靠其醇式羟基催化肽键水解的蛋白水解酶。

**03.419 胰凝乳蛋白酶** chymotrypsin

编号:EC 3.4.21.1。一种催化蛋白质肽键水解的内肽酶,主要是剪切芳香族氨基酸——色氨酸、苯丙氨酸或酪氨酸的羧基端形成的肽键。

**03.420 胰蛋白酶** trypsin

编号:EC 3.4.21.4。一种内肽酶,主要作用于精氨酸或赖氨酸羧基端的肽键。

**03.421 凝血酶** thrombin

编号:EC 3.4.21.5。在凝血过程中催化血纤蛋白原水解的酶,切去血纤蛋白原中肽A和B,成为血纤维单体。其溶解度大大降低,能自发相互缔合形成不溶性的血纤维。

**03.422 促凝血酶原激酶** thromboplastin, thrombokinase

又称"凝血因子Ⅹa(blood coagulation factor Ⅹa)"。编号:EC 3.4.21.6。存在于血浆中,催化选择性地切割凝血酶原的精氨酸-苏氨酸之间的肽键,然后再切割精氨酸-异亮氨酸之间的肽键,使之成为有活性的凝血酶。

**03.423 组织凝血激酶** tissue thromboplastin

又称"凝血因子Ⅲ(blood coagulation factor Ⅲ)"。参与外因性凝血级联反应的酶,当组织受伤血小板释放凝血因子Ⅲ,与凝血因子Ⅶ(编号:EC 3.4.21.21)结合使之活化,选择性地切割凝血因子Ⅹ的精氨酸-异亮氨酸之间的肽键,使之转变为凝血因子Ⅹa。

**03.424 血浆凝血激酶** plasma thromboplastin component, PTC

又称"凝血因子Ⅸa(blood coagulation factor Ⅸa)"。编号:EC 3.4.21.22。在凝血因子Ⅷ协同作用下,选择性地切割无活性的凝血因子Ⅹ的精氨酸-异亮氨酸之间的肽键使之

转变为有活性的形式凝血因子Ⅹa 的酶。

**03.425　纤溶酶　plasmin**
全称"纤维蛋白溶酶(fibrinolysin)"。编号：EC 3.4.21.7。一种催化血纤蛋白水解、使血管内血块溶解的蛋白酶。优先水解赖氨酸或精氨酸羧基端的肽键。

**03.426　组织型纤溶酶原激活物　tissue-type plasminogen activator, tPA**
编号：EC 3.4.21.68。存在于哺乳动物组织，特别是内皮细胞中的一种能将纤溶酶原转变为纤溶酶的丝氨酸蛋白酶。特异地切割精氨酸-缬氨酸之间的肽键，其三环Ⅱ结构域能识别并结合血纤蛋白提高其活性，更易活化与血栓结合的纤溶酶原，起到特异地溶栓作用。

**03.427　尿激酶型纤溶酶原激活物　uroki-nase-type plasminogen activator, uPA**
可以将纤溶酶原转化为纤溶酶的蛋白水解酶。与组织型纤溶酶原激活物相比，有相同的底物特异性，优先切割精氨酸-缬氨酸之间的肽键，但不能结合血纤蛋白。对游离于血循环中的或在血凝块部位与血纤蛋白结合的纤溶酶原均可以激活，溶栓的专一性较低。

**03.428　肠激酶　enterokinase**
又称"肠肽酶(enteropeptidase)"。编号：EC 3.4.21.9。由小肠分泌的一种蛋白水解酶，催化胰蛋白酶原转化为其活性形式——胰蛋白酶。

**03.429　顶体蛋白酶　acrosomal protease**
编号：EC 3.4.21.10。一种丝氨酸蛋白水解酶，不受胰蛋白酶 $\alpha_1$ 抑制剂的抑制。位于精子头部顶体内层质膜上，属于膜结合性酶。以酶原的形式存在。随着精子在体外获能而活化。活化的顶体酶一方面溶解顶体膜基质；另一方面作用于主要靶器官卵子透明带。在受精过程中起重要的作用。

**03.430　V8 蛋白酶　V8 protease**
编号：EC 3.4.21.19。来自金黄葡萄球菌V8 株系，可切断天冬氨酸和谷氨酸羧基端肽键的酶。

**03.431　激肽释放酶　kallikrein**
又称"激肽原酶(kininogenase)"。一种丝氨酸蛋白酶，包括血浆型激肽释放酶和组织型激肽释放酶两种类型。能使激肽原释放出一种多肽——激肽，它具有很高的生理活性，在人体组织中起着十分重要的生理作用。

**03.432　血浆型激肽释放酶　plasma kalli-krein**
编号：EC 3.4.21.34。选择性地切割人激肽原的某些精氨酸和赖氨酸羧基一侧的肽链（包括精氨酸-赖氨酸，精氨酸-丝氨酸肽链）生成舒缓激肽的酶。与血液凝固有关，是凝血因子Ⅻa 作用于激肽释放酶原生成的，能激活凝血因子Ⅻ、凝血因子Ⅶ和纤溶酶原。

**03.433　组织型激肽释放酶　tissue kallikrein**
编号：EC 3.4.21.35。选择性地切割激肽原的 Met 和 Leu 羧基一侧的肽键生成赖氨酰舒缓激肽的酶。

**03.434　颌下腺蛋白酶　submaxillary gland protease**
编号：EC 3.4.21.35。由颌下腺分泌的丝氨酸蛋白酶，属于组织激肽释放酶。

**03.435　弹性蛋白酶　elastase**
催化弹性蛋白的肽键或由中性氨基酸形成的其他肽键水解的一种酶。

**03.436　胰弹性蛋白酶　pancreatic elastase**
编号：EC 3.4.21.36。优先水解丙氨酸羧基端肽键的弹性蛋白酶。

**03.437　白细胞弹性蛋白酶　leukocyte elastase**
编号：EC 3.4.21.37。优先水解缬氨酸羧基端肽键,其次水解丙氨酸羧基端肽键的弹性蛋白酶。

**03.438 胶原酶 collagenase**
编号:EC 3.4.21.49。来自梭菌的酶,切割胶原蛋白中甘氨酸残基的氨基端肽键。而来自皮蝇(*Hypoderma lineatum*)幼虫的酶,切割天然胶原蛋白丙氨酸残基的氨基端肽键。

**03.439 依赖 ATP 的蛋白酶 ATP-dependent protease**
依赖 ATP 的丝氨酸蛋白酶(ATP-dependent serine protease, EC 3.4.21.53)、依赖 ATP 的 Clp 蛋白酶(ATP-dependent C1p protease, EC 3.4.21.92)和蛋白酶体内肽酶复合体(proteasome endopeptidase complex, EC 3.4.23.36)的统称。前二者来源于大肠杆菌,后者来源于真核生物。为多亚基蛋白质,包括肽酶亚基和 ATP 酶亚基。肽酶活性依赖于 ATP 的水解,催化选择性地降解短寿的正常多肽和非正常多肽(包括异源多肽)。如蛋白酶体内肽酶复合体特异地降解泛素化的蛋白质,对维持细胞正常生理功能具有十分重要的意义。

**03.440 激素原转化酶 prohormone convertase**
催化切割激素原的成对碱性氨基酸羧基端肽键,使之转变为活性多肽的酶。如激素原加工 KEX2 蛋白酶(编号:EC 3.4.21.61),弗林蛋白酶(编号:EC 3.4.21.75),激素原转化酶3(编号:EC 3.4.21.93),阿片-促黑素细胞-皮质激素原(编号:EC 3.4.23.17)转化酶等。这些酶与蛋白质原转化酶常有交叉,有一些酶同时有两个名称。

**03.441 弗林蛋白酶 furin**
全称"成对碱性氨基酸蛋白酶"。编号:EC 3.4.21.75。因其基因(*fur*)位于原癌基因 *fes/feps* 的上游而得名。是一种外泌途径中主要的蛋白质转化酶,定位于高尔基体外侧

的网络中。催化切割原蛋白中的 Arg-Xaa-Yaa-Arg 羧基端肽键(Xaa 为任意一种氨基酸,Yaa 为 Arg 或 Lys)产生成熟的蛋白质。

**03.442 枯草杆菌蛋白酶 subtilisin**
编号:EC 3.4.21.62。来源于枯草杆菌(*Bacillus subtilis*)的丝氨酸蛋白酶。

**03.443 尿激酶 urokinase, UK**
编号:EC 3.4.21.73。人血液中的尿激酶原在部分降解后从尿液中排出的一种丝氨酸蛋白酶,为血纤蛋白溶酶原激活剂,可将纤溶酶原转化为纤溶酶。

**03.444 成髓细胞蛋白酶 myeloblastin**
编号:EC 3.4.21.76。一种丝氨酸蛋白酶,优先切割蛋白质的丙氨酸羧基一侧的肽键,其次是缬氨酸羧基一侧的肽键。

**03.445 链霉蛋白酶 pronase**
编号:EC 3.4.21.81。自灰色链霉菌(*Streptomyces griseus*)中分离的非特异性蛋白水解酶。

**03.446 信号肽酶 signal peptidase**
又称"前导肽酶(leader peptidase)"。在质膜蛋白插入到质膜中后去除信号肽的一组肽内切酶。包括信号肽酶Ⅰ和信号肽酶Ⅱ。

**03.447 信号肽酶Ⅰ signal peptidase Ⅰ**
编号:EC 3.4.21.89。特异地切除位于分泌性蛋白质或周质蛋白质 N 端的疏水性信号肽或前导序列的酶。

**03.448 信号肽酶Ⅱ signal peptidase Ⅱ**
编号:EC 3.4.23.36。切除细菌膜上脂蛋白原的信号肽的酶。

**03.449 蛋白质原转换酶 proprotein convertase**
催化蛋白质原转化为成熟的蛋白质的蛋白酶类。如蛋白质原转换酶1(编号:EC 3.4.21.93)、蛋白质原转换酶3(编号:EC 3.4.

21.94)、蛋白质原转换酶(编号:EC 3.4.21.61)等,切割蛋白质原的位点多为成对碱性氨基酸羧基端的肽键。与激素酶原转化酶常有交叉。

**03.450 巯基蛋白酶  thiol protease, sulfhydryl protease**

又称"半胱氨酸蛋白酶(cysteine protease)"。编号:EC 3.4.22.-。一类活性中心含有巯基(半胱氨酸),并且依靠巯基催化水解肽键的蛋白水解酶。

**03.451 胱天蛋白酶  caspase**

编号:EC 3.4.22.-。属巯基蛋白酶,其活性部位含半胱氨酸,切割天冬氨酸羧基侧的肽键。在细胞凋亡中起关键作用。迄今为止,哺乳动物中已发现 14 种胱天蛋白酶。通常以无活性的胱天蛋白酶原形式在细胞内合成和分泌,包括一个 N 端前结构域及大、小两个亚单位。

**03.452 组织蛋白酶  cathepsin**

一类在大多数动物组织中存在的细胞内肽键水解酶。包括组织蛋白酶 B(编号:EC 3.4.22.1)、组织蛋白酶 D(编号:EC 3.4.23.5)、组织蛋白酶 L(编号:EC 3.4.22.15)等。组织蛋白酶 B 与组织蛋白酶 L 是溶酶体半胱氨酸蛋白酶,前者的特异性与木瓜蛋白酶相似;后者的表达及分泌受恶性转化、生长因子和促癌剂的诱导。组织蛋白酶 D 是天冬氨酸蛋白酶,特异性与胃蛋白酶相似。

**03.453 木瓜蛋白酶  papain**

编号:EC 3.4.22.2。番木瓜中含有的一种低特异性蛋白水解酶,活性中心含半胱氨酸,属巯基蛋白酶,应用于啤酒及食品工业。

**03.454 无花果蛋白酶  ficin**

编号:EC 3.4.22.3。来自无花果的一种巯基肽链内切酶,其活性部位含半胱氨酸残基,优先水解酪氨酸及苯丙氨酸残基,但特异性较低。

**03.455 梭菌蛋白酶  clostripain**

编号:EC 3.4.22.8。催化蛋白质水解时优先作用于精氨酸残基的羧基端,但不作用于赖氨酸残基的羧基端,反应可被钙离子激活、乙二胺四乙酸(EDTA)抑制的酶。

**03.456 菠萝蛋白酶  bromelin, bromelain**

编号:EC 3.4.22.33。一种来源于菠萝的多肽水解酶,属巯基蛋白酶。

**03.457 钙蛋白酶  calpain**

钙依赖性类木瓜蛋白酶,属巯基蛋白酶,在催化基团巯基附近的序列与木瓜蛋白酶有约33%的序列同源性。包括钙蛋白酶1(编号:EC 3.4.22.52)和钙蛋白酶 2(编号:EC 3.4.22.52)。

**03.458 羧基蛋白酶  carboxyl protease**

又称"天冬氨酸蛋白酶(aspartic protease)"。编号:EC 3.4.23.-。一类多肽水解酶,其活性部位含有天冬氨酸,水解肽键的最适 pH 小于5。包括胃蛋白酶、组织蛋白酶 A、凝乳酶、人类免疫缺陷病毒蛋白酶等。

**03.459 胃蛋白酶  pepsin**

编号:EC 3.4.23.1。存在于胃中的蛋白水解酶,其活性部位含有两个天冬氨酸残基,其中一个处于解离状态,另一个则不解离。最适 pH 为 2～3。主要作用于 P1 和 P1′部位由疏水氨基酸特别是芳香族氨基酸残基形成的肽键。

**03.460 凝乳酶  chymosin**

编号:EC 3.4.23.4。一种天冬氨酸蛋白酶,存在于新生牛的皱胃,以无活性的酶原形式分泌到胃里,在胃液的酸性环境中被活化。可专一地切割 κ 酪蛋白的 $Phe^{105}$-$Met^{106}$ 之间的肽键,从而使牛奶凝集。用于奶酪的生产。1890 年至 20 世纪前期英文曾用"rennin",因与"renin(血管紧张肽原酶)"仅一个字母之差,易被混淆。1978 年国际生物化学联合会酶学专业委员会建议采用"chymosin"。

**03.461 血管紧张肽原酶 renin**
又称"肾素"。编号：EC 3.4.23.15。一种由肾脏产生的蛋白酶，通过切割血管紧张肽原亮氨酸羧基一侧的肽键使之转变为血管紧张肽。

**03.462 分泌酶 secretase**
一类切割拓扑结构为Ⅰ型或Ⅱ型的膜蛋白胞外区的酶，将蛋白质的胞外部分释入体液循环，切割位点通常靠近细胞膜外表面。受分泌酶作用的蛋白质包括阿尔茨海默淀粉样前体蛋白、血管紧张肽转换酶、转化生长因子及肿瘤坏死因子配体和受体超家族等。已知有三类分泌酶参与切割淀粉样前体蛋白：β型（编号：EC 3.4.23.45；EC 3.4.23.46）、γ型和α型（编号：EC 3.4.24.81）。β型与γ型酶协同切割 APP 所形成的肽导致阿尔茨海默病，而α型酶切割的产物无毒性。α型为金属蛋白酶，β型为天冬氨酸蛋白酶，γ型为多酶复合物。

**03.463 金属蛋白酶 metalloprotease, metalloproteinase**
编号：EC 3.4.24.-。一类在一级结构上差异很大，但其活性中心较为保守、含有金属离子（如锌、钴、镍等），且依靠金属离子催化肽键水解的蛋白水解酶。可被金属螯合剂灭活。

**03.464 金属内切蛋白酶 metalloendoprotease**
编号：EC 3.4.24.-。含有一种或多种金属离子作为辅基，催化蛋白质内部肽键水解的酶。

**03.465 锌肽酶 zinc peptidase**
编号：EC 3.4.24.-。金属内切肽酶的一种，以锌离子为辅助基团的金属肽酶。如羧肽酶。

**03.466 锌蛋白酶 zinc protease**
编号：EC 3.4.24.-。一类活性中心含锌离子的金属蛋白酶。

**03.467 脑啡肽酶 enkephalinase**
编号：EC 3.4.24.11。一种含锌的金属肽酶。位于细胞表面的Ⅱ型膜蛋白，特异性地切割蛋白质或多肽的疏水氨基酸残基间的肽键，特别是 P1′位为苯丙氨酸或酪氨酸的底物。可使一些激素如脑啡肽、胰高血糖素、神经降压素、催产素失活。

**03.468 溶基质蛋白酶 stromelysin**
可溶解细胞外基质和基底膜成分的一种间质金属蛋白酶。包括溶基质蛋白酶1（编号：EC 3.4.24.17）和溶基质蛋白酶2（编号：EC 3.4.24.22），后者作用于胶原蛋白Ⅲ、Ⅳ、Ⅴ的能力较前者弱。

**03.469 穿膜肽酶 meprin**
一种含锌的金属内肽酶，包括穿膜肽酶 A 和穿膜肽酶 B。穿膜肽酶 A（编号：EC 3.4.24.18）特异地切割蛋白质或多肽底物中疏水氨基酸的羧基端；穿膜肽酶 B（编号：EC 3.4.24.63）特异地切割蛋白质或多肽物中疏水氨基酸的氨基端。

**03.470 龙虾肽酶 astacin**
编号：EC 3.4.24.21。存在于龙虾中的一种含锌的金属蛋白酶，催化水解含5个以上氨基酸残基的底物，优先水解 P1′为丙氨酸，P2′为脯氨酸的底物。

**03.471 嗜热菌蛋白酶 thermolysin, thermophilic protease**
编号：EC 3.4.24.27。存在于嗜热溶蛋白芽孢杆菌（*Bacillus thermoproteolyticus*）中的耐热性蛋白水解酶，含有4个钙离子。水解非极性氨基酸的氨基端肽键。

**03.472 加工蛋白酶 processing protease**
编号：EC 3.4.24.64。在蛋白质翻译后加工过程中负责水解肽键的酶,主要指线粒体加工肽酶,从输入线粒体的前体蛋白质上切除N端的靶肽。

**03.473 内皮肽转化酶** endothelin-converting enzyme, ECE

编号:EC 3.4.24.71。催化大内皮肽的色氨酸-21 和缬氨酸-22 间肽键水解形成内皮肽1,为含 $Zn^{2+}$ 的金属蛋白酶。在血管平滑肌和呼吸道上皮细胞中表达,存在于血管内皮细胞,与膜相偶联。

**03.474 蛋白酶体** proteasome

编号:EC 3.4.25.1。存在于所有真核细胞中,降解细胞质溶酶体外蛋白质的体系,由 10 ~ 20 个不同亚基组成,可显示多种肽酶活性。

**03.475 天冬酰胺酶** asparaginase

编号:EC 3.5.1.1。存在于细菌中的一种水解酶,能特异水解天冬酰胺的酰胺键。

**03.476 谷氨酰胺酶** glutaminase

编号:EC 3.5.1.2。催化非肽键中的直链酰胺的 C-N 键水解,可使 L-谷氨酰胺水解为 L-谷氨酸和氨的酶,在动物肝脏与肾脏中与氨的释放有关。

**03.477 苯乙酰胺酶** phenylacetamidase

编号:EC 3.5.1.4。催化苯乙酰胺水解、脱氨,生成苯乙酸的酶。

**03.478 乙酰胺酶** acetamidase

编号:EC 3.5.1.4。属酰胺酶类,催化乙酰胺水解生成乙酸和氨。

**03.479 酰化酶** acylase

编号:EC 3.5.1.4。催化氨基的酰化反应,即酰胺水解的逆反应的酶。

**03.480 酰胺酶** amidase

编号:EC 3.5.1.4。一种酰胺基水解酶,催化单羧酸酰胺化合物的水解,产生单羧酸和氨。

**03.481 脲酶** urease

又称"尿素酶"。编号:EC 3.5.1.5。催化尿素水解生成碳酸和两分子氨的含镍酶。

**03.482 青霉素酰胺酶** penicillin amidase

又称"青霉素酰胺水解酶(penicillin amidohydrolase)","青霉素酰化酶(penicillin acylase)"。编号:EC 3.5.1.11。催化青霉素水解成 6-氨基青霉烷酸(6-APA)及羧酸阴离子的酶。6-氨基青霉烷酸是合成多种半合成青霉素的原料。

**03.483 神经酰胺酶** ceramidase

编号:EC 3.5.1.23。水解神经酰胺中脂肪酸与鞘氨醇之间的连接键,生成鞘氨醇和脂肪酸的酶。广泛分布于脑、肾、脾等动物组织中。

**03.484 肽-*N*-糖苷酶 F** peptide-*N*-glycosidase F

编号:EC 3.5.1.52。催化水解 *N* 寡糖-肽连接键的酶。目前常用的此类酶来源于微生物和杏仁。

**03.485 脱甲酰酶** deformylase

通常指肽脱甲酰化酶(编号:EC 3.5.1.88),在原核生物蛋白质生物合成过程中,催化多肽链氨基端 *N*-甲酰甲硫氨酸的脱甲酰基反应的酶。

**03.486 二氢乳清酸酶** dihydroorotase

又称"L-5,6-二氢乳清酸酰胺水解酶"。编号:EC 3.5.2.3。在嘧啶生物合成过程中,催化从 *N*-氨甲酰天冬氨酸脱水后,闭环生成二氢乳清酸的酶。

**03.487 β 内酰胺酶** β-lactamase

编号:EC 3.5.2.6。一类具有不同底物专一性、催化水解 β 内酰胺的酶。如,头孢菌素酶能迅速水解头孢菌素中的 β 内酰胺,而青霉素酶更容易作用于青霉素中的 β 内酰胺。

**03.488 头孢菌素酶 cephalosporinase**
属于 β 内酰胺酶,催化水解头孢菌素中的 β 内酰胺。

**03.489 精氨酸酶 arginase**
编号:EC 3.5.3.1。在尿素循环中催化精氨酸水解成尿素和鸟氨酸的酶。

**03.490 腺苷脱氨酶 adenosine deaminase, ADA**
编号:EC 3.5.4.4。催化腺苷水解脱氨成肌苷的氨基水解酶,是嘌呤代谢的必需酶。

**03.491 焦磷酸酶 pyrophosphatase**
编号:EC 3.6.1.1。催化无机焦磷酸水解成两分子正磷酸的酶。

**03.492 腺三磷双磷酸酶 apyrase**
编号:EC 3.6.1.5。一种由钙激活的磷酸酶。催化 ATP 的水解,产生 AMP 和正磷酸。也作用于 ADP 及其他核苷三磷酸和核苷二磷酸。水解 ATP 和 ADP 的位点均为 5′-核苷酸的磷酸键。

**03.493 腺苷三磷酸酶 adenosine triphos-phatase, ATPase**
简称"ATP 酶"。编号:EC 3.6.3.1-12、EC 3.6.3.14-53、EC 3.6.4.1-11。催化水解 ATP 为 ADP 和无机磷酸的酶类。包括 F 型(如 ATP 合酶)、P 型(如钙 ATP 酶)、V 型(如液泡质子 ATP 酶)、ABC(ATP-binding cassette)型(如 ABC 转运蛋白)。此外,还有一些蛋白质具有 ATP 酶活性,通过水解 ATP 提供能量以实现不同的生理功能,如依赖 ATP 的蛋白酶。

**03.494 ATP 合酶 ATP synthase**
又称"F 型 ATP 酶(F-type ATPase)"。编号:EC 3.6.3.14。位于线粒体内膜基质一边,由 $F_0$ 和 $F_1$ 构成的复合体。是一种 ATP 驱动的质子运输体,当质子顺电化学梯度流动时催化 ATP 的合成;当没有氢离子梯度通过质子通道 $F_0$ 时,$F_1$ 的作用是催化 ATP 的水解。

**03.495 钙 ATP 酶 $Ca^{2+}$-ATPase**
编号:EC 3.6.3.8。肌质网膜钙 ATP 酶(SERCA)及质膜钙 ATP 酶(PMCA)的统称。前者催化将钙从肌质主动转运至肌质网囊泡内;后者可将 1~2 个 $Ca^{2+}$ 穿膜转移到胞外,同时以 1∶2 的比例将 $H^+$ 转运到细胞内。

**03.496 液泡质子 ATP 酶 vacuolar proton ATPase**
又称"V 型 ATP 酶"。编号:EC 3.6.3.6。参与真核细胞的胞内区室的酸化和古菌及一些真菌中 ATP 合成的酶。由膜内疏水的 $V_0$ 部分和膜外 $V_1$ 两大部分组成。是植物细胞液泡膜中的两个质子泵之一,为穿过液泡膜转运物质提供能量。

**03.497 钠钾 ATP 酶 $Na^+$,$K^+$-ATPase**
又称"钠钾泵(sodium potassium pump)"。编号:EC 3.6.3.9。位于细胞膜上的腺苷三磷酸酶,促进钠与钾离子的主动转运。此酶的作用有矢量性,每水解一分子 ATP 催化 3 个 $Na^+$ 流出和 2 个 $K^+$ 流入。

**03.498 线粒体 ATP 酶 mitochondrial ATPase**
编号:EC 3.6.3.14。定位于线粒体膜上的催化 ATP 水解的酶,通过水解 ATP 为细胞提供主要能源。

**03.499 脱壳 ATP 酶 uncoating ATPase**
编号:EC 3.6.4.10。一种多功能的 ATP 水解酶。在受体介导的细胞胞吞过程中,催化降解包被于小泡周围的网格蛋白,使小泡与小泡相互融合。ATP 与网格蛋白的结合和水解是实现此反应的必要条件。

**03.500 适应酶 adaptive enzyme**
在细胞中合成量受效应物调控的酶。如 β

半乳糖苷酶。

**03.501 花色素酶 anthocyanase**
催化专一水解花色苷色素的酶。花色苷在花色素酶作用下水解,迅速分解并褪色。

**03.502 自溶酶 autolytic enzyme**
存在于细胞内、当细胞死亡时参与细胞自溶的酶类。包括蛋白酶、脂肪酶、糖类水解酶。在特定条件下(如重要器官受损、特定的发育阶段等)生物体启动自溶系统,非重要器官的细胞发生自溶,自溶酶将细胞及其内容物分解为可被利用的营养物质以保证受损器官的修复或完成特定的发育阶段。

**03.503 芽孢杆菌 RNA 酶 barnase**
芽孢杆菌合成的一种细胞外 RNA 酶,催化水解 RNA。

**03.504 碱基特异性核糖核酸酶 base-specific ribonuclease**
专一性核糖核酸酶,水解特定碱基附近的磷酸二酯键,形成寡核苷酸或核苷酸。

**03.505 牛小肠碱性磷酸酶 calf intestinal alkaline phosphatase, CIP**
来源于牛小肠的催化磷酸酯水解的酯酶,是一种含有锌和镁的二聚金属酶,其最适 pH 大于 7.0。

**03.506 cGMP 特异性磷酸二酯酶 cGMP specific phosphodiesterase**
以环鸟苷酸(cGMP)为特异底物,水解作为第二信使分子的 cGMP 的酶,主要分布在哺乳类动物阴茎的海绵体中。

**03.507 辅脂肪酶 colipase**
由胰腺分泌的蛋白质,有辅脂肪酶Ⅰ和辅脂肪酶Ⅱ两种,分别由 94 ~ 95 和 84 ~ 85 个氨基酸残基组成。使肠中脂肪酶与脂肪滴间的作用稳定,从而促进脂肪酶水解三酰甘油,在十二指肠内可阻止胆酸盐抑制脂肪酶水解膳食中的长链三酰甘油。

**03.508 角质降解酶 cutin-degrading enzyme**
由致病性真菌产生的一种酶,能降解植物的角质层,促进真菌穿透进入宿主。

**03.509 解聚酶 depolymerase**
催化生物多聚体水解成寡聚体或单体的酶。

**03.510 二肽酶 dipeptidase**
一类可将二肽水解成两个氨基酸的酶。

**03.511 分散酶 dispase**
又称"中性蛋白酶"。一种氨基内肽酶。用于动物细胞的分散培养,具有组织解聚功能,但不损害细胞膜,可保持上皮细胞活力。

**03.512 内切脱氧核糖核酸酶 endodeoxyribonuclease**
催化脱氧核糖核酸内部磷酸二酯键水解生成寡核苷酸和单核苷酸的酶。

**03.513 内切核糖核酸酶 endoribonuclease**
催化核糖核酸内部磷酸二酯键水解的酶。

**03.514 酯酶 esterase**
催化酯水解的酶。

**03.515 切除核酸酶 excision nuclease**
一种参与核酸切除修复的酶,在损伤的核酸片段附近与 DNA 结合并将损伤片段予以切除。

**03.516 片段化酶 fragmentin**
在细胞毒性 T 细胞和 NK 细胞中发现的丝氨酸蛋白酶。能在肽链的天冬氨酸位点进行切割。T 细胞与 NK 细胞能杀伤其靶细胞是该酶与穿孔蛋白协同作用的结果。

**03.517 葡聚糖水解酶 glucanase**
一个葡聚糖水解酶家族,水解不同类型的葡萄糖苷键。

**03.518 氨基己糖苷酶 hexosaminidase**
催化水解 *N*-乙酰氨基己糖糖苷键的酶。

**03.519 内含子编码核酸内切酶 intron-en-**

coded endonuclease
由含有可读框的内含子编码的一类位点特异性的 DNA 内切核酸酶,参与内含子由一个含内含子的等位基因转移至另一个不含内含子的等位基因上,能识别后者的特定位点,结合后在特定位点切割,使被转移的内含子的整合位点与原先的内含子-外显子的衔接点相同。

**03.520　同尾酶　isocaudarner**
一类识别 DNA 分子中不同核苷酸序列,但能酶切产生相同黏性末端的限制性内切酶。

**03.521　同切点酶　isoschizomer**
全称"同切点限制性核酸内切酶"。从不同生物体分离出的一组限制性核酸内切酶,识别相同的 DNA 碱基序列,但不一定在该序列的相同部位切断 DNA。

**03.522　角蛋白酶　keratinase**
催化水解角蛋白的酶,可作为脱毛剂用于皮革工业。

**03.523　溶酶体酶类　lysosomal enzymes**
位于溶酶体内的一类降解性酶,其中多数适合在酸性条件下发挥作用。如酸性磷酸酶等。

**03.524　溶酶体水解酶　lysosomal hydrolase**
溶酶体内催化水解反应降解生物分子的一类酶。

**03.525　溶酶体酸性脂肪酶　lysosomal acid lipase**
水解胆固醇和三酰甘油的酶,对调节胆固醇合成以及体内恒定有重要作用。

**03.526　金属肽酶　metallopeptidase**
活性依赖一种或多种金属离子,催化肽类和蛋白质中肽键水解的一类蛋白酶。

**03.527　中性蛋白酶　neutral protease, neutral proteinase**
最适 pH 接近中性的蛋白水解酶。由于能在较温和的 pH 条件下发挥作用,此类酶在化工、食品等工业生产中获得应用。

**03.528　青霉素酶　penicillinase**
属于 β 内酰胺酶,催化水解青霉素中的 β 内酰胺,在许多细菌中存在。

**03.529　唾液淀粉酶　ptyalin, salivary amylase**
一类催化将淀粉水解成麦芽糖和糊精的酶。存在于人和一些动物唾液中。

**03.530　解离酶　resolvase**
一种核酸内切酶,在 DNA 分子的重组或修复过程中,专门切割由于 DNA 链交叉所形成的霍利迪(Holliday)十字交叉点的核酸内切酶。

**03.531　信号肽肽酶　signal peptide peptidase, SPP**
在脂膜内切割被信号肽酶切割后残留在糙面内质网膜上的信号肽的酶。

**03.532　蜗牛肠酶　snail gut enzyme**
存在于蜗牛消化道中,含有多种酶的混合物,能分解细胞壁。

**03.533　脱壳酶　uncoating enzyme**
在病毒侵入宿主细胞过程中,催化降解病毒外壳蛋白质的酶类。

**03.534　尿嘧啶-DNA 糖苷酶　uracil-DNA glycosidase, UDG**
又称"尿嘧啶-DNA 糖基水解酶(uracil-DNA glycosylase)"。在 DNA 修复中去除错误参入或突变形成的尿嘧啶,可水解尿嘧啶与脱氧核糖之间 N-糖苷键的酶。

**03.535　溶细胞酶　lyticase, zymolyase, zymolase**
又称"消解酶"。一种有最小量核酸酶的酶混合物,具有 β-1,3-葡聚糖酶和高度特异性的碱性蛋白酶两种活性。可由藤黄节杆菌（*Arthrobacter luteus*）制备,用于裂解酵母细胞,产生原生质球。

**03.536 多核苷酸激酶 polynucleotide kinase**
催化核酸分子末端磷酸化的酶类。如 T4 多核苷酸激酶,可通过磷酸化或磷交换的方式,将 ATP 分子 5′ 位的磷酸基团转移到 DNA 或 RNA 的 5′ 端。

**03.537 丝氨酸酯酶 serine esterase**
又称"丝氨酸蛋白酶（serine proteinase）"。既能水解肽键也能水解酯键的一类酶。二者具有共同的催化机制：$E + S \rightleftharpoons ES \longrightarrow E - P_2 \longrightarrow E$ 酶的活性

$$ES \searrow P_1 \qquad E-P_2 \searrow P_2$$

必需基团丝氨酸(Ser)被底物酰化并产生 $P_1$（底物中的酰胺或醇的部分）,进而水解 E-$P_2$ 产生游离酶和 $P_2$（底物中的酸的部分）。其他活性必需基团为 Ser 并有类似的催化机制的酯酶如乙酰胆碱酯酶。

**03.538 裂合酶 lyase**
编号:EC 4-。六大酶类之一。催化分子裂解或移去基团的酶。反应中发生电子重排（消除反应）,但不是水解或氧化还原反应。可使 C—C（EC 4.1.-）、C—O（EC 4.2.-）、C—N（EC 4.3.-）及类似的键裂解,并在其一个产物中形成双键或环,或在其逆反应中加一个基团于双键上。

**03.539 脱羧酶 decarboxylase**
编号:EC 4.1.1-。催化脱羧反应的一类酶。如 S-腺苷酰甲酰硫氨酸脱羧酶、芳香氨基酸脱羧酶、谷氨酸脱羧酶、组氨酸脱羧酶、吲哚-3-甘油磷酸合酶、鸟氨酸脱羧酶、乳清酸核苷 5-磷酸脱羧酶、磷酸烯醇式丙酮酸脱羧酶、尿卟啉原脱羧酶等。

**03.540 丙酮酸脱羧酶 pyruvate decarboxylase**
编号:EC 4.1.1.1。一种羧基裂解酶,催化

α 酮酸脱羧成乙醛和二氧化碳,硫胺素焦磷酸为其必需辅基。

**03.541 磷酸烯醇丙酮酸羧化激酶 phosphoenolpyruvate carboxykinase, PEPCK**
又称"烯醇丙氨酸磷酸羧激酶"。编号:EC 4.1.1.32。在糖异生途径中,催化草酰乙酸形成磷酸烯醇式丙酮酸和二氧化碳的酶。此反应是需要鸟苷三磷酸提供磷酰基的可逆反应。该酶在三羧酸循环中催化逆反应,以回补草酰乙酸。

**03.542 羧基歧化酶 carboxydismutase**
又称"核酮糖-1,5-二磷酸羧化酶（ribulose-1,5-diphosphate carboxylase, RuDPCase）","核酮糖-1,5-双磷酸羧化酶/加氧酶（ribulose-1,5-bisphophate carboxylase/oxygenase, rubisco）"。编号:EC 4.1.1.39。在卡尔文循环中催化二氧化碳与 1,5-二磷酸核酮糖缩合形成两分子 3-磷酸甘油酸的酶。该酶同时又是一个加氧酶,利用氧催化 1,5-二磷酸核酮糖氧化,生成 2-磷酸羟基乙酸和 3-磷酸甘油酸。

**03.543 吲哚甘油磷酸合酶 indole glycerol phosphate synthase**
编号:EC 4.1.1.48。色氨酸生物合成过程中的一种羧基裂合酶。催化 1-(2-羧苯丙氨基)-1-脱氧-D-核酮糖-5-磷酸脱羧、脱水生成吲哚甘油磷酸。

**03.544 *S*-腺苷甲硫氨酸脱羧酶 *S*-adenosyl-methionine decarboxylase**
又称"*S*-腺苷甲硫氨酸羧基裂合酶（*S*-adenosylmethionine carboxylyase）"。编号:EC 4.1.1.50。催化 *S*-腺苷甲硫氨酸脱羧,从腐胺合成亚精胺、精胺的酶。

**03.545 二烷基甘氨酸脱羧酶 dialkylglycine decarboxylase**
编号:EC 4.1.1.64。催化二烷基甘氨酸氧化脱羧产生二氧化碳和二烷基酮,并将氨基

转移给丙酮酸产生丙氨酸的酶。

**03.546 脱氧核糖醛缩酶 deoxyriboaldolase**
又称"磷酸脱氧核糖醛缩酶"。编号：EC 4.1.2.4。能够催化5-磷酸-2-脱氧-D-核糖分解成3-磷酸-D-甘油醛和乙醛，并可催化其逆反应的酶。

**03.547 醛缩酶 aldolase**
编号：EC 4.1.2.13。一种醛裂合酶，在糖酵解作用中催化1,6-二磷酸果糖与磷酸二羟丙酮及甘油醛-3-磷酸的相互转变。

**03.548 柠檬酸裂合酶 citrate lyase**
编号：EC 4.1.3.6。催化柠檬酸裂解成乙酸和草酰乙酸的酶。

**03.549 DNA 光裂合酶 DNA photolyase**
简称"光裂合酶（photolyase）"。又称"脱氧核糖二嘧啶光裂合酶（deoxyribodipyrimidine photolyase）"。编号：EC 4.1.99.3。与经紫外线照射而形成的 DNA 链中的环丁基嘧啶二聚体结合形成复合体的酶。因吸收可见光而被激活，断裂胸腺嘧啶二聚体的环丁烷环，形成两个正常的胸腺嘧啶，使受损 DNA 得以修复。

**03.550 脱水酶 dehydratase, anhydrase**
编号：EC 4.2.1-。催化脱水反应的酶，使化合物脱去水并产生双键。如柠檬酸脱水酶、磷酸葡糖酸脱水酶等。

**03.551 碳酸酐酶 carbonic anhydrase**
编号：EC 4.2.1.1。一种锌酶，催化碳酸分解成二氧化碳和水的可逆反应。

**03.552 延胡索酸酶 fumarase**
编号：EC 4.2.1.2。柠檬酸循环中的一种酶。催化延胡索酸水化成苹果酸的可逆反应，具有立体特异性，正反应中只催化反式双键的水化，逆反应只催化形成苹果酸的 L-异构体。

**03.553 顺乌头酸酶 aconitase**
编号：EC 4.2.1.3。一种含 Fe-S 簇的酶，在三羧酸循环中，催化从柠檬酸经顺乌头酸生成异柠檬酸的可逆性异构化。

**03.554 烯醇化酶 enolase**
编号：EC 4.2.1.11。催化从 2-磷酸甘油酸形成高能化合物磷酸烯醇式丙酮酸的酶，是糖酵解中的关键酶之一。

**03.555 尿刊酸酶 urocanase**
编号：EC.4.2.1.49。催化 3-(5-氧-4,5-二氢-3 氢-咪唑基丙酸)形成尿刊酸和水的酶。

**03.556 果胶酸裂合酶 pectate lyase**
编号：EC 4.2.2.2。催化果胶酸裂解产生寡糖的酶，其非还原性末端为 4-脱氧-β-D-半乳糖-4-烯糖醛酸基团，不作用于果胶。

**03.557 果胶裂合酶 pectin lyase**
编号：EC 4.2.2.2。催化果胶酸裂解产生寡糖的酶，其非还原性末端为 4-脱氧-6-O-甲基-β-D-半乳糖-4-烯糖醛酸基团。不作用于去酯化的果胶。

**03.558 果胶酸二糖裂合酶 pectate disaccharide-lyase**
编号：EC 4.2.2.9。催化由果胶酸还原性末端外切产生 4-(4-脱氧-β-D-半乳糖-4-烯糖醛酸基)-D-半乳糖醛酸的酶。

**03.559 倍半萜环化酶 sesquiterpene cyclase**
编号：EC 4.2.3.9。催化 2,6-反式-法尼基二磷酸环化形成倍半萜的酶。

**03.560 AP 裂合酶 AP lyase**
全称"无嘌呤嘧啶裂合酶"。又称"AP 核酸内切酶（AP endonuclease）"。编号：EC 4.2.99.18。通过 β 消去反应使 DNA 链中无嘌呤或无嘧啶(位点 3′一侧的 C-O-P 键断裂，产生 3′端为不饱和糖与 5′端为磷酸两种产物的酶。在 DNA 修复中起重要作用。

**03.561　氨裂合酶　ammonia-lyase**
编号:EC 4.3.1.-。催化氨基酸,乙醇胺等化合物分子上的 C—N 键断裂,脱氨并形成双键的酶。

**03.562　苯丙氨酸氨裂合酶　phenylalanine ammonia-lyase, PAL**
编号:EC 4.3.1.5。催化 L-苯丙氨酸脱氨生成反式肉桂酸及氨的酶。

**03.563　酪氨酸氨裂合酶　tyrosine ammonia-lyase, TAL**
编号:EC 4.3.1.5。催化将酪氨酸分裂成对羟基-苯丙烯酸和氨的酶。

**03.564　苏氨酸脱氨酶　threonine deaminase**
又称"苏氨酸脱水酶( threonine dehydrase, threonine dehydratase)"。编号:EC 4.3.1.19。催化苏氨酸脱氨,生成 2-酮丁酸和氨的一种磷酸吡哆醛蛋白。

**03.565　胱硫醚酶　cystathionase**
编号:EC 4.4.1.1。参与半胱氨酸合成的酶,即胱硫醚-γ-裂合酶,催化胱硫醚脱氨水解成半胱氨酸、α 酮丁酸及氨。

**03.566　1-氨基环丙烷-1-羧酸合酶　1-amino-cyclopropane-1-carboxylate synthase, ACC synthase**
简称"ACC 合酶"。又称"S-腺苷甲硫氨酸甲基硫代腺苷裂合酶( S-adenosylmethionine methylthioadenosine-lyase)"。编号:EC 4.4.1.14。催化乙烯生物合成的限速酶,将 S-腺苷甲硫氨酸转变成 1-氨基环丙烷基-1-羧酸和甲基硫腺苷。

**03.567　腺苷酸环化酶　adenylate cyclase**
编号:EC 4.6.1.1。催化 ATP 裂解去除焦磷酸形成环腺苷酸(cAMP)的酶。是信号传递途径的重要组分。Ⅰ 和 Ⅲ 型腺苷酸环化酶受钙离子与钙调蛋白的调控,而 Ⅱ、Ⅳ、Ⅴ 和 Ⅵ 型酶则否。

**03.568　铁螯合酶　ferrochelatase**
又称"亚铁螯合酶"。编号:EC 4.99.1.1。催化 $Fe^{2+}$ 与有机分子发生螯合(组装)作用的酶。如催化 $Fe^{2+}$ 与原卟啉发生螯合作用形成铁卟啉(血红素)。

**03.569　脱氨酶　deaminase, desaminase**
一类能切断氨基而产生氨的酶。通常指通过水解而脱氨的酶。

**03.570　异构酶　isomerase**
编号:EC 5.-。六大酶类之一,催化一种同分异构体转变为另一种同分异构体的酶。

**03.571　差向异构酶　epimerase**
EC 5.1.亚类酶。催化含有一个以上不对称碳原子化合物的旋光异构体间相互转化的酶。

**03.572　消旋酶　racemase**
EC 5.1-亚类酶。异构酶的一种,催化含有一个不对称碳原子化合物的旋光异构体间的相互转化。按照作用氨基酸的专一性,分为丙氨酸消旋酶( alanine racemase,编号:EC 5.1.1.1)、甲硫氨酸消旋酶( methionine racemase,编号:EC 5.1.1.2)、谷氨酸消旋酶( glutamate racemase,编号:EC 5.1.1.3)、脯氨酸消旋酶( proline racemase,编号:EC 5.1.1.4)等。

**03.573　变旋酶　mutarotase**
编号:EC 5.1.3.3。催化 α 和 β 醛糖构型之间互相可逆地转换的酶。此酶的作用底物包括 D-葡萄糖、L-阿拉伯糖、D-木糖、D-半乳糖、麦芽糖、乳糖等。

**03.574　顺反异构酶　cis-trans isomerase**
催化具有顺反异构体的化合物在顺式和反式异构体之间相互转变的酶。

**03.575　肽基脯氨酰基顺反异构酶　peptidyl-prolyl cis-trans isomerase, PPIase**
又称"旋转异构酶( rotamase)"。编号:EC

5.2.1.8。催化肽酰脯氨基顺反异构化的酶,广泛存在于各种组织和器官。根据对免疫抑制剂的敏感性,分属三个独立的家族:亲环蛋白、FK506 结合蛋白和细蛋白。能够加速自身折叠和体内新生肽链折叠及变性蛋白质的体外折叠。

**03.576 细蛋白 parvulin**
一种小分子肽基脯氨酰顺反异构酶。在大肠杆菌和人体中发现。人的细蛋白分子质量约 14 kDa。

**03.577 触发因子 trigger factor**
具有肽基脯氨酰基顺反异构酶活性,属于 FKBP506 家族,具有多种功能。是大肠杆菌中与核糖体大亚基结合的分子伴侣,帮助新生肽链的折叠。

**03.578 丙糖磷酸异构酶 triose-phosphate isomerase, TIM**
编号:EC 5.3.1.1。催化将不能进入糖酵解途径的磷酸二羟丙酮转化成 3-磷酸甘油醛,从而进入糖酵解途径的酶。

**03.579 木糖异构酶 xylose isomerase**
编号:EC 5.3.1.5。催化木糖转变成木酮糖的酶。

**03.580 葡糖异构酶 glucose isomerase**
编号:EC 5.3.1.5。催化 D-葡萄糖向 D-果糖异构化反应的酶,工业上用于生产高果浆或异构糖浆。EC 5.3.1.5 也是木糖异构酶的编号,由于某些木糖异构酶同时具有葡糖异构酶活性,故二者为同一编号。

**03.581 磷酸葡糖异构酶 phosphoglucoisomerase, glucose-phosphate isomerase**
编号:EC 5.3.1.9。糖酵解的第二步反应中,催化葡萄糖-6-磷酸和果糖-6-磷酸之间的可逆转化的酶,反应需要 $Mg^{2+}$,也可催化 D-葡萄糖-6-磷酸的 α-β 异构。

**03.582 异戊烯二磷酸 $\Delta^3$-$\Delta^2$ 异构酶 isopentenyl-diphosphate $\Delta^3$-$\Delta^2$-isomerase**
编号:EC 5.3.3.2。催化分子内 C═C 改变位置,将异戊烯二磷酸转变为二甲基烯丙基二磷酸的酶。

**03.583 变位酶 mutase**
EC 5.4-亚类酶。催化分子内部化学基团转移的酶。

**03.584 磷酸甘油酸变位酶 phosphoglyceromutase**
编号:EC 5.4.2.1。在糖酵解中,催化磷酰基从 3-磷酸甘油酸的 C-3 移至 C-2 的酶。

**03.585 磷酸葡糖变位酶 phosphoglucomutase, PGM**
又称"葡糖磷酸变位酶"。编号:EC 5.4.2.6。催化磷酸酰基从 1-磷酸葡萄糖的 C-1 转移至 C-6 生成 6-磷酸葡萄糖的酶。在糖酵解及糖原异生中起关键作用。

**03.586 脱氧核糖变位酶 deoxyribomutase**
又称"D-核糖 1,5-磷酸变位酶(D-ribose 1,5-phosphamutase)"。编号:EC 5.4.2.7。能够可逆地催化磷酸-D-脱氧核糖上的磷酸基团在 C-1 和 C-5 位之间转移的酶。

**03.587 查耳酮黄烷酮异构酶 chalcone flavanone isomerase**
编号:EC 5.5.1.6。类黄酮生物合成途径中的关键酶,催化 1-(4-羟苯基)-3-(2,4,6-三羟苯基)丙烯酮发生分子内裂合反应,异构化为 4′,5,7-三羟基黄烷酮。

**03.588 DNA 拓扑异构酶 DNA topoisomerase**
调控 DNA 的拓扑状态和催化拓扑异构体相互转换的一类酶,这些反应包括超螺旋性的变化和形成结及环链式结构。所有 DNA 的拓扑性相互转换均需 DNA 链暂时断裂和再连接。分为 I 型和 II 型。

**03.589　Ⅰ型 DNA 拓扑异构酶　DNA topoisomerase Ⅰ**

又称"切口闭合酶（nick-closing enzyme）"，"转轴酶（swivelase）"。编号：EC 5.99.1.2。在双链结构中使其中一条链暂时断裂，断裂时不依赖于 ATP，负责使超螺旋松弛的酶。

**03.590　Ⅱ型 DNA 拓扑异构酶　DNA topoisomerase Ⅱ**

编号：EC 5.99.1.3。使双链结构的两条链均暂时断裂，断裂时依赖于 ATP，是将松弛、闭环 DNA 转变为超螺旋形式的酶。包括 DNA 促旋酶。

**03.591　DNA 促旋酶　DNA gyrase**

又称"DNA 促超螺旋酶"。编号：EC 5.99.1.3。在 ATP 存在下，可将负超螺旋引入双链环状 DNA 中的酶，由两个亚基组成，其中一个具有切割 DNA 形成缺口及封闭缺口的功能，另一个则有水解 ATP 从而提供形成超螺旋所需的能量。参与 DNA 复制、转录、修复与重组。

**03.592　连接酶　ligase**

编号：EC 6.-。六大酶类之一，催化两个不同分子或同一分子的两个末端连接的酶。此反应与 ATP 或其他三磷酸核苷中的焦磷酸键（高能键）的水解反应相偶联。

**03.593　氨酰 tRNA 合成酶　aminoacyl tRNA synthetase**

又称"氨酰 tRNA 连接酶（aminoacyl tRNA ligase）"。编号：EC 6.1.1.-。催化氨基酸激活的偶联反应的酶。先将一种氨基酸连接到腺苷一磷酸生成相应氨酰腺苷酸，然后连接到转移核糖核酸（tRNA）生成氨酰 tRNA。

**03.594　硫激酶　thiokinase**

又称"脂酰辅酶 A 合成酶（acyl-CoA synthetase）"。在 ATP 存在的条件下，催化脂肪酸的羧基与辅酶 A 的巯基连接而形成脂酰辅酶 A，从而使脂肪酸活化进入 β 氧化途径的酶。此酶至少有三种：短链脂肪酸硫激酶（编号：EC 6.2.1.1），激活乙酸、丙酸；中链脂肪酸硫激酶（编号：EC 6.2.1.2），激活 4～10 个碳原子的脂肪酸；长链脂肪酸硫激酶（编号：EC 6.2.1.3），激活 12 个碳原子以上的长链脂肪酸。

**03.595　硫解酶　thiolase**

又称"β 酮硫解酶（β-ketothiolase）"，"乙酰辅酶 A C-酰基转移酶（acetyl-CoA C-acyltransferase）"。催化脂肪酸 β 氧化反应中硫解作用的酶。在辅酶 A 存在下，将 β 酮酰基辅酶 A 硫解为乙酰辅酶 A 和酰基辅酶 A，后者较原先的酰基辅酶 A 少两个碳原子。

**03.596　羧化酶　carboxylase**

大多为含生物素的蛋白质，在 ATP 和 $HCO_3^-$ 存在条件下使底物羧基化，如丙酮酸羧化酶（编号：EC 6.4.1.1）催化生成草酰乙酸；乙酰辅酶 A 羧化酶（编号：EC 6.4.1.2）催化生成丙二酰辅酶 A 等。另有一种依赖于维生素 K 的羧化酶，存在于哺乳动物各种组织微粒体中，选择性地催化蛋白质的翻译后修饰，将谷氨酸或酰胺转变成 γ 羧基化的谷氨酸或酰胺，反应中利用氧或二氧化碳。

**03.597　生物素羧化酶　biotin carboxylase**

编号：EC 6.3.4.14。在 ATP 和 $CO_2$（$HCO_3^-$）存在的条件下催化生物素-羧基-载体蛋白分子中的生物素第一位氮原子羧基化的酶，是大肠杆菌乙酰辅酶 A 羧化酶的一个亚基。

**03.598　合成酶　synthetase**

与分解 ATP 释能相偶联，催化由两种物质（双分子）合成为一种物质反应的酶。

**03.599　环肽合成酶　cyclic peptide synthetase**

催化直链多肽 N 端的 α 氨基和 C 端的 α 羧基脱水反应形成环状多肽的酶。

**03.600　氨甲酰磷酸合成酶**　carbamyl phosphate synthetase, carbamoyl phosphate synthetase

编号:EC 6.3.5.5。参与生物体内嘧啶核苷酸的合成,催化谷氨酰胺、ATP 和碳酸根合成氨甲酰磷酸的酶。

**03.601　多脱氧核糖核苷酸合成酶**　polydeoxyribonucleotide synthetase

多脱氧核苷酸之间的连接酶类。在修补双链 DNA 中单链的断裂时,催化两个多脱氧核苷酸以磷酸二酯键相互连接。反应时需 ATP 的酶为 DNA 连接酶(ATP),编号:EC 6.5.1.1;需 NAD$^+$ 的酶为 DNA 连接酶(NAD$^+$),编号:EC 6.5.1.2。

**03.602　DNA 连接酶**　DNA ligase

催化双链 DNA 或 RNA 中并列的 5′-磷酸和 3′-羟基之间形成磷酸二酯键的酶。

**03.603　T4 DNA 连接酶**　T4 DNA ligase

编号:EC 6.5.1.1。来自感染 T4 噬菌体的大肠杆菌,催化双链 DNA 平头末端或黏性末端相邻核酸的 5′-PO$_4$ 和 3′-OH 连接反应的酶,还可催化双链 RNA 和双链 RNA 或 DNA 连接,但不能催化单链核酸的连接。可修补在双链 DNA、RNA 或 DNA/RNA 杂种分子中的单链切口。

**03.604　*Taq* DNA 连接酶**　*Taq* DNA ligase

编号:EC 6.5.1.1。存在于水生嗜热菌(*Thermus aquaticus*)中的 DNA 连接酶,催化可与目标 DNA 完全杂交的两条相邻寡核苷酸的 5′-PO$_4$ 和 3′-OH 的连接反应。

**03.605　RNA 连接酶**　RNA ligase

编号:EC 6.5.1.3。催化 RNA 中 3′-羟基和 5′-磷酸基之间形成磷酸二酯键的酶。

**03.606　T4 RNA 连接酶**　T4 RNA ligase

编号:EC 6.5.1.3。分离自受 T4 噬菌体感染的大肠杆菌,催化单链核酸末端相邻的 5′-PO$_4$ 和 3′-OH 连接反应的酶。

**03.607　等位基因酶**　allozyme

由等位基因产生的一组酶,其氨基酸序列不同,因此在性质上有差异。

**03.608　细菌解旋酶**　bacterial helicase

又称"DnaB 解旋酶(DnaB helicase)"。由大肠杆菌的 *dnaB* 基因编码,是 DNA 复制的关键酶,在 ATP 存在下在复制叉处打开 DNA 双链,参与引发体的形成,并刺激引发酶。在大肠杆菌细胞中有 10 种以上的解旋酶。

**03.609　凝固酶**　coagulase

全称"血浆凝固酶"。一种由葡萄球菌产生的酶。具有类似凝血酶原激酶的活性,能使经柠檬酸或草酸处理过的血浆凝固。

**03.610　缀合酶**　conjugated enzyme

由蛋白质组分和非蛋白质组分(金属离子或脂质、糖类、核酸等有机分子)组合成的有生物活性的全酶。非蛋白质组分可以松弛地或牢固地与蛋白质结合。

**03.611　组成酶**　constitutive enzyme

细胞内以相对恒定量存在的酶,其含量不受组织、介质的组成和生长条件的影响。

**03.612　核心酶**　core enzyme

仅含有表达其基础酶活力所必需亚基的酶蛋白复合物。如大肠杆菌 DNA 聚合酶Ⅲ全酶由 10 个亚基组成,而其核心酶仅由 α、ε、θ 三个亚基组成。

**03.613　Cre 重组酶**　Cre recombinase

整合酶家族的一个成员,来源于噬菌体 P1,能识别并结合由 34 bp 组成的 loxP(locus of crossing over in P1)位点,催化 loxP 位点间的 DNA 进行分子内或分子间的特异性重组。在细胞内,Cre 重组酶的功能是保持 P1 基因组处于溶源状态。广泛地用于各种生物体细胞内和细胞外的基因重组实验中。

**03.614 环化酶 cyclase**
催化分子内部环化反应的酶的总称。

**03.615 Dam 甲基化酶 Dam methylase**
由大肠杆菌染色体编码的两种甲基化酶之一,是 *dam* 基因的产物。将其识别序列 GATC 中的腺嘌呤转变成6-甲基腺嘌呤。

**03.616 固氮酶 nitrogenase**
编号:EC 1.18.6.1。催化分子氮还原为氨的酶,反应为:$N_2 + 8H^+ + 8e + 16MgATP = 2NH_3 + H_2 + 16MgADP + 16Pi$。含两个组分:固氮酶组分1和固氮酶组分2。

**03.617 固氮酶组分1 nitrogenase 1**
又称"双固氮酶(dinitrogenase)"。一种钼铁蛋白,接受来自固氮酶组分2的电子催化双氮还原为氨。存在于具有固氮能力的细菌和蓝藻中,根据来源不同,大小有一定的差异,分子量约为二十几万,由4个单体组成,含1~2个钼原子、十几个铁原子和十几个硫原子。

**03.618 固氮酶组分2 nitrogenase 2**
又称"双固氮酶还原酶(dinitrogenase reductase)"。一种铁硫蛋白。接受来自铁氧还蛋白的电子传递给固氮酶组分1,伴随着 ATP 水解为 ADP。分子质量50~60 kDa,由2个单体组成,含4个铁原子,十几个硫原子。

**03.619 解旋酶 untwisting enzyme, unwinding enzyme**
在 DNA 或 RNA 复制过程中催化双链 DNA 或 RNA 解旋的酶。

**03.620 DNA 解旋酶 DNA helicase**
又称"DNA 解链酶(DNA unwinding enzyme)"。在 DNA 不连续复制过程中,结合于复制叉前面,催化 DNA 双链结构解链,并具有 ATP 酶活性的酶,两种活性相互偶联,通过水解 ATP 提供解链的能量。不同来源的 DNA 解旋酶的共同特性是通过水解 ATP 提供解链的能量,而复制叉结构的存在与否对活性的影响因酶而异。

**03.621 RNA 解旋酶 RNA helicase**
一类通过水解核苷-5'-三磷酸(NTP)获得能量来解开 RNA 局部的复杂螺旋结构的酶。

**03.622 复制解旋酶 replicative helicase**
在 DNA 复制过程中解开 DNA 双链的酶。通过水解 ATP 获得能量。

**03.623 折叠酶 foldase**
一类可以帮助细胞内新生肽链折叠为具有生物学功能的蛋白质的酶,催化与蛋白质折叠直接有关的必需的共价反应。如蛋白质二硫键异构酶及肽酰脯氨酰顺反异构酶。

**03.624 半乳糖苷通透酶 galactoside permease**
控制乳糖由细胞外向细胞内转移速度的酶。大肠杆菌中的半乳糖苷通透酶结构基因位于乳糖操纵子内部。

**03.625 水合酶 hydratase**
催化双键可逆水化反应的一类酶。

**03.626 整合酶 integrase**
负责将病毒基因组 DNA 整合入宿主染色体中的一类酶。通过一系列 DNA 切割与连接反应催化部位特异性的整合。整合酶也能催化病毒 DNA 从染色体上切除。

**03.627 克列诺酶 Klenow enzyme**
又称"克列诺片段(Klenow fragment)","克列诺聚合酶(Klenow polymerase)"。枯草杆菌蛋白酶切割大肠杆菌 DNA 聚合酶 I 所产生的 76 kDa 的片段,具有 DNA 聚合酶活性和 3′→5′外切酶活性,但没有完整酶的 5′→3′外切酶活性。是基因操作技术常用的工具酶之一。

**03.628 标志酶 marker enzyme**

可用来作为标志物的酶。如已知分子量的酶可用来标定蛋白质的分子量;存在于细胞特定部位的酶,可通过对这种酶的测定跟踪亚细胞成分的提取和纯化。

**03.629　成熟酶　maturase**
由内含子所编码的蛋白质因子。与内含子RNA结合使之折叠成有催化活性的结构,从而促进RNA剪接。

**03.630　兆核酸酶　meganuclease**
一类核酸酶内切酶,其识别序列较长,位点极为罕见,切割产生的片段很大,是定位基因操作的工具。

**03.631　金属激活酶　metal-activated enzyme, metal ion activated enzyme**
一种保留一个或多个金属离子于其结合基团的表面并保持平衡的酶。这些金属离子的解离会使酶活性丧失。

**03.632　金属酶　metalloenzyme**
一种结合金属的酶,以一个或几个金属离子作为辅因子。金属离子可能直接参加催化作用或是对保持酶的活性构象起稳定作用。

**03.633　锌酶　zinc enzyme**
又称"含锌酶"。金属酶类的一种,酶活性需要锌离子的辅助,如DNA聚合酶、乙醇脱氢酶、谷氨酸脱氢酶等。

**03.634　微粒体酶类　microsomal enzymes**
存在于微粒体内的一类酶,主要是过氧化氢酶和过氧化物酶,可防止过氧化氢在细胞内蓄积。微粒体中还有与乙醇的代谢、糖异生和胆固醇代谢有关的酶。

**03.635　线粒体RNA加工酶　mitochondrial RNA processing enzyme, MRP RNase**
一类存在于线粒体的酶,催化各种线粒体RNA前体加工,使之转变为成熟的RNA。

**03.636　修饰酶　modification enzyme**
能催化稀有碱基参入RNA或DNA,或对原有碱基进行修饰的酶。以防止限制性内切酶的破坏。

**03.637　多酶蛋白质　multienzyme protein**
由多个不同亚基组成的蛋白质。每个亚基分别催化部分反应最终完成整体反应。如乙酰辅酶A羧化酶由生物素羧基载体蛋白、生物素羧化酶和羧基转移酶组成,共同完成乙酰辅酶A的羧化反应。

**03.638　多功能酶　multifunctional enzyme**
具有两个或更多的不同催化及/或结合功能的酶。

**03.639　切口酶　nickase**
催化切割双链DNA中的单链或双链,使DNA发生拓扑异构变化的酶。是DNA拓扑异构酶所具有的一种活性。

**03.640　非核糖体多肽合成酶　nonribosomal peptide synthetase, NRPS**
在细菌和真菌中,绕开核糖体、利用氨基酸及其他化合物(如水杨酸、吡啶羧酸等)、不以信使核糖核酸(mRNA)为模板,也不需转移核糖核酸(tRNA)为携带工具的特殊多肽合成系统中起关键作用的一类特殊的酶。通常由一系列组件顺序排列组成,每个组件负责一个反应循环,包括对选择性底物的识别并将其活化成相应的腺苷酸化合物、共价中间物的固定和肽键的形成。这种顺序排列的组件即构成了该酶所合成多肽的一种模板。一些药物如环孢菌素、博来霉素等就是微生物体内非核糖体多肽合成酶合成的产物。

**03.641　定步酶　pacemaker enzyme**
催化的反应在化学上是不可逆的,而且是限速反应的酶。往往催化代谢途径中的起始、最终或分支点反应。

**03.642　固定化酶　immobilized enzyme, fixed**

enzyme

水溶性酶经物理或化学方法处理后,成为不溶于水的但仍具有酶活性的一种酶的衍生物。在催化反应中以固相状态作用于底物。

**03.643　通透酶　permease**
一类膜蛋白,可以提高细胞膜对特定分子的通透性,这个过程不消耗代谢能量。

**03.644　磷酸化酶　phosphorylase**
催化磷酸解反应的酶。此类反应是一种酸的衍生物与磷酸作用而使相应的共价键断裂,断裂后产物之一与磷酸的 H 结合,另一产物与 $H_2PO_4$ 结合而被磷酸化。

**03.645　前激肽释放酶　prekallikrein**
激肽释放酶的前体,前激肽释放酶转变为激肽释放酶以启动内源性凝血途径。

**03.646　金属核酶　metalloribozyme**
具有酶活性的核糖核酸,在催化过程中需要金属离子辅助的酶。

**03.647　斧头状核酶　axehead ribozyme**
一类具有催化功能、结构类似斧头状的 RNA 分子的酶。

**03.648　顺式作用核酶　*cis*-acting ribozyme**
催化 RNA 链自我剪接的核酶。

**03.649　小核酶　minizyme**
特指 1992 年麦考尔(McCall)合成的一种人工核酶,即锤头状核酶的茎Ⅱ(stem-Ⅱ)被短核苷酸链替代后得到的。这一变短的核酶仍保持原有的切割活性,并可形成更具活性的二聚体结构。

**03.650　大核酶　maxizyme**
特指由小核酶聚合形成的一种人工二聚体核酶,可以形成同二聚体和异二聚体,使聚合物同时切割两个不同底物或同一底物的两个不同位点成为可能。

**03.651　工程核酶　engineered ribozyme**

又称"基因工程核酶"。利用生物化学和基因工程技术设计的核酶。以提高其在细胞内的活性及对底物的专一性。

**03.652　脱氧核酶　deoxyribozyme**
具有催化功能的脱氧核糖核酸,通常用人工方法得到。

**03.653　反式作用核酶　*trans*-acting ribozyme**
通过重组技术将人为设计的核酶的底物识别-结合序列与核酶的催化中心相连,从而改变核酶只作用于自身 RNA 链的特性,能作用于其他 RNA 链的核酶。

**03.654　促胰液肽酶　secretinase**
存在于血液及其他体液内的一种酶活性物质,可减弱促胰液肽作用的酶。

**03.655　小 GTP 酶　small GTPase**
属于鸟苷三磷酸(GTP)酶超家族的一类单分子蛋白质,通过处于活性(结合 GTP)和非活性(结合 GDP)状态控制细胞内的信号转导通路的开关。

**03.656　[葡萄球菌]凝固酶　staphylocoagu-lase**
由金黄色葡萄球菌分泌的可激活凝血酶原产生凝血酶,从而促进血液凝固的酶。

**03.657　自杀酶　suicide enzyme**
在催化反应的同时导致自身发生不可逆性失活的酶。

**03.658　自杀底物　suicide substrate**
又称"$K_{cat}$ 型不可逆抑制剂"。底物在酶催化作用下所形成的反应中间物或最终产物,可以共价修饰酶活性部位的必需基团从而导致酶不可逆失活。

**03.659　串联酶　tandem enzyme**
由一条多肽链组成却具有多种不同催化功能的酶。

**03.660　端粒酶　telomerase**

一种自身携带模板的逆转录酶,由 RNA 和蛋白质组成,RNA 组分中含有一段短的模板序列与端粒 DNA 的重复序列互补,而其蛋白质组分具有逆转录酶活性,以 RNA 为模板催化端粒 DNA 的合成,将其加到端粒的 3′端,以维持端粒长度及功能。

**03.661　末端酶　terminase**
在病毒 DNA 包装过程中,催化特异性地切割病毒 DNA 连环体,产生单位长度的基因组,并参与基因组包装的酶类。DNA 病毒(如疱疹病毒)、双链 DNA 噬菌体均有相应的末端酶。

**03.662　λ 噬菌体末端酶　λ phage terminase**
λ 噬菌体编码的末端酶。能识别结合 λDNA 连环体中的 *cos* 序列,结合后特异性地切割 DNA 形成 12 个碱基的黏性末端。此酶还有识别蛋白质衣壳前体和 ATP 酶的功能,水解 ATP 提供能量。将切割后所形成的酶-DNA 二元复合体运送到蛋白质衣壳前体,进行第二次特异性切割,产生 5′端均为黏性末端、单位长度的基因组,解离后完成基因组的包装。

**03.663　转座酶　transposase**
由转座子所编码,在转座中起重要作用的酶。转座酶结合到转座单元的两端,通过酶的寡聚化使两端相互靠拢形成复合体,在其介导下切割与两端相邻的磷酸二酯键产生高反应性的 3′-OH 末端,使转座子脱离供体 DNA,当转座酶结合到靶 DNA 后转座子的 3′-OH 对靶 DNA 双链进行亲核攻击导致转座子的 3′-OH 与靶 DNA 5′-PO₄ 共价结合,转座酶从复合体中解离,最后通过 DNA 修复完成转座。

**03.664　泛素活化酶　ubiquitin-activating enzyme**
编号:EC 6.3.2.19。泛素化级联反应中的第一个酶($E_1$)。在 MgATP 存在下,一个分子泛素(Ub)被腺苷酸化形成 AMP-Ub,通过

非共价键与 $E_1$ 结合,而另一分子 Ub 的 C 端甘氨酸(G76)的羧基与 $E_1$ 中的—SH 形成硫酯键,从而被激活。

**03.665　泛素缀合酶　ubiquitin-conjugating enzyme**
泛素化级联反应中的第二个酶($E_2$),从泛素激活酶-泛素复合体中接受被活化的泛素,与活性部位的—SH 形成硫酯键,再通过泛素-蛋白质连接酶的催化作用,将泛素传递给目标蛋白质。

**03.666　泛素-蛋白质连接酶　ubiquitin-protein ligase**
泛素化级联反应中的第三个酶($E_3$),催化将结合在泛素缀合酶上的泛素传递给目标蛋白质,泛素 G76 与目标蛋白质的赖氨酸上的 ε 氨基形成异肽键。泛素化由泛素激活酶、泛素缀合酶和泛素-蛋白质连接酶共同完成,总反应为:ATP + Ubiquitin + Protein lysine = AMP + PPi + Protein *N*-ubiquityl lysine。

**03.667　依赖于泛素的蛋白酶解　ubiquitin-dependent proteolysis**
需要将底物蛋白质与泛素共价连接,才能被输送到蛋白酶体或溶酶体进行降解的过程。通过此过程消除体内异常蛋白质或调控短寿蛋白质。

**03.668　紫外线特异的内切核酸酶　ultraviolet specific endonuclease**
能识别由于紫外线照射而引起的 DNA 损伤位点并切开邻近的磷酸二酯键的酶,断裂后的受损片段的 5′端为磷酸基团。

**03.669　降钙因子　caldecrin**
属于血清降钙因子,一种丝氨酸类血清蛋白酶,其基因序列与弹性蛋白酶有高度同源性,但其蛋白酶活性并非降钙所必需。

**03.670　凝血酶原致活物原　thromboplastinogen**

一种糖蛋白,是凝血酶原致活物的前体,不具活性。

**03.671　胰凝乳蛋白酶原　chymotrypsinogen**
又称"糜蛋白酶原"。胰凝乳蛋白酶的无活性前体。经特定切割后成为有活性的胰凝乳蛋白酶。

**03.672　胃蛋白酶原　pepsinogen**
无活性的胃蛋白酶前体。在 pH≤2 时,经活化切去 N 端 44 个氨基酸残基形成有活性的胃蛋白酶。

**03.673　纤溶酶原　plasminogen**
全称"纤维蛋白溶酶原(profibrinolysin)"。纤溶酶无活性前体,经纤溶酶原激活剂作用后转变为有活性的纤溶酶。

**03.674　羧肽酶原　procarboxypeptidase**
由胰腺合成的羧肽酶的无活性前体,经有限蛋白质水解作用转变为有活性的酶。

**03.675　弹性蛋白酶原　proelastase**
弹性蛋白酶的无活性前体。

**03.676　凝血酶原　prothrombin**
又称"凝血因子Ⅱ(blood coagulation factor Ⅱ)"。凝血酶的无活性前体,在凝血因子Ⅹ和Ⅴ等的共同作用下转变为凝血酶。

**03.677　尿激酶原　prourokinase, pro-UK**
尿激酶的无活性前体,经水解作用后转变为有活性的尿激酶。

**03.678　胰蛋白酶原　trypsinogen**
无活性的胰蛋白酶前体。

**03.679　尿胃蛋白酶原　uropepsinogen**
无活性的尿胃蛋白酶前体。

**03.680　辅酶　coenzyme**
作为酶的辅因子的有机分子,本身无催化作用,但一般在酶促反应中有传递电子、原子或某些功能基团(如参与氧化还原或运载酰

基的基团)的作用。在大多数情况下,可通过透析将辅酶除去。

**03.681　辅酶 A　coenzyme A, CoA**
维生素泛酸的一种辅酶形式,在代谢中作为酰基的载体,这些酰基连接在辅酶 A 的巯基上。

**03.682　辅酶 M　coenzyme M, CoM**
学名:2-巯基乙烷磺酸。某些脱氢酶、还原酶、甲基转移酶等的辅酶。

**03.683　泛醌　ubiquinone**
又称"辅酶 Q(coenzyme Q, CoQ)"。一类带有长的异戊二烯侧链的脂溶性醌类化合物。定位于线粒体内,是呼吸链电子传递系统中的重要电子载体。

**03.684　硫胺素焦磷酸　thiamine pyrophosphate, TPP**
酶的辅因子,是维生素 $B_1$ 的辅酶形式,参与转醛基反应。作为丙酮酸脱氢酶和 α 酮戊二酸脱氢酶的辅因子,在 α 酮酸脱羧反应中起作用。

**03.685　烟酰胺腺嘌呤二核苷酸　nicotinamide adenine dinucleotide, NAD**
又称"辅酶Ⅰ"。一种脱氢酶的辅酶,是氧化作用中的电子载体。氧化底物时烟酰胺腺嘌呤二核苷酸分子中的烟酰胺环接受一个氢离子和两个电子。

**03.686　烟酰胺腺嘌呤二核苷酸磷酸　nicotinamide adenine dinucleotide phosphate, NADP**
又称"辅酶Ⅱ"。烟酰胺腺嘌呤二核苷酸的磷酸化形式,是光合作用等生物过程中的电子载体。

**03.687　还原型烟酰胺腺嘌呤二核苷酸　reduced nicotinamide adenine dinucleotide, NADH**
又称"还原型辅酶Ⅰ"。烟酰胺腺嘌呤二核

苷酸的还原形式,是氧化磷酸化过程中的电子载体。

**03.688 还原型烟酰胺腺嘌呤二核苷酸磷酸 reduced nicotinamide adenine dinucleotide phosphate, NADPH**

又称"还原型辅酶Ⅱ"。烟酰胺腺嘌呤二核苷酸磷酸的还原形式,是光合作用等过程中的电子载体。

**03.689 肾上腺皮质铁氧还蛋白 adrenodoxin**

一种非血红素的铁硫蛋白。在非磷酸化的电子传递系统中起作用,是一种电子载体蛋白,在肾上腺皮质线粒体中,参与类固醇激素的生物合成。

**03.690 松弛蛋白 relaxation protein**

又称"单链结合蛋白(single-strand-binding protein)"。DNA复制过程中,在DNA分叉处与单链DNA结合的蛋白质,防止已解链的双链还原、退火,使复制得以进行。

**03.691 过氧化物酶体 peroxisome**

一种由膜包起来的胞质细胞器,含有各种利用或产生过氧化氢的酶,如尿酸氧化酶和过氧化氢酶。

**03.692 溶酶体 lysosome**

真核细胞中为单层膜所包围的细胞质结构,内部pH 4~5,含丰富的水解酶,具有细胞内的消化功能。新形成的初级溶酶体经过与多种其他结构反复融合,形成具有多种形态的有膜小泡,并对包裹在其中的分子进行消化。

**03.693 氨肽酶抑制剂 amastatin**

抑制氨肽酶活性的一种试剂。是从橄榄网状链霉菌(*Streptomyces olivoreticuli*)培养液中发现的一种小分子肽,主要抑制哺乳动物细胞表面的氨肽酶N、氨肽酶B及亮氨酸氨肽酶。

**03.694 氨基蝶呤 aminopterin**

叶酸的类似物,是二氢叶酸还原酶的一种抑制剂。

**03.695 血管紧张肽Ⅰ转化酶抑制肽 ancovenin**

一种抑制血管紧张肽Ⅰ转化酶的肽,通过抑制血管紧张肽Ⅰ转化酶的活性起降压作用,此肽与血管紧张肽Ⅰ转化酶活性区域结合后阻碍了血管紧张肽Ⅰ转化为血管紧张肽Ⅱ。

**03.696 抗蛋白酶肽 antipain**

学名:$N(2)$-{[(1-羧基-2-苯乙基)氨基]羰基}-L-精氨酰-$N$-{4-[(氨基亚氨基甲基)氨基]-1-甲酰丁酰}-L-缬氨酰胺。由多种细菌产生的一种寡肽,能抑制组织蛋白酶X。

**03.697 丝酶抑制蛋白 serpin**

其英文名是一类丝氨酸蛋白酶抑制剂(serine proteinase inhibitor)的英文字头缩写。最初发现于血浆中,此后发现是一个超家族,成员已超过500个,多数是由300~500个氨基酸残基组成的糖蛋白,有特定的立体结构,中间为保守的结构域,而两端肽链的长度各不相同。多数成员抑制丝氨酸蛋白酶,有些成员能抑制抑制丝氨酸蛋白酶和巯基蛋白酶,如卵清蛋白-丝酶抑制蛋白;有的甚至不抑制酶的活性,在体内发挥其他功能(如血管紧张肽原),但因其在进化上、结构上与其他成员有相关性,故归属于该超家族。

**03.698 纤溶酶抑制剂 antiplasmin**

在人体血浆中发现的丝酶抑制蛋白超家族成员之一,为血液中主要的纤溶酶失活剂,可迅速地与纤溶酶形成很稳定的复合体。抑制纤溶酶原激活剂诱导的血纤蛋白凝块的溶解。

**03.699 $\alpha_2$纤溶酶抑制剂 $\alpha_2$-antiplasmin**

在人体血浆中发现的丝酶抑制蛋白超家族

成员之一,免疫电泳时泳动至 $\alpha_2$ 区。此酶为血液中主要的纤溶酶失活剂,可迅速地与纤溶酶形成稳定的复合体,从而抑制纤溶酶原激活物诱导的血纤蛋白凝块的溶解。

**03.700 胰凝乳蛋白酶抑制剂 antichymotrypsin**

抑制胰凝乳蛋白酶的物质,如人血清中的 $\alpha_1$ 胰凝乳蛋白酶抑制剂。

**03.701 $\alpha_1$ 胰凝乳蛋白酶抑制剂 $\alpha_1$-antichymotrypsin**

人血清中 $\alpha_1$ 球蛋白区的一种糖蛋白,属丝酶抑制蛋白超家族。在体内可抑制胰凝乳蛋白酶及类胰凝乳蛋白酶,在体外具有细胞毒性杀伤细胞活性。

**03.702 抗凝血酶 antithrombin**

又称"凝血酶抑制剂"。可抑制凝血酶作用的内源性或服用的物质。通常是指抗凝血酶Ⅲ。

**03.703 抗凝血酶Ⅲ antithrombin Ⅲ, ATⅢ**

又称"凝血酶抑制剂Ⅲ"。一种由肝脏产生的糖蛋白,属于丝酶抑制蛋白。能不可逆地抑制凝血因子Ⅸa、Ⅹa、Ⅺa、Ⅻa 以及由Ⅶa 与组织因子所形成的复合体,故具有防止血栓的作用。ATⅢ与肝素结合后发生构象变化,与靶蛋白结合能力提高 1000 倍,抑制作用亦随之增强。先天性或获得性的 ATⅢ缺失可导致血栓形成。

**03.704 抑蛋白酶多肽 aprotinin, trasylol**

又称"库尼茨胰蛋白酶抑制剂(Kunitz trypsin inhibitor)"。为 58 个氨基酸的碱性多肽。从牛胰或牛肺中提取、纯化的肽酶抑制剂。能抑制胰蛋白酶及胰凝乳蛋白酶等,阻止胰脏中其他活性蛋白酶原的激活及胰蛋白酶原的自身激活,临床上可用于防止手术后出血。

**03.705 双库尼茨抑制剂 bikunin**

又称"间 $\alpha$ 胰蛋白酶抑制剂"。分子中含有两个库尼茨(Kunitz)型的胰蛋白酶抑制剂结构域,即一个抑制剂分子可以结合二分子的胰蛋白酶,是一种含有硫酸软骨素糖链的蛋白聚糖。

**03.706 $\alpha_1$ 胰蛋白酶抑制剂 $\alpha_1$-antitrypsin**

又称"$\alpha_1$ 抗胰蛋白酶"。丝酶抑制蛋白超家族的血清糖蛋白成员,可抑制胰蛋白酶、中性粒细胞弹性蛋白酶及其他蛋白水解酶。为 51 kDa 单链蛋白,有 30 余种生化变异体。缺失这种抑制剂,中性粒细胞弹性蛋白酶破坏肺腺细胞,引起肺气肿。

**03.707 $\alpha_1$ 蛋白酶抑制剂 $\alpha_1$-proteinase inhibitor, $\alpha_1$-antiproteinase**

人体血浆中存在的一类蛋白酶抑制剂。通常指 $\alpha_1$ 胰蛋白酶抑制剂。

**03.708 钙蛋白酶抑制蛋白 calpastatin**

一种广泛分布的内源性抑制蛋白质,能特异地抑制需钙激活的中性蛋白酶。其分子质量依来源及提取方法而异,从 24kDa 至 400kDa。

**03.709 促胰凝乳蛋白酶原释放素 chymodenin**

存在于十二指肠黏膜的一种碱性多肽,刺激胰腺分泌胰凝乳蛋白酶原。

**03.710 半胱氨酸蛋白酶抑制剂 cystatin**

一组能抑制半胱氨酸内肽酶的蛋白质。可分为三型:Ⅰ型为胞内型含 100 个氨基酸残基的单链蛋白质,不含二硫键及糖链;Ⅱ型为外泌型约含 115 个氨基酸残基和两个二硫键;Ⅲ型为多结构域蛋白质,哺乳动物的激肽原属于这一类。此外尚有未分型的类半胱氨酸蛋白酶抑制剂。

**03.711 弹性蛋白酶抑制剂 eləfin**

存在于皮肤中的酸稳定多肽,分子质量为 7kDa,能抑制弹性蛋白酶的活性。

**03.712 表抑氨肽酶肽 epiamastatin**
一种肽分子,具有氨酰肽酶抑制剂和金属蛋白酶抑制剂的作用。

**03.713 抑酯酶素 esterastin**
一种由放线菌产生的酯酶抑制剂,可抑制的酯酶包括溶酶体酸性酯酶等。

**03.714 亮抑蛋白酶肽 leupeptin**
放线菌产生的一类酰化的寡肽,为蛋白酶抑制剂,可在不同程度上抑制胰蛋白酶、纤溶酶、激肽释放酶、木瓜蛋白酶及组织蛋白酶。

**03.715 逆转录酶抑制剂 revistin**
属核苷类似物与正常单核苷酸竞争与模板RNA结合,阻止逆转录过程及逆录酶的活性,使细胞复制过程受阻生长受到抑制。可从链霉菌中分离得到。

**03.716 胃蛋白酶抑制剂 pepstatin**
从放线菌的培养滤液中分离得到的 $N$-酰基化寡肽,特异地抑制胃蛋白酶等天冬氨酸蛋白酶。

**03.717 唾液酸酶抑制剂 siastatin**
唾液酸酶的抑制剂。

**03.718 胆固醇合成酶抑制剂 statin**
通过抑制胆固醇合成中的关键酶从而降低血液中胆固醇水平的物质。

**03.719 淀粉酶制剂 diastase**
1833年法国化学家帕扬(Payen)和佩索兹(Persoz)发现利用乙醇能从麦芽抽提液中沉淀出一种可将淀粉转变为糖的不耐热的酶制剂。其主要成分是淀粉酶。

# 04. 核酸与基因

**04.001 碱基 base**
一类带碱性的有机化合物,是嘌呤和嘧啶的衍生物。DNA中的碱基主要有腺嘌呤、鸟嘌呤、胞嘧啶和胸腺嘧啶;RNA中的碱基主要有腺嘌呤、鸟嘌呤、胞嘧啶和尿嘧啶。此外,DNA和RNA中都发现有许多稀有碱基,在转移核糖核酸中含量最高。

**04.002 稀有碱基 unusual base, minor base**
核酸中含量甚少的碱基。转移核糖核酸中发现最多,有近百种,主要是甲基化碱基。在核酸中有特定的生物功能。

**04.003 修饰碱基 modified base**
被修饰的碱基。尤指核酸中的稀有碱基,是核酸(RNA和DNA)中主要碱基(腺嘌呤、鸟嘌呤、尿嘧啶、胞嘧啶等)的修饰化合物。

**04.004 碱基类似物 base analog**
通常指核酸(DNA和RNA)中主要碱基(腺嘌呤、鸟嘌呤、胞嘧啶、胸腺嘧啶和尿嘧啶)的类似物,如发现的许多稀有碱基,以及玉米素、别嘌呤醇等天然或人工的碱基类似物。

**04.005 碱基组成 base composition**
DNA中的腺嘌呤、鸟嘌呤、胞嘧啶和胸腺嘧啶的相对含量;或RNA中的腺嘌呤、鸟嘌呤、胞嘧啶和尿嘧啶的相对含量。不同DNA或RNA有不同的碱基组成。

**04.006 混合碱基符号 symbols for mix-bases**
两种或多种碱基(核苷)混合物的表示符号,或未完全确定可能属于某两种或多种碱基(核苷)的符号:R表示A+G;Y表示C+T;M表示A+C;K表示G+T;S表示C+G;W表示A+T;H表示A+C+T;B表示C+G+T;V表示A+C+G;D表示A+G+T;N表示A+C+G+T。

**04.007　碱基对　base pair,bp**

核酸中两条链间的配对碱基。如腺嘌呤-胸腺嘧啶(A-T)对、腺嘌呤-尿嘧啶(A-U)对、鸟嘌呤-胞嘧啶(G-C)对、鸟嘌呤-尿嘧啶(G-U)对等。碱基对数目是表征 DNA 或双链 RNA 的链长单位。

**04.008　千碱基对　kilobase pair,kbp**

描述核酸的长度单位,相当于双链核酸中1000 个碱基对。

**04.009　千碱基　kilobase,kb**

描述多核苷酸链的长度单位,相当于单链核酸中 1000 个碱基。

**04.010　兆碱基　megabase,Mb**

描述多核苷酸链的长度单位。在单链的多核苷酸中指大小为百万($10^6$)碱基;在双链多核苷酸中指大小为百万($10^6$)碱基对。

**04.011　碱基比　base ratio**

核酸中碱基的摩尔百分比,通常表示的有(嘌呤/嘧啶)%、(腺嘌呤/胸腺嘧啶)%、(腺嘌呤/尿嘧啶)%、(鸟嘌呤/胞嘧啶)%。

**04.012　互补碱基　complementary base**

在核酸分子中,可以通过氢键相互配对的碱基。如 DNA 中的腺嘌呤与胸腺嘧啶、鸟嘌呤与胞嘧啶,RNA 中的腺嘌呤与尿嘧啶、鸟嘌呤与胞嘧啶以及鸟嘌呤与尿嘧啶。

**04.013　嘌呤　purine,Pu,Pur**

一类带碱性有两个相邻的碳氮环的含氮化合物,是核酸的组成成分。DNA 和 RNA 中的嘌呤组成均为腺嘌呤和鸟嘌呤。此外,核酸中还发现有许多稀有嘌呤碱。

**04.014　腺嘌呤　adenine**

学名:6-氨基嘌呤。DNA 和 RNA 中的主要碱基组成成分。

**04.015　鸟嘌呤　guanine**

学名:2-氨基-6-羟基(酮基)嘌呤。组成核酸

(DNA 和 RNA)的主要碱基之一。

**04.016　黄嘌呤　xanthine**

学名:2、6-二羟基(酮基)嘌呤。核酸(RNA 和 DNA)嘌呤碱基的一种代谢物。

**04.017　次黄嘌呤　hypoxanthine**

学名:6-羟基嘌呤。核酸中嘌呤碱基的代谢中间物。

**04.018　别嘌呤醇　allopurinol**

次黄嘌呤的第 7 位氮与第 8 位碳置换为第 7 位碳与第 8 位氮的类似物。通过抑制黄嘌呤氧化酶而减少体内尿酸结晶的生成,是治疗痛风症的一种有效药物。

**04.019　嘧啶　pyrimidine,Pyr**

一类带碱性有一个碳氮环的含氮化合物。DNA 的嘧啶组成是胞嘧啶和胸腺嘧啶;RNA 的嘧啶组成是胞嘧啶和尿嘧啶。

**04.020　胸腺嘧啶　thymine**

学名:2,4-二羟基(酮基)-5-甲基嘧啶。DNA 的主要碱基组成成分之一。也在转移核糖核酸(tRNA)分子中发现。

**04.021　胞嘧啶　cytosine**

学名:2-羟基-4-氨基嘧啶。核酸(DNA 和 RNA)中的主要碱基组成成分之一。

**04.022　尿嘧啶　uracil**

学名:2,4-二羟基(酮基)嘧啶。RNA 中的主要组成碱基之一。

**04.023　核苷　nucleoside**

由碱基和五碳糖(核糖或脱氧核糖)连接而成,即嘌呤的 N-9 或嘧啶的 N-1 与核糖或脱氧核糖的 C-1 通过 β 糖苷键连接而成的化合物,包括核糖核苷和脱氧核糖核苷两类。构成 RNA 的核苷是核糖核苷,主要有腺苷、鸟苷、胞苷和尿苷。构成 DNA 的核苷是脱氧核糖核苷,主要有脱氧腺苷、脱氧鸟苷、脱氧胞苷和脱氧胸腺苷。

**04.024 稀有核苷 minor nucleoside**
稀有碱基与核糖的 C-1 通过 β 糖苷键连接的化合物。尤指核酸中的修饰核苷，还有 2-O-甲基核糖组成的核苷，以及假尿苷等。

**04.025 怀俄苷 wyosine**
转移核糖核酸中发现的稀有核苷，常位于某些转移核糖核酸中反密码子的 3′邻位。

**04.026 怀丁苷 wybutosine**
转移核糖核酸中发现的一种稀有核苷。

**04.027 辫苷 queuosine**
转移核糖核酸中发现的一种稀有核苷。出现在某些转移核糖核酸反密码子的摆动位置上。

**04.028 古嘌苷 archaeosine**
转移核糖核酸中发现的一种稀有核苷。

**04.029 赖胞苷 lysidine**
转移核糖核酸中发现的一种稀有核苷。

**04.030 嘌呤核苷 purine nucleoside**
常指嘌呤核糖核苷。嘌呤碱基的 N-9 与 D-核糖的 C-1 通过 β 糖苷键连接而成的化合物，其磷酸酯为嘌呤核苷酸。RNA 中的嘌呤核苷主要是腺苷和鸟苷。

**04.031 嘧啶核苷 pyrimidine nucleoside**
常指嘧啶核糖核苷。嘧啶碱基的 N-1 与 D-核糖的 C-1 通过 β 糖苷键连接而成的化合物，其磷酸酯为嘧啶核苷酸。RNA 中的嘧啶核苷主要是胞苷和尿苷。

**04.032 腺苷 adenosine，A**
由腺嘌呤的 N-9 与 D-核糖的 C-1 通过 β 糖苷键连接而成的化合物，其磷酸酯为腺苷酸。

**04.033 鸟苷 guanosine，G**
鸟嘌呤的 N-9 与 D-核糖的 C-1 通过 β 糖苷键相连形成的化合物，其磷酸酯为鸟苷酸。

**04.034 黄苷 xanthosine**
黄嘌呤的 N-9 与 D-核糖的 C-1 通过 β 糖苷键连接而形成的化合物。

**04.035 肌苷 inosine**
又称"次黄苷（hypoxanthosine）"，"次黄嘌呤核苷（hypoxanthine riboside）"。次黄嘌呤的 N-9 与 D-核糖的 C-1 通过 β 糖苷键连接而形成的化合物，是核酸中嘌呤组分的代谢中间物。

**04.036 尿苷 uridine**
尿嘧啶的 N-1 与 D-核糖的 C-1 通过 β 糖苷键连接的化合物，其磷酸酯是尿苷酸。

**04.037 二氢尿苷 dihydrouridine**
尿苷的 5,6-二氢加成物，二氢尿嘧啶的 N-1 与 D-核糖的 C-1 通过 β 糖苷键连接而成的化合物。转移核糖核酸中常出现的稀有核苷。

**04.038 硒尿苷 selenouridine**
含硒的尿苷，通常是尿苷的 2-氧被硒所取代，从含硒的转移核糖核酸中分离得到。

**04.039 胞苷 cytidine，C**
由胞嘧啶的 N-1 与 D-核糖的 C-1 通过 β 糖苷键相连接形成的化合物，其磷酸酯是尿苷酸。

**04.040 胸腺苷 thymidine**
由胸腺嘧啶的 N-1 与 D-脱氧核糖的 C-1 通过 β 糖苷键连成的化合物，通常指脱氧胸腺苷或胸腺脱氧核糖核苷，其磷酸酯是（脱氧）胸腺苷酸。

**04.041 脱氧核苷 deoxynucleoside**
全称"脱氧核糖核苷（deoxyribonucleoside）"。嘌呤碱（腺嘌呤、鸟嘌呤）的 N-9 或嘧啶碱（胞嘧啶、胸腺嘧啶）的 N-1 与 2-脱氧-D-核糖的 C-1 通过 β 糖苷键相连接而成的化合物。体内主要的脱氧核苷有脱氧腺苷、脱氧鸟苷、脱氧胞苷等。

**04.042 脱氧鸟苷 deoxyguanosine, dG**
鸟嘌呤的 N-9 与 2-脱氧-D-核糖的 C-1 通过
β 糖苷键相连接所形成的化合物,是 DNA
的主要组成核苷之一。

**04.043 脱氧腺苷 deoxyadenosine**
腺嘌呤的 N-9 与 2-脱氧-D-核糖的 C-1 通过
β 糖苷键相连所形成的化合物,其磷酸酯是
脱氧腺苷酸。

**04.044 脱氧胞苷 deoxycytidine, dC**
胞嘧啶的 N-1 与 2-脱氧-D-核糖的 C-1 通过
β 糖苷键相连接所形成的化合物,其磷酸酯
是脱氧胞苷酸。

**04.045 脱氧尿苷 deoxyuridine**
尿嘧啶的 N-1 与 2-脱氧 D-核糖的 C-1 通过
β 糖苷键相连接所形成的化合物,其磷酸酯
是脱氧尿苷酸。

**04.046 核苷酸 nucleotide**
核苷的磷酸酯,是构成核酸的基本单位。视
连接部位不同,有 2′-核苷酸(核苷 2′-磷
酸)、3′-核苷酸(核苷 3′-磷酸)和 5′-核苷酸
(核苷 5′-磷酸酸)三种。体内通常是 5′-磷
酸酯。

**04.047 核苷一磷酸 nucleoside monophos-phate**
由核苷和一个磷酸基团连接而成的化合物。

**04.048 核苷二磷酸 nucleoside diphosphate**
由核苷和两个磷酸(焦磷酸)基团连接而成
的化合物。

**04.049 核苷三磷酸 nucleoside triphosphate**
常指核糖核苷三磷酸。由核苷和三个磷酸
基团连接而成的化合物。主要是核苷-5′-三
磷酸,如腺苷-5′-三磷酸、鸟苷-5′-三磷酸、胞
苷-5′-三磷酸和尿苷-5′-三磷酸。

**04.050 脱氧核苷酸 deoxynucleotide**
全称"脱氧核糖核苷酸(deoxyribonucleoti-

de)"。脱氧核苷的磷酸酯。如 5′-脱氧腺苷
酸(5′-dAMP)、5′-脱氧鸟苷酸(5′-dGMP)、
5′-脱氧胞苷酸(5′-dCMT)和 5′-脱氧胸腺苷
酸(5′-dTMP),体内常为 5′-磷酸酯。

**04.051 脱氧核苷一磷酸 deoxyribonucleo-side monophosphate**
全称"脱氧核糖核苷一磷酸"。脱氧核苷的
一磷酸酯,体内通常为 5′-磷酸酯。

**04.052 脱氧核苷二磷酸 deoxyribonucleo-side diphosphate**
全称"脱氧核糖核苷二磷酸"。脱氧核苷的
二磷酸酯,体内通常为 5′-二磷酸酯,如脱氧
腺苷 5′-二磷酸(dADP)、脱氧鸟苷 5′-二磷
酸(dGDP)、脱氧胞苷 5′-二磷酸(dCDP)和
脱氧胸腺苷 5′-二磷酸(dTDP)。

**04.053 脱氧核苷三磷酸 deoxyribonucleo-side triphosphate**
全称"脱氧核糖核苷三磷酸"。脱氧核苷的
三磷酸酯,体内通常为 5′-三磷酸酯,如脱氧
腺苷 5′-三磷酸(dATP)、脱氧鸟苷 5′-三磷酸
(dGTP)、脱氧胞苷 5′-三磷酸(dCTP)和脱氧
胸腺苷 5′-三磷酸(dTTP)。

**04.054 嘌呤核苷酸 purine nucleotide**
嘌呤核苷的磷酸酯。视磷酸的连接部位不
同,可以有嘌呤 2′-核苷酸(2′-嘌呤核苷
酸)、嘌呤 3′-核苷酸(3′-嘌呤核苷酸)或嘌
呤 5′-核苷酸(5′-嘌呤核苷酸)三种。

**04.055 嘧啶核苷酸 pyrimidine nucleotide**
嘧啶核苷的磷酸酯。视连接部位不同,可以
有嘧啶 2′-核苷酸(2′-嘧啶核苷酸)、嘧啶 3′-
核苷酸(3′-嘧啶核苷酸)和嘧啶 5′-核苷酸
(5′-嘧啶核苷酸)三种。

**04.056 环核苷酸 cyclic nucleotide**
核苷酸分子内的磷酸酯。视连接部位不同,
有 2′,3′-环核苷酸、2′,5′-环核苷酸和 3′,5′-
环核苷酸。

**04.057　腺苷酸　adenylic acid**

腺苷的磷酸酯。视连接部位不同，有腺苷 2′-磷酸(2′-腺苷酸)、腺苷 3′-磷酸(3′-腺苷酸)和腺苷 5′-磷酸(5′-腺苷酸)三种。体内的腺苷酸通常为腺苷 5′-磷酸。

**04.058　腺苷一磷酸　adenosine monophosphate, AMP**

简称"腺一磷"。由腺苷和一个磷酸基团连接而成的化合物。

**04.059　腺苷二磷酸　adenosine diphosphate, ADP**

简称"腺二磷"。由腺苷和两个磷酸基团连接而成的化合物。

**04.060　腺苷三磷酸　adenosine triphosphate, ATP**

简称"腺三磷"。由腺苷和三个磷酸基团连接而成的化合物。腺苷-5′-三磷酸含有三个高能磷酸键，水解时释放出高能量，是生物体内最直接的能量来源。参与许多生化反应，主要是作为磷酸供体，也是合成 RNA 的原料之一。

**04.061　脱氧腺苷酸　deoxyadenylic acid**

脱氧腺苷的磷酸酯。视连接部位不同，有脱氧腺苷 3′-磷酸(3′-脱氧腺苷酸)和脱氧腺苷 5′-磷酸(5′-脱氧腺苷酸)两种。体内通常是 5′-磷酸酯。

**04.062　脱氧腺苷一磷酸　deoxyadenosine monophosphate, dAMP**

由脱氧腺苷和一个磷酸基团连接而成的化合物。

**04.063　脱氧腺苷二磷酸　deoxyadenosine diphosphate, dADP**

由脱氧腺苷和两个磷酸基团连接而成的化合物。

**04.064　脱氧腺苷三磷酸　deoxyadenosine triphosphate, dATP**

由脱氧腺苷和三个磷酸基团连接而成的化合物。脱氧腺苷 5′-三磷酸是 DNA 合成的原料之一。

**04.065　环腺苷酸　cyclic adenylic acid, cAMP**

又称"环腺苷一磷酸(cyclic adenosine monophosphate)"。通常指 3′,5′-环腺苷酸，一种重要的细胞信号转导的第二信使。细胞膜上的受体与配基结合后，激活 G 蛋白，进而激活腺苷酸环化酶，催化 ATP 生成环腺苷酸，有广泛的生理功能。

**04.066　鸟苷酸　guanylic acid**

鸟苷的磷酸酯。视连接部位不同，有鸟苷 2′-磷酸(2′-鸟苷酸)、鸟苷 3′-磷酸(3′-鸟苷酸)和鸟苷 5′-磷酸(5′-鸟苷酸)三种。体内通常是 5′-磷酸酯。

**04.067　鸟苷一磷酸　guanosine monophosphate, GMP**

简称"鸟一磷"。由鸟苷和一个磷酸基团连接而成的化合物。

**04.068　鸟苷二磷酸　guanosine diphosphate, GDP**

简称"鸟二磷"。由鸟苷和两个磷酸基团连接而成的化合物。

**04.069　鸟苷三磷酸　guanosine triphosphate, GTP**

简称"鸟三磷"。由鸟苷和三个磷酸基团连接而成的化合物。鸟苷 5′-三磷酸是 RNA 合成的原料之一，也是某些生化反应的能量来源。

**04.070　脱氧鸟苷酸　deoxyguanylic acid**

脱氧鸟苷的磷酸酯。视连接部位不同，有脱氧鸟苷 3′-磷酸(3′-脱氧鸟苷酸)和脱氧鸟苷 5′-磷酸(5′-脱氧鸟苷酸)两种。体内通常是 5′-磷酸酯。

**04.071　脱氧鸟苷一磷酸　deoxyguanosine**

monophosphate, dGMP

由脱氧鸟苷和一个磷酸基团连接而成的化合物。

**04.072 脱氧鸟苷二磷酸** deoxyguanosine diphosphate, dGDP

由脱氧鸟苷和两个磷酸基团连接而成的化合物。

**04.073 脱氧鸟苷三磷酸** deoxyguanosine triphosphate, dGTP

由脱氧鸟苷和三个磷酸基团连接而成的化合物。脱氧鸟苷5′-三磷酸是DNA合成的原料之一。

**04.074 环鸟苷酸** cyclic guanylic acid, cyclic guanosine monophosphate, cGMP

又称"环鸟苷一磷酸"。通常指3′,5′-环鸟苷酸,是一种重要的细胞信号转导的第二信使,广泛存在于哺乳动物组织。其代谢调节与环腺苷酸相似。由鸟苷三磷酸经鸟苷酸环化酶催化生成。

**04.075 胞苷酸** cytidylic acid

胞苷的磷酸酯。视磷酸连接部位不同,有胞苷2′-磷酸(2′-胞苷酸)、胞苷3′-磷酸(3′-胞苷酸)和胞苷5′-磷酸(5′-胞苷酸)三种。体内的胞苷酸通常为5′-磷酸酯。

**04.076 胞苷一磷酸** cytidine monophosphate, CMP

简称"胞一磷"。由胞苷和一个磷酸基团连接而成的化合物。

**04.077 胞苷二磷酸** cytidine diphosphate, CDP

简称"胞二磷"。由胞苷和两个磷酸基团连接而成的化合物。

**04.078 胞苷三磷酸** cytidine triphosphate, CTP

简称"胞三磷"。由胞苷和三个磷酸基团连接而成的化合物。胞苷5′-三磷酸是RNA

合成的原料之一。

**04.079 脱氧胞苷酸** deoxycytidylic acid

脱氧胞苷的磷酸酯。视连接部位不同,有脱氧胞苷3′-磷酸(3′-脱氧胞苷酸)和脱氧胞苷5′-磷酸(5′-脱氧胞苷酸)两种。体内通常是5′-磷酸酯。

**04.080 脱氧胞苷一磷酸** deoxycytidine monophosphate, dCMP

由脱氧胞苷与一个磷酸基团连接而成的化合物。

**04.081 脱氧胞苷二磷酸** deoxycytidine diphosphate, dCDP

由脱氧胞苷与两个磷酸基团连接而成的化合物。

**04.082 脱氧胞苷三磷酸** deoxycytidine triphosphate, dCTP

由脱氧胞苷与三个磷酸基团连接而成的化合物。脱氧胞苷5′-三磷酸是DNA合成的原料之一。

**04.083 尿苷酸** uridylic acid

尿苷的磷酸酯。视连接部位不同,有尿苷2′-磷酸(2′-尿苷酸)、尿苷3′-磷酸(3′-尿苷酸)和尿苷5′-磷酸(5′-尿苷酸)三种。在体内通常是5′-磷酸酯。

**04.084 尿苷一磷酸** uridine monophosphate, UMP

由尿苷和一个磷酸基团连接而成的化合物。

**04.085 尿苷二磷酸** uridine diphosphate, UDP

由尿苷和两个磷酸基团连接而成的化合物。

**04.086 尿苷三磷酸** uridine triphosphate, UTP

由尿苷和三个磷酸基团连接而成的化合物。尿苷5′-三磷酸是RNA合成的原料之一。

**04.087 脱氧尿苷酸** deoxyuridylic acid,

deoxyuridine monophosphate，dUMP

又称"脱氧尿苷一磷酸"。脱氧尿苷的磷酸酯。视连接部位不同，有脱氧尿苷 3′-磷酸（3′-脱氧尿苷酸）和脱氧尿苷 5′-磷酸（5′-脱氧尿苷酸）两种。

**04.088 胸腺苷酸** thymidylic acid，TMP

脱氧胸腺苷的磷酸酯。视连接部位不同，有脱氧胸腺苷 3′-磷酸（3′-脱氧胸腺苷酸）和脱氧胸腺苷 5′-磷酸（5′-脱氧胸腺苷酸）两种。体内通常是脱氧胸腺苷 5′-磷酸酯。

**04.089 胸腺苷一磷酸** thymidine monophosphate，TMP

通常指脱氧胸腺苷一磷酸（dTRMP）。由脱氧胸腺苷与一个磷酸基团连接而成的化合物。

**04.090 胸腺苷二磷酸** thymidine diphosphate，TDP

通常指脱氧胸腺苷二磷酸（dTDP）。由（脱氧）胸腺苷与两个磷酸基团连接而成的化合物。

**04.091 胸腺苷三磷酸** thymidine triphosphate，TTP

通常指脱氧胸腺苷三磷酸（dTTP）。由（脱氧）胸腺苷与三个磷酸基团连接而成的化合物。胸腺苷-5′-三磷酸是 DNA 合成的原料之一。

**04.092 胸腺嘧啶核糖核苷** thymine ribnucleoside

又称"核糖胸腺苷（ribothymidine）"。由胸腺嘧啶的 N-1 与 D-核糖的 C-1 通过 β 糖苷键连成的化合物，其磷酸酯是胸腺苷酸。在转移核糖核酸中发现。

**04.093 肌苷酸** inosinic acid

肌苷的磷酸酯。视连接部位不同，有肌苷 2′-磷酸（2′-肌苷酸）、肌苷 3′-磷酸（3′-肌苷酸）和肌苷 5′-磷酸（5′-肌苷酸）三种。体内主要是 5′-磷酸酯。

**04.094 肌苷一磷酸** inosine monophosphate，IMP

由肌苷与一个磷酸基团连接而成的化合物。肌苷 5′-一磷酸是核酸中嘌呤核苷酸的生物合成的关键中间物，也是一种助鲜剂，少量与谷氨酸钠混合，可大大提高鲜味。

**04.095 肌苷二磷酸** inosine diphosphate，IDP

由肌苷与两个磷酸基团连接而成的化合物。

**04.096 肌苷三磷酸** inosine triphosphate，ITP

由肌苷与三个磷酸基团连接而成的化合物。

**04.097 脱氧肌苷** deoxyinosine

又称"次黄嘌呤脱氧核苷（hypoxanthine deoxyriboside）"。次黄嘌呤的 N-9 与 2-脱氧-D-核糖的 C-1 通过 β 糖苷键相连接所形成的化合物。

**04.098 脱氧肌苷三磷酸** deoxyinosine triphosphate

又称"脱氧次黄苷三磷酸"。脱氧肌苷的三磷酸酯，体内通常是脱氧肌苷 5′-三磷酸。

**04.099 黄苷酸** xanthylic acid，XMP

又称"黄苷一磷酸（xanthosine monophosphate）"。黄苷的磷酸酯，体内通常是 5′-磷酸酯，是鸟苷酸的合成代谢中间物。

**04.100 乳清苷** orotidine

由乳清酸的 N-1 和 D-核糖的 C-1 通过 β 糖苷键连接而成的化合物。其磷酸酯为乳清苷酸。

**04.101 乳清苷酸** orotidylic acid

又称"乳清苷一磷酸（orotidine monophosphate）"。乳清苷的磷酸酯。体内为 5′-磷酸酯。是核酸中嘧啶核苷酸生物合成的重要中间物。乳清苷-5′-磷酸（5′-乳清苷酸）

脱羧得到5′-尿苷酸。

**04.102 双脱氧核苷酸** dideoxynucleotide
全称"2′,3′-双脱氧核苷酸"。由核苷与2′,3′-双脱氧核糖通过β糖苷键连接而成的化合物。

**04.103 双脱氧核苷三磷酸** dideoxyribonu-
cleoside triphosphate, ddNTP
全称"2′,3′-双脱氧核糖核苷-5′-三磷酸"。非天然的核苷三磷酸,其中核糖单位的第2位碳原子和第3位碳原子位上的羟基都被氢原子取代。有双脱氧腺苷三磷酸(ddATP)、双脱氧鸟苷三磷酸(ddGTP)、双脱氧胞苷三磷酸(ddCTP)和双脱氧胸腺苷三磷酸(ddTTP)4种,是桑格-库森法测定DNA序列的底物。

**04.104 三甲基鸟苷** trimethylguanosine,
TMG
全称"2,2,7-三甲基鸟苷"。其5′-三磷酸酯构成某些天然RNA的帽子结构。

**04.105 假尿苷** pseudouridine
尿嘧啶的C-5与核糖中的C-1通过β糖苷键连接形成的化合物。在核糖核酸,特别是转移核糖核酸中发现的稀有成分。人尿中含量较高。符号:ψ。

**04.106 假尿苷酸** pseudouridylic acid
假尿苷的磷酸酯。视磷酸的连接部位不同,有2′-假尿苷酸、3′-假尿苷酸或5′-假尿苷酸三种。

**04.107 二氢尿嘧啶** dihydrouracil, D
学名:2,4-二羟基-5,6-二氢嘧啶。尿嘧啶的4,5-二氢加成物。是转移核糖核酸中经常出现的稀有碱基。

**04.108 5-甲基胞嘧啶** 5-methylcytosine
一种稀有碱基,在RNA和DNA中均有发现。通常由专一的甲基化酶在核酸链上催化得到,具有重要的生物功能。

**04.109 5-氟尿嘧啶** 5-fluorouracil, 5-FU
人工合成的尿嘧啶类似物。一种肿瘤化疗药物。在体内通过生成5-氟脱氧尿苷酸,抑制(脱氧)胸苷酸合成酶,进而阻断生长旺盛的肿瘤DNA的生物合成。

**04.110 阿糖胞苷** cytosine arabinoside, araC
胞嘧啶与阿拉伯糖形成的糖苷化合物,是DNA聚合酶的竞争性抑制剂,抑制体内DNA生物合成。被用做抗肿瘤,尤其是治疗白血病的药物。

**04.111 寡核苷酸** oligonucleotide
全称"寡核糖核苷酸(oligoribonucleotide)"。由20个以下核苷酸通过3′,5′-磷酸二酯键连接而成的化合物。

**04.112 寡脱氧核苷酸** oligodeoxynucleotide
全称"寡脱氧核糖核苷酸(oligodeoxyribonu-cleotide)"。由20个以下脱氧核苷酸通过3′,5′-磷酸二酯键连接而成的化合物。

**04.113 2′,5′-寡腺苷酸** 2′,5′-oligoadeny-
late, 2′,5′-oligo(A)
简称"2′,5′-寡(A)"。通过2′,5′-磷酸二酯键相连接的寡腺苷酸。体内通常是2′,5′-三腺苷酸,由2′,5′-寡腺苷酸合成酶催化生成,能激活一种RNA内切酶,降解病毒信使核糖核酸,而抑制病毒的复制与繁殖。

**04.114 寡脱氧胸腺苷酸** oligodeoxythymi-
dylic acid, oligo(dT)
简称"寡(dT)"。由数量少于20的脱氧胸腺苷酸通过3′,5′-磷酸二酯键连接而成的化合物。将寡脱氧胸腺苷酸连接在纤维素上,得到寡(dT)-纤维素,常用于亲和层析,分离提纯真核生物的信使核糖核酸。

**04.115 反义寡脱氧核苷酸** antisense oli-
godeoxynucleotide
简称"反义寡核苷酸(antisense oligonucleoti-de)"。与靶核酸互补的、具有"反义功能"

的 DNA 片段。用于阻断基因表达研究的人工合成片段,链长通常少于 20 个脱氧核苷酸。

**04.116　无嘌呤核酸　apurinic acid**
又称"脱嘌呤核酸"。没有或脱去嘌呤碱基的核酸(DNA 和 RNA)分子。

**04.117　无嘧啶核酸　apyrimidinic acid**
又称"脱嘧啶核酸"。没有或脱去嘧啶碱基的核酸(DNA 和 RNA)分子。

**04.118　多核苷酸　polynucleotide**
全称"多核糖核苷酸(polyribonucleotide)"。由 20 个以上核苷酸通过 3',5'-磷酸二酯键连接而成的大分子。

**04.119　多腺苷酸　polyadenylic acid, poly(A)**
简称"多(A)"。20 个以上的腺苷酸通过 3',5'-磷酸二酯键连接而成的多聚体。已知真核生物的信使核糖核酸的 3'端都含有多腺苷酸"尾巴"。

**04.120　多(A)尾　poly(A) tail**
真核生物信使核糖核酸(mRNA)的 3'端带有的一段几十个到几百个的腺苷酸残基。具有保护 mRNA 等功能。

**04.121　多肌胞苷酸　polyinosinic acid-polycytidylic acid, poly(I)·poly(C)**
简称"多(I)·多(C)"。多肌苷酸链和多胞苷酸链通过氢键互补形成的双链分子。具有极好的诱导干扰素生成能力。

**04.122　多尿苷酸　polyuridylic acid, poly(U)**
简称"多(U)"。一般指由 20 个以上尿苷酸通过 3',5'-磷酸二酯键连接而成的多聚体。

**04.123　适配体　aptamer**
能与蛋白质或代谢物等配体特异和高效结合的 RNA 或 DNA 片段。通常用体外筛选方法制备得到。

**04.124　锁核酸　locked nucleic acid, LNA**
一种人工合成的反义寡核苷酸,其中核苷酸残基的核糖环的 2'-氧和 4'-碳通过亚甲基连接。与靶核酸分子具有强的杂交能力,不易被酶降解,应用于抑制靶核酸功能的研究。

**04.125　核酸　nucleic acid**
由核苷酸或脱氧核苷酸通过 3',5'-磷酸二酯键连接而成的一类生物大分子。具有非常重要的生物功能,主要是贮存遗传信息和传递遗传信息。包括核糖核酸(RNA)和脱氧核糖核酸(DNA)两类。

**04.126　核糖核酸　ribonucleic acid, RNA**
核酸的一类。由核苷酸通过 3',5'-磷酸二酯键连接而成的多聚体。不同种类的 RNA 链长不同,行使各式各样的生物功能,如参与蛋白质生物合成的 RNA 有信使 RNA、转移 RNA 和核糖体 RNA;与转录后加工有关的 RNA 有核小 RNA、核仁小 RNA;与生物调控有关的 RNA 有微 RNA、干扰小 RNA等。

**04.127　核糖核酸多聚体　ribopolymer**
由核苷酸通过 3',5'-磷酸二酯键生成的多聚体。如多核苷酸、核糖核酸。

**04.128　单链 RNA　single-stranded RNA, ssRNA**
只含有一条链的 RNA 分子。生物体中绝大部分 RNA 是单链 RNA,形成二级结构时,是既有单链、又有双链结构域的 RNA 分子;只有某些 RNA 病毒是由两条链互补而成的双链 RNA。

**04.129　双链 RNA　double-stranded RNA, dsRNA**
由两条 RNA 单链通过碱基互补作用形成的 RNA。如有的病毒 RNA 是双链 RNA。

**04.130　转移核糖核酸** transfer ribonucleic acid, transfer RNA, tRNA

简称"转移 RNA"。由 75～90 核苷酸组成的小分子 RNA。每种转移核糖核酸(tRNA)可在氨酰 tRNA 合成酶催化下与特定的氨基酸共价连接生成氨酰 tRNA,进入核糖体通过其中的反密码子与信使核糖核酸的密码子相互作用,参与蛋白质生物合成,还有许多其他生物功能。

**04.131　起始 tRNA** initiator tRNA

全称"起始转移核糖核酸"。蛋白质生物合成时,第一个携带氨基酸进入核糖体氨酰位的转移核糖核酸。原核生物蛋白质合成的第一个氨基酸是 $N$-甲酰甲硫氨酸,故其起始 tRNA 是 $N$-甲酰甲硫氨酸 tRNA,符号为 tRNA$^{fMet}$;真核生物蛋白质合成的第一个氨基酸是甲硫氨酸,其起始 tRNA 是甲硫氨酰 tRNA,符号为 tRNA$^{Met}$。

**04.132　甲硫氨酸 tRNA** methionine tRNA

真核生物的一种起始 tRNA,携带甲硫氨酸进入核糖体,进入新生肽链的 N 端。

**04.133　氨酰 tRNA** aminoacyl tRNA

转移核糖核酸的 3′端通过酯键与氨基酸连接生成,进入核糖体的 A 位参与蛋白质生物合成。由氨酰 tRNA 合成酶催化 tRNA 与活化氨基酸(即氨酰 AMP)反应得到。

**04.134　氨酰化** aminoacylation

转移核糖核酸在氨酰 tRNA 合成酶和 ATP 存在下,与氨基酸相互作用进行两步反应,得到氨酰 tRNA 的过程。

**04.135　肽酰 tRNA** peptidyl tRNA

肽酰基通过酯键连接在转移核糖核酸的 3′端 CCA 的 A(腺苷)的羟基上形成的化合物。蛋白质生物合成时,肽酰 tRNA 中的肽链逐步延伸。

**04.136　脱酰 tRNA** deacylated tRNA

脱去酰基(氨酰基或肽酰基)的转移核糖核酸(tRNA)。

**04.137　同工 tRNA** isoacceptor tRNA

能接受和携带相同氨基酸、但分子结构上有差异的转移核糖核酸(tRNA)。对应一种氨基酸的同工 tRNA 数目不等,有的可多至 5～6 种。

**04.138　关联 tRNA** cognate tRNA

一种氨酰 tRNA 合成酶识别的转移核糖核酸(tRNA)。

**04.139　含硒 tRNA** selenium-containing tRNA

通常指含硒代半胱氨酸或硒代甲硫氨酸的转移核糖核酸(tRNA)。分别参与含硒代半胱氨酸或硒代甲硫氨酸的硒蛋白的合成。从一些细菌、哺乳动物和植物中分离得到。

**04.140　阻抑 tRNA** suppressor tRNA

能够消除信使核糖核酸(mRNA)突变有害结果的突变转移 RNA(tRNA)。生物体内蛋白质基因或 mRNA 的突变往往产生有害的结果,但它可被同一基因的第二次突变或其他基因(包括 tRNA 基因)的突变所消除。

**04.141　tRNA 前体** tRNA precursor

转移核糖核酸(tRNA)基因转录的初始产物,需经过多步加工才能产生成熟的、有功能的 tRNA 分子。

**04.142　转移-信使 RNA** transfer-messenger RNA, tmRNA

一类兼有接受(携带)氨基酸和编码氨基酸的双功能 RNA 分子。其主要功能是在特定情况下可提前终止蛋白质的生物合成,以免产生不良产物。

**04.143　信使 RNA** messenger RNA, mRNA

携带从 DNA 编码链得到的遗传信息,并以三联体读码方式指导蛋白质生物合成的 RNA,由编码区、上游的 5′非编码区和下游的 3′非编码区组成。约占细胞 RNA 总量的 3% ~5%。真核生物 mRNA 的 5′端带有 7-甲基鸟苷-5′-三磷酸的帽子结构和 3′端含多腺苷酸的尾巴。

**04.144　核内不均一 RNA** heterogeneous nuclear RNA, hnRNA

又称"核内异质 RNA"。细胞核中的一大类分子质量不一致的 RNA 分子。被视为信使核糖核酸(mRNA)的初级转录产物,经过一系列加工步骤才能产生成熟的、有功能的 mRNA。

**04.145　多(A) RNA** poly(A)RNA

带有多腺苷酸尾巴的 RNA,通常指真核生物的信使核糖核酸(mRNA)。

**04.146　mRNA 帽** mRNA cap

信使核糖核酸(mRNA)的 5′端帽子结构。真核生物信使核糖核酸(mRNA)的帽结构为 7-甲基鸟苷-5′-三磷酸,通过 5′-5′方式与 mRNA 的 5′端相连。

**04.147　mRNA 降解途径** mRNA degradation pathway

所有生物细胞中存在的各种 RNA 酶使信使核糖核酸(mRNA)降解的方式。细菌 mRNA 转录与翻译是同步进行的,其半寿期一般约 2min。真核生物 mRNA 的半寿期较长。在核内,外切酶体可降解不合格的 mRNA;在细胞质中,mRNA 降解包括脱去多腺苷酸"尾巴"和脱去 7-甲基鸟苷-5′-三磷酸"帽子",以及用核酸外切酶快速降解。

**04.148　无义介导的 mRNA 衰变** nonsense-mediated mRNA decay, NMD

又称"无义介导的 mRNA 降解(nonsense-mediated mRNA degradation)"。真核生物细胞质中广泛存在的、保守的信使核糖核酸(mRNA)质量监视系统。降解异常的 mRNA,如含有提前终止密码子(无义突变)、移码突变、剪接不完全(含部分内含子)、3′非翻译区过长的 mRNA,避免产生异常蛋白质。

**04.149　核 RNA** nuclear RNA

细胞核内的 RNA。如核内不均一 RNA、核小 RNA、核仁小 RNA 等。

**04.150　核仁 RNA** nucleolar RNA

核仁中的 RNA。包括核糖体核糖核酸(rRNA)前体、核仁小 RNA 等。

**04.151　胞质小 RNA** small cytoplasmic RNA, scRNA

细胞质中的小分子 RNA。通常指转移核糖核酸(tRNA)和小的核糖体 RNA(rRNA),如 5S rRNA、5.8S rRNA 等。

**04.152　核糖体 RNA** ribosomal RNA, rRNA

核糖体中的 RNA。真核生物核糖体中通常含 28S、18S、5.8S 和 5S 四种 rRNA;原核生物中则含 23S、16S 和 5S 三种 rRNA。

**04.153　核糖体小 RNA** small ribosomal RNA

(1)核糖体小亚基的 RNA。如真核生物的 18S rRNA 和原核的 16S rRNA。(2)核糖体中的小分子 RNA,除 18S 和 16S rRNA,还包括 5S 和 5.8S rRNA。

**04.154　核小核糖核蛋白颗粒** small nuclear ribonucleoprotein particle, snRNP, snurp

由细胞核的核小 RNA(snRNA)和蛋白质组成的核糖核蛋白颗粒。

**04.155　互补 RNA** complementary RNA

能与另一条核酸(DNA 或 RNA)链互补的 RNA 分子。

**04.156　双义 RNA** ambisense RNA

两条链都编码蛋白质的双链 RNA。

**04.157　反义 RNA** antisense RNA

与靶核酸(如 mRNA 或有义 DNA)链互补的 RNA 分子,可抑制靶核酸的功能。

**04.158　分支 RNA　branched RNA**

通过直链 RNA 中特定部位的 2′-羟基与另一直链 RNA(或同一 RNA 分子)的末端5′-磷酸基形成磷酸酯键而得到的 RNA,见于Ⅱ型内含子自剪接和真核信使核糖核酸(mRNA)内含子剪接的中间体。

**04.159　卫星 RNA　satellite RNA**

一种伴随植物病毒(如烟草环斑病毒)的小的自剪接 RNA 分子,约 350 个碱基对,被病毒的壳体包裹。

**04.160　间隔 RNA　spacer RNA**

初级转录物中由基因间序列编码产生的 RNA 序列。如哺乳动物核糖体核糖核酸(rRNA)的初级转录物位于 18S rRNA 和 28S rRNA 间的一段序列,这些序列不出现在成熟的 rRNA 中。

**04.161　反式作用 RNA　*trans*-acting RNA**

通过分子间反应机制起作用的 RNA。

**04.162　RNA 构象　RNA conformation**

RNA 分子的空间结构,构象改变并不导致共价键的断裂和生成。

**04.163　RNA 衣壳化　RNA encapsidation**

RNA 被蛋白质衣壳包裹生成 RNA 病毒的过程。

**04.164　RNA 折叠　RNA folding**

新合成的或变性的 RNA 转变为特定的、成熟的三维结构构象的过程。

**04.165　RNA 定位　RNA localization**

RNA 特异定位在细胞不同区域的过程。尤其是信使核糖核酸(mRNA)的定位对生长和发育是重要的。细胞质中 RNA 定位起始于细胞核,在核中被特异 RNA 结合蛋白识别,生成核糖核蛋白复合体,然后输出到细胞质。

**04.166　RNA 包装　RNA packaging**

特指病毒 RNA 通过其顺式作用元件被病毒核衣壳蛋白识别和包裹的过程。广义指核糖核蛋白颗粒的形成。

**04.167　RNA 假结　RNA pseudoknot**

RNA 中的一种常见的三级结构元件。RNA 的茎环结构中的环上序列与其他部位(通常是邻近部位)的序列碱基配对,形成类似"打结"形状。

**04.168　RNA 重组　RNA recombination**

RNA 分子内或分子间发生的共价重新组合。体内 RNA 重组如见于病毒 RNA 的复制。体外 RNA 重组可以通过下列方法获得和扩增:①用 T7 RNA 聚合酶转录得到;②用 Qβ 噬菌体 RNA 复制酶系统产生;③化学法定向合成。

**04.169　RNA 复制　RNA replication**

某些 RNA 病毒侵入宿主细胞后借助于复制酶合成出子代 RNA 分子的过程。

**04.170　RNA 稳定性　RNA stability**

在改变细胞环境情况下,或当分离、纯化、保存,以及进行物理和化学操作时,RNA 分子保留其原结构状态和抗拒降解的程度。

**04.171　mRNA 稳定性　mRNA stability**

信使核糖核酸(mRNA)在细胞内存在的稳定程度。mRNA 易为外界环境,包括物理的、化学的和酶的因素所破坏,与其他种类 RNA 相比,半寿期较短,一般为数分钟。体内 mRNA 的稳定性与特异结合蛋白的存在与否有关。

**04.172　RNA 靶向　RNA targeting**

(1)针对 RNA 分子设计的一种定向作用技术。包括一些小分子化合物(如抗生素)、反义核酸、反式作用核酶、适配体、干扰小 RNA 等的应用。(2)由于 RNA 分子本身具有较大的柔性,能专一地与 RNA、DNA 和蛋白质相互作用,而成为一种特异的靶向试剂。

**04.173 RNA 运输 RNA trafficking**

将 RNA 引导到细胞的特定区域。细胞内的 RNA 运输对细胞的生理功能至关重要。核内 RNA 运输影响 RNA 的加工成熟和核输出；胞质 RNA 运输影响 RNA 的定位、运输和基因表达的水平。

**04.174 RNA 转运 RNA transport**

RNA 分子从一个细胞区室或区域移动到另一个细胞区室或区域的过程。各类不同 RNA（如信使 RNA、核小 RNA、核糖体 RNA 和转移 RNA）的转运遵循不同的机制。

**04.175 RNA 输出 RNA export**

真核生物 RNA 从细胞核输送到细胞质的过程。游离 RNA 及其前体是不能直接通过核孔的，需要与许多 RNA 结合蛋白生成核糖核蛋白复合体，才能输出到细胞质行使功能。不同种类 RNA 需要不同的结合蛋白。核内的信使核糖核酸在切除内含子后才能输出。

**04.176 RNA 沉默 RNA silencing**

又称"共阻抑（cosuppression）"。早期在植物中发现的一种由 RNA 介导的转录后基因沉默现象。通过除去丰富和异常的非功能信使核糖核酸（mRNA），保护基因组免受病毒和转座子的影响。

**04.177 RNA 干扰 RNA interference，RNAi**

与靶基因同源的双链 RNA 诱导的特异转录后基因沉默现象。其作用机制是双链 RNA 被特异的核酸酶降解，产生干扰小 RNA（siRNA），这些 siRNA 与同源的靶 RNA 互补结合，特异性酶降解靶 RNA，从而抑制、下调基因表达。已经发展成为基因治疗、基因结构功能研究的快速而有效的方法。

**04.178 压抑 quelling**

首先在真菌中发现的 RNA 沉默现象。相当于植物中的转录后基因沉默。

**04.179 非编码小 RNA small non-messenger RNA，snmRNA**

细胞中一大类由几十核苷酸到几百核苷酸组成的、不编码蛋白质的 RNA。本身或与蛋白质结合形成的复合体有生物学功能。如核小 RNA、核仁小 RNA、微 RNA、干扰小 RNA、时序小 RNA 等。

**04.180 微 RNA microRNA，miRNA**

在线虫、果蝇、鼠、人、拟南芥等真核生物中广泛存在的一大类没有可读框、长度约 22 核苷酸的小分子 RNA。通过与靶信使核糖核酸（mRNA）特异结合，从而抑制转录后基因表达。在调控基因表达、细胞周期、生物体发育时序等方面起重要作用。

**04.181 核小 RNA small nuclear RNA，snRNA**

真核生物细胞核中的小分子 RNA，链长为几十到一百多核苷酸。通常尿苷酸（U）含量较高，与蛋白质组成核小核糖核蛋白颗粒参与细胞质中的信使核糖核酸前体的剪接。

**04.182 核仁小 RNA small nucleolar RNA，snoRNA**

真核生物细胞核仁中的小分子 RNA，链长为几十到一百多核苷酸。已发现的主要功能是参与细胞质中的核糖体核糖核酸（rRNA）和核仁小核糖核酸的加工。如参与假尿苷化和 2'-甲基化。

**04.183 干扰小 RNA small interfering RNA，siRNA**

又称"干扰短 RNA（short interfering RNA）"。受内源或外源（如病毒）双链 RNA 诱导后，细胞内产生的一种长约 22~24 个核苷酸的双链小 RNA 分子。能引起特异的靶信使核糖核酸降解，以维持基因组稳定，保护基因组免受外源核酸入侵和调控基因表达。

**04.184 时序小 RNA small temporal RNA，stRNA**

一类长度约为 22 核苷酸的非编码 RNA,是微 RNA 大家族的成员。与生物发育时间顺序调控有关,如早期报道的线虫 lin-4 和 let-7 时序小 RNA。

**04.185 RNA 世界 RNA world**

因发现 RNA 具有催化和自复制(不同于病毒 RNA 的自复制)功能而提出的一种假说,认为生物进化过程中,最早出现的生物大分子是 RNA,而不是 DNA 和蛋白质,即在进化某个阶段有一个"RNA 世界"。

**04.186 识别子 discriminator**

(1)氨酰转移核糖核酸(tRNA)合成酶识别 tRNA 分子的一种假说:认为与识别位点有关的 tRNA 分子上存在共同位点或序列,如 tRNA 的 3′端第四个核苷酸可行使初级识别作用。(2)与严紧应答有关的一段 DNA 序列。

**04.187 类病毒 viroid**

一种不具有蛋白质外壳、仅由一个裸露的大约由 350 个核苷酸组成的单链环状 RNA 病原体。通常通过种子或花粉传播感染高等植物。类病毒 RNA 能作为自身的模板,利用宿主细胞的酶进行复制,产物是子代链的多联体,经过自身切割形成新的类病毒 RNA 基因组。最早的类病毒是 1971 年发现的马铃薯纺锤块茎病类病毒。

**04.188 脱氧核糖核酸 deoxyribonucleic acid, DNA**

一类带有遗传信息的生物大分子。由 4 种主要的脱氧核苷酸(dAMP、dGMP、dCMT 和 dTMP)通过 3′,5′-磷酸二酯键连接而成。它们的组成和排列不同,显示不同的生物功能,如编码功能、复制和转录的调控功能等。排列的变异可能产生一系列疾病。

**04.189 A 型 DNA A-form DNA, A-DNA**

DNA 的一种基本构象。为 DNA 钠盐在相对湿度低于 75% 时所获得的 DNA 纤维的结构形式。呈右手双螺旋,螺旋每转一圈包含约 11 个核苷酸残基,螺距 2 nm,碱基对与中心轴之倾角呈 19°。

**04.190 B 型 DNA B-form DNA, B-DNA**

在相对湿度为 92% 下所获得的 DNA 纤维特有的构象,为右手双螺旋,螺旋每转一圈包含约 10.4 个核苷酸残基,螺距 3.4 nm,碱基对平面与螺旋中心轴大体垂直,是沃森-克里克提出的 DNA 双螺旋模型的基础,是多数 DNA 在细胞中具有的构象。

**04.191 C 型 DNA C-form DNA, C-DNA**

在相对湿度约 44% 下所获得的 DNA 锂盐纤维所特有的构象,为右手双螺旋,螺旋每转一圈包含约 9.3 个核苷酸残基,螺距 3.1 nm,碱基斜角呈 6°。

**04.192 Z 型 DNA Z-form DNA, zigzag DNA**

又称"左手螺旋 DNA(left-handed helix DNA)"。DNA 双螺旋的一种构象,其螺旋以左手方式旋转,在双螺旋表面只存在大沟而无小沟。当单链上嘌呤和嘧啶交替排列时,双链 DNA 为左手螺旋。

**04.193 双螺旋 double helix**

又称"双链螺旋(double-stranded helix)"。通常指 DNA 双螺旋结构。RNA 中也存在局部的双螺旋结构。

**04.194 沃森-克里克模型 Watson-Crick model**

又称"双螺旋模型(double helix model)"。美国科学家沃森(Watson)和英国科学家克里克(Crick)于 1953 年提出的 DNA 结构模型。根据此模型,DNA 由两条反向平行的多核苷酸链以右手螺旋方式围绕同一轴心缠绕成互补的双螺旋结构。其中,脱氧核糖和磷酸组成的骨架位于双螺旋的外侧,嘌呤和嘧啶则位于双螺旋的内侧,碱基之间以氢键维系,形成特定的 A-T 和 G-C 配对关系。

**04.195 双链 double strand**

两条核酸单链分子通过碱基互补作用而形成的结构,可以是 DNA-DNA 双链、DNA-RNA 双链或 RNA-RNA 双链。

**04.196 双链体 duplex**

双链核酸分子或单链核酸分子中的一个双链区。

**04.197 双链体形成 duplex formation**

在适宜的条件下,核酸分子中互补碱基相互配对形成双链区的过程。

**04.198 三股螺旋 triple helix**

由三条多核苷酸链组成的特殊的螺旋结构。

**04.199 碱基配对 base pairing**

核酸中两条单链的碱基间主要通过氢键形成的一种特定的联系。主要配对方式有:腺嘌呤-胸腺嘧啶(A-T)配对、腺嘌呤-尿嘧啶(A-U)配对、鸟嘌呤-胞嘧啶(G-C)配对、鸟嘌呤-尿嘧啶(G-U)配对等。

**04.200 夏格夫法则 Chargaff's rule**

又称"碱基配对法则(base pairing rule)"。夏格夫(Chargaff)发现在双螺旋核酸结构中,腺嘌呤(A)必须与胸腺嘧啶(T)[或尿嘧啶(U)]配对,而鸟嘌呤(G)必须与胞嘧啶(C)配对,反之亦然。且 DNA 分子中腺嘌呤与胸腺嘌呤的摩尔数相等,鸟嘌呤与胞嘧啶的摩尔数相等,即嘌呤的总数等于和嘧啶的总数。这一发现对 DNA 双螺旋模型的建立贡献很大。

**04.201 沃森-克里克碱基配对 Watson-Crick base pairing**

在 DNA 双螺旋链中,G 与 C、A 与 T 通过氢键进行配对的形式。是一种标准的碱基配对。

**04.202 非沃森-克里克碱基配对 non-Watson-Crick base-pairing**

与标准的 G 与 C 和 A 与 T(或 A 与 U)不同

的碱基配对方式。

**04.203 胡斯坦碱基配对 Hoogsteen base pairing**

一种不同于沃森-克里克配对的碱基配对方式。这种配对中,腺嘌呤的 6-NH$_2$ 和 N-7 分别与胸腺嘧啶的 4-O 和 H-1 形成氢键,鸟嘌呤与胞嘧啶的配对要求胞嘧啶的 N-1 是质子化的,鸟嘌呤的 6-O 和 N-7 分别与胞嘧啶的 4-NH$_2$ 和质子化的 N-1 形成氢键,其中嘌呤核苷酸的糖苷键是顺式的。DNA 三链结构中的第 3 条链与其中的双链的碱基间形成胡斯坦配对。

**04.204 小沟 minor groove**

又称"窄沟(narrow groove)"。在 DNA 双螺旋的表面上,两条糖-磷酸主链之间形成的较小的沟。

**04.205 大沟 major groove**

又称"宽沟(wide groove)"。特指在 DNA 双螺旋的表面上,两条糖-磷酸主链之间形成的较大的沟。

**04.206 DNA 超螺旋 DNA superhelix, DNA supercoil**

由于双螺旋 DNA 的弯曲、正超螺旋或负超螺旋而造成的 DNA 分子进一步扭曲所形成的 DNA 的一种三级结构。DNA 的超螺旋有两种:当 DNA 分子沿轴扭转的方向与通常双螺旋的方向相反时,造成双螺旋的欠旋而形成负超螺旋;而当 DNA 分子沿轴扭转的方向与通常双螺旋的方向相同时,造成双螺旋的过旋而形成正超螺旋。在生物体内,DNA 一般都以负超螺旋构象存在。

**04.207 正超螺旋 positive supercoil**

双链或环状 DNA 分子依 DNA 双螺旋的相同方向进一步缠绕而形成的超螺旋结构。

**04.208 负超螺旋 negative supercoil**

双链或环状 DNA 依 DNA 双螺旋的相反方

向进一步缠绕而形成的超螺旋。

**04.209 正超螺旋化** positive supercoiling
产生正超螺旋的过程。

**04.210 负超螺旋化** negative supercoiling
生成负超螺旋的过程。

**04.211 超螺旋 DNA** supercoiled DNA，
superhelical DNA
具有超螺旋结构的 DNA 分子。有正超螺旋
和负超螺旋 DNA 两种。在生物体内存在的
DNA 一般都是负超螺旋 DNA。

**04.212 负超螺旋 DNA** negatively super-
coiled DNA
具有负超螺旋结构的环状或双链 DNA。

**04.213 正超螺旋 DNA** positively super-
coiled DNA
具有正超螺旋结构的环状 DNA 分子。

**04.214 拓扑异构体** topoisomer，topological
isomer
空间结构相异的环状 DNA 双螺旋分子。如
正超螺旋和负超螺旋异构体。

**04.215 DNA 解旋** DNA unwinding
在一定的物理条件或相关酶类的催化作用
下，维系 DNA 双链结构的氢键发生断裂使
DNA 双螺旋结构局部解体的现象。

**04.216 DNA 解超螺旋** DNA untwisting
生物体内通常处于负超螺旋状态的 DNA 分
子在复制或转录过程中负超螺旋解除的过
程。是在解超螺旋酶，即拓扑异构酶Ⅰ催化
下进行的。

**04.217 扭转** twist
DNA 双螺旋的一种空间构象。在 DNA 双螺
旋结构中，当呋喃糖环不是平面构象时，环
的三个相邻原子共面，另两个原子位于平面
之上或之下形成的构象。

**04.218 扭转数** twisting number
DNA 双螺旋的总转数。符号:T

**04.219 连环数** linking number
闭环 DNA 双螺旋中，两条链相互缠绕的总
次数。符号:L

**04.220 缠绕数** writhing number
表示 DNA 超螺旋的缠绕程度。超螺旋缠绕
数 = 拓扑缠绕数 – 双链缠绕数。符号:W。

**04.221 十字形环** cruciform loop
特指 DNA 十字形结构中的环区，一般只有
几个核苷酸。

**04.222 回文对称** palindrome
特指 DNA 的一种具有反向重复的结构。具
有这种结构的 DNA,其一条链从左向右读和
另一条链从右向左读的序列是相同的。

**04.223 回文序列** palindromic sequence
具有反向重复的 DNA 序列。通常是 DNA
结合蛋白的识别部位,也是限制性核酸内切
酶识别位点的序列特征。

**04.224 茎-环结构** stem-loop structure
单链 RNA 分子中存在的反向重复序列,由
于互补碱基间的氢键配对,长链区段可以回
折形成的一种二级结构。配对碱基间的双
链区形成"茎",而不能配对的单链区部分则
突出形成"环"。

**04.225 发夹结构** hairpin structure
多核苷酸链中由茎区(双链区、螺旋区)和环
区(单链区)组成的类似于"发夹"状的结
构。常出现在 RNA 的二级结构中,在蛋白
质的二级结构中也有发夹结构。

**04.226 发夹环** hairpin loop
发夹结构中环的部分,为单链区。

**04.227 间插序列** intervening sequence，IVS
真核细胞基因的 DNA 序列中存在的能被转
录成 RNA 前体、但随后被剪接除去的序列。

在基因中,是内含子的同义词。

**04.228 核内含子 nuclear intron**
存在于核基因中的、隔开外显子的、但转录后须经加工切除的序列。核内含子的 5' 端和 3' 端分别具有保守的 GT 和 AG 序列,为内含子被剪接除去的识别位点。

**04.229 旁侧序列 flanking sequence**
特定序列或元件两侧的 DNA 序列。特指在基因转录区前后并与其紧邻的 DNA 序列,如 5'旁侧序列或 3'旁侧序列。旁侧序列通常是基因的调控区,对基因的表达具有调控作用。

**04.230 远侧序列 distal sequence**
一般指处于基因上游 200 bp 以上位置的 DNA 序列。

**04.231 R 环 R loop**
由双链 DNA 的一条链上被互补 RNA 取代而突出形成的环状结构。

**04.232 突出末端 protruding terminus**
由限制性核酸内切酶作用于 DNA 产生的黏性末端的突出单链部分,有 3'端突出和 5'端突出两种情况。

**04.233 3'端 3'-end**
DNA 或 RNA 单链带有游离 3'-羟基或其磷酸酯的一个末端。一条核酸链通常从 5'端到 3'端书写。

**04.234 5'端 5'-end**
DNA 或 RNA 单链带有游离 5'-羟基或其磷酸酯的一个末端。一条核酸链通常从 5'端到 3'端书写。

**04.235 凹端 recessed terminus**
由限制性核酸内切酶产生的黏性末端的限制片段中的非突出端的 DNA 部分。

**04.236 黏端 cohesive end, cohesive terminus, sticky end**
双链 DNA 片段末端的一种形式。其中两条链的 3' 或 5' 具有突出的单链末端,这种末端可以与同一 DNA 片段上另一末端的互补的突出序列相连而形成一个环状分子,或与另一 DNA 片段形成更大的 DNA 分子。多数 Ⅱ型限制性核酸内切酶对 DNA 的切割能产生黏端。

**04.237 平端 blunt end, blunt terminus, flush end**
双链核酸(DNA 或 RNA)片段末端的一种形式,两条链末端完全配对。平端可由某种类型的限制性核酸内切酶切割造成。

**04.238 无嘌呤位点 apurinic site**
核酸中脱去嘌呤碱的部位。产生的醛基,易发生 β 消除反应而使核酸链在该处断裂。

**04.239 无嘧啶位点 apyrimidinic site**
核酸中脱去嘧啶碱的部位。产生的醛基,易发生 β 消除反应而使核酸链在该处断裂。

**04.240 无嘌呤嘧啶位点 apurinic-apyrimidinic site, AP site**
核酸分子中脱去嘌呤或/和嘧啶的部位。

**04.241 无碱基位点 abasic site**
核酸中失去碱基的部位。该部位碱基失去后,产生一个醛基,易发生 β 消除反应而使核酸链在该处断裂。

**04.242 缺口 gap**
双链 DNA 或 RNA 的一条链上一个或多个核苷酸缺失,造成另一条链上的单链区域。

**04.243 切口 nick**
双链核酸分子中一条单链上的断裂部位。不涉及核苷酸的缺失或双链的断开。

**04.244 加帽位点 cap site**
信使核糖核酸(mRNA)中加帽子结构的部位,位于成熟 mRNA 的 5'端。

**04.245 加帽 capping**

真核生物信使核糖核酸生物合成中的一个加工方式,在酶的催化下生成信使核糖核酸的 5′帽结构。

**04.246　5′帽　5′-cap**
真核生物信使核糖核酸和某些病毒 RNA 的 5′端带有的特殊结构,通常由 7-甲基鸟苷的 5′端通过三个磷酸基团与 RNA 链的 5′端连接(即 5′→5′连接)。

**04.247　加尾　tailing**
核酸(RNA、DNA)3′端添加核苷酸或脱氧核苷酸的过程。包括:①真核生物信使核糖核酸(mRNA)前体的 3′端逐个添加 100～200 个腺苷酸;②tRNA 前体的 3′端添加 CCA 序列;③在 DNA 末端转移酶催化下,将一段相同的核苷酸加到限制性核酸内切酶片段末端的过程。

**04.248　多腺苷酸化　polyadenylation**
真核生物中,转录的初始产物,即信使核糖核酸(mRNA)前体,需要进行 3′端加工,即在多腺苷酸聚合酶作用下,以 ATP 为供体,逐一添加腺苷酸残基生成 3′端成熟的多腺苷酸化 mRNA 的过程。

**04.249　多腺苷酸化信号　polyadenylation signal**
添加多腺苷酸的分子内信号。真核生物信使核糖核酸前体的多腺苷酸化的信号是靠近其 3′端的同源序列:AAUAAA。

**04.250　脱腺苷酸化　deadenylation**
脱去信使核糖核酸 3′端多腺苷酸残基的过程。

**04.251　SD 序列　Shine-Dalgarno sequence, SD sequence**
因澳大利亚学者夏因(Shine)和达尔加诺(Dalgarno)两人发现该序列的功能而得名。信使核糖核酸(mRNA)翻译起点上游与原核 16S 核糖体 RNA 或真核 18S rRNA 3′端富含嘧啶的 7 核苷酸序列互补的富含嘌呤的 3～7 个核苷酸序列(AGGAGG),是核糖体小亚基与 mRNA 结合并形成正确的前起始复合体的一段序列。

**04.252　核糖体结合位点　ribosome binding site**
又称"核糖体识别位点(ribosome recognition site)"。核糖体识别并结合信使核糖核酸(mRNA)的位点。原核生物信使核糖核酸起始密码子的上游含有核糖体识别和结合序列;真核生物信使核糖核酸的 5′帽子结构对核糖体的识别起一定作用。

**04.253　匹配序列　matched sequence**
在序列排比中,两条多核苷酸链或两条多肽链上彼此相同的核苷酸或氨基酸序列。

**04.254　核苷酸对　nucleotide pair**
两个核苷酸间通过次级键(主要是氢键)配对形成。对双链核酸而言,核苷酸对等同于碱基对,是度量核酸(尤其是 DNA)分子大小的基本单位。

**04.255　核苷酸残基　nucleotide residue**
表示核酸(DNA 和 RNA)分子内部的核苷酸单位。

**04.256　核苷酸序列　nucleotide sequence**
核酸(DNA 和 RNA)中核苷酸的排列顺序。许多情况下,核苷酸序列决定核酸的高级结构和生物功能,即不同序列有不同的高级结构和不同的生物功能。

**04.257　核酸杂交　nucleic acid hybridization**
两条核酸单链可以通过序列互补形成双链化合物的过程。有 DNA-DNA、DNA-RNA、RNA-RNA 等杂交类型。核酸杂交是一种很重要的、被广泛应用的技术,如设计反义核酸、合成探针等。

**04.258　杂交核酸　hybrid nucleic acid**
来源不同的单链 DNA 或单链 RNA,通过碱基配对所形成的异质双链的核酸分子。

**04.259 杂交分子** hybrid molecule

特指由不同来源的两条不同的单链核酸分子在体外通过碱基配对形成的双链核酸分子,一般用于比较不同核酸分子间核苷酸序列的同源性。

**04.260 互补性** complementarity

两条 DNA 或 RNA 多核苷酸链之间,或一条 DNA 链和一条 RNA 链之间通过碱基间(A 与 T 或 U,G 与 C)的氢键彼此相配对的特性。

**04.261 互补序列** complementary sequence

在双链核酸中,一条多核苷酸链可与另一条多核苷酸链互补的那部分序列。

**04.262 互补链** complementary strand

两条通过碱基配对相连接的多核苷酸链。在双链核酸中,一条多核苷酸链是另一条多核苷酸链的互补链。

**04.263 脱嘌呤作用** depurination

在弱酸性条件下,核酸,尤其是 DNA 分子上的嘌呤碱基被脱除的过程。

**04.264 兆碱基接头** megalinker

全称"兆碱基大范围限制性核酸内切酶接头"。一种人工合成的具有特定限制酶识别位点的双链寡核苷酸。具有的限制性核酸内切酶切位点在 DNA 中出现的概率为百万分之一,在基因工程中可用于获得大片段的 DNA。

**04.265 核糖体** ribosome

生物体的细胞器,是蛋白质合成的场所,通过信使核糖核酸与携带氨基酸的转移核糖核酸的相互作用合成蛋白质。由大小亚基组成。

**04.266 核糖体亚基** ribosomal subunit

构成完整的核糖体的两种核糖核蛋白颗粒

之一。一般原核生物的核糖体亚基是 30S(小亚基)和 50S(大亚基);真核生物核糖体则是 40S(小亚基)和 60S(大亚基)。每种亚基又都由多种核糖体核糖核酸和核糖体蛋白质组成。

**04.267 核糖核蛋白复合体** ribonucleoprotein complex

简称"核糖核蛋白(ribonucleoprotein)"。由 RNA 和蛋白质组成的复合体。小的核糖核蛋白复合体有:信号识别颗粒、端粒酶、核糖核酸酶 P 等;大的核糖核蛋白复合体如核糖体。

**04.268 核糖核蛋白颗粒** ribonucleoprotein particle

由 RNA 和蛋白质组合的颗粒体。如信号识别颗粒、端粒酶、核糖核酸酶 P、核糖体、剪接体、编辑体等。

**04.269 核糖体移动** ribosome movement

蛋白质生物合成时,核糖体沿着信使核糖核酸的 5'→3' 方向读码合成肽链的过程。

**04.270 核糖体移码** ribosomal frameshift

蛋白质生物合成时,核糖体在信使核糖核酸(mRNA)的特定序列处,从一个可读框位移至另一个可读框。是某些 RNA 病毒在翻译水平上调节蛋白质合成的一种机制。

**04.271 核糖体装配** ribosome assembly

核糖体的组分——核糖体 RNA 和核糖体蛋白质装配成核糖体亚基和核糖体的过程。可用这一方法研究核糖体组分的性质和功能。

**04.272 氨酰位** aminoacyl site, A site

简称"A 位"。核糖体中氨酰 tRNA 进入并停留的部位。在蛋白质合成过程中,氨酰位上的氨酰 tRNA 转为肽酰 tRNA,并移动至肽酰位,即 P 位。空的氨酰位再接纳新的氨酰 tRNA 进入,如此循环。

**04.273 肽酰位 peptidyl site, P site**
简称"P 位"。核糖体中肽酰 tRNA 停留的部位。在蛋白质合成过程中,肽酰位上的肽酰 tRNA 的肽链末端羧基与氨酰位上的氨酰 tRNA 的氨基反应,形成新的肽键,增加了一个氨基酸的肽酰 tRNA 再移至肽酰位,如此循环,肽酰位上 tRNA 的肽链逐个延伸,直至蛋白质合成结束。

**04.274 进入位点 entry site**
特指氨酰 tRNA 进入核糖体的部位。

**04.275 出口位 exit site, E site**
简称"E 位"。特指核糖体中空载的、不携带氨基酸的转移核糖核酸离开核糖体的部位。

**04.276 多核糖体 polysome, polyribosome**
多个核糖体在一个信使核糖核酸(mRNA)分子上串成的颗粒体。信使核糖核酸在核糖体中有一段裸露的序列。每个核糖体可以独立完成一条肽链的合成。

**04.277 核小体 nucleosome**
构成真核染色质的一种重复珠状结构,是由大约 200 bp 的 DNA 区段和多个组蛋白组成的大分子复合体。其中大约 146 bp 的 DNA 区段与八聚体(H2A、H2B、H3 和 H4 各两分子)的组蛋白组成核小体的核心颗粒,核心颗粒间通过一个组蛋白 H1 的连接区 DNA 彼此相连。

**04.278 核小体装配 nucleosome assembly**
在核小体装配因子调节下,由 DNA 链和组蛋白组装成核小体的过程。装配先以两分子 H3/H4 组蛋白构成的四聚体与 DNA 结合,再结合上两分子 H2A/H2B 组蛋白构成的四聚体,形成核小体核心颗粒,再与 H1 组蛋白连接形成核小体。

**04.279 核小体核心颗粒 nucleosome core particle**
由长度为 146 bp 的 DNA 区段与各两分子的

H3/H4/H2A/H2B 组蛋白八聚体组成。

**04.280 端粒 telomere**
真核染色体的末端结构,为一特定的 DNA-蛋白质复合体结构。其 DNA 序列由对生物特异的简单的串联重复单位组成,能抵消每一轮 DNA 复制中因染色体降解而造成的关键功能码序列的丢失。

**04.281 三叶草结构 cloverleaf structure**
转移核糖核酸的通用二级结构模型,呈三叶草形状,由四个茎和四个环构成。四个茎是:氨基酸茎、二氢尿嘧啶茎、反密码子茎和胸腺苷酸-假尿苷酸-胞苷酸(TψC)茎;四个环是:二氢尿嘧啶环、反密码子环、可变环和 TψC 环。

**04.282 氨基酸臂 amino acid arm**
又称"接纳茎(acceptor stem)"。转移核糖核酸高级结构上的一个茎区,由转移核糖核酸的 5'部分序列与 3'部分序列配对而成,该茎区的 3'-CCA 可通过酯键连接和携带氨基酸。

**04.283 二氢尿嘧啶臂 dihydrouracil arm, D arm**
简称"D 臂"。转移核糖核酸二级(三叶草)结构和三级(倒 L 字母型)结构中的特定区域,该区域由二氢尿嘧啶环及相连接的茎区(通常是 4~5 碱基对的螺旋)组成。

**04.284 二氢尿嘧啶环 dihydrouracil loop, D loop**
简称"D 环"。转移核糖核酸二氢尿嘧啶臂中的一个环区,因该区域常含有一个或多个二氢尿嘧啶(D)碱基而得名。

**04.285 反密码子 anticodon**
转移核糖核酸中能与信使核糖核酸的密码子互补配对的三核苷酸残基。位于转移核糖核酸的反密码子环的中部。

**04.286 反密码子茎 anticodon stem**

转移核糖核酸中与反密码子环相连的茎区，通常是含有 5 对碱基的螺旋。

**04.287 反密码子环 anticodon loop**
转移核糖核酸的反密码子臂中的组分，一般含有 7 个核苷酸残基。反密码子环中部的反密码子在核糖体内与信使核糖核酸的密码子配对识别，参与蛋白质生物合成。

**04.288 反密码子臂 anticodon arm**
由反密码子茎和反密码子环构成，是转移核糖核酸高级结构中的一部分区域。

**04.289 可变臂 variable arm**
转移核糖核酸二级和三级结构中的特定区域，核苷酸残基数长短不一，仅由可变环（单链区）或由可变环与可变茎（双链区）构成。

**04.290 可变环 variable loop**
特指转移核糖核酸二级和三级结构中的特定环区，不同转移核糖核酸可变环的核苷酸残基数长短不一。

**04.291 副密码子 paracodon**
转移核糖核酸（tRNA）分子上被氨酰 tRNA 合成酶识别、决定其携带何种氨基酸的部位和区域。

**04.292 摆动假说 wobble hypothesis**
在蛋白质生物合成中转移核糖核酸反密码子的 5′位碱基不严格的特异性的假说。允许反密码子的 5′位（第一位）碱基与信使核糖核酸的密码子 3′位（第三位）碱基通过改变了的氢键配对（如非 G-C、A-U 配对），从而识别一种以上的密码子。

**04.293 摆动配对 wobble pairing**
摆动假说所许可的碱基配对。指转移核糖核酸反密码子的 5′端碱基与信使核糖核酸密码子 3′端碱基配对中的某种灵活性，即可与几种不同的碱基中的一个配对。

**04.294 摆动法则 wobble rule**

按照摆动假说，转移核糖核酸反密码子 5′端的碱基可与位于信使核糖核酸密码子 3′端的一种以上的碱基进行氢键配对的规律。即 A 和 U 配对，C 和 G 配对，G 可与 C 或 U 配对，U 可与 A 或 G 配对，而反密码子 5′端的 I（肌苷酸）可以和 A 或 U 或 C 配对。

**04.295 第三碱基简并性 third-base degeneracy**
特指密码子第三碱基的简并性。决定同一种氨基酸密码子的头两个碱基是相同的，第三位碱基的改变不影响翻译出正常的氨基酸的现象。

**04.296 模板链 template strand**
DNA 双链中其序列与编码链或信使核糖核酸互补的那条链。在 DNA 复制或转录过程中，作为模板指导新核苷酸链合成的亲代核苷酸链。

**04.297 编码链 coding strand**
DNA 双链中含编码蛋白质序列的那条链，与模板链互补。其序列与信使核糖核酸相同，只是信使核糖核酸中的 U（尿嘧啶）组成与编码链中的 T（胸腺嘧啶）组成相区别。

**04.298 解链 melting**
又称"熔解"。特指核酸的解链过程。核酸溶液在温度升高时，因其配对碱基的氢键受到破坏，双链 DNA 分子或 RNA 分子变性为单链。核酸解链后紫外吸收增加，产生增色性。

**04.299 解链曲线 melting curve**
以核酸溶液的流体力学特性（如黏度）或光学特性（如吸收率）作为温度的函数所作的图解。此曲线描述核酸的双链分子或单链分子上的双链区域，因温度的增高破坏了其中的氢键而使双螺旋拆开的程度。

**04.300 解链温度 melting temperature**
双链 DNA 或 RNA 分子丧失半数双螺旋结

构时的温度。符号:$T_m$。每种 DNA 或 RNA 分子都有其特征性的 $T_m$ 值,由其自身碱基组成所决定,$G + C$ 含量越多,$T_m$ 值越高。

**04.301　DNA 解链　DNA melting**

DNA 分子受热变性时,分子结构从高度有序的状态转变为比较无序状态的过程,即从双链 DNA 转变为单链的过程。

**04.302　增色效应　hyperchromic effect**

核酸(DNA 和 RNA)分子解链变性或断链,其紫外吸收值(一般在 260nm 处测量)增加的现象。

**04.303　减色效应　hypochromic effect**

核酸(DNA 和 RNA)复性,其紫外吸收值(一般在 260nm 处测量)减少的现象。

**04.304　磷酸二酯键　phosphodiester bond**

两个核苷酸分子核苷酸残基的两个羟基分别与同一磷酸基团形成的共价连接键。

**04.305　磷酸单酯键　phosphomonoester bond**

单核苷酸分子中,核苷的戊糖与磷酸的羟基之间形成的磷酸酯键。

**04.306　碱基堆积　base stacking**

双螺旋核酸结构中,除氢键外,碱基间通过次级键的堆积在一起,构成核酸的高级结构。

**04.307　碱基置换　base substitution**

在核酸分子中,一个或一种碱基被另一个或一种碱基所替换。结果使其性质和功能发生改变,如可改变密码子的序列。

**04.308　GT-AG 法则　GT-AG rule**

又称"尚邦法则(Chambon rule)"。割裂基因中 5′ 和 3′ 剪接点的碱基排列规则,即 DNA 中的内含子的序列开始于"GT"二核苷酸,结束于"AG"二核苷酸。当 DNA 转录为 RNA 时,切除内含子的机制能识别这些开始和结束的核苷酸序列。

**04.309　替代环　displacement loop, D-loop**

简称"D 环"。在 DNA 重组过程中,在重组酶 RecA 的参与下,一个同源 DNA 双链分子中的一条单链与另一个同源 DNA 双链分子中对应的互补链形成杂合的双链,形状如英文字母 D。

**04.310　DNA 酶Ⅰ超敏感性　DNase Ⅰ hypersensitivity**

DNA 极易被 DNA 酶Ⅰ切割的特性,是染色质活化部位的特征。

**04.311　DNA 酶Ⅰ超敏感部位　DNase Ⅰ hypersensitive site**

特指由于特定蛋白质的结合或转录而使 30nm 染色质纤丝结构解体的染色质的活化部位。该部位的 DNA 序列极易被 DNA 酶Ⅰ所切割。

**04.312　双链 RNA 结合域　dsRNA-binding domain**

双链 RNA 或 RNA 中的双链区能被特异蛋白质所结合的区域。

**04.313　重复子　duplicon**

发生重复性畸变的染色体所具有的最小重复单位。

**04.314　插入片段　insert**

一般指引入到质粒等载体分子中的一段外源 DNA 片段。

**04.315　插入·insertion**

DNA 或 RNA 的一种突变形式,在多核苷酸链内插入了一个或多个额外核苷酸的过程。

**04.316　插入元件　insertion element**

又称"插入序列(insertion sequence)"。能在基因(组)内部或基因(组)间改变自身位置的一段 DNA 序列。通常是转座子的一种,一般长度为 0.7 ~ 1.4 kb,只能引起转座效应而不含有其他任何基因。

**04.317 反向重复[序列] inverted repeat**
存在于双链核酸分子中排列顺序方向相反的一段核苷酸序列。

**04.318 末端反向重复[序列] inverted terminal repeat, ITR**
排列顺序相反的、等同的或密切相关的核苷酸序列。常出现于某些转座子的末端。

**04.319 连接 ligation**
单链核酸分子间的共价连接反应。如双链DNA 的一条链上切口两端的两个紧邻核苷酸间形成磷酸二酯键的反应。

**04.320 接头插入 linker insertion**
一种易于控制并具有更大破坏性的克隆基因随机突变所使用的技术。即通过在靶基因的不同位点具有单切口的质粒库,在切口处连入带有某种限制性核酸内切酶位点的大小为 6~12 个核苷酸(可编码 2~4 个氨基酸)的接头,从而造成在表达的蛋白质功能部位的破坏性的突变。

**04.321 错配 mispairing, mismatching**
双链核酸分子中存在的非互补性碱基配对的现象。即一条链上的碱基与另一条链上相应的碱基不是互补的。错配可能来自于复制过程中核苷酸的参入误差或复制酶的校对作用失灵等因素。

**04.322 突变 mutation**
由于某一基因发生改变而导致细胞、病毒或细菌的基因型发生稳定的、可遗传的变化过程。

**04.323 突变体 mutant**
一般指带有已经发生突变的基因的细胞、病毒或细菌,有时也指发生突变的基因。

**04.324 点突变 point mutation**
DNA 分子中单个或几个碱基的变化可以使遗传的结构发生改变。

**04.325 突变子 muton**
基因突变的基本单位,染色体的最小部分,可以小至单一的核苷酸,其改变可以导致一种突变的形成。

**04.326 无效突变 null mutation**
由于大片段插入、缺失或重排而导致基因产物完全无效的突变。

**04.327 *nut* 位点 *nut* site**
噬菌体基因组中抗终止因子 N 蛋白的识别位点。N 蛋白对 *nut* 位点的识别和随之发生的相互作用,使 RNA 聚合酶能忽略终止信号而持续通过终止子。

**04.328 末端缺失 terminal deletion**
一种染色体的畸变,即在染色体的末端有DNA 片段的丢失。

**04.329 嘧啶二聚体 pyrimidine dimer**
DNA 链上相邻嘧啶以共价键连成的二聚体,由紫外线照射产生。最常见的是胸腺嘧啶二聚体。

**04.330 胸腺嘧啶二聚体 thymine dimer**
紫外照射可以使 DNA 分子中同一条链相邻的胸腺嘧啶碱基形成以共价键连接成环丁烷结构的二聚体。影响 DNA 的双螺旋结构,使复制和转录功能受阻。体内存在多种修复嘧啶二聚体的机制。

**04.331 碱基切除修复 base excision repair, BER**
DNA 碱基修复机制的一种。受损 DNA 通过不同酶的作用切除错误碱基后,由一系列的酶加工进行正确填补而恢复功能。

**04.332 碱基修复 base repair**
由于某些原因可导致核酸碱基错配或其他损伤,生物体内有多个系统可修复错配或损伤的碱基,如碱基切除修复。

**04.333 核苷酸切除修复 nucleotide excision**

repair, NER
DNA 修复的一种。在一系列酶的作用下，将 DNA 分子中受损伤部分切除，并以完好的那条链为模板，合成和连接得到正常序列，使 DNA 恢复原来的正常结构。

**04.334 转换** transition
特指碱基转换。遗传信息突变的一种形式，在这种突变中，发生的是嘧啶与嘧啶的替代或嘌呤与嘌呤的替代。

**04.335 颠换** transversion
特指碱基颠换。一种由嘧啶替代嘌呤或由嘌呤替代嘧啶的遗传信息的突变。

**04.336 元件** element
特指 DNA 或 RNA 上具有某种特定功能的序列。如可移动元件、顺式作用元件等。

**04.337 甲状腺[激]素应答元件** thyroid hormone response element, TRE
甲状腺素应答基因启动子或增强子中与甲状腺素受体结合的起调节作用的一段保守序列。

**04.338 环腺苷酸应答元件** cAMP response element, CRE
存在于多种病毒和真核细胞基因启动子中的一种顺式作用元件，具有回文对称的 8 核苷酸序列：GTGACGTA/G。当特异的结合蛋白结合于该元件时，受其调节的基因的转录就被打开。

**04.339 ADP 核糖基化** ADP-ribosylation
烟酰胺腺嘌呤二核苷酸中的 ADP 核糖基部分与某些蛋白质的氨基酸残基发生共价连接的反应。影响蛋白质的功能。

**04.340 单链 DNA** single-stranded DNA, ssDNA
含有一条脱氧核糖核苷酸链的 DNA 形式。发生在下列几种情况下：①复制时，由双链 DNA 分子在复制叉处解链瞬间产生；②DNA 复制时，某种情况下只有一条链被复制，随复制的进行被合成的 DNA 会作为单链"尾巴"解旋而产生单链 DNA 产物；③某些线形大肠杆菌噬菌体含有的单链环状 DNA 分子。

**04.341 基因组 DNA** genomic DNA
组成生物基因组的所有 DNA。

**04.342 染色体外 DNA** extrachromosomal DNA
存在于染色体外的 DNA。包括线粒体 DNA、叶绿体 DNA 和质粒 DNA 等。

**04.343 线粒体 DNA** mitochondrial DNA, mtDNA
真核生物线粒体中含有的、在线粒体中复制和表达的 DNA，为双链环状分子，每个细胞的拷贝数可达数千，属于母系遗传。线粒体 DNA 含有的基因，能编码部分线粒体蛋白质（如膜蛋白）、组成线粒体自身翻译体系的转移核糖核酸（tRNA）和核糖体核糖核酸（rRNA）。线粒体 DNA 的某些密码子与核 DNA 和现今存在的原核生物的密码子有所不同。

**04.344 动质体 DNA** kinetoplast DNA
位于锥虫和相关的寄生原生动物线粒体扩张区域内的细胞器 DNA。由一类数量很大的长度约为 2kbp 的小环 DNA 和另一类长度约为 37 kbp 的大环 DNA 组成。具有自我复制的能力，在细胞分裂中先于细胞核进行分裂。

**04.345 质体 DNA** plastid DNA
真核生物细胞器质体中存在的 DNA。

**04.346 环状 DNA** circular DNA
一种具有闭环形结构的单链或双链 DNA 分子。单链环状 DNA 分子必定是闭合共价的；但对双链 DNA 而言，其一条链或两条链都可能因存在切口而是开环的，前者如乙型肝炎病毒 DNA。

**04.347 共价闭和环状 DNA** covalently closed circular DNA, cccDNA

简称"共价闭环 DNA"。两条多核苷酸链是完全连续的环状双链 DNA 分子。由于链上没有裂隙可以释放内部张力,所以可以形成超螺旋结构。天然状态下某些病毒、细菌的染色体 DNA,质粒、线粒体和叶绿体的 DNA 具有这种结构。

**04.348 互补 DNA** complementary DNA, cDNA

特指与信使核糖核酸(mRNA)分子具有互补碱基序列的单链 DNA 分子。由 mRNA 通过逆转录产生。可用于分子克隆或在分子杂交中作为细胞 DNA 中特殊序列的分子探针。与基因组 DNA 不同,互补 DNA 中不含内含子。

**04.349 单链互补 DNA** single-strand cDNA, sscDNA

在逆转录酶催化下,以信使核糖核酸(mRNA)为模板合成与 mRNA 序列互补的单链 DNA。

**04.350 双链互补 DNA** double-strand cDNA, dscDNA

以双链互补 DNA 为模板合成的双链 DNA。

**04.351 线状 DNA** linear DNA

DNA 的一种构象。一种线性的长链 DNA 分子,没有分支,也不是共价闭合的。

**04.352 分支 DNA** branched DNA

特指一种人工合成的、由于在结构上整合了带有被保护羟基的核苷衍生物而形成的分支状的寡脱氧核糖核酸。基于分支 DNA 信号放大的检测法可用于对感染病毒的个体进行病毒量试验,以定量检测 RNA 或 DNA 的水平。

**04.353 开环 DNA** open circular DNA

环状双链 DNA 分子因其含有单链切口而具有的一种构象。

**04.354 外源 DNA** foreign DNA

在生物的正常基因组中存在的原来没有的外来 DNA。可以通过基因操作获得。

**04.355 运载 DNA** carrier DNA

在通过转化或转染将外源 DNA 导入细胞时所用的起辅助作用的 DNA。如鲑鱼精子 DNA。运载 DNA 的存在可以增加转化或转染的效率。

**04.356 变性 DNA** denatured DNA

由于物理(如过热)或化学(如加入尿素)等因素的影响,使之失去生物活性的 DNA 分子。不再具有致密的、双链的螺旋结构,而成为松散的和单链的结构。去除变性因素,DNA 一般可以复性。

**04.357 双链 DNA** double-stranded DNA, dsDNA

两条 DNA 单链通过碱基互补作用而形成的双链 DNA 分子。

**04.358 双链 DNA 结合域** dsDNA-binding domain

DNA 结合蛋白中与双链 DNA 结合的结构域。

**04.359 DNA 双链体** DNA duplex

又称"双链体 DNA(duplex DNA)"。两条以 3′,5′-磷酸二酯键相连而成的反向多核苷酸链通过沿着其轴向的互补碱基对的氢键交联在一起形成的双链 DNA,通常形成双螺旋的结构。可以共价闭合成环状分子,形成超螺旋 DNA。

**04.360 DNA 三链体** DNA triplex

又称"三链体 DNA(triplex DNA)"。DNA 的一种特殊的结构,是由第三条核苷酸链通过胡斯坦碱基配对,与双螺旋 DNA 中的一条链以特殊的氢键相连形成的一种三股螺旋

DNA 结构。三股链均为同型聚嘌呤或聚嘧啶;第三个碱基以 A 或 T 与 A⟹T 碱基对中的 A 配对;G 或 C 与 G⟹C 碱基对中的 G 配对,C 必须质子化(C⁺),以提供与 G 的 N₇ 结合的氢键供体,并且它与 G 配对只形成两个氢键。

**04.361 平行 DNA 三链体 parallel DNA triplex**
第三链与双螺旋中的一条链具有相同的序列,且第三链的方向也和双螺旋中的一条链相同的一种 DNA 三链体结构。这种结构的形成与基因重组过程有关。

**04.362 DNA 四链体 DNA tetraplex**
又称"四链体 DNA(tetraplex DNA)"。富含鸟嘌呤序列的四链 DNA 所形成的一种结构。已发现两种主要的类型,一类为重复的鸟嘌呤序列的回折形成的反平行链;另一类由四条独立的平行链相系而成。

**04.363 异形 DNA anisomorphic DNA**
在 I 型单纯疱疹病毒基因组连接区序列中所发现的一种非 B 型 DNA 构象。该序列的特点为前后排列的 12 bp 直接重复序列,富含 GC 且 G 和 C 分别集中在一条链上形成寡嘌呤和寡嘧啶杂合链的配对,因为负超螺旋的诱导和寡嘌呤和寡嘧啶杂合链的某种程度的刚性,造成了这段 DNA 序列中心结构和构象周期的异变。

**04.364 反义 DNA antisense DNA**
与 DNA 模板链互补的不参与转录的 DNA 分子。

**04.365 弯曲 DNA bent DNA**
由于某些蛋白质的结合引起的 DNA 构象的变化而形成的一种扭曲的 DNA 分子。

**04.366 弯形 DNA curved DNA**
由于某些内在的或诱导的原因造成 DNA 分子局部变形,形成突环状而使在序列上相距

较远部分在空间上彼此紧邻。通常发生在启动子区域,可以极大地增强 DNA 与蛋白质之间的相互作用,有利于增强转录起始复合体的亲和性,在许多基因的转录起始中发挥作用。

**04.367 着丝粒 DNA centromeric DNA**
真核生物染色体上包括与纺锤体相系位点的染色很淡的溢缩区(着丝粒)的 DNA。高等真核生物的着丝粒 DNA 具有非编码和高度重复序列,而酵母的着丝粒 DNA 只含有单一序列的 DNA。

**04.368 嵌合 DNA chimeric DNA**
通过重组由两个不同来源的 DNA 剪接而形成的杂合 DNA 分子。

**04.369 折回 DNA fold-back DNA**
(1)通过变性 DNA 的链内重联而复性的反向重复序列。(2)DNA 分子的一种构象,指分子中的两个紧邻区域因含有反向重复序列以氢键相系形成的构象。

**04.370 "无用"DNA junk DNA**
基因组中不负责编码蛋白质和 RNA,因而被认为不具有任何功能的 DNA。也被认为是一种分子寄生物,是经过许多世代而插播在基因组中的序列。存在于真核基因组中的大量重复序列即属于其列。但近年来的研究已发现越来越多的"无用"DNA 是具有各种不同的功能。

**04.371 接头 DNA linker DNA**
(1)用于连接双链 DNA 的短的、通常含限制性核酸内切酶切点的 DNA 片段。(2)特指连接核小体核心颗粒的大小约为 60 bp 的一段 DNA,与一分子的组蛋白 H1 相结合。

**04.372 过客 DNA passenger DNA**
重组在克隆载体上的外源 DNA 序列。

**04.373 常居 DNA resident DNA**
同一细胞内不同类型 DNA 的总称。包括细

胞核 DNA、质粒 DNA 和噬菌体 DNA。

**04.374　重复 DNA　repetitive DNA**
真核生物染色体基因组中含有不同拷贝数的核苷酸序列。这些序列一般不编码多肽，在基因组内可成簇排布，也可散布于基因组。按序列的重复程度和特点可分为低度重复 DNA、中度重复 DNA 和高度重复DNA。

**04.375　低度重复 DNA　lowly repetitive DNA**
在单倍体基因组中含 1 至 10 个拷贝的重复DNA。

**04.376　中度重复 DNA　middle repetitive**
**DNA, moderately repetitive DNA**
在真核细胞中存在的，以含有大量拷贝的不同核苷酸序列为特征的重复 DNA 的一种，其重复度为 10 个至几千个，通常占整个单倍体基因组的 1% ~30%。如核糖体核糖核酸(rRNA)基因、转移核糖核酸(tRNA)基因和某些蛋白质(组蛋白、肌动蛋白、角蛋白等)的基因。

**04.377　高度重复 DNA　highly repetitive**
**DNA, hyperreiterated DNA**
真核生物基因组中存在的拷贝数可达数千以上的短核苷酸重复序列，不负责编码蛋白质或 RNA，它们在基因组中发挥着各种不同的功能。

**04.378　单一[序列]DNA　unique [se-**
**quence] DNA**
又称"单拷贝 DNA(single-copy DNA)"，"非重复 DNA(nonrepetitive DNA)"。在单倍体基因组中以单拷贝形式存在的 DNA 序列。

**04.379　卫星 DNA　satellite DNA**
真核细胞染色体具有的高度重复核苷酸序列的 DNA。总量可占全部 DNA 的 10% 以上，主要存在于染色体的着丝粒区域，通常不被转录。因其碱基组成中 GC 含量少，具

有不同的浮力密度，在氯化铯密度梯度离心后呈现与大多数 DNA 有差别的"卫星"带而得名。

**04.380　微卫星 DNA　microsatellite DNA**
又称"短串联重复(short tandem repeat, STR)"，"简单序列重复(simple sequence repeat, SSR)"。一种简单串联重复 DNA 序列。其重复单位为 1 ~6 个核苷酸，由 10 ~50 个重复单位串联组成。在整个基因组中分布广且密度高。虽然其功能尚不清楚，但在遗传图和物理图的研究中是非常有用的工具。

**04.381　小卫星 DNA　minisatellite DNA**
又称"可变数目串联重复(variable number of tandem repeat, VNTR)"。真核基因组中由大约 25 bp 的 DNA 序列头-尾串联重复组成的重复 DNA 片段，造成可变数量随机重复型的多态性，大小为 1 ~30kb。

**04.382　隐蔽卫星 DNA　cryptic satellite DNA**
用密度梯度离心分不出一条卫星带，但仍存在于 DNA 主带中的高度重复序列。

**04.383　α 卫星 DNA　α-satellite DNA**
又称"α 样 DNA(α-DNA)"。在人的每一个染色体的着丝粒中发现的含有大约 170 bp 序列的不同拷贝的串联排列的 DNA。

**04.384　带切口环状 DNA　nicked circular**
**DNA**
双链环状 DNA 分子中一条单链上带有一个或多个裂口。

**04.385　带切口 DNA　nicked DNA**
双链 DNA 分子中一条单链上带有一个或多个裂口。

**04.386　亲代 DNA　parental DNA**
在复制中作为模板的 DNA 分子。在复制形成的两个子代 DNA 分子中各保留有一条亲代 DNA 链。

**04.387　丰余 DNA　redundant DNA**

在真核生物基因组中具有多个拷贝数的重复 DNA 序列。

**04.388　松弛 DNA　relaxed DNA**

又称"松弛环状 DNA（relaxed circular DNA）"。呈非超螺旋状态的环状双链 DNA 分子。如质粒或病毒 DNA 基因组，通常是超螺旋结构，在酶或者物理化学因子的作用下双链核酸分子中一条单链出现断裂并导致超螺旋结构破坏，形成带切口的松弛 DNA。

**04.389　复制型 DNA　replicative form DNA，RF-DNA**

单链核酸（DNA 或 RNA）病毒在复制期间所形成的由亲代单链分子与子代单链分子配对结合形成的 DNA 双链。

**04.390　自在 DNA　selfish DNA**

除能复制自身外，不具有其他功能的 DNA 片段。泛指间隔 DNA 及卫星 DNA。

**04.391　间隔 DNA　spacer DNA**

基因组内基因间存在的一种功能未知的非编码 DNA 序列。存在于真核细胞及某些病毒基因组中，通常含有高度重复的 DNA。

**04.392　DNA 加合物　DNA adduct**

DNA 分子与化学诱变剂间反应形成的一种共价结合的产物。这种结合激活了 DNA 的修复过程。如果这种修复不是发生在 DNA 复制前，会导致核苷酸的替代、缺失和染色体的重排。

**04.393　DNA 烷基化　DNA alkylation**

某些烷化剂可使 DNA 的嘌呤碱，特别是鸟嘌呤的 N-7、N-3、O-6 以及磷酸骨架上的氢被烷基所取代的过程。可造成 DNA 损伤。

**04.394　DNA 扩增　DNA amplification**

一段特定的 DNA 序列拷贝数增加的过程。可发生在体内或体外。体内扩增的 DNA 序列可以是经过转化进入细胞的外源 DNA 或染色体自身的一段基因组 DNA；体外扩增可通过聚合酶链反应获得。此外，某些特定的细胞信号或环境因子会导致肿瘤细胞不受控制地扩增其相应的 DNA 片段。

**04.395　DNA 弯曲　DNA bending**

DNA 扭曲作用的一种模式，可由转录因子诱导产生，在蛋白质与 DNA 的相互作用中具有重要作用。

**04.396　DNA 连环　DNA catenation**

两个或多个共价闭合环状 DNA 分子不通过共价结合而彼此相连成的结构。环状 DNA 复制过程的一个中间体。

**04.397　DNA 复杂度　DNA complexity**

由杂交动力学确定的 DNA 不同序列的数量，是在对给定 DNA 样品中非重复 DNA 序列的一种量度。随生物的进化，其 DNA 复杂度增加。

**04.398　DNA 交联　DNA crosslink**

DNA 分子的两条链或同一 DNA 链的不同区段的侧链间形成的共价相互作用。通过交联能增加 DNA 分子的刚性。

**04.399　DNA 损伤　DNA damage**

由辐射或药物等引起的 DNA 结构的改变。包括 DNA 结构的扭曲和点突变。DNA 结构的扭曲会造成对复制、转录的干扰；而点突变则会扰乱正常的碱基配对，通过 DNA 序列的改变而对后代产生损伤效应。小的 DNA 损伤通常可通过 DNA 修复纠正，而程度广泛的损伤可引起细胞程序性死亡。

**04.400　DNA 损伤剂　DNA damaging agent**

能作用于 DNA，造成其结构的破坏并能引起突变的某些物理或化学因子。如紫外线、电离辐射和化学诱变剂等。

**04.401　DNA 同源性　DNA homology**

不同的 DNA 分子由于进化上的原因，其核苷酸序列具有相同来源而具有的某些共性，表现在相应的位点具有相同的或相似的核苷酸残基。

**04.402　DNA 杂交　DNA hybridization**
一种用互补碱基配对的程度，来分析不同生物品种来源的两条或多条 DNA 链间彼此关系密切程度的实验技术。

**04.403　DNA 环　DNA loop**
蛋白质因子和蛋白质或 DNA 间的相互作用而形成的 DNA 分子弯曲成环的结构。这种结构被广泛地用于解释蛋白质-蛋白质、DNA-蛋白质的相互作用。

**04.404　DNA 修饰　DNA modification**
在 DNA 分子的多核苷酸链上进行各种共价化学变化。如 DNA 甲基化。

**04.405　DNA 甲基化　DNA methylation**
DNA 碱基上添入甲基基团的化学修饰现象。细菌中的甲基化常发生在腺嘌呤的第 6 位氨基与胞嘧啶的 5 位碳原子上。高等生物中的甲基化主要是多核苷酸链的 CpG 岛上胞嘧啶的 5 位碳原子，生成 $m^5CpG$。DNA 的不同甲基化状态（过甲基化与去甲基化）与基因的活性和功能有关。

**04.406　DNA 多态性　DNA polymorphism**
DNA 分子的一种状态，即在染色体的某个基因座可能由两个或多个等位基因中的一个占据而造成的同种 DNA 分子的多样性。具有多态性的 DNA 分子在核苷酸序列上不同或在核苷酸重复单位的数量上有变化。

**04.407　DNA 微不均一性　DNA microheterogeneity**
对 DNA 状态的一种描述。精细的分析表明，表面上看来均一的 DNA，其在大小、序列、荷电性、聚集状态和其他特征上有细小的差异。这种差异是由于遗传上的差别或某种人为的因素所造成。

**04.408　DNA 包装　DNA packaging**
常指对病毒的核酸核心用蛋白质外壳进行包裹形成成熟的病毒颗粒的过程。

**04.409　DNA 配对　DNA pairing**
一种由寡脱氧核苷酸单链与靶 DNA 的互补链杂交形成异源双链 DNA 的过程。

**04.410　DNA 螺距　DNA pitch**
DNA 分子中双螺旋沿螺旋轴旋转一周所平移的直线距离。

**04.411　DNA 重排　DNA rearrangement**
DNA 分子中发生的一种反应，反应可涉及众多序列位置的改变和分子价键的重新排布，但不发生任何原子的丢失。

**04.412　DNA 重组　DNA recombination**
DNA 分子内或分子间发生的遗传信息的重新共价组合过程。包括同源重组、特异位点重组和转座重组等类型，广泛存在于各类生物。体外通过人工 DNA 重组可获得重组体 DNA，是基因工程中的关键步骤。

**04.413　DNA 修复　DNA repair**
细胞对内外诱变因素造成的 DNA 损伤和复制过程中发生非标准碱基的参入，以及碱基错配所造成的 DNA 结构和序列错误的一种纠正功能和过程。所有细胞都具有特定的 DNA 修复酶系统以确保遗传信息的正常流动。编码这些酶的基因的突变可能影响修复过程并引起基因组一连串的不可修复的突变而导致癌症的发生。

**04.414　DNA 复制起点　DNA replication origin**
DNA 分子上的复制起始部位，为富含 AT 的序列，多呈十字形结构，是复制子的组成部分。DNA 复制起点决定了复制的起始和起始频率。

**04.415　DNA 限制性　DNA restriction**
宿主菌利用其本身具有的限制-修饰系统对

进入细胞内的外源 DNA 的一种控制作用，即宿主菌产生的限制性酶（有三类）可以对未与载体重组的外源 DNA 进行切割，使其不能在细胞内进行繁殖。

**04.416 DNA 拓扑学 DNA topology**

分子生物学中的一门分支学科，专门研究 DNA 在变形后仍然保留下来的结构特征，涉及 DNA 可能的缠绕或变形及从属于它们的数学问题。DNA 拓扑学研究对复制、转录和重组，包括对许多病毒生活周期非常重要的重组事件都很重要。拓扑异构酶可以改变 DNA 的拓扑结构。

**04.417 DNA 扭转应力 DNA torsional stress**

使用相等且相反的旋转力作用于 DNA 的两条多核苷酸链，使其相对于长轴产生某种旋转所产生的作用力。根据施加旋转力的方向，产生的 DNA 扭转应力有正的和负的两种。负应力促进了相对于 B 型 DNA 负超螺旋结构的形成，而正应力促进了相对于 B 型 DNA 正超螺旋结构的形成。

**04.418 DNA 扭曲 DNA twist**

DNA 分子中两条链相对于长轴的旋转。DNA 扭曲产生的应力如不能释放会造成 DNA 分子的超螺旋。

**04.419 DNA 结合模体 DNA-binding motif**

DNA 结合蛋白中与 DNA 发生相互作用的区域所具有的特定的结构模式。如锌指结构、亮氨酸拉链、螺旋-转角-螺旋、螺旋-环-螺旋等。

**04.420 DNA 分型 DNA typing**

又称"DNA 指纹（DNA fingerprint）"。通过分子基因分型比较鉴定生物个体的一种 DNA 分析技术。用以进行比较的生物样品的 DNA 通过限制性核酸内切酶酶切、电泳分离和同位素标记的重复 DNA 杂交，可以提供对于每个个体特异的放射自显影带型。

**04.421 DNA 噬菌体 DNA phage**

能感染细菌并在细菌内复制自身的 DNA 病毒。

**04.422 嵌合质粒 chimeric plasmid**

一种在体外通过连接不同的质粒片段而构建成的杂合质粒分子。在转化进入宿主细胞后，会形成具有新的生物学功能的复制子。

**04.423 质粒拷贝数 plasmid copy number**

细菌细胞中每个染色体所平均具有的质粒 DNA 分子数。质粒所含拷贝数的多少由质粒的复制类型所决定。

**04.424 质粒不相容性 plasmid incompatibility**

细菌质粒分类的一种标准，指在无选择压力的条件下，亲缘关系密切的不同质粒或同一不相容群的质粒不能稳定共存于同一宿主细胞，在细胞增殖过程中将有一种被排斥的现象。

**04.425 质粒不稳定性 plasmid instability**

质粒在宿主细胞中因种种偶然因素诱发产生无质粒或拷贝数减少的突变体，以及因结构重排而造成克隆基因无法表达的突变体的现象。质粒不稳定性包括分离的不稳定性和结构的不稳定性。

**04.426 质粒维持序列 plasmid maintenance sequence**

存在于重组质粒中的、与保持其在宿主中稳定复制有关的序列。如乳酸菌质粒 pGT232 的一段由双链复制起点和编码复制起始蛋白 repA 的基因所组成的 1.7 kb 的序列。

**04.427 质粒分配 plasmid partition**

在原核细胞分裂过程中质粒从亲代细胞进入子代细胞的过程。该行为由质粒分子上特定的编码主动分配体系的 par 区段负责，其直接影响细胞分裂中质粒拷贝的分配行为。

**04.428 质粒表型 plasmid phenotype**
由于质粒的存在而赋予宿主细胞在一定环境条件下所表现的性状。包括对抗生素的抗性、产生抗生素、某些代谢特征和宿主控制的限制与修饰作用等。

**04.429 质粒获救 plasmid rescue**
又称"质粒拯救"。一种通过构建同源辅助质粒,使携带外源 DNA 的外来质粒能与之重组而被摄入细菌的技术。

**04.430 质粒复制 plasmid replication**
质粒在宿主细胞内独立于细菌染色体通过复制机制增加其拷贝数的过程。

**04.431 质粒复制子 plasmid replicon**
在质粒 DNA 中能进行自主复制并维持正常拷贝数的一段最小的 DNA 序列。

**04.432 复制 replication**
DNA 或 RNA 基因组的扩增过程。在这个过程中,以亲代核酸链作为合成的模板,按照碱基配对原则合成子代分子。

**04.433 DNA 复制 DNA replication**
从亲代 DNA 合成子代 DNA 的过程。根据沃森-克里克提出的 DNA 双螺旋模型和 DNA 的复制机制:亲代 DNA 的两条链解开,每条链作为新链的模板,从而形成两个子代 DNA 分子,其中每一个子代 DNA 分子包含一条亲代链和一条新合成的链。

**04.434 半保留复制 semiconservative replication**
沃森-克里克根据 DNA 的双螺旋模型提出的 DNA 复制方式。即 DNA 复制时亲代 DNA 的两条链解开,每条链作为新链的模板,从而形成两个子代 DNA 分子,每一个子代 DNA 分子包含一条亲代链和一条新合成的链。

**04.435 并行复制 concurrent replication**
在 DNA 复制过程中,前导链与后随链同时进行复制的现象。

**04.436 自复制 self-replication**
质粒或其他染色体外 DNA 分子复制的时间以及速率不受染色体 DNA 控制的过程。

**04.437 单向复制 unidirectional replication**
只有一个复制叉向前移动的 DNA 复制过程。

**04.438 θ 型复制 θ-form replication**
环形 DNA 分子从其复制起始点开始复制,导致复制泡形成。这种含有复制泡的复制中间体的形状类似于希腊字母 θ 型结构。

**04.439 滚环复制 rolling circle replication**
某些双链环状 DNA 病毒复制的一种模型。按照这个模型,一条链首先被核酸酶切开,然后由 DNA 聚合酶催化在 3′端加上核苷酸单体,而此链的 5′端则作为正在增长的自由尾部滚出,形成比原双链分子大的中间产物。随后合成与自由尾部互补的片段,最后再通过连接酶的作用连接在一起。

**04.440 半不连续复制 semidiscontinuous replication**
DNA 复制时,一条链(前导链)是连续合成的,而另一条链(后随链)的合成却是不连续的。

**04.441 不连续复制 discontinuous replication**
在 DNA 复制过程中,前导链的复制是连续的,而后随链的复制是先合成一些短片段(冈崎片段),然后这些短片段通过连接酶形成完整的长链的复制过程。

**04.442 前导链 leading strand**
在 DNA 复制叉中,沿着模板链的 3′→5′方向以连续方式合成的 DNA 新链。

**04.443　后随链　lagging strand**

在 DNA 复制叉中,沿着模板链的 5′→3′方向以非连续方式合成的 DNA 新链。

**04.444　冈崎片段　Okazaki fragment**

在 DNA 不连续复制过程中,沿着后随链的模板链合成的新 DNA 片段,其长度在真核与原核生物当中存在差别,真核生物的冈崎片段长度约为 100～200 核苷酸残基,而原核生物的为 1000～2000 核苷酸残基。

**04.445　复制型　replicating form, RF**

病毒核酸在细胞复制过程中形成的中间产物。如单链 DNA 或 RNA 病毒在复制期间形成的双链中间物。

**04.446　复制叉　replication fork**

又称"生长叉(growing fork)"。正在进行复制的双链 DNA 分子所形成的 Y 形区域,其中,已解旋的两条模板单链以及正在进行合成的新链构成了 Y 形的头部,尚未解旋的 DNA 模板双链构成了 Y 形的尾部。

**04.447　复制泡　replication bubble**

又称"复制眼(replication eye)"。在线性双链 DNA 复制起始完成进入链的延长阶段后,形成两个沿着相反的方向移动的复制叉。这种双向复制的 DNA 结构被形象地称为复制泡。

**04.448　复制中间体　replication intermediate, RI**

DNA 复制过程中所产生的多种中间结构,包括泡状结构和 Y 字形结构等。

**04.449　起始点识别复合体　origin recognition complex, ORC**

特指复制起始点识别复合体。由数个不同的多肽链(通常是 6 个)构成的、能够识别复制起始点并与其相结合的蛋白质复合体。参与真核生物的 DNA 复制起始过程。

**04.450　引发　priming**

DNA 复制起始时或在合成每个冈崎片段之前,DNA 聚合酶不能从头开始合成 DNA 链,需要先用一个含引发酶的引发体合成一小段 RNA 引物,然后 DNA 聚合酶再沿着 RNA 引物进行 DNA 链的延长。

**04.451　引发体　primosome**

DNA 复制时,解旋酶、引发酶等多种蛋白质组成的蛋白质复合体,在后随链模板上移动,生成短片段 RNA 引物,用于 DNA 聚合酶合成冈崎片段。

**04.452　引发体前体　preprimosome**

又称"预引发复合体(prepriming complex)"。形成引发体之前的蛋白质复合体,引发前体与引发酶和一些相关蛋白质和酶形成引发体参与 DNA 复制。

**04.453　复制错误　replication error**

DNA 复制过程中核苷酸配对发生错误的现象。

**04.454　复制工厂模型　replication factory model**

一种关于细胞内染色体 DNA 复制过程中 DNA 复制体的组构及其定位的模型。认为在 DNA 复制过程中,复制体处在一个固定的位置,同时由多个复制体聚集在一起形成复制工厂,而模板链则是通过在复制工厂内移动来完成 DNA 复制,新复制的 DNA 从被锚定的复制叉推向细胞的相反端,导致复制终期核的分离。不同于复制体沿着 DNA 链移动的所谓"DNA 复制的火车模型"。

**04.455　复制执照因子　replication licensing factor, RLF**

真核细胞中一类能够参与启动 DNA 复制、但随后便失去其启动活性的蛋白质分子。其存在能严格控制真核细胞 DNA 在一个细胞周期当中只能复制一次。目前认为这些因子是一类微染色体维持蛋白质家族的成员。

**04.456　复制滑移　replication slipping**

在 DNA 复制过程中,当复制过程进行到模板链包含多个重复序列时,复制复合体会从模板链上暂时脱离,造成新合成链的 3′端会在短暂的时间内沿着模板链回缩,然后又与重复序列中的另外一组配对结合的现象。这样,复制会重新进行,但重复序列的某些部分会被多次复制。

**04.457　复制终止子　replication terminator**

某些原核生物环状 DNA 链复制的结束依赖于一段特定的 DNA 序列。

**04.458　可复制型载体　replication-competent vector**

含有完整复制起始点序列的载体,能够在一定条件下自行启动复制。

**04.459　自主复制载体　autonomously replicating vector**

含有能够充当复制起始位点的 DNA 序列的质粒,可以在细胞中进行独立复制。

**04.460　复制周期　replicative cycle**

病毒的增殖过程。病毒的复制周期包括吸附、穿入、脱壳、核酸(双链 DNA、单链 RNA 或逆转病毒 RNA)和蛋白质合成、装配和释放五个步骤。

**04.461　复制期　replicative phase**

常指病毒感染宿主的复制时期。如慢性乙肝病毒携带者可分为高复制期、低复制期和非复制期。高复制期时病毒在肝中大量复制,低复制期少量复制,非复制期测不到复制指标,肝损伤很少。

**04.462　复制子　replicon**

作为含有一个复制起始点的独立复制单元的一个完整 DNA 分子或 DNA 分子上的某段区域。质粒、细菌染色体和噬菌体等通常只有一个复制起始点,因而其 DNA 分子就构成一个复制子;真核生物染色体有多个复

制起始点,因而含有多个复制子。

**04.463　复制体　replisome, replication complex**

执行 DNA 复制功能的、由多种蛋白质构成的复合体。

**04.464　自复制核酸　self-replicating nucleic acid**

能够进行自复制的质粒和其他染色体外核酸分子。

**04.465　自主复制序列　autonomously replicating sequence, ARS**

又称"ARS 元件(ARS element)"。酵母细胞基因组中能够充当复制起始位点的 DNA 序列。能够支持质粒在真核细胞中进行独立复制。

**04.466　校对　proofreading**

通常是指在复制过程中改正碱基错误配对的机制。包括从增长的核苷酸链中识别和切除不正确的核苷酸,并以正确的核苷酸取代之。

**04.467　校对活性　proofreading activity**

DNA 聚合酶具有的 3′→5′外切核酸酶活性,负责切除在复制过程中错误配对的碱基,其功能是保证 DNA 复制的精确性。

**04.468　复制后修复　post-replication repair**

DNA 复制结束后,对 DNA 损伤进行的修复。这类修复通常发生在细胞周期的 $G_1$ 期或 $G_2$ 期,包括 DNA 链断裂修复、错配修复和切除修复等不同的修复方式。

**04.469　复制后错配修复　post-replicative mismatch repair**

DNA 复制后修复的一种。DNA 复制结束,仍可能存在一些未被修复的错配碱基,此时细胞中的错配修复系统就会在离损伤处最近的子代链上未被甲基化的 GATC 序列处产生一切口,随后外切酶会连续地朝着错配

存在的方向水解直到错配发生处。然后,细胞通过修复性合成填补缺口,从而将错配碱基修复。这种机制还可以修复一个至数个碱基缺失或插入的 DNA 损伤。

**04.470 3′→5′核酸外切编辑 3′→5′exonucleolytic editing**

在 DNA 复制过程中,利用 DNA 聚合酶的 3′→5′外切酶活性切除正在生长中的 DNA 链 3′端上的错配碱基。这是确保 DNA 复制保真性的三个机制之一。另外两个机制分别是利用聚合酶的内在区分能力选择正确的碱基和错配的修复。

**04.471 附加体 episome**

一类在细菌和某些真核细胞中存在的染色体外的遗传物质,能在细胞中独立存在并进行自我复制,也能整合到染色体,随同染色体的复制而进行复制。如 λ 噬菌体和 F 质粒。

**04.472 扩增子 amplicon**

能进行大量复制而使拷贝数不断增多的 DNA 或 RNA 序列。这种被大量复制的 DNA 序列往往经过人为的基因操作(如聚合酶链反应)得到或通过重组质粒转化菌扩增产生。

**04.473 修复体 repairosome**

在修复由紫外线造成的 DNA 链损伤的过程中发挥作用的酶和其他蛋白质组成的复合体。

**04.474 染色质组装因子1 chromatin assembly factor-1, CAF-1**

与新生 DNA 链结合,特异地识别组蛋白 H3 和 H4 及 H3/H4 组成的四聚体。定位结合于复制叉之后,可增加 H3/H4 四聚体的稳定性。需经磷酸化后才有活性,其缺失将严重影响细胞周期进程,使其阻滞在 S 期。

**04.475 限制修饰系统 restriction modification system**

简称"限制系统(restriction system)"。原核细胞保护自己,选择性降解外源 DNA 的一种机制。包括两类酶,即限制性核酸内切酶和 DNA 甲基化酶。前者负责降解进入原核细胞的外源 DNA,后者则对细胞自身的 DNA 进行甲基化,从而保护细胞的 DNA,使其不被细胞内的限制性核酸内切酶降解。

**04.476 基因 gene**

编码蛋白质或 RNA 等具有特定功能产物的遗传信息的基本单位,是染色体或基因组的一段 DNA 序列(对以 RNA 作为遗传信息载体的 RNA 病毒而言则是 RNA 序列)。包括编码序列(外显子)、编码区前后对于基因表达具有调控功能的序列和单个编码序列间的间隔序列(内含子)。

**04.477 前基因组 pregenome**

某些病毒基因组 DNA 进入细胞核后,在宿主 RNA 聚合酶作用下产生的一条作为遗传信息载体的信使核糖核酸(mRNA)。可以通过逆转录形成双链的病毒基因组 DNA。

**04.478 原基因 protogene**

(1)原始蛋白质的基因。(2)在生命形成早期 RNA 世界中,存在的 RNA 基因组的组成部分。

**04.479 假基因 pseudogene**

基因组中存在的一段与正常基因非常相似但不能表达的 DNA 序列。分为两大类:一类保留了相应功能基因的间隔序列,另一类缺少间隔序列,称为加工过的假基因或返座假基因。

**04.480 热激基因 heat shock gene**

曾称"热休克基因"。原核和真核生物基因组中的一组特定的基因,在高于通常生存温度的环境中能合成某些特定的蛋白质(即热激蛋白),以应对改变了的生存条件。

**04.481 外源基因** exogenous gene

存在于生物的基因组中、原来没有的外来基因。可以通过基因操作获得。

**04.482 异源基因** heterologous gene

来自不同物种的、在进化过程中不源于共同祖先的基因。

**04.483 同源基因** homologous gene

来自同一物种或不同但相关物种的、在进化过程中源于共同祖先的基因。它们彼此在核苷酸序列上是等同或相似的。

**04.484 种内同源基因** paralogous gene

同种生物中源自同一祖先基因,但在进化过程中由于突变、选择和漂变而发生趋异进化并占据不同基因座的基因。

**04.485 管家基因** house-keeping gene

又称"持家基因"。对所有细胞的生存提供基本功能,因而在所有细胞中表达的基因。其产物在不同的细胞中保持一定的浓度,不易受环境条件的影响,具有稳定的调控机制。如编码糖酵解和柠檬酸循环的酶的基因。

**04.486 检验点基因** checkpoint gene

与细胞周期不同阶段间的转换控制有关的基因。对细胞周期的调控可以保证细胞周期的关键阶段完成后再进入下一阶段,同时也保证了染色体的完整性。*RAD9*基因是酵母中发现的第一个检查点基因,在DNA受损时能控制延缓细胞由$G_2$期进入M期。

**04.487 嵌合基因** chimeric gene

通过重组由来源与功能不同的基因序列剪接而形成的杂合基因。

**04.488 组成性基因** constitutive gene

一类在任何情况下不经诱导均在细胞中有所表达的基因。其编码产物对细胞的正常功能是必需的。构成细胞基本组分的基因和与细胞基本代谢相关的基因通常都属于组成性基因。

**04.489 抗药性基因** drug-resistance gene

使生物体或细胞具有抵抗某种药物特性的基因。多为突变型微生物的质粒DNA所具有的能编码对药物具有抗性产物的基因。

**04.490 裂隙基因** gap gene

曾称"缺口基因"。果蝇中的一类在其胚胎发育早期发挥作用的基因。这些基因的突变会导致果蝇分节的缺陷。克吕佩尔(Krupple)蛋白和驼背(hunchback)蛋白即为裂隙基因的产物。

**04.491 同等位基因** isoallel

一种与正常等位基因非常类似的等位基因,但与突变的等位基因重组时,由于其不同的表型表达能与正常的等位基因加以区别。

**04.492 致死基因** lethal gene

一类因突变使生物表现出众多不利性状的基因。显性的致死基因可导致杂合子在成熟前死亡,而隐性的致死基因则对纯合子是致命的。

**04.493 半致死基因** semilethal gene

存在于生物基因组内、可以严重地妨碍生物生长发育的基因。这种基因通常以杂合形式存在,基因的表现是隐性的,在以纯合子存在时导致病变。

**04.494 亚致死基因** sublethal gene

其存在可以妨碍或减弱生物体正常功能发挥的一种基因。

**04.495 线性基因组** linear genome

构成生物体全部遗传信息的核酸分子的一种结构形式,具有这种结构形式的长链核酸分子的5′端和3′端都是游离的。具有线性基因组的生物包括真核生物、某些噬菌体和病毒,其基因组的完整复制依赖于各种有别于具有环状基因组的生物。

**04.496 连锁基因 linked gene**
由于在同一个染色体上相关连而通常在遗传上连锁的两个或多个非等位基因。可组成一个连锁群。按其非等位基因可否发生交换分为完全连锁基因和不完全连锁基因。

**04.497 基因座 locus, loci(复数)**
一个基因或某些其他的 DNA 序列在染色体上所处的特定位置。每个基因座用染色体编号数、臂和其在染色体上所处位置表示，如杜兴肌营养不良基因的基因座用 Xp21 表示。遗传连锁图可以显示染色体上基因座的排列顺序和彼此间的遗传图距。

**04.498 母体效应基因 maternal-effect gene**
在卵子发生期间从母体基因组转录的基因，其产物在受精前表达，所以胚胎的遗传表型是单独决定于母体的等位基因，决定卵的极性的基因就属于这类基因。

**04.499 镶嵌基因组 mosaic genome**
由不同生物基因组的 DNA 序列经过重新组合而形成的一套杂合的生物体基因。

**04.500 裸基因 naked gene**
(1)无蛋白质外壳的类病毒，其暴露的基因通常是 RNA。(2)基因治疗或基因疫苗采用外源具功能性的纯 DNA，可直接注入生物机体内产生效应。(3)生命起源过程中出现最初的生命形态，仅有能自我复制的核酸。

**04.501 结瘤基因 nodulation gene, *nod* gene**
简称"*nod* 基因"。根瘤菌与豆科植物共生时宿主根部生结节所必需的基因。包括 *nod A*、*nod B*、*nod C* 等基因。

**04.502 核基因 nuclear gene**
真核生物中位于细胞核内染色体上的基因。

**04.503 细胞质基因 plasmagene, cytogene**
又称"核外基因"。存在于真核生物线粒体和叶绿体等细胞器内的基因。

**04.504 孤独基因 orphan gene, orphon**
由串联重复基因派生出来的一种分散的单个基因或假基因，来自于多基因家族。

**04.505 质体基因 plastogene**
存在于质体中的细胞质基因。有相对的自主性，可自我复制，可转录相应的信使核糖核酸(mRNA)、转移核糖核酸(tRNA)和核糖体核糖核酸(rRNA)等。

**04.506 多效基因 pleiotropic gene**
能产生彼此不同的，且明显无关的多重遗传性状的基因。当其发生突变后会引起多种性状的改变。

**04.507 多基因 polygene**
决定数量性状的一组基因，其每个成员在决定遗传性状上单独发挥的影响很小，但具有累加的遗传效应，所以一组这样的基因共同控制一个数量性状。

**04.508 多基因学说 polygenic theory**
一种认为多基因的共同作用才能引起遗传病的学说。按照这种学说，子代只有从亲代双方获得与疾病相关的所有基因才会表现出某种遗传病的症状。

**04.509 数量性状基因座 quantitative trait locus**
一组共同编码在种群中连续变化的数量性状基因中的一个基因在染色体上的位置。

**04.510 重排基因 rearranging gene**
在功能淋巴细胞发育中，与 V(D)J 重组有关的基因。已发现的有 α、β、γ 和 δ 链的基因。

**04.511 重组活化基因 recombination activating gene, *RAG***
参与激活 V(D)J DNA 重组作用的基因。在 V(D)J 重组中重组活化基因的产物可调节依赖于重组信号序列的切割作用。

**04.512　调节基因　regulatory gene**
控制编码 RNA 基因或蛋白质基因表达的基因。如编码激活蛋白或阻遏蛋白的基因。

**04.513　核糖体基因　ribosomal gene**
编码核糖体核糖核酸（rRNA）的 DNA 序列。广义也包括编码核糖体蛋白质的 DNA 序列。

**04.514　性别决定基因　sex-determining gene**
决定生物个体性别的基因。在许多动物物种中，这些基因位于 X 染色体和 Y 染色体上，性别的决定与雄激素和雌激素的分泌有关。

**04.515　性连锁基因　sex-linked gene**
一类特殊的连锁基因，指某个产生一定遗传性状的（通常与性特征的第一性状和第二性状无关）位于性染色体上的基因，如位于人类 X 性染色体上的红绿色盲基因等，表现为伴性遗传现象。

**04.516　开关基因　switch gene**
控制个体发育途径及起始和终止的基因。引起总发育体系在可选择的相关的细胞途径中进行转换。开关基因的产物控制具有正常功能的发育，某些情况下也可造成致癌性的转化。

**04.517　同线基因　syntenic gene**
不同生物中处于相应染色体上的基因。

**04.518　温度敏感基因　temperature-sensitive gene**
简称"ts 基因（ts gene）"。一种突变基因，具有这种突变基因的突变体在许可温度下有野生型的表型，但在非许可温度下显示突变的遗传表型而不能繁殖，这是由于在非许可温度下，突变基因所编码的蛋白质缺乏其应有的功能。

**04.519　时序基因　temporal gene**
按照发育、分化等进程表达的基因。如构成

人血红蛋白的各种珠蛋白分子链的编码基因，分别在胎儿、婴儿和成年等不同时期以不同的强度进行表达，从而产生出不同类型的血红蛋白。

**04.520　组织特异性消失基因　tissue-specific extinguisher, *TSE***
在体细胞杂交中杂种细胞失去的亲本细胞基因。一种在体细胞杂种中能对某些亲本细胞基因的转录起明显抑制作用的基因，其产物为依赖于环腺苷酸（cAMP）的蛋白激酶的调节亚基，通过环腺苷酸应答元件发挥作用。

**04.521　癌基因　oncogene**
一类与癌的生成有关的基因。其表达过分活跃可导致细胞发生癌变。源自细胞中的正常基因——细胞癌基因，最初因致癌病毒的转化基因而被发现。

**04.522　细胞癌基因　cellular oncogene**
简称"c 癌基因（c-oncogene）"。又称"原癌基因（proto-oncogene）"。细胞内正常存在的基因。通常参与调节细胞的增殖和生长。其突变或不恰当表达会引起细胞癌变。

**04.523　病毒癌基因　viral oncogene**
简称"v 癌基因（v-oncogene）"。病毒具有的一种可以使宿主细胞发生癌变的基因。源自细胞中的正常基因——细胞癌基因。

**04.524　抑癌基因　antioncogene, tumor suppressor gene, cancer suppressor gene**
又称"抗癌基因"，"肿瘤抑制基因"。编码对肿瘤形成起阻抑作用的蛋白质的基因。正常情况下负责控制细胞生长和增殖。当这些基因不能表达，或者当其产物失去活性时，可导致细胞癌变。如 *p53* 基因和成视网膜细胞瘤基因（*Rb* 基因）。

**04.525　基因超家族　gene superfamily**
一组由于序列的同源性，通过序列排比可以

彼此匹配而相关的基因。决定同源的主要标准是核苷酸残基的保守性,而功能的相似性是附加的标准。

## 04.526 基因组组构 genome organization

生物的基因组在诸如各基因的排列顺序、基因的结构、同源基因的序列差异等基因组结构上的特征。

## 04.527 基因组重构 genome reorganization

由于进化中的选择压力所造成的物种间在基因组结构特征上的改变。可以通过染色体重排(如缺失、扩增、置换等)形成。

## 04.528 基因扩增 gene amplification

某个或某些基因的拷贝数选择性增加的现象。这种增加可以发生在细胞或组织内,也可以在体外(试管中)或在细胞或组织中。这种增加一般与基因组的其他基因的增加不成比例,如编码核糖体核糖核酸(rRNA)的基因在爪蟾卵母细胞成熟中的扩增,原来一组大约 500 拷贝的 rRNA 基因可以扩增大约 4000 倍,达到 200 万个拷贝数。基因扩增在癌细胞中也发挥作用。

## 04.529 基因簇 gene cluster

基因家族中来源相同、结构相似和功能相关的基因在染色体上彼此紧邻所构成的串联重复单位。一个基因簇中的基因往往是编码催化同一新陈代谢途径的不同步骤的酶的结构基因。

## 04.530 基因重复 gene duplication

基因组中特定 DNA 序列的多个拷贝的重复排布,通常由生殖细胞减数分裂时染色体不等交换所形成,是生物进化的一个关键机制,使每个基因可以独立地进化而形成彼此有别的功能。

## 04.531 基因流 gene flow

通过杂种繁殖,基因从一个种群到另一个种群的移动。有时,地质事件如地理障碍能阻碍基因在物种种群中的自由移动。由于在地理障碍两侧每一个分离的类群的基因库的细微改变,经过一段长的时期后会导致新物种的形成。

## 04.532 基因数悖理 gene number paradox

基因数的反常现象,即按照通常认为的"一个基因一条多肽"的理论,从基因组测序结果预期的基因数目与细胞中存在的蛋白质种类之间存在的矛盾。

## 04.533 基因系统发育 gene phylogeny

通过比较 DNA 序列之间的差异建立的 DNA 分子之间的一种进化关系。

## 04.534 基因污染 gene pollution

转基因生物技术使用不当可能造成的对环境的污染。这是因为转基因生物可以通过有性生殖将所携带的重组基因扩散到同类生物,包括自然界的野生物种中,成为后者基因组的一部分。与其他形式的环境污染不同,生物的生长和繁殖可能使基因污染蔓延而不可逆转。

## 04.535 基因线 genophore, genonema

特指原核生物和病毒的遗传物质(DNA 或 RNA),区别于用于表示真核生物遗传物质而在结构上与原核生物不同的染色体。

## 04.536 基因病 genopathy

由于基因异常所导致的疾病。按控制疾病的基因遗传特点可分为单基因病、多基因病和获得性基因病。

# 05. 基因表达与调控

**05.001　中心法则　central dogma**

分子生物学的基本法则，是 1958 年由克里克(Crick)提出的遗传信息传递的规律，包括由 DNA 到 DNA 的复制、由 DNA 到 RNA 的转录和由 RNA 到蛋白质的翻译等过程。20 世纪 70 年代逆转录酶的发现，表明还有由 RNA 逆转录形成 DNA 的机制，是对中心法则的补充和丰富。

**05.002　基因表达　gene expression**

使基因所携带的遗传信息表现为表型的过程。包括基因转录成互补的 RNA 序列。对于结构基因，信使核糖核酸(mRNA)继而翻译成多肽链，并装配加工成最终的蛋白质产物。

**05.003　基因表达调控　gene expression regulation**

指位于基因组内的基因如何被表达成为有功能的蛋白质(或 RNA)，在什么组织中表达，什么时候表达，表达多少等等。在内、外环境因子作用下，基因表达在多层次受多种因子调控。基因表达调控的异常是造成突变和疾患的重要原因。

**05.004　差异表达　differential expression**

基因表达调控的一种方式。指在对信号或诱导物做出应答时，选择表达不同的基因，或使基因的表达水平有所不同。

**05.005　表达度　expressivity**

又称"表现度"。个体基因表达的变化程度。同一基因型的不同个体在性状或疾病的表现程度上的差异。可以因环境因子的差异、其他基因的影响或者个体遗传背景的不同等引起。

**05.006　超表达　overexpression**

由于过度激活内源基因或导入外源基因造成某个基因的表达量超过正常生理水平。

**05.007　共表达　coexpression**

多个基因一起表达，同时出现它们的产物。这些基因可以是同时存在而分别或共同地受控表达。

**05.008　异位表达　ectopic expression**

基因能够在通常情况下不表达该基因的组织或细胞中表达的现象。如将基因注射到胚胎中，可在通常不表达其部位或者在转基因动物中表达。

**05.009　组成型表达　constitutive expression**

基因在所有情况下都以相同速度进行表达。构成细胞基本组分的基因和细胞基本代谢相关基因通常以这种方式表达，以使细胞的基本功能得以维持。

**05.010　诱导型表达　inducible expression**

某些基因在通常情况下不表达或表达程度很低，但在诱导物(如代谢产物)的作用下，该基因的转录和表达被启动或增强。

**05.011　同种异形基因表达　allotopic gene expression**

同一种属生物的不同个体间基因表达的差异，这是等位基因变异造成的，结果使同一蛋白质产物在不同个体间有所差异。

**05.012　长末端重复[序列]　long terminal repeat, LTR**

长度为 300～1800 核苷酸，存在于逆转录病毒 RNA 及其逆转录产生的 DNA 中，也见于逆转录转座子。具有调节病毒基因转录、复制以及病毒基因整合等功能。

**05.013　转座　transposition**

转座元件或转座子以相同或不相同的自身拷贝,在基因组内或生命体之间移动位置的过程。可引起基因组重排、基因突变、表型变化等。

**05.014 转座元件** transposable element
生物体内非游离的、能自复制或自剪切拷贝的、并能以相同或不相同拷贝在该生物体基因组内不断移动位置的功能性 DNA 片段。

**05.015 转座子** transposon,Tn
转座元件中的一种,具有完整转座元件的功能特征并能携带内外源基因组片段(单基因或多基因)。在基因组内移动或在生命体之间传播并可表达出新的表型。

**05.016 报道转座子** reporter transposon
在转座子处插入报道基因,如某种抗性基因和酶基因等,作为这段序列是否发生转座的标记。

**05.017 顺式[作用]元件** *cis*-element,*cis*-acting element
DNA、RNA 或者蛋白质中的一些特殊的核酸或氨基酸残基序列,只作用于与其连接在一起的靶,而不作用于不与其相连的靶。

**05.018 *Ty* 元件** *Ty* element
一种酵母转座子组分,是酵母基因组内长约 6.3 kb 且两端各有一段约 340 bp 同向重复序列的一组散在的 DNA 片段,约有 35 个拷贝。

**05.019 基因转座** gene transposition
通过转座元件等的作用使一段 DNA 从基因组的一个部位转移到另一个部位的现象。

**05.020 基因组构** gene organization
(1)单个基因的组成结构。一般包含启动子、增强子、非翻译序列、编码序列等。真核生物和原核生物的一个显著区别是前者具有内含子。(2)广义指一个完整的生物个体内基因的组织排列方式。原核和真核生物

的一个显著区别是原核生物的结构基因成串分布,使它们有可能简单地受单一信号或单一启动子的调控,能够被同时转录或不转录。

**05.021 结构基因** structural gene
负责编码细胞代谢途径中组成型蛋白质的基因。其所编码的蛋白质一般不作为调节因子。

**05.022 沉默等位基因** silent allele
在染色体基因座的一对等位基因中,不被激活表达的那一个等位基因。

**05.023 反基因组** antigenome
RNA 病毒的基因组是 RNA,它们感染宿主细胞并进入细胞核后利用细胞的 RNA 聚合酶Ⅱ转录出的与其基因组互补的 RNA。

**05.024 基因沉默** gene silencing
在转录或翻译水平上显著抑制或终止基因表达的现象,从而使基因表达大大下降甚至停止。

**05.025 基因多样性** gene diversity
一个物种的特定群落中的成员,由于来自大量有着轻微差异的共同祖先,在染色体水平上呈现不同的现象。这种性质使得该群体对于疾病和生态环境的变化有更好的耐受性。

**05.026 基因丰余** gene redundancy
基因组中几个不同的基因行使相同或类似功能的现象。

**05.027 基因间重组** intergenic recombination
基因组内不同基因之间重新组合形成新的基因型。

**05.028 基因间阻抑** intergenic suppression
一个基因的突变表型被另外一个或多个基因突变所逆转,因而使突变基因的功能得到恢复的现象。

**05.029 基因内阻抑 intragenic suppression**
在一个部位发生突变而失去野生型的基因内部的另外一个部位发生第二次突变,从而使野生型得以恢复的现象。

**05.030 基因拷贝 gene copy**
编码一个基因的 DNA 序列在基因组内完整地出现一次,称为该基因的一个拷贝。只出现一次的基因称"单拷贝基因(single-copy gene)",重复出现多次的基因称"多拷贝基因(multicopy gene)"。

**05.031 基因趋异 gene divergence**
来源于同一个祖先基因在功能上具有相关性的两个基因表现在核酸序列上的差别度,通常用百分比的形式表示。

**05.032 基因融合 gene fusion**
两个或两个以上基因的部分或全部的序列构成一个新的杂合基因的过程。

**05.033 基因失活 gene inactivation**
由于调控元件的突变,基因移位至异染色质部位,或编码序列出现突变、移框等因素导致基因不能正常表达的现象。

**05.034 基因缺陷 gene defect**
由于某种原因(如核苷酸的缺失或突变)导致基因不能行使正常功能的现象。

**05.035 基因破坏 gene disruption**
基因由于某种原因(如核苷酸的缺失或插入)遭到损害而失活的现象。也可以是通过体外或体内重组的方法用一个便于检测的突变基因插入或替代野生型基因的过程。

**05.036 基因突变 gene mutation**
由于核酸序列发生变化,包括缺失突变、定点突变、移框突变等,使之不再是原有基因的现象。

**05.037 基因位置效应 gene position effect**
因基因位置不同而影响基因表达的现象。

如分裂间期染色体上的一些部分是高度压缩的,而另一些部分是松散包装的。位于染色体上不同位置的基因由于受到染色质状态的影响而可以有不同的表达情况。

**05.038 基因整合 gene integration**
借助同源重组等方式将一个 DNA 片段插入到基因组中的过程。

**05.039 基因置换 gene replacement**
通过基因操作等用一个基因替换另一个基因的过程。如用正常基因替换有缺陷的基因,使基因的功能得以恢复。

**05.040 基因重叠 gene overlapping**
同一段核酸序列参与了不同基因编码的现象。

**05.041 基因重排 gene rearrangement**
基因的可变区域通过基因的转座,DNA 的断裂错接而使正常基因顺序发生改变的现象。尤指在 B 细胞分化过程中抗体基因的重排及 T 细胞抗原受体基因的重排。

**05.042 基因重组 gene recombination**
造成基因型变化的核酸的交换过程。包括发生在生物体内(如减数分裂中异源双链的核酸交换)和在体外环境中用人工手段使不同来源 DNA 重新组合的过程。

**05.043 基因组重排 genome rearrangement**
基因组内不同基因的次序重新排列的现象。对基因表达调节、细胞分化和生物进化都有重要作用。如 B 淋巴细胞在分化期间发生基因组重排而产生抗体多样性。

**05.044 双义基因组 ambisense genome**
RNA 病毒基因组的一种组织形式。即基因组的两条链都含有某些编码信息,每条链的极性是不同的,翻译方向是相反的。

**05.045 同源重组 homologous recombination**
发生在 DNA 同源序列之间、有相同或近似碱基序列的 DNA 分子之间的遗传交换。

**05.046　顺反子　cistron**
编码单条多肽链的一个遗传功能单位,即转录单位。

**05.047　单顺反子　monocistron**
在多数真核生物中,编码蛋白质的基因的初级转录物,被加工成一种信使核糖核酸(mRNA),一般翻译出一条多肽链。

**05.048　多顺反子　polycistron**
受同一个控制区调控的一组基因。它们前后排列,并一起被转录和翻译而得到一组功能相关的蛋白质或酶。多见于原核生物。

**05.049　基因间区　intergenic region, IG region**
简称"IG 区"。多顺反子转录单位中的一段 DNA,处于一个基因的终止点和下一个基因的起始点之间。是染色体上两个相邻基因之间的序列,不被转录,占染色体序列的大部分。

**05.050　顺反子间区　intercistronic region**
多顺反子转录单位的一段 DNA,处于一个基因的终止点与下一个基因的起始点之间。

**05.051　单顺反子 mRNA　monocistronic mRNA**
能翻译成一条肽链的信使核糖核酸(mRNA),来自单顺反子。

**05.052　双顺反子 mRNA　bicistronic mRNA**
翻译产生两种蛋白质的同一个信使核糖核酸(mRNA)分子。

**05.053　多顺反子 mRNA　polycistronic mRNA, multicistronic mRNA**
两个以上相关基因串在一起转录所得到的信使核糖核酸(mRNA)。多顺反子 mRNA 一般可同步翻译产生功能相关的多个蛋白质或酶。

**05.054　外显子　exon**
基因组 DNA 中出现在成熟 RNA 分子上的序列。外显子被内含子隔开,转录后经过加工被连接在一起,生成成熟的 RNA 分子。信使核糖核酸(mRNA)所携带的信息参与指定蛋白质产物的氨基酸排列。

**05.055　外显子插入　exon insertion**
一个或者多个外显子从一个基因参入到另一个基因中去的现象。其结果是使剪接更有多样性,造成可读框移动,出现翻译终止密码子而使蛋白质合成中止或产生新的蛋白质。是进化中出现新事物的一个源泉。

**05.056　外显子混编　exon shuffling**
一个基因内部或 RNA 分子上外显子的重新排列组合。严格地说,外显子复制和外显子插入都是外显子混编。体内和体外的外显子混编是产生抗体多样性的一个重要途径。

**05.057　外显子重复　exon duplication**
(1)一个基因内部产生一个或者多个外显子的复制拷贝。(2)两分子同种前体 RNA 进行反式剪接时,成熟 RNA 分子上出现重复的外显子序列。

**05.058　外显子跳读　exon skipping**
信使核糖核酸(mRNA)剪接多样性中的一种主要形式。可以跳过一个或者多个外显子进行剪接。

**05.059　内含子　intron**
真核生物细胞 DNA 中的间插序列。这些序列被转录在前体 RNA 中,经过剪接被去除,最终不存在于成熟 RNA 分子中。内含子和外显子的交替排列构成了割裂基因。在前体 RNA 中的内含子常被称作"间插序列"。

**05.060　内含子归巢　intron homing**
导致一段内含子序列转移的现象。这类内含子的移动由可移动内含子编码的、位置特异的限制性核酸内切酶介导。

**05.061 非编码区 non-coding region**
基因的一部分,不编码相应的氨基酸序列。如基因的启动子和顺式调控序列等。

**05.062 非编码序列 non-coding sequence**
基因中不具有编码功能的序列。如真核生物基因的内含子、启动子等。

**05.063 基因切换 genetic switch**
又称"遗传切换"。细胞或机体停止表达一个基因或基因簇转而表达另外的基因或基因簇的现象。

**05.064 表型 phenotype**
生物体在基因型及其与环境相互作用下所产生的物理表观和可观察到的性质。

**05.065 基因型 genotype**
生物体的遗传信息组成,包括染色体和染色体外所包含的基因信息。具有同样基因型的生物体的基因结构相同。

**05.066 基因图谱 genetic map**
又称"遗传图谱"。用以表示基因在一个DNA分子(染色体或质粒)上相对位置、连锁关系或物理组成(序列)的图示。

**05.067 基因印记 genetic imprinting**
传给子代的亲本基因在子代中表达的状况取决于基因来自母本还是父本的现象。该现象在合子形成时已经决定,是涉及基因表达调控的遗传。目前发现导致这种遗传差异的有DNA甲基化、假基因作用、染色质构象等因素。

**05.068 组件模型 cassette model**
又称"盒式模型"。若干特定元件组合成具有功能的整套系统序列。用于解释酵母交配型转换机制的一种基因表达调节模式等。

**05.069 编辑 editing**
(1)为了保证遗传信息传递的保真性,校正错误分子结构的过程。如DNA聚合酶Ⅰ的

3′→5′核酸外切酶活性能切除正在合成的链末端的错配碱基。(2)特指RNA编辑。转录后改变RNA的序列,包括核苷酸的插入、缺失、替代等,最后产生RNA分子的序列不同于基因模板的序列。

**05.070 错参 misincorporation**
特指一个错误的单体或类似物参入到一个多聚体的过程。尤其是DNA复制过程中,子链上形成错误的碱基。

**05.071 错插 misinsertion**
特指DNA复制过程中插入错误的、不与模板匹配的碱基。

**05.072 错配修复 mismatch repair**
一种纠正DNA复制过程中错配碱基的机制。核酸外切酶识别不能形成氢键的错配碱基,并切除一段多核苷酸,缺口由DNA聚合酶Ⅰ修补及DNA连接酶封口。

**05.073 起始因子 initiation factor**
与多肽链合成起始有关的蛋白质因子。翻译起始因子和转录起始因子的统称。

**05.074 转录起始因子 transcription initiation factor**
参与转录起始作用的蛋白质因子。如RNA聚合酶的σ亚基。

**05.075 起始子 initiator**
(1)一种基因产物能与复制子中的某个复制位点发生特异作用,导致新一轮DNA复制过程的启动。(2)核酸的转录或翻译的起始点。

**05.076 散在重复序列 interspersed repeat sequence**
曾称"散布重复序列"。真核细胞基因组内以分散形式存在于染色体中的相似拷贝的序列。

**05.077 连读 read-through**

又称"通读"。(1)越过了 DNA 中正常的终止信号的转录。其原因可能是 RNA 聚合酶不能识别终止子、终止因子与终止序列暂时分离等。(2)越过了信使核糖核酸(mRNA)中正常终止密码子的翻译。可能是由于无义校正转移核糖核酸(tRNA)对终止密码子的抑制作用引起的。

**05.078 温度敏感突变体** temperature-sensitive mutant, ts mutant

简称"ts 突变体"。具有温度条件限制的突变型生物体。当其生长温度从限制性温度范围发生由低到高(热敏)或由高到低(冷敏)改变时,某种基因产物的活性丧失或改变,从而导致野生型转变为突变型。

**05.079 表观遗传调节** epigenetic regulation

与 DNA 排列顺序的变化无关的,调节基因表达的频率、速度或者表达度的过程。如 DNA 甲基化、组蛋白修饰等。这种调节不能通过种系或生殖细胞传递,但可通过细胞分裂传给子代,在静止细胞的细胞质中也能稳定地自我繁殖。这种调节的失误或减弱是造成细胞或机体老化、患病和癌变等的原因之一。

**05.080 表观遗传信息** epigenetic information

细胞或者多细胞生物中与 DNA 序列本身无关的,但可以传递给子代细胞的信息。这是在发育过程中获得的信息,能影响基因表达,也能对表型产生影响。如 DNA 甲基化、染色质结构改变和环境因子(如氧化剂和毒剂等)对 DNA 的修饰等。

**05.081 转录** transcription

遗传信息从基因转移到 RNA 的过程。RNA 聚合酶通过与一系列组分构成动态复合体,并以基因序列为遗传信息模板,催化合成序列互补的 RNA,包括转录起始、延伸、终止等过程。

**05.082 不对称转录** asymmetrical transcription

DNA 链是有极性的,RNA 聚合酶以不对称的方式与启动子结合,使得转录只能沿着一个方向进行。对一个基因而言,互补链中只有一条链被转录成 RNA。

**05.083 双向转录** bi-directional transcription

同一段双链 DNA 向两个方向转录。

**05.084 共转录** cotranscription

(1)原核生物的基因以多顺反子或操纵子形式存在,被转录为一个共同的信使核糖核酸(mRNA)。(2)通过基因操作使不同的基因同时在细胞或组织中一起转录。

**05.085 基础转录装置** basal transcription apparatus

通用转录因子和 RNA 聚合酶相互作用而形成的复合体。专一地识别被转录基因的启动子,决定着基因转录的起始位置并启动基因转录和 RNA 合成。

**05.086 通用转录因子** general transcription factor

RNA 聚合酶介导基因转录时所必需的一类辅助蛋白质,帮助聚合酶与启动子结合并起始转录。与作用于特定基因的调节蛋白不同,对所有基因都是必需的。

**05.087 转录激活因子** activating transcription factor, ATF

一个转录因子家族,通过识别和结合环腺苷酸应答元件而激活基因表达。环腺苷酸应答元件存在于很多病毒和细胞的基因启动子中。

**05.088 转录物** transcript

通过转录或(和)进一步加工所产生的 RNA 序列。如编码蛋白质的基因通过转录和加工(剪接等)得到成熟的信使核糖核酸(mRNA)。

**05.089 初级转录物** primary transcript

又称"mRNA 前体（mRNA precursor）"，"新生 RNA（nascent RNA）"。位于 RNA 聚合酶识别的起始和终止信号之间的一段模板 DNA 转录得到的最初的 RNA 分子。通过转录后加工修饰才成为相应的有功能的 RNA，如信使核糖核酸（mRNA）、核糖体核糖核酸（rRNA）、转移核糖核酸（tRNA）等。

**05.090　共转录物　cotranscript**

多顺反子或操纵子中各个基因共同转录所产生的转录物，编码并合成出多个蛋白质产物。或通过基因操作在一个细胞或组织中同时产生的不同基因转录物。

**05.091　辅阻遏物　corepressor**

又称"协阻遏物"。能够结合或者激活转录阻遏物，从而阻碍基因的转录和抑制蛋白质合成的物质。

**05.092　辅激活物　co-activator**

又称"辅激活蛋白"。一种能够增加序列特异性转录因子对真核细胞基因转录激活作用的辅助因子。对基础转录作用没有影响，通常与通用转录因子联结而起作用。

**05.093　操纵子　operon**

转录的功能单位。很多功能上相关的基因前后相连成串，由一个共同的控制区进行转录的控制，包括结构基因以及调节基因的整个 DNA 序列。主要见于原核生物的转录调控，如乳糖操纵子、阿拉伯糖操纵子、组氨酸操纵子、色氨酸操纵子等。

**05.094　半乳糖操纵子　*gal* operon，*gal***

在大肠杆菌的基因组中，负责半乳糖分解代谢的操纵子。除了上游的启动子和操纵基因外，与半乳糖利用相关的三个结构基因依次排列：*galE*（编码半乳糖差向异构酶）、*galT*（编码半乳糖转移酶）和 *galK*（编码半乳糖激酶）。

**05.095　乳糖操纵子　*lac* operon，*lac***

大肠杆菌中控制 β 半乳糖苷酶诱导合成的操纵子。包括调控元件 *P*（启动子）和 *O*（操纵基因），以及结构基因 *lacZ*（编码半乳糖苷酶）、*lacY*（编码通透酶）和 *lacA*（编码硫代半乳糖苷转乙酰基酶）。在没有诱导物时，调节基因 *lacI* 编码阻遏蛋白，与操纵基因 *O* 结合后抑制结构基因转录；乳糖的存在可与 *lac* 阻遏蛋白结合诱导结构基因转录，以代谢乳糖。

**05.096　阿拉伯糖操纵子　*ara* operon，*ara***

使得细菌能够利用阿拉伯糖作为能源的各相关蛋白质的基因所组成的协同转录单位。包含异构酶、激酶及表位酶三种结构基因及其表达调控元件，是典型的基因表达正调控模式。

**05.097　色氨酸操纵子　*trp* operon，*trp***

参与色氨酸合成的代谢途径的多种蛋白质（酶）的基因所组成的操纵子，是一种可调控的基因表达系统。

**05.098　组氨酸操纵子　*his* operon，*his***

由与组氨酸生物合成有关的 10 种酶的基因及相关的调控序列组成。见于鼠沙门氏菌等细菌中。

**05.099　超操纵子　superoperon**

多个操纵子联合调控功能不相关基因的表达体系。

**05.100　启动子　promoter**

DNA 分子上能与 RNA 聚合酶结合并形成转录起始复合体的区域，在许多情况下，还包括促进这一过程的调节蛋白的结合位点。

**05.101　启动子元件　promoter element**

启动子中的一些顺式作用序列，可以位于启动子的任何方向和任何位置（上游或下游）。可以被一些转录因子所识别，从而调节启动子的活性。

**05.102　双向启动子　bi-directional promoter**

在 DNA 链的两个方向都发挥作用的启动子元件和基因表达调节序列。多见于紧密连锁而方向相反的两个基因的上游序列之中。在单链基因组病毒中更为常见。

**05.103　核心启动子元件　core promoter element**

真核生物基因启动子中介导基因转录起始的最小的一段连续 DNA 序列。RNA 聚合酶Ⅱ识别的启动子通常包含转录起始位点及其上游或下游约 35 个核苷酸的序列,大小约为 40 个核苷酸。含有 TATA 框,起始子(Inr),TFⅡB 识别元件(BRE)和核心启动子下游元件(DPE)等序列模块。

**05.104　基因外启动子　extragenic promoter**

位于基因转录区以外的启动子。许多小 RNA 基因、H1 RNA 基因和 U6 RNA 基因等具有基因外启动子。

**05.105　基因内启动子　intragenic promoter**

又称"内部启动子(internal promoter)"。位于转录起始位点下游的启动子。见于由 RNA 聚合酶Ⅰ负责转录的 5S 核糖体核糖核酸(rRNA)、转移核糖核酸(tRNA)等基因中。其中 tRNA 基因的内部启动子区由两个 10 bp 元件的 A 框和 B 框组成。

**05.106　翻滚启动子　flip-flop promoter**

可颠倒的启动子。最早见于沙门氏菌的两种鞭毛蛋白基因的交替表达。这些基因都受一个可以颠倒的 DNA 片段控制,在一个顺式作用因子的调节下,这个片段从不同的方向驱动不同基因的表达,后来发现奇异变形杆菌的氯霉素抗性基因和珠蛋白基因等基因的表达调节也有类似机制。

**05.107　诱导型启动子　inducible promoter**

能被诱导表达的基因启动子。该启动子能被诱导物直接激活,或诱导物与启动子上的阻遏物结合,从而间接激活该启动子的转录。

**05.108　启动子清除　promoter clearance**

基因转录起始过程包括一系列反应:RNA 聚合酶全酶(RNAP)与启动子结合;RNAP 将启动子 DNA 解旋;RNAP 从启动子上解脱并作为 RNAP-DNA 延长复合物而进入 RNA 的合成。所需要的时间对转录的速度与强度有很大影响。

**05.109　启动子解脱　promoter escape**

发生在真核生物基因转录起始过程后期的一个现象,即转录起始复合体形成后 RNA 聚合酶从启动子上脱离,此后 RNA 聚合酶不再依赖启动子就能继续完成转录,但是转录的速度也因此而受到限制。

**05.110　启动子封堵　promoter occlusion**

上游启动子对下游启动子的阻碍作用。

**05.111　启动子阻抑　promoter suppression**

由于转录抑制因子的作用或甲基化修饰等使启动子活性减弱或丧失。

**05.112　操纵基因　operator, operator gene**

与一个或者一组结构基因相邻近,并且能够与一些特异的阻遏蛋白相互作用,从而控制邻近的结构基因表达的基因。

**05.113　增强子　enhancer**

增强基因启动子工作效率的顺式作用序列,能够在相对于启动子的任何方向和任何位置(上游或下游)上都发挥作用。

**05.114　增强子元件　enhancer element**

存在于高等真核生物和各种病毒的基因组中的一种 DNA 序列。通常位于基因转录起始位点的上游,在与专一的转录因子结合后能提高该基因的转录水平。与启动子不同,单独的增强子元件不足以使基因表达。它们在两个方向和与启动子的任何距离处都能发挥作用。

**05.115　增强元　enhanson**

增强子的核心序列。是转录因子结合的位

点。在转录中两个相邻的转录因子结合位点形成一个有功能的增强单位。如人β干扰素基因的调节元件就由几个增强元组成。

**05.116　增强体　enhancesome, enhancosome**
转录因子与增强子装配形成的具有高度三维空间结构的复合物。其中之一为构架蛋白,它将DNA弯曲并募集其他蛋白因子组装成增强体,介导基因特异的转录。

**05.117　沉默子　silencer**
可降低基因启动子转录活性的一段DNA顺式元件。与增强子作用相反。

**05.118　弱化[作用]　attenuation**
由于基因内部弱化子的作用,提前终止转录而抑制基因表达。是细菌控制操纵子表达的转录调节机制之一,见于合成氨基酸等生物小分子的操纵子。

**05.119　弱化子　attenuator**
位于基因内部的不依赖于ρ的转录终止子,可以使转录提前终止而发挥抑制基因表达作用。

**05.120　绝缘子　insulator**
一段长约数百碱基对,能够妨碍真核基因调节蛋白对远距离的基因施加影响的DNA序列。可以缓冲异染色质的阻遏作用,当其位于基因及其调控区旁侧时,该基因不论其在基因组中位置如何都能正常表达;当其位于靶基因的增强子与启动子之间时,可以阻断增强子的作用。

**05.121　终止子　terminator**
常指转录终止子。①转录过程产生RNA的一段可终止转录的茎-环结构序列;②位于模板基因下游该结构所对应的DNA序列。在大肠杆菌中有依赖于ρ或不依赖于ρ的两类终止子。

**05.122　内在终止子　intrinsic terminator**
RNA转录的一种终止机制。RNA聚合酶对RNA转录物或DNA模板内编码的转录终止信号直接应答而停止转录。

**05.123　ρ因子　ρ-factor**
在大肠杆菌等生物中辅助转录复合体终止转录的蛋白质因子,以ATP为能源,沿RNA链自5′向3′滑行,结合转录复合体并识别转录终止子的茎-环结构的前50~90碱基中富含胞苷和少含鸟苷的区域。

**05.124　依赖ρ因子的终止　ρ-dependent termination**
转录复合体通过ρ因子辅助,特异性识别自身合成RNA的富含胞苷和少含鸟苷的区域与茎-环区相连结构为转录终止信号,并从模板DNA解离释放的过程。

**05.125　不依赖ρ因子的终止　ρ-independent termination**
转录复合体不通过ρ因子辅助,即可特异性识别自身合成RNA的富GC发夹区与聚U区相连结构,并从模板DNA解离释放的过程。

**05.126　终止序列　termination sequence**
特指模板基因序列转录成为RNA时的终止部位,包含终止点的DNA碱基及其旁侧的边界序列。

**05.127　终止信号　termination signal**
特指转录过程产生RNA的一段序列所形成的茎-环结构,可特异性地被RNA聚合酶转录复合体识别而使转录终止。

**05.128　转录终止　transcription termination**
具有RNA聚合酶活性的转录复合体特异性地识别自身合成的RNA所形成的茎-环结构作为转录终止信号,并从DNA模板解离释放的过程。

**05.129　转录终止因子　transcription termination factor**
辅助具有RNA聚合酶活性的转录复合体特

异性地识别转录终止信号的蛋白质因子(如ρ因子等),其作用导致转录终止。

**05.130　普里布诺框　Pribnow box**

原核基因的 −10 区左右参与组成启动子的序列,共有序列为:TATPuAT(Pu 为嘌呤核苷酸),是 RNA 聚合酶的结合位点,在 RNA 聚合酶诱导下,普里布诺框的 DNA 双螺旋被熔解,从而起始转录。

**05.131　CAAT 框　CAAT box**

又称"CAT 框(CAT box)"。许多真核生物编码蛋白质的基因的启动子区内的一段保守序列。含有保守的 GGPyCAATCT 序列(Py 代表嘧啶核苷酸)。一般认为它决定启动子的转录效率。

**05.132　GC 框　GC box**

真核生物结构基因上游的顺式作用元件。常见于真核启动子的一种核苷酸序列单元,含有保守序列 GGGCGG,可帮助 RNA 聚合酶结合在转录起始点的附近。

**05.133　TATA 框　TATA box**

又称"霍格内斯框(Hogness box)"。大多数真核生物 RNA 聚合酶Ⅱ所识别的启动子所具有的一段保守序列,多位于上游 35bp 附近,其序列为 TATAA/TAA/T。是真核转录因子 TFⅡD 中 TATA 框结合蛋白直接的结合部位。

**05.134　TATA 结合蛋白质　TATA-binding protein, TBP**

又称"束缚因子(commitment factor)"。转录因子 TFⅡD 的组分之一,特异地与 TATA 框结合并指导起始复合体的形成,也可以是与 RNA 聚合酶Ⅲ或 RNA 聚合酶Ⅰ共同发挥作用的转录因子之一。即使基因无 TATA 框,也能通过与 TBP 结合因子间相互作用而起调节作用。并起到将 RNA 聚合酶"束缚"在启动子的作用。

**05.135　组成性突变　constitutive mutation**

使得基因的转录不再受到调节控制的突变,导致相关的蛋白质在没有诱导物时也能大量地产生。其机制可能在于基因表达的调节序列发生了突变。

**05.136　CpG 岛　CpG island**

基因组中长度为 300～3000 bp 的富含 CpG 二核苷酸的一些区域,主要存在于基因的 5′区域。启动子区中 CpG 岛的未甲基化状态是基因转录所必需的,而 CpG 序列中的 C 的甲基化可导致基因转录被抑制。

**05.137　同源异形框　homeobox, Hox**

在同源异形基因中一段 180 bp 的保守 DNA 序列,可编码一种 60 个氨基酸残基的 DNA 结合模体。存在于许多生物(包括从果蝇到小鼠及人体)与协调形态发生有关的基因中。

**05.138　同源异形域　homeodomain, HD**

同源异形基因中保守的含有 60 个氨基酸残基的 DNA 结合模体。同源异形域在结构及与 DNA 相互作用的方式上极为保守,由三个 α 螺旋及一个氨基酸末端臂组成。第三个 α 螺旋的残基与 DNA 大沟的特异碱基接触,氨基酸末端臂与邻近的 DNA 小沟接触。识别含 5′-TAAT-3′核心的 DNA 共有序列。

**05.139　同源异形基因　homeotic gene, *Hox* gene**

又称"同源异形域编码基因","*Hox* 基因"。能启动多种途径的基因。在胚胎体节划分确定以后,同源异形基因负责确定每一个体节的特征结构,因而,一种胚节可发育成为一种特殊的成体表型。该基因突变可导致体节的一种发育形式被另一种不同的发育形式取代。如,最初发现果蝇的这类基因突变可以不形成触角而形成脚。

**05.140　基因座控制区　locus control region, LCR**

负责维持染色质的开放构型并克服基因表达抑制状态的调控区域。如β珠蛋白基因簇基因表达所必需的上游调节序列,远在珠蛋白基因上游6~18 kb,负责打开基因的染色质结构,便于与转录因子结合。

**05.141 调节元件** regulatory element
具有调节作用的DNA元件。如增强子和沉默子等。

**05.142 调节子** regulon
一组受共同基因所调控的非相邻结构基因。操纵子的不同结构基因是相邻的,而调节子的不同结构基因位于一条染色体的不同部位或分散于几条染色体上。

**05.143 上调因子** up regulator
直接结合或间接作用而引起激活或增强基因表达的调控因子。有些为调节基因的产物,可上调多个结构基因表达。

**05.144 上游激活序列** upstream activating sequence, UAS
一种类似增强子、可发挥激活基因表达的作用,但只特异性地位于启动子上游的DNA顺式元件序列。在酵母基因中首先发现。

**05.145 阻遏** repression
阻遏物或阻遏物-辅阻遏物复合物与基因的调控序列结合而将其封闭,从而阻止基因的表达。

**05.146 阻遏物** repressor
又称"阻遏蛋白"。与基因的调控序列结合的调控蛋白质。与调控序列结合,对基因的表达起阻遏(抑制)作用。

**05.147 逆转录** reverse transcription, RT
又称"反转录"。以RNA为模板,依靠逆转录酶的作用,以四种脱氧核苷三磷酸(dNTP)为底物,产生DNA链。常见于逆转录病毒的复制中。

**05.148 逆转录元件** retroelement
一类可移动基因元件,发挥作用时需要逆转录酶和整合酶的作用。首先被转录成RNA,逆转录酶以它作为模板合成互补的DNA,进而得到双链DNA(dsDNA)并被整合酶整合于染色体的其他位置。*Alu*就是一类逆转录元件。

**05.149 逆[转录]转座子** retrotransposon, retroposon
通过RNA中间物进行转座的可移动基因元件。

**05.150 逆转录转座** retrotransposition, retroposition
RNA介导的转座。转座子RNA中间物转变成DNA拷贝,并随后整合进入基因组的过程。

**05.151 反式[作用]因子** trans-factor, trans-acting factor
通过直接结合或间接作用于DNA、RNA等核酸分子,对基因表达发挥不同调节作用(激活或抑制)的各类蛋白质因子。

**05.152 反式激活** trans-activation
激活因子(如转录、翻译激活因子等)调控基因表达时,由于蛋白质直接结合或间接作用,引起基因表达激活或增强的调控作用。

**05.153 反式激活蛋白** trans-activator
通过直接结合或间接作用于DNA、RNA等核酸分子,引起基因表达激活或增强的蛋白因子。包括转录激活因子和翻译激活因子等。

**05.154 转录间隔区** transcribed spacer
两个基因间能够被转录、通过转录后加工去除的序列。如两个转移核糖核酸(tRNA)基因或两个核糖体核糖核酸(rRNA)基因之间的序列。

**05.155 非转录间隔区** nontranscribed spacer

在一串联的基因簇中,转录单位之间的序列。

**05.156 转录激活** transcription activation
通过染色体结构改变或转录因子直接结合或各类辅助因子间接作用,而激活基因启动子起始转录的调控作用。

**05.157 转录泡** transcription bubble
在转录延伸阶段,具有 RNA 聚合酶活性的转录复合体结合并解开 DNA 双链、合成 RNA 链,外观类似泡状。

**05.158 转录复合体** transcription complex
由 RNA 聚合酶通过与一系列组分连续动态转换而构成,能合成与模板基因序列互补的新生 RNA 链的核酸核蛋白复合体。

**05.159 转录延伸** transcription elongation
转录起始后的复合体通过 RNA 聚合酶的催化作用,自 5′端向 3′端连续性催化核苷三磷酸形成磷酸二酯键,合成与模板基因序列互补的 RNA 链的过程。

**05.160 转录因子** transcription factor
直接结合或间接作用于基因启动子、形成具有 RNA 聚合酶活性的动态转录复合体的蛋白质因子。有通用转录因子、序列特异性转录因子、辅助转录因子等。

**05.161 转录保真性** transcription fidelity
转录产生的 RNA 与对应的模板基因碱基序列正确配对。由于 RNA 聚合酶缺乏核酸酶活性,转录保真性低于复制保真性。

**05.162 转录起始** transcription initiation
转录因子通过识别基因启动子上的特异顺式元件并募集多种蛋白质因子,形成具有 RNA 聚合酶活性的转录起始复合体,从转录起始位点启动转录的过程。

**05.163 转录机器** transcription machinery
具有 RNA 聚合酶活性并能将模板基因序列

转录为互补 RNA 链的连续动态转换的转录复合体。

**05.164 转录暂停** transcription pausing
转录延伸过程中,转录必需的某种因子(如某种核苷三磷酸或转录因子等)缺乏时,RNA 聚合酶暂时停止转录的现象。此时,RNA 聚合酶依然与新生的 RNA 以及模板 DNA 结合,一旦条件具备,转录又得以继续进行。

**05.165 转录调节** transcription regulation, transcriptional regulation
转录调控因子(如转录因子)直接结合或间接作用于相应的顺式元件(如转录增强子或抑制子等),产生增强或抑制基因启动子转录活性的作用。

**05.166 转录阻遏** transcription repression
转录抑制因子(包括蛋白质因子等)通过直接结合基因顺式元件或间接相互作用,多方式、可选择地抑制目标基因表达的一种调控作用。

**05.167 转录单位** transcription unit
从转录起始位点到转录终止位点所对应的、作为 RNA 聚合酶模板的基因序列范围。可以是单一基因、也可以是多个基因。

**05.168 转录停滞** transcriptional arrest
转录延伸过程中,由于 DNA 模板损伤,转录物切割受到影响而导致转录复合体的 RNA 聚合酶转录停顿,不能自发恢复转录延伸的状态。

**05.169 转录后成熟** post-transcriptional maturation
与结构基因相连锁的几个 rRNA 基因一起进行转录,在转录后或转录过程中分解为各个亚基的现象。

**05.170 转录后加工** post-transcriptional processing

在 RNA 转录产生后进行的一系列的加工方式，如切除内含子（剪接）、加帽、加尾等，以及甲基化、巯基化、异戊烯化、假尿苷形成等化学修饰，使 RNA 前体转变为有功能的 RNA。

**05.171　加工　processing**
初级产物发展成为成熟产物的过程。如初级转录物转变成有功能的信使核糖核酸（mRNA）、转移核糖核酸（tRNA）或核糖体核糖核酸（rRNA）分子所经历的一系列化学反应，包括去除内含子、剪接外显子、5′加帽及 3′加尾等；新合成的多肽链转变成有功能的蛋白质所经历的一系列化学修饰反应，包括从甲硫氨酸中去除 $N$-甲酰基、磷酸化、乙酰化、羟化、二硫键形成等。

**05.172　RNA 加工　RNA processing**
初级转录物转变为成熟的 RNA 的过程。如通过剪接切除内含子，信使核糖核酸（mRNA）的 5′加帽、3′加尾，tRNA 3′接 CCA，以及许多修饰过程。

**05.173　剪接　splicing**
除去并连接 DNA、RNA 或多肽链片段，形成新的遗传重组体或改变原有的遗传结构的过程。如 DNA 重组时的剪接过程。

**05.174　RNA 剪接　RNA splicing**
除去初级转录产物中的内含子，并将外显子连接起来，形成成熟的 RNA 分子的过程。

**05.175　蛋白质剪接　protein splicing**
一种翻译后加工方式，蛋白质前体通过自我剪接去除内含子、连接外显子的过程。

**05.176　顺式剪接　*cis*-splicing**
将一个信使核糖核酸（mRNA）前体中的各个内含子切除，并将相互邻近的各个外显子加以连接，形成成熟的 mRNA 的过程。在这个过程中，各个外显子都来自同一个 mRNA 分子。

**05.177　反式剪接　*trans*-splicing**
由两个分立的 RNA 分子各失去一部分序列而连接为成熟的剪接产物。两种独立的基因产物，不产生共线性的中间产物，通过一系列的磷酸转酯反应，直接将两个外显子剪接在一起。

**05.178　可变剪接　alternative splicing**
又称"选择性剪接"。mRNA 前体的不同剪接方式。其中的某个或某些外显子被代替、添加或删除，结果一个基因可产生多种信使核糖核酸（mRNA），从而翻译得到多种蛋白质。

**05.179　可变剪接 mRNA　alternatively spliced mRNA**
又称"选择性剪接 mRNA"。通过不同的剪接方式从一个信使核糖核酸（mRNA）前体可产生出多种不同的成熟 mRNA，并可能因此翻译出不同的蛋白质产物。这是真核生物基因表达转录后调节的方式之一。

**05.180　异常剪接　aberrant splicing**
在真核生物 RNA 前体分子的成熟过程中，由于剪接识别序列突变而导致的不正常剪接，结果可能会产生新的蛋白质，也可能造成蛋白质异常，甚至细胞癌变的严重后果。

**05.181　自剪接　self-splicing**
又称"自催化剪接（autocatalytic splicing）"。Ⅰ型内含子的剪接方式。通过简单的转酯反应完成，不需要酶和额外能源。见于细胞核、四膜虫细胞器、真菌和植物的叶绿体和线粒体、噬菌体与细菌的核糖体核糖核酸（rRNA）前体等。

**05.182　反向自剪接　reverse self-splicing**
Ⅰ、Ⅱ型内含子通过自剪接从一 RNA 前体转移至另一 RNA 的特定部位而产生新的 RNA 前体的过程。新的 RNA 前体可通过逆转录为 DNA 而进入基因组。这是内含子序列转移至新基因位点的 RNA 水平的一种机制。

**05.183　隐蔽剪接位点　cryptic splice site**

有保守的剪接信号,但是不能被正常地用做剪接位点的位点。在信使核糖核酸(mRNA)上面通常有许多这样的位点。它们被激活并发挥作用时,就可能会导致翻译产物的氨基酸残基缺失、取代、移码或提早终止。

**05.184　自主内含子　autonomous intron**

可进行自剪接的内含子。

**05.185　末端内含子　outron**

RNA 前体供体的 3′端和受体的 5′端序列。在反式剪接时被剪接除去,不出现在成熟信使核糖核酸(mRNA)中。

**05.186　自剪接内含子　self-splicing intron**

可从初级转录物上进行两次转酯反应被切除的内含子。这一剪接反应是在没有任何蛋白质存在的情况下进行的。

**05.187　内含子分支点　intron branch point**

真核细胞 RNA 前体的剪接信号之一,位于内含子 3′端剪接点上游 18 至 40 核苷酸之间。酵母细胞中该序列高度保守,共有序列为 UACUAAC;高等真核细胞的内含子分支点序列的保守程度较低,为 PyNPyPyPuAPy(Py 为嘧啶核苷酸、Pu 为嘌呤核苷酸、N 为任意核苷酸)。剪接时通过转酯反应形成套索 RNA。

**05.188　内含子套索　intron lariat**

在真核生物 RNA 前体加工时切除内含子过程中形成的一种特征性结构。该套索结构的圆形部分通过 2′,5′-磷酸二酯键形成。

**05.189　套索 RNA　lariat RNA**

又称"套索中间体(lariat intermediate)"。特指真核生物 RNA 前体加工时切除内含子过程中形成的分支状中间体 RNA。

**05.190　剪接位点　splicing site, splice site**

剪接体可识别的 RNA 前体中内含子和外显子连接边界的序列和接头位点。根据位置不同可以分为供体和接纳体剪接位点。

**05.191　剪接接纳体　splice acceptor**

又称"3′剪接位点(3′-splicing site)"。剪接体可识别的上游内含子 3′端与下游外显子 5′端相连接的一段 RNA 前体序列。大部分内含子的 3′-边界二碱基序列为 AG。

**05.192　剪接供体　splice donor**

又称"5′剪接位点(5′-splicing site)"。剪接体可识别的上游外显子 3′端与下游内含子 5′端相连接的一段 RNA 前体序列。大部分内含子的 5′-边界二碱基序列为 GU。

**05.193　剪接接头　splicing junction, splice junction**

剪接体可识别的外显子和内含子,以及剪接反应产生的外显子和外显子的接头部位。包括接头位点和边界序列。

**05.194　剪接变体　splicing variant, splice variant**

RNA 前体通过可变剪接和成熟过程产生的多种不同序列的 RNA 分子,以及翻译出的多种不同序列的蛋白质分子。

**05.195　剪接前导 RNA　spliced leader RNA**

在低等真核生物(如锥虫和线虫等)细胞内广泛存在的反式剪接中,提供 5′端外显子的 RNA 前体。具有特殊的二级结构和 U1 核小 RNA(snRNA)的功能。

**05.196　剪接前体　prespliceosome**

形成功能剪接体之前的一种多组分的、由 RNA 和蛋白质组成的复合体。

**05.197　剪接体　spliceosome**

由核小 RNA(snRNA, U1、U2、U4、U5、U6 等)和蛋白质因子(约 100 多种)动态组成、识别 RNA 前体的剪接位点并催化剪接反应的核糖核蛋白复合体。

**05.198 剪接体循环 spliceosome cycle**
又称"剪接体周期"。重复形成能依次识别 RNA 前体剪接部位和进行催化剪接反应的多型剪接体的周期性转换过程。

**05.199 剪接复合体 splicing complex**
剪接体循环过程中,连续性转换的多核糖体蛋白复合体。包括有 E、A、B1、B2、C1、C2、I 等复合体。

**05.200 剪接因子 splicing factor**
参与 RNA 前体剪接过程的蛋白质因子。根据其功能作用,可以分为核小核糖核蛋白颗粒(snRNP)蛋白因子和非 snRNP 蛋白因子。

**05.201 剪接突变 splicing mutation**
由于剪接的供体、接纳体部位或其旁侧保守序列的突变,改变 RNA 前体的剪接方式,使得产生的成熟 RNA 中含有内含子或缺失外显子序列的一类突变。

**05.202 剪接信号 splicing signal**
RNA 前体中剪接所必需的顺式序列元件。包括剪接、剪接接纳体、分支点序列、多嘧啶核苷酸区和剪接增强子等。

**05.203 RNA 编辑 RNA editing**
在初级转录物上增加、删除或取代某些核苷酸而改变遗传信息。是一种遗传信息在 RNA 水平发生改变的过程,可使 RNA 序列不同于基因组模板 DNA 序列。

**05.204 指导 RNA guide RNA, gRNA**
一种小分子 RNA,约含 60~80 个核苷酸,在 RNA 编辑中起模板作用。其功能是提供核苷酸插入或删除的信息。由小环 DNA 及大环 DNA 编码的指导 RNA 均带有编辑区的序列信息,可介导编辑过程。

**05.205 指导序列 guide sequence**
特指 RNA 编辑或 RNA 剪接的特定序列。

在 RNA 剪接中指的是内含子中能与两个剪接点边界序列配对的序列。在 RNA 编辑中指的是待编辑的信使核糖核酸(mRNA)与指导 RNA 部分匹配的序列。

**05.206 编辑体 editosome**
进行 RNA 转录物编辑的一个复杂系统。除了有许多酶之外,还有一个指导 RNA。与编辑位点邻近区域有部分互补,起到决定编辑部位的作用。

**05.207 mRNA 加帽 mRNA capping**
多数真核生物信使核糖核酸(mRNA)及某些病毒 mRNA 的 5′端有帽子结构,由 7-甲基鸟嘌呤通过 5′,5′-三磷酸酯键与初始转录物的第一个核苷酸残基相连接,随后的第一个或第二个核苷酸残基可能形成 2-O-甲基基团,如果第一个核苷酸是腺嘌呤苷酸,也可形成 6-N-甲基基团。帽结构能保护 mRNA 的 5′端不被磷酸酶和核酸酶破坏,并能促进翻译的起始。

**05.208 mRNA 多腺苷酸化 mRNA polyade-nylation**
多数真核生物信使核糖核酸(mRNA)转录产生后,须由 RNA 末端腺苷酸转移酶在 mRNA 尾端特定的位置,以 ATP 为供体,添加上一段长约 100~200 的多腺苷酸的现象。

**05.209 顺式切割 cis-cleavage**
一种在分子内部进行切割的现象。见于锤头状核酶的作用以及一些病毒的复制过程。

**05.210 反式切割 trans-cleavage**
两个核酸分子之间通过相互作用,由一个分子上的催化中心对另一分子上特异性位点(切点)进行切割的过程。蛋白质分子之间也有类似的反式切割。

**05.211 外切体复合体 exosome complex**
一种含有多种 3′→5′核酸外切酶的复合体。

能够以 3′→5′ 方式降解信使核糖核酸（mRNA）前体和对许多小分子 RNA 的 3′端进行加工，在 RNA 成熟和周转中起重要作用。

**05.212　翻译　translation**
在多种因子辅助下，核糖体结合信使核糖核酸（mRNA）模板，通过转移核糖核酸（tRNA）识别该 mRNA 的三联体密码子和转移相应氨基酸，进而按照模板 mRNA 信息依次连续合成蛋白质肽链的过程。

**05.213　共翻译　cotranslation**
（1）含多个可读框的信使核糖核酸（mRNA）或多个 mRNA 同时翻译成蛋白质的过程。可发生在生物体内，也可用基因操作进行。（2）在肽链合成同时进行加工的过程。如共翻译蛋白质折叠、共翻译转运、共翻译糖基化等。

**05.214　翻译后修饰　post-translational modification**
对新合成的多肽链或蛋白质进行的化学修饰。包括从甲硫氨酸去除 *N*-甲酰基、磷酸化、乙酰化、羟化、连接辅基以及泛素化等，以调节它们的功能和寿命。

**05.215　翻译后加工　post-translational processing**
将新合成的多肽链转变为有功能的蛋白质分子所经历的一系列化学反应过程。包括肽键形成、裂解、二硫键生成等。

**05.216　翻译起始　translation initiation**
核糖体小亚基结合信使核糖核酸（mRNA）模板并识别起始密码子（大部分为 AUG）后，通过结合核糖体大亚基和起始转移核糖核酸（tRNA），转移相应氨基酸形成第一个肽键的过程。

**05.217　翻译装置　translation machinery**
能将模板信使核糖核酸（mRNA）信息翻译

为蛋白质肽链的独立功能体。即核糖体、信使核糖核酸、起始转移核糖核酸、核糖体结合蛋白等组成的动态性翻译复合体。

**05.218　翻译调节　translation regulation**
翻译调控因子直接或间接地改变核糖体、起始转移核糖核酸、核糖体结合蛋白等组分与信使核糖核酸（mRNA）的相互作用，进而引起翻译蛋白质肽链的量或质变化。

**05.219　翻译阻遏　translation repression**
翻译抑制因子（如蛋白质因子等）直接或间接地改变核糖体、起始转移核糖核酸、核糖体结合蛋白等组分与信使核糖核酸（mRNA）的相互作用，引起蛋白质翻译抑制的调控作用。

**05.220　译码　decoding**
又称"解码"。在信使核糖核酸（mRNA）翻译过程中，将其所携带的密码子信息解读为蛋白质中的氨基酸残基。

**05.221　编码　coding**
特指按照指令编排特定蛋白质的氨基酸残基序列的过程。

**05.222　编码区　coding region**
又称"编码序列（coding sequence）"。信使核糖核酸（mRNA）分子中能翻译成多肽的那部分序列。来自 DNA 分子中的外显子。

**05.223　密码　code**
生物体的遗传物质上编码蛋白质的信息。可成为该生物某一特定性状的遗传指令。

**05.224　通用密码　universal code, universal genetic code**
在大部分生物中都编码相同氨基酸的一类遗传密码子。在线粒体、支原体等的基因表达中发现一些例外的非通用遗传密码。

**05.225　密码子　codon**
又称"编码三联体（coding triplet）"，"三联

体密码(triplet code)"。由 3 个相邻的核苷酸组成的信使核糖核酸(mRNA)基本编码单位。有 64 种密码子,其中有 61 种氨基酸密码子(包括起始密码子)及 3 个终止密码子,由它们决定多肽链的氨基酸种类和排列顺序的特异性以及翻译的起始和终止。

**05.226 起始密码子** initiation codon, start codon

蛋白质翻译过程中被核糖体识别并与起始 tRNA(原核生物为甲酰甲硫氨酸 tRNA,真核生物是甲硫氨酸 tRNA)结合而作为肽链起始合成的信使核糖核酸(mRNA)三联体碱基序列。大部分情况下为 AUG,原核生物中有时为 GUG 等。

**05.227 终止密码子** termination codon, stop codon

又称"无义密码子(nonsense codon)"。蛋白质翻译过程中终止肽链合成的信使核糖核酸(mRNA)的三联体碱基序列。一般情况下为 UAA、UAG 和 UGA,它们不编码氨基酸。

**05.228 乳白密码子** opal codon

又称"棕土密码子(umber codon)"。信使核糖核酸(mRNA)分子上三种终止密码子之一,是终止密码子 UGA 的特异性名称。

**05.229 赭石密码子** ochre codon

信使核糖核酸(mRNA)分子上三种终止密码子之一,是终止密码子 UAA 的特异性名称。

**05.230 琥珀密码子** amber codon

信使核糖核酸(mRNA)分子上三种终止密码子之一,是终止密码子 UAG 的特异性名称。

**05.231 密码简并** code degeneracy

几种密码子编码同一种氨基酸的现象。通常具有简并性的氨基酸密码子的第一个和

第二个字母是相同的,而不同的只是第三个字母。

**05.232 简并密码子** degenerate codon

编码同一个氨基酸残基的两个或两个以上的密码子。

**05.233 密码子家族** codon family

在密码子中,前两个碱基相同,并且编码同一种氨基酸的密码子。

**05.234 罕用密码子** rare codon

使用频率低的氨基酸密码子。

**05.235 同义密码子** synonymous codon

编码同一种氨基酸的不同密码子。如 UUU 和 UUC 是苯丙氨酸的同义密码子。

**05.236 有义密码子** sense codon

正常的、有编码特异氨基酸作用的密码子。

**05.237 多义密码子** ambiguous codon

能够编码一个以上氨基酸的密码子。多见于应激状态。产生这种现象的原因有转移核糖核酸(tRNA)的反密码子突变、非同源 tRNA 的错读或 tRNA 携带了非对应的氨基酸等。这是遗传多样性和生物迅速适应环境变化的原因之一。

**05.238 密码子偏倚** codon bias, codon preference

生物有时更加偏爱地使用一个或者一组密码子的现象。这是在进化过程中基因复制的差异所产生的结果。

**05.239 密码子选用** codon usage

又称"密码子使用"。同义密码子被使用的频率。一个氨基酸的同义密码子不仅在同一种生物中,而且在不同种的生物中都有不同的使用频率。

**05.240 框** frame

按照一系列三联体密码子来阅读一段核酸序列。

**05.241 可读框** open reading frame, ORF

以起始密码子开始,在三联体读框的倍数后出现终止密码子之间的一段序列。可读框有可能编码一条多肽链或一种蛋白质。很多情况下,可读框即指某个基因的编码序列。

**05.242 移码** frameshift

又称"读框移位(reading-frame displacement)"。在 DNA 编码区插入或缺失碱基导致下游密码子的可读框发生移动或改变。

**05.243 移码突变** frameshift mutation

在基因编码区,核苷酸插入或缺失导致三联体密码子阅读方式的改变,从而使该基因的相应编码序列发生改变。

**05.244 重叠可读框** overlapping open reading frame

一个以上的可读框互有重叠,重叠部分的 DNA 可按照相同或不同的方式被翻译,产生不同的蛋白质产物。

**05.245 读框重叠** reading-frame overlapping

又称"框重叠(frame overlapping)"。两个编码不同基因的可读框利用同一段 DNA 序列的现象。

**05.246 翻译移码** translation frameshift

一些病毒或高等生物的信使核糖核酸(mRNA)在翻译蛋白质过程中出现的一种改变可读框的机制,一个 mRNA 具有多个可读框,从而翻译出多种蛋白质。

**05.247 编码区连接** coding joint

通过不同的基因编码区的连接而产生各种蛋白质产物。最明显的例子是在淋巴细胞分化过程中通过 V、D 和 J 三种基因片段的不同连接形成新的抗体基因。这是产生抗体多样性的原因。

**05.248 功能未定读框** unassigned reading frame

信使核糖核酸(mRNA)序列上编码功能未知的蛋白质或多肽的可读框。

**05.249 产物未定读框** unidentified reading frame, URF

信使核糖核酸(mRNA)序列上还没有鉴定或者还没有发现其产物的可读框。

**05.250 框内起始密码子** in-frame start codon

信使核糖核酸(mRNA)分子内符合蛋白质翻译读框的起始密码子。

**05.251 框内终止密码子** in-frame stop codon

信使核糖核酸(mRNA)分子内符合蛋白质翻译读框的终止密码子。

**05.252 非翻译区** untranslated region, UTR, nontranslated region

不编码目标蛋白质肽链的信使核糖核酸(mRNA)序列。一般分布在 mRNA 的两个末端区域,5′非翻译区在翻译起始密码子的上游,3′非翻译区在翻译终止密码子的下游。

**05.253 3′非翻译区** 3′-untranslated region, 3′-UTR

成熟的信使核糖核酸(mRNA)编码区下游一段不被翻译的序列。在真核生物中它含有在 mRNA 3′端添加多腺苷酸的信号。这个序列在 mRNA 转运、稳定性和翻译调节中起重要作用。

**05.254 5′非翻译区** 5′-untranslated region, 5′-UTR

成熟的信使核糖核酸(mRNA)编码区上游一段不被翻译的序列。含有由 7-甲基鸟苷5′-三磷酸组成的帽子结构。起着稳定 mRNA、形成翻译起始复合体和促进蛋白质合成等作用。

**05.255 科扎克共有序列 Kozak consensus sequence**

真核生物信使核糖核酸(mRNA)中的起始密码子 AUG 的上下游通常存在的非常保守的核苷酸序列:5′-ACCAUGG-3′。促使核糖体识别其中的 AUG 并起始翻译,该序列由科扎克(Kozak)发现而得名。

**05.256 连读翻译 read-through translation**

越过信使核糖核酸(mRNA)中正常终止密码子继续翻译。

**05.257 翻译起始因子 translation initiation factor**

翻译起始所必需的特异蛋白因子。与核糖体、信使核糖核酸、起始转移核糖核酸等组成动态翻译起始复合体。真核和原核生物翻译起始因子分别有 eIF 1~6 和 IF 1~3 等。

**05.258 真核起始因子 eukaryotic initiation factor, eIF**

真核生物中蛋白质合成起始阶段所需要的可溶性蛋白因子。有十几种,是翻译起始复合体的组分,各起不同的作用。如,识别并结合信使核糖核酸(mRNA)5′端的帽子结构,与核糖体亚基结合,稳定翻译起始复合体等。

**05.259 起始复合体 initiation complex**

由核糖体介导的信使核糖核酸(mRNA)被翻译成多肽的起始过程中形成的复合体。包括 mRNA、各种起始因子、甲酰化的或未甲酰化的甲硫氨酰起始 tRNA(细菌)、核糖体的大小亚基,有时还包含鸟苷三磷酸。

**05.260 延伸因子 elongation factor, EF**

蛋白质合成过程,帮助进入的氨基酸残基与肽链之间形成酰基,使肽链得以延长的一类蛋白质因子。原核生物的 EF 包括 EF-Tu、EF-Ts 和 EF-G,真核生物中为 EF-1α、EF-1β 和 EF-2。

**05.261 释放因子 release factor**

原核生物和真核生物都有三种终止密码子:UAG、UAA 和 UGA,没有一个转移核糖核酸(tRNA)能够与之相互作用,而是由特殊蛋白质因子识别,促使合成终止,这类蛋白质因子被称为释放因子。原核生物有 RF1、RF2 和 RF3,而真核生物只有 eRF。

**05.262 琥珀突变 amber mutation**

信使核糖核酸(mRNA)上编码氨基酸的密码子发生的一种突变。突变的结果是使这个密码子变为琥珀密码子,从而使蛋白质合成过早地终止,产生出被截短的蛋白质。

**05.263 琥珀突变体 amber mutant**

产生琥珀突变的突变体。

**05.264 琥珀[突变]阻抑 amber suppression**

通过转移核糖核酸(tRNA)基因突变,使其反密码子能够识别信使核糖核酸(mRNA)上的琥珀密码子并加入相应氨基酸而防止肽链早熟的现象。可以使有琥珀突变的基因产物保留部分活性。

**05.265 琥珀突变阻抑基因 amber suppressor**

又称"UAG 突变阻抑基因(UAG mutation suppressor)"。一种介导琥珀突变阻抑的编码转移核糖核酸(tRNA)的基因。其反密码子发生了改变,能与信使核糖核酸(mRNA)上的琥珀密码子匹配,将氨基酸插入到正在延长的多肽链上,防止肽链早熟终止。

**05.266 框内跳译 frame hopping, bypassing**

又称"跳码"。在蛋白质翻译过程中,核糖体在信使核糖核酸(mRNA)上跳过两个或更多核苷酸序列进行翻译的过程。

**05.267 移框阻抑 frameshift suppression**

一类特异性抑制移框突变的阻抑性突变。可纠正错误的翻译产物,是独立于突变基因外的遗传修饰。一些移框阻抑通过使转移核糖核酸(tRNA)分子改变成校正 tRNA,通过辨认四联体而非三联体遗传密码实现。

**05.268　错载　mischarging**
特指转移核糖核酸(tRNA)与非对应的氨基酸发生的共价连接。

**05.269　错编　miscoding**
特指一种错载转移核糖核酸(tRNA)将非对应的氨基酸参入到翻译产生的肽链中,错误地取代了该位置上正常编码的氨基酸。

**05.270　错义突变　missense mutation**
基因中的碱基突变导致翻译产物中相应位置形成错误的氨基酸残基,其结果是一个不同的氨基酸参入到多肽链的相应位置。

**05.271　无义突变　nonsense mutation**
由于某个碱基的改变使代表某种氨基酸的密码子突变为终止密码子,从而使肽链合成提前终止。

**05.272　无义突变体　nonsense mutant**
带有发生无义突变基因的生物个体或发生无义突变产生的蛋白质产物。

**05.273　无义阻抑　nonsense suppression**
可以越过终止密码子继续翻译的现象。如一种编码转移核糖核酸(tRNA)分子的基因,其反密码子发生改变,能够识别某个终止密码子,使该终止密码子终止肽链合成的功能被抑制,肽链得以继续合成。

**05.274　无义阻抑基因　nonsense suppressor**
又称"无义阻抑因子"。一种编码转移核糖核酸(tRNA)分子的基因。其反密码子发生改变,产生的校正 tRNA 能够识别某个终止密码子,使该终止密码子终止肽链合成的功能被抑制,肽链得以继续合成。

**05.275　赭石突变　ochre mutation**
一种密码子突变成赭石密码子 UAA,因而提前终止肽链合成。

**05.276　赭石突变体　ochre mutant**
携带有发生赭石突变基因的个体或该突变基因的产物。

**05.277　赭石阻抑　ochre suppression**
某种编码转移核糖核酸(tRNA)分子的基因,使反密码子发生改变,能够识别终止密码子 UAA,使该终止密码子终止肽链合成的功能被抑制,从而校正赭石突变造成肽链提前终止。

**05.278　赭石阻抑基因　ochre suppressor**
又称"赭石阻抑因子"。在赭石阻抑中,反密码子发生突变的转移核糖核酸(tRNA)分子的基因。

**05.279　连读突变　read-through mutation**
使基因的终止密码子突变成为一个有意义的密码子,从而使该蛋白质的翻译能继续进行。

**05.280　连读阻抑　read-through suppression**
对连读的抑制。细胞的蛋白质基因常采用双重终止密码子来抑制连读。

**05.281　同义突变　synonymous mutation**
编码同一氨基酸的密码子突变。

**05.282　阻抑基因　suppressor**
又称"抑制基因(inhibiting gene)"。抑制突变基因表型产生的基因。通过转录产生一种与信使核糖核酸突变密码子相结合的转移核糖核酸,使突变密码子得以校正。

**05.283　空载反应　idling reaction**
特指未携带氨基酸的转移核糖核酸分子结合到核糖体 A 位时所产生的反应。此时不仅肽链延伸暂停,还发生如下无效反应,如以 ATP 为磷酸供体,将 GDP 转化成 pppGpp 和 ppGpp。

# 06. 糖　　类

**06.001　糖类　carbohydrate**
又称"碳水化合物"。具有多羟基醛或多羟基酮的非芳香类分子特征物质的统称。依分子组成的复杂程度,可分为单糖、寡糖、多糖和糖缀合物;也可依据其他原则分类,如根据其功能基团分成醛糖或酮糖。

**06.002　糖　(1) saccharide　(2) sugar**
(1)简单糖类的统称。经水解仅能得到单糖类分子。(2)通常是指具有甜味的单糖和寡糖。有时在学术上,也指一些单糖。

**06.003　单糖　monosaccharide**
最简单的糖类分子。若进一步分解,便失去糖的性质。为寡糖和多糖等其他糖类的组成单位。

**06.004　寡糖　oligosaccharide**
由 2～10 个单糖以葡糖苷键连接而构成的糖之总称。根据单糖数目分成二糖、三糖、四糖等。

**06.005　多糖　polysaccharide**
由 10 个以上单糖通过糖苷键连接而成的线性或分支的聚合物。

**06.006　聚糖　glycan**
多个单糖聚合而成的寡糖或多糖。亦可作为名词的后缀。

**06.007　*N*-聚糖　*N*-glycan**
又称"*N*-连接寡糖(*N*-linked oligosaccharide)"。连接在蛋白质肽链中天冬酰胺残基侧链酰胺氮上的寡糖。此类寡糖通常均有一个核心的五糖和类似结构的外周糖链。

**06.008　*O*-聚糖　*O*-glycan**
又称"*O*-连接寡糖(*O*-linked oligosaccharide)"。连接在蛋白质肽链中丝氨酸/苏氨酸残基,以及其他氨基酸残基侧链羟基上的寡糖。此类寡糖多数较短,而又呈现不同的结构。

**06.009　戊聚糖　pentosan**
由戊糖聚合成的聚糖。

**06.010　己聚糖　hexosan**
由己糖聚合成的聚糖。

**06.011　蛋白聚糖　proteoglycan**
各种糖胺聚糖与不同的核心蛋白质结合而形成的一类糖复合体。主要存在于高等动物的细胞间质中,有些也可以整合在细胞膜中。

**06.012　糖胺聚糖　glycosaminoglycan**
曾称"黏多糖(mucopolysaccharide)"。蛋白聚糖大分子中聚糖部分的总称。由糖胺的二糖重复单位组成,二糖单位中通常有一个是含氨基的糖,另一个常常是糖醛酸,并且糖基的羟基常常被硫酸酯化。糖胺聚糖可分为硫酸软骨素、硫酸皮肤素、硫酸角质素、透明质酸、肝素及硫酸乙酰肝素等类别。

**06.013　复合糖类　complex carbohydrate**
泛指糖蛋白、蛋白聚糖、糖脂等含有糖类的复合生物大分子。

**06.014　糖肽　glycopeptide**
糖类和肽类连接而成的化合物。通常是糖蛋白在蛋白水解酶作用下,水解成不同的带糖链的肽段,所得的糖肽则常用于糖蛋白糖链结构分析。

**06.015　拟糖物　glycomimetics**
具有类似糖功能的非糖化合物。

**06.016　船型构象　boat conformation**

单糖分子形成吡喃环后呈现的一种构象,其环中4个原子在一个平面上,另外2个原子在环平面的同侧。

**06.017 椅型构象 chair conformation**
单糖分子形成吡喃环后呈现的一种构象,其环中4个原子在一个平面上,另外2个原子在环平面的两侧。

**06.018 费歇尔投影式 Fischer projection**
由德国化学家费歇尔(Fischer)建议的带手性碳原子的分子的书写方式。以甘油醛为参照,以位于直链方式书写的碳链中,羟基位于左侧或右侧表示不对称碳原子上羟基有不同取向,形成差向同分异构体。

**06.019 哈沃斯投影式 Haworth projection**
由哈沃斯(Haworth)提出的单糖环状结构的投影画法,用以表示吡喃型糖和呋喃型糖,并可区分 D 型和 L 型,α 构型和 β 构型。

**06.020 赤[藓糖]型构型 erythro-configuration**
以赤藓糖为基础衍生出的戊糖和含更多碳原子数的单糖所呈现的构型。如葡萄糖、核糖均属此构型。

**06.021 苏[糖]型构型 threo-configuration**
以苏糖为基础衍生出的戊糖和含更多碳原子数的单糖所呈现的构型。

**06.022 乳糖系列 lacto-series**
糖鞘脂中的一类,此系列糖脂中与神经酰胺紧连的核心糖链具以下特征结构:Galβ1,3GlcNAcβ1,3Galβ1,4Glcβ1,1Cer。

**06.023 新乳糖系列 neolacto-series**
糖鞘脂中的一类,此系列糖脂中与脑酰胺连接的核心糖链结构为:Galβ1,4GlcNAcβ1,3Galβ1,4Glcβ1,1Cer。

**06.024 神经节系列 ganglio-series**
糖鞘脂中的一类,此系列糖脂中含唾液酸。

**06.025 球系列 globo-series**
又称"红细胞系列糖鞘脂"。糖鞘脂中的一类,此系列糖脂中与神经酰胺连接的核心糖链结构特征为:GalNAcβ1,4Galα1,4Galβ1,4Glcβ1,1Cer。

**06.026 异球系列 isoglobo-series**
又称"异红细胞系列糖鞘脂"。糖鞘脂中的一类,此系列糖脂中与神经酰胺连接的核心糖链结构特征为:GalNAcβ1,3Galα1,3Galβ1,4Glcβ1,1Cer,与球系列的区别在于两个 Gal 之间的连接键是 α-1,3 而不是 α-1,4。

**06.027 阿马道里重排 Amadori rearrangement**
$N$-取代的醛糖胺转变成 1-氨基-1-去氧-2-酮糖的同分异构反应。见于糖类与氨基间的梅拉德(Maillard)反应、糖类与苯肼的反应以及蝶啶的生物合成反应中。

**06.028 糖形 glycoform**
同样的蛋白质因糖链的结合位置、糖基数目、糖基序列不同而产生的不同分子形式。

**06.029 糖型 glycotype**
糖蛋白的细胞类型特异性糖形。

**06.030 异头物 anomer**
单糖形成环状结构时,原来的羰基转变成羟基时形成的两种不同构型(α 或 β)的同分异构体。

**06.031 天线 antenna**
在糖生物学中特指糖蛋白中 $N$-糖链的"核心"结构上延伸出的分支糖链。

**06.032 血型物质 blood group substance**
存在于许多动物细胞(主要是红细胞)表面的参与血型反应的大分子。人红细胞表面有 100 多种血型物质,组成 15 类血型系统。其中最重要的 ABO 血型系统的血型物质是细胞表面糖蛋白和糖脂的糖链部分。

**06.033 路易斯血型物质 Lewis blood group substance**

又称"路易斯抗原（Lewis antigen）"。一组含有以 Galβ-1,3（或1,4）GlcNAc[α-1,4（或1,3）Fuc]-三糖为核心的、与血型有关的复合糖类。

**06.034 β消除 β-elimination**

糖复合物中与羟基相连的 *O*-聚糖,在稀碱作用下发生的非水解断裂,而从糖复合物中除去的过程。

**06.035 糖化 glycation**

糖类的还原基团（主要是醛基）与蛋白质、核酸等化合物中的氨基间发生的非酶催化反应的过程。

**06.036 糖基化 glycosylation**

在酶作用下,非糖生物分子和糖形成共价结合的过程或反应。

**06.037 *N*-糖基化 *N*-glycosylation**

在酶催化下蛋白质肽链的某些特定的天冬酰胺残基侧链氮原子上加上糖基的过程。

**06.038 *O*-糖基化 *O*-glycosylation**

在酶催化下蛋白质肽链的丝氨酸、苏氨酸或其他带羟基的氨基酸残基侧链羟基上顺序地逐个加上糖基的过程。

**06.039 葡糖基化 glucosylation**

在酶作用下,使生物分子连接上葡糖基的反应过程。

**06.040 去糖基化 deglycosylation**

在糖复合物中除去糖基的过程。

**06.041 缩醛 acetal**

醛基的双键打开,和两个醇基缩合,分别形成的产物。

**06.042 半缩醛 hemiacetal**

醛基和一个醇基缩合形成的产物。通过该反应,使单糖形成环状结构。

**06.043 缩酮 ketal**

一分子酮与两分子醇缩合的产物。若半缩酮是糖,生成的缩酮就是糖苷类化合物。

**06.044 半缩酮 hemiketal**

酮基与一个醇基缩合而成的产物。酮糖（如果糖）通过形成半缩酮而成环状。

**06.045 酮糖 ketose**

分子结构中含有多个羟基和一个酮基的单糖。如果糖、核酮糖。

**06.046 糖苷 glycoside**

单糖通过半缩醛羟基与另一个化合物或基团共价结合后形成的化合物。

**06.047 糖基 glycone**

糖苷化合物中糖部分。

**06.048 糖苷配基 aglycon, aglycone**

简称"苷元"。在糖苷类化合物结构中,与糖缩合的非糖部分。

**06.049 糖苷键 glycosidic bond**

一个单糖或糖链还原端半缩醛上的羟基与另一个分子（如醇、糖、嘌呤或嘧啶）的羟基、胺基或巯基之间缩合形成的缩醛键或缩酮键。常见的糖苷键有 *O*-糖苷键和 *N*-糖苷键。

**06.050 还原末端 reducing terminus**

一条糖链半缩醛羟基未被取代,尚具还原性一侧的糖残基。

**06.051 核心糖基化 core glycosylation**

在复合糖类的非糖部分接上某些具有类型特征糖链的过程。

**06.052 末端糖基化 terminal glycosylation**

在反式高尔基网架内的 *N*- 和 *O*-连接寡糖链外周接上多种糖基的过程。其中经常以唾液酸化为终末反应。

**06.053 过碘酸氧化 periodate oxidation**

利用过碘酸选择性地裂解具邻位羟基的 C–C 键的氧化过程。

**06.054  过碘酸希夫反应  periodic acid-Schiff reaction，PAS**

一种检测糖类存在的化学反应。带有邻位羟基的单糖，经过碘酸氧化产生的醛基，与碱性品红反应，可显现红色。

**06.055  卡斯塔碱  castanospermine**

来自澳洲核桃树（*Castanosperum australe*）种子的一种生物碱。对糖蛋白 *N*-糖链生物合成过程中的 α 葡糖苷酶 Ⅰ 和 Ⅱ 有抑制作用，从而干扰 *N*-糖链合成。

**06.056  苦马豆碱  swainsonine**

一种来自苦马豆的生物碱，是 *N*-糖链前体加工过程中甘露糖苷酶 Ⅱ 的抑制剂，可抑制小鼠肿瘤的生长和防止肿瘤转移。

**06.057  血糖稳态  glucose homeostasis**

人体血液中葡萄糖含量稳定在一定水平的状态。通常为 100 mg/100 mL 血液。胰岛素等多种激素在血糖稳态的调控中起重要作用。

**06.058  ［细菌］十一萜醇  undecaprenol**

又称"细菌萜醇"。在细菌聚糖合成中起载体作用的一种异戊二烯类化合物。其功能类似真核生物中的长萜醇。

**06.059  岩藻糖苷贮积症  fucosidosis**

体内岩藻糖苷酶基因缺陷，使得溶酶体中降解糖蛋白和糖脂中岩藻糖苷键的酶缺失，生物分子不能顺利完成降解，而导致的疾病。可表现为生长停滞、心理障碍等严重症状。

**06.060  半乳糖血症  galactosemia**

一种先天基因缺陷所引起的疾病，导致该病症的缺陷基因主要是编码 1-磷酸半乳糖-尿嘧啶核苷酸转移酶。该酶的缺陷使半乳糖及其氧化还原产物在体内积累，出现肝肿大、白内障等严重症状。

**06.061  半乳糖唾液酸贮积症  galactosialidosis**

又称"半乳糖唾液酸代谢病"。由于溶酶体中唾液酸酶和半乳糖苷酶同时发生缺失，使糖蛋白和糖脂的糖链的分解代谢阻塞而引起的疾病。表现为骨骼发育不良、面部粗糙等症状。

**06.062  黏多糖贮积症  mucopolysaccharidosis**

溶酶体中参与水解糖胺聚糖的酶缺失而导致的遗传病总称。按所缺失酶的种类，分别有不同的病名。

**06.063  呋喃糖  furanose**

开链单糖中的 4 个碳原子和 1 个氧原子形成五元环（呋喃环）后的环式单糖。

**06.064  吡喃糖  pyranose**

开链单糖中的 5 个碳原子和 1 个氧原子形成六元环（吡喃环）后的环式单糖。

**06.065  丙糖  triose**

由 3 个碳原子组成的单糖。是单糖中最简单的形式，包括甘油醛和二羟基丙酮。

**06.066  苏糖  threose**

由 4 个碳原子组成的丁醛糖，其中间 2 个碳原子上的羟基在碳链的两侧。

**06.067  来苏糖  lyxose**

一种苏糖型的五碳醛糖。

**06.068  赤藓糖  erythrose**

丁醛糖的一种，其中间 2 个碳原子上的羟基在碳链的同侧。出现于磷酸戊糖途径中的一种中间代谢物。

**06.069  二硫赤藓糖醇  dithioerythritol，DTE**

赤藓糖醇的 C-1 位和 C-4 位羟基变为巯基。在生化反应中常用做还原剂，保护蛋白质、酶中的硫氢基不致因氧化而失活。

**06.070  赤藓酮糖  erythrulose**

丁酮糖的一种,是赤藓糖的酮糖形式。

**06.071 戊糖 pentose**
由 5 个碳原子组成的单糖。最常见的戊糖有核糖、木糖和阿拉伯糖等。

**06.072 核糖 ribose**
自然界中最重要的一种戊糖,主要以 D 型形式存在,是核糖核酸(RNA)的主要组分,并出现在许多核苷和核苷酸以及其衍生物中。

**06.073 核酮糖 ribulose**
由 5 个碳原子构成的酮糖。与核糖是有相似的构型,其衍生物在植物光合作用中占有重要地位。

**06.074 阿拉伯糖 arabinose**
戊糖的一种,是植物细胞壁多糖的组分之一,亦出现于细菌多糖中。常以 L 呋喃型结构存在。

**06.075 木糖 xylose**
戊糖的一种,在自然界中经常以吡喃环的形式存在,这种形式的木糖与吡喃型的葡萄糖非常相似。

**06.076 己糖 hexose**
又称"六碳糖"。由 6 个碳原子构成的糖。如葡萄糖是己醛糖,果糖是己酮糖。

**06.077 己醛糖 aldohexose**
分子中有醛基的己糖。

**06.078 己酮糖 hexulose, ketohexose**
分子中有酮基的己糖。

**06.079 葡萄糖 glucose**
己醛糖的一种,在形成了吡喃糖环后,其 2-,3-,4-和 5-都通过和环平面平行的平伏键与取代基连接,是自然界广为存在的一种单糖。糖原、淀粉均由葡萄糖组成。用于复合词中,可简称"葡糖"。如葡糖氧化酶、葡糖胺、*N*-乙酰氨基葡糖等。

**06.080 果糖 fructose**
一种最为常见的己酮糖。存在于蜂蜜、水果中,和葡萄糖结合构成日常食用的蔗糖。

**06.081 左旋糖 levulose**
一般指具有左旋光学活性的糖。通常特指果糖。

**06.082 右旋糖 dextrose**
旋光性为右旋的糖。通常特指葡萄糖。

**06.083 甘露糖 mannose**
己醛糖的一种,与葡萄糖相比,两者是 C-2 位的差向异构体。见于各种糖蛋白的 *N*-糖链组分中。

**06.084 阿卓糖 altrose**
己醛糖的一种,是甘露糖的 C-3 位的差向异构体。

**06.085 阿洛糖 allose**
己醛糖的一种,是葡萄糖的 C-3 位的差向异构体。

**06.086 半乳糖 galactose**
己醛糖的一种。与葡萄糖相比,是 C-4 位的差向异构体。和葡萄糖结合后构成乳汁中的重要双糖——乳糖。半乳糖还出现在糖蛋白、糖脂和各种多糖中。

**06.087 古洛糖 gulose**
己醛糖的一种,是半乳糖的 C-3 位的差向异构体。

**06.088 己糖胺 hexosamine**
己糖分子之中某些羟基被氨基取代而形成的糖衍生物,通常是 C-2 上的羟基被氨基取代。

**06.089 艾杜糖 idose**
己醛糖的一种,是半乳糖的 C-2 位和 C-3 位的差向异构体。

**06.090 阿洛酮糖 psicose**

一种己酮糖,为 D-果糖的 C-3 位差向异构体。

**06.091　山梨糖　sorbose**
一种己酮糖,为 D-果糖的 C-2 位和 C-3 位差向异构体。是工业发酵生产维生素 C 的中间体。

**06.092　山梨糖醇　sorbitol**
山梨糖和己醛糖的还原产物。广泛存在于藻类和高等植物中,有甜味,但其甜度仅为蔗糖的一半。

**06.093　塔格糖　tagatose**
一种己酮糖,为 D-果糖的 C-4 位差向异构体,为一些植物树胶水解产物。

**06.094　塔罗糖　talose**
一种己醛糖,其 C-2 位和 C-4 位上的羟基均是葡萄糖上对应羟基的差向异构体。

**06.095　庚糖　heptose**
含 7 个碳原子的单糖。如戊糖磷酸途径的 7-磷酸景天庚酮糖。

**06.096　环庚糖　septanose**
一种单糖经分子内的缩合反应形成的七元环形式的衍生物。

**06.097　景天庚酮糖　sedoheptulose**
由 7 个碳原子构成的酮糖。其衍生物是单糖降解代谢的中间物。

**06.098　辛糖　octose**
由 8 个碳原子组成的单糖。

**06.099　辛酮糖　octulose**
由 8 个碳原子组成的含有酮基的单糖。

**06.100　辛酮糖酸　octulosonic acid**
由 8 个碳原子组成的含有酮基的糖酸。

**06.101　β 脱氧岩藻糖　abequose**
又称"阿比可糖","3,6-二脱氧-半乳糖"。一种双脱氧己糖。存在于脂多糖的外周糖链中。

**06.102　农杆糖酯　agrocinopine**
一种糖磷酸二酯。存在于植物根部冠瘿中。

**06.103　糖二酸　aldaric acid, saccharic acid**
醛糖的醛基和伯醇基都被氧化为羧基而形成的糖衍生物。

**06.104　糖醇　alditol**
单糖分子的醛基或酮基被还原成醇基,使糖转变为多元醇。如核糖醇、甘油等。

**06.105　醛糖酸　aldonic acid**
简称"糖酸"。醛糖的醛基被氧化成为羧基后得到的衍生物。如葡萄糖酸。

**06.106　醛糖　aldose**
分子结构中含有醛基和多个羟基的非芳香性化合物。如葡萄糖是一种己醛糖,核糖是一种戊醛糖。

**06.107　糖醛酸　alduronic acid**
醛糖的伯醇基被氧化为羧基的产物。葡糖醛酸和 L-艾杜糖醛酸是蛋白聚糖的组成成分。

**06.108　氨基糖　amino sugar**
单糖分子中一个羟基被氨基取代所形成的糖衍生物。最常见的有葡糖胺和半乳糖胺,氨基均取代在 C-2 位置上。

**06.109　葡糖胺　glucosamine**
又称"氨基葡糖","壳糖胺(chitosamine)"。葡萄糖 C-2 位上的羟基被氨基取代而形成的衍生物。在天然产物中,氨基上通常连接有乙酰基,即以 N-乙酰氨基葡糖形式出现。也有葡萄糖 C-6 或 C-3 位被氨基取代的情况,较为少见。

**06.110　半乳糖胺　galactosamine**
又称"氨基半乳糖"。半乳糖 C-2 位上的羟基被氨基所取代后的衍生物。在天然产物中,通常氨基又被乙酰基取代,成为 N-乙酰氨基半乳糖,是糖蛋白、糖脂的组分。

**06.111　N-乙酰葡糖胺　N-acetylglucosamine,GlcNAc**
又称"N-乙酰氨基葡糖"。葡萄糖上 C-2 位上的羟基被氨基取代后,再经乙酰化后得到的衍生物。

**06.112　N-乙酰半乳糖胺　N-acetylgalacto-samine, GalNAc**
又称"N-乙酰氨基半乳糖"。半乳糖上 C-2 位上的羟基被氨基取代后,再经乙酰化后得到的衍生物。

**06.113　葡糖醛酸　glucuronic acid**
葡萄糖的 C-6 位上的羟基被氧化为羧基后形成的产物,是植物细胞壁多糖组分,动物糖胺聚糖组分。细菌中亦发现葡糖醛酸。

**06.114　脱氧葡萄糖　deoxyglucose**
葡萄糖中一些羟基被氢取代后的衍生物。通常在 C-2 位脱氧,一种葡萄糖抗代谢物,具抗病毒活性。

**06.115　脱氧核糖　deoxyribose**
核糖中一些羟基被氢取代后的衍生物。通常在核糖的 C-2 位脱氧,2-脱氧核糖是 DNA 的组成成分。

**06.116　脱氧糖　deoxysugar**
单糖的某个羟基或羟甲基脱去氧后形成的衍生物。前者中常见的如 2-脱氧核糖;岩藻糖则可看作是一种 C-6 位脱氧的己醛糖,属于后者。除了单脱氧糖,还有二脱氧糖,如泰威糖。

**06.117　七叶苷　esculin**
一种杂环糖苷,属香豆素类化合物。

**06.118　果糖苷　fructoside**
呋喃型果糖 C-2 位上的羟基和其他单糖或非糖配基结合形成的化合物。

**06.119　岩藻糖　fucose**

C-6 位脱氧的半乳糖。在自然界中,常以 L-岩藻糖构型存在,是糖蛋白和糖脂中聚糖的组成成分,并以岩藻胶和岩藻聚糖等多糖形式存在于海藻中。

**06.120　葡糖酸　gluconic acid**
葡萄糖的醛基被氧化为羧基生成的衍生物。常以内酯形式存在,可与钙离子结合,有助钙吸收。6-磷酸葡糖酸是戊糖途径的中间产物。

**06.121　葡糖酸内酯　gluconolactone**
葡糖酸分子中 C-1 位上的羧基和 C-4 位上的羟基或 C-5 位上的羟基形成的分子内酯,分别为葡糖酸 γ 内酯和葡糖酸 δ 内酯。

**06.122　葡糖醛酸内酯　glucuronolactone**
葡糖醛酸 C-6 位上的羧基和 C-3 位上的羟基形成的内酯,是合成维生素 C 的中间代谢产物。

**06.123　葡糖醛酸基　glucuronyl**
葡糖醛酸除去异头羟基上的氢原子后的残基,以糖苷键与体内有毒性小分子结合,利于排出体外,是人体解毒功能的一种。葡糖醛酸基还出现在糖胺聚糖等多种多糖组成中。

**06.124　艾杜糖醛酸　iduronic acid**
艾杜糖的 C-6 位上的羟基氧化为羧基而形成的衍生物,是几种糖胺聚糖的组分。主要以 L-构型存在。

**06.125　甘露糖醇　mannitol**
甘露糖的醛基还原为醇基而形成的糖醇。存在于植物渗出液中,易结晶。也存在于昆布属海藻和少数真菌中。

**06.126　甘露糖醛酸　mannuronic acid**
甘露糖的 C-6 位上的羟基氧化成羧基后得到的衍生物。形成聚糖,作为植物细胞胞外多糖的成分之一。

**06.127　柚皮苷　naringin**

存在于柚的花和果中的糖苷,其糖苷配体是 4′,5,7-羟基黄酮,糖基为鼠李糖基 β-1,2-葡萄糖。是柚汁苦味的主要来源。

**06.128　野尻霉素　nojirimycin**

一些链霉菌产生的 5-氨基-5-脱氧-D-葡萄糖,是一种抗生素。形成吡喃环后,和吡喃型葡萄糖相似,可以作为肠 α 葡糖苷酶、胰 α 淀粉酶,以及 N-糖链加工中的 α 葡糖苷酶等的抑制剂。

**06.129　N-甲基脱氧野尻霉素　N-methyl-deoxynojirimycin**

野尻霉素的衍生物,是以葡萄糖为底物的糖苷水解酶的抑制剂。

**06.130　樱草糖　primeverose**

一种二糖,6-O-β-木糖基-D-葡萄糖。存在于茜草中。

**06.131　鞘氨醇半乳糖苷　psychosine**

鞘氨醇和半乳糖形成的糖苷。

**06.132　鼠李糖　rhamnose**

6-脱氧甘露糖。在自然界中经常见到的是 L-鼠李糖。存在于植物果胶和细菌的多糖中均有。

**06.133　泰威糖　tyvelose**

3,6-二脱氧甘露糖。存在于一些革兰氏阴性菌脂多糖外周糖链中。

**06.134　阿糖胸腺苷　thymine arabinoside, araT**

由胸腺嘧啶和阿拉伯糖形成的糖苷,具有抗肿瘤活性。

**06.135　唾液酸　sialic acid**

一类九碳单糖,所有神经氨酸或酮基-脱氧壬酮糖酸(KDN)的 N- 或 O-衍生物的总称。有关的衍生物已超过百余种,参与复合糖的组成。

**06.136　尿苷二磷酸-糖　uridine diphosphate sugar,UDP-sugar**

尿苷二磷酸和一些单糖异头体羟基形成的衍生物,是糖类合成或相互转换时的活化形式。

**06.137　尿苷二磷酸葡糖　uridine diphosphate glucose,UDPG**

尿苷二磷酸和葡糖异头体羟基形成的衍生物。

**06.138　葡糖转运蛋白　glucose transporter**

以葡萄糖为底物的糖转运蛋白。存在于哺乳类、酵母等细胞质膜中的一类蛋白质,其功能是通过不需消耗能量的易化扩散,加快葡萄糖进入细胞的速率。

**06.139　糖核苷酸转运蛋白　sugar nucleotide transporter**

一种膜结合蛋白质。其功能是帮助糖核苷酸从胞质转运到高尔基体内腔中去。

**06.140　核苷酸糖　nucleotide sugar**

又称"糖核苷酸(sugar nucleotide)"。核苷二磷酸或核苷一磷酸与不同单糖异头体羟基形成的衍生物。是糖类合成或相互转换时的活化形式,如 UDP-Gal, GDP-Fuc, CMP-SA。

**06.141　鳄梨糖醇　persitol**

在鳄梨中发现的一种由 9 个碳原子构成的糖醇。

**06.142　果胶酯酸　pectinic acid**

在果胶中部分半乳糖醛酸被甲酯化的衍生物。

**06.143　神经氨酸　neuraminic acid**

一种 3-脱氧-5-氨基壬酮糖酸,是丙酮酸和 N-乙酰氨基甘露糖的醇醛缩合产物。在自然界中没有游离形式的神经氨酸,而且多数是其衍生物。主要存在于糖蛋白和神经节苷脂的糖链中。

**06.144** ***N*-乙酰神经氨酸** *N*-acetylneuraminic acid

C-5 位氨基被乙酰化的神经氨酸。

**06.145** ***N*-羟乙酰神经氨酸** *N*-glycolylneuraminic acid, *N*-hydroxyacetylneuraminic acid

C-5 位氨基被羟乙酰修饰的神经氨酸。

**06.146** **酰基神经氨酸** acylneuraminate

脂肪酸的羧基与神经氨酸的 C-5 位上氨基缩合的产物。是神经等组织的重要成分。

**06.147** **胞壁酸** muramic acid

葡糖胺的 C-3 位与乳酸 C-2 位的羟基以醚键连接而形成的产物。*N*-乙酰胞壁酸是细菌细胞壁中肽聚糖的组成成分。

**06.148** ***N*-乙酰胞壁酸** *N*-acetylmuramic acid

*N*-乙酰氨基( -D-)葡萄糖上 C-3 位上的羟基与乳酸的羟基缩合后形成的具有醚键的衍生物。

**06.149** **链霉糖** streptose

链霉素中特有的一种糖基,L-来苏糖的 5-脱氧-3-C-甲酰化的衍生物。

**06.150** **二糖** disaccharide

又称"双糖"。由两个单糖分子通过糖苷键连接而形成的化合物的统称。如蔗糖、乳糖、麦芽糖等。

**06.151** **蔗糖** sucrose

由葡萄糖和果糖通过异头体羟基缩合而形成的非还原性二糖。具有甜味。

**06.152** **海藻糖** trehalose

由两个葡萄糖通过异头体羟基失水而形成的非还原性二糖。有3种不同的异构体:$\alpha$-$\alpha$、$\alpha$-$\beta$ 和 $\beta$-$\beta$。

**06.153** **乳糖** lactose

由半乳糖通过 $\alpha$-1,4-糖苷键连接葡萄糖而形成的二糖。是哺乳类乳汁中主要的二糖。

**06.154** **别乳糖** allolactose

半乳糖通过 $\alpha$-1,6-糖苷键连接葡萄糖而形成的二糖。存在于牛乳中的乳糖异构体,可调节乳糖操纵子。

**06.155** **麦芽糖** maltose

两个葡萄糖分子以 $\alpha$-1,4-糖苷键连接构成的二糖。为淀粉经 $\beta$ 淀粉酶作用下得到的产物。

**06.156** **纤维二糖** cellobiose

由两个葡萄糖通过 $\beta$-1,4-糖苷键连接而形成的二糖,是纤维素的基本重复结构单位。

**06.157** **纤维二糖醛酸** cellobiuronic acid

由两个葡萄糖醛酸通过 $\beta$-1,4-糖苷键连接而形成的二糖。存在于植物细胞壁成分中。

**06.158** **几丁二糖** chitobiose

两个 *N*-乙酰氨基葡糖通过 $\beta$-1,4-糖苷键连接而形成的二糖。

**06.159** **槐糖** sophorose

由两个葡萄糖通过 $\beta$-1,2-糖苷键连接而形成的二糖。

**06.160** **龙胆二糖** gentiobiose

两个 D-吡喃葡萄糖通过 $\beta$-1,6-糖苷键相连而形成的二糖。龙胆三糖经转化酶水解切去果糖,即成为龙胆二糖。

**06.161** **昆布二糖** laminaribiose

又称"海带二糖","昆布糖( laminariose )"。为葡萄糖基 $\beta$-1,3 葡萄糖,是昆布多糖和茯苓多糖的结构单位。

**06.162** **蜜二糖** melibiose

由葡萄糖和半乳糖形成的二糖。结构式为:D-半乳糖基 $\alpha$-1,6-D-葡萄糖,广泛分布于各种植物中。

**06.163** ***N*-乙酰乳糖胺** *N*-acetyllactosamine

半乳糖和 *N*-乙酰葡糖胺以 $\beta$-1,4 糖苷键相连而形成的二糖。

**06.164　荚豆二糖　vicianose**
存在于荚豆中的一种二糖,为 6-O-α-L-阿拉伯糖-D-葡糖。

**06.165　乳糖酸　lactobionic acid**
乳糖分子中葡糖基的 C-1 羟基被氧化成羧基后得到的产物。

**06.166　玉米黄质二葡糖苷　zea xanthin diglucoside**
玉米黄质素和葡萄糖形成的一种糖苷。

**06.167　松二糖　turanose**
一种二糖,为 3-O-α 葡萄糖-D-果糖。

**06.168　毒毛旋花二糖　strophanthobiose**
一种强心糖苷,为毒毛旋花苷接上葡萄糖后的衍生物。

**06.169　链霉二糖胺　streptobiosamine**
链霉素中的一个二糖组分,由链霉糖和 N-甲基葡糖胺组成。

**06.170　三糖　trisaccharide**
由 3 个单糖连接而形成的寡糖。

**06.171　龙胆三糖　gentianose**
从龙胆科植物根部首先分离得到的一种三糖,由葡萄糖和果糖组成,其结构式为:D-吡喃葡糖基 β-1,6-D-吡喃葡糖基 α-1,2-β-D 呋喃果糖苷。

**06.172　纤维三糖　cellotriose**
3 个葡萄糖分子通过 β-1,4-糖苷键连接而形成的寡糖。

**06.173　松三糖　melezitose**
由葡萄糖和果糖构成的三糖。结构式为:D-吡喃葡糖基 α-1,3-D-呋喃果糖基 β-2,1-D 葡萄糖,出现在昆虫引起植物(如落叶松)创伤的渗出液中。

**06.174　棉子糖　raffinose**
一个非还原的三糖,属于蔗糖的衍生产物,在蔗糖中葡萄糖 C-6 位羟基上以 α-1,6 连接有一个半乳糖。

**06.175　潘糖　panose**
在黑曲霉中发现的一种三糖。结构式为 Glcα1,6Glcα1,4Glc。

**06.176　四糖　tetrasaccharide**
由 4 个单糖连接而形成的寡糖。

**06.177　水苏糖　stachyose, lupeose**
由半乳糖、葡萄糖和果糖构成的非还原四糖。其结构式为:D-吡喃半乳糖基 α-1,6-D-吡喃半乳糖基 α-1,6-D-吡喃葡糖基 α-1,2-β-D-呋喃果糖苷,属于蔗糖的衍生产物,是棉子糖的同系物,在棉子糖的半乳糖 C-6 位羟基上以 α-1,6-糖苷键再连接一个半乳糖,广泛分布于植物中。

**06.178　五糖　pentaose**
由 5 个单糖连接而形成的寡糖。

**06.179　六糖　hexaose**
由 6 个单糖连接而形成的寡糖。

**06.180　七糖　heptaose**
由 7 个单糖连接而形成的寡糖。

**06.181　八糖　octaose**
由 8 个单糖连接而形成的寡糖。

**06.182　天冬酰胺连接寡糖　asparagine-linked oligosaccharide**
简称"N-糖链"。糖蛋白分子中,以糖苷键连接在天冬酰胺残基的酰胺基氮原子上的寡糖链。

**06.183　高甘露糖型寡糖　high-mannose oligosaccharide**
糖蛋白 N-糖链的一种,其外周含有 5~9 个甘露糖。

**06.184　纤维寡糖　cello-oligosaccharide**
由 10 个以下葡萄糖分子通过 β-1,4-糖苷键连接而成的寡糖,是纤维素降解过程中的产物。

**06.185 唾液酸寡糖** sialyloligosaccharide
含有唾液酸的寡糖。若失去唾液酸,则成为无唾液酸寡糖。

**06.186 脂质几丁寡糖** lipochitooligosaccharide
由根瘤菌所产生的一种被长链脂肪酸修饰的几丁寡糖。可专一地激发寄主植物的结瘤反应。

**06.187 脂寡糖** lipooligosaccharide
一类被脂质修饰的寡糖。通常是指作为糖蛋白 N-糖链合成中,活化寡糖供应前体的长萜醇寡糖。

**06.188 葡聚糖** glucan, glucosan
由葡萄糖通过不同方式形成的聚糖的总称。

**06.189 右旋糖酐** dextran
由细菌(如肠膜状明串珠菌(*Leuconostoc mesenteroides*))产生的胞外多糖,主要是 α-1,6-糖苷键连接的葡萄糖,有时也有 α-1,2、α-1,3、α-1,4 分支结构。不同分子量的右旋糖苷在临床上有多种用途,如作为血浆代用品、疏通微血管、防治血栓等。为区别于"glucan(葡聚糖)",故将细菌来源的"dextran"定名为右旋糖酐。

**06.190 愈伤葡聚糖** callose
又称"胼胝质"。β-D-呋喃葡糖残基以 β-1,3-糖苷键连接而成的葡聚糖。存在于植物细胞壁中。

**06.191 植物糖原** phytoglycogen
植物来源的葡聚糖,与动物的糖原相似,具有高度分支。

**06.192 短梗霉聚糖** pullulan
一种霉菌(*Aureobasidium pullulans*)合成的胞外葡聚糖,兼有 α-1,4 和 α-1,6 两种连接

方式。

**06.193 石耳葡聚糖** pustulan
一种来自青霉菌(*Penicillium allahabadense*)的线性的 β-1,6 葡聚糖。

**06.194 半乳葡萄甘露聚糖** galactogluco-mannan
半纤维素的组成之一,尤其在裸子植物细胞壁中,该聚糖占12%~15%。主链由葡萄糖和甘露糖以 β-1,4 键连接而成,半乳糖则以 α-1,6 键连到主链的任一种糖上。

**06.195 大脑蛋白聚糖** cerebroglycan
一种受发育调节的磷脂酰肌醇锚定性膜内在硫酸乙酰肝素蛋白聚糖。在发育神经系统表达。

**06.196 脂磷酸聚糖** lipophosphoglycan, LPG
利什曼虫细胞表面高丰度聚糖,通过糖基磷脂酰肌醇固着于细胞膜上,为多功能毒性决定簇,在利什曼虫于中间宿主沙蝇体内生长过程中起关键作用。

**06.197 磷脂酰肌醇聚糖** phosphatidylinosi-tol glycan
一类与磷脂酰肌醇连接的聚糖。最常见的结构为 -Man α-1,2-Man α-1,6-Man α-1,4-GlcN-。

**06.198 山梨聚糖** sorbitan
由山梨糖构成的聚糖。

**06.199 琥珀酰聚糖** succinoglycan
羟基被琥珀酰化的聚糖,存在于一些革兰氏阳性菌的细胞壁中。

**06.200 木葡聚糖** xyloglucan
植物细胞壁中半纤维素的一种组分,主链是纤维素,侧链为由为数不多的木糖连接而成的寡糖。

**06.201 酵母聚糖** zymosan

以甘露聚糖为主体的酵母细胞壁的粗制剂，在备解素存在下可以激活补体系统。

**06.202 肽聚糖 peptidoglycan**
存在于革兰氏阳性和阴性细菌细胞壁中的一种复合糖类。主链是 β-1,4-糖苷键连接的 N-乙酰氨基葡糖和 N-乙酰胞壁酸交替的杂多糖。在 N-乙酰胞壁酸上接有肽链，不同糖链上的肽链交联后形成稳定的水不溶产物。

**06.203 假肽聚糖 pseudopeptidoglycan**
存在于某些产甲烷细菌的细胞壁中肽聚糖类似物。

**06.204 琼脂糖 agarose**
来自海藻的带硫酸酯的半乳聚糖。因其多孔凝胶性质，已广泛用做生物大分子电泳技术的支持材料。

**06.205 糖原 glycogen**
一种广泛分布于哺乳类及其他动物肝、肌肉等组织的、多分散性的高度分支的葡聚糖，以 α-1,4-糖苷键连接的葡萄糖为主链，并有相当多 α-1,6 分支的多糖，用于能源贮藏。

**06.206 杂多糖 heteropolysaccharide**
多种单糖组成的多糖。如半纤维素、琼脂、果胶等。

**06.207 淀粉 starch**
一种植物中广泛存在的贮存性葡聚糖。

**06.208 直链淀粉 amylose**
葡萄糖只以 α-1,4-糖苷键连接形成的长链的葡聚糖，通常由 200~300 个葡萄糖残基组成。天然淀粉中直链淀粉占 20%~30%。

**06.209 支链淀粉 amylopectin**
葡萄糖以 α-1,4-糖苷键连接为主链，并有 α-1,6-糖苷键连接作为分支点而形成的葡聚糖，分子很大，可含数千个葡萄糖残基。天然淀粉中 70%~80% 为支链淀粉。

**06.210 副淀粉 paramylon, paramylum**
裸藻属作为能源的贮存性葡聚糖，其主链是 β-1,3 连接的葡萄糖，另有部分 β-1,6 分支连接的葡萄糖。

**06.211 环糊精 cyclodextrin**
在环糊精糖基转移酶作用下，由淀粉（主要是支链淀粉）所生成的 α-1,4-糖苷键连接、首尾相连、由 6~12 个葡萄糖单位组成的寡糖。有催化特性，并可与一些离子或有机小分子形成包含络合物。在食品、医药、轻工和农业化工等领域用做稳定剂、乳化剂和抗氧化剂。

**06.212 糊精 dextrin, amylin**
淀粉经酶法或化学方法水解得到的降解产物，为数个至数十个葡萄糖单位的寡糖和聚糖的混合物。包括有麦芽糖糊精、极限糊精等。

**06.213 极限糊精 amylodextrin, limit dextrin**
淀粉颗粒用酸长时间水解后，剩余的不水解产物，包括聚合度为 10 多个葡萄糖基的直链组分和聚合度为 20~30 个葡萄糖基的支链组分。在用酶水解时，α 淀粉酶水解所得到的产物称"α 极限糊精（α-amylodextrin）"，为 6~8 个葡萄糖基的直链麦芽糊精和分支极限糊精；β 淀粉酶水解所得产物称"β 极限糊精（β-amylodextrin）"。

**06.214 麦芽糖糊精 maltodextrin**
淀粉 α 淀粉酶水解产物中含有 6~8 个葡萄糖单位的糊精。

**06.215 纤维素 cellulose**
葡萄糖分子通过 β-1,4-糖苷键连接而形成的葡聚糖。通常含数千个葡萄糖单位，是植物细胞壁的主要成分。

**06.216 半纤维素 hemicellulose**
植物细胞壁中与纤维素紧密结合的几种不同类型多糖混合物。包括木聚糖、木葡聚糖和半乳葡萄甘露聚糖等。

**06.217 木聚糖 xylan**
由 D-木糖通过 β-1,4 连接而成的产物,是植物细胞壁中半纤维素的组分。

**06.218 磷壁酸 teichoic acid**
存在于一些革兰氏阳性菌细胞壁中的一类多糖。其结构特征是,以通过磷酸二酯键连接的糖醇(甘油或核糖醇)为主链;一部分糖基多数作为侧链接在糖醇的羟基上,也可作为主链的一部分。

**06.219 脂磷壁酸 lipoteichoic acid**
磷壁酸与脂类分子连接而成的产物。

**06.220 糖醛酸磷壁酸 teichuronic acid**
存在于一些革兰氏阳性菌的细胞壁中的一类多糖。由二糖重复单位组成,在重复单位中含有糖醛酸。

**06.221 胆红素二葡糖醛酸酯 bilirubin diglucuronide**
胆红素的两个丙酸侧链分别与两个葡糖醛酸以酯键相连的产物,是血色素的分解代谢中间产物。因其增大的水溶性,利于从肝排入胆囊,由胆管经肠道排出。

**06.222 肝素 heparin**
N-硫酸和艾杜糖醛酸含量较多的一种糖胺聚糖,由 D-β-葡糖醛酸(或 L-α-艾杜糖醛酸)和 N-乙酰氨基葡糖形成重复二糖单位组成的多糖。

**06.223 硫酸乙酰肝素 heparan sulfate**
又称"硫酸类肝素"。N-硫酸化和艾杜糖醛酸含量较少的一种糖胺聚糖。由 L-α-艾杜糖醛酸或 β 葡糖醛酸和 N-乙酰氨基葡糖形成的重复二糖单位组成的多糖。

**06.224 透明质酸 hyaluronic acid, hyaluronan**
糖胺聚糖的一种,由葡糖醛酸和 N-乙酰氨基葡糖形成的多糖,不含硫酸基取代。

**06.225 硫酸角质素 keratan sulfate**
糖胺聚糖的一种,由半乳糖和 N-乙酰氨基葡糖形成的重复二糖单位组成的多糖,并在两种糖基的 C-6 位羟基处都可能有硫酸根取代。

**06.226 硫酸软骨素 chondroitin sulfate**
糖胺聚糖的一种,由 D-葡糖醛酸和 N-乙酰氨基半乳糖以 β-1,4-糖苷键连接而成的重复二糖单位组成的多糖,并在 N-乙酰氨基半乳糖的 C-4 位或 C-6 位羟基上发生硫酸酯化。大量存在于动物软骨中。

**06.227 硫酸皮肤素 dermatan sulfate**
糖胺聚糖的一种,由 N-乙酰氨基半乳糖-β-1,4-L-艾杜糖醛酸-α(或 D-葡萄糖醛酸-β)-1,3 的二糖重复单位构成的多糖。在 N-乙酰氨基半乳糖的 C-4 位等处常有硫酸根取代。

**06.228 乳糖胺聚糖 lactosaminoglycan**
由 N-乙酰氨基半乳糖基 α-1,4 葡萄糖形成的二糖作为重复单位而形成的多糖。

**06.229 海藻酸 alginic acid**
又称"褐藻酸"。来自海藻的由 D-甘露糖醛酸和 L-古洛糖醛酸组成的多糖。可抑制大鼠肠道对锶(⁹⁰Sr)吸收。除褐藻等海藻外,棕色固氮菌等细菌亦产生藻酸类型的多糖。

**06.230 阿拉伯聚糖 araban**
由阿拉伯糖聚合形成的多糖,是植物细胞壁的组成成分之一。可溶于热水中,常作为非主要成分归属于果胶类物质。

**06.231 半乳聚糖 galactan**
一类由半乳糖连接而成的多糖。在植物细胞壁中,半乳聚糖常与阿拉伯聚糖一起,形成阿拉伯半乳聚糖,是果胶等物质的组成成分。在海藻中,以半乳聚糖为主,形成琼脂和角叉聚糖等多糖。

**06.232　阿拉伯半乳聚糖　arabinogalactan**
属于果胶类物质，由阿拉伯糖和半乳糖聚合形成的多糖，是植物细胞壁的组分之一。

**06.233　昆布多糖　laminaran, laminarin**
又称"海带多糖"。近海岸褐藻（海带）的贮藏多糖，以葡糖基 β-1,3 葡萄糖连接组分为主，间杂有少量甘露糖醇。

**06.234　香菇多糖　lentinan**
从香菇（*Lentinus edodes*）子实体或菌丝中分离的一种多糖，以 β-1,3 葡聚糖为主，有免疫激活和抗肿瘤活性。

**06.235　壳多糖　chitin**
又称"几丁质"。由 *N*-乙酰葡糖胺通过 β-1,4-糖苷键连接而成的多糖。链长可达几百个 *N*-乙酰葡糖胺单位。分布于昆虫、甲壳类动物的外骨骼和真菌细胞壁中。

**06.236　葡糖胺聚糖　glucosaminoglycan**
又称"壳聚糖（chitosan）"。壳多糖脱乙酰后得到的产物。为一些分子质量和脱乙酰度不同的分子的混合物。

**06.237　地衣多糖　lichenan, lichenin**
又称"地衣淀粉"，"地衣胶"。来自地衣的多糖，主要结构为 β-1,3 和 β-1,4 连接的葡聚糖。

**06.238　小核菌聚糖　scleroglucan**
来自小核菌的多糖。

**06.239　木[质]素　lignin**
存在于植物纤维中的一种芳香族高分子化合物。其含量可占木材的 50%。在植物组织中具有增强细胞壁及黏合纤维的作用。

**06.240　木素纤维素　lignocellulose**
混有木质素、纤维素和半纤维素的天然植物纤维。

**06.241　糖蜜　molasses**
工业制糖过程中，蔗糖结晶后，剩余的不能结晶，但仍含有较多糖的液体残留物。

**06.242　荚膜多糖　capsular polysaccharide**
细菌细胞壁外荚膜中的主要成分，可以是同多糖或异多糖。荚膜多糖的成分与结构常常与细菌的病原性和血清型有关。

**06.243　角叉聚糖　carrageenan**
又称"卡拉胶"。来自海洋红藻的 D 半乳糖-和 L-半乳糖组成并经硫酸酯化而形成的多糖。在食品工业中有广泛应用。

**06.244　亮藻多糖　chrysolaminarin**
又称"金藻海带胶"，"亮胶（leucosin）"。淡水藻类金藻纲（Chrysophyceae）藻类所产的多糖，结构上类似昆布多糖。主体是 β-1,3-连接的葡聚糖，兼或有 β-1,6-连键。

**06.245　果聚糖　fructan, fructosan, levan**
由 D-果糖以 β-2,1 或 β-2,6 键聚合形成的一类多糖。存在于很多食物中，如小麦、洋葱等。

**06.246　菊糖　inulin**
又称"菊粉"。由 D-呋喃果糖以 β-2,1-键连接的一种果聚糖。从土木香（*Inula helenium*）根茎等材料中提出的、作为营养贮存物质的多糖。

**06.247　岩藻多糖　fucoidan, fucoidin, fucan**
由 L-岩藻糖主要通过 β-1,2 键连接，间杂有少量 β-1,3、β-1,4 键所形成的多糖。在大量岩藻糖的 C-4 位上，有硫酸酯。

**06.248　同多糖　homopolysaccharide**
仅由一种类型单糖组成的多糖。如淀粉、纤维素。

**06.249　甘露聚糖　mannan**
以甘露糖为主体形成的多糖。主要存在于酵母细胞壁中，以 α-1,6 连接为主，α-1,2 和 α-1,3 连接形成侧链，还含有约 5% 的蛋白质。

**06.250  半乳甘露聚糖  galactomannan**
由 D-半乳糖和 D-甘露糖组成的一种多糖。

**06.251  葡甘露聚糖  glucomannan**
由葡萄糖和甘露糖聚合而形成的杂多糖。
常见于植物、酵母等细胞壁中。

**06.252  果胶  pectin**
植物中的一种酸性多糖,是细胞壁中一个重
要组分。最常见的结构是 α-1,4 连接的多
聚半乳糖醛酸。此外,还有鼠李糖等其他单
糖共同组成的果胶类物质。

**06.253  多乳糖胺  polylactosamine**
以乳糖胺作为重复单位组成的聚糖,主要存
在于一些糖蛋白中。

**06.254  多唾液酸  polysialic acid, PSA**
由唾液酸作为单体形成的聚糖,存在于一些
鱼卵和神经系统的某些糖蛋白中。在神经
钙黏蛋白中,此类聚糖由 60～100 个唾液酸
通过 α-2,8 方式连接;在中枢神经系统中,
其作用是通过分子大小和密集的负电荷调
节轴突的成束。

**06.255  糖缀合物  glycoconjugate**
又称"糖复合体"。糖类和其他类型生物分
子以共价键结合而形成的化合物。包括糖
蛋白、蛋白聚糖、肽聚糖、糖脂、脂多糖等。

**06.256  糖原蛋白  glycogenin**
糖原颗粒中,一种参与糖原生物合成的蛋白
质,由 322 个氨基酸组成。该蛋白质作为糖
原合成的引物,其第 194 位酪氨酸的羟基和
糖原合成的第一个葡萄糖连接,在与其紧密
结合的糖原合成酶的催化亚基作用下,糖原
糖链不断延伸。

**06.257  抗冻糖蛋白  antifreeze glycoprotein**
存在于极地鱼类血清中的一类糖蛋白。有
帮助血清冰点下降的功能。

**06.258  包膜糖蛋白  envelope glycoprotein**
通常指病毒外层包被上的糖蛋白。

**06.259  血型糖蛋白  glycophorin**
又称"载糖蛋白"。红血球细胞膜上的一种
穿膜糖蛋白。由 131 个氨基酸残基组成,是
MN 血型抗原,也是流感病毒和疟原虫入侵
红血球的受体。

**06.260  内皮唾液酸蛋白  endosialin**
又称"FB5 抗原(FB5 antigen)"。人体恶性
肿瘤血管内皮细胞表达的一种肿瘤间质糖
蛋白抗原(165 kDa)。含高度唾液酸化的
$O$-聚糖,也可能有少量 $N$-聚糖。

**06.261  唾液酸黏附蛋白  sialoadhesin**
一些以唾液酸残基为配体的、具有细胞黏附
能力的蛋白质。具有多个免疫球蛋白样的
结构域。如小鼠的此种蛋白质由 1598 个氨
基酸残基组成,含有 17 个免疫球蛋白样结
构域。

**06.262  无唾液酸糖蛋白  asialoglycoprotein, ASGP**
从糖蛋白的糖链中除去唾液酸后得到的衍
生物。

**06.263  无唾液酸血清类黏蛋白  asialooroso-mucoid, ASOR**
血清类黏蛋白的糖链中去除唾液酸后的产
物。

**06.264  唾液酸糖蛋白  sialoglycoprotein**
含有唾液酸的糖蛋白。

**06.265  载唾液酸蛋白  sialophorin**
又称"载涎蛋白","白唾液酸蛋白(leukosia-
lin)"。即 CD43。一种黏蛋白样的糖蛋白。
在 239 个氨基酸残基组成的肽链上接有
70～85 条末端为唾液酸 $O$-糖链,是胸腺细
胞、T 细胞表面的主要糖蛋白,也存在于其
他免疫有关的细胞表面,有抗黏着,抑制 T
细胞间相互作用的功能。

**06.266　髓鞘寡突胶质糖蛋白**　myelin oligodendroglia glycoprotein

分布在神经髓鞘质中的少突神经胶质细胞膜表面的糖蛋白。

**06.267　$\alpha_1$ 酸性糖蛋白**　$\alpha_1$-acid glycoprotein

又称"血清类黏蛋白（orosomucoid）"。血清中一个糖含量高达 40% 的糖蛋白，带有 5 条多分支的 $N$-糖链。肽链具有高度的多态性。

**06.268　T-H 糖蛋白**　Tamm-Horsfall glycopotein

在人尿中的主要糖蛋白，在牛和大鼠中也发现。其亚基（约 80 kDa）含有 25% 糖，以及少量的脂质。

**06.269　核心 $O$-聚糖**　core $O$-glycan

糖蛋白中，与丝氨酸、苏氨酸等残基侧链羟基，以 $O$-糖苷键相连的 2～4 个糖基组成的聚糖。其结构是 $O$-聚糖分型的基础。

**06.270　糖萼**　glycocalyx

又称"多糖包被"。细胞膜上的糖蛋白和糖脂，其糖链都朝向胞外，使得整个细胞外层犹如一层糖的包被，好比花被包着花萼。

**06.271　糖基化蛋白质**　glycosylated protein

带有共价连接糖链的蛋白质。

**06.272　布雷菲德菌素 A**　brefeldin A

一种真菌产生的抗生素，其作用是延滞细胞内通向反式高尔基体液泡运输，对糖蛋白糖链合成和糖胺聚糖合成有干扰。

**06.273　唾液酸糖肽**　sialoglycopeptide

含有唾液酸的糖肽。

**06.274　$N$-乙酰胞壁酰五肽**　$N$-acetylmuramyl pentapeptide

细菌细胞壁中肽聚糖生物合成过程中的中间产物。在 $N$-乙酰胞壁酸 3 位衍生的羧基上顺序连接上 L-Ala-D-Glu-L-Lys-D-Ala-D-Ala。

**06.275　万古霉素**　vancomycin

由一种链霉菌产生的、结构复杂的糖肽类抗生素，专一地抑制肽聚糖的生物合成。

**06.276　糖基磷脂酰肌醇**　glycosylphosphatidyl inositol, GPI

肌醇磷脂中肌醇的 C-6 位和糖相连，通常是连接 4 个糖基（Manα-1，2Manα-1，6Manα-1，4GlcNα-1，6）。其非还原末端通过磷酸乙醇胺，将一些蛋白质锚定到细胞膜上。

**06.277　糖基磷脂酰肌醇化**　glypiation

使糖基磷脂酰肌醇锚与蛋白质连接的反应，发生在内质网中。

**06.278　嗜异性抗原**　heterophil antigen

又称"福斯曼抗原（Forssman antigen）"。一种细胞表面的糖脂分子，其结构式为：GalNAc α1，3-GlcNAcβ-1，3-Gal α1，4-Gal β1，4-Glc cβ-1，1-Cer（Cer 代表神经酰胺）。该抗原表达于啮齿类和其他哺乳类细胞。

**06.279　长萜醇寡糖前体**　dolichol oligosaccharide precursor

长萜醇通过焦磷酸键活化的一个十四糖。为糖蛋白 $N$-糖链生物合成过程中，糖链前体的供体。

**06.280　脂多糖**　lipopolysaccharide, LPS

革兰氏阴性菌细胞壁组成成分，由脂质 A、核心多糖和 O 抗原三部分组成。

**06.281　β 蛋白聚糖**　betaglycan

Ⅲ型转化生长因子 β 受体。其核心蛋白质是 Ⅰ 型穿膜蛋白质，C 端包含富含丝氨酸和苏氨酸的 41 或 43 个氨基酸残基组成的胞质结构域，细胞外结构域有 6 个重复序列，其糖胺聚糖为硫酸乙酰肝素和硫酸软骨素链。

**06.282　聚集蛋白聚糖**　aggrecan

最初从软骨组织分离得到的一种蛋白聚糖，其核心蛋白质由多种结构域组成，并接有大约 100 条硫酸软骨素链。

**06.283　突触蛋白聚糖　agrin**
一种硫酸乙酰肝素蛋白聚糖，其核心蛋白质含 4 个不同的结构域。在突触形成过程突触蛋白聚糖促进突触后肌纤维和突触前运动神经元的分化；并在免疫突触的形成、细胞骨架的组织，以及病态肌肉的功能改善中，均起一定作用。

**06.284　基底膜结合蛋白聚糖　bamacan**
蛋白聚糖的一种，在成年大鼠肾中，位于肾小球膜和肾小球囊基底膜，但不存在于肾小球基底膜中。在皮肤、毛囊和肾的发育过程中，抑制分支形态的发生，有稳定基底膜的作用。

**06.285　双糖链蛋白聚糖　biglycan**
一种存在于细胞基质中的小型蛋白聚糖，含有一条或两条硫酸软骨素或硫酸皮肤素糖链。在软骨、主动脉和骨的矿化区间相当丰富。

**06.286　短蛋白聚糖　brevican**
富含于脑中的一种蛋白聚糖，在核心蛋白质的肽链上接有 1~3 条硫酸软骨素链。

**06.287　软骨蛋白聚糖　chondroproteoglycan**
存在于软骨中的各种蛋白聚糖，很多接有糖胺聚糖链的核心蛋白质以非共价键与透明质酸长链相结合。

**06.288　饰胶蛋白聚糖　decorin**
含有一条硫酸软骨素或硫酸皮肤素类型的糖胺聚糖链，存在于胞外基质中一类小的富含亮氨酸的蛋白聚糖。能与胶原相互作用，调节胶原纤维的形成和胞外基质的组装。

**06.289　纤调蛋白聚糖　fibromodulin**
存在于胞外基质中一类小的富含亮氨酸的蛋白聚糖，含硫酸角质素类型的糖胺聚糖

链。在软骨、肌腱等组织中与胶原蛋白结合并调节胶原微纤维的装配。

**06.290　肌养蛋白聚糖　dystroglycan**
一种蛋白质前体，是肌养蛋白相关的蛋白质复合体的组分，可作为突触蛋白聚糖或层粘连蛋白的受体，在骨骼肌中起连接胞外基质和肌膜的作用，在神经肌肉衔接点调节突触蛋白聚糖诱导的乙酰胆碱受体成簇作用。

**06.291　磷脂酰肌醇蛋白聚糖　glypican**
带有糖基磷脂酰肌醇锚的蛋白聚糖。属硫酸乙酰肝素蛋白聚糖，由上皮细胞或纤维细胞等产生。

**06.292　透凝蛋白聚糖　hyalectan**
全称"透明质酸和凝集素结合的调制蛋白聚糖（hyaluronan- and lectin-binding modular proteoglycan，HLPG）"。一个位于细胞表面能与透明质酸相互作用的蛋白聚糖家族。其核心蛋白质 C 端区包含凝集素样结构，是细胞和细胞外基质间的分子桥。其成员有多能蛋白聚糖、聚集蛋白聚糖、神经蛋白聚糖、短蛋白聚糖等。

**06.293　光蛋白聚糖　lumican**
细胞间质中一种小的富含亮氨酸蛋白聚糖。其核心蛋白质（38 kDa）连接的是硫酸角质素，在维持眼角膜的透明度中起重要作用。

**06.294　神经蛋白聚糖　neurocan**
存在于脑、软骨的一种硫酸软骨素蛋白聚糖。其核心蛋白质（136 kDa）上接有若干条硫酸软骨素链。

**06.295　NG2 蛋白聚糖　NG2 proteoglycan**
具有最大核心蛋白的穿膜蛋白聚糖，主要存在于神经元细胞中，在发育的间质细胞和人黑色素瘤细胞中也有。其细胞外结构域上连接着 2~3 条硫酸软骨素链。

**06.296　细胞核蛋白聚糖　nuclear proteogly-can**

首先在海胆胚胎中发现的存在于细胞核内的蛋白聚糖,以后陆续证明在人成纤维细胞、大鼠脑、正常和再生肝以及腹水型肝癌等细胞中均存在。对 DNA 合成有调控作用。

**06.297　骨甘蛋白聚糖　osteoglycin, OG**
又称"骨诱导因子(osteoinductive factor)"。存在于牛角膜的一种蛋白聚糖,核心蛋白质(35 kDa)含有 2~3 个结合 $N$-寡糖的部位,糖胺聚糖为硫酸角质素。

**06.298　骨黏附蛋白聚糖　osteoadherin**
蛋白聚糖中的一种,核心蛋白质(42 kDa)的 N 端含有硫酸酪氨酸,含 3~5 个 $N$-寡糖结合部位,其糖胺聚糖链为硫酸角质素。

**06.299　串珠蛋白聚糖　perlecan**
存在于基底膜中的蛋白聚糖。其核心蛋白质的分子量很大,人的核心蛋白质约 467 kDa,可分为 5 个结构域,3 条硫酸乙酰肝素链接在核心蛋白质的 N 段结构域。作为细胞外基质的一部分,具有多种功能。

**06.300　黏结蛋白聚糖　syndecan**
一类整合在成纤维细胞和表皮细胞质膜内的硫酸乙酰肝素蛋白聚糖,为一个家族,有 4 个成员:黏结蛋白聚糖 1~4,其核心蛋白质(31~45 kDa)上接有数条硫酸软骨素和数条硫酸类肝素链,可与基质、生长因子等结合。黏结蛋白聚糖 1 调控细胞表型和肌动蛋白细胞骨架组建,并参与维持上皮构建。黏结蛋白聚糖 3 参与四肢形态形成、骨骼发育和骨骼肌分化。

**06.301　纤维蛋白聚糖　fibroglycan**
又称"黏结蛋白聚糖 2(syndecan-2)"。发育过程中主要存在于间质细胞中,在树突棘的发育中起关键作用的一种蛋白聚糖;在成年人,主要存在于成纤维细胞和肝细胞中。其核心蛋白含有独特的丝氨酸磷酸化部位,含有 3 条硫酸类肝素链和少量 $O$-寡糖。

**06.302　双栖蛋白聚糖　amphiglycan**
又称"黏结蛋白聚糖 4(syndecan-4)"。见于上皮细胞和成纤维细胞的膜内在蛋白质,硫酸乙酰肝素蛋白聚糖,细胞骨架蛋白质。与蛋白激酶 C 联合发挥作用。

**06.303　睾丸蛋白聚糖　testican**
最初在睾丸鉴定到的一种人蛋白聚糖。其核心蛋白质主要由骨粘连蛋白中典型存在的结构域组成。C 端区富含酸性氨基酸,是糖胺聚糖连接区。

**06.304　丝甘蛋白聚糖　serglycan**
与细胞内颗粒相结合的蛋白聚糖。存在于多种细胞中,其核心蛋白质具有丝氨酸和甘氨酸交替的伸展序列,连接的糖胺聚糖为硫酸软骨素和/或硫酸乙酰肝素链。因其有聚阴离子性质,在维持胞内电中性中起作用。

**06.305　凝血调节蛋白　thrombomodulin**
一种内皮细胞表面的蛋白聚糖。内皮细胞膜上特异的凝血酶受体,具有抑制凝血酶的凝固活性和加速抗凝血酶 Ⅲ 作用的功能。其核心蛋白质是 Ⅰ 型穿膜蛋白,N 端位于细胞外,糖胺聚糖为硫酸软骨素和硫酸皮肤素。

**06.306　多能蛋白聚糖　versican**
来自成纤维细胞的一种硫酸软骨素蛋白聚糖。其核心蛋白质(约 265~370kDa)含有透明质酸结合蛋白、表皮生长因子样和 C 型动物凝集素等结构域,肽链的中部接有 12~15 条硫酸软骨素和/或硫酸皮肤素链。

**06.307　角蛋白聚糖　keratocan**
存在于牛角膜中的蛋白聚糖,其核心蛋白质(38 kDa)上连接有一条硫酸角质素链,并具有潜在的 3~5 个 $N$-寡糖结合部位。

**06.308　凝集素　lectin, agglutinin**
非免疫来源、非酶,但具有专一结合糖基的能力,并能使红细胞或其他细胞凝集的蛋白质。广泛分布于植物(尤其是豆科植物)、动物和微生物中。agglutinin 是 lectin 的早期用词,常见于复合词和组合词中,如植物凝集素、麦胚凝集素等。

**06.309 植物凝集素 phytohemagglutinin, PHA**
又称"红肾豆凝集素"。从红肾豆(*Phaseolus vulgaris*)中分离得到的凝集素。由两种不同糖类专一的亚基,可组成 5 种不同的同工凝集素。在免疫学中经常用做促分裂原。

**06.310 麦胚凝集素 wheat-germ agglutinin, WGA**
在小麦胚中分离得到的凝集素,对 *N*-乙酰氨基(-D-)葡萄糖/唾液酸专一。每个分子由 2 个亚基组成,每个亚基含有 4 个结构域和 2 个糖结合位点。

**06.311 同工凝集素 isolectin**
又称"同族凝集素"。来自同一种物种材料、但蛋白质成分有所不同的凝集素。

**06.312 C 型凝集素 C-type lectin**
一个庞大的蛋白质超家族,其成员与糖的结合需有钙离子存在,分子中具有同源的糖识别区,但是各成员的糖结合专一性不尽相同。

**06.313 胶原凝集素 collectin**
C 型凝集素中一个亚类。这类凝集素的共同特点是含有类似胶原的结构域,常是 9 ~ 27 条亚基肽链组装为大型的寡聚复合体,或三叉型,或十字型,糖结合区域在端处。

**06.314 共凝素 conglutinin**
又称"胶固素"。胶原凝集素中的一种,具类似胶原的结构域,糖结合专一性为:GlcNAc-Man-L-Fuc。可从牛血清中分离获得。

**06.315 选凝素 selectin**
C 型凝集素中一个亚类,具有选择性的细胞黏附分子,依据其来源可分为 E 选凝素、L 选凝素、P 选凝素。

**06.316 P 型凝集素 P-type lectin**
又称"6-磷酸甘露糖受体(mannose 6-phosphate receptor, M6PR)"。专一识别 6-磷酸甘露糖结构的一类凝集素。

**06.317 I 型凝集素 I-type lectin**
又称"唾液酸结合凝集素(sialic acid-binding lectin)","识别唾液酸的免疫球蛋白超家族凝集素(sialic acid-recognizing immunoglobulin superfamily lectin, siglec)"。属于免疫球蛋白超家族,含有免疫球蛋白结构域的一类凝集素。

**06.318 髓鞘相关糖蛋白 myelin associated glycoprotein, MAG**
I 型凝集素家族的一个成员。来自动物的凝集素,按蛋白质结构可归入到 I 型凝集素,属免疫球蛋白超家族。

**06.319 半乳凝素 galectin**
又称"S 型凝集素(S-type lectin)"。广泛分布于动物界,在哺乳动物中多见的一个蛋白质家族。糖结合专一性都是 β 半乳糖基,并有类似的糖识别结构域,具有参与细胞间黏着,诱导细胞凋亡,促使细胞分裂等生理功能。

**06.320 网柄菌凝集素 discoidin**
由盘基网柄菌(*Dictyostelium discoideum*)所产生的凝集素,其专一结合的糖基为:GalNAc,3-O-Me-Glc。在此类黏菌的细胞聚集和发育分化中起作用。

**06.321 血凝素 hemagglutinin, HA**
又称"红细胞凝集素"。一类能与糖基结合,并导致红细胞凝集的蛋白质。

**06.322 白细胞凝集素 leucoagglutinin**
具有专一结合糖基的能力,并能使白细胞凝集的蛋白质。

**06.323　大豆凝集素　soybean agglutinin, SBA**
由大豆分离得到的凝集素，本身是糖蛋白，对半乳糖专一。

**06.324　利马豆凝集素　lima bean agglutinin**
来自利马豆(*Phaseolus lunatus*)的凝集素，其糖结合专一性为：GalNAcα-1,3-(L-Fucα-1,2)-Galb > GalNAc。

**06.325　四联凝[集]素　tetranectin**
C型动物凝集素超家族的一个成员，由4个相同亚基形成的同源四聚体，每个亚基由181个氨基酸组成。能与纤溶酶原结合，存在肿瘤组织的细胞外间质中，在正常细胞外周不存在。

**06.326　海胆凝[集]素　echinoidin**
来自海胆的一种凝集素。

**06.327　糖胺聚糖结合蛋白质　glycosamino-glycan-binding protein**
能与糖胺聚糖结合并相互作用的蛋白质的统称。包括各种生长因子、胞外基质分子、细胞黏附分子、脂蛋白、病毒外被蛋白、蛋白水解酶抑制物等。

**06.328　甘露糖结合蛋白质　mannose-binding protein, MBP**
特指以甘露糖为配体的动物凝集素。一些可溶性的甘露糖结合蛋白质具有专一结合甘露糖基的蛋白质，属胶原凝素家族。如人体血清中的甘露糖结合蛋白质由富含半胱氨酸的氨基端区、胶原蛋白样区及羧基端糖类识别结构域组成。另有一些膜结合的甘露糖结合蛋白质。如巨噬细胞表面的甘露糖结合蛋白质。

**06.329　蓖麻毒蛋白　ricin**
从蓖麻中分离得到的具有凝集素活性的毒蛋白。由A和B两条肽链通过一对二硫键连接而成，B链可以与对半乳糖专一结合，A链则有核糖体失活能力。

# 07. 脂　　质

**07.001　脂质　lipid**
脂肪和类脂以及其衍生物的总称。包括脂肪酸、甘油酯、甘油醚、磷脂、鞘脂、醇类与蜡、萜、类固醇以及脂溶性维生素A、维生素D、维生素E、维生素K等。

**07.002　单脂　simple lipid, homolipid**
仅含碳、氢、氧的脂质。

**07.003　复合脂　complex lipid, heterolipid**
除通常的碳、氢、氧外，还含有氮和磷原子的脂质。也即除甘油酯与脂肪酸外，还包括磷脂(甘油磷脂、鞘磷脂)和糖脂(甘油糖酯、鞘糖脂)。

**07.004　脂肪族化合物　aliphatic compound**
由碳氢链构成的有机化合物或其衍生物。一般具有开链结构，呈饱和或不饱和，包括无环结构的烃、醇、醛、酮、羧酸和糖类。如4个碳原子和10个氢原子组成的正丁烷。

**07.005　脂环化合物　alicyclic compound**
含有环烃的化合物。有饱和脂环化合物和不饱和脂环化合物。饱和环烃的通式为$C_nH_{2n}$。

**07.006　非双层脂　nonbilayer lipid**
不参与构成生物膜双脂层的脂质。如三酰甘油。

**07.007　脂质过氧化　lipid peroxidation**
强氧化剂如过氧化氢或超氧化物能使油脂的不饱和脂肪酸经非酶性氧化生成氢过氧化物的过程。

**07.008 脂肪增多** lipotrophy
动物脂肪代谢受阻,而使体内脂肪增多甚至堆积的现象。

**07.009 促脂解作用** lipotropic action
由于动物体内胆碱、甲硫氨酸的增加或脂肪酶活性的升高,促进脂肪转运或分解的现象。

**07.010 促脂解剂** lipotropic agent
一种有助于脂肪运载的化合物。如胆碱或甲硫氨酸,能预防和减轻肝中脂肪的沉积,或纠正因胆碱缺乏所致的肝中脂肪酸浸润。

**07.011 抗脂肪肝现象** lipotropism
供给合成胆碱所需甲基的化合物,以预防或减轻由于缺乏胆碱而引起的脂肪肝的代谢效应。

**07.012 微团** micelle
从中极两性分子形成的任何水溶性小球状聚集体。可自动形成并具可逆性。其分子的极性部分朝向表面,非极性部分则朝向内部。

**07.013 脂微团** lipid micelle
脂质所含脂肪酸、胆固醇与磷脂酰胆碱皆属于中极两性分子,在水溶液中形成的整齐排列的单层或双层球状聚集物结构。其极性的头部基团朝水而被水分子环绕,其非极性的烃尾则朝内而相互作用。

**07.014 乳糜微粒** chylomicron, CM
一种由小肠黏膜上皮细胞合成、直径 80 ~ 500 nm 的再加工脂质小滴。含有三酰甘油、胆固醇酯和一些载脂蛋白。如 apoA-Ⅰ、B-48、C-Ⅰ、C-Ⅱ、C-Ⅲ、apoE 等。其分子量大于 $50 \times 10^6$,密度小于 $0.95 \ g/cm^3$。其主要功能是运输外源性三酰甘油和胆固醇。

**07.015 乳糜** chyle
消化时,乳糜管从肠道吸取的一种白色或淡黄色混浊液。由淋巴系统运送,经胸导管注

入血循环,其混浊外观来自其中的乳糜微粒。

**07.016 食糜** chyme
从胃进入十二指肠呈半流体的已部分消化的食物。

**07.017 水解** hydrolysis
使某一化合物裂解成两个或多个较简单化合物的化学过程。水分子的 H 和 OH 部分参与被裂解化学键的任一侧起反应。如脂肪在酸、碱、脂酶的作用下水解,生成甘油与脂肪酸或更小分子。

**07.018 皂化作用** saponification
碱对脂质尤其是三酰甘油进行水解而变成肥皂的反应。

**07.019 皂化值** saponification number
完全皂化 1g 油脂所需氢氧化钾的毫克数。是三酰甘油中脂肪酸平均链长的量度,即三酰甘油平均分子量的量度。

**07.020 碘值** iodine number, iodine value, IV
脂肪不饱和程度的一种度量,等于 100g 脂肪所摄取碘的克数。检测时,以淀粉液作指示剂,用标准硫代硫酸钠液进行滴定。碘值大说明油脂中不饱和脂肪酸含量高或其不饱和程度高。

**07.021 乙酰化值** acetylation number
1g 乙酰化的油脂所分解出的乙酸用氢氧化钾中和时所需的氢氧化钾的毫克数。油脂的羟基化程度一般用乙酰化值表示,因它们含羟基的脂肪酸可与乙酸酐或其他酰化剂作用,生成相应的酯。

**07.022 酸值** acid number, acid value
中和 1g 油脂中的游离脂肪酸所需氢氧化钾的毫克数。常用以表示其缓慢氧化后的酸败程度。一般酸值大于 6 的油脂不宜食用。

**07.023 酸败 rancidity**
天然油脂长时间暴露在空气中会引起变质的现象。这是由于油脂的不饱和成分受空气中氧、水分或霉菌的作用发生自动氧化，生成过氧化物进而降解为挥发性醛、酮、羧酸的复杂混合物，并产生难闻的气味。

**07.024 脂肪酸 fatty acid**
一类长链的羧酸。可能呈饱和（没有双键）或不饱和（携有双键）。一般多为直链，有的亦会出现支链。

**07.025 非酯化脂肪酸 non-esterified fatty acid, NEFA**
又称"游离脂肪酸（free fatty acid, FFA）"。未经酯化的脂肪酸。以游离状态存在于组织和细胞中。

**07.026 饱和脂肪酸 saturated fatty acid**
由一条长的饱和烃链和一个末端羧基构成的脂肪酸。大多数天然饱和脂肪酸为偶数碳原子，少于 10 个碳原子的饱和脂肪酸在室温下呈液态，较长链的脂肪酸则呈固态。

**07.027 不饱和脂肪酸 unsaturated fatty acid**
分子中含有一个或多个双键的脂肪酸。其熔点较饱和脂肪酸低。

**07.028 多不饱和脂肪酸 polyunsaturated fatty acid**
在碳原子之间含有两个以上双键的不饱和脂肪酸。如亚油酸、亚麻酸、花生四烯酸等。为人类营养所必需。

**07.029 挥发性脂肪酸 volatile fatty acid**
具有挥发性的低级脂肪酸。一般在 10 个碳原子以下的脂肪酸属于挥发性脂肪酸。

**07.030 必需脂肪酸 essential fatty acid**
不能被细胞或机体以相应需要量合成或从其膳食前体合成，而必需由膳食供给的多不饱和脂酸。对哺乳动物而言，亚油酸与亚麻酸皆是营养必需的。

**07.031 非必需脂肪酸 non-essential fatty acid**
人体及哺乳动物能够自己合成而不必从膳食提供的脂肪酸。如饱和脂肪酸及单烯脂肪酸。

**07.032 呋喃型酸 furanoid acid**
学名：1-戊基-4-呋喃十一烷酸。在呋喃杂环的 C-1 位上连接一个烷基，而其 C-4 位上携有烷羧基。分子式：$C_{22}H_{38}O_3$，鱼及无脊椎动物的脂质含有多种呋喃型酸，如呋喃甲酸。

**07.033 单烯酸 monoenoic acid**
含有一个双键的不饱和脂肪酸。如在动植物油中常见的棕榈油酸、油酸和神经酸等。

**07.034 丁香酸 syringic acid**
学名：4-羟-3,5-二甲氧苯甲酸。存在于丁香中的一种羟基芳香酸。分子式：$HO(CH_3O)_2C_6H_2COOH$。

**07.035 马来酸 maleic acid**
又称"顺丁烯二酸"。一种不饱和二元羧酸，熔点 130 ℃，属延胡索酸的顺式异构物。而反丁烯二酸则是三羧酸循环的中间产物。

**07.036 共轭多烯酸 conjugated polyene acid**
又称"结合多烯酸"。含有 3 个以上共轭双键的脂肪酸。见于各类种子油中。共轭三烯酸包括桐油酸、梓树酸等。

**07.037 黄脂酸 copalic acid**
古巴香脂油中含有的主要脂肪酸。具有抗细菌、霉菌感染，抗炎，抗氧化和降血糖的作用。

**07.038 乙炔酸 acetylenic acid**
凡分子结构中含有炔键（$HC\equiv C—$）的羧酸。少数植物油含乙炔酸，很不稳定，易变成烯酸。

**07.039 阿魏酸 ferulic acid**

学名:4-羟-3-甲氧基肉桂酸或 3-(4-羟基-3-甲氧苯基)-2-丙烯酸。分子量为 194。植物中广泛分布的一种芳香酸,是木栓质的组分,可用做食物防腐剂。

**07.040　庚二酸　pimelic acid**
含 7 个碳原子的二羧酸。熔点为 105.5 ℃。

**07.041　辛二酸　suberic acid**
含 8 个碳原子的二羧酸。熔点为 140 ℃。以脂肪酸 ω 氧化产物出现于尿中。

**07.042　癸酸　capric acid**
又称"十碳烷酸(decanoic acid)"。一种饱和脂肪酸,分子式:$CH_3(CH_2)_8COOH$。山羊奶和牛奶的脂肪水解产物中含有此酸。

**07.043　乳杆菌酸　lactobacillic acid**
学名:(1R-顺)-2-己基环丙烷-癸酸。乳酸杆菌脂质的主要成分,其特点为分子含一环丙烷。

**07.044　月桂酸　lauric acid**
学名:十二烷酸。一种饱和直链脂肪酸,分子式:$CH_3(CH_2)_{10}COOH$。存在于鲸脑油、牛奶、月桂油、椰子油与棕榈油以及蜡和海生动物脂肪内。

**07.045　桧酸　sabinic acid**
学名:12-羟十二烷酸。分子式:$HO-CH_2(CH_2)_{10}COOH$。能抑制促使水果、蔬菜成熟的乙烯生成酶的活动,延长其保鲜期。

**07.046　大枫子酸　gynocardic acid**
学名:13-环戊基-十三烷酸。从大枫子油中分离的一种主要脂肪酸,曾用来治疗麻风病。

**07.047　豆蔻酸　myristic acid**
学名:十四烷酸。构成肉豆蔻油和乳脂的一种含 14 个碳原子的饱和脂肪酸。熔点为 54.1 ℃。

**07.048　降植烷酸　pristanic acid**
学名:四甲基十五烷酸。带支链的一种饱和脂肪酸。

**07.049　棕榈酸　palmitic acid**
又称"软脂酸"。学名:十六烷酸。含 16 个碳原子的饱和脂肪酸。熔点为 63.1 ℃。是构成动、植物油脂的一种重要成分。

**07.050　棕榈油酸　palmitoleic acid**
学名:十六碳-顺-9-烯酸,16:$1^{\Delta 9c}$。存在于乳脂、鱼油、海藻类中的一种含 16 个碳原子和 1 个双键的不饱和脂肪酸。熔点为 −0.5 ~ 0.5 ℃。

**07.051　羊毛棕榈酸　lanopalmitic acid**
又称"羊毛软脂酸"。羊毛中含有的一羟基棕榈酸。

**07.052　棕榈酰视黄酯　retinyl palmitate**
又称"棕榈酸视黄酯"。十六烷酸与视黄醇酯化而成的化合物。

**07.053　硬脂酸　stearic acid**
学名:十八烷酸。含 18 个碳原子的饱和脂肪酸。熔点为 69.6 ℃,是构成动、植物油脂的一种主要成分。可用于药物制剂、油膏、肥皂和栓剂等产品。

**07.054　十八碳四烯酸　octadecatetraenoic acid, parinaric acid**
植物油脂中存在的一种含 18 个碳原子和 4 个双键的不饱和脂肪酸。

**07.055　油酸　oleic acid**
学名:十八碳-顺-9-烯酸,18:$1^{\Delta 9c}$。含 18 个碳原子和 1 个双键的不饱和脂肪酸。熔点为 13.4 ℃,是构成动、植物油脂的一种重要成分。

**07.056　反油酸　elaidic acid**
学名:反十八碳-9-烯酸,18:$1^{\Delta 9t}$。分子量 282,是油酸的一种单不饱和反型异构体。反刍类动物脂肪含有此酸。

**07.057 亚油酸 linoleic acid**

学名:十八碳-9,12-二烯酸,$18:1^{\Delta 9c,12c}$。含有 18 个碳原子和 2 个双键的不饱和脂肪酸。广泛分布于植物的油脂中,为哺乳动物营养所必需。

**07.058 共轭亚油酸 conjugated linoleic acid,CLA**

又称"结合亚油酸"。由亚油酸衍生的一组亚油酸异构体,是普遍存在于人和动物体内的营养物质。在人类食物中,主要来自乳制品与牛羊肉类,人血清脂质和其他组织如脂肪组织均含有。能减少体内脂肪堆积,在脂质和葡萄糖代谢中起作用。

**07.059 苹婆酸 sterculic acid**

学名:9,10-甲叉油酸。存在于梧桐科植物种子中的一种带支链的不饱和脂肪酸。

**07.060 生红酸 erythrogenic acid**

又称"十八碳烯炔酸(isanic acid)"。含有 3 个烯羧键及 1 个炔键(全顺式)的不饱和脂肪酸。见于一种对鱼类具有剧毒的红海藻中。

**07.061 岩芹酸 petroselinic acid**

学名:十八碳-6-烯酸。主要见于伞形花科植物种子的一种稀有脂肪酸。用化学方法切除其双键,可生成月桂酸及己二酸。

**07.062 结核硬脂酸 tuberculostearic acid**

又称"结核菌酸(phthioic acid)"。学名:10-甲基十八烷酸。构成结核杆菌蜡的高级支链饱和脂肪酸。熔点为 12.8~13.4 ℃。

**07.063 亚麻酸 linolenic acid**

学名:十八碳-9,12,15-三烯酸,$18:3^{\Delta 9c,12c,15c}$。含有 18 个碳原子和 3 个双键的不饱和脂肪酸。为人体营养所必需。

**07.064 反型异油酸 vaccenic acid**

学名:十八碳-反-11-烯酸。构成牛及其他动物脂肪的一种含 18 个碳原子和 1 个双键的不饱和脂肪酸。熔点为 43.5~44.1 ℃。

**07.065 斑鸠菊酸 vernalic acid,vernolic acid**

学名:环氧-十八碳-9-烯酸。存在于驱虫斑鸠菊中的一种环氧不饱和脂肪酸。熔点为 32.5 ℃。

**07.066 桐油酸 eleostearic acid,aleuritic acid**

又称"油桐酸"。学名:十八碳-顺-9-反-11-反-13-三烯酸($18:3^{\Delta 9c,11t,13t}$)。是 $\Delta 6,9,12$-γ-亚麻酸的组成异构体,携有共轭双键。熔点为 49 ℃。存在于桐油和苦瓜籽油中,是桐油中所含主要的不饱和脂肪酸。

**07.067 蓖麻油酸 ricinolic acid,ricinoleic acid**

又称"12-羟油酸"。学名:12-羟十八碳-顺-9-烯酸。存在于蓖麻油中的一种不饱和脂肪酸。熔点为 5.5 ℃。

**07.068 松萝酸 usnic acid,usninic acid,usnein**

又称"地衣酸"。高级脂肪酸和芳香族酸,分子式:$C_{18}H_{16}O_7$。某些地衣与松蔓产生的一种抗生素,对许多革兰氏阳性细菌(包括结核分支杆菌)和某些真菌有活性。

**07.069 植烷酸 phytanic acid**

学名:3,7,11,15-四甲基-十六烷酸,分子式:$C_{19}H_{39}COOH$。一种支链脂肪酸,是动物体代谢的正常中间产物,只能通过 α 氧化而代谢。雷夫叙姆(Refsum)病患者因遗传性的 α 氧化酶系缺陷,不能氧化降解植烷酸,而导致在血和脑中植烷酸堆积。

**07.070 花生酸 arachidic acid,eicosanoic acid**

又称"二十烷酸"。花生、蔬菜和鱼油中含有的一种饱和脂肪酸。分子式:$CH_3(CH_2)_{18}COOH$。其分子量为 313。

**07.071 花生四烯酸 arachidonic acid**
学名二十碳-5,8,11,14-四烯酸(全顺),
$20:4^{\Delta 5c,8c,11c,14c}$。属于不饱和脂肪酸,其中
含有 4 个碳-碳双键和 1 个碳-氧双键。是
人体必需脂肪酸,为前列腺素合成的前体,
也为衍生白三烯、凝血噁烷等提供原料。

**07.072 二十碳五烯酸 eicosapentaenoic acid, EPA**
学名:二十碳-5,8,11,14,17-五烯酸(全顺)
$20:5^{\Delta 5c,8c,11c,14c,17c}$。一种具有 20 个碳原子和
5 个双键的直链脂肪酸,分子量为302,存在
于鱼油和动物磷脂中,是一种对抗高脂蛋白
血症的多烯脂酸制剂。

**07.073 二十二碳四烯酸 docosatetraenoic acid**
一种含有 22 个碳原子和 4 个双键的直链脂
肪酸。肾上腺酸是其 $22:4^{\Delta 7c,10c,13c,16c}$ 异构
体,见于动物的甘油磷脂。特别在饲以向日
葵油或玉米油的动物,其脑和心脏中常含有
该酸。

**07.074 二十二碳六烯酸 docosahexaenoic acid, DHA**
一种含有22 个碳原子和6 个双键的直
链脂肪酸。只有其 $n-3$ 家族的 $22:$
$6^{\Delta 4c,7c,10c,13c,16c,19c}$异构体以天然形式大量存
在于鱼油中(占脂肪酸总量的 10% ~
15%),动物的甘油磷脂则含有不等量的该
酸。在代谢过程中,可从 α 亚麻酸生成。

**07.075 脂氧素 lipoxin, LX**
学名:三羟二十碳四烯酸。具生物活性的、
来自白细胞的花生四烯酸代谢物。由脂肪
加氧酶作用于多不饱和脂肪酸而生成。主
要的 $LXA_4$ 和 $LXB_4$ 均源自二十四碳烯酸,
两者均可引起小动脉扩张。

**07.076 山嵛酸 behenic acid**
又称"二十二烷酸(docosanoic acid)"。一种
饱和的含有 22 个碳原子的直链脂肪酸。分

子式:$CH_3(CH_2)_{20}COOH$。为脑苷脂以及某
些种子油和鱼油的组分(约占后者脂酸总量
的 20% ~30%),大量含于芥菜种子、菜油
与脑苷脂中。

**07.077 [顺]芥子酸 erucic acid, sinapic acid**
学名:二十二碳-顺-13-烯酸,$22:1^{\Delta 13c}$。一种
含 22 个碳原子的不饱和单羧基脂肪酸。熔
点为33 ~35 ℃,分子量为339。旱金莲属植
物(印度水芹)和一些十字花科属(油菜、
芥、黄墙花等)的种子中含有此不饱和脂肪
酸,对心肌具有毒性。

**07.078 木蜡酸 lignoceric acid**
又称"二十四烷酸(tetracosanoic acid)"。巴
西蜡和棕榈蜡中的一种含24个碳原子的
饱和脂肪酸,其熔点为84 ℃。分子式:
$CH_3(CH_2)_{22}COOH$。存在于脑脂质中。

**07.079 脑羟脂酸 cerebronic acid**
学名:2-羟二十四烷酸。羟脑苷脂和其他糖
脂的成分之一。分子式:$CH_3(CH_2)_{21}$-
CHOH-COOH。

**07.080 羟基神经酸 hydroxynervonic acid**
学名:2-羟基-顺-15-二十四碳单烯酸。某些
脑苷脂的重要成分。

**07.081 蜡酸 cerotic acid, cerotinic acid**
学名:二十六烷酸。一种饱和脂肪酸,是天
然蜡和某些脂质含有的长链脂肪酸。分子
式:$CH_3(CH_2)_{24}COOH$。

**07.082 蟒蛇胆酸 pythonic acid**
蟒蛇含有的一种胆酸,为 3α,7α,12α-三羟
类固醇烷($C_{27}$)的衍生物。

**07.083 褐煤酸 montanic acid**
学名:二十八烷酸。存在于蜂蜡、巴西棕榈
蜡、竹蜡中的一种含 28 个碳原子的饱和脂
肪酸,其熔点为93 ~94 ℃。

**07.084 神经酸** nervonic acid

又称"二十四碳烯酸(tetracosenic acid)"。学名:二十四碳-顺-15-烯酸,$24:1^{\Delta15c}$。存在于神经组织及鱼油中的一种含24个碳原子和1个双键的不饱和脂肪酸。是脑苷脂的组分,其熔点为42 ℃。

**07.085 蜂花酸** melissic acid

学名:三十烷酸。构成蜂蜡的一种含30个碳原子的饱和脂肪酸,其熔点为93.6 ℃。

**07.086 羊毛蜡酸** lanoceric acid

学名:二羟三十烷酸。一种以酯形式出现在羊毛脂中的含30个碳原子的二羟脂酸。分子式:$(HO)_2C_{29}H_{57}COOH$。

**07.087 三十四烷酸** gheddic acid

一种含34个碳原子的饱和的直链脂肪酸。分子式:$CH_3(CH_2)_{32}COOH$。

**07.088 甘油** glycerol, glycerin

学名:1,2,3-丙三醇。一种从脂肪与难挥发油的皂化获得的甜味油状物。可用做皮肤润滑剂或治疗便秘的栓剂,亦可口服以降低眼压。

**07.089 甘油酯** glyceride

曾称"脂酰基甘油(acylglycerol)"。由一分子甘油与一至三分子脂肪酸酯化生成的酯。混合甘油酯在水解后可释出多于一种的脂肪酸。

**07.090 单酰甘油** monoacylglycerol, MAG

又称"甘油单酯(monoglyceride)"。甘油分子中的一个羟基与脂肪酸酯化生成的甘油酯。是多种生物合成反应的重要中间物。

**07.091 二酰甘油** diacylglycerol, DAG

又称"甘油二酯(diglyceride)"。一分子甘油与两分子脂肪酸酯化形成的甘油酯。两分子脂肪酸可能相同或不同。其中1,2-二酰甘油是三酰甘油与磷脂酰胆碱合成过程的中间物,是提高蛋白激酶C活性的第二信使。

**07.092 三酰甘油** triacylglycerol, TAG

又称"甘油三酯(triglyceride)","中性脂肪(neutral fat)"。由甘油的三个羟基与三个脂肪酸分子酯化生成的甘油酯。植物性三酰甘油多为油,动物性三酰甘油多为脂。固、液态的三酰甘油统称为油脂。

**07.093 甘油脂质** glycerolipid

含有甘油成分的脂质的统称。包括脂酰基甘油酯、复合脂中的磷脂与糖脂,结合脂中的脂蛋白与脂多糖等。

**07.094 乙酸甘油酯** acetin

又称"三乙酰甘油(triacetin)"。俗称"醋精"。由一分子甘油与三分子乙酸酯化而成的单纯甘油三酯。可用做调味品与局部抗真菌剂。

**07.095 丁酸甘油酯** butyrin

又称"三丁酰甘油(tributyrin)"。由一分子甘油与三分子丁酸酯化而成的甘油酯。存在于奶油、鱼肝油与汗液中。

**07.096 癸酸甘油酯** caprin, decanoin

又称"三癸酰甘油(tricaprin)"。癸酸的三酰甘油。奶油的成分之一,奶油的味道即源于此。

**07.097 己酸甘油酯** caproin

又称"三己酰甘油(tricaproin)"。己酸的三酰甘油,存在于奶油和椰子油中。

**07.098 辛酸甘油酯** caprylin

又称"三辛酰甘油(tricaprylin)"。辛酸的三酰甘油,奶油和椰子油的脂质成分。

**07.099 月桂酸甘油酯** laurin

又称"三月桂酰甘油(trilaurin)"。俗称"月桂精"。月桂酸的三酰甘油,是月桂油、椰子油的主要成分。

**07.100 油酸甘油酯** olein, triolein

又称"油酰甘油"。由一分子甘油与三分子油酸酯化生成的甘油酯。是油脂的主要成分。

**07.101 单油酰甘油** mono-olein, monooleo-glyceride
甘油分子中的一个羟基与油酸酯化所生成的甘油酯。

**07.102 棕榈酸甘油酯** palmitin, tripalmitin
又称"三软脂酰甘油(tripalmitylglycerol)"。由一分子甘油与三分子棕榈酸酯化生成的甘油酯。存在于动、植物油脂中,是棕榈油的主要成分。

**07.103 硬脂酸甘油酯** stearin, tristearin
又称"三硬脂酰甘油(tristeroylglycerol)"。由一分子甘油与三分子硬脂酸酯化生成的甘油酯。存在于动植物油脂中。

**07.104 烷基醚脂酰甘油** alkylether acylglycerol
二酰甘油的衍生物,即甘油分子 C-1 的羟基与烷基(R)以醚键相连,在其 C-2 和 C-3 上同两分子长链脂肪酸形成甘油二酯。

**07.105 豆蔻酸甘油酯** myristin, trimyristin
又称"豆蔻酰甘油"。由一分子甘油与三分子豆蔻酸酯化生成的甘油酯。常存在于豆蔻油和乳脂中。

**07.106 豆蔻酰化** myristoylation
学名:十四酰化。豆蔻酸作为酰化基团进行的酰化作用。是真核生物蛋白质的一种修饰形式,发生在多肽链 N 端的甘氨酸残基上。

**07.107 芥子酰胆碱酯** sinapine
由芥子酸与胆碱酯化形成的酯。

**07.108 软木脂** suberin
由一分子甘油与软木醇酸(13-羟基二十二烷酸)酯化生成的甘油酯。存在于软木中。

**07.109 鲨肝醇** batyl alcohol
又称"十八烷基甘油醚"。学名:1-$O$-十八烷基甘油醚。脂解时三酰甘油和二酰甘油的降解中间产物,是生物膜磷脂的组分,少量存在于细胞提取物和海生动物油中。熔点为 60~70 ℃,有 Sn1 与 Sn2 两种异构物。

**07.110 鲛肝醇** chimyl alcohol
学名:1-$O$-十六烷基甘油醚。是生物膜磷脂的组分,并以少量存在于各种海生动物油中。熔点为 60~70 ℃,有 Sn1 与 Sn2 两种异构物。常作为食品工业的表面活性剂,有利于制备人造奶油时的乳化。

**07.111 糖基甘油酯** glycoglyceride
又称"糖基脂酰甘油(glycosyl acylglycerol)"。一个或一个以上糖残基借助糖苷键与单酰或二酰甘油相连而成的甘油酯。如半乳糖甘油二酯。

**07.112 甘油磷酸** glycerophosphate
甘油磷酸酯的阴离子。甘油的 C-3 位衍生物(R-甘油-3-磷酸)是磷脂酸酯的重要组分。

**07.113 磷脂** phospholipid, phosphatide
含有磷酸基团的脂质,包括甘油磷脂和鞘磷脂两类。属于两亲脂质,在生物膜的结构与功能中占重要地位,少量存在于细胞的其他部位。

**07.114 磷脂酸** phosphatidic acid, PA
学名:1,2-二脂酰基-Sn-甘油-3-磷酸。甘油磷脂的母体化合物。甘油分子的两个羟基与脂肪酸酯化,而由于其 3-Sn 位上磷酸的取代基不同,可生成各种甘油磷脂。

**07.115 甘油磷脂** glycerophosphatide
由甘油构成的磷脂,是细胞膜特有的主要组分。在甘油磷脂分子中,除甘油、脂肪酸及磷酸外,由于与磷酸相连的取代基不同,可分别生成磷脂酰胆碱、磷脂酰乙醇胺、磷脂酰丝氨酸、磷脂酰肌醇、磷脂酰甘油及心磷脂等。

**07.116 磷脂酰胆碱** phosphatidylcholine, PC

又称"卵磷脂(lecithin)"。学名:1,2-二脂酰基-Sn-甘油-3-磷酸胆碱。磷脂酰基与胆碱的羟基酯化形成的甘油磷酸酯。所含脂肪酸属饱和或不饱和,是黄或褐色蜡状物质,易与水混合,显微镜下呈不规则长颗粒。它是动植物细胞的必需组分,富含于神经组织,特别是髓鞘和蛋黄中。

**07.117 磷脂酰甘油** phosphatidyl glycerol, PG

磷脂酸与甘油酯化形成的化合物。在细菌细胞膜中含量丰富。

**07.118 磷脂酰肌醇** phosphatidylinositol, PI

磷脂酸与肌醇酯化生成的化合物。存在于哺乳动物的细胞膜,在血小板聚集中起重要作用。

**07.119 脑磷脂** cephalin

以前指一组类似卵磷脂但含有 2-乙醇胺或 L-丝氨酸以取代胆碱的磷脂酸酯。现指磷脂酰乙醇胺和磷脂酰丝氨酸的统称。在体内广泛分布,尤富集于脑和脊髓,临床上可用做止血药和肝功能检查的试剂。

**07.120 磷脂酰乙醇胺** phosphatidyl ethanolamine, PE

磷脂酸与乙醇胺酯化生成的化合物。为高等动、植物的一种重要的甘油磷脂。

**07.121 磷脂酰丝氨酸** phosphatidylserine, PS

磷脂酸与丝氨酸酯化生成的化合物。是血小板膜带负电荷的酸性磷脂(即血小板第三因子)。当血小板因组织受损而被激活时,其膜的这些磷脂转向外侧,作为表面催化剂与其他凝血因子一起导致凝血酶原的活化。

**07.122 磷脂酰肌醇磷酸** phosphatidylinositol phosphate, PIP

又称"双磷酸肌醇磷脂(biphosphoinositide)"。存在于真核细胞质膜中的一种磷脂酰肌醇-4-磷酸(肌醇与磷脂酸的1-羟基相连)。是参与信号转导的一类重要磷脂,起着第二信使的作用,能够使信号逐级传递和放大,最终引起细胞的各种生理性或病理性响应。

**07.123 磷脂酰肌醇 4,5-双磷酸** phosphatidylinositol 4,5-bisphosphate, $PIP_2$

又称"三磷酸肌醇磷脂(triphosphoinositide)"。磷脂酰肌醇的4,5-羟基被磷酸酯化而成的化合物。存在于真核细胞质膜中,是两个胞内信使——肌醇-1,4,5-三磷酸和1,2-二酰甘油的前体。

**07.124 磷脂酰肌醇循环** phosphatidylinositol cycle

影响某些激素受体系统为特征的一套连锁反应,包括磷脂酰肌醇的降解及其快速再合成。该循环可能与钙的动员偶联。

**07.125 磷脂酰肌醇应答** phosphatidylinositol response, PI response

磷脂酰肌醇快速再合成的过程。

**07.126 心磷脂** cardiolipin

又称"双磷脂酰甘油(diphosphatidylglycerol)"。含有两个磷脂酸分子的磷脂。每分子磷脂酸的磷酸基团又分别与一个甘油分子的 C-1、C-3 上的羟基以酯键相连。临床上以牛心提取的免疫原性 1,3-双(3-磷脂酰)甘油作为活性抗原,可与华氏抗体结合,用于梅毒的血清学诊断(即华氏试验)。近年来已采用更灵敏的梅毒螺旋体明胶颗粒凝集试验。

**07.127 缩醛磷脂** acetal phosphatide, plasmalogen

为醚甘油磷脂一族,在其 C-1 位上与一个

α,β 不饱和醇以醚键相连(O-顺-α,β-烯基),其 C-2 以酯键与脂酸相连,C-3 则与磷酸乙醇胺或磷酸胆碱、丝氨酸、肌醇等相连,形成其极性头部。血小板活化因子是磷脂酰胆碱的 1-烷基-2-乙酰醚类似物,属缩醛磷脂。

**07.128 聚糖磷脂酰肌醇** glycan-phosphatidyl inositol, G-PI

磷脂酰肌醇可通过一聚糖分子将各种蛋白质锚定在细胞膜上,该聚糖由乙醇胺-(P)-(甘露糖)₃-氨基葡糖组成,其一端由共价键与蛋白质的羧基末端连接;其另一端则借助氨基葡糖以共价键结合到磷脂酰肌醇上,而磷脂酰肌醇所携脂酸已嵌入膜结构中,从而对蛋白质起锚定作用。此锚住膜骨架的蛋白质-聚糖-磷脂酰肌醇复合体分子,现被称为聚糖磷脂酰肌醇。参与上述结合的蛋白质,包括酶、抗原、细胞粘连蛋白等。

**07.129 甘油磷酰胆碱** glycerophosphocholine, glycerophosphoryl choline

甘油磷脂与胆碱的衍生物。为磷脂酰胆碱或卵磷脂分子的骨架成分。其 C-1 和 C-2 位羟基被脂肪酸酯化,即生成磷脂酰胆碱。

**07.130 甘油磷酰乙醇胺** glycerophosphoethanolamine, glycerophosphoryl ethanolamine, GPE

甘油磷脂与乙醇胺的衍生物,为磷脂酰乙醇胺(PE)或脑磷脂分子的骨架成分,如其 C-1 和 C-2 位羟基被脂肪酸酯化,即生成甘油磷酰乙醇胺。

**07.131 肝糖磷脂** jecorin

一种从肝组织分离的含硫复杂类脂物。在血液和各种组织中含有少量。

**07.132 肌醇磷脂** lipositol

含有结合内消旋型肌醇的一种磷脂。存在于植物(如黄豆)和动物组织(尤其脑与脊髓)的几种磷脂之一。

**07.133 溶血磷脂酰胆碱** lysophosphatidylcholine

又称"溶血卵磷脂(lysolecithin)"。体内卵磷脂代谢的中间产物,如果浓度增高,可使红细胞膜溶解。在卵磷脂胆固醇酰基转移酶催化下,可将血浆中卵磷脂变成溶血卵磷脂。

**07.134 溶血磷脂酸** lysophosphatidic acid

体内磷脂酸代谢的中间产物,磷脂酸中甘油第 2 个碳原子上的脂肪酸被水解除去后形成。

**07.135 髓磷脂** myelin

又称"髓鞘质"。由 30% 蛋白质和 70% 脂质组成。后者主要含有鞘氨醇、脑苷脂、脂肪酸和磷酰胆碱(少数为磷酰乙醇胺)等,在高等动物的脑髓鞘和红细胞膜中特别丰富。

**07.136 肌醇** inositol

环己六醇。因所携羟基相对环平面的取向不同,可区分为多种类型,如肌(myo)-肌醇,表(epi)-肌醇和鲨(scyllo)-肌醇等。出现在肌醇磷脂中的是肌-肌醇,参与形成糖基磷酸肌醇锚链分子。

**07.137 神经酰胺** ceramide, Cer

又称"脑酰胺","N-脂酰鞘氨醇(N-fatty acyl sphingosine)"。一类鞘脂。其鞘氨醇的 N-脂酰基衍生物是由一分子脂肪酸的羧基与鞘氨醇的氨基通过酰胺键缩合而成。法伯(Farber)病患者体内有大量神经酰胺堆积。

**07.138 氨酰磷脂酰甘油** aminoacyl phosphatidylglycerol

在磷脂酰甘油中,甘油的 C-1 和 C-2 位羟基与两分子脂肪酸的羧基缩合成酯,其 C-3 位羟基则以酯键与一分子磷酸相连。另有一分子氨基酸的羧基再与 C-3 磷酸的另一端羟基形成磷酯键,此即氨酰磷脂酰甘油。

**07.139 磷酸肌醇** phosphoinositide

磷酸与肌醇酯化生成的化合物。是磷脂酰肌醇的组成部分。

**07.140 磷脂酰肌醇转换** phosphotidylinositol turnover

磷脂酰肌醇经两分子 ATP 磷酸化,形成磷脂酰肌醇 4,5-二磷酸,再在磷脂酶 C 的催化下产生两个胞内信使二酰甘油和肌醇三磷酸的过程。

**07.141 植酸** phytic acid

又称"肌醇六磷酸"。肌醇的 6 个羟基均被磷酸酯化生成的化合物,为植物中贮存磷酸盐的重要形式。

**07.142 鞘脂** sphingolipid

属于复合脂质,其主要成分是鞘氨醇、二氢鞘氨醇或其他长链鞘氨醇类化合物。是动、植物细胞膜的主要组成成分,在动物脑组织和神经组织内含量丰富。

**07.143 鞘氨醇** sphingosine, 4-sphingenine, sphingol

学名:反式-2-氨基-十八碳-4-烯-1,3-二醇。一种长链不饱和氨基二元醇。是鞘脂类的母体化合物。其氨基与脂肪酸形成酰胺键,即生成神经酰胺。哺乳动物最常见的是不饱和的 4-烯鞘氨醇。

**07.144 二氢鞘氨醇** D-sphinganine

学名:D-赤藓糖型-2-氨基-十八烷-1,3-二醇。鞘脂的一种成分,可作为鞘氨醇的代谢前体。

**07.145 鞘磷脂** sphingomyelin, sphingophospholipid

一组由磷酰胆碱(少数为磷酰乙醇胺)结合神经酰胺组成的磷脂。是神经组织各种膜和红细胞膜的主要结构脂质之一。

**07.146 糖脂** glycolipid

一种携有一个或多个以共价键连接糖基的复合脂质。是细胞膜的重要成分。包括甘油糖脂、鞘糖脂、脂多糖等。

**07.147 鞘糖脂** glycosphingolipid, glycosylsphingolipid

糖基或糖链通过糖苷键和神经酰胺连接而形成的糖脂。是生物膜脂双层的组分,包括脑苷脂、神经节苷脂和寡糖基神经酰胺。

**07.148 神经节苷脂** ganglioside, GA

从神经节细胞分离的一种鞘糖脂。其脂质部分是神经酰胺,除通过糖苷键相连的糖基(多为单糖)外,还携有一个或多个唾液酸残基,属酸性鞘糖脂的一种,另一种是硫酸鞘糖脂(硫苷脂)。主要存在于神经组织、脾脏与胸腺中。

**07.149 脑苷脂** cerebroside

最简单的鞘糖脂。其配糖体部分为神经酰胺,由长链鞘氨醇和长链的脂肪酸通过酰胺键相连而成。是神经酰胺的一种单糖基衍生物。依所连糖基不同,有半乳糖脑苷脂和葡糖脑苷脂之分,前者主要存在于神经细胞膜和髓鞘,如葡糖脑苷脂、神经苷脂等;后者主要存在于其他组织的细胞膜中。

**07.150 羟脑苷脂** cerebron, phrenosin

脑白质富含的一种脑苷脂,由脑羟脂酸、D-半乳糖和鞘氨醇组成。

**07.151 双半乳糖甘油二酯** digalactosyl diglyceride

两个半乳糖残基通过 3-β-糖苷键与 1,2-二酰甘油相连的一种简单糖脂。多见于植物中。

**07.152 双甘露糖二酰甘油** dimannosyldiacyl glycerol

两个甘露糖残基通过 3-β-糖苷键与 1,2-二酰甘油相连的一种简单糖脂。多为植物脂质成分。

**07.153 半乳糖脑苷脂** galactocerebroside

学名:D-半乳糖苷基-N-酰基鞘氨醇或 D-半

乳糖苷基神经酰胺。一分子 β 半乳糖的半缩醛羟基与神经酰胺的羟基缩合形成糖苷键相连形成的一种脑苷脂。

**07.154 半乳糖甘油二酯 galactosyl diglyceride**

学名:1,2-二酰-Sn-甘油-3-β-D-半乳糖苷。一个半乳糖残基借助糖苷键与 1,2-二酰甘油连接而成。广泛分布于植物,是叶绿体的主要组成脂质。

**07.155 红细胞糖苷脂 globoside**

学名:N-乙酰氨基半乳糖-[β1→3]半乳糖苷基[α1→4]半乳糖苷基[β1→4]葡糖苷基神经酰胺,可用简式 $GbOse_4Cer$ 或 $Gb_4Cer$ 表示。一种属四糖基神经酰胺的中性鞘糖脂。最先从红细胞的脂质中发现,主要存在于肾脏和红细胞内,在桑德霍夫(Sandhoff)病患者体内可大量积聚。

**07.156 葡糖脑苷脂 glucocerebroside**

又称"葡糖苷神经酰胺"。曾称"角苷脂(kerasin, cerasin)"。一种含有等摩尔数量的脂肪酸、葡萄糖和鞘氨醇或其衍生物的中性糖脂。在一种因葡糖脑苷脂酶缺乏所致戈谢(Gaucher's)病患者体内有逾量积聚。

**07.157 神经苷脂 nervon**

又称"烯脑苷脂"。见于脑组织的一种晶状脑苷脂,属含有神经酰基与唾液酸的鞘糖脂。

**07.158 唾液酸鞘糖脂 sialoglycosphingolipid**

糖基部分含有唾液酸的鞘糖脂,其糖基都是寡糖链,含一个或多个唾液酸。

**07.159 硫[脑]苷脂 sulfatide**

糖基部分被一个或多个硫酸基酸化的鞘糖脂。最简单的硫苷脂为硫酸脑苷脂。已分离到的硫苷脂有几十种。广泛分布于哺乳动物的各种器官中,以脑中含量最为丰富。

**07.160 类固醇 steroid**

曾称"甾类化合物"。环戊烷多氢菲的衍生物。种类繁多,包括固醇类、心糖苷配基、胆汁酸、肾上腺皮质素、性激素以及致癌烃类等。

**07.161 固醇 sterol**

在类固醇核的 C-3 上有一个 β 取向的羟基,C-17 上有一个 8~10 碳原子的烃链的类固醇化合物。存在于大多数真核细胞的膜中,最常见的代表是胆固醇,但细菌不含固醇类。

**07.162 胆固醇 cholesterol, Ch**

学名:5-胆烯-3-β-醇。在类固醇核的 C-3 上连接一羟基,而在 C-17 位上接有一条八碳或更多碳原子的脂族侧链。是由乙酰辅酶 A 通过异戊二烯单位的缩合反应而合成,可作为胆酸和类固醇激素的前体。动物组织中含有大量胆固醇,又以肾上腺、神经组织与胆汁最为富集。血浆中胆固醇水平过高,是引起动脉粥样硬化的危险因子。

**07.163 鲨烷 squalane**

为异三十烷,其不饱和衍生物鲨烯(三十碳六烯)是胆固醇生物合成途径中胆固醇的直接前体。

**07.164 鲨烯 squalene**

鲨鱼油和某些植物中含有的一种三类萜烃,是生物合成胆固醇、其他固醇与三萜过程的中间产物。先生成羊毛固醇,再转化为胆固醇。

**07.165 菜籽固醇 brassicasterol**

学名:5,22-二烯-24-β-甲基-3β-胆固醇。菜籽和卡罗拉(canola)油所含的主要固醇。熔点为 150~151 ℃,分子量为 398.6。

**07.166 菜籽类固醇 brassinosteroid**

一类新发现的促植物生长的类固醇激素。1979 年至今已有 60 多种菜籽类固醇问世,其中又以菜籽素、24-表菜籽素和 28-同型菜籽素的作用最强。能诱导细胞延伸和分裂，增加 DNA 与 RNA 聚合酶的活性以及提高小麦、谷类、大豆、菠菜、柑橘等的产量和对环境应激的耐受力。

**07.167 胆固烷醇 cholestanol**

又称"5,6-二氢胆固醇"。即：3-β-羟胆烷。与胆固醇的差别是 B 环上没有双键，在肠道细菌的作用下，胆固醇被还原成 5,6-二氢胆固醇及其异构体 β 粪固醇。

**07.168 胆固烯酮 cholestenone**

一种脱氢胆固烷酮。与胆固烷酮的区别是在 A 环的 C-4 和 C-5 之间有一个双键。

**07.169 胆固醇酯 cholesterol ester, cholesteryl ester, ChE**

脂肪酸分子的羧基与胆固醇的 C-3 羟基缩合形成的酯。

**07.170 粪固醇 coprostanol, coprosterol, stercorin**

学名：5β-胆烷-3β-醇。是消化道中未被吸收的胆固醇在结肠被细菌利用，将 C-5 与 C-6 间的双键还原生成的产物之一，随粪排出。

**07.171 表胆固醇 epicholeslerol, epiCh**

胆固醇的表型异构体，即 C-3 位上的羟基由胆固醇的 β 构型转为 α 构型（在固醇环骨架平面以下）。胆固醇与表胆固醇的分子量相同（均为 386.66），但两者的熔点和溶解度有差异。胆固醇的熔点为 148.5 ℃，易溶于乙醚，次溶于乙醇、丙酮；而表胆固醇的熔点则降达 141.5 ℃，仅溶于乙醇。

**07.172 羊毛固醇 lanosterin, lanosterol**

学名：5α-羊毛烷-8(9),24-二烯-3β-醇。从羊毛脂获得的一种类固醇（三萜），是胆固醇的前体。在动物与真菌中，从鲨烯 2,3-环氧物生成羊毛固醇，再合成胆固醇。

**07.173 鲨胆固醇 scymnol**

由鲨烯环化产生的三萜(含三十个碳原子)类固醇，存在于鲨鱼中。

**07.174 鲨油醇 selachyl alcohol**

由鲨烯(含三十个碳原子)羟化而成。是构成鲨油的高分子醇。

**07.175 类固醇酸 steroid acid**

胆固醇作为动物固醇在肝转化生成的胆汁酸，是机体内胆固醇的代谢终产物。

**07.176 类固醇生物碱 steroid alkaloid**

存在于植物中的一类含氮类固醇化合物。在藜芦及龙葵内含有几种类固醇生物碱，其中最重要的是异茹碧芥类碱和水解龙葵碱。

**07.177 植物固醇 phytosterol**

存在于高等植物中的固醇。为植物细胞的重要组分，不能为动物吸收利用。其含量以豆固醇和谷固醇最多。

**07.178 谷固醇 sitosterol**

即：24β-乙基胆固醇。常为 β 谷固醇，存在于小麦、大豆等谷物中，具有抗高胆固醇血症的作用。

**07.179 谷固醇血症 sitosterolemia**

谷固醇很少被人的肠黏膜细胞吸收，并能抑制胆固醇的吸收，体内血液谷固醇过多的现象。会引起胆固醇代谢紊乱。

**07.180 豆固醇 stigmasterol**

学名：24β-乙基-5,22-胆烷二烯-3β-醇。存在于许多绿色植物和大豆中的固醇类。属于植物固醇。

**07.181 速固醇 tachysterol**

在紫外线照射下麦角固醇或 7-脱氢胆固醇转变成维生素 $D_2$ 或维生素 $D_3$ 过程中的一种中间物。

**07.182 动物固醇 zoosterol**

动物组织中含有的固醇。最常见为胆固醇，此外还有羊毛固醇、胆固烷醇、粪固醇以及

7-脱氢胆固醇等。

**07.183 酵母固醇 zymosterol**
学名:8,24-胆固烯-3β-醇。从羊毛固醇生物合成胆固醇时的中间产物。

**07.184 膜筏 membrane raft**
又称"脂筏"。一种非均一性富集固醇和鞘脂的高动态小型域,约 10～200nm 大小,能使细胞过程隔室化。有时小型筏会借助蛋白质-蛋白质以及蛋白质-脂质的相互作用,稳定地形成较大平台。

**07.185 胆固醇酯转移蛋白 cholesterol ester transfer protein, CETP**
分子量为 $74×10^3$ 的单链高疏水糖蛋白。血浆胆固醇酯转移蛋白与卵磷脂胆固醇酰基转移酶共同在胆固醇的逆行转运系统中起重要作用。是脂蛋白间的脂质载体,能促进中性脂肪与磷脂在血浆脂蛋白之间的交换。

**07.186 樟脑 camphor**
学名:1,7,7-三甲基二环[2,2,1]庚烷-2-酮。一种环己烷单萜衍生物。从樟树的树皮与木质蒸馏制得的酮,也可从松节油合成。用于许多商品的制备,临床上可作为局部抗炎和止痒涂剂。

**07.187 趋化脂质 chemotactic lipid**
吸引炎性细胞趋往炎症病灶的脂质因子。如在白细胞趋化性中,其外源性化学吸引因子包括一些脂质、脂多糖、凝集素、变性蛋白等;而内源性化学吸引因子则有来自宿主的 C5a 等补体碎片以及各种细胞生成的白三烯 B 和血小板活化因子。

**07.188 储脂 depot lipid**
由食物摄入的或体内由糖类等合成的脂肪。经机体代谢后有一部分贮存到肌肉与脂肪组织(皮下、腹腔、肾周围)中。

**07.189 硫脂 sulfolipid**
含硫的脂质。如广泛分布于哺乳动物各器官中的硫脑苷脂。

**07.190 二醇脂质 diol lipid**
学名:2-顺-十六烯(9)酰-3-反-十八烯(11)酰-2,3-丁二醇。由二羟基醇与脂肪酸形成酯的中性脂肪。但不是甘油酯,少量存在种子油中。如见于薏苡仁的薏苡仁酯。

**07.191 多萜醇 polyprenol**
以多萜为母体的醇,属多异戊二烯醇衍生物($n>3$;常为 13～23)。如双萜的叶绿醇、视黄醇、三萜的羊毛固醇、四萜的类胡萝卜素等。多萜醇的磷酸酯在维持细胞膜的正常功能中具有重要作用。

**07.192 十八烷醇 stearyl alcohol**
羊毛蜡中不可皂化部分所含 18 个碳原子的长脂肪链烷醇。熔点为 58.5 ℃。

**07.193 二十烷醇 eicosanol**
一种饱和的含 20 个碳原子的直链醇。

**07.194 二十二烷醇 docosanol**
一种饱和的含 22 个碳原子的直链醇。

**07.195 二十八烷醇 octacosanol**
一种饱和的含 28 个碳原子的直链醇,是天然存在的一元高级脂肪醇,熔点为 83.2～83.6℃。

**07.196 法尼醇 farnesol**
学名:3,7,11-三甲基-十二碳-2,6,10-三烯-1-醇。一种倍半萜醇。分子量为 222,许多必需油脂含有法尼醇。

**07.197 柠烯 limonene**
又称"苧烯"。俗称"柠檬油精"。学名:对-薄荷-1,8-二烯或 1-甲基-4-异丙烯-1-环己烯。单萜衍生物。许多必需油脂(如柠檬油、桔油、莳萝油等)中含有此化合物,其对映体和消旋混合物(即二戊烯)均天然存在。

**07.198 脂色素 lipochrome**

脂溶性生物色素。如类胡萝卜素等。

**07.199 脂牛磺酸** lipotaurine
脂质与牛磺酸的结合物。见于嗜热四膜虫生物（*Tetrahymena thermophilia*）中。

**07.200 薄荷醇** menthol
属于类环己烷单萜衍生物。存在于薄荷油中。天然的薄荷醇呈左旋，具有抗菌消炎作用，可用于皮肤病的外用洗剂。

**07.201 蜂蜡醇** myricyl alcohol
学名：三十烷醇。构成蜂蜡的含三十个碳原子的饱和一元醇。

**07.202 疏油性化合物** oleophobic compound
凡携有亲水基团的化合物，属疏油性。如氨基酸、糖类、核苷酸等。

**07.203 亲油性化合物** oleophyllic compound
凡携有烃基、脂酰基的化合物以及固醇类化合物，属亲油性。如长链脂肪酸、类固醇等。

**07.204 叶绿醇** phytol
又称"植醇"。含氧的无环双萜衍生物。存在于叶绿素分子中的一种长链醇，具有四个异戊二烯，是叶绿素的主要构件。

**07.205 蒎烯** pinene
属于蒎烷单萜，也是二环单萜，主要的化合物有 α 蒎烯和 β 蒎烯，还有含氧的蒎烯醇和蒎烯酮。

**07.206 奎尼酸** quinic acid
学名：1,3,4,5-四羟环己烷羧酸。金鸡纳树皮中的一种多羟环酸。5-脱氢奎尼酸则是 L-苯丙氨酸、L-酪氨酸及 L-色氨酸从糖类前体进行生物合成的中间物。

**07.207 鲨肌醇** scyllitol, scyllo-inositol
以鲨烯为母体共价结合肌醇而成的直链三萜衍生物。

**07.208 芥子醇** sinapyl alcohol

二十二碳-顺-13-烯醇，存在于芥子和油菜中。

**07.209 萜** terpene
由两个或多个异戊二烯单位连接而成的萜烯及其衍生物。根据异戊二烯的数目分单萜、倍半萜、双萜、三萜、四萜和多萜。形成的萜类可以是直链的，也可以是环状分子；可以是单环、双环和多环化合物。

**07.210 类萜** terpenoid
呈线状或环状的聚异戊二烯类化合物。其中异戊二烯单位通常以首尾相接的形式连接。

**07.211 单萜** monoterpene
由两个异戊二烯单位构成的十碳烯萜。是高等植物香精油的成分。数百种自然界存在的单萜可以分成四种主要的结构：规则的元环型、环戊烷单萜、环己烷单萜和不规则的单萜。

**07.212 倍半萜** sesquiterpene
由 3 个异戊二烯单位的碳链形成的萜。倍半萜的大多数成员是单环、二环和三环化合物。如 α 山道年和脱落酸等都属于倍半萜类化合物。

**07.213 双萜** diterpene
由四个异戊二烯单位构成的萜，如叶绿醇。

**07.214 萜品烯** terpinene
单萜单环类化合物。为 1-甲基-4-异丙基环己二烯，分 α 萜品烯（1,3-萜二烯）和 γ 萜品烯（1,4-萜二烯）两种。

**07.215 萜品醇** terpineol
单环单萜类化合物。常见的为 α 萜品醇。存在于香精油中，可用做消毒剂。

**07.216 桧萜** sabinene
又称"桧烯"。一种二环单萜。

**07.217 桧萜醇** sabinol

含羟基的桧萜。

**07.218 檀香萜** santalene
存在于檀香中的一种倍半萜类化合物。

**07.219 驱蛔萜** ascaridole
学名:对甲基-1,4-二桥氧环己烯-[2]异丙烷。环状单萜的衍生物。藜油的一种主要成分,临床上用做驱肠虫药。

**07.220 蜡** wax
长链脂肪酸和长链醇或固醇形成的酯。在室温下为固态,如蜂蜡。

**07.221 蜡醇** wax alcohol, ceryl alcohol
又称"二十六[烷]醇"。能与高级脂肪酸酯化形成蜡的高级一元醇。如鲸蜡醇为十六烷醇。

**07.222 羊毛脂** lanolin
由30多种高分子脂族、类固醇与三类萜的醇生成的酯和多酯以及相同数目的脂肪酸组成。沉积在羊毛纤维上的绵羊皮脂腺的脂肪样分泌物。是从羊毛蜡纯化所获产品,正常时含有25%~30%的水,可广泛用做调制软膏的基质。

**07.223 羊毛蜡** lanocerin
学名:甘油三羟蜡酸脂。含有酯蜡、醇和脂肪酸(羊毛蜡酸居多)的混合物。其可皂化部分含脂肪酸、羟基酸;不可皂化部分为羊毛固醇、胆固醇和醇类。纯化后称为羊毛脂。

**07.224 鲸蜡** cetin, spermaceti wax
又称"软脂酸鲸蜡酯"。从抹香鲸(*Physeter macrocephalus*)头部获得的特殊脂性蜡物质。可用来固化油膏基质。

**07.225 蜂蜡** bees wax
由含26~34个碳原子的脂肪醇与软脂酸形成的酯。

**07.226 珠酯** margarine

通过油脂的双键氢化,将液态植物油转变成的固态或半固态的人工奶油。

**07.227 亚麻子油** linseed oil
从亚麻(*Linum usitatissimum*)的成熟种子中榨获的油脂。可用于石灰涂抹剂的制备。

**07.228 蛋白脂质** proteolipid
脑组织含有的一类脂溶性蛋白质,溶于氯仿-甲醇-水的混合物,但不溶于水溶液。属一种疏水性蛋白质,可能含有脂质成分,也可能不含,其富含的疏水性氨基酸成簇地位于蛋白质表面。某些整合的膜蛋白是蛋白脂质。

**07.229 亲脂素** lipophilin
又称"髓磷脂蛋白脂质(myelin proteolipid)"。属于一种整合膜蛋白,是中枢神经系统的主要髓磷脂蛋白,在形成与维持髓磷脂的多层结构中起重要作用。人亲脂素由276个氨基酸组成,分子量为$29.91 \times 10^3$,与大鼠和小鼠亲脂素完全一致。其突变常伴随佩利措伊斯-梅茨巴赫(Pelizaeus-Merzbacher)病出现或引起髓鞘形成不良。

**07.230 高密度脂蛋白** high density lipoprotein, HDL
颗粒最小的血浆脂蛋白,其直径为7.5~10 nm,密度为1.21 g/cm$^3$,含有6%胆固醇、13%胆固醇酯与50%蛋白质,分子量为$(1.5~3) \times 10^6$,其载脂蛋白大多为载脂蛋白A。在肝、肠和血液中合成,担负着将内源性胆固醇(以胆固醇酯为主)从组织往肝脏的逆向转运。血浆高密度脂蛋白含量的高低与患心血管病的风险呈负相关。

**07.231 低密度脂蛋白** low density lipoprotein, LDL
一种密度较低(1.019~1.063 g/cm$^3$)的血浆脂蛋白,约含25%蛋白质与49%胆固醇及胆固醇酯。颗粒直径为18~25 nm,分子量为$3 \times 10^6$。电泳时其区带与β球蛋白共迁移。在血浆中起转运内源性胆固醇及胆固醇酯的作用。其浓度升高与动脉粥样硬化的发病率增加有关。

**07.232 中密度脂蛋白** intermediate density lipoprotein, IDL

极低密度脂蛋白在血浆中的代谢物，其组成和密度介于极低密度脂蛋白及低密度脂蛋白之间，密度为 $1.006 \sim 1.019$ g/cm³。人血浆的中密度脂蛋白含量高低，直接与患心血管病的风险有关。

**07.233 极低密度脂蛋白** very low density lipoprotein, VLDL

一种密度非常低($0.95 \sim 1.006$ g/cm³)的血浆脂蛋白，约含 10% 蛋白质和 50% 三酰甘油，颗粒直径为 $30 \sim 80$ nm，其分子量为$(10 \sim 80) \times 10^6$，电泳迁移率稍大于低密度脂蛋白。在血液中起转运内源性三酰甘油的作用。其浓度的增加与动脉粥样硬化的发病率升高有关。

**07.234 高密度脂蛋白胆固醇** HDL-cholesterol, HDL-Ch

高密度脂蛋白分子所携的胆固醇，是逆向转运的内源性胆固醇酯，将其运入肝脏，再清除出血液。高密度脂蛋白从细胞膜上摄取胆固醇，经卵磷脂胆固醇酰基转移酶催化而成胆固醇酯，然后再将携带的胆固醇酯转移到极低密度脂蛋白和低密度脂蛋白上。高密度脂蛋白含有人胆固醇总量的 20% ~ 30%。

**07.235 脂肽** lipopeptide

含有脂质与氨基酸的化合物或复合体。

**07.236 脂尿** lipuria

尿中出现的脂质，显微镜检可见到脂肪球。

**07.237 异常脂蛋白血症** dyslipoproteinemia

由于基因缺陷、突变的载脂蛋白分子不能及时将残留的富含三酰甘油的脂蛋白从肝移除，致使乳糜微粒和极低密度脂蛋白残留物在血中聚积引起脂蛋白代谢紊乱的现象。如编码 *apoE* 的基因失调，肝对残留的脂蛋白摄取受阻，可导致家族性异常 β 脂蛋白血症。

**07.238 代谢综合征** metabolic syndrome

一种合并有高血压以及葡萄糖与脂质代谢异常的综合征。伴有低密度脂蛋白升高和高密度脂蛋白胆固醇降低。

**07.239 脂肪营养不良** lipodystrophy

脂肪代谢的障碍或失调，引起皮下脂肪缺乏的现象。该异常可能属先天性或后天性，部分或全部缺乏。

**07.240 脂沉积症** lipoidosis, lipid storage disease

一类导致特种脂质在一定组织中过量沉积的临床障碍。大多属半乳糖鞘脂代谢的遗传疾病。

**07.241 脂血症** lipidemia, lipemia

曾称"高脂血症(hyperlipemia)"。血液中含有异常大量脂质的现象。

**07.242 脂酸尿** lipaciduria

尿中有脂肪酸排出，见于严重饥饿、重症糖尿病患者。

**07.243 脂过多症** lipomatosis, liposis

脂肪在组织中呈局部异常堆积或肿瘤样积聚的现象。

**07.244 乳糜尿** chyluria

从尿中排出的乳糜，属于一种白尿。是由于淋巴管被尿中所含淋巴液堵塞，尿标本含有蛋白质和脂肪。

**07.245 家族性低 β 脂蛋白血症** familial hypobetalipoproteinemia

在很少的患者中，由于其编码 *apoB* 的基因发生突变，致使该载脂蛋白的合成异常，血浆中低密度脂蛋白胆固醇和 β 脂蛋白浓度呈极明显降低的现象。

**07.246 家族性高胆固醇血症 familial hypercholesterolemia**

一种以血浆低密度脂蛋白与胆固醇水平升高为特征的常染色体显性遗传障碍。

**07.247 家族性低胆固醇血症 familial hypocholesterolemia**

家族性低 β 脂蛋白血症的杂合子成员终身伴有极低的血浆胆固醇水平,经常低于 2.6 mmol/L。其寿命一般较同龄人平均长 12 年,可达 80~90 多岁高龄。此常染色体显性遗传障碍在亲属中的发生率为 0.2%。

**07.248 动脉粥样化形成 atherogenesis**

胆固醇与富集胆固醇的脂蛋白在动脉管壁上的异常沉积,形成动脉粥样硬化斑块(即粉瘤)的现象。是动脉粥样硬化症的发病机制,以冠状动脉最易受累。

# 08. 生 物 膜

**08.001 生物膜 biomembrane**

围绕细胞或细胞器的脂双层膜,由磷脂双层结合有蛋白质和胆固醇、糖脂构成,起渗透屏障、物质转运和信号转导的作用。

**08.002 细胞膜 cell membrane**

曾指质膜,现泛指细胞的各种膜,包括围绕细胞或细胞器的通透屏障,由磷脂双层和相关蛋白质以及胆固醇和糖脂组成。

**08.003 质膜 plasmalemma, plasma membrane**

包围在所有细胞质外周的由脂质和蛋白质分子组成的脂双分子层。具有独特的结构和功能,能维持细胞内微环境的相对稳定,并与外界环境不断地进行物质交换、能量和信息的传递,对细胞的生存、生长、分裂分化都至关重要。

**08.004 核膜 nuclear membrane**

包裹真核细胞核将其与细胞质分离的膜系统,是由通过一个宽度为 20~40 nm 的间隙分开的脂双层所组成的双层膜。核外膜与细胞的内质网是连贯的,有时网上散布着核糖体。在核孔处,核外膜与核内膜彼此相连。

**08.005 外膜 outer membrane**

在真核细胞,指脂双层膜中靠外部的膜,它包裹着叶绿体、线粒体或细胞核;在原核细胞则指位于革兰氏阴性菌细胞壁的肽聚糖外部的那层脂多糖、脂蛋白和蛋白质组成的结构。

**08.006 质膜体 plasmalemmasome**

位于质膜和细胞壁之间的由质膜内陷而形成的一种特殊的质膜结构。其局部地增加了质膜的表面积,便于水和其他物质的迅速交换。

**08.007 肌膜 sarcolemma**

肌细胞纤维的外膜。由质膜、覆盖的基膜(厚约 100 nm)和相连的胶原纤维松散网络组成。

**08.008 脂单层 lipid monolayer**

在制备人工膜时,置水中时脂质分子将呈定向排列的单层结构,其亲水性头部朝外而疏水性尾部则朝向另一侧。脂单层概念是 20 世纪初膜结构研究的基础,导致了脂双层的发现。

**08.009 脂双层 lipid bilayer**

由两层磷脂排列组成的膜结构。磷脂分子的极性亲水头部朝向膜的外面,而其疏水性尾部则簇集于双层的内侧。

**08.010 脂双层 E 面** E face of lipid bilayer
当脂双层经冷冻撕裂处理后,在电镜下看到的脂双层外侧的撕裂面。

**08.011 脂双层 P 面** P face of lipid bilayer
脂双层内侧的撕裂面,即脂双层的质膜面。是脂双层中脂分子的极性头部面向水环境组成的质膜的表面(P 表示极性)。

**08.012 双分子脂膜** bimolecular lipid membrane
由中极两性的脂质分子组成的两分子厚度膜。在极性环境中,脂质分子的极性部分会朝外,而其非极性部分则朝向双层之内。

**08.013 镶嵌结构** mosaic structure
在膜的流动镶嵌模型中,球状蛋白质和中极两性的脂质在膜内交替排列所形成的一种结构。在由磷脂和糖脂形成的脂双层中,整合蛋白嵌于其中。

**08.014 流动镶嵌模型** fluid mosaic model
特指膜的流动镶嵌模型。针对细胞质膜提出的一种膜的结构模型,描述膜为结构和功能上不对称的脂双层所组成,蛋白质以镶嵌样模式分布在膜的表面与内部,并能在膜内运动。此模型也可适用于亚细胞结构的膜。

**08.015 脂粒** lipid granule
含有脂质或其复合体成分的颗粒。如从胰腺泡细胞分离的酶原颗粒的膜,富集有胆固醇、鞘磷脂和不溶于去垢剂的高糖脂复合体,以及含糖基磷脂酰肌醇锚定的糖蛋白、凝集素 ZG16P 与基质硫酸蛋白聚糖(如硫酸软骨素、硫酸类肝素)等。

**08.016 脂微泡** lipid microvesicle
源自细胞质膜的含脂质微泡。

**08.017 脂多态性** lipid polymorphism
同一类别的脂质成员中可以出现多种多样分子形式的现象。如磷酸甘油酯中,以磷脂酸为母体分子而衍生的化合物已有 10 多种,包括磷脂酰胆碱、磷脂酰肌醇(PI,PIP,PIP$_2$)、心磷脂等。

**08.018 液晶态** liquid crystalline state
温度中度升高时极性脂质分子呈现的几种相态之一。有两种主要的类型:①片层相或 L$_\alpha$ 相;②六角相。液晶态脂质分子的堆砌较松,其脂酰链能获得较晶态为多的流动性。

**08.019 膜锚** membrane anchor
位于脂双层膜内层或外层侧的蛋白质或非蛋白质分子。可以锚定其他蛋白质,使其连接在膜上。如位于脂双层膜外层的磷脂酰肌醇或位于红细胞膜内层的锚蛋白都是膜锚。

**08.020 膜不对称性** membrane asymmetry
由于膜蛋白与膜的两个单层缔合之间的差别而显示的一种特性。如磷脂酰胆碱多定位于脂双层膜的外侧,而磷脂酰丝氨酸则多分布在其内侧。

**08.021 攻膜复合物** membrane attack complex, MAC
又称"终端补体复合物(terminal complement complex, TCC)"。补体级联中依次激活的组分所构成的一种复合物。可插入靶细胞膜形成小孔,离子与水通过小孔流入细胞,引起靶细胞的溶解。

**08.022 膜通道** membrane channel
一种由穿膜物质组成的膜上的特殊通道结构。有助于小溶质、离子或分子的被动穿膜扩散。大部分膜通道是由蛋白质组成的。

**08.023 离子通道** ion channel
细胞膜上能调节和转运特异离子穿膜的通道。一般可分为配体闸门通道与电压闸门通道两类。离子通道都是穿膜的整合蛋白。

**08.024 膜被** membrane coat
覆盖在细胞或部分器官外面的包膜,由外结

构蛋白组成。如由减毒的无荚膜肺炎双球菌（R）转变成的毒性带荚膜肺炎双球菌（S），这里的荚膜即膜被。

**08.025　膜区室　membrane compartment**
线粒体的内膜向内伸出许多褶叠的嵴，形成的内膜亚隔域。可导致代谢物或酶的不均匀分布。

**08.026　膜动力学　membrane dynamics**
研究各种特定因子同生物膜结构和理化性质改变以及膜分子运动之间关系的一门分支学科。如多不饱和脂肪酸对线粒体膜的动力学起着重要作用，在丧失 ω-6-油酸去饱和酶活性的阿拉伯糖苷贮积症细胞，脂质分子的侧向运动及生物能力学参数会发生改变。

**08.027　膜电极　membrane electrode**
在其结构上配备有膜组合的电极。如玻璃电极、离子交换电极或氧电极等。

**08.028　膜电位　membrane potential**
跨越活细胞膜的电位差。动物与植物的质膜均维持一定电位，细胞内部的负电性常大于其外部。动物细胞的被动离子运动是其主要来源。按细胞类别不同，静息电位可达 $-20\ mV$ 至 $-200\ mV$。

**08.029　膜电容　membrane capacitance**
生物膜贮存电荷的能力或容量。用公式表示为：$C = Q/U$，膜电容 $C$ 的单位是法拉第，$Q$ 代表使膜电位提升到 $U$ 伏特所需的贮存电荷量。膜电容的大小与细胞表面积成比例，其测定已成为研究各种分泌细胞的胞吐作用和胞吞作用的重要技术。

**08.030　膜电流　membrane current**
生物膜上产生的电流或经膜介导的电流。如，当氯离子通道亚族 CLC-2 蛋白在相关细胞的质膜上进行内源性表达时，该表达蛋白可介导跨越单个细胞质膜的电流，引起跨细

胞膜单层的天然阴离子分泌。

**08.031　膜阻抗　membrane impedance**
生物膜对交流电流的阻力。决定于电路中的电阻、自电感应与电容。如 ATP 依赖性钾通道中，$[Mg\text{-}ATP] \leftrightarrow [Mg\text{-}ADP]$ 平衡的代谢驱动变化可调节其低 P/O 比值，后者稳定高输入阻抗细胞（神经元、平滑肌）的静息电位，并减少低膜电阻细胞（心肌、骨骼肌）的动作电位。

**08.032　膜流动性　membrane fluidity**
生物膜内部的黏滞特性。与膜脂肪酸的饱和度和胆固醇含量密切有关。膜流动性使膜内分子可侧向移动，有的还能翻转移动。

**08.033　膜融合　membrane fusion**
生物膜的融合，它涉及借助膜锚融合蛋白促使脂双层相互接近而进行再构建。细胞分裂、胞吞、胞泌与卵子受精皆伴有膜的重组，其基本步骤就是两膜之间的融合。

**08.034　膜长度常数　membrane length constant**
膜阻力（$r_m$）与偶联阻力（$R_c$）两者比值的平方根。以算式表示为：$\lambda = (r_m/R_c)^{1/2}$。如，以脊椎动物视网膜的平行细胞线性连续模型做实验，其电位 $\tau V(x, t)$ 可用公式 $\tau V = \lambda^2 \Delta V - V + E$ 计算。式中时间常数 $\tau$ 和全电场位 $E$ 与膜阻力 $r_m$ 成比例。

**08.035　膜脂　membrane lipid**
存在于质膜及细胞内膜的脂质。主要是甘油磷脂、固醇和少量的鞘脂。膜蛋白则镶嵌在膜脂中。

**08.036　膜定位　membrane localization**
在特定条件或某些因素影响下，膜蛋白和磷脂分子在脂双层膜中正常分布的维持。如 α13 是 G 蛋白的 α 亚基，参与调节有关细胞生长的多种途径，而 α13 的软脂酰化则是其正确膜定位和信号转导的关键。

**08.037　膜裂解　membrane lysis**
在蛋白水解酶或特异性酯酶作用下引起细胞膜破裂及胞质成分丢失的过程。如在酿酒酵母中,其自噬体的空泡内膜裂解作用必需有一种特异性酯酶的存在。

**08.038　膜分配　membrane partitioning**
哺乳动物细胞中,各种脂质分子在不同的亚细胞结构的膜中的分布常出现一定差异的现象。如胆固醇/磷脂比值以质膜最高,内质网次之,线粒体最低。胆固醇在这些生物膜之间不同的分配是由于膜结构差异所致。

**08.039　膜通透性　membrane permeability**
生物膜允许特定的溶质分子跨越膜的能力。膜通透性与通透分子的极性呈负相关。

**08.040　化学渗透　chemiosmosis**
英国生化学家米切尔(Mitchell)提出的一种解释线粒体中能量传导的理论。即电子传递的自由能借助建立跨越线粒体内膜的 $H^+$ 电化学梯度(pH 梯度)而被贮存,pH 梯度的电化学位能即成为氧化磷酸化的驱动力。

**08.041　电化学梯度　electrochemical gradient**
由于膜两侧离子的化学浓度与电位差异而导致的穿膜梯度。通常以达到平衡所需外加电压表示。

**08.042　质子电化学梯度　electrochemical proton gradient**
由于膜两侧质子的电荷与浓度差异而引起的穿膜梯度。由呼吸链电子传递过程中产生的自由能驱动形成,与质子的穿膜转运有关。该梯度的电化学电势是 ATP 合成的驱动力。

**08.043　膜 pH 梯度　membrane pH gradient**
生物膜两侧 $H^+$ 浓度的差异而形成的膜两侧 pH 值的差异。如米切尔(Mitchell)提出的呼吸链化学渗透假说,其推论根据是在线粒体内膜两侧存有 $H^+$ 的电化学梯度。

**08.044　膜磷脂　membrane phospholipid**
含有一个或多个磷酸基的复合脂质。包括甘油磷脂和鞘磷脂,是生物膜的重要成分。

**08.045　膜蛋白扩散　membrane protein diffusion**
膜蛋白分子在膜平面中进行移动的过程。主要有两种扩散方式:①转动扩散,即垂直于膜平面绕自身主轴而旋转;②侧向扩散,多数膜蛋白能在膜内侧向移动,其平均移动距离 $s(cm) = (4Dt)^{1/2}$,$D$ 为扩散系数($cm^2$/s),$t$ 为移动时间。不同的膜蛋白分子,其侧向扩散的速度可有很大差别。

**08.046　膜蛋白插入　membrane protein insertion**
在需要或不需要移位酶的条件下,膜蛋白分子以 N 端出和 C 端入或 C 端出和 N 端入的方式插进脂双层膜的过程。插入后,单条多肽可以穿膜一次,也可以穿膜多次。

**08.047　膜募集　membrane recruitment**
信号转导中,在受体诱导下生物膜将胞质蛋白集结,与膜锚定蛋白组成复合体的过程。

**08.048　膜封闭　membrane sealing**
一种对导致非特异性膜通透性增加的细微膜损伤的修复。在阻止去极化,钙、钠进入以及随之发生的新陈代谢紊乱与细胞骨架的分解中起一定作用。

**08.049　膜骨架　membrane skeleton**
细胞质膜胞质侧与膜蛋白相连的由纤维状蛋白组成的网架结构。参与维持细胞质膜的形状,并协助质膜完成多种生理功能。迄今为止,对膜骨架研究最多的是哺乳动物的红细胞膜骨架。

**08.050　膜合成　membrane synthesis**
细胞中膜结构形成的过程。该过程首先是各种膜蛋白与脂质的合成;其次,合成的蛋白质在特定信号引导下进行转运和在细胞的特定部位(如内质网)上以精确的方式插入脂双层,以组装成膜。多数情况下是一个需能的过程。

**08.051　膜磷壁酸　membrane teichoic acid**
甘油或核糖醇通过磷酸根连接起来的多元醇多聚体。是革兰氏阳性细菌细胞壁中的组分。

**08.052　膜时间常数　membrane time constant**
膜电位达到平衡时所需的时间。被用于估计神经元对输入做出反应的迅速程度。突触后电位沿轴突衰减所需的时间常数随膜阻力的增加和膜电容的增加而增加。

**08.053　膜拓扑学　membrane topology**
研究膜蛋白在膜内外排列分布的一门学科。主要研究哪一部分氨基酸序列位于包围其脂双层的平面内,而哪一部分突出于脂双层两侧的水相环境中。

**08.054　膜性小泡　membrane vesicle**
在真核细胞中存在的、完整地被一个单位膜所包围的封闭结构。大小约为 $0.02 \sim 0.5$ μm。与液泡不同,其含有的物质不是处于液态的。

**08.055　脑脊膜　meninges**
包裹脑和脊髓的一个三层膜结构。包括硬膜、蛛网膜和软膜。

**08.056　线粒体膜　mitochondrial membrane**
线粒体的外围包有的脂双层膜系统。由功能上不同的外膜和内膜组成,外膜完整地包裹着线粒体,内膜内褶形成嵴。这些膜系统确定了线粒体的两个区域:线粒体基质和膜间间隙。

**08.057　融合膜　nexus**
相邻的脊椎动物细胞质膜的特化区域。其膜间距为 $2 \sim 4$ nm,彼此贯穿,提供了一个细胞的胞质与另一个细胞的胞质间通信的直接方式。

**08.058　核孔　nuclear pore**
真核细胞核被膜上存有的许多结构相似彼此分离的通道。贯穿内膜和外膜,直径约为 10 nm。核孔沟通了核质和胞质间物质的相互交流。核孔与孔周缘一层贯穿核内外膜的环状结构形成核孔复合体,由 100 多种蛋白质分子组成。

**08.059　核孔复合体　nuclear pore complex**
核被膜上沟通核质和细胞质的复杂隧道结构,由多种核孔蛋白构成。隧道的内、外口和中央有由核糖核蛋白组成的颗粒。对进出核的物质有控制作用。

**08.060　通透　permeation**
物质通过或贯穿膜的过程。各种物质进出膜的能力与物质本身的性质、大小和膜的结构有关。

**08.061　通透选择性　permselectivity**
膜对通过膜的物质的选择能力。对于膜来说,有些物质容易通过而有些物质很难甚至不能通过。决定膜通透选择性的主要因素是分子的大小、荷电性及分子的构象。

**08.062　相变　phase transition**
膜脂在其能允许的各种相态间的转变。转变依赖于温度、脂的结构、膜脂纯度、水化状态等因子。膜脂不纯时则依赖于混合物的组成。如脂质在较高温度时呈液晶相,而在低温时可转变为凝胶相。

**08.063　相变温度　phase transition temperature**
膜脂发生相态转变的温度。在相变温度时,膜脂的流动性会随之改变,由液相转变为凝胶相或由凝胶相转变为液相。

**08.064　磷脂双层　phospholipid bilayer**
两分子厚的磷脂分子层。几乎构成了生物膜的全部基质。脂双层为极性环境所包围,其中脂质分子的非极性部分向内,极性部分向外。

**08.065 空间充填模型 space-filling model**
又称"空间结构模型"。一种表示每个原子的容积和分子实际形状的致密的分子模型。在这种模型里,键角是准确的,原子间的距离以其范德瓦尔斯半径量度。

**08.066 穿膜通道 transmembrane channel**
通道蛋白在膜脂双层内由其带电荷的亲水区所形成的一种供被动运输物质进出细胞的结构。

**08.067 穿膜梯度 transmembrane gradient**
生物膜两侧因氢离子浓度和钠、钾等离子浓度的不同所形成的 pH 和电位的差异。

**08.068 穿膜电位 transmembrane potential**
生物膜两侧的电位差异,即在脂双层的一侧与其紧邻的另一侧之间的电位差异。穿膜电位并不需要在整个细胞或区室一致,某些情况下在每一小段膜间都可能有变化。穿膜电位也将随时间而发生变化。

**08.069 膜平衡 membrane equilibrium**
生物膜一侧的正向过程速度与其另一侧的逆向速度相等的状态,即反应的自由能达最小值时的状态。一般有两种情况:①膜两侧无机盐离子交换后浓度相等时达到平衡;②在膜的一侧存有带电荷的大分子和代谢物,它们将吸引自由穿膜的无机盐小离子,引起唐南平衡。

**08.070 唐南平衡 Donnan equilibrium**
由于半透膜两侧有蛋白质的不均匀分布,致使可扩散的小分子物质在膜两侧达到平衡时亦出现不等分布的一种平衡。

**08.071 膜生物反应器 membrane bioreactor, MBR**
一种含有固定酶或细胞、可用来促进特定生物化学反应的反应器。是工业生化在生产工艺上采用的一种膜技术。

**08.072 膜分离 membrane separation**
根据生物膜对物质选择性通透的原理所设计的一种对包含不同组分的混合样品进行分离的方法。分离中使用的膜是根据需要设计合成的高分子聚合物,分离的混合样品可以是液体或气体。

**08.073 解偶联剂 uncoupling agent, uncoupler**
氧化磷酸化反应中的一种抑制剂,使磷酸化作用与电子传递在一个或多个电子传递链的位点解除偶联。如二硝基酚,通过引起线粒体内膜上质子的渗漏,从而使推动氧化磷酸化的质子梯度消失而起作用。

**08.074 血影细胞 ghost**
缺失正常细胞质的红细胞。通过先控制降低悬浮介质的渗透压以引起红细胞破裂,继而恢复正常渗透条件使红细胞膜的裂口重新封闭,即可获得仅携空红细胞膜的血影细胞。该种细胞在膜特性的研究中极为有用。

**08.075 通道蛋白 channel protein**
能形成穿膜充水小孔或通道的蛋白质。担负溶质的穿膜转运,如细菌细胞膜的膜孔蛋白。

**08.076 膜通道蛋白 membrane channel protein**
构建膜通道的蛋白质。如由 419 个氨基酸残基组成的人心脏 ATP 敏感性 $K^+$ 通道蛋白,对于提升代谢流量所致细胞内 ATP/ADP 比值的增高,会发生关闭反应。

**08.077 穿膜通道蛋白 transmembrane channel protein**
构成被动运输物质进出细胞通道结构的蛋白质。其分子往往跨越整个质膜,从质膜的一侧延伸至另一侧。

**08.078 膜转位蛋白 membrane translocator**
在物质的膜转位中能与该物质结合并帮助

其完成转位的蛋白质。

**08.079　穿膜蛋白　membrane-spanning protein，transmembrane protein**

又称"跨膜蛋白"。一类膜整合蛋白。其多肽链能从膜(特别是质膜)的一侧跨向另一侧。许多受体即属于穿膜蛋白。根据蛋白质分子穿越膜的肽段的多少，又可分为不同的家族，如七次穿膜蛋白和四次穿膜蛋白等。

**08.080　四次穿膜蛋白　tetraspanin**

一种蛋白质超家族，其名称来自 tetra + span + protein 的组合。该超家族成员很多，如质膜中 CD9、CD18、CD81 和 CD151 等；也存在于溶酶体膜中，如溶酶体相关膜蛋白。

**08.081　穿膜转运蛋白　transmembrane transporter**

在蛋白质以及小分子溶质(如葡萄糖、氨基酸等)穿膜转运中起运输作用的蛋白质。

**08.082　转运体　transporter**

介导分子或离子转运跨过生物膜的物质。通常是蛋白质或酶。在每个转运循环中转运体以特定的化学计量与被作用的物质相互作用。

**08.083　转运蛋白　transport protein**

本质为蛋白质的转运体。

**08.084　离子通道蛋白　ion channel protein**

构成离子通道的整合膜蛋白。如人肌肉细胞的氯离子通道蛋白，由 988 个氨基酸残基组成，分子量为 108 700。其电压闸门氯离子通道能调节细胞容积、稳定膜电位和进行 $Cl^-$ 与 $Na^+$、$K^+$ 跨越上皮细胞的转运。

**08.085　离子转运蛋白　ion transporter**

负责穿膜转运各种离子并能将其在不同细胞隔室中的浓度维持于正常水平的膜蛋白。如酿酒酵母家族的 SMF1，是转运 $Mn^{2+}$、$Zn^{2+}$、$Cu^{2+}$、$Fe^{2+}$、$Cd^{2+}$、$Co^{2+}$ 与 $Ni^{2+}$ 等多种金属离子的转运蛋白。

**08.086　ATP 结合盒蛋白　ATP-binding cassette protein，ABC protein**

简称"ABC 蛋白"。一个膜内在蛋白质超家族。将 ATP 水解释出的能量提供给各种分子进行穿膜转运。如 ABC 转运蛋白 A1 可介导胆固醇与磷脂向其接纳体载脂蛋白 A-I(apoA-I)活跃外流。

**08.087　带 3 蛋白　band 3 protein**

人类红细胞的一种 90kDa 膜蛋白。可作为阴离子转运和交换的对输载体，并具有碳酸酐酶活性催化二氧化碳生成和二氧化碳运输的作用。

**08.088　钙泵　calcium pump**

将钙离子从低浓度跨越生物膜往较高浓度耗能转运的蛋白质。如质膜、肌质内质网、线粒体膜等都有穿膜的钙泵。

**08.089　囊性纤维化穿膜传导调节蛋白　cystic fibrosis transmembrane conductance regulator，CFTR**

属于 *CF* 基因编码的整合膜蛋白，可发挥氯离子通道作用并可控制其他转运途径的调节。在结构上与膜缔合的 ATP 依赖性转运蛋白相似。已检出北欧有 70% 的 CF 染色体源自该蛋白的基因突变，患者显现囊性纤维化和双侧输精管的先天性发育不全。

**08.090　KDEL 受体　KDEL receptor**

内质网的一种穿膜蛋白质。能识别重返内质网和高尔基体的蛋白质所携 KDEL(赖-天冬-谷-亮氨酸)四肽序列的受体。蛋白质合成后，大部分随主流离开内质网，但其中有些将重返内质网和高尔基体。内质网和高尔基体含有的 KDEL 受体能识别重返蛋白质羧基端的 KDEL 序列"信号"，可防止肽链发生错误折叠和错误装配。

**08.091　攻膜复合物抑制因子　membrane at-**

tack complex inhibitor factor，MACIF
T 细胞的表面抗原，属 CD59 糖蛋白的前体。
能强烈抑制攻膜复合物，并同一种聚糖磷脂
酰肌醇（G-PI）锚形成复合物。人 CD59 为
128 个氨基酸残基组成，分子量为 14 180。

**08.092 膜域 membrane domain**
又称"膜结构域"。具有某些独特结构、理化
特性或功能的膜蛋白区域。常包括一个或
几个穿膜部分。如电压依赖性钾离子通道
膜蛋白含有的 6 个穿膜结构域（S1 ~ S6）。
有时膜蛋白的非穿膜部分亦参与膜域的构
建。

**08.093 膜插入信号 membrane insertion sig-nal**
当穿膜蛋白的多肽链插入膜时，要依靠其 N
端或 C 端上的一段序列进行介导，该序列称
为膜插入信号。

**08.094 膜泵 membrane pump**
由膜蛋白组成的能量转导体。能帮助某些
物质完成穿膜主动转运，所需自由能来自
ATP 或光照。如人红细胞膜的钠泵即 $Na^+$/
$K^+$-ATP 酶。

**08.095 膜受体 membrane receptor**
能与细胞外信号分子结合并向细胞内效应
系统转导信号的位于细胞膜内或其上的蛋
白质。如胆碱能受体、信号分子（包括激素、
生长因子）等。

**08.096 膜重建 membrane reconstitution**
膜蛋白用去垢剂溶解和从膜骨架移除以后，
为研究其功能而将其重构成同类膜结构的
过程。典型的膜重建就是膜蛋白溶解的简
单逆过程。加入磷脂，清除去垢剂，含有膜
蛋白的可溶性颗粒即可从微团转变成脂双
层。

**08.097 膜蛋白重建 membrane protein reconstitution**
使膜蛋白重组到脂双层膜中研究其生化特
性的一项重要技术。一般用低浓度的温和
去垢剂溶解与纯化膜蛋白，若在移除去垢剂
前将纯化的膜蛋白同磷脂混合，活性蛋白分
子即可插入磷脂形成的脂双层，重建具有功
能的膜蛋白系统。

**08.098 膜毒素 membrane toxin**
一种可以结合于细胞表面并插入质膜，在膜
上建立通道从而引起细胞裂解的蛋白质。

**08.099 穿膜区 membrane-spanning region**
穿膜蛋白多肽链中穿越质膜的区域。多为
α 螺旋构象插在脂双层内部，也有的以 β 折
叠片层构象穿越膜形成筒状结构。

**08.100 膜远侧区 membrane-distal region**
穿膜蛋白在胞质内远离质膜一端的多肽链
结构区域。

**08.101 膜近侧区 membrane-proximal region**
穿膜蛋白在胞质内接近质膜一端的多肽链
结构区域。

**08.102 膜整合锥 membrane-integrated cone**
膜上的锥状整合蛋白。

**08.103 膜骨架蛋白 membrane skeleton protein**
组成细胞膜骨架的蛋白质。在典型的红细
胞膜骨架中，组成的蛋白质主要有血影蛋
白、肌动蛋白、锚蛋白和带 4.1 蛋白等，在其
他细胞的膜骨架中也存在类似的蛋白质。

**08.104 神经元质膜受体 neuronal plasma membrane receptor**
介导神经元间信号传递的内嵌于质膜特定
微结构域内的受体。对于神经元间信号相
应的定位、整合和加工都是至关重要的。

**08.105 成孔蛋白 pore-forming protein**
一类能与靶膜结合，通过破坏膜和改变膜的
通透性侵入细胞而导致胞溶的蛋白质。

**08.106　[膜]孔蛋白　porin**

存在于某些革兰氏阴性细菌外膜上的一类穿膜基质蛋白。其三聚体形成的孔蛋白通道允许分子量小于 600 的水溶性溶质通过。也包括一种真核细胞线粒体的通道蛋白。孔蛋白穿膜部分的肽链呈 β 折叠片层构象，多次穿膜并围成筒状结构。

**08.107　质子泵　proton pump**

能逆浓度梯度转运氢离子通过膜的膜整合糖蛋白。质子泵的驱动依赖于 ATP 水解释放的能量，质子泵在泵出氢离子时造成膜两侧的 pH 梯度和电位梯度。

**08.108　七穿膜域受体　seven transmembrane domain receptor**

一类在其多肽链中包含 7 个跨越脂双层的疏水域的受体蛋白。这种结构上的特征，是一些与 G 蛋白偶联的穿膜受体所普遍具有的。

**08.109　信号序列受体　signal sequence receptor, SSR**

糙面内质网上存在的特异受体。能与分泌性蛋白质氨基末端的信号序列结合，导致合成信号序列的游离核糖体与糙面内质网结合，与此同时，在信号序列周围形成一瞬间穿膜小孔，使新合成的多肽链穿过内质网膜。

**08.110　跨双层螺旋　transbilayer helix**

穿膜蛋白的穿膜结构域具有的一种特定的 α 螺旋结构。β 肾上腺素受体的结构中，就有 7 个这样的结构。

**08.111　穿膜域　transmembrane domain**

穿膜蛋白跨越生物膜部分的结构。由疏水氨基酸或中极两性的氨基酸组成的 α 螺旋结构，但是也有一些是 β 片层结构。对一特定的穿膜蛋白而言，穿膜的次数可以是一次，也可以是多次。

**08.112　穿膜域受体　transmembrane domain receptor**

具有穿膜域结构的受体。多由疏水性氨基酸组成。由含有与配体相互作用的细胞外域、将受体固定在细胞膜上的穿膜域和起传递信号作用的细胞内域三部分构成。

**08.113　穿膜易化物　transmembrane facilitator**

一类穿膜转运蛋白超家族。其成员都是由具有 12 个或 14 个穿膜螺旋区的单条多肽链组成，具有促进小溶质分子穿膜转运的功能。该家族的不同成员，分别以单向转运、同向转运或反向转运的方式负责对不同溶质分子的转运。

**08.114　穿膜螺旋　transmembrane helix**

整合膜蛋白穿膜区的特征结构。一段长约 20 个氨基酸残基组成的 α 螺旋，因为膜脂双层的疏水特点，组成穿膜螺旋的氨基酸都是疏水氨基酸。不同的整合膜蛋白具有的穿膜螺旋数不同，从一个到多个不等。

**08.115　*N*-乙基马来酰亚胺　*N*-ethylmaleimide, NEM**

能与蛋白质中的巯基进行不可逆反应的试剂。是一种膜蛋白酶的抑制剂，能与对其敏感的蛋白质（如 NEM 敏感因子）结合。因此可作为研究转运的抑制剂和巯基酶的抑制剂。

**08.116　膜运输　membrane trafficking**

细胞与环境、细胞与细胞之间和细胞内与膜有关的物质运输。

**08.117　膜转运　membrane transport**

物质以特定的方向从质膜的一侧转移到另一侧的过程。由于有专门的蛋白质的帮助，所以转移的速度比单纯的扩散快。广义的膜转运包括细胞内与膜结构有关的转运。

**08.118　主动转运　active transport**

一种需要能量与载体蛋白的逆浓度梯度的分子穿膜运动。如肠黏膜细胞从糖浓度低的肠腔摄取葡萄糖的过程。

**08.119　协同转运　co-transport**
两种化学物质的协同穿膜运动,该两溶质分子的同时转运是由单个转运蛋白完成的。分为反向转运和同向转运两类。

**08.120　反向转运　antiport**
由同一种膜蛋白将两种不同的离子或分子分别向膜的相反方向转运过程。如通过$Na^+/H^+$反向转运蛋白将$H^+$泌出细胞而使$Na^+$流入、ADP/ATP 转运、$Ca^{2+}/H^+$转运、氯霉素/$H^+$转运和硫胺素/$H^+$转运等。

**08.121　同向转运　symport**
物质穿膜协同运输方式之一。在这种方式的转运中,物质的逆浓度梯度穿膜运输与所依赖的另一物质的顺浓度梯度的穿膜运输两者的运输方向相同。

**08.122　被动转运　passive transport**
离子或小分子在浓度差或电位差的驱动下顺电化学梯度的穿膜运动。

**08.123　被动扩散　passive diffusion**
离子或小分子在浓度差或电位差的驱动下,不需要任何特定的转运介质或载体,而通过膜转运的一种形式。被动扩散不需要直接的能量输入。

**08.124　易化扩散　facilitated diffusion**
又称"促进扩散"。属于被动介导转运,溶质的穿膜转运需要一个或多个载体或转运蛋白参与。它达到的膜两侧平衡分布与单纯扩散一样,但在特异性转运蛋白作用下溶质的穿膜移位不需消耗代谢能量。

**08.125　单纯扩散　simple diffusion**
又称"自由扩散(free diffusion)"。小分子由高浓度区向低浓度区的自行穿膜运输,属于最简单的一种物质运输方式,不需要消耗细胞的代谢能量,也不需要专一的载体。

**08.126　穿胞转运　transcellular transport**
又称"跨胞转运"。穿过细胞将物质运入或运出细胞的转运。如穿过肾小管和胃黏膜的转运。

**08.127　穿膜转运　transmembrane transport**
又称"跨膜转运"。蛋白质以及小分子溶质通过生物膜运输的一种类型,由结合在膜上的转运蛋白将它们直接跨越膜运达细胞不同的拓扑空间。穿膜转运的蛋白质通常是不折叠的。

**08.128　反向转运体　antiporter**
体现反向转运的载体。

**08.129　单向转运　uniport**
同一膜上,一种物质穿膜的转运与另一种物质跨越此膜转运无关的现象。负责单向转运的是一类穿膜转运蛋白。

**08.130　膜转位　membrane translocation**
真核细胞中蛋白质在核糖体上合成后,按照各自特有的分拣标识会运送到各自发挥功能的细胞部位的过程。涉及穿过膜进入细胞核和各种细胞器或整合到膜上。

**08.131　内化　internalization**
细胞通过胞吞将某种外界大分子物质(液体和颗粒)摄入细胞或机体的过程常由受体介导并经历膜融合与分裂等一系列步骤,形成内体和次级溶酶体的过程。

**08.132　膜载体　membrane carrier**
存在生物膜内负责各种溶质分子穿膜转运的载体蛋白。有助于完成促进扩散和主动转运。如线粒体内膜含有一载体家族,参与经氧化磷酸化合成 ATP。其中 ADP/ATP 载体介导 ADP 和 ATP 的转运,磷酸盐载体则介导正磷酸与$H^+$的同向转运。

**08.133　离子载体　ionophore**

在溶液中能与金属离子结合并为其提供跨越天然或人工膜脂质屏障通道的一类天然或合成的物质。可分为笼式运载体和通道运载体两大类。

**08.134　笼式运载体　cage carrier**
金属离子被其包围而转运的载体。

**08.135　通道运载体　channel carrier**
在膜上形成离子引导微孔的载体。

**08.136　膜质子传导　membrane proton conduction**
质子的穿膜转运。影响膜质子传导的重要因素有膜两侧的 $H^+$ 电化学梯度(质子泵的作用)、带负电的质子载体及膜电位与膜阻

抗。

**08.137　翻转　flip-flop**
特指一种分子跨越脂双层膜运动的机制。按此机制,分子以旋转通过双层平面,能从一侧单层转移到另一单层;亦即发生了内外两侧的转移,从脂双层的内层移往外层。

**08.138　内翻外　inside out**
当从再封闭的破裂细胞或其他膜形成囊时,原先朝内侧的膜面转为朝外的现象。是为了便于对脂双层中物质的不对称分布和功能的研究。内翻外的囊泡都是人工制造的,天然囊泡则是正面朝外的。

# 09. 信 号 转 导

**09.001　信号转导　signal transduction**
生物细胞对来自外界的刺激或信号发生反应,并据以调节细胞代谢、增殖、分化、功能活动和凋亡的过程。这个过程对细胞之间的相互作用和机体的和谐统一起重要作用。

**09.002　穿膜信号转导　transmembrane signal transduction**
通过信号分子与其在细胞的各种膜上面的专一性受体结合,引起信号转导级联反应,产生生理响应,使细胞的生长、增殖、发育、分化与死亡得以协调进行的过程。

**09.003　信号转导途径　signal transduction pathway**
信号分子与其在细胞的各种膜结构上面的受体结合以后所引起的一系列有序的酶促级联反应过程。通过这些过程信号逐级传递并且放大,最终达至效应器,并产生各种生理性或者病理性效应。有多种形式的穿膜信号转导途径,G 蛋白偶联的信号转导即是一类重要的细胞穿膜信号转导途径。

**09.004　分叉信号转导途径　bifurcating signal transduction pathway**
上游信号分子受到刺激后引发出不同的下游信号通路,产生不同的生理效应。如磷脂酶 C 被激活后产生两种第二信使:肌醇三磷酸和二酰甘油。前者导致钙离子释放;后者激活蛋白激酶 C 而引发相关效应。

**09.005　第一信使　first messenger**
在细胞外的、能与细胞表面受体结合并将受体激活和引起细胞内信号转导级联反应的信号分子。实际上就是配体。有激动剂和拮抗剂两大类。其化学性质是离子或蛋白质等。

**09.006　第二信使　second messenger**
配体与受体结合后并不进入细胞内,但间接激活细胞内其他可扩散,并能调节调节信号转导蛋白活性的小分子或离子。如钙离子、环腺苷酸、环鸟苷酸、环腺苷二磷酸核糖、二酰甘油、肌醇-1,4,5-三磷酸、花生四烯酸、磷脂神经酰胺、一氧化氮和一氧化碳等。

**09.007　脂质第二信使　lipid second messenger**
细胞内化学性质是脂质的第二信使。包括二酰甘油、肌醇-1,4,5-三磷酸、花生四烯酸、磷脂酸和神经酰胺等。通过受体与细胞外配体结合后其浓度的变化而介导信号转导。

**09.008　第二信使通路　second messenger pathway**
第二信使激发的信号转导通路。包括环腺苷酸和环鸟苷酸通路、二酰甘油与三磷酸肌醇双叉通路、Ras 介导的通路、钙离子通路和气体性信使介导的通路等。

**09.009　第二信号系统　second signal system**
由产生第二信使的系统和各个第二信使通路组成的信号转导系统。对细胞生理活动正常进行发挥重要作用。

**09.010　细胞信号传送　cell signaling**
泛指细胞的各种信号转导过程。

**09.011　由内向外信号传送　inside-out signaling**
从细胞内或细胞核内向细胞外或细胞核外进行信号转导的过程。可影响到细胞外或细胞核外的生理活动。如细胞内其他信号转导通路的预先激活决定了细胞膜上整联蛋白的激活;细胞核内的因子决定了细胞质内的信号转导等。

**09.012　由内向外调节　inside-out regulation**
由细胞内或细胞核内的某些因素对细胞外或细胞核外的信号转导所进行的调节。如由细胞内的因子决定细胞表面受体的激活或由细胞核内因子调节细胞质蛋白进入细胞核等。通过激活细胞膜或核膜上面的受体而介导生理响应的现象。

**09.013　穿膜信号传送　transmembrane signaling**
信号分子通过生物膜受体的转导,信号分子可从细胞外传入细胞或从细胞器外传入细胞器,或实现细胞间通信的过程。

**09.014　串流　cross-talk**
在相互平行的各条信号转导通路之间发生的交流。其机制可以是细胞同时接受多种刺激,而每一种刺激可以同时激活多条信号通路;以及一个信号分子可以介导或参与多条信号通路。

**09.015　信号域　signal domain**
信号转导蛋白中保守的、没有催化作用的结构域。能与一些蛋白质上面的特异肽段或结构域等结合。这种结合起着分子接头的作用,介导信号转导蛋白的聚集和靶向定位等。

**09.016　信号识别颗粒　signal recognition particle, SRP**
一种核糖核酸蛋白复合体。能够识别并结合刚从游离核糖体上合成出来的信号肽,暂时中止新生肽的合成,又能与其在内质网上的受体(即停靠蛋白质)结合而将新生肽转移入内质网腔,防止蛋白水解酶对其损害。

**09.017　信号放大　signal amplification**
信号转导过程所产生的最终靶物质的浓度远远高于输入信号所能达致水平的现象。这是由于输入的信号通过信号转导级联反应被逐级放大,并生成对靶物质的产生起作用的酶或效应物所造成的结果。常见于 G 蛋白介导的信号通路。信号的过度放大可能非常有害,因此细胞通过抑制性受体或诱饵受体等对其进行控制。

**09.018　信号会聚　signal convergence**
不同信号产生相同或者类似生物学效应的现象。这是因为不同的受体可以通过相同的信号分子传递信号,不同的信号也可以通过不同的受体激活相同的信号通路,以及不同的刺激通过各种信号通路而激活相同的转录因子。是细胞对信号整合和整体调控的反映。

**09.019　信号发散　signal divergence**
一种信号产生多种不同生物学效应的现象。这是因为一种信号可以激活多种受体，或者可以激活多条信号转导通路，以及一条信号通路中的成分可以激活另一条信号通路。是细胞内信号通路网络的体现。

**09.020　信号调节蛋白　signal regulatory protein, SIRP**
一组广泛存在于各种细胞表面并含有免疫球蛋白结构域的受体型穿膜糖蛋白。可参与信号转导的调节。人的这个家族至少有15个成员。

**09.021　信号转导及转录激活蛋白　signal transducer and activator of transcription, STAT**
一组含有SH2和/或SH3功能域，具有信号转导和转录因子作用的DNA结合蛋白。其SH2域可与细胞因子受体的磷酸化酪氨酸结合，随后其本身被JAK酪氨酸激酶磷酸化而激活，发生二聚化并转移到细胞核内发挥转录激活作用。

**09.022　信号锚定序列　signal-anchor sequence**
穿膜蛋白中的一种独特的信号序列，其作用是将这些蛋白质锚定在脂双层膜上。有两种类型。Ⅰ型序列介导穿膜蛋白的N端域移位，Ⅱ型则介导其余部分的移位。

**09.023　级联反应　cascade**
通过多次的逐级放大使较弱的输入信号转变为极强的输出信号，导致各种生理响应的过程。

**09.024　分拣　sorting**
受体和配体复合体内化后，将配体留在早期内体，而将膜受体纳入新生的内体小泡并转运回到质膜上，实现受体的再循环的过程。

是受体介导胞吞过程中的一个环节。生物大分子在细胞内的转运过程也是一种分拣。

**09.025　分拣信号　sorting signal**
在细胞内被转运的蛋白质上面的特异序列。分散在分子内时称"信号斑（signal patch）"。接受这些蛋白质的细胞内区室的膜上有能识别这些信号序列的受体。

**09.026　G蛋白　G-protein**
全称"GTP结合蛋白质（GTP binding protein）"。又称"鸟嘌呤核苷酸结合蛋白质（guanine nucleotide binding protein）"。具有GTP酶活性，在细胞信号通路中起信号转换器或分子开关作用的蛋白质。有三聚体G蛋白、低分子量的单体小G蛋白和高分子量的其他G蛋白三类。

**09.027　G蛋白偶联受体　G-protein coupled receptor**
一种与三聚体G蛋白偶联的细胞表面受体。含有7个穿膜区，是迄今发现的最大的受体超家族，其成员有1000多个。与配体结合后通过激活所偶联的G蛋白，启动不同的信号转导通路并导致各种生物效应。

**09.028　鸟嘌呤核苷酸交换因子　guanine nucleotide exchange factor, GEF**
通过调节G蛋白的GDP/GTP交换，从而使它们在有活性形式与无活性形式之间发生转化的一类调节蛋白。

**09.029　鸟嘌呤核苷酸解离抑制蛋白　guanine nucleotide dissociation inhibitor, GDI**
一种对G蛋白的活性起负调节作用的蛋白质。抑制G蛋白释放GDP和与GTP结合，使G蛋白维持在无活性的状态。

**09.030　归巢受体　homing receptor**
淋巴细胞表面的一种受体，通过识别内皮细胞表面的反受体——地址素而介导外周血循环中的淋巴细胞选择性地回到其最初接受抗原刺激时的淋巴组织。对淋巴细胞捕捉抗原和执行免疫监视功能以及提高免疫系统工作效率起重要作用。

**09.031　体液因子　humoral factor**

泛指生物体液中的活性因子。包括激素、神经递质和神经肽、细胞因子以及局部化学介质等，是生物体内最主要的化学信号。

**09.032　抑制性细胞表面受体　inhibitory cell surface receptor**

与配体结合后对信号转导起着负调节作用的细胞表面受体。广泛存在于免疫细胞和各种组织细胞的表面，有抑制细胞增殖的作用。

**09.033　胰岛素受体底物 1　insulin receptor substrate-1，IRS-1**

可以与胰岛素受体结合并参与胰岛素以及其他细胞因子介导的信号转导的蛋白质。常常被磷酸化修饰。广泛存在于哺乳动物中。在胚胎发育、出生后身体发育、生殖和葡萄糖自稳态等效应中起着独特的作用。

**09.034　细胞表面受体　cell surface receptor**

细胞表面的生物大分子。一般是膜蛋白，有些是糖脂。能识别并结合特异性配体，介导细胞之间的黏附或将配体传递的信号转变为细胞的生理性或病理性反应。

**09.035　运货受体　cargo receptor**

具有分子转运和分拣功能的受体。如运送营养物质的脂蛋白受体、运铁蛋白受体；清除衰老、凋亡或坏死细胞和修饰蛋白质的清道夫受体；参与细胞内物质转运（如从内质网转运到高尔基体）的受体等。

**09.036　细胞黏附受体　cell adhesion receptor**

细胞表面的糖蛋白。介导细胞之间或细胞与基质之间的黏附与相互作用，并能转导信号。在调节基因表达和细胞生长、构成细胞骨架、细胞周期和细胞凋亡中都起重要作用。

**09.037　协同受体　co-receptor**

能够协助受体与其配体特异结合并引起生物效应的膜蛋白。如帮助辅助 T 淋巴细胞与抗原提呈细胞黏附的 CD4 等。

**09.038　反受体　counter receptor**

细胞表面的受体介导细胞之间的相互作用，一个细胞表面的受体可能是另一个细胞表面受体的配体，这时前者被称为后者的反受体。

**09.039　死亡受体　death receptor**

可以传递细胞凋亡信号的受体。属于肿瘤坏死因子受体超家族。与其配体结合而接受死亡信号，并激活诱导细胞凋亡的信号通路。

**09.040　诱饵受体　decoy receptor**

能与特异性配体结合但是不能转导相应信号的受体。如Ⅱ型白介素-1 受体。诱饵受体对信号转导起负调节的作用。能钝化配体的功能，防止组织因配体的过度刺激而受到伤害。

**09.041　细胞内受体　intracellular receptor**

位于细胞质或细胞核内能够与特异性配体结合的受体。其配体包括亲脂素和活化的蛋白激酶 C（PKC）等信号分子。实际上它们都是配体依赖性的转录因子。

**09.042　离子通道型受体　ionotropic receptor**

又称"配体门控受体（ligand-gated receptor）"，"配体门控离子通道（ligand-gated ion channel）"。贯穿细胞膜或内质网膜的具有离子通道功能的亲水性蛋白质。在与相应的配体结合后可介导速度很快的信号转导过程，使离子通过。

**09.043　电压门控离子通道　voltage-gated ion channel**

在细胞膜或内质网膜上形成贯穿脂双层膜的亲水性孔道的穿膜蛋白质。广泛分布在各类可兴奋细胞的细胞膜上，对膜电位变化敏感并随之而开启，是神经元等细胞转导电信号的基础。按照最容易通过的离子而被命名为钠通道、钾通道等。

**09.044　递质门控离子通道**　transmitter-gated ion channel

神经和肌细胞的突触质膜上的离子通道。仅在对特定的细胞外神经递质的结合反应中打开，具有将化学信号转变为电信号的功能。能使突触后质膜的通透性发生改变，从而引起膜电位改变，促使神经冲动传递下去。

**09.045　机械力敏感通道**　mechanosensitive channel

介导细胞对机械力刺激（如对细胞膜受到的压力）做出反应的离子通道。能够将机械力转化为电及化学信号。此类离子通道可以分为多个家族，广泛见于各种生物。

**09.046　代谢型受体**　metabotropic receptor

一类本身不是离子通道，但可以通过第二信使间接影响离子通道活性的受体。常特指代谢型神经递质受体，特别是代谢型谷氨酸受体。它们与 G 蛋白偶联，在被激活后通过各种不同的 G 蛋白调节酶和离子通道等效应分子而产生多种比较缓慢而持续的生理反应。

**09.047　核受体**　nuclear receptor

一类可扩散并可与特异性配体结合的细胞内信号蛋白。存在于细胞质或细胞核内。常特指类固醇激素、甲状腺激素、视黄酸和维生素 $D_3$ 等疏水性小信号分子的受体。它们实际上是配体依赖性转录调节因子，与配体结合后可以在细胞核内调节基因表达而使配体发挥作用。

**09.048　孤儿受体**　orphan receptor

在结构上与受体非常类似，但没有或未发现其特异性配体的受体样分子。常见于核受体家族，可能作为组成性转录因子而参与激素的生物学作用。

**09.049　受体超家族**　receptor superfamily

具有相似的结构或者具有相似的信号转导模式的某一类型受体的集合体。按照其中各个成员结构相似程度又可以将其分成不同的亚家族。

**09.050　类视黄醇 X 受体**　retinoid X receptor, RXR

以 9-顺式视黄酸为配体的非类固醇激素受体。是配体依赖性转录因子。在非类固醇激素受体与孤儿受体形成异源二聚体并引起激素作用的多样性中起关键性的作用。

**09.051　清道夫受体**　scavenger receptor

多见于巨噬细胞表面的一种受体。它们以化学修饰的蛋白质、多核苷酸、多糖和磷脂等为配体并可促进其胞吞作用，起着清除体内有毒物质和衰老、凋亡或坏死细胞的作用。

**09.052　分泌型受体**　secreted receptor

又称"可溶性受体（soluble receptor）"。游离存在于细胞外液中的膜受体的胞外域。没有穿膜域，不能锚定在膜上；它没有细胞内域，不能转导信号，但能与配体结合而发挥各种特殊的作用。

**09.053　5-羟色胺受体**　serotonin receptor

以 5-羟色胺为配体的受体。有十几种亚型，其中大多数与不同的 G 蛋白偶联，少数与离子通道型受体偶联。是一个配体可以通过不同的受体亚型启动不同的信号通路，并引发不同生理反应的典型例子。

**09.054　受体介导的调节作用**　receptor-mediated control

泛指通过受体介导而发生的调节作用。如

受体介导的神经递质释放、受体介导的组胺能神经元中γ氨基丁酸能的抑制作用、受体介导的钙调节、受体介导的胞吞和胞吞基因转录等。

**09.055　受体介导的胞吞　receptor-mediated endocytosis**

细胞外的生物大分子(包括病毒、毒素等)选择性地与受体结合后经胞吞作用而进入细胞的过程。是受体-配体复合体得以解离，和某些受体的再利用所必需的过程。既是细胞高效率、高选择性和快速摄取胞外亲水分子的重要方法，也是穿越细胞膜运送物质的方式之一。

**09.056　受体介导的胞饮　receptor-mediated pinocytosis**

通过受体介导将特殊的、比较小的溶质有选择性的连续地摄入细胞内的过程。是穿越细胞膜运送物质的方式之一。

**09.057　束缚配体　tethered ligand**

被受体掩遮的配体。如凝血酶受体的真正配体是在受体内部。当表观配体——凝血酶与受体结合时就将受体降解，而被暴露出来束缚配体就将受体激活并发挥生理作用。

**09.058　自诱导物　autoinducer**

可诱导自身或相关分子激活的生物分子。有时特指革兰氏阴性菌产生的一种能自由扩散的小信号分子(即信息素)。在细菌对环境、生理和代谢条件产生响应时起重要作用。如细菌依据信息素的细胞外浓度而调节其群体的密度。

**09.059　自诱导　autoinduction**

一种生物分子诱导自身或相关分子激活的现象。有时特指革兰氏阴性菌根据细胞群体密度而调节基因表达的一种机制，可通过自诱导物与特定转录激活蛋白的结合而实现。

**09.060　自磷酸化　autophosphorylation**

蛋白激酶催化其自身磷酸化的现象。在配体与具有内在蛋白激酶活性的受体结合时发生的这种作用能使受体二聚化。自磷酸化在细胞因子介导胞内信号转导及其发挥生物活性中起重要作用。

**09.061　自调节　autoregulation**

生物分子调节其自身的活性或表达的现象。如某一个转录因子的基因受该基因产物的调节。通过这种作用，一个刺激在小范围内产生的信号的影响可以维持很久，并产生很大的生理作用。

**09.062　细胞表面识别　cell surface recognition**

细胞之间通过其表面各种分子的相互作用和相互识别的过程。识别位点一般是糖蛋白，相互识别的细胞表面都有这种糖蛋白的受体以介导此过程。在细胞黏附、增殖和移动等过程中起重要作用。

**09.063　胞质尾区　cytoplasmic tail**

穿膜蛋白位于细胞质内的区段。受体的胞质尾区常常可作为细胞内激酶的底物，在信号转导中起重要作用。

**09.064　胞外域　ectodomain**

一般指膜蛋白位于细胞外的区段。在信号转导过程中常常被细胞表面的内肽酶水解而掉下来，具有调节信号通路的作用。

**09.065　胞外域脱落　ectodomain shedding**

细胞表面的内肽酶将穿膜蛋白的胞外域水解下来的现象。是细胞响应外来刺激时下调表面受体或黏附分子数量的一种方式，具有调节信号转导的作用。多见于发炎、细胞降解、凋亡和癌变等病理过程。

**09.066　近膜域　juxtamembrane domain**

穿膜蛋白位于细胞内靠近质膜一侧的结构域。因配体诱导的胞吞作用而内化的受体的这个区域常含有与内化有关的序列,可影响受体的活性。

**09.067　内体　endosome**

又称"纳入体(receptosome)"。来源于原生质膜的一种细胞器,带有胞吞摄入物并可将其中一部分传递给溶酶体。其中常带有受体和配体的复合体。内体中的酸性环境有利于受体和配体复合体的解离。

**09.068　NFκB 抑制蛋白　inhibitor-κ binding protein**

简称"IκB 蛋白"。一组能够抑制核因子 κB (NFκB)的转录因子活性的蛋白质。在细胞质内与 NFκB 结合而阻止其进入细胞核。IκB 被磷酸化后就被蛋白酶降解,使 NFκB 得以释放并进入细胞核发挥转录激活作用。

**09.069　配体诱导二聚化　ligand-induced dimerization**

配体与受体结合后引起受体分子因发生二聚化而被激活的现象。是许多受体,特别是蛋白酪氨酸激酶型受体被激活并介导信号转导作用的一个共同机制。受体的胞内域对此起重要作用。

**09.070　机械力转导　mechanotransduction**

细胞在接受包括摩擦力、压力、牵引力、重力和剪切力等机械力刺激时,将这些刺激信号的机械能转化为电信号或生物化学信号并最终引起细胞生理反应的过程。

**09.071　佛波醇　phorbol**

又称"大戟二萜醇"。从巴豆油中提取的多环化合物,是巴豆油的重要有效成分。其酯是肿瘤促进因子。

**09.072　佛波酯　phorbol ester**

又称"大戟二萜醇酯"。十四烷酸和佛波醇形成的酯。能激活导致细胞增殖或分化的信号通路而具有促进细胞癌变的作用,其中活性最高的是 12-邻-14-烷酰佛波醇-13-乙酸酯(TPA 或 PMA)。

**09.073　佛波酯应答元件　phorbol ester response element**

可以对佛波酯做出应答并激活特殊基因表达的顺式调节序列。见于受到佛波酯诱导的原癌基因的上游。这些序列与血清应答元件类似,但是其具体组成却因其所结合的因子和所调节的基因的功能不同而异。

**09.074　调节回路　regulatory circuit**

在一个复杂系统中,因各个组分相互作用而产生的通路。在免疫应答中特别重要,即淋巴细胞被激活后可以产生某些细胞因子,后者则启动或加强免疫系统的感受信号。

**09.075　SH2 域　Src homology 2 domain, SH2 domain**

信号转导蛋白等蛋白质的胞质部分的信号域中的一段序列。最初在与 Src 癌基因家族产物同源的受体酪氨酸激酶中发现,但是因其与 SH1 催化域不同而被命名为 SH2 域。可以与磷酸化酪氨酸结合,主要介导蛋白质之间的相互作用。参与形成信号复合体和组成信号转导链。

**09.076　SH3 域　Src homology 3 domain, SH3 domain**

见于蛋白酪氨酸激酶(PTK)及其相关信号转导蛋白等的胞质部分的信号域中的一段序列。因为与 Src 家族酪氨酸激酶有同源序列,却与其催化域 SH1 不同而命名为 SH3 域。它可以与脯氨酸丰富区结合。主要介导蛋白质之间的相互作用,是生成信号复合体和组成信号转导链的一种接头结构。

**09.077　转导蛋白　transducin**

一种以光为配体的三聚体 G 蛋白。在眼睛的光感受细胞中与视紫红质偶联,后者被光激活后就将转导蛋白激活,继而激活环鸟苷酸特异性的磷酸二酯酶并将视觉信号逐级放大,最终将光信号转变为神经信号,导致视觉反应。

**09.078 细胞靶向** cell targeting
将蛋白质和核酸等特定分子送入特定细胞，或通过特定技术使特定细胞失去某种生物活性的过程。在科学研究和疾病治疗中有重要意义。可以利用细胞表面的特殊蛋白质、病毒对不同细胞的亲和力以及基因表达调节元件等来于实现细胞靶向。

**09.079 显性活性突变体** dominant active mutant
只有单个基因拷贝也可表现出全部活性的突变体。在信号转导领域中指本身获得或者增强了信号转导功能并使相关信号转导通路得到组成性激活的信号转导蛋白突变体。

**09.080 显性失活突变体** dominant inactive mutant
又称"显性负突变体(dominant negative mutant)"。只有单个基因拷贝即可导致野生型基因产物失去活性的突变体。在信号转导领域中指本身失去转导信号功能，而且同时能使野生型蛋白也失去活性的信号转导蛋白突变体。可导致相关信号通路的组成性阻断。

**09.081 凝集素吞噬** lectinophagocytosis
吞噬细胞不依赖于免疫反应而黏附和吞噬病原体的现象。有两种情况，一种是病原体凝集素与吞噬细胞凝集素受体结合；另一种是吞噬细胞凝集素与病原体凝集素受体结合。

**09.082 配体提呈** ligand presentation
通过细胞表面的分子与特异性配体结合而使配体浓缩富集，然后提呈给同一细胞或其他细胞上受体的现象。如在脂代谢中蛋白聚糖提呈脂蛋白相关蛋白的配体载脂蛋白E等。

**09.083 配体结合口袋** ligand-binding pocket
受体的配体结合域中的疏水氨基酸残基通过疏水相互作用所形成的一种口袋形结构。其形状与配体的互补性越大，则受体与配体的亲和力也就越大。

**09.084 配体诱导胞吞** ligand-induced endocytosis
配体与膜受体结合后引起配体-受体复合体被胞吞的现象。其结果可以导致细胞表面受体数量及信号猝灭。是受体-配体复合体解离和某些受体的再循环所必须，也是细胞高效、高选择性和快速摄取胞外亲水分子的唯一手段。

**09.085 配体诱导内化** ligand-induced internalization
配体和膜受体的复合体通过胞吞作用进入细胞并在溶酶体中都被降解，使细胞表面受体数量减少的现象。内化使信号猝灭。但是有的受体在内化后并不降解，而且还能传递信号或迅速再循环而回到细胞表面。

**09.086 配体-配体相互作用** ligand-ligand interaction
泛指不同配体之间的相互作用。如受体上有多个配体结合位点时，一个配体与受体的结合可能影响另一个配体与受体的结合。

**09.087 脱敏** desensitization
细胞或者生物体对持续的，而且强度不变的刺激所产生的响应在一定时间内减弱的现象。

**09.088 致敏** priming
以不足以使生物系统产生反应的少量刺激物作用于该系统，却能使其对特定的刺激物产生更为强大的生理响应的现象。如小剂量的脂质炎症因子提高炎细胞对炎症介质的敏感性，从而增强了炎性细胞的浸润和吞噬等功能。

**09.089　复敏　resensitization**
细胞或者生物体从脱敏中恢复过来,增强对激动剂的敏感性和反应性的现象。机制不明。对因受体磷酸化引起的短期脱敏来说,受体的脱磷酸可能造成复敏。

**09.090　岗哨细胞　sentinel cell**
一种起报警器作用的细胞。如成纤维细胞在被病原体感染,或被组织损伤后产生的产物激活,都能合成和释放趋化因子,将白细胞召集到炎症部位,导致炎症和修复反应。这时的成纤维细胞就是岗哨细胞。

**09.091　胞吞转运　transcytosis**
通过转运小泡把生物大分子从细胞的一侧运送到另一侧的过程。是细胞分拣途径之一。实际上是一种有明显极性的胞吞和胞吐,即受体和配体复合体从细胞一端胞吞,从另一端胞吐。有时这个过程很快,使配体在转运时不会被蛋白酶水解。

**09.092　光转导　phototransduction**
将光能转变为电信号的生物化学过程。光刺激被光感受器细胞的受体接受后,通过与受体偶联的 G 蛋白激活视紫红质,后者则捕获光子并将其转变为电信号,最终产生视觉。是视觉信号转导系统的重要组成部分。

# 10. 激素与维生素

**10.001　激素　hormone**
由生物体特定细胞分泌的一类调节性物质。通过与受体结合而起作用:①处理激素之间以及激素与神经系统、血流、血压以及其他因素之间的相互关系;②控制各种组织生长类型和速率的形态形成;③维持细胞内环境恒定。

**10.002　同工激素　isohormone**
两种或多种不同形式的同种激素中的一种。

**10.003　激素缀合物　hormone conjugate**
激素分子与另一种分子的共价或非共价键的结合物。如类固醇激素与葡糖醛酸或硫酸的结合物,和以这种方式排泄的类固醇激素降解物的结合物。

**10.004　抗激素　antihormone**
(1)激素的抗体。(2)降低或中和激素作用的物质,激素的拮抗剂。

**10.005　激素核受体　hormone nuclear receptor**
细胞核内激素作用的靶分子。多为反式作用因子,当与相应的激素结合后,能与 DNA 的顺式作用元件结合,调节基因转录。

**10.006　激素受体　hormone receptor**
细胞膜上或细胞内激素作用的靶分子,能特异地识别激素分子并与之结合,进而引起生物效应的特殊蛋白质。

**10.007　激素原　hormonogen**
无活性的蛋白质类激素前体,是各类激素前体的统称。如胰岛素原是胰岛素的无活性前体。

**10.008　激素应答元件　hormone response element, HRE**
被细胞核激素受体超家族成员特异地识别和结合的 DNA 序列。受体与其作用后可激活或抑制基因的表达。

**10.009　激素信号传送　hormone signaling**
激素和神经递质等传递信号的激活或抑制过程。是通过受体/酶与第二信使系统或离子通道的偶联而介导。在激活细胞功能、细胞分化、增殖和不同信号转导通路之间的协调中起重要作用。

**10.010　激素生成　hormonogenesis**

由生物体特定细胞的基因编码直接合成。或是先合成激素原再经酶促分解成为有活性的激素。

**10.011　激素缺乏症　hormonoprivia**
体内由于激素缺乏所造成的相应病症。可由于相关腺体破坏，或内分泌腺体以外的组织破坏，引起激素生物合成的障碍或特异性缺陷，某些影响激素降解或敏感性的因子可加重激素功能低下的情况。

**10.012　激素过多症　hormonosis**
体内由于外源或内源性原因导致激素过多所造成的相应病症。可由于内分泌腺功能亢进，腺体组织增生，或自身免疫刺激所引起。某些肿瘤可产生异位激素，形成激素过多症。

**10.013　内分泌功能亢进　hypercrine**
由于内分泌腺增生或形成肿瘤，使激素的合成及分泌量增多，也可因肝功能障碍使激素降解、破坏及排泄速度减慢，导致某些激素在体内的蓄积量增多的现象。表现为功能亢进。

**10.014　动物激素　animal hormone**
动物的某些器官、组织或细胞所产生的一类微量但高效的调节代谢的化学物质。

**10.015　类固醇激素　steroid hormone**
一类脂溶性激素，其结构的基本核是由三个六元环及一个五元环并合生成的环戊烷多氢菲。包括雄激素、雌激素和肾上腺皮质素。

**10.016　17-羟皮质类固醇　17-hydroxycorticosteroid**
17-位羟化的皮质类固醇。可加强调节糖代谢的作用。

**10.017　皮质类固醇　corticosteroid**
由肾上腺皮质产生的类固醇。许多是激素类，如糖皮质类固醇、盐皮质类固醇和性激素等。

**10.018　肾上腺皮质[激]素　adrenal cortical hormone，corticoid**
简称"皮质素(cortin)"。由肾上腺皮质分泌的一组类固醇激素。主要包括糖皮质素和盐皮质素，以及少量的性激素。

**10.019　糖皮质[激]素　glucocorticoid，glucocorticosteroid**
由肾上腺皮质分泌的含21个碳原子的类固醇激素。包括皮质醇、可的松和皮质酮。促进蛋白质分解，使生成的氨基酸进行糖异生作用，动用脂肪以及使酮体增加。还有抗过敏和抗炎症作用。

**10.020　皮质酮　corticosterone**
学名：$11\beta$,21-二羟基孕烯-3,20-二酮。从孕酮生物合成而得到的一种糖皮质素。存在于人类肾上腺皮质分泌物中。多种哺乳动物分泌皮质酮和皮质醇两者的混合物。

**10.021　可的松　cortisone**
学名：11-脱氢-17-羟皮质酮。由皮质醇分子C-11上的羟基氧化为酮基而得的一种糖皮质素。给药后在体内转变为皮质醇而发挥其强抗炎性。

**10.022　氢化可的松　hydrocortisone**
又称"皮质醇(cortisol)"。学名：$11\beta$,$17\alpha$,21-三羟孕烯-3,20-二酮。人类的主要糖皮质素，由黄体酮转变而成。在血液中与皮质素运载蛋白结合，有强的抗炎活性。能促进肝糖原分解、糖原异生、调节微循环和维持血压。

**10.023　盐皮质[激]素　mineralocorticoid**
肾上腺皮质分泌的由21个碳原子组成的皮质类固醇激素。如脱氧皮质酮和醛固酮，通过刺激钠的潴留和钾的排泄在水-电解质代谢中发挥作用。

**10.024　醛固酮　aldosterone**

由肾上腺皮质球状带细胞合成和分泌的一种盐皮质素。主要作用于肾脏远曲小管和肾皮质集合管,增加对钠离子的重吸收和促进钾离子的排泄,也作用于髓质集合管,促进氢离子的排泄,酸化尿液。

**10.025　脱氧皮质酮　deoxycorticosterone, DOC**

全称"11-脱氧皮质酮"。促进肾小管对钠离子的重吸收和排钾离子的作用,从而维持血浆中钠、钾离子适当浓度的一种盐皮质素。

**10.026　脱氧皮质醇　deoxycortisol**

由 17-羟孕酮生成,是氢化可的松和可的松生物合成的前体。

**10.027　性激素　sex hormone, gonadal hormone**

主要由性腺分泌、负责第二性征的发育和副生殖器官发育的一类激素。如雄激素、雌激素及孕激素。

**10.028　17-酮类固醇　17-ketosteroid**

类固醇激素的降解产物。主要有雄固酮、脱氢异雄固酮和还原睾酮。由尿排出,并作为体内雄激素生成的指标。

**10.029　雄激素　androgen**

十九碳类固醇激素,是脊椎动物的雄性性激素的通称。天然存在的主要雄激素是二氢睾酮、睾酮和雄酮。在哺乳动物中主要由睾丸产生,能促进雄性器官的生长、精子发生和决定雄性第二性征的发育。

**10.030　睾丸雄激素　andrin**

睾丸分泌的雄激素。包括睾酮、雄固酮和脱氢雄固酮。

**10.031　睾酮　testosterone**

由睾丸分泌的一种类固醇激素。是人体内主要的雄激素,与男性第二性征的发育有关。睾酮作为一种激素原,在芳香化酶的作用下可转变为 17 β-雌二醇。

**10.032　双氢睾酮　dihydrotestosterone, DHT**

有活性的雄激素,由睾酮在其靶组织中经 5-α 还原酶催化的产物。可与特殊受体结合形成复合物进入细胞,再与核受体连接并与染色质结合,进而影响 RNA 及 DNA 的合成。

**10.033　丙酸睾丸素　androlin**

学名:17β-羟基-4-雄固烯-3-酮-17-丙酸酯。不溶于水,为奏效迅速而效力较强的一种雄激素。

**10.034　本胆烷醇酮　aetiocholanolone**

睾酮的分解代谢产物。80% 在肝脏内酶解,前列腺也参与部分转变。其代谢物由尿中排泄。

**10.035　雄固烷　androstane**

雄激素的母环系统,含有胆固醇的全部环结构和 C-18、C-19 上的甲基,但在 C-1 上无侧链。一切雄性固醇类激素都由此产生。

**10.036　雄烯二酮　androstenedione**

又称"肾上腺雄酮"。学名:$\Delta^4$-雄烯-3,17-二酮。由孕酮经雄酮生物合成睾酮的中间物。其生物活性较睾酮弱。在体内亦可转化为雌酮,最后以更极性的化合物——17-酮类固醇的形式由尿中排泄。

**10.037　雄酮　androsterone**

学名:3α-羟基-5α-雄固烷-17-酮。睾酮和雄烯二酮的主要代谢物,属于酮固醇类。其雄激素活性比睾酮低得多。在男性和女性的血浆和尿中都可检测到。

**10.038　脱氢表雄酮　dehydroepiandrosterone, DHEA**

肾上腺皮质中的主要雄激素,是睾酮生物合成过程的中间产物。可在尿中分离得到。主要作用于肌肉、毛发及第二性征,促进蛋白质的合成和骨骼肌的发育。

**10.039　雌激素　estrogen, estrin, oestrogen**

由脊椎动物的卵巢、睾丸、胎盘或肾上腺皮

质所产生的十八碳固醇类激素。绝大部分哺乳动物的主要雌激素是 17β-雌二醇,其他重要的雌激素有雌三醇和雌酮。

**10.040　雌二醇　estradiol**

卵巢分泌的类固醇激素。是主要的雌性激素,负责调节女性特征、附属性器官的成熟和月经-排卵周期,促进乳腺导管系统的产生。

**10.041　雌三醇　estriol**

雌二醇和雌酮的代谢产物。在雌酮、雌二醇、雌三醇中,以雌三醇的活性最弱。存在于尿中,在怀孕期尿中含量更高。

**10.042　雌酮　estrone**

由卵巢分泌的一种主要的雌激素,是雌二醇的氧化产物。其生物学作用弱于雌二醇,而强于雌三醇。

**10.043　雌烷　estrane**

雌激素类固醇化合物母烃的名称,含有类固醇的环结构系统,除 C、D 环交界处的甲基外,无其他侧链。

**10.044　孕激素　progestogen, gestagen**

维持妊娠所需要的二十一碳类固醇激素。包括天然的和人工合成的化合物,最主要的激素为孕酮。

**10.045　孕固烷　pregnane**

黄体酮、盐皮质素及糖皮质素的母环系统。含有 21 个碳原子,有 4 个环,其中 3 个为六元环,1 个为五元环,C-18 和 C-19 上分别有一个甲基。

**10.046　孕二醇　pregnanediol**

学名:5β-孕固烷-3α,20α-二醇。孕酮的主要分解代谢产物,以游离形式或以葡糖醛酸酯形式出现于孕妇尿中。

**10.047　孕烷二酮　pregnanedione**

孕二醇的氧化产物。孕酮的主要代谢物。

**10.048　孕烯醇酮　pregnenolone**

学名:3-羟基孕固烯-20-酮,类固醇激素的前体。在生物合成过程中,胆固醇经碳链酶的催化作用,除去 C-20 和 C-22 之间的侧链成为孕烯醇酮。

**10.049　孕酮　progesterone**

又称“黄体酮”。维持妊娠所需的主要雌激素,含 21 个碳原子的类固醇,大部分是由黄体分泌。是绝大多数固醇类激素合成的中间体。在月经周期中装备子宫内膜以便受精卵植入;在孕娠期中维持胚胎的正常发育。

**10.050　乙炔睾酮　aethisteron**

又称“炔诺酮”。半合成的孕激素,是孕酮和睾酮二者的衍生物。

**10.051　乙蔗酚　diethylstilbestrol, DES**

又称“二乙基己烯雌酚”。4,4′-二羟蔗(己烯雌酚)的二乙基衍生物。具高雌激素活性。

**10.052　反类固酮　retrosterone**

一种合成的类固酮。在第 9 位和第 10 位碳原子上具有与孕酮立体化学取向相反的结构。

**10.053　黄体制剂　progestin**

天然的和人工合成的具有孕酮样活性的物质。

**10.054　蜕皮素　ecdysone**

类固醇激素家族中的一类成员。存在于昆虫类、甲壳类动物和某些植物中。能刺激昆虫幼虫蜕皮、成蛹及孵化。某些植物中存在植物蜕皮素,其功能与抗害虫有关。

**10.055　蜕皮类固醇激素　ecdysteroid hormone**

又称“20-羟蜕皮激素”。低等真核生物中的类固醇激素的类似物。调节蜕皮周期,并参与生殖等过程。

**10.056　化蛹激素　pupation hormone**
引起昆虫滞育或成蛹的类固醇激素。与蜕皮素相同或类似的化合物,如 20-羟基蜕皮固酮的类似物。

**10.057　趋化性激素　chemotactic hormone**
具有趋化效应的激素。如能使变形虫和黏菌聚集的固醇类激素。

**10.058　促生长素　somatotropin, growth hormone, GH**
又称"生长激素"。由垂体前叶分泌的蛋白质类激素。刺激肝脏产生生长调节素,进而促进肌肉与骨骼的生长,脂肪细胞、肌肉及软骨细胞的分化。

**10.059　生长调节肽　somatomedin, SOM**
又称"生长调节素","生长素介质"。一组低分子量多肽,在促生长素作用下,由肝脏和/或肾脏释放。参与促生长素对骨骼组织的作用,可引起软骨摄取硫酸盐,在靶组织中产生类胰岛素的效应。其中数种生长调节肽也是胰岛素样生长因子。

**10.060　促肾上腺皮质[激]素　corticotropin, adrenocorticotropic hormone, ACTH**
简称"促皮质素"。由脑下垂体前叶分泌的三十九肽,刺激肾上腺皮质的分泌,诱导肾上腺皮质的生长。

**10.061　促甲状腺[激]素　thyrotropin, thyroid stimulating hormone, TSH**
一种由垂体前叶分泌的蛋白质类激素。刺激甲状腺激素的合成和甲状腺素的释放。

**10.062　促性腺[激]素　gonadotropin, gonadotropic hormone, GTH**
由脑下垂体后叶、胎盘、子宫内膜分泌的刺激性腺的一类激素。包括促卵泡激素、促黄体素、人绝经促性腺素、催乳素、人绒毛膜促性腺素等。

**10.063　促黄体素　lutropin, LH**
垂体前叶所分泌的蛋白质促性腺激素。刺激卵巢卵泡的最后成熟和破裂,以及黄体分泌孕酮,在男性还可刺激睾丸产生睾酮。

**10.064　促卵泡[激]素　follitropin, follicle stimulating hormone, FSH**
又称"促滤泡素"。由垂体前叶分泌的促性腺激素。刺激卵泡生长、分泌雌二醇及睾丸生成精子。

**10.065　人绒毛膜促性腺素　human chorionic gonadotropin, HCG**
具有类似促黄体素生物学效能的促性腺激素。

**10.066　催乳素　prolactin, galactin, lactogen**
又称"促乳素"。脑垂体前叶分泌的一种蛋白质激素。是哺乳动物开始生乳所必需的激素。促进乳汁分泌,也可刺激黄体分泌孕酮。其结构与促生长素相近。

**10.067　绒毛膜生长催乳素　chorionic somatomammotropin, choriomammotropin, placental lactogen**
胎盘产生的多肽激素。其氨基酸序列几乎与促生长素完全相同,具催乳活性和促生长活性。

**10.068　人绝经促性腺素　human menopausal gonadotropin, HMG**
垂体前叶产生的一种糖蛋白。在绝经期其产量增加,具有促卵泡激素活性及促黄体激素活性。

**10.069　绒毛膜促性腺素　chorionic gonadotropin**
胎盘产生的具有类似促黄体素生物功能的促性腺激素。

**10.070　绒毛膜促甲状腺素　chorionic thyrotropin**
人胎盘分泌的一种糖蛋白,由 α 和 β 两个亚基组成,其 α 亚基与促甲状腺素、促黄体素、促卵泡激素等的 α 亚基相同。对胎儿和母体的甲状腺有刺激作用。

**10.071 促性腺素释放[激]素** gonado-
liberin, gonadotropin releasing hor-
mone, GnRH

作用于垂体刺激促黄体素和促卵泡激素产生的多肽类激素。共有序列为十肽。

**10.072 促卵泡激素抑释素** follistatin

脑垂体细胞分泌的一种糖蛋白。可与促卵泡激素释放素/红细胞分化因子发生特异结合,抑制脑垂体分泌促卵泡激素。

**10.073 雄配素** androgamone

存在于精子内的可帮助受精的物质。雄配素Ⅰ在射精前负责保持精子活力;雄配素Ⅱ协助精子穿入卵细胞。

**10.074 促配子成熟激素** menotropin

从绝经期后的人尿中提取出的激素。含有卵泡刺激素和黄体生成素,能刺激卵泡生成和成熟,也可刺激睾丸间质细胞产生睾酮。

**10.075 雄激素结合蛋白质** androgen bind-
ing protein, ABP

睾丸细胞在促卵泡激素作用下分泌的一种蛋白质。能与雄激素结合和使局部的睾酮浓度升高。

**10.076 促黑[细胞激]素** melanocortin,
melonotropin, melanocyte stimulating
hormone, MSH

由脑下垂体产生的阿片促黑皮质素原,经特异蛋白酶解形成的两种肽类激素之一。α促黑素含阿片样肽促黑素促皮质素原(POMC)的第 1 ~ 13 个残基,β 促黑素含POMC 的第 84 ~ 101 个残基,能刺激动物细胞中黑色素的产生。γ 促黑素实际上是具促黑素活性的 γ 促脂解激素,含 POMC 的第 42 ~ 101 个残基。

**10.077 黑素浓集激素** melanin concentra-
ting hormone, MCH

存在于脊椎动物脑垂体及周边组织包括色素系统中的一种神经肽,是 α 促黑素的拮抗剂。这一对拮抗剂通过促黄体素的释放,影响饮食行为,精神上的易怒、焦虑和生殖功能。

**10.078 下丘脑激素** hypothalamic hormone

又称“下丘脑因子(hypothalamic factor)”,
“下丘脑调节肽(hypothalamic regulatory pep-
tide)”。由第三脑室下部两侧神经组织分泌的肽类激素。属神经内分泌激素。除升压素及催产素外,大部分进入垂体门静脉运送到腺垂体,刺激促激素或抑释素的释放。

**10.079 释放素** liberin

具有释放功能的激素统称。包括促性腺素释放素、催乳素释放素等,也作为下丘脑释放素名称的后缀。

**10.080 促肾上腺皮质素释放素** corti-
coliberin, corticotropin releasing hor-
mone, CRH

又称“促肾上腺皮质素释放因子(cortico-
tropin releasing factor, CRF)”。下丘脑分泌的激素。调控促肾上腺皮质素及 β 内啡肽的分泌。

**10.081 促肾上腺皮质素释放素结合蛋白质**
corticoliberin-binding protein

存在于哺乳类、鸟类、鱼类和两栖类中,能与促肾上腺皮质素释放素或其配体结合的蛋白质。阻止促肾上腺皮质素释放素受体的活化,调节其生物功能,也可作为促肾上腺皮质素释放素的储蓄池。

**10.082 促甲状腺素释放素** thyroliberin,
thyrotropin releasing hormone, TRH

又称“促甲状腺素释放因子(thyrotropin re-
leasing factor, TRF)”。一种控制垂体前叶分泌促甲状腺激素的下丘脑激素。与 G 蛋白偶联受体相结合的三肽,即焦谷氨酰-组氨酰-脯氨酰胺。可调节垂体前叶、中枢及末梢神经系统的功能。

**10.083 促黄体素释放素** luliberin, luteinizing hormone releasing hormone, LHRH

又称"促黄体素释放因子(luteinizing hormone releasing factor, LHRF, LRF)"。控制促黄体激素分泌的一种下丘脑激素。

**10.084 促生长素释放素** somatoliberin, somatotropin releasing hormone

又称"促生长素释放因子(somatotropin releasing factor, SRF)","生长激素调节激素(growth hormone regulatory hormone)"。下丘脑分泌的刺激或抑制脑下垂体释放促生长素的激素。

**10.085 促卵泡激素释放素** folliliberin, follicle stimulating hormone releasing hormone, FSHRH, FRH

又称"促滤泡素释放因子(follicle stimulating hormone releasing factor, FSHRF, FRF)"。控制促卵泡激素分泌的一种下丘脑激素。

**10.086 抑制素** inhibin

脑垂体分泌的多肽激素。由 α 和 β 两个亚基组成,β 亚基与人的转化生长因子-β 有同源性,是转化生长因子-β 家族成员,有 A、B 两种同工型,对垂体促卵泡激素的分泌有选择性的抑制作用。

**10.087 促生长素抑制素** somatostatin, growth hormone release inhibiting hormone, GIH

简称"生长抑素"。下丘脑分泌的促生长素释放抑制激素,抑制脑下垂体释放促生长素。

**10.088 促黑素抑释素** melanostatin, melanocyte stimulating hormone release inhibiting hormone, MIH, MRIH, MSHIH, MSHRIH

又称"促黑素释放抑制因子"。下丘脑分泌的能抑制垂体促黑素释放的一种激素。

**10.089 促黑素释放素** melanoliberin, melanocyte stimulating hormone releasing hormone, MRH, MSHRH

又称"促黑素释放因子"。下丘脑分泌的能促进垂体促黑素释放的一种激素。

**10.090 促黑素调节素** melanocyte stimulating hormone regulatory hormone

下丘脑产生的促黑素释放激素和/或促黑素释放抑制激素,能分别促进或抑制垂体促黑激素的释放。

**10.091 褪黑[激]素** melatonin

学名:$N$-乙酰-5-甲氧色胺。松果体及许多松果腺以外的组织和细胞产生的色氨酸类激素。通过使黑素颗粒凝集而逆转促黑素的变黑效应,其分泌率与环境光照量呈负相关。

**10.092 松果体激素** pineal hormone

脑内的小内分泌腺体松果腺所产生的激素。主要指褪黑素。

**10.093 抑素** chalone

细胞自身产生的一类多肽或蛋白质。分子质量大小不一(2~30 kDa),有组织特异性,能抑制细胞分裂、正常和肿瘤细胞的增殖,促进细胞分化。

**10.094 激活蛋白** activin

又称"激活素","活化素"。由抑制素的两个 β 亚基组成的二聚体。是转化生长因子家族的成员,β 亚基有 A,B 两种同工型,可形成 AA、AB、BB 三种组合。除能刺激促卵泡激素的分泌外,还有多种细胞生物效应。

**10.095 瘦蛋白** leptin, LP

又称"脂肪细胞激素"。脂肪细胞的 *ob* 基因表达分泌的一种蛋白质激素。对下丘脑摄食中枢具有效的调节作用，通过减少摄食，加强能量消耗，使能量贮存减少。

**10.096　促脂解素**　lipotropin, lipotropic hormone, LPH

又称"抗脂肪肝激素"，"脂肪动员激素"，"激脂激素（adipokinetic hormone, AKH）"。由垂体前叶分泌的一类多肽激素。β促脂解素由91个氨基酸残基组成，经特异蛋白水解酶作用可成为含58个氨基酸残基的γ促脂解素。能刺激脂质尤其是脂肪酸从脂肪库中的动员。

**10.097　脂连蛋白**　adiponectin

脂肪细胞分泌的一种30 kDa肽类激素。有两个七穿膜受体，能增加肌肉对脂肪酸的氧化，并增强胰岛素的作用，在Ⅱ型糖尿病人及某些冠心病人血液中，此激素的水平低下。

**10.098　尾促皮质肽**　urocortin

最初是从大鼠中脑克隆到的促肾上腺皮质素释放素家族中的新成员，四十一肽，与尾紧张肽有63%的同源性，与促肾上腺皮质素释放素有45%的序列相同。人的尾促皮质肽基因定位于第2号染色体，其氨基酸组成与鼠的有95%的一致。尾促皮质肽对促肾上腺皮质素释放素受体-1、促肾上腺皮质素释放素受体-2α、促肾上腺皮质素释放素受体-2β型有高亲和力，并能激发促肾上腺皮质素释放素受体的腺苷酸环化酶活性。

**10.099　尾紧张肽**　urotensin

最初发现是由硬骨鱼的尾垂体分泌的而得此名。主要有两种类型。尾紧张肽Ⅰ是四十一肽，存在于中枢神经系统中，通过释放儿茶酚胺发挥作用，调节血管弹性，影响血压；尾紧张肽Ⅱ在灵长类动物中是强烈血管收缩剂。

**10.100　P物质**　substance P, SP

一种肽类神经递质，为十一肽。存在于脑和消化道，主要分布在神经组织的突触颗粒中，是一种引起肠道收缩的强促进剂和血管舒张剂。

**10.101　神经激肽K**　neurokinin K

在哺乳动物中枢神经系统中发现的一种十肽速激肽。在结构与功能方面与P物质和K物质相似，能使气管和平滑肌收缩，也能刺激排尿反应。

**10.102　神经激素**　neurohormone

在神经末梢释放到血循环中去的一类激素。如下丘脑调节激素和垂体后叶激素，自释放处对一段距离内的细胞起作用。

**10.103　儿茶酚胺类激素**　catecholamine hormone

酪氨酸衍生的二羟苯烷胺，儿茶酚（1,2-二羟苯）的氨基衍生物。如多巴、多巴胺、肾上腺素及去甲肾上腺素，作用于血管、中间代谢和神经传导。

**10.104　儿茶酚胺能受体**　catecholaminergic receptor

由一条肽链组成的七次穿膜糖蛋白。有α1，α2，β1，β2，β3等多种。其作用是与G蛋白偶联，从而影响腺苷酸环化酶或磷脂酶C等的活性，使细胞内产生第二信使。

**10.105　自体有效物质**　autacoid, autocoid

又称"局部激素"。体内自然存在的一类物质。对细胞有激素或类似激素的活性，作用于体内的限定部位。如组胺、5-羟色胺、血管紧张肽及前列腺素等。

**10.106　抗排卵肽**　antide

一种十一肽。是促黄体素释放或促性腺素释放素的强拮抗剂。有抗卵巢排卵作用。用于阻止促黄体素释放或促性腺素释放素诱发的卵巢肿瘤细胞的增殖。

**10.107　垂体后叶激素**　hypophysin, neuro-

hypophyseal hormone
垂体后叶的提取物。含有后叶升压素、催产素和促黑素细胞激素等。

**10.108 后叶激素运载蛋白 neurophysin**
又称"神经垂体素运载蛋白"。垂体后叶升压素及催产素的运载蛋白。富含半胱氨酸残基。与催产素或升压素具有共同的前体。激素-后叶激素运载蛋白复合体贮存在垂体后叶中,受到刺激后则释放出来。

**10.109 催产素 oxytocin, pitocin**
由垂体后叶分泌的环九肽激素。序列为:CYIQNCPLG-NH$_2$,其中两个半胱氨酸形成二硫键能引起子宫平滑肌和环绕乳腺的蜂窝细胞的收缩。其肽链的第 3 位为异亮氨酸残基,第 8 位为亮氨酸残基。

**10.110 8-精催产素 arginine vasotocin, AVT, vasotocin**
又称"加压催产素"。低等脊椎动物如鸟类、爬行类、两栖类垂体后叶腺体和哺乳动物胎儿分泌的环九肽激素。其肽链的第 3 位为异亮氨酸残基,其余部分与精氨酸升压素相同,类似催产素和升压素的活性。

**10.111 鸟催产素 mesotocin**
又称"8-异亮氨酸催产素"。由爬行动物和两栖纲动物的垂体腺后叶所分泌的一种多肽激素。在结构和功能上与催产素相关。

**10.112 软骨鱼催产素 glumitocin**
由脑下垂体后叶分泌的一种多肽激素。存在于某些软骨鱼,其结构和功能与催产素类似。进化过程中不稳定,其中第 4、8 位氨基酸残基多变。

**10.113 催乳素释放素 prolactoliberin, prolactin releasing hormone, PRH**
又称"催乳素释放因子(prolactin releasing factor, PRF)"。刺激催乳素自脑垂体释放的一种激素。

**10.114 催乳素释放抑制素 prolactin release inhibiting hormone, PRIH**
又称"催乳素抑释素","催乳素释放抑制因子(prolactin release inhibiting factor, PRIF)"。能抑制催乳素自脑垂体释放的一种下丘脑激素。

**10.115 初乳激肽 colostrokinin**
由奶牛初乳中分离到的一种多肽。经过激肽释放酶作用后释放。能降低血压,使子宫和小肠收缩。

**10.116 松弛素 relaxin**
黄体产生的一种多肽激素。已在许多种系(包括人类在内)的怀孕雌性动物血液中发现。促进分娩时肌肉松弛,也可引起小鼠及豚鼠的联结韧带松弛。

**10.117 升压素 vasopressin, pitressin**
又称"加压素","抗利尿[激]素(antidiuretic hormone, ADH)"。由垂体后叶分泌的一种九肽激素:CYFQNCPRG-NH$_2$,肽链的第 3 位为苯丙氨酸,第 8 位为精氨酸,肽链上第 1 位和第 6 位半胱氨酸残基通过分子内二硫键相连,C 端是酰基化的甘氨酸。对肾脏有直接的抗利尿作用,也能使心血管收缩,升高血压。有精氨酸升压素和赖氨酸升压素两种。在人体内以精氨酸升压素为主要形式。

**10.118 精氨酸升压素 arginine vasopressin, AVP**
升压素氨基酸序列中的第 8 位氨基酸为精氨酸残基的分子形式。

**10.119 赖氨酸升压素 lysine vasopressin**
升压素氨基酸序列中的第 8 位氨基酸为赖氨酸残基的分子形式。

**10.120 利尿激素 diuretic hormone**
(1)具有利尿作用的激素类物质。(2)某些昆虫中具有利尿作用的一种神经肽。

**10.121　利尿钠激素　natriuretic hormone**

通过抑制肾脏对钠离子的重吸收,增加尿中钠离子排出的一种激素。也作用于其他组织的钠离子转运,特别是可改变小血管平滑肌的离子浓度,致其收缩而使血压升高。

**10.122　利尿钠肽　natriuretic peptide**

在中枢神经及末梢神经系统中调节体液体积的同源性多肽家族。包括心房钠尿肽、脑钠肽和 C 型利尿钠肽。与高血压肾素-血管紧张肽Ⅱ-醛固酮系统在动力学上互相拮抗。

**10.123　心房钠尿肽　atrial natriuretic peptide, ANP, atrial natriuretic factor, ANF**

又称"心钠素(cardionatrin)","心房肽(atriopeptin)"。由心房肌细胞合成并释放的肽类激素。人血液循环中的心钠肽由 28 个氨基酸残基组成。其主要作用是使血管平滑肌舒张和促进肾脏排钠、排水。

**10.124　脑钠肽　brain natriuretic peptide, BNP**

主要由心脏分泌的利尿钠肽家族的一员,由 32 个氨基酸残基组成的多肽。因其首先在猪脑中发现,故名。能调节血压和血容量的自稳平衡,并有利尿作用。

**10.125　C 型利尿钠肽　C-type natriuretic peptide, CNP**

主要由血管内皮细胞分泌的利尿钠肽家族的一员,由 22 个氨基酸残基组成的多肽。在局部发挥血管扩张和抗增殖作用。

**10.126　尿舒张肽　urodilatin**

心房钠尿肽的一种衍生肽。可作用于心房钠尿肽受体。

**10.127　胸腺体液因子　thymic humoral factor, THF**

胸腺产生的一种热稳定的多肽。可恢复某些 T 细胞的免疫反应。

**10.128　胸腺生成素　thymopoietin**

由胸腺分离得到的四十九肽(牛)或四十八肽(人)。核心序列为 RKDVY,能促进前胸腺细胞转变为胸腺细胞,参与免疫介导反应。

**10.129　胸腺素　thymosin, thymin**

由胸腺分泌的一类不均一的促细胞分裂的含 28 个氨基酸残基的多肽激素。可诱导造血干细胞发育为 T 淋巴细胞,是免疫调节剂。

**10.130　胸腺刺激素　thymostimulin**

由胸腺提取的一种多肽,是免疫调节剂,能刺激淋巴细胞的生成,调节 T 细胞功能。

**10.131　甲状腺球蛋白　thyroglobulin**

甲状腺中的一种碘化糖蛋白,为同源二聚体,分子质量约 660 kDa。人的此种蛋白质由 2767 个氨基酸残基组成,是体内碘在甲状腺腺体的贮存形式,经水解可生成甲状腺素和 3,5,3'-三碘甲腺原氨酸。

**10.132　甲状腺激素　thyroid hormone**

甲状腺分泌的甲状腺素和 3,5,3'-三碘甲腺原氨酸。

**10.133　甲状腺素　thyroxine, Thx, $T_4$**

又称"四碘甲腺原氨酸"。由两个 3,5-二碘酪氨酸分子偶联而成的一种碘化的酪氨酸衍生物,是甲状腺的主要激素。主要控制耗氧速率和总代谢速率。

**10.134　3,5,3'-三碘甲腺原氨酸　3,5,3'-triodothyronine, $T_3$**

甲状腺的一种次要激素。具有较强的甲状腺素的功能。主要控制耗氧速率和总代谢速率。$T_3$ 在甲状腺中的含量虽比 $T_4$ 少得多,但 $T_3$ 的生物活性比 $T_4$ 大 3~4 倍。

**10.135　甲[状]腺原氨酸　thyronine**

甲状腺激素脱碘代谢的最终产物。无生物活性。

**10.136 甲状腺激素受体** thyroid hormone receptor

在细胞核内以原型与染色质结合在一起的蛋白质。有 α 和 β 两型，对 DNA 识别位点有高度亲和性。与甲状腺激素结合后，主要功能是转导与发育和能量产生有关的信息。

**10.137 甲状旁腺激素** parathyroid hormone, PTH

甲状旁腺合成的八十四肽。调节骨中矿物质平衡的关键性激素，其 N 端三十四肽具有主要的生物学活性。

**10.138 肾上腺素** adrenaline, epinephrine

由肾上腺髓质分泌的一种儿茶酚胺激素。在应激状态、内脏神经刺激和低血糖等情况下，释放入血液循环，促进糖原分解并升高血糖，促进脂肪分解，引起心跳加快。

**10.139 变肾上腺素** metadrenaline

又称"间位肾上腺素"，"3-O-甲基肾上腺素"。肾上腺素经儿茶酚-O-甲基转移酶作用生成的中间代谢物。经单胺氧化酶作用生成 3-甲氧基-4-羟基苯乙醇胺。

**10.140 去甲肾上腺素** noradrenalin, norepinephrine

由肾上腺髓质分泌的一种儿茶酚胺激素，是从肾上腺素中去掉 N-甲基的物质。具有肾上腺素的生物活性，但其作用不如肾上腺素显著。

**10.141 降钙素** calcitonin, CT

甲状旁腺 C 细胞产生的一种调节钙磷代谢的三十二肽激素。能降低血钙浓度。

**10.142 降钙素基因相关肽** calcitonin gene-related peptide, CGRP

甲状旁腺产生的三十七肽。起血管舒张剂作用。其基因与降钙素基因组成一个复杂的复合体，有精密的调控机制，在信使核糖核酸水平上使一个基因表达两种功能完全不同的多肽。

**10.143 缩胆囊肽** cholecystokinin, CCK

又称"缩胆囊素"。十二指肠分泌的三十三肽激素。能刺激胰腺分泌消化酶和引起胆囊收缩。

**10.144 促十二指肠液素** duocrinin

控制位于十二指肠的布伦纳（Brunner）腺分泌的一种胃肠道激素。

**10.145 内皮肽** endothelin, ET

由内皮细胞释放的一组二十一肽激素。是已知最有力的血管收缩激素，影响肌肉收缩力和有丝分裂，中枢和外周交感神经活动，刺激肾素-血管紧张肽-醛固酮系统，还能通过诱导释放一氧化氮起血管扩张作用。

**10.146 促肠液蛋白** enterocrinin

又称"促肠液素"。存在于小肠黏膜的一种蛋白质激素。调节小肠液的分泌，也能抑制胃蠕动和胃液分泌。

**10.147 肠抑胃肽** enterogastrone, gastric inhibitory polypeptide, GIP

又称"肠抑胃素"。肠道产生的一种四十三肽。能抑制胃酸和胃蛋白酶的分泌，影响胃蠕动，调节胰岛素的释放。

**10.148 肠高血糖素** enteroglucagon

又称"胰高血糖素样肽（glucagon-like peptide）"。小肠中的一种或一类肽。含有高血糖素的全部结构，与胰高血糖素前体相关。其作用与胰高血糖素相似，但强度较弱。

**10.149 肠激肽** enterokinin

肠黏膜分泌的能促进肠蠕动的一种多肽。

**10.150 肠抑肽** enterostatin

肠酯酶原在肠道中被胰蛋白酶激活的过程中产生的一种激肽。有减少摄食量的作用。

**10.151　促胃液素　gastrin**
又称"胃泌素"。由胃黏膜产生的可刺激胃液分泌的一种十七肽激素。

**10.152　胃肠激素　gastrointestinal hormone**
一类性质不同的具激素或类激素功能的多肽。包括缩胆囊肽、肠抑胃肽、肠胰高血糖素、表皮生长因子、尿抑素、胃抑制性多肽、促胃动素、促胰液素和血管活性肠肽在内的一类激素。

**10.153　抑胃素　gastrone**
胃液中的一种糖蛋白。注射入动物体内可抑制胃分泌。

**10.154　尿抑胃素　urogastrone**
抑制胃分泌盐酸的一种肠胃激素。其结构与人的表皮生长因子相同。

**10.155　促胃动素　motilin**
小肠内的一种二十二肽激素。主要分布于十二指肠和空肠上段,能增加胃肠运动,小肠 pH 发生变化时会引起胃动素的释放。

**10.156　食欲肽　orexin, hyporetin**
与激发食欲相关的肽。由双侧下丘脑及丘脑底部区域分泌的神经肽类激素。本词来自希腊文"orexis(意为食欲)"。

**10.157　食欲刺激[激]素　ghrelin**
又称"胃生长激素释放素"。从大鼠和人胃黏膜分离鉴定得到的一种胃肠道神经肽。是促分泌素的内源性配体,能诱导生长激素的释放、胃肠道蠕动及摄食并维持能量正平衡的作用。

**10.158　肠绒毛促动素　villikinin**
控制绒毛运动的一种胃肠道激素。在胃酸作用下由十二指肠黏膜释放。

**10.159　肠降血糖素　incretin**
肠促胰液肽粗制品中所含的刺激胰岛素分泌的因子。在血糖升高情况下有刺激胰岛素分泌的作用。

**10.160　活性肠高血糖素　glycentin**
由肠黏膜特定细胞释放的胰高血糖素样物质。即胰高血糖素原的 1 ~ 69 位氨基酸残基片段,是肠高血糖素活性形式的一种。

**10.161　可卡因苯丙胺调节转录物　cocaine amphetamine-regulated transcript, CART**
下丘脑分泌的瘦蛋白依赖的内源性饱食肽。其抑制摄食的作用是通过下丘脑和脑干参与调节食欲和代谢的神经元,引起肾上腺皮质酮分泌所致。

**10.162　催涎肽　sialogogic peptide**
从牛的下丘脑分离到的有催涎作用的神经递质肽。化学合成的类似物用于治疗口干症。

**10.163　胰岛素　insulin**
胰腺朗格汉斯小岛所分泌的蛋白质激素。由 A、B 链组成,共含 51 个氨基酸残基。能增强细胞对葡萄糖的摄取利用,对蛋白质及脂质代谢有促进合成的作用。

**10.164　促胰岛素　insulinotropin**
又称"胰岛素调理素"。体内胰岛以外的组织分泌的一种促进胰岛素分泌的物质。如小肠分泌的胰高血糖素样多肽和垂体腺苷酸环化酶活化多肽。能增强胰岛素对脂肪细胞的影响。

**10.165　胰激肽原　kallidinogen**
无活性的低分子量蛋白质。在肾、淋巴和胰液中的激肽原酶作用下,生成有活性的胰激肽。

**10.166　胰抑释素　pancreastatin**
又称"胰抑肽"。在胰腺中分离到的一种多肽。人、猪、牛、大鼠的胰抑释素分别为五十二肽、四十九肽、五十肽和五十一肽。能抑制胰岛细胞分泌胰岛素、胰腺分泌淀粉酶、胃壁细胞分泌胃酸和生长激素的释放。

**10.167　促胰液素　secretin**
十二指肠分泌的一种二十七肽激素。能调节肠、胰、肝、胆管的水盐代谢,促进胃酸分泌、促胃液素释放和胃肠运动。

**10.168　胰高血糖素　glucagon**
由胰岛朗格汉斯细胞分泌的一种二十九肽。与胰岛素的作用相拮抗,通过刺激糖原分解提高血糖水平。

**10.169　胰多肽　pancreatic polypeptide,PP**
首先在鸡中发现的一种多肽类候选激素,继而从不同种属的胰腺中分离得到的三十六肽,有明显的胃肠效应。

**10.170　腮腺素　parotin**
由唾液腺合成的一种蛋白质激素。具有促进牙齿的钙化,有降低血钙,增加血磷浓度等作用。

**10.171　五肽促胃液素　pentagastrin**
人工合成的一种五肽激素。含 β 丙氨酸和促胃液素 C 端的四肽,用于胃分泌功能试验。

**10.172　生酮激素　ketogenic hormone**
能使机体产生酮体的激素。如胰高血糖素。

**10.173　抗雌激素　antiestrogen**
抑制雌激素的物质或药物。如雌激素受体拮抗剂,已作为治疗雌激素受体阳性转移癌的新药。

**10.174　嗜酸性粒细胞趋化性多肽　eosinophil chemotactic peptide**
又称"嗜伊红粒细胞趋化性多肽"。由肥大细胞释放的四肽。能吸引和激活嗜酸性粒细胞。

**10.175　嗜酸性粒细胞生成素　eosinophilopoietin**
又称"嗜伊红粒细胞生成素"。由 T 淋巴细胞生成的小肽(分子量为1500)。调节骨髓中嗜酸性粒细胞的发育,可能就是白介素-5。

**10.176　促红细胞生成素　erythropoietin,erythrogenin,EPO**
在哺乳动物肾脏和肝脏产生的一种分子质量为 46kDa 的糖蛋白细胞因子。能刺激幼稚红细胞的增生,血红蛋白化和红细胞的成熟。

**10.177　激肽　kinin**
引起血管扩张并改变血管渗透性的小分子肽。缓激肽为九肽,胰激肽为十肽。作用于磷脂酶,增强花生四烯酸的释放和产生前列腺素 $E_2$。

**10.178　激肽原　kininogen**
属半胱氨酸蛋白酶抑制剂超家族,在肝脏中合成并存在于体液中的一组无活性肽。高分子量的激肽原,经酶解后产生缓激肽及辅助因子;低分子量的激肽原经酶解后产生赖氨酰缓激肽。

**10.179　缓激肽　bradykinin**
由前体蛋白质经酶解而得到的,能引起血管扩张并改变血管渗透性的九肽。作用于磷脂酶,提高花生四烯酸释放和前列腺素 $E_2$ 的生成。

**10.180　胰激肽　kallidin**
又称"赖氨酰缓激肽"。由激肽释放酶作用于血液中的激肽原形成的十肽。包括胰激肽 I (一种九肽,即缓激肽)和胰激肽 II (一种十肽,即缓激肽的赖氨酰衍生物)。是一种强效血管舒张剂,能增加血管通透性并导致低血压。

**10.181　缓激肽增强肽　bradykinin potentiating peptide,BPP**
由蛇毒文库分离到的一种活性寡肽。有两种活性:①加强缓激肽的作用;②抑制血管紧张肽转化酶。这两种相互独立的活性是由于分子的不同构象所致。

### 10.182　细胞因子　cytokine

由免疫系统细胞以及其他类型细胞主动分泌的一类小分子量的可溶性蛋白质。包括淋巴因子、干扰素、白介素、肿瘤坏死因子、趋势化因子和集落刺激因子等。是免疫系统细胞间,以及免疫系统细胞与其他类型细胞间联络的核心,能改变分泌细胞自身或其他细胞的行为或性质,通过与细胞特异的膜受体而起作用。

### 10.183　胶质细胞生长因子　glial growth factor, GGF

一种碱性蛋白质,能刺激大鼠神经鞘细胞的增殖,也能刺激其他类型细胞(如星形胶质细胞和成纤维细胞)的生长。

### 10.184　神经胶质瘤源性生长因子　glioma-derived growth factor, GDGF

来源于神经胶质瘤细胞衍生的生长因子。有 GDGF-Ⅰ 和 GDGF-Ⅱ 两种。GDGF-Ⅱ 是潜在的促分裂原。

### 10.185　分化因子　differentiation factor

在生物体发育中使细胞和组织结构独特化和专一化的过程中,涉及细胞内分化和细胞间分化两个层次的一大类调控因子。如血管内皮生长因子、粒细胞集落刺激因子、粒细胞-巨噬细胞集落刺激因子、生长分化因子-9、胰岛素样生长因子等。

### 10.186　趋化因子　chemokine

激发白细胞趋化性的小分子分泌性蛋白质。是可受化学诱导物及细胞因子调节,并能刺激细胞趋化运动的一类细胞因子。依照保守的半胱氨酸残基,可分为:①α 趋化因子,含有保守的半胱-X-半胱(C-X-C)模体,主要是激发中性粒细胞趋化性;②β 趋化因子,含有相邻的半胱氨酸残基(C-C),主要吸附单核细胞、嗜酸性粒细胞、嗜碱性粒细胞;③γ 趋化因子,仅含有一对半胱氨酸残基,激

发淋巴细胞趋化性(即淋巴细胞趋化因子);④δ 趋化因子,含有一个半胱-X-X-X-半胱(C-X-X-X-C)模体,其作用仅局限于脑部,并被锚定在膜上。所有受体都是 G 蛋白偶联受体。

### 10.187　分形趋化因子　fractalkine

一种趋化因子,属于 CX$_3$C(半胱-X-X-X-半胱模体结构)家族。与其他趋化因子不同,其分子量较大,是由 397 个氨基酸残基组成的糖蛋白。兼有趋化因子和黏蛋白两类结构域,并以两种形式存在:膜结合型和游离(可溶)型。其可溶型可诱导 T 细胞和单核细胞的趋化,膜结合型介导有关细胞的黏附。

### 10.188　晶体诱导趋化因子　crystal-induced chemotatic factor

补体系统的趋化因子,多核白细胞在吞噬结晶物质如尿酸钠时产生的多肽。

### 10.189　嗜酸性粒细胞趋化因子　eotaxin

一类与嗜酸性粒细胞趋化有关的因子,属于 CC 家族。人的此种因子由 74 个氨基酸残基组成。其成员是由肺和支气管表皮细胞产生的,被白介素-4 诱导,被 γ 干扰素阻遏。主要负责嗜酸性粒细胞渗入到过敏炎症部位。

### 10.190　集落刺激因子　colony stimulating factor, CSF

属于细胞因子一类。能刺激造血细胞的增殖和分化,促使其活化为成熟细胞,促使集落形成的低分子量糖蛋白。但糖基并非活性所必需。包括粒细胞-巨噬细胞集落刺激因子、粒细胞集落刺激因子和巨噬细胞集落刺激因子等。

### 10.191　粒细胞集落刺激因子　granulocyte colony stimulating factor, G-CSF

一种糖蛋白,寡糖的多少、有无以及所在位置,对其生物活性有一定影响。能刺激粒细

胞集落形成。基因工程产品用于辅助肿瘤放疗和化疗,提高白细胞水平。

**10.192 巨噬细胞集落刺激因子** macrophage colony stimulating factor, MCSF

由巨噬细胞、中性粒细胞、内皮细胞、成纤维细胞及活化 T 细胞和 B 细胞产生的一种蛋白质因子,可促进骨髓造血前体细胞增殖分化为单核/巨噬细胞,并可激活成熟单核/巨噬细胞。

**10.193 粒细胞巨噬细胞集落刺激因子** granulocyte-macrophage colony stimulating factor, GM-CSF

由活化的 T 细胞、巨噬细胞、血管内皮细胞及成纤维细胞产生的一种蛋白质因子。能促进中性粒细胞、巨噬细胞和嗜酸性粒细胞的髓样干细胞的生长和发育。

**10.194 红细胞集落刺激因子** erythroid-colony stimulating factor

能刺激幼稚红细胞的增生、红细胞集落的形成、细胞血红蛋白化和成熟的一种蛋白质因子。

**10.195 生长因子** growth factor, GF

一类调节细胞生长增殖的多肽类信息分子。主要通过旁分泌、内分泌方式起作用。是一类细胞有丝分裂激素,已发现有数十种,还在不断发现新的生长因子。

**10.196 表皮生长因子** epidermal growth factor, epithelial growth factor, EGF

又称"上皮生长因子"。能刺激表皮和上皮组织增生的多肽类促分裂素。并可抑制胃酸分泌。由 53 个氨基酸残基组成,其前体分子质量超过 100 kDa。

**10.197 成纤维细胞生长因子** fibroblast growth factor, FGF

由垂体和下丘脑分泌的多肽。有酸性(pI

5.6)和碱性(pI 9.6)两种。能促进成纤维细胞有丝分裂、中胚层细胞的生长,还可刺激血管形成,在创伤愈合及肢体再生中发挥作用。

**10.198 酸性成纤维细胞生长因子** acid fibroblast growth factor, aFGF

成纤维细胞生长因子家族的原型。结构上缺少分泌所需的信号肽序列,热刺激可诱导其释放。是新血管形成的强诱导剂,在组织修复中起促进作用。

**10.199 碱性成纤维细胞生长因子** basic fibroblast growth factor, bFGF

一个传递发育信号,能促进中胚层和神经外胚层细胞分裂的多肽。具有强烈的血管生成作用。在体外,能刺激细胞增殖、迁移,诱导纤溶酶原激活物及胶原酶活性,是与肝素有高亲和力的细胞促分裂原。

**10.200 角质细胞生长因子** keratinocyte growth factor, KGF

来源于角质形成细胞,对上皮细胞具强促分裂原活性的一种生长因子,结构上与成纤维细胞生长因子相近。

**10.201 上皮调节蛋白** epiregulin

表皮生长因子家族的成员,由 46 个氨基酸残基组成(5.2 kDa)。从 162 肽的前体经加工形成,有多种生物功能。如抑制某些肿瘤细胞生长、促进纤维细胞等多种细胞生长。

**10.202 造血细胞因子** hematopoietic cytokine, hemopoietic cytokine

造血生长因子和白介素的统称。

**10.203 造血生长因子** hematopoietic growth factor, hemopoietic growth factor

一类调节造血细胞生长的蛋白质因子。能促进不同谱系造血细胞的增殖和分化,红细胞生成素和粒细胞集落刺激因子、巨噬细胞集落刺激因子、粒细胞-巨噬细胞集落刺激因子、多集落刺激因子和集落刺激因子等都属于这一类。

**10.204　肝细胞生长因子　hepatocyte growth factor, HGF**

目前已知生物活性最广泛的生长因子之一，最初作为一种肝细胞有丝分裂原是从肝部分切除大鼠的血清中分离得到的，随后相继从大鼠血小板、人血浆、兔血清中分离、纯化得到，其分子质量为 82~85kDa，属不耐热多糖蛋白。在肝中的主要来源是非实质细胞，在肝外的许多细胞甚至包括血小板中都能发现，是多种细胞类型的促分裂原，也能改变细胞的运动性。

**10.205　干细胞生长因子　stem cell growth factor**

一类能刺激和调节干细胞生长的蛋白质或多肽。在小鼠中是 c-kit 酪氨酸激酶受体的配体。

**10.206　神经营养因子　neurotrophic factor**

又称"神经营养细胞因子（neurotrophic cytokine）"。在神经元微环境中产生，主要作用于神经元细胞体的一组结构同源的内源性多肽。能促进神经元存活，调节神经系统的发育。

**10.207　脑源性神经营养因子　brain-derived neurotrophic factor, BDNF**

最初从猪脑纯化的小分子碱性蛋白质，是神经营养因子家族的一个成员，与神经生长因子不同，其主要在中枢神经系统，维持神经脊和外胚层基板的感觉神经元，这些神经元对神经生长因子无反应。

**10.208　胶质细胞源性神经营养因子　glial cell derived neurotrophic factor, GDNF**

由二硫键连接的同源二聚体糖蛋白，可促进多巴胺神经元存活和分化，增强其摄入高亲和力多巴胺。人胶质细胞源性神经营养因子的成熟肽均有 134 个氨基酸残基，活性形式为糖基化二聚体；能促进神经元尤其是多巴胺能神经元的生长分化，是治疗神经退化性疾病如帕金森症的潜在有效药物。

**10.209　睫状神经营养因子　ciliary neurotrophic factor, CNTF**

因最初从鸟的睫状神经节中提取出来，可维持副交感神经节活性而得名，后显示能促进其他神经元细胞类型的生存，也能在体外促进双潜能 O-2A 祖细胞向 II 型星形细胞分化。现认为是白介素-6 细胞因子家族成员之一。

**10.210　白[细胞]介素　interleukin, IL**

由白细胞分泌的一类调节细胞生长、分化和免疫活性的细胞因子。已发现有 20 余种。一般具有多来源、多功能和多作用途径的特点。其立体结构有 β 三叶草型、4-螺旋束型和 β 三明治型等。信号转导方式有胞外因子-受体复合体相互作用和胞内信号传递途径等。

**10.211　白介素-1　interleukin-1, IL-1**

由单核细胞、内皮细胞、成纤维细胞和其他类型细胞在应答感染时产生的细胞因子。有 IL-1α 和 IL-1β 两种类型，都与免疫球蛋白超家族的同一受体结合。能刺激集落刺激因子、血小板生长因子等细胞因子的产生和使 T 细胞产生白介素-2，在免疫应答和组织修复中起作用。

**10.212　白介素-2　interleukin-2, IL-2**

曾称"T 细胞生长因子（T cell growth factor, TCRF）"。某些辅助性 T 细胞在对感染做出反应时产生的淋巴因子。导致感染部位 T 细胞大量增加，并刺激自然杀伤细胞（NK 细胞）、B 淋巴细胞和巨噬细胞增殖。可用于组织培养制备抗原特异性 T 细胞系，也用于肿瘤治疗。

**10.213　白介素-3　interleukin-3, IL-3**

又称"多集落刺激因子(multi-colony stimulating factor, multi-CSF)"。由淋巴细胞、上皮细胞和星状细胞等分泌的多细胞系蛋白质生长因子。能刺激髓系细胞、红细胞系细胞的生长和发育,调节成熟的吞噬细胞的功能。

**10.214 白介素-4** interleukin-4, IL-4

由活化的 T 淋巴细胞产生的细胞因子。导致 B 细胞的增殖和分化,刺激 B 细胞合成免疫球蛋白 IgE;影响自然杀伤细胞(NK 细胞)的应答,以及淋巴因子激活的杀伤性细胞(LAK 细胞)对白介素-2 的应答;增强巨噬细胞杀伤肿瘤的活性。

**10.215 白介素-5** interleukin-5, IL-5

又称"T 细胞置换因子(T cell replacing factor)"。一种含有 *N*-乙酰半乳糖胺的蛋白质。促进嗜酸性粒细胞分化,诱导激活的 B 细胞进行终末分化成为分泌免疫球蛋白分泌细胞。

**10.216 白介素- 6** interleukin- 6, IL- 6

活化的 T 细胞和成纤维细胞产生的淋巴因子。能使 B 细胞前体成为产生抗体的细胞;和集落刺激因子协同,能促进原始骨髓源细胞的生长和分化,增强自然杀伤细胞的裂解功能。

**10.217 白介素-8** interleukin-8, IL-8

又称"粒细胞趋化肽(granulocyte chemotactic peptide, GCP)","中性粒细胞激活蛋白(neutrophil activating protein)"。某些类型细胞受炎症刺激后释放的因子,为血小板 β 球蛋白超家族成员,在化学结构上与血小板因子有关。能刺激中性粒细胞和 T 淋巴细胞。

**10.218 白介素-11** interleukin-11, IL-11

来源于骨髓基质细胞的蛋白质。可增强白介素-3 刺激巨核细胞的生长。与白介素-6 和白介素-7 的活性相似,但化学结构明显不同,不含半胱氨酸残基。

**10.219 白介素-13** interleukin-13, IL-13

T 细胞产生的细胞因子。不含糖基,能诱导 CD23 的表达,生殖细胞系信使 RNA 的合成以及 B 细胞中 IgG 和 IgE 的转换,也可调节单核细胞及 B 细胞的功能。

**10.220 白介素-18** interleukin-18, IL-18

又称"γ 干扰素诱生因子(interferon-γ inducing factor, γ-IGIF)"。属白介素-1 家族。一种诱导 γ 干扰素合成的中介分子。能刺激 T 细胞增殖,增强自然杀伤细胞活性,参与细胞因子的生成等,与白介素-12 产生协同作用。

**10.221 人两栖调节素** human amphiregulin

在人体内发现的属于表皮生长因子家族的一种蛋白质。其作用介于表皮生长因子与转化生长因子组和痘病毒生长因子组之间,既抑制一些癌细胞的生长,又能刺激其他一些细胞的生长。

**10.222 缺氧诱导因子** hypoxia-inducible factor, HIF

在缺氧诱导的哺乳动物细胞中广泛表达,为缺氧应答的全局性调控因子,由 HIF-1α 和 HIF-2β 两种亚基组成,为异源二聚体转录因子。

**10.223 干扰素** interferon, IFN

脊椎动物受多种因素(如微生物)诱导产生的一组抗病毒蛋白质。可影响细胞的运动和免疫过程,也可干扰多种病毒的复制而得此名。干扰素有 I 型和 II 型,以及干扰素样细胞因子,I 型干扰素有 7 种:IFN-α、IFN-β、IFN-ε、IFN-κ、IFN-ω、IFN-δ 和 IFN-τ,人类没有 IFN-δ 和 IFN-τ;II 型仅有 IFN-γ。

**10.224 白血病抑制因子** leukemia inhibitory factor, LIF

一种由 179 个氨基酸残基组成的多肽生长

因子。由成纤维细胞、T 细胞和巨噬细胞释放的细胞因子,调节原初生殖细胞和胚胎干细胞的生长和分化,其在体外的许多效应能被白介素-6、抑癌蛋白 M 和睫状神经营养因子等模仿,间接地与其受体上所共有的具有信号转导功能的 gp130 亚基相互作用。

**10.225　淋巴因子　lymphokine**

辅助性 T 细胞在接触激活物(抗原、促分裂原等)后产生的一组异质性淋巴因子。是细胞免疫的介质,如白介素、干扰素和移动抑制因子等。参与细胞介导的免疫作用,能活化各种白细胞,包括其他类型的淋巴细胞。

**10.226　白细胞移动抑制因子　leukocyte inhibitor factor, LIF**

抑制多形核白细胞移动的一种淋巴因子。

**10.227　淋巴细胞源性趋化因子　lymphocyte-derived chemotactic factor, LDCF**

刺激白细胞产生趋化作用的淋巴因子。

**10.228　巨噬细胞抑制因子　macrophage inhibition factor, MIF**

从淋巴细胞中提取的能抑制巨噬细胞从 T 细胞激活区向外移动的、也激活附近的巨噬细胞使吞噬作用增强的一种物质。

**10.229　巨核细胞刺激因子　megakaryocyte stimulating factor**

一种造血生长因子,作用于巨噬细胞的前髓细胞,促进单核细胞和巨噬细胞的发育和成长。

**10.230　中期因子　midkine, MK**

一种依赖肝素的肽类生长激素,属受发育调节的细胞因子家族。与硫酸乙酰肝素蛋白聚糖中的硫酸乙酰肝素结合,在细胞生长与分化中起重要作用,具神经营养性,能增强轴突派生和胚神经元成活。

**10.231　移动增强因子　migration enhancement factor, MEF**

从淋巴细胞中提取得到的增强巨噬细胞向毛细管外迁移的一种因子。

**10.232　移动抑制因子　migration inhibition factor, MIF**

从淋巴细胞中提取得到的抑制巨噬细胞从 T 细胞激活区向外迁移的一种因子。能激活附近的巨噬细胞,使吞噬作用增强。

**10.233　促分裂因子　mitogenic factor**

一类有促进细胞分裂的细胞活性因子。

**10.234　单核因子　monokine**

源于巨噬细胞、作用于其他细胞的可溶性因子。所有的单核因子都是细胞因子。

**10.235　米勒管抑制物质　Müllerian inhibiting substance, MIS**

属于转化生长因子 β 超家族中的一个亚家族。在雄性胚胎中使雌性生殖管退化,调节多种类型细胞的生长、分化和凋亡。

**10.236　神经生长因子　nerve growth factor, NGF**

一组具有激素样性质的多肽。能引起神经细胞肥大和增生、神经细胞突的生长、并使各种神经细胞的代谢增强。

**10.237　神经细胞黏附分子　neural cell adhesion molecule, NCAM**

介导细胞间及细胞与胞外基质间黏附作用的细胞表面糖蛋白家族。其胞外域有免疫球蛋白样结构,可通过相邻细胞的神经细胞黏附分子之间或神经细胞黏附与其他分子之间的相互作用而在调控、组合与维持神经元与其靶组织的缔合中起关键作用。

**10.238　神经调节蛋白　neuregulin, NRG**

表皮生长因子大家族中一类相关蛋白质群的总称。至少包括 12 个成员,如神经分化因子、乙酰胆碱受体诱导活性因子、胶质细胞生长因子等,对神经系统的发育和维持有重要作用。

**10.239　神经白细胞素　neuroleukin**
在组织培养中能助长某些神经元存活的一种神经营养因子，也是由外源凝集素刺激 T 细胞产生的一种淋巴因子。

**10.240　神经配蛋白　neuroligin, NL**
与神经元表面蛋白一起构成的一大类神经蛋白质，属穿膜配体，有 NL-Ⅰ、NL-Ⅱ和 NL-Ⅲ 三型，参与神经细胞之间的连接和信号传递。

**10.241　神经调节肽　neuromedin, NM**
又称"神经介肽"。神经调节肽 B 和神经调节肽 U 的统称。

**10.242　神经调节肽 B　neuromedin B**
又称"促甲状腺素调节素（thyromodulin）"。最初从猪脊髓中分离出的肽。属于铃蟾肽类家族，能抑制垂体促甲状腺素的分泌和刺激催乳素的分泌。

**10.243　神经调节肽 U　neuromedin U, NMU**
一种结构上高度保守的神经肽，广泛分布在下丘脑、垂体、胃肠道以及泌尿生殖系统中，是中枢神经系统和消化道的神经递质，具有刺激平滑肌收缩、抑制摄食、调节能量平衡、抑制胃酸分泌、小肠的离子转运等多种功能。

**10.244　神经降压肽　neurotensin**
一种十三肽神经递质。在中枢神经系统中分布广，可使中枢神经系统许多区域的神经元兴奋。有血管舒张作用，是胃液分泌和肠蠕动的抑制剂。

**10.245　凋亡蛋白酶激活因子　apoptosis protease activating factor, Apaf**
秀丽新小杆线虫（*Caenorhabditis elegans*）细胞死亡蛋白的同源蛋白质。可与细胞色素 c 结合而激活胱天蛋白酶3。已知有 Apaf 1 和 Apaf 2。Apaf 1 寡聚化后直接激活胱天

蛋白酶9；Apaf 2 是细胞色素 c。

**10.246　胰岛素受体底物　insulin receptor substrate, IRS**
参与胰岛素及其他细胞因子信号转导的磷酸化蛋白。其家族目前已发现有 4 个成员 IRS-1 ~ IRS-4，在组织分布、亚细胞定位发育过程的表达时序、与胰岛素的结合以及与含 SH2 蛋白质的相互作用方面有所差异。在胰岛素信号转导系统中是关键的中介分子；在胰岛素受体与细胞内含有 SH2 结构域信号分子的复杂网络之间起锚定蛋白的作用，参与多种激素、细胞因子的信号转导，并在维持细胞的基本功能如生长、生存和物质代谢过程起核心作用。

**10.247　抑癌蛋白 M　oncostatin M**
一种经激活的 T 细胞和佛波酯处理的单核细胞产生的细胞因子。属于白介素-6 家族，由 209 个氨基酸残基组成。能抑制多种癌细胞的生长，也可以刺激成纤维细胞的生长。

**10.248　植物硫酸肽　phytosulfokine, PSK**
一种植物生长因子，其化学组成为硫酸化酪氨酸的五肽。α 植物硫酸肽能诱导某些植物叶肉细胞的增殖，其 N 端截短的类似物和未硫酸化的类似物无生物活性或仅有很低的活性。

**10.249　多肽激素　polypeptide hormone**
由较短的氨基酸序列组成的一类激素。与靶细胞膜受体结合，通过 G 蛋白使胞内产生第二信使，激活蛋白激酶或诱导细胞基因表达的改变，影响细胞的代谢过程。

**10.250　前激素原　preprohormone**
肽类激素的最初翻译产物。其分子大于激素本身，翻译后的蛋白质先经酶解作用形成激素原，最后再经加工形成有生物活性的激素。

**10.251 促炎性细胞因子 proinflammatory cytokine**

机体受到细菌或病毒感染时,细胞内诱导生成的一系列对炎症反应有促进作用的细胞因子。如被立克次体感染时,肺上皮细胞内产生白介素-8、α 肿瘤坏死因子、α 干扰素和γ 干扰素等。

**10.252 促前胸腺激素 prothoracicotropic hormone, PTTH**

又称"脑激素(brain hormone)"。昆虫的大脑神经分泌性细胞分泌的一种多肽激素。刺激前胸腺合成和分泌脱皮激素。

**10.253 抗胰岛素蛋白 resistin**

又称"脂肪细胞分泌因子(adipocyte secreted factor, ADSF)"。与 Ⅱ 型糖尿病、肥胖症密切相关的脂肪细胞特异分泌的激素。对胰岛素有拮抗作用。

**10.254 血管活性肠收缩肽 vasoactive intestinal contractor, VIC**

在小肠中表达的一种二十一肽。对小肠收缩有较强的作用,但对血管收缩的作用较弱。

**10.255 血管活性肠肽 vasoactive intestinal peptide, VIP**

在胃肠道发现的一种二十八肽。在体内分布广泛。不仅局限于胃肠道。能舒张血管,增加心脏输出,促进糖原分解,抑制胃液分泌,刺激肠液分泌和脂解作用。

**10.256 血管活性肽 vasoactive peptide**

对血管有活性作用的肽类的泛称。包括血管活性肠收缩肽和血管活性肠肽等。

**10.257 血管舒张肽 vasodilatin**

能使血管舒张的多肽。心房血管舒张肽的活性组分,其基因工程产品曾用来治疗高血压。

**10.258 血管生成因子 angiogenic factor**

促进血管形成的一类天然物质。包括许多多肽,如酸性和碱性纤维生长因子、血管原蛋白、转化生长因子-α 和转化生长因子-β,以及一些脂质。

**10.259 血管生成蛋白 angiogenin**

最初从人腺癌培养细胞中分离的一种小分子蛋白质。能使新血管在活组织中生长。健康的非癌组织也产生这种小分子蛋白质,有 35% 的序列与胰核糖核酸酶同源。

**10.260 血管紧张肽原 angiotensinogen**

一种在肝脏中形成的球蛋白,是血管紧张肽的前体。经酶切得到十肽——血管紧张肽Ⅰ,再切去二肽,转换为八肽,即血管紧张肽Ⅱ。

**10.261 血管紧张肽 angiotensin, angiotonin**

由肝脏球蛋白产生的血管紧张肽Ⅰ和血管紧张肽Ⅱ的总称或任何一种。在高血压病人体内,其浓度很高。

**10.262 血管紧张肽Ⅰ angiotensin Ⅰ**

血管紧张肽Ⅱ的无活性的十肽前体。在血管紧张肽原酶催化反应中,从血管紧张肽原裂解的产物。

**10.263 血管紧张肽Ⅱ angiotensin Ⅱ**

在血清转化酶催化的反应中,从十肽前体——血管紧张肽Ⅰ水解去除两个氨基酸残基而成的一种活性八肽。是一种强有力的升压剂。

**10.264 胃酶解血管紧张肽 pepsitensin**

一种具有升高血压作用的血管紧张肽。

**10.265 蛙皮降压肽 sauvagine**

从青蛙皮肤分离的四十肽。类似于促肾上腺皮质素释放素和尾紧张肽Ⅰ。

**10.266 血小板[源性]生长因子 platelet-derived growth factor, PDGF**

贮存于血小板 α 颗粒中的一种碱性蛋白质。

是低分子量促细胞分裂素。能刺激停滞于 $G_0/G_1$ 期的成纤维细胞、神经胶质细胞、平滑肌细胞等多种细胞进入分裂增殖周期。

**10.267　施万细胞瘤源性生长因子　Schwannoma-derived growth factor**

具有表皮生长因子样结构域的生长因子。促进星形胶质细胞、施万细胞和成纤维细胞的有丝分裂。

**10.268　血清胸腺因子　serum thymic factor**

血清中的一种九肽。有与胸腺体液因子相似的生物学效应。

**10.269　性激素结合球蛋白　sex hormone binding globulin, SHBG**

又称"睾酮雌二醇结合球蛋白（testosterone-estradiol binding globulin, TEBG）"。血液中专一运载睾酮、雌二醇等性激素的糖蛋白。

**10.270　骨骼生长因子　skeletal growth factor, SGF**

刺激骨细胞生长的大分子蛋白质。

**10.271　斯坦尼钙调节蛋白　Stanniocalcin, STC**

从硬骨鱼的斯坦尼（Stannius）小体分离到的调节钙磷代谢的糖蛋白激素。人的斯坦尼钙调节蛋白含 274 个氨基酸残基，与鱼的斯坦尼钙调节蛋白有 73% 的同源性。能降低血钙、升高血磷。

**10.272　类固醇［激素］受体　steroid［hormone］receptor**

类固醇激素作用的靶细胞内能识别并与其结合，从而引起生物效应的蛋白质。激素-受体复合体作为转录因子与激素应答元件结合，使特异基因易于或不易表达。

**10.273　类固醇受体超家族　steroid receptor superfamily**

一类与类固醇激素结合并介导其效应的胞内受体。包括糖皮质激素受体、性激素受体、甲状腺激素受体、维甲酸受体、维生素 $D_3$ 受体等。通过激活基因转录起作用，其 DNA 结合结构域都含有 2 个 Cys2/Cys2 型锌指模体，可识别 DNA 上的激素应答元件。

**10.274　类固醇受体辅激活物　steroid receptor coactivator**

在类固醇激素-受体复合体进入细胞核与 DNA 结合调节转录时，与转录因子结合成复合体激活转录的辅助因子。在靶细胞内辅激活物与辅阻遏物处于动态平衡，协同调节基因的转录活性。

**10.275　盐皮质［激］素受体　mineralocorticoid receptor, MR**

一组细胞质受体，介导脱氧皮质酮和醛固酮刺激钠离子潴留和钾离子排泄，发挥调节水盐代谢的作用。

**10.276　α 雌激素受体　α-estrogen receptor**

类固醇激素受体家族中最重要的一员，是激素调节的转录因子的重要代表，在女性生殖组织的生长分化及肿瘤的发生发展、预后中起非常重要的作用。

**10.277　细胞因子信号传送阻抑物　suppressor of cytokine signaling, SOCS**

对白介素-6 和其他细胞因子应答而迅速被诱导的蛋白质家族，在胞内信号转导途径中起詹纳斯激酶的负反馈调节子的作用，本家族的所有蛋白质都含有一个中心 SH2 域结构。与詹纳斯激酶结合蛋白相似或相同。

**10.278　血小板生成素　thrombopoietin, TPO**

刺激巨核细胞生长及分化的内源性细胞因子，对巨核细胞生成的各阶段均有刺激作用，包括前体细胞的增殖和多倍体巨核细胞的发育及成熟。人的血小板生成素，由 332 个氨基酸残基组成，有 2 个结构域，其 N 端结构域与红细胞生成素同源，是维持生物活性所必需；其羧端结构域有 6 个潜在的糖基化位点，此区有广泛的种属特异性，与稳定性有关。

**10.279 转化生长因子** transforming growth factor, TGF

能使正常表型细胞变成转化态的两个超家族细胞因子，包括转化生长因子-α 和转化生长因子-β。转化生长因子-α 在一级序列和三维构象上都和表皮生长因子相似，并与表皮生长因子的受体结合，而与转化生长因子-β 的结构并不相关。与表皮生长因子不同的是转化生长因子-α 在胎儿和成人组织中广泛表达。

**10.280 转化生长因子-β** transforming growth factor-β

一个广泛分布的生长因子家族，包含有结构相关的肽类生长因子，至少有三种形式：TGF-$\beta_1$，TGF-$\beta_2$，TGF-$\beta_3$。与类胰岛素生长因子-α（IGF-α）协同作用能刺激或抑制细胞生长。这些因子的超家族又可分为主要两大类：激活蛋白/抑制素、骨形态发生蛋白等。

**10.281 脾白细胞激活因子** tuftsin

又称"促吞噬肽"。产生于脾脏的一种刺激和增强免疫反应的四肽激素，由 IgG 重链 Fc 段裂解而成。能调理增强中性粒细胞的吞噬作用，也能激活自然杀伤细胞和巨噬细胞，能诱导巨噬细胞中的一氧化氮合酶，呈抗肿瘤和抗菌活性。

**10.282 肿瘤坏死因子** tumor necrosis factor, TNF

一种由巨噬细胞对细菌感染或其他免疫源反应自然产生的细胞因子。与干扰素协同作用可杀死肿瘤细胞。

**10.283 肿瘤血管生长因子** tumor angiogenesis factor, TAF

从肿瘤中释放启动赘生性细胞团血管生成的一组物质，一旦肿瘤中开始有血管生成，肿瘤的生长将会更加迅速，也更容易转移。

**10.284 血管细胞黏附分子** vascular cell adhesion molecule, VCAM

即 CD106。免疫球蛋白超家族中的细胞黏附分子。表达于内皮细胞、巨噬细胞、树突状细胞、成纤维细胞和成肌细胞，其表达可被炎症调节因子（如白介素-1β、白介素-4、α 肿瘤坏死因子、γ 干扰素等）上调，是整合素 VLA4 的配体。

**10.285 血管内皮生长因子** vascular endothelial growth factor, VEGF

属血小板源性生长因子家族的生长因子，刺激血管内皮细胞的有丝分裂和血管的发生，提高单层内皮的通透性，能与胎盘生长因子形成异二聚体。有很多具组织特异性的不同剪接产物，如 VEGF121、VEGF165、VEGF-C 等。

**10.286 内皮细胞源性血管舒张因子** endothelium-derived relaxing factor, EDRF

一个重要的信号分子和神经递质。可由神经元和其他细胞从左旋精氨酸通过一氧化氮合酶合成。·N＝O 能与多种靶分子反应，有广泛生物学作用。

**10.287 红细胞克吕佩尔样因子** erythroid Krüppel-like factor, EKLF

红细胞特异性转录激活剂，为成熟 β 珠蛋白的高表达所必需。

**10.288 抑咽侧体神经肽** allatostatin

昆虫咽侧体产生的多肽激素。能可逆地抑制保幼激素的分泌，在其他物种中也能发现类似的多肽。

**10.289 促咽侧体神经肽** allatotropin

昆虫神经多肽。在成虫中能刺激保幼激素的生物合成和分泌，在幼虫中能抑制消化道上皮细胞的离子主动运输。在某些昆虫中与消化道和心脏的收缩有关。

**10.290 类花生酸** eicosanoid

又称"类二十烷酸"。花生四烯酸及所有源于该物质的化合物的集合名称。包括前列腺素、凝血噁烷、前列环素、白三烯和脂氧素等。普遍存在,具有多种生物活性,如参与平滑肌的收缩或舒张、血小板聚集及炎症反应。

**10.291 凝血噁烷 thromboxane, TX**
又称"血栓烷"。一类由花生四烯酸衍生的化合物。其环状结构与前列腺素不同,含有六环醚(氧丙环)。最早是从血小板中分离得到,具有刺激血小板凝集和平滑肌收缩的作用。

**10.292 白三烯 leukotriene**
一组来自花生四烯酸或其他非饱和脂肪酸的非环状生物活性分子。由白细胞等对刺激的应答而形成。能引起气管平滑肌收缩、刺激血管通透性、吸引及激活白细胞,与哮喘及过敏有关。

**10.293 前列环素 prostacyclin, PGI$_2$**
花生四烯酸(二十碳四烯酸)的一种衍生物。与前列腺素相关,含有一个次级五元环,是血小板凝集作用的一种抑制剂,并有强烈的血管舒张作用。

**10.294 前列腺素 prostaglandin, PG**
由含一个五元环的二十碳不饱和脂酸衍生而来的一组生物活性物质。按双键位置、个数或羟基位置、有无内过氧化结构等,分为PGA ~ PGI 九类。有降低血压、平滑肌收缩、调节炎症反应、促进血凝、免疫应答和对抗其他激素的作用。

**10.295 前列腺烷酸 prostanoic acid**
一种含有一个五元环的 20 个碳原子的脂肪酸。是前列腺素、前列环素和凝血噁烷等的母体化合物。

**10.296 前列腺素类激素 prostanoid**
由含 20 个碳原子的前列腺烷酸衍生的化合

物的总称。包括前列腺素、前列环素、凝血噁烷等。

**10.297 保幼激素 juvenile hormone, JH**
又称"咽侧体激素"。昆虫幼虫期分泌的一种激素,由变构的直链类异戊二烯组成。可促进幼虫发育,是由咽侧体的神经内分泌结构产生的。

**10.298 蜕壳激素 eclosion hormone**
昆虫的多肽激素。在蜕皮的后期出现,并有助于老化表皮的脱落。

**10.299 滞育激素 diapause hormone**
由蚕的食管下神经节产生的多肽激素。作用于卵巢,引起滞育作用。

**10.300 蝗速激肽 locustatachykinin**
从蝗虫脑及心侧体-咽侧体分离纯化的肽。具有促进前肠和输卵管肌肉收缩的作用。

**10.301 蜚蠊激肽 leucokinin**
最初从蜚蠊如蟑螂分离到的一种神经肽。能活化某些昆虫器官的钙依赖的信号传递,刺激肠蠕动和尿液分泌,介导钠、钾离子的主动运输。

**10.302 蜚蠊焦激肽 leucopyrokinin, LPK**
昆虫中的神经肽。活性中心是一个五肽片段(FTPRL-NH$_2$),其类似物[2 ~ 8]LPK 作用于大鼠中枢神经系统的阿片样受体,发挥镇痛作用。

**10.303 鞣化激素 bursicon**
昆虫腹神经节分泌的一种蛋白质激素。控制刚蜕皮的昆虫角质层鞣化和黑化及内表皮沉积。

**10.304 环境激素 environmental hormone, endocrine disruptor**
一类来源于环境中的能干扰生物内分泌功能的物质。对体内激素的生成、释放、输送、代谢、结合或消除过程起干扰作用。如二噁英、多氯联苯类化合物、某些杀虫剂、除草剂和某些农药等。

**10.305　促醛固酮激素　adrenoglomerulotropin，AGTH**

全称"促肾上腺球状带细胞激素"。刺激肾上腺皮质球状带细胞产生醛固酮的内分泌素。存在于哺乳动物和鸟类脑组织中,化学成分是1-甲基-6-甲氧基-1,2,3,4-四氢-2-二氮芴,多种类似物也有这种生物活性。

**10.306　外分泌腺　eccrine gland**

向外分泌分泌物的腺体。如唾液腺、汗腺。

**10.307　胞内分泌　intracrine**

内分泌细胞的信息物质不分泌出来,原位作用该细胞质内的效应器上的现象。如血液循环中的无活性激素前体,在该激素所作用的靶细胞中转化成为活性激素的形式并发挥作用。肿瘤细胞中的芳香化酶能使血循环中的雄激素转化为雌激素,这些原位转化给治疗雌激素依赖性肿瘤带来困难。

**10.308　内分泌　endocrine**

由无导管腺体产生的一种或几种激素,直接分泌到血液中,通过血液循环运输到靶细胞,促进其生理、生化应答的现象。

**10.309　自分泌　autocrine**

作用于分泌该激素细胞自身的激素,发挥兴奋、抑制或调控分泌的功能,是内分泌细胞自我调控的一种方式。如胰腺 β 细胞释放的胰岛素能抑制同一细胞进一步释放胰岛素。

**10.310　旁分泌　paracrine**

体内某些细胞能分泌一种或数种化学介质,如生长因子、一氧化氮等,此类信息物质不进入血液循环,而是通过扩散作用影响其邻近细胞的现象。

**10.311　神经分泌　neurocrine**

神经元分泌肽类激素或其他神经递质的方式,是一种特殊的旁分泌方式。神经激素可沿神经细胞轴突借轴质流动运送至神经末梢而释放。

**10.312　远距[离]分泌　telecrine**

大多数激素经血液运输至远距离的靶组织而发挥作用的分泌方式。

**10.313　交配素　gamone**

由配子产生的一种植物性激素。具有化学趋化性,促进受精作用。

**10.314　信息素　pheromone**

由生物体产生并释放的一种微量化学物质。可对同种生物的另一个体诱发生理反应。如昆虫的外激素。

**10.315　信号素　alarmone**

细菌中的一种信号分子,类似于多细胞生物的激素,对各种环境应激的一种反应。有诱导终止蛋白质合成和核糖体核糖核酸基因转录的功能,通过控制许多生化反应以调节代谢。

**10.316　互利素　synomone**

又称"互益素"。一个机体产生的能影响另一种生物个体行为,并对生产者和接受者都有益的化合物。

**10.317　利他素　kairomone**

又称"益它素"。一个机体产生的能影响另一种生物个体行为,并对接受者有益的化合物。

**10.318　利己素　allomone**

又称"益己素"。一种生物体产生的能影响另一种生物个体行为,但只对该化合物生产者有某些益处的化合物。

**10.319　趋化物　chemotaxin**

能诱导白细胞从低浓度化学吸引素的区域移动到高浓度区的物质。在机体炎症反应中调节吞噬细胞的趋化性。其中一种由补体释放。

**10.320　应激激素　stress hormone**
机体为了应激而产生的激素。随致激因子的不同而不同。脑垂体-甲状腺-肾上腺轴所产生的激素与应激密切相关。许多神经内分泌因子、细胞因子和免疫调节因子都参与其中。植物也有应激激素。

**10.321　系统素　systemin**
(1)从番茄叶提纯的一种十八肽。在番茄及马铃薯中能调节两个创伤诱导型蛋白酶抑制物基因的表达。(2)参与植物抗性相关基因表达的信号转导的小分子物质。

**10.322　转移因子　transfer factor, TF**
通过从冻融致敏的 T 细胞获得的一种可透析的因子。能加强动物的免疫力,可以将延迟过敏反应能力从一个个体(包括人和动物)转移到另一个体。

**10.323　植物激素　phytohormone**
植物体内合成的对植物生长发育有显著作用的几类微量有机化合物。已知有七类:脱落酸、植物生长素、细胞分裂素、乙烯、赤霉素、寡糖素和油菜固醇内酯。

**10.324　植物生长调节剂　plant growth regulator**
植物中调节生长及其他功能的激素类物质。主要分为三类:植物生长素类、细胞分裂素类和赤霉素类。

**10.325　植物生长素　auxin**
由具分裂和增大活性的细胞区产生的调控植物生长方向的激素。其化学本质是吲哚乙酸。主要作用是使植物细胞壁松弛,从而使细胞增长,在许多植物中还能增加 RNA 和蛋白质的合成。

**10.326　赤霉素　gibberellin**
广泛存在的一类植物激素。其化学结构属于二萜类酸,由四环骨架衍生而得。可刺激叶和芽的生长。已知的赤霉素类至少有 38 种。

**10.327　细胞分裂素　cytokinin, kinetin**
又称"细胞激动素"。从玉米或其他植物中分离到的一种 $N_6$-异戊烯腺嘌呤。在植物根部产生的一类促进胞质分裂的物质,促进多种组织的分化和生长。与植物生长素有协同作用。

**10.328　玉米素　zeatin**
曾称"玉米因子(maize factor)"。从玉米嫩籽中分离出的第一种存在于高等植物中的天然细胞分裂素。

**10.329　吲哚-3-乙酸　indole-3-acetic acid, IAA**
简称"吲哚乙酸"。一种能调节植物生长和发育的植物激素。

**10.330　脱落酸　abscisic acid, ABA, abscisin, dormin**
学名:丙烯基乙基巴比妥酸。高等植物的一种激素。由类胡萝卜素降解形成,有阻遏赤霉酸及细胞分裂素促进生长的作用;与叶子的衰老、果实的脱落等有关。

**10.331　乙烯　ethylene**
最简单的烯烃,一种气态的植物激素。主要使植物横向增长,促使果实成熟和花的枯萎。

**10.332　寡糖素　oligosaccharin**
一类由多糖降解得到的具有调节植物细胞功能的寡糖。包括分支的葡七糖和寡聚半乳糖醛酸。已被用于植物病害的防治。

**10.333　菜籽固醇内酯　brassinolide**
又称"菜籽素"。促进生长的植物激素,属固醇类多羟基衍生物。和动物的类固醇激素相似,有特定受体,能调节特定基因的表达,在植物细胞分裂、胚的形成和发育中起重要作用。能提高小麦、谷类、大豆、菠菜、柑橘等植物对环境应激的耐受力和产量。

**10.334 植物蜕皮素** phytoecdysone
存在于植物中的蜕皮素。可能与抗虫害有关。

**10.335 开花激素** anthesin, flowering hormone
一种在植物中合成并与花的形成有关的激素。

**10.336 茉莉酸** jasmonic acid, JA
存在于所有高等植物中的植物激素。是植物对病原性微生物和虫害防御反应的关键激素,能调节高等植物的发育、应答外界刺激、调节基因表达。

**10.337 水杨酸** salicylic acid, SA
又称"邻羟基苯甲酸"。植物的次生代谢产物,由苯甲酸经羟基化而生成或由反式肉桂酸通过侧链 β 氧化而生成。在植物体内以游离态和葡糖苷的形式存在。有生理调节作用,如诱导开花及抗病性等。

**10.338 愈伤酸** traumatic acid
植物细胞膜受损后,由膜中十八碳不饱和脂肪酸(如亚油酸和亚麻酸)生成,是愈伤反应的重要信号分子,能诱导相关基因的转录。

**10.339 愈伤激素** wound hormone
(1)机体受到创伤后脑垂体-甲状腺-肾上腺轴产生的多种激素。(2)能影响机体创伤愈合的某些激素。如选择性雌激素受体调节剂可以阻止破骨细胞的破坏性冲击。植物也有愈伤激素。

**10.340 维生素** vitamin
生物的生长和代谢所必需的微量有机物。分为脂溶性维生素和水溶性维生素两类。前者包括维生素 A、维生素 D、维生素 E、维生素 K 等,后者有 B 族维生素和维生素 C。人和动物缺乏维生素时不能正常生长,并发生特异性病变,即所谓维生素缺乏症。

**10.341 脂溶性维生素** lipid-soluble vitamin, fat-soluble vitamin
溶于有机溶剂而不溶于水的一类维生素。包括维生素 A、维生素 D、维生素 E 及维生素 K。

**10.342 水溶性维生素** water-soluble vitamin
能在水中溶解的一组维生素。包括复合维生素 B 以及一些其他维生素(如维生素 C 和维生素 P)。大多数都能作为辅酶的组成部分发挥作用。

**10.343 维生素原** provitamin, previtamin
天然存在的维生素前体,在动物体内可转变成有生理活性维生素的物质。

**10.344 维生素 A** vitamin A
又称"视黄醇(retinol)"。所有 β 紫萝酮衍生物的总称。一种在结构上与胡萝卜素相关的脂溶性维生素。有维生素 $A_1$ 及维生素 $A_2$ 两种。与类胡萝卜素不同,具有很好的多种全反式视黄醇的生物学活性。为某些代谢过程,特别是视觉的生化过程所必需。

**10.345 类视黄醇** retinoid
维生素 A 及其类似物的一个集合专用术语。

**10.346 视黄醛** retinal
维生素 A 的醛式。视黄醛-1 是维生素 $A_1$ 的醛式,视黄醛-2 是维生素 $A_2$ 的醛式。

**10.347 视黄酸** retinoic acid
简称"维甲酸"。又称"维生素 $A_1$ 酸"。视黄醇的醇基被氧化成羧基的酸。在实验室中能诱导某些癌细胞的分化转化。

**10.348 3-脱氢视黄醇** 3-dehydroretinol
曾称"维生素 $A_2$"。全反式视黄醇的第 3 位脱氢衍生物,是维生素 A 族的原型化合物,具有维生素 A 活性。

**10.349 视黄酸受体** retinoic acid receptor, RAR

属于核受体超家族,包括 α、β、γ 三种。RAR-β 又分 β₁、β₂、β₃、β₄ 等。通过与其配体结合调节靶基因转录,从而发挥各种生物学效应。在介导细胞生长和凋亡方面起重要作用。

**10.350 视黄醇结合蛋白质 retinol-binding protein, RBP**
又称"维甲醇结合蛋白质"。结合并转运维生素 A 的一种血浆蛋白。维生素 A 以反式视黄醇形式与之结合后成为水溶性物质,从肝脏转运到肝外组织并保护它不被氧化。

**10.351 类胡萝卜素 carotenoid**
链状或环状含有 8 个异戊间二烯单位、四萜烯类头尾连接而成的多异戊间二烯化合物。是一类不溶于水的色素,存在于植物和有光合作用的细菌中,在光合作用过程中起辅助色素的作用。

**10.352 链孢红素 neurosporene**
类胡萝卜素家族的成员,化学成分为:7,8-二氢-$\psi$-胡萝卜素。存在于蕃茄、南瓜、胡萝卜等植物中,由去饱和酶作用于八氢蕃茄红素而产生。

**10.353 番茄红素 lycopene, licopin**
番茄中的红色素,是胡萝卜素的母体化合物。

**10.354 叶黄素 phytoxanthin, carotenol, carotol**
又称"胡萝卜醇"。血浆中几种主要类胡萝卜素之一,平均分布在高密度脂蛋白和低密度脂蛋白之中。食物中的叶黄素酯在小肠中经胆汁和胰脂酶的共同作用而生成叶黄素,被小肠黏膜吸收。

**10.355 β 胡萝卜素 β-carotene**
又称"维生素 A 原"。烃链类胡萝卜素,是维生素 A 的前体。在动物体内每个 β 胡萝卜素分子可分裂产生两分子维生素 A。

**10.356 复合维生素 B vitamin B complex**
一类水溶性维生素,包括烟酸、核黄素、硫胺素、叶酸、泛酸、吡哆醇、生物素和钴胺酰胺等。胆碱、硫辛酸、肌醇和对氨基苯甲酸也可归为 B 族维生素。大多数 B 族维生素作为辅酶的成分。

**10.357 维生素 B₁ vitamin B₁**
又称"硫胺素(thiamine)","抗神经炎素(aneurin)"。B 族维生素之一,辅酶形式是焦磷酸硫胺素(TPP)。缺乏它会引起脚气病,也可能涉及神经组织中阴离子通道的调节,与抗神经炎有关。

**10.358 硫色素 thiochrome**
又称"脱氧硫胺"。由硫胺素通过温和的碱性氧化反应生成的一种蓝色荧光化合物。适用于硫胺素的定量分析。

**10.359 维生素 B₂ vitamin B₂**
又称"核黄素(riboflavin)"。在自然界分布广泛的一种维生素。是哺乳动物必需的营养物,其辅酶形式是黄素单核苷酸和黄素腺嘌呤二核苷酸。

**10.360 泛酸 pantothenic acid**
曾称"维生素 B₃"。辅酶 A 和酰基载体蛋白的组成部分。辅酶 A 参与糖、脂肪和蛋白质的代谢,在脂肪酸合成时,酰基载体蛋白起重要作用。

**10.361 叶酸 folic acid, pteroyl-glutamic acid**
又称"蝶酰谷氨酸"。广泛分布的一种 B 族维生素。其辅酶形式是四氢叶酸的一些衍生物,在一碳单位的代谢中起作用。

**10.362 蝶酸 pteroic acid**
叶酸结构的一部分,由蝶呤与对氨基苯甲酸相连而成。

**10.363 四氢叶酸 tetrahydrofolic acid, THF**
一种还原型叶酸,是辅酶形式的叶酸的母体

化合物。此辅酶在一碳化合物的代谢中起重要作用。

**10.364　烟酸　nicotinic acid, niacin**
曾称"尼克酸","维生素$B_5$"。学名:吡啶3-羧酸。可由烟碱[1-甲基-2-(3-吡啶基)吡咯烷]氧化而制得的一种B族维生素,与烟酰胺一起合称为维生素PP。缺乏此维生素则引起糙皮病,含烟酸的辅酶有$NAD^+$或$NADP^+$两型。烟酸是B族维生素中唯一能在动物组织中合成的一种维生素(由色氨酸合成)。

**10.365　烟酰胺　nicotinamide, niacinamide**
曾称"尼克酰胺"。烟酸的酰胺化合物。烟酰胺通过ATP作用,形成$NAD^+$(辅酶Ⅰ)或$NADP^+$(辅酶Ⅱ),在许多生物氧化、还原反应中起传递电子和质子的作用。

**10.366　维生素$B_6$　vitamin $B_6$**
所有呈现吡哆醛生物活性的3-羟基-2-甲基吡啶衍生物的总称。主要是吡哆醛、吡哆胺和吡哆醇,在自然界广泛分布,其磷酸化形式是氨基酸代谢过程的辅酶,如转氨酶的辅酶。

**10.367　吡哆醛　pyridoxal**
维生素$B_6$的醛型结构,维生素$B_6$的一种形式。与吡哆胺、吡哆醇合称为维生素$B_6$。

**10.368　磷酸吡哆醛　pyridoxal phosphate**
维生素$B_6$的辅酶形式,参与氨基酸代谢中的转氨基作用。

**10.369　吡哆胺　pyridoxamine**
吡哆醇的含胺结构,与吡哆醛、吡哆醇合称为维生素$B_6$。

**10.370　吡哆醇　pyridoxine**
维生素$B_6$的醇型结构,与吡哆醛、吡哆胺合称为维生素$B_6$。也是许多微生物培养中重要的生长因子。

**10.371　维生素$B_{12}$　vitamin $B_{12}$**
又称"钴胺素(cobalamin)","氰钴胺素(cyanocobalamin)"。所有呈现氰钴胺素生物活性的类咕啉的总称。是含钴的维生素,胃肠道对其吸收不良将引起恶性贫血。维生素$B_{12}$的辅酶形式是钴胺酰胺。

**10.372　硫辛酸　lipoic acid**
属于维生素B的一类化合物,是一些微生物的生长因子。在某些多酶系统中起辅因子作用,如丙酮酸脱氢酶多酶复合物中的硫辛酰氨转乙酰基酶的辅基就是硫辛酸,参与丙酮酸氧化脱羧形成乙酰辅酶A,α酮戊二酸的氧化脱羧反应等。

**10.373　吡咯并喹啉醌　pyrroloquinoline quinone, PQQ**
一种新发现的B族维生素。参与赖氨酸代谢,动物体内赖氨酸降解为2-氨基己酸半缩醛(AAS),继而氧化成2-氨基己酸(AAA)过程中,AAS脱氢酶是吡咯并喹啉醌依赖的。吡咯并喹啉醌缺乏小鼠生长缓慢,皮肤变脆易损,免疫功能低下,生育能力降低。

**10.374　生物素　biotin**
曾称"维生素H"。复合维生素B的一种。在羧化、脱羧和转羧化反应中起辅酶作用。能与蛋白质、核酸共价结合,在许多生化技术中作为标志物,生物素-抗生物素蛋白系统在抗体、激素、核酸等研究中有重要作用。

**10.375　维生素C　vitamin C**
又称"抗坏血酸(ascorbic acid)"。显示抗坏血酸生物活性的化合物的通称,是一种水溶性维生素,水果和蔬菜中含量丰富。在氧化还原代谢反应中起调节作用,缺乏它可引起坏血病。

**10.376　维生素D　vitamin D**
能呈现胆钙化固醇(维生素$D_3$)生物活性的所有类固醇的总称,是脂溶性维生素类。影响钙、磷的吸收和贮存,有预防和治疗佝偻病的功效。

**10.377　1,25-二羟胆钙化醇　1,25-dihydroxycholecalciferol**
又称"钙动用激素（calcium mobilizing hormone）"。人类维生素 D 的活化型。由 7-脱氢胆固醇经肝和肾脏联合作用生成，作为钙动员激素，刺激钙离子的吸收和无机磷酸盐透过小肠壁，导致血清钙离子和无机磷酸盐浓度升高。

**10.378　维生素 $D_2$　vitamin $D_2$**
又称"麦角钙化［固］醇（ergocalciferol）"，"钙化固醇（calciferol）"。由麦角固醇经紫外线照射生成的一种化合物。具有维生素 D 活性。

**10.379　维生素 $D_3$　vitamin $D_3$**
又称"胆钙化［固］醇（cholecalciferol）"。活性的 7-脱氢胆固醇。由 7-脱氢胆固醇经紫外线照射后生成。实际上它是一种激素原，本身无活性，需先在肝脏中代谢成 25-羟胆钙化醇，再在肾脏进一步羟基化后才有活性。

**10.380　25-羟胆钙化醇　25-hydroxycholecalciferol**
即：25-羟基-$D_3$。由维生素 $D_3$ 在肝脏中被羟化生成。肾脏再将其转变为 $1\alpha$,25-二羟基-$D_3$ 和 24,25-二羟基-$D_3$。这两种二羟基代谢物与靶器官的核受体结合，发挥生物效应。

**10.381　7-脱氢胆固醇　7-dehydrocholesterol**
又称"维生素 $D_3$ 原（provitamin $D_3$）"。在体内由胆固醇脱去 C-7 及 C-8 上的氢而形成。多存在于皮肤内，经紫外线照射可转变为维生素 $D_3$。

**10.382　麦角固醇　ergosterol**
一种植物固醇。在动物体内起维生素 D 前体的作用，经紫外线照射后可产生维生素 $D_2$。

**10.383　维生素 E　vitamin E**
又称"生育酚（tocopherol）"。一组脂溶性维生素，包括生育酚类、三烯生育酚类。都有抗氧化功能，为动物正常生长和生育所必需。

**10.384　维生素 K　vitamin K**
显示抗出血活性的一组化合物，是 2-甲基-1,4-萘醌及其衍生物的总称。包括维生素 $K_1$、维生素 $K_2$、维生素 $K_3$，为形成活性凝血因子 II、凝血因子 VII、凝血因子 XI 和凝血因子 X 所必需。缺乏维生素 K 时会使凝血时间延长和引起出血病症。

**10.385　叶绿基甲萘醌　phytylmenaquinone**
简称"叶绿醌（phylloquinone）"。又称"维生素 $K_1$"。学名：2-甲基-3-叶绿基-1,4-萘醌。从绿色植物中提取得到，从细菌中提取的则是在 C-3 位上以多异戊烯基代替叶绿基。参与凝血酶原从无活性至有活性的转变。血浆凝血因子 VII、凝血因子 IX 和凝血因子 X 的生物合成也依赖于这类维生素。

**10.386　甲萘醌　menadione**
又称"维生素 $K_3$"。学名：2-甲基-1,4-萘醌。人工合成的一类维生素 K。

**10.387　甲基萘醌　menaquinone**
又称"维生素 $K_2$"。学名：2-甲基-3-六异戊二烯-1,4-萘醌（2-methyl-3-hexaprenyl-1,4-naphthaquinone）。抗出血维生素。存在于细菌中，具 1～13 个异戊二烯残基。

**10.388　维生素 PP　vitamin PP**
烟酸和烟酰胺的总称。

**10.389　异戊二烯　isoprene**
学名：2-甲基 1,3-丁二烯。一种五碳化合物。存在于某些生化上重要化合物的结构中，如泛醌、维生素 A 和维生素 K。

**10.390　类异戊二烯　isoprenoid**

两个或多个异戊二烯单位或异戊二烯衍生物的化合物,属于或与异戊二烯相关的化合物。

**10.391　异戊二烯化　isoprenylation, preny-lation**

简称"戊二烯化"。利用多异戊二烯焦磷酸将多异戊二烯与另一化合物结合的过程。

如泛醌合成中存在这类反应。

**10.392　硫辛酰基　lipoyl**

硫辛酸的酰基,是某些辅酶的组成成分。

**10.393　硫辛酰赖氨酸　lipoyllysine**

一个硫辛酸分子通过其羧基与赖氨酸残基的 ε 氨基所形成的二肽样结构。是某些酶的构成部分,硫辛酰在其中起辅酶的作用。

# 11．新 陈 代 谢

**11.001　新陈代谢　metabolism**

简称"代谢"。生物体从环境摄取营养物转变为自身物质,同时将自身原有组成转变为废物排出到环境中的不断更新的过程。

**11.002　能量代谢　energy metabolism**

新陈代谢的化学变化中所偶联的能量变化。是维持生命活动及维持体温的能量来源。

**11.003　合成代谢　anabolism**

生物体内成分合成过程的统称。

**11.004　生物合成　biosynthesis**

生物体各种物质合成过程的统称。

**11.005　分解代谢　catabolism**

生物体内复杂大分子降解成简单分子的物质代谢过程。

**11.006　中间代谢　intermediary metabolism**

细胞内的全部中间反应过程。

**11.007　同化［作用］　assimilation**

生物体吸收外界成分并转化成为自身成分。如摄取营养物转变成细胞内有功能的成分。

**11.008　异化［作用］　dissimilation**

体内成分通过代谢生成非机体本身所需要的物质。如体内成分降解成代谢废物而排出体外的过程。

**11.009　基础代谢　basal metabolism**

动物处于安静、活动降至最低时的能量代谢。

**11.010　酸碱代谢　acid-base metabolism**

生物体内各种酸性或碱性物质的代谢。

**11.011　降解　degradation**

大分子有机物通过共价键断裂而分解成较小片段的过程。

**11.012　分解代谢物　catabolite**

通过分解代谢而产生的降解产物。

**11.013　分解代谢物阻遏　catabolite repression**

分解代谢物与特定的调控蛋白结合,而能阻遏某些操纵子的基因表达的现象。

**11.014　有氧代谢　aerobic metabolism**

有氧条件下,各种物质的氧化代谢过程。

**11.015　有氧呼吸　aerobic respiration**

生物在有氧条件下进行呼吸,包括底物氧化及能量产生的代谢过程。

**11.016　无氧呼吸　anaerobic respiration**

生物在无氧条件下进行呼吸,包括底物氧化及能量产生的代谢过程。

**11.017　呼吸商　respiratory quotient, RQ**

营养物质氧化过程中生成的二氧化碳与所消耗的氧量的容积比值。

**11.018 非蛋白质呼吸商** non-protein respir-
atory quotient，NPRQ

除蛋白质外，物质氧化过程中生成的二氧化碳与所消耗氧量的容积比值。从整体总耗氧量和二氧化碳生成量减去蛋白质分解所需的氧耗量和二氧化碳生成量，可求出非蛋白质呼吸商。

**11.019 生物氧化** biological oxidation

物质在生物体内的一系列氧化过程。主要为机体提供可利用的能量。

**11.020 生物转化** biotransformation

外源物质（包括药物、毒物等）进入体内后，通过肝脏等进行多种化学变化，使其成为易于排出体外的过程。

**11.021 代谢途径** metabolic pathway

多种代谢反应相互连接起来，完成物质的分解或合成。如糖酵解通路。

**11.022 两用代谢途径** amphibolic pathway

既可用于代谢物分解又可用于合成的代谢途径。如三羧酸循环。

**11.023 代谢库** metabolic pool

参与代谢的物质在组织及体液中的总和。如氨基酸代谢库。

**11.024 代谢酶** metabolic enzyme

参与代谢反应的酶的统称。

**11.025 代谢物** metabolite

参与代谢的各种物质的统称。

**11.026 初生代谢物** primary metabolite

维持细胞生命活动所必需基本代谢物。如糖类、脂质、蛋白质及核酸等。

**11.027 次生代谢物** secondary metabolite

非生长发育所必需的小分子有机化合物。其生成与分布通常有中枢、器官组织和生长发育期的特异性。植物中有酚类、黄酮类、萜类、皂苷等。

**11.028 抗代谢物** antimetabolite

干扰细胞正常代谢过程的物质。

**11.029 代谢率** metabolic rate

物质进行代谢的速率。

**11.030 代谢区室** metabolon

代谢通路中某些酶形成的疏松的复合体三维结构。底物可通过其间通道进入而进行代谢反应。如三羧酸循环酶系、色氨酸合成酶系等。

**11.031 代谢调节** metabolic regulation

使代谢按一定的范围与速度进行，可通过酶活性或含量的改变而调节，也可进一步在细胞水平乃至整体水平进行神经体液的调节。

**11.032 终产物抑制** end-product inhibition

代谢通路的终产物对该通路中关键酶活性的抑制作用。协调该通路进行的速率。

**11.033 正反馈** positive feedback

反馈系统中，系统的输出可以强化输入的情况。作为代谢反应，产物通过正反馈可以进一步加强代谢的进行。

**11.034 负反馈** negative feedback

反馈系统中，系统的输出控制输入，调整过度行为的情况。物质代谢中代谢终产物常可抑制整个代谢途径的进行，以利于代谢稳态发展，为典型的负反馈。

**11.035 拟反馈抑制** pseudo-feedback inhibi-
tion

根据反馈抑制的原理，用人工合成的产物类似物来反馈抑制代谢通路。如6-巯基鸟嘌呤核苷酸可抑制嘌呤核苷酸的合成。

**11.036 协同反馈抑制** cooperative feedback
inhibition，concerted feedback inhibi-
tion

由两个或多个终产物产生的对一种酶的反馈抑制。两个终产物同时存在的混合物引起的抑制作用大于任何一个终产物以相同的总比浓度单独存在时所引起的抑制作用。

### 11.037 初生代谢 primary metabolism
活性细胞维持生长、生存的代谢活动的总称。

### 11.038 次生代谢 secondary metabolism
次生代谢物的合成与分解代谢过程。

### 11.039 排氨型代谢 ammonotelism
动物以氨作为氮代谢主要排泄产物的代谢类型。如淡水鱼。

### 11.040 排尿素型代谢 ureotelism
动物中氮代谢最终产物以尿素为主的代谢类型。人和其他哺乳类即属此型。

### 11.041 排尿酸型代谢 uricotelism
动物中氮代谢的最终产物以尿酸为主排泄出体外的代谢类型。爬虫类及鸟类属此种类型。

### 11.042 从头合成 *de novo* synthesis
从最原始的原料合成生物分子的反应过程。

### 11.043 补救途径 salvage pathway
对一些分解代谢的中间产物进行重新利用的代谢途径。以利于生物体能经济而有效地利用现存物质,保持代谢平衡。如腺苷用于合成嘌呤核苷酸。

### 11.044 回补反应 anaplerotic reaction
又称"添补反应"。补充生成某些成分以利于重要代谢通路的进行。如三羧酸循环中通过多种方式生成草酰乙酸,以利于乙酰辅酶A进入三羧酸循环降解。

### 11.045 关键步骤 committed step
物质代谢的多酶体系依次连续催化反应中,反应总速度的改变取决于催化活性最低的步骤。

### 11.046 限速步骤 rate-limiting step
多反应体系组成的代谢通路中,反应的总速率取决于系统中速度最慢的反应步骤,此步骤即为限速步骤。

### 11.047 底物循环 substrate cycle
一对相反方向的反应同时进行所形成的循环。如糖酵解中果糖-6-磷酸的磷酸化生成果糖-1,6-双磷酸,与果糖-1,6-双磷酸水解成果糖-6-磷酸连续进行。在代谢通路上是无效循环,可导致发热或可增强代谢信号的作用。

### 11.048 级联发酵 cascade fermentation
连续激活的发酵过程,使发酵作用快速进行。

### 11.049 旁路途径 alternative pathway
物质代谢过程中,某一物质主要代谢通路以外的其他代谢途径。

### 11.050 代谢工程 metabolic engineering
通过基因工程的方法改变细胞的代谢途径。

### 11.051 代谢偶联 metabolic coupling
使两种或多种代谢反应偶联,而完成一定的生物功能。如磷酸化反应与生物氧化偶联成氧化磷酸化。

### 11.052 醛醇缩合 aldol condensation
一化合物的醇基与另一化合物的醛基之间进行缩合反应,形成共价 − C − C − 连接的过程。如糖异生中3-磷酸甘油醛与磷酸二羟丙酮缩合成果糖-1,6-双磷酸的过程,从而形成六碳糖。

### 11.053 醛胺缩合 aldimine condensation
带醛基的化合物与带氨基的化合物通过醛基与亚氨基缩合成希夫碱而进行共价交联的过程。如胶原合成过程中,肽链中赖氨酸残基的 ε 氨基氧化为醛基,可与另一肽链中赖氨酸的 ε 氨基进行的缩合反应,以形成肽链间的交联键,以稳定胶原结构。

**11.054　酮-烯醇互变异构　keto-enol tautomerism**

一些单纯有机化合物在溶液中存在其酮式或烯醇式异构体,是由快速互变产生的。

**11.055　内酯　lactone**

同一有机化合物中的羧基与羟基相互作用脱水而形成的酯。如葡糖酸内酯。

**11.056　甲基化　methylation**

从活性甲基化合物(如 *S*-腺苷基甲硫氨酸)上催化其甲基转移到其他化合物的过程。可形成各种甲基化合物,或是对某些蛋白质或核酸等进行化学修饰形成甲基化产物。

**11.057　脱甲基作用　demethylation**

从甲基化合物中脱去甲基的反应过程。

**11.058　乙酰化　acetylation**

乙酰基从乙酰辅酶 A 转移到其他化合物的过程。

**11.059　乙酰辅酶 A　acetyl-CoA**

乙酰基的活化形式,参与各种乙酰化反应,也是糖类、脂肪、氨基酸氧化时的重要中间产物。

**11.060　脱乙酰作用　deacetylation**

从乙酰化的化合物上脱去乙酰基的反应过程。

**11.061　转乙酰基作用　transacetylation**

将乙酰辅酶 A 上的乙酰基转移到一些接受体上,而生成相应乙酰化合物的反应过程。

**11.062　转酰基作用　transacylation**

酰基在化合物之间转移过程。如脂酰基从脂酰辅酶 A 转移到甘油-3-磷酸而生成脂酰甘油酯。

**11.063　巯基乙胺　mercapto-ethylamine**

辅酶 A 的组成成分。借其巯基与多种化合物的酰基结合而进行各种转酰基作用。

**11.064　脱羧作用　decarboxylation**

从各种羧酸化合物(如氨基酸、二羧酸或三羧酸等)脱去其羧基,而释出二氧化碳。

**11.065　脱水作用　dehydration**

从化合物分子中脱去水分子。

**11.066　氧化还原反应　oxidation-reduction reaction, redox**

电子从还原剂转移到氧化剂的过程,是化学上及生物化学上最常见的化学反应之一。代谢中的氧化还原反应有:脱氢氧化、脱电子氧化或直接加氧等。氧化与还原是同时进行的。

**11.067　脱氢作用　dehydrogenation**

一种氧化方式,从化合物中除去氢而转给受氢体的化学反应。

**11.068　脱氮作用　denitrification**

又称"反硝化作用"。在无氧条件下,土壤细菌利用硝酸盐,将硝酸盐转变为空气中的氮,是将固定氮转变为氮气的过程。

**11.069　氨基化　amination**

又称"胺化"。化合物加上氨基的过程。

**11.070　氨化[作用]　ammonification**

有机物降解生成氨的反应。如细菌作用于蛋白质而产生氨。

**11.071　脱氨作用　deamination**

从氨基化合物(如氨基酸)脱去其氨基的过程。

**11.072　转氨基作用　transamination**

氨基在化合物之间的转移过程。如许多氨基酸氧化脱氨时,常先与 α 酮戊二酸进行转氨基作用。

**11.073　转亚氨基作用　transimidation**

带亚氨基的化合物与氨基进行的交换反应。如谷氨酸脱氢酶催化脱氢时形成的亚氨基二羧酸中间产物,可与酶中赖氨酸残基上 ε

氨基进行转亚氨基作用,将 ε 氨基成氨释出,同时形成与酶蛋白以亚氨基结合的中间产物,然后再分解释出 α 酮戊二酸。

**11.074　氧化脱氨作用　oxidative deamination**
体内氨基酸代谢脱氨的主要方式,可通过氨基酸氧化酶或转氨酶与谷氨酸脱氢酶的联合脱氨作用完成。产物是与氨基酸相应的 α 酮酸。

**11.075　联合脱氨作用　transdeamination**
氨基酸氧化脱氨时,常先通过转氨基作用将氨基转移到 α 酮戊二酸生成谷氨酸,再进一步氧化脱氨,是转氨基作用与脱氨作用的联合。

**11.076　去磷酸化　dephosphorylation**
从磷酸化修饰的化合物去除磷酸基团的反应。通常由一些磷酸酶催化而完成。

**11.077　磷酸酯转移　phosphoester transfer**
磷酸酯在化合物间的转移,可形成新的化合物,以完成各种代谢反应。内含子核酶通过鸟苷酸自剪接即属于此种反应。

**11.078　磷酸解　phosphorolysis**
加入磷酸盐使化合物分解的作用。如磷酸化酶使糖原分解,产生葡糖-1-磷酸。

**11.079　转酯基作用　transesterification**
化合物酯键的置换而产生新酯键形成化合物的过程。如自剪接去除内含子的作用,就是通过转酯作用而完成的。

**11.080　转羟基作用　transhydroxylation**
羟基在化合物中转移以产生新的羟基化合物的过程。如焦性没食子酚(脱羧焦性没食子酸)可通过转羟基酶催化而生成间苯三酚。

**11.081　转糖基作用　transglycosylation**
将糖基供体上活化的糖基或单糖转移到糖基接受体的过程。糖基的活化形式主要是核苷酸糖,少数是磷酸长萜醇糖。

**11.082　转肽基作用　transpeptidylation**
将肽链从一个化合物转移到另一化合物的过程。如核糖体进行肽链合成时,可将供给位(肽酰位)上的转移核糖核酸(tRNA)肽链转移到接纳位(氨酰位)上新 tRNA-氨基酸上,缩合成新的肽链。

**11.083　转硫酸基作用　transsulfation**
从 3′-磷酸腺苷-5′-磷酰硫酸中将硫酸基转移到各种结合底物上的过程。如芳香族酚类或类固醇化合物的硫酸化,或糖类、蛋白质的硫酸化。

**11.084　3′-磷酸腺苷-5′-磷酰硫酸　3′-phosphoadenosine-5′-phosphosulfate, PAPS**
硫酸基的活化形式。参与各种硫酸化结合反应。

**11.085　一碳单位　one carbon unit**
仅含一个碳原子的基团。如甲基、甲烯基、甲炔基、甲酰基(甲醛基)及亚胺甲基等,通常与四氢叶酸结合在一些化合物之间转移,且可互相转变。

**11.086　一碳代谢　one carbon metabolism**
一碳单位各成分从一种化合物转移到另一化合物或相互转变的代谢过程。通常与四氢叶酸结合而转移或转变。

**11.087　碳同化　carbon assimilation**
生物体利用二氧化碳固定到细胞内形成各种含碳化合物的同化过程。

**11.088　膜消化　membrane digestion**
特指胃肠道上皮细胞膜上的酶对食物的消化过程。

**11.089　生醇发酵　alcoholic fermentation**
生物体中由糖类产生乙醇等醇类物质的发酵过程。

**11.090  无氧发酵  anaerobic fermentation**
在无氧条件下糖类进行生醇发酵的过程。

**11.091  糖酵解  glycolysis**
葡萄糖或糖原在组织中进行类似发酵的降解反应过程。最终形成乳酸或丙酮酸,同时释出部分能量,形成 ATP 供组织利用。

**11.092  有氧糖酵解  aerobic glycolysis**
有氧条件下进行糖酵解的过程。产物丙酮酸可进一步氧化。

**11.093  巴斯德效应  Pasteur effect**
巴斯德发现的有氧氧化抑制糖的无氧酵解的作用。是有氧氧化产生了较多的 ATP 抑制了糖酵解的一些酶所致,有利于能源物质的经济利用。

**11.094  葡糖效应  glucose effect**
大肠杆菌培养时只加入葡萄糖,可使乳糖操纵子受阻遏蛋白作用而丧失其基因表达能力。

**11.095  葡糖-6-磷酸  glucose-6-phosphate**
葡萄糖进入细胞后通过磷酸化而形成的产物。可进一步进行其代谢。磷酸基连接在葡萄糖的第 6 位碳原子上,也可在肝脏中脱磷酸而释放葡萄糖。

**11.096  葡糖-1-磷酸  glucose-1-phosphate**
葡萄糖进行酵解或糖原降解时形成的中间产物。磷酸基连在葡萄糖的第 1 位碳原子上。

**11.097  果糖-6-磷酸  fructose-6-phosphate**
糖酵解的中间产物,或由果糖磷酸化而生成。可进一步进行糖酵解。

**11.098  果糖-1,6-双磷酸  fructose-1,6-bi-sphosphate**
又称"果糖-1,6-二磷酸(fructose-1,6-diphos-phate)"。糖酵解重要中间产物。由 ATP 转磷酸至果糖-6-磷酸在第 1 位碳原子上而生

成。可进一步参与糖酵解。

**11.099  果糖-2,6-双磷酸  fructose-2,6-bis-phosphate**
又称"果糖-2,6-二磷酸(fructose-2,6-diphosphate)"。果糖-6-磷酸激酶的强别构激活剂。体内由果糖-6-磷酸在第 2 位碳原子上磷酸化而生成。

**11.100  甘油醛-3-磷酸  glyceraldehyde-3-phosphate**
又称"3-磷酸甘油醛(3-phosphoglyceralde-hyde)"。糖酵解通路以及磷酸戊糖通路中重要的中间产物。

**11.101  磷酸二羟丙酮  dihydroxyacetone phosphate**
糖酵解中间产物。由果糖 1,6-双磷酸裂解产生,参与磷脂酸及脂肪的合成,可进一步转变为甘油醛-3-磷酸。

**11.102  甘油酸-3-磷酸  glycerate-3-phosphate**
又称"3-磷酸甘油酸(3-phosphoglycerate)"。糖酵解及卡尔文循环的重要中间产物。

**11.103  磷酸烯醇丙酮酸  phosphoenolpyruvic acid, phosphoenolpyruvate, PEP**
糖酵解及糖异生的重要中间产物。酵解中可转变为丙酮酸,糖异生时则可由草酰乙酸脱羧生成,再逆向成糖。

**11.104  丙酮酸  pyruvic acid**
糖类和大多数氨基酸分解代谢过程中的重要中间产物。

**11.105  烯醇丙酮酸  enolpyruvic acid**
丙酮酸的异构体,可自动转化成丙酮酸。

**11.106  乳酸  lactic acid**
又称"α羟基丙酸"。无氧糖酵解的终产物。是由乳酸脱氢酶的作用使丙酮酸还原而生成的。

**11.107 2,3-双磷酸甘油酸** 2,3-bisphospho-glycerate, 2,3-BPG

曾称"2,3-二磷酸甘油酸（2,3-diphospho-glycerate, 2,3-DPG）"。成熟红细胞糖酵解途径中的支路产物。易与血红蛋白结合而降低血红蛋白与氧的亲和力。

**11.108 2,3-双磷酸甘油酸支路** 2,3-bisphosphoglycerate shunt

糖酵解中产生的1,3-双磷酸甘油酸通过2,3-双磷酸甘油酸再生成3-磷酸甘油酸的过程。

**11.109 多元醇** polyol

含有多羟基的醇。如乙二醇、甘油、山梨醇等。

**11.110 戊糖磷酸途径** pentose-phosphate pathway

又称"己糖磷酸支路（hexose monophosphate shunt）"，"葡糖酸磷酸支路（phosphogluconate shunt）"。葡萄糖在动物组织中降解代谢的重要途径之一。其循环过程中，磷酸己糖先氧化脱羧形成磷酸戊糖及NADPH，磷酸戊糖又可重排转变为多种磷酸糖酯；NADPH则参与脂质等的合成，磷酸戊糖是核糖来源，参与核苷酸等合成。

**11.111 三羧酸循环** tricarboxylic acid cycle

又称"柠檬酸循环（citric acid cycle）"，"克雷布斯循环（Krebs cycle）"。体内物质糖类、脂肪或氨基酸有氧氧化的主要过程。通过生成的乙酰辅酶A与草酰乙酸缩合生成柠檬酸（三羧酸）开始，再通过一系列氧化步骤产生$CO_2$、NADH及$FADH_2$，最后仍生成草酰乙酸，进行再循环，从而为细胞提供了降解乙酰基而提供产生能量的基础。由克雷布斯（Krebs）最先提出。

**11.112 柠檬酸** citric acid

三羧酸循环中从草酰乙酸与乙酰辅酶A首先合成的三羧酸化合物。

**11.113 顺乌头酸** cis-aconitic acid

三羧酸循环中重要的三羧酸中间产物，在柠檬酸转变为异柠檬酸时生成。

**11.114 异柠檬酸** isocitric acid

三羧酸循环中的重要中间产物，由柠檬酸经顺乌头酸转变生成，再进一步参与循环。

**11.115 α酮戊二酸** α-ketoglutaric acid

谷氨酸氧化脱氨的产物。在三羧酸循环中参与循环，是重要的中间产物。

**11.116 草酰琥珀酸** oxalosuccinic acid

三羧酸循环中的中间产物。异柠檬酸脱氢时产生，结合在酶分子上自发脱羧则生成α酮戊二酸。

**11.117 琥珀酸** succinic acid

三羧酸循环中重要的四碳二羧酸中间产物。也是某些氨基酸的降解物。

**11.118 延胡索酸** fumaric acid

又称"反丁烯二酸"。三羧酸循环中的二羧酸中间产物之一。

**11.119 苹果酸** malic acid

三羧酸循环中重要的中间产物，是四碳的羟基丁二酸。在苹果酸-天冬氨酸循环中也起重要的作用。

**11.120 草酰乙酸** oxaloacetic acid

三羧酸循环的启动物质，依靠草酰乙酸与乙酰辅酶A缩合成柠檬酸而进行循环。可由丙酮酸羧化而生成，也可由一些氨基酸脱氨后生成，可通过糖异生途径而成糖。

**11.121 草酸** oxalic acid

人体中维生素C的一种代谢物。甘氨酸氧化脱氨而生成的乙醛酸，如进一步代谢障碍也可氧化成草酸，甚至可与钙离子结合沉淀而致尿路结石。各种植物都含有草酸，以菠菜、茶叶中含量多。可从草酰乙酸水解，异柠檬酸降解等方式生成。

**11.122 乙醛酸循环 glyoxylate cycle**

在异柠檬酸裂解酶的催化下,异柠檬酸被直接分解为乙醛酸,乙醛酸又在乙酰辅酶A参与下,由苹果酸合成酶催化生成苹果酸,苹果酸再氧化脱氢生成草酰乙酸的过程。

**11.123 乙醛酸支路 glyoxylate shunt**

多种细菌和植物中,三羧酸循环中产生的异柠檬酸可裂解生成乙醛酸,再与乙酰辅酶A缩合成苹果酸,重新参与三羧酸循环的支路。

**11.124 乙醛酸循环体 glyoxysome**

植物细胞中进行乙醛酸支路循环的细胞器。

**11.125 糖原分解 glycogenolysis**

从糖原解聚生成葡萄糖的细胞内分解过程,由糖原磷酸化酶等催化完成。

**11.126 糖原生成 glycogenesis**

从葡萄糖聚合成糖原的生物合成过程。

**11.127 糖异生 gluconeogenesis**

体内从非糖类物质如氨基酸、丙酮酸、甘油等合成葡萄糖的代谢,是维持血糖水平的重要过程。

**11.128 葡萄糖-丙氨酸循环 glucose-alanine cycle**

肝脏释出的葡萄糖以血糖形式进入肌肉,进行酵解而产生的丙酮酸,可通过与支链氨基酸的转氨基作用而生成丙氨酸,重新进入肝脏,通过糖异生而形成葡萄糖的循环过程。

**11.129 卡尔文循环 Calvin cycle**

又称"光合碳还原环(photosynthetic carbon reduction cycle)"。20世纪50年代卡尔文(Calvin)等人提出的高等植物及各种光合有机体中二氧化碳同化的循环过程。由核酮糖-1,5-双磷酸羧化酶/加氧酶催化核酮糖-1,5-双磷酸的羧化而形成甘油酸-3-磷酸的循环,产生的磷酸果糖可在叶绿体中产生淀粉。

**11.130 核酮糖双磷酸 ribulose bisphosphate**

卡尔文循环中作为二氧化碳接受体的主要中间产物,进而生成甘油酸-3-磷酸,再生成糖。

**11.131 甘油酸途径 glycerate pathway**

植物中丝氨酸在过氧化物酶体生成甘油酸,再磷酸化后进入叶绿体卡尔文循环的过程。

**11.132 $C_4$ 二羧酸途径 $C_4$ dicarboxylic acid pathway**

$C_4$ 植物中,空气二氧化碳进入细胞先生成草酰乙酸,经苹果酸、天冬氨酸等二羧酸,再释放二氧化碳经卡尔文循环而固定。

**11.133 景天科酸代谢 crassulacean acid metabolism, CAM**

景天科植物的绿色组织夜间吸收二氧化碳形成苹果酸等有机酸,白天则释放二氧化碳通过卡尔文循环而还原成糖的代谢方式。

**11.134 脂肪生成 lipogenesis**

从进食吸收的脂肪酸或体内合成的脂肪酸与3-磷酸甘油缩合成三酰甘油的过程。

**11.135 脂酰辅酶A acyl-coenzyme A, acyl CoA**

脂肪酸与辅酶A的硫醇脂化合物,是脂肪酸参与代谢的活化形式。

**11.136 丙二酸 malonic acid**

含三个碳原子的二羧酸,是琥珀酸脱氢酶的竞争性抑制剂。由丙二酸构成的丙二酰辅酶A是脂肪酸合成的活性形式。

**11.137 丙二酰辅酶A malonyl CoA**

又称"丙二酸单酰辅酶A"。脂肪酸合成时,逐步参入乙酰基的活化形式。由乙酰辅酶A通过二氧化碳固定而生成。

**11.138 脂解 lipolysis**

脂肪酶作用于脂肪而释放出游离脂肪酸的过程。

**11.139 β氧化 β-oxidation**

脂肪酸氧化生成乙酰辅酶A的途径。脂肪酸活化成脂酰辅酶A后,逐步氧化脱下乙酰辅酶A。每次氧化从β碳原子开始,故名。

**11.140 肉碱 carnitine**

黄粉虫(*Tenebrio molitor*)的生长因子。高等动物中以蛋白质中的赖氨酸残基作为原料,在肝肾内合成。作为脂酰载体可将脂酰基转运到线粒体内进行β氧化,或转运到线粒体外参与脂肪合成,是脂酸代谢的重要载体,缺乏时可致脂肪堆积乃至心肌功能障碍。

**11.141 烯脂酰辅酶A enoyl CoA**

脂肪酸氧化中,脂酰辅酶A氧化时脂酰链中产生带有双键的中间产物。

**11.142 酮脂酰辅酶A ketoacyl CoA**

脂肪酸β氧化的中间产物,在脂酰基β位带有酮基。

**11.143 生酮作用 ketogenesis**

脂肪酸或生酮氨基酸在分解代谢时产生酮体。

**11.144 酮体 ketone body**

饥饿或糖尿病时肝中脂肪酸大量氧化而产生乙酰辅酶A后缩合生成的产物。包括乙酰乙酸、β羟丁酸及丙酮。

**11.145 乙酰乙酸 acetoacetic acid**

脂肪酸β氧化时,乙酰辅酶A的缩合产物,是酮体的三个组成之一。

**11.146 β羟丁酸 β-hydroxybutyric acid**

由乙酰乙酸还原产生的化合物,是酮体的三个组成之一。

**11.147 丙酮 acetone**

由乙酰乙酸脱羧生成的酮,是酮体的三个组成之一

**11.148 脂质过氧化物 lipid hydroperoxide**

不饱和脂肪酸链经自由基或活性氧作用后形成带有过氧基的脂质。

**11.149 丙二醛 malondialdehyde**

多不饱和脂肪酸过氧化物的降解产物。与脂蛋白交联有毒性作用。

**11.150 脂褐素 lipofuscin**

脂质过氧化物易降解为丙二醛,再与蛋白质氨基结合而使脂质与蛋白质交联,形成黄褐色的色素颗粒。神经细胞中出现时可导致神经退行性变化。

**11.151 类固醇生成 steroidogenesis**

从甲羟戊酸等前体生成各种类固醇化合物的过程。

**11.152 β-羟[基]-β-甲戊二酸单酰辅酶A β-hydroxy-β-methylglutaryl-CoA, HMG-CoA**

物质代谢中重要的中间产物。由3分子乙酰辅酶A缩合而成。裂解时可生成酮体;还原时可生成甲羟戊酸,是动植物中萜类、固醇类化合物的前体。植物中不少次生代谢产物或激素由此产生,如赤霉素、脱落酸等,动物体内则合成胆固醇及各种类固醇激素等。

**11.153 甲羟戊酸 mevalonic acid**

学名:3-甲基-3,5-二羟基戊酸。乙酰辅酶A缩合成β-羟基-β-甲戊二酰辅酶A(HMG-CoA)后,经还原并脱去辅酶A而产生,是合成胆固醇等类固醇的重要中间产物。在植物中则参与合成赤霉素、脱落酸等物质。

**11.154 甲羟戊酸-5-焦磷酸 mevalonate-5-pyrophosphate**

甲羟戊酸经激酶催化而成的活化产物,可进一步脱羧形成异戊烯焦磷酸。动物中参与形成鲨烯,乃至最终合成胆固醇及其他类固醇化合物等;植物中则可合成多种萜类化合物如皂苷、胡萝卜素、赤霉素等。此类产物

十分丰富,已知约超过 2 万种。

**11.155　3-羟-3-甲戊醛酸　mevaldic acid**
甲羟戊酸的氧化产物,β-羟基-β-甲基戊二酰辅酶 A(HMGCoA)还原成甲羟戊酸时的中间产物。

**11.156　异戊烯焦磷酸　isopentenyl pyrophosphate,IPP**
固醇类或多萜类化合物生物合成的前体中间代谢物,由甲羟戊酸激活后脱羧而产生。

**11.157　γ,γ-二甲丙烯焦磷酸　γ,γ-dimethylallyl pyrophosphate**
由甲羟戊酸激活、脱羧生成的五碳焦磷酸化合物。可进一步与异戊烯焦磷酸缩合,逐步扩大碳链长度而形成各种长度的萜类,乃至鲨烯,为固醇化合物的合成奠定基础。

**11.158　牻牛儿[基]焦磷酸　geranylpyrophosphate**
胆固醇或多萜类化合物如赤霉素、胡萝卜素等生物合成中的二甲辛二烯焦磷酸中间产物,由异戊烯焦磷酸缩合生成。

**11.159　法尼[基]焦磷酸　farnesyl pyrophosphate,FPP**
在胆固醇和一些多萜类化合物生物合成中形成的 3,7,11-三甲基十二碳-2,6,10-三烯焦磷酸(15 碳倍半萜)中间产物,可进一步合成鲨烯及各种固醇类化合物。植物中则可合成赤霉素、紫杉醇、胡萝卜素、棉酚等。

**11.160　胆汁酸　bile acid**
胆固醇在肝中降解的代谢产物,是胆汁的重要成分,有助于脂质在肠道的消化吸收。从来源上可分为初级胆汁酸和次级胆汁酸。

**11.161　初级胆汁酸　primary bile acid**
胆固醇在肝细胞内分解生成的具有二十四碳的胆汁酸。包括胆酸和鹅脱氧胆酸及其与甘氨酸和牛磺酸的结合产物。

**11.162　次级胆汁酸　secondary bile acid**
由初级胆汁酸在肠道中经细菌作用氧化生成的胆汁酸。包括脱氧胆酸、熊脱氧胆酸和石胆酸及其与甘氨酸和牛磺酸的结合产物。

**11.163　胆酸　cholic acid**
学名:3α,7α,12α-三羟胆烷酸。一种初级胆汁酸。在人体胆汁中含量最丰富的胆汁酸。在胆汁中以甘氨酸或牛磺酸结合成甘胆酸或牛磺胆酸的形态存在。

**11.164　鹅脱氧胆酸　chenodeoxycholic acid,CDCA**
学名:3α,7α-二羟胆烷酸。胆汁酸中含量较多的一种初级胆汁酸。

**11.165　脱氧胆酸　deoxycholic acid**
次级胆汁酸之一。由胆酸经肠道细菌还原,脱去 7α-羟基而产生。

**11.166　熊脱氧胆酸　ursodeoxycholic acid**
次级胆汁酸之一,由鹅脱氧胆酸经肠菌转化生成,使 7α-羟基转为 7β-羟基,含量少,可进一步还原为石胆酸。

**11.167　石胆酸　lithocholic acid**
次级胆汁酸之一,鹅脱氧胆酸的代谢物。在肠道细菌作用下,由鹅脱氧胆酸进行 7α-脱氧而生成的 3α-羟胆烷酸,大多随粪便排出,重吸收过多时对肝有毒性。

**11.168　胆碱　choline**
一种强有机碱,是卵磷脂的组成成分,也存在于神经鞘磷脂之中,是机体可变甲基的一个来源。在体内参与合成乙酰胆碱或组成磷脂酰胆碱等。

**11.169　磷酰胆碱　phosphorylcholine,PC**
胆碱的活化形式。通过相应激酶催化 ATP 提供磷酸基而合成,以备进一步合成磷脂酰胆碱。

**11.170　肌醇三磷酸　inositol triphosphate,**

IP$_3$

重要的细胞内第二信使,由磷脂酰肌醇-4,5-二磷酸水解产生,参与信号转导。

**11.171　贝壳杉烯　kaurene**

赤霉素的前体。在植物生长及发育的组织中由牻牛儿牻牛儿焦磷酸(GGPP)环化而合成。为四环的双萜化合物。

**11.172　棉酚　gossypol**

酚性棉毒素,是通过棉花中倍半萜(十五碳)的法尼基焦磷酸环化后合成的次生代谢产物。

**11.173　甘草皂苷　glycyrrhizin**

又称"甘草甜素"。属三萜类皂苷,是甘草的重要成分,为次生代谢产物。

**11.174　氮循环　nitrogen cycle**

大气中氮分子通过细菌固氮生成氨,在土壤中经硝化生成硝酸盐,再由植物产生一些氨基酸,为动物利用,并代谢形成尿素或氨等排泄物的循环过程。

**11.175　氮平衡　nitrogen equilibrium, nitrogen balance**

机体从食物中摄入氮与排泄氮之间的关系。正常成人食入的蛋白质等含氮物质可以补偿含氮物质代谢产生的含氮排泄物。

**11.176　固氮　nitrogen fixation**

分子氮经自然界的固氮生物(如各种固氮菌)固氮酶的催化而转化成氨的过程。是氮循环的重要阶段。

**11.177　泛素化　ubiquitination**

泛素 C 端甘氨酸残基通过酰胺键与目的蛋白的赖氨酸残基的 ε 氨基结合。参与蛋白质降解和功能调控等。

**11.178　氨基酸代谢库　amino acid metabolic pool**

体内分布于各组织及体液中参与代谢的游离氨基酸的总和。可作贮存或被利用。

**11.179　氨基氮　amino nitrogen**

各种氨基化合物(主要是氨基酸)中所含氮的总量。

**11.180　非蛋白质氮　non-protein nitrogen, NPN**

血液中除蛋白质外其他含氮化合物中的氮总量。由尿素、氨基酸、肌酸、尿酸和氨等的含氮量组成。

**11.181　鸟氨酸循环　ornithine cycle**

又称"尿素循环(urea cycle)"。肝中合成尿素的代谢通路。由氨及二氧化碳与鸟氨酸缩合形成瓜氨酸、精氨酸,再由精氨酸分解释出尿素。此过程中鸟氨酸起了催化尿素产生的作用,故名。

**11.182　鸟氨酸　ornithine**

一种 α 氨基酸,由精氨酸降解脱去尿素而产生,是鸟氨酸循环的起始物质。不直接参与蛋白质生物合成。

**11.183　尿素　urea**

又称"脲"。人体或其他哺乳动物中含氮物质代谢的主要最终产物,由氨与二氧化碳通过鸟氨酸循环而缩合生成,主要随尿排出。

**11.184　尿素生成　ureogenesis**

通过鸟氨酸循环而产生尿素的过程。

**11.185　氨甲酰鸟氨酸　carbamyl ornithine**

鸟氨酸循环中,将氨甲酰磷酸中的氨甲酰基转移到鸟氨酸上形成的中间产物,即瓜氨酸。

**11.186　氨甲酰磷酸　carbamyl phosphate**

线粒体中氨与二氧化碳在 ATP 供能条件下预先合成的活性氨甲酰基化合物。利于鸟氨酸循环的启动。细胞液中则由谷氨酰氨与二氧化碳在 ATP 供能时合成氨甲酰磷酸以启动嘧啶核苷酸的合成。

**11.187　精氨[基]琥珀酸　argininosuccinic acid**

鸟氨酸循环的中间产物,由瓜氨酸与天冬氨酸缩合形成,可进一步释出延胡索酸而生成精氨酸。

**11.188　一氧化氮　nitric oxide，NO**

属细胞内信使,由一氧化氮合酶催化精氨酸而生成。为自由基,在平滑肌松弛、感觉传入,乃至学习记忆中有重要作用。一氧化氮能促使心血管扩张。

**11.189　多胺　polyamine**

体内含有多个氨基的链状化合物。包括腐胺、亚精胺和精胺。精液及肿瘤组织中多,可促进细胞增殖。植物中主要存在于分生组织中,有刺激细胞分裂、生长和防止衰老的作用。

**11.190　腐胺　putrescine**

鸟氨酸在肠菌作用下的脱羧产物。体内也能经鸟氨酸脱羧生成,属多胺。

**11.191　亚精胺　spermidine**

又称"精脒"。鸟氨酸脱羧产生的腐胺与 $S$-腺苷甲硫氨酸降解产生的丙胺基结合而生成,属多胺。

**11.192　精胺　spermine**

亚精胺进一步与丙胺基结合而生成的另一种多胺。

**11.193　马尿酸　hippuric acid**

苯甲酸在体内与甘氨酸的结合而产生的苯甲酰甘氨酸,可随尿排出。

**11.194　乙醛酸　glyoxylic acid**

甘氨酸经氧化酶作用而生成,可再氧化成草酸而随尿排出。植物及细菌中可经异柠檬酸裂解而产生。

**11.195　甘油酸　glyceric acid**

甘油氧化形成的三碳醇酸,是丝氨酸降解的中间产物。磷酸化后生成甘油酸 3-磷酸,可进一步异生成糖或进一步参与糖酵解。

**11.196　肌酸　creatine**

学名:$N$-甲基胍乙酸。由精氨酸、甘氨酸及甲硫氨酸在体内合成,为肌肉等组织中贮存高能磷酸键的物质。

**11.197　胍乙酸　guanidinoacetic acid**

由精氨酸转移其脒基到甘氨酸而生成,为肌酸前体,再由甲硫氨酸提供甲基即形成肌酸。

**11.198　肌[酸]酐　creatinine**

肌酸的脱水产物。可由磷酸肌酸分解产生,是肌酸的排泄形式,随尿排出。

**11.199　甜菜碱　betaine**

学名:$N$-三甲基甘氨酸。胆碱的氧化代谢产物,去甲基后可生成甘氨酸。

**11.200　肌氨酸　sarcosine**

学名:$N$-甲基甘氨酸。胆碱或甜菜碱脱去末端两个甲基的产物,可进一步脱甲基生成甘氨酸。

**11.201　乙醇酸　glycollic acid**

光合碳循环中产生的 1,5-二磷酸核酮糖,经氧化脱磷酸后的产物,可进一步代谢形成甘氨酸及丝氨酸。

**11.202　羟基磷酸丙酮酸　hydroxypyruvate phosphate**

通过磷酸甘油酸生成丝氨酸的中间产物,进一步转氨基即形成丝氨酸。

**11.203　α 酮丁酸　α-ketobutyric acid**

体内苏氨酸的脱水产物,也是甲硫氨酸降解中胱硫醚分解时的中间产物。

**11.204　丙酰辅酶 A　propionyl coenzyme A**

丙酸参与代谢的活化形式,由甲硫氨酸、异亮氨酸降解时产生,再进一步转变为琥珀酰辅酶 A,进入三羧酸循环代谢。

**11.205 甲基丙烯酰辅酶 A methacrylyl-CoA**
缬氨酸降解的代谢中间产物,可进一步转变成甲基丙二酰辅酶 A、琥珀酰辅酶 A 而进入三羧酸循环。

**11.206 S-腺苷基甲硫氨酸 S-adenosylme-thionine, SAM**
由 ATP 提供腺苷而产生的活性甲硫氨酸,可转移其甲基到其他化合物而合成各种甲基化合物如肌酸、胆碱等,是甲基化作用的主要供体。

**11.207 S-腺苷基高半胱氨酸 S-adenosylho-mocysteine**
S-腺苷甲硫氨酸的脱甲基产物。

**11.208 胱硫醚 cystathionine**
甲硫氨酸降解过程中,脱甲基后产生的同型半胱氨酸与丝氨酸的缩合产物,是重要的中间产物,可进一步降解成半胱氨酸。

**11.209 磺基丙氨酸 cysteic acid**
半胱氨酸的氧化产物,进一步脱羧则生成牛磺酸。

**11.210 β 巯基丙酮酸 β-mercaptopyruvate**
半胱氨酸氧化脱氨的产物,可进一步代谢,其巯基可氧化成硫酸。

**11.211 牛磺酸 taurine**
又称"氨基乙磺酸"。半胱氨酸在体内氧化并脱羧的产物,可与胆汁酸结合生成胆汁盐。

**11.212 亚牛磺酸 hypotaurine**
牛磺酸的前体。半胱氨酸氧化为半胱亚磺酸后,在半胱亚磺酸脱羧酶作用下去二氧化碳的产物。

**11.213 二氨基庚二酸 diaminopimelic acid, DAP**
赖氨酸生物合成的前体。有些细菌的肽多糖中有此成分。

**11.214 醛赖氨酸 allysine**
胶原合成中,肽链中赖氨酸残基经氧化脱氨形成的产物。

**11.215 尸胺 cadaverine**
赖氨酸经细菌脱羧而产生的胺类物质。有尸臭。

**11.216 α 氨基己二酸 α-aminoadipic acid**
赖氨酸代谢产物,可进一步脱氨并氧化脱羧等步骤,最终产生酮体。

**11.217 硫辛酰胺 lipoamide**
硫辛酸与酶蛋白中赖氨酸残基侧链 ε 氨基结合而成的酰胺化合物。参与 α 酮酸的脱氢氧化。

**11.218 二氢硫辛酰胺 dihydrolipoamide**
α 酮酸脱氢酶复合体中转乙酰化酶的辅酶——硫辛酸与酶的赖氨酸残基结合,转移后释出的还原性硫辛酰胺。

**11.219 酵母氨酸 saccharopine**
赖氨酸与 α 酮戊二酸还原缩合而生成。高等动物中是赖氨酸降解的主要中间产物。在细菌中氧化后脱去 α 酮戊二酸又可生成赖氨酸

**11.220 尿黑酸 homogentisic acid**
学名:2,5-二羟苯乙酸。苯丙氨酸及酪氨酸分解代谢的重要中间产物。如不能进一步代谢则在尿中排出,可被空气氧化成黑色。

**11.221 延胡索酰乙酰乙酸 fumarylacetoace-tic acid**
苯丙氨酸或酪氨酸降解过程中经尿黑酸进一步氧化而产生的中间产物。可水解为延胡索酸及乙酰乙酸。

**11.222 苯乳酸 phenylactic acid**
苯丙氨酸脱氨后的代谢产物苯丙酮酸再还原生成。

**11.223 苯乙胺 phenylethylamine**

苯丙氨酸在脑中通过脱羧作用而生成。能诱导儿茶酚胺受体生成,有抗忧郁作用。可进一步氧化成苯乙醇胺。

**11.224　苯丙酮酸　phenylpyruvic acid**
苯丙氨酸经氧化脱氨基的产物。

**11.225　苯丙酮尿症　phenylketonuria, PKU**
由于缺乏苯丙氨酸羟化酶不能生成酪氨酸,大量苯丙氨酸脱氨后生成苯丙酮酸,随尿排出而患病,儿童患者可出现先天性痴呆。

**11.226　肉桂酸　cinnamic acid**
从肉桂皮或安息香分离出的有机酸。植物中由苯丙氨酸脱氨降解产生的苯丙烯酸。

**11.227　查耳酮　chalcone**
植物中由苯丙烷酸途径产生的香豆酰辅酶A经丙二酰辅酶A延长碳链再环化生成,是一些类黄酮植保素等的前体。

**11.228　黄酮　flavone**
一大类以苯色酮环为基础的酚类化合物。植物中由苯丙氨酸产生的肉桂酰辅酶A,经碳链延长环化生成的查耳酮,再衍生成的各种α苯基衍生物。其中有些可用于心血管病的治疗。

**11.229　异黄酮　isoflavone**
植物苯丙氨酸代谢过程中,由肉桂酰辅酶A侧链延长后环化形成以苯色酮环为基础的酚类化合物,其3-苯基衍生物即为异黄酮,属植物次生代谢产物。有些异黄酮是植保素,有些可用于心血管病的治疗。

**11.230　莽草酸　shikimic acid**
植物及微生物中,苯丙氨酸、酪氨酸及色氨酸生物合成时,从磷酸烯醇丙酮酸开始,与4-磷酸赤藓糖合成的三羟基芳香族中间产物。是各种芳香族化合物的来源,也是一些次生代谢产物的重要原料。

**11.231　多酚　polyphenol**

多羟基苯。如苯二酚、苯三酚等。常是植物及微生物中产生的酚类次生代谢产物。

**11.232　儿茶酚　catechol**
又称"邻苯二酚"。水果及蔬菜中通常存在的有机酚。是植物鞣质的成分,体内可氧化成醌。

**11.233　二氢生物蝶呤　dihydrobiopterin**
氧化型蝶呤辅助因子。苯丙氨酸羟化为酪氨酸时,辅助因子四氢生物蝶呤脱氢氧化而生成,经 NADPH 供氢又可还原为四氢生物蝶呤。有递氢作用。

**11.234　二氢蝶啶　dihydropteridine**
二氢还原型的蝶啶类化合物。如二氢生物蝶呤。

**11.235　酪胺　tyramine**
酪氨酸的肠菌脱羧产物。可促进神经系统释放去甲肾上腺素。

**11.236　章胺　octopamine**
学名:对羟基苯乙醇胺。酪氨酸经肠菌腐败而脱羧产生的酪胺,进一步在体内经β羟化而生成。结构类似儿茶酚胺,作为假神经递质可干扰儿茶酚胺功能而产生脑功能障碍。

**11.237　3,4-二羟苯丙氨酸　3,4-dihydroxy phenylalanine, DOPA**
简称"多巴"。酪氨酸氧化产物,可进一步生成黑色素或多巴胺、肾上腺素等。

**11.238　3,4-二羟苯乙胺　3,4-dihydroxy phenylethylamine**
简称"多巴胺(dopamine)"。由多巴脱羧而生成。神经递质之一,还可在肾上腺髓质进一步转变成肾上腺素及去甲肾上腺素。

**11.239　黑[色]素　melanin**
酪氨酸在黑素细胞中氧化为多巴,再氧化聚合形成的褐色颗粒。存在于皮肤、毛发等处。

**11.240 香草酸 vanillic acid**
学名:4-羟基-3-甲氧基苯甲酸。酪氨酸、儿茶酚胺的代谢产物。主要以硫酸酯结合型存在于尿中。

**11.241 香草扁桃酸 vanillylmandelic acid, VMA**
学名:4-羟基-3-甲氧基扁桃酸。肾上腺素及去甲肾上腺素经甲基化、氧化脱氨形成的最终产物,随尿排出。

**11.242 色胺 tryptamine**
色氨酸的肠菌脱羧产物。有高血压的作用,可进一步降解成吲哚等,为粪臭来源之一。

**11.243 5-羟色氨酸 5-hydroxytryptophane**
由色氨酸氧化生成,是产生5-羟色胺的中间产物。

**11.244 蟾毒色胺 bufotenine**
学名:*N*-二甲基-5-羟色胺。5-羟色胺的*N*-甲基化产物。人脑组织中可生成,有致幻作用。最初在蟾蜍中发现,故名。在其他无脊椎动物及一些植物中也存在。

**11.245 犬尿酸原 kynurenine**
学名:邻氨基苯甲酰丙氨酸。色氨酸分解代谢的重要中间产物,可进一步降解成犬尿酸、黄尿酸及邻氨基苯甲酸等。

**11.246 犬尿酸 kynurenic acid**
色氨酸分解代谢产物之一,由犬尿酸原脱氨后环化形成的杂环有机酸,随尿排出。

**11.247 吡啶甲酸 picolinic acid**
色氨酸分解代谢中多种产物之一。吡啶环上带有一个羧基,有络合金属离子的作用。

**11.248 黄尿酸 xanthurenic acid**
色氨酸代谢产物之一,由犬尿酸原氧化后脱氨生成,可随尿排出。

**11.249 邻氨基苯甲酸 anthranilic acid**
色氨酸降解产物之一,经犬尿酸原水解去除丙氨酸而生成。

**11.250 组胺 histamine**
组氨酸在体内脱羧而生成。有促进毛细血管舒张及胃液分泌等功能。

**11.251 组氨醇 histidinol**
细菌中合成组氨酸的前体,是通过ATP中腺嘌呤部分降解生成。其醇基氧化即生成组氨酸。

**11.252 尿刊酸 urocanic acid**
为咪唑丙烯酸,组氨酸在体内经组氨酸酶催化脱氨而产生。可进一步降解,释放亚氨甲酰基而生成谷氨酸。

**11.253 焦谷氨酸 pyroglutamic acid**
又称"5-氧脯氨酸(5-oxoproline)"。谷氨酸脱水产物。在某些多肽中氨基端谷氨酸的氨基与5-羧基脱水而成。在一些活性肽类的N端的谷氨酸,其侧链羧基与N端的氨基脱水后形成的环化衍生物。

**11.254 γ氨基丁酸 γ-aminobutyric acid, GABA**
抑制性神经递质,主要由谷氨酸脱羧生成。

**11.255 γ羧基谷氨酸 γ-carboxyl glutamic acid, Gla**
维生素K依赖的蛋白质如凝血酶原、骨钙蛋白等的谷氨酸残基经γ羧化,使其谷氨酸侧链末端再接上羧基而形成。因末端带有两个羧基,易与钙离子结合而发挥其生物功能。

**11.256 γ羧化 γ-carboxylation**
在谷氨酸侧链末端进行羧化形成γ羧基谷氨酸的过程。

**11.257 γ谷氨酰循环 γ-glutamyl cycle**
组织摄取氨基酸的转运机制。在小肠黏膜、肾小管及脑组织上,细胞膜外侧γ谷氨酰转肽酶,催化谷胱甘肽的γ谷氨酰基与膜外氨基酸结合而带入细胞内释放的过程。谷氨酰基则重新生成谷胱甘肽再进行循环。

**11.258 冠瘿碱 opine**
又称"冠瘿氨酸"。冠瘿细胞产生并分泌的一类氨基酸与糖的衍生物。能被农杆菌用做生长所需的碳源和氮源,有利于农杆菌的繁衍。已鉴定出20多种,如章鱼碱、甘露碱、亮氨碱、胭脂碱等。

**11.259 章鱼碱 octopine**
又称"章鱼氨酸"。一种冠瘿碱。由精氨酸和丙酮酸缩合形成。存在于植物冠瘿瘤中。

**11.260 胭脂碱 nopaline**
又称"胭脂氨酸"。学名:$N$-α-(1,3-二羧丙基)-L-精氨酸。一种冠瘿碱,是精氨酸与α酮戊二酸缩合形成的产物。作为一类农杆菌生长所需的碳源和氮源。

**11.261 鸟氨胭脂碱 ornaline**
又称"胭脂鸟氨酸(nopalinic acid)"。由鸟氨酸取代精氨酸而形成的胭脂碱样冠瘿碱。

**11.262 腺苷酸基琥珀酸 adenylosuccinate**
嘌呤核苷酸循环的中间产物,由肌苷酸与天冬氨酸缩合而成。降解时释出延胡羧酸而产生腺苷酸。

**11.263 嘌呤核苷酸循环 purine nucleotide cycle**
利用腺苷酸生物合成的途径进行氨基酸脱氨的循环过程。氨基酸转氨后生成的天冬氨酸,与肌苷酸作用生成腺苷酸,再由腺苷酸脱氨酶催化脱氨而回到肌苷酸,从而促进氨基酸脱氨。

**11.264 磷酸核糖基焦磷酸 phosphoribosyl pyrophosphate,PRPP**
由磷酸核糖基焦磷酸激酶催化 ATP 提供焦磷酸至磷酸核糖上生成。核苷酸生物合成时,可以提供磷酸核糖的活化形式。

**11.265 甘氨酰胺核糖核苷酸 glycinamide ribonucleotide**
嘌呤核苷酸从头合成过程中的中间产物,由甘氨酸参入 5-磷酸核糖胺而形成。

**11.266 氨基咪唑核糖核苷酸 aminoimidazole ribonucleotide**
嘌呤核苷酸合成过程中形成咪唑环的中间产物,可进一步经多步骤合成肌苷酸等嘌呤核苷酸。

**11.267 二氢乳清酸 dihydroorotic acid**
嘧啶生物合成过程中最先生成的嘧啶环中间产物,进一步脱氢则生成乳清酸。

**11.268 乳清酸 orotic acid**
学名:尿嘧啶-6-羧酸。嘧啶核苷酸生物合成的重要中间产物,属嘧啶酸。与磷酸核糖结合而成乳苷酸,脱羧后得到尿苷酸。

**11.269 尿酸 uric acid**
嘌呤代谢的终产物。为三氧基嘌呤,其醇式呈弱酸性。各种嘌呤氧化后生成的尿酸随尿排出。因溶解度较小,体内过多时可形成尿路结石或痛风。

**11.270 尿囊酸 allantoic acid**
有些硬骨鱼将嘌呤代谢产物尿酸降解为尿囊素,再进一步经尿囊素酶降解为带有羧基的产物。

**11.271 尿囊素 allantoin**
灵长类以外的哺乳类和爬行类动物,能借尿酸酶将嘌呤代谢产物尿酸进一步水解,释出二氧化碳而形成的产物。

**11.272 β 氨基异丁酸 β-aminoisobutyric acid**
体内胸腺嘧啶的降解产物。脱氨后可进入三羧酸循环氧化。部分随尿排出。有些肿瘤患者尿中排泄增多。

**11.273 吸能反应 endergonic reaction**

代谢物进行各种合成反应通常是需要吸收能量的反应。自由能变化 $\Delta G$ 为正值,因而,不可能独立完成。在体内必须与氧化分解而出现的放能反应偶联,将部分自由能转移给吸能反应。ATP 的生成与分解在其间起了关键的作用。

**11.274　放能反应**　exergonic reaction
可以释出能量的化学反应。自由能变化为负值,即 $\Delta G < 0$,可自发进行。

**11.275　能障**　energy barrier
化学反应中,反应物转化成能完成反应的中间产物所需的活化能。能障大则不易形成活化的中间产物,反应难以进行。

**11.276　能荷**　energy charge
细胞内的能量状态取决于 ATP、ADP 及 AMP 的相对浓度。贮存在腺苷酸体系的总能量与其中的焦磷酸基的数目成正比。为便于定量表示其能量状态而提出能荷的概念,即单位腺苷酸中(包括 AMP、ADP 和 ATP)所含焦磷酸基团总数的二分之一,其大小在 0~1 之间。可根据细胞内 AMP、ADP 和 ATP 的实际浓度来计算。

**11.277　能量传递**　energy transfer
生物体通过化学反应的偶联而进行能量的转移或利用的过程。

**11.278　高能键**　energy-rich bond
指随着水解反应或基团转移反应可放出大量自由能($\Delta G$ 大于 25kJ/mol)的键。主要指 ATP/ADP 中的焦磷酸键。各种化合物的化学键水解时释放的化学能量大于或近于 ATP 水解时释放的能量者均属高能键,如乙酰辅酶 A 的酯键。常用符号"~"表示。

**11.279　高能磷酸化合物**　energy-rich phosphate
生物体内具有高能键的化合物。ATP 水解时自由能变化较大(约 34.54kJ/mol),为典型的高能化合物。体内各种磷酸化合物水解时释出的能量大于或等于 ATP 水解时释放的能量者均属此类,如磷酸肌酸。

**11.280　高能磷酸键**　high energy phosphate bond
高能磷酸化合物水解释出磷酸基团时能释出较多自由能,通常称为高能磷酸键。用符号"~P"表示,$\Delta G$ 在 (21~54) kJ/mol 之间。如 ATP、ADP 末端磷酸键、磷酸肌酸的磷酸键等。

**11.281　底物磷酸化**　substrate phosphorylation
带有高能的底物在其代谢反应中所释放的能量(如琥珀酰辅酶 A 被催化脱下辅酶 A 时)能使 ADP 磷酸化生成 ATP 的过程。

**11.282　磷酸肌酸**　creatine phosphate
肌酸贮存高能磷酸键的形式。由 ATP 提供高能磷酸键,通过肌酸激酶催化而生成。耗能时分解,重新生成 ATP 及肌酸。

**11.283　偶联磷酸化**　coupled phosphorylation
以各种磷酸化物质作为代谢中间产物的过程中,一种磷酸化物质的磷酸转移偶联着生成另一化合物的磷酸化过程。如糖酵解中 1,3-双磷酸甘油酸降解为甘油酸-3-磷酸时偶联着 ATP 生成。

**11.284　呼吸色素**　respiratory pigment
各种动物血中存在的可运输氧的有色物质。能随血中氧分压的变化而结合或释放氧。主要有血红蛋白、血蓝蛋白、血绿蛋白、蚯蚓血红蛋白。

**11.285　呼吸链**　respiratory chain
线粒体内膜上存在多种酶与辅酶组成的电子传递链,可使还原当量中的氢传递到氧生成水。

**11.286　电子传递链**　electron transport chain, electron transfer chain

多种递电子体或递氢体按次序排列的连接情况。生物氧化过程中各物质氧化脱下的氢,大多由辅酶接受,这些还原性辅酶的氢在线粒体内膜上经一系列递电子体(或递氢体)形成的连锁链,逐步传送到氧分子而生成水。此种连锁过程与细胞内呼吸过程密切相关。植物的叶绿体中则存在光合电子传递链以传递电子,完成光合作用中水分解出氧,形成 NADPH 的过程。

### 11.287 电子传递系统 electron transfer system

线粒体内膜上组成电子传递链的各组分形成的结构系统。主要由 NADH、黄素蛋白、辅酶 Q 及各种细胞色素组成,最后是细胞色素氧化酶将电子传到氧而与氢结合成水。植物光合电子传递则由两个光反应系统串联完成。其中也含有多种递电子体或递氢体,如质体醌、黄素蛋白及细胞色素等,最终形成 NADPH。

### 11.288 电子载体 electron carrier

携带电子参与呼吸链传递电子的物质。如细胞色素、铁硫蛋白等。

### 11.289 电子传递 electron transport

电子在各电子载体间的转移。

### 11.290 苹果酸-天冬氨酸循环 malate-aspartate cycle

从胞液转运还原当量进入线粒体基质的循环。苹果酸由载体转运入线粒体氧化,转氨形成天冬氨酸,转运出线粒体,再转氨,还原为苹果酸的过程。从而使线粒体外的 NADH 输入到线粒体内,参与递氢作用。

### 11.291 α甘油磷酸循环 α-glycerophosphate cycle

脑与骨骼肌中线粒体与胞液的 α 甘油磷酸脱氢酶的辅酶不同,当 α 甘油磷酸通过线粒体膜脱氢酶催化,使其酶辅基 FAD 还原为 $FADH_2$,进入呼吸链再进一步递氢,而脱氢

产生的磷酸二羟丙酮则回到胞液经胞液脱氢酶催化,可利用胞液中辅酶 NADH 还原成 α 甘油磷酸,再进入线粒体内膜上脱氢氧化而进行递氢。通过此循环使胞液还原当量进入线粒体呼吸链递氢。

### 11.292 偶联氧化 coupled oxidation

一系列递氢体或递电子体依次偶联作用,逐步释放能量,使氧化顺利进行。

### 11.293 氧化磷酸化 oxidative phosphorylation

物质在体内氧化时释放的能量供给 ADP 与无机磷合成 ATP 的偶联反应。主要在线粒体中进行。

### 11.294 偶联因子 coupling factor

偶联反应中的辅助因子。最初来自呼吸链组成中加入线粒体蛋白质,可伴随膜电位转移而促进 ATP 合成。

### 11.295 解偶联 uncoupling

在氧化磷酸化的偶联中,如加入使偶联消除的物质,则氧化仍能进行而不能生成 ATP。如棕色脂肪组织中由于解偶联,则能量消耗产热,而不能形成 ATP。

### 11.296 光合作用 photosynthesis

光合生物吸收太阳的光能转变为化学能,再利用自然界的二氧化碳和水,产生各种有机物的过程。

### 11.297 光呼吸[作用] photorespiration

植物绿色组织在光照下,与光合作用相联系而吸收氧和释放二氧化碳的过程。

### 11.298 叶绿素 chlorophyll

由镁离子络合到卟啉环样结构中,并带有三十碳长碳链的疏水吸光色素。高等植物和藻类有叶绿素 a、b、c、d、e 等多种,参与光合作用。

### 11.299 脱镁叶绿素 pheophytin

又称"褐藻素"。叶绿素中的 $Mg^{2+}$ 为 $H^+$ 取代的产物。可参与光激发后的电子传递作用。在光反应系统 II 中为中心色素 P860 到质体醌 $Q_A$ 之间的一个中间传递电子体。

**11.300　质体醌　plastoquinone**
叶绿体的光合电子传递系统中,中心色素受光激发,使水氧化而释出氧,其中接受并传递电子的醌类物质。类似于线粒体中的泛醌。

**11.301　光合磷酸化　photophosphorylation**
在光照条件下,叶绿体将 ADP 和无机磷($P_i$)结合形成 ATP 的生物学过程。是光合细胞吸收光能后转换成化学能的一种贮存形式。

**11.302　循环光合磷酸化　cyclic photophosphorylation**
叶绿体进行光合磷酸化而合成 ATP 时,用吩嗪硫酸甲酯代替 $NADP^+$ 等递氢体,则 ATP 产生更多,不放氧,是电子反复循环传递所致。

**11.303　非循环光合磷酸化　noncyclic photophosphorylation**
光合磷酸化中在形成 ATP 时,通过希尔反应偶联而还原电子受体如 $NADP^+$ 等,则可放出氧。

**11.304　假循环光合磷酸化　pseudo-cyclic photophosphorylation**
叶绿体光照时,如用黄素单核苷酸或维生素 $K_3$ 等还原接受电子,再被氧氧化,则看不到放氧,但仍能使 ATP 生成。

**11.305　电子漏　electron leakage**
线粒体膜呼吸链电子传递过程中,电子经膜上漏出而导致产生超氧自由基的作用。影响 ATP 的生成。

**11.306　活性氧类　reactive oxygen species, ROS**
单线态氧、超氧阴离子、过氧化氢、羟自由基等含氧自由基的统称,具有较强的参与反应作用的物质。对线粒体等有损伤作用。

**11.307　自由基　free radical**
含有基数电子或不配对电子的原子、原子团和分子。具有很强的反应性。

**11.308　单线态氧　singlet oxygen**
氧分子吸收能量,使一个外层电子从基态进行电子自旋反转,从而形成不稳定的激发态电子,如 $^1O_2$。易释放能量而发挥作用。叶绿素在光照下,就能将其激发能传给 $O_2$ 而生成 $^1O_2$。

**11.309　超氧阴离子　superoxide anion**
生物氧化中,一个氧分子完全还原需要 4 个电子。如果氧分子仅被加入的单个电子还原,则形成的中间产物为超氧基团,即为超氧阴离子 $O_2^-$,其性质活泼,易与多种大分子物质结合而使其失去活性。

**11.310　血红素　heme**
原卟啉 IX 的 $Fe^{2+}$ 络合物。为血红蛋白、肌红蛋白等的辅基。

**11.311　高铁血红素　hematin**
血红素中铁氧化成三价而形成。在血红蛋白中则因此而失去运输氧的功能。

**11.312　δ-氨基-γ-酮戊酸　δ-aminolevulinic acid, ALA**
卟啉合成过程中最早由甘氨酸与琥珀酰辅酶 A 缩合脱羧的产物。可进一步脱水生成卟胆原。

**11.313　卟胆原　porphobilinogen**
又称"胆色素原"。血红素生物合成起始阶段由 2 分子 δ-氨基-γ-酮戊酸脱水形成的单吡咯衍生物。最终可经 4 分子卟胆原缩合成卟啉环而形成各种卟啉,乃至血红素。继续代谢时可形成各种胆色素。

**11.314 卟啉 porphyrin**

由四个吡咯环依次围成的大环化合物。由于侧链的差异而种类很多,如尿卟啉、粪卟啉和原卟啉等,分布甚广。

**11.315 卟啉原 porphyrinogen**

通过氧化可产生各种卟啉的直接前体。有多种,如尿卟啉原、粪卟啉原等。

**11.316 尿卟啉 uroporphyrin**

血红素生物合成的中间产物尿卟啉原的氧化产物。由四个吡咯环连成的大环,侧链为乙酸根及丙酸根。

**11.317 尿卟啉原 uroporphyrinogen**

四个卟胆原分子缩合而成的大环化合物。是尿卟啉的前体,可进一步脱去侧链乙酸上的四个羧基而成为粪卟啉原。

**11.318 粪卟啉 coproporphyrin**

粪卟啉原的氧化产物。少量随粪排出。

**11.319 粪卟啉原 coproporphyrinogen**

侧链为四个甲基及四个丙酸基的卟啉原,由尿卟啉原经侧链乙酸基脱羧而产生的血红素生物合成中间产物。

**11.320 原卟啉 protoporphyrin**

血红素脱铁后,侧链未经变化的卟啉环,侧链上为四个甲基、两个乙烯基及两个丙酸基。

**11.321 血卟啉 hemoporphyrin**

各种血液卟啉类物质的统称。

**11.322 胆红素 bilirubin**

血红蛋白及其他血红素蛋白中的血红素在巨噬细胞或其他网织内皮细胞及肝细胞中的代谢产物。呈棕黄色,哺乳类动物主要以此随胆汁排出。血中升高时可导致黄疸。

**11.323 胆绿素 biliverdin**

血红素代谢时由卟啉环裂开而生成,可进一步还原为胆红素,呈绿色。鸟类及两栖类以此随胆汁排出。

**11.324 光胆红素 photobilirubin**

胆红素暴露于450nm附近的光源时构象改变的胆红素。水溶性增强,易排泄于胆汁中。是新生儿黄疸进行光疗的基础。

**11.325 胆素 bilin**

又称"后胆色素"。胆素原的氧化产物,是胆色素代谢的最终产物。包括粪胆素及尿胆素,是粪及尿中的主要色素。

**11.326 胆素原 bilinogen**

胆红素的代谢产物,包括粪胆素原及尿胆素原等。接触空气则氧化为胆素。

**11.327 粪胆素原 stercobilinogen**

胆红素的肠道代谢产物,由尿胆素原还原生成,无色,是粪胆素的前体。

**11.328 尿胆素原 urobilinogen**

胆红素在肠道经细菌还原而产生的无色物质。小部分经肠道再吸收,吸收后大部分入肝进行胆红素再循环,小部分随尿排出。

**11.329 粪胆素 stercobilin**

胆红素在肠道还原产生的粪胆素原经空气氧化而生成。呈棕红色,粪和尿的颜色由此而生。

**11.330 尿胆素 urobilin**

胆红素在肠道中的产物。呈棕红色,由尿胆素原经空气氧化而生成,尿及粪色的来源。

# 12. 方 法 与 技 术

**12.001　盐溶　salting-in**
提高中性盐浓度使在低离子强度溶液中某些蛋白质(如球蛋白)或偶极离子(如半胱氨酸)溶解度增加的现象。

**12.002　盐析　salting-out**
增加中性盐浓度使蛋白质、气体、未带电分子溶解度降低的现象。是蛋白质分离纯化中经常使用的方法,最常用的中性盐有硫酸铵、硫酸钠和氯化钠等。

**12.003　脱盐　desalting**
将无机盐离子从生物大分子的混合液中去除的过程,可通过透析、离子交换层析、凝胶过滤或超滤等方法完成。

**12.004　逆流分配　countercurrent distribution**
以化合物在两个不相混的液相中溶解度的差异为依据的一种多步骤分离技术。这些化合物沿着很多分配管移动时,在两个不同混合液相间反复再分配而得以分离。

**12.005　分级[分离]　fractionation**
根据混合物中各组分的理化性质的差异而将其逐段分开的方法。如蛋白质的分段盐析、凝胶层析中对分子量比较接近的分子的分段分离等。

**12.006　硫酸铵分级　ammonium sulfate fractionation**
不同的蛋白质可用不同浓度的硫酸铵沉淀,由此将不同的蛋白质分开的方法。用于蛋白质分离纯化的盐析技术。

**12.007　分级沉淀　fractional precipitation**
从溶液中分步沉淀而分离物质的方法。可以用改变溶液的离子强度、pH 或介电常数等,使溶液中不同的物质按溶解度变化的顺序逐步沉淀出来。常用于大分子物质的分离。如逐步增加沉淀剂(如硫酸铵)的饱和度而使不同类型的蛋白质分步沉淀。

**12.008　透析　dialysis**
穿过膜的选择性扩散过程。可用于分离分子量大小不同的溶质,低于膜所截留阈值分子量的物质可扩散穿过膜,高于膜截留阈值分子量的物质则被保留在半透膜的另一侧。

**12.009　反向透析　reverse dialysis**
将样品置于透析袋内,再将透析袋放到具有强吸水性的高分子多聚物粉末或浓溶液中,即可将袋内水分吸出的一种大分子溶液浓缩方法。

**12.010　平衡透析法　equilibrium dialysis**
用于测定溶液中小分子或离子与大分子间结合的技术。将大分子溶液和小分子溶液分别置于只允许小分子透过而不允许大分子透过的半透膜两侧,当透析达到平衡时,测定膜两侧溶液中小分子的浓度,即可分析得大分子与小分子结合的数据。

**12.011　电透析　electrodialysis**
去除溶液中离子的技术。将待透析液体放在特定半透膜限制的容器,置于电场中利用电场中离子泳动的原理去除离子,可以加速样品除盐。

**12.012　透析袋　dialysis bag**
又称"透析管(dialysis tube)"。用半透膜做成能装入待透析液体的袋或管,是简便的透析装置。

**12.013　透析液　dialysate**
(1)可以通过透析膜的溶液。(2)通过半透膜去除小于膜所截留阈值的分子而得到的溶液。

**12.014　反相渗透　reverse osmosis**
溶液中小分子溶质在压力驱动下从半透膜低浓度侧向高浓度侧的转移。

**12.015　过滤　filtration**
利用多孔物质(筛板或滤膜等)阻截大的颗粒物质,而使小于孔隙的物质通过的一种最简单、最常用的分离方法。主要用于悬浮液的分离。

**12.016　微孔过滤　millipore filtration**
利用微孔材料分离流体中尺寸为 $0.1 \sim 10$ $\mu m$ 颗粒的过滤方法。可用于净化、分离、浓缩或除菌等。

**12.017　超滤　ultrafiltration, hyperfiltration**
在压力差的驱动下,用可以阻挡不同大小分子的滤板或滤膜将液体过滤的方法。是常用的分离方法。

**12.018　超滤浓缩　ultrafiltration concentration**
溶质被膜截留,水分子穿过膜,溶质得以浓缩的方法。

**12.019　超滤膜　ultrafiltration membrane, hyperfiltration membrane**
膜状的超滤材料。

**12.020　超滤器　ultrafilter**
由超滤材料和压力系统等组成的超滤装置。超滤材料是具有各种孔径(通常为 $0.001 \sim 0.1$ $\mu m$)的合成固相支持物,用以截留不同大小的大分子或微粒。

**12.021　中空纤维　hollow fiber**
由具有一定大小孔径、起分子筛作用的半透性空心细管组成的纤维束装置。此装置因加大透过面积而提高效率,可加压作超滤或反渗透,能用于对大分子溶液的分级分离、浓缩、脱盐以及水处理等。

**12.022　膜片钳　patch clamping**
研究离子通道的一种电生理技术,是施加负压将玻璃微电极的尖端(开口直径约 $1$ $\mu m$)与细胞膜紧密接触,形成高阻抗封接,可以精确记录离子通道微小电流。能制备成细胞贴附、内面朝外和外面朝内三种单通道记录方式,以及另一种记录多通道的全细胞方式。

**12.023　膜滤器　membrane filter**
用具有一定孔径的膜(多用高分子多聚物为材料,如醋酸纤维素膜和尼龙膜等)制成的滤器。可用于过滤除菌或从混悬液中收集微生物、沉淀物、从溶剂中分离大分子等。

**12.024　膜过滤　membrane filtration**
用膜滤器从液体中分离悬浮颗粒或从溶剂中分离大分子的过程。

**12.025　膜渗透压计　membrane osmometer**
利用半透膜原理设计测定渗透压的装置。可用以测量渗透压,也可用于测量大分子的浓度或分子量。

**12.026　选择通透膜　permselective membrane**
能针对某类分子使其通过的人工膜。常用于生物传感器。

**12.027　表观相对分子量　apparent relative molecular weight**
利用已知分子量的标准参照物通过凝胶层析或 SDS 聚丙烯酰胺凝胶电泳等实验结果推导所得生物大分子的分子量。

**12.028　截留分子量　molecular weight cut-off**
对有孔材料孔径大小的一种描述。在能自由通过某种有孔材料的分子中最大分子的分子量即为该材料的截留分子量。大于截留分子量的分子,被材料截留;小于截留分子量的分子,则可自由通过。截留分子量是凝胶过滤介质、半透膜、超滤膜等材料的重要技术参数。

**12.029 超量原子百分数 atom percent excess, APE**
自然环境中某些稳定性同位素占该元素原子数的百分数(如$^{15}$N占$^{14}$N与$^{15}$N总量的0.37%)视为本底零值,检测所得样品中此同位素原子数所占百分数超过本底值的部分即为超量原子百分数。

**12.030 生理盐水 physiological saline**
与哺乳动物血液和淋巴液等渗的无机盐溶液。如含0.9%($W/V$)或0.154 mol/L的氯化钠水溶液,是最常用的生理盐水。

**12.031 冷冻蚀刻 freeze-etching**
电子微视野中对样品处理的一种方法。样品悬浮于水中冷冻,在真空中短时间升温使冰在产生阴影复制品之前升华,就可蚀出断裂面,使标本的细节清晰度增加。

**12.032 冷冻撕裂 freeze-fracturing**
电子显微镜标本制备中的一个方法,冷冻标本在真空下断裂,暴露出膜和细胞器平面,以金属浇铸法复制这些断裂面,最终图像与自然状态下的原料图像相似。该法不用固定剂也不用脱水。

**12.033 冻融 freeze-thaw**
将细胞在低温(常在−20 ℃以下)冰冻后,再升温(室温或37 ℃等)融化,如此反复多次使细胞破碎。

**12.034 弗氏细胞压碎器 French cell press**
又称"均质机"。一种用于破碎细胞和制备无细胞提取物的装置。细胞悬液置于高压下强力挤出小孔,压力突然降低以及剪切力的作用导致细胞爆裂破碎。

**12.035 匀浆器 homogenizer**
用于使样品均匀化的装置,可使组织、细胞或细胞组分等破裂分散成小颗粒,成为比较均匀的悬浮液。常由精细加工的研棒、管子和电动搅拌器构成。

**12.036 冷冻干燥 freeze-drying**
简称"冻干(lyophilization)",又称"冰冻干燥"。将待干燥物快速冻结后,再在高真空条件下将其中的冰升华为水蒸气而去除的干燥方法。由于冰的升华带走热量使冻干整个过程保持低温冻结状态,有利于保留一些生物样品(如蛋白质)的活性。

**12.037 冻干仪 lyophilizer, freeze-drier**
提供并维持高真空使样品中的水分在冰冻状态下升华,从而浓缩或干燥样品的仪器。主要由制冷机和真空泵等组成。

**12.038 范斯莱克仪 van Slyke apparatus**
测定化学反应释放气体量的仪器。包括测定蛋白质与硝酸反应所产生的氮气量(由此计算蛋白质α氨基氮含量)以及早期广泛用于血样中氧气和二氧化碳含量测定的仪器。

**12.039 漩涡振荡器 vortex**
一种通过高速旋转引起的振荡作用使容器中样品混合的小型仪器。

**12.040 瓦尔堡呼吸计 Warburg respirometer**
简称"瓦氏呼吸计"。早期对细胞、组织切片或组织匀浆等生物样品代谢所产生的气体进行测量的装置。

**12.041 瓦氏高速捣碎器 Waring blender**
利用高速转动的叶状刀片破碎组织和细胞的破碎器。其捣碎包含着机械切割、切变力、超声等作用因素。不锈钢容器的瓦氏捣碎器可以在液氮中捣碎组织,可制成组织干粉末。

**12.042 黏度计 viscometer**
测量液体流动阻力(抗流动)的装置。

**12.043 吸收池 absorption cell**

又称"比色杯"。分光光度计中盛放试液的容器,常用对所用分析光波波长透过性好的材料制作,如玻璃、石英等。

**12.044 比浊法 turbidimetry**
悬浮颗粒在液体中造成透射光的减弱,减弱的程度与悬浮颗粒的量相关,据此可定量测定物质在溶液中呈悬浮状态时浓度的方法。

**12.045 波-伊匀浆器 Potter-Elvehjem homogenizer**
由硬质玻璃制成的直筒状研磨器,内置一玻璃或尼龙棒,其直径与玻璃管内径贴近,可旋转和上下移动以研碎组织和细胞。

**12.046 旋转蒸发器 rotary evaporator**
一种快速液体样品浓缩的装置。样品在球形的玻璃容器中加热、减压,并不断地旋转增大蒸发表面积,加快蒸发速度。

**12.047 索氏提取器 Soxhlet extractor**
分析生物样品脂质含量的玻璃回流装置。将样品置于沸腾的有机溶剂与冷凝管之间,冷凝下来的溶剂不断地将样品中的脂质溶出。

**12.048 同步加速器 synchrotron**
核物理实验的一种装置,能在同步电场作用下加速带电的粒子,使其获得巨大的动能以轰击原子核,引起原子结构的改变,产生放射性同位素。所产生的射线可用于生物大分子结构的分析。

**12.049 合成仪 synthesizer**
能自动进行化学合成的仪器。生物化学工作中重要的合成仪是能按设计自动连接氨基酸(多肽合成仪)或核苷酸(DNA、RNA 合成仪)的设备,均采用固相合成系统。

**12.050 离心 centrifugation**
利用物质的密度等方面的差异,用旋转所产生背向旋转轴方向的离心运动力使颗粒或溶质发生沉降而将其分离、浓缩、提纯和鉴

· 290 ·

定的一种方法。物质的沉淀与离心力大小相关,而离心力取决于离心速度和旋转半径。一般按旋转速度分低速离心、高速离心和超速离心。

**12.051 离心速度 centrifugal speed**
离心时转头的旋转速度。单位用每分钟转数(r/m)表示。

**12.052 相对离心力 relative centrifugal force,RCF**
在离心场中施加于离心物质上的作用力。与离心速度(r/min)和离心半径(r)成正比,单位为"g",即以离心力相当于重力加速度(g)的倍数来衡量。相对离心力的计算公式为:$RCF = 1.119 \times 10^{-5} (r/min)^2 r(g)$。

**12.053 角转头 angle rotor**
离心管与离心轴成固定角度的转头。

**12.054 吊篮式转头 swinging-bucket rotor**
又称"水平转头(swing-out rotor)"。在离心过程中离心管由与离心轴平行的位置转变90°而与离心方向平行的一种离心转头。密度梯度离心常使用水平转头,以免引起梯度溶液的混合。

**12.055 垂直转头 vertical rotor**
超速离心机的一种转头,其离心管与旋转轴平行,经离心分离内容物的区带在转头减速至停止过程中作90°转位。此法可显著缩短离心时间。

**12.056 沉降 sedimentation**
溶液中的颗粒或溶质在重力或离心力作用下发生沉淀的现象。

**12.057 沉降系数 sedimentation coefficient**
颗粒物质或溶质在超速离心场中的沉降速率,用小写斜体 $s$ 表示。$s = v/a$,其中 $a$ 为重力加速度或离心加速度,$v$ 为沉降速度,即沉降系数为每单位离心力场的沉降速度。大分子和颗粒的沉降系数常用斯韦德贝里单

位表示。

**12.058　斯韦德贝里单位　Svedberg unit**
沉降系数的单位,用符号"$S$"表示。常用来表示生物大分子和细胞颗粒物质的沉降系数,$1\ S = 10^{-13}s$。由于测定时的温度和溶剂对沉降系数数值有影响,因此常以水为溶剂、温度在20℃时的 $S$ 值表示,写作 $S_{w,20}$。

**12.059　低速离心　low speed centrifugation**
转速为8000 r/min 以下,相对离心力为 10 000×$g$ 以下的离心。主要用于分离细胞、细胞碎片及培养基残渣等颗粒物。

**12.060　高速离心　high speed centrifugation**
一般指离心速度在18 000~35 000 r/min、离心力在60 000~100 000×$g$ 范围的离心。

**12.061　超速离心　ultracentrifugation**
离心力在100 000×$g$ 以上的离心。用于分离或分析鉴定病毒颗粒、细胞器或大分子生物样品等。

**12.062　分析超离心　analytical ultracentrifugation**
用以分析大分子物质的组成、分布、测定沉降系数、分子量等的超速离心法,一般使用到500 000×$g$ 或更高的离心力,并使用离心机上装备的光学系统等在离心时进行样品分析。

**12.063　差速离心　differential centrifugation**
分步改变离心速度,用不同强度的离心力使具有不同密度的物质分批分离的方法。

**12.064　区带离心　zonal centrifugation**
样品在某种惰性梯度介质中进行离心沉淀或达到沉降平衡,在一定离心力下将颗粒分配到梯度中特定位置上,形成不同区带的分离方法。

**12.065　微量离心　microcentrifugation**
离心分离体积以微升为计量单位的离心分离方法。

**12.066　连续流离心　continuous flow centrifugation**
样品液在离心过程中连续导入,沉淀留在离心仓内,上清液不断排出的一种适于大规模制备的离心技术。

**12.067　沉降平衡　sedimentation equilibrium**
在分析型超速离心中,以较低速度较长时间离心,使拟分析的物质沉降与扩散间达到平衡,离心期间不形成界面,只表现浓度梯度曲线的曲率。此法可用以测定大分子的分子量。

**12.068　密度梯度　density gradient**
溶液中溶质的浓度自上而下变化,形成溶液的密度从低变高的梯度。变化可以是连续的渐进式密度梯度,也可以是不连续的分级式密度梯度。常用的溶质有氯化铯(CsCl)、蔗糖、聚蔗糖等。密度梯度溶液常用于超速离心分离大分子或细胞颗粒等。

**12.069　连续梯度　continuous gradient**
在层析、电泳或离心中,由于各组分分离的需要,可将介质或凝胶按密度、成分浓度或pH 等制备成连续变化的梯度。

**12.070　分级式梯度　stepwise gradient**
密度或浓度的变化呈阶梯式的不连续递增。分级式梯度溶液用于离心分离、层析样品洗脱等。

**12.071　梯度离心　gradient centrifugation**
在离心力场作用下样品中各组分会按照各自的特性沉降或上浮到梯度层相应的位置而被分离。

**12.072　密度梯度离心　density gradient centrifugation**
在密度梯度介质中进行的依密度而分离的离心法。各组分会依其密度分布在与其自身密度相同的液层中。密度梯度可以离心前预先制备(如叠加不同浓度蔗糖、甘油)或在离心中自然形成(如使用氯化铯时)。可用于分析型或制备型的离心分离。通常分为速率区带离心和等密度离心两种方式。

**12.073　速率区带离心　rate-zonal centrifugation**

将样品置于一密度梯度介质(如蔗糖、甘油、聚蔗糖等)顶层,该梯度最大密度低于拟分离混合物的最小密度,离心时各物质(细胞、细胞器、分子等)按其大小、形状和密度的不同而沉降速率各异,分别沉降在不同区带而达到分离的方法。

**12.074　等密度离心　isodensity centrifugation, isopycnic centrifugation**

利用各物质颗粒具有不同密度进行离心分离的方法。离心力场的作用使每个组分沉降或上浮到与其各自密度相同的离心分离介质区。

**12.075　浮力密度离心　buoyant density centrifugation**

密度梯度离心达到平衡时,各种颗粒(分子、病毒、亚细胞成分等)会悬浮在与自身密度相同的区带中而得到分离的依密度分离的离心法。并由此可测得其颗粒密度。密度梯度介质最常用的是氯化铯(CsCl),因为CsCl能提供较高的密度,可用于密度较高的分子(如DNA)分离,并在超速离心中会自动形成密度梯度,具有不同密度的颗粒会随CsCl梯度的形成重新分配在相应密度的位置。聚蔗糖(如Ficoll 400)等也被用做此种离心的介质。

**12.076　淘选　panning**

(1)粗细不等的颗粒物质按其在液体中浮力或沉降速度的差异进行分离的方法。(2)特指从大容量的文库筛选过程中富集所需要克隆的过程。如从噬菌体全套抗体文库中用固相化的抗原富集能够表达特异抗体噬菌体的过程。

**12.077　流出液　outflow**

在连续发酵过程中从反应器内取出的发酵液或在连续流离心时连续流出的离心上清液。

**12.078　上清液　supernatant**

(1)在指定离心力作用下不含能被沉淀物质的液体。(2)两种密度不同的溶液在离心力或重力作用下分相后的上层液相。

**12.079　电泳　electrophoresis**

依据分子或颗粒所带的电荷、形状和大小等不同,因而在电场介质中移动的速度不同,从而达到分离的技术。

**12.080　泳道　lane, track**

特指样品在电泳电场中移动的道路。即电场作用下荷电颗粒移动过程中所通过的路径。

**12.081　运行缓冲液　running buffer**

直接用做电泳的电极缓冲液或层析的洗脱液。

**12.082　分析电泳　analytical electrophoresis**

用于定性或定量的电泳方法。

**12.083　电泳分析　electrophoretic analysis**

根据不同的分子或颗粒具有不同的电荷与质量比和不同的形状,在电场中移动的速度不同,从而达到分离的方法。该技术可以给出复杂混合物的特征,或特定情况下大分子(核酸、蛋白质等)的分子量等。

**12.084　迁移速率　migration rate**

电泳或层析分离时,核酸、蛋白质以及其他小分子等物质移动距离间的比值。如纸层析时被分离物质与溶剂移动距离之比,电泳时被分离物质与指示色素移动距离之比。

**12.085　迁移度　mobility**

电泳或层析等分离时,分子移动的速度。实际工作中多用相对移动速度的比值来衡量。

**12.086　相对迁移率　relative mobility**

电泳或薄层层析等分离时,样品(如蛋白质、核酸等)相对移动速度的表示方法。一般多以标准分子量物质或前沿染料移动距离作参照来计算。

**12.087　电泳迁移率　electrophoretic mobility**

在特定介质中单位电场强度的带电颗粒电泳移动速度。电泳迁移率与颗粒所带电荷量成正比,与颗粒的半径和介质黏度成反比。实际工作中常用相对电泳迁移率,即两种带电颗粒在同一介质、同一电场中泳动距离之比。

**12.088　电泳迁移率变动分析　electrophoretic mobility shift assay, EMSA**

利用电泳迁移率的变化来进行分析的技术。如特定的 DNA 序列与特定的蛋白质因子结合后,在非变性聚丙烯酰胺凝胶电泳时可以观察到 DNA 迁移变慢。

**12.089　电泳图[谱]　electrophoretogram, electrophorogram, electrophoresis pattern**

电泳分离后图形的记录,其形式可为电泳介质或载体本身或对其扫描等。

**12.090　预电泳　pre-electrophoresis**

加样前的电泳,可去除杂质如聚合剂等。

**12.091　自由流动电泳　free flow electrophoresis**

又称"流通电泳(flow-through electrophoresis)"。不用固相支持物而是在溶液中进行的电泳。

**12.092　移动界面电泳　moving boundary electrophoresis**

又称"移动区带电泳(moving zone electrophoresis)"。在电场中蛋白质溶液和缓冲液间的界面移动可用光学方法跟踪的一种自由流动电泳。通常是在蒂塞利乌斯(Tiselius)仪的 U 形管中进行。

**12.093　粒子电泳　particle electrophoresis**

直径 $1 \sim 10\,\mu m$ 颗粒物质(如细胞器)在无固体支持物的电场下进行的自由流动电泳。

**12.094　连续流动电泳　continuous flow electrophoresis**

在所分离的物质到达电泳装置某部位,以连续液流冲洗并分部收集从该电泳部位走出各组分的技术。属制备型电泳。常用的如聚丙烯酰胺凝胶连续流动电泳。

**12.095　连续自由流动电泳　continuous free flow electrophoresis**

在无固定相的电解质溶液中电泳分离的同时,用与电场方面垂直的液流连续引出并分部收集所分离的各组分的方法。

**12.096　区带电泳　zonal electrophoresis, ZE**

在支持物上电泳后分离的各组分因迁移速度不同被多孔的凝胶或固体等支持物所稳定分布成区带而得名。可按其支持物不同而命名,如滤纸电泳、淀粉电泳、凝胶电泳、细丝电泳等。

**12.097　凝胶电泳　gel electrophoresis**

以凝胶(如聚丙烯酰胺凝胶、琼脂糖凝胶等)为支撑物的区带电泳。

**12.098　淀粉凝胶电泳　starch gel electrophoresis**

用部分水解的淀粉制成凝胶作为载体的区带电泳技术。常用于分离和鉴定同工酶。

**12.099　纸电泳　paper electrophoresis**

以滤纸为支持物的区带电泳系统。

**12.100　板电泳　plate electrophoresis, slab electrophoresis**

在平板上进行的电泳。平板材料多用凝胶,如聚丙烯酰胺、琼脂糖、淀粉等凝胶。电泳时电泳板可依不同情况水平或垂直放置。

优点是在同一电泳板上可以同时进行多样品分析,并可与分子量标识或其他参照物比较。

**12.101　垂直板凝胶电泳　vertical slab gel electrophoresis**

凝胶制成薄板状,样品按重力方向进行的电泳分离。

**12.102　条带移位分析　band-shift analysis**

不同大小的分子在区带电泳中移动的速度不同,当某种分子与另一种分子特异性结合后,它在电泳带中的位置就发生了变化,由此可以分析不同分子间的相互作用。

**12.103　凝胶迁移率变动分析　gel mobility shift assay**

又称"凝胶阻滞分析(gel retardation assay)","凝胶移位结合分析(gel-shift binding assay)","探针阻滞分析(probe retardation assay)"。利用凝胶进行的电泳迁移率变动分析。不同大小的分子在凝胶中电泳移动的速度不同,当某种分子与另一种分子特异性结合后,它在非变性凝胶电泳带中的位置就发生了变化,由此可以分析不同分子间的相互作用。如待检测 DNA 样品与核蛋白提取物孵育后进行电泳,如果核蛋白提取物中存在能与 DNA 特异结合的蛋白质,由于大分子复合体的形成,电泳时就出现迁移率降低,区带滞后的现象。

**12.104　变性凝胶电泳　denaturing gel electrophoresis**

在 DNA、RNA 或蛋白质等生物大分子发生变性(如使用十二烷基硫酸钠、尿素、乙二醛等变性剂)的条件下进行的凝胶电泳。

**12.105　非变性凝胶电泳　nondenaturing gel electrophoresis, native gel electrophoresis**

不含变性剂,以聚丙烯酰胺、琼脂糖等凝胶为分离介质的电泳。

**12.106　不连续凝胶电泳　discontinuous gel electrophoresis**

在一个凝胶电泳系统中不同部位的 pH、离子强度、缓冲液成分或凝胶孔隙大小不同的凝胶电泳。其目的在于提高电泳分离的范围和分辨率。

**12.107　盘状凝胶电泳　disk gel electrophoresis**

又称"管式凝胶电泳(tube gel electrophoresis)"。聚丙烯酰胺凝胶电泳在一玻璃圆管中进行,每一条分离的区带均呈薄的圆盘状,故名。可用做双向凝胶电泳的第一向。

**12.108　双向电泳　two-dimensional electrophoresis**

一种平板电泳技术,样品各组分先在第一方向分离(对蛋白质常用等电聚焦法),然后在与第一方向成 90°的第二方向作电泳分离(常用聚丙烯酰胺凝胶电泳法)。是蛋白质组学中的重要研究手段。

**12.109　双向凝胶电泳　two-dimensional gel electrophoresis**

以凝胶为载体的双向电泳。

**12.110　水平板凝胶电泳　horizontal slab gel electrophoresis**

在水平方向放置的凝胶平板中进行的电泳。

**12.111　脉冲电场凝胶电泳　pulsed-field gel electrophoresis, PFGE**

又称"脉冲交变电场凝胶电泳(pulse alternative field gel electrophoresis)"。用于分离大分子 DNA 的一种电泳方法。由于超过一定大小( >40 kb)的线状 DNA 分子在琼脂糖凝胶中电泳的速度几乎相同,无法在恒场强凝胶电泳中分离。此电泳法则以两个不同方向的电场周期性交替进行,DNA 在电场方向变更中作出反应所需要的时间取决于其大小,较小的分子重新定向较快,在凝胶中移动也较快,从而能使不同大小的 DNA

分子(可大至 5 Mb)分开。电场变换方向的间隔时间为脉冲时间,通常脉冲时间越长分辨的 DNA 片段越长。

**12.112  反转电场凝胶电泳**  field-inversion gel electrophoresis, FIGE

一种脉冲电场凝胶电泳,使用单对电极和一个可转动的潜入式琼脂糖凝胶板托,电泳时电场有规律地颠倒 180°,驱动 DNA 先向后退,再向前进,使向前的脉冲时间或场强大于向后,样品获得向前的净迁移,从而分离大分子 DNA。

**12.113  钳位均匀电场电泳**  contourclamped homogenous electric field electrophoresis, CHEF electrophoresis

琼脂糖凝胶分离长度大于 40 kb 的线状 DNA 分子所用的脉冲场电泳中的一种设计。其装置为分压器环路中呈六边形排列的点电极,长而平行的电极对形成匀强电场(夹角 120°)。

**12.114  梯度凝胶电泳**  gradient gel electrophoresis

使所制备的电泳凝胶形成从大到小的孔隙梯度,以期样品中各组分在电泳过程中穿过孔径逐渐减小的凝胶,以期得到更好的分离。

**12.115  链分离凝胶电泳**  strand separating gel electrophoresis

一种存在变性剂(脲和甲酰胺等)梯度的凝胶电泳,可以分离长度相同而序列不同的解链核酸。

**12.116  聚丙烯酰胺凝胶电泳**  polyacrylamide gel electrophoresis, PAGE

以交联聚丙烯酰胺凝胶为材料使荷电大分子混合物在电场作用下移动,并彼此分离的技术。多用于蛋白质、核酸和多糖类物质的分离和鉴定,并能估测这些物质的分子量。

**12.117  非还原性聚丙烯酰胺凝胶电泳**  nonreductive polyacrylamide gel electrophoresis

不含巯基乙醇或二硫苏糖醇(DTT)等还原剂的聚丙烯酰胺凝胶电泳。在这种电泳中蛋白质的二硫键不会被还原打开,与还原性聚丙烯酰胺凝胶电泳的结果对比,可以分析蛋白质单体间借二硫键形成多聚体的情况。

**12.118  琼脂糖凝胶电泳**  agarose gel electrophoresis

用琼脂糖凝胶作支持物的电泳法。借助琼脂糖凝胶的分子筛作用,核酸片段因其分子量或分子形状不同,电泳移动速度有差异而分离。是基因操作中常用的重要方法。

**12.119  碱性凝胶电泳**  alkaline gel electrophoresis

分析单链 DNA 的电泳法。在高 pH 条件下,两条 DNA 链间不能形成氢键配对而保持单链状态,按其分子大小在凝胶中电泳移动而分离。

**12.120  SDS 聚丙烯酰胺凝胶电泳**  SDS-polyacrylamide gel electrophoresis, SDS-PAGE

又称"莱氏凝胶电泳(Laemmli gel electrophoresis)"。莱姆利(U. K. Laemmli)于 1970 年创建的含十二烷基硫酸钠(SDS)的变性聚丙烯酰胺凝胶电泳分离蛋白质方法。向样品加入还原剂(打开蛋白质的二硫键)和过量 SDS,SDS 是阴离子去垢剂,使蛋白质变性解聚,并与蛋白质结合成带强负电荷的复合物,掩盖了蛋白质之间原有电荷的差异,使各种蛋白质的电荷/质量比值都相同,因而在聚丙烯酰胺凝胶中电泳时迁移率主要取决于蛋白质分子大小。是分析蛋白质和多肽、测定其分子量等常用的方法。

**12.121  乙酸纤维素薄膜电泳**  cellulose acetate film electrophoresis

用乙酸纤维素薄膜作支持介质的一种区带

电泳。常用于蛋白质电泳分析。

**12.122 高压电泳** high voltage electrophoresis

使用高压电场的电泳技术。可提高电泳速度,但经常也要采取降低电流以减少发热量或增加散热等措施。如用于分离低分子量化合物(氨基酸、肽和核苷酸等),短时间内就可达到分离目的;用凝胶电泳作核酸序列测定也常采用高电压。

**12.123 低压电泳** low voltage electrophoresis

相对于高压电泳而言,指在低电压的条件下进行的电泳分离技术。

**12.124 对角线电泳** diagonal electrophoresis

用于分析混合物中某一组分对某些化学处理或光处理后变化的双向电泳技术。样品加样后先从一个方向进行电泳分离,经化学或光处理后,再以与第一次电泳垂直方向进行第二次电泳分离,则经过处理未被修饰的组分皆位于电泳图谱的对角线上。如将待检多肽部分水解成较小的多肽,纸上电泳分离后用甲酸蒸气处理,在成直角的方向进行第二次电泳。不在对角线处出现的多肽含有由于二硫键氧化而形成的半胱氨酸残基,由此可分析多肽中二硫键位置。

**12.125 真空转移** vacuum transfer

将硝酸纤维素膜或尼龙膜放在真空室上面的多孔屏上,再将凝胶置于滤膜上,缓冲液从上面的一个贮液槽中流下,洗脱出凝胶中的核酸或蛋白质等,使其沉积在滤膜上。

**12.126 毛细管电泳** capillary electrophoresis, CE

以毛细管为分离通道、高压电场为驱动力的电泳分离分析法。包括毛细管自由流动电泳、毛细管区带电泳等。

**12.127 毛细管凝胶电泳** capillary gel electrophoresis, CGE

将凝胶移到毛细管中作支持物进行的一种电泳。由于溶质分子体积不同,在起分子筛作用的聚合物内进行电泳时被分离。适用于生物大分子的分析及 PCR 产物分析。

**12.128 毛细管自由流动电泳** capillary free flow electrophoresis, CFFE

在没有固体支持介质的溶液中进行的毛细管电泳。

**12.129 毛细管等速电泳** capillary isotachophoresis, CITP

在毛细管内进行的等速电泳。

**12.130 毛细管区带电泳** capillary zone electrophoresis, CZE

在毛细管内进行的区带电泳。常需对毛细管内壁作涂层处理尽量降低电渗流。

**12.131 高通量毛细管电泳** high throughput capillary electrophoresis

可同时进行多个通道(如 96 通道)的毛细管电泳,并配以自动上样、激光检测和数据处理等系统。可用于 DNA 自动测序等。

**12.132 介电电泳** dielectrophoresis

本身不带电、但可以被不同程度极化的颗粒在不均匀的电场中产生的侧向移动。因任何材质都有一定的介电特性,即使本身不带电、在外加电场作用下也会不同程度地电偶极化,并因此倾向于顺着外加电场的方向来排列,如果外加电场的空间分布是不均匀的,被极化的微粒就会受到一份净力(介电泳动力),产生不同程度的漂移运动。可用于分离细胞或其他生物物质,也可测量细胞的结构和代谢作用等,因为细胞的介电性质,即膜容量、膜阻抗和胞质电导率等是随着细胞结构和活动而变化的。

**12.133 薄膜电泳** film electrophoresis

以乙酸纤维素等膜材料为支持物进行的电

泳。其特点为快速、区带清晰、无拖尾、易回收定量等优点,但分辨率较低,主要用于临床血清蛋白的检测。

**12.134 膜电泳** membrane electrophoresis
以膜性物质作为支持介质的电泳技术。

**12.135 梯度电泳** gradient electrophoresis
所用的凝胶浓度从上到下呈梯度改变的凝胶电泳,或所用的缓冲液的成分呈梯度分布的电泳。这两种设计都是为了提高电泳的分辨率或适用范围。

**12.136 交叉电泳** crossed electrophoresis
测定两种荷电物质是否有相互作用的一种电泳技术。使两种物质分别以斜线角度相互交叉移动,分析其交叉点,交叉处呈 X 形表明没有相互作用,呈 Y 形表明有相互作用。

**12.137 等电聚焦** isoelectric focusing
又称"电聚焦(electrofocusing)","等电聚焦电泳(isoelectric focusing electrophoresis, IEF)"。使电泳的介质中形成一定范围的 pH 梯度,电泳时待分离的两性分子可以在这种 pH 梯度中迁移,直到聚集于与其等电点相同的区域。该技术特别适用于分子量相近而等电点不同的蛋白质分离和分析。

**12.138 毛细管等电聚焦** capillary isoelectric focusing, CIEF
在毛细管内进行的等电聚焦。毛细管内壁经涂层处理使电渗流减到最小,再将样品和两性电解质混合进样,两个电极槽中分别为酸和碱,加高电压后,在毛细管内产生 pH 梯度,样品的各成分在毛细管中迁移至各自的等电点,形成区带,再进行检测。

**12.139 等速电泳** isotachophoresis
将样品置于含慢离子和快离子的缓冲液中电泳,快离子的电泳迁移率大于其他所有的离子,使其后面的离子浓度降低,形成一个

低电导高电势的梯度区,减慢了快离子的迁移速度,并促使后面的离子加速向前移动;而慢离子电泳迁移率小于其他所有的离子,同理会加速向前移动去靠近比它迁移快的离子;结果所有的离子都被压缩在慢离子和快离子之间,以几乎相等的速度迁移。蛋白质在聚丙烯酰胺凝胶的浓缩胶电泳过程中就应用了等速电泳原理。

**12.140 先导离子** leading ion
等速电泳中电泳迁移率最高的快离子。在电泳缓冲系统中常用的向阳极先导离子是氯离子,向阴极先导离子是钾离子。

**12.141 尾随离子** trailing ion
不连续聚丙烯酰胺凝胶电泳电极缓冲液的一类离子成分,如甘氨酸,因其泳动速度比先导离子氯离子慢,造成电压梯度的不连续性,使蛋白质移动区带压缩,以提高分辨率。

**12.142 成层胶** spacer gel
又称"浓缩胶(stacking gel)"。凝胶电泳时,在分离胶上方铺设的一薄层大孔凝胶。能使样品在电泳初始阶段快速浓集在分离胶界面,样品在分离胶就能达到更好的分离效果。样品通过成层胶浓集是采用等速电泳的原理。

**12.143 免疫电泳** immunoelectrophoresis
蛋白电泳与双向免疫扩散相结合的一种技术。先用凝胶电泳(常用琼脂糖凝胶等)分离样品蛋白质,然后放在凝胶中对抗体进行免疫扩散,可以观察到每种蛋白质与相应的抗体形成特异的弧形沉淀线。

**12.144 交叉免疫电泳** crossed immunoelectrophoresis
先用凝胶电泳将抗原分开,再在含有抗体的凝胶中沿着垂直于第一次分离的方向电泳。

**12.145 对流免疫电泳** counter immunoelectrophoresis

简称"对流电泳(countercurrent electrophoresis)"。在适当介质(多用琼脂)和环境(pH和离子强度)中,将抗原置于阴极侧,抗体置于阳极侧,通电后在电场力和电渗流的作用下,抗体抗原相向移动,并在相遇的最适比例处形成抗原抗体复合体沉淀。

**12.146　放射免疫电泳　radioimmunoelectrophoresis**

抗原或抗体带放射性标记的一种免疫电泳,以提高检测的灵敏度。

**12.147　火箭免疫电泳　rocket immunoelectrophoresis**

简称"火箭电泳(rocket electrophoresis)"。将可向阳极移动的抗原加在含有抗体的凝胶板阴极侧,通电后抗原抗体在两者比例适当之处形成复合体沉淀,这种沉淀整体外形似火箭状,故名。"火箭"的高低与抗原量有一定比例关系,可用做抗原定量。

**12.148　逆向火箭免疫电泳　reverse rocket immunoelectrophoresis**

火箭免疫电泳的一种变化,电泳时使抗体走过含抗原的琼脂糖凝胶,由此形成的"火箭"形沉淀带的长度与抗体的量相关。用来对一系列抗体样品进行效价测定。

**12.149　交叉亲和免疫电泳　crossed affinity immunoelectrophoresis**

在第一向电泳的凝胶中加入能与待查抗原(蛋白质)结合的成分(如凝集素),电泳分离后,与该成分(凝集素)结合的抗原保留于凝胶中,再在含有抗体的凝胶中沿着垂直于第一次分离的方向上进行第二向电泳。从而分析待查抗原与加入成分的相互作用。

**12.150　琼脂凝胶　agar gel**

溶于沸水的琼脂冷却时琼脂(为聚半乳糖硫酸酯的钙盐或钙镁复盐)分子内部和分子间形成氢键而成的凝胶。是固体或半固体培养基常用的成分,也用做电泳支持物。

**12.151　琼脂糖凝胶　agarose gel**

从琼脂中除去带电荷的琼脂胶后,剩下的不含磺酸基团、羧酸基团等带电荷基团的中性部分,结构是链状的聚半乳糖,易溶于沸水,冷却后可依靠糖基间的氢键引力形成网状结构的凝胶。凝胶的网孔大小和凝胶的机械强度取决于琼脂糖浓度。因此琼脂糖凝胶可作为分子筛,常用于凝胶层析和电泳。

**12.152　DEAE-葡聚糖凝胶　diethylaminoethyl dextran gel, DEAE-dextran gel**

全称"二乙氨乙基葡聚糖凝胶"。亲水性交联葡聚糖离子交换剂。是以交联葡聚糖G25或G50为基质,通过化学方法引入电荷基团二乙氨乙基,制成外形呈珠状的弱碱型阴离子交换剂,此类交换剂对核酸和蛋白质有较高的结合容量,且流速比无定形纤维素离子交换剂快。

**12.153　聚丙烯酰胺凝胶　polyacrylamide gel**

丙烯酰胺单体和甲叉双丙烯酰胺交联剂在催化剂(如过硫酸铵)作用下形成的凝胶。凝胶孔径大小可以通过制备时所使用的浓度和交联度控制。常用做层析介质、电泳分离支持材料等。

**12.154　缓冲液梯度聚丙烯酰胺凝胶　buffer-gradient polyacrylamide gel**

凝胶缓冲液成分有pH、离子强度或盐种类等连续或不连续梯度变化的聚丙烯酰胺凝胶。旨在提高凝胶电泳分离的范围和分辨力。

**12.155　变性梯度聚丙烯酰胺凝胶　denaturing gradient polyacrylamide gel**

加有生物大分子的变性剂(如尿素、乙二醛、SDS等)、且凝胶浓度或离子浓度等呈线性或阶梯式变化的聚丙烯酰胺凝胶。旨在提高凝胶电泳分离的范围和分辨力。

**12.156　变性聚丙烯酰胺凝胶　denaturing**

polyacrylamide gel
加有生物大分子变性剂(如尿素、乙二醛、SDS 等)的聚丙烯酰胺凝胶,用于变性凝胶电泳。

**12.157　溴酚蓝　bromophenol blue**
学名:3,3′,5,5′-四溴苯酚磺酞。一种 pH 指示剂,在 pH 3.0~4.6 范围,颜色由黄变蓝。常用做电泳指示染料,凝胶中电泳迁移速度在小分子核酸或蛋白质区域。

**12.158　二甲苯腈蓝 FF　xylene cyanol FF**
三苯甲烷类结构的一种色素。电泳中常用做指示染料,凝胶中电泳迁移速度略比溴酚蓝慢。

**12.159　壁效应　wall effect**
由于溶剂在层析容器周壁附近流动不均匀造成分离区带在边缘部分扩散和弯曲的现象。在电泳、层析等分离中都会出现。

**12.160　层析　chromatography**
基于不同物质在流动相和固定相之间的分配系数不同而将混合组分分离的技术。当流动相(液体或气体)流经固定相(多孔的固体或覆盖在固体支持物上的液体)时,各组分沿固定相移动的速度不同而分离。能用于微量样品的分析和大量样品的纯化制备。

**12.161　固定相　fixed phase, stationary phase**
由层析基质组成,包括固体物质(如吸附剂、离子交换剂)和液体物质(如固定在纤维素或硅胶上的液体),这些物质能与相关的化合物进行可逆性的吸附、溶解和交换作用。

**12.162　流动相　mobile phase**
在层析过程中推动固定相上的物质向一定方向移动的液体或气体。

**12.163　分配系数　partition coefficient**
物质在两种不相混的溶剂中平衡时的浓度比。不同的物质在同一对溶剂中的分配系数不同,可利用该原理对物质分离纯化。

**12.164　$R_f$ 值　$R_f$ value**
样品中某成分在纸层析或薄层层析特定溶剂系统中移动的距离与流动相前沿的距离之比。

**12.165　分辨率　resolution**
(1)层析或离心等分离中两种物质被分离的程度。(2)用物理学方法(如光学仪器)能分清两个密切相邻物体的程度。

**12.166　层析谱　chromatogram**
层析分离的具体记录,可由层析本身或其他方法显示图形。

**12.167　层析仪　chromatograph**
实施层析分离分析专用的仪器设备。

**12.168　洗脱　elution**
层析分离过程中,选用合适的溶剂进行流洗,使样品中不同的组分分离而流洗出来,或经过电泳分离后,回收所分离组分的过程。

**12.169　梯度洗脱　gradient elution**
梯度性地改变洗脱液的组分(成分、离子强度等)或 pH,以期将层析柱上不同的组分洗脱出来的方法。

**12.170　电洗脱　electroelution**
将在某些支持物中含有的目的成分电泳迁移出来的技术。如琼脂糖、聚丙烯酰胺凝胶电泳后,将含有所分离成分的凝胶切出来,放在适当的电场中,使凝胶内所要的成分移到缓冲液中。

**12.171　洗脱物　eluate**
样品经过层析分离,用溶剂流洗出的组分;或经过电泳分离后,用电泳等方法回收的组分。

**12.172　保留系数　retention coefficient**

层析柱外水体积与某物质洗脱体积之比。

### 12.173 保留时间 retention time
一种化合物在规定条件下在层析系统中的运行时间。是层析分离技术的一个参数。

### 12.174 保留体积 retention volume
在规定条件下从加上样品到出现分离物峰，流动相流经层析柱的体积。是层析分离技术的一个参数。

### 12.175 外水体积 void volume
层析中物质在过柱过程中完全不被滞留的洗脱液体积，相当于层析柱流动相的体积。凝胶过滤的外水体积可用特殊标记的大分子(如蓝色葡聚糖)的洗脱液体积来测量。

### 12.176 内水体积 inner volume
凝胶过滤层析中,柱床的凝胶颗粒内的溶剂体积。

### 12.177 柱床体积 column bed volume
层析柱中层析填料本身的体积以及填料内部和填料颗粒之间溶剂体积的总和。即层析柱固定相和流动相体积之和。

### 12.178 洗脱体积 elution volume
在柱层析中,从样品上柱到某一组分以最大浓度流出层析柱所需要的洗脱液体积。

### 12.179 电渗 electroosmosis
在电场的影响下,带电荷的液体对携带相反电荷的固定介质进行相对运动的现象。可以改变带电离子在电泳中的移动速度甚至方向。免疫对流电泳中也利用了电渗现象。

### 12.180 活化分析 activation analysis
用中子或其他适当粒子轰击待分析样品分子中的元素,使其转变成另一种同位素,随后通过所转变的放射性或稳定性同位素来对样品进行定性或定量的分析。该法灵敏度较高,能用于分析含量很低、而又难以得到纯品的物质。

### 12.181 前沿层析 frontal chromatography
层析法的一种形式,样品连续加入层析柱,样品中各组分以不同的速度在柱内移动,最终形成一系列组分移动的前沿,只有滞留最少的组分才在前沿以纯化形式流出层析柱而能被分离,其余的样品组分都随后以混杂的形式流出。这种层析法获得的层析谱常称"突破曲线(breakthrough curve)"。

### 12.182 柱层析 column chromatography
分离介质充填于圆柱管中的层析技术。

### 12.183 离心柱层析 spun-column chromatography
将小型的层析柱置于离心管中以离心力代替重力进行小量样品的快速层析法。常用于小量样品凝胶过滤脱盐和吸附层析等。

### 12.184 多维层析 multidimensional chromatography, boxcar chromatography, multicolumn chromatography
又称"偶联柱层析(coupled column chromatography)","级联层析(cascade chromatography)"。由柱层析分离混合物得到的组分作为样品转移到另一类层析柱上进行分离的层析技术。

### 12.185 气相层析 gas chromatography, GC
流动相为气体的层析技术,用于分离挥发性不同的混合物。由于物质在气相中传递速度快,样品中各组分在固定相和气态的流动相间的分配次数多,因而分离的效率高、速度快。

### 12.186 气相层析-质谱联用 gas chromatography-mass spectrometry, GC-MS
气相层析与质谱技术相结合的分析方法。先用气相层析柱分离被测物质,然后再放到质谱仪检测被分离成分的分子质量和组成。

### 12.187 毛细管气相层析 capillary gas chromatography

用毛细管作层析柱的气相层析法。毛细管内壁或载体经过涂层或交联固定液体作固定相,汽化后的试样被载气带入毛细管柱中进行分离。

**12.188 气液层析 gas-liquid chromatography, GLC**

固定相由固体的惰性载体和固定液构成,载体提供一个惰性表面,使基本不挥发的液体能够在其表面铺展成薄而均匀的液膜,成为分配平衡的一相,流动相为惰性气体的一种气相层析。

**12.189 超临界液体层析 supercritical fluid chromatography**

流动相是一些密度大的气体如 $CO_2$、Xe 或 $NH_3$,可以在低于分离物沸点温度下进行的层析,是气液层析技术的延伸。

**12.190 气固层析 gas-solid chromatography, GSC**

固定相是固体的活性吸附剂,流动相是气体的一种气相层析。

**12.191 液相层析 liquid chromatography, LC**

以液体作为流动相的层析技术。

**12.192 正相层析 normal-phase chromatography**

固定相的极性大于流动相的一种液相层析类型。流动相极性越低,被分离的化合物在层析系统中的保留时间越长。

**12.193 反相层析 reverse phase chromatography**

流动相的极性大于固定相的层析技术。分子在此系统中的移动速度依其极性排列,极性大者移动快。

**12.194 高效液相层析 high performance liquid chromatography, HPLC**

又称"高压液相层析(high pressure liquid chromatography, HPLC)"。具有快速、高分辨率和高灵敏度的液相层析技术。在技术上配置了高压泵、耐高压并有高效交换性能的固定相、高灵敏度检测器等。通常主要是围绕用高压使洗脱液通过层析柱而达到高效。

**12.195 低压液相层析 low pressure liquid chromatography**

相对于高压液相层析而言,指接近大气常压范围的压力下所进行的液相层析。

**12.196 反相高效液相层析 reversed-phase high-performance liquid chromatography, RP-HPLC**

固定相颗粒表面为非极性材料(如含 C18 链),流动相为极性的一种高效层析。通过这类反相层析柱的分子按其极性大小移动,极性越大移动越快。

**12.197 快速蛋白质液相层析 fast protein liquid chromatography, FPLC**

以高流率代替高效液相层析高压力的一种改良的中压(< 5 MPa)液相层析技术。具有快速、容量大和分辨率高的特点。可使用多种层析介质,多用于蛋白质的分离,也可以用于其他物质的分离。

**12.198 液液层析 liquid-liquid chromatography, LLC**

固定相和流动相皆为液体的层析技术。

**12.199 对流层析 countercurrent chromatography**

根据对流分配原理设计的技术,进行无固体支持物的液液层析。

**12.200 液固层析 liquid-solid chromatography, LSC**

固定相为固体,流动相为液体的层析技术。

**12.201 液液分配层析 liquid-liquid partition chromatography**

在固体填充颗粒上涂上一层薄薄的固定液，待测组分在固定相和流动相之间进行连续的分配萃取的一种层析技术。是利用样品中各组分在两相中的分配系数不同而使其彼此分离。

**12.202　吸附层析　adsorption chromatography, absorbent chromatography**

利用吸附物对分子吸附性质的差别达到分离不同分子的一种层析技术。一般以固体吸附物为固定相，以缓冲液或有机溶剂为流动相，被分离的分子按被固定相吸附的强度不同而表现出不同的移动速度。是薄层层析和高效液相层析常用的一种系统。

**12.203　亲硫吸附层析　thiophilic absorption chromatography**

又称"亲硫作用层析（thiophilic interaction chromatography）"。层析固定相基质含有砜基和硫醚基团的侧臂，能与蛋白质上的色氨酸和/或苯丙氨酸残基结合，钾盐、铵盐等能促进这种结合的分析技术。用于纯化抗体蛋白等。

**12.204　纸层析　paper chromatography**

以滤纸为固定相支持物的层析分离系统。

**12.205　圆形纸层析　circular paper chromatography**

将样品点于距圆心适当距离的圆形滤纸上，溶剂从圆心水平辐射状向外周展开的纸层析。

**12.206　径向层析　radial chromatography**

在圆形的滤纸距圆心适当距离位置处点样后置于离心轴上，在离心力作用下，样品向外周移动，分离条带呈同心圆状的一种离心纸层析技术。此法优点是快速，条带细而清晰。

**12.207　共价层析　covalent chromatography**

作为层析填料的固相载体，与流经它的欲分

离物质发生化学反应并以共价键相连，洗去不与其反应的其他物质后，再以另一化学反应使目的物从载体上释放洗脱下来，载体则恢复其原来形式的层析技术。如巯基交换层析。

**12.208　对角线层析　diagonal chromatography**

一种用于确定某一混合物中特定组分对光或某些化学处理（如氧化）等敏感性的双向层析技术。样品加样后先从一个方向进行层析分离，经光或化学等处理后，再以与第一次层析垂直方向进行第二次层析分离，则经过处理未被修饰的组分皆位于层析图的对角线上。

**12.209　薄层层析　thin-layer chromatography, TLC**

将固定相与支持物制作成薄板或薄片，流动相流经该薄层固定相而将样品分离的层析系统。其特点是样品用量少，分析快速。按所用固定相材料不同，有吸附、分配、离子交换、凝胶过滤等薄层层析。

**12.210　旋转薄层层析　rotating thin-layer chromatography**

用硅胶板等薄层析材料代替滤纸，在圆形层析材料距圆心适当距离位置处点样后置于离心轴上，在离心力作用下，溶剂借离心力向外周移动，能加快层析速度的层析技术。

**12.211　双向层析　two-dimensional chromatography**

在纸层析、薄层层析或聚酰胺尼龙薄膜等层析时通过两次不同方向的流动相展开，以期获得样品的进一步分离的方法。一般是在第一次层析分离后，变换90°方向用不同的溶剂系统进行第二次层析。

**12.212　连续层析　continuous chromatography**

将系列层析柱串联进行层析的方法。

**12.213 顶替层析** displacement chromatography

又称"置换层析"。用对固定相有更高吸附力的成分替代原来吸附的物质,使后者迁移而洗脱出来的一种很常用的非线性层析形式。

**12.214 程序变流层析** flow programmed chromatography

用计算机编入程序来控制洗脱条件进行层析分离的方法。

**12.215 凝胶[过滤]层析** gel [filtration] chromatography

又称"分子排阻层析(molecular exclusion chromatography)","分子筛层析(molecular sieve chromatography)","凝胶渗透层析(gel permeation chromatography, GPC)"。使用有一定大小孔隙的凝胶作层析介质(如葡聚糖凝胶、琼脂糖凝胶、聚丙烯酰胺凝胶等),利用凝胶颗粒对分子量和形状不同的物质进行分离的层析技术。由于各种分子的大小、形状不同,扩散到凝胶孔隙内的速度不同,因而通过层析柱的快慢不同而分离。

**12.216 空间排阻层析** steric exclusion chromatography

又称"大小排阻层析(size exclusion chromatography)"。多孔的层析介质因孔径不同而对分子量不同的分子的扩散具有不同的选择作用,使各种分子量的物质得以分开的方法。

**12.217 亲脂凝胶层析** lipophilic gel chromatography

用于脂溶性物质分离的凝胶层析技术。如Sephadex LH20、LH60是用羟丙基取代交联葡聚糖羟基的凝胶,不仅能在水中溶胀,也可在多数有机溶剂中溶胀,可用做亲脂物质分离的分子筛。

**12.218 梯度洗脱层析** gradient elution chromatography

使洗脱液形成由低到高或由高到低的极性、浓度或pH梯度等,将层析柱上不同的组分洗脱出来的层析技术。

**12.219 同系层析** homochromatography

一组化合物通过含同样或有关的化合物的溶剂扩展而被分开的层析技术。如从大肠杆菌5S RNA水解得来的标记核苷酸混合物,可以用含从酵母RNA水解得来的非标记核苷酸混合物的溶剂在纸层析上的扩展而分离开来。

**12.220 分配层析** partition chromatography

根据样品各组分在固定相和流动相之间分配系数的差异进行分离的层析系统。

**12.221 反相分配层析** reversed-phase partition chromatography

流动相的极性大于固定相的分配层析技术。

**12.222 渗透层析** permeation chromatography

被分离的物质能进入固定相的层析系统,其中混合物的分离是根据固定相基质的选择性容纳和排阻的效应,如分子大小、形状的不同(分子筛层析)或电荷多寡的不同(离子交换层析)等。

**12.223 疏水层析** hydrophobic chromatography

固定相由非极性物质(如烃类、苯基等)组成的层析。非极性分子间或分子的非极性基团间具有吸引力,不同分子的非极性基团与固定相非极性物质结合的强弱不同,从而达到分离。多用于蛋白质分析和分离。

**12.224 离子交换层析** ion exchange chromatography, IEC

固定相是离子交换剂的层析分离技术。样品中待分离的溶质离子,与固定相上所结合的离子交换,不同的溶质离子与离子交换剂上离子化的基团的亲和力和结合条件不同,洗脱液流过时,样品中的离子按结合力的弱强先后洗脱。在生物化学和分子生物学领域此法常用于分离蛋白质、核酸等生物大分子。

**12.225　阴离子交换层析　anion exchange chromatography**

一种含阴离子交换剂的层析系统,根据样品混合物中各成分所含负电荷数量的不同,从而对阴离子交换剂结合的强度不同而得以分离。

**12.226　阳离子交换层析　cation exchange chromatography**

利用不同分子在所设计的条件(如 pH、离子强度等)下,携带电荷情况不同,与阳离子交换剂结合的强度不同,可以用不同的条件洗脱出不同的组分的一种层析法。

**12.227　离子配对层析　ion-pairing chromatography, ion pair chromatography, paired ion chromatography**

又称"离子相互作用层析","兼性离子配对层析(zwitterion pair chromatography)","反相离子对层析(reversed-phase ion pair chromatography)"。在流动相中加入适当的具有与待分离离子相反电荷的离子(即离子对试剂),使之与待分离离子形成中性的离子对化合物的层析技术,此离子对化合物在反相层析柱上被保留,保留的大小主要取决于离子对化合物的解离平衡常数和离子对试剂的浓度。

**12.228　离子排斥层析　ion exclusion chromatography, ion chromatography exclusion, ICE**

基于离子交换剂的唐南(Donnan)排斥力为基础的层析法。可使强电解质与弱电解质或非电解质分离。分离阴离子用强酸性高交换容量的阳离子交换树脂,分离阳离子用

强碱性高交换容量的阴离子交换树脂,强解离的电解质受到带同性电荷离子交换树脂的排斥,难以进入树脂的微孔,比其他物质更易被洗脱下来;电离度越小,受排斥作用也越小,因而在树脂中的保留也就越大。

**12.229　配体交换层析　ligand exchange chromatography**

以具有配体交换性能的物质作为固定相,利用其与流动相中的配体能进行可逆结合的性质来分离化合物的层析方法。

**12.230　亲和层析　affinity chromatography**

利用分子与其配体间特殊的、可逆性的亲和结合作用而进行分离的一种层析技术。可以选用生物化学、免疫化学或其他结构上吻合等亲和作用而设计的各种层析分离方法。如用寡脱氧胸苷酸-纤维素分离纯化信使核糖核酸;用 DNA-纤维素分离依赖 DNA 的DNA 聚合酶;用琼脂糖-抗体制剂分离抗原;用金属螯合柱分离带有成串组氨酸标签的重组蛋白质等。

**12.231　亲和柱　affinity column**

将与纯化对象有专一结合作用的物质连接在不溶性载体上,制成亲和吸附剂后所装的柱。多用做亲和层析。

**12.232　高效亲和层析　high-performance affinity chromatography, HPAC**

利用分子间的结合作用(如抗原-抗体、酶抑制物、激素-受体、糖类-外源凝集素或核酸的互补链之间的结合),将其中配对结合的任何一方固定在硬质的支持物(如硅酸微粒、合成的多聚物等)上,能耐受高效液相层析系统高压、高速的工作条件的一种特殊的层析技术。

**12.233　亚基交换层析　subunit-exchange chromatography**

系将蛋白质的亚基共价连接在层析基质上的一种亲和层析技术。研究与该蛋白其他

亚基的相互作用,也可用以纯化与之结合的蛋白质或 DNA 等。

**12.234 凝集素亲和层析** lectin affinity chromatography

将凝集素以共价形式与不溶性载体相连接作为亲和吸附剂的层析技术。可用于从混合物中分离或分析糖类及糖复合物,如多糖、糖蛋白、细胞膜碎片、酶、抗体复合物等。

**12.235 免疫亲和层析** immunoaffinity chromatography

利用抗体与抗原特异性结合的原理,从多组分的混合物中分离特定抗原或抗体的一种层析技术。

**12.236 金属亲和层析** metal affinity chromatography

又称"金属螯合亲和层析(metal-chelate affinity chromatography)","金属配体亲和层析(metal-ligand affinity chromatography)"。利用固相化的金属离子介质进行的亲和层析技术。欲分离的物质与金属离子形成共配位复合物而结合,再通过降低 pH、加入竞争物(如咪唑、组氨基酸等)、使用螯合剂(如乙二胺四乙酸)等方法洗脱。常用于蛋白质的纯化分离,如用镍离子螯合柱亲和层析纯化带有 6 个组氨酸短肽的重组蛋白质。

**12.237 细胞亲和层析** cell affinity chromatography

从混合培养物中将具有特定功能的细胞分离出来的层析技术。常用的亲和吸附剂有特异性抗体、外源凝集素等。

**12.238 DNA 亲和层析** DNA affinity chromatography

将特异的或非特异的 DNA 分子固定在支持物(如纤维素、凝胶粒等)上,用做介质的亲和层析技术。能够纯化天然形态的 DNA 结合蛋白,或分析该蛋白质的 DNA 结合区域。

**12.239 寡(dT)纤维素亲和层析** oligo-(dT)-cellulose affinity chromatography

全称"寡脱氧胸苷酸纤维素亲和层析"。用于分离纯化信使核糖核酸(mRNA)的层析方法。因真核生物 mRNA 分子 3′端含多腺苷酸尾,可与纤维素上的寡脱氧胸苷酸互补结合。

**12.240 聚焦层析** chromatofocusing

依蛋白质等电点不同而进行分离的层析方法。待分离的蛋白质样品上到以适当高 pH 缓冲液平衡的多缓冲离子交换柱上,再以专用的低 pH 多缓冲液流洗,多缓冲离子交换剂有一定缓冲能力,流洗中可自动形成逐渐下降的 pH 梯度,等电点各异的蛋白质则在与其 pI 相应的 pH 从柱中先后洗出得以分离。

**12.241 层析基质** substrate in chromatography

层析柱的固体或凝胶填充料。能与被分离的各种化合物形成强弱不同的非共价性相互作用,使这些化合物得以彼此分开。

**12.242 分子筛** molecular sieve

具网状结构的天然或人工合成的化学物质。如交联葡聚糖、沸石等,当作为层析介质时,可按分子大小对混合物进行分级分离。

**12.243 蠕动泵** peristaltic pump

一种可控制流速的液体输送装置。常见的是通过重复压缩弹性管使管中内容物朝一定方向运动,其流速由管的直径和压缩速度决定。用于液相层析和灌流等系统。

**12.244 分部收集器** fraction collector

自动分开收集一连串液体的仪器。这些液体可来自各种层析、密度梯度离心或电泳洗脱等。能以定时、定容或定滴数等方式收集液体流出的部分,以期作进一步分析或使用。连续流出液体所含的成分可能在不断地变化,收集的每一部分体积越小,获得所含成分的纯度就可能越高。

**12.245　梯度形成器　gradient former**
用于形成浓度梯度、极性梯度或 pH 梯度等溶液的装置。常用于梯度洗脱层析。

**12.246　离子交换剂　ion exchanger**
一种含有可解离基团的物质,常用做离子交换层析介质,其解离基团能与溶液中的其他离子起交换作用。多为不溶性,可以是天然的或人工合成的,有的是有机高分子化合物,有的是无机物。具有阳离子交换功能基因的离子交换剂称"阳离子交换剂(cation exchanger)";具有阴离子交换功能基因的离子交换剂称"阴离子交换剂(anion exchanger)"。

**12.247　离子交换树脂　ion exchange resin**
一种高分子量、不溶性、带可解离基团的多聚物。是最常见的离子交换剂,常用做离子交换层析介质。

**12.248　阴离子交换树脂　anion exchange resin**
带有正电的基团(如季铵盐类基团)、能结合带负电离子的离子交换树脂。

**12.249　阳离子交换树脂　cation exchange resin**
含功能性阴离子基团、可与带阳离子的物质进行交换反应的一类高分子量不溶性多聚体。可用于阳离子交换层析。

**12.250　两性离子交换树脂　amphoteric ion-exchange resin**
既能作阴离子交换、又能作阳离子交换的树脂。

**12.251　羧甲基纤维素　carboxymethyl cellulose, CM-cellulose**
纤维素的羧甲基团取代产物。根据其分子量或取代程度,可以是完全溶解的或不可溶

的多聚体,后者可作为弱酸型阳离子交换剂,用以分离中性或碱性蛋白质等。

**12.252　纤维素离子交换剂　cellulose ion exchanger**
以纤维素的衍生物为基质的离子交换剂。最常用的产品为二乙氨乙基纤维素、羧甲基纤维素、磷酸纤维素等,前者为弱碱型阴离子交换剂,后两者是弱酸型阳离子交换剂。常用于蛋白质、核酸等分离。

**12.253　强酸型离子交换剂　strong acid type ion exchanger**
又称"强阳离子交换剂(strong cation exchanger)"。带有高解离度阴离子基团(如磺酸基)的离子交换剂,能结合各种带阳电荷的离子。

**12.254　强碱型离子交换剂　strong base type ion exchanger**
又称"强阴离子交换剂(strong anion exchanger)"。带有高解离度阳离子基团(如季胺碱基)的离子交换剂,能结合各种阴电荷的离子。

**12.255　弱酸型离子交换剂　weak acid type ion exchanger**
又称"弱阳离子交换剂(weak cation exchanger)"。带有解离度较低的阴离子基团(如羧基、酚羟基等)的离子交换剂,能结合带阳电荷的离子。

**12.256　弱碱型离子交换剂　weak base type ion exchanger**
又称"弱阴离子交换剂(weak anion exchanger)"。带有解离度较低的阳离子基团(如二乙氨乙基)的离子交换剂,能结合阴电荷的离子。

**12.257　顶层琼脂　top agar**
覆盖在固体培养基上的一薄层低浓度软琼脂或琼脂糖。主要用于噬菌体的培养,有利

于在细菌菌苔的背景上观察和计数噬菌斑、转移噬菌体至杂交膜以进行基因文库的筛选操作等。

**12.258　低熔点琼脂糖　low melting-temperature agarose**

多糖链上引入羟乙基后的琼脂糖。由于其能在30℃左右成胶,约65℃熔化,熔化温度低于大多数双链DNA熔点。利用低熔点琼脂糖的这种性质可以从凝胶中回收天然形式的DNA。

**12.259　树脂　resin**

(1)人工合成的固相介质。一般以聚苯乙烯为基质,当经修饰带有磺酸基或羧基时可用做阳离子交换剂;携带伯胺或季胺基时可作阴离子交换剂等。(2)一类天然的固体或半固体无定型不溶于水的物质,常为植物渗出物,如松脂。

**12.260　寡(dT)纤维素　oligo(dT)-cellulose**

全称"寡脱氧胸苷酸纤维素"。寡(10~18 mer)脱氧胸腺苷酸通过5′-磷酸与纤维素共价结合的一种层析介质。常用于3′端含多腺苷酸尾的信使核糖核酸的亲和层析分离。

**12.261　乙酸纤维素膜　acetyl cellulose membrane, cellulose acetate membrane**

一类微孔滤膜,因耐撕裂,常与脆性的硝酸纤维素混合制成较坚固的滤膜。但对DNA和蛋白质的结合能力很弱,不能用于印迹分析,可用做电泳载体过滤除菌。

**12.262　DEAE纤维素膜　diethylaminoethyl cellulose membrane, DEAE-cellulose membrane**

全称"二乙氨乙基纤维素膜"。将二乙氨乙基(DEAE)引入纤维素分子后制成的纸状薄膜,是一种弱碱型阴离子交换材料。可用于核酸的回收等。

**12.263　印迹　blotting**

核酸或蛋白质等样品经层析或电泳等方法分离后,从载体介质(如凝胶)转移至另一介质(如滤纸或膜片)的技术。转移常用毛细管作用或电泳等技术。

**12.264　染色体印迹　chromosome blotting**

研究染色体DNA上某些基因位置的方法。先用适当的方法(如脉冲场电泳)分离染色体DNA,转移印迹到杂交膜上,再用待研究的基因探针杂交。

**12.265　斑点印迹法　dot blotting**

又称"点渍法"。将点状样品吸印到特定的膜上进行检测的方法。如用硝酸纤维素膜吸印固体培养基上的菌落或噬斑,在膜上原位裂菌或裂解噬菌体后,与特定的标记探针杂交,从而直接从转化的DNA文库或噬菌体文库中筛选所需要的克隆;将不同稀释度的蛋白质吸附在膜上进行显色反应,可以进行微量蛋白质的半定量。

**12.266　电印迹法　electroblotting**

将经凝胶电泳分离的蛋白质、DNA或RNA条带通过电泳按原位转移到另外的固体支持物上形成印迹的方法。此法比靠毛细管作用的印迹法效率高,速度快。

**12.267　电转移　electrotransfer**

用电泳技术将凝胶中的蛋白质、DNA或RNA条带按原位转移到固体支持物,形成印迹。

**12.268　DNA印迹法　Southern blotting**

又称"Southern印迹法"。将经过凝胶电泳分离的DNA转移到适当的膜(如硝酸纤维素膜、尼龙膜等)上的技术。可以采用毛细管作用或电泳法转移,转移到膜上的DNA再与标记的特异核酸探针杂交等进行分析。

**12.269　RNA印迹法　Northern blotting**

又称"Northern印迹法"。将经过凝胶电泳分离的 RNA 转移到适当的微孔膜（如硝酸纤维素膜、尼龙膜等）上的技术。膜上的 RNA 可再与标记的特异核酸探针杂交以分析特异性 RNA。

**12.270　RNA 足迹法　RNA footprinting**
分析 RNA 链与其他分子特异结合部位的方法。将标记的 RNA 与待研究的物质（如某种蛋白质或药物）进行结合反应后，用 RNA 酶清除未被结合的部分，再用电泳显示 RNA 链上结合位置的多寡和长度。

**12.271　DNA 酶足迹法　DNase footprinting**
一种检测蛋白质和特定 DNA 序列结合的方法。如用于鉴定结合在基因调控序列上的转录因子。当转录因子结合在 DNA 某区域时，由于这结合保护了该区域 DNA 片段免遭 DNA 酶（常用 DNA 酶 I 或核酸外切酶 III 等）的裂解，在序列分析电泳图上就能够显示出未被酶裂解的迹象，也就是被保护 DNA 片段部位的范围。

**12.272　DNA 酶保护分析　DNase protection assay**
主要用来检测染色质结构与功能状态的方法。当染色质结构致密，DNA 被组蛋白压缩很紧时，基因是不表达的，同时也对 DNA 酶不敏感。反之，结构蓬松、活跃进行基因表达的染色质，则易遭 DNA 酶的降解。

**12.273　DMS 保护分析　dimethyl sulfate protection assay, DMS protection assay**
全称"硫酸二甲酯保护分析"。又称"DMS 足迹法（DMS footprinting）"。与 DNA 酶足迹法类似的技术，但不用 DNA 酶来分解未被蛋白质结合保护的 DNA 部分，而是用硫酸二甲酯（DMS）来使未受保护的 DNA 甲基化，DNA 可以在甲基化位置被化学降解，DNA 分子上与蛋白质紧密结合区内的碱基不能被 DMS 甲基化。

**12.274　蛋白质印迹法　Western blotting**
又称"Western 印迹法"。将经过凝胶电泳分离的蛋白质转移到膜（如硝酸纤维素膜、尼龙膜等）上，再对转移膜上的蛋白质进行检测的技术。转移可用电泳法等。检测常用与特定蛋白结合的标记抗体或配体。由此可判断特定蛋白质的存在与否和分子量大小等。

**12.275　DNA-蛋白质印迹法　Southwestern blotting**
将经过电泳分离的蛋白质转移到膜上再与某些特定序列的 DNA 片段相互作用，是研究蛋白质与 DNA 特异结合的技术。

**12.276　RNA-蛋白质印迹法　Northwestern blotting**
将经过电泳分离的蛋白质转移到膜上再与某种特异的 RNA 探针杂交，是研究蛋白质与 RNA 特异结合的技术。

**12.277　免疫印迹法　immunoblotting**
将要检测的抗原吸印转移到膜上，再用能与其特异结合的抗体检测其存在的技术。

**12.278　蛋白质检测蛋白质印迹法　Farwestern blotting**
又称"Farwestern 印迹法"。与免疫印迹法类似，不同的是所用标记探针并非目的蛋白的抗体，而是与目的蛋白相关的另一种蛋白质。常用于检测蛋白质之间的相互作用。

**12.279　狭线印迹法　slot blotting**
在杂交膜上点样的形状为狭窄的长条的技术。常借助一种专用的点样装置，能提高灵敏度。

**12.280　印迹膜　blotting membrane**
在印迹时接受被转移样品的膜介质。如硝酸纤维素膜、尼龙膜等。

**12.281　菌落印迹法　colony blotting**
将固体培养平板上的菌落吸印转移到滤膜

上的技术。

**12.282 菌落免疫印迹法 colony immunoblotting**

对吸印转移到滤膜上的菌落作免疫学分析鉴定的技术。

**12.283 配体印迹法 ligand blotting**

受体或配体经电泳或层析等方法分离后,转移到适宜的薄膜上,再与相应的配体或受体结合,是检测配体与受体相互作用的技术。

**12.284 杂交 hybridization**

(1)不同品系生物间交配以产生杂种后代的过程。(2)两种不同细胞的融合。

**12.285 分子杂交 molecular hybridization**

不同来源或不同种类生物分子间相互特异识别而发生的结合。如核酸(DNA、RNA)之间、蛋白质分子之间、核酸与蛋白质分子之间、以及自组装单分子膜之间的特异性结合。

**12.286 预杂交 prehybridization**

在分子杂交实验之前对杂交膜上非样品区域进行封闭,用以降低探针在膜上的非特异性结合。封闭试剂成分主要是大量的非同源性的核酸或蛋白质等。

**12.287 原位杂交 *in situ* hybridization**

一种在完整染色体内对特异性DNA片段定位的技术。即以探针(如DNA、RNA探针等)直接探测靶分子或靶序列在生物体(染色体、细胞、组织、整个生物体等)内的分布状况。

**12.288 斑点杂交 dot hybridization**

将样品点在支持膜上进行分子杂交的技术。如将核酸点在能与核酸结合的膜(如硝酸纤维素膜、尼龙膜、聚偏氟乙烯膜等)上,经处理(如80℃烘烤、紫外光照等)使核酸固定在膜上,然后与标记探针进行分子杂交,用放射自显影或非放射性显色检测。可作定性或半定量分析。

**12.289 滤膜杂交 filter hybridization**

将样品转移或直接点在滤膜(如硝酸纤维素膜、尼龙膜等)上,以滤膜为支持物进行杂交的方法。洗膜后只有与目的物杂交的分子留在膜上。

**12.290 饱和杂交 saturation hybridization**

在核酸分子杂交试验中,某一序列组分过量而使另一对应的互补序列组分全部杂交成双链分子的方法。如用大大过量的DNA与放射性标记的RNA杂交,测定浓度时间常数曲线以分析DNA中序列重复的程度。

**12.291 消减杂交 subtracting hybridization**

曾称"扣除杂交"。利用不同组织、细胞或不同状态下组织、细胞基因表达的差异性,并结合核酸杂交建立的克隆差异表达基因的技术。一般是将一种细胞的互补DNA(cDNA)或信使核糖核酸(mRNA)与第二种细胞cDNA或mRNA相互杂交,其不被杂交的部分就代表了两种细胞基因表达的差异,可用于差异表达基因的克隆。差示筛选、消减探针、消减文库的建立等都是该技术的具体实施。

**12.292 阻抑消减杂交 suppressive subtraction hybridization,SSH**

将阻抑性聚合酶链反应与消减杂交相结合的实验方法,能有效地扩增低丰度的差异基因表达序列。一般是将目标互补DNA(cDNA)5′端分别加上两种人工接头,用过量的驱动DNA进行两次杂交,得到两个5′端有不同接头、不与驱动DNA杂交的目标cDNA,然后用与两种人工接头互补的引物PCR扩增得目标细胞差异表达的cDNA序列。

**12.293 差示杂交 differential hybridization**

用于显示组织细胞间基因表达差异的分子杂交方法。

**12.294　差示筛选　differential screening**

用比较组织细胞间基因或其表达产物(如RNA、蛋白质等)的不同而筛选特异性目的物的方法。以筛选细胞特异性表达基因为例,可先建立目的细胞的 cDNA 文库,分别用来源于目的细胞和差异比较细胞的两种 cDNA 探针对 cDNA 文库进行杂交,两种探针都能杂交上的为相同表达的基因,只有一种探针能杂交上的为特异表达基因。

**12.295　差异显示分析　representational difference analysis**

在两种来源的 DNA 分子群体间寻找其序列差别 DNA 分子的实验方法。即用过量的驱动 DNA 与目标 DNA 混合变性后再复性,分离出未与驱动 DNA 杂交的那部分目标DNA,即代表与驱动 DNA 序列差异的分子。将两种不同生物的基因组 DNA 用同一种限制性内切酶消化后作此试验,可以分析两个基因组 DNA 的差别。

**12.296　mRNA 差异显示　mRNA differential display**

从两种组织或经过不同处理的两种细胞的信使核糖核酸(mRNA)所得到的互补 DNA作的差异显示实验,可以分析不同组织细胞基因表达的区别。

**12.297　竞争杂交分析　hybridization-competition assay**

在改变非标记探针量的情况下,用一定量的标记探针与拟探测的目标分子进行杂交的分析方法。其中的过量非标记特异性探针会竞争性减弱标记的特异性探针与目标链的杂交,而非特异性探针则不能竞争抑制标记的特异性探针与目标序列的杂交。

**12.298　荧光原位杂交　fluorescence *in situ* hybridization, FISH**

用荧光标记的核酸探针在染色体上进行的杂交方法,以确定与探针互补的核酸序列在染色体上的位置和分布。

**12.299　杂交严格性　hybridization stringency**

核酸分子杂交条件设置的高低。其设置主要看杂交链的长度和同源性。同源程度越高,杂交条件就可越严格。杂交严格性的控制主要参数是杂交液的温度、盐浓度、变性剂和 pH 等。

**12.300　硝酸纤维素　cellulose nitrate, nitrocellulose, CN, NC**

纤维素硝酸酯,具有较强的吸附单链 DNA和 RNA 的能力,吸附核酸后可以通过80℃烘烤或经紫外线照射交联而固定。在分子生物学实验中用于核酸的印迹和杂交。

**12.301　硝酸纤维素膜　nitrocellulose membrane, NC membrane**

简称"NC 膜"。又称"硝酸纤维素滤膜(nitrocellulose filter membrane)"。硝基化的纤维素微孔薄膜。对核酸或蛋白质有很强的结合力,常用于印迹分析。

**12.302　聚合酶链反应　polymerase chain reaction, PCR**

一种在体外扩增 DNA 片段的重要技术。当存在模板 DNA、底物、上下游引物和耐热的DNA 聚合酶时,经过多次"变性-复性-延伸反应"的循环过程,痕量模板 DNA 可扩增至几百万倍。

**12.303　甲基化特异性聚合酶链反应　methylation specific PCR**

简称"甲基化特异性 PCR"。一种简单快速测定突变热点二核苷酸"CpG 岛"甲基化状态的方法。待测的 DNA 片段以重亚硫酸钠修饰,分别用专对甲基化和非甲基化 DNA的两套引物进行 PCR 扩增,即可得到 DNA是否甲基化的信息。可用于肿瘤、基因印记和 X 染色体失活等研究。

**12.304　阻抑聚合酶链反应　suppression PCR**

简称"阻抑 PCR"。抑制非特异扩增、而选择性扩增那些只知道部分序列目的 DNA 的一种聚合酶链反应方法。即先在所有的 DNA 5′端加上人工接头，设计引物一个与人工接头互补，另一个与目的 DNA 互补，非特异 PCR 产物由于两端有颠倒重复序列，退火时会自身形成环状而不能继续扩增，只有目的 DNA 能被扩增出来。此法已成功用于获取全长互补 DNA 等实验。

### 12.305　巢式聚合酶链反应　nested PCR

简称"巢式 PCR"。由两次相继进行的聚合酶链反应组成的一种 PCR 技术，其中第二次 PCR 是在第一次 PCR 反应产物序列范围内进行扩增的，借以提高 PCR 的成功率和分析的特异性。

### 12.306　半巢式聚合酶链反应　semi-nested PCR，hemi-nested PCR

简称"半巢式 PCR"。第二次 PCR 反应的引物只有一个，另一个是用第一次 PCR 反应的一个引物的一种 PCR 技术。此法是在无法获得理想的第二次引物时采用。对提高灵敏度和特异性仍有助益。

### 12.307　巢式引物　nested primer

为巢式聚合酶链反应所设计的引物，第二组引物是在第一组引物扩增得到的产物序列范围内设计的。

### 12.308　Alu 聚合酶链反应　Alu-PCR

从复杂来源样品中特异扩增人基因组 DNA 的方法。Alu 是人基因组中特有的高度重复序列，散布于整个人的基因组中。设计能识别 Alu 保守区序列的聚合酶链反应引物，就能特异地扩增获得人基因组 DNA。

### 12.309　锚定聚合酶链反应　anchored PCR

简称"锚定 PCR"。在目的核酸片段一端人工加上确定的序列，以便用与所加序列互补的引物作扩增的聚合酶链反应方法。常用于对目的核酸片段序列本身或旁侧序列不清楚时的扩增。如通过 DNA 末端转移酶在未知序列 DNA 的 3′端加上多(dG)尾，用含多(dC)的锚定引物对此 DNA 扩增。

### 12.310　连接锚定聚合酶链反应　ligation-anchored PCR

简称"连接锚定 PCR"。对未知 DNA 序列的一种扩增技术。在未知序列末端连接已知的序列或添加同聚物尾序列(即锚序列)，在与锚序列互补的引物(锚引物)和基因另一侧特异性引物的作用下，将未知序列扩增出来。

### 12.311　不对称聚合酶链反应　asymmetric PCR

简称"不对称 PCR"。引物用量不对称的聚合酶链反应。这两个引物分别称为非限制与限制性引物，反应中当低浓度的限制性引物消耗完后，高浓度的非限制性引物就引导产生大量的单链 DNA。

### 12.312　平衡聚合酶链反应　balanced PCR

简称"平衡 PCR"。为克服在扩增时发生非线性差异而设计的一种聚合酶链反应技术。

### 12.313　竞争聚合酶链反应　competitive PCR，cPCR

简称"竞争 PCR"。在反应体系中加入已知含量的内参照竞争模板，该模板与待测模板可以等效扩增，扩增过程中或扩增结束后，可用某些手段区分和定量待测物和竞争物的扩增产物，比较两者的量即可知待测模板含量的一种定量聚合酶链反应技术。

### 12.314　差示聚合酶链反应　differential display PCR

简称"差示 PCR"。利用组织细胞间基因表达的差异并结合聚合酶链反应技术来筛选和克隆新基因的方法。即先主观设定一对引物(称武断引物)，提取两种或多种待比较细胞的 mRNA，用 3′端武断引物逆转录成 cDNA，再 PCR 扩增，产物用凝胶电泳显示，逐一比较来自各细胞 PCR 的条带差异，回收差异条带,进行两次 PCR,再通过杂交等方法来确认差异表达基因。

**12.315　易错聚合酶链反应　error-prone PCR**

简称"易错 PCR"。应用低保真度 DNA 聚合酶,并选择适当的反应条件,提高 PCR 反应中的碱基错配率,由此得到含有随机突变的 PCR 产物,可以克隆入表达载体,构建随机突变的 DNA 文库的一种使 DNA 随机突变的技术。能用于体外分子定向进化、基因或 DNA 序列功能的研究、筛选得到经突变改良的蛋白质等。

**12.316　原位聚合酶链反应　in situ PCR**

简称"原位 PCR"。在 DNA 模板分子原来所在的位置处(如细胞、组织中)进行聚合酶链反应的技术。能够直接指示出 DNA 模板的部位。

**12.317　连接介导聚合酶链反应　ligation-mediated PCR**

简称"连接介导 PCR"。由于样品中核酸含量低或序列不完全清楚,难以分析或使用,因而在样品序列末端连接上已知序列,使用与此已知序列互补的引物专一性地扩增目的 DNA 片段的方法。

**12.318　多重聚合酶链反应　multiplex PCR**

简称"多重 PCR"。在同一聚合酶链反应的反应管中加入多对引物,扩增同一模板的几个不同的区域的方法。常用于检测很长的特定序列(如人类肌养蛋白基因、视网膜母细胞瘤基因等)的缺失突变等变化。

**12.319　逆转录聚合酶链反应　reverse transcription PCR, RT-PCR**

简称"逆转录 PCR"。先将 RNA 通过逆转录酶的作用合成与之互补的 DNA 链,再以该链作模板进行聚合酶链反应扩增特定 RNA 序列的方法。

**12.320　实时逆转录聚合酶链反应　real-time RT-PCR**

简称"实时逆转录 PCR"。将信使核糖核酸(mRNA)逆转录成互补 DNA 再进行实时 PCR 的技术。可以定量测定样品中特定 mRNA 含量,是反映细胞内某一基因或某些基因表达量的手段。

**12.321　定量聚合酶链反应　quantitative PCR, qPCR**

简称"定量 PCR"。将某种已知含量的 DNA 模板作为内标准进行 PCR 反应,对待测模板进行定量分析的技术。更灵敏的定量 PCR 是采用实时 PCR 技术。

**12.322　实时聚合酶链反应　real-time PCR**

简称"实时 PCR"。一种定量测定样品中特定 DNA 序列的聚合酶链反应。即使用标记(最常用是荧光标记)的 PCR 引物,因而能够通过荧光监测到每一次 PCR 循环后扩增所得 DNA 产物的量,从连续监控下获得的反应动力学曲线,可推导得样品中被扩增模板 DNA 的原初含量。

**12.323　反向聚合酶链反应　inverse PCR, iPCR**

简称"反向 PCR"。用于扩增已知序列的 DNA 旁侧未知序列的方法。即先用在已知 DNA 序列上没有识别位点的限制内切酶,切出包含已知 DNA、而两端带有未知序列的区段,将切出的 DNA 区段环化,然后再按已知的 DNA 序列设计一对引物进行扩增。

**12.324　随机聚合酶链反应　random PCR**

简称"随机 PCR"。采用许多序列不相同的(部分随机或全部随机序列)、短的(约 10 个核苷酸)引物所进行的聚合酶链反应。由于在模板 DNA 多个不同位置上扩增,所形成的产物长度各异,电泳图谱独特,可用于识别核酸的多态性、研究基因组的物理图谱及分析生物的进化等。

**12.325 剪接重叠延伸聚合酶链反应** splicing overlapping extension PCR, SOE-PCR

利用一系列聚合酶链反应，使产物两端彼此重叠，以便剪接成长片段，其间越过某段序列可使之缺失的 PCR 方法。一些基因工程抗体就是用此法制备的。

**12.326 聚合酶链反应克隆** PCR cloning

简称"PCR 克隆"。应用聚合酶链反应的技术获得 DNA 分子克隆的方法。

**12.327 聚合酶链反应剪接** PCR splicing

简称"PCR 剪接"。利用聚合酶链反应进行基因剪接以删除 DNA 中一段特定序列的方法。系设计两组引物，先分别扩增拟删除序列上下游两侧的序列，再用上游序列 5′端引物和下游序列 3′端引物用 PCR 反应进行连接。

**12.328 扩增物** amplimer

通常仅指聚合酶链反应所产生的 DNA 片段。用复数（amplimers）时，系指 PCR 反应所用的那对引物。

**12.329 连接酶链反应** ligase chain reaction, LCR

两个相邻的寡核苷酸片段以序列互补方式杂交到一个靶 DNA 分子上，再用热稳定 DNA 连接酶连接的方法。当有过量的寡核苷酸片段时，经过热变性、与靶 DNA 杂交、片段连接这三步反复多次循环，就能形成可测数量的寡核苷酸连接物。如果在连接处的碱基不配对，连接反应就无法进行，故此法可用于检测已知基因片段内的单碱基变异。其连接反应温度接近寡核苷酸的解链温度，因而识别单核苷酸错配的特异性很高。

**12.330 连接扩增反应** ligation amplification reaction, LAR

采用两套互补引物，利用嗜中温 DNA 连接

酶进行变性（100℃）和连接（30℃）的反复循环，是连接酶链反应的类似技术。

**12.331 寡核苷酸连接分析** oligonucleotide ligation assay

一种测定等位基因单碱基突变的方法，用以确定基因是正常（野生型）还是缺陷（突变型）的。

**12.332 免疫电镜术** immunoelectron microscopy, IEM

一种与免疫化学方法相结合的电镜法。样品先作免疫化学染色，再用电镜观察。

**12.333 免疫荧光显微术** immunofluorescence microscopy

用免疫荧光法使待测样品带上荧光染料，再用荧光显微镜等设备观测的技术。

**12.334 激光扫描共焦显微镜术** laser scanning confocal microscopy

用激光作为光源的共聚焦显微镜技术。

**12.335 扫描共焦显微镜术** scanning confocal microscopy

在显微镜观测中对样品的一个小点进行照明并同时记录，用这种方式逐点扫描整个视野，就能够组建出二维或三维清晰影像的技术。此法可以采用不同波长的光源，也可以记录透射光或发射光（荧光）。

**12.336 扫描隧道电镜** scanning tunnel electron microscope, STEM

又称"扫描隧道显微镜（scanning tunneling microscope, STM）"。一种可以获得高分辨率三维影像的电子显微镜。利用量子隧道效应，以原子线度的极细针尖在接近样品表面（小于 1 nm）处扫描，可以显示样品原子尺度的表面特征。如可分辨出 DNA 分子的螺旋结构和碱基对排列。

**12.337 高压电镜** high voltage electron microscope, HVEM

使用的加速电压可高达 200～1000 kV（普通透射电子显微镜是 50～100 kV）的一种透射电子显微镜。所加速的电子束可穿透较厚（可达 2μm，相当于普通透射电子显微镜的 20 倍）的样品，若以精确倾角扫描，经计算机处理可获得样品的三维图像。

**12.338　光密度　optical density, OD**
物质在溶液中吸收特定波长光线强弱的参数。光密度值与光吸收物质在溶液中的浓度成正比，是透光率对数的倒数。

**12.339　光密度计　densitometer, photodensitometer**
对纸层析、薄层层析或电泳凝胶等所分离的组分进行光密度扫描的仪器。由光源、单色器、样品台、检测器、记录器等部件组成。可测量分布在平面上各组分的相对含量。

**12.340　光密度扫描仪　scanning densitometer**
用可选择波长的单色光自动扫描、测量、记录并分析层析图（如薄层层析板）或电泳图（如凝胶电泳板）等各部位光密度的仪器设备。

**12.341　荧光计　fluorometer, fluorimeter**
荧光测定的装置，由激发光源、激发光单色器、样品池、发射光单色器、检测器、显示系统以及控制和记录系统等构成。与吸收池不同，其特点为激发光源和检测器不在一条直线上而是成直角布置。与荧光分光光度计不同的是它只以固定的激发光波长和强度测量发射光强度。

**12.342　荧光分光光度计　fluorescence spectrophotometer, spectrofluorometer, spectroflurimeter**
分析物质荧光特性的仪器。具有两套单色光器，对物质荧光进行定性分析时，固定入射的激发光波长可获得发射光光谱，而固定所测发射光波长时就可扫描得激发光谱，从

中可以得到最大的发射光波长和最大的激发光波长。固定激发光波长和强度测量发射光强度，可作定量分析。

**12.343　分光光度计　spectrophotometer**
带有可调节选择入射光波长单色光器的光度计。可以分析溶液的吸收光谱（对不同波长入射光的吸收情况）而进行定性分析，也可以固定入射光波长去测量吸光度对物质进行定量分析。依使用的波长不同，有可见、紫外、红外分光光度计等。

**12.344　显微分光光度计　microspectrophotometer**
显微镜和分光光度计组成的细胞光度计。用于测定细胞或亚细胞等结构中小目标物质在选定波长下的透光度或吸光度。

**12.345　双光束分光光度计　double beam spectrophotometer**
以两束光一束通过样品、另一束通过参考溶液的方式来分析样品的分光光度计。这种方式可以克服光源不稳定性、某些杂质干扰因素等影响，还可以检测样品随时间的变化等。

**12.346　双波长分光光度计　double wavelength spectrophotometer**
使两束不同波长的单色光交替通过待测溶液进行检测的分光光度计。用于多组分混合样品、浑浊样品以及背景吸收较大的样品时，可增加测定的选择性，并能给出样品更多的信息。

**12.347　红外分光光度法　infrared spectrophotometry**
通过测定物质在波长 2.5～25 μm（按波数计为 4000～400 cm$^{-1}$）的红外光区范围内光的吸收度，对物质进行定性和定量分析的方法。所用仪器为红外分光光度计。

**12.348　近红外光谱法　near-infrared spec-**

trometry，NIR

用可见光和红外光之间波长范围的光谱进行分析的方法。近红外反射光或透射光光谱可用于快速测定样品中的蛋白质、脂肪以及 DNA 测序样品中的染料等物质的含量。

**12.349　显微荧光光度法　microfluorophotometry**

对细胞内原有能发光的物质或对特定的物质选择性染色使其能发出荧光进行分析的仪器，能观测荧光在细胞内的定位及强度。是研究某些成分在细胞内分布及含量的技术。

**12.350　荧光分光光度法　fluorospectrophotometry**

利用物质吸收较短波长的光能后发射较长波长特征光谱的性质，对物质定性或定量分析的方法。可以从发射光谱或激发光谱进行分析。该法灵敏度高（通常比紫外分光光度法高 2 ~ 3 个数量级），选择性好。

**12.351　光谱分析　spectral analysis, spectroanalysis**

通过分析光谱的特性来分析物质结构特征或含量的方法。包括对物质发射光谱、吸收光谱、荧光光谱分析等，也包括不同波长段如可见、红外、紫外、X 射线光谱分析等。

**12.352　吸收光谱法　absorption spectrometry**
各种物质由于其结构不同，对电磁波的吸收也不同，每种物质都有其特征性的吸收光谱，据此可对物质进行定量和定性分析的方法。

**12.353　吸收光谱　absorption spectrum**
物质吸收电磁辐射后，以吸收波长或波长的其他函数所描绘出来的曲线即吸收光谱。是物质分子对不同波长的光选择吸收的结果，是对物质进行分光光度研究的主要依据。

**12.354　拉曼光谱分析　Raman spectrum analysis**

入射光导致分子旋转和振动发生光散射，散射光的频率因入射光和受作用的分子不同而异，分析该散射光的频率和强度的光谱图以推测某些生物大分子（如病毒、核酸、蛋白质和糖类）在溶液中的行为的方法。

**12.355　激光拉曼光谱学　laser Raman spectroscopy**
采用激光作入射光的拉曼光谱学。

**12.356　激光增强拉曼散射　laser stimulated Raman scattering**

当激光的频率接近或等于被测分子的电子吸收频率时，某一条或几条特定的拉曼线强度会急剧增强（一般会增强 100 ~ 1 000 000 倍）的散射现象。

**12.357　仿生学　bionics**
涵盖生物电子学、生物传感器、生物仿真材料、生物物理学、生物电机和生物大分子的自装配等的一门交叉学科。主要是研究和建立一类人工系统，使之具有生命系统的某些特性。

**12.358　生物反应器　bioreactor**
用于生物反应过程的容器总称。包括酶反应器（游离酶和固定酶反应器）、固定细胞反应器、各种细胞培养器、发酵罐和转基因动植物等。可用于制备或生产某些生物反应产物，有的可作为生物传感器。

**12.359　生物传感器　biosensor**
利用生物物质（如酶、蛋白质、DNA、抗体、抗原、生物膜、微生物、细胞等）作为识别元件，将生化反应转变成可定量的物理、化学信号，从而能够进行生命物质和化学物质检测和监控的装置。

**12.360　基因传感器　genosensor**
用于检测特定核酸序列的一种生物传感器。

即将已知序列的单链多核苷酸固定在特定的物质上(称为探头),当探头上的单链核酸与互补序列杂交形成双链分子时,能表现出一定的物理信号改变,可通过电子学等技术将信号放大而显示。可用于病原探测、遗传病基因诊断等。

**12.361　临床试验　clinical trial**
由美国食品药品管理局(FDA)规定的新药审批程序,分三期。I期临床试验主要目的是检验新药对正常健康人是否有毒性或其他害处;II期临床试验主要目的是检验新药是否有效力;III期临床试验主要目的是检验新药的最适剂量。

**12.362　生物制药　biopharming**
利用生物活体来生产药物的方法。有时特指利用转基因动植物活体作为生物反应器生产药物,如利用转基因玉米生产人源抗体、转基因牛乳腺表达人 $\alpha_1$ 抗胰蛋白酶等。

**12.363　生物电子学　bioelectronics**
特指"生物分子电子学(biomolecular electronics)"。生物技术与电子学交叉的学科,涉及生物材料、系统和过程的电学性质以及利用生物材料开发的纳米微电子管和电子装置等。

**12.364　图像分析　image analysis**
借助光学、机械、电子、计算机等一体化技术,对观察到的图像进行系统的处理,求得能代表该图像特征的各种参数,以利于对图像有更深入的认识和解释的方法。

**12.365　圆二色性　circular dichroism, CD**
由于包含发色团的分子的不对称性,而引起左右两圆偏振光具有不同的光吸收的现象。常用于研究溶液中蛋白质的二级结构。

**12.366　蛋白质作图　protein mapping**
对某种组织或细胞全部蛋白质进行分析所作的图谱。如蛋白质双向电泳图谱。

**12.367　序列排比　sequence alignment**
核酸或蛋白质序列的比较分析法。将序列之间的相同和不同部分排列出来,由此显示序列间的相关性或同源性程度。常借助计算机软件进行分析。

**12.368　质谱法　mass spectrometry, MS**
用电场和磁场将运动的离子(带电荷的原子、分子或分子碎片)按它们的质荷比分离后进行检测的方法。

**12.369　电喷射质谱　electrospray mass spectroscopy, ESMS**
一种使不同质量的粒子在电磁场中运动并按照质荷比进行分离的技术理论。即气体在电子的轰击下会产生带电粒子,带电粒子在电场的作用下获得能量做加速运动,而在磁场的作用下将做圆周运动,具有不同质荷比的离子其运动情况不同,从而实现分离。

**12.370　自旋标记　spin labeling**
将含自由基的基团引入待检物质后带有的电子自旋共振现象。能用电子顺磁共振法检测。如动态检查自旋标记的蛋白质或磷脂所发生的变化可分析其所处的局部环境。

**12.371　X 射线晶体学　X-ray crystallography**
通过 X 射线衍射研究结晶物质立体结构的学科。

**12.372　X 射线衍射　X-ray diffraction**
X 射线受到原子核外电子的散射而发生的衍射现象。由于晶体中规则的原子排列就会产生规则的衍射图像,可据此计算分子中各种原子间的距离和空间排列。是分析大分子空间结构有用的方法。

**12.373　多重同晶置换　multiple isomorphous replacement, MIR**
在蛋白质的 X 射线衍射研究中,为解决衍射相问题,将多个具有同晶性质而不改变蛋白质构象的重原子引入蛋白质,比较引入重原子前后的衍射图,即能从多个相角所测的数据解释衍射图。

**12.374 中子衍射** neutron diffraction

中子在晶体样品中散射时发生的散射波相互干涉的现象。可借以研究生物大分子的空间结构。

**12.375 核磁共振** nuclear magnetic resonance, NMR

具有磁距的原子核在高强度磁场作用下,可吸收适宜频率的电磁辐射,由低能态跃迁到高能态的现象。如 $^1H$、$^3H$、$^{13}C$、$^{15}N$、$^{19}F$、$^{31}P$ 等原子核,都具有非零自旋而有磁距,能显示此现象。由核磁共振提供的信息,可以分析各种有机和无机物的分子结构。

**12.376 核磁共振波谱法** nuclear magnetic resonance spectroscopy, NMR spectroscopy

研究原子核在磁场中吸收射频辐射能量进而发生能级跃迁现象的一种波谱法。通常专指氢原子的核磁共振波谱(质子核磁共振谱)的研究。同一核素的原子核在不同化学环境下能产生位置、强度、宽度等各异的谱线,为研究复杂的分子结构提供重要的信息。

**12.377 脉冲傅里叶变换核磁共振[波谱]仪** pulsed Fourier transform NMR spectrometer, PFT-NMR spectrometer

傅里叶变换技术与核磁共振方法相结合的一种研究分子结构的仪器。该仪器应用强的射频脉冲在很短的时间内照射样品得到是时间域函数 $f(t)$ 的自由感应衰减信号,计算机将该信号经模/数转换后变为分立的点,再进行傅里叶变换为频率 $v$ 的函数 $f(v)$,然后经数/模转换得到通常的核磁共振谱。

**12.378 电子自旋共振** electron spin resonance, ESR

又称"电子顺磁共振(electron paramagnetic resonance, EPR)"。研究物质中不成对电子的波谱学方法。可用于分析生物分子的结构和动态信息。

**12.379 电子-核双共振** electron-nuclear double resonance, ENDR

将电子自旋共振与核磁共振结合的共振波谱法。适用于测定生物分子结构中特殊类型的核是否与自由基相互作用。

**12.380 核奥弗豪泽效应** nuclear Overhauser effect, NOE

原子核之间通过空间偶极-偶极的相互作用,是核自旋体系弛豫而引起的现象。其信号强度与核子间距离多次方成反比,由此可推测分子中核子间的距离,进而确定溶液中分子(如蛋白质)的三维结构。

**12.381 傅里叶变换** Fourier transform

从傅里叶级数(正弦项和余弦项的不定系列)中各系数值计算函数方式的过程。是为纪念数学家傅里叶(J. B. Fourier)而命名的。如从 X 射线衍射分析数据推导出某一分子的电子密度分布。

**12.382 斯托克斯半径** Stokes' radius

一种生物大分子半径的表示方法。由斯托克斯定律规定,即球体摩擦系数 $f = 6\pi\eta r$,其中 $\eta$ 为溶液黏度,$r$ 为球体半径(即斯托克斯半径)。通过实验检测大分子流体动力学行为,如内禀黏度、扩散系数、沉降系数以及凝胶层析等,假设这些大分子为球形,可求得其在溶液中的表观半径,即 $r$ 值。

**12.383 局部序列排比检索基本工具** basic local alignment search tool, BLAST

系美国国家生物技术信息中心(National Center for Biotechnology Information, NCBI)推出的一套从核酸和蛋白质数据库中检索与指定序列相似性比较的计算机分析程序。

**12.384 二级结构预测 secondary structure prediction**

预测大分子(核酸、蛋白质)可能具有的二级结构。现在已有多种计算机软件可以进行这类预测,如 nnPREDICT、ZPRED Server 等。

**12.385 舒-法斯曼算法 Chou-Fasman algorithm**

由美国蛋白质化学家舒(P. Y. Chou)和法斯曼(G. Fasman)在 20 世纪 70 年代提出来的一种基于单个氨基酸残基统计的经验参数方法。通过统计分析,获得的每个残基出现于特定二级结构构象的倾向性因子,进而利用这些倾向性因子预测蛋白质的二级结构。

**12.386 舒-法斯曼分析 Chou-Fasman analysis**

一种从蛋白质的氨基酸序列预示其二级结构的统计学分析法。此法运用可溶性蛋白质已知的三维结构,计算氨基酸残基在特异的二级结构如 α 螺旋、β 片层及 β 转角中出现的频率。据此可预示已知氨基酸序列的蛋白质或多肽可能的二级结构类型。

**12.387 RYN 法 RYN method**

一种计算机分析程序,判断最可能出现的密码子嘌呤(R)、嘧啶(Y)和两者任意(N)使用的频率,推算未知 DNA 序列可读框的合理性。

**12.388 斯卡查德分析 Scatchard analysis**

一种研究配体与受体间的可逆结合作用,测定缔合常数($K'$)的方法。应用于酶促反应动力学分析等。

**12.389 斯卡查德方程 Scatchard equation**

描述配体与受体结合作用的方程,是希尔(Hill)方程在 $n_H = 1$,即结合部位无相互作用时的方程式,通常表示为:$r/n = K'[S]/(1 + K'[S])$。

**12.390 斯卡查德作图 Scatchard plotting**

饱和分析中一种重要的作图方法,能将竞争结合曲线转换成直线,并可求出结合系数和结合位置的数量。

**12.391 希尔方程 Hill equation**

用于测定内在缔合常数及一定类型蛋白质每分子结合部位数目的方程。

**12.392 希尔作图法 Hill plotting**

对希尔方程的数据图解表示法,可用于酶动力学、蛋白质与配体结合等分析。

**12.393 居里 Curie, Ci**

以著名的波兰科学家居里(Curie)命名的放射性强度的单位。自 1985 年起正式改用贝可(Bq)新单位。换算关系为:$1 \text{ Ci} = 3.7 \times 10^{10} \text{ Bq}$。

**12.394 贝可[勒尔] Becquerel, Bq**

测量放射性强度的单位,从 1985 年起正式代替过去使用的居里(Ci)单位。1 Bq 等于每秒 1 次衰变。

**12.395 每分钟蜕变数 decay per minute, disintegrations per minute, d/m**

放射性的绝对强度。

**12.396 每分钟计数 counts per minute, c/m**

放射性物质在放射性测定仪器上所测出的脉冲数。是一个相对数值,受仪器测量效率的影响。

**12.397 皮克 pictogram, pg**

质量单位,$1 \text{ pg} = 10^{-12} \text{ g}$。

**12.398 纳克 nanogram, ng**

质量单位,$1 \text{ng} = 10^{-9} \text{g}$。蛋白质的放射免疫分析测定,DNA 的聚合酶链反应等都能够达到纳克级的分析水平。

**12.399 纳米 nanometer, nm**

长度单位,$1 \text{nm}$ 为 $10^{-9} \text{m}$。常用于表示光的

波长以及描述纳米技术。

**12.400  纳米微孔  nanopore**
孔径纳米量级的小孔。如在磷脂双层人工膜上用 α 溶血素打成的小孔就在纳米量级内,能够区分仅一个核苷酸差别的 DNA 链,当 DNA 分子穿过小孔时,阻塞小孔,造成电流/电压变化,在单链 DNA 滑过小孔过程中,能记录下逐个核苷酸的信息。

**12.401  纳米技术  nanotechnology**
能操作细小到 $0.1 \sim 100 nm$ 物件的一类新发展的高技术。生物芯片和生物传感器等都可归于纳米技术范畴。

**12.402  盖革-米勒计数器  Geiger-Müller counter, GM counter**
简称"盖革计数器"。一种专门探测电离辐射(α 粒子、β 粒子、γ 射线)强度的记数仪器。由充气的管或小室作探头,当向探头施加的电压达到一定范围时,射线在管内每电离产生一对离子,就能放大产生一个相同大小的电脉冲并被相连的电子装置所记录,由此测量得单位时间内的射线数。

**12.403  盖革-米勒[计数]管  Geiger-Müller tube**
盖革-米勒计数器的探头。管内含有能猝灭的气体(如氯、氖或乙醇等),可以阻止电压在盖革区时的连续放电,以便再接受射线电离产生的离子,记录新的电脉冲。

**12.404  正比计数器  proportional counter**
一种测量放射性强度的装置,由充气(常用甲醇与氩混合气体)的管或小室作探头,当对探头施加的电压在一定范围内时,射线在管内引起电离所产生的脉冲大小与射线的能量成正比,与探头相连的电子系统就能够分析不同能量的射线、测量不同能量射线的强度。

**12.405  荧光分析  fluorescence analysis**
利用物质被短波长光激发后产生特征性波长较长的荧光进行定性或定量分析的方法。包括直接荧光分析法和间接荧光分析法。

**12.406  荧光光谱  fluorescence spectrum**
物质吸收了较短波长的光能,电子被激发跃迁至较高单线态能级,返回到基态时发射较长波长的特征光谱。包括激发光谱和发射光谱。

**12.407  荧光激活细胞分选仪  fluorescence-activated cell sorter, FACS**
用结合有荧光染料的探针(如抗体)标记细胞进行流式细胞计数、分选的仪器。

**12.408  流式细胞术  flow cytometry**
一种对悬液中细胞、微生物或细胞器等进行单个快速识别、分析和分离的技术。用以分析细胞大小、细胞周期、DNA 含量、细胞表面分子以及进行细胞分选等。

**12.409  荧光显影  fluorography**
通过化学反应、修饰或覆盖等方法使拟检测的对象(分子、细胞等)产生荧光而自我显示的过程。

**12.410  本尼迪克特试剂  Benedict reagent**
曾称"班氏试剂"。基于蓝色的碱性硫酸铜可被还原为红色的氧化铜的原理检查还原糖(如葡萄糖)的试剂。

**12.411  双丙烯酰胺  bisacrylamide**
学名:$N,N'$-亚甲基双丙烯酰胺。双功能基团化合物。在丙烯酰胺单体中参入双丙烯酰胺进行聚合,形成网状结构的聚丙烯酰胺凝胶。

**12.412  离散剂  chaotropic agent, chaotrope**
能减弱疏水相互作用,可提高非极性分子从非水溶液中进入水相的物质。此类物质通常都是些离子,如 $SCN^-$ 和 $ClO_4^-$ 等,具有较大的半径,只有单个的负电荷,电荷的密度较低。可用于促进与膜结合的蛋白质溶解、改变蛋白质和核酸的二级和三级结构、增加疏水小分子的溶解性等。

**12.413 焦碳酸二乙酯 diethyl pyrocarbonate, DEPC**

一种高活性的烷基化试剂。常用做核酸酶抑制剂(特别是用于灭活广泛存在的核糖核酸酶)、组氨酸残基修饰剂等。

**12.414 硅藻土 diatomaceous earth**

一种生物成因的硅质沉积岩。由古代硅藻的遗骸组成,其化学成分主要为 $SiO_2$,此外还有少量 $Al_2O_3$、$CaO$、$MgO$ 等。主要用做吸附剂、助滤剂和脱色剂等。

**12.415 表面活化剂 surfactant, surface-active agent**

一类能降低液体表面张力的试剂。通常在分子内含有一个疏水基团和一个亲水基团,如去垢剂、乳化剂、消泡剂等。

**12.416 二环己基碳二亚胺 dicyclohexylcarbodiimide, DCC, DCCI**

一种常用的脂溶性缩合剂。可用于一个氨基酸的氨基与另一个氨基酸的羧基之间脱水缩合形成肽键等。

**12.417 硫酸二甲酯 dimethyl sulfate, DMS**

可使 DNA 甲基化的试剂。经甲基化后,DNA 可在甲基化位置被降解。

**12.418 二甲基亚砜 dimethyl sulfoxide, DMSO**

一种氢键破坏剂。因其抗冻作用,可用于细胞的冻存;因其对大分子的变性作用,用于变性凝胶电泳等。

**12.419 二硝基氟苯 dinitrofluorobenzene, DNFB**

学名:1-氟-2,4-二硝基苯。与氨基酸、肽或蛋白质上的自由 α 氨基反应,生成的一种二硝基苯衍生物。用于氨基酸、肽和蛋白质的层析检测、定量分析以及肽和蛋白质氨基端

氨基酸分析等。

**12.420 考马斯亮蓝 Coomassie brilliant blue**

属于三苯甲烷类染料,可与蛋白质形成较强的非共价复合体。考马斯亮蓝 R250 多用于聚丙烯酰胺凝胶电泳后蛋白质条带的染色;考马斯亮蓝 G250 是布拉德福德(Bradford)蛋白质定量试剂的主要成分。

**12.421 二硫苏糖醇 dithiothreitol, DTT**

又称"克莱兰试剂(Cleland's reagent)"。苏糖醇的 C-1 及 C-4 位羟基置换成巯基的化合物。在生化反应中用做还原剂,保护蛋白质或酶中的巯基不致氧化而失活。也常用于还原蛋白质分子中的二硫键等。

**12.422 溴乙锭 ethidium bromide, EB**

一种荧光染料,能嵌入到双链核酸碱基对平面之间,250 ~ 310 nm 波长的紫外光激发其发出橙红色光,常用于检测核酸分子。插入 DNA 分子能降低其密度,共价闭环 DNA 不能像线性或开环 DNA 那样结合很多溴乙锭,因而其密度降低较少,故可用密度梯度离心将共价闭环 DNA 与其他形式 DNA 分开。也是一种强诱变剂,有致癌作用。

**12.423 乙二胺四乙酸 ethylenediaminetetraacetic acid, EDTA**

能与 $Mg^{2+}$、$Ca^{2+}$、$Mn^{2+}$、$Fe^{2+}$ 等二价金属离子结合的一种螯合剂。由于多数核酸酶类和有些蛋白酶类的作用需要 $Mg^{2+}$,故常用做核酸酶、蛋白酶的抑制剂;也可用于去除重金属离子对酶的抑制作用。在化学分析中,乙二胺四乙酸可用于配位滴定。

**12.424 乙二醇双(2-氨基乙醚)四乙酸 ethylene glycol bis(2-aminoethyl ether)tetraacetic acid, EGTA**

与乙二胺四乙酸相似,能与二价金属离子结合的一种螯合剂,但对钙离子有更高亲和性。可专门用做需要钙离子的蛋白酶(如

BAL31)的抑制剂,并能用于在镁离子存在条件下作钙离子检测。

**12.425　异硫氰酸荧光素　fluorescein iso-thiocyanate, FITC**
一种荧光试剂,发射绿色荧光。该分子中含有活泼的异硫氰酸基团,易于与蛋白质等分子反应,常用于蛋白质的荧光标记等。

**12.426　福林试剂　Folin reagent**
一种能与酚羟基呈色的磷钼酸-磷钨酸试剂。可与蛋白质分子中酪氨酸残基作用生成深蓝色化合物。在劳里法蛋白质定量中也使用该试剂。

**12.427　DNA 嵌入剂　DNA intercalator**
能够插入到 DNA 双链中相邻的碱基对间而与 DNA 结合的化合物。多为具有芳香族结构的扁平分子,如吖啶类染料。DNA 嵌入剂与 DNA 结合会引起双螺旋的解旋、伸长和僵硬,导致染色质结构和功能的改变。

**12.428　异丙基硫代-β-D-半乳糖苷　isopropylthio-β-D-galactoside, IPTG**
结构与异乳糖相似的一种 β-D-半乳糖苷。常作为大肠杆菌乳糖操纵子的非代谢诱导物,它能特异地与乳糖操纵子的阻遏物结合,解除对乳糖启动子的阻遏,从而启动下游基因的转录。

**12.429　异硫氰酸苯酯　phenylisothiocyanate, PITC**
在埃德曼降解法中作为蛋白质或肽链的 N 端标记试剂,用于进行氨基酸序列分析。

**12.430　苯甲基磺酰氟　phenylmethylsulfonyl fluoride, PMSF**
一种丝氨酸蛋白酶的抑制剂。在纯化蛋白质时用于防止蛋白质的降解。

**12.431　羟基磷灰石　hydroxyapatite, HA**
磷酸钙的氢氧化合物,在水相溶剂中不溶,可用做蛋白质纯化的吸附剂,并能结合双链 DNA 从而与单链 DNA 分开。

**12.432　三羟甲基氨基甲烷　trihydroxymethyl aminomethane, Tris**
一种广泛用做生物缓冲液成分的化合物,缓冲 pH 范围 7～9,p$Ka$(20℃) = 8.3, p$Ka$(37℃) = 7.82。

**12.433　锥虫蓝　trypan blue**
又称"台盼蓝"。含硫酸基和氨基的一种二偶氮酸性染料,其电荷使其不能通过活细胞的质膜,但能被死细胞或膜受损伤细胞吸收,染成深蓝色,可用以鉴别细胞的存活状态,因能杀死锥虫而得名。

**12.434　非离子去污剂　non-ionic detergent**
自身不发生离子化的表面活性剂,如 Triton X-100、NP-40 等。

**12.435　试剂盒　kit**
配有进行分析或测定所必需的全部试剂的成套用品。如医学上特定疾病诊断试剂盒、分子生物学上的核酸提取回收试剂盒、微生物学上的细菌鉴定试剂盒等。

**12.436　吉欧霉素　zeocin**
一种含铜的糖肽类抗生素,来自链霉菌。对细菌、真菌、酵母、动植物细胞均有极强的毒性。其抗性标志基因可用于基因工程的穿梭载体。

**12.437　遗传霉素　geneticin**
一种氨基糖苷类抗生素,主要功能是阻断多肽链的合成和延伸,多用于细胞培养来筛选转化了新霉素抗性基因的真核细胞。

**12.438　潮霉素 B　hygromycin B**
由吸水链霉菌(*Streptomyces hygroscopicus*)产生的一种氨基糖苷类抗生素,通过抑制蛋白质合成能杀死细菌、真菌和高等真核细胞,用于筛选和保持转化有潮霉素抗性基因的原核和真核细胞。

**12.439　新霉素　neomycin**

由弗氏链霉菌（*Streptomyces fradiae*）所产生的一种氨基环多醇复合抗生素，由新霉素A、B和C组成。新霉素能引起细菌蛋白质合成时对mRNA读框的变化，但其在核糖体上的作用靶位与链霉素不同。

**12.440　壮观霉素　spectinomycin**

由链霉菌（*Streptomyces spectabilis*）所产生的一种氨基环多醇广谱抗生素。能作用于细菌30S核糖体亚基，抑制蛋白质合成。

**12.441　氨苄青霉素　ampicillin**

青霉素结构上加上氨基侧链的半合成青霉素衍生物。能抑制敏感细菌的细胞壁的生物合成而使细菌死亡。是分子克隆中常用的抗生素。

**12.442　卡那霉素　kanamycin**

一种由卡那链霉菌（*Streptomyces kanamyceticus*）产生的氨基糖苷类抗生素，含三个组分：卡那霉素A、B和C，卡那霉素A为主要组分。通过与30S核糖体亚单位结合而使细菌蛋白质合成发生错读。

**12.443　利福霉素　rifamycin**

从地中海链霉菌产生的、结构与功能相近的一组抗生素，对革兰氏阳性细菌和结核杆菌有效。其作用机制是通过与依赖DNA的RNA聚合酶结合而抑制原核生物的转录起始。

**12.444　利福平　rifampicin**

从利福霉素B得到的一种半合成抗生素。能抑制细菌DNA转录合成RNA，可用于治疗结核病、肠球菌感染等。除作为抗生素应用外，在分子生物学中可用做从细菌中去除质粒的试剂。

**12.445　嘌呤霉素　puromycin**

一种抗生素，广泛用作蛋白质合成的抑制剂。其结构与氨酰tRNA 3′端上的AMP结构相似，肽酰转移酶能促使氨基酸与嘌呤霉素结合形成肽酰嘌呤霉素，从核糖体上脱落，从而使蛋白质合成反应中断。

**12.446　鹅膏蕈碱　amanitin**

来自伞蕈的一种毒素，有α、β、γ和ε等类型。其中α鹅膏蕈碱常用于分子生物学研究，对真核细胞的RNA聚合酶Ⅱ和Ⅲ有抑制作用，而不抑制真核细胞RNA聚合酶Ⅰ和细菌RNA聚合酶。

**12.447　示踪染料　tracking dye**

加在混合样品中的不影响样品成分迁移的，但在电泳或层析等分离时指示样品移动进程的一种染料。如溴酚蓝、二甲苯腈蓝、溴甲酚绿等。

**12.448　两性电解质　ampholyte**

同时带有可解离为负电荷和正电荷基团的电解质。如氨基酸。

**12.449　兼性离子缓冲液　zwitterionic buffer**

分子中含有两个或更多的可解离基团、能形成同时带有正、负电荷的偶极分子，由这样的兼性离子所组成的缓冲液。在生物学实验中用途广泛，如N-2-羟乙基-哌嗪基-N-2-乙基磺酸（HEPES）、2-(N-吗啉代)-乙基磺酸（MES）、N-[Tris(羟甲基)-甲基]甘氨酸（Tricine）等。

**12.450　缓冲配对离子　buffer counterion**

缓冲体系中带相反电荷的离子。如磷酸钠缓冲液中带负电荷的磷酸根与带正电荷的钠离子互为配对离子；离子交换层析流动相（缓冲液）中与固定相（离子交换树脂）本身所带电荷相反的离子等。

**12.451　霍普-伍兹分析　Hopp-Woods analysis**

由霍普（Hopp）和伍兹（Woods）发明的一种通过分析氨基酸序列来分析蛋白质疏水性及寻找蛋白表位的方法。每个氨基酸均被赋予特定的数值(亲水性值),然后沿着肽链重复计算相邻 6 个氨基酸的平均值。平均亲水性值最高的区段就可能是表位所在的位点或与表位紧邻。

**12.452 蛋白质可消化性评分** protein digestibility-corrected amino acid scoring, PDCAAS

一种评估可消化的蛋白质(转化成氨基酸)对发育生长期儿童营养价值的指标,由联合国粮农组织(FAO)和世界卫生组织(WHO)推荐。如某蛋白质消化后含有人体全部必需氨基酸,其比例也符合人体需求,则该蛋白营养计分为 1.00,浓缩的大豆蛋白质营养计分为 0.99。

**12.453 蛋白质截短试验** protein truncation test, PTT

通过体外转录和翻译偶联的系统使突变的等位基因表达,从而可以筛选出与链中止有关突变的试验方法。

**12.454 蛋白质工程** protein engineering

按人们意志改变蛋白质的结构和功能或创造新的蛋白质的过程。包括在体外改造已有的蛋白质,化学合成新的蛋白质,通过基因工程手段改造已有的或创建新的编码蛋白质的基因去合成蛋白质等。为获得的新蛋白具备有意义的新性质或新功能,常对已知的其他蛋白质进行模式分析或采取分子进化等手段。

**12.455 丹磺酰法** dansyl method, DNS method

测定氨基酸的一种方法,主要用于蛋白质肽链 N 端氨基酸的测定。用 1-二甲氨基-5 萘磺酰氯与氨基酸的 α 氨基反应生成发荧光的丹磺酰氨基酸,可用电泳或层析法分离鉴定是何种氨基酸的衍生物。

**12.456 埃德曼降解法** Edman degradation

又称"埃德曼分步降解法(Edman stepwise degradation)"。瑞典科学家埃德曼(P. Edman)创立的连续测定蛋白质或肽链 N 端氨基酸残基序列的经典方法。用异硫氰酸苯酯(PTH)等与多肽反应,逐个水解 N 端氨基酸残基,依次生成各种 PTH-氨基酸,层析鉴定 PTH-氨基酸就可从 N 端逐个确定被测肽段的氨基酸残基排列顺序。

**12.457 肼解** hydrazinolysis

多肽或糖肽等与无水肼($NH_2NH_2$)加热发生分解的反应。多肽 C 端氨基酸以游离形式释放,其他氨基酸都转变为相应的氨基酸酰肼化合物,生成的氨基酸酰肼可与苯甲醛作用变为水不溶性的二苯基衍生物而沉淀。上清液中的游离 C 端氨基酸可借助二硝基氟苯法、丹磺酰法以及层析等技术进行鉴定。糖肽肼解导致 $N$-聚糖与天冬酰胺残基之间的键切断,此反应常用于获得 $N$-聚糖糖链。

**12.458 双缩脲反应** biuret reaction

蛋白质在碱性溶液中与硫酸铜作用形成紫蓝色络合物的呈色反应。在 540nm 波长处有最大吸收。可用于蛋白质的定性和定量检测。

**12.459 劳里法** Lowry method

劳里(O. H. Lowry)于 1951 年建立的方法,即将蛋白质中酪氨酸、色氨酸残基与福林酚试剂的呈色反应以及肽键与铜离子的双缩脲反应相结合的蛋白质定量比色法。

**12.460 茚三酮反应** ninhydrin reaction

2,2-二羟基-1,3-茚三酮与氨基酸、肽类或蛋白质的自由 α 氨基或其他氨基化合物所产生的一种可定量的显色反应。所呈现的颜色随反应的条件(酸度、温度、盐浓度、铜、镉离子等)不同而异。用于氨基酸和肽的层析及定量测定。

**12.461 蛋白质合成** protein synthesis

(1)体内翻译合成蛋白质的过程。(2)在离体条件下,由信息核糖核酸(mRNA)指导合成蛋白质的过程。(3)在体外按设计的氨基酸顺序,将氨基酸逐个人工连接成多肽的化学合成过程。目前多采用固相合成法,即在多聚体支持物上延伸连接的氨基酸,因而可以自动化操作。

**12.462　梅里菲尔德合成法　Merrifield synthesis**

梅里菲尔德(R. B. Merrifield)于1963年提出的固相多肽合成技术。即将氨基酸的羧基末端与不溶性树脂连接,从其氨基端再经过反应添加下一个氨基酸,多余的试剂及副产物则被洗去,如此反复,肽链按设定的系列从羧基端向氨基端延伸。

**12.463　肽合成　peptide synthesis**

(1)细胞内蛋白质合成过程中多肽的形成。(2)用人工方法将各种氨基酸按照预先设计顺序依次连接成多肽的方法。目前最常用的是固相合成法,将氨基酸挂在树脂上合成肽链,可以自动化操作。

**12.464　末端分析　terminal analysis**

常指蛋白质肽链两端氨基酸的分析。对于N端分析有三种方法:桑格-库森法、丹磺酰法和埃德曼降解法,后者可连续测入,并可自动化操作;对于C端分析,主要用外肽酶,如一些羧肽酶,将肽链的羧基末端氨基酸切下分析。

**12.465　肽图　peptide map**

单一蛋白质或不太复杂的蛋白质混合物经降解(通常利用专一性较强的蛋白酶)得到的产物,通过层析和电泳,以及质谱等手段分离鉴定后,得到的表征蛋白质和混合物特征性的图谱或模式。可作为对蛋白质比较和分析的依据。

**12.466　肽扫描技术　peptide scanning technique, pepscan**

利用合成肽对蛋白质进行表位作图的方法。即合成某种抗原蛋白许多重叠的短肽,分析它们与相应多克隆抗体的结合状态,以确定在抗原蛋白分子上表位的具体位置。

**12.467　磷酸氨基酸分析　phosphoamino acid analysis**

一种分析蛋白质中是否含羟基氨基酸(如丝氨酸、苏氨酸、酪氨酸等)-O-磷酸酯的方法。

**12.468　DNA扩增多态性　DNA amplification polymorphism**

不同种属或个体间的DNA序列不完全相同,设计恰当的探针,以聚合酶链反应(PCR)扩增样品中的DNA,会得出不同长度的PCR产物,进一步用限制性内切酶消化PCR产物,经电泳分离可得出具有不同长短DNA片段图谱的现象,此图谱具有种属或个体的特异性,是检查不同来源DNA的灵敏技术。

**12.469　DNA数据库　DNA database**

又称"DNA资料库"。集合所有已知核酸的核苷酸序列,单核苷酸多态性、结构、性质以及相关描述,包括它们的科学命名、来源物种分类名称、参考文献等信息的资料库。基因和基因组的资料也包含在DNA数据库中。目前国际上比较重要的核酸(含蛋白质)一级数据库有美国的GenBank、欧洲EMBL和日本的DDBJ。三个数据库信息共享,每日交换,故资料是一样的,唯格式有所不同。

**12.470　基因数据库　gene data bank**

含基因和基因组资料的DNA数据库。

**12.471　基因组序列数据库　genome sequence database**

通过众多的基因组测序所获得的大量基因组序列,经过整理、分类和排列的集合。

**12.472　核酸数据库　nucleic acid data bank**

DNA、RNA序列的资料库,主要包括已知序列名称、DNA 或 RNA 全序列及其特性,如启动区、起始和终止密码的位置、编码区、限制酶切位点以及推导的翻译产物蛋白质序列等。

**12.473　蛋白质数据库　protein database,  protein data bank, PDB**

汇集已知蛋白质各种参数的集合。常用的蛋白质序列的数据库有 Swiss-Prot。常用的蛋白质立体结构的数据库是创建于 1971 年美国的布鲁克海文(Brookhaven)国家实验室运作的 Protein Data Bank (PDB),1998 年成为 Research Collaboratory for Structural Bioinformatics(RCSB)。美国的 RCSB PDB、欧洲的 MSD-EBI 和日本的 PDBJ 一起构成了 Worldwide Protein Data Bank(wwPDB)。

**12.474　布鲁克海文蛋白质数据库　  Brookhaven Protein Data Bank**

由美国布鲁克海文(Brookhaven)国家实验室建立的蛋白质结构数据库。

**12.475　Swiss-Prot 蛋白质序列数据库　  Swiss-Prot Protein Sequence Database**

由欧洲分子生物学实验室主持建立的蛋白质序列数据库。

**12.476　蛋白质组数据库　proteome database**

包含已知各种生物的各种组织或细胞全部蛋白质的资料库。但目前主要只是集合了已知各种生物的各种组织或细胞全部蛋白质双向电泳图谱的资料。现此类数据库有瑞士生物信息研究所开发的 SWISS-2DPAGE 数据库等。

**12.477　DNA 指纹分析　DNA fingerprinting**

将个体的染色体 DNA 用限制性内切酶消化,分离得到不同大小的 DNA 片段,再以重复序列中的共有序列作为核酸探针进行杂交,对所得到不同生物个体相似 DNA 片段的带型图谱(即 DNA 指纹图谱,对每一个体都是独特的)进行分析的方法。该技术能揭示并比较生物个体间关系的密切程度,有效地应用于遗传分析、法医和亲子鉴定等。

**12.478　DNA 序列查询　DNA sequence  searching**

应用查询工具从 DNA 数据库(如 NCBI 的 GenBank)搜索感兴趣的 DNA 序列的种种特征。包括序列局部相似性检索(用 BLAST),将一条序列与另一条序列进行比较或在数据库中找同源序列并输出(用 FASTA),以及进行多序列比较(用 Clustal W)等。

**12.479　DNA 混编　DNA shuffling**

对一组进化上相关的 DNA 序列进行重新组合去创造新基因的手段。是分子定向进化的一种方法。如将不同种属或同一基因家族不同来源的基因或 DNA 混合,用酶或超声等方法切成短片段,再重新随机连接组装,用预定的功能标志来筛选期望的基因或 DNA。此法可有效积累优异突变,排除有害突变和中性突变,实现目的蛋白家族的共进化。

**12.480　DNA 结合分析　DNA-binding assay**

一种研究 DNA 结合蛋白与其 DNA 靶序列相互作用的方法。将蛋白质与标记的 DNA 片段在一定条件下作用,进行非变性凝胶电泳,可以检测到 DNA 与蛋白质结合后电泳迁移率降低的条带。

**12.481　测序　sequencing**

对多聚体中单体排列顺序的测定。如测定 DNA、寡肽、多糖链基本组成单位残基(核苷酸、氨基酸、单糖等)的排列顺序。

**12.482　序列分析仪　sequencer, sequenator**

又称"测序仪"。测定有序线性聚合物(如 DNA、寡肽等)基本组成单位残基(核苷酸、氨基酸)排列顺序的仪器设备。

**12.483　蛋白质测序　protein sequencing**

测定蛋白质分子的氨基酸排列顺序。目前自动化的蛋白质测序仪系从肽链的 N 端测入。

**12.484　气相蛋白质测序仪　gas-phase protein sequencer**

用气相层析检测氨基酸衍生物的方法来测定蛋白质或多肽序列的仪器。

**12.485　基因组测序　genome sequencing**

对某个物种基因组核酸序列的测定,最终要确定该物种全基因组核酸的序列。

**12.486　DNA 测序　DNA sequencing**

对 DNA 分子的核苷酸排列顺序的测定,也就是测定组成 DNA 分子的 A、T、G、C 的排列顺序。常用的方法有桑格-库森法和马克萨姆-吉尔伯特法等。

**12.487　桑格-库森法　Sanger-Coulson method**

又称"双脱氧法(dideoxy termination method)","链终止法(chain termination method)"。英国生物化学家桑格(F. Sanger)和库森(A. R. Coulson)等人发明的 DNA 测序法。即使用能在 DNA 模板链上互补参入却不能延伸的四种双脱氧核苷三磷酸(ddNTP)与正常的四种脱氧核苷三磷酸(dNTP)竞争,合成的互补链可以在任何位置终止,获得长短不一的反应产物,通过电泳分离,从四条泳道上的条带顺序就能读出 DNA 的序列。是目前 DNA 测序的首选方法。

**12.488　马克萨姆-吉尔伯特法　Maxam-Gilbert DNA sequencing, Maxam-Gilbert method**

又称"DNA 化学测序法(chemical method of DNA sequencing)","化学降解法(chemical degradation method)","碱基特异性裂解法(base-specific cleavage method)"。马克萨姆(A. Maxam)和吉尔伯特(W. Gilbert)于

1977 年发明的 DNA 碱基序列测序方法。即将单链 DNA 5′端做放射性标记,用几组与碱基发生专一性反应的化学试剂分别修饰碱基,在修饰碱基特异部位随机断裂 DNA 链,凝胶电泳将 DNA 链按长短分开,放射自显影显示电泳区带,直接读出核苷酸序列。此法也适用于 RNA 的测序。

**12.489　引物步移　primer walking**

又称"引物步查"。一种长链 DNA 测序的策略。根据已测出的序列结构设计测序引物,按第一轮测序得出的新序列,再设计引物进行第二轮测序,如此重复,直至获得全序列。

**12.490　毗邻序列分析　nearest neighbor sequence analysis**

分析核酸链中某核苷酸与其他核苷酸相邻频率的技术。即用 $5′-\alpha-^{32}P$ 标记的某核苷三磷酸为底物参入核酸链,然后用特定的酶降解此核酸链生成 3′核苷酸,则原来在某核苷酸 5′侧的 $^{32}P$ 就转到相邻核苷酸的 3′侧,检查所得 3′-核苷酸产物哪些带有 $^{32}P$ 就可计算出其他核苷酸与某核苷酸与相邻的频率。

**12.491　鸟枪法测序　shotgun sequencing**

一种分析大片段基因组 DNA 序列的策略。系将大片段 DNA(如噬菌体文库中约 40 kb 长或细菌人工染色体所含 350 kb 长的 DNA 插入片段)随机切成许多 1~1.5 kb 的小片段,分别对其测序,然后借助序列重叠区域拼接成全段序列。

**12.492　荧光法 DNA 测序　fluorescence-based DNA sequencing**

通过四种不同荧光试剂分别标记四种双脱氧核苷酸进行 DNA 测序的方法。

**12.493　定向测序　directed sequencing**

对染色体上已知序列邻近段落的连续 DNA 测定的方法。

**12.494　杂交测序　sequencing by hybridization, SBH**

一种基因组 DNA 快速测序的新方法。系将数万条寡核苷酸短序列置于芯片表面制成 DNA 微阵列，作为杂交用的探针，与待测的 DNA 靶序列不同位置结合。通过测序反应得出彼此互有重叠的序列数据，由此可将其连成靶 DNA 完整的序列。

**12.495　叠群杂交　contiguous stacking hybridization, CSH**

杂交测序技术的一种改进。主要是使两条寡核苷酸链相邻核苷酸之间出现重叠，从而使它们与 DNA 靶序列的杂交更稳定，更有利于作更长 DNA 链的测序。在杂交测序中，若增加微阵列的寡核苷酸的长度和数目，虽可以达到测定更长 DNA 的目的，但降低了测序的准确性。

**12.496　随机引物　random primer**

常为 8~12 个核苷酸的短链，可按实验目的设计其序列为部分随机或全部随机排列，用于随机聚合酶链反应。6 个核苷酸短链的混合物常用于 DNA 探针合成。

**12.497　通用引物　universal primer**

与克隆载体上多克隆位点外侧一段序列互补的寡核苷酸。任何待测序的 DNA 片段插入多克隆位点，都可以用该段寡核苷酸作引物来引发测序反应。

**12.498　简并引物　degenerate primer**

获得序列未完全清楚的核酸的一种引物设计方案，特点是所设计的引物序列某位置的核苷酸可以分别是两个或两个以上不同的碱基，结果所合成的引物是该位置上不同序列的混合物。

**12.499　正向引物　forward primer**

处于 DNA 双链上游的引物。如用于测序，则从 5′向 3′方向读出 DNA 正链的序列。

**12.500　反向引物　reverse primer**

处于目的 DNA 双链下游的引物。如用于测序，则读出 DNA 负链从下游到上游的反向序列。

**12.501　引物延伸　primer extension**

从与模板（RNA 或 DNA）结合的引物 3′-OH 端开始，在核酸聚合酶的作用下，按照碱基配对的原则，逐个连上核苷酸，由 5′→3′方向合成与模板互补链的过程。该反应可用于聚合酶链反应、单核苷酸多态性检测等。

**12.502　引物修补　primer repair**

当 DNA 模板受损时，可根据其损伤情况，以一套或几套引物借助核酸聚合酶的作用合成新的互补核酸链，以修复损伤形成的错误序列的方法。

**12.503　DNA 合成　DNA synthesis**

按照预定核苷酸的顺序，将脱氧核苷酸逐个进行人工连接合成 DNA 链的方法。目前多是采用固相合成法，即是在多聚体支持物上从 3′端延伸核苷酸，可自动化操作。

**12.504　磷酸酯法　phosphate method**

通常指"磷酸二酯法（phosphodiester method）"。核酸化学合成早期的一种策略，每一步连接直接采用经保护的核苷酸磷酸酯。

**12.505　亚磷酸三酯法　phosphite triester method**

简称"亚磷酸酯法（phosphite method）"。核酸化学合成的策略之一，每一步连接采用的是核苷酸亚磷酸衍生物（即亚磷酸酰胺），然后氧化成磷酸三酯形式。

**12.506　亚磷酰胺法　phosphoramidite method**

核酸化学合成的策略之一，合成核酸链的每一个循环是经过高效率且化学性质活泼的核苷酸 3′-亚磷酸酰胺中间体，氧化后成为稳定的五价磷酸三酯。为目前最常用的

DNA 自动化固相合成方法。

**12.507　磷酸三酯法　phosphotriester method**
用于核酸化学合成的一种方案,是将活化的核苷 3′-磷酸单体与另一个核苷酸的 5′-OH 基连接,形成磷酸三酯。

**12.508　糖指纹分析　carbohydrate fingerprinting**
利用层析、电泳、质谱、核磁共振等方法对各种糖类相应的特有结构进行的分析。

**12.509　糖作图　carbohydrate mapping**
利用各种分析方法(如层析、电泳、质谱、核磁共振等)研究糖的组成时所得到结果的图示化。

**12.510　糖测序　carbohydrate sequencing**
对多糖、糖蛋白、糖脂中的糖基排列顺序的测定。

**12.511　费林反应　Fehling reaction**
检测醛基的方法之一。若费林试剂中的硫酸铜被还原为氧化亚铜而产生砖红色沉淀则证明存在醛基。基于此理,它常用于检测还原糖类。

**12.512　免疫沉淀　immunoprecipitation**
经典的免疫沉淀是可溶性抗原与其抗体产生可见沉淀反应的血清学试验。后来发展为抗原抗体结合后,用固相化的蛋白 A 或蛋白 G 小珠等来吸附分离抗原抗体复合体,达到检测微量抗原或抗体的目的。

**12.513　免疫共沉淀　co-immunoprecipitation**
用抗体将相应特定分子沉淀的同时,与该分子特异性结合的其他分子也会被带着一起沉淀出来的技术。这种技术常用于验证蛋白质之间相互特异性结合。

**12.514　放射免疫沉淀法　radioimmunoprecipitation**
以放射性标记的抗原或抗体进行的免疫沉

淀法,能大大提高检测抗原抗体复合体的灵敏度。

**12.515　磷酸钙沉淀法　calcium phosphate precipitation**
又称"磷酸钙-DNA 共沉淀(calcium phosphate-DNA coprecipitation)"。分子生物学中特指将外源 DNA 转入真核细胞的一种方法。将氯化钙、DNA 和磷酸缓冲液混合,形成吸附 DNA 的不溶性羟磷灰石细微颗粒附着在细胞表面,通过胞饮进入细胞。

**12.516　载体共沉淀　carrier coprecipitation**
当样品中待检测或分离的某种成分含量极少、难以直接沉淀时,可加入与其性质相同或能与其结合的物质(载体)一起沉淀的技术。如用放射性核素标记某微量蛋白作示踪研究时,可加入非放射性同种蛋白质,然后用抗体结合并沉淀。

**12.517　十六烷基溴化吡啶鎓沉淀法　cetylpyridinium bromide precipitation, CPB precipitation**
简称"CPB 沉淀法"。用十六烷基溴化吡啶鎓沉淀、纯化寡核苷酸或酸性多糖的方法。

**12.518　聚乙二醇沉淀　polyethylene glycol precipitation, PEG precipitation**
在一定盐浓度条件下向溶液加入亲水性极强的聚乙二醇引起大分子溶质的凝聚沉淀的方法。常用于蛋白质、核酸、噬菌体等分离。

**12.519　化学发光　chemiluminescence, chemoluminscence**
伴随化学反应过程产生的光发射现象。由化学反应激活的中间体回到电子基态时,其能量以光子的形式释出。

**12.520　化学发光分析　chemiluminometry**
以化学发光物质标记待分析的物质,然后引发化学发光反应进行的检测分析。

**12.521　地高辛精系统**　digoxigenin system

将地高辛精标记在探针分子上，令其与相应配体结合，然后用带标志(偶联荧光素或酶类等)的抗地高辛精抗体来检测的一种灵敏的非放射性标记示踪检测系统。

**12.522　抽提**　extraction

从一种固体或一种液体混合物中将所要的物质根据其特性用溶剂提取分离出来的方法。

**12.523　免疫吸附**　immunoadsorption

基于抗原与抗体之间的特异性结合，将某种抗原或抗体固相化，成为吸附剂，用以从混合物中特异地吸附相应的配体(抗体或抗原)，达到分离或分析目的的方法。

**12.524　酶联免疫吸附测定**　enzyme-linked immunosorbent assay，ELISA

将抗原、抗体的特异性反应与酶对底物的高效催化作用相结合起来的高灵敏度分析技术。基本设计是用酶(如辣根过氧化物酶、碱性磷酸酶等)标记抗体，该酶标抗体可与待测的抗原或抗体抗原复合物等免疫吸附物结合，酶所催化的呈色反应可以间接反映抗原的量。根据该基本原理已发展出有各种用途的多种分析方案。

**12.525　肽-酶联免疫吸附分析**　peptide-ELISA

以肽为包被抗原的酶联免疫吸附测定。

**12.526　PCR 酶联免疫吸附测定**　PCR-ELISA

在 PCR 扩增反应液中加入抗原标记的核苷酸(如地高辛精标记的脱氧尿三磷)使其参入 PCR 产物，经变性后与特定的能够固定化的寡核苷酸探针杂交，然后用连接了酶的抗体去检测杂交分子的一种聚合酶链反应与酶联免疫吸附测定结合的技术。可用于 PCR 产物的保真性、单核苷酸变异等检测。

**12.527　过氧化物酶-抗过氧化物酶染色**　peroxidase-anti-peroxidase staining，PAP staining

简称"PAP 染色"。先用第一抗体与待检测的抗原结合，再用第二抗体与第一抗体及过氧化物酶-抗过氧化物酶复合体结合，依靠过氧化物酶所催化的呈色反应即可对抗原作定位或定量分析的一种酶联免疫反应显色技术。是免疫细胞化学常用的高灵敏度检测方法。

**12.528　免疫测定**　immunoassay

基于免疫亲和结合(抗体与抗原的结合)原理对特定的生化物质所进行的定性或定量分析。

**12.529　免疫筛选**　immunoscreening

根据抗原-抗体相互作用的原理从群体中选出目的物的技术。如用抗体检测表达型的基因文库所合成的蛋白质，从而筛选出目的基因的克隆。

**12.530　免疫化学发光分析**　immunochemi-luminometry

将发光技术和免疫技术相结合以检测抗原抗体的方法。分为两种类型：一种是以发光剂标记抗体或抗原，直接通过发光去分析抗原或抗体；另一种是以发光剂作为抗体或抗原连接的酶的底物，通过酶催化使发光剂发光去分析抗原或抗体。常用的标志酶如辣根过氧化物酶和碱性磷酸酶等。

**12.531　免疫荧光技术**　immunofluorescent technique

用荧光标记的抗体或抗原与样品(细胞、组织或分离的物质等)中相应的抗原或抗体结合，以适当检测荧光的技术对其进行分析的方法。将抗原或抗体与荧光染料连接，用于检测相应特异性的抗体或抗原的方法称"直接免疫荧光技术(direct immunofluorescent technique)"。用荧光染料标记的第二、第三抗体等检测相应抗原抗体复合体的方法则称"间接免疫荧光技术(indirect immunofluo-rescent technique)"。

**12.532　免疫扩散　immunodiffusion**
抗原及相应的抗体分子在凝胶中扩散相遇,达到合适浓度比例时形成抗原抗体复合体沉淀的技术。可以检测特定的抗原或抗体。

**12.533　免疫铁蛋白技术　immunoferritin technique**
将抗体以共价键与铁蛋白连接,利用电子密度大的铁蛋白在电子显微镜下为相应的抗原定位提供标记的方法。铁蛋白也可以标记抗原或其他蛋白质。

**12.534　原位合成　*in situ* synthesis**
寡核苷酸芯片的制作方法。作为探针的寡核苷酸采用光蚀技术直接在芯片的固相基质上合成,芯片表面点阵的密度每平方厘米可达 300 000 条寡核苷酸。

**12.535　离子阻滞　ion retardation**
混合物通过特别制备的离子交换剂而使非电解质与电解质分离的过程。离子交换剂选择性吸附电解质,而非电解质不被吸附。

**12.536　等位基因特异的寡核苷酸　allele-specific oligonucleotide, ASO**
一段约 20 个核苷酸合成的单链 DNA,其序列覆盖该等位基因发生突变位置的两侧。在严格的条件下,能区别等位基因的单碱基突变。

**12.537　同位素交换法　isotope exchange method**
化合物中的一种同位素与另一种同位素的交换替代。如氢氚交换。

**12.538　氢氚交换　deuterium exchange**
特指测量蛋白质中的氢原子与介质中的氚原子交换速率,以研究蛋白质构象的技术。与介质直接接触的氢比位于蛋白质内部的或参与氢键形成的氢交换速率快。此技术

也用于蛋白质变性和肽链折叠动力学研究。

**12.539　标记　labeling**
在生物化学、分子生物学领域为了识别而对分子作的记号。常用的标记物质有放射性或稳定性核素、生物素、酶类、荧光素、地高辛精等。

**12.540　不对称标记　asymmetric labeling**
(1)对分子中具有手性(不对称性)结构部分的标记。(2)对核酸(DNA、RNA)互补双链中一条单链的选择性标记。

**12.541　示踪技术　tracer technique**
利用放射性或非放射性标记物在体内或体外跟踪其行径、转变和代谢等过程的技术。

**12.542　示踪物　tracer**
用做标记的放射性或非放射性标记物。

**12.543　同位素示踪物　isotopic tracer**
用做同位素示踪法的同位素标记物。

**12.544　放射性同位素　radioactive isotope**
具有不稳定原子核、能自发性产生放射蜕变的同位核素。

**12.545　同位素示踪　isotopic tagging, isotopic tracing**
化合物的同位素标记物与其非标记物具有相同的生物化学性质,且同位素能够很灵敏地被检测,因而追踪同位素标记物在所研究对象中的移动、分布、转变或代谢等,是生物科学研究的有力手段。

**12.546　同位素标记　isotope labeling, isotopic labeling**
用放射性同位素或稳定性同位素标记目标物质的方法。标记可以采用化学合成、生物合成、同位素交换等不同方法。同位素标记的物质广泛用于生物学和医学的示踪试验。

**12.547　脉冲追踪标记　pulse-chase labeling**
使生物体(整体、细胞、细菌等)某成分能够

被标记(如放射性标记)的环境中短暂生存，然后转入到非标记环境(如非放射性培养液)中，追踪观察被标记成分变化的实验。

**12.548 非放射性标记** nonradiometric labeling, nonradioactive labeling
用荧光、显色物质或稳定性同位素等非放射性物质代替放射性核素对化合物进行的标记。

**12.549 末端标记** end-labeling
将放射性或非放射活性化学基团连接到多聚体末端的技术。如借助多核苷酸激酶将ATP的γ位$^{32}PO_4$基团或克列诺酶将生物素标记的单核苷酸加到核酸的末端，以供作示踪检测等。

**12.550 随机引物标记** random primer labeling
在克列诺(Klenow)酶催化下利用随机引物引导放射性或荧光等标记的脱氧核苷三磷酸(dNTP)参入合成DNA新链的一种能够得到高比度标记的DNA探针的方法。

**12.551 免疫荧光标记** immunofluorescent labeling
抗体或抗原连接荧光化合物的技术。

**12.552 亲和标记** affinity labeling
借助亲和作用对目的分子进行标记的方法。多用于对蛋白质(如酶、抗体等)的标记。先将能与蛋白质亲和的分子(如底物、抗原等)与目的蛋白活性部位特异性、非共价键、可逆性结合，再通过具体的化学反应使亲和分子上的活性基团共价结合到活性部位附近的氨基酸残基上。

**12.553 化学发光标记** chemiluminescence labeling
在待检测的分子(蛋白质、核酸等)上连接可激活发光的化合物的方法。也可以连接上半抗原(如地高辛精、生物素等)，再用酶标记的抗半抗原抗体或抗生物素蛋白与之结合，结合于半抗原上的酶标记抗体或抗生物素蛋白能催化化学发光底物发光。如抗体分子以吖啶酯标记，加触发剂激活后发光，用于检测固相化的抗原。

**12.554 光亲和标记** photoaffinity labeling
应用化学标记试剂R-P的亲和标记法。其中R能特异、可逆地与拟标记分子的活性部位结合，P是在黑暗中不起反应的基团，经光激活作用后，R-P转变为高度活化的中间产物，在结合的部位与拟标记分子形成共价键连接而标记。P可以是亲和物质R原本带有的，也可以是导入的化学基团。

**12.555 抗生物素蛋白** avidin
蛋清中的一种碱性糖蛋白，由4个相同的亚基构成，与生物素有很强的亲和力。一分子抗生物素蛋白能结合4分子生物素。可作为亲和标记中的信号分子。

**12.556 链霉抗生物素蛋白** streptavidin
一种链霉菌产生的抗生物素蛋白，为四聚体，亚基分子质量约14.5 kDa，在酶联免疫吸附检测中广泛使用，因其不含糖链，比蛋清中的抗生物素结合蛋白在某些情况下更适用。

**12.557 生物素化核苷酸** biotinylated nucleotide
又称"生物素酰核苷酸"。以生物素的羧基部位与核苷酸连接的化合物。能通过酶促反应参入核酸而使核酸标记上生物素，就可以使用生物素-抗生物素蛋白系统灵敏地进行示踪检测。常用带长臂的生物素衍生物(如 N-琥珀酰亚胺生物素酯等)与核苷酸相连，以消除空间位阻。

**12.558 抗生物素蛋白-生物素染色** avidin-biotin staining, ABS
利用抗生物素蛋白与生物素有很强结合能力而设计使目的部位呈色的方法。如将生物素标记的抗体与拟检测的抗原结合后，加入抗生物素蛋白偶联的酶（如碱性磷酸酶、过氧化物酶等）能够催化底物呈色，就可以检测到抗原。在此原理的基础上，该法有多种不同的设计以提高灵敏度或适用于不同的场合。

**12.559　生物素-抗生物素蛋白系统　biotin-avidin system**

利用生物素与待检测的示踪分子（如核苷酸、多肽等）或能与待检测物质结合的分子（如抗体等）相连接，再以抗生物素蛋白与易于检测的分子（如荧光素、能催化成色反应的酶等）相连接，分析生物体内微量物质的检测系统。

**12.560　生物素-链霉抗生物素蛋白系统　biotin streptavidin system**

利用生物素与链霉抗生物素蛋白有很高亲和结合能力设计的检测分析系统。与生物素-抗生物素蛋白系统相似，但链霉抗生物素蛋白表面所带正电荷少，且不含糖基，在实验中非特异性结合远低于抗生物素蛋白。

**12.561　探针　probe**

(1)分子生物学和生物化学实验中用于指示特定物质（如核酸、蛋白质、细胞结构等）的性质或物理状态的一类标记分子。(2)一些仪器的探测器。如 pH 探头、离子探头等。

**12.562　核酸探针　nucleic acid probe**

能与特定目标核酸序列发生杂交，并含示踪物的核酸片段（DNA 或 RNA）。

**12.563　DNA 探针　DNA probe**

将一段已知序列的多聚核苷酸用同位素、生物素或荧光染料等标记后制成的探针。可与固定在硝酸纤维素膜的 DNA 或 RNA 进行互补结合，经放射自显影或其他检测手段就可以判定膜上是否有同源的核酸分子存在。

**12.564　RNA 探针　RNA probe**

放射性或非放射性标记的 RNA 分子。用于探测与之互补的 DNA 或 RNA 链。RNA 探针通常通过克隆相应 DNA 在体外转录合成而制备。

**12.565　分子探针　molecular probe**

能与其他分子或细胞结构结合、用于这些分子或细胞结构的定位、性质等分析的分子。通常经过标记（如放射性、荧光、抗原、酶标记等），以便追踪检测。核酸杂交所用的寡核苷酸、标记的抗体等都是常用的分子探针。

**12.566　基因探针　gene probe**

带有可检测标记（如同位素、生物素或荧光染料等）的一小段已知序列的寡聚核苷酸。可通过分子杂交探测与其序列互补的基因是否存在。

**12.567　俘获性探针　capture probe**

为捕获目的分子而使用的探针。此类探针常是固相化的。如用结合在磁性颗粒（磁珠）表面的寡核苷酸为探针，从核酸文库中筛选出特定的核酸克隆；为寻求能与某蛋白质特异结合的多肽序列，以吸附在反应板上的该蛋白质为探针，从重组噬菌体呈现文库中捕获特定的噬菌体克隆。

**12.568　杂交探针　hybridization probe**

以分子杂交原理制备的示踪物。用来探测目标分子，如与其序列互补的 DNA 或 RNA。

**12.569　消减探针　subtracted probe**

经过消减杂交所构建的互补 DNA 探针。即将一种细胞或组织的全部信使核糖核酸（mRNA）逆转录合成单链 cDNA，再与第二种细胞（不同类型或不同状态下的细胞）过量的 mRNA 或 cDNA 杂交，留下第一种细胞 cDNA 未被杂交的部分，制备成标记探针，用以筛选在某种状态下特异表达的基因。

**12.570 光亲和探针** photoaffinity probe

含有能被光照激活的基团并能与拟检测对象结合的分子。受光照激活后能与被检测物特异结合。

**12.571 生物发光探针** bioluminescent probe

用生物体内产生发光现象的物质或参与发光反应的辅助因子（如在萤火虫发光反应中起作用的萤光素/萤光素酶）与某些分子相连接所构成的探针。可用于对体内或体外相关物质的追踪分析研究。

**12.572 谢瓦格抽提法** Sevag method

一种从核酸中去除蛋白质杂质的方法。系用加有少量异戊醇或辛醇的氯仿溶液对核酸-蛋白质混合物反复振荡，使蛋白质变性沉淀而被除去。

**12.573 凯氏定氮法** Kjeldahl determination

测定化合物或混合物中总氮量的一种方法。即在有催化剂的条件下，用浓硫酸消化样品将有机氮都转变成无机铵盐，然后在碱性条件下将铵盐转化为氨，随水蒸气馏出并为过量的酸液吸收，再以标准碱滴定，就可计算出样品中的氮量。由于蛋白质含氮量比较恒定，可由其氮量计算蛋白质含量，故此法是经典的蛋白质定量方法。

**12.574 微量分析** microanalysis

原先以分析天平可称量的尺度为依据，指试样质量为毫克级（1~10 mg）的分析，现也指被测组分含量约为万分之一至百万分之一的分析。

**12.575 半微量分析** semi-microanalysis

原先以分析天平可称量的尺度为依据，以量程范围在 10~100 mg 的定性或定量分析。现对各种物质分析的灵敏度已显著提高，半微量分析的定义范围随分析物质的不同而异。

**12.576 大规模制备** megapreparation,
megaprep

能供较大量使用或生产性产品制取的方式。

**12.577 小规模制备** minipreparation, mini-
prep

相对于大规模制备而言，指在实验室规模内进行小量分离提纯或制备特定物质的方式。

**12.578 分子导标** molecular beacon

以荧光指示核酸分子杂交时序列互补情况的技术。即使用茎环结构的寡核苷酸作探针，在茎部的两端分别连接荧光分子和荧光猝灭分子。具有茎环结构的分子不显示荧光；与靶序列杂交后则形成线性分子，可发出荧光。能用于实时 PCR 的检测。

**12.579 分子印记技术** molecular imprinting
technique, MIT

制备对某一特定分子具有空间结构选择性识别能力聚合物的技术。得到的聚合物称"分子印记聚合物（molecular imprinting polymer, MIP）"，主要用于蛋白质等特定分子的高效分离。

**12.580 尼龙膜** nylon membrane

一种合成的长链聚酰胺薄膜，对核酸和蛋白质具有很强的结合能力，能代替硝酸纤维素薄膜用于分子印迹和杂交实验。

**12.581 甲基化干扰试验** methylation inter-
ference assay

通过对核苷酸进行甲基化修饰，检验 DNA 链中哪些区域与特定蛋白质结合的试验方法。

**12.582 尿嘧啶干扰试验** uracil interference
assay

采用聚合酶链反应参入脱氧尿苷酸（U），以取代其中原有的胸苷酸（T），检验 DNA 链中哪些区域与特定蛋白质结合有关的一种类似甲基化干扰试验的方法。

**12.583 光聚合** photopolymerization

利用光照加速化合物单体之间共价连接的现象。如丙烯酰胺与甲叉双丙烯酰胺交联就可以通过核黄素在光照射下发生的聚合作用。

**12.584 $R_o t$ 值　$R_o t$ value**
测量 RNA 杂交动力学的数值。$R_o$ 是 RNA 的起始浓度，$t$ 是时间。$R_o t_{1/2}$ 是 RNA 互补链之间 50% 结合的数值。

**12.585 $C_o t$ 值　$C_o t$ value**
DNA 复性动力学参数。$C_o$ 为 DNA 起始的浓度，$t$ 为时间。反应体系中可杂交（复性）的 DNA 同源序列越多，复性越快，$C_o t$ 值也就越小。

**12.586 分离胶　separation gel，resolving gel**
不连续聚丙烯酰胺凝胶电泳中在浓缩胶下方的凝胶主体，样品主要在此凝胶区域达到分离。

**12.587 电穿孔　electroporation**
一种将外源性大分子引入细胞或细菌内的方法。其依据是当细胞受一定强度的电脉冲作用时，细胞膜或细胞壁上会可逆地形成纳米（nm）级的孔，从而允许大分子进入细胞或引发细胞融合。

**12.588 电转化法　electrotransformation**
用电脉冲短暂作用于接触外源大分子（如 DNA）的细胞，使外源大分子进入细胞，从而使细胞遗传性改变的方法。

**12.589 纳米晶体分子　nanocrystal molecule**
由分子生成纳米量级的晶体。晶体颗粒尺寸小到纳米量级时将导致声、光、电、磁、热等性能呈现新的特性，有广阔的应用前景。在分子生物学领域，DNA 可作为制备纳米晶体的分子模板。如在双链 DNA 分子表面所装配的多层金原子纳米颗粒簇，形成超分子聚合物，可用于测试病毒 DNA 的存在。

**12.590 纳米电机系统　nanoelectromechani-**
cal system，NEMS
由 ATP 合成酶所驱动的能量转换体系，能使微细金属推进器旋转，就属于纳米级的生物电机系统。

**12.591 基因枪　gene gun**
将携带基因的金属微粒高速射入细胞和细胞器的装置。

**12.592 粒子枪　particle gun**
将携带核酸等生物分子的纳米到微米级金属（常用金、钨、铂等）微粒直接高速射入细胞或细胞器的装置。可用这种装置将核酸等分子直接导入植物或动物体表细胞的细胞核、质体、线粒体中以改变细胞的特性。

**12.593 粒子轰击　particle bombardment**
使用粒子枪将带有 DNA 等物质的细小颗粒以高速射入到细胞内，实现基因等物质导入的技术。

**12.594 硅烷化　silanizing，silanization**
用活性硅烷（如二甲基二氯硅烷、三氯甲基硅烷等）处理亲水表面，使其变得较为疏水的过程。玻璃器皿经此处理有利于水性液体的排斥，减少对极性物质（如蛋白质等）吸附，降低对细胞的激活，降低电渗漏等。凝胶颗粒硅烷化后可在反相吸附层析中用做固定相等。

**12.595 银染　silver staining**
用硝酸银对聚丙烯酰胺凝胶上的蛋白质或 DNA 进行染色的方法。其灵敏度分别高于考马斯亮蓝或溴乙啶染色。

**12.596 固相技术　solid phase technique**
将反应物固定在载体上或用其他方式使其以不溶的方式参与反应的技术。如固相杂交、固相免疫分析、固相多肽合成、固相序列测定等都是固相技术的应用，能提高效率，使操作快速、简便、自动化。

**12.597 溶剂干扰法　solvent-perturbation**

method

在极性和非极性两种溶剂中分别测量蛋白质分子的物理性质,以确定蛋白质分子中哪些氨基酸残基处于分子内部,哪些在分子表面的方法。

**12.598　隔离臂　spacer arm**

制备亲和层析介质时在基质与特异配基之间以及制备生物素标记的核苷酸时,在核苷酸和生物素之间插入的有一定长度结构的共价连接的碳氢长链。以利于蛋白质与配体进行特异结合而不致有空间位阻发生,提高对特定物质结合或反应的效率。

**12.599　剥离膜　stripped membrane**

(1)在体外用乙二胺四乙酸(EDTA)去除糙面内质网上的多核糖体成分而得到的膜状结构。(2)将膜上吸附的某些物质去除从而能够重复利用的膜。如经过杂交后除去探针的硝酸纤维素膜、尼龙膜等,可再与其他探针杂交。

**12.600　剥离的转移 RNA　stripped transfer RNA**

用水解法去除氨酰 tRNA 分子上的氨基酸所得到的转移 RNA。

**12.601　滴度　titer**

单位体积液体中有感染能力的病毒或噬菌体数目。如每微升的噬菌斑形成单位(pfu/μl)。

**12.602　效价　titer**

抗血清或抗体仍能产生可观察到的标准免疫反应时的稀释度。如抗血清的效价为1:1000,即抗血清稀释 1000 倍时仍能产生可观察到的免疫反应。

**12.603　消色点　achromatic point**

用淀粉酶水解淀粉的过程中,淀粉液与碘不再发生呈色反应的时间点。出现此点,表明淀粉已经被水解。

**12.604　抗体工程　antibody engineering**

应用细胞生物学或分子生物学手段在体外进行遗传学操作,改变抗体的遗传特性和生物学特性,以获得具有适合人们需要的、有特定生物学特性和功能的新抗体,或建立能够稳定获得高质量和产量抗体的技术。

**12.605　营养缺陷型　auxotroph**

对某些必需的营养物质(如氨基酸)或生长因子的合成能力出现缺陷的变异菌株或细胞。必须在基本培养基(如由葡萄糖和无机盐组成的培养基)中补加相应的营养成分才能正常生长。

**12.606　组件　cassette**

分子生物学中将具有独立功能的一段核酸序列称为一个组件。如编码一个抗性蛋白的基因与其上游的启动子所组合的整段序列放在不同的质粒中都能发挥抗性的作用;细胞中可以转移到基因组不同部位的完整转座子也是一个组件。

**12.607　中止表达组件　cessation cassette**

由若干基因元件组成可以阻止某些基因表达的一类组件。如用含有此种组件的载体转入宿主形成转基因植物后,用某种激活物(如四环素)激活,就能够抑制种子发芽。

**12.608　染色体匍移　chromosome crawling**

通过逆转录聚合酶链反应或介导连接的聚合酶链反应扩增某已知 DNA 序列两侧未知 DNA 区域的技术。

**12.609　染色体跳移　chromosome jumping**

又称"染色体跳查"。从基因组文库中跳过已知位点分离克隆某些序列的技术。通常用于绕过那些难以步移通过或不想去分析的区域,克隆基因组上新的段落。

**12.610　DNA 跳移技术　DNA jumping technique**

一种基于遗传图谱克隆未知 DNA 序列的方

法,是基因组步移法的改进。

**12.611　基因组步移　genomic walking**
又称"染色体步查(chromosome walking)"。探测基因组上未知区域核酸序列的一种方法。此法用于当要探测的基因组某区域没有可利用的探针,但其旁侧有已知的序列或基因时,用已知的序列去钓取基因组文库中含有该已知的序列的重叠 DNA 片段,就可以测定该片段上未知区域的序列,如此重复进行,可以沿基因组一步步探测。

**12.612　克隆　clone**
来自同一个祖先、经过无性繁殖所产生相同的分子(DNA、RNA)、细胞的群体或遗传学上相同生物个体。用做动名词(cloning)即指获得克隆的过程或手段。

**12.613　分子克隆　molecular cloning**
将核酸分子(DNA)插入到可在原核或真核细胞中无性繁殖的载体(如质粒、噬菌体或病毒载体)中,经过筛选获得单一克隆群体的技术。是基因工程的核心技术。由于只有核酸分子能够以自己为模板进行复制,因而分子克隆实际上是核酸分子克隆。

**12.614　定位克隆　positional cloning**
从染色体上已知位置出发,克隆或鉴定遗传疾病相关的未知功能基因的技术。从大量收集病人家系入手,从家系中分析所要克隆的致病基因的遗传分离方式,找出与该基因紧密连锁的遗传标志,确定标志在染色体上的位置,从定位的染色体区段内分离和克隆所要的基因,再进一步研究该基因的功能。如囊性纤维化病的基因突变就是用此方法发现的。

**12.615　定向克隆　directional cloning**
将待克隆的核酸分子按一定的方向连接入载体的分子克隆方法。如克隆载体插入位置上设置两个不同的限制性内切酶位点,在外源 DNA 分子两端也放上相应的两个限制

性酶切序列,经限制性酶消化后,所产生的 DNA 黏性末端分别互补结合,外源 DNA 就可定向插入载体。

**12.616　基因克隆　gene cloning**
经无性繁殖获得基因许多相同拷贝的过程。通常是将单个基因导入宿主细胞中复制而成。

**12.617　表达克隆　expression cloning**
通过进行基因表达而克隆目的基因的方法。用表达载体构建互补 DNA(cDNA)或基因组 DNA 表达文库,转入细菌或细胞内进行表达,再通过特定表型进行筛选,从而获得目的基因克隆。该方法可以对任何能表达可筛选表型的基因进行克隆。

**12.618　重组克隆　recombinant clone**
含有重组核酸分子或其片段的分子克隆或细胞克隆。

**12.619　P1 克隆　P1 cloning**
一种使用 P1 噬菌体载体扩增插入片段的克隆系统。

**12.620　鸟枪克隆法　shotgun cloning method**
简称"鸟枪法(shotgun method)"。用限制性酶或超声波将基因组 DNA 切成随机性片段,克隆入 DNA 载体,转化宿主细胞,构建基因组文库,再从基因组文库中筛选得所需要的序列或基因克隆。

**12.621　亚克隆　subcloning**
用限制性酶切或 PCR 等手段从已经克隆的DNA 中获得该克隆 DNA 的部分序列或改造过的序列,再克隆到另外的新载体中的技术。

**12.622　cDNA 克隆　cDNA cloning**
从基因的转录产物(如 mRNA)开始,逆转录合成互补 DNA(cDNA),然后重组入载体,经过复制,筛选得到单一种 cDNA 分子的技术。

**12.623　克隆位点　cloning site**

重组 DNA 技术中,克隆载体上插入外源基因的部位。

**12.624　多克隆位点　multiple cloning site, polycloning site, MCS**

DNA 载体序列上人工合成的一段序列,含有多个限制内切酶识别位点。能为外源 DNA 提供多种可插入的位置或插入方案。

**12.625　重叠群　contig**

又称"叠连群"。一组含有邻近序列或重叠序列的 DNA 序列克隆群。这些克隆的序列间有相互重叠,每一个克隆是整个群体中的一个单元,都是该 DNA 连续序列中的一段。可以从多个重叠单元的序列得到完整的 DNA 连续序列。如从一群序列重叠的表达序列标签可以得到一个完整的互补 DNA 序列。

**12.626　重叠群作图　contig mapping**

依靠重叠群单元序列的叠加以确定染色体 DNA 物理图的技术。

**12.627　削平　end polishing**

在基因重组实验中,多指用酶(如 T4 DNA 聚合酶、单链特异性核酸酶等)将双链 DNA 末端 3′突出端削去使之成为平端的技术。

**12.628　末端补平　end-filling, filling-in**

对由于限制性核酸内切酶消化和人工合成的寡核苷酸退火以及其他原因形成的核酸双链 DNA 5′端突出的黏性末端,填补上核苷酸使其转变成平末端的技术。通常借助 DNA 聚合酶(如克列诺酶或 T4 DNA 聚合酶)5′→3′DNA 聚合酶活性加入核苷酸。

**12.629　平端化　blunting**

将双链 DNA 两端突出的单链区变成平端的过程。通常对双链的 5′突出端,可用克列诺(Klenow)酶或 T4 DNA 聚合酶延伸补平;如果是 3′突出端,可用 T4 DNA 聚合酶切去 3′

突出部分而削平。也可以用单链特异的核酸酶切除突出单链。

**12.630　单链突出端　overhang**

双链核酸末端带有一个或多个未配对核苷酸的单链部分。

**12.631　多位点人工接头　polylinker**

含多个限制酶识别位点的一段人工合成 DNA 序列,可插入质粒等载体中成多克隆位点,或连接到其他 DNA 片段上,以方便分子克隆操作。

**12.632　肽核酸　peptide nucleic acid, PNA**

人工合成的 DNA 类似物,以多酰胺链取代核糖(或脱氧核糖)磷酸主链。具有结构稳定、不被核酸酶和蛋白酶降解、能以碱基互补方式与核酸单链结合、细胞毒性低等特点。可作为基因探针,并能以反义序列的形式用于基因功能、基因表达调控等研究。

**12.633　硫代磷酸寡核苷酸　phosphorothioate oligonucleotide**

寡核苷酸链中磷酸上带双键的氧原子被硫原子取代的衍生物。能够抵抗核酸酶,从而延长其在体内的作用时间。

**12.634　启动子捕获　promoter trapping**

用于确定基因组 DNA 启动子区域的一项技术。用做检测的载体含有报道基因可作表达的标记,但缺乏启动子,将拟检测的 DNA 序列克隆入这种载体的适当位置,导入细胞或个体,从报道基因表达的程度可分析出启动子的存在与否及其强弱。

**12.635　外显子捕获　exon trapping**

用于确定基因组 DNA 表达区域的一项技术。将拟检测基因组序列克隆在特异性表达载体所含两个外显子之间的一个内含子中进行表达。如果该基因组片段中包含有一个外显子,表达产生的信使核糖核酸(mRNA)长短会发生变化,能够被检测出来。

**12.636　增强子捕获　enhancer trapping**

用于确定 DNA 序列中是否包含增强子功能的一项技术。用做检测的载体含有启动子和报道基因可作表达的标记,但缺乏增强子,将拟检测的 DNA 序列克隆入这种载体的适当位置,导入细胞或个体,从报道基因表达的程度可分析出增强子的存在与否及其强弱。

**12.637　表达序列标签　expressed sequence tag, EST**

从互补 DNA( cDNA)分子所测得部分序列的短段 DNA(通常 300 ~ 500bp)。从 cDNA 文库所得到的许多表达序列标签集合组成表达序列标签数据库,代表在一定的发育时期或特定的环境条件下,特定的组织细胞基因表达的序列。可用于验证基因在特定组织中的表达,推导全长 cDNA 序列,或作为标签标志基因组中的特殊位点以确定基因的位置等。

**12.638　表达组件　expression cassette**

与基因表达有关的一系列序列元件的组合。常包括启动子、编码序列、终止子、增强子等。完整的表达组件是能够表达出目的物的成套基因元件。

**12.639　表达筛选　expression screening**

(1)通过基因表达对组织、细胞或个体进行的筛选。(2)通过所用载体内含抗生素抗性基因、报道基因等的表达去筛选转化子的方法。(3)通过自身或融合表达的蛋白质的某种特性(如绿色荧光蛋白)进行筛选的方法。

**12.640　指纹技术　fingerprinting**

将待检测分子进行部分分解或扩增(如蛋白质的酶解、DNA 的聚合酶链反应扩增等),然后进行层析、电泳等分离,获得特征性分离图谱(指纹)的方法。用以辨别样品之间的差异。

**12.641　融合基因　fusion gene**

通过基因工程的方法将不同基因片段按照正确的读框进行重组,获得的含有不同基因组成的新基因。

**12.642　融合蛋白　fusion protein**

通过基因工程方法将编码不同蛋白质的基因片段按照正确的读框进行重组,将其表达后获得的新蛋白质。

**12.643　基因分析　gene analysis**

对基因结构、功能等特点进行的分析。

**12.644　基因增强治疗　gene augmentation therapy**

用提高细胞中基因表达量而进行治疗的方法,是基因治疗的策略之一。可采用引入外源基因、增加基因组中目的基因拷贝数、改变调控增强基因表达以及基因替代等手段来提高基因表达量。引入正常基因弥补缺陷基因的治疗也归入基因增强治疗。

**12.645　生物芯片　biochip**

广义的生物芯片指一切采用生物技术制备或应用于生物技术的微处理器。包括用于研制生物计算机的生物芯片、将健康细胞与电子集成电路结合起来的仿生芯片、缩微化的实验室即芯片实验室以及利用生物分子相互间的特异识别作用进行生物信号处理的基因芯片、蛋白质芯片、细胞芯片和组织芯片等。狭义的生物芯片就是微阵列,包括基因芯片、蛋白质芯片、细胞芯片和组织芯片等。

**12.646　阵列　array**

将许多核酸片段、多肽、蛋白质或组织、细胞等生物样品有序地固化在惰性载体(玻片、尼龙膜等)表面,组成生化反应和分析的系统,以提高分析的效率和范围,进一步发展则成为微阵列或生物芯片。

**12.647　大阵列　macroarray**

点在尼龙膜上点阵密度较低的生物芯片。

**12.648　蛋白质阵列　protein array**
将一组微量蛋白质有序地排列固定在支持物(如玻璃、塑料或石英片)上的阵列,用以进行抗原抗体、蛋白质间相互作用等各类分析,也可以将一些可与蛋白质发生作用的化合物固定在固相基质上,检测待分析的蛋白质。

**12.649　微阵列　microarray**
将许多核酸片段、多肽、蛋白质或组织、细胞等生物样品有序地固化在惰性载体(玻片、硅片、尼龙膜等)表面,组成高度密集二维阵列的微型生化反应和分析系统。是从一般阵列发展而来的点阵密度极高的阵列,包括基因、蛋白质、细胞和组织等微阵列。

**12.650　寡核苷酸微阵列　oligonucleotide array**
将一定长度、序列不同的寡核苷酸有序地排列固定在支持物(如玻璃片、尼龙膜等)上供分子杂交分析的系统。

**12.651　基因芯片　gene chip**
固定有寡核苷酸、基因组 DNA 或互补 DNA 等的生物芯片。利用这类芯片与标记的生物样品进行杂交,可对样品的基因表达谱生物信息进行快速定性和定量分析。

**12.652　DNA 芯片　DNA chip**
又称"DNA 微阵列(DNA microarray)"。高密度的 DNA 阵列,是 DNA 阵列的发展。几平方厘米的面积中可以包含几万个不同序列的寡核苷酸或互补 DNA 点阵等,可用于大规模的核酸分子杂交分析。

**12.653　蛋白质芯片　protein chip**
又称"蛋白质微阵列(protein microarray)"。高密度的蛋白质阵列,是蛋白质阵列的发展。在几平方厘米的面积中可以包含几万个不同的蛋白质点,可用于大规模的分析。

**12.654　蛋白质组芯片　proteome chip**
将某特定器官、组织或细胞的全部蛋白质分别有序地排列固定在支持物上的一种蛋白质芯片,用于蛋白质组学的研究。

**12.655　基因递送　gene delivery**
利用某些载体或特定技术将特定的基因人工导入细胞或机体的过程。

**12.656　基因诊断　gene diagnosis**
通过对基因或基因组进行直接分析而诊断疾病的手段。

**12.657　基因敲减　gene knock-down**
又称"基因敲落"。使用 RNA 干扰或基因重组等方法,使基因功能减弱或基因表达下调的技术。

**12.658　基因敲入　gene knock-in**
将外源基因引入到细胞(包括胚胎干细胞、体细胞)基因组的特定位置,并使新基因能随细胞的繁殖而传代的的技术。广义的基因敲入包括基因片段、基因调控序列以及成段基因组序列的定位引入。

**12.659　基因敲除　gene knock-out**
又称"基因剔除"。将细胞基因组中某基因去除或使基因失去活性的技术。去除原核生物细胞、真核生物的生殖细胞、体细胞或干细胞基因组中的基因等。广义的基因敲除包括某个或某些基因的完全敲除、部分敲除、基因调控序列的敲除以及成段基因组序列的敲除。常用同源重组的方法。敲除的基因用以观察生物或细胞的表型变化,是研究基因功能的重要手段。

**12.660　基因定位　gene localization**
通过遗传杂交、绘制图谱或核酸探针杂交等手段确定基因在染色体上的相对和绝对位置。

**12.661　基因作图　gene mapping**
确定某一染色体上特定基因的位置排布和

基因之间的相对距离。

**12.662 基因靶向 gene targeting**
又称"基因打靶"。改变生物体基因组特定位点结构的方法。包括将外源的 DNA 插入该位点或使该位点上的基因失活等。

**12.663 基因治疗 gene therapy**
在基因水平上治疗疾病的方法。包括基因置换、基因修正、基因修饰、基因失活、引入新基因等。

**12.664 体细胞基因治疗 somatic gene therapy**
改变患者体细胞的基因组成、结构或基因表达水平以达到治疗疾病的方法。

**12.665 基因跟踪 gene tracking**
在不同条件下(生物生长发育、环境条件变化以及世代传递等阶段)连续探测某基因片段或基因产物的变化以分析基因的活动规律的研究。

**12.666 基因转移 gene transfer**
将外源基因导入细胞(包括体外培养或体内细胞、真核或原核生物细胞)的过程。可用转导、转染、电穿孔、显微注射或基因枪等手段。

**12.667 基因捕获 gene trap**
功能基因组研究中从基因组捕捉能够表达的基因的一种策略。常用的办法是将基因组序列片段插入到基因捕获载体(不带调控元件、但含可供筛选的抗性基因、酶基因编码序列等)中,从所构建的文库中捕捉能表达的基因。

**12.668 基因疫苗 gene vaccine**
能表达病原体抗原基因的载体,转入生物体内,通过基因表达诱发机体的体液免疫和细胞免疫反应,达到防治疾病的目的。

**12.669 基因工程 genetic engineering**
狭义的基因工程仅指用体外重组 DNA 技术去获得新的重组基因;广义的基因工程则指按人们意愿设计,通过改造基因或基因组而改变生物的遗传特性。如用重组 DNA 技术,将外源基因转入大肠杆菌中表达,使大肠杆菌能够生产人所需要的产品;将外源基因转入动物,构建具有新遗传特性的转基因动物;用基因敲除手段,获得有遗传缺陷的动物等。

**12.670 基因指纹 genetic fingerprint**
不同生物种属或个体间基因组的核酸序列不完全相同,显示这些序列特征的图谱,就是其遗传特征的分子指纹。如同一种属生物染色体上的卫星 DNA 具有类似的基本序列,但设计探针对不同个体卫星 DNA 进行 PCR 扩增或分子杂交,可产生不同的电泳区带图谱,这图谱在个体间具有高度变异性和稳定的遗传性,可用于遗传分析、法医鉴定等。

**12.671 基因操作 genetic manipulation**
对生物体的遗传物质进行人为的操作,使之发生修饰和改变的过程。

**12.672 基因组作图 genome mapping, genomic mapping**
确定界标或基因在构成基因组的各条染色体上的位置,以及染色体上各个界标或基因之间的相对距离,绘制遗传连锁图或物理图。

**12.673 基因组足迹分析 genomic footprinting**
通过检测 DNA 在结合有蛋白质可以被保护而免受内切核酸酶降解的区域,对基因组中蛋白质结合位置及其核苷酸序列进行的分析。

**12.674 文库 library**
分子生物学中,文库特指生物来源的、人工合成的或克隆技术等所得到的一个重组分子群。如基因组文库、互补 DNA 文库、噬菌体展示肽文库等。

**12.675　组合抗体文库　combinatorial antibody library**

将全套抗体重链和轻链可变区基因克隆,其表达产物涵盖全部抗体的总和。

**12.676　抗体文库　antibody library**

采用聚合酶链反应等手段在体外获得成套抗体可变区轻重链基因,将这些基因重组入一定的载体,转入适当的受体细胞或噬菌体中,这些抗体基因克隆的集合体。从该文库中能够表达和筛选出所需的单克隆抗体。

**12.677　消减 cDNA 文库　subtracted cDNA library**

经过消减杂交所构建的互补 DNA(cDNA)文库。即用目标细胞 cDNA 与第二种细胞(不同类型或不同状态下的细胞)过量的信使核糖核酸(mRNA)或 cDNA 杂交,收集目标细胞 cDNA 中未被杂交的部分来构建的文库。该文库就代表了目标细胞中表达、而第二种细胞中不表达的基因序列。

**12.678　DNA 文库　DNA library**

DNA 克隆的群体。包括互补 DNA 文库和基因组 DNA 文库等。

**12.679　基因文库　gene library**

基因克隆的群体。包括互补 DNA 文库和基因组文库等。

**12.680　互补 DNA 文库　cDNA library**

简称"cDNA 文库"。可以扩增的重组互补 DNA(cDNA)克隆的群体。一般是提取组织或细胞中全部信使核糖核酸(mRNA),逆转录合成 cDNA,重组入载体,转入宿主细胞中复制而得。一种组织或细胞完整的 cDNA 文库应当包含该组织或细胞的全部 mRNA 信息,具有该组织或细胞基因表达的特异性,可以从中筛选得单一的 cDNA 克隆。

**12.681　基因组文库　genomic library**

某种生物全部基因组 DNA 序列的随机片段重组 DNA 克隆的群体。该文库以 DNA 片段的形式贮存着某种生物全部基因组的信息,可以用来选取任何一段感兴趣的序列进行复制和研究。材料来自生物体基因组是 RNA(如 RNA 病毒)所构建的核酸片段克隆群体,也是该生物的基因组文库。

**12.682　单一染色体基因文库　unichromosomal gene library**

由特定的一个染色体 DNA 所构建的基因组文库,包括该染色体的全部遗传信息。

**12.683　表达文库　expression library**

基因文库的一种,文库中的各个基因克隆能够表达,所表达产物根据其特性可以被检测。常见的表达文库有:互补 DNA 表达文库、基因组 DNA 表达文库等,可用以筛选目的基因克隆。

**12.684　组合文库　combinatorial library**

由多种生物相关分子(如 DNA、RNA、多肽、蛋白质等)以多种方式组合而成的集合体。

**12.685　子文库　sublibrary**

从一个大容量的文库所分割成的较小容量的文库。如由单个染色体建立成数个区域基因组文库,再将每个区域基因组文库切割成许多更小片段,构建成质粒文库,就是子文库,便利于测序和分析等。

**12.686　干扰小 RNA 随机文库　siRNA random library**

利用能在细胞内表达双链 RNA 的克隆载体,构建能表达含各种不同序列、一定长度双链 RNA 的克隆群体。若该文库足够大、涵盖能干扰细胞内各种基因表达的双链 RNA 序列,则将该文库导入细胞群,从细胞出现的表型改变,就能够淘选出功能相关的基因。是功能基因组研究的有用技术平台。

**12.687　噬菌体肽文库　phage peptide library**
将编码多肽的外源基因插入含噬菌体外壳蛋白基因的载体,构建得到能与外壳蛋白融合表达多肽的基因文库。

**12.688　噬菌体随机肽文库　phage random peptide library**
设计合成编码氨基酸序列随机排列多肽片段的 DNA 分子群与噬菌体外壳蛋白基因相连接所建立的多肽基因文库。能使氨基酸序列不同的多肽展示在噬菌体外壳表面。如随机七肽文库理论上就能展示出 $20^7$(约 $10^9$)种不同序列的多肽。可用于寻找与某些蛋白质(如抗体、受体等)结合的多肽等。

**12.689　跳查文库　jumping library**
为进行染色体跳查所建立的 DNA 文库。该文库含有与已知 DNA 区域有一段距离的未知 DNA 序列的重组 DNA 克隆分子群。

**12.690　黏粒文库　cosmid library**
以黏粒为载体构建的 DNA 文库。

**12.691　绿色荧光蛋白　green fluorescence protein, GFP**
从水母(*Aequorea victoria*)体内发现的发光蛋白。分子质量为 26kDa,由 238 个氨基酸构成,第 65～67 位氨基酸(Ser-Tyr-Gly)形成发光团,是主要发光的位置。其发光团的形成不具物种专一性,发出荧光稳定,且不需依赖任何辅因子或其他基质而发光。绿色荧光蛋白基因转化入宿主细胞后很稳定,对多数宿主的生理无影响,是常用的报道基因。

**12.692　异源双链　heteroduplex**
(1)两种不同来源的单链 DNA 分子杂交而成的 DNA 双链,是碱基没有完全互补的 DNA 双链。(2)DNA 与 RNA 杂交形成的双链。

**12.693　同源双链体　homoduplex**
由相同的或从同一来源的两个分子所构成的分子。如从同一来源的两条核酸单链构成的 DNA-DNA 或 RNA-RNA 双链就是同源双链。

**12.694　异源双链分析　heteroduplex analysis**
杂交形成的异质双链核酸中含有未互补的核酸会出现单链的环或泡状结构,用单链特异的核酸酶(如 S1 核酸酶)可水解这些单链部分,由此对核酸的来源或 RNA 是从基因组 DNA 哪些部分转录下来等所进行的分析。为转录图谱提供依据。

**12.695　组氨酸标签　histidine-tag**
在重组蛋白末端融合多个组氨酸成串的肽段(常用 6 个组氨酸)。凭借此组氨酸肽段与二价金属离子(镍、锌等)的螯合作用,便于用金属螯合亲和层析纯化蛋白质。也可以用针对组氨酸肽段的抗体来检测该融合蛋白。6 个组氨酸的肽段可简写为 6×His。

**12.696　遗传修饰生物体　genetically modified organism, GMO**
以某种非自然方式修饰和改变了遗传物质(DNA 或 RNA)的生物体。

**12.697　同聚物加尾　homopolymeric tailing**
在核酸分子末端加上一段同聚体多核苷酸。如在重组 DNA 操作中,利用脱氧核苷酸末端转移酶向 DNA 3′端逐个添加胸苷酸;在两种 DNA 双链 3′端分别加上多胞苷酸或多鸟苷酸,以便通过它们之间的互补性进行连接等。

**12.698　热启动　hot start**
在聚合酶链反应(PCR)中先将模板同引物在高于两者变性温度的条件下处理一段时间,然后再加入酶和其他成分进行扩增反应,用以消除非特异性扩增产物的方式。更好的 PCR 热启动方式是 PCR 反应混合物中含有抗 DNA 聚合酶的抗体,只有当加热(一般到 90 ℃以上)使抗体失活后,才能进入

PCR 扩增的热循环。

**12.699　杂合启动子　hybrid promoter**
由两种或两种以上不同启动子元件融合构成的一个新的启动子。如 *tac* 启动子就是将色氨酸启动子 P*trp* – 35 区域与突变的乳糖启动子 P*lacUV5* 的 – 10 区域融合构成的杂合启动子，兼具 P*tac* 强启动能力和乳糖启动子可操控特性（受 *lacI* 产物的阻遏、异丙基-β-D-硫代半乳糖苷的诱导）。

**12.700　体内　in vivo**
在生物活体（如整体动物、整体植物或活的微生物细胞等）内进行的研究。

**12.701　体外　in vitro**
在器官灌注、组织培养、组织匀浆、细胞培养、亚细胞组分、生物材料的粗提取物等生物体外进行的研究。

**12.702　体外重组　in vitro recombination**
在体外对生物的遗传物质或人工合成的基因进行改造或重新组合形成新的核酸分子或新的基因的手段。

**12.703　体外转录　in vitro transcription**
在含有 RNA 转录酶、必要的蛋白质因子、核苷三磷酸等条件的体外无细胞系统中，用 DNA 作为模板，模仿体内转录生成 RNA 的技术。

**12.704　体外翻译　in vitro translation**
在含有核糖体、必需的酶类、蛋白质因子、各种转移核糖核酸（tRNA）、氨基酸等条件的体外无细胞系统中，用信使核糖核酸（mRNA）作为模板，模仿体内翻译合成特定的蛋白质或多肽的系统。常用的体外无细胞翻译系统有兔网织红细胞裂解物系统、麦胚抽提物系统等。

**12.705　无细胞翻译系统　cell-free translation system**
没有完整细胞的体外蛋白质翻译合成系统。通常利用无细胞提取物提供所需要的核糖体、转移核糖核酸、酶类、氨基酸、能量供应系统及无机离子等，在试管中以外加的信使核糖核酸（mRNA）指导蛋白质的合成。常用的无细胞提取物有兔网织红细胞裂解物和麦胚抽提物等。

**12.706　网织红细胞裂解物　reticulocyte lysate**
用于测定信使核糖核酸（mRNA）活性的一种体外翻译分析系统。通常由药物致贫血而发育不完全的兔网织红细胞制备，但须用 RNA 酶去除其中内源的 mRNA。

**12.707　麦胚抽提物　wheat-germ extract**
用于测定信使核糖核酸（mRNA）活性的一种体外翻译分析系统。系从小麦胚中制备的无细胞抽提物，须用 RNA 酶去除其中内源的 mRNA。

**12.708　异源翻译系统　heterologous translational system**
将基因或信使核糖核酸（mRNA）转移到非自身的宿主表达系统中进行蛋白质的翻译合成，该宿主表达系统即为异源翻译系统。

**12.709　基因座连锁分析　locus linkage analysis**
研究同一染色体上相邻基因或与标志基因之间存在的伴同遗传现象。可用于对某种性状或某种疾病相关联的基因进行定位和分离。

**12.710　标志　marker**
分离或分析样品适宜的参照物或材料。不同场合中可以用不同的标志物。

**12.711　遗传标志　genetic marker**
又称"遗传标记"。染色体上的一个位点，具有可辨认的表型，可作为鉴定该染色体上其他位点、连锁群或重组事件的标志。如遗传图绘制时，可以用已知遗传特征的基因或等位基因作分析其他基因的参照；遗传育种时，可参照已知的遗传标志来分离突变细胞或突变个体等。

**12.712　选择性标志　selectable marker, selective marker**

可用做从生物或细胞群体中选择特定类型个体或细胞的遗传标志。常用的如药物抗性、营养依赖性标志等。如用含某种抗生素抗性基因的质粒转化细菌，就可以用含该抗生素的培养基从有多数未转化的细菌群中选得转化体。

**12.713　非选择性标志　unselected marker**

不影响该生物在选择性培养基上生长的标志。与选择性标志相邻并共遗传，但所表达的性状仅供识别，不具选择作用。

**12.714　生化标志　biochemical marker**

可以用生物化学试验检出的任何特异性状或物质。如特定酶的存在或缺失、特定的激素浓度、特定的代谢产物、生物物质等。可用做生物科学研究、衡量生理或病理状态、疾病诊断或预后判断、环境监测的标志。

**12.715　分子量标志　molecular weight marker**

用于鉴定所分离的物质（如核酸、蛋白质等）分子大小的参照物。常用于电泳、层析、离心等分离技术。

**12.716　分子量梯状标志　molecular weight ladder marker**

由一系列已知分子量大小的分子（核酸、蛋白质等）组成，经分离后各组分呈阶梯状分布，可作为样本分子大小的标志物。

**12.717　DNA 梯状标志　DNA ladder marker**

由一系列含碱基对数目不同的 DNA 片段组成，凝胶电泳后 DNA 条带呈阶梯状分布，可作为样本 DNA 分子大小的标志物。

**12.718　分子量标准　molecular weight standard**

作为分子大小的标准参照物。

**12.719　生物标志　biomarker**

对相关的生物学状态（如疾病等）具有指示作用的物质或现象。如某些特异抗原、相关的酶分子、生物发光等。

**12.720　标志基因　marker gene**

又称"标记基因"。功能及在染色体上的位置都已经确定的基因，可用做分析其他基因的参照。

**12.721　切口平移　nick translation**

又称"切口移位"。制备标记 DNA 的一种方法。先用 DNA 酶使 DNA 双链上形成不对称的切口，再利用 DNA 聚合酶 I 的 5′→3′ 外切酶活性将切口处的 5′-P-核苷酸逐个切除，同时其 DNA 聚合酶活性又不断将新的含标记的核苷酸按碱基配对原则加入形成新链，这样就使缺口不断向 3′ 端移动，同时标记了 DNA。

**12.722　核转录终止分析　nuclear run-off assay, run-off transcription assay**

用分离的细胞核研究其对特定基因转录作用的一种类似核连缀分析的方法，但更侧重于测定转录的终止位置，体外转录可进行到模板最末端，以分析转录本的长度。

**12.723　新生链转录分析　nascent chain transcription analysis**

又称"连缀转录分析（run-on transcription assay）"，"核连缀分析（nuclear run-on assay）"，"核连缀转录分析（nuclear run-on transcription assay）"。用于对基因转录调控研究的一种方法。即分离细胞核的过程中，所有基因转录都暂时终止，当把细胞核转入核苷三磷酸和辅助因子齐全的缓冲体系中时，它就会恢复转录功能。缓冲体系中加入标记核苷三磷酸，在转录功能回复后延伸的转录物就会受标记而被分析。与核转录终止分析相似,但更侧重于测定转录速率。

**12.724　核酸酶保护分析　nuclease protection assay**

当核酸(DNA、RNA)中某段序列能与其他核酸(DNA、RNA)形成互补结合或与某种蛋白特异结合后,核酸酶(如 S1 核酸酶)就只能降解反应系统中未结合的核酸,留下被结合的核酸段落可以定性或定量检测出来的方法。此法可测出特定的蛋白质与核酸的哪一部分序列结合。以标记的反义互补 DNA (cDNA)与样品中的信使核糖核酸(mRNA)杂交后作核酸酶消化也可以定量检测出基因转录水平。

**12.725　亲代基因组印记　parental genomic imprinting**

来自亲本双方的等位基因只有一方表达,而另一方不表达的现象。人类许多疾病与此有关,其中多数是内分泌病。

**12.726　噬菌体展示　phage display**

全称"噬菌体表面展示( phage surface display)"。将外源基因或随机序列的 DNA 分子群与噬菌体外壳蛋白基因相连接,使外源 DNA 所编码的蛋白质以融合蛋白形式表达在噬菌体外壳表面的方法。易于用免疫反应或配体特异性结合等方法筛得目的克隆。

**12.727　空斑　plaque**

病毒使宿主细胞裂解或生长迟缓而在细胞生长的背景上出现的透光斑点。

**12.728　噬斑　plaque**

噬菌体在感染菌菌苔背景上形成的斑点。感染菌被完全裂解形成的透明斑点称"透明噬斑(transparent plaque)",感染菌生长缓慢而形成的半透明斑点称"混浊噬斑(turbid plaque)。"

**12.729　噬斑形成单位　plaque forming unit, pfu**

表示活噬菌体数时所用的量词。在测定噬菌体滴度的实验中,一个活噬菌体在平皿中形成一个噬斑,称为 1 pfu。

**12.730　Qβ 复制酶技术　Qβ replicase technique**

利用 Qβ 复制酶催化以 RNA 为模板合成 Qβ 噬菌体 RNA 基因组的特性大量合成人们所需要的 RNA 分子的方法。是分子生物学重组 RNA 中的重要技术。

**12.731　牵出试验　pull down experiment**

分子生物学中指利用分子间的相互结合特性来分离特定分子的一种技术,常用于体内和体外蛋白质的分离和分析。如将一种蛋白质沉淀分离的同时,与这种蛋白质特异结合的另一种蛋白质也带出来,就能达到分离后者或证明两种蛋白质能够特异性结合的目的。如免疫共沉淀。

**12.732　饱和分析　saturation analysis**

一类标志物竞争结合分析的统称。包括放射免疫分析、放射受体分析等。

**12.733　放射免疫测定　radioimmunoassay, RIA**

又称"放射免疫分析"。将放射性检测高灵敏度与抗原-抗体反应高特异性相结合、对抗原(激素、药物等)进行测定的技术。即利用标记物与非标记物对抗体的竞争结合作用,通过比较未标记的未知量抗原及已知量标准抗原,分别对放射性标记抗原与特定抗体结合的抑制效应,可得出未知抗原的量。

**12.734　放射性受体测定　radioreceptor assay**

又称"放射性受体分析"。将放射性检测高灵敏度和受体-配体反应高特异性相结合的一种对体液、组织或细胞等样品中成分定量的方法。基本原理与放射免疫测定类似,但以受体-配体反应代替抗原-抗体反应,利用标记配体与非标记配体对受体的竞争结合进行分析。如用神经受体测定神经介质,激素受体测定激素,药物受体测定药物等。

**12.735 发光免疫测定** luminescent immunoassay, LIA

以发光物质标记抗原或抗体,免疫反应后引发发光反应,根据发光强度对抗体或抗原进行的测定。

**12.736 生物发光免疫测定** bioluminescent immunoassay, BLIA

利用生物发光物质或参与生物发光反应的辅助因子(如萤光素酶)标记抗原或抗体,免疫反应后,运用生物发光反应进行的检测分析。

**12.737 化学发光免疫测定** chemiluminescence immunoassay, CLIA

以化学发光物质标记抗原或抗体,免疫反应后引发化学发光反应,利用感光胶片、数字摄像机(CCD 相机)、磷光成像仪、光度计等捕捉化学发光反应释出的光子,根据发光强度对抗体或抗原进行的定性定量分析。

**12.738 发光酶免疫测定** luminescent enzyme immunoassay, LEIA

用参与发光反应的酶(常用碱性磷酸酶、辣根过氧化物酶等)标记抗原或抗体,免疫反应后加入发光试剂,根据发光体系的发光强度对抗体或抗原进行的测定。

**12.739 磁性免疫测定** magnetic immunoassay

将抗体或抗原结合在含铁的颗粒(如 $Fe_3O_4$ 的纤维素颗粒)上,利用磁铁就很容易将与之结合的抗体抗原复合体从混合物中分离出来的方法。

**12.740 识别序列** recognition sequence

信息大分子(核酸、蛋白质等)中为某些分子所认识的特定序列。如 RNA 聚合酶识别启动子中的序列、限制性核酸内切酶所识别核酸中独特的回文序列、蛋白酶识别肽链中特定的氨基酸序列等。

**12.741 重组** recombination

生物体各种事件(包括染色体分离、交换、易位、接合、基因交换、转化、转导等)所导致的基因排布或核酸序列的重新组合及改变的过程。基因工程中的重组则指用人工手段对核酸序列的重新组合或改造。

**12.742 重组 DNA** recombinant DNA, rDNA

经人工手段对其序列进行了改造和重新组合的 DNA。

**12.743 重组 DNA 技术** recombinant DNA technique

用人工手段对 DNA 进行改造和重新组合的技术。包括对 DNA 分子的精细切割、部分序列的去除、新序列的加入和连接、DNA 分子扩增、转入细胞的复制繁殖、筛选、克隆、鉴定和序列测定等等,是基因工程技术的核心。

**12.744 重组蛋白质** recombinant protein

用基因工程手段、由重组核酸编码所表达的蛋白质。常在蛋白质名称前加 r 表示,如 rBMP 指用基因工程手段获得的重组骨形成蛋白。

**12.745 重组 RNA** recombinant RNA

用人工手段进行了改造和重新组合的 RNA。重组 RNA 可以经重组 DNA 转录获得,也可以使用专门作用于 RNA 的酶类(如 T4 RNA 连接酶、Qβ-RNA 复制酶、RNA 酶Ⅲ)等工具和技术获得。

**12.746 报道基因** reporter gene

一类表达水平很容易被检测的基因,可以重组入载体再导入细胞中,用于指示其上游的调控序列或元件调控基因表达水平的高低。如氯霉素乙酰转移酶基因(*cat*)、β 葡糖苷酶基因(*gus*)、萤光素酶基因(*luc*)和绿色荧光蛋白基因($gfp$)等都是常用的报道基因。

**12.747 抗性基因 resistance gene**
一类能阻止抗生素或除草剂等药物作用的基因或营养补偿性基因。如某些氨基酸合成酶基因等。这些基因的表达能赋予生物抵抗药物等毒害或营养缺陷的环境,常用做选择性遗传标志。

**12.748 限制性酶切分析 restriction analysis**
全称"限制性内切酶酶切分析"。基因组或一段核酸用限制性内切酶消化产生的片段经电泳等方法分离形成独特的条带图谱,对 DNA 序列的特征进行的分析。

**12.749 限制性酶切片段 restriction fragment**
全称"限制性内切酶酶切片段"。核酸被限制性内切核酸酶消化所产生的片段。

**12.750 限制性酶切片段长度多态性 restriction fragment length polymorphism, RFLP**
不同个体或种群间的基因组 DNA 经同样一种或几种限制性内切酶消化后所产生的 DNA 片段的长度数量各不相同的现象。各自有其独特的电泳图谱,反映出个体和种群间基因组 DNA 序列的差异。

**12.751 扩增片段长度多态性 amplified fragment length polymorphism, AFLP**
即使同一种属生物,不同个体的基因组 DNA 也不完全相同,设计适当的引物对不同个体的基因组 DNA 扩增,得到不同长短和数目的片段的现象,反映出个体的特征。广泛用于构建遗传连锁图谱、基因组研究、遗传育种、亲子鉴定、遗传病诊断等领域。

**12.752 限制[性酶切]图谱 restriction map**
全称"限制性内切核酸酶图谱(restriction endonuclease map)"。核酸经限制性内切酶消化成片段,用电泳等方法分离,不同的核酸形成的各自独特的条带图谱。

**12.753 限制性酶切作图 restriction mapping**
全称"限制性内切核酸酶作图(restriction endonuclease mapping)"。标志上限制性内切核酸酶识别和作用位点的核酸序列图。

**12.754 限制[性酶切]位点 restriction site**
限制性内切酶在 DNA 双链上所识别的一些特殊序列。在分子生物学和基因工程中常用的 Ⅱ 型限制性内切酶识别的多为 4、6 或 8 对核苷酸的双链回文序列。

**12.755 限制[性酶切]位点保护试验 restriction site protection experiment**
当一段 DNA 被某些蛋白质(如转录因子、组蛋白等)结合后,这段 DNA 上的限制性酶切位点就不会被相应的限制性酶切开。因此将待研究的 DNA 与蛋白质一起保温,再用该 DNA 链上已知的限制性酶位点的那些酶处理,即可得知 DNA 哪些区域被结合的蛋白质覆盖的试验方法。

**12.756 RNA 作图 RNA mapping**
对 RNA 分子在基因上的定位分析。将 RNA 与相应的 DNA 杂交后,用单链特异性核酸酶(常用的如 S1 核酸酶)切去不发生杂交的单链部分,用以分析 RNA 与相应 DNA 的关系,包括确定 RNA 的 5' 和 3' 端、外显子和内含子在 DNA 上的相应位置等。

**12.757 S1 核酸酶作图 S1 nuclease mapping**
简称"S1 作图(S1 mapping)"。使用能特异水解单链核酸的 S1 核酸酶所进行的 RNA 作图法。

**12.758 基因组图谱 genomic map**
展示一种生物全基因组结构的图谱。按建立图谱的研究目的方法和精细程度,可以有不同的形式,包括以遗传学方法建立的遗传连锁图谱,按距离绘出基因位置分布的物理图谱,经测定核酸序列建立的核苷酸序列图谱,以及标记出可表达序列的转录图谱等。

**12.759　物理图[谱]**　physical map
表示某些基因与遗传标志之间在基因组上的直线相对位置和距离的图谱。

**12.760　夹心法分析**　sandwich assay
利用一种分子有两个不同特异性反应区域所设计的分析方法。如在免疫测定中,将固相化的抗体或抗原与待测抗原或抗体结合后,再以标记的另一种抗体或抗原(识别不同部位)与之反应;分子杂交时,固相化的目标核酸分子先与连接地高辛精的探针结合,然后用带标志(偶联荧光素或酶类等)的抗地高辛精抗体来检测。此法可提高分析的灵敏度和特异性。

**12.761　筛选**　screening
在一个群体中选出所要的特定对象。分子生物学中特指选出含特定序列的克隆,如用分子杂交的方法从基因组文库中选出含有特定基因序列的克隆。

**12.762　序列标签位点**　sequence-tagged site, STS
作为基因组物理图中位置标志的已知小段单拷贝独特的 DNA 序列。大多长约 200~500 bp,能用 PCR 特异地检测出来。

**12.763　简单序列长度多态性**　simple sequence length polymorphism, SSLP
微卫星 DNA 中由于重复单元的拷贝数不同而造成不同长度的串联重复序列。

**12.764　微卫星 DNA 多态性**　microsatellite DNA polymorphism
真核生物不同个体基因组中微卫星 DNA 短序列串联重复拷贝数和核苷酸序列的差异。通常是设计引物用 PCR 去扩增微卫星 DNA,所得产物再用限制性内切酶消化,电

泳分析可以得到含不同长度 DNA 的图谱。用于遗传分析、亲子鉴定等。

**12.765　简单重复序列多态性**　simple sequence repeat polymorphism, SSRP
由组成比较简单的(如二、三核苷酸或四核苷酸序列)串联重复所具有的拷贝数不同而造成的多态现象。

**12.766　单核苷酸多态性**　single nucleotide polymorphism, SNP
不同物种、个体基因组 DNA 序列同一位置上的单个核苷酸存在差别的现象。有这种差别的基因座、DNA 序列等可作为基因组作图的标志。人基因组上平均约每 1000 个核苷酸即可能出现 1 个单核苷酸多态性的变化,其中有些单核苷酸多态性可能与疾病有关,但可能大多数与疾病无关。单核苷酸多态性是研究人类家族和动植物品系遗传变异的重要依据。

**12.767　单链构象多态性**　single-strand conformation polymorphism, SSCP
特指单链 DNA 构象多态性。DNA 分子因碱基改变而造成的序列多样性。常用的检测方法是将 DNA 片段经变性解开成单链,单链 DNA 由于碱基不同而有不同的三维构象,在凝胶电泳时其迁移率就显出差别。

**12.768　随机扩增多态性 DNA**　randomly amplified polymorphic DNA, RAPD
在不严谨的条件下对 DNA 模板采用随机或武断引物进行聚合酶链反应去获得各种长短和序列不同产物组合图谱的技术。用不同随机引物,可以扩增出不同的 DNA 带谱。该技术可用于识别种群、家族、种内或种间的遗传变异,为生物血缘关系或分类提供依据,还可以分析混合基因组样品等。

**12.769　cDNA 末端快速扩增法**　rapid amplification of cDNA end, RACE
运用阻抑 PCR 的方法获得互补 DNA 片段

两侧末端未知的序列,以期得到具有 5′端和 3′端全长的 cDNA 克隆的技术。

**12.770 温度敏感突变** temperature-sensitive mutation, ts mutation

在某温度范围产生正常表型,而在另一温度范围则出现突变型的现象。如 *cI*857 是编码 λ 噬菌体 $P_L$ 启动子阻遏蛋白基因 *cI* 的温敏性突变,在低于 37℃ 时阻止 $P_L$ 的作用,高于 40℃ 时突变的阻遏蛋白失活,$P_L$ 开启下游基因的表达。这种对温度变化敏感的突变在调控重组基因的表达中是很有用的工具。

**12.771 插入失活** insertional inactivation

由于核苷酸或一段外源性核酸插入到某基因中而引起该基因的活性丢失。

**12.772 插入突变** insertional mutation

由于核苷酸或一段外源性核酸插入到基因中而引起的基因突变。插入可以是自发的(如染色体交换)、感染导致的(如前病毒插入基因组)或人工引起的(如基因工程)。插入引起突变可以是由于改变了基因的编码序列或调控序列所致。

**12.773 正向突变** forward mutation

一对等位基因 Aa(A 为显性,a 为隐性),由显性的 A 突变为隐性的 a 称为正向突变;反之,由隐性的 a 突变为显性的 A 则称"回复突变(back mutation, reverse mutation)"。

**12.774 位点专一诱变** site-directed muta-genesis, site-specific mutagenesis

又称"定点诱变"。在基因或基因组的指定位置上进行单个核苷酸或成段序列的缺失、插入或碱基置换的人工操作,以产生预期的突变。通常是在体外进行,先通过聚合酶链反应或互补 DNA 合成含突变序列的核酸链,经过体外复制而得到突变的基因,再导入受体细胞去置换该基因的野生型拷贝。

**12.775 饱和诱变** saturation mutagenesis

对基因或核酸的某一段序列内的碱基进行大量置换的方法。包括使用随机寡核苷酸诱变、错误倾向聚合酶链反应等方法。

**12.776 寡核苷酸定点诱变** oligonucleotide-directed mutagenesis

又称"寡核苷酸诱变(oligonucleotide muta-genesis)"。人工获得特定核酸定点突变的一种方案。将需要改变的核苷酸置于一段合成的寡核苷酸中部,在单链噬菌体(如 M13)模板上用克列诺酶合成有指定变化的负链,再通过噬菌体复制得到含突变的双链。

**12.777 随机寡核苷酸诱变** random oligonu-cleotide mutagenesis

通过合成一系列突变寡核苷酸引物对基因组某个区域进行聚合酶链反应扩增,获得大量突变的 DNA,以研究突变对功能的影响。

**12.778 剥离的血红蛋白** stripped hemoglo-bin

用高浓度的盐溶液透析去除内源 2,3-二磷酸甘油酯的血红蛋白。

**12.779 凝血因子 Xa 切点** factor Xa cleav-age site

基因工程表达系统中融合蛋白常用的连接序列,Xa 因子处理可将融合蛋白中目的蛋白与非目的蛋白的肽段分离,其识别序列为 Ile Glu Gly Arg↓Gly 五个氨基酸。

**12.780 凝血酶切割位点** thrombin cleavage site

基因工程表达系统中融合蛋白常用的连接序列,凝血酶处理可将融合蛋白中目的蛋白与非目的蛋白的肽段分离,最适切割位点是:P4-P3-P2-Arg↓-P1′-P2′,式中 P4 和 P3 为疏水氨基酸,P1′和 P2′为非酸性氨基酸,↓为切割位点。

**12.781 自杀法** suicide method

(1)筛选营养突变体的方法。在营养缺陷的培养基中,营养缺陷突变型的细胞或细菌不能生长。(2)将一种基因导入肿瘤细胞,该基因的产物能够将环境中某种物质转变成毒物而杀死肿瘤细胞的一种体细胞基因治疗方案。如将单纯疱疹病毒(HSV)的胸苷激酶(TK)基因导入细胞,然后给以开环鸟苷衍生物(如9-鸟嘌呤),胸苷激酶就能专一性将其转化成有毒的代谢物而杀死细胞。

**12.782　死亡基因　thanatogene**
表达产物可以导致细胞死亡的基因。可设计将这类基因导入细胞作基因筛选或肿瘤基因治疗等。

**12.783　超分子反应　supramolecular reaction**
多分子构成的复杂反应体系。如生物膜、核糖体、复合酶、抗原-抗体结合、核酸杂交等皆是。

**12.784　靶向　targeting**
又称"寻靶作用"。对特定目标(分子、细胞、个体等)采取的行动。如外源基因在宿主细胞基因组 DNA 预期位置上的定向插入;药物分子对效应靶组织或细胞的定向传送或作用。

**12.785　模板　template**
其结构作为另一个分子合成的模型或依据的分子。如转录合成 RNA 时所依赖的模板 DNA,聚合酶链反应扩增时与引物序列互补的模板 DNA,指导蛋白质合成的模板 RNA——信使核糖核酸等。

**12.786　转导　transduction**
借助病毒、噬菌体或其他方法将外源 DNA 导入细胞并整合到宿主基因组上的方法。

**12.787　转导子　transductant**
借助病毒、噬菌体或其他方法将外源 DNA 导入细胞并整合到基因组上的细胞克隆。

**12.788　共转导　cotransduction**

通过一种病毒或噬菌体将两个或多个外源基因同时转移到一个细胞。

**12.789　转化　transformation**
(1)外源遗传物质(如质粒 DNA 等)进入细菌,引起细菌遗传变化的现象。但外源 DNA 并不整合到宿主染色体 DNA 上。这是与"转导"概念不同之处。(2)用病毒、化学致癌物或 X 射线诱发培养的细胞发生遗传变异的现象。使细胞丧失接触抑制等特性。

**12.790　共转化　cotransformation**
不相连的两个或多个外源基因同时转移入一个细胞。

**12.791　转化率　transformation efficiency**
外源 DNA(如质粒 DNA 等)导入细菌的效率。通常用每微克 DNA 获得转化体的数量表示。

**12.792　转移 DNA　transfer DNA，T-DNA**
致瘤质粒中的一段 DNA,有助于将外源 DNA 插入植物基因组中。

**12.793　DNA 转化　DNA transformation**
将外源 DNA 分子导入原核细胞的过程。一般细菌很难接受外源 DNA 分子,可用适当的化学或物理方法处理细菌(如氯化钙法、电穿孔法等),使 DNA 分子容易进入细菌。

**12.794　质粒转化　plasmid transformation**
将外源质粒导入原核细胞的过程。

**12.795　转化体　transformant**
又称"转化子"。接受了外源遗传物质(如质粒 DNA 等)使遗传特性发生了改变的细菌。可以通过选择培养基等方法鉴定获得。

**12.796　转染　transfection**
起初指外源基因通过病毒或噬菌体感染细胞或个体的过程。现在常泛指外源 DNA(包括裸 DNA)进入细胞或个体导致遗传改变的过程。

**12.797 转染率 transfection efficiency**
外源病毒、噬菌体 DNA 或外源 DNA 导入细胞的效率。

**12.798 转染子 transfectant**
借助病毒或噬菌体转入了外源 DNA 的受体细胞或细菌。

**12.799 共转染 cotransfection**
通过病毒、脂质体或其他方法将两个或多个外源基因同时转移到一个真核细胞。

**12.800 稳定转染 stable transfection**
外源基因转染真核细胞后整合入基因组 DNA，能够长期存在于细胞中，随染色体复制而传给子代。外源基因进入培养细胞一般要经过几天才能够整合入基因组 DNA。

**12.801 短暂转染 transient transfection**
外源核酸转染真核细胞后未整合入细胞基因组，而是以附加体形式短时间存在于细胞中，几天后就会丢失的现象。

**12.802 RNA 转染 RNA transfection**
将 RNA 分子导入细胞的过程。可用以研究 RNA 的功能。

**12.803 DNA 转染 DNA transfection**
将外源 DNA 分子导入真核细胞的过程。一般细胞很难接受外源 DNA 分子，可用适当的化学或物理方法处理（如磷酸钙法、电穿孔法等），使外源 DNA 容易进入细胞。

**12.804 质粒转染 plasmid transfection**
将外源质粒导入真核细胞的过程。

**12.805 脂质体转染 lipofection**
以人工脂质体介导的分子（如核酸等）转染技术。

**12.806 稳定表达 stable expression**
(1)外源基因转染真核细胞并整合入基因组后的表达。重组基因的稳定表达水平一般要比短暂表达低 1~2 个数量级。(2)基因工程表达系统中工程菌株或细胞虽经过多次传代或条件变化，但表达水平仍然保持稳定的现象。

**12.807 短暂表达 transient expression**
又称"瞬时表达"。外源基因导入真核细胞后，未整合入基因组，而是在细胞中以附加体形式存在所进行的基因表达。重组基因的短暂表达一般比较高，但不能持续，几天内就会消失。当需要在短时间内分析目的基因的表达时可以采取短暂表达的方式。

**12.808 转基因 transgene**
转基因作用中整合的外源 DNA。

**12.809 转基因作用 transgenesis**
外源基因整合入生物体的基因组中并使该生物获得能传给后代的新遗传特性。

**12.810 转基因生物 transgenic organism**
用基因工程技术导入外源基因的动植物，且外源基因能通过繁殖而传代。如将外源基因显微注射入受精卵的细胞核，再转入养母子宫内，所培育出来转基因的小鼠、牛、羊等。

**12.811 优势选择标志 dominant selectable marker**
在载体构建中插入选择标志基因，其表达产物可使某些毒物（往往是抗生素）失活，在含有毒物的选择培养基中只有转化子或转染子才可存活的正性选择标志。

**12.812 载体 vector**
可以插入核酸片段、能携带外源核酸进入宿主细胞，并在其中进行独立和稳定的自我复制的核酸分子。基因工程中广泛应用的载体多来自人工改造的细菌质粒、噬菌体或病毒核酸等。多数载体是 DNA 分子，但某些 RNA 分子也能用做载体。

**12.813 [运]载体 carrier**
(1)为分离样品中微量的放射性物质而加入

的大量同类非放射性物质。(2)在细胞悬浮培养系统中,支撑生物体或细胞生长的固相颗粒基质。如加入发酵罐中的特殊塑料或微孔玻璃颗粒。(3)携带另一种物质转移的转运剂。如结合某种物质,携带其通过生物膜或在生物体液中转运的蛋白质。

### 12.814 微载体 microcarrier
细胞培养中所使用的一类无毒性、非刚性、密度均一、通常是透明的小颗粒。能使依赖贴壁的细胞在悬浮培养时贴附在颗粒表面单层生长,从而增加细胞贴附生长的面积,有利于细胞的大规模培养和收集。

### 12.815 克隆载体 cloning vector, cloning vehicle
可携带插入的目的 DNA 进入宿主细胞内并能自我复制的 DNA 分子。此种 DNA 分子含有能在宿主中复制的位点和便于筛选的遗传标志。

### 12.816 表达载体 expression vector
能使插入基因进入宿主细胞表达的克隆载体,包括原核表达载体和真核表达载体,可以是质粒、噬菌体或病毒等。典型的表达载体带有能使基因表达的调控序列,并在适当位置有可插入外源基因的限制性内切酶位点。

### 12.817 穿梭载体 shuttle vector
在不同类型受体细胞(如酵母与细菌、细菌与动物细胞等)中都能够进行复制的克隆载体。

### 12.818 逆转录病毒载体 retroviral vector
由某种逆转录病毒序列构建的基因运载工具,能够携带外源基因或 DNA 进入宿主细胞,并整合到染色体基因组上。

### 12.819 报道载体 reporter vector
含有报道基因表达组件的载体。可用以研究启动子或其他基因调控序列或元件的功能,或用于指示其他基因表达水平。

### 12.820 取代型载体 replacement vector
在插入外源 DNA 时需要去除载体上一段长度相当的序列,以维持一定范围的 DNA 分子长度,才能够组装成有转染活性的噬菌体的一类噬菌体克隆载体。

### 12.821 卡隆载体 Charon vector
卡隆(Charon)是希腊神话中河道摆渡的船夫名字,借喻能运送 DNA 片段,是取代型噬菌体载体系列。利用 DNA 缺失的 λ 噬菌体作为载体,将待克隆的 DNA 片段置换 λ 噬菌体缺失的 DNA,感染大肠杆菌的特定菌株。能用做较长 DNA 片段的克隆载体,有较高的安全性,曾经得到过广泛的应用。

### 12.822 插入型载体 insertion vector
一类可以容纳一定长度外源 DNA 片段的噬菌体载体,在克隆时无需去除与插入体大小相当的片段。

### 12.823 真核载体 eukaryotic vector
能携带插入的外源核酸序列进入真核细胞中复制的载体。

### 12.824 T 载体 T-vector
聚合酶链反应产物的克隆运载体,线性化后两侧 3′端各多出一个脱氧胸苷酸(T)。由于 PCR 产物两侧 3′端通常含单个脱氧腺苷酸(A),与 T 载体之间的 A-T 互补性可提高 PCR 产物克隆的效率。

### 12.825 载体小件 vectorette
人工合成的长几十个核苷酸对的寡核苷酸双链体。链末端带有突出的黏端,能方便于待检测的 DNA 片段插入。载体小件上含有特有序列互补的引物,能与待检的 DNA 配对,可用聚合酶链反应技术扩增该 DNA 片段并随之进行测序。适用于只有一个引物可用的 DNA 片段的扩增,在基因组步移实验中具有价值。与一般载体不同,载体小件不能进入细胞复制繁殖。

**12.826　质粒　plasmid**
细菌细胞内一种自我复制的环状双链 DNA 分子,能稳定地独立存在于染色体外,并传递到子代,一般不整合到宿主染色体上。现在常用的质粒大多数是经过改造或人工构建的,常含抗生素抗性基因,是重组 DNA 技术中重要的工具。

**12.827　黏粒　cosmid**
含有 *cos* 位点的人工构建克隆载体。*cos* 位点是 λ 噬菌体头部组装时的识别序列,因而黏粒能包装入 λ 噬菌体颗粒后感染大肠杆菌。与一般质粒相比,黏粒可克隆较长的外源 DNA 片段(达 50 kb)。

**12.828　松弛型质粒　relaxed plasmid**
在细菌染色体外能大量独立复制的质粒。每个细菌中可存在数百到数千个拷贝。

**12.829　严紧型质粒　stringent plasmid**
在细菌细胞内只能形成少量拷贝的质粒。

**12.830　表达质粒　expression plasmid**
用做表达载体的质粒。

**12.831　致瘤质粒　tumor-inducing plasmid, tumor induction plasmid**
又称"Ti 质粒(Ti plasmid)"。致瘤农杆菌(*Agrobacterium tumefaciens*)中的一种大的接合型质粒。菌体感染植物伤口时,致瘤质粒可转移入被感染的植株,致瘤质粒的一段 DNA(T-DNA)能插入到植物的基因组 DNA 中,引起受感染细胞生长成肿瘤样结构。改造的致瘤质粒可用做植物基因工程的载体。

**12.832　卡隆粒　Charomid**
一组部分来自卡隆噬菌体的改良型黏粒载体。

**12.833　噬菌体　phage**
感染细菌的病毒。

**12.834　温和噬菌体　temperate phage**
一类感染宿主细菌后不引起细菌裂解而与宿主细胞建立共生关系并随细菌繁殖传给细菌后代的噬菌体。带有温和噬菌体的细菌称"溶源菌(lysogen)",而所携带的噬菌体称"原噬菌体(prophage)"。

**12.835　辅助噬菌体　helper phage, help bacteriophage**
通过对细菌的感染向某种缺陷性噬菌体提供后者所缺少的功能,使后者能够完成其感染生活周期的一种噬菌体。

**12.836　溶源性　lysogeny**
温和噬菌体 DNA 具有整合入宿主菌染色质 DNA 中的特性,成为与宿主菌共生的原噬菌体,能随宿主菌的染色质同步复制而传给子代,这种特性称为溶源性。溶源菌受到某些条件的诱导(如紫外线照射等),噬菌体 DNA 还可以从宿主菌染色质 DNA 中切出,最终形成噬菌体颗粒而裂解宿主菌。可利用该性质构建噬菌体载体。

**12.837　包含体　inclusion body**
(1)在病毒感染的细胞中由病毒粒子聚集成的颗粒。(2)在细胞或细菌中形成的聚集物实体。如贮藏颗粒等。(3)在生物工程中,指细胞或细菌中高表达的蛋白质(也可以汇同其他细胞成分)聚集而成的不溶性颗粒。

**12.838　辅助病毒　help virus**
通过对细胞的混合感染向某种缺陷性病毒提供后者所缺少的功能,使后者能够完成其感染生活周期的一种病毒。

**12.839　包装　packaging**
(1)病毒或噬菌体的核酸被蛋白外壳包裹形成成熟的病毒或噬菌体颗粒的过程。(2)某些大分子蛋白质在细胞内被膜囊包裹形成一种成熟的分泌颗粒的过程。

**12.840　体外包装　*in vitro* packaging**

在离体条件下,用噬菌体或病毒的蛋白质包裹噬菌体或病毒的裸核酸,组装成有感染性的噬菌体或病毒颗粒的过程。

**12.841 包装提取物 packaging extract**
从含有噬菌体的头部蛋白、尾部蛋白和包装蛋白的特定的大肠杆菌溶源性菌株中所得到的抽提物。用于进行重组噬菌体 DNA 的体外包装。

**12.842 酵母人工染色体 yeast artificial chromosome, YAC**
利用酵母着丝粒载体所构建的大片段 DNA 克隆。克隆载体上含有着丝粒、端粒、可选择标志基因、自主复制等序列,可携带插入的大片段 DNA(100~1000 kb)在酵母细胞中有效地复制,如同微小的人工染色体。是基因组研究的有用工具。

**12.843 细菌人工染色体 bacterial artificial chromosome, BAC**
利用大肠杆菌 F 质粒或 P1 噬菌体为基础构建的用于在大肠杆菌中克隆大片段 DNA(100~300 kb)的载体。用于基因组结构的分析。

**12.844 P1 人工染色体 P1 artificial chromosome, PAC**
利用 P1 噬菌体基因组元件所构建的大片段 DNA 克隆系统。

**12.845 杆状病毒表达系统 baculovirus expression system**
利用杆状病毒作载体的真核表达系统。是将外源基因插入杆状病毒载体中,转染入昆虫细胞中表达。

**12.846 双杂交系统 two-hybridization system**
在细胞内检查两种蛋白质是否相互作用结合的实验系统。即构建这两种蛋白质分别与反式激活转录因子的 DNA 结合结构域

（BD）及转录激活结构域（AD）相连的融合蛋白表达载体,转入同一个细胞中表达,如果这两种蛋白质能够相互结合,就会将 AD 带到 BD 所识别结合的转录序列位置上,激活下游特定报道基因的表达而被检测。最早建立的是酵母双杂交系统,现在细菌和哺乳类细胞都有双杂交系统可供使用。

**12.847 酵母双杂交系统 yeast two-hybridization system**
将待研究的两种蛋白质的基因分别克隆到酵母表达质粒的转录激活因子（如 GAL4 等）的 DNA 结合结构域基因和 GAL4 激活结构域基因,构建成融合表达载体,从表达产物分析两种蛋白质相互作用的系统。

**12.848 染色体显微切割术 chromosome microdissection**
用显微操纵器切割某条染色体特定区域的技术。所得到的染色体特定区带可用于该区带 DNA 或基因的克隆。

**12.849 放射性同位素扫描 radioisotope scanning**
用一个、多个线性扫描仪或照相系统对某个外部物体（如生物体或组织器官等）中放射性核素进行测量、并获得显示图像的过程。从移动检测器得到图像称扫描,由固定的摄相装置得到图像称闪烁照相。

**12.850 放射自显影 autoradiography**
利用放射性核素发射的射线,使感光材料中的卤化银等感光,显出影像后进行放射性标记物的定位和定量测量的技术。

**12.851 凝胶放射自显影 gel autoradiograph**
对拟分析的样品（如蛋白质、多肽、核酸等）经放射性核素标记后,做凝胶电泳分离,再用感光胶片或磷屏等显示凝胶上的放射性进行定位或定量分析的技术。

**12.852 本底辐射 background radiation**

天然存在的电离辐射,包括宇宙射线和自然界放射性物质产生的辐射。

**12.853　增感屏　intensifying screen**
一种特殊制作(如含稀土化合物等)的膜片,能够吸收射线(X 射线、β 射线等)的能量,转换成更容易被感光材料接收的光线,从而提高检测的灵敏度、缩短检测的时间。

**12.854　闪烁计数仪　scintillation counter**
一种将放射能转变为光能的放射性强度的测量装置。分液体闪烁计数仪和固体闪烁计数仪两类。

**12.855　液体闪烁计数仪　liquid scintillation counter**
将闪烁体溶解在适当的溶剂中,配制成闪烁液,然后将样品置于闪烁液中进行放射性强度测量的仪器。由于样品与闪烁液直接接触,提高了对短射程射线的测量效率。

**12.856　固体闪烁计数仪　solid scintillation counter**
以固体闪烁材料为接受射线探头的射线测量计数仪。常用测量 γ 射线或 X 射线的探头材料是含有少量铊的碘化钠单晶,可吸收入射射线的能量发出荧光,信号被光电倍增管接受而记录。制成井型的探头可加大入射角而提高测量效率。

**12.857　闪烁液　scintillation cocktail**
用于液体闪烁计数测量的闪烁剂混合液。射线激活闪烁剂使其发出荧光,荧光信号放大后被仪器记录而测量。

**12.858　第一闪烁剂　primary scintillator**
在放射性液体闪烁测量中作为初级荧光发光体,在射线作用下发出荧光。最常用的是2,5-二苯基噁唑。

**12.859　第二闪烁剂　secondary scintillator**
在放射性液体闪烁测量中作为次级荧光发光体,能吸收第一闪烁剂发出的初级荧光而

放出更长波长的光,能更好被光电倍增管接收而测量,并降低闪烁液对淬灭物质的敏感性。常用的第二闪烁剂为:1,4-双-2-(5-苯噁唑)-苯。

**12.860　打点　dotting**
将样品(核酸、蛋白质等)点在支持膜(如硝酸纤维素膜、尼龙膜等)上,并使样品固定在膜上的技术。经打点处理的样品可供作抗原抗体反应、分子杂交等检测。

**12.861　离子透入　iontophoresis**
使离子形式的药物在电场作用下穿过细胞膜或穿过皮肤的技术。

**12.862　显微注射　microinjection**
在显微镜下操作的微量注射技术。可将细胞的某一部分(如细胞核、细胞质或细胞器)或外源物质(如外源基因、DNA 片段、信使核糖核酸、蛋白质等)通过玻璃毛细管拉成的细针,注射到细胞质或细胞核内。是研究各种生物分子的作用、制作转基因动物、克隆动物等的重要技术。

**12.863　光极　optrode**
一种顶端包裹有光学纤维玻璃的光纤传感器。若其上涂有抗体,当与相应抗原接触时,即可发出荧光,信号可被检测。

**12.864　速流技术　rapid flow technique**
一类快速进样和描记的技术体系,可以大大改善时间和信号的分辨率,时间分辨达到微秒或更短。在原子吸收光谱、拉曼光谱和电子自旋共振和酶动力学等分析上均有广泛的应用。

**12.865　切变　shearing**
用平行于平面的力作用于平面使一个物体变化或破裂的现象。如大分子 DNA 急速通过细管而被扯断为小片段,匀浆过程将样品扯碎都使用了切变力。

**12.866　信噪比　signal-to-noise ratio**

特定参数(信号)值与非特异性参数(噪声)的比值。如实验中样品的放射性与本底放射性强度之比;荧光在 X 射线底片上所造成的感光强度与非特异感光背景强度之比;序列同源性比较时,配对与非配对序列之比等。

**12.867 超声波作用 ultrasonication**

使用频率大于人听觉范围的声波来处理生物材料的过程。如利用 25 kHz 频率附近的声波破碎细胞、亚细胞或病毒颗粒,也可用来使蛋白质变性以及剪切长链 DNA 分子等。

**12.868 紫外交联 ultraviolet crosslinking, UV crosslinking**

全称"紫外照射交联(UV irradiation crosslinking)"。一种在杂交膜或蛋白质上固定核酸的方法。在一定能量的紫外光照射下,核酸与尼龙膜或蛋白质上自由 OH 基团发生共价交联。

**12.869 胚胎干细胞法 embryonic stem cell method**

对胚胎干细胞的基因进行改造或导入新基因等以培育新遗传特性的组织细胞或个体的方法。

**12.870 发酵罐 fermenter, fermentor**

用于培养微生物或细胞的封闭容器或生物反应装置。可用于研究、分析或生产。有多种在材料、大小和形状上各异的产品。最常用的为全搅拌罐式反应器。

**12.871 原代培养 primary culture**

从供体活组织直接取得的细胞或组织碎片进行培养,但还没有永生化,直接用于研究。

**12.872 连续培养 continuous cultivation**

使细胞或细菌生长和繁殖状态长时间维持稳定的培养技术。通常是使发酵罐或生物反应器内的条件(包括营养、pH、代谢产物等)保持连续稳定而实现。

**12.873 悬浮培养 suspension culture**

在流动的液体培养基中培养非贴壁的悬浮细胞或小细胞团的细胞或组织的培养方法。细胞附着在微运载体上的培养也是一种悬浮培养。

**12.874 补料分批培养 fed-batch cultivation**

介于分批培养和连续培养之间的培养方法。在微生物或动植物细胞培养过程中,随着营养物质消耗,间歇或连续地添加营养成分或新鲜培养基,但不同时收获培养液。

**12.875 HAT 培养基 HAT medium**

用于筛选具有次黄嘌呤磷酸核糖转移酶(HPRT)或胸苷激酶(TK)活性缺陷细胞的培养基。是含有次黄嘌呤(H)、氨基蝶呤(A)、胸苷(T)和甘氨酸的完全培养基。在氨基蝶呤(二氢叶酸类似物)存在下,这种酶缺陷的细胞不能通过核苷酸合成旁路合成次黄嘌呤和胸苷。HPRT 和 TK 缺陷细胞可以在此培养基中生存。是常用的骨髓杂交瘤细胞选择性培养基。

**12.876 选择培养基 selective medium**

用来促进或抑制一定类型的生物体(如细胞或细菌等)而设计的培养基。

**12.877 复印接种 replica plating**

又称"影印培养"。一种用绒布或滤纸等将培养皿上的所有集落(菌落或噬斑等)通过吸印转移到另外几个培养皿上的方法,使集落的相对位置在各培养皿之间一致。

**12.878 脂质体 liposome**

(1)某些细胞质中的天然脂质小体。(2)由连续的双层或多层复合脂质组成的人工小球囊。借助超声处理使复合脂质在水溶液中膨胀,即可形成脂质体。可以作为生物膜的实验模型,在研究或治疗上用来包载药物、酶或其他制剂。

**12.879　脂质体包载　liposome entrapment**
以脂质体的形式包裹药物、酶或其他制剂运送入靶细胞的方法。

**12.880　定向选择　directional selection**
从一突变群体中去除某一表型一侧的全部个体，从而改变了突变群的表型分布的一种遗传选择类型。如将含抗四环素基因的质粒转化细菌，然后用含四环素的培养基培养，就选择出只含有该质粒的细菌群。

**12.881　分子定向进化　directed molecular evolution**
模仿自然进化过程的人工进化策略。不需要事先了解蛋白质的结构和作用机制，去获得期望功能或全新功能的蛋白质或 DNA。如从一个靶基因或一群相关家族基因或 DNA 开始，用突变或重组等手段去创建分子的多样性，然后对这多样性文库进行筛选，获得具有新功能的基因或 DNA。此方法正在发展中。

**12.882　源株　ortet**
植物克隆的亲本植株。

**12.883　小细胞　minicell**
细菌或真核细胞在培养过程中从母体细胞派生出来的小型原生质体。一般不含核染色质，无转录功能，但可以包含质粒、核糖体、转移核糖核酸和各种酶类等。小细胞可经诱导产生，也可以在两个亲缘关系较远的细胞融合后，排斥异己染色体而形成。可作为将一个或多个核外染色体导入细胞的媒介。

**12.884　感受态细胞　competent cell**
经过适当处理后容易接受外来 DNA 进入的细胞。如大肠杆菌经 $CaCl_2$ 处理，就成为容易受质粒 DNA 转化的细胞。

**12.885　允许细胞　permissive cell**
能被特定病毒感染的细胞。

**12.886　中国仓鼠卵巢细胞　Chinese hamster ovary cell，CHO cell**
简称"CHO 细胞"。一种来源于中国仓鼠卵巢的建株纤维母细胞，是哺乳动物表达系统常用的宿主细胞。

**12.887　生物技术　biotechnology**
应用生命科学研究成果，以人们意志设计，对生物或生物的成分进行改造和利用的技术。现代生物技术综合分子生物学、生物化学、遗传学、细胞生物学、胚胎学、免疫学、化学、物理学、信息学、计算机等多学科技术，可用于研究生命活动的规律和提供产品为社会服务等。

**12.888　生物工程　bioengineering，biological engineering**
应用生命科学及工程学的原理，借助生物体作为反应器或用生物的成分作工具以提供产品来为社会服务的生物技术。包括基因工程、细胞工程、发酵工程、酶工程等。

**12.889　重组工程　recombineering**
主要基于核酸同源重组原理设计改变生物基因组的一种生物技术。能用于基因敲除、定位的基因转移或基因敲入等。

**12.890　下游处理　downstream processing**
特指生物工程产品生产程序中的后期加工。相对于工程菌、工程细胞株构建、发酵等生物工程产品生产的开始步骤而言，指的是生物产品的分离、纯化、加工、剂型制备等，直至达到产品质量要求的整个处理过程。

**12.891　植物治理法　phytoremediation**
特指利用改造了遗传特性的植物清除环境中有毒、有害等化学物质的生物工程技术。

**12.892　生物安全等级　biosafety level**
按美国国立卫生研究院（National Institutes of Health，NIH）和疾病控制预防中心（Centers for Disease Control and Prevention，CDC）

对生物危害物质规定的防护措施。分为四级：Ⅰ级涉及非致病生物物质；Ⅱ级涉及致病生物物质，但无传染性；Ⅲ级涉及那些易形成气溶胶因而能通过空气传播的致病病原；Ⅳ级涉及的病原物质在性质上同Ⅲ级，但无疫苗或特效药可控制。

**12.893　实质等同性**　substantial equivalence
系联合国经济和合作组织（OECD）于1993年提出的对新食物进行安全性评估的原则。根据该原则，若一种生物工程食物或食物成分与其相应的传统食物或食物成分基本相同，则可以认为具有相同的安全性。这一种基于比较的指导原则已被许多国家采纳作为评估转基因食物安全性的起点。

**12.894　生物安全操作柜**　biosafety cabinet
用于生物危害物质操作的设备。为负压性空气过滤净化系统，可确保生物危害物质无泄漏。通常分为三级：Ⅰ级为排出的气体无须经过过滤；Ⅱ级为排出的气体必须经过过滤；Ⅲ级为密封的负压手套箱。

**12.895　传导**　transmission
基因信息在生物中的传递、细胞信号的输送、神经冲动的传递等。

**12.896　室温**　room temperature
约20 ℃左右（18～25 ℃）的温度条件，并非指任何室温条件，比环境温度的概念严格。

**12.897　环境温度**　ambient temperature
生物所处位置的周围温度。

# 英 汉 索 引

## A

A 腺苷 04.032

ABA 脱落酸 10.330

abasic site 无碱基位点 04.241

ABC protein ATP 结合盒蛋白，*ABC 蛋白 08.086

abequose β 脱氧岩藻糖，*阿比可糖，*3,6-二脱氧-半乳糖 06.101

aberrant splicing 异常剪接 05.180

ABP 雄激素结合蛋白质 10.075

abrin 相思豆毒蛋白 02.816

ABS 抗生物素蛋白-生物素染色 12.558

abscisic acid 脱落酸 10.330

abscisin 脱落酸 10.330

absorbent chromatography 吸附层析 12.202

absorption cell 吸收池，*比色杯 12.043

absorption spectrometry 吸收光谱法 12.352

absorption spectrum 吸收光谱 12.353

abundance 丰度 01.222

abzyme 抗体酶 03.050

acceptor 接纳体 01.149

acceptor stem *接纳茎 04.282

ACC oxidase ACC 氧化酶 03.153

ACC synthase 1-氨基环丙烷-1-羧酸合酶，*ACC 合酶 03.566

ACE 血管紧张肽 I 转化酶 03.414

acetal 缩醛 06.041

acetal phosphatide 缩醛磷脂 07.127

acetamidase 乙酰胺酶 03.478

acetin 乙酸甘油酯 07.094

acetoacetic acid 乙酰乙酸 11.145

acetone 丙酮 11.147

acetylation 乙酰化 11.058

acetylation number 乙酰化值 07.021

acetyl cellulose membrane 乙酸纤维素膜 12.261

acetylcholinesterase 乙酰胆碱酯酶 03.315

acetyl-CoA 乙酰辅酶 A 11.059

acetyl-CoA C-acyltransferase *乙酰辅酶 A C-酰基转移酶 03.595

acetylenic acid 乙炔酸 07.038

N-acetylgalactosamine N-乙酰半乳糖胺，*N-乙酰氨基半乳糖 06.112

N-acetylglucosamine N-乙酰葡糖胺，*N-乙酰氨基葡糖 06.111

acetylglucosaminidase 乙酰葡糖胺糖苷酶 03.397

N-acetylglucosaminyl transferase N-乙酰葡糖胺转移酶 03.208

acetylglutamate synthetase 乙酰谷氨酸合成酶 03.195

N-acetyllactosamine N-乙酰乳糖胺 06.163

N-acetylmuramic acid N-乙酰胞壁酸 06.148

N-acetylmuramyl pentapeptide N-乙酰胞壁酰五肽 06.274

N-acetylneuraminic acid N-乙酰神经氨酸 06.144

achromatic point 消色点 12.603

aciculin 针形蛋白 02.440

acid-base metabolism 酸碱代谢 11.010

acid fibroblast growth factor 酸性成纤维细胞生长因子 10.198

$\alpha_1$-acid glycoprotein $\alpha_1$ 酸性糖蛋白 06.267

acid number 酸值 07.022

acid phosphatase 酸性磷酸[酯]酶 03.327

acid value 酸值 07.022

ACL ATP 柠檬酸裂合酶 03.206

aconitase 顺乌头酸酶 03.553

ACP 酰基载体蛋白质 02.257

acrosomal protease 顶体蛋白酶 03.429

ACTH 促肾上腺皮质[激]素，*促皮质素 10.060

actin 肌动蛋白 02.434

actin depolymerizing factor 肌动蛋白解聚因子 02.443

actinin 辅肌动蛋白 02.446

activating transcription factor 转录激活因子 05.087

activation 激活[作用] 01.100

activation analysis 活化分析 12.180

activation domain 激活域 01.081

activation energy 活化能 03.042

activator 激活物，*激活剂 01.101

active site 活性部位 03.043

active transport 主动转运 08.118

activin 激活蛋白，*激活素，*活化素 10.094

activity 活性 01.098

actobindin 肌动结合蛋白 02.444

actomyosin 肌动球蛋白 02.445

actophorin 载肌动蛋白 02.686

acylase 酰化酶 03.479

acyl carrier protein 酰基载体蛋白质 02.257

acyl-CoA 脂酰辅酶 A 11.135

acyl-CoA synthetase *脂酰辅酶 A 合成酶 03.594

acyl-coenzyme A 脂酰辅酶 A 11.135

acylglycerol *脂酰基甘油 07.089

acylneuraminate 酰基神经氨酸 06.146

acyltransferase 酰基转移酶 03.194

ADA 腺苷脱氨酶 03.490

adapter 衔接子 01.150，连接物 01.151

adaptin 衔接蛋白 02.507

adaptive enzyme 适应酶 03.500

adaptor 衔接子 01.150，连接物 01.151

adducin 内收蛋白 02.544

adenine 腺嘌呤 04.014

adenine phosphoribosyltransferase 腺嘌呤磷酸核糖基转
移酶 03.215

adenoregulin 腺苷调节肽 02.114

adenosine 腺苷 04.032

adenosine deaminase 腺苷脱氨酶 03.490

adenosine diphosphate 腺苷二磷酸，*腺二磷 04.059

adenosine monophosphate 腺苷一磷酸，*腺一磷
04.058

adenosine triphosphatase 腺苷三磷酸酶，*ATP 酶
03.493

adenosine triphosphate 腺苷三磷酸，*腺三磷 04.060

S-adenosylhomocysteine S-腺苷基高半胱氨酸 11.207

S-adenosylmethionine S-腺苷基甲硫氨酸 11.206

S-adenosylmethionine carboxylase *S-腺苷甲硫氨酸羧
基裂合酶 03.544

S-adenosylmethionine decarboxylase S-腺苷甲硫氨酸脱
羧酶 03.544

S-adenosylmethionine methylthioadenosine-lyase *S-腺苷
甲硫氨酸甲基硫代腺苷裂合酶 03.566

adenylate cyclase 腺苷酸环化酶 03.567

adenylate kinase *腺苷酸激酶 03.247

adenylic acid 腺苷酸 04.057

adenylosuccinate 腺苷酸基琥珀酸 11.262

ADH 醇脱氢酶 03.079，*抗利尿[激]素 10.117

adhesin 黏附蛋白 02.698

adhesion protein 黏附性蛋白质 02.699

adipocyte secreted factor *脂肪细胞分泌因子 10.253

adipokinetic hormone *激脂激素 10.096

adiponectin 脂连蛋白 10.097

adipsin 降脂蛋白 02.313

A-DNA A 型 DNA 04.189

ADP 腺苷二磷酸，*腺二磷 04.059

ADP-ribosylation ADP 核糖基化 04.339

ADP-ribosylation factor ADP 核糖基化因子 02.308

adrenal cortical hormone 肾上腺皮质[激]素 10.018

adrenaline 肾上腺素 10.138

adrenocorticotropic hormone 促肾上腺皮质[激]素，
*促皮质素 10.060

adrenodoxin 肾上腺皮质铁氧还蛋白 03.689

adrenoglomerulotropin 促醛固酮激素，*促肾上腺球状
带细胞激素 10.305

adrenomedullin 肾上腺髓质肽，*肾髓质肽 02.110

ADSF *脂肪细胞分泌因子 10.253

adsorption chromatography 吸附层析 12.202

aequorin 水母蛋白 02.602

aerobic glycolysis 有氧糖酵解 11.092

aerobic metabolism 有氧代谢 11.014

aerobic respiration 有氧呼吸 11.015

aerolysin 气菌溶胞蛋白 02.772

aethisteron 乙炔睾酮，*炔诺酮 10.050

aetiocholanolone 本胆烷醇酮 10.034

affinity chromatography 亲和层析 12.230

affinity column 亲和柱 12.231

affinity labeling 亲和标记 12.552

aFGF 酸性成纤维细胞生长因子 10.198

AFLP 扩增片段长度多态性 12.751

A-form DNA A 型 DNA 04.189

AFP 甲胎蛋白 02.298

agarase 琼脂糖酶 03.402

agar gel 琼脂凝胶 12.150

agarose 琼脂糖 06.204

agarose gel 琼脂糖凝胶 12.151

agarose gel electrophoresis 琼脂糖凝胶电泳 12.118

agglutinin 凝集素 06.308

aggrecan 聚集蛋白聚糖 06.282

aggregin 聚集蛋白 02.314

aglycon 糖苷配基，*苷元 06.048

aglycone 糖苷配基，*苷元 06.048

agonist 激动剂 01.102

agrin 突触蛋白聚糖 06.283

agrocinopine 农杆糖酯 06.102

AGTH 促醛固酮激素，*促肾上腺球状带细胞激素 10.305

AHF *抗血友病因子 02.269

AK *腺苷酸激酶 03.247

AKH *激脂激素 10.096

Ala 丙氨酸 02.010

ALA δ-氨基-γ-酮戊酸 11.312

alamethicin 丙甲甘肽 02.141

alanine 丙氨酸 02.010

alanine aminotransferase *丙氨酸转氨酶 03.224

alarmone 信号素 10.315

albizziin 合欢氨酸 02.053

albondin 清蛋白激活蛋白 02.244

albumin 清蛋白，*白蛋白 02.243

alcohol dehydrogenase 醇脱氢酶 03.079

alcoholic fermentation 生醇发酵 11.089

aldaric acid 糖二酸 06.103

aldehyde dehydrogenase 醛脱氢酶 03.089

aldehyde oxidase 醛氧化酶 03.092

aldimine condensation 醛胺缩合 11.053

alditol 糖醇 06.104

aldohexose 己醛糖 06.077

aldolase 醛缩酶 03.547

aldol condensation 醛醇缩合 11.052

aldonic acid 醛糖酸，*糖酸 06.105

aldose 醛糖 06.106

aldosterone 醛固酮 10.024

alduronic acid 糖醛酸 06.107

aleuritic acid 桐油酸，*油桐酸 07.066

alginic acid 海藻酸，*褐藻酸 06.229

alicyclic compound 脂环化合物 07.005

alignment 排比，*比对 01.162

aliphatic compound 脂肪族化合物 07.004

alkaline gel electrophoresis 碱性凝胶电泳 12.119

alkaline phosphatase 碱性磷酸[酯]酶 03.326

alkylether acylglycerol 烷基醚脂酰甘油 07.104

allantoic acid 尿囊酸 11.270

allantoin 尿囊素 11.271

allatostatin 抑咽侧体神经肽 10.288

allatotropin 促咽侧体神经肽 10.289

allele-specific oligonucleotide 等位基因特异的寡核苷酸 12.536

allolactose 别乳糖 06.154

allomone 利己素，*益己素 10.318

allophycocyanin 别藻蓝蛋白 02.357

allopurinol 别嘌呤醇 04.018

allose 阿洛糖 06.085

allosteric activator 别构激活剂 03.066

allosteric control 别构调控 03.060

allosteric effector *别构效应物 03.064

allosteric enzyme 别构酶 03.059

allosteric inhibition 别构抑制 03.063

allosteric inhibitor 别构抑制剂 03.065

allosteric interaction 别构相互作用 03.067

allosteric ligand 别构配体 03.068

allosteric modulator 别构调节物 03.064

allosteric regulation *别构调节 03.060

allosteric site 别构部位 03.069

allostery 别构性 03.070

allotopic gene expression 同种异形基因表达 05.011

allozyme 等位基因酶 03.607

allysine 醛赖氨酸 11.214

ALT *丙氨酸转氨酶 03.224

alternatively spliced mRNA 可变剪接 mRNA，*选择性剪接 mRNA 05.179

alternative pathway 旁路途径 11.049

alternative splicing 可变剪接，*选择性剪接 05.178

altrose 阿卓糖 06.084

Alu-PCR Alu 聚合酶链反应 12.308

alytensin 产婆蟾紧张肽 02.102

Amadori rearrangement 阿马道里重排 06.027

amanitin 鹅膏蕈碱 12.446

amaranthin 绿苋毒蛋白 02.813

amastatin 氨肽酶抑制剂 03.693

amber codon 琥珀密码子 05.230

amber mutant 琥珀突变体 05.263

amber mutation 琥珀突变 05.262

amber suppression 琥珀[突变]阻抑 05.264

amber suppressor 琥珀突变阻抑基因 05.265

ambient temperature 环境温度 12.897

ambiguous codon 多义密码子 05.237

ambisense genome 双义基因组 05.044

ambisense RNA 双义 RNA 04.156

amidase 酰胺酶 03.480

amination 氨基化，＊胺化 11.069

amino acid 氨基酸 02.001

amino acid arm 氨基酸臂 04.282

amino acid metabolic pool 氨基酸代谢库 11.178

aminoacylation 氨酰化 04.134

aminoacyl esterase 氨酰酯酶 03.321

aminoacyl phosphatidylglycerol 氨酰磷脂酰甘油 07.138

aminoacyl site 氨酰位，＊A 位 04.272

aminoacyl tRNA 氨酰 tRNA 04.133

aminoacyl tRNA ligase ＊氨酰 tRNA 连接酶 03.593

aminoacyl tRNA synthetase 氨酰 tRNA 合成酶 03.593

α-aminoadipic acid α 氨基己二酸 11.216

γ-aminobutyric acid γ 氨基丁酸 11.254

1-aminocyclopropane-1-carboxylate oxidase ＊1-氨基环丙烷-1-羧酸氧化酶 03.153

1-aminocyclopropane-1-carboxylate synthase 1-氨基环丙烷-1-羧酸合酶，＊ACC 合酶 03.566

aminoglycoside phosphotransferase 氨基糖苷磷酸转移酶 03.237

aminoimidazole ribonucleotide 氨基咪唑核糖核苷酸 11.266

β-aminoisobutyric acid β 氨基异丁酸 11.272

δ-aminolevulinic acid δ-氨基-γ-酮戊酸 11.312

amino nitrogen 氨基氮 11.179

aminopeptidase 氨肽酶 03.409

aminopterin 氨基蝶呤 03.694

amino sugar 氨基糖 06.108

amino terminal ＊氨基端 02.065

aminotransferase 氨基转移酶 03.222

ammonia-lyase 氨裂合酶 03.561

ammonification 氨化[作用] 11.070

ammonium sulfate fractionation 硫酸铵分级 12.006

ammonotelism 排氨型代谢 11.039

AMP 腺苷一磷酸，＊腺一磷 04.058

AMP-activated protein kinase AMP 活化的蛋白激酶 03.279

amphibolic pathway 两用代谢途径 11.022

amphiglycan 双栖蛋白聚糖 06.302

amphion 兼性离子 01.184

amphipathic helix 两亲螺旋 02.186

amphipathicity 两亲性 01.187

amphiphilicity 两亲性 01.187

amphiphysin 双载蛋白 02.506

amphiregulin 双调蛋白 02.674

ampholyte 两性电解质 12.448

amphoteric ion 兼性离子 01.184

amphoteric ion-exchange resin 两性离子交换树脂 12.250

ampicillin 氨苄青霉素 12.441

amplicon 扩增子 04.472

amplified fragment length polymorphism 扩增片段长度多态性 12.751

amplimer 扩增物 12.328

amylase 淀粉酶 03.365

α-amylase α 淀粉酶 03.366

β-amylase β 淀粉酶 03.367

amylin 糊精 06.212

amylodextrin 极限糊精 06.213

α-amylodextrin ＊α 极限糊精 06.213

β-amylodextrin ＊β 极限糊精 06.213

amyloglucosidase ＊淀粉葡糖苷酶 03.368

amylo-1,6-glucosidase 淀粉-1,6-葡糖苷酶，＊糊精 6-α-D-葡糖水解酶 03.392

amyloid 淀粉样物质 02.238

amylopectin 支链淀粉 06.209

amylose 直链淀粉 06.208

anabolism 合成代谢 11.003

anaerobic fermentation 无氧发酵 11.090

anaerobic respiration 无氧呼吸 11.016

analytical electrophoresis 分析电泳 12.082

analytical ultracentrifugation 分析超离心 12.062

anaphylatoxin 过敏毒素 02.303

anaplerotic reaction 回补反应，＊添补反应 11.044

anchored PCR 锚定聚合酶链反应，＊锚定 PCR 12.309

ancovenin 血管紧张肽 I 转化酶抑制肽 03.695

andrin 睾丸雄激素 10.030

androgamone 雄配素 10.073

androgen 雄激素 10.029

androgen binding protein 雄激素结合蛋白质 10.075

androlin 丙酸睾丸素 10.033

androstane 雄固烷 10.035

androstenedione 雄烯二酮，＊肾上腺雄酮 10.036

androsterone 雄酮 10.037

aneurin　*抗神经炎素　10.357

ANF　心房钠尿肽　10.123

angiogenic factor　血管生成因子　10.258

angiogenin　血管生成蛋白　10.259

angiotensin　血管紧张肽　10.261

angiotensin Ⅰ　血管紧张肽 Ⅰ　10.262

angiotensin Ⅱ　血管紧张肽 Ⅱ　10.263

angiotensin Ⅰ-converting enzyme　血管紧张肽 Ⅰ 转化酶　03.414

angiotensinogen　血管紧张肽原　10.260

angiotonin　血管紧张肽　10.261

angle rotor　角转头　12.053

anhydrase　脱水酶　03.550

animal hormone　动物激素　10.014

anion exchange chromatography　阴离子交换层析　12.225

anion exchanger　*阴离子交换剂　12.246

anion exchange resin　阴离子交换树脂　12.248

anisomorphic DNA　异形 DNA　04.363

ankyrin　锚蛋白　02.545

annealing　退火　01.095

annexin　膜联蛋白　02.664

annexin Ⅰ　膜联蛋白 Ⅰ　02.665

annexin Ⅱ　膜联蛋白 Ⅱ　02.666

annexin Ⅴ　膜联蛋白 Ⅴ　02.667

annexin Ⅵ　膜联蛋白 Ⅵ　02.668

annexin Ⅶ　膜联蛋白 Ⅶ　02.669

anomer　异头物　06.030

ANP　心房钠尿肽　10.123

anserine　鹅肌肽　02.134

antagonism　拮抗作用　01.112

antagonist　拮抗剂　01.113

antamanide　蕈环十肽　02.158

antenna　天线　06.031

anthesin　开花激素　10.335

anthocyanase　花色素酶　03.501

anthranilic acid　邻氨基苯甲酸　11.249

anti-antibody　抗-抗体，*第二抗体　02.275

antibiotic peptide　抗菌肽　02.143

antibody　抗体　01.152

antibody engineering　抗体工程　12.604

antibody library　抗体文库　12.676

antichymotrypsin　胰凝乳蛋白酶抑制剂　03.700

$\alpha_1$-antichymotrypsin　$\alpha_1$ 胰凝乳蛋白酶抑制剂　03.701

anticoagulant protein　抗凝蛋白质　02.293

anticodon　反密码子　04.285

anticodon arm　反密码子臂　04.288

anticodon loop　反密码子环　04.287

anticodon stem　反密码子茎　04.286

antide　抗排卵肽　10.106

antidiuretic hormone　*抗利尿[激]素　10.117

antiestrogen　抗雌激素　10.173

antifreeze glycoprotein　抗冻糖蛋白　06.257

antifreeze peptide　抗冻肽　02.111

antifreeze protein　抗冻蛋白质　02.430

antigen　抗原　01.156

antigenic determinant　*抗原决定簇　01.157

antigenome　反基因组　05.023

antihemophilic factor　*抗血友病因子　02.269

antihemophilic globulin　抗血友病球蛋白　02.269

antihormone　抗激素　10.004

antiluteolytic protein　抗黄体溶解性蛋白质　02.315

antimetabolite　抗代谢物　11.028

antioncogene　抑癌基因，*抗癌基因，*肿瘤抑制基因　04.524

antioxidant enzyme　抗氧化酶　03.134

antipain　抗蛋白酶肽　03.696

antiparallel strand　反向平行链　01.087

antiplasmin　纤溶酶抑制剂　03.698

$\alpha_2$-antiplasmin　$\alpha_2$ 纤溶酶抑制剂　03.699

antiport　反向转运　08.120

antiporter　反向转运体　08.128

$\alpha_1$-antiproteinase　$\alpha_1$ 蛋白酶抑制剂　03.707

antisense DNA　反义 DNA　04.364

antisense oligodeoxynucleotide　反义寡脱氧核苷酸　04.115

antisense oligonucleotide　*反义寡核苷酸　04.115

antisense RNA　反义 RNA　04.157

anti-termination　抗终止作用　01.223

antithrombin　抗凝血酶，*凝血酶抑制剂　03.702

antithrombin Ⅲ　抗凝血酶Ⅲ，*凝血酶抑制剂Ⅲ　03.703

$\alpha_1$-antitrypsin　$\alpha_1$ 胰蛋白酶抑制剂，*$\alpha_1$ 抗胰蛋白酶　03.706

Apaf　凋亡蛋白酶激活因子　10.245

apamin　蜂毒明肽　02.174

APC　别藻蓝蛋白　02.357

APE　超量原子百分数　12.029

AP endonuclease ＊AP 核酸内切酶 03.560

apexin 顶体正五聚蛋白 02.576

APH 氨基糖苷磷酸转移酶 03.237

AP lyase AP 裂合酶，＊无嘌呤嘧啶裂合酶 03.560

Apo 载脂蛋白 02.683

apocalmodulin 脱钙钙调蛋白 02.414

apoenzyme 脱辅[基]酶 03.003

apoferritin 脱铁铁蛋白 02.428

apolipoprotein 载脂蛋白 02.683

apoprotein 脱辅蛋白质 02.225

apoptin 凋亡蛋白 02.736

apoptosis 细胞凋亡 01.237

apoptosis protease activating factor 凋亡蛋白酶激活因子 10.245

apotransferrin 脱铁运铁蛋白 02.419

apotroponin 脱钙肌钙蛋白 02.415

apparent relative molecular weight 表观相对分子量 12.027

aprotinin 抑蛋白酶多肽 03.704

APRT 腺嘌呤磷酸核糖基转移酶 03.215

AP site 无嘌呤嘧啶位点 04.240

aptamer 适配体 04.123

apurinic acid 无嘌呤核酸，＊脱嘌呤核酸 04.116

apurinic-apyrimidinic site 无嘌呤嘧啶位点 04.240

apurinic site 无嘌呤位点 04.238

apyrase 腺三磷双磷酸酶 03.492

apyrimidinic acid 无嘧啶核酸，＊脱嘧啶核酸 04.117

apyrimidinic site 无嘧啶位点 04.239

aquacobalamin reductase 水钴胺素还原酶 03.160

aquaporin 水通道蛋白 02.587

*ara* 阿拉伯糖操纵子 05.096

araban 阿拉伯聚糖 06.230

arabinogalactan 阿拉伯半乳聚糖 06.232

arabinose 阿拉伯糖 06.074

araC 阿糖胞苷 04.110

arachidic acid 花生酸，＊二十烷酸 07.070

arachidonic acid 花生四烯酸 07.071

*ara* operon 阿拉伯糖操纵子 05.096

araT 阿糖胸腺苷 06.134

archaea 古核生物 01.242

archaebacteria ＊古细菌 01.242

archaeosine 古嘌苷 04.028

ARF ADP 核糖基化因子 02.308

arfaptin ADP 核糖基化因子结合蛋白 02.309

Arg 精氨酸 02.015

arginase 精氨酸酶 03.489

arginine 精氨酸 02.015

arginine vasopressin 精氨酸升压素 10.118

arginine vasotocin 8-精催产素，＊加压催产素 10.110

argininosuccinic acid 精氨[基]琥珀酸 11.187

array 阵列 12.646

arrestin 拘留蛋白，＊抑制蛋白 02.462

ARS 自主复制序列 04.465

ARS element ＊ARS 元件 04.465

articulin 骨架连接蛋白 02.481

aryl-aldehyde oxidase 芳基-醛氧化酶 03.093

aryl hydrocarbon hydroxylase 芳烃羟化酶 03.149

arylphorin 载芳基蛋白 02.688

aryl sulfatase 芳基硫酸酯酶 03.342

ascaridole 驱蛔萜 07.219

ascorbic acid ＊抗坏血酸 10.375

ASGP 无唾液酸糖蛋白 06.262

asialoglycoprotein 无唾液酸糖蛋白 06.262

asialoorosomucoid 无唾液酸血清类黏蛋白 06.263

A site 氨酰位，＊A 位 04.272

Asn 天冬酰胺 02.017

ASO 等位基因特异的寡核苷酸 12.536

ASOR 无唾液酸血清类黏蛋白 06.263

Asp 天冬氨酸 02.018

asparaginase 天冬酰胺酶 03.475

asparagine 天冬酰胺 02.017

asparagine-linked oligosaccharide 天冬酰胺连接寡糖，＊*N*-糖链 06.182

aspartame 天冬苯丙二肽酯 02.084

aspartate aminotransferase ＊天冬氨酸转氨酶 03.223

aspartate transcarbamylase 天冬氨酸转氨甲酰酶 03.190

aspartic acid 天冬氨酸 02.018

aspartic protease ＊天冬氨酸蛋白酶 03.458

assemblin 次晶[形成]蛋白 02.508

assembly 装配 01.224

assimilation 同化[作用] 11.007

association 缔合 01.225

association constant 缔合常数 01.228

astacin 龙虾肽酶 03.470

asymmetrical transcription 不对称转录 05.082

asymmetric labeling 不对称标记 12.540

asymmetric PCR 不对称聚合酶链反应，＊不对称 PCR

12.311

AT Ⅲ　抗凝血酶Ⅲ，＊凝血酶抑制剂Ⅲ　03.703

ATCase　天冬氨酸转氨甲酰酶　03.190

ATF　转录激活因子　05.087

atherogenesis　动脉粥样化形成　07.248

atom percent excess　超量原子百分数　12.029

ATP　腺苷三磷酸，＊腺三磷　04.060

ATPase　腺苷三磷酸酶，＊ATP 酶　03.493

ATP-binding cassette protein　ATP 结合盒蛋白，＊ABC 蛋白　08.086

ATP-citrate lyase　ATP 柠檬酸裂合酶　03.206

ATP-citrate synthase　＊ATP 柠檬酸合酶　03.206

ATP-dependent protease　依赖 ATP 的蛋白酶　03.439

ATP synthase　ATP 合酶　03.494

atrial natriuretic factor　心房钠尿肽　10.123

atrial natriuretic peptide　心房钠尿肽　10.123

atriopeptin　＊心房肽　10.123

attenuation　弱化［作用］　05.118

attenuator　弱化子　05.119

autacoid　自体有效物质，＊局部激素　10.105

autocatalytic splicing　＊自催化剪接　05.181

autocoid　自体有效物质，＊局部激素　10.105

autocrine　自分泌　10.309

autoinducer　自诱导物　09.058

autoinduction　自诱导　09.059

autolytic enzyme　自溶酶　03.502

autonomous intron　自主内含子　05.184

autonomously replicating sequence　自主复制序列　04.465

autonomously replicating vector　自主复制载体　04.459

autophosphorylation　自磷酸化　09.060

autoradiography　放射自显影　12.850

autoregulation　自调节　09.061

auxilin　辅助蛋白　02.539

auxin　植物生长素　10.325

auxotroph　营养缺陷型　12.605

avidin　抗生物素蛋白　12.555

avidin-biotin staining　抗生物素蛋白-生物素染色　12.558

avimanganin　鸡锰蛋白　02.596

AVP　精氨酸升压素　10.118

AVT　8-精催产素，＊加压催产素　10.110

axehead ribozyme　斧头状核酶　03.647

axokinin　轴激蛋白　02.730

azobenzene reductase　偶氮苯还原酶　03.110

azoreductase　偶氮还原酶　03.168

azurin　天青蛋白　02.360

# B

BAC　细菌人工染色体　12.843

bacitracin　杆菌肽　02.161

backbone　主链　01.085

background radiation　本底辐射　12.852

back mutation　＊回复突变　12.773

bactenecin　牛抗菌肽　02.147

bacterial artificial chromosome　细菌人工染色体　12.843

bacterial helicase　细菌解旋酶　03.608

bacteriocin　细菌素　02.783

baculovirus expression system　杆状病毒表达系统　12.845

balanced PCR　平衡聚合酶链反应，＊平衡 PCR　12.312

bamacan　基底膜结合蛋白聚糖　06.284

band 3 protein　带 3 蛋白　08.087

band-shift analysis　条带移位分析　12.102

barnase　芽孢杆菌 RNA 酶　03.503

basal metabolism　基础代谢　11.009

basal transcription apparatus　基础转录装置　05.085

base　碱基　04.001

base analog　碱基类似物　04.004

base composition　碱基组成　04.005

base excision repair　碱基切除修复　04.331

basement membrane link protein　基底膜连接蛋白质　02.457

base pair　碱基对　04.007

base pairing　碱基配对　04.199

base pairing rule　＊碱基配对法则　04.200

base ratio　碱基比　04.011

base repair　碱基修复　04.332

base-specific cleavage method　＊碱基特异性裂解法　12.488

base-specific ribonuclease　碱基特异性核糖核酸酶　03.504

base stacking 碱基堆积 04.306

base substitution 碱基置换 04.307

basic fibroblast growth factor 碱性成纤维细胞生长因子 10.199

basic leucine zipper 碱性亮氨酸拉链 02.198

basic local alignment search tool 局部序列排比检索基本工具 12.383

basic zipper motif *碱性拉链模体 02.198

bathorhodopsin 红光视紫红质 02.555

batyl alcohol 鲨肝醇，*十八烷基甘油醚 07.109

B-DNA B 型 DNA 04.190

BDNF 脑源性神经营养因子 10.207

Becquerel 贝可[勒尔] 12.394

bees wax 蜂蜡 07.225

behenic acid 山萮酸 07.076

Bence-Jones protein 本周蛋白 02.301

β-bend β 转角 02.189

Benedict reagent 本尼迪克特试剂，*班氏试剂 12.410

bent DNA 弯曲 DNA 04.365

BER 碱基切除修复 04.331

betaglycan β 蛋白聚糖 06.281

beta hairpin β 发夹 02.187

betaine 甜菜碱 11.199

beta strand β[折叠]链 02.190

betavulgin 甜菜毒蛋白 02.809

bFGF 碱性成纤维细胞生长因子 10.199

B-form DNA B 型 DNA 04.190

bicistronic mRNA 双顺反子 mRNA 05.052

bi-directional promoter 双向启动子 05.102

bi-directional transcription 双向转录 05.083

bifurcating signal transduction pathway 分叉信号转导途径 09.004

biglycan 双糖链蛋白聚糖 06.285

bikunin 双库尼茨抑制剂，*间 α 胰蛋白酶抑制剂 03.705

bile acid 胆汁酸 11.160

bilin 胆素，*后胆色素 11.325

bilinogen 胆素原 11.326

biliprotein 胆藻[色素]蛋白 02.354

bilirubin 胆红素 11.322

bilirubin diglucuronide 胆红素二葡糖醛酸酯 06.221

biliverdin 胆绿素 11.323

bimolecular lipid membrane 双分子脂膜 08.012

bindin 精结合蛋白 02.573

binding site 结合部位 01.159

bioavailability 生物可利用度 01.247

biochemical marker 生化标志 12.714

biochemistry 生物化学，*生化 01.001

biochip 生物芯片 12.645

biodiversity 生物多样性 01.245

bioelectronics 生物电子学 12.363

bioenergetics 生物能学 01.018

bioengineering 生物工程 12.888

biohazard 生物危害 01.248

bioinformatics 生物信息学 01.015

bioinformation 生物信息 01.243

bioinorganic chemistry 生物无机化学 01.002

biological engineering 生物工程 12.888

biological oxidation 生物氧化 11.019

bioluminescence 生物发光 01.249

bioluminescent immunoassay 生物发光免疫测定 12.736

bioluminescent probe 生物发光探针 12.571

biomacromolecule 生物大分子 01.047

biomarker 生物标志 12.719

biomembrane 生物膜 08.001

biomolecular electronics *生物分子电子学 12.363

bionics 仿生学 12.357

biopharming 生物制药 12.362

biophysical chemistry 生物物理化学 01.019

biophysics 生物物理学 01.020

biopolymer 生物多聚体 01.048

bioreactor 生物反应器 12.358

biorepressor 生物素阻遏蛋白 02.721

biosafety 生物安全性 01.246

biosafety cabinet 生物安全操作柜 12.894

biosafety level 生物安全等级 12.892

bioscience 生命科学 01.011

biosensor 生物传感器 12.359

biosynthesis 生物合成 11.004

biotechnology 生物技术 12.887

biotin 生物素，*维生素 H 10.374

biotin-avidin system 生物素-抗生物素蛋白系统 12.559

biotin carboxylase 生物素羧化酶 03.597

biotin streptavidin system 生物素-链霉抗生物素蛋白系统 12.560

biotinylated nucleotide 生物素化核苷酸，＊生物素酰核苷酸 12.557

biotransformation 生物转化 11.020

BiP 免疫球蛋白重链结合蛋白质 02.274

biphosphoinositide ＊双磷酸肌醇磷脂 07.122

bisacrylamide 双丙烯酰胺 12.411

bis-γ-glutamylcystine reductase 双-γ-谷氨酰半胱氨酸还原酶 03.125

2,3-bisphosphoglycerate 2,3-双磷酸甘油酸 11.107

2,3-bisphosphoglycerate shunt 2,3-双磷酸甘油酸支路 11.108

biuret reaction 双缩脲反应 12.458

BLAST 局部序列排比检索基本工具 12.383

bleomycin 博来霉素 02.142

BLIA 生物发光免疫测定 12.736

blood coagulation factor 凝血因子 02.312

blood coagulation factor Ⅱ ＊凝血因子Ⅱ 03.676

blood coagulation factor Ⅲ ＊凝血因子Ⅲ 03.423

blood coagulation factor Ⅷ ＊凝血因子Ⅷ 02.269

blood coagulation factor Ⅸa ＊凝血因子Ⅸa 03.424

blood coagulation factor Ⅹa ＊凝血因子Ⅹa 03.422

blood group substance 血型物质 06.032

blotting 印迹 12.263

blotting membrane 印迹膜 12.280

blunt end 平端 04.237

blunting 平端化 12.629

blunt terminus 平端 04.237

BMP 骨形态发生蛋白质，＊骨形成蛋白 02.484

BNP 脑钠肽 10.124

boat conformation 船型构象 06.016

bombesin 铃蟾肽 02.121

bombinin 铃蟾抗菌肽 02.153

bone morphogenetic protein 骨形态发生蛋白质，＊骨形成蛋白 02.484

botulinus toxin 肉毒杆菌毒素 02.785

bovine pancreatic ribonuclease 牛胰核糖核酸酶 03.357

bovine spleen phosphodiesterase 牛脾磷酸二酯酶 03.347

boxcar chromatography 多维层析 12.184

bp 碱基对 04.007

2,3-BPG 2,3-双磷酸甘油酸 11.107

BPP 缓激肽增强肽 10.181

Bq 贝可［勒尔］ 12.394

brachionectin ＊臂粘连蛋白 02.706

bradykinin 缓激肽 10.179

bradykinin potentiating peptide 缓激肽增强肽 10.181

brain-derived neurotrophic factor 脑源性神经营养因子 10.207

brain hormone ＊脑激素 10.252

brain natriuretic peptide 脑钠肽 10.124

branched chain amino acid 支链氨基酸 02.004

branched DNA 分支DNA 04.352

branched RNA 分支RNA 04.158

branching enzyme 分支酶 03.209

brassicasterol 菜籽固醇 07.165

brassinolide 菜籽固醇内酯，＊菜籽素 10.333

brassinosteroid 菜籽类固醇 07.166

breakthrough curve ＊突破曲线 12.181

brefeldin A 布雷菲德菌素A 06.272

brevican 短蛋白聚糖 06.286

brevistin 短制菌素 02.165

bromelain 菠萝蛋白酶 03.456

bromelin 菠萝蛋白酶 03.456

bromodomain 布罗莫结构域 02.196

bromophenol blue 溴酚蓝 12.157

Brookhaven Protein Data Bank 布鲁克海文蛋白质数据库 12.474

bryodin 异株泻根毒蛋白 02.811

buccalin 颊肽 02.107

buffer counterion 缓冲配对离子 12.450

buffer-gradient polyacrylamide gel 缓冲液梯度聚丙烯酰胺凝胶 12.154

bufotenine 蟾毒色胺 11.244

bulge 凸起 01.070

bungarotoxin 银环蛇毒素 02.773

buoyant density centrifugation 浮力密度离心 12.075

bursicon 鞣化激素 10.303

butyrin 丁酸甘油酯 07.095

butyrophilin 嗜乳脂蛋白 02.586

butyrylcholine esterase 丁酰胆碱酯酶 03.316

bypassing 框内跳译，＊跳码 05.266

# C

C  胞苷  04.039

CAAT box  CAAT 框  05.131

$Ca^{2+}$-ATPase  钙 ATP 酶  03.495

$Ca^{2+}$/calmodulin-dependent protein kinase  依赖 $Ca^{2+}$/钙调蛋白的蛋白激酶  03.280

cadaverine  尸胺  11.215

cadherin  钙黏着蛋白  02.402

caerulin  雨蛙肽  02.122

caeruloplasmin  铜蓝蛋白  02.681

CAF-1  染色质组装因子 1  04.474

cage carrier  笼式运载体  08.134

calbindin  钙结合蛋白  02.391

calcicludine  钙阻蛋白  02.408

calciferol  *钙化固醇  10.378

calcimedin  *钙介蛋白  02.668

calcineurin  钙调磷酸酶  03.331

calcitonin  降钙素  10.141

calcitonin gene-related peptide  降钙素基因相关肽  10.142

calcium binding protein  钙结合性蛋白质  02.390

calcium-dependent protein  钙依赖蛋白质  02.394

calcium mobilizing hormone  *钙动用激素  10.377

calcium phosphate-DNA coprecipitation  *磷酸钙-DNA 共沉淀  12.515

calcium phosphate precipitation  磷酸钙沉淀法  12.515

calcium pump  钙泵  08.088

calcium sensor protein  钙传感性蛋白质  02.395

calcyclin  钙周期蛋白  02.407

calcyphosine  钙磷蛋白  02.401

caldecrin  降钙因子  03.669

caldesmon  钙调蛋白结合蛋白  02.410

calelectrin  *钙电蛋白  02.668

calf intestinal alkaline phosphatase  牛小肠碱性磷酸酶  03.505

calgranulin  钙粒蛋白  02.399

callose  愈伤葡萄糖，*胼胝质  06.190

callose synthetase  愈伤葡聚糖合成酶  03.211

calmodulin  钙调蛋白  02.409

calnexin  钙连蛋白  02.400

calpactin  *依钙结合蛋白  02.666

calpain  钙蛋白酶  03.457

calpastatin  钙蛋白酶抑制蛋白  03.708

calphobindin  *钙磷脂结合蛋白  02.668

calphotin  钙感光蛋白  02.413

calponin  钙调理蛋白  02.411

calprotectin  钙防卫蛋白  02.412

calregulin  钙网蛋白  02.405

calreticulin  钙网蛋白  02.405

calretinin  钙[视]网膜蛋白  02.404

calsequestrin  集钙蛋白  02.458

calspectin  *钙影蛋白  02.406

calspermin  钙精蛋白  02.398

caltractin  钙牵蛋白  02.403

caltropin  钙促蛋白  02.393

Calvin cycle  卡尔文循环  11.129

CaM  钙调蛋白  02.409

CAM  景天科酸代谢  11.133

cAMP  环腺苷酸  04.065

cAMP binding protein  cAMP 结合蛋白质  02.310

cAMP-dependent protein kinase  依赖 cAMP 的蛋白激酶  03.284

camphor  樟脑  07.186

camphorin  克木毒蛋白  02.799

cAMP receptor protein  *cAMP 受体蛋白质  02.310

cAMP response element  环腺苷酸应答元件  04.338

cAMP response element binding protein  cAMP 应答元件结合蛋白质，*CREB 蛋白质  02.311

canaline  副刀豆氨酸  02.045

canavanine  刀豆氨酸  02.046

cancer suppressor gene  抑癌基因，*抗癌基因，*肿瘤抑制基因  04.524

CAP  *分解代谢物激活蛋白质  02.310

5'-cap  5'帽  04.246

cap binding protein  帽结合蛋白质  02.384

capillary electrophoresis  毛细管电泳  12.126

capillary free flow electrophoresis  毛细管自由流动电泳  12.128

capillary gas chromatography  毛细管气相层析  12.187

capillary gel electrophoresis  毛细管凝胶电泳  12.127

capillary isoelectric focusing  毛细管等电聚焦  12.138

04.347

CCK 缩胆囊肽，＊缩胆囊素 10.143

CD 圆二色性 12.365

CDCA 鹅脱氧胆酸 11.164

$C_4$ dicarboxylic acid pathway $C_4$ 二羧酸途径 11.132

CDK 周期蛋白依赖[性]激酶 03.285

cDNA 互补 DNA 04.348

C-DNA C 型 DNA 04.191

cDNA cloning cDNA 克隆 12.622

cDNA library 互补 DNA 文库，＊cDNA 文库 12.680

CDP 胞苷二磷酸，＊胞二磷 04.077

CE 毛细管电泳 12.126

cecropin [天蚕]杀菌肽 02.144

cell adhesion receptor 细胞黏附受体 09.036

cell affinity chromatography 细胞亲和层析 12.237

cell-free translation system 无细胞翻译系统 12.705

cell membrane 细胞膜 08.002

cellobiase ＊纤维二糖酶 03.384

cellobiose 纤维二糖 06.156

cellobiuronic acid 纤维二糖醛酸 06.157

cello-oligosaccharide 纤维寡糖 06.184

cellotriose 纤维三糖 06.172

cell signaling 细胞信号传送 09.010

cell surface receptor 细胞表面受体 09.034

cell surface recognition 细胞表面识别 09.062

cell targeting 细胞靶向 09.078

cellular oncogene 细胞癌基因 04.522

cellulase 纤维素酶 03.370

cellulose 纤维素 06.215

cellulose acetate film electrophoresis 乙酸纤维素薄膜电泳 12.121

cellulose acetate membrane 乙酸纤维素膜 12.261

cellulose ion exchanger 纤维素离子交换剂 12.252

cellulose nitrate 硝酸纤维素 12.300

centaurin 半人马蛋白 02.449

centractin 中心体肌动蛋白 02.438

central dogma 中心法则 05.001

centrifugal speed 离心速度 12.051

centrifugation 离心 12.050

centromere binding protein 着丝粒结合蛋白质 02.328

centromeric DNA 着丝粒 DNA 04.367

centrophilin 亲中心体蛋白 02.515

cephalin 脑磷脂 07.119

cephalosporinase 头孢菌素酶 03.488

Cer 神经酰胺，＊脑酰胺 07.137

ceramidase 神经酰胺酶 03.483

ceramide 神经酰胺，＊脑酰胺 07.137

cerasin ＊角苷脂 07.156

cerebellin 小脑肽 02.092

cerebroglycan 大脑蛋白聚糖 06.195

cerebron 羟脑苷脂 07.150

cerebronic acid 脑羟脂酸 07.079

cerebroside 脑苷脂 07.149

cerotic acid 蜡酸 07.081

cerotinic acid 蜡酸 07.081

ceruloplasmin 铜蓝蛋白 02.681

ceryl alcohol 蜡醇，＊二十六[烷]醇 07.221

cessation cassette 中止表达组件 12.607

cetin 鲸蜡，＊软脂酸鲸蜡酯 07.224

CETP 胆固醇酯转移蛋白 07.185

cetylpyridinium bromide precipitation 十六烷基溴化吡啶鎓沉淀法，＊CPB 沉淀法 12.517

CFFE 毛细管自由流动电泳 12.128

C-form DNA C 型 DNA 04.191

CFTR 囊性纤维化穿膜传导调节蛋白 08.089

CGE 毛细管凝胶电泳 12.127

cGMP 环鸟苷酸，＊环鸟苷一磷酸 04.074

cGMP-dependent protein kinase 依赖 cGMP 的蛋白激酶 03.282

3′, 5′-cGMP phosphodiesterase 3′, 5′-cGMP 磷酸二酯酶 03.340

cGMP specific phosphodiesterase cGMP 特异性磷酸二酯酶 03.506

CGRP 降钙素基因相关肽 10.142

Ch 胆固醇 07.162

chain termination method ＊链终止法 12.487

chair conformation 椅型构象 06.017

chalcone 查耳酮 11.227

chalcone flavanone isomerase 查耳酮黄烷酮异构酶 03.587

chalcone synthase 查耳酮合酶 03.201

chalone 抑素 10.093

Chambon rule ＊尚邦法则 04.308

channel carrier 通道运载体 08.135

channel-forming peptide 通道形成肽 02.504

channel protein 通道蛋白 08.075

chaotrope 离散剂 12.412

chaotropic agent 离散剂 12.412

chaperone 分子伴侣 02.530

chaperone cohort 伴侣伴蛋白 02.532

chaperone protein 分子伴侣性蛋白质 02.533

chaperonin 伴侣蛋白 02.531

Chargaff's rule 夏格夫法则 04.200

Charomid 卡隆粒 12.832

Charon vector 卡隆载体 12.821

ChE 胆固醇酯 07.169

checkpoint gene 检验点基因 04.486

CHEF electrophoresis 钳位均匀电场电泳 12.113

chemical degradation method *化学降解法 12.488

chemical method of DNA sequencing *DNA 化学测序法 12.488

chemical modification 化学修饰 01.119

chemiluminescence 化学发光 12.519

chemiluminescence immunoassay 化学发光免疫测定 12.737

chemiluminescence labeling 化学发光标记 12.553

chemiluminometry 化学发光分析 12.520

chemiosmosis 化学渗透 08.040

chemokine 趋化因子 10.186

chemoluminscence 化学发光 12.519

chemotactic hormone 趋化性激素 10.057

chemotactic lipid 趋化脂质 07.187

chemotaxin 趋化物 10.319

chemotaxis 趋化性 01.185

chenodeoxycholic acid 鹅脱氧胆酸 11.164

chimera 嵌合体 01.170

chimeric antibody 嵌合抗体 01.155

chimeric DNA 嵌合 DNA 04.368

chimeric gene 嵌合基因 04.487

chimeric plasmid 嵌合质粒 04.422

chimeric protein 嵌合型蛋白质 02.227

chimerin 嵌合蛋白 02.582

chimyl alcohol 鲛肝醇 07.110

Chinese hamster ovary cell 中国仓鼠卵巢细胞，*CHO 细胞 12.886

chirality 手性 01.196

chitin 壳多糖，*几丁质 06.235

chitinase 壳多糖酶，*几丁质酶 03.376

chitobiose 几丁二糖 06.158

chitosamine *壳糖胺 06.109

chitosan *壳聚糖 06.236

chloramphenicol acetyltransferase 氯霉素乙酰转移酶 03.199

chlorophyll 叶绿素 11.298

chlorophyll a protein 叶绿素 a 蛋白质 02.611

chloroplastin 叶绿蛋白 02.610

CHO cell 中国仓鼠卵巢细胞，*CHO 细胞 12.886

cholecalciferol *胆钙化[固]醇 10.379

cholecalcin 胆钙蛋白 02.392

cholecystokinin 缩胆囊肽，*缩胆囊素 10.143

choleglobin 胆绿蛋白 02.353

cholera toxin 霍乱毒素 02.788

cholestanol 胆固烷醇，*5,6-二氢胆固醇 07.167

cholestenone 胆固烯酮 07.168

cholesterol 胆固醇 07.162

cholesterol ester 胆固醇酯 07.169

cholesterol ester transfer protein 胆固醇酯转移蛋白 07.185

cholesteryl ester 胆固醇酯 07.169

cholic acid 胆酸 11.163

choline 胆碱 11.168

choline acetyltransferase 胆碱乙酰转移酶 03.196

choline esterase 胆碱酯酶 03.314

choline monooxygenase 胆碱单加氧酶 03.151

chondrocalcin 软骨钙结合蛋白 02.704

chondroitin sulfate 硫酸软骨素 06.226

chondronectin 软骨粘连蛋白 02.703

chondroproteoglycan 软骨蛋白聚糖 06.287

choriomammotropin 绒毛膜生长催乳素 10.067

chorionic gonadotropin 绒毛膜促性腺素 10.069

chorionic somatomammotropin 绒毛膜生长催乳素 10.067

chorionic thyrotropin 绒毛膜促甲状腺素 10.070

chorionin 卵壳蛋白 02.651

Chou-Fasman algorithm 舒-法斯曼算法 12.385

Chou-Fasman analysis 舒-法斯曼分析 12.386

chromatin assembly factor-1 染色质组装因子1 04.474

chromatofocusing 聚焦层析 12.240

chromatogram 层析谱 12.166

chromatograph 层析仪 12.167

chromatography 层析 12.160

chromodomain 克罗莫结构域 02.195

chromogranin 嗜铬粒蛋白 02.278

chromogranin A 嗜铬粒蛋白 A 02.279

chromogranin B 嗜铬粒蛋白 B 02.280

chromomembrin 嗜铬粒膜蛋白 02.585

chromoprotein 色蛋白 02.332

chromosome blotting 染色体印迹 12.264

chromosome crawling 染色体匐移 12.608

chromosome jumping 染色体跳移，＊染色体跳查 12.609

chromosome microdissection 染色体显微切割术 12.848

chromosome walking ＊染色体步查 12.611

chromostatin 嗜铬粒抑制肽 02.081

chrysolaminarin 亮藻多糖，＊金藻海带胶 06.244

chyle 乳糜 07.015

chylomicron 乳糜微粒 07.014

chyluria 乳糜尿 07.244

chyme 食糜 07.016

chymodenin 促胰凝乳蛋白酶原释放素 03.709

chymosin 凝乳酶 03.460

chymotrypsin 胰凝乳蛋白酶 03.419

chymotrypsinogen 胰凝乳蛋白酶原，＊糜蛋白酶原 03.671

Ci 居里 12.393

CIEF 毛细管等电聚焦 12.138

ciliary neurotrophic factor 睫状神经营养因子 10.209

cinnamic acid 肉桂酸 11.226

cinnamomin 辛纳毒蛋白 02.810

CIP 牛小肠碱性磷酸酶 03.505

circular dichroism 圆二色性 12.365

circular DNA 环状 DNA 04.346

circular paper chromatography 圆形纸层析 12.205

cis-aconitic acid 顺乌头酸 11.113

cis-acting element 顺式[作用]元件 05.017

cis-acting ribozyme 顺式作用核酶 03.648

cis-cleavage 顺式切割 05.209

cis-element 顺式[作用]元件 05.017

cis-isomer 顺式异构体 01.206

cis-isomerism ＊顺式异构 01.203

cisoid conformation 顺向构象 01.200

cis-regulation 顺式调节 01.130

cis-splicing 顺式剪接 05.176

cis-trans isomerase 顺反异构酶 03.574

cis-trans isomerism 顺反异构 01.203

cistron 顺反子 05.046

CITP 毛细管等速电泳 12.129

citrate lyase 柠檬酸裂合酶 03.548

citrate synthase 柠檬酸合酶 03.205

citric acid 柠檬酸 11.112

citric acid cycle ＊柠檬酸循环 11.111

citrulline 瓜氨酸 02.047

c-Jun N-terminal kinase c-Jun 氨基端激酶 03.291

CK 酪蛋白激酶 03.281

CLA 共轭亚油酸，＊结合亚油酸 07.058

clathrin 网格蛋白 02.367

Cleland's reagent ＊克莱兰试剂 12.421

CLIA 化学发光免疫测定 12.737

clinical trial 临床试验 12.361

clone 克隆 12.612

cloning site 克隆位点 12.623

cloning vector 克隆载体 12.815

cloning vehicle 克隆载体 12.815

clostripain 梭菌蛋白酶 03.455

cloverleaf structure 三叶草结构 04.281

clupein 鲱精肽，＊鲱精蛋白 02.132

c/m 每分钟计数 12.396

CM 乳糜微粒 07.014

CM-cellulose 羧甲基纤维素 12.251

CMO 胆碱单加氧酶 03.151

CMP 胞苷一磷酸，＊胞一磷 04.076

CN 硝酸纤维素 12.300

CNP C 型利尿钠肽 10.125

CNTF 睫状神经营养因子 10.209

CoA 辅酶 A 03.681

co-activator 辅激活物，＊辅激活蛋白 05.092

CoA-disulfide reductase 辅酶 A-二硫键还原酶 03.126

CoA-glutathione reductase 辅酶 A-谷胱甘肽还原酶 03.123

coagulase 凝固酶，＊血浆凝固酶 03.609

CoA-transferase 辅酶 A 转移酶 03.283

cobalamin ＊钴胺素 10.371

cobalamin reductase 钴胺素还原酶 03.163

cobrotoxin 眼镜蛇毒素 02.795

cocaine amphetamine-regulated transcript 可卡因苯丙胺调节转录物 10.161

code 密码 05.223

code degeneracy 密码简并 05.231

coding 编码 05.221

coding joint 编码区连接 05.247

coding region 编码区 05.222

coding sequence ＊编码序列 05.222

coding strand 编码链 04.297

coding triplet  ＊编码三联体  05.225

codon  密码子  05.225

codon bias  密码子偏倚  05.238

codon family  密码子家族  05.233

codon preference  密码子偏倚  05.238

codon usage  密码子选用，＊密码子使用  05.239

coenzyme  辅酶  03.680

coenzyme A  辅酶 A  03.681

coenzyme M  辅酶 M  03.682

coenzyme Q  ＊辅酶 Q  03.683

coexpression  共表达  05.007

cofactor  辅因子  01.114

cofilin  丝切蛋白  02.655

cognate tRNA  关联 tRNA  04.138

cohesive end  黏端  04.236

cohesive terminus  黏端  04.236

co-immunoprecipitation  免疫共沉淀  12.513

cold shock protein  冷激蛋白  02.529

colipase  辅脂肪酶  03.507

colistin  黏菌素  02.700

collagen  胶原  02.631

collagenase  胶原酶  03.438

collagen fiber  胶原纤维  02.634

collagen fibril  胶原原纤维  02.635

collagen helix  胶原螺旋  02.207

collapsed polypeptide chain  塌陷多肽链  02.208

collapsin  脑衰蛋白  02.765

collectin  胶原凝素  06.313

colony  集落  01.221

colony blotting  菌落印迹法  12.281

colony immunoblotting  菌落免疫印迹法  12.282

colony stimulating factor  集落刺激因子  10.190

colostrokinin  初乳激肽  10.115

column bed volume  柱床体积  12.177

column chromatography  柱层析  12.182

CoM  辅酶 M  03.682

combinatorial antibody library  组合抗体文库  12.675

combinatorial library  组合文库  12.684

commitment factor  ＊束缚因子  05.134

committed step  关键步骤  11.045

comparative genomics  比较基因组学  01.026

competent cell  感受态细胞  12.884

competitive inhibition  竞争性抑制  03.021

competitive inhibitor  竞争性抑制剂  03.025

competitive PCR  竞争聚合酶链反应，＊竞争 PCR  12.313

complement  补体  02.306

complement protein  补体蛋白质  02.307

complementarity  互补性  04.260

complementary base  互补碱基  04.012

complementary DNA  互补 DNA  04.348

complementary RNA  互补 RNA  04.155

complementary sequence  互补序列  04.261

complementary strand  互补链  04.262

complex carbohydrate  复合糖类  06.013

complex lipid  复合脂  07.003

COMT  儿茶酚-O-甲基转移酶  03.178

ConA  伴刀豆球蛋白  02.621

conalbumin  伴清蛋白  02.250

concanavalin  伴刀豆球蛋白  02.621

concerted catalysis  协同催化  03.028

concerted feedback inhibition  协同反馈抑制  11.036

concerted model  齐变模型  03.062

c-oncogene  ＊c癌基因  04.522

concurrent inhibition  协作抑制，＊并发抑制  03.029

concurrent replication  并行复制  04.435

configuration  构型  01.198

conformation  构象  01.199

conglutinin  共凝素，＊胶固素  06.314

conjugated enzyme  缀合酶  03.610

conjugated linoleic acid  共轭亚油酸，＊结合亚油酸  07.058

conjugated polyene acid  共轭多烯酸，＊结合多烯酸  07.036

conjugated protein  缀合蛋白质，＊结合蛋白质  02.223

connectin  肌联蛋白  02.473

connexin  间隙连接蛋白  02.514

conotoxin  芋螺毒素  02.138

consensus sequence  共有序列  01.072

conserved sequence  保守序列  01.073

constitutive enzyme  组成酶  03.611

constitutive expression  组成型表达  05.009

constitutive gene  组成性基因  04.488

constitutive mutation  组成性突变  05.135

contactin  接触蛋白  02.486

context-dependent regulation  邻近依赖性调节  01.127

contig  重叠群，＊叠连群  12.625

contig mapping  重叠群作图  12.626

contiguous stacking hybridization 叠群杂交 12.495

continuous chromatography 连续层析 12.212

continuous cultivation 连续培养 12.872

continuous flow centrifugation 连续流离心 12.066

continuous flow electrophoresis 连续流动电泳 12.094

continuous free flow electrophoresis 连续自由流动电泳 12.095

continuous gradient 连续梯度 12.069

contour-clamped homogenous electric field electrophoresis 钳位均匀电场电泳 12.113

contractile protein 收缩蛋白质 02.433

Coomassie brilliant blue 考马斯亮蓝 12.420

cooperative feedback inhibition 协同反馈抑制 11.036

cooperative site 协同部位 01.115

cooperativity 协同性 01.186

coordinate regulation 协同调节 01.135

copalic acid 黄脂酸 07.037

coproporphyrin 粪卟啉 11.318

coproporphyrinogen 粪卟啉原 11.319

coprostanol 粪固醇 07.170

coprosterol 粪固醇 07.170

CoQ ＊辅酶 Q 03.683

co-receptor 协同受体 09.037

core enzyme 核心酶 03.612

core O-glycan 核心 O-聚糖 06.269

core glycosylation 核心糖基化 06.051

corepressor 辅阻遏物，＊协阻遏物 05.091

core promoter element 核心启动子元件 05.103

cornifin 角质蛋白 02.657

coronin 冠蛋白 02.442

corticoid 肾上腺皮质[激]素 10.018

corticoliberin 促肾上腺皮质素释放素 10.080

corticoliberin-binding protein 促肾上腺皮质素释放素结合蛋白质 10.081

corticosteroid 皮质类固醇 10.017

corticosteroid-binding globulin ＊皮质类固醇结合球蛋白 02.429

corticosterone 皮质酮 10.020

corticotropin 促肾上腺皮质[激]素，＊促皮质素 10.060

corticotropin releasing factor ＊促肾上腺皮质素释放因子 10.080

corticotropin releasing hormone 促肾上腺皮质素释放素 10.080

cortin ＊皮质素 10.018

cortisol ＊皮质醇 10.022

cortisol-binding globulin ＊皮质醇结合球蛋白 02.429

cortisone 可的松 10.021

cosmid 黏粒 12.827

cosmid library 黏粒文库 12.690

cosuppression ＊共阻抑 04.176

cotranscript 共转录物 05.090

cotranscription 共转录 05.084

cotransduction 共转导 12.788

cotransfection 共转染 12.799

cotransformation 共转化 12.790

cotranslation 共翻译 05.213

co-transport 协同转运 08.119

cotransporter 协同转运蛋白 02.510

countercurrent chromatography 对流层析 12.199

countercurrent distribution 逆流分配 12.004

countercurrent electrophoresis ＊对流电泳 12.145

counter immunoelectrophoresis 对流免疫电泳 12.145

counter receptor 反受体 09.038

counts per minute 每分钟计数 12.396

coupled column chromatography ＊偶联柱层析 12.184

coupled oxidation 偶联氧化 11.292

coupled phosphorylation 偶联磷酸化 11.283

coupling factor 偶联因子 11.294

covalent bond 共价键 01.062

covalent chromatography 共价层析 12.207

covalently closed circular DNA 共价闭和环状 DNA，＊共价闭环 DNA 04.347

COX 环加氧酶 03.157

CPB precipitation 十六烷基溴化吡啶鎓沉淀法，＊CPB 沉淀法 12.517

cPCR 竞争聚合酶链反应，＊竞争 PCR 12.313

CpG island CpG 岛 05.136

CPK ＊肌酸磷酸激酶 03.244

crassulacean acid metabolism 景天科酸代谢 11.133

CRE 环腺苷酸应答元件 04.338

C-reactive protein C 反应蛋白 02.282

creatine 肌酸 11.196

creatine kinase 肌酸激酶 03.244

creatine phosphate 磷酸肌酸 11.282

creatine phosphokinase ＊肌酸磷酸激酶 03.244

creatinine 肌[酸]酐 11.198

CREB protein cAMP 应答元件结合蛋白质，＊CREB 蛋

白质 02.311

Cre recombinase Cre 重组酶 03.613

CRF *促肾上腺皮质素释放因子 10.080

CRH 促肾上腺皮质素释放素 10.080

Cro protein Cro 蛋白 02.284

crossed affinity immunoelectrophoresis 交叉亲和免疫电泳 12.149

crossed electrophoresis 交叉电泳 12.136

crossed immunoelectrophoresis 交叉免疫电泳 12.144

cross-talk 串流 09.014

crotin 巴豆毒蛋白 02.815

crotoxin 响尾蛇毒素 02.774

CRP C 反应蛋白 02.282，*cAMP 受体蛋白质 02.310

cruciform loop 十字形环 04.221

cruciform structure 十字形[结构] 01.068

crustacyanin 甲壳蓝蛋白 02.763

cryobiochemistry 低温生物化学 01.008

cryoglobulin 冷球蛋白 02.268

cryptdin 隐防御肽 02.146

cryptic satellite DNA 隐蔽卫星 DNA 04.382

cryptic splice site 隐蔽剪接位点 05.183

crystal-induced chemotatic factor 晶体诱导趋化因子 10.188

crystallin 晶体蛋白 02.548

CS 查耳酮合酶 03.201

CSF 集落刺激因子 10.190

CSH 叠群杂交 12.495

CT 降钙素 10.141

C-terminal C 端 02.064

CTP 胞苷三磷酸，*胞三磷 04.078

$C_ot$ value $C_ot$ 值 12.585

C-type lectin C 型凝集素 06.312

C-type natriuretic peptide C 型利尿钠肽 10.125

cucurbitin 南瓜子氨酸 02.048

cuprein 铜蛋白 02.680

curcin 麻疯树毒蛋白 02.817

curculin 仙茅甜蛋白 02.725

Curie 居里 12.393

curved DNA 弯形 DNA 04.366

cutin-degrading enzyme 角质降解酶 03.508

cyanocobalamin *氰钴胺素 10.371

cyanocobalamin reductase 氰钴胺素还原酶 03.161

cyanovirin 蓝藻抗病毒蛋白 02.802

cyclase 环化酶 03.614

cyclic adenosine monophosphate *环腺苷一磷酸 04.065

cyclic adenylic acid 环腺苷酸 04.065

cyclic AMP-dependent protein kinase 依赖 cAMP 的蛋白激酶 03.284

cyclic guanosine monophosphate 环鸟苷酸，*环鸟苷一磷酸 04.074

cyclic guanylic acid 环鸟苷酸，*环鸟苷一磷酸 04.074

cyclic nucleotide 环核苷酸 04.056

cyclic nucleotide phosphodiesterase 环核苷酸磷酸二酯酶 03.339

cyclic peptide 环肽 02.060

cyclic peptide synthetase 环肽合成酶 03.599

cyclic photophosphorylation 循环光合磷酸化 11.302

cyclin 周期蛋白 02.365

cyclin-dependent kinase 周期蛋白依赖[性]激酶 03.285

cyclodextrin 环糊精 06.211

cyclo-oxygenase 环加氧酶 03.157

cyclopeptide 环肽 02.060

cyclophilin 亲环蛋白 02.731

Cys 半胱氨酸 02.021

cystathionase 胱硫醚酶 03.565

cystathionine 胱硫醚 11.208

cystatin 半胱氨酸蛋白酶抑制剂 03.710

cysteic acid 磺基丙氨酸 11.209

cysteine 半胱氨酸 02.021

cysteine dioxygenase 半胱氨酸双加氧酶 03.144

cysteine protease *半胱氨酸蛋白酶 03.450

cystic fibrosis transmembrane conductance regulator 囊性纤维化穿膜传导调节蛋白 08.089

cystine 胱氨酸 02.026

cystine reductase 胱氨酸还原酶 03.120

cytidine 胞苷 04.039

cytidine diphosphate 胞苷二磷酸，*胞二磷 04.077

cytidine monophosphate 胞苷一磷酸，*胞一磷 04.076

cytidine triphosphate 胞苷三磷酸，*胞三磷 04.078

cytidylic acid 胞苷酸 04.075

cytogene 细胞质基因，*核外基因 04.503

cytokeratin 细胞角蛋白 02.538

cytokine 细胞因子 10.182

cytokinin 细胞分裂素，＊细胞激动素 10.327

cytoplasmic tail 胞质尾区 09.063

cytosine 胞嘧啶 04.021

cytosine arabinoside 阿糖胞苷 04.110

cytotactin ＊胞触蛋白 02.706

cytovillin 细胞绒毛蛋白 02.460

CZE 毛细管区带电泳 12.130

# D

D 二氢尿嘧啶 04.107

dADP 脱氧腺苷二磷酸 04.063

DAF 衰变加速因子 02.283

DAG 二酰甘油 07.091

Dam methylase Dam 甲基化酶 03.615

dAMP 脱氧腺苷一磷酸 04.062

dansyl method 丹磺酰法 12.455

DAP 二氨基庚二酸 11.213

D arm 二氢尿嘧啶臂，＊D 臂 04.283

dATP 脱氧腺苷三磷酸 04.064

dC 脱氧胞苷 04.044

DCC 二环己基碳二亚胺 12.416

DCCI 二环己基碳二亚胺 12.416

dCDP 脱氧胞苷二磷酸 04.081

dCMP 脱氧胞苷一磷酸 04.080

dCTP 脱氧胞苷三磷酸 04.082

ddNTP 双脱氧核苷三磷酸，＊2′,3′-双脱氧核糖核苷-5′-三磷酸 04.103

deacetylation 脱乙酰作用 11.060

deacylated tRNA 脱酰 tRNA 04.136

deadenylation 脱腺苷酸化 04.250

DEAE-cellulose membrane DEAE 纤维素膜，＊二乙氨乙基纤维素膜 12.262

DEAE-dextran gel DEAE-葡聚糖凝胶，＊二乙氨乙基葡聚糖凝胶 12.152

deaminase 脱氨酶 03.569

deamination 脱氨作用 11.071

death receptor 死亡受体 09.039

debranching enzyme 脱支酶 03.399

decanoic acid ＊十碳烷酸 07.042

decanoin 癸酸甘油酯 07.096

decarboxylase 脱羧酶 03.539

decarboxylation 脱羧作用 11.064

decay accelerating factor 衰变加速因子 02.283

decay per minute 每分钟蜕变数 12.395

decoding 译码，＊解码 05.220

decorin 饰胶蛋白聚糖 06.288

decoy receptor 诱饵受体 09.040

defensin 防御肽 02.145

deformylase 脱甲酰酶 03.485

degenerate codon 简并密码子 05.232

degenerate primer 简并引物 12.498

degenerin 退化蛋白 02.592

deglycosylation 去糖基化 06.040

degradation 降解 11.011

dehydratase 脱水酶 03.550

dehydration 脱水作用 11.065

7-dehydrocholesterol 7-脱氢胆固醇 10.381

dehydroepiandrosterone 脱氢表雄酮 10.038

dehydrogenase 脱氢酶 03.169

dehydrogenation 脱氢作用 11.067

3-dehydroretinol 3-脱氢视黄醇，＊维生素 A₂ 10.348

deltorphin δ 啡肽 02.097

demethylation 脱甲基作用 11.057

denaturant 变性剂 01.093

denaturation 变性 01.092

denatured DNA 变性 DNA 04.356

denaturing gel electrophoresis 变性凝胶电泳 12.104

denaturing gradient polyacrylamide gel 变性梯度聚丙烯酰胺凝胶 12.155

denaturing polyacrylamide gel 变性聚丙烯酰胺凝胶 12.156

dendrotoxin 树眼镜蛇毒素 02.796

denitrification 脱氮作用，＊反硝化作用 11.068

*de novo* synthesis 从头合成 11.042

densitometer 光密度计 12.339

density gradient 密度梯度 12.068

density gradient centrifugation 密度梯度离心 12.072

deoxyadenosine 脱氧腺苷 04.043

deoxyadenosine diphosphate 脱氧腺苷二磷酸 04.063

deoxyadenosine monophosphate 脱氧腺苷一磷酸 04.062

deoxyadenosine triphosphate 脱氧腺苷三磷酸 04.064

deoxyadenylic acid 脱氧腺苷酸 04.061

deoxycholic acid 脱氧胆酸 11.165

deoxycorticosterone 脱氧皮质酮，＊11-脱氧皮质酮 10.025

deoxycortisol 脱氧皮质醇 10.026

deoxycytidine 脱氧胞苷 04.044

deoxycytidine diphosphate 脱氧胞苷二磷酸 04.081

deoxycytidine monophosphate 脱氧胞苷一磷酸 04.080

deoxycytidine triphosphate 脱氧胞苷三磷酸 04.082

deoxycytidylic acid 脱氧胞苷酸 04.079

deoxyglucose 脱氧葡萄糖 06.114

deoxyguanosine 脱氧鸟苷 04.042

deoxyguanosine diphosphate 脱氧鸟苷二磷酸 04.072

deoxyguanosine monophosphate 脱氧鸟苷一磷酸 04.071

deoxyguanosine triphosphate 脱氧鸟苷三磷酸 04.073

deoxyguanylic acid 脱氧鸟苷酸 04.070

deoxyinosine 脱氧肌苷 04.097

deoxyinosine triphosphate 脱氧肌苷三磷酸，＊脱氧次黄苷三磷酸 04.098

deoxynucleoside 脱氧核苷 04.041

deoxynucleotide 脱氧核苷酸 04.050

deoxyriboaldolase 脱氧核糖醛缩酶，＊磷酸脱氧核糖醛缩酶 03.546

deoxyribodipyrimidine photolyase ＊脱氧核糖二嘧啶光裂合酶 03.549

deoxyribomutase 脱氧核糖变位酶 03.586

deoxyribonuclease 脱氧核糖核酸酶，＊DNA 酶 03.349

deoxyribonucleic acid 脱氧核糖核酸 04.188

deoxyribonucleoside ＊脱氧核糖核苷 04.041

deoxyribonucleoside diphosphate 脱氧核苷二磷酸，＊脱氧核糖核苷二磷酸 04.052

deoxyribonucleoside monophosphate 脱氧核苷一磷酸，＊脱氧核糖核苷一磷酸 04.051

deoxyribonucleoside triphosphate 脱氧核苷三磷酸，＊脱氧核糖核苷三磷酸 04.053

deoxyribonucleotide ＊脱氧核糖核苷酸 04.050

deoxyribose 脱氧核糖 06.115

deoxyribozyme 脱氧核酶 03.652

deoxysugar 脱氧糖 06.116

deoxyuridine 脱氧尿苷 04.045

deoxyuridine monophosphate 脱氧尿苷酸，＊脱氧尿苷一磷酸 04.087

deoxyuridylic acid 脱氧尿苷酸，＊脱氧尿苷一磷酸 04.087

depactin 蚕食蛋白 02.622

DEPC 焦碳酸二乙酯 12.413

ρ-dependent termination 依赖 ρ 因子的终止 05.124

dephosphin 去磷蛋白 02.512

dephosphorylation 去磷酸化 11.076

depolymerase 解聚酶 03.509

depolymerization 解聚 01.103

depot lipid 储脂 07.188

depurination 脱嘌呤作用 04.263

derivative 衍生物 01.161

dermaseptin 皮抑菌肽 02.155

dermatan sulfate 硫酸皮肤素 06.227

dermenkaphaline 皮脑啡肽 02.091

dermorphin 皮啡肽 02.096

DES 乙蓓酚，＊二乙基己烯雌酚 10.051

desalting 脱盐 12.003

desaminase 脱氨酶 03.569

desaturase 脱饱和酶 03.154

desensitization 脱敏 09.087

desmin 结蛋白 02.487

desmocollin 桥粒胶蛋白 02.693

desmoglein 桥粒黏蛋白 02.694

desmolase 碳链裂解酶，＊胆固醇碳链裂解酶 03.150

desmoplakin 桥粒斑蛋白 02.692

desmosine 锁链素 02.082

destrin 消去蛋白 02.436

deuterium exchange 氢氘交换 12.538

dextran 右旋糖酐 06.189

dextranase 葡聚糖酶 03.375

dextrin 糊精 06.212

α-dextrin endo-1, 6-α-glucosidase ＊α-糊精内切 1，6-α-葡糖苷酶 03.394

dextroisomer 右旋异构体 01.208

dextrose 右旋糖 06.082

dG 脱氧鸟苷 04.042

dGDP 脱氧鸟苷二磷酸 04.072

dGMP 脱氧鸟苷一磷酸 04.071

dGTP 脱氧鸟苷三磷酸 04.073

DHA 二十二碳六烯酸 07.074

DHEA 脱氢表雄酮 10.038

DHFR 二氢叶酸还原酶 03.101

DHT 双氢睾酮 10.032

diacylglycerol 二酰甘油 07.091

discoidin　网柄菌凝素　06.320

discontinuous gel electrophoresis　不连续凝胶电泳　12.106

discontinuous replication　不连续复制　04.441

discriminator　识别子　04.186

disintegrations per minute　每分钟蜕变数　12.395

disintegrin　解整联蛋白　02.490

disk gel electrophoresis　盘状凝胶电泳　12.107

dismutase　歧化酶　03.095

dispase　分散酶，*中性蛋白酶　03.511

displacement chromatography　顶替层析，*置换层析　12.213

displacement loop　替代环，*D环　04.309

dissimilation　异化[作用]　11.008

dissociation　解离　01.104

dissociation constant　解离常数　01.229

distal sequence　远侧序列　04.230

disulfide bond　二硫键　02.069

diterpene　双萜　07.213

dithioerythritol　二硫赤藓糖醇　06.069

dithiothreitol　二硫苏糖醇　12.421

diuretic hormone　利尿激素　10.120

D loop　二氢尿嘧啶环，*D环　04.284

D-loop　替代环，*D环　04.309

d/m　每分钟蜕变数　12.395

DMS　硫酸二甲酯　12.417

DMS footprinting　*DMS足迹法　12.273

DMS protection assay　DMS保护分析，*硫酸二甲酯保护分析　12.273

DMSO　二甲基亚砜　12.418

DNA　脱氧核糖核酸　04.188

α-DNA　*α样DNA　04.383

DNA adduct　DNA加合物　04.392

DNA affinity chromatography　DNA亲和层析　12.238

DNA alkylation　DNA烷基化　04.393

DNA amplification　DNA扩增　04.394

DNA amplification polymorphism　DNA扩增多态性　12.468

DNA bending　DNA弯曲　04.395

DnaB helicase　*DnaB解旋酶　03.608

DNA-binding assay　DNA结合分析　12.480

DNA-binding motif　DNA结合模体　04.419

DNA catenation　DNA连环　04.396

DNA chip　DNA芯片　12.652

DNA complexity　DNA复杂度　04.397

DNA crosslink　DNA交联　04.398

DNA damage　DNA损伤　04.399

DNA damaging agent　DNA损伤剂　04.400

DNA database　DNA数据库，*DNA资料库　12.469

DNA-dependent DNA polymerase　*依赖于DNA的DNA聚合酶　03.253

DNA-dependent RNA polymerase　*依赖于DNA的RNA聚合酶　03.256

DNA-directed DNA polymerase　*DNA指导的DNA聚合酶　03.253

DNA-directed RNA polymerase　*DNA指导的RNA聚合酶　03.256

DNA duplex　DNA双链体　04.359

DNA fingerprint　*DNA指纹　04.420

DNA fingerprinting　DNA指纹分析　12.477

DNA N-glycosylase　DNA N-糖苷酶　03.406

DNA gyrase　DNA促旋酶，*DNA促超螺旋酶　03.591

DNA helicase　DNA解旋酶　03.620

DNA homology　DNA同源性　04.401

DNA hybridization　DNA杂交　04.402

DNA intercalator　DNA嵌入剂　12.427

DNA jumping technique　DNA跳移技术　12.610

DNA ladder marker　DNA梯状标志　12.717

DNA library　DNA文库　12.678

DNA ligase　DNA连接酶　03.602

DNA loop　DNA环　04.403

DNA melting　DNA解链　04.301

DNA methylase　DNA甲基化酶　03.180

DNA methylation　DNA甲基化　04.405

DNA methyltransferase　*DNA甲基转移酶　03.180

DNA microarray　*DNA微阵列　12.652

DNA microheterogeneity　DNA微不均一性　04.407

DNA modification　DNA修饰　04.404

DNA packaging　DNA包装　04.408

DNA pairing　DNA配对　04.409

DNA phage　DNA噬菌体　04.421

DNA photolyase　DNA光裂合酶　03.549

DNA pitch　DNA螺距　04.410

DNA polymerase　DNA聚合酶　03.253

DNA polymerase Ⅰ　*DNA聚合酶Ⅰ　03.303

DNA polymorphism　DNA多态性　04.406

DNA primase　*DNA引发酶　03.265

DNA probe　DNA探针　12.563

DNA rearrangement DNA 重排 04.411

DNA recombination DNA 重组 04.412

DNA repair DNA 修复 04.413

DNA repair enzyme *DNA 修复酶 03.302

DNA replication DNA 复制 04.433

DNA replication origin DNA 复制起点 04.414

DNA restriction DNA 限制性 04.415

DNase 脱氧核糖核酸酶，*DNA 酶 03.349

DNase footprinting DNA 酶足迹法 12.271

DNase Ⅰ hypersensitive site DNA 酶Ⅰ超敏感部位 04.311

DNase Ⅰ hypersensitivity DNA 酶Ⅰ超敏感性 04.310

DNase protection assay DNA 酶保护分析 12.272

DNA sequence searching DNA 序列查询 12.478

DNA sequencing DNA 测序 12.486

DNA shuffling DNA 混编 12.479

DNA supercoil DNA 超螺旋 04.206

DNA superhelix DNA 超螺旋 04.206

DNA synthesis DNA 合成 12.503

DNA tetraplex DNA 四链体 04.362

DNA topoisomerase DNA 拓扑异构酶 03.588

DNA topoisomerase Ⅰ Ⅰ型 DNA 拓扑异构酶 03.589

DNA topoisomerase Ⅱ Ⅱ型 DNA 拓扑异构酶 03.590

DNA topology DNA 拓扑学 04.416

DNA torsional stress DNA 扭转应力 04.417

DNA transfection DNA 转染 12.803

DNA transformation DNA 转化 12.793

DNA triplex DNA 三链体 04.360

DNA twist DNA 扭曲 04.418

DNA typing DNA 分型 04.420

DNA untwisting DNA 解超螺旋 04.216

DNA unwinding DNA 解旋 04.215

DNA unwinding enzyme DNA 解链酶 03.620

DNFB 二硝基氟苯 12.419

DNS method 丹磺酰法 12.455

DOC 脱氧皮质酮，*11-脱氧皮质酮 10.025

docking protein 停靠蛋白质 02.503

docosahexoenoic acid 二十二碳六烯酸 07.074

docosanoic acid *二十二烷酸 07.076

docosanol 二十二烷醇 07.194

docosatetraenoic acid 二十二碳四烯酸 07.073

dodecandrin 商陆毒蛋白 02.814

dolichol oligosaccharide precursor 长萜醇寡糖前体 06.279

domain 域 01.080

dominant active mutant 显性活性突变体 09.079

dominant inactive mutant 显性失活突变体 09.080

dominant negative mutant *显性负突变体 09.080

dominant selectable marker 优势选择标志 12.811

Donnan equilibrium 唐南平衡 08.070

donor 供体 01.163

DOPA 3,4-二羟苯丙氨酸，*多巴 11.237

dopamine *多巴胺 11.238

dormin 脱落酸 10.330

dot blotting 斑点印迹法，*点渍法 12.265

dot hybridization 斑点杂交 12.288

dotting 打点 12.860

double beam spectrophotometer 双光束分光光度计 12.345

double helix 双螺旋 04.193

double helix model *双螺旋模型 04.194

double-reciprocal plot 双倒数作图法 03.010

double strand 双链 04.195

double-strand cDNA 双链互补 DNA 04.350

double-stranded DNA 双链 DNA 04.357

double-stranded helix *双链螺旋 04.193

double-stranded RNA 双链 RNA 04.129

double-stranded RNA-dependent protein kinase 依赖双链 RNA 的蛋白激酶 03.286

double wavelength spectrophotometer 双波长分光光度计 12.346

down regulation *下调[节] 01.126

down regulator 下调物 01.138

downstream 下游 01.075

downstream processing 下游处理 12.890

downstream sequence 下游序列 01.076

2,3-DPG *2,3-二磷酸甘油酸 11.107

drebrin 脑发育调节蛋白 02.766

D-ribose 1,5-phosphamutase *D-核糖 1,5-磷酸变位酶 03.586

drug-resistance gene 抗药性基因 04.489

dscDNA 双链互补 DNA 04.350

dsDNA 双链 DNA 04.357

dsDNA-binding domain 双链 DNA 结合域 04.358

D-sphinganine 二氢鞘氨醇 07.144

dsRNA 双链 RNA 04.129

dsRNA-binding domain 双链 RNA 结合域 04.312

DT 白喉毒素 02.786

DTE 二硫赤藓糖醇 06.069

DTT 二硫苏糖醇 12.421

dUMP 脱氧尿苷酸，＊脱氧尿苷—磷酸 04.087

duocrinin 促十二指肠液素 10.144

duplex 双链体 04.196

duplex DNA ＊双链体 DNA 04.359

duplex formation 双链体形成 04.197

duplicon 重复子 04.313

dynactin 动力蛋白激活蛋白 02.518

dynamin 发动蛋白 02.511

dynein 动力蛋白 02.517

dynorphin 强啡肽 02.094

dyslipoproteinemia 异常脂蛋白血症 07.237

dystroglycan 肌养蛋白聚糖 06.290

dystrophin 肌养蛋白，＊肌营养不良蛋白 02.466

# E

EAA 兴奋性氨基酸 02.008

EB 溴乙锭 12.422

EC 酶分类 03.076

eccrine gland 外分泌腺 10.306

ecdysone 蜕皮素 10.054

ecdysteroid hormone 蜕皮类固醇激素，＊20-羟蜕皮激素 10.055

ECE 内皮肽转化酶 03.473

echinoidin 海胆凝[集]素 06.326

echistatin 锯鳞肽 02.119

eclosion hormone 蜕壳激素 10.298

ectodomain 胞外域 09.064

ectodomain shedding 胞外域脱落 09.065

ectopic expression 异位表达 05.008

editing 编辑 05.069

editosome 编辑体 05.206

Edman degradation 埃德曼降解法 12.456

Edman stepwise degradation ＊埃德曼分步降解法 12.456

EDRF 内皮细胞源性血管舒张因子 10.286

EDTA 乙二胺四乙酸 12.423

EF 延伸因子 05.260

E face of lipid bilayer 脂双层 E 面 08.010

effector 效应物 01.105

EF hand EF 手形 02.204

EGF 表皮生长因子，＊上皮生长因子 10.196

EGTA 乙二醇双(2-氨基乙醚)四乙酸 12.424

EIA 酶免疫测定 03.075

eicosanoic acid 花生酸，＊二十烷酸 07.070

eicosanoid 类花生酸，＊类二十烷酸 10.290

eicosanol 二十烷醇 07.193

eicosapentaenoic acid 二十碳五烯酸 07.072

eIF 真核起始因子 05.258

EKLF 红细胞克吕佩尔样因子 10.287

elafin 弹性蛋白酶抑制剂 03.711

elaidic acid 反油酸 07.056

elastase 弹性蛋白酶 03.435

elastin 弹性蛋白 02.640

elastin microfibrin interface located protein ＊弹性蛋白微原纤维界面定位蛋白 02.491

elastonectin 弹连蛋白 02.642

electroblotting 电印迹法 12.266

electrochemical gradient 电化学梯度 08.041

electrochemical proton gradient 质子电化学梯度 08.042

electrodialysis 电透析 12.011

electroelution 电洗脱 12.170

electrofocusing ＊电聚焦 12.137

electron carrier 电子载体 11.288

electron leakage 电子漏 11.305

electron-nuclear double resonance 电子-核双共振 12.379

electron paramagnetic resonance ＊电子顺磁共振 12.378

electron spin resonance 电子自旋共振 12.378

electron transfer chain 电子传递链 11.286

electron transfer system 电子传递系统 11.287

electron transport 电子传递 11.289

electron transport chain 电子传递链 11.286

electroosmosis 电渗 12.179

electrophoresis 电泳 12.079

electrophoresis pattern 电泳图[谱] 12.089

electrophoretic analysis 电泳分析 12.083

electrophoretic mobility 电泳迁移率 12.087

electrophoretic mobility shift assay 电泳迁移率变动分析 12.088

electrophoretogram 电泳图［谱］ 12.089

electrophorogram 电泳图［谱］ 12.089

electroporation 电穿孔 12.587

electrospray mass spectroscopy 电喷射质谱 12.369

electrotransfer 电转移 12.267

electrotransformation 电转化法 12.588

eleidin 角母蛋白 02.646

element 元件 04.336

eleostearic acid 桐油酸，＊油桐酸 07.066

β-elimination β消除 06.034

ELISA 酶联免疫吸附测定 12.524

elongation factor 延伸因子 05.260

eluate 洗脱物 12.171

elution 洗脱 12.168

elution volume 洗脱体积 12.178

embryonic stem cell method 胚胎干细胞法 12.869

emilin 界面蛋白 02.491

EMSA 电泳迁移率变动分析 12.088

enantiomer 对映［异构］体 01.210

3'-end 3'端 04.233

5'-end 5'端 04.234

endergonic reaction 吸能反应 11.273

end-filling 末端补平 12.628

end-labeling 末端标记 12.549

endochitinase ＊内切几丁质酶 03.376

endocrine 内分泌 10.308

endocrine disruptor 环境激素 10.304

endodeoxyribonuclease 内切脱氧核糖核酸酶 03.512

endogenous opioid peptide 内源性阿片样肽 02.086

endoglin 内皮联蛋白 02.542

endoglucanase 内切葡聚糖酶 03.371

endoglycosidase 内切糖苷酶 03.363

endonexin 内联蛋白 02.540

endonuclease 内切核酸酶 03.310

endophilin 吞蛋白 02.527

endoribonuclease 内切核糖核酸酶 03.513

endorphin 内啡肽 02.087

endosialin 内皮唾液酸蛋白 06.260

endosome 内体 09.067

endostatin 内皮抑制蛋白 02.543

endosulfine 内磺蛋白 02.579

endothelin 内皮肽 10.145

endothelin-converting enzyme 内皮肽转化酶 03.473

endothelium-derived relaxing factor 内皮细胞源性血管舒

张因子 10.286

endotoxin 内毒素，＊细菌内毒素 02.768

end polishing 削平 12.627

end-product inhibition 终产物抑制 11.032

ENDR 电子-核双共振 12.379

energy barrier 能障 11.275

energy charge 能荷 11.276

energy metabolism 能量代谢 11.002

energy-rich bond 高能键 11.278

energy-rich phosphate 高能磷酸化合物 11.279

energy transfer 能量传递 11.277

engineered ribozyme 工程核酶，＊基因工程核酶 03.651

enhancer 增强子 05.113

enhancer element 增强子元件 05.114

enhancer trapping 增强子捕获 12.636

enhancesome 增强体 05.116

enhancosome 增强体 05.116

enhanson 增强元 05.115

enkephalin 脑啡肽 02.088

enkephalinase 脑啡肽酶 03.467

enolase 烯醇化酶 03.554

enolpyruvic acid 烯醇丙酮酸 11.105

5-enolpyruvylshikimate-3-phosphate synthase EPSP合酶，＊5-烯醇式丙酮酰莽草酸-3-磷酸合酶 03.220

enoyl CoA 烯脂酰辅酶A 11.141

entactin 巢蛋白 02.493

enterocrinin 促肠液蛋白，＊促肠液素 10.146

enterogastrone 肠抑胃肽，＊肠抑胃素 10.147

enteroglucagon 肠高血糖素 10.148

enterokinase 肠激酶 03.428

enterokinin 肠激肽 10.149

enteropeptidase ＊肠肽酶 03.428

enterostatin 肠抑肽 10.150

enterotoxin 肠毒素 02.784

entry site 进入位点 04.274

envelope glycoprotein 包膜糖蛋白 06.258

environmental hormone 环境激素 10.304

enzyme 酶 03.001

enzyme activity 酶活性 03.039

enzyme catalytic mechanism 酶催化机制 03.012

enzyme classification 酶分类 03.076

enzyme commission nomenclature 酶学委员会命名 03.077

enzyme electrode  酶电极  03.072

enzyme engineering  酶工程  03.074

enzyme immobilization  酶固定化  03.073

enzyme immunoassay  酶免疫测定  03.075

enzyme-inhibitor complex  酶-抑制剂复合物  03.033

enzyme kinetics  酶动力学，＊酶促反应动力学  03.006

enzyme-linked immunosorbent assay  酶联免疫吸附测定
12.524

enzyme multiplicity  酶多重性，＊酶多样性  03.031

enzyme polymorphism  酶多态性  03.032

enzyme system  酶系  03.035

enzyme-substrate complex  酶-底物复合物  03.034

enzyme unit  酶单位  03.040

enzymology  酶学  01.021

enzymolysis  酶解作用  03.038

eosinophil chemotactic peptide  嗜酸性粒细胞趋化性多
肽，＊嗜伊红粒细胞趋化性多肽  10.174

eosinophilopoietin  嗜酸性粒细胞生成素，＊嗜伊红粒细
胞生成素  10.175

eotaxin  嗜酸性粒细胞趋化因子  10.189

EPA  二十碳五烯酸  07.072

epiamastatin  表抑氨肽酶肽  03.712

epiCh  表胆固醇  07.171

epicholeslerol  表胆固醇  07.171

epidermal growth factor  表皮生长因子，＊上皮生长因
子  10.196

epidermin  表皮抗菌肽  02.139

epigenetic information  表观遗传信息  05.080

epigenetic regulation  表观遗传调节  05.079

epiligrin  表皮整联配体蛋白  02.739

epimer  差向异构体  01.213

epimerase  差向异构酶  03.571

epimerization  差向异构化  01.214

epinephrine  肾上腺素  10.138

epiregulin  上皮调节蛋白  10.201

episome  附加体  04.471

epithelial growth factor  表皮生长因子，＊上皮生长因子
10.196

epithelin  上皮因子  02.744

epitope  表位  01.157

EPO  促红细胞生成素  10.176

epoxide hydrolase  环氧化物[水解]酶  03.407

EPR  ＊电子顺磁共振  12.378

EPSP synthase  EPSP 合酶，＊5-烯醇式丙酮酰莽草酸-

3-磷酸合酶  03.220

equilibrium constant  平衡常数  01.227

equilibrium dialysis  平衡透析法  12.010

erabotoxin  半环扁尾蛇毒素  02.797

ErbB2 interacting protein  ＊ErbB2 结合蛋白质  02.745

Erbin  ＊ErbB2 结合蛋白质  02.745

ergocalciferol  ＊麦角钙化[固]醇  10.378

ergopeptide  麦角肽  02.103

ergosterol  麦角固醇  10.382

ergotoxin  麦角毒素  02.104

ERK  胞外信号调节激酶  03.295

error-prone PCR  易错聚合酶链反应，＊易错 PCR
12.315

erucic acid  [顺]芥子酸  07.077

erythro-configuration  赤[藓糖]型构型  06.020

erythrocruorin  无脊椎动物血红蛋白  02.604

erythrogenic acid  生红酸  07.060

erythrogenin  促红细胞生成素  10.176

erythroid-colony stimulating factor  红细胞集落刺激因子
10.194

erythroid Krüppel-like factor  红细胞克吕佩尔样因子
10.287

erythropoietin  促红细胞生成素  10.176

erythrose  赤藓糖  06.068

erythrulose  赤藓酮糖  06.070

esculin  七叶苷  06.117

E site  出口位，＊E 位  04.275

ESMS  电喷射质谱  12.369

ESR  电子自旋共振  12.378

essential amino acid  必需氨基酸  02.002

essential fatty acid  必需脂肪酸  07.030

EST  表达序列标签  12.637

esterase  酯酶  03.514

esterastin  抑酯酶素  03.713

estradiol  雌二醇  10.040

estrane  雌烷  10.043

estrin  雌激素  10.039

estriol  雌三醇  10.041

estrogen  雌激素  10.039

α-estrogen receptor  α 雌激素受体  10.276

estrone  雌酮  10.042

estrophilin  亲雌激素蛋白  02.325

ET  内皮肽  10.145

ethidium bromide  溴乙锭  12.422

ethylene 乙烯 10.331

ethylenediaminetetraacetic acid 乙二胺四乙酸 12.423

ethylene glycol bis(2-aminoethyl ether)tetraacetic acid 乙二醇双(2-氨基乙醚)四乙酸 12.424

*N*-ethylmaleimide *N*-乙基马来酰亚胺 08.115

euglobulin 优球蛋白 02.262

eukaryotic initiation factor 真核起始因子 05.258

eukaryotic vector 真核载体 12.823

excision nuclease 切除核酸酶 03.515

excitatory amino acid 兴奋性氨基酸 02.008

exendin 激动肽 02.101

exergonic reaction 放能反应 11.274

exfoliatin 脱落菌素 02.777

exine-held protein 外壁性蛋白质 02.502

exit site 出口位, *E 位 04.275

exo Ⅲ 外切核酸酶Ⅲ 03.345

exogenous gene 外源基因 04.481

exoglucanase 外切葡聚糖酶 03.372

exoglycosidase 外切糖苷酶 03.364

exon 外显子 05.054

exon duplication 外显子重复 05.057

exon insertion 外显子插入 05.055

exon shuffling 外显子混编 05.056

exon skipping 外显子跳读 05.058

exon trapping 外显子捕获 12.635

exonuclease 外切核酸酶 03.311

exonuclease Ⅲ 外切核酸酶Ⅲ 03.345

3′→5′exonucleolytic editing 3′→5′核酸外切编辑 04.470

exosome complex 外切体复合体 05.211

exotoxin 外毒素 02.769

expressed sequence tag 表达序列标签 12.637

expression cassette 表达组件 12.638

expression cloning 表达克隆 12.617

expression library 表达文库 12.683

expression plasmid 表达质粒 12.830

expression screening 表达筛选 12.639

expression vector 表达载体 12.816

expressivity 表达度, *表现度 05.005

extein 外显肽 02.077

extensin 伸展蛋白 02.546

extension 延伸 01.230

extracellular matrix [细]胞外基质 01.240

extracellular signal-regulated kinase 胞外信号调节激酶 03.295

extrachromosomal DNA 染色体外 DNA 04.342

extraction 抽提 12.522

extragenic promoter 基因外启动子 05.104

extrinsic protein *外在蛋白质 02.659

ezrin *埃兹蛋白 02.460

# F

facilitated diffusion 易化扩散, *促进扩散 08.124

FACS 荧光激活细胞分选仪 12.407

F-actin *F 肌动蛋白 02.435

ρ-factor ρ 因子 05.123

factor Xa cleavage site 凝血因子 Xa 切点 12.779

FAK 黏着斑激酶 03.287

familial hypercholesterolemia 家族性高胆固醇血症 07.246

familial hypobetalipoproteinemia 家族性低 β 脂蛋白血症 07.245

familial hypocholesterolemia 家族性低胆固醇血症 07.247

farnesol 法尼醇 07.196

farnesylcysteine 法尼基半胱氨酸 02.023

farnesyl pyrophosphate 法尼[基]焦磷酸 11.159

farnesyl transferase 法尼基转移酶 03.221

Farwestern blotting 蛋白质检测蛋白质印迹法, *Far-western 印迹法 12.278

fasciclin 成束蛋白 02.380

fascin 肌成束蛋白 02.431

fast protein liquid chromatography 快速蛋白质液相层析 12.197

fat-soluble vitamin 脂溶性维生素 10.341

fatty acid 脂肪酸 07.024

fatty acid-binding protein 脂肪酸结合蛋白质 02.235

fatty acid synthase 脂肪酸合酶 03.202

*N*-fatty acyl sphingosine *N*-脂酰鞘氨醇 07.137

FB5 antigen *FB5 抗原 06.260

fed-batch cultivation 补料分批培养 12.874

feedback inhibition 反馈抑制 03.030

Fehling reaction 费林反应 12.511

fermentation 发酵 01.238

fermenter　发酵罐　12.870

fermentor　发酵罐　12.870

ferredoxin　铁氧还蛋白　02.423

ferredoxin-NADP$^+$ reductase　铁氧还蛋白-NADP$^+$ 还原酶　03.167

ferric-chelate reductase　高铁螯合物还原酶　03.162

ferritin　铁蛋白　02.420

ferrochelatase　铁螯合酶，*亚铁螯合酶　03.568

fertilin　致育蛋白　02.364

ferulic acid　阿魏酸　07.039

feruloyl esterase　阿魏酸酯酶　03.323

Fe-S protein　铁硫蛋白质　02.421

α-fetoprotein　甲胎蛋白　02.298

fetuin　胎球蛋白，*α 球蛋白　02.299

FFA　*游离脂肪酸　07.025

FGF　成纤维细胞生长因子　10.197

fibrillarin　核仁纤维蛋白　02.564

fibrillin　原纤蛋白　02.637

fibrin　血纤蛋白　02.305

fibrinogen　血纤蛋白原　02.304

fibrinolysin　*纤维蛋白溶酶　03.425

fibrinopeptide　血纤肽　02.168

fibroblast growth factor　成纤维细胞生长因子　10.197

fibroglycan　纤维蛋白聚糖　06.301

fibroin　丝心蛋白　02.653

fibromodulin　纤调蛋白聚糖　06.289

fibronectin　纤连蛋白　02.329

fibrous protein　纤维状蛋白质　02.220

ficin　无花果蛋白酶　03.454

ficolin　纤胶凝蛋白　02.452

field-inversion gel electrophoresis　反转电场凝胶电泳　12.112

FIGE　反转电场凝胶电泳　12.112

filament bundling protein　纤丝成束蛋白质　02.330

filamentous actin　纤丝状肌动蛋白　02.435

filament severing protein　纤丝切割性蛋白质　02.331

filamin　细丝蛋白　02.475

filling-in　末端补平　12.628

film electrophoresis　薄膜电泳　12.133

filter hybridization　滤膜杂交　12.289

filtration　过滤　12.015

fimbrin　丝束蛋白　02.654

fingerprinting　指纹技术　12.640

first messenger　第一信使　09.005

Fischer projection　费歇尔投影式　06.018

FISH　荧光原位杂交　12.298

FITC　异硫氰酸荧光素　12.425

fixed enzyme　固定化酶　03.642

fixed phase　固定相　12.161

flagellin　鞭毛蛋白　02.547

flanking sequence　旁侧序列　04.229

flavin mononucleotide reductase　黄素单核苷酸还原酶　03.104

flavodoxin　黄素氧还蛋白　02.616

flavoenzyme　黄素酶　03.171

flavohemoglobin　黄素血红蛋白　02.615

flavone　黄酮　11.228

flavoprotein　黄素蛋白　02.614

flip-flop　翻转　08.137

flip-flop promoter　翻滚启动子　05.106

flow cytometry　流式细胞术　12.408

flowering hormone　开花激素　10.335

flow programmed chromatography　程序变流层析　12.214

flow-through electrophoresis　*流通电泳　12.091

fluid mosaic model　流动镶嵌模型　08.014

fluorescein isothiocyanate　异硫氰酸荧光素　12.425

fluorescence-activated cell sorter　荧光激活细胞分选仪　12.407

fluorescence analysis　荧光分析　12.405

fluorescence-based DNA sequencing　荧光法 DNA 测序　12.492

fluorescence in situ hybridization　荧光原位杂交　12.298

fluorescence spectrophotometer　荧光分光光度计　12.342

fluorescence spectrum　荧光光谱　12.406

fluorimeter　荧光计　12.341

fluorography　荧光显影　12.409

fluorometer　荧光计　12.341

fluorospectrophotometry　荧光分光光度法　12.350

5-fluorouracil　5-氟尿嘧啶　04.109

flush end　平端　04.237

fMet　甲酰甲硫氨酸　02.044

FMN reductase　黄素单核苷酸还原酶　03.104

FNR　铁氧还蛋白-NADP$^+$ 还原酶　03.167

focal adhesion kinase　黏着斑激酶　03.287

fodrin　胞衬蛋白　02.406

fold　折叠模式，*结构模体　02.205

foldase 折叠酶 03.623

fold-back DNA 折回 DNA 04.369

folding 折叠 01.088

folic acid 叶酸，＊蝶酰谷氨酸 10.361

Folin reagent 福林试剂 12.426

follicle stimulating hormone 促卵泡[激]素，＊促滤泡素 10.064

follicle stimulating hormone releasing factor ＊促滤泡素释放因子 10.085

follicle stimulating hormone releasing hormone 促卵泡激素释放素 10.085

folliliberin 促卵泡激素释放素 10.085

follistatin 促卵泡激素抑释素 10.072

follitropin 促卵泡[激]素，＊促滤泡素 10.064

foreign DNA 外源 DNA 04.354

formin 形成蛋白 02.595

θ-form replication θ 型复制 04.438

formylmethionine 甲酰甲硫氨酸 02.044

Forssman antigen ＊福斯曼抗原 06.278

forward mutation 正向突变 12.773

forward primer 正向引物 12.499

four-helix bundle 四螺旋束 02.180

Fourier transform 傅里叶变换 12.381

α-FP 甲胎蛋白 02.298

FPLC 快速蛋白质液相层析 12.197

FPP 法尼[基]焦磷酸 11.159

fractalkine 分形趋化因子 10.187

fractional precipitation 分级沉淀 12.007

fractionation 分级[分离] 12.005

fraction collector 分部收集器 12.244

fragmentin 片段化酶 03.516

fragmin 片段化蛋白 02.320

frame 框 05.240

frame hopping 框内跳译，＊跳码 05.266

frame overlapping ＊框重叠 05.245

frameshift 移码 05.242

frameshift mutation 移码突变 05.243

frameshift suppression 移框阻抑 05.267

frataxin 共济蛋白 02.290

free diffusion ＊自由扩散 08.125

free fatty acid ＊游离脂肪酸 07.025

free flow electrophoresis 自由流动电泳 12.091

free radical 自由基 11.307

freeze-drier 冻干仪 12.037

freeze-drying 冷冻干燥 12.036

freeze-etching 冷冻蚀刻 12.031

freeze-fracturing 冷冻撕裂 12.032

freeze-thaw 冻融 12.033

French cell press 弗氏细胞压碎器，＊均质机 12.034

FRF ＊促滤泡素释放因子 10.085

frog skin peptide 蛙皮肽 02.120

frontal chromatography 前沿层析 12.181

fructan 果聚糖 06.245

fructan β-fructosidase ＊果聚糖 β 果糖苷酶 03.401

fructofuranosidase 呋喃果糖苷酶 03.390

fructosan 果聚糖 06.245

fructose 果糖 06.080

fructose-1，6-bisphosphatase 果糖-1，6-双磷酸[酯]酶 03.330

fructose-1，6-bisphosphate 果糖-1，6-双磷酸 11.098

fructose-2，6-bisphosphate 果糖-2，6-双磷酸 11.099

fructose-1，6-diphosphatase ＊果糖-1，6-二磷酸[酯]酶 03.330

fructose-1，6-diphosphate ＊果糖-1，6-二磷酸 11.098

fructose-2，6-diphosphate ＊果糖-2，6-二磷酸 11.099

fructose-6-phosphate 果糖-6-磷酸 11.097

fructosidase 果糖苷酶 03.401

fructoside 果糖苷 06.118

FSH 促卵泡[激]素，＊促滤泡素 10.064

FSHRF ＊促滤泡素释放因子 10.085

F-type ATPase ＊F 型 ATP 酶 03.494

5-FU 5-氟尿嘧啶 04.109

fucan 岩藻多糖 06.247

fucoidan 岩藻多糖 06.247

fucoidin 岩藻多糖 06.247

fucose 岩藻糖 06.119

fucosidase 岩藻糖苷酶 03.398

fucosidosis 岩藻糖苷贮积症 06.059

fucosyltransferase 岩藻糖基转移酶 03.212

fumarase 延胡索酸酶 03.552

fumaric acid 延胡索酸，＊反丁烯二酸 11.118

fumarylacetoacetic acid 延胡索酰乙酰乙酸 11.221

functional genome 功能基因组 01.038

functional genomics 功能基因组学 01.025

furanoid acid 呋喃型酸 07.032

furanose 呋喃糖 06.063

furin 弗林蛋白酶，＊成对碱性氨基酸蛋白酶 03.441

fusion 融合 01.239

fusion gene 融合基因 12.641

fusion protein 融合蛋白 12.642

G 鸟苷 04.033

GA 神经节苷脂 07.148

GABA γ氨基丁酸 11.254

*gal* 半乳糖操纵子 05.094

galactan 半乳聚糖 06.231

galactin 催乳素，＊促乳素 10.066

galactocerebroside 半乳糖脑苷脂 07.153

galactoglucomannan 半乳葡萄甘露聚糖 06.194

galactokinase 半乳糖激酶 03.227

galactomannan 半乳甘露聚糖 06.250

galactosamine 半乳糖胺，＊氨基半乳糖 06.110

galactose 半乳糖 06.086

galactosemia 半乳糖血症 06.060

galactosialidosis 半乳糖唾液酸贮积症，＊半乳糖唾液酸代谢病 06.061

galactosidase 半乳糖苷酶 03.386

α-galactosidase α半乳糖苷酶 03.387

β-galactosidase β半乳糖苷酶 03.388

galactoside permease 半乳糖苷通透酶 03.624

galactoside transacetylase 半乳糖苷转乙酰基酶 03.198

galactosyl diglyceride 半乳糖甘油二酯 07.154

galactosyltransferase 半乳糖基转移酶 03.210

galanin 甘丙肽，＊神经节肽 02.106

galectin 半乳凝素 06.319

galline 鸡精蛋白 02.597

GalNAc *N*-乙酰半乳糖胺，＊*N*-乙酰氨基半乳糖 06.112

*gal* operon 半乳糖操纵子 05.094

gamma globulin 丙种球蛋白，＊γ球蛋白 02.260

gamone 交配素 10.313

ganglio-series 神经节系列 06.024

ganglioside 神经节苷脂 07.148

GAP GTP 酶激活蛋白质 02.285

gap 缺口 04.242

gap gene 裂隙基因，＊缺口基因 04.490

gas chromatography 气相层析 12.185

gas chromatography-mass spectrometry 气相层析-质谱联用 12.186

gas-liquid chromatography 气液层析 12.188

gas-phase protein sequencer 气相蛋白质测序仪 12.484

gas-solid chromatography 气固层析 12.190

gastric inhibitory polypeptide 肠抑胃肽，＊肠抑胃素 10.147

gastrin 促胃液素，＊胃泌素 10.151

gastrointestinal hormone 胃肠激素 10.152

gastrone 抑胃素 10.153

GC 气相层析 12.185

GC box GC 框 05.132

GC-MS 气相层析-质谱联用 12.186

GCP ＊粒细胞趋化肽 10.217

G-CSF 粒细胞集落刺激因子 10.191

GDGF 神经胶质瘤源性生长因子 10.184

GDI 鸟嘌呤核苷酸解离抑制蛋白 09.029

GDNF 胶质细胞源性神经营养因子 10.208

GDP 鸟苷二磷酸，＊鸟二磷 04.068

GEF 鸟嘌呤核苷酸交换因子 09.028

Geiger-Müller counter 盖革-米勒计数器，＊盖革计数器 12.402

Geiger-Müller tube 盖革-米勒[计数]管 12.403

gelatin 明胶 02.639

gel autoradiograph 凝胶放射自显影 12.851

gel electrophoresis 凝胶电泳 12.097

gel [filtration] chromatography 凝胶[过滤]层析 12.215

gel mobility shift assay 凝胶迁移率变动分析 12.103

gelonin 多花白树毒蛋白 02.807

gel permeation chromatography ＊凝胶渗透层析 12.215

gel retardation assay ＊凝胶阻滞分析 12.103

gel-shift binding assay ＊凝胶移位结合分析 12.103

gelsolin 凝溶胶蛋白 02.724

gene 基因 04.476

gene amplification 基因扩增 04.528

gene analysis 基因分析 12.643

gene augmentation therapy 基因增强治疗 12.644

gene chip 基因芯片 12.651

gene cloning 基因克隆 12.616

gene cluster 基因簇 04.529

gene copy 基因拷贝 05.030

GIH 促生长素抑制素，＊生长抑素 10.087

GIP 肠抑胃肽，＊肠抑胃素 10.147

Gla γ羧基谷氨酸 11.255

GLC 气液层析 12.188

GlcNAc N-乙酰葡糖胺，＊N-乙酰氨基葡糖 06.111

gliadin 麦醇溶蛋白 02.625

glial cell derived neurotrophic factor 胶质细胞源性神经营养因子 10.208

glial fibrillary acidic protein 胶质细胞原纤维酸性蛋白 02.636

glial filament acidic protein ＊胶质纤丝酸性蛋白质 02.636

glial growth factor 胶质细胞生长因子 10.183

glioma-derived growth factor 神经胶质瘤源性生长因子 10.184

Gln 谷氨酰胺 02.028

global regulation 全局调节，＊全局调控 01.129

globin 珠蛋白 02.336

globo-series 球系列，＊红细胞系列糖鞘脂 06.025

globoside 红细胞糖苷脂 07.155

globular actin ＊G肌动蛋白 02.434

globular protein 球状蛋白质 02.221

globulin 球蛋白 02.259

Glu 谷氨酸 02.027

glucagon 胰高血糖素 10.168

glucagon-like peptide ＊胰高血糖素样肽 10.148

glucan 葡聚糖 06.188

glucanase 葡聚糖水解酶 03.517

glucoamylase 葡糖淀粉酶 03.368

glucocerebrosidase 葡糖脑苷脂酶 03.395

glucocerebroside 葡糖脑苷脂，＊葡糖苷神经酰胺 07.156

glucocorticoid 糖皮质[激]素 10.019

glcocorticosteroid 糖皮质[激]素 10.019

glucogenic amino acid 生糖氨基酸 02.006

glucokinase 葡糖激酶 03.226

glucomannan 葡甘露聚糖 06.251

gluconeogenesis 糖异生 11.127

gluconic acid 葡糖酸 06.120

gluconolactone 葡糖酸内酯 06.121

glucosamine 葡糖胺，＊氨基葡糖 06.109

glucosaminoglycan 葡糖胺聚糖 06.236

glucosan 葡聚糖 06.188

glucose 葡萄糖 06.079

glucose-alanine cycle 葡萄糖-丙氨酸循环 11.128

glucose effect 葡糖效应 11.094

glucose homeostasis 血糖稳态 06.057

glucose isomerase 葡糖异构酶 03.580

glucose oxidase 葡糖氧化酶 03.088

glucose-1-phosphate 葡糖-1-磷酸 11.096

glucose-6-phosphate 葡糖-6-磷酸 11.095

glucose-6-phosphate dehydrogenase 葡糖-6-磷酸脱氢酶 03.081

glucose-phosphate isomerase 磷酸葡糖异构酶 03.581

glucose transporter 葡糖转运蛋白 06.138

glucosidase 葡糖苷酶 03.382

α-glucosidase α葡糖苷酶 03.383

β-glucosidase β葡糖苷酶 03.384

glucosylation 葡糖基化 06.039

glucosylceramidase ＊葡糖神经酰胺酶 03.395

glucosyltransferase 葡糖基转移酶 03.288

glucuronic acid 葡糖醛酸 06.113

glucuronolactone 葡糖醛酸内酯 06.122

glucuronyl 葡糖醛酸基 06.123

glumitocin 软骨鱼催产素 10.112

glutamate synthase 谷氨酸合酶 03.098

glutamic acid 谷氨酸 02.027

glutamic-oxaloacetic transaminase 谷草转氨酶 03.223

glutamic-pyruvic transaminase 谷丙转氨酶 03.224

glutaminase 谷氨酰胺酶 03.476

glutamine 谷氨酰胺 02.028

γ-glutamyl cycle γ谷氨酰循环 11.257

glutaredoxin 谷氧还蛋白 02.388

glutathione peroxidase 谷胱甘肽过氧化物酶 03.140

glutathione reductase 谷胱甘肽还原酶 03.121

glutelin 谷蛋白 02.623

glutenin 麦谷蛋白 02.629

Gly 甘氨酸 02.032

glycan 聚糖 06.006

N-glycan N-聚糖 06.007

O-glycan O-聚糖 06.008

glycan-phosphatidyl inositol 聚糖磷脂酰肌醇 07.128

glycation 糖化 06.035

glycentin 活性肠高血糖素 10.160

glyceraldehyde-3-phosphate 甘油醛-3-磷酸 11.100

glyceraldehyde-3-phosphate dehydrogenase 甘油醛-3-磷酸脱氢酶 03.090

glycerate pathway 甘油酸途径 11.131

glycerate-3-phosphate 甘油酸-3-磷酸 11.102

glyceric acid 甘油酸 11.195

glyceride 甘油酯 07.089

glycerin 甘油 07.088

glycerol 甘油 07.088

glycerolipid 甘油脂质 07.093

glycerophosphate 甘油磷酸 07.112

α-glycerophosphate cycle α甘油磷酸循环 11.291

glycerophosphatide 甘油磷脂 07.115

glycerophosphocholine 甘油磷酰胆碱 07.129

glycerophosphoethanolamine 甘油磷酰乙醇胺 07.130

glycerophosphoryl choline 甘油磷酰胆碱 07.129

glycerophosphoryl ethanolamine 甘油磷酰乙醇胺 07.130

glycinamide ribonucleotide 甘氨酰胺核糖核苷酸 11.265

glycine 甘氨酸 02.032

glycinin 大豆球蛋白 02.607

glycobiology 糖生物学 01.022

glycocalyx 糖萼，*多糖包被 06.270

glycoconjugate 糖缀合物，*糖复合体 06.255

glycoform 糖形 06.028

glycogen 糖原 06.205

glycogenesis 糖原生成 11.126

glycogen 6-glucanohydrolase *糖原-6-葡聚糖水解酶 03.400

glycogenic amino acid 生糖氨基酸 02.006

glycogenin 糖原蛋白 06.256

glycogenolysis 糖原分解 11.125

glycoglyceride 糖基甘油酯 07.111

glycolaldehydetransferase *转羟乙醛基酶 03.192

glycolipid 糖脂 07.146

glycollic acid 乙醇酸 11.201

N-glycolylneuraminic acid N-羟乙酰神经氨酸 06.145

glycolysis 糖酵解 11.091

glycome 糖组 01.045

glycomics 糖组学 01.031

glycomimetics 拟糖物 06.015

glycone 糖基 06.047

glycopeptide 糖肽 06.014

glycophorin 血型糖蛋白，*载糖蛋白 06.259

glycoprotein 糖蛋白 02.695

glycosaminoglycan 糖胺聚糖 06.012

glycosaminoglycan-binding protein 糖胺聚糖结合蛋白质 06.327

glycoside 糖苷 06.046

glycosidic bond 糖苷键 06.049

glycosphingolipid 鞘糖脂 07.147

glycosyl acylglycerol *糖基脂酰甘油 07.111

glycosylated protein 糖基化蛋白质 06.271

glycosylation 糖基化 06.036

N-glycosylation N-糖基化 06.037

O-glycosylation O-糖基化 06.038

glycosylphosphatidyl inositol 糖基磷脂酰肌醇 06.276

glycosylsphingolipid 鞘糖脂 07.147

glycosyltransferase 糖基转移酶 03.207

glycotype 糖型 06.029

glycyrrhizin 甘草皂苷，*甘草甜素 11.173

glyoxylate cycle 乙醛酸循环 11.122

glyoxylate shunt 乙醛酸支路 11.123

glyoxylic acid 乙醛酸 11.194

glyoxysome 乙醛酸循环体 11.124

glypiation 糖基磷脂酰肌醇化 06.277

glypican 磷脂酰肌醇蛋白聚糖 06.291

GM counter 盖革-米勒计数器，*盖革计数器 12.402

GM-CSF 粒细胞巨噬细胞集落刺激因子 10.193

GMO 遗传修饰生物体 12.696

GMP 鸟苷一磷酸，*鸟一磷 04.067

GnRH 促性腺素释放[激]素 10.071

GOGAT 谷氨酸合酶 03.098

golgin 高尔基体蛋白 02.455

gonadal hormone 性激素 10.027

gonadoliberin 促性腺素释放[激]素 10.071

gonadotropic hormone 促性腺[激]素 10.062

gonadotropin 促性腺[激]素 10.062

gonadotropin releasing hormone 促性腺素释放[激]素 10.071

gossypol 棉酚 11.172

GOT 谷草转氨酶 03.223

GPC *凝胶渗透层析 12.215

GPE 甘油磷酰乙醇胺 07.130

GPI 糖基磷脂酰肌醇 06.276

G-PI 聚糖磷脂酰肌醇 07.128

G-protein G蛋白 09.026

G-protein coupled receptor G蛋白偶联受体 09.027

G-protein regulatory protein G蛋白调节蛋白质 02.286

GPT 谷丙转氨酶 03.224

GPx 谷胱甘肽过氧化物酶 03.140

gradient centrifugation 梯度离心 12.071

gradient electrophoresis 梯度电泳 12.135

gradient elution 梯度洗脱 12.169

gradient elution chromatography 梯度洗脱层析 12.218

gradient former 梯度形成器 12.245

gradient gel electrophoresis 梯度凝胶电泳 12.114

gramicidin 短杆菌肽 02.163

grancalcin 颗粒钙蛋白 02.318

granin 颗粒蛋白 02.316

granuliberin 颗粒释放肽 02.131

granulin 颗粒体蛋白 02.317

granulocyte chemotactic peptide *粒细胞趋化肽 10.217

granulocyte colony stimulating factor 粒细胞集落刺激因子 10.191

granulocyte-macrophage colony stimulating factor 粒细胞巨噬细胞集落刺激因子 10.193

Greek key motif 希腊钥匙模体 02.209

green fluorescence protein 绿色荧光蛋白 12.691

gRNA 指导 RNA 05.204

growing fork *生长叉 04.446

growth factor 生长因子 10.195

growth hormone 促生长素，*生长激素 10.058

growth hormone regulatory hormone *生长激素调节激素 10.084

growth hormone release inhibiting hormone 促生长素抑制素，*生长抑素 10.087

GRP78 *78 kDa 葡糖调节蛋白 02.274

GSC 气固层析 12.190

GSH-Px 谷胱甘肽过氧化物酶 03.140

GT-AG rule GT-AG 法则 04.308

GTH 促性腺[激]素 10.062

GTP 鸟苷三磷酸，*鸟三磷 04.069

GTPase-activating protein GTP 酶激活蛋白质 02.285

GTP binding protein *GTP 结合蛋白质 09.026

guanidinoacetic acid 胍乙酸 11.197

guanine 鸟嘌呤 04.015

guanine nucleotide binding protein *鸟嘌呤核苷酸结合蛋白质 09.026

guanine nucleotide dissociation inhibitor 鸟嘌呤核苷酸解离抑制蛋白 09.029

guanine nucleotide exchange factor 鸟嘌呤核苷酸交换因子 09.028

guanosine 鸟苷 04.033

guanosine diphosphate 鸟苷二磷酸，*鸟二磷 04.068

guanosine monophosphate 鸟苷一磷酸，*鸟一磷 04.067

guanosine triphosphate 鸟苷三磷酸，*鸟三磷 04.069

guanylic acid 鸟苷酸 04.066

guanylin 鸟苷肽 02.105

guide RNA 指导 RNA 05.204

guide sequence 指导序列 05.205

gulose 古洛糖 06.087

gustin 味[多]肽 02.112

gynocardic acid 大枫子酸 07.046

gypsophilin 丝石竹毒蛋白 02.805

# H

HA 血凝素，*红细胞凝集素 06.321，羟基磷灰石 12.431

haemerythrin 蚯蚓血红蛋白 02.348

haemocyanin 血蓝蛋白 02.358

haemoglobin 血红蛋白 02.339

β-hairpin β 发夹 02.187

hairpin loop 发夹环 04.226

hairpin structure 发夹结构 04.225

haptoglobin 触珠蛋白 02.338

HAT medium HAT 培养基 12.875

Haworth projection 哈沃斯投影式 06.019

Hb 血红蛋白 02.339

HCG 人绒毛膜促性腺素 10.065

HD 同源异形域 05.138

HDL 高密度脂蛋白 07.230

HDL-Ch 高密度脂蛋白胆固醇 07.234

HDL-cholesterol 高密度脂蛋白胆固醇 07.234

HDP 螺旋去稳定蛋白质 02.526

heat shock gene 热激基因，*热休克基因 04.480

heat shock protein 热激蛋白 02.528

helical structure 螺旋结构 01.065

helicity 螺旋度 01.066

helicorubin 蠕虫血红蛋白 02.349

α-helix α 螺旋 02.184

β-helix　β螺旋　02.188

α-helix bundle　α螺旋束　02.185

helix-destabilizing protein　螺旋去稳定蛋白质　02.526

helix-loop-helix motif　螺旋-环-螺旋模体　02.200

helix parameter　螺旋参数　01.067

help bacteriophage　辅助噬菌体　12.835

helper phage　辅助噬菌体　12.835

help virus　辅助病毒　12.838

hemagglutinin　血凝素，*红细胞凝集素　06.321

hematin　高铁血红素　11.311

hematopoietic cytokine　造血细胞因子　10.202

hematopoietic growth factor　造血生长因子　10.203

heme　血红素　11.310

hemerythrin　蚯蚓血红蛋白　02.348

hemiacetal　半缩醛　06.042

hemicellulose　半纤维素　06.216

hemiketal　半缩酮　06.044

hemi-nested PCR　半巢式聚合酶链反应，*半巢式 PCR
　12.306

hemochromoprotein　血色蛋白　02.333

hemocyanin　血蓝蛋白　02.358

hemoflavoprotein　血红素黄素蛋白　02.341

hemoglobin　血红蛋白　02.339

hemopexin　血色素结合蛋白　02.334

hemopoietic cytokine　造血细胞因子　10.202

hemopoietic growth factor　造血生长因子　10.203

hemoporphyrin　血卟啉　11.321

hemoprotein　血红素蛋白质　02.340

hemosiderin　血铁黄素蛋白　02.342

heparan sulfate　硫酸乙酰肝素，*硫酸类肝素　06.223

heparin　肝素　06.222

hepatoalbumin　肝清蛋白　02.246

hepatocyte growth factor　肝细胞生长因子　10.204

hepatoglobulin　肝球蛋白　02.266

heptaose　七糖　06.180

heptose　庚糖　06.095

herculin　力蛋白，*成肌蛋白因子6　02.385

heregulin　调蛋白　02.745

heteroduplex　异源双链　12.692

heteroduplex analysis　异源双链分析　12.694

heterogeneity　不均一性　01.219

heterogeneous nuclear RNA　核内不均一 RNA，*核内异
　质 RNA　04.144

heterolipid　复合脂　07.003

heterologous gene　异源基因　04.482

heterologous translational system　异源翻译系统　12.708

heterophil antigen　嗜异性抗原　06.278

heteropolysaccharide　杂多糖　06.206

heterotropic effect　异促效应　01.109

hexaose　六糖　06.179

hexosamine　己糖胺　06.088

hexosaminidase　氨基己糖苷酶　03.518

hexosan　己聚糖　06.010

hexose　己糖，*六碳糖　06.076

hexose monophosphate shunt　*己糖磷酸支路　11.110

hexulose　己酮糖　06.078

HGF　肝细胞生长因子　10.204

HGP　人类基因组计划　01.252

HGPRT　次黄嘌呤鸟嘌呤磷酸核糖基转移酶　03.216

HIF　缺氧诱导因子　10.222

high density lipoprotein　高密度脂蛋白　07.230

high energy phosphate bond　高能磷酸键　11.280

highly repetitive DNA　高度重复 DNA　04.377

high-mannose oligosaccharide　高甘露糖型寡糖　06.183

high-mobility group protein　高速泳动族蛋白　02.569

high-performance affinity chromatography　高效亲和层析
　12.232

high performance liquid chromatography　高效液相层析
　12.194

high pressure liquid chromatography　*高压液相层析
　12.194

high speed centrifugation　高速离心　12.060

high throughput capillary electrophoresis　高通量毛细管电
　泳　12.131

high voltage electron microscope　高压电镜　12.337

high voltage electrophoresis　高压电泳　12.122

Hill equation　希尔方程　12.391

Hill plotting　希尔作图法　12.392

hippocalcin　海马钙结合蛋白　02.396

hippuric acid　马尿酸　11.193

hirudin　水蛭素　02.804

His　组氨酸　02.033

his　组氨酸操纵子　05.098

hisactophilin　富组亲动蛋白　02.447

his operon　组氨酸操纵子　05.098

histamine　组胺　11.250

histidine　组氨酸　02.033

histidine-tag　组氨酸标签　12.695

histidinol 组氨醇 11.251

histone 组蛋白 02.568

HLH motif 螺旋-环-螺旋模体 02.200

HLPG ＊透明质酸和凝集素结合的调制蛋白聚糖 06.292

HMG 人绝经促性腺素 10.068

HMG-CoA β-羟[基]-β-甲戊二酸单酰辅酶 A 11.152

HMG protein 高速泳动族蛋白 02.569

hnRNA 核内不均—RNA，＊核内异质 RNA 04.144

Hogness box ＊霍格内斯框 05.133

hollow fiber 中空纤维 12.021

holoenzyme 全酶 03.002

holoprotein 全蛋白质 02.224

homeobox 同源异形框 05.137

homeodomain 同源异形域 05.138

homeodomain protein ＊同源域蛋白质 02.505

homeoprotein 同源异形蛋白质 02.505

homeotic gene 同源异形基因，＊同源异形域编码基因，＊Hox 基因 05.139

homing intein 归巢内含肽 02.076

homing receptor 归巢受体 09.030

homoarginine 高精氨酸 02.016

homochromatography 同系层析 12.219

homocysteine 高半胱氨酸 02.022

homocystine 高胱氨酸 02.025

homoduplex 同源双链体 12.693

homogeneity 均一性 01.218

homogenizer 匀浆器 12.035

homogentisic acid 尿黑酸 11.220

homoisoleucine 高异亮氨酸 02.037

homolipid 单脂 07.002

homolog 同源物 01.165，同系物 01.166

homologous gene 同源基因 04.483

homologous protein 同源蛋白质 02.218

homologous recombination 同源重组 05.045

homology 同源性 01.191

homopolymeric tailing 同聚物加尾 12.697

homopolysaccharide 同多糖 06.248

homoserine 高丝氨酸 02.020

homotropic effect 同促效应 01.108

Hoogsteen base pairing 胡斯坦碱基配对 04.203

Hopp-Woods analysis 霍普-伍兹分析 12.451

hordein 大麦醇溶蛋白 02.626

horizontal slab gel electrophoresis 水平板凝胶电泳 12.110

hormone 激素 10.001

hormone conjugate 激素缀合物 10.003

hormone nuclear receptor 激素核受体 10.005

hormone receptor 激素受体 10.006

hormone response element 激素应答元件 10.008

hormone signaling 激素信号传送 10.009

hormonogen 激素原 10.007

hormonogenesis 激素生成 10.010

hormonoprivia 激素缺乏症 10.011

hormonosis 激素过多症 10.012

horseradish peroxidase 辣根过氧化物酶 03.136

hot start 热启动 12.698

house-keeping gene 管家基因，＊持家基因 04.485

Hox 同源异形框 05.137

Hox gene 同源异形基因，＊同源异形域编码基因，＊Hox 基因 05.139

HPAC 高效亲和层析 12.232

HPLC 高效液相层析 12.194，＊高压液相层析 12.194

HRE 激素应答元件 10.008

HRG 调蛋白 02.745

HRP 辣根过氧化物酶 03.136

Hsp 热激蛋白 02.528

human amphiregulin 人两栖调节素 10.221

human chorionic gonadotropin 人绒毛膜促性腺素 10.065

human genome project 人类基因组计划 01.252

human menopausal gonadotropin 人绝经促性腺素 10.068

humoral factor 体液因子 09.031

huntingtin 亨廷顿蛋白 02.291

HVEM 高压电镜 12.337

hyalectan 透凝蛋白聚糖 06.292

hyaluronan 透明质酸 06.224

hyaluronan- and lectin-binding modular proteoglycan ＊透明质酸和凝集素结合的调制蛋白聚糖 06.292

hyaluronic acid 透明质酸 06.224

hyaluronidase 透明质酸酶 03.393

hybrid 杂合体 01.167，杂交体 01.168

hybridization 杂交 12.284

hybridization-competition assay 竞争杂交分析 12.297

hybridization probe 杂交探针 12.568

hybridization stringency 杂交严格性 12.299

hybrid molecule 杂交分子 04.259

hybrid nucleic acid 杂交核酸 04.258

hybrid promoter 杂合启动子 12.699

hydratase 水合酶 03.625

hydrazinolysis 肼解 12.457

hydrocortisone 氢化可的松 10.022

hydrogenase 氢化酶 03.141

hydrogen bond 氢键 01.059

hydrolase 水解酶 03.308

hydrolysis 水解 07.017

hydrolytic enzyme 水解酶 03.308

hydropathy plot 疏/亲水性[分布]图 02.203

hydropathy profile 疏/亲水性[分布]图 02.203

hydrophilicity 亲水性 01.188

hydrophobic chromatography 疏水层析 12.223

hydrophobic interaction 疏水作用 01.064

hydrophobicity 疏水性 01.189

N-hydroxy-2-acetamidofluorene reductase N-羟基-2-乙酰胺基芴还原酶 03.113

N-hydroxyacetylneuraminic acid N-羟乙酰神经氨酸 06.145

hydroxyapatite 羟基磷灰石 12.431

β-hydroxybutyric acid β羟丁酸 11.146

25-hydroxycholecalciferol 25-羟胆钙化醇 10.380

17-hydroxycorticosteroid 17-羟皮质类固醇 10.016

hydroxylamine reductase 羟胺还原酶 03.112

hydroxylase 羟化酶 03.172

hydroxylmethyl transferase 羟甲基转移酶 03.186

hydroxylysine 羟赖氨酸 02.040

β-hydroxy-β-methylglutaryl-CoA β-羟[基]-β-甲戊二酸单酰辅酶 A 11.152

3-hydroxy-3-methylglutaryl coenzyme A reductase 3-羟

[基]-3-甲戊二酸单酰辅酶 A 还原酶 03.085

hydroxynervonic acid 羟基神经酸 07.080

hydroxyproline 羟脯氨酸 02.031

hydroxypyruvate phosphate 羟基磷酸丙酮酸 11.202

hydroxypyruvate reductase 羟基丙酮酸还原酶 03.082

5-hydroxytryptophane 5-羟色氨酸 11.243

hygromycin B 潮霉素 B 12.438

Hyl 羟赖氨酸 02.040

hylambatin 援木蛙肽 02.136

Hyp 羟脯氨酸 02.031

hyperchromic effect 增色效应 04.302

hypercrine 内分泌功能亢进 10.013

hyperfiltration 超滤 12.017

hyperfiltration membrane 超滤膜 12.019

hyperlipemia *高脂血症 07.241

hyperreiterated DNA 高度重复 DNA 04.377

hypochromic effect 减色效应 04.303

hypophysin 垂体后叶激素 10.107

hyporetin 食欲肽 10.156

hypotaurine 亚牛磺酸 11.212

hypothalamic factor *下丘脑因子 10.078

hypothalamic hormone 下丘脑激素 10.078

hypothalamic regulatory peptide *下丘脑调节肽 10.078

hypoxanthine 次黄嘌呤 04.017

hypoxanthine deoxyriboside *次黄嘌呤脱氧核苷 04.097

hypoxanthine-guanine phosphoribosyltransferase 次黄嘌呤鸟嘌呤磷酸核糖基转移酶 03.216

hypoxanthine riboside *次黄嘌呤核苷 04.035

hypoxanthosine *次黄苷 04.035

hypoxia-inducible factor 缺氧诱导因子 10.222

# I

IAA 吲哚-3-乙酸，*吲哚乙酸 10.329

IκB kinase IκB 激酶 03.290

ICE 离子排斥层析 12.228

ichthulin 鱼卵磷蛋白 02.718

ichthylepidin 鱼鳞硬蛋白 02.606

IDL 中密度脂蛋白 07.232

idling reaction 空载反应 05.283

idose 艾杜糖 06.089

IDP 肌苷二磷酸 04.095

iduronic acid 艾杜糖醛酸 06.124

IEC 离子交换层析 12.224

IEF *等电聚焦电泳 12.137

IEM 免疫电镜术 12.332

IFN 干扰素 10.223

Ig 免疫球蛋白 02.270

IgG 免疫球蛋白 G 02.271

inside-out regulation　由内向外调节　09.012

inside-out signaling　由内向外信号传送　09.011

*in situ* hybridization　原位杂交　12.287

*in situ* PCR　原位聚合酶链反应，＊原位 PCR　12.316

*in situ* synthesis　原位合成　12.534

insulator　绝缘子　05.120

insulin　胰岛素　10.163

insulinotropin　促胰岛素，＊胰岛素调理素　10.164

insulin receptor substrate　胰岛素受体底物　10.246

insulin receptor substrate-1　胰岛素受体底物 1　09.033

integral protein　整合蛋白质　02.660

integrase　整合酶　03.626

integrin　整联蛋白　02.489

intein　内含肽　02.075

intensifying screen　增感屏　12.853

interactome　相互作用物组　01.046

interactomics　相互作用物组学　01.032

intercistronic region　顺反子间区　05.050

interferon　干扰素　10.223

interferon-γ inducing factor　＊γ 干扰素诱生因子　10.220

intergenic recombination　基因间重组　05.027

intergenic region　基因间区，＊IG 区　05.049

intergenic suppression　基因间阻抑　05.028

interleukin　白[细胞]介素　10.210

interleukin-1　白介素-1　10.211

interleukin-2　白介素-2　10.212

interleukin-3　白介素-3　10.213

interleukin-4　白介素-4　10.214

interleukin-5　白介素-5　10.215

interleukin-6　白介素-6　10.216

interleukin-8　白介素-8　10.217

interleukin-11　白介素-11　10.218

interleukin-13　白介素-13　10.219

interleukin-18　白介素-18　10.220

intermediary metabolism　中间代谢　11.006

intermediate density lipoprotein　中密度脂蛋白　07.232

internalization　内化　08.131

internal mixed functional oxidase　＊内混合功能氧化酶　03.145

internal monooxygenase　＊内单加氧酶　03.145

internal promoter　内部启动子　05.105

intersectin　交叉蛋白　02.485

interspersed repeat sequence　散在重复序列，＊散布重复序列　05.076

intervening sequence　间插序列　04.227

intracellular receptor　细胞内受体　09.041

intracrine　胞内分泌　10.307

intragenic promoter　基因内启动子　05.105

intragenic suppression　基因内阻抑　05.029

intrinsic protein　＊内在蛋白质　02.660

intrinsic terminator　内在终止子　05.122

intron　内含子　05.059

intron branch point　内含子分支点　05.187

intron-encoded endonuclease　内含子编码核酸内切酶　03.519

intron homing　内含子归巢　05.060

intron lariat　内含子套索　05.188

inulin　菊糖，＊菊粉　06.246

inverse PCR　反向聚合酶链反应，＊反向 PCR　12.323

invertase　＊转化酶　03.390

inverted repeat　反向重复[序列]　04.317

inverted terminal repeat　末端反向重复[序列]　04.318

*in vitro*　体外　12.701

*in vitro* packaging　体外包装　12.840

*in vitro* recombination　体外重组　12.702

*in vitro* transcription　体外转录　12.703

*in vitro* translation　体外翻译　12.704

*in vivo*　体内　12.700

involucrin　内披蛋白，＊囊包蛋白　02.541

iodine number　碘值　07.020

iodine value　碘值　07.020

iodopsin　视青质，＊视紫蓝质　02.556

ion channel　离子通道　08.023

ion channel protein　离子通道蛋白　08.084

ion chromatography exclusion　离子排斥层析　12.228

ion exchange chromatography　离子交换层析　12.224

ion exchanger　离子交换剂　12.246

ion exchange resin　离子交换树脂　12.247

ion exclusion chromatography　离子排斥层析　12.228

ionic bond　离子键　01.063

ionophore　离子载体　08.133

ionotropic receptor　离子通道型受体　09.042

ion pair chromatography　离子配对层析，＊离子相互作用层析　12.227

ion-pairing chromatography　离子配对层析，＊离子相互作用层析　12.227

ion retardation 离子阻滞 12.535

iontophoresis 离子透入 12.861

ion transporter 离子转运蛋白 08.085

IP₃ 肌醇三磷酸 11.170

iPCR 反向聚合酶链反应，*反向 PCR 12.323

IPP 异戊烯焦磷酸 11.156

IPTG 异丙基硫代-β-D-半乳糖苷 12.428

iron binding globulin 运铁蛋白 02.416

iron-molybdenum protein 含铁钼蛋白质 02.426

iron protein 含铁蛋白质 02.425

iron-sulphur protein 铁硫蛋白质 02.421

irreversible inhibition 不可逆抑制 03.019

IRS 胰岛素受体底物 10.246

IRS-1 胰岛素受体底物1 09.033

isanic acid *十八碳烯炔酸 07.060

isoacceptor tRNA 同工 tRNA 04.137

isoallel 同等位基因 04.491

isoamylase 异淀粉酶 03.400

isocaudarner 同尾酶 03.520

isocitric acid 异柠檬酸 11.114

isodensity centrifugation 等密度离心 12.074

isodesmosine 异锁链素 02.083

isoelectric focusing 等电聚焦 12.137

isoelectric focusing electrophoresis *等电聚焦电泳 12.137

isoelectric point 等电点 02.211

isoenzyme 同工酶 03.004

isoflavone 异黄酮 11.229

isoglobo-series 异球系列，*异红细胞系列糖鞘脂 06.026

isohormone 同工激素 10.002

isoionic point 等离子点 02.212

isolectin 同工凝集素，*同族凝集素 06.311

isoleucine 异亮氨酸 02.036

isomer 异构体 01.205

isomerase 异构酶 03.570

isomerism 异构现象 01.201

isomerization 异构化 01.202

isomorph 同形体 01.169

isopentenyl-diphosphate △³-△²-isomerase 异戊烯二磷酸 △³-△² 异构酶 03.582

isopentenyl pyrophosphate 异戊烯焦磷酸 11.156

isopeptide bond 异肽键 02.056

isoprene 异戊二烯 10.389

isoprenoid 类异戊二烯 10.390

isoprenylation 异戊二烯化，*戊二烯化 10.391

isopropylthio-β-D-galactoside 异丙基硫代-β-D-半乳糖苷 12.428

isoprotein 同工蛋白质 02.217

isopycnic centrifugation 等密度离心 12.074

isoschizomer 同切点酶，*同切点限制性核酸内切酶 03.521

isotachophoresis 等速电泳 12.139

isotope exchange method 同位素交换法 12.537

isotope labeling 同位素标记 12.546

isotopic labeling 同位素标记 12.546

isotopic tagging 同位素示踪 12.545

isotopic tracer 同位素示踪物 12.543

isotopic tracing 同位素示踪 12.545

isotype 同种型 01.158

ITP 肌苷三磷酸 04.096

ITR 末端反向重复[序列] 04.318

I-type lectin Ⅰ型凝集素 06.317

IV 碘值 07.020

IVS 间插序列 04.227

# J

JA 茉莉酸 10.336

jasmonic acid 茉莉酸 10.336

jecorin 肝糖磷脂 07.131

jelly roll 胶冻卷 02.194

JH 保幼激素，*咽侧体激素 10.297

JNK c-Jun 氨基端激酶 03.291

jumping library 跳查文库 12.689

junctin 接头蛋白 02.488

junction 衔接点 01.172，接界 01.173

junk DNA "无用"DNA 04.370

juvenile hormone 保幼激素，*咽侧体激素 10.297

juxtamembrane domain 近膜域 09.066

# K

kafirin 高粱醇溶蛋白 02.628

kainic acid 红藻氨酸 02.050

kairomone 利他素，*益它素 10.317

kalinin 缰蛋白，*V型层粘连蛋白 02.708

kallidin 胰激肽，*赖氨酰缓激肽 10.180

kallidinogen 胰激肽原 10.165

kallikrein 激肽释放酶 03.431

kanamycin 卡那霉素 12.442

Kat 开特 03.041

Katal 开特 03.041

katanin 剑蛋白 02.521

kaurene 贝壳杉烯 11.171

kb 千碱基 04.009

kbp 千碱基对 04.008

78 kDa glucose-regulated protein *78 kDa葡糖调节蛋白 02.274

KDEL receptor KDEL受体 08.090

kemptide 肯普肽 02.099

kentsin 肯特肽，*避孕四肽 02.098

kerasin *角苷脂 07.156

keratan sulfate 硫酸角质素 06.225

keratin 角蛋白 02.645

keratinase 角蛋白酶 03.522

keratinocyte growth factor 角质细胞生长因子 10.200

keratocan 角蛋白聚糖 06.307

ketal 缩酮 06.043

ketoacyl CoA 酮脂酰辅酶A 11.142

α-ketobutyric acid α酮丁酸 11.203

keto-enol tautomerism 酮-烯醇互变异构 11.054

ketogenesis 生酮作用 11.143

ketogenic amino acid 生酮氨基酸 02.005

ketogenic and glycogenic amino acid 生酮生糖氨基酸 02.007

ketogenic hormone 生酮激素 10.172

α-ketoglutaric acid α酮戊二酸 11.115

ketohexose 己酮糖 06.078

ketone body 酮体 11.144

ketose 酮糖 06.045

17-ketosteroid 17-酮类固醇 10.028

3-ketosteroid reductase 3-酮类固醇还原酶 03.087

β-ketothiolase *β酮硫解酶 03.595

KGF 角质细胞生长因子 10.200

kilobase 千碱基 04.009

kilobase pair 千碱基对 04.008

kinase 激酶 03.289

kinectin 驱动蛋白结合蛋白 02.520

kinesin 驱动蛋白 02.519

kinetin 细胞分裂素，*细胞激动素 10.327

kinetoplast DNA 动质体DNA 04.344

kinin 激肽 10.177

kininase 激肽酶 03.413

kininogen 激肽原 10.178

kininogenase *激肽原酶 03.431

kit 试剂盒 12.435

Kjeldahl determination 凯氏定氮法 12.573

Klenow enzyme 克列诺酶 03.627

Klenow fragment *克列诺片段 03.627

Klenow polymerase *克列诺聚合酶 03.627

KNF model *KNF模型 03.061

Koshland-Nemethy-Filmer model *KNF模型 03.061

Kozak consensus sequence 科扎克共有序列 05.255

Krebs cycle *克雷布斯循环 11.111

Kringle domain 三环结构域 02.206

Kunitz trypsin inhibitor *库尼茨胰蛋白酶抑制剂 03.704

kynurenic acid 犬尿酸 11.246

kynurenine 犬尿酸原 11.245

# L

labeling 标记 12.539

*lac* 乳糖操纵子 05.095

*lac* operon 乳糖操纵子 05.095

lactalbumin 乳清蛋白 02.247

β-lactamase β内酰胺酶 03.487

lactase 乳糖酶 03.403

lactate dehydrogenase 乳酸脱氢酶 03.080

lactic acid 乳酸，*α羟基丙酸 11.106

lactoalbumin　乳清蛋白　02.247

lactobacillic acid　乳杆菌酸　07.043

lactobionic acid　乳糖酸　06.165

lactoferrin　*乳铁蛋白　02.418

lactogen　催乳素，*促乳素　10.066

lactoglobulin　乳球蛋白　02.263

β-lactoglobulin　*β乳球蛋白　02.263

lactone　内酯　11.055

lactoperoxidase　乳过氧化物酶　03.137

lactosaminoglycan　乳糖胺聚糖　06.228

lactose　乳糖　06.153

lacto-series　乳糖系列　06.022

lactotransferrin　乳运铁蛋白　02.418

Laemmli gel electrophoresis　*莱氏凝胶电泳　12.120

lagging strand　后随链　04.443

lamin　核[纤]层蛋白，*核膜层蛋白　02.566

laminaran　昆布多糖，*海带多糖　06.233

laminaribiose　昆布二糖，*海带二糖　06.161

laminarin　昆布多糖，*海带多糖　06.233

laminarinase　昆布多糖酶　03.373

laminariose　*昆布糖　06.161

laminin　层粘连蛋白　02.707

lane　泳道　12.080

lanoceric acid　羊毛蜡酸　07.086

lanocerin　羊毛蜡　07.223

lanolin　羊毛脂　07.222

lanopalmitic acid　羊毛棕榈酸，*羊毛软脂酸　07.051

lanosterin　羊毛固醇　07.172

lanosterol　羊毛固醇　07.172

lanthionine　羊毛硫氨酸　02.051

lanthiopeptin　羊毛硫肽　02.159

LAR　连接扩增反应　12.330

lariat intermediate　*套索中间体　05.189

lariat RNA　套索RNA　05.189

LAR protein　白细胞共同抗原相关蛋白质　02.661

laser Raman spectroscopy　激光拉曼光谱学　12.355

laser scanning confocal microscopy　激光扫描共焦显微镜术　12.334

laser stimulated Raman scattering　激光增强拉曼散射　12.356

lauric acid　月桂酸　07.044

laurin　月桂酸甘油酯　07.099

LC　液相层析　12.191

LCAT　卵磷脂-胆固醇酰基转移酶　03.200

LCR　基因座控制区　05.140，连接酶链反应　12.329

LDCF　淋巴细胞源性趋化因子　10.227

LDH　乳酸脱氢酶　03.080

LDL　低密度脂蛋白　07.231

leader　前导序列　01.074

leader peptidase　*前导肽酶　03.446

leader sequence　前导序列　01.074

leading ion　先导离子　12.140

leading peptide　前导肽　02.071

leading strand　前导链　04.442

lecithin　*卵磷脂　07.116

lecithin-cholesterol acyltransferase　卵磷脂-胆固醇酰基转移酶　03.200

lectin　凝集素　06.308

lectin affinity chromatography　凝集素亲和层析　12.234

lectinophagocytosis　凝集素吞噬　09.081

left-handed helix DNA　*左手螺旋DNA　04.192

legcholeglobin　豆胆绿蛋白　02.608

leghemoglobin　豆血红蛋白　02.347

legumin　豆球蛋白　02.609

LEIA　发光酶免疫测定　12.738

lentinan　香菇多糖　06.234

leptin　瘦蛋白，*脂肪细胞激素　10.095

lethal gene　致死基因　04.492

Leu　亮氨酸　02.035

leucine　亮氨酸　02.035

leucine zipper　亮氨酸拉链　02.197

leucoagglutinin　白细胞凝集素　06.322

leucokinin　蜚蠊激肽　10.301

leucolysin　白溶素　02.776

leucopyrokinin　蜚蠊焦激肽　10.302

leucosin　*亮胶　06.244

leukemia inhibitory factor　白血病抑制因子　10.224

leukocyte common antigen-related protein　白细胞共同抗原相关蛋白质　02.661

leukocyte elastase　白细胞弹性蛋白酶　03.437

leukocyte inhibitor factor　白细胞移动抑制因子　10.226

leukosialin　*白唾液酸蛋白　06.265

leukotriene　白三烯　10.292

leupeptin　亮抑蛋白酶肽　03.714

levan　果聚糖　06.245

levoisomer　左旋异构体　01.209

levulose　左旋糖　06.081

Lewis antigen　*路易斯抗原　06.033

Lewis blood group substance　路易斯血型物质　06.033

LH　促黄体素　10.063

LHC　集光复合体　02.612

LHCP　集光叶绿体［结合］蛋白质　02.613

LHRF　*促黄体素释放因子　10.083

LHRH　促黄体素释放素　10.083

LIA　发光免疫测定　12.735

liberin　释放素　10.079

library　文库　12.674

lichenan　地衣多糖，*地衣淀粉，*地衣胶　06.237

lichenin　地衣多糖，*地衣淀粉，*地衣胶　06.237

licopin　番茄红素　10.353

LIF　白血病抑制因子　10.224，白细胞移动抑制因子　10.226

life science　生命科学　01.011

ligand　配体　01.160

ligand-binding pocket　配体结合口袋　09.083

ligand blotting　配体印迹法　12.283

ligand exchange chromatography　配体交换层析　12.229

ligand-gated ion channel　*配体门控离子通道　09.042

ligand-gated receptor　*配体门控受体　09.042

ligandin　配体蛋白　02.319

ligand-induced dimerization　配体诱导二聚化　09.069

ligand-induced endocytosis　配体诱导胞吞　09.084

ligand-induced internalization　配体诱导内化　09.085

ligand-ligand interaction　配体-配体相互作用　09.086

ligand presentation　配体提呈　09.082

ligase　连接酶　03.592

ligase chain reaction　连接酶链反应　12.329

ligation　连接　04.319

ligation amplification reaction　连接扩增反应　12.330

ligation-anchored PCR　连接锚定聚合酶链反应，*连接锚定 PCR　12.310

ligation-mediated PCR　连接介导聚合酶链反应，*连接介导 PCR　12.317

light harvesting chlorophyll protein　集光叶绿体［结合］蛋白质　02.613

light harvesting complex　集光复合体　02.612

lignin　木［质］素　06.239

lignocellulose　木素纤维素　06.240

lignoceric acid　木蜡酸　07.078

lima bean agglutinin　利马豆凝集素　06.324

limit dextrin　极限糊精　06.213

limonene　柠烯，*苧烯，*柠檬油精　07.197

linear DNA　线状 DNA　04.351

linear genome　线性基因组　04.495

Lineweaver-Burk plot　双倒数作图法　03.010

linked gene　连锁基因　04.496

*N*-linked oligosaccharide　*N－连接寡糖　06.007

*O*-linked oligosaccharide　*O－连接寡糖　06.008

linker DNA　接头 DNA　04.371

linker insertion　接头插入　04.320

linking number　连环数　04.219

linoleate synthase　亚油酸合酶　03.096

linoleic acid　亚油酸　07.057

linolenic acid　亚麻酸　07.063

linseed oil　亚麻子油　07.227

lipaciduria　脂酸尿　07.242

lipase　脂肪酶　03.328

lipemia　脂血症　07.241

lipid　脂质　07.001

lipid bilayer　脂双层　08.009

lipidemia　脂血症　07.241

lipid granule　脂粒　08.015

lipid hydroperoxide　脂质过氧化物　11.148

lipid micelle　脂微团　07.013

lipid microvesicle　脂微泡　08.016

lipid monolayer　脂单层　08.008

lipid peroxidation　脂质过氧化　07.007

lipid polymorphism　脂多态性　08.017

lipid second messenger　脂质第二信使　09.007

lipid-soluble vitamin　脂溶性维生素　10.341

lipid storage disease　脂沉积症　07.240

lipoamide　硫辛酰胺　11.217

lipoamide dehydrogenase　*硫辛酰胺脱氢酶　03.117

lipoamide reductase-transacetylase　硫辛酰胺还原转乙酰基酶　03.197

lipocalin　脂质运载蛋白　02.684

lipochitooligosaccharide　脂质几丁寡糖　06.186

lipochrome　脂色素　07.198

lipocortin　*脂皮质蛋白　02.665

lipodystrophy　脂肪营养不良　07.239

lipofection　脂质体转染　12.805

lipofuscin　脂褐素　11.150

lipogenesis　脂肪生成　11.134

lipoic acid　硫辛酸　10.372

lipoidosis　脂沉积症　07.240

lipolysis　脂解　11.138

lipomatosis 脂过多症 07.243

lipooligosaccharide 脂寡糖 06.187

lipopeptide 脂肽 07.235

lipophilic gel chromatography 亲脂凝胶层析 12.217

lipophilicity 亲脂性 01.190

lipophilin 亲脂素 07.229

lipophorin 脂转运蛋白 02.685

lipophosphoglycan 脂磷酸聚糖 06.196

lipopolysaccharide 脂多糖 06.280

lipoprotein 脂蛋白 02.682

lipoprotein lipase 脂蛋白脂肪酶 03.320

liposis 脂过多症 07.243

lipositol 肌醇磷脂 07.132

liposome 脂质体 12.878

liposome entrapment 脂质体包载 12.879

lipotaurine 脂牛磺酸 07.199

lipoteichoic acid 脂磷壁酸 06.219

lipotrophy 脂肪增多 07.008

lipotropic action 促脂解作用 07.009

lipotropic agent 促脂解剂 07.010

lipotropic hormone 促脂解素，＊抗脂肪肝激素，＊脂肪
    动员激素 10.096

lipotropin 促脂解素，＊抗脂肪肝激素，＊脂肪动员激
    素 10.096

lipotropism 抗脂肪肝现象 07.011

lipovitellin 卵黄脂蛋白，＊卵黄脂磷蛋白 02.717

lipoxin 脂氧素 07.075

lipoxygenase 脂加氧酶 03.143

lipoyl 硫辛酰基 10.392

lipoyllysine 硫辛酰赖氨酸 10.393

lipuria 脂尿 07.236

liquid chromatography 液相层析 12.191

liquid crystalline state 液晶态 08.018

liquid-liquid chromatography 液液层析 12.198

liquid-liquid partition chromatography 液液分配层析
    12.201

liquid scintillation counter 液体闪烁计数仪 12.855

liquid-solid chromatography 液固层析 12.200

lithocholic acid 石胆酸 11.167

litorin 雨滨蛙肽 02.124

livetin 卵黄蛋白 02.710

livin 生存蛋白 02.743

LLC 液液层析 12.198

LN 层粘连蛋白 02.707

LNA 锁核酸 04.124

loci（复数） 基因座 04.497

lock and key theory 锁钥学说 03.013

locked nucleic acid 锁核酸 04.124

locus 基因座 04.497

locus control region 基因座控制区 05.140

locus linkage analysis 基因座连锁分析 12.709

locustatachykinin 蝗速激肽 10.300

long terminal repeat 长末端重复[序列] 05.012

loop 环 01.069

loricrin 兜甲蛋白 02.577

low density lipoprotein 低密度脂蛋白 07.231

lowly repetitive DNA 低度重复 DNA 04.375

low melting-temperature agarose 低熔点琼脂糖
    12.258

low pressure liquid chromatography 低压液相层析
    12.195

Lowry method 劳里法 12.459

low speed centrifugation 低速离心 12.059

low voltage electrophoresis 低压电泳 12.123

LOX 脂加氧酶 03.143

LP 瘦蛋白，＊脂肪细胞激素 10.095

LPG 脂磷酸聚糖 06.196

LPH 促脂解素，＊抗脂肪肝激素，＊脂肪动员激素
    10.096

LPK 蜚蠊焦激肽 10.302

LPS 脂多糖 06.280

LRF ＊促黄体素释放因子 10.083

LSC 液固层析 12.200

LTR 长末端重复[序列] 05.012

luciferase 萤光素酶 03.146

luliberin 促黄体素释放素 10.083

lumican 光蛋白聚糖 06.293

luminescent enzyme immunoassay 发光酶免疫测定
    12.738

luminescent immunoassay 发光免疫测定 12.735

lupeose 水苏糖 06.177

luteinizing hormone releasing factor ＊促黄体素释放因子
    10.083

luteinizing hormone releasing hormone 促黄体素释放素
    10.083

lutropin 促黄体素 10.063

LVT 卵黄脂蛋白，＊卵黄脂磷蛋白 02.717

LX 脂氧素 07.075

lyase 裂合酶 03.538

lycopene 番茄红素 10.353

lymphocyte-derived chemotactic factor 淋巴细胞源性趋
化因子 10.227

lymphokine 淋巴因子 10.225

lyophilization *冻干 12.036

lyophilizer 冻干仪 12.037

Lys 赖氨酸 02.039

lysidine 赖胞苷 04.029

lysine 赖氨酸 02.039

lysine vasopressin 赖氨酸升压素 10.119

lysogen *溶源菌 12.834

lysogeny 溶源性 12.836

lysolecithin *溶血卵磷脂 07.133

lysophosphatidic acid 溶血磷脂酸 07.134

lysophosphatidylcholine 溶血磷脂酰胆碱 07.133

lysophospholipase 溶血磷脂酶 03.313

lysosomal acid lipase 溶酶体酸性脂肪酶 03.525

lysosomal enzymes 溶酶体酶类 03.523

lysosomal hydrolase 溶酶体水解酶 03.524

lysosome 溶酶体 03.692

lysozyme 溶菌酶 03.379

lyticase 溶细胞酶，*消解酶 03.535

lyxose 来苏糖 06.067

# M

α₂M α₂ 巨球蛋白 02.295

β₂M β₂ 微球蛋白 02.297

mAb 单克隆抗体 01.153

MAC 攻膜复合物 08.021

MACIF 攻膜复合物抑制因子 08.091

macroarray 大阵列 12.647

macroglobulin 巨球蛋白 02.294

α₂-macroglobulin α₂ 巨球蛋白 02.295

macrophage colony stimulating factor 巨噬细胞集落刺激
因子 10.192

macrophage inhibition factor 巨噬细胞抑制因子
10.228

MAG 髓鞘相关糖蛋白 06.318，单酰甘油 07.090

magainin 爪蟾抗菌肽 02.148

magnetic immunoassay 磁性免疫测定 12.739

maintenance methylase 保持甲基化酶 03.182

maize factor *玉米因子 10.328

major groove 大沟 04.205

major histocompatibility complex 主要组织相容性复合体
02.277

malate-aspartate cycle 苹果酸-天冬氨酸循环 11.290

malate dehydrogenase 苹果酸脱氢酶 03.083

maleic acid 马来酸，*顺丁烯二酸 07.035

malic acid 苹果酸 11.119

malic enzyme 苹果酸酶 03.084

malondialdehyde 丙二醛 11.149

malonic acid 丙二酸 11.136

malonyl CoA 丙二酰辅酶 A，*丙二酸单酰辅酶 A
11.137

maltase 麦芽糖酶 03.385

maltodextrin 麦芽糖糊精 06.214

maltoporin 麦芽糖孔蛋白 02.761

maltose 麦芽糖 06.155

mannan 甘露聚糖 06.249

mannitol 甘露糖醇 06.125

mannose 甘露糖 06.083

mannose-binding protein 甘露糖结合蛋白质 06.328

mannose 6-phosphate receptor *6-磷酸甘露糖受体
06.316

mannosidase 甘露糖苷酶 03.389

mannuronic acid 甘露糖醛酸 06.126

MAO 单胺氧化酶 03.099

MAP 促分裂原活化蛋白质 02.382，微管相关蛋白
质 02.501

MAPK 促分裂原活化的蛋白激酶，*MAP 激酶
03.292

MAPKK 促分裂原活化的蛋白激酶激酶，*MAP 激酶
激酶 03.293

MAPKKK 促分裂原活化的蛋白激酶激酶激酶，*MAP
激酶激酶激酶 03.294

margarine 珠酯 07.226

marker 标志 12.710

marker enzyme 标志酶 03.628

marker gene 标志基因，*标记基因 12.720

mass spectrometry 质谱法 12.368

matched sequence 匹配序列 04.253

maternal-effect gene 母体效应基因 04.498

matrices(复数) 基质 01.241

matrix 基质 01.241

maturase 成熟酶 03.629

maturation 成熟 01.235

Maxam-Gilbert DNA sequencing 马克萨姆-吉尔伯特法 12.488

Maxam-Gilbert method 马克萨姆-吉尔伯特法 12.488

maxizyme 大核酶 03.650

Mb 兆碱基 04.010

MBP 甘露糖结合蛋白质 06.328

MBR 膜生物反应器 08.071

McAb 单克隆抗体 01.153

MCH 黑素浓集激素 10.077

MCS 多克隆位点 12.624

M-CSF 巨噬细胞集落刺激因子 10.192

MDP 胞壁酰二肽 02.078

mean residue weight 平均残基量 02.070

mechanosensitive channel 机械力敏感通道 09.045

mechanotransduction 机械力转导 09.070

MEF 移动增强因子 10.231

megabase 兆碱基 04.010

megakaryocyte stimulating factor 巨核细胞刺激因子 10.229

megalinker 兆碱基接头，*兆碱基大范围限制性核酸内切酶接头 04.264

meganuclease 兆核酸酶 03.630

megaprep 大规模制备 12.576

megapreparation 大规模制备 12.576

melanin 黑[色]素 11.239

melanin concentrating hormone 黑素浓集激素 10.077

melanocortin 促黑[细胞激]素 10.076

melanocyte stimulating hormone 促黑[细胞激]素 10.076

melanocyte stimulating hormone regulatory hormone 促黑素调节素 10.090

melanocyte stimulating hormone release inhibiting hormone 促黑素抑释素，*促黑素释放抑制因子 10.088

melanocyte stimulating hormone releasing hormone 促黑素释放素，*促黑素释放因子 10.089

melanoliberin 促黑素释放素，*促黑素释放因子 10.089

melanostatin 促黑素抑释素，*促黑素释放抑制因子 10.088

melatonin 褪黑[激]素 10.091

melezitose 松三糖 06.173

melibiose 蜜二糖 06.162

melissic acid 蜂花酸 07.085

melittin 蜂毒肽 02.175

melonotropin 促黑[细胞激]素 10.076

melting 解链，*熔解 04.298

melting curve 解链曲线 04.299

melting temperature 解链温度 04.300

memapsin 膜天冬氨酸蛋白酶 03.415

membrane anchor 膜锚 08.019

membrane asymmetry 膜不对称性 08.020

membrane attack complex 攻膜复合物 08.021

membrane attack complex inhibitor factor 攻膜复合物抑制因子 08.091

membrane bioreactor 膜生物反应器 08.071

membrane capacitance 膜电容 08.029

membrane carrier 膜载体 08.132

membrane channel 膜通道 08.022

membrane channel protein 膜通道蛋白 08.076

membrane coat 膜被 08.024

membrane compartment 膜区室 08.025

membrane current 膜电流 08.030

membrane digestion 膜消化 11.088

membrane-distal region 膜远侧区 08.100

membrane domain 膜域，*膜结构域 08.092

membrane dynamics 膜动力学 08.026

membrane electrode 膜电极 08.027

membrane electrophoresis 膜电泳 12.134

membrane equilibrium 膜平衡 08.069

membrane filter 膜滤器 12.023

membrane filtration 膜过滤 12.024

membrane fluidity 膜流动性 08.032

membrane fusion 膜融合 08.033

membrane immunoglobulin 膜免疫球蛋白 02.670

membrane impedance 膜阻抗 08.031

membrane insertion signal 膜插入信号 08.093

membrane-integrated cone 膜整合锥 08.102

membrane length constant 膜长度常数 08.034

membrane lipid 膜脂 08.035

membrane localization 膜定位 08.036

membrane lysis 膜裂解 08.037

membrane osmometer 膜渗透压计 12.025

membrane partitioning 膜分配 08.038

membrane permeability 膜通透性 08.039

membrane pH gradient 膜pH梯度 08.043

membrane phospholipid 膜磷脂 08.044

membrane potential 膜电位 08.028

membrane protein 膜蛋白质 02.658

membrane protein diffusion 膜蛋白扩散 08.045

membrane protein insertion 膜蛋白插入 08.046

membrane protein reconstitution 膜蛋白重建 08.097

membrane proton conduction 膜质子传导 08.136

membrane-proximal region 膜近侧区 08.101

membrane pump 膜泵 08.094

membrane raft 膜筏，＊脂筏 07.184

membrane receptor 膜受体 08.095

membrane reconstitution 膜重建 08.096

membrane recruitment 膜募集 08.047

membrane sealing 膜封闭 08.048

membrane separation 膜分离 08.072

membrane skeleton 膜骨架 08.049

membrane skeleton protein 膜骨架蛋白 08.103

membrane-spanning protein 穿膜蛋白，＊跨膜蛋白 08.079

membrane-spanning region 穿膜区 08.099

membrane synthesis 膜合成 08.050

membrane teichoic acid 膜磷壁酸 08.051

membrane time constant 膜时间常数 08.052

membrane topology 膜拓扑学 08.053

membrane toxin 膜毒素 08.098

membrane trafficking 膜运输 08.116

membrane translocation 膜转位 08.130

membrane translocator 膜转位蛋白 08.078

membrane transport 膜转运 08.117

membrane vesicle 膜性小泡 08.054

menadione 甲萘醌，＊维生素 $K_3$ 10.386

menaquinone 甲基萘醌，＊维生素 $K_2$ 10.387

meninges 脑脊膜 08.055

menotropin 促配子成熟激素 10.074

menthol 薄荷醇 07.200

meprin 穿膜肽酶 03.469

mercapto-ethylamine 巯基乙胺 11.063

β-mercaptopyruvate β巯基丙酮酸 11.210

merlin ＊膜突样蛋白 02.584

meromyosin 酶解肌球蛋白 02.468

Merrifield synthesis 梅里菲尔德合成法 12.462

mesotocin 鸟催产素，＊8-异亮氨酸催产素 10.111

messenger RNA 信使 RNA 04.143

Met 甲硫氨酸 02.043

metabolic coupling 代谢偶联 11.051

metabolic engineering 代谢工程 11.050

metabolic enzyme 代谢酶 11.024

metabolic pathway 代谢途径 11.021

metabolic pool 代谢库 11.023

metabolic rate 代谢率 11.029

metabolic regulation 代谢调节 11.031

metabolic syndrome 代谢综合征 07.238

metabolism 新陈代谢，＊代谢 11.001

metabolite 代谢物 11.025

metabolome 代谢物组 01.043

metabolomics 代谢物组学 01.033

metabolon 代谢区室 11.030

metabonomics 代谢组学 01.034

metabotropic receptor 代谢型受体 09.046

metadrenaline 变肾上腺素，＊间位肾上腺素，＊3-O-甲基肾上腺素 10.139

metal-activated enzyme 金属激活酶 03.631

metal affinity chromatography 金属亲和层析 12.236

metal-chelate affinity chromatography ＊金属螯合亲和层析 12.236

metal-chelating protein 金属螯合蛋白质 02.675

metal ion activated enzyme 金属激活酶 03.631

metal-ligand affinity chromatography ＊金属配体亲和层析 12.236

metalloendoprotease 金属内切蛋白酶 03.464

metalloenzyme 金属酶 03.632

metalloflavoprotein 金属黄素蛋白 02.677

metallopeptidase 金属肽酶 03.526

metallopeptide 金属肽 02.169

metalloprotease 金属蛋白酶 03.463

metalloprotein 金属蛋白 02.676

metalloproteinase 金属蛋白酶 03.463

metalloregulatory protein 金属调节蛋白质 02.678

metalloribozyme 金属核酶 03.646

metallothionein 金属硫蛋白 02.679

metaprotein 变性蛋白质 02.231

metarhodopsin 变视紫质 02.554

methacrylyl-CoA 甲基丙烯酰辅酶 A 11.205

methaemoglobin 高铁血红蛋白 02.345

methemoglobin 高铁血红蛋白 02.345

methionine 甲硫氨酸 02.043

methionine-specific aminopeptidase 甲硫氨酸特异性氨肽酶 03.410

methionine tRNA　甲硫氨酸 tRNA　04.132

methylase　*甲基化酶　03.177

methylation　甲基化　11.056

methylation interference assay　甲基化干扰试验　12.581

methylation specific PCR　甲基化特异性聚合酶链反应，
　　*甲基化特异性 PCR　12.303

5-methylcytosine　5-甲基胞嘧啶　04.108

N-methyldeoxynojirimycin　N-甲基脱氧野尻霉素
　　06.129

methylsterol monooxygenase　甲基固醇单加氧酶　03.148

methyltransferase　甲基转移酶　03.177

mevaldic acid　3-羟-3-甲戊醛酸　11.155

mevalonate-5-pyrophosphate　甲羟戊酸-5-焦磷酸
　　11.154

mevalonic acid　甲羟戊酸　11.153

MHC　主要组织相容性复合体　02.277

micelle　微团　07.012

Michaelis constant　米氏常数　03.007

Michaelis equation　米氏方程　03.008

Michaelis-Menten equation　米氏方程　03.008

Michaelis-Menten kinetics　米氏动力学　03.009

microanalysis　微量分析　12.574

microarray　微阵列　12.649

microcarrier　微载体　12.814

microcentrifugation　微量离心　12.065

microcin　微菌素　02.157

micrococcal nuclease　微球菌核酸酶　03.361

microenvironment　微环境　01.250

microfibrillar protein　微原纤维蛋白质　02.536

microfluorophotometry　显微荧光光度法　12.349

microglobulin　微球蛋白　02.296

$\beta_2$-microglobulin　$\beta_2$ 微球蛋白　02.297

microheterogeneity　微不均一性　01.220

microinjection　显微注射　12.862

microRNA　微 RNA　04.180

microsatellite DNA　微卫星 DNA　04.380

microsatellite DNA polymorphism　微卫星 DNA 多态性
　　12.764

microsomal enzymes　微粒体酶类　03.634

microspectrophotometer　显微分光光度计　12.344

microtubule-associated protein　微管相关蛋白质　02.501

microtubule severing protein　微管切割性蛋白质
　　02.500

microvitellogenin　微卵黄原蛋白，*卵黄原蛋白 II

　　02.535

middle repetitive DNA　中度重复 DNA　04.376

midkine　中期因子　10.230

MIF　巨噬细胞抑制因子　10.228，移动抑制因子
　　10.232

mIg　膜免疫球蛋白　02.670

migration enhancement factor　移动增强因子　10.231

migration inhibition factor　移动抑制因子　10.232

migration rate　迁移速率　12.084

MIH　促黑素抑释素，*促黑素释放抑制因子　10.088

millipore filtration　微孔过滤　12.016

mimosine　含羞草氨酸　02.052

mineralocorticoid　盐皮质[激]素　10.023

mineralocorticoid receptor　盐皮质[激]素受体　10.275

minicell　小细胞　12.883

miniprep　小规模制备　12.577

minipreparation　小规模制备　12.577

minisatellite DNA　小卫星 DNA　04.381

minizyme　小核酶　03.649

minor base　稀有碱基　04.002

minor groove　小沟　04.204

minor nucleoside　稀有核苷　04.024

MIP　*分子印记聚合物　12.579

MIR　多重同晶置换　12.373

miRNA　微 RNA　04.180

MIS　米勒管抑制物质　10.235

mischarging　错载　05.268

miscoding　错编　05.269

misfolding　错折叠　01.089

misincorporation　错参　05.070

misinsertion　错插　05.071

mismatch repair　错配修复　05.072

mismatching　错配　04.321

mispairing　错配　04.321

missense mutation　错义突变　05.270

mistletoe lectin　槲寄生凝集素　02.794

MIT　分子印记技术　12.579

mitochondrial ATPase　线粒体 ATP 酶　03.498

mitochondrial DNA　线粒体 DNA　04.343

mitochondrial membrane　线粒体膜　08.056

mitochondrial RNA processing enzyme　线粒体 RNA 加工
　　酶　03.635

mitogen-activated protein　促分裂原活化蛋白质　02.382

mitogen-activated protein kinase　促分裂原活化的蛋白激

酶，＊MAP 激酶 03.292

mitogen-activated protein kinase kinase　促分裂原活化的蛋白激酶激酶，＊MAP 激酶激酶 03.293

mitogen-activated protein kinase kinase kinase　促分裂原活化的蛋白激酶激酶激酶，＊MAP 激酶激酶激酶 03.294

mitogenic factor　促分裂因子 10.233

mixed functional oxidase　＊混合功能氧化酶 03.145

MK　中期因子 10.230

*Mlu* DNA polymerase　*Mlu* DNA 聚合酶 03.263

mobile phase　流动相 12.162

mobility　迁移度 12.085

moderately repetitive DNA　中度重复 DNA 04.376

modification enzyme　修饰酶 03.636

modification methylase　修饰性甲基化酶 03.183

modification system　修饰系统 01.120

modified base　修饰碱基 04.003

modulating system　调制系统 01.123

modulation　调制 01.121

modulator　调制物 01.122

module　模件 01.077

moesin　膜突蛋白 02.672

molasses　糖蜜 06.241

molecular beacon　分子导标 12.578

molecular biology　分子生物学 01.012

molecular chaperone　分子伴侣 02.530

molecular cloning　分子克隆 12.613

molecular disease　分子病 01.251

molecular exclusion chromatography　＊分子排阻层析 12.215

molecular genetics　分子遗传学 01.014

molecular hybridization　分子杂交 12.285

molecular imprinting polymer　＊分子印记聚合物 12.579

molecular imprinting technique　分子印记技术 12.579

molecular mimicry　分子模拟 01.234

molecular probe　分子探针 12.565

molecular sieve　分子筛 12.242

molecular sieve chromatography　＊分子筛层析 12.215

molecular weight cut-off　截留分子量 12.028

molecular weight ladder marker　分子量梯状标志 12.716

molecular weight marker　分子量标志 12.715

molecular weight standard　分子量标准 12.718

molten-globule state　熔球态 02.193

momorcochin S　木鳖毒蛋白 S 02.808

momordin　苦瓜毒蛋白 02.800

monellin　应乐果甜蛋白，＊莫内甜蛋白 02.727

monoacylglycerol　单酰甘油 07.090

monoamine oxidase　单胺氧化酶 03.099

monoamine transporter　单胺转运蛋白体 02.379

monocistron　单顺反子 05.047

monocistronic mRNA　单顺反子 mRNA 05.051

monoclonal antibody　单克隆抗体 01.153

Monod-Wyman-Changeux model　＊MWC 模型 03.062

monoenoic acid　单烯酸 07.033

monoglyceride　＊甘油单酯 07.090

monokine　单核因子 10.234

monomer　单体 01.049

mono-olein　单油酰甘油 07.101

monooleoglyceride　单油酰甘油 07.101

monooxygenase　单加氧酶 03.145

monosaccharide　单糖 06.003

monoterpene　单萜 07.211

montanic acid　褐煤酸 07.083

moricin　家蚕抗菌肽 02.154

mortalin　寿命蛋白 02.534

mosaic genome　镶嵌基因组 04.499

mosaic protein　镶嵌蛋白质 02.226

mosaic structure　镶嵌结构 08.013

MOT　寿命蛋白 02.534

motif　模体，＊基序 01.078

motilin　促胃动素 10.155

motor protein　马达蛋白质 02.516

movement protein　移动性蛋白质 02.234

moving boundary electrophoresis　移动界面电泳 12.092

moving zone electrophoresis　＊移动区带电泳 12.092

M6PR　＊6-磷酸甘露糖受体 06.316

MR　盐皮质[激]素受体 10.275

MRH　促黑素释放素，＊促黑素释放因子 10.089

MRIH　促黑素抑释素，＊促黑素释放抑制因子 10.088

mRNA　信使 RNA 04.143

mRNA cap　mRNA 帽 04.146

mRNA cap binding protein　＊mRNA 帽结合蛋白质 02.384

mRNA capping　mRNA 加帽 05.207

mRNA degradation pathway　mRNA 降解途径 04.147

mRNA differential display　mRNA 差异显示　12.296

mRNA guanyltransferase　mRNA 鸟苷转移酶　03.272

mRNA polyadenylation　mRNA 多腺苷酸化　05.208

mRNA precursor　\*mRNA 前体　05.089

mRNA stability　mRNA 稳定性　04.171

MRP RNase　线粒体 RNA 加工酶　03.635

MS　质谱法　12.368

MSH　促黑[细胞激]素　10.076

MSHIH　促黑素抑释素，\*促黑素释放抑制因子　10.088

MSHRH　促黑素释放素，\*促黑素释放因子　10.089

MSHRIH　促黑素抑释素，\*促黑素释放抑制因子　10.088

MT　金属硫蛋白　02.679

mtDNA　线粒体 DNA　04.343

mucin　黏蛋白　02.712

mucopolysaccharide　\*黏多糖　06.012

mucopolysaccharidosis　黏多糖贮积症　06.062

Müllerian inhibiting substance　米勒管抑制物质　10.235

multicistronic mRNA　多顺反子 mRNA　05.053

multi-colony stimulating factor　\*多集落刺激因子　10.213

multicolumn chromatography　多维层析　12.184

multicopy gene　\*多拷贝基因　05.030

multi-CSF　\*多集落刺激因子　10.213

multidimensional chromatography　多维层析　12.184

multienzyme cluster　\*多酶簇　03.037

multienzyme complex　多酶复合物　03.037

multienzyme protein　多酶蛋白质　03.637

multienzyme system　多酶体系　03.036

multifunctional enzyme　多功能酶　03.638

multimer　多体　01.050

multiple cloning site　多克隆位点　12.624

multiple forms of an enzyme　酶多态性　03.032

multiple isomorphous replacement　多重同晶置换　12.373

multiplex PCR　多重聚合酶链反应，\*多重 PCR　12.318

mungbean nuclease　绿豆核酸酶　03.360

muramic acid　胞壁酸　06.147

muramidase　\*胞壁酸酶　03.379

muramyl dipeptide　胞壁酰二肽　02.078

mutant　突变体　04.323

mutarotase　变旋酶　03.573

mutarotation　变旋　01.195

mutase　变位酶　03.583

mutation　突变　04.322

muton　突变子　04.325

MWC model　\*MWC 模型　03.062

mycothione reductase　氧化型真菌硫醇还原酶　03.127

myelin　髓磷脂，\*髓鞘质　07.135

myelin associated glycoprotein　髓鞘相关糖蛋白　06.318

myelin basic protein　髓鞘碱性蛋白质　02.589

myelin oligodendroglia glycoprotein　髓鞘寡突胶质糖蛋白　06.266

myelin protein　髓鞘蛋白质　02.588

myelin proteolipid　\*髓磷脂蛋白脂质　07.229

myeloblastin　成髓细胞蛋白酶　03.444

myeloperoxidase　髓过氧化物酶　03.138

myoalbumin　肌清蛋白　02.245

myogen　肌质蛋白，\*肌浆蛋白　02.432

myogenin　肌细胞生成蛋白　02.465

myoglobin　肌红蛋白　02.350

myokinase　肌激酶　03.247

myomodulin　肌调肽　02.167

myosin　肌球蛋白　02.463

myosin light chain kinase　肌球蛋白轻链激酶　03.240

myostatin　肌生成抑制蛋白　02.464

myostromin　肌基质蛋白　02.351

myricyl alcohol　蜂蜡醇　07.201

myristic acid　豆蔻酸　07.047

myristin　豆蔻酸甘油酯，\*豆蔻酰甘油　07.105

myristoylation　豆蔻酰化　07.106

myticin　贻贝抗菌肽　02.149

mytilin　贻贝杀菌肽　02.151

mytimycin　贻贝抗真菌肽　02.150

# N

NAD　烟酰胺腺嘌呤二核苷酸，\*辅酶Ⅰ　03.685

NADH　还原型烟酰胺腺嘌呤二核苷酸，\*还原型辅酶Ⅰ　03.687

NADH-coenzyme Q reductase　\*NADH-辅酶 Q 还原酶　03.108

NADH-cytochrome $b_5$ reductase　NADH-细胞色素 $b_5$ 还

原酶 03.107

NADH dehydrogenase complex NADH 脱氢酶复合物 03.108

NAD kinase 烟酰胺腺嘌呤二核苷酸激酶，＊NAD 激酶 03.230

NADP 烟酰胺腺嘌呤二核苷酸磷酸，＊辅酶Ⅱ 03.686

NADPH 还原型烟酰胺腺嘌呤二核苷酸磷酸，＊还原型辅酶Ⅱ 03.688

Na⁺,K⁺-ATPase 钠钾 ATP 酶 03.497

naked gene 裸基因 04.500

nanocrystal molecule 纳米晶体分子 12.589

nanoelectromechanical system 纳米电机系统 12.590

nanogram 纳克 12.398

nanometer 纳米 12.399

nanopore 纳米微孔 12.400

nanotechnology 纳米技术 12.401

naringin 柚皮苷 06.127

narrow groove ＊窄沟 04.204

nascent chain transcription analysis 新生链转录分析 12.723

nascent peptide 新生肽 02.074

nascent RNA ＊新生 RNA 05.089

native gel electrophoresis 非变性凝胶电泳 12.105

natriuretic hormone 利尿钠激素 10.121

natriuretic peptide 利尿钠肽 10.122

NC 硝酸纤维素 12.300

NCAM 神经细胞黏附分子 10.237

NC membrane 硝酸纤维素膜，＊NC 膜 12.301

nearest neighbor sequence analysis 毗邻序列分析 12.490

near-infrared spectrometry 近红外光谱法 12.348

nebulin 伴肌动蛋白 02.437

nectin 连接蛋白，＊柄蛋白 02.513

NEFA 非酯化脂肪酸 07.025

negative control 阴性对照 01.118，负调控 01.128

negative cooperation 负协同 01.111

negative effector 负效应物 01.107

negative feedback 负反馈 11.034

negatively supercoiled DNA 负超螺旋 DNA 04.212

negative regulation 负调节 01.126

negative supercoil 负超螺旋 04.208

negative supercoiling 负超螺旋化 04.210

NEM N-乙基马来酰亚胺 08.115

NEMS 纳米电机系统 12.590

neoendorphin 新内啡肽 02.093

neolacto-series 新乳糖系列 06.023

neomycin 新霉素 12.439

neomycin phosphotransferase 新霉素磷酸转移酶 03.296

nephrocalcin 肾钙结合蛋白 02.397

NER 核苷酸切除修复 04.333

nerve growth factor 神经生长因子 10.236

nervon 神经苷脂，＊烯脑苷脂 07.157

nervonic acid 神经酸 07.084

nested PCR 巢式聚合酶链反应，＊巢式 PCR 12.305

nested primer 巢式引物 12.307

nestin 神经上皮干细胞蛋白，＊巢蛋白 02.746

netropsin 纺锤菌素 02.775

neural cell adhesion molecule 神经细胞黏附分子 10.237

neuraminic acid 神经氨酸 06.143

neuraminidase 神经氨酸酶 03.380

neuregulin 神经调节蛋白 10.238

neurexin 神经连接蛋白 02.752

neurocalcin 神经钙蛋白 02.748

neurocan 神经蛋白聚糖 06.294

neurocrine 神经分泌 10.311

neurofascin 神经束蛋白 02.755

neurofibromin 神经纤维瘤蛋白 02.757

neurofilament protein 神经纤丝蛋白 02.756

neuroglian 神经胶质蛋白 02.749

neuroglobin 神经珠蛋白 02.758

neurogranin 神经颗粒蛋白 02.751

neurohormone 神经激素 10.102

neurohypophyseal hormone 垂体后叶激素 10.107

neurokeratin 神经角蛋白 02.750

neurokinin K 神经激肽 K 10.101

neuroleukin 神经白细胞素 10.239

neuroligin 神经配蛋白 10.240

neurolin 神经生长蛋白 02.754

neuromedin 神经调节肽，＊神经介肽 10.241

neuromedin B 神经调节肽 B 10.242

neuromedin U 神经调节肽 U 10.243

neuromodulin 神经调制蛋白 02.747

neuronal plasma membrane receptor 神经元质膜受体 08.104

neuronectin ＊神经粘连蛋白 02.706

neuropeptide 神经肽 02.108

neurophysin 后叶激素运载蛋白，＊神经垂体素运载蛋白 10.108

neurosporene 链孢红素 10.352

neurotactin 神经趋化因子 02.753

neurotensin 神经降压肽 10.244

neurotrophic cytokine ＊神经营养细胞因子 10.206

neurotrophic factor 神经营养因子 10.206

neutral protease 中性蛋白酶 03.527

neutral proteinase 中性蛋白酶 03.527

neutron diffraction 中子衍射 12.374

neutrophil activating protein ＊中性粒细胞激活蛋白 10.217

nexin 微管连接蛋白 02.499

nexus 融合膜 08.057

ng 纳克 12.398

NGF 神经生长因子 10.236

NG2 proteoglycan NG2 蛋白聚糖 06.295

NHP 非组蛋白型蛋白质 02.570

niacin 烟酸，＊尼克酸，＊维生素 $B_5$ 10.364

niacinamide 烟酰胺，＊尼克酰胺 10.365

nicastrin 呆蛋白 02.697

nick 切口 04.243

nickase 切口酶 03.639

nick-closing enzyme ＊切口闭合酶 03.589

nicked circular DNA 带切口环状 DNA 04.384

nicked DNA 带切口 DNA 04.385

nick translation 切口平移，＊切口移位 12.721

nicotinamide 烟酰胺，＊尼克酰胺 10.365

nicotinamide adenine dinucleotide 烟酰胺腺嘌呤二核苷酸，＊辅酶Ⅰ 03.685

nicotinamide adenine dinucleotide phosphate 烟酰胺腺嘌呤二核苷酸磷酸，＊辅酶Ⅱ 03.686

nicotinic acid 烟酸，＊尼克酸，＊维生素 $B_5$ 10.364

nidogen 巢蛋白 02.493

nigrin 接骨木毒蛋白 02.803

ninhydrin reaction 茚三酮反应 12.460

NIR 近红外光谱法 12.348

nisin 乳链菌肽 02.156

nitrate reductase 硝酸盐还原酶 03.109

nitric oxide 一氧化氮 11.188

nitric oxide synthase 一氧化氮合酶 03.147

nitrite reductase 亚硝酸还原酶 03.114

nitrocellulose 硝酸纤维素 12.300

nitrocellulose filter membrane ＊硝酸纤维素滤膜 12.301

nitrocellulose membrane 硝酸纤维素膜，＊NC 膜 12.301

nitrogenase 固氮酶 03.616

nitrogenase 1 固氮酶组分 1 03.617

nitrogenase 2 固氮酶组分 2 03.618

nitrogen balance 氮平衡 11.175

nitrogen cycle 氮循环 11.174

nitrogen equilibrium 氮平衡 11.175

nitrogen fixation 固氮 11.176

nitroquinoline-$N$-oxide reductase 硝基喹啉-$N$-氧化物还原酶 03.111

NL 神经配蛋白 10.240

NM 神经调节肽，＊神经介肽 10.241

nm 纳米 12.399

NMD 无义介导的 mRNA 衰变 04.148

NMR 核磁共振 12.375

NMR spectroscopy 核磁共振波谱法 12.376

NMU 神经调节肽 U 10.243

NO 一氧化氮 11.188

nod gene 结瘤基因，＊nod 基因 04.501

nodulation gene 结瘤基因，＊nod 基因 04.501

nodulin 结瘤蛋白 02.780

NOE 核奥弗豪泽效应 12.380

noggin 头蛋白 02.591

nojirimycin 野尻霉素 06.128

nonbilayer lipid 非双层脂 07.006

non-coding region 非编码区 05.061

non-coding sequence 非编码序列 05.062

noncompetitive inhibition 非竞争性抑制 03.022

noncyclic photophosphorylation 非循环光合磷酸化 11.303

nondenaturing gel electrophoresis 非变性凝胶电泳 12.105

non-essential amino acid 非必需氨基酸 02.003

non-essential fatty acid 非必需脂肪酸 07.031

non-esterified fatty acid 非酯化脂肪酸 07.025

nonhistone protein 非组蛋白型蛋白质 02.570

non-ionic detergent 非离子去污剂 12.434

non-protein nitrogen 非蛋白质氮 11.180

non-protein respiratory quotient 非蛋白质呼吸商 11.018

nonradioactive labeling 非放射性标记 12.548

nonradiometric labeling 非放射性标记 12.548

nonreceptor tyrosine kinase 非受体酪氨酸激酶 03.238

nonreductive polyacrylamide gel electrophoresis 非还原性聚丙烯酰胺凝胶电泳 12.117

nonrepetitive DNA ＊非重复 DNA 04.378

nonribosomal peptide synthetase 非核糖体多肽合成酶 03.640

nonsense codon ＊无义密码子 05.227

nonsense-mediated mRNA decay 无义介导的 mRNA 衰变 04.148

nonsense-mediated mRNA degradation ＊无义介导的 mRNA 降解 04.148

nonsense mutant 无义突变体 05.272

nonsense mutation 无义突变 05.271

nonsense suppression 无义阻抑 05.273

nonsense suppressor 无义阻抑基因，＊无义阻抑因子 05.274

non-specific inhibition 非特异性抑制 03.024

non-specific inhibitor 非特异性抑制剂 03.026

nontranscribed spacer 非转录间隔区 05.155

nontranslated region 非翻译区 05.252

non-Watson-Crick base-pairing 非沃森-克里克碱基配对 04.202

nopaline 胭脂碱，＊胭脂氨酸 11.260

nopaline synthase 胭脂碱合酶 03.103

nopalinic acid ＊胭脂鸟氨酸 11.261

noradrenalin 去甲肾上腺素 10.140

norepinephrine 去甲肾上腺素 10.140

norleucine 正亮氨酸 02.038

normal-phase chromatography 正相层析 12.192

Northern blotting RNA 印迹法，＊Northern 印迹法 12.269

Northwestern blotting RNA-蛋白质印迹法 12.276

norvaline 正缬氨酸 02.014

NOS 一氧化氮合酶 03.147

notexin 虎蛇毒蛋白 02.798

NPN 非蛋白质氮 11.180

NPRQ 非蛋白质呼吸商 11.018

NPT 新霉素磷酸转移酶 03.296

NRG 神经调节蛋白 10.238

NRPS 非核糖体多肽合成酶 03.640

NS 胭脂碱合酶 03.103

N-terminal N 端 02.065

nuclear gene 核基因 04.502

nuclear intron 核内含子 04.228

nuclear magnetic resonance 核磁共振 12.375

nuclear magnetic resonance spectroscopy 核磁共振波谱法 12.376

nuclear membrane 核膜 08.004

nuclear Overhauser effect 核奥弗豪泽效应 12.380

nuclear pore 核孔 08.058

nuclear pore complex 核孔复合体 08.059

nuclear proteoglycan 细胞核蛋白聚糖 06.296

nuclear receptor 核受体 09.047

nuclear RNA 核 RNA 04.149

nuclear run-off assay 核转录终止分析 12.722

nuclear run-on assay ＊核连缀分析 12.723

nuclear run-on transcription assay ＊核连缀转录分析 12.723

nuclease 核酸酶 03.309

nuclease protection assay 核酸酶保护分析 12.724

nucleic acid 核酸 04.125

nucleic acid data bank 核酸数据库 12.472

nucleic acid hybridization 核酸杂交 04.257

nucleic acid probe 核酸探针 12.562

nucleolar RNA 核仁 RNA 04.150

nucleolin 核仁蛋白，＊蛋白质 C23 02.562

nucleophosmin 核仁磷蛋白，＊核磷蛋白 B23 02.563

nucleoplasmin 核质蛋白 02.567

nucleoporin 核孔蛋白 02.561

nucleoprotein 核蛋白 02.560

nucleosidase 核苷酶 03.405

nucleoside 核苷 04.023

nucleoside diphosphate 核苷二磷酸 04.048

nucleoside monophosphate 核苷一磷酸 04.047

nucleoside triphosphate 核苷三磷酸 04.049

nucleosome 核小体 04.277

nucleosome assembly 核小体装配 04.278

nucleosome core particle 核小体核心颗粒 04.279

nucleotidase 核苷酸酶 03.329

nucleotide 核苷酸 04.046

nucleotide excision repair 核苷酸切除修复 04.333

nucleotide pair 核苷酸对 04.254

nucleotide residue 核苷酸残基 04.255

nucleotide sequence 核苷酸序列 04.256

nucleotide sugar 核苷酸糖 06.140

nucleotidyl hydrolase ＊核苷酸水解酶 03.329

nucleotidyltransferase 核苷酸基转移酶 03.249

null mutation　无效突变　04.326

*nut* site　*nut* 位点　04.327

nylon membrane　尼龙膜　12.580

# O

occludin　闭合蛋白　02.450

ochre codon　赭石密码子　05.229

ochre mutant　赭石突变体　05.276

ochre mutation　赭石突变　05.275

ochre suppression　赭石阻抑　05.277

ochre suppressor　赭石阻抑基因，*赭石阻抑因子
　05.278

OCT　鸟氨酸氨甲酰基转移酶　03.191

octacosanol　二十八烷醇　07.195

octadecatetraenoic acid　十八碳四烯酸　07.054

octaose　八糖　06.181

octopamine　章胺　11.236

octopine　章鱼碱，*章鱼氨酸　11.259

octopine synthase　章鱼碱合酶　03.102

octose　辛糖　06.098

octulose　辛酮糖　06.099

octulosonic acid　辛酮糖酸　06.100

OD　光密度　12.338

oestrogen　雌激素　10.039

OG　骨甘蛋白聚糖　06.297

OGP　成骨生长性多肽　02.495

Okazaki fragment　冈崎片段　04.444

oleic acid　油酸　07.055

olein　油酸甘油酯，*油酰甘油　07.100

oleophobic compound　疏油性化合物　07.202

oleophyllic compound　亲油性化合物　07.203

oleosin　油质蛋白　02.728

olfactory cilia protein　嗅觉纤毛蛋白质　02.663

olfactory receptor　嗅觉受体　02.662

2′,5′-oligo(A)　2′,5′-寡腺苷酸，*2′,5′-寡(A)
　04.113

2′,5′-oligoadenylate　2′,5′-寡腺苷酸，*2′,5′-寡(A)
　04.113

2′,5′-oligoadenylate synthetase　2′,5′-寡腺苷酸合成酶
　03.268

oligodeoxynucleotide　寡脱氧核苷酸　04.112

oligodeoxyribonucleotide　*寡脱氧核糖核苷酸　04.112

oligodeoxythymidylic acid　寡脱氧胸腺苷酸，*寡(dT)
　04.114

oligo(dT)　寡脱氧胸腺苷酸，*寡(dT)　04.114

oligo(dT)-cellulose　寡(dT)纤维素，*寡脱氧胸苷酸纤
　维素　12.260

oligo(dT)-cellulose affinity chromatography　寡(dT)纤维
　素亲和层析，*寡脱氧胸苷酸纤维素亲和层析
　12.239

oligomer　寡聚体　01.051

oligomeric protein　寡聚蛋白质　02.228

oligonucleotide　寡核苷酸　04.111

oligonucleotide array　寡核苷酸微阵列　12.650

oligonucleotide-directed mutagenesis　寡核苷酸定点诱变
　12.776

oligonucleotide ligation assay　寡核苷酸连接分析
　12.331

oligonucleotide mutagenesis　*寡核苷酸诱变　12.776

oligopeptide　寡肽　02.058

oligoribonucleotide　*寡核糖核苷酸　04.111

oligosaccharide　寡糖　06.004

oligosaccharin　寡糖素　10.332

oligosaccharyltransferase　寡糖基转移酶　03.213

oncogene　癌基因　04.521

oncogene protein　*癌基因蛋白质　02.732

oncomodulin　癌调蛋白　02.733

oncoprotein　癌蛋白　02.732

oncostatin M　抑癌蛋白 M　10.247

one carbon metabolism　一碳代谢　11.086

one carbon unit　一碳单位　11.085

opal codon　乳白密码子　05.228

open circular DNA　开环 DNA　04.353

open reading frame　可读框　05.241

operator　操纵基因　05.112

operator gene　操纵基因　05.112

operon　操纵子　05.093

opine　冠瘿碱，*冠瘿氨酸　11.258

opioid peptide　阿片样肽　02.085

opsin　视蛋白　02.549

optical activity　旋光性　01.194

optical biosensor protein　光生物传感性蛋白质　02.552

optical density　光密度　12.338

optical isomerism 旋光异构 01.193

optical rotation 旋光性 01.194

optical rotatory dispersion 旋光色散 01.192

optimum pH 最适 pH 03.044

optimum temperature 最适温度 03.045

optrode 光极 12.863

ORC 起始点识别复合体 04.449

ORD 旋光色散 01.192

orexin 食欲肽 10.156

ORF 可读框 05.241

origin recognition complex 起始点识别复合体 04.449

ornaline 鸟氨胭脂碱 11.261

ornithine 鸟氨酸 11.182

ornithine carbamyl transferase 鸟氨酸氨甲酰基转移酶 03.191

ornithine cycle 鸟氨酸循环 11.181

ornithine transcarbamylase ＊鸟氨酸转氨甲酰酶 03.191

orosomucoid ＊血清类黏蛋白 06.267

orotic acid 乳清酸 11.268

orotidine 乳清苷 04.100

orotidine monophosphate ＊乳清苷一磷酸 04.101

orotidylic acid 乳清苷酸 04.101

orphan gene 孤独基因 04.504

orphan receptor 孤儿受体 09.048

orphon 孤独基因 04.504

ortet 源株 12.882

oryzenin 米谷蛋白 02.630

OS 章鱼碱合酶 03.102

ossein 骨胶原 02.638

osteoadherin 骨黏附蛋白聚糖 06.298

osteocalcin 骨钙蛋白 02.479

osteogenic growth peptide 成骨生长性肽 02.115

osteogenic growth polypeptide 成骨生长性多肽 02.495

osteogenin 成骨蛋白, ＊骨生成蛋白 02.494

osteoglycin 骨甘蛋白聚糖 06.297

osteoinductive factor ＊骨诱导因子 06.297

osteonectin 骨粘连蛋白 02.705

osteopontin 骨桥蛋白 02.483

OT 寡糖基转移酶 03.213

outer membrane 外膜 08.005

outflow 流出液 12.077

outron 末端内含子 05.185

ovalbumin 卵清蛋白 02.248

overexpression 超表达 05.006

overhang 单链突出端 12.630

overlapping open reading frame 重叠可读框 05.244

ovomucin 卵黏蛋白 02.249

ovomucoid 卵类黏蛋白 02.714

ovorubin 卵红蛋白 02.720

ovotransferrin ＊卵运铁蛋白 02.250

ovotyrin 卵黄磷蛋白 02.715

ovoverdin 虾卵绿蛋白 02.719

oxalic acid 草酸 11.121

oxaloacetic acid 草酰乙酸 11.120

oxalosuccinic acid 草酰琥珀酸 11.116

oxidase 氧化酶 03.173

β-oxidation β 氧化 11.139

oxidation-reduction reaction 氧化还原反应 11.066

oxidative deamination 氧化脱氨作用 11.074

oxidative phosphorylation 氧化磷酸化 11.293

oxido-reductase 氧化还原酶, ＊氧还酶 03.078

5-oxoproline ＊5-氧脯氨酸 11.253

oxygenase 加氧酶, ＊氧合酶 03.142

oxyhemoglobin 氧合血红蛋白 02.344

oxymyoglobin 氧合肌红蛋白 02.343

oxytocin 催产素 10.109

# P

PA 磷脂酸 07.114

PAC P1 人工染色体 12.844

pacemaker enzyme 定步酶 03.641

packaging 包装 12.839

packaging extract 包装提取物 12.841

PAGE 聚丙烯酰胺凝胶电泳 12.116

paired ion chromatography 离子配对层析, ＊离子相互

作用层析 12.227

PAL 苯丙氨酸氨裂合酶 03.562

paleobiochemistry 古生物化学 01.004

palindrome 回文对称 04.222

palindromic sequence 回文序列 04.223

palmitic acid 棕榈酸, ＊软脂酸 07.049

palmitin 棕榈酸甘油酯 07.102

palmitoleic acid 棕榈油酸 07.050

palmitoyl Δ⁹-desaturase 软脂酰 $\Delta^9$ 脱饱和酶 03.155

pancreastatin 胰抑释素，*胰抑肽 10.166

pancreatic elastase 胰弹性蛋白酶 03.436

pancreatic polypeptide 胰多肽 10.169

panning 淘选 12.076

panose 潘糖 06.175

pantothenic acid 泛酸，*维生素 $B_3$ 10.360

PAP staining 过氧化物酶-抗过氧化物酶染色，*PAP 染色 12.527

papain 木瓜蛋白酶 03.453

paper chromatography 纸层析 12.204

paper electrophoresis 纸电泳 12.099

PAPS 3′-磷酸腺苷-5′-磷酰硫酸 11.084

paracasein 副酪蛋白，*衍酪蛋白 02.723

paracodon 副密码子 04.291

paracrine 旁分泌 10.310

parafusin 融膜蛋白 02.583

paraglobulin 副球蛋白 02.265

paralbumin 副清蛋白 02.251

parallel DNA triplex 平行 DNA 三链体 04.361

paralogous gene 种内同源基因 04.484

paramylon 副淀粉 06.210

paramylum 副淀粉 06.210

paramyosin 副肌球蛋白 02.471

paraprotein 副蛋白质 02.300

parathyroid hormone 甲状旁腺激素 10.137

parental DNA 亲代 DNA 04.386

parental genomic imprinting 亲代基因组印记 12.725

parinaric acid 十八碳四烯酸 07.054

parotin 腮腺素 10.170

PARP 多腺苷二磷酸核糖聚合酶 03.218

particle bombardment 粒子轰击 12.593

particle electrophoresis 粒子电泳 12.093

particle gun 粒子枪 12.592

P1 artificial chromosome P1 人工染色体 12.844

partition chromatography 分配层析 12.220

partition coefficient 分配系数 12.163

parvalbumin 小清蛋白 02.254

parvulin 细蛋白 03.576

PAS 过碘酸希夫反应 06.054

passenger DNA 过客 DNA 04.372

passive diffusion 被动扩散 08.123

passive transport 被动转运 08.122

Pasteur effect 巴斯德效应 11.093

patch clamping 膜片钳 12.022

paxillin 桩蛋白 02.327

PC 磷脂酰胆碱 07.116，磷酰胆碱 11.169

P1 cloning P1 克隆 12.619

PCNA 增殖细胞核抗原 02.363

PCR 聚合酶链反应 12.302

PCR cloning 聚合酶链反应克隆，*PCR 克隆 12.326

PCR-ELISA PCR 酶联免疫吸附测定 12.526

PCR splicing 聚合酶链反应剪接，*PCR 剪接 12.327

PDB 蛋白质数据库 12.473

PDCAAS 蛋白质可消化性评分 12.452

PDGF 血小板[源性]生长因子 10.266

PDI 蛋白质二硫键异构酶 03.128

PE 磷脂酰乙醇胺 07.120

pectate disaccharide-lyase 果胶酸二糖裂合酶 03.558

pectate lyase 果胶酸裂合酶 03.556

pectin 果胶 06.252

pectinase 果胶酶 03.377

pectin esterase 果胶酯酶 03.317

pectinic acid 果胶酯酸 06.142

pectin lyase 果胶裂合酶 03.557

pedin 水螅肽 02.135

PEG precipitation 聚乙二醇沉淀 12.518

penicillin acylase *青霉素酰化酶 03.482

penicillin amidase 青霉素酰胺酶 03.482

penicillin amidohydrolase *青霉素酰胺水解酶 03.482

penicillinase 青霉素酶 03.528

pentagastrin 五肽促胃液素 10.171

pentaose 五糖 06.178

pentosan 戊聚糖 06.009

pentose 戊糖 06.071

pentose-phosphate pathway 戊糖磷酸途径 11.110

pentraxin 正五聚蛋白 02.575

PEP 磷酸烯醇丙酮酸 11.103

PEPCK 磷酸烯醇丙酮酸羧化激酶，*烯醇丙氨酸磷酸羧激酶 03.541

pepocin 西葫芦毒蛋白 02.792

pepscan 肽扫描技术 12.466

pepsin 胃蛋白酶 03.459

pepsinogen 胃蛋白酶原 03.672

pepsitensin 胃酶解血管紧张肽 10.264

pepstatin 胃蛋白酶抑制剂 03.716

peptidase 肽酶 03.408

peptide 肽 02.054

peptide bond 肽键 02.055

peptide chain 肽链 02.062

peptide-ELISA 肽-酶联免疫吸附分析 12.525

peptide-N-glycosidase F 肽-N-糖苷酶 F 03.484

peptide library 肽文库 02.066

peptide map 肽图 12.465

peptide nucleic acid 肽核酸 12.632

peptide plane 肽平面 02.067

peptide scanning technique 肽扫描技术 12.466

peptide synthesis 肽合成 12.463

peptide transporter 肽转运蛋白体 02.590

peptide unit 肽单元 02.068

peptidoglycan 肽聚糖 06.202

peptidyl-dipeptidase A *肽基二肽酶 A 03.414

peptidyl-prolyl cis-trans isomerase 肽基脯氨酰基顺反异构酶 03.575

peptidyl site 肽酰位，*P 位 04.273

peptidyl transferase 肽酰转移酶 03.204

peptidyl tRNA 肽酰 tRNA 04.135

peptone 胨 02.061

perforin 穿孔蛋白 02.381

periodate oxidation 过碘酸氧化 06.053

periodic acid-Schiff reaction 过碘酸希夫反应 06.054

peripheral myelin protein 外周髓鞘型蛋白质 02.594

peripheral protein 周边蛋白质 02.659

peripherin 外周蛋白 02.593

periplasmic binding protein 周质结合蛋白质 02.236

peristaltic pump 蠕动泵 12.243

perlecan 串珠蛋白聚糖 06.299

permease 通透酶 03.643

permeation 通透 08.060

permeation chromatography 渗透层析 12.222

permissive cell 允许细胞 12.885

permselective membrane 选择通透膜 12.026

permselectivity 通透选择性 08.061

peroxidase 过氧化物酶 03.132

peroxidase-anti-peroxidase staining 过氧化物酶-抗过氧化物酶染色，*PAP 染色 12.527

peroxisome 过氧化物酶体 03.691

persitol 鳄梨糖醇 06.141

petroselinic acid 岩芹酸 07.061

P face of lipid bilayer 脂双层 P 面 08.011

PFGE 脉冲电场凝胶电泳 12.111

PFK 磷酸果糖激酶 03.228

PFT-NMR spectrometer 脉冲傅里叶变换核磁共振［波谱］仪 12.377

pfu 噬斑形成单位 12.729

Pfu DNA polymerase Pfu DNA 聚合酶 03.264

pg 皮克 12.397

PG 磷脂酰甘油 07.117，前列腺素 10.294

PGI₂ 前列环素 10.293

PGM 磷酸葡糖变位酶，*葡糖磷酸变位酶 03.585

PHA 植物凝集素，*红肾豆凝集素 06.309

phage 噬菌体 12.833

phage display 噬菌体展示 12.726

phage peptide library 噬菌体肽文库 12.687

phage random peptide library 噬菌体随机肽文库 12.688

phage surface display *噬菌体表面展示 12.726

λ phage terminase λ 噬菌体末端酶 03.662

phalloidin 鬼笔［毒］环肽 02.173

phallotoxin 毒蕈肽 02.172

pharmacogenomics 药物基因组学 01.027

phaseolin 菜豆蛋白 02.620

phase transition 相变 08.062

phase transition temperature 相变温度 08.063

Phe 苯丙氨酸 02.029

phenome 表型组 01.042

phenomics 表型组学 01.035

phenotype 表型 05.064

phenylacetamidase 苯乙酰胺酶 03.477

phenylactic acid 苯乳酸 11.222

phenylalanine 苯丙氨酸 02.029

phenylalanine ammonia-lyase 苯丙氨酸氨裂合酶 03.562

phenylcthanolamine-N-methyltransferase 苯基乙醇胺-N-甲基转移酶 03.179

phenylethylamine 苯乙胺 11.223

phenylisothiocyanate 异硫氰酸苯酯 12.429

phenylketonuria 苯丙酮尿症 11.225

phenylmethylsulfonyl fluoride 苯甲基磺酰氟 12.430

phenylpyruvic acid 苯丙酮酸 11.224

pheophytin 脱镁叶绿素，*褐藻素 11.299

pheromone 信息素 10.314

phorbol 佛波醇，*大戟二萜醇 09.071

phorbol ester 佛波酯，*大戟二萜醇酯 09.072

phorbol ester response element 佛波酯应答元件

09.073

phosphatase 磷酸[酯]酶 03.325

phosphate method 磷酸酯法 12.504

phosphatide 磷脂 07.113

phosphatidic acid 磷脂酸 07.114

phosphatidylcholine 磷脂酰胆碱 07.116

phosphatidyl ethanolamine 磷脂酰乙醇胺 07.120

phosphatidyl glycerol 磷脂酰甘油 07.117

phosphatidylinositol 磷脂酰肌醇 07.118

phosphatidylinositol 4, 5-bisphosphate 磷脂酰肌醇4, 5-双磷酸 07.123

phosphatidylinositol cycle 磷脂酰肌醇循环 07.124

phosphatidylinositol glycan 磷脂酰肌醇聚糖 06.197

phosphatidylinositol kinase 磷脂酰肌醇激酶, *PI激酶 03.242

phosphatidylinositol-3 kinase *磷脂酰肌醇3-激酶 03.241

phosphatidylinositol phosphate 磷脂酰肌醇磷酸 07.122

phosphatidylinositol response 磷脂酰肌醇应答 07.125

phosphatidylserine 磷脂酰丝氨酸 07.121

phosphite method *亚磷酸酯法 12.505

phosphite triester method 亚磷酸三酯法 12.505

3′-phosphoadenosine-5′-phosphosulfate 3′-磷酸腺苷-5′-磷酰硫酸 11.084

phosphoamino acid analysis 磷酸氨基酸分析 12.467

phosphodiesterase 磷酸二酯酶 03.336

phosphodiester bond 磷酸二酯键 04.304

phosphodiester method *磷酸二酯法 12.504

phosphoenolpyruvate 磷酸烯醇丙酮酸 11.103

phosphoenolpyruvate carboxykinase 磷酸烯醇丙酮酸羧化激酶, *烯醇丙氨酸磷酸羧激酶 03.541

phosphoenolpyruvate-sugar phosphotransferase 磷酸烯醇丙酮酸-糖磷酸转移酶 03.245

phosphoenolpyruvic acid 磷酸烯醇丙酮酸 11.103

phosphoester transfer 磷酸酯转移 11.077

phosphofructokinase 磷酸果糖激酶 03.228

phosphoglucoisomerase 磷酸葡糖异构酶 03.581

phosphoglucomutase 磷酸葡糖变位酶, *葡糖磷酸变位酶 03.585

phosphogluconate shunt *葡糖酸磷酸支路 11.110

3-phosphoglyceraldehyde *3-磷酸甘油醛 11.100

3-phosphoglycerate *3-磷酸甘油酸 11.102

phosphoglycerate kinase 磷酸甘油酸激酶 03.243

phosphoglyceromutase 磷酸甘油酸变位酶 03.584

phosphoinositidase 磷酸肌醇酶 03.337

phosphoinositide 磷酸肌醇 07.139

phosphoketolase 磷酸转酮酶 03.297

phosphokinase *磷酸激酶 03.289

phospholipase 磷脂酶 03.319

phospholipid 磷脂 07.113

phospholipid bilayer 磷脂双层 08.064

phospholipoprotein 磷酸脂蛋白 02.689

phosphomonoester bond 磷酸单酯键 04.305

phosphoramidite method 亚磷酰胺法 12.506

phosphoramidon 膦酰二肽 02.079

phosphoribosyl glycinamide formyltransferase 磷酸核糖甘氨酰胺甲酰基转移酶 03.187

phosphoribosyl pyrophosphate 磷酸核糖基焦磷酸 11.264

phosphorolysis 磷酸解 11.078

phosphorothioate oligonucleotide 硫代磷酸寡核苷酸 12.633

phosphorylase 磷酸化酶 03.644

phosphorylase kinase 磷酸化酶激酶 03.234

phosphorylcholine 磷酰胆碱 11.169

phosphotidylinositol turnover 磷脂酰肌醇转换 07.140

phosphotransferase 磷酸转移酶 03.225

phosphotriester method 磷酸三酯法 12.507

phosphotyrosine kinase *磷酸酪氨酸激酶 03.239

phosphotyrosine phosphatase *磷酸酪氨酸磷酸酶 03.335

phosvitin 卵黄高磷蛋白 02.716

photoaffinity labeling 光亲和标记 12.554

photoaffinity probe 光亲和探针 12.570

photobilirubin 光胆红素 11.324

photodensitometer 光密度计 12.339

photolyase *光裂合酶 03.549

photophosphorylation 光合磷酸化 11.301

photopolymerization 光聚合 12.583

photopsin 光视蛋白 02.550

photoreactive yellow protein 光敏黄蛋白 02.551

photorespiration 光呼吸[作用] 11.297

photosynthesis 光合作用 11.296

photosynthetic carbon reduction cycle *光合碳还原环 11.129

phototransduction 光转导 09.092

phrenosin 羟脑苷脂 07.150

phthioic acid *结核菌酸 07.062

phycobilin protein　胆藻[色素]蛋白　02.354

phycobiliprotein　胆藻[色素]蛋白　02.354

phycobilisome　藻胆[蛋白]体　02.359

phycocyanin　藻蓝蛋白　02.356

phycoerythrin　藻红蛋白　02.355

phyllocaerulein　叶泡雨蛙肽　02.126

phyllocaerulin　叶泡雨蛙肽　02.126

phyllolitorin　叶泡雨滨蛙肽　02.125

phylloquinone　*叶绿醌　10.385

physalaemin　泡蛙肽　02.129

physical map　物理图[谱]　12.759

physiological saline　生理盐水　12.030

phytanic acid　植烷酸　07.069

phytic acid　植酸，*肌醇六磷酸　07.141

phytoecdysone　植物蜕皮素　10.334

phytoglycogen　植物糖原　06.191

phytohemagglutinin　植物凝集素，*红肾豆凝集素
　06.309

phytohormone　植物激素　10.323

phytol　叶绿醇，*植醇　07.204

phytoremediation　植物治理法　12.891

phytosterol　植物固醇　07.177

phytosulfokine　植物硫酸肽　10.248

phytoxanthin　叶黄素，*胡萝卜醇　10.354

phytylmenaquinone　叶绿基甲萘醌，*维生素 K$_1$
　10.385

PI　磷脂酰肌醇　07.118

picolinic acid　吡啶甲酸　11.247

pictogram　皮克　12.397

PI kinase　磷脂酰肌醇激酶，*PI 激酶　03.242

pilin　菌毛蛋白　02.778

pimelic acid　庚二酸　07.040

pineal hormone　松果体激素　10.092

pinellin　半夏蛋白　02.818

pinene　蒎烯　07.205

PIP　磷脂酰肌醇磷酸　07.122

PIP$_2$　磷脂酰肌醇 4,5-双磷酸　07.123

pipinin　豹蛙肽　02.128

PI response　磷脂酰肌醇应答　07.125

PITC　异硫氰酸苯酯　12.429

pitocin　催产素　10.109

pitressin　升压素，*加压素　10.117

PKG　依赖 cGMP 的蛋白激酶　03.282

PKR　依赖双链 RNA 的蛋白激酶　03.286

PKU　苯丙酮尿症　11.225

placental globulin　胎盘球蛋白　02.267

placental lactogen　绒毛膜生长催乳素　10.067

plakoglobin　斑珠蛋白　02.478

plant growth regulator　植物生长调节剂　10.324

plaque　空斑　12.727，噬斑　12.728

plaque forming unit　噬斑形成单位　12.729

plasmagene　细胞质基因，*核外基因　04.503

plasma kallikrein　血浆型激肽释放酶　03.432

plasmalemma　质膜　08.003

plasmalemmasome　质膜体　08.006

plasmalogen　缩醛磷脂　07.127

plasma membrane　质膜　08.003

plasma thromboplastin component　血浆凝血激酶
　03.424

plasmid　质粒　12.826

plasmid copy number　质粒拷贝数　04.423

plasmid incompatibility　质粒不相容性　04.424

plasmid instability　质粒不稳定性　04.425

plasmid maintenance sequence　质粒维持序列　04.426

plasmid partition　质粒分配　04.427

plasmid phenotype　质粒表型　04.428

plasmid replication　质粒复制　04.430

plasmid replicon　质粒复制子　04.431

plasmid rescue　质粒获救，*质粒拯救　04.429

plasmid transfection　质粒转染　12.804

plasmid transformation　质粒转化　12.794

plasmin　纤溶酶　03.425

plasminogen　纤溶酶原　03.673

plastid DNA　质体 DNA　04.345

plastin　丝束蛋白　02.654

plastocyanin　质体蓝蛋白，*质体蓝素　02.617

plastogene　质体基因　04.505

plastoquinone　质体醌　11.300

plate electrophoresis　板电泳　12.100

platelet-derived growth factor　血小板[源性]生长因子
　10.266

β-pleated sheet　β 片层　02.191

pleckstrin　普列克底物蛋白　02.321

plectin　网蛋白　02.496

pleiomorphism　多态性　01.244

pleiotropic gene　多效基因　04.506

PMSF　苯甲基磺酰氟　12.430

PNA　肽核酸　12.632

PNMT 苯基乙醇胺-*N*-甲基转移酶 03.179

PNP 嘌呤核苷磷酸化酶 03.214

podocalyxin 足萼糖蛋白 02.696

point mutation 点突变 04.324

poly(A) 多腺苷酸，＊多(A) 04.119

polyacrylamide gel 聚丙烯酰胺凝胶 12.153

polyacrylamide gel electrophoresis 聚丙烯酰胺凝胶电泳 12.116

polyadenylate polymerase 多腺苷酸聚合酶，＊多(A)聚合酶 03.267

polyadenylation 多腺苷酸化 04.248

polyadenylation signal 多腺苷酸化信号 04.249

polyadenylic acid 多腺苷酸，＊多(A) 04.119

poly(ADP-ribose) polymerase 多腺苷二磷酸核糖聚合酶 03.218

polyamine 多胺 11.189

poly(A) polymerase 多腺苷酸聚合酶，＊多(A)聚合酶 03.267

poly(A)RNA 多(A)RNA 04.145

poly(A)tail 多(A)尾 04.120

polycistron 多顺反子 05.048

polycistronic mRNA 多顺反子 mRNA 05.053

polyclonal antibody 多克隆抗体 01.154

polycloning site 多克隆位点 12.624

polydeoxyribonucleotide synthetase 多脱氧核糖核苷酸合成酶 03.601

polyethylene glycol precipitation 聚乙二醇沉淀 12.518

polygalacturonase 多半乳糖醛酸酶 03.378

polygene 多基因 04.507

polygenic theory 多基因学说 04.508

polyhedrin 多角体蛋白 02.781

polyinosinic acid-polycytidylic acid 多肌胞苷酸，＊多(I)·多(C) 04.121

poly(I)·poly(C) 多肌胞苷酸，＊多(I)·多(C) 04.121

polylactosamine 多乳糖胺 06.253

polylinker 多位点人工接头 12.631

polymer 多聚体 01.052

polymerase 聚合酶 03.251

polymerase chain reaction 聚合酶链反应 12.302

polymorphism 多态性 01.244

polynucleotide 多核苷酸 04.118

polynucleotide kinase 多核苷酸激酶 03.536

polynucleotide phosphorylase 多核苷酸磷酸化酶 03.266

polyol 多元醇 11.109

polypeptide 多肽 02.059

polypeptide chain 多肽链 02.063

polypeptide hormone 多肽激素 10.249

polyphenol 多酚 11.231

polyphenol oxidase 多酚氧化酶 03.131

polyprenol 多萜醇 07.191

polyribonucleotide ＊多核糖核苷酸 04.118

polyribosome 多核糖体 04.276

polysaccharide 多糖 06.005

polysialic acid 多唾液酸 06.254

polysome 多核糖体 04.276

poly(U) 多尿苷酸，＊多(U) 04.122

polyunsaturated fatty acid 多不饱和脂肪酸 07.028

polyuridylic acid 多尿苷酸，＊多(U) 04.122

POMC 阿黑皮素原 02.821

ponticulin 膜桥蛋白 02.671

pontin protein 桥蛋白质 02.690

pore-forming protein 成孔蛋白 08.105

porin [膜]孔蛋白 08.106

porphobilinogen 卟胆原，＊胆色素原 11.313

porphyrin 卟啉 11.314

porphyrinogen 卟啉原 11.315

positional cloning 定位克隆 12.614

positive effector 正效应物 01.106

positive feedback 正反馈 11.033

positively supercoiled DNA 正超螺旋 DNA 04.213

positive regulation 正调节 01.125

positive regulator 正调物 01.137

positive supercoil 正超螺旋 04.207

positive supercoiling 正超螺旋化 04.209

postalbumin 后清蛋白 02.252

post-replication repair 复制后修复 04.468

post-replicative mismatch repair 复制后错配修复 04.469

post-transcriptional maturation 转录后成熟 05.169

post-transcriptional processing 转录后加工 05.170

post-translational modification 翻译后修饰 05.214

post-translational processing 翻译后加工 05.215

Potter-Elvehjem homogenizer 波-伊匀浆器 12.045

PP 胰多肽 10.169

PPIase 肽基脯氨酰基顺反异构酶 03.575

PQQ 吡咯并喹啉醌 10.373

prealbumin 前清蛋白 02.253

prebiotic chemistry 前生命化学 01.005

precursor 前体 01.174

pre-electrophoresis 预电泳 12.090

pregenome 前基因组 04.477

pregnane 孕固烷 10.045

pregnanediol 孕二醇 10.046

pregnanedione 孕烷二酮 10.047

pregnenolone 孕烯醇酮 10.048

prehybridization 预杂交 12.286

prekallikrein 前激肽释放酶 03.645

prenylation 异戊二烯化，*戊二烯化 10.391

preparative biochemistry 制备生物化学 01.009

pre-POMC 前阿黑皮素原 02.820

prepriming complex *预引发复合体 04.452

preprimosome 引发体前体 04.452

preproenkephalin 前脑啡肽原 02.090

preprohormone 前激素原 10.250

preproinsulin 前胰岛素原 02.387

preproopiomelanocortin 前阿黑皮素原 02.820

preproprotein 前蛋白质原 02.216

presenilin 衰老蛋白 02.673

prespliceosome 剪接前体 05.196

presteady state 前稳态 03.054

prestin 快蛋白 02.523

previtamin 维生素原 10.343

PRF *催乳素释放因子 10.113

PRH 催乳素释放素 10.113

Pribnow box 普里布诺框 05.130

PRIF *催乳素释放抑制因子 10.114

PRIH 催乳素释放抑制素，*催乳素抑释素 10.114

primary bile acid 初级胆汁酸 11.161

primary culture 原代培养 12.871

primary metabolism 初生代谢 11.037

primary metabolite 初生代谢物 11.026

primary scintillator 第一闪烁剂 12.858

primary structure 一级结构 01.054

primary transcript 初级转录物 05.089

primase 引发酶 03.265

primer 引物 01.175

primer extension 引物延伸 12.501

primer repair 引物修补 12.502

primer walking 引物步移，*引物步查 12.489

primeverose 樱草糖 06.130

priming 引发 04.450，致敏 09.088

primosome 引发体 04.451

prion 朊病毒，*普里昂 02.822

pristanic acid 降植烷酸 07.048

Pro 脯氨酸 02.030

probe 探针 12.561

probe retardation assay *探针阻滞分析 12.103

procarboxypeptidase 羧肽酶原 03.674

processing 加工 05.171

processing protease 加工蛋白酶 03.472

procollagen 前胶原 02.632

proctolin 直肠肽 02.113

prodynorphin 强啡肽原 02.095

proelastase 弹性蛋白酶原 03.675

proelastin 原弹性蛋白 02.641

proenkephalin 脑啡肽原 02.089

proenzyme 酶原 03.005

profibrin 血纤蛋白原 02.304

profibrinolysin *纤维蛋白溶酶原 03.673

profilin 组装抑制蛋白 02.461

progesterone 孕酮，*黄体酮 10.049

progestin 黄体制剂 10.053

progestogen 孕激素 10.044

programmed cell death 细胞程序性死亡 01.236

prohibitin 抗增殖蛋白 02.738

prohormone convertase 激素原转化酶 03.440

proinflammatory cytokine 促炎性细胞因子 10.251

proinflammatory protein 促炎症蛋白质 02.729

prolactin 催乳素，*促乳素 10.066

prolactin release inhibiting factor *催乳素释放抑制因子 10.114

prolactin release inhibiting hormone 催乳素释放抑制素，*催乳素抑释素 10.114

prolactin releasing factor *催乳素释放因子 10.113

prolactin releasing hormone 催乳素释放素 10.113

prolactoliberin 催乳素释放素 10.113

prolamin 谷醇溶蛋白 02.624

prolamine 谷醇溶蛋白 02.624

prolidase 氨酰[基]脯氨酸二肽酶 03.411

proliferating cell nuclear antigen 增殖细胞核抗原 02.363

proliferin 增殖蛋白 02.362

prolinase 脯氨酰氨基酸二肽酶 03.412

proline 脯氨酸 02.030

promoter　启动子　05.100

promoter clearance　启动子清除　05.108

promoter element　启动子元件　05.101

promoter escape　启动子解脱　05.109

promoter occlusion　启动子封堵　05.110

promoter suppression　启动子阻抑　05.111

promoter trapping　启动子捕获　12.634

pronase　链霉蛋白酶　03.445

proofreading　校对　04.466

proofreading activity　校对活性　04.467

proopiomelanocortin　阿黑皮素原　02.821

properdin　备解素　02.302

prophage　*原噬菌体　12.834

propionyl coenzyme A　丙酰辅酶A　11.204

proportional counter　正比计数器　12.404

proprotein　蛋白质原　02.215

proprotein convertase　蛋白质原转换酶　03.449

prostacyclin　前列环素　10.293

prostaglandin　前列腺素　10.294

prostanoic acid　前列腺烷酸　10.295

prostanoid　前列腺素类激素　10.296

prostatein　前列腺蛋白　02.386

protamine　鱼精蛋白　02.598

protease　蛋白酶　03.417

protease nexin　蛋白酶连接蛋白　02.289

proteasome　蛋白酶体　03.474

protein　蛋白质　02.178

protein array　蛋白质阵列　12.648

proteinase　蛋白酶　03.417

$\alpha_1$-proteinase inhibitor　$\alpha_1$蛋白酶抑制剂　03.707

protein chip　蛋白质芯片　12.653

protein data bank　蛋白质数据库　12.473

protein database　蛋白质数据库　12.473

protein digestibility-corrected amino acid scoring　蛋白质可消化性评分　12.452

protein disulfide isomerase　蛋白质二硫键异构酶　03.128

protein disulfide oxidoreductase　*蛋白质二硫键氧还酶　03.129

protein-disulfide reductase　蛋白质二硫键还原酶　03.129

protein engineering　蛋白质工程　12.454

protein exon　*蛋白质外显子　02.077

protein family　蛋白质家族　01.181

protein-glutamate methylesterase　蛋白质谷氨酸甲酯酶　03.322

protein histidine kinase　蛋白组氨酸激酶　03.246

protein intron　*蛋白质内含子　02.075

protein isoform　蛋白质异形体　02.213

protein kinase　蛋白激酶　03.298

protein kinase kinase　蛋白激酶激酶　03.299

protein mapping　蛋白质作图　12.366

protein microarray　*蛋白质微阵列　12.653

proteinoid　类蛋白质　02.219

protein phosphatase　蛋白磷酸酶　03.333

protein sequencing　蛋白质测序　12.483

protein serine/threonine kinase　蛋白质丝氨酸/苏氨酸激酶　03.231

protein serine/threonine phosphatase　蛋白质丝氨酸/苏氨酸磷酸酶　03.332

protein splicing　蛋白质剪接　05.175

protein synthesis　蛋白质合成　12.461

protein translocator　蛋白质转位体　02.237

protein truncation test　蛋白质截短试验　12.453

protein tyrosine kinase　蛋白质酪氨酸激酶　03.274

protein tyrosine phosphatase　蛋白质酪氨酸磷酸酶　03.335

proteoglycan　蛋白聚糖　06.011

proteolipid　蛋白脂质　07.228

proteolytic enzyme　*蛋白水解酶　03.417

proteome　蛋白质组　01.039

proteome chip　蛋白质组芯片　12.654

proteome database　蛋白质组数据库　12.476

proteomics　蛋白质组学　01.029

prothoracicotropic hormone　促前胸腺激素　10.252

prothrombin　凝血酶原　03.676

protobiochemistry　原始生物化学　01.003

protogene　原基因　04.478

protomer　原聚体　02.210

proton pump　质子泵　08.107

proto-oncogene　*原癌基因　04.522

protoporphyrin　原卟啉　11.320

protruding terminus　突出末端　04.232

pro-UK　尿激酶原　03.677

prourokinase　尿激酶原　03.677

provitamin　维生素原　10.343

provitamin $D_3$　*维生素$D_3$原　10.381

PRPP　磷酸核糖基焦磷酸　11.264

PS 磷脂酰丝氨酸 07.121

PSA 多唾液酸 06.254

pseudo-cyclic photophosphorylation 假循环光合磷酸化 11.304

pseudo-feedback inhibition 拟反馈抑制 11.035

pseudogene 假基因 04.479

pseudoglobulin 假球蛋白, *拟球蛋白 02.264

pseudohemoglobin 假血红蛋白 02.346

pseudokeratin 假角蛋白 02.648

pseudopeptidoglycan 假肽聚糖 06.203

pseudosubstrate 假底物 03.056

pseudouridine 假尿苷 04.105

pseudouridylic acid 假尿苷酸 04.106

psicose 阿洛酮糖 06.090

P site 肽酰位, *P 位 04.273

PSK 植物硫酸肽 10.248

psychosine 鞘氨醇半乳糖苷 06.131

PTC 血浆凝血激酶 03.424

pteroic acid 蝶酸 10.362

pteroyl-glutamic acid 叶酸, *蝶酰谷氨酸 10.361

PTH 甲状旁腺激素 10.137

PTK 蛋白质酪氨酸激酶 03.274

PTP 蛋白质酪氨酸磷酸酶 03.335

PTT 蛋白质截短试验 12.453

PTTH 促前胸腺激素 10.252

ptyalin 唾液淀粉酶 03.529

P-type lectin P 型凝集素 06.316

Pu 嘌呤 04.013

pull down experiment 牵出试验 12.731

pullulan 短梗霉聚糖 06.192

pullulanase 短梗霉多糖酶 03.394

pulse alternative field gel electrophoresis *脉冲交变电场凝胶电泳 12.111

pulse-chase labeling 脉冲追踪标记 12.547

pulsed-field gel electrophoresis 脉冲电场凝胶电泳 12.111

pulsed Fourier transform NMR spectrometer 脉冲傅里叶变换核磁共振[波谱]仪 12.377

pupation hormone 化蛹激素 10.056

Pur 嘌呤 04.013

purine 嘌呤 04.013

purine nucleoside 嘌呤核苷 04.030

purine nucleoside phosphorylase 嘌呤核苷磷酸化酶 03.214

purine nucleotide 嘌呤核苷酸 04.054

purine nucleotide cycle 嘌呤核苷酸循环 11.263

puromycin 嘌呤霉素 12.445

pustulan 石耳葡聚糖 06.193

putrescine 腐胺 11.190

pyosin 绿脓蛋白 02.762

Pyr 嘧啶 04.019

pyranose 吡喃糖 06.064

pyridoxal 吡哆醛 10.367

pyridoxal phosphate 磷酸吡哆醛 10.368

pyridoxamine 吡哆胺 10.369

pyridoxine 吡哆醇 10.370

pyrimidine 嘧啶 04.019

pyrimidine dimer 嘧啶二聚体 04.329

pyrimidine nucleoside 嘧啶核苷 04.031

pyrimidine nucleotide 嘧啶核苷酸 04.055

pyroglobulin 热球蛋白 02.261

pyroglutamic acid 焦谷氨酸 11.253

pyrophosphatase 焦磷酸酶 03.491

pyrophosphorylase 焦磷酸化酶 03.250

pyrroloquinoline quinone 吡咯并喹啉醌 10.373

pyrrolysine 吡咯赖氨酸 02.041

pyruvate decarboxylase 丙酮酸脱羧酶 03.540

pyruvate dehydrogenase complex 丙酮酸脱氢酶复合物 03.116

pyruvate kinase 丙酮酸激酶 03.235

pyruvic acid 丙酮酸 11.104

pythonic acid 蟒蛇胆酸 07.082

# Q

qPCR 定量聚合酶链反应, *定量 PCR 12.321

Qβ-replicase Qβ 复制酶 03.270

Qβ replicase technique Qβ 复制酶技术 12.730

quantitative PCR 定量聚合酶链反应, *定量 PCR 12.321

quantitative trait locus 数量性状基因座 04.509

quaternary structure 四级结构 02.182

quelling 压抑 04.178

queuosine 辫苷 04.027

quinary structure 五级结构 02.183

quinic acid 奎尼酸 07.206

quinoprotein 醌蛋白 02.578

# R

rabphilin Rab 亲和蛋白 02.287

RACE cDNA 末端快速扩增法 12.769

racemase 消旋酶 03.572

racemization 外消旋化 01.197

radial chromatography 径向层析 12.206

radioactive isotope 放射性同位素 12.544

radiobiochemistry 放射生物化学 01.007

radioimmunoassay 放射免疫测定，＊放射免疫分析 12.733

radioimmunoelectrophoresis 放射免疫电泳 12.146

radioimmunoprecipitation 放射免疫沉淀法 12.514

radioisotope scanning 放射性同位素扫描 12.849

radioreceptor assay 放射性受体测定，＊放射性受体分析 12.734

radixin 根蛋白 02.441

raffinose 棉子糖 06.174

RAG 重组活化基因 04.511

Ramachandran map 拉氏图 02.202

Raman spectrum analysis 拉曼光谱分析 12.354

ranatensin 蛙紧张肽，＊蛙肽 02.127

rancidity 酸败 07.023

random coil 无规卷曲 02.192

randomly amplified polymorphic DNA 随机扩增多态性 DNA 12.768

random oligonucleotide mutagenesis 随机寡核苷酸诱变 12.777

random PCR 随机聚合酶链反应，＊随机 PCR 12.324

random primer 随机引物 12.496

random primer labeling 随机引物标记 12.550

RAPD 随机扩增多态性 DNA 12.768

rapid amplification of cDNA end cDNA 末端快速扩增法 12.769

rapid flow technique 速流技术 12.864

RAR 视黄酸受体 10.349

rare codon 罕用密码子 05.234

Ras-dependent protein kinase 依赖于 Ras 的蛋白激酶 03.300

Ras protein Ras 蛋白 02.288

rate-limiting step 限速步骤 11.046

rate-zonal centrifugation 速率区带离心 12.073

RBP 视黄醇结合蛋白质，＊维甲醇结合蛋白质 10.350

RCF 相对离心力 12.052

RDE 受体破坏酶 03.381

rDNA 重组 DNA 12.742

reactive oxygen species 活性氧类 11.306

reading-frame displacement ＊读框移位 05.242

reading-frame overlapping 读框重叠 05.245

read-through 连读，＊通读 05.077

read-through mutation 连读突变 05.279

read-through suppression 连读阻抑 05.280

read-through translation 连读翻译 05.256

real-time PCR 实时聚合酶链反应，＊实时 PCR 12.322

real-time RT-PCR 实时逆转录聚合酶链反应，＊实时逆转录 PCR 12.320

reannealing 重退火 01.096

rearranging gene 重排基因 04.510

receptor 受体 01.164

receptor destroying enzyme 受体破坏酶 03.381

receptor kinase 受体蛋白激酶 03.232

receptor-mediated control 受体介导的调节作用 09.054

receptor-mediated endocytosis 受体介导的胞吞 09.055

receptor-mediated pinocytosis 受体介导的胞饮 09.056

receptor superfamily 受体超家族 09.049

receptor tyrosine kinase 受体酪氨酸激酶 03.275

receptosome ＊纳入体 09.067

recessed terminus 凹端 04.235

recognition 识别 01.231

recognition element 识别元件 01.176

recognition sequence 识别序列 12.740

recombinant 重组体 01.171

recombinant clone 重组克隆 12.618

recombinant DNA 重组 DNA 12.742

recombinant DNA technique 重组 DNA 技术 12.743

recombinant protein 重组蛋白质 12.744

recombinant RNA 重组 RNA 12.745

recombinase 重组酶 03.046

recombination 重组 12.741

recombination activating gene 重组活化基因 04.511

recombineering　重组工程　12.889

recoverin　恢复蛋白　02.741

redox　氧化还原反应　11.066

redox enzyme　氧化还原酶，*氧还酶　03.078

reduced nicotinamide adenine dinucleotide　还原型烟酰胺腺嘌呤二核苷酸，*还原型辅酶Ⅰ　03.687

reduced nicotinamide adenine dinucleotide phosphate　还原型烟酰胺腺嘌呤二核苷酸磷酸，*还原型辅酶Ⅱ　03.688

reducing terminus　还原末端　06.050

reductase　还原酶　03.118

redundant DNA　丰余 DNA　04.387

refolding　重折叠　01.091

regulation　调节　01.124

regulator　调节物　01.136

regulatory cascade　调节级联　01.143

regulatory circuit　调节回路　09.074

regulatory domain　调节域　01.140

regulatory element　调节元件　05.141

regulatory enzyme　调节酶　03.047

regulatory factor　调节因子　01.139

regulatory gene　调节基因　04.512

regulatory region　调节区　01.141

regulatory site　调节部位　01.142

regulatory subunit　调节亚基　03.048

regulon　调节子　05.142

relative centrifugal force　相对离心力　12.052

relative mobility　相对迁移率　12.086

relaxation protein　松弛蛋白　03.690

relaxation time　弛豫时间　03.052

relaxed circular DNA　*松弛环状 DNA　04.388

relaxed DNA　松弛 DNA　04.388

relaxed plasmid　松弛型质粒　12.828

relaxin　松弛素　10.116

release factor　释放因子　05.261

renaturation　复性　01.094

renin　血管紧张肽原酶，*肾素　03.461

repair endonuclease　修复内切核酸酶　03.301

repair enzyme　修复酶　03.302

repairosome　修复体　04.473

repair polymerase　修复聚合酶　03.303

repetitive DNA　重复 DNA　04.374

replacement vector　取代型载体　12.820

replica plating　复印接种，*影印培养　12.877

replicase　复制酶　03.257

replicating form　复制型　04.445

replication　复制　04.432

replication bubble　复制泡　04.447

replication-competent vector　可复制型载体　04.458

replication complex　复制体　04.463

replication error　复制错误　04.453

replication eye　*复制眼　04.447

replication factory model　复制工厂模型　04.454

replication fork　复制叉　04.446

replication intermediate　复制中间体　04.448

replication licensing factor　复制执照因子　04.455

replication polymerase　复制聚合酶　03.252

replication slipping　复制滑移　04.456

replication terminator　复制终止子　04.457

replicative cycle　复制周期　04.460

replicative form DNA　复制型 DNA　04.389

replicative helicase　复制解旋酶　03.622

replicative phase　复制期　04.461

replicon　复制子　04.462

replisome　复制体　04.463

reporter gene　报道基因　12.746

reporter molecule　报道分子　01.177

reporter transposon　报道转座子　05.016

reporter vector　报道载体　12.819

representational difference analysis　差异显示分析　12.295

repression　阻遏　05.145

repressor　阻遏物，*阻遏蛋白　05.146

resact　呼吸活化肽　02.116

resensitization　复敏　09.089

resident DNA　常居 DNA　04.373

residuc　残基　01.053

resilin　节肢弹性蛋白　02.643

resin　树脂　12.259

resistance gene　抗性基因　12.747

resistin　抗胰岛素蛋白　10.253

resolution　分辨率　12.165

resolvase　解离酶　03.530

resolving gel　分离胶　12.586

respiratory chain　呼吸链　11.285

respiratory pigment　呼吸色素　11.284

respiratory quotient　呼吸商　11.017

response element　应答元件　01.178

responsive element  应答元件  01.178

restrictin  限制蛋白  02.782

restriction analysis  限制性酶切分析，*限制性内切酶
酶切分析  12.748

restriction endonuclease  限制性内切核酸酶  03.350

restriction endonuclease map  *限制性内切核酸酶图谱
12.752

restriction endonuclease mapping  *限制性内切核酸酶
作图  12.753

restriction enzyme  *限制性酶  03.350

restriction fragment  限制性酶切片段，*限制性内切酶
酶切片段  12.749

restriction fragment length polymorphism  限制性酶切片段
长度多态性  12.750

restriction map  限制[性酶切]图谱  12.752

restriction mapping  限制性酶切作图  12.753

restriction modification system  限制修饰系统  04.475

restriction site  限制[性酶切]位点  12.754

restriction site protection experiment  限制[性酶切]位点
保护试验  12.755

restriction system  *限制系统  04.475

retardation  阻滞  01.232

retention coefficient  保留系数  12.172

retention time  保留时间  12.173

retention volume  保留体积  12.174

reticulin  网硬蛋白  02.649

reticulocalbin  网钙结合蛋白  02.368

reticulocyte lysate  网织红细胞裂解物  12.706

retinal  视黄醛  10.346

retinal dehydrogenase  视黄醛脱氢酶  03.091

retinal oxidase  视黄醛氧化酶  03.094

retinoblastoma protein  成视网膜细胞瘤蛋白，*Rb 蛋白
02.740

retinoic acid  视黄酸，*维甲酸，*维生素 $A_1$ 酸
10.347

retinoic acid receptor  视黄酸受体  10.349

retinoid  类视黄醇  10.345

retinoid X receptor  类视黄醇 X 受体  09.050

retinol  *视黄醇  10.344

retinol-binding protein  视黄醇结合蛋白质，*维甲醇结
合蛋白质  10.350

retinyl palmitate  棕榈酰视黄酯，*棕榈酸视黄酯
07.052

retroelement  逆转录元件  05.148

retroposition  逆转录转座  05.150

retroposon  逆[转录]转座子  05.149

retroregulation  反向调节  01.134

retrosterone  反类固酮  10.052

retrotransposition  逆转录转座  05.150

retrotransposon  逆[转录]转座子  05.149

retroviral vector  逆转录病毒载体  12.818

reverse biochemistry  反向生物化学  01.010

reverse biology  反向生物学  01.016

reverse dialysis  反向透析  12.009

reversed-phase high-performance liquid chromatography  反
相高效液相层析  12.196

reversed-phase ion pair chromatography  *反相离子对层
析  12.227

reversed-phase partition chromatography  反相分配层析
12.221

reverse mutation  *回复突变  12.773

reverse osmosis  反相渗透  12.014

reverse phase chromatography  反相层析  12.193

reverse primer  反向引物  12.500

reverse rocket immunoelectrophoresis  逆向火箭免疫电泳
12.148

reverse self-splicing  反向自剪接  05.182

reverse transcriptase  逆转录酶  03.254

reverse transcription  逆转录，*反转录  05.147

reverse transcription PCR  逆转录聚合酶链反应，*逆转
录 PCR  12.319

reverse turn  β 转角  02.189

reversible inhibition  可逆抑制  03.020

revistin  逆转录酶抑制剂  03.715

RF  复制型  04.445

RF-DNA  复制型 DNA  04.389

RFLP  限制性酶切片段长度多态性  12.750

rhamnose  鼠李糖  06.132

rhodanese  硫氰酸生成酶  03.276

rhodopsin  视紫[红]质  02.553

RI  复制中间体  04.448

RIA  放射免疫测定，*放射免疫分析  12.733

riboflavin  *核黄素  10.359

ribonuclease  核糖核酸酶  03.353

ribonuclease A  核糖核酸酶 A  03.358

ribonuclease H  核糖核酸酶 H  03.354

ribonuclease P  核糖核酸酶 P  03.355

ribonuclease T1  核糖核酸酶 T1  03.356

rolling circle replication 滚环复制 04.439

room temperature 室温 12.896

ROS 活性氧类 11.306

Rossman fold 罗斯曼折叠模式 02.181

rotamase ＊旋转异构酶 03.575

rotary evaporator 旋转蒸发器 12.046

rotating thin-layer chromatography 旋转薄层层析 12.210

rotatory dispersion 旋光色散 01.192

RP-HPLC 反相高效液相层析 12.196

RQ 呼吸商 11.017

rRNA 核糖体 RNA 04.152

RT 逆转录，＊反转录 05.147

RTK 受体酪氨酸激酶 03.275

RT-PCR 逆转录聚合酶链反应，＊逆转录 PCR 12.319

$R_0t$ value $R_0t$ 值 12.584

rubisco ＊核酮糖-1,5-双磷酸羧化酶/加氧酶 03.542

RuDPCase ＊核酮糖-1,5-二磷酸羧化酶 03.542

running buffer 运行缓冲液 12.081

run-off transcription assay 核转录终止分析 12.722

run-on transcription assay ＊连缀转录分析 12.723

$R_f$ value $R_f$ 值 12.164

RXR 类视黄醇 X 受体 09.050

RYN method RYN 法 12.387

# S

SA 比活性 01.099，水杨酸，＊邻羟基苯甲酸 10.337

sabinene 桧萜，＊桧烯 07.216

sabinic acid 桧酸 07.045

sabinol 桧萜醇 07.217

saccharic acid 糖二酸 06.103

saccharide 糖 06.002

saccharogenic amylase 糖化淀粉酶 03.369

saccharopine 酵母氨酸 11.219

salicylic acid 水杨酸，＊邻羟基苯甲酸 10.337

salivary amylase 唾液淀粉酶 03.529

salmin 鲑精蛋白 02.599

salting-in 盐溶 12.001

salting-out 盐析 12.002

salvage pathway 补救途径 11.043

SAM $S$-腺苷基甲硫氨酸 11.206

sandwich assay 夹心法分析 12.760

Sanger-Coulson method 桑格-库森法 12.487

santalene 檀香萜 07.218

saponification 皂化作用 07.018

saponification number 皂化值 07.019

saporin 皂草毒蛋白 02.812

sarafotoxin 角蝰毒素 02.170

sarcalumenin 肌钙腔蛋白 02.454

α-sarcin α帚曲毒蛋白 02.790

sarcolemma 肌膜 08.007

sarcosine 肌氨酸 11.200

sarcotoxin 麻蝇抗菌肽 02.152

satellite DNA 卫星 DNA 04.379

α-satellite DNA α 卫星 DNA 04.383

satellite RNA 卫星 RNA 04.159

saturated fatty acid 饱和脂肪酸 07.026

saturation analysis 饱和分析 12.732

saturation hybridization 饱和杂交 12.290

saturation mutagenesis 饱和诱变 12.775

sauvagine 蛙皮降压肽 10.265

SBA 大豆凝集素 06.323

SBH 杂交测序 12.494

scanning confocal microscopy 扫描共焦显微镜术 12.335

scanning densitometer 光密度扫描仪 12.340

scanning tunnel electron microscope 扫描隧道电镜 12.336

scanning tunneling microscope ＊扫描隧道显微镜 12.336

Scatchard analysis 斯卡查德分析 12.388

Scatchard equation 斯卡查德方程 12.389

Scatchard plotting 斯卡查德作图 12.390

scavenger receptor 清道夫受体 09.051

Schwannoma-derived growth factor 施万细胞瘤源性生长因子 10.267

schwannomin 施万膜蛋白 02.584

scinderin 肌切蛋白 02.474

scintillation cocktail 闪烁液 12.857

scintillation counter 闪烁计数仪 12.854

scleroglucan 小核菌聚糖 06.238

scleroprotein 硬蛋白 02.644

sclerotin 壳硬蛋白 02.650

scombron 鲭组蛋白 02.571

scombrone 鲭组蛋白 02.571

scotophobin 恐暗肽 02.117

scotopsin 暗视蛋白 02.559

SCP 固醇载体蛋白质 02.258

screening 筛选 12.761

scRNA 胞质小 RNA 04.151

scyllitol 鲨肌醇 07.207

scyllo-inositol 鲨肌醇 07.207

scymnol 鲨胆固醇 07.173

SD sequence SD 序列 04.251

SDS-PAGE SDS 聚丙烯酰胺凝胶电泳 12.120

SDS-polyacrylamide gel electrophoresis SDS 聚丙烯酰胺
凝胶电泳 12.120

secondary bile acid 次级胆汁酸 11.162

secondary hydrogen bond 二级氢键 01.060

secondary metabolism 次生代谢 11.038

secondary metabolite 次生代谢物 11.027

secondary scintillator 第二闪烁剂 12.859

secondary structure 二级结构 01.055

secondary structure prediction 二级结构预测 12.384

second messenger 第二信使 09.006

second messenger pathway 第二信使通路 09.008

second signal system 第二信号系统 09.009

secretase 分泌酶 03.462

β-secretase *β 分泌酶 03.415

secreted receptor 分泌型受体 09.052

secretin 促胰液素 10.167

secretinase 促胰液肽酶 03.654

secretogranin *分泌粒蛋白 02.280

secretory piece 分泌片 02.281

sedimentation 沉降 12.056

sedimentation coefficient 沉降系数 12.057

sedimentation equilibrium 沉降平衡 12.067

sedoheptulose 景天庚酮糖 06.097

selachyl alcohol 鲨油醇 07.174

selectable marker 选择性标志 12.712

selectin 选凝素 06.315

selective marker 选择性标志 12.712

selective medium 选择培养基 12.876

selenium-containing tRNA 含硒 tRNA 04.139

selenocysteine 硒代半胱氨酸 02.024

selenoenzyme 含硒酶 03.133

selenoprotein 含硒蛋白质 02.427

selenouridine 硒尿苷 04.038

selfish DNA 自在 DNA 04.390

self-replicating nucleic acid 自复制核酸 04.464

self-replication 自复制 04.436

self-splicing 自剪接 05.181

self-splicing intron 自剪接内含子 05.186

semenogelin 精胶蛋白 02.574

semiconservative replication 半保留复制 04.434

semidiscontinuous replication 半不连续复制 04.440

semilethal gene 半致死基因 04.493

semi-microanalysis 半微量分析 12.575

semi-nested PCR 半巢式聚合酶链反应，*半巢式 PCR
12.306

sense codon 有义密码子 05.236

sentinel cell 岗哨细胞 09.090

separation gel 分离胶 12.586

septanose 环庚糖 06.096

sequenator 序列分析仪，*测序仪 12.482

sequence 序列 01.071

sequence alignment 序列排比 12.367

sequencer 序列分析仪，*测序仪 12.482

sequence-tagged site 序列标签位点 12.762

sequencing 测序 12.481

sequencing by hybridization 杂交测序 12.494

sequential model 序变模型 03.061

sequestrin 钳合蛋白 02.581

sequon 序列段 02.214

Ser 丝氨酸 02.019

serglycan 丝甘蛋白聚糖 06.304

sericin 丝胶蛋白 02.656

serine 丝氨酸 02.019

serine esterase 丝氨酸酯酶 03.537

serine proteinase *丝氨酸蛋白酶 03.537

serine/threonine protease 丝氨酸/苏氨酸蛋白酶
03.418

serine/threonine proteinase 丝氨酸/苏氨酸蛋白酶
03.418

serotonin receptor 5-羟色胺受体 09.053

serpin 丝酶抑制蛋白 03.697

serum thymic factor 血清胸腺因子 10.268

sesquiterpene 倍半萜 07.212

sesquiterpene cyclase 倍半萜环化酶 03.559

Sevag method 谢瓦格抽提法 12.572

seven transmembrane domain receptor 七穿膜域受体 08.108

severin 切割蛋白，*肌动蛋白切割蛋白 02.456

sex-determining gene 性别决定基因 04.514

sex hormone 性激素 10.027

sex hormone binding globulin 性激素结合球蛋白 10.269

sex-linked gene 性连锁基因 04.515

SGF 骨骼生长因子 10.270

S-Hb 镰刀状血红蛋白 02.335

SHBG 性激素结合球蛋白 10.269

SH2 domain SH2 域 09.075

SH3 domain SH3 域 09.076

shearing 切变 12.865

β-sheet β 片层 02.191

shikimic acid 莽草酸 11.230

Shine-Dalgarno sequence SD 序列 04.251

short interfering RNA *干扰短 RNA 04.183

short tandem repeat *短串联重复 04.380

shotgun cloning method 鸟枪克隆法 12.620

shotgun method *鸟枪法 12.620

shotgun sequencing 鸟枪法测序 12.491

shuttle vector 穿梭载体 12.817

sialic acid 唾液酸 06.135

sialic acid-binding lectin *唾液酸结合凝集素 06.317

sialic acid-recognizing immunoglobulin superfamily lectin
　*识别唾液酸的免疫球蛋白超家族凝集素 06.317

sialidase *唾液酸酶 03.380

sialoadhesin 唾液酸黏附蛋白 06.261

sialoglycopeptide 唾液酸糖肽 06.273

sialoglycoprotein 唾液酸糖蛋白 06.264

sialoglycosphingolipid 唾液酸鞘糖脂 07.158

sialogogic peptide 催涎肽 10.162

sialophorin 载唾液酸蛋白，*载涎蛋白 06.265

sialyloligosaccharide 唾液酸寡糖 06.185

sialyltransferase 唾液酰基转移酶 03.219

siastatin 唾液酸酶抑制剂 03.717

sickle hemoglobin 镰刀状血红蛋白 02.335

side chain 侧链 01.086

side effect 副作用 01.144

side product 副产物 01.145

side reaction 副反应 01.146

sieboldin 蓝筛朴毒蛋白 02.801

siglec 　*识别唾液酸的免疫球蛋白超家族凝集素 06.317

signal amplification 信号放大 09.017

signal-anchor sequence 信号锚定序列 09.022

signal convergence 信号会聚 09.018

signal divergence 信号发散 09.019

signal domain 信号域 09.015

signal patch *信号斑 09.025

signal peptidase 信号肽酶 03.446

signal peptidase Ⅰ 信号肽酶 Ⅰ 03.447

signal peptidase Ⅱ 信号肽酶 Ⅱ 03.448

signal peptide 信号肽 02.072

signal peptide peptidase 信号肽肽酶 03.531

signal recognition particle 信号识别颗粒 09.016

signal recognition particle receptor *信号识别颗粒受体 02.503

signal regulatory protein 信号调节蛋白 09.020

signal sequence *信号序列 02.072

signal sequence receptor 信号序列受体 08.109

signal transducer and activator of transcription 信号转导及转录激活蛋白 09.021

signal transduction 信号转导 09.001

signal transduction pathway 信号转导途径 09.003

signal-to-noise ratio 信噪比 12.866

silanization 硅烷化 12.594

silanizing 硅烷化 12.594

silencer 沉默子 05.117

silent allele 沉默等位基因 05.022

silver staining 银染 12.595

simple diffusion 单纯扩散 08.125

simple lipid 单脂 07.002

simple protein 单纯蛋白质 02.222

simple sequence length polymorphism 简单序列长度多态性 12.763

simple sequence repeat *简单序列重复 04.380

simple sequence repeat polymorphism 简单重复序列多态性 12.765

sinapic acid ［顺］芥子酸 07.077

sinapine 芥子酰胆碱酯 07.107

sinapyl alcohol 芥子醇 07.208

single-copy DNA *单拷贝 DNA 04.378

single-copy gene *单拷贝基因 05.030

single nucleotide polymorphism 单核苷酸多态性 12.766

single-strand-binding protein ＊单链结合蛋白 03.690

single-strand cDNA 单链互补 DNA 04.349

single-strand conformation polymorphism 单链构象多态性 12.767

single-stranded DNA 单链 DNA 04.340

single-stranded RNA 单链 RNA 04.128

single-strand specific exonuclease 单链特异性外切核酸酶 03.344

singlet oxygen 单线态氧 11.308

SIP ＊睡眠诱导肽 02.100

δ-SIP δ 睡眠诱导肽，＊δ 睡眠肽 02.100

siRNA 干扰小 RNA 04.183

siRNA random library 干扰小 RNA 随机文库 12.686

SIRP 信号调节蛋白 09.020

site-directed mutagenesis 位点专一诱变，＊定点诱变 12.774

site-specific mutagenesis 位点专一诱变，＊定点诱变 12.774

sitosterol 谷固醇 07.178

sitosterolemia 谷固醇血症 07.179

size exclusion chromatography ＊大小排阻层析 12.216

skelemin 骨架蛋白 02.480

skeletal growth factor 骨骼生长因子 10.270

skeleton protein 骨架型蛋白质 02.482

slab electrophoresis 板电泳 12.100

sleep inducing peptide ＊睡眠诱导肽 02.100

δ-sleep inducing peptide δ 睡眠诱导肽，＊δ 睡眠肽 02.100

slot blotting 狭线印迹法 12.279

small cytoplasmic RNA 胞质小 RNA 04.151

small GTPase 小 GTP 酶 03.655

small interfering RNA 干扰小 RNA 04.183

small non-messenger RNA 非编码小 RNA 04.179

small nuclear ribonucleoprotein particle 核小核糖核蛋白颗粒 04.154

small nuclear RNA 核小 RNA 04.181

small nucleolar RNA 核仁小 RNA 04.182

small ribosomal RNA 核糖体小 RNA 04.153

small temporal RNA 时序小 RNA 04.184

S1 mapping ＊S1 作图 12.757

snail gut enzyme 蜗牛肠酶 03.532

snake venom phosphodiesterase 蛇毒磷酸二酯酶 03.346

SNAP 突触小体相关蛋白质 02.378

snmRNA 非编码小 RNA 04.179

snoRNA 核仁小 RNA 04.182

SNP 单核苷酸多态性 12.766

snRNA 核小 RNA 04.181

snRNP 核小核糖核蛋白颗粒 04.154

S1 nuclease S1 核酸酶 03.359

S1 nuclease mapping S1 核酸酶作图 12.757

snurp 核小核糖核蛋白颗粒 04.154

SOCS 细胞因子信号传送阻抑物 10.277

SOD 超氧化物歧化酶 03.159

sodium potassium pump ＊钠钾泵 03.497

SOE-PCR 剪接重叠延伸聚合酶链反应 12.325

solid phase technique 固相技术 12.596

solid scintillation counter 固体闪烁计数仪 12.856

soluble receptor ＊可溶性受体 09.052

solvent-perturbation method 溶剂干扰法 12.597

SOM 生长调节肽，＊生长调节素，＊生长素介质 10.059

somatic gene therapy 体细胞基因治疗 12.664

somatoliberin 促生长素释放素 10.084

somatomedin 生长调节肽，＊生长调节素，＊生长素介质 10.059

somatostatin 促生长素抑制素，＊生长抑素 10.087

somatotropin 促生长素，＊生长激素 10.058

somatotropin releasing factor ＊促生长素释放因子 10.084

somatotropin releasing hormone 促生长素释放素 10.084

sophorose 槐糖 06.159

sorbitan 山梨聚糖 06.198

sorbitol 山梨糖醇 06.092

sorbose 山梨糖 06.091

sorcin 抗药蛋白 02.737

sorting 分拣 09.024

sorting signal 分拣信号 09.025

Southern blotting DNA 印迹法，＊Southern 印迹法 12.268

Southwestern blotting DNA-蛋白质印迹法 12.275

Soxhlet extractor 索氏提取器 12.047

soybean agglutinin 大豆凝集素 06.323

SP P 物质 10.100

space-filling model 空间充填模型，＊空间结构模型 08.065

spacer arm 隔离臂 12.598

spacer DNA　间隔 DNA　04.391

spacer gel　成层胶　12.142

spacer RNA　间隔 RNA　04.160

specific activity　比活性　01.099

specificity　专一性　01.215

spectinomycin　壮观霉素　12.440

spectral analysis　光谱分析　12.351

spectrin　血影蛋白　02.361

spectroanalysis　光谱分析　12.351

spectrofluorometer　荧光分光光度计　12.342

spectroflurimeter　荧光分光光度计　12.342

spectrophotometer　分光光度计　12.343

spermaceti wax　鲸蜡，*软脂酸鲸蜡酯　07.224

spermatin　精液蛋白　02.572

spermatine　精液蛋白　02.572

spermidine　亚精胺，*精胀　11.191

spermine　精胺　11.192

4-sphingenine　鞘氨醇　07.143

sphingol　鞘氨醇　07.143

sphingolipid　鞘脂　07.142

sphingomyelin　鞘磷脂　07.145

sphingomyelinase　鞘磷脂酶　03.338

sphingophospholipid　鞘磷脂　07.145

sphingosine　鞘氨醇　07.143

spin labeling　自旋标记　12.370

spinophilin　亲棘蛋白　02.448

splice acceptor　剪接接纳体　05.191

spliced leader RNA　剪接前导 RNA　05.195

splice donor　剪接供体　05.192

splice junction　剪接接头　05.193

splice site　剪接位点　05.190

splice variant　剪接变体　05.194

spliceosome　剪接体　05.197

spliceosome cycle　剪接体循环，*剪接体周期　05.198

splicing　剪接　05.173

splicing complex　剪接复合体　05.199

splicing factor　剪接因子　05.200

splicing junction　剪接接头　05.193

splicing mutation　剪接突变　05.201

splicing overlapping extension PCR　剪接重叠延伸聚合酶
　链反应　12.325

splicing signal　剪接信号　05.202

splicing site　剪接位点　05.190

3′-splicing site　*3′剪接位点　05.191

5′-splicing site　*5′剪接位点　05.192

splicing variant　剪接变体　05.194

split protein　脱落蛋白质　02.760

spongin　海绵硬蛋白　02.605

SPP　信号肽肽酶　03.531

SP6 RNA polymerase　SP6 RNA 聚合酶　03.304

spun-column chromatography　离心柱层析　12.183

squalane　鲨烷　07.163

squalene　鲨烯　07.164

squidulin　乌贼蛋白　02.603

Src homology 2 domain　SH2 域　09.075

Src homology 3 domain　SH3 域　09.076

SRF　*促生长素释放因子　10.084

SRP　信号识别颗粒　09.016

SRP receptor　*信号识别颗粒受体　02.503

sscDNA　单链互补 DNA　04.349

SSCP　单链构象多态性　12.767

ssDNA　单链 DNA　04.340

SSH　阻抑消减杂交　12.292

SSLP　简单序列长度多态性　12.763

SSR　*简单序列重复　04.380，信号序列受体
　08.109

ssRNA　单链 RNA　04.128

SSRP　简单重复序列多态性　12.765

stability　稳定性　01.147

stable expression　稳定表达　12.806

stable transfection　稳定转染　12.800

stachyose　水苏糖　06.177

stacking gel　*浓缩胶　12.142

Stanniocalcin　斯坦尼钙调节蛋白　10.271

staphylocoagulase　[葡萄球菌]凝固酶　03.656

staphylococcal nuclease　金葡菌核酸酶　03.362

staphylokinase　金葡菌激酶，*葡激酶　03.305

starch　淀粉　06.207

starch gel electrophoresis　淀粉凝胶电泳　12.098

start codon　起始密码子　05.226

STAT　信号转导及转录激活蛋白　09.021

statin　胆固醇合成酶抑制剂　03.718

stationary phase　固定相　12.161

STC　斯坦尼钙调节蛋白　10.271

steady state　稳态　03.053

steapsase　*胰脂肪酶　03.312

steapsin　*胰脂肪酶　03.312

stearic acid　硬脂酸　07.053

stearin 硬脂酸甘油酯 07.103

stearoyl $\Delta^9$-desaturase 硬脂酰 $\Delta^9$ 脱饱和酶 03.156

stearyl alcohol 十八烷醇 07.192

STEM 扫描隧道电镜 12.336

stem cell growth factor 干细胞生长因子 10.205

stem-loop structure 茎-环结构 04.224

stepwise gradient 分级式梯度 12.070

stercobilin 粪胆素 11.329

stercobilinogen 粪胆素原 11.327

stercorin 粪固醇 07.170

sterculic acid 苹婆酸 07.059

stereoselectivity 立体选择性 01.216

stereospecificity 立体专一性 01.217

steric exclusion chromatography 空间排阻层析 12.216

steroid 类固醇，*甾类化合物 07.160

steroid acid 类固醇酸 07.175

steroid alkaloid 类固醇生物碱 07.176

steroid hormone 类固醇激素 10.015

steroid [hormone] receptor 类固醇[激素]受体 10.272

steroidogenesis 类固醇生成 11.151

steroid receptor coactivator 类固醇受体辅激活物 10.274

steroid receptor superfamily 类固醇受体超家族 10.273

sterol 固醇 07.161

sterol-4-carboxylate 3-dehydrogenase 4-羧基固醇 3-脱氢酶 03.086

sterol carrier protein 固醇载体蛋白质 02.258

sticky end 黏端 04.236

stigmasterol 豆固醇 07.180

STM *扫描隧道显微镜 12.336

Stokes' radius 斯托克斯半径 12.382

stop codon 终止密码子 05.227

STR *短串联重复 04.380

strand 链 01.084

β-strand β[折叠]链 02.190

strand separating gel electrophoresis 链分离凝胶电泳 12.115

streptavidin 链霉抗生物素蛋白 12.556

streptobiosamine 链霉二糖胺 06.169

streptodornase 链球菌 DNA 酶 03.348

streptose 链霉糖 06.149

stress hormone 应激激素 10.320

stress protein 应激蛋白质 02.233

stringent plasmid 严紧型质粒 12.829

stripped hemoglobin 剥离的血红蛋白 12.778

stripped membrane 剥离膜 12.599

stripped transfer RNA 剥离的转移 RNA 12.600

stRNA 时序小 RNA 04.184

stromatin 基质蛋白 02.647

stromelysin 溶基质蛋白酶 03.468

strong acid type ion exchanger 强酸型离子交换剂 12.253

strong anion exchanger *强阴离子交换剂 12.254

strong base type ion exchanger 强碱型离子交换剂 12.254

strong cation exchanger *强阳离子交换剂 12.253

strophanthobiose 毒毛旋花二糖 06.168

structural biology 结构生物学 01.017

structural domain 结构域 01.082

structural element 结构元件 01.083

structural gene 结构基因 05.021

structural genomics 结构基因组学 01.024

structural molecular biology 结构分子生物学 01.013

structural motif 结构模体 01.079

STS 序列标签位点 12.762

sturin 鲟精肽，*鲟精蛋白 02.133

S-type lectin *S 型凝集素 06.319

subcloning 亚克隆 12.621

suberic acid 辛二酸 07.041

suberin 软木脂 07.108

subfamily 亚家族 01.182

sublethal gene 亚致死基因 04.494

sublibrary 子文库 12.685

submaxillary gland protease 颌下腺蛋白酶 03.434

substance P P 物质 10.100

substantial equivalence 实质等同性 12.893

substrate 底物 03.055

substrate cycle 底物循环 11.047

substrate in chromatography 层析基质 12.241

substrate phosphorylation 底物磷酸化 11.281

subtilisin 枯草杆菌蛋白酶 03.442

subtracted cDNA library 消减 cDNA 文库 12.677

subtracted probe 消减探针 12.569

subtracting hybridization 消减杂交，*扣除杂交 12.291

subunit 亚基 01.179

subunit association 亚基缔合 01.226

subunit-exchange chromatography 亚基交换层析

12. 233

succinate dehydrogenase 琥珀酸脱氢酶 03.097

succinic acid 琥珀酸 11.117

succinoglycan 琥珀酰聚糖 06.199

sucrase 蔗糖酶 03.396

sucrose 蔗糖 06.151

sugar 糖 06.002

sugar nucleotide *糖核苷酸 06.140

sugar nucleotide transporter 糖核苷酸转运蛋白 06.139

suicide enzyme 自杀酶 03.657

suicide method 自杀法 12.781

suicide substrate 自杀底物，*$K_{cat}$型不可逆抑制剂 03.658

sulfatase 硫酸酯酶 03.341

sulfatidase 硫[脑]苷脂酶 03.343

sulfatide 硫[脑]苷脂 07.159

sulfhydryl protease 巯基蛋白酶 03.450

sulfolipid 硫脂 07.189

sulfotransferase 磺基转移酶 03.278

sulfurtransferase 硫转移酶 03.277

supercoiled DNA 超螺旋 DNA 04.211

supercritical fluid chromatography 超临界液体层析 12.189

superfamily 超家族 01.183

superhelical DNA 超螺旋 DNA 04.211

superhelix 超螺旋 01.058

supernatant 上清液 12.078

superoperon 超操纵子 05.099

superoxide anion 超氧阴离子 11.309

superoxide dismutase 超氧化物歧化酶 03.159

super-secondary structure 超二级结构 02.179

suppression 阻抑 01.117

suppression PCR 阻抑聚合酶链反应，*阻抑 PCR 12.304

suppressive subtraction hybridization 阻抑消减杂交 12.292

suppressor 阻抑基因 05.282

suppressor of cytokine signaling 细胞因子信号传送阻抑物 10.277

suppressor tRNA 阻抑 tRNA 04.140

supramolecular reaction 超分子反应 12.783

surface-active agent 表面活化剂 12.415

surfactant 表面活化剂 12.415

surfactant protein 表面活性型蛋白质 02.232

surfactin 表面活性肽 02.140

survivin 存活蛋白 02.742

suspension culture 悬浮培养 12.873

Svedberg unit 斯韦德贝里单位 12.058

swainsonine 苦马豆碱 06.056

swinging-bucket rotor 吊篮式转头 12.054

swing-out rotor *水平转头 12.054

Swiss-Prot Protein Sequence Database Swiss-Prot 蛋白质序列数据库 12.475

switch gene 开关基因 04.516

swivelase *转轴酶 03.589

symbols for mix-bases 混合碱基符号 04.006

symport 同向转运 08.121

synapsin 突触蛋白 02.370

synaptobrevin 小突触小泡蛋白 02.376

synaptojanin 突触小泡磷酸酶 02.377

synaptophysin 突触小泡蛋白 02.375

synaptoporin 突触孔蛋白 02.373

synaptosome-associated protein 突触小体相关蛋白质 02.378

synaptotagmin 突触结合蛋白 02.372

synchrotron 同步加速器 12.048

syncolin 微管成束蛋白 02.498

syndecan 黏结蛋白聚糖 06.300

syndecan-2 *黏结蛋白聚糖2 06.301

syndecan-4 *黏结蛋白聚糖4 06.302

syndesine 联赖氨酸 02.042

synemin 联丝蛋白 02.525

synergism 协同作用 01.110

synomone 互利素，*互益素 10.316

synonymous codon 同义密码子 05.235

synonymous mutation 同义突变 05.281

syntaxin 突触融合蛋白 02.374

syntenic gene 同线基因 04.517

synthase 合酶 03.306

synthesizer 合成仪 12.049

synthetase 合成酶 03.598

synuclein 突触核蛋白 02.371

syringic acid 丁香酸 07.034

systemin 系统素 10.321

# T

T₃ 3，5，3′-三碘甲腺原氨酸 10.134

T₄ 甲状腺素，＊四碘甲腺原氨酸 10.133

tachykinin 速激肽 02.109

tachysterol 速固醇 07.181

TAF 肿瘤血管生长因子 10.283

TAG 三酰甘油 07.092

tagatose 塔格糖 06.093

tailing 加尾 04.247

TAL 酪氨酸氨裂合酶 03.563

talin 踝蛋白 02.522

talose 塔罗糖 06.094

Tamm-Horsfall glycopotein T-H 糖蛋白 06.268

tandem enzyme 串联酶 03.659

tankyrase 端锚聚合酶 03.307

tannase 鞣酸酶 03.318

TAP 抗原肽转运蛋白体 02.276

*Taq* DNA ligase *Taq* DNA 连接酶 03.604

*Taq* DNA polymerase *Taq* DNA 聚合酶 03.260

targeting 靶向，＊寻靶作用 12.784

TATA-binding protein TATA 结合蛋白质 05.134

TATA box TATA 框 05.133

taurine 牛磺酸，＊氨基乙磺酸 11.211

tautomer 互变异构体 01.212

tautomerism 互变异构 01.204

TBG 甲状腺素结合球蛋白 02.256

TBP TATA 结合蛋白质 05.134

TBPA ＊甲状腺素结合前清蛋白 02.255

TCC ＊终端补体复合物 08.021

T cell growth factor ＊T 细胞生长因子 10.212

T cell replacing factor ＊T 细胞置换因子 10.215

TCRF ＊T 细胞生长因子 10.212

T-DNA 转移 DNA 12.792

T4 DNA ligase T4 DNA 连接酶 03.603

TDP 胸腺苷二磷酸 04.090

TdT 末端脱氧核苷酸转移酶 03.269

TEBG ＊睾酮雌二醇结合球蛋白 10.269

teichoic acid 磷壁酸 06.218

teichuronic acid 糖醛酸磷壁酸 06.220

tektin 筑丝蛋白 02.326

telecrine 远距[离]分泌 10.312

telomerase 端粒酶 03.660

telomere 端粒 04.280

temperate phage 温和噬菌体 12.834

temperature-sensitive gene 温度敏感基因 04.518

temperature-sensitive mutant 温度敏感突变体，＊ts 突变体 05.078

temperature-sensitive mutation 温度敏感突变 12.770

template 模板 12.785

template strand 模板链 04.296

temporal gene 时序基因 04.519

temporal regulation 时序调节 01.133

tenascin 生腱蛋白 02.706

tensin 张力蛋白 02.439

tenuin 纤细蛋白 02.537

terminal analysis 末端分析 12.464

terminal complement complex ＊终端补体复合物 08.021

terminal deletion 末端缺失 04.328

terminal deoxynucleotidyl transferase 末端脱氧核苷酸转移酶 03.269

terminal glycosylation 末端糖基化 06.052

terminal oxidase 末端氧化酶 03.174

terminal uridylyltransferase 末端尿苷酸转移酶 03.273

terminase 末端酶 03.661

termination codon 终止密码子 05.227

termination sequence 终止序列 05.126

termination signal 终止信号 05.127

terminator 终止子 05.121

terpene 萜 07.209

terpenoid 类萜 07.210

terpinene 萜品烯 07.214

terpineol 萜品醇 07.215

tertiary hydrogen bond 三级氢键 01.061

tertiary structure 三级结构 01.056

testican 睾丸蛋白聚糖 06.303

testosterone 睾酮 10.031

testosterone-estradiol binding globulin ＊睾酮雌二醇结合球蛋白 10.269

tetanus toxin 破伤风毒素 02.787

tethered ligand 束缚配体 09.057

tetracosanoic acid　＊二十四烷酸　07.078

tetracosenic acid　＊二十四碳烯酸　07.084

tetrahydrofolate dehydrogenase　四氢叶酸脱氢酶　03.100

tetrahydrofolic acid　四氢叶酸　10.363

tetranectin　四联凝[集]素　06.325

tetraplex DNA　＊四链体DNA　04.362

tetrasaccharide　四糖　06.176

tetraspanin　四次穿膜蛋白　08.080

TF　转移因子　10.322

β-TG　β血小板球蛋白　02.323

TGF　转化生长因子　10.279

TGL　三酰甘油脂肪酶　03.312

TH　酪氨酸羟化酶　03.152

thanatogene　死亡基因　12.782

thaumatin　奇异果甜蛋白　02.726

thermolysin　嗜热菌蛋白酶　03.471

thermophilic protease　嗜热菌蛋白酶　03.471

THF　胸腺体液因子　10.127，四氢叶酸　10.363

thiamine　＊硫胺素　10.357

thiamine pyrophosphate　硫胺素焦磷酸　03.684

thin-layer chromatography　薄层层析　12.209

thiochrome　硫色素，＊脱氧硫胺　10.358

thioesterase　硫酯酶　03.324

thioglucosidase　硫葡糖苷酶　03.404

thiokinase　硫激酶　03.594

thiolase　硫解酶　03.595

thiol protease　巯基蛋白酶　03.450

thiophilic absorption chromatography　亲硫吸附层析
　12.203

thiophilic interaction chromatography　＊亲硫作用层析
　12.203

thioredoxin　硫氧还蛋白　02.424

thioredoxin-disulfide reductase　硫氧还蛋白-二硫键还
　原酶　03.122

thioredoxin peroxidase　硫氧还蛋白过氧化物酶　03.139

third-base degeneracy　第三碱基简并性　04.295

Thr　苏氨酸　02.009

threo-configuration　苏[糖]型构型　06.021

threonine　苏氨酸　02.009

threonine deaminase　苏氨酸脱氨酶　03.564

threonine dehydrase　＊苏氨酸脱水酶　03.564

threonine dehydratase　＊苏氨酸脱水酶　03.564

threose　苏糖　06.066

thrombin　凝血酶　03.421

thrombin cleavage site　凝血酶切割位点　12.780

β-thromboglobulin　β血小板球蛋白　02.323

thrombokinase　促凝血酶原激酶　03.422

thrombomodulin　凝血调节蛋白　06.305

thromboplastin　促凝血酶原激酶　03.422

thromboplastinogen　凝血酶原致活物原　03.670

thrombopoietin　血小板生成素　10.278

thrombospondin　血小板应答蛋白　02.324

thrombosthenin　血栓收缩蛋白　02.322

thromboxane　凝血噁烷，＊血栓烷　10.291

Thx　甲状腺素，＊四碘甲腺原氨酸　10.133

thymic humoral factor　胸腺体液因子　10.127

thymidine　胸腺苷　04.040

thymidine diphosphate　胸腺苷二磷酸　04.090

thymidine kinase　胸苷激酶　03.229

thymidine monophosphate　胸腺苷一磷酸　04.089

thymidine triphosphate　胸腺苷三磷酸　04.091

thymidylate kinase　胸苷酸激酶　03.248

thymidylic acid　胸腺苷酸　04.088

thymin　胸腺素　10.129

thymine　胸腺嘧啶　04.020

thymine arabinoside　阿糖胸腺苷　06.134

thymine dimer　胸腺嘧啶二聚体　04.330

thymine ribnucleoside　胸腺嘧啶核糖核苷　04.092

thymopoietin　胸腺生成素　10.128

thymosin　胸腺素　10.129

thymostimulin　胸腺刺激素　10.130

thynnin　鲔精蛋白　02.600

thyroglobulin　甲状腺球蛋白　10.131

thyroid hormone　甲状腺激素　10.132

thyroid hormone binding globulin　＊甲状腺激素结合球
　蛋白　02.256

thyroid hormone receptor　甲状腺激素受体　10.136

thyroid hormone response element　甲状腺[激]素应答元
　件　04.337

thyroid stimulating hormone　促甲状腺[激]素　10.061

thyroid stimulating immunoglobulin　刺激甲状腺免疫球
　蛋白　02.292

thyroliberin　促甲状腺素释放素　10.082

thyromodulin　＊促甲状腺素调节素　10.242

thyronine　甲[状]腺原氨酸　10.135

thyrotropin　促甲状腺[激]素　10.061

thyrotropin releasing factor　＊促甲状腺素释放因子
　10.082

thyrotropin releasing hormone 促甲状腺素释放素 10.082

thyroxine 甲状腺素，＊四碘甲腺原氨酸 10.133

thyroxine binding globulin 甲状腺素结合球蛋白 02.256

thyroxine binding prealbumin ＊甲状腺素结合前清蛋白 02.255

TIM 丙糖磷酸异构酶 03.578

Ti plasmid ＊Ti质粒 12.831

tissue kallikrein 组织型激肽释放酶 03.433

tissue-specific extinguisher 组织特异性消失基因 04.520

tissue thromboplastin 组织凝血激酶 03.423

tissue-type plasminogen activator 组织型纤溶酶原激活物 03.426

titer 滴度 12.601，效价 12.602

titin 肌巨蛋白 02.352

TK 胸苷激酶 03.229

TLC 薄层层析 12.209

TMG 三甲基鸟苷，＊2，2，7-三甲基鸟苷 04.104

TMP 胸腺苷酸 04.088，胸腺苷—磷酸 04.089

tmRNA 转移-信使RNA 04.142

Tn 转座子 05.015

TNF 肿瘤坏死因子 10.282

tocopherol ＊生育酚 10.383

top agar 顶层琼脂 12.257

topoisomer 拓扑异构体 04.214

topological isomer 拓扑异构体 04.214

toxic cyclic peptide 毒环肽 02.171

toxin 毒素 02.767

δ-toxin δ毒素 02.770

toxoid 类毒素 02.771

tPA 组织型纤溶酶原激活物 03.426

TPO 血小板生成素 10.278

T4 polynucleotide kinase T4多核苷酸激酶，＊T4激酶 03.236

TPP 硫胺素焦磷酸 03.684

TPx 硫氧还蛋白过氧化物酶 03.139

tracer 示踪物 12.542

tracer technique 示踪技术 12.541

track 泳道 12.080

tracking dye 示踪染料 12.447

trailing ion 尾随离子 12.141

transacetylation 转乙酰基作用 11.061

trans-aconitate 2-methyltransferase 反式乌头酸-2-甲基转移酶 03.184

trans-aconitate 3-methyltransferase 反式乌头酸-3-甲基转移酶 03.185

trans-acting factor 反式[作用]因子 05.151

trans-acting ribozyme 反式作用核酶 03.653

trans-acting RNA 反式作用RNA 04.161

trans-activation 反式激活 05.152

trans-activator 反式激活蛋白 05.153

transacylase ＊转酰基酶 03.194

transacylation 转酰基作用 11.062

transaldolase 转醛醇酶，＊转二羟丙酮基酶 03.193

transaminase ＊转氨酶 03.222

transamination 转氨基作用 11.072

transbilayer helix 跨双层螺旋 08.110

transcarbamylase ＊转氨甲酰酶 03.188

transcarboxylase ＊转羧基酶 03.189

transcellular transport 穿胞转运，＊跨胞转运 08.126

trans-cleavage 反式切割 05.210

transcobalamin 钴胺传递蛋白 02.389

transcortin 运皮质激素蛋白 02.429

transcribed spacer 转录间隔区 05.154

transcript 转录物 05.088

transcriptase 转录酶 03.256

transcription 转录 05.081

transcription activation 转录激活 05.156

transcriptional arrest 转录停滞 05.168

transcriptional regulation 转录调节 05.165

transcription bubble 转录泡 05.157

transcription complex 转录复合体 05.158

transcription elongation 转录延伸 05.159

transcription factor 转录因子 05.160

transcription fidelity 转录保真性 05.161

transcription initiation 转录起始 05.162

transcription initiation factor 转录起始因子 05.074

transcription machinery 转录机器 05.163

transcription pausing 转录暂停 05.164

transcription regulation 转录调节 05.165

transcription repression 转录阻遏 05.166

transcription termination 转录终止 05.128

transcription termination factor 转录终止因子 05.129

transcription unit 转录单位 05.167

transcriptome 转录物组 01.041

transcriptomics 转录物组学 01.036

transcytosis 胞吞转运 09.091

transdeamination 联合脱氨作用 11.075

transducin 转导蛋白 09.077

transductant 转导子 12.787

transduction 转导 12.786

transesterification 转酯基作用 11.079

*trans*-factor 反式[作用]因子 05.151

transfectant 转染子 12.798

transfection 转染 12.796

transfection efficiency 转染率 12.797

transferase 转移酶 03.175

transfer DNA 转移 DNA 12.792

transfer factor 转移因子 10.322

transfer-messenger RNA 转移-信使 RNA 04.142

transfer ribonucleic acid 转移核糖核酸，*转移 RNA 04.130

transferrin 运铁蛋白 02.416

transfer RNA 转移核糖核酸，*转移 RNA 04.130

transformant 转化体，*转化子 12.795

transformation 转化 12.789

transformation efficiency 转化率 12.791

transforming growth factor 转化生长因子 10.279

transforming growth factor-β 转化生长因子-β 10.280

transgene 转基因 12.808

transgenesis 转基因作用 12.809

transgenic organism 转基因生物 12.810

transgenics 转基因学 01.028

transgenome 转基因组 01.040

transglycosylase *转糖基酶 03.207

transglycosylation 转糖基作用 11.081

transhydrogenase 转氢酶 03.106

transhydroxylation 转羟基作用 11.080

transhydroxylmethylase *转羟甲基酶 03.186

transient expression 短暂表达，*瞬时表达 12.807

transient transfection 短暂转染 12.801

transimidation 转亚氨基作用 11.073

*trans*-isomer 反式异构体 01.207

*trans*-isomerism *反式异构 01.203

transit peptide 转运肽 02.073

transition 转换 04.334

transition state 过渡态 03.057

transition state analogue 过渡态类似物 03.058

transketolase 转酮酶 03.192

translation 翻译 05.212

translation frameshift 翻译移码 05.246

translation initiation 翻译起始 05.216

translation initiation factor 翻译起始因子 05.257

translation machinery 翻译装置 05.217

translation regulation 翻译调节 05.218

translation repression 翻译阻遏 05.219

translocation 易位 01.233

translocation protein 易位蛋白质 02.229

translocator 易位蛋白质 02.229

transmembrane channel 穿膜通道 08.066

transmembrane channel protein 穿膜通道蛋白 08.077

transmembrane domain 穿膜域 08.111

transmembrane domain receptor 穿膜域受体 08.112

transmembrane facilitator 穿膜易化物 08.113

transmembrane gradient 穿膜梯度 08.067

transmembrane helix 穿膜螺旋 08.114

transmembrane potential 穿膜电位 08.068

transmembrane protein 穿膜蛋白，*跨膜蛋白 08.079

transmembrane signal transduction 穿膜信号转导 09.002

transmembrane signaling 穿膜信号传送 09.013

transmembrane transport 穿膜转运，*跨膜转运 08.127

transmembrane transporter 穿膜转运蛋白 08.081

transmethylase *转甲基酶 03.177

transmission 传导 12.895

transmitter-gated ion channel 递质门控离子通道 09.044

transparent plaque *透明噬斑 12.728

transpeptidylase *转肽酰酶 03.204

transpeptidylation 转肽基作用 11.082

transport 转运 01.148

transporter 转运体 08.082

transporter of antigenic peptide 抗原肽转运蛋白体 02.276

transport protein 转运蛋白 08.083

transposable element 转座元件 05.014

transposase 转座酶 03.663

transposition 转座 05.013

transposition protein 转座蛋白质 02.230

transposon 转座子 05.015

*trans*-regulation 反式调节 01.131

*trans*-repression 反式阻遏 01.132

*trans*-splicing 反式剪接 05.177

transsulfation 转硫酸基作用 11.083

transthyretin 甲状腺素视黄质运载蛋白 02.255

transversion 颠换 04.335

trasylol 抑蛋白酶多肽 03.704

traumatic acid 愈伤酸 10.338

TRE 甲状腺[激]素应答元件 04.337

trefoil peptide 三叶肽 02.080

trehalase 海藻糖酶 03.391

trehalose 海藻糖 06.152

TRF *促甲状腺素释放因子 10.082

TRH 促甲状腺素释放素 10.082

triacetin *三乙酰甘油 07.094

triacylglycerol 三酰甘油 07.092

tributyrin *三丁酰甘油 07.095

tricaprin *三癸酰甘油 07.096

tricaproin *三己酰甘油 07.097

tricaprylin *三辛酰甘油 07.098

tricarboxylic acid cycle 三羧酸循环 11.111

trichohyalin 毛透明蛋白 02.764

trichosanthin 天花粉蛋白 02.819

trigger factor 触发因子 03.577

triglyceride *甘油三酯 07.092

triglyceride lipase 三酰甘油脂肪酶 03.312

trihydroxymethyl aminomethane 三羟甲基氨基甲烷 12.432

trilaurin *三月桂酰甘油 07.099

trimethylguanosine 三甲基鸟苷，*2,2,7-三甲基鸟苷 04.104

trimyristin 豆蔻酸甘油酯，*豆蔻酰甘油 07.105

3,5,3′-triodothyronine 3,5,3′-三碘甲腺原氨酸 10.134

triolein 油酸甘油酯，*油酰甘油 07.100

triose 丙糖 06.065

triose-phosphate isomerase 丙糖磷酸异构酶 03.578

tripalmitin 棕榈酸甘油酯 07.102

tripalmitylglycerol *三软脂酰甘油 07.102

triphosphoinositide *三磷酸肌醇磷脂 07.123

triple helix 三股螺旋 04.198

triplet code *三联体密码 05.225

triplex DNA *三链体DNA 04.360

Tris 三羟甲基氨基甲烷 12.432

trisaccharide 三糖 06.170

triskelion 三脚蛋白[复合体] 02.476

tristearin 硬脂酸甘油酯 07.103

tristeroylglycerol *三硬脂酰甘油 07.103

tRNA 转移核糖核酸，*转移RNA 04.130

T4 RNA ligase T4 RNA连接酶 03.606

T3 RNA polymerase T3 RNA聚合酶 03.258

T7 RNA polymerase T7 RNA聚合酶 03.259

tRNA precursor tRNA前体 04.141

tropocollagen 原胶原 02.633

tropoelastin 原弹性蛋白 02.641

tropomodulin 原肌球蛋白调节蛋白 02.470

tropomyosin 原肌球蛋白 02.469

troponin 肌钙蛋白 02.472

Trp 色氨酸 02.011

trp 色氨酸操纵子 05.097

trp operon 色氨酸操纵子 05.097

trypan blue 锥虫蓝，*台盼蓝 12.433

trypanothione-disulfide reductase 氧化型二谷胱甘肽亚精胺还原酶 03.124

trypsin 胰蛋白酶 03.420

trypsinogen 胰蛋白酶原 03.678

tryptamine 色胺 11.242

tryptophan 色氨酸 02.011

tryptophane 色氨酸 02.011

tryptophyllin 色氨肽 02.130

TSE 组织特异性消失基因 04.520

ts gene *ts基因 04.518

TSH 促甲状腺[激]素 10.061

TSI 刺激甲状腺免疫球蛋白 02.292

ts mutant 温度敏感突变体，*ts突变体 05.078

ts mutation 温度敏感突变 12.770

Tth DNA polymerase Tth DNA聚合酶 03.262

TTP 胸腺苷三磷酸 04.091

TTR 甲状腺素视黄质运载蛋白 02.255

tube gel electrophoresis *管式凝胶电泳 12.107

tuberculostearic acid 结核硬脂酸 07.062

tuberin 结节蛋白 02.779

tubulin 微管蛋白 02.497

tuftsin 脾白细胞激活因子，*促吞噬肽 10.281

tumor angiogenesis factor 肿瘤血管生长因子 10.283

tumor-inducing plasmid 致瘤质粒 12.831

tumor induction plasmid 致瘤质粒 12.831

tumor necrosis factor 肿瘤坏死因子 10.282

tumor suppressor gene 抑癌基因，*抗癌基因，*肿瘤抑制基因 04.524

tumor suppressor protein 肿瘤阻抑蛋白质 02.735

tumstatin 抑瘤蛋白 02.734

turanose 松二糖 06.167

turbidimetry 比浊法 12.044

turbid plaque *混浊噬斑 12.728

β-turn β转角 02.189

turnover number *转换数 03.011

TUTase 末端尿苷酸转移酶 03.273

T-vector T载体 12.824

twist 扭转 04.217

twisting number 扭转数 04.218

twitchin 颤搐蛋白 02.453

two-dimensional chromatography 双向层析 12.211

two-dimensional electrophoresis 双向电泳 12.108

two-dimensional gel electrophoresis 双向凝胶电泳 12.109

two-dimensional structure 二维结构 01.057

two-hybridization system 双杂交系统 12.846

TX 凝血噁烷，*血栓烷 10.291

*Ty* element *Ty* 元件 05.018

type Ⅱ DNA methylase Ⅱ型 DNA 甲基化酶 03.181

type Ⅱ restriction enzyme Ⅱ型限制性内切酶 03.351

Tyr 酪氨酸 02.012

tyramine 酪胺 11.235

tyrocidine 短杆菌酪肽 02.162

tyrosinase 酪氨酸酶 03.130

tyrosine 酪氨酸 02.012

tyrosine ammonia-lyase 酪氨酸氨裂合酶 03.563

tyrosine hydroxylase 酪氨酸羟化酶 03.152

tyrosine kinase 酪氨酸激酶 03.239

tyrothricin 短杆菌素，*混合短杆菌肽 02.160

tyvelose 泰威糖 06.133

# U

UAG mutation suppressor *UAG 突变阻抑基因 05.265

UAS 上游激活序列 05.144

ubiquinone 泛醌 03.683

ubiquitin 泛素，*遍在蛋白质 02.239

ubiquitin-activating enzyme 泛素活化酶 03.664

ubiquitination 泛素化 11.177

ubiquitin carrier protein 泛素载体蛋白质 02.242

ubiquitin-conjugated protein 泛素缀合蛋白质 02.241

ubiquitin-conjugating enzyme 泛素缀合酶 03.665

ubiquitin-dependent proteolysis 依赖于泛素的蛋白酶解 03.667

ubiquitin-protein conjugate 泛素-蛋白质缀合物 02.240

ubiquitin-protein kinase 泛素蛋白激酶 03.233

ubiquitin-protein ligase 泛素-蛋白质连接酶 03.666

UDG 尿嘧啶-DNA 糖苷酶 03.534

UDP 尿苷二磷酸 04.085

UDPG 尿苷二磷酸葡糖 06.137

UDP-sugar 尿苷二磷酸-糖 06.136

UK 尿激酶 03.443

ultracentrifugation 超速离心 12.061

ultrafilter 超滤器 12.020

ultrafiltration 超滤 12.017

ultrafiltration concentration 超滤浓缩 12.018

ultrafiltration membrane 超滤膜 12.019

ultrasonication 超声波作用 12.867

ultraviolet crosslinking 紫外交联 12.868

ultraviolet specific endonuclease 紫外线特异的内切核酸酶 03.668

umber codon *棕土密码子 05.228

UMP 尿苷一磷酸 04.084

unassigned reading frame 功能未定读框 05.248

uncoating ATPase 脱壳 ATP 酶 03.499

uncoating enzyme 脱壳酶 03.533

uncompetitive inhibition 反竞争性抑制 03.023

uncoupler 解偶联剂 08.073

uncoupling 解偶联 11.295

uncoupling agent 解偶联剂 08.073

undecaprenol ［细菌］十一萜醇，*细菌萜醇 06.058

unfolding 解折叠，*伸展 01.090

unichromosomal gene library 单一染色体基因文库 12.682

unidentified reading frame 产物未定读框 05.249

unidirectional replication 单向复制 04.437

uniport 单向转运 08.129

unique [sequence] DNA 单一[序列]DNA 04.378

universal code 通用密码 05.224

universal genetic code 通用密码 05.224

universal primer 通用引物 12.497

unsaturated fatty acid 不饱和脂肪酸 07.027

unselected marker 非选择性标志 12.713

unspecific monooxygenase *非特异性单加氧酶 03.149

untranslated region 非翻译区 05.252

3'-untranslated region 3'非翻译区 05.253

5'-untranslated region 5'非翻译区 05.254

untwisting enzyme 解旋酶 03.619

unusual base 稀有碱基 04.002

unwinding enzyme 解旋酶 03.619

unwinding protein 解链蛋白质 02.759

uPA 尿激酶型纤溶酶原激活物 03.427

uperolein 耳腺蛙肽 02.137

up regulation *上调[节] 01.125

up regulator 上调因子 05.143

upstream activating sequence 上游激活序列 05.144

uracil 尿嘧啶 04.022

uracil-DNA glycosidase 尿嘧啶-DNA 糖苷酶 03.534

uracil-DNA glycosylase *尿嘧啶-DNA 糖基水解酶 03.534

uracil interference assay 尿嘧啶干扰试验 12.582

urate oxidase 尿酸氧化酶 03.115

urea 尿素, *脲 11.183

urea cycle *尿素循环 11.181

urease 脲酶, *尿素酶 03.481

ureogenesis 尿素生成 11.184

ureotelism 排尿素型代谢 11.040

URF 产物未定读框 05.249

uric acid 尿酸 11.269

uricase *尿酸酶 03.115

uricotelism 排尿酸型代谢 11.041

uridine 尿苷 04.036

uridine diphosphate 尿苷二磷酸 04.085

uridine diphosphate glucose 尿苷二磷酸葡糖 06.137

uridine diphosphate sugar 尿苷二磷酸-糖 06.136

uridine monophosphate 尿苷一磷酸 04.084

uridine triphosphate 尿苷三磷酸 04.086

uridylic acid 尿苷酸 04.083

urobilin 尿胆素 11.330

urobilinogen 尿胆素原 11.328

urocanase 尿刊酸酶 03.555

urocanic acid 尿刊酸 11.252

urocortin 尾促皮质肽 10.098

urodilatin 尿舒张肽 10.126

urogastrone 尿抑胃素 10.154

urokinase 尿激酶 03.443

urokinase-type plasminogen activator 尿激酶型纤溶酶原激活物 03.427

uromodulin 尿调制蛋白 02.580

uropepsinogen 尿胃蛋白酶原 03.679

uropontin 尿桥蛋白 02.691

uroporphyrin 尿卟啉 11.316

uroporphyrinogen 尿卟啉原 11.317

urotensin 尾紧张肽 10.099

ursodeoxycholic acid 熊脱氧胆酸 11.166

usnein 松萝酸, *地衣酸 07.068

usnic acid 松萝酸, *地衣酸 07.068

usninic acid 松萝酸, *地衣酸 07.068

uteroferrin 子宫运铁蛋白 02.417

uteroglobin 子宫珠蛋白 02.337

UTP 尿苷三磷酸 04.086

UTR 非翻译区 05.252

3'-UTR 3'非翻译区 05.253

5'-UTR 5'非翻译区 05.254

utrophin 肌营养相关蛋白 02.467

UV crosslinking 紫外交联 12.868

UV irradiation crosslinking *紫外照射交联 12.868

uvomorulin 桑椹[胚]黏着蛋白 02.702

# V

vaccenic acid 反型异油酸 07.064

vacuolar proton ATPase 液泡质子 ATP 酶, *V 型 ATP 酶 03.496

vacuum transfer 真空转移 12.125

Val 缬氨酸 02.013

valine 缬氨酸 02.013

valosin 缬酪肽 02.118

vancomycin 万古霉素 06.275

vanillic acid 香草酸 11.240

vanillylmandelic acid 香草扁桃酸 11.241

van Slyke apparatus 范斯莱克仪 12.038

variable arm 可变臂 04.289

variable loop 可变环 04.290

variable number of tandem repeat *可变数目串联重复

04.381

vascular cell adhesion molecule　血管细胞黏附分子
　　10.284

vascular endothelial growth factor　血管内皮生长因子
　　10.285

vasoactive intestinal contractor　血管活性肠收缩肽
　　10.254

vasoactive intestinal peptide　血管活性肠肽　10.255

vasoactive peptide　血管活性肽　10.256

vasodilatin　血管舒张肽　10.257

vasodilator-stimulated phosphoprotein　血管舒张剂刺激磷
　　蛋白　02.709

vasopressin　升压素，＊加压素　10.117

vasotocin　8-精催产素，＊加压催产素　10.110

VCAM　血管细胞黏附分子　10.284

vector　载体　12.812

vectorette　载体小件　12.825

VEGF　血管内皮生长因子　10.285

venom peptide　毒液肽　02.177

venom phosphodiesterase　蛇毒磷酸二酯酶　03.346

*Vent* DNA polymerase　*Vent* DNA 聚合酶　03.261

vernalic acid　斑鸠菊酸　07.065

vernolic acid　斑鸠菊酸　07.065

verotoxin　维罗毒素　02.789

versican　多能蛋白聚糖　06.306

vertical rotor　垂直转头　12.055

vertical slab gel electrophoresis　垂直板凝胶电泳
　　12.101

very low density lipoprotein　极低密度脂蛋白　07.233

VIC　血管活性肠收缩肽　10.254

vicianose　荚豆二糖　06.164

vicilin　豌豆球蛋白　02.618

vignin　豇豆球蛋白　02.619

villikinin　肠绒毛促动素　10.158

villin　绒毛蛋白　02.459

vimentin　波形蛋白　02.451

vinculin　黏着斑蛋白　02.701

VIP　血管活性肠肽　10.255

viral oncogene　病毒癌基因　04.523

viroid　类病毒　04.187

virotoxin　鳞柄毒蕈肽　02.176

viscometer　黏度计　12.042

viscumin　槲寄生凝集素　02.794

viscusin　槲寄生毒蛋白　02.793

visinin　视锥蛋白　02.558

visnin　胆钙蛋白　02.392

visual chromoprotein　视色蛋白质　02.557

vitamin　维生素　10.340

vitamin A　维生素 A　10.344

vitamin $B_1$　维生素 $B_1$　10.357

vitamin $B_2$　维生素 $B_2$　10.359

vitamin $B_6$　维生素 $B_6$　10.366

vitamin $B_{12}$　维生素 $B_{12}$　10.371

vitamin B complex　复合维生素 B　10.356

vitamin C　维生素 C　10.375

vitamin D　维生素 D　10.376

vitamin $D_2$　维生素 $D_2$　10.378

vitamin $D_3$　维生素 $D_3$　10.379

vitamin E　维生素 E　10.383

vitamin K　维生素 K　10.384

vitamin PP　维生素 PP　10.388

vitellin　卵黄磷蛋白　02.715

vitellogenin　卵黄原蛋白，＊卵黄生成素　02.711

vitellomucoid　卵黄类黏蛋白　02.713

vitronectin　玻连蛋白，＊血清铺展因子　02.366

VLDL　极低密度脂蛋白　07.233

VMA　香草扁桃酸　11.241

VNTR　＊可变数目串联重复　04.381

void volume　外水体积　12.175

volatile fatty acid　挥发性脂肪酸　07.029

volkensin　蒴莲根毒蛋白　02.806

voltage-gated ion channel　电压门控离子通道　09.043

*v*-oncogene　＊*v* 癌基因　04.523

vortex　漩涡振荡器　12.039

V8 protease　V8 蛋白酶　03.430

# W

wall effect　壁效应　12.159

Warburg respirometer　瓦尔堡呼吸计，＊瓦氏呼吸计
　　12.040

Waring blender　瓦氏高速捣碎器　12.041

water-soluble vitamin　水溶性维生素　10.342

Watson-Crick base pairing　沃森-克里克碱基配对

04.201

Watson-Crick model 沃森-克里克模型 04.194

wax 蜡 07.220

wax alcohol 蜡醇，*二十六[烷]醇 07.221

weak acid type ion exchanger 弱酸型离子交换剂 12.255

weak anion exchanger *弱阴离子交换剂 12.256

weak base type ion exchanger 弱碱型离子交换剂 12.256

weak cation exchanger *弱阳离子交换剂 12.255

Western blotting 蛋白质印迹法，*Western 印迹法 12.274

WGA 麦胚凝集素 06.310

wheat-germ agglutinin 麦胚凝集素 06.310

wheat-germ extract 麦胚抽提物 12.707

wide groove *宽沟 04.205

wobble hypothesis 摆动假说 04.292

wobble pairing 摆动配对 04.293

wobble rule 摆动法则 04.294

wound hormone 愈伤激素 10.339

writhing number 缠绕数 04.220

wybutosine 怀丁苷 04.026

wyosine 怀俄苷 04.025

# X

xanthine 黄嘌呤 04.016

xanthine oxidase 黄嘌呤氧化酶 03.164

xanthine phosphoribosyltransferase 黄嘌呤磷酸核糖转移酶 03.217

xanthosine 黄苷 04.034

xanthosine monophosphate *黄苷一磷酸 04.099

xanthurenic acid 黄尿酸 11.248

xanthylic acid 黄苷酸 04.099

xenopsin 爪蟾肽 02.123

xiphin 剑鱼精蛋白 02.601

XMP 黄苷酸 04.099

XPRT 黄嘌呤磷酸核糖转移酶 03.217

X-ray crystallography X 射线晶体学 12.371

X-ray diffraction X 射线衍射 12.372

xylan 木聚糖 06.217

xylanase 木聚糖酶 03.374

xylene cyanol FF 二甲苯腈蓝 FF 12.158

xyloglucan 木葡聚糖 06.200

xylose 木糖 06.075

xylose isomerase 木糖异构酶 03.579

# Y

YAC 酵母人工染色体 12.842

yeast artificial chromosome 酵母人工染色体 12.842

yeast two-hybridization system 酵母双杂交系统 12.847

# Z

ZE 区带电泳 12.096

zeatin 玉米素 10.328

zea xanthin diglucoside 玉米黄质二葡糖苷 06.166

zein 玉米醇溶蛋白 02.627

zeocin 吉欧霉素 12.436

Z-form DNA Z 型 DNA 04.192

zigzag DNA Z 型 DNA 04.192

zinc enzyme 锌酶，*含锌酶 03.633

zinc finger 锌指 02.199

zinc peptidase 锌肽酶 03.465

zinc protease 锌蛋白酶 03.466

zonadhesin 透明带黏附蛋白 02.369

zonal centrifugation 区带离心 12.064

zonal electrophoresis 区带电泳 12.096

zoosterol 动物固醇 07.182

zwitterion 兼性离子 01.184

zwitterionic buffer 兼性离子缓冲液 12.449

zwitterion pair chromatography *兼性离子配对层析 12.227

zymogen 酶原 03.005

zymogram 酶谱 03.071

zymolase 溶细胞酶，*消解酶 03.535

zymolyase 溶细胞酶，*消解酶 03.535

zymolysis 酶解作用 03.038

zymosan 酵母聚糖 06.201

zymosterol 酵母固醇 07.183

zyxin 斑联蛋白 02.477

# 汉 英 索 引

## A

\*阿比可糖  abequose  06.101

阿黑皮素原  proopiomelanocortin, POMC  02.821

阿拉伯半乳聚糖  arabinogalactan  06.232

阿拉伯聚糖  araban  06.230

阿拉伯糖  arabinose  06.074

阿拉伯糖操纵子  *ara* operon, *ara*  05.096

阿洛糖  allose  06.085

阿洛酮糖  psicose  06.090

阿马道里重排  Amadori rearrangement  06.027

阿片样肽  opioid peptide  02.085

阿糖胞苷  cytosine arabinoside, araC  04.110

阿糖胸腺苷  thymine arabinoside, araT  06.134

阿魏酸  ferulic acid  07.039

阿魏酸酯酶  feruloyl esterase  03.323

阿卓糖  altrose  06.084

\*埃德曼分步降解法  Edman stepwise degradation  12.456

埃德曼降解法  Edman degradation  12.456

\*埃兹蛋白  ezrin  02.460

癌蛋白  oncoprotein  02.732

癌基因  oncogene  04.521

\**c* 癌基因  *c*-oncogene  04.522

\**v* 癌基因  *v*-oncogene  04.523

\*癌基因蛋白质  oncogene protein  02.732

癌调蛋白  oncomodulin  02.733

艾杜糖  idose  06.089

艾杜糖醛酸  iduronic acid  06.124

氨苄青霉素  ampicillin  12.441

氨化[作用]  ammonification  11.070

\*氨基半乳糖  galactosamine  06.110

氨基氮  amino nitrogen  11.179

氨基蝶呤  aminopterin  03.694

γ 氨基丁酸  γ-aminobutyric acid, GABA  11.254

\*氨基端  amino terminal  02.065

c-Jun 氨基端激酶  c-Jun N-terminal kinase, JNK  03.291

氨基化  amination  11.069

\*1-氨基环丙烷基-1-羧酸氧化酶  1-aminocyclopropane-1-carboxylate oxidase  03.153

1-氨基环丙烷-1-羧酸合酶  1-aminocyclopropane-1-carboxylate synthase, ACC synthase  03.566

α 氨基己二酸  α-aminoadipic acid  11.216

氨基己糖苷酶  hexosaminidase  03.518

氨基咪唑核糖核苷酸  aminoimidazole ribonucleotide  11.266

\*氨基葡糖  glucosamine  06.109

氨基酸  amino acid  02.001

氨基酸臂  amino acid arm  04.282

氨基酸代谢库  amino acid metabolic pool  11.178

氨基糖  amino sugar  06.108

氨基糖苷磷酸转移酶  aminoglycoside phosphotransferase, APH  03.237

δ-氨基-γ-酮戊酸  δ-aminolevulinic acid, ALA  11.312

\*氨基乙磺酸  taurine  11.211

β 氨基异丁酸  β-aminoisobutyric acid  11.272

氨基转移酶  aminotransferase  03.222

氨甲酰基转移酶  carbamyl transferase, carbamoyl transferase  03.188

氨甲酰磷酸  carbamyl phosphate  11.186

氨甲酰磷酸合成酶  carbamyl phosphate synthetase, carbamoyl phosphate synthetase  03.600

氨甲酰鸟氨酸  carbamyl ornithine  11.185

氨裂合酶  ammonia-lyase  03.561

氨肽酶  aminopeptidase  03.409

氨肽酶抑制剂  amastatin  03.693

氨酰 tRNA  aminoacyl tRNA  04.133

氨酰 tRNA 合成酶  aminoacyl tRNA synthetase  03.593

氨酰化  aminoacylation  04.134

氨酰[基]脯氨酸二肽酶  prolidase  03.411

\*氨酰 tRNA 连接酶  aminoacyl tRNA ligase  03.593

氨酰磷脂酰甘油  aminoacyl phosphatidylglycerol  07.138

氨酰位　aminoacyl site, A site　04.272
氨酰酯酶　aminoacyl esterase　03.321
*胺化　amination　11.069

暗视蛋白　scotopsin　02.559
凹端　recessed terminus　04.235

# B

八糖　octaose　06.181
巴豆毒蛋白　crotin　02.815
巴斯德效应　Pasteur effect　11.093
靶向　targeting　12.784
RNA 靶向　RNA targeting　04.172
*白蛋白　albumin　02.243
白喉毒素　diphtheria toxin, DT　02.786
白喉酰胺　diphthamide　02.034
白介素-1　interleukin-1, IL-1　10.211
白介素-2　interleukin-2, IL-2　10.212
白介素-3　interleukin-3, IL-3　10.213
白介素-4　interleukin-4, IL-4　10.214
白介素-5　interleukin-5, IL-5　10.215
白介素-6　interleukin-6, IL-6　10.216
白介素-8　interleukin-8, IL-8　10.217
白介素-11　interleukin-11, IL-11　10.218
白介素-13　interleukin-13, IL-13　10.219
白介素-18　interleukin-18, IL-18　10.220
白溶素　leucolysin　02.776
白三烯　leukotriene　10.292
*白唾液酸蛋白　leukosialin　06.265
白细胞共同抗原相关蛋白质　leukocyte common antigen-
　　related protein, LAR protein　02.661
白[细胞]介素　interleukin, IL　10.210
白细胞凝集素　leucoagglutinin　06.322
白细胞弹性蛋白酶　leukocyte elastase　03.437
白细胞移动抑制因子　leukocyte inhibitor factor, LIF
　　10.226
白血病抑制因子　leukemia inhibitory factor, LIF
　　10.224
摆动法则　wobble rule　04.294
摆动假说　wobble hypothesis　04.292
摆动配对　wobble pairing　04.293
*班氏试剂　Benedict reagent　12.410
斑点印迹法　dot blotting　12.265
斑点杂交　dot hybridization　12.288
斑鸠菊酸　vernalic acid, vernolic acid　07.065
斑联蛋白　zyxin　02.477

斑珠蛋白　plakoglobin　02.478
板电泳　plate electrophoresis, slab electrophoresis
　　12.100
半保留复制　semiconservative replication　04.434
半不连续复制　semidiscontinuous replication　04.440
*半巢式 PCR　semi-nested PCR, hemi-nested PCR
　　12.306
半巢式聚合酶链反应　semi-nested PCR, hemi-nested
　　PCR　12.306
半胱氨酸　cysteine, Cys　02.021
*半胱氨酸蛋白酶　cysteine protease　03.450
半胱氨酸蛋白酶抑制剂　cystatin　03.710
半胱氨酸双加氧酶　cysteine dioxygenase　03.144
半环扁尾蛇毒素　erabotoxin　02.797
半人马蛋白　centaurin　02.449
半乳甘露聚糖　galactomannan　06.250
半乳聚糖　galactan　06.231
半乳凝素　galectin　06.319
半乳葡萄甘露聚糖　galactoglucomannan　06.194
半乳糖　galactose　06.086
半乳糖胺　galactosamine　06.110
半乳糖操纵子　gal operon, gal　05.094
半乳糖甘油二酯　galactosyl diglyceride　07.154
半乳糖苷酶　galactosidase　03.386
α 半乳糖苷酶　α-galactosidase　03.387
β 半乳糖苷酶　β-galactosidase　03.388
半乳糖苷通透酶　galactoside permease　03.624
半乳糖苷转乙酰基酶　galactoside transacetylase　03.198
半乳糖基转移酶　galactosyltransferase　03.210
半乳糖激酶　galactokinase　03.227
半乳糖脑苷脂　galactocerebroside　07.153
*半乳糖唾液酸代谢病　galactosialidosis　06.061
半乳糖唾液酸贮积症　galactosialidosis　06.061
半乳糖血症　galactosemia　06.060
半缩醛　hemiacetal　06.042
半缩酮　hemiketal　06.044
半微量分析　semi-microanalysis　12.575
半夏蛋白　pinellin　02.818

半纤维素　hemicellulose　06.216

半致死基因　semilethal gene　04.493

伴刀豆球蛋白　concanavalin, ConA　02.621

伴肌动蛋白　nebulin　02.437

伴侣伴蛋白　chaperone cohort　02.532

伴侣蛋白　chaperonin　02.531

伴清蛋白　conalbumin　02.250

包含体　inclusion body　12.837

包膜糖蛋白　envelope glycoprotein　06.258

包装　packaging　12.839

DNA 包装　DNA packaging　04.408

RNA 包装　RNA packaging　04.166

包装提取物　packaging extract　12.841

胞壁酸　muramic acid　06.147

＊胞壁酸酶　muramidase　03.379

胞壁酰二肽　muramyl dipeptide, MDP　02.078

胞衬蛋白　fodrin　02.406

＊胞触蛋白　cytotactin　02.706

＊胞二磷　cytidine diphosphate, CDP　04.077

胞苷　cytidine, C　04.039

胞苷二磷酸　cytidine diphosphate, CDP　04.077

胞苷三磷酸　cytidine triphosphate, CTP　04.078

胞苷酸　cytidylic acid　04.075

胞苷一磷酸　cytidine monophosphate, CMP　04.076

胞嘧啶　cytosine　04.021

胞内分泌　intracrine　10.307

＊胞三磷　cytidine triphosphate, CTP　04.078

胞吞转运　transcytosis　09.091

胞外信号调节激酶　extracellular signal-regulated kinase, ERK　03.295

胞外域　ectodomain　09.064

胞外域脱落　ectodomain shedding　09.065

＊胞一磷　cytidine monophosphate, CMP　04.076

胞质尾区　cytoplasmic tail　09.063

胞质小 RNA　small cytoplasmic RNA, scRNA　04.151

薄层层析　thin-layer chromatography, TLC　12.209

薄膜电泳　film electrophoresis　12.133

饱和分析　saturation analysis　12.732

饱和诱变　saturation mutagenesis　12.775

饱和杂交　saturation hybridization　12.290

饱和脂肪酸　saturated fatty acid　07.026

保持甲基化酶　maintenance methylase　03.182

DMS 保护分析　dimethyl sulfate protection assay, DMS protection assay　12.273

保留时间　retention time　12.173

保留体积　retention volume　12.174

保留系数　retention coefficient　12.172

保守序列　conserved sequence　01.073

保幼激素　juvenile hormone, JH　10.297

报道分子　reporter molecule　01.177

报道基因　reporter gene　12.746

报道载体　reporter vector　12.819

报道转座子　reporter transposon　05.016

豹蛙肽　pipinin　02.128

贝壳杉烯　kaurene　11.171

贝可[勒尔]　Becquerel, Bq　12.394

备解素　properdin　02.302

倍半萜　sesquiterpene　07.212

倍半萜环化酶　sesquiterpene cyclase　03.559

被动扩散　passive diffusion　08.123

被动转运　passive transport　08.122

本胆烷醇酮　aetiocholanolone　10.034

本底辐射　background radiation　12.852

本尼迪克特试剂　Benedict reagent　12.410

本周蛋白　Bence-Jones protein　02.301

苯丙氨酸　phenylalanine, Phe　02.029

苯丙氨酸氨裂合酶　phenylalanine ammonia-lyase, PAL　03.562

苯丙酮尿症　phenylketonuria, PKU　11.225

苯丙酮酸　phenylpyruvic acid　11.224

苯基乙醇胺-*N*-甲基转移酶　phenylethanolamine-*N*-methyltransferase, PNMT　03.179

苯甲基磺酰氟　phenylmethylsulfonyl fluoride, PMSF　12.430

苯乳酸　phenyllactic acid　11.222

苯乙胺　phenylethylamine　11.223

苯乙酰胺酶　phenylacetamidase　03.477

＊比对　alignment　01.162

比活性　specific activity, SA　01.099

比较基因组学　comparative genomics　01.026

＊比色杯　absorption cell　12.043

比浊法　turbidimetry　12.044

吡啶甲酸　picolinic acid　11.247

吡哆胺　pyridoxamine　10.369

吡哆醇　pyridoxine　10.370

吡哆醛　pyridoxal　10.367

吡咯并喹啉醌　pyrroloquinoline quinone, PQQ　10.373

吡咯赖氨酸　pyrrolysine　02.041

吡喃糖　pyranose　06.064

必需氨基酸　essential amino acid　02.002

必需脂肪酸　essential fatty acid　07.030

闭合蛋白　occludin　02.450

蓖麻毒蛋白　ricin　06.329

蓖麻油酸　ricinolic acid, ricinoleic acid　07.067

壁效应　wall effect　12.159

\*避孕四肽　kentsin　02.098

\*D臂　dihydrouracil arm, D arm　04.283

\*臂粘连蛋白　brachionectin　02.706

编辑　editing　05.069

RNA编辑　RNA editing　05.203

编辑体　editosome　05.206

编码　coding　05.221

编码链　coding strand　04.297

编码区　coding region　05.222

编码区连接　coding joint　05.247

\*编码三联体　coding triplet　05.225

\*编码序列　coding sequence　05.222

鞭毛蛋白　flagellin　02.547

变肾上腺素　metadrenaline　10.139

变视紫质　metarhodopsin　02.554

变位酶　mutase　03.583

变性　denaturation　01.092

变性DNA　denatured DNA　04.356

变性蛋白质　metaprotein　02.231

变性剂　denaturant　01.093

变性聚丙烯酰胺凝胶　denaturing polyacrylamide gel　12.156

变性凝胶电泳　denaturing gel electrophoresis　12.104

变性梯度聚丙烯酰胺凝胶　denaturing gradient polyacryl-amide gel　12.155

变旋　mutarotation　01.195

变旋酶　mutarotase　03.573

\*遍在蛋白质　ubiquitin　02.239

辫苷　queuosine　04.027

标记　labeling　12.539

\*标记基因　marker gene　12.720

标志　marker　12.710

标志基因　marker gene　12.720

标志酶　marker enzyme　03.628

表达度　expressivity　05.005

表达克隆　expression cloning　12.617

表达筛选　expression screening　12.639

表达文库　expression library　12.683

表达序列标签　expressed sequence tag, EST　12.637

表达载体　expression vector　12.816

表达质粒　expression plasmid　12.830

表达组件　expression cassette　12.638

表胆固醇　epicholeslerol, epiCh　07.171

表观相对分子量　apparent relative molecular weight　12.027

表观遗传调节　epigenetic regulation　05.079

表观遗传信息　epigenetic information　05.080

表面活化剂　surfactant, surface-active agent　12.415

表面活性肽　surfactin　02.140

表面活性型蛋白质　surfactant protein　02.232

表皮抗菌肽　epidermin　02.139

表皮生长因子　epidermal growth factor, epithelial growth factor, EGF　10.196

表皮整联配体蛋白　epiligrin　02.739

表位　epitope　01.157

\*表现度　expressivity　05.005

表型　phenotype　05.064

表型组　phenome　01.042

表型组学　phenomics　01.035

表抑氨肽酶肽　epiamastatin　03.712

别构部位　allosteric site　03.069

别构激活剂　allosteric activator　03.066

别构酶　allosteric enzyme　03.059

别构配体　allosteric ligand　03.068

\*别构调节　allosteric regulation　03.060

别构调节物　allosteric modulator　03.064

别构调控　allosteric control　03.060

别构相互作用　allosteric interaction　03.067

\*别构效应物　allosteric effector　03.064

别构性　allostery　03.070

别构抑制　allosteric inhibition　03.063

别构抑制剂　allosteric inhibitor　03.065

别嘌呤醇　allopurinol　04.018

别乳糖　allolactose　06.154

别藻蓝蛋白　allophycocyanin, APC　02.357

\*冰冻干燥　freeze-drying　12.036

丙氨酸　alanine, Ala　02.010

\*丙氨酸转氨酶　alanine aminotransferase, ALT　03.224

丙二醛　malondialdehyde　11.149

丙二酸　malonic acid　11.136

# C

＊差示 PCR　differential display PCR　12.314

差示聚合酶链反应　differential display PCR　12.314

差示筛选　differential screening　12.294

差示杂交　differential hybridization　12.293

差速离心　differential centrifugation　12.063

差向异构化　epimerization　01.214

差向异构酶　epimerase　03.571

差向异构体　epimer　01.213

差异表达　differential expression　05.004

mRNA 差异显示　mRNA differential display　12.296

差异显示分析　representational difference analysis　12.295

缠绕数　writhing number　04.220

蟾毒色胺　bufotenine　11.244

产婆蟾紧张肽　alytensin　02.102

产物未定读框　unidentified reading frame, URF　05.249

颤搐蛋白　twitchin　02.453

长末端重复[序列]　long terminal repeat, LTR　05.012

长萜醇寡糖前体　dolichol oligosaccharide precursor　06.279

肠毒素　enterotoxin　02.784

肠高血糖素　enteroglucagon　10.148

肠激酶　enterokinase　03.428

肠激肽　enterokinin　10.149

肠降血糖素　incretin　10.159

肠绒毛促动素　villikinin　10.158

＊肠肽酶　enteropeptidase　03.428

肠抑肽　enterostatin　10.150

＊肠抑胃素　enterogastrone, gastric inhibitory peptide, GIP　10.147

肠抑胃肽　enterogastrone, gastric inhibitory polypeptide, GIP　10.147

常居 DNA　resident DNA　04.373

超表达　overexpression　05.006

超操纵子　superoperon　05.099

超二级结构　super-secondary structure　02.179

超分子反应　supramolecular reaction　12.783

超家族　superfamily　01.183

超量原子百分数　atom percent excess, APE　12.029

超临界液体层析　supercritical fluid chromatography　12.189

超滤　ultrafiltration, hyperfiltration　12.017

超滤膜　ultrafiltration membrane, hyperfiltration membrane　12.019

超滤浓缩　ultrafiltration concentration　12.018

超滤器　ultrafilter　12.020

超螺旋　superhelix　01.058

DNA 超螺旋　DNA superhelix, DNA supercoil　04.206

超螺旋 DNA　supercoiled DNA, superhelical DNA　04.211

超声波作用　ultrasonication　12.867

超速离心　ultracentrifugation　12.061

超氧化物歧化酶　superoxide dismutase, SOD　03.159

超氧阴离子　superoxide anion　11.309

＊巢蛋白　nestin　02.746

巢蛋白　entactin, nidogen　02.493

＊巢式 PCR　nested PCR　12.305

巢式聚合酶链反应　nested PCR　12.305

巢式引物　nested primer　12.307

潮霉素 B　hygromycin B　12.438

＊CPB 沉淀法　cetylpyridinium bromide precipitation, CPB precipitation　12.517

沉降　sedimentation　12.056

沉降平衡　sedimentation equilibrium　12.067

沉降系数　sedimentation coefficient　12.057

RNA 沉默　RNA silencing　04.176

沉默等位基因　silent allele　05.022

沉默子　silencer　05.117

成层胶　spacer gel　12.142

＊成对碱性氨基酸蛋白酶　furin　03.441

成骨蛋白　osteogenin　02.494

成骨生长性多肽　osteogenic growth polypeptide, OGP　02.495

成骨生长性肽　osteogenic growth peptide　02.115

＊成肌蛋白因子 6　herculin　02.385

成孔蛋白　pore-forming protein　08.105

成视网膜细胞瘤蛋白　retinoblastoma protein　02.740

成熟　maturation　01.235

成熟酶　maturase　03.629

成束蛋白　fasciclin　02.380

成髓细胞蛋白酶　myeloblastin　03.444

成纤维细胞生长因子　fibroblast growth factor, FGF　10.197

程序变流层析　flow programmed chromatography　12.214

弛豫时间　relaxation time　03.052

＊持家基因　house-keeping gene　04.485

赤霉素　gibberellin　10.326

促炎性细胞因子　proinflammatory cytokine　10.251

促炎症蛋白质　proinflammatory protein　02.729

促胰岛素　insulinotropin　10.164

促胰凝乳蛋白酶原释放素　chymodenin　03.709

促胰液素　secretin　10.167

促胰液肽酶　secretinase　03.654

促脂解剂　lipotropic agent　07.010

促脂解素　lipotropin, lipotropic hormone, LPH　10.096

促脂解作用　lipotropic action　07.009

催产素　oxytocin, pitocin　10.109

催化部位　catalytic site　03.017

催化常数　catalytic constant　03.011

催化核心　catalytic core　03.016

催化活性　catalytic activity　03.015

催化亚基　catalytic subunit　03.018

催乳素　prolactin, galactin, lactogen　10.066

催乳素释放素　prolactoliberin, prolactin releasing hormone, PRH　10.113

催乳素释放抑制素　prolactin release inhibiting hormone, PRIH　10.114

＊催乳素释放抑制因子　prolactin release inhibiting factor, PRIF　10.114

＊催乳素释放因子　prolactin releasing factor, PRF　10.113

＊催乳素抑释素　prolactin release inhibiting hormone, PRIH　10.114

催涎肽　sialogogic peptide　10.162

存活蛋白　survivin　02.742

错编　miscoding　05.269

错参　misincorporation　05.070

错插　misinsertion　05.071

错配　mispairing, mismatching　04.321

错配修复　mismatch repair　05.072

错义突变　missense mutation　05.270

错载　mischarging　05.268

错折叠　misfolding　01.089

# D

打点　dotting　12.860

大豆凝集素　soybean agglutinin, SBA　06.323

大豆球蛋白　glycinin　02.607

大枫子酸　gynocardic acid　07.046

大沟　major groove　04.205

大规模制备　megapreparation, megaprep　12.576

大核酶　maxizyme　03.650

＊大戟二萜醇　phorbol　09.071

＊大戟二萜醇酯　phorbol ester　09.072

大麦醇溶蛋白　hordein　02.626

大脑蛋白聚糖　cerebroglycan　06.195

＊大小排阻层析　size exclusion chromatography　12.216

大阵列　macroarray　12.647

呆蛋白　nicastrin　02.697

＊代谢　metabolism　11.001

代谢工程　metabolic engineering　11.050

代谢库　metabolic pool　11.023

代谢率　metabolic rate　11.029

代谢酶　metabolic enzyme　11.024

代谢偶联　metabolic coupling　11.051

代谢区室　metabolon　11.030

代谢调节　metabolic regulation　11.031

代谢途径　metabolic pathway　11.021

代谢物　metabolite　11.025

代谢物组　metabolome　01.043

代谢物组学　metabolomics　01.033

代谢型受体　metabotropic receptor　09.046

代谢综合征　metabolic syndrome　07.238

代谢组学　metabonomics　01.034

带 3 蛋白　band 3 protein　08.087

带切口 DNA　nicked DNA　04.385

带切口环状 DNA　nicked circular DNA　04.384

丹磺酰法　dansyl method, DNS method　12.455

单胺氧化酶　monoamine oxidase, MAO　03.099

单胺转运蛋白体　monoamine transporter　02.379

单纯蛋白质　simple protein　02.222

单纯扩散　simple diffusion　08.125

单核苷酸多态性　single nucleotide polymorphism, SNP　12.766

单核因子　monokine　10.234

单加氧酶　monooxygenase　03.145

＊单拷贝 DNA　single-copy DNA　04.378

＊单拷贝基因　single-copy gene　05.030

单克隆抗体　monoclonal antibody, McAb, mAb　01.153

单链 DNA　single-stranded DNA, ssDNA　04.340

单链 RNA　single-stranded RNA, ssRNA　04.128

单链构象多态性　single-strand conformation polymorphism, SSCP　12.767

单链互补 DNA　single-strand cDNA, sscDNA　04.349

*单链结合蛋白　single-strand-binding protein　03.690

单链特异性外切核酸酶　single-strand specific exonuclease　03.344

单链突出端　overhang　12.630

单顺反子　monocistron　05.047

单顺反子 mRNA　monocistronic mRNA　05.051

单糖　monosaccharide　06.003

单体　monomer　01.049

单萜　monoterpene　07.211

单烯酸　monoenoic acid　07.033

单酰甘油　monoacylglycerol, MAG　07.090

单线态氧　singlet oxygen　11.308

单向复制　unidirectional replication　04.437

单向转运　uniport　08.129

单一染色体基因文库　unichromosomal gene library　12.682

单一[序列]DNA　unique [sequence] DNA　04.378

单油酰甘油　mono-olein, monooleoglyceride　07.101

单脂　simple lipid, homolipid　07.002

胆钙蛋白　cholecalcin, visnin　02.392

*胆钙化[固]醇　cholecalciferol　10.379

胆固醇　cholesterol, Ch　07.162

胆固醇合成酶抑制剂　statin　03.718

*胆固醇碳链裂解酶　desmolase　03.150

胆固醇酯　cholesterol ester, cholesteryl ester, ChE　07.169

胆固醇酯转移蛋白　cholesterol ester transfer protein, CETP　07.185

胆固烷醇　cholestanol　07.167

胆固烯酮　cholestenone　07.168

胆红素　bilirubin　11.322

胆红素二葡糖醛酸酯　bilirubin diglucuronide　06.221

胆碱　choline　11.168

胆碱单加氧酶　choline monooxygenase, CMO　03.151

胆碱乙酰转移酶　choline acetyltransferase　03.196

胆碱酯酶　choline esterase　03.314

胆绿蛋白　choleglobin　02.353

胆绿素　biliverdin　11.323

*胆色素原　porphobilinogen　11.313

胆素　bilin　11.325

胆素原　bilinogen　11.326

胆酸　cholic acid　11.163

胆藻[色素]蛋白　biliprotein, phycobilin protein, phycobiliprotein　02.354

胆汁酸　bile acid　11.160

*ABC 蛋白　ATP-binding cassette protein, ABC protein　08.086

Cro 蛋白　Cro protein　02.284

G 蛋白　G-protein　09.026

*IκB 蛋白　inhibitor-κ binding protein　09.068

Ras 蛋白　Ras protein　02.288

*Rb 蛋白　retinoblastoma protein　02.740

蛋白激酶　protein kinase　03.298

蛋白激酶激酶　protein kinase kinase　03.299

蛋白聚糖　proteoglycan　06.011

NG2 蛋白聚糖　NG2 proteoglycan　06.295

β 蛋白聚糖　betaglycan　06.281

蛋白磷酸酶　protein phosphatase　03.333

蛋白酶　protease, proteinase　03.417

V8 蛋白酶　V8 protease　03.430

蛋白酶连接蛋白　protease nexin　02.289

蛋白酶体　proteasome　03.474

$\alpha_1$ 蛋白酶抑制剂　$\alpha_1$-proteinase inhibitor, $\alpha_1$-antiproteinase　03.707

G 蛋白偶联受体　G-protein coupled receptor　09.027

*蛋白水解酶　proteolytic enzyme　03.417

G 蛋白调节蛋白质　G-protein regulatory protein　02.286

蛋白脂质　proteolipid　07.228

蛋白质　protein　02.178

*CREB 蛋白质　cAMP response element binding protein, CREB protein　02.311

*蛋白质 C23　nucleolin　02.562

蛋白质测序　protein sequencing　12.483

蛋白质二硫键还原酶　protein-disulfide reductase　03.129

*蛋白质二硫键氧还酶　protein disulfide oxidoreductase　03.129

蛋白质二硫键异构酶　protein disulfide isomerase, PDI　03.128

蛋白质工程　protein engineering　12.454

蛋白质谷氨酸甲酯酶　protein-glutamate methylesterase　03.322

蛋白质合成　protein synthesis　12.461

蛋白质家族　protein family　01.181

蛋白质剪接　protein splicing　05.175

电渗　electroosmosis　12.179

电透析　electrodialysis　12.011

电洗脱　electroelution　12.170

电压门控离子通道　voltage-gated ion channel　09.043

电印迹法　electroblotting　12.266

电泳　electrophoresis　12.079

电泳分析　electrophoretic analysis　12.083

电泳迁移率　electrophoretic mobility　12.087

电泳迁移率变动分析　electrophoretic mobility shift assay, EMSA　12.088

电泳图[谱]　electrophoretogram, electrophorogram, electrophoresis pattern　12.089

电转化法　electrotransformation　12.588

电转移　electrotransfer　12.267

电子传递　electron transport　11.289

电子传递链　electron transport chain, electron transfer chain　11.286

电子传递系统　electron transfer system　11.287

电子-核双共振　electron-nuclear double resonance, ENDR　12.379

电子漏　electron leakage　11.305

＊电子顺磁共振　electron paramagnetic resonance, EPR　12.378

电子载体　electron carrier　11.288

电子自旋共振　electron spin resonance, ESR　12.378

淀粉　starch　06.207

淀粉酶　amylase　03.365

α淀粉酶　α-amylase　03.366

β淀粉酶　β-amylase　03.367

淀粉酶制剂　diastase　03.719

淀粉凝胶电泳　starch gel electrophoresis　12.098

＊淀粉葡糖苷酶　amyloglucosidase　03.368

淀粉-1,6-葡糖苷酶　amylo-1,6-glucosidase　03.392

淀粉样物质　amyloid　02.238

凋亡蛋白　apoptin　02.736

凋亡蛋白酶激活因子　apoptosis protease activating factor, Apaf　10.245

吊篮式转头　swinging-bucket rotor　12.054

＊叠连群　contig　12.625

叠群杂交　contiguous stacking hybridization, CSH　12.495

蝶酸　pteroic acid　10.362

＊蝶酰谷氨酸　folic acid, pteroyl-glutamic acid　10.361

丁酸甘油酯　butyrin　07.095

丁酰胆碱酯酶　butyrylcholine esterase　03.316

丁香酸　syringic acid　07.034

顶层琼脂　top agar　12.257

顶体蛋白酶　acrosomal protease　03.429

顶体正五聚蛋白　apexin　02.576

顶替层析　displacement chromatography　12.213

定步酶　pacemaker enzyme　03.641

＊定点诱变　site-directed mutagenesis, site-specific mutagenesis　12.774

＊定量PCR　quantitative PCR, qPCR　12.321

定量聚合酶链反应　quantitative PCR, qPCR　12.321

RNA定位　RNA localization　04.165

定位克隆　positional cloning　12.614

定向测序　directed sequencing　12.493

定向克隆　directional cloning　12.615

定向选择　directional selection　12.880

动力蛋白　dynein　02.517

动力蛋白激活蛋白　dynactin　02.518

动脉粥样化形成　atherogenesis　07.248

动物固醇　zoosterol　07.182

动物激素　animal hormone　10.014

动质体DNA　kinetoplast DNA　04.344

＊冻干　lyophilization　12.036

冻干仪　lyophilizer, freeze-drier　12.037

冻融　freeze-thaw　12.033

胨　peptone　02.061

兜甲蛋白　loricrin　02.577

豆胆绿蛋白　legcholeglobin　02.608

豆固醇　stigmasterol　07.180

豆蔻酸　myristic acid　07.047

豆蔻酸甘油酯　myristin, trimyristin　07.105

＊豆蔻酰甘油　myristin, trimyristin　07.105

豆蔻酰化　myristoylation　07.106

豆球蛋白　legumin　02.609

豆血红蛋白　leghemoglobin　02.347

毒环肽　toxic cyclic peptide　02.171

毒毛旋花二糖　strophanthobiose　06.168

毒素　toxin　02.767

δ毒素　δ-toxin　02.770

毒蕈肽　phallotoxin　02.172

毒液肽　venom peptide　02.177

读框重叠　reading-frame overlapping　05.245

＊读框移位　reading-frame displacement　05.242

3′端　3′-end　04.233

ase, PARP 03.218

多腺苷酸 polyadenylic acid, poly(A) 04.119

多腺苷酸化 polyadenylation 04.248

mRNA 多腺苷酸化 mRNA polyadenylation 05.208

多腺苷酸化信号 polyadenylation signal 04.249

多腺苷酸聚合酶 polyadenylate polymerase, poly(A) polymerase 03.267

多效基因 pleiotropic gene 04.506

多义密码子 ambiguous codon 05.237

多元醇 polyol 11.109

# E

鹅膏蕈碱 amanitin 12.446

鹅肌肽 anserine `02.134

鹅脱氧胆酸 chenodeoxycholic acid, CDCA 11.164

鳄梨糖醇 persitol 06.141

儿茶酚 catechol 11.232

儿茶酚胺类激素 catecholamine hormone 10.103

儿茶酚胺能受体 catecholaminergic receptor 10.104

儿茶酚-O-甲基转移酶 catechol-O-methyl transferase, COMT 03.178

耳腺蛙肽 uperolein 02.137

二氨基庚二酸 diaminopimelic acid, DAP 11.213

二醇脂质 diol lipid 07.190

二环己基碳二亚胺 dicyclohexylcarbodiimide, DCC, DCCI 12.416

二级结构 secondary structure 01.055

二级结构预测 secondary structure prediction 12.384

二级氢键 secondary hydrogen bond 01.060

二甲苯腈蓝 FF xylene cyanol FF 12.158

γ,γ-二甲丙烯焦磷酸 γ, γ-dimethylallyl pyrophosphate 11.157

二甲基亚砜 dimethyl sulfoxide, DMSO 12.418

*2,3-二磷酸甘油酸 2, 3-diphosphoglycerate, 2, 3-DPG 11.107

二硫赤藓糖醇 dithioerythritol, DTE 06.069

二硫键 disulfide bond 02.069

二硫苏糖醇 dithiothreitol, DTT 12.421

*二面角 dihedral angle 02.201

3,4-二羟苯丙氨酸 3, 4-dihydroxy phenylalanine, DOPA 11.237

3,4-二羟苯乙胺 3, 4-dihydroxy phenylethylamine 11.238

1,25-二羟胆钙化醇 1, 25-dihydroxycholecalciferol 10.377

*5,6-二氢胆固醇 cholestanol 07.167

二氢蝶啶 dihydropteridine 11.234

二氢蝶啶还原酶 dihydropteridine reductase 03.105

二氢硫辛酰胺 dihydrolipoamide 11.218

二氢硫辛酰胺脱氢酶 dihydrolipoamide dehydrogenase 03.117

二氢尿苷 dihydrouridine 04.037

二氢尿嘧啶 dihydrouracil, D 04.107

二氢尿嘧啶臂 dihydrouracil arm, D arm 04.283

二氢尿嘧啶环 dihydrouracil loop, D loop 04.284

二氢鞘氨醇 D-sphinganine 07.144

二氢乳清酸 dihydroorotic acid 11.267

二氢乳清酸酶 dihydroorotase 03.486

*L-5,6-二氢乳清酸酰胺水解酶 dihydroorotase 03.486

二氢生物蝶呤 dihydrobiopterin 11.233

二氢叶酸还原酶 dihydrofolate reductase, DHFR 03.101

二十八烷醇 octacosanol 07.195

二十二碳六烯酸 docosahexaenoic acid, DHA 07.074

二十二碳四烯酸 docosatetraenoic acid 07.073

二十二烷醇 docosanol 07.194

*二十二烷酸 docosanoic acid 07.076

*二十六[烷]醇 wax alcohol, ceryl alcohol 07.221

*二十四碳烯酸 tetracosenic acid 07.084

*二十四烷酸 tetracosanoic acid 07.078

二十碳五烯酸 eicosapentaenoic acid, EPA 07.072

二十烷醇 eicosanol 07.193

*二十烷酸 arachidic acid, eicosanoic acid 07.070

C₄ 二羧酸途径 C₄ dicarboxylic acid pathway 11.132

二肽 dipeptide 02.057

*二肽基羧肽酶Ⅰ dipeptidyl carboxypeptidase Ⅰ 03.414

二肽酶 dipeptidase 03.510

二糖 disaccharide 06.150

*3,6-二脱氧-半乳糖 abequose 06.101

二烷基甘氨酸脱羧酶 dialkylglycine decarboxylase

03.545

二维结构　two-dimensional structure　01.057

二酰甘油　diacylglycerol, DAG　07.091

二硝基氟苯　dinitrofluorobenzene, DNFB　12.419

\* 二乙氨乙基葡聚糖凝胶　diethylaminoethyl dextran
gel, DEAE-dextran gel　12.152

\* 二乙氨乙基纤维素膜　diethylaminoethyl cellulose
membrane, DEAE-cellulose membrane　12.262

\* 二乙基己烯雌酚　diethylstilbestrol, DES　10.051

# F

发动蛋白　dynamin　02.511

发光酶免疫测定　luminescent enzyme immunoassay,
LEIA　12.738

发光免疫测定　luminescent immunoassay, LIA　12.735

发酵　fermentation　01.238

发酵罐　fermenter, fermentor　12.870

RYN 法　RYN method　12.387

法尼醇　farnesol　07.196

法尼基半胱氨酸　farnesylcysteine　02.023

法尼[基]焦磷酸　farnesyl pyrophosphate, FPP　11.159

法尼基转移酶　farnesyl transferase　03.221

GT-AG 法则　GT-AG rule　04.308

β 发夹　β-hairpin, beta hairpin　02.187

发夹环　hairpin loop　04.226

发夹结构　hairpin structure　04.225

番茄红素　lycopene, licopin　10.353

翻滚启动子　flip-flop promoter　05.106

翻译　translation　05.212

翻译后加工　post-translational processing　05.215

翻译后修饰　post-translational modification　05.214

翻译起始　translation initiation　05.216

翻译起始因子　translation initiation factor　05.257

翻译调节　translation regulation　05.218

翻译移码　translation frameshift　05.246

翻译装置　translation machinery　05.217

翻译阻遏　translation repression　05.219

翻转　flip-flop　08.137

\* 反丁烯二酸　fumaric acid　11.118

反基因组　antigenome　05.023

反竞争性抑制　uncompetitive inhibition　03.023

反馈抑制　feedback inhibition　03.030

反类固酮　retrosterone　10.052

反密码子　anticodon　04.285

反密码子臂　anticodon arm　04.288

反密码子环　anticodon loop　04.287

反密码子茎　anticodon stem　04.286

反式激活　trans-activation　05.152

反式激活蛋白　trans-activator　05.153

反式剪接　trans-splicing　05.177

反式切割　trans-cleavage　05.210

反式调节　trans-regulation　01.131

反式乌头酸-2-甲基转移酶　trans-aconitate 2-methyltrans-
ferase　03.184

反式乌头酸-3-甲基转移酶　trans-aconitate 3-methyltrans-
ferase　03.185

\* 反式异构　trans-isomerism　01.203

反式异构体　trans-isomer　01.207

反式阻遏　trans-repression　01.132

反式作用 RNA　trans-acting RNA　04.161

反式作用核酶　trans-acting ribozyme　03.653

反式[作用]因子　trans-factor, trans-acting factor
05.151

反受体　counter receptor　09.038

反相层析　reverse phase chromatography　12.193

反相分配层析　reversed-phase partition chromatography
12.221

反相高效液相层析　reversed-phase high-performance
liquid chromatography, RP-HPLC　12.196

\* 反相离子对层析　reversed-phase ion pair chromatogra-
phy　12.227

反相渗透　reverse osmosis　12.014

\* 反向 PCR　inverse PCR, iPCR　12.323

反向重复[序列]　inverted repeat　04.317

反向聚合酶链反应　inverse PCR, iPCR　12.323

反向平行链　antiparallel strand　01.087

反向生物化学　reverse biochemistry　01.010

反向生物学　reverse biology　01.016

反向调节　retroregulation　01.134

反向透析　reverse dialysis　12.009

反向引物　reverse primer　12.500

反向转运　antiport　08.120

反向转运体　antiporter　08.128

反向自剪接　reverse self-splicing　05.182

*反硝化作用　denitrification　11.068

反型异油酸　vaccenic acid　07.064

反义 DNA　antisense DNA　04.364

反义 RNA　antisense RNA　04.157

*反义寡核苷酸　antisense oligonucleotide　04.115

反义寡脱氧核苷酸　antisense oligodeoxynucleotide
04.115

C 反应蛋白　C-reactive protein, CRP　02.282

反油酸　elaidic acid　07.056

反转电场凝胶电泳　field-inversion gel electrophoresis,
FIGE　12.112

*反转录　reverse transcription, RT　05.147

泛醌　ubiquinone　03.683

泛素　ubiquitin　02.239

泛素蛋白激酶　ubiquitin-protein kinase　03.233

泛素-蛋白质连接酶　ubiquitin-protein ligase　03.666

泛素-蛋白质缀合物　ubiquitin-protein conjugate　02.240

泛素化　ubiquitination　11.177

泛素活化酶　ubiquitin-activating enzyme　03.664

泛素载体蛋白质　ubiquitin carrier protein　02.242

泛素缀合蛋白质　ubiquitin-conjugated protein　02.241

泛素缀合酶　ubiquitin-conjugating enzyme　03.665

泛酸　pantothenic acid　10.360

范斯莱克仪　van Slyke apparatus　12.038

芳基硫酸酯酶　aryl sulfatase　03.342

芳基-醛氧化酶　aryl-aldehyde oxidase　03.093

芳烃羟化酶　aryl hydrocarbon hydroxylase　03.149

防御肽　defensin　02.145

仿生学　bionics　12.357

纺锤菌素　netropsin　02.775

放能反应　exergonic reaction　11.274

放射免疫测定　radioimmunoassay, RIA　12.733

放射免疫沉淀法　radioimmunoprecipitation　12.514

放射免疫电泳　radioimmunoelectrophoresis　12.146

*放射免疫分析　radioimmunoassay, RIA　12.733

放射生物化学　radiobiochemistry　01.007

放射性受体测定　radioreceptor assay　12.734

*放射性受体分析　radioreceptor assay　12.734

放射性同位素　radioactive isotope　12.544

放射性同位素扫描　radioisotope scanning　12.849

放射自显影　autoradiography　12.850

非必需氨基酸　non-essential amino acid　02.003

非必需脂肪酸　non-essential fatty acid　07.031

非编码区　non-coding region　05.061

非编码小 RNA　small non-messenger RNA, snmRNA
04.179

非编码序列　non-coding sequence　05.062

非变性凝胶电泳　nondenaturing gel electrophoresis,
native gel electrophoresis　12.105

*非重复 DNA　nonrepetitive DNA　04.378

非蛋白质氮　non-protein nitrogen, NPN　11.180

非蛋白质呼吸商　non-protein respiratory quotient, NPRQ
11.018

非对映[异构]体　diastereomer　01.211

非翻译区　untranslated region, UTR, nontranslated region
05.252

3'非翻译区　3'-untranslated region, 3'-UTR　05.253

5'非翻译区　5'-untranslated region, 5'-UTR　05.254

非放射性标记　nonradiometric labeling, nonradioactive
labeling　12.548

非核糖体多肽合成酶　nonribosomal peptide synthetase,
NRPS　03.640

非还原性聚丙烯酰胺凝胶电泳　nonreductive polyacryl-
amide gel electrophoresis　12.117

非竞争性抑制　noncompetitive inhibition　03.022

非离子去污剂　non-ionic detergent　12.434

非受体酪氨酸激酶　nonreceptor tyrosine kinase　03.238

非双层脂　nonbilayer lipid　07.006

*非特异性单加氧酶　unspecific monooxygenase
03.149

非特异性抑制　non-specific inhibition　03.024

非特异性抑制剂　non-specific inhibitor　03.026

非沃森-克里克碱基配对　non-Watson-Crick base-pairing
04.202

非选择性标志　unselected marker　12.713

非循环光合磷酸化　noncyclic photophosphorylation
11.303

非酯化脂肪酸　non-esterified fatty acid, NEFA　07.025

非转录间隔区　nontranscribed spacer　05.155

非组蛋白型蛋白质　nonhistone protein, NHP　02.570

δ 啡肽　deltorphin　02.097

蜚蠊激肽　leucokinin　10.301

蜚蠊焦激肽　leucopyrokinin, LPK　10.302

*鲱精蛋白　clupein　02.132

鲱精肽　clupein　02.132

费林反应　Fehling reaction　12.511

费歇尔投影式　Fischer projection　06.018

*辅酶Ⅱ nicotinamide adenine dinucleotide phosphate, NADP 03.686

辅酶 A coenzyme A, CoA 03.681

辅酶 M coenzyme M, CoM 03.682

*辅酶 Q coenzyme Q, CoQ 03.683

辅酶 A-二硫键还原酶 CoA-disulfide reductase 03.126

辅酶 A-谷胱甘肽还原酶 CoA-glutathione reductase 03.123

*NADH-辅酶 Q 还原酶 NADH-coenzyme Q reductase 03.108

辅酶 A 转移酶 CoA-transferase 03.283

辅因子 cofactor 01.114

辅脂肪酶 colipase 03.507

辅助病毒 help virus 12.838

辅助蛋白 auxilin 02.539

辅助噬菌体 helper phage, help bacteriophage 12.835

辅阻遏物 corepressor 05.091

腐胺 putrescine 11.190

负超螺旋 negative supercoil 04.208

负超螺旋 DNA negatively supercoiled DNA 04.212

负超螺旋化 negative supercoiling 04.210

负反馈 negative feedback 11.034

负调节 negative regulation 01.126

负调控 negative control 01.128

负效应物 negative effector 01.107

负协同 negative cooperation 01.111

附加体 episome 04.471

复合糖类 complex carbohydrate 06.013

复合维生素 B vitamin B complex 10.356

复合脂 complex lipid, heterolipid 07.003

复敏 resensitization 09.089

复性 renaturation 01.094

复印接种 replica plating 12.877

DNA 复杂度 DNA complexity 04.397

复制 replication 04.432

DNA 复制 DNA replication 04.433

RNA 复制 RNA replication 04.169

复制叉 replication fork 04.446

复制错误 replication error 04.453

复制工厂模型 replication factory model 04.454

复制后错配修复 post-replicative mismatch repair 04.469

复制后修复 post-replication repair 04.468

复制滑移 replication slipping 04.456

复制解旋酶 replicative helicase 03.622

复制聚合酶 replication polymerase 03.252

复制酶 replicase 03.257

Qβ 复制酶 Qβ-replicase 03.270

*RNA 复制酶 RNA replicase 03.257

Qβ 复制酶技术 Qβ replicase technique 12.730

复制泡 replication bubble 04.447

复制期 replicative phase 04.461

DNA 复制起点 DNA replication origin 04.414

复制体 replisome, replication complex 04.463

复制型 replicating form, RF 04.445

复制型 DNA replicative form DNA, RF-DNA 04.389

*复制眼 replication eye 04.447

复制执照因子 replication licensing factor, RLF 04.455

复制中间体 replication intermediate, RI 04.448

复制终止子 replication terminator 04.457

复制周期 replicative cycle 04.460

复制子 replicon 04.462

副产物 side product 01.145

副蛋白质 paraprotein 02.300

副刀豆氨酸 canaline 02.045

副淀粉 paramylon, paramylum 06.210

副反应 side reaction 01.146

副肌球蛋白 paramyosin 02.471

副酪蛋白 paracasein 02.723

副密码子 paracodon 04.291

副清蛋白 paralbumin 02.251

副球蛋白 paraglobulin 02.265

副作用 side effect 01.144

傅里叶变换 Fourier transform 12.381

富组亲动蛋白 hisactophilin 02.447

# G

钙泵 calcium pump 08.088

钙传感性蛋白质 calcium sensor protein 02.395

钙促蛋白 caltropin 02.393

钙蛋白酶 calpain 03.457

钙蛋白酶抑制蛋白 calpastatin 03.708

*钙电蛋白 calelectrin 02.668

高胱氨酸　homocystine　02.025

高精氨酸　homoarginine　02.016

高粱醇溶蛋白　kafirin　02.628

高密度脂蛋白　high density lipoprotein, HDL　07.230

高密度脂蛋白胆固醇　HDL-cholesterol, HDL-Ch　07.234

高能键　energy-rich bond　11.278

高能磷酸化合物　energy-rich phosphate　11.279

高能磷酸键　high energy phosphate bond　11.280

高丝氨酸　homoserine　02.020

高速离心　high speed centrifugation　12.060

高速泳动族蛋白　high-mobility group protein, HMG protein　02.569

高铁螯合物还原酶　ferric-chelate reductase　03.162

高铁血红蛋白　methemoglobin, methaemoglobin　02.345

高铁血红素　hematin　11.311

高通量毛细管电泳　high throughput capillary electrophoresis　12.131

高效亲和层析　high-performance affinity chromatography, HPAC　12.232

高效液相层析　high performance liquid chromatography, HPLC　12.194

高压电镜　high voltage electron microscope, HVEM　12.337

高压电泳　high voltage electrophoresis　12.122

*高压液相层析　high pressure liquid chromatography, HPLC　12.194

高异亮氨酸　homoisoleucine　02.037

*高脂血症　hyperlipemia　07.241

睾酮　testosterone　10.031

*睾酮雌二醇结合球蛋白　testosterone-estradiol binding globulin, TEBG　10.269

睾丸蛋白聚糖　testican　06.303

睾丸雄激素　andrin　10.030

隔离臂　spacer arm　12.598

根蛋白　radixin　02.441

庚二酸　pimelic acid　07.040

庚糖　heptose　06.095

工程核酶　engineered ribozyme　03.651

功能基因组　functional genome　01.038

功能基因组学　functional genomics　01.025

*RNA 功能基因组学　RNomics　01.030

功能未定读框　unassigned reading frame　05.248

攻膜复合物　membrane attack complex, MAC　08.021

攻膜复合物抑制因子　membrane attack complex inhibitor factor, MACIF　08.091

供体　donor　01.163

共表达　coexpression　05.007

共轭多烯酸　conjugated polyene acid　07.036

共轭亚油酸　conjugated linoleic acid, CLA　07.058

共翻译　cotranslation　05.213

共济蛋白　frataxin　02.290

共价闭和环状 DNA　covalently closed circular DNA, cccDNA　04.347

*共价闭环 DNA　covalently closed circular DNA, cccDNA　04.347

共价层析　covalent chromatography　12.207

共价键　covalent bond　01.062

共凝素　conglutinin　06.314

共有序列　consensus sequence　01.072

共转导　cotransduction　12.788

共转化　cotransformation　12.790

共转录　cotranscription　05.084

共转录物　cotranscript　05.090

共转染　cotransfection　12.799

*共阻抑　cosuppression　04.176

构象　conformation　01.199

RNA 构象　RNA conformation　04.162

构型　configuration　01.198

孤独基因　orphan gene, orphon　04.504

孤儿受体　orphan receptor　09.048

古核生物　archaea　01.242

古洛糖　gulose　06.087

古嘌苷　archaeosine　04.028

古生物化学　paleobiochemistry　01.004

*古细菌　archaebacteria　01.242

谷氨酸　glutamic acid, Glu　02.027

谷氨酸合酶　glutamate synthase, GOGAT　03.098

谷氨酰胺　glutamine, Gln　02.028

谷氨酰胺酶　glutaminase　03.476

γ 谷氨酰循环　γ-glutamyl cycle　11.257

谷丙转氨酶　glutamic-pyruvic transaminase, GPT　03.224

谷草转氨酶　glutamic-oxaloacetic transaminase, GOT　03.223

谷醇溶蛋白　prolamin, prolamine　02.624

谷蛋白　glutelin　02.623

谷固醇　sitosterol　07.178

谷固醇血症　sitosterolemia　07.179

谷胱甘肽过氧化物酶　glutathione peroxidase, GSH-Px, GPx　03.140

谷胱甘肽还原酶　glutathione reductase　03.121

谷氧还蛋白　glutaredoxin　02.388

骨钙蛋白　osteocalcin　02.479

骨甘蛋白聚糖　osteoglycin, OG　06.297

骨骼生长因子　skeletal growth factor, SGF　10.270

骨架蛋白　skelemin　02.480

骨架连接蛋白　articulin　02.481

骨架型蛋白质　skeleton protein　02.482

骨胶原　ossein　02.638

骨黏附蛋白聚糖　osteoadherin　06.298

骨桥蛋白　osteopontin　02.483

*骨生成蛋白　osteogenin　02.494

*骨形成蛋白　bone morphogenetic protein, BMP　02.484

骨形态发生蛋白质　bone morphogenetic protein, BMP　02.484

*骨诱导因子　osteoinductive factor　06.297

骨粘连蛋白　osteonectin　02.705

钴胺传递蛋白　transcobalamin　02.389

*钴胺素　cobalamin　10.371

钴胺素还原酶　cobalamin reductase　03.163

固醇　sterol　07.161

固醇载体蛋白质　sterol carrier protein, SCP　02.258

固氮　nitrogen fixation　11.176

固氮酶　nitrogenase　03.616

固氮酶组分1　nitrogenase 1　03.617

固氮酶组分2　nitrogenase 2　03.618

固定化酶　immobilized enzyme, fixed enzyme　03.642

固定相　fixed phase, stationary phase　12.161

固体闪烁计数仪　solid scintillation counter　12.856

固相技术　solid phase technique　12.596

瓜氨酸　citrulline　02.047

胍乙酸　guanidinoacetic acid　11.197

*2′,5′-寡(A)　2′, 5′-oligoadenylate, 2′, 5′-oligo(A)　04.113

*寡(dT)　oligodeoxythymidylic acid, oligo(dT)　04.114

寡核苷酸　oligonucleotide　04.111

寡核苷酸定点诱变　oligonucleotide-directed mutagenesis　12.776

寡核苷酸连接分析　oligonucleotide ligation assay　12.331

寡核苷酸微阵列　oligonucleotide array　12.650

*寡核苷酸诱变　oligonucleotide mutagenesis　12.776

*寡核糖核苷酸　oligoribonucleotide　04.111

寡聚蛋白质　oligomeric protein　02.228

寡聚体　oligomer　01.051

寡肽　oligopeptide　02.058

寡糖　oligosaccharide　06.004

寡糖基转移酶　oligosaccharyltransferase, OT　03.213

寡糖素　oligosaccharin　10.332

寡脱氧核苷酸　oligodeoxynucleotide　04.112

*寡脱氧核糖核苷酸　oligodeoxyribonucleotide　04.112

*寡脱氧胸苷酸纤维素　oligo(dT)-cellulose　12.260

*寡脱氧胸苷酸纤维素亲和层析　oligo(dT)-cellulose affinity chromatography　12.239

寡脱氧胸腺苷酸　oligodeoxythymidylic acid, oligo(dT)　04.114

寡(dT)纤维素　oligo(dT)-cellulose　12.260

寡(dT)纤维素亲和层析　oligo(dT)-cellulose affinity chromatography　12.239

2′,5′-寡腺苷酸　2′, 5′-oligoadenylate, 2′, 5′-oligo(A)　04.113

2′,5′-寡腺苷酸合成酶　2′, 5′-oligoadenylate synthetase　03.268

关键步骤　committed step　11.045

关联tRNA　cognate tRNA　04.138

冠蛋白　coronin　02.442

*冠瘿氨酸　opine　11.258

冠瘿碱　opine　11.258

管家基因　house-keeping gene　04.485

*管式凝胶电泳　tube gel electrophoresis　12.107

光胆红素　photobilirubin　11.324

光蛋白聚糖　lumican　06.293

光合磷酸化　photophosphorylation　11.301

*光合碳还原环　photosynthetic carbon reduction cycle　11.129

光合作用　photosynthesis　11.296

光呼吸[作用]　photorespiration　11.297

光极　optrode　12.863

光聚合　photopolymerization　12.583

*光裂合酶　photolyase　03.549

DNA光裂合酶　DNA photolyase　03.549

光密度　optical density, OD　12.338

光密度计　densitometer, photodensitometer　12.339

光密度扫描仪　scanning densitometer　12.340

光敏黄蛋白　photoreactive yellow protein　02.551

光谱分析　spectral analysis, spectroanalysis　12.351

光亲和标记　photoaffinity labeling　12.554

光亲和探针　photoaffinity probe　12.570

光生物传感性蛋白质　optical biosensor protein　02.552

光视蛋白　photopsin　02.550

光转导　phototransduction　09.092

胱氨酸　cystine　02.026

胱氨酸还原酶　cystine reductase　03.120

胱硫醚　cystathionine　11.208

胱硫醚酶　cystathionase　03.565

胱天蛋白酶　caspase　03.451

归巢内含肽　homing intein　02.076

归巢受体　homing receptor　09.030

硅烷化　silanizing, silanization　12.594

硅藻土　diatomaceous earth　12.414

鲑精蛋白　salmin　02.599

鬼笔[毒]环肽　phalloidin　02.173

癸酸　capric acid　07.042

癸酸甘油酯　caprin, decanoin　07.096

滚环复制　rolling circle replication　04.439

果胶　pectin　06.252

果胶裂合酶　pectin lyase　03.557

果胶酶　pectinase　03.377

果胶酸二糖裂合酶　pectate disaccharide-lyase　03.558

果胶酸裂合酶　pectate lyase　03.556

果胶酯酶　pectin esterase　03.317

果胶酯酸　pectinic acid　06.142

果聚糖　fructan, fructosan, levan　06.245

*果聚糖 β 果糖苷酶　fructan β-fructosidase　03.401

果糖　fructose　06.080

*果糖-1,6-二磷酸　fructose-1, 6-diphosphate　11.098

*果糖-2,6-二磷酸　fructose-2, 6-diphosphate　11.099

*果糖-1,6-二磷酸[酯]酶　fructose-1, 6-diphosphatase　03.330

果糖-1,6-双磷酸　fructose-1, 6-bisphosphate　11.098

果糖-2,6-双磷酸　fructose-2, 6-bisphosphate　11.099

果糖-1,6-双磷酸[酯]酶　fructose-1, 6-bisphosphatase　03.330

果糖苷　fructoside　06.118

果糖苷酶　fructosidase　03.401

果糖-6-磷酸　fructose-6-phosphate　11.097

过碘酸希夫反应　periodic acid-Schiff reaction, PAS　06.054

过碘酸氧化　periodate oxidation　06.053

过渡态　transition state　03.057

过渡态类似物　transition state analogue　03.058

过客 DNA　passenger DNA　04.372

过滤　filtration　12.015

过敏毒素　anaphylatoxin　02.303

过氧化氢酶　catalase　03.135

过氧化物酶　peroxidase　03.132

过氧化物酶-抗过氧化物酶染色　peroxidase-anti-peroxidase staining, PAP staining　12.527

过氧化物酶体　peroxisome　03.691

# H

哈沃斯投影式　Haworth projection　06.019

*海带多糖　laminaran, laminarin　06.233

*海带二糖　laminaribiose　06.161

海胆凝[集]素　echinoidin　06.326

海马钙结合蛋白　hippocalcin　02.396

海绵硬蛋白　spongin　02.605

海藻酸　alginic acid　06.229

海藻糖　trehalose　06.152

海藻糖酶　trehalase　03.391

含铁蛋白质　iron protein　02.425

含铁钼蛋白质　iron-molybdenum protein　02.426

含硒 tRNA　selenium-containing tRNA　04.139

含硒蛋白质　selenoprotein　02.427

含硒酶　selenoenzyme　03.133

*含锌酶　zinc enzyme　03.633

含羞草氨酸　mimosine　02.052

罕用密码子　rare codon　05.234

DNA 合成　DNA synthesis　12.503

合成代谢　anabolism　11.003

合成酶　synthetase　03.598

合成仪　synthesizer　12.049

合欢氨酸　albizziin　02.053

合酶　synthase　03.306

*ACC 合酶　1-aminocyclopropane-1-carboxylate synthase, ACC synthase　03.566

ATP 合酶　ATP synthase　03.494

核糖体小 RNA　small ribosomal RNA　04.153

核糖体亚基　ribosomal subunit　04.266

核糖体移动　ribosome movement　04.269

核糖体移码　ribosomal frameshift　04.270

核糖体装配　ribosome assembly　04.271

*核糖胸腺苷　ribothymidine　04.092

核酮糖　ribulose　06.073

*核酮糖-1,5-二磷酸羧化酶　ribulose-1,5-diphosphate carboxylase, RuDPCase　03.542

核酮糖双磷酸　ribulose bisphosphate　11.130

*核酮糖-1,5-双磷酸羧化酶/加氧酶　ribulose-1,5-bisphophate carboxylase/oxygenase, rubisco　03.542

*核外基因　plasmagene, cytogene　04.503

核[纤]层蛋白　lamin　02.566

核小 RNA　small nuclear RNA, snRNA　04.181

核小核糖核蛋白颗粒　small nuclear ribonucleoprotein particle, snRNP, snurp　04.154

核小体　nucleosome　04.277

核小体核心颗粒　nucleosome core particle　04.279

核小体装配　nucleosome assembly　04.278

核心 O-聚糖　core O-glycan　06.269

核心酶　core enzyme　03.612

核心启动子元件　core promoter element　05.103

核心糖基化　core glycosylation　06.051

核质蛋白　nucleoplasmin　02.567

核转录终止分析　nuclear run-off assay, run-off transcription assay　12.722

*盒式模型　cassette model　05.068

颌下腺蛋白酶　submaxillary gland protease　03.434

褐煤酸　montanic acid　07.083

*褐藻素　pheophytin　11.299

*褐藻酸　alginic acid　06.229

黑[色]素　melanin　11.239

黑素浓集激素　melanin concentrating hormone, MCH　10.077

亨廷顿蛋白　huntingtin　02.291

红光视紫红质　bathorhodopsin　02.555

*红肾豆凝集素　phytohemagglutinin, PHA　06.309

红外分光光度法　infrared spectrophotometry　12.347

红细胞集落刺激因子　erythroid-colony stimulating factor　10.194

红细胞克吕佩尔样因子　erythroid Krüppel-like factor, EKLF　10.287

*红细胞凝集素　hemagglutinin, HA　06.321

红细胞糖苷脂　globoside　07.155

*红细胞系列糖鞘脂　globo-series　06.025

红藻氨酸　kainic acid　02.050

*后胆色素　bilin　11.325

后清蛋白　postalbumin　02.252

后随链　lagging strand　04.443

后叶激素运载蛋白　neurophysin　10.108

呼吸活化肽　resact　02.116

呼吸链　respiratory chain　11.285

呼吸色素　respiratory pigment　11.284

呼吸商　respiratory quotient, RQ　11.017

*胡萝卜醇　phytoxanthin, carotenol, carotol　10.354

β 胡萝卜素　β-carotene　10.355

胡萝卜素双加氧酶　carotene dioxygenase　03.158

胡斯坦碱基配对　Hoogsteen base pairing　04.203

槲寄生毒蛋白　viscusin　02.793

槲寄生凝集素　mistletoe lectin, viscumin　02.794

糊精　dextrin, amylin　06.212

*α-糊精内切 1,6-α-葡糖苷酶　α-dextrin endo-1,6-α-glucosidase　03.394

*糊精 6-α-D-葡糖水解酶　amylo-1,6-glucosidase　03.392

虎蛇毒蛋白　notexin　02.798

琥珀密码子　amber codon　05.230

琥珀酸　succinic acid　11.117

琥珀酸脱氢酶　succinate dehydrogenase　03.097

琥珀突变　amber mutation　05.262

琥珀突变体　amber mutant　05.263

琥珀[突变]阻抑　amber suppression　05.264

琥珀突变阻抑基因　amber suppressor　05.265

琥珀酰聚糖　succinoglycan　06.199

互变异构　tautomerism　01.204

互变异构体　tautomer　01.212

互补 DNA　complementary DNA, cDNA　04.348

互补 RNA　complementary RNA　04.155

互补碱基　complementary base　04.012

互补链　complementary strand　04.262

互补 DNA 文库　cDNA library　12.680

互补性　complementarity　04.260

互补序列　complementary sequence　04.261

互利素　synomone　10.316

*互益素　synomone　10.316

花色素酶　anthocyanase　03.501

花生四烯酸　arachidonic acid　07.071

花生酸  arachidic acid, eicosanoic acid  07.070

\*DNA 化学测序法  chemical method of DNA sequencing  12.488

化学发光  chemiluminescence, chemoluminscence  12.519

化学发光标记  chemiluminescence labeling  12.553

化学发光分析  chemiluminometry  12.520

化学发光免疫测定  chemiluminescence immunoassay, CLIA  12.737

\*化学降解法  chemical degradation method  12.488

化学渗透  chemiosmosis  08.040

化学修饰  chemical modification  01.119

化蛹激素  pupation hormone  10.056

怀丁苷  wybutosine  04.026

怀俄苷  wyosine  04.025

槐糖  sophorose  06.159

踝蛋白  talin  02.522

还原酶  reductase  03.118

还原末端  reducing terminus  06.050

\*还原型辅酶Ⅰ  reduced nicotinamide adenine dinucleotide, NADH  03.687

\*还原型辅酶Ⅱ  reduced nicotinamide adenine dinucleotide phosphate, NADPH  03.688

还原型烟酰胺腺嘌呤二核苷酸  reduced nicotinamide adenine dinucleotide, NADH  03.687

还原型烟酰胺腺嘌呤二核苷酸磷酸  reduced nicotinamide adenine dinucleotide phosphate, NADPH  03.688

环  loop  01.069

\*D 环  dihydrouracil loop, D loop  04.284, displacement loop, D-loop  04.309

DNA 环  DNA loop  04.403

R 环  R loop  04.231

环庚糖  septanose  06.096

环核苷酸  cyclic nucleotide  04.056

环核苷酸磷酸二酯酶  cyclic nucleotide phosphodiesterase  03.339

环糊精  cyclodextrin  06.211

环化酶  cyclase  03.614

环加氧酶  cyclo-oxygenase, COX  03.157

环境激素  environmental hormone, endocrine disruptor  10.304

环境温度  ambient temperature  12.897

环鸟苷酸  cyclic guanylic acid, cyclic guanosine monophosphate, cGMP  04.074

\*环鸟苷一磷酸  cyclic guanylic acid, cyclic guanosine monophosphate, cGMP  04.074

环肽  cyclic peptide, cyclopeptide  02.060

环肽合成酶  cyclic peptide synthetase  03.599

环腺苷酸  cyclic adenylic acid, cAMP  04.065

环腺苷酸应答元件  cAMP response element, CRE  04.338

\*环腺苷一磷酸  cyclic adenosine monophosphate  04.065

环氧化物[水解]酶  epoxide hydrolase  03.407

环状 DNA  circular DNA  04.346

缓冲配对离子  buffer counterion  12.450

缓冲液梯度聚丙烯酰胺凝胶  buffer-gradient polyacrylamide gel  12.154

缓激肽  bradykinin  10.179

缓激肽增强肽  bradykinin potentiating peptide, BPP  10.181

黄苷  xanthosine  04.034

黄苷酸  xanthylic acid, XMP  04.099

\*黄苷一磷酸  xanthosine monophosphate  04.099

黄尿酸  xanthurenic acid  11.248

黄嘌呤  xanthine  04.016

黄嘌呤磷酸核糖转移酶  xanthine phosphoribosyltransferase, XPRT  03.217

黄嘌呤氧化酶  xanthine oxidase  03.164

黄素单核苷酸还原酶  flavin mononucleotide reductase, FMN reductase  03.104

黄素蛋白  flavoprotein  02.614

黄素酶  flavoenzyme  03.171

黄素血红蛋白  flavohemoglobin  02.615

黄素氧还蛋白  flavodoxin  02.616

\*黄体酮  progesterone  10.049

黄体制剂  progestin  10.053

黄酮  flavone  11.228

黄脂酸  copalic acid  07.037

蝗速激肽  locustatachykinin  10.300

磺基丙氨酸  cysteic acid  11.209

磺基转移酶  sulfotransferase  03.278

恢复蛋白  recoverin  02.741

挥发性脂肪酸  volatile fatty acid  07.029

回补反应  anaplerotic reaction  11.044

\*回复突变  back mutation, reverse mutation  12.773

回文对称  palindrome  04.222

回文序列  palindromic sequence  04.223

桧酸　sabinic acid　07.045

桧萜　sabinene　07.216

桧萜醇　sabinol　07.217

*桧烯　sabinene　07.216

DNA 混编　DNA shuffling　12.479

*混合短杆菌肽　tyrothricin　02.160

*混合功能氧化酶　mixed functional oxidase　03.145

混合碱基符号　symbols for mix-bases　04.006

*混浊噬斑　turbid plaque　12.728

AMP 活化的蛋白激酶　AMP-activated protein kinase　03.279

活化分析　activation analysis　12.180

活化能　activation energy　03.042

*活化素　activin　10.094

活性　activity　01.098

活性部位　active site　03.043

活性肠高血糖素　glycentin　10.160

活性氧类　reactive oxygen species, ROS　11.306

*火箭电泳　rocket electrophoresis　12.147

火箭免疫电泳　rocket immunoelectrophoresis　12.147

*霍格内斯框　Hogness box　05.133

霍乱毒素　cholera toxin　02.788

霍普-伍兹分析　Hopp-Woods analysis　12.451

# J

机械力敏感通道　mechanosensitive channel　09.045

机械力转导　mechanotransduction　09.070

肌氨酸　sarcosine　11.200

肌成束蛋白　fascin　02.431

肌醇　inositol　07.136

肌醇单磷酸酶　inositol monophosphatase　03.334

肌醇磷脂　lipositol　07.132

*肌醇六磷酸　phytic acid　07.141

肌醇三磷酸　inositol triphosphate, IP$_3$　11.170

肌醇脂-3-激酶　inositol lipid 3-kinase　03.241

肌动蛋白　actin　02.434

*F 肌动蛋白　F-actin　02.435

*G 肌动蛋白　globular actin　02.434

肌动蛋白解聚因子　actin depolymerizing factor　02.443

*肌动蛋白切割蛋白　severin　02.456

肌动结合蛋白　actobindin　02.444

肌动球蛋白　actomyosin　02.445

肌钙蛋白　troponin　02.472

肌钙腔蛋白　sarcalumenin　02.454

肌苷　inosine　04.035

肌苷二磷酸　inosine diphosphate, IDP　04.095

肌苷三磷酸　inosine triphosphate, ITP　04.096

肌苷酸　inosinic acid　04.093

肌苷一磷酸　inosine monophosphate, IMP　04.094

肌红蛋白　myoglobin　02.350

肌基质蛋白　myostromin　02.351

肌激酶　myokinase　03.247

*肌浆蛋白　myogen　02.432

肌巨蛋白　titin　02.352

肌联蛋白　connectin　02.473

肌膜　sarcolemma　08.007

肌切蛋白　scinderin　02.474

肌清蛋白　myoalbumin　02.245

肌球蛋白　myosin　02.463

肌球蛋白轻链激酶　myosin light chain kinase　03.240

肌生成抑制蛋白　myostatin　02.464

肌酸　creatine　11.196

肌[酸]酐　creatinine　11.198

肌酸激酶　creatine kinase　03.244

*肌酸磷酸激酶　creatine phosphokinase, CPK　03.244

肌肽　carnosine　02.166

肌调肽　myomodulin　02.167

肌细胞生成蛋白　myogenin　02.465

肌养蛋白　dystrophin　02.466

肌养蛋白聚糖　dystroglycan　06.290

*肌营养不良蛋白　dystrophin　02.466

肌营养相关蛋白　utrophin　02.467

肌质蛋白　myogen　02.432

鸡精蛋白　galline　02.597

鸡锰蛋白　avimanganin　02.596

基础代谢　basal metabolism　11.009

基础转录装置　basal transcription apparatus　05.085

基底膜结合蛋白聚糖　bamacan　06.284

基底膜连接蛋白质　basement membrane link protein　02.457

*基序　motif　01.078

基因　gene　04.476

*Hox 基因　homeotic gene, Hox gene　05.139

基因座连锁分析　locus linkage analysis　12.709

基质　matrix, matrices(复数)　01.241

基质蛋白　stromatin　02.647

激动剂　agonist　01.102

激动肽　exendin　02.101

激光拉曼光谱学　laser Raman spectroscopy　12.355

激光扫描共焦显微镜术　laser scanning confocal microscopy　12.334

激光增强拉曼散射　laser stimulated Raman scattering　12.356

激活蛋白　activin　10.094

＊激活剂　activator　01.101

＊激活素　activin　10.094

激活物　activator　01.101

激活域　activation domain　01.081

激活[作用]　activation　01.100

激酶　kinase　03.289

IκB 激酶　IκB kinase, IKK　03.290

＊MAP 激酶　mitogen-activated protein kinase, MAPK　03.292

＊NAD 激酶　NAD kinase　03.230

＊PI 激酶　phosphatidylinositol kinase, PI kinase　03.242

＊T4 激酶　T4 polynucleotide kinase　03.236

＊MAP 激酶激酶　mitogen-activated protein kinase kinase, MAPKK　03.293

＊MAP 激酶激酶激酶　mitogen-activated protein kinase kinase kinase, MAPKKK　03.294

激素　hormone　10.001

激素过多症　hormonosis　10.012

激素核受体　hormone nuclear receptor　10.005

激素缺乏症　hormonoprivia　10.011

激素生成　hormonogenesis　10.010

激素受体　hormone receptor　10.006

激素信号传送　hormone signaling　10.009

激素应答元件　hormone response element, HRE　10.008

激素原　hormonogen　10.007

激素原转化酶　prohormone convertase　03.440

激素缀合物　hormone conjugate　10.003

激肽　kinin　10.177

激肽酶　kininase　03.413

激肽释放酶　kallikrein　03.431

激肽原　kininogen　10.178

＊激肽原酶　kininogenase　03.431

＊激脂激素　adipokinetic hormone, AKH　10.096

吉欧霉素　zeocin　12.436

＊级联层析　cascade chromatography　12.184

级联发酵　cascade fermentation　11.048

级联反应　cascade　09.023

极低密度脂蛋白　very low density lipoprotein, VLDL　07.233

极限糊精　amylodextrin, limit dextrin　06.213

＊α 极限糊精　α-amylodextrin　06.213

＊β 极限糊精　β-amylodextrin　06.213

集钙蛋白　calsequestrin　02.458

集光复合体　light harvesting complex, LHC　02.612

集光叶绿体[结合]蛋白质　light harvesting chlorophyll protein, LHCP　02.613

集落　colony　01.221

集落刺激因子　colony stimulating factor, CSF　10.190

几丁二糖　chitobiose　06.158

＊几丁质　chitin　06.235

＊几丁质酶　chitinase　03.376

己聚糖　hexosan　06.010

己醛糖　aldohexose　06.077

己酸甘油酯　caproin　07.097

己糖　hexose　06.076

己糖胺　hexosamine　06.088

＊己糖磷酸支路　hexose monophosphate shunt　11.110

己酮糖　hexulose, ketohexose　06.078

加工　processing　05.171

RNA 加工　RNA processing　05.172

加工蛋白酶　processing protease　03.472

DNA 加合物　DNA adduct　04.392

加帽　capping　04.245

mRNA 加帽　mRNA capping　05.207

加帽蛋白　capping protein　02.383

加帽酶　capping enzyme　03.271

加帽位点　cap site　04.244

加尾　tailing　04.247

＊加压催产素　arginine vasotocin, AVT, vasotocin　10.110

＊加压素　vasopressin, pitressin　10.117

加氧酶　oxygenase　03.142

夹心法分析　sandwich assay　12.760

家蚕抗菌肽　moricin　02.154

家族性低胆固醇血症　familial hypocholesterolemia

剪接位点　splicing site, splice site　05.190

＊3′剪接位点　3′-splicing site　05.191

＊5′剪接位点　5′-splicing site　05.192

剪接信号　splicing signal　05.202

剪接因子　splicing factor　05.200

检验点基因　checkpoint gene　04.486

简并密码子　degenerate codon　05.232

简并引物　degenerate primer　12.498

简单重复序列多态性　simple sequence repeat polymorphism, SSRP　12.765

简单序列长度多态性　simple sequence length polymorphism, SSLP　12.763

＊简单序列重复　simple sequence repeat, SSR　04.380

碱基　base　04.001

碱基比　base ratio　04.011

碱基堆积　base stacking　04.306

碱基对　base pair, bp　04.007

碱基类似物　base analog　04.004

碱基配对　base pairing　04.199

＊碱基配对法则　base pairing rule　04.200

碱基切除修复　base excision repair, BER　04.331

碱基特异性核糖核酸酶　base-specific ribonuclease　03.504

＊碱基特异性裂解法　base-specific cleavage method　12.488

碱基修复　base repair　04.332

碱基置换　base substitution　04.307

碱基组成　base composition　04.005

碱性成纤维细胞生长因子　basic fibroblast growth factor, bFGF　10.199

＊碱性拉链模体　basic zipper motif　02.198

碱性亮氨酸拉链　basic leucine zipper　02.198

碱性磷酸[酯]酶　alkaline phosphatase　03.326

碱性凝胶电泳　alkaline gel electrophoresis　12.119

间隔 DNA　spacer DNA　04.391

间隔 RNA　spacer RNA　04.160

＊间接免疫荧光技术　indirect immunofluorescent technique　12.531

间隙连接蛋白　connexin　02.514

剑蛋白　katanin　02.521

剑鱼精蛋白　xiphin　02.601

豇豆球蛋白　vignin　02.619

缰蛋白　kalinin　02.708

降钙素　calcitonin, CT　10.141

降钙素基因相关肽　calcitonin gene-related peptide, CGRP　10.142

降钙因子　caldecrin　03.669

降解　degradation　11.011

mRNA 降解途径　mRNA degradation pathway　04.147

降脂蛋白　adipsin　02.313

降植烷酸　pristanic acid　07.048

交叉蛋白　intersectin　02.485

交叉电泳　crossed electrophoresis　12.136

交叉免疫电泳　crossed immunoelectrophoresis　12.144

交叉亲和免疫电泳　crossed affinity immunoelectrophoresis　12.149

DNA 交联　DNA crosslink　04.398

交配素　gamone　10.313

胶冻卷　jelly roll　02.194

＊胶固素　conglutinin　06.314

胶原　collagen　02.631

胶原螺旋　collagen helix　02.207

胶原酶　collagenase　03.438

胶原凝素　collectin　06.313

胶原纤维　collagen fiber　02.634

胶原原纤维　collagen fibril　02.635

胶质细胞生长因子　glial growth factor, GGF　10.183

胶质细胞原纤维酸性蛋白　glial fibrillary acidic protein　02.636

胶质细胞源性神经营养因子　glial cell derived neurotrophic factor, GDNF　10.208

＊胶质纤丝酸性蛋白质　glial filament acidic protein, GFAP　02.636

焦谷氨酸　pyroglutamic acid　11.253

焦磷酸化酶　pyrophosphorylase　03.250

焦磷酸酶　pyrophosphatase　03.491

焦碳酸二乙酯　diethyl pyrocarbonate, DEPC　12.413

鲛肝醇　chimyl alcohol　07.110

角叉聚糖　carrageenan　06.243

角蛋白　keratin　02.645

角蛋白聚糖　keratocan　06.307

角蛋白酶　keratinase　03.522

＊角苷脂　kerasin, cerasin　07.156

角蝰毒素　sarafotoxin　02.170

角母蛋白　eleidin　02.646

角质蛋白　cornifin　02.657

角质降解酶　cutin-degrading enzyme　03.508

角质细胞生长因子　keratinocyte growth factor, KGF

# L

类固醇激素　steroid hormone　10.015

类固醇[激素]受体　steroid［hormone］receptor　10.272

类固醇生成　steroidogenesis　11.151

类固醇生物碱　steroid alkaloid　07.176

类固醇受体超家族　steroid receptor superfamily　10.273

类固醇受体辅激活物　steroid receptor coactivator　10.274

类固醇酸　steroid acid　07.175

类胡萝卜素　carotenoid　10.351

类花生酸　eicosanoid　10.290

类视黄醇　retinoid　10.345

类视黄醇X受体　retinoid X receptor, RXR　09.050

类萜　terpenoid　07.210

类异戊二烯　isoprenoid　10.390

冷冻干燥　freeze-drying　12.036

冷冻蚀刻　freeze-etching　12.031

冷冻撕裂　freeze-fracturing　12.032

冷激蛋白　cold shock protein　02.529

冷球蛋白　cryoglobulin　02.268

离散剂　chaotropic agent, chaotrope　12.412

离心　centrifugation　12.050

离心速度　centrifugal speed　12.051

离心柱层析　spun-column chromatography　12.183

离子键　ionic bond　01.063

离子交换层析　ion exchange chromatography, IEC　12.224

离子交换剂　ion exchanger　12.246

离子交换树脂　ion exchange resin　12.247

离子排斥层析　ion exclusion chromatography, ion chromatography exclusion, ICE　12.228

离子配对层析　ion-pairing chromatography, ion pair chromatography, paired ion chromatography　12.227

离子通道　ion channel　08.023

离子通道蛋白　ion channel protein　08.084

离子通道型受体　ionotropic receptor　09.042

离子透入　iontophoresis　12.861

＊离子相互作用层析　ion-pairing chromatography, ion pair chromatography, paired ion chromatography　12.227

离子载体　ionophore　08.133

离子转运蛋白　ion transporter　08.085

离子阻滞　ion retardation　12.535

里斯克蛋白质　Rieske protein　02.422

力蛋白　herculin　02.385

立体选择性　stereoselectivity　01.216

立体专一性　stereospecificity　01.217

利福霉素　rifamycin　12.443

利福平　rifampicin　12.444

利己素　allomone　10.318

利马豆凝集素　lima bean agglutinin　06.324

利尿激素　diuretic hormone　10.120

利尿钠激素　natriuretic hormone　10.121

利尿钠肽　natriuretic peptide　10.122

利他素　kairomone　10.317

粒细胞集落刺激因子　granulocyte colony stimulating factor, G-CSF　10.191

粒细胞巨噬细胞集落刺激因子　granulocyte-macrophage colony stimulating factor, GM-CSF　10.193

＊粒细胞趋化肽　granulocyte chemotactic peptide, GCP　10.217

粒子电泳　particle electrophoresis　12.093

粒子轰击　particle bombardment　12.593

粒子枪　particle gun　12.592

连读　read-through　05.077

连读翻译　read-through translation　05.256

连读突变　read-through mutation　05.279

连读阻抑　read-through suppression　05.280

DNA连环　DNA catenation　04.396

连环数　linking number　04.219

连接　ligation　04.319

连接蛋白　nectin　02.513

＊N-连接寡糖　N-linked oligosaccharide　06.007

＊O-连接寡糖　O-linked oligosaccharide　06.008

＊连接介导PCR　ligation-mediated PCR　12.317

连接介导聚合酶链反应　ligation-mediated PCR　12.317

连接扩增反应　ligation amplification reaction, LAR　12.330

＊连接锚定PCR　ligation-anchored PCR　12.310

连接锚定聚合酶链反应　ligation-anchored PCR　12.310

连接酶　ligase　03.592

DNA连接酶　DNA ligase　03.602

RNA连接酶　RNA ligase　03.605

Taq DNA连接酶　Taq DNA ligase　03.604

T4 DNA连接酶　T4 DNA ligase　03.603

T4 RNA连接酶　T4 RNA ligase　03.606

连接酶链反应　ligase chain reaction, LCR　12.329

连接物　adapter, adaptor　01.151

连锁基因 linked gene 04.496

连续层析 continuous chromatography 12.212

连续流动电泳 continuous flow electrophoresis 12.094

连续流离心 continuous flow centrifugation 12.066

连续培养 continuous cultivation 12.872

连续梯度 continuous gradient 12.069

连续自由流动电泳 continuous free flow electrophoresis 12.095

\*连缀转录分析 run-on transcription assay 12.723

联蛋白 catenin 02.524

联合脱氨作用 transdeamination 11.075

联赖氨酸 syndesine 02.042

联丝蛋白 synemin 02.525

镰刀状血红蛋白 sickle hemoglobin, S-Hb 02.335

链 strand 01.084

链孢红素 neurosporene 10.352

链分离凝胶电泳 strand separating gel electrophoresis 12.115

链霉蛋白酶 pronase 03.445

链霉二糖胺 streptobiosamine 06.169

链霉抗生物素蛋白 streptavidin 12.556

链霉糖 streptose 06.149

链球菌 DNA 酶 streptodornase 03.348

\*链终止法 chain termination method 12.487

两亲螺旋 amphipathic helix 02.186

两亲性 amphipathicity, amphiphilicity 01.187

两性电解质 ampholyte 12.448

两性离子交换树脂 amphoteric ion-exchange resin 12.250

两用代谢途径 amphibolic pathway 11.022

亮氨酸 leucine, Leu 02.035

亮氨酸拉链 leucine zipper 02.197

\*亮胶 leucosin 06.244

亮抑蛋白酶肽 leupeptin 03.714

亮藻多糖 chrysolaminarin 06.244

裂合酶 lyase 03.538

AP 裂合酶 AP lyase 03.560

裂隙基因 gap gene 04.490

邻氨基苯甲酸 anthranilic acid 11.249

\*邻苯二酚 catechol 11.232

邻近依赖性调节 context-dependent regulation 01.127

\*邻羟基苯甲酸 salicylic acid, SA 10.337

临床试验 clinical trial 12.361

淋巴细胞源性趋化因子 lymphocyte-derived chemotactic factor, LDCF 10.227

淋巴因子 lymphokine 10.225

磷壁酸 teichoic acid 06.218

磷酸氨基酸分析 phosphoamino acid analysis 12.467

磷酸吡哆醛 pyridoxal phosphate 10.368

磷酸单酯键 phosphomonoester bond 04.305

磷酸二羟丙酮 dihydroxyacetone phosphate 11.101

\*磷酸二酯法 phosphodiester method 12.504

磷酸二酯键 phosphodiester bond 04.304

磷酸二酯酶 phosphodiesterase 03.336

3′,5′-cGMP 磷酸二酯酶 3′,5′-cGMP phosphodiesterase 03.340

磷酸钙沉淀法 calcium phosphate precipitation 12.515

\*磷酸钙-DNA 共沉淀 calcium phosphate-DNA coprecipitation 12.515

\*6-磷酸甘露糖受体 mannose 6-phosphate receptor, M6PR 06.316

\*3-磷酸甘油醛 3-phosphoglyceraldehyde 11.100

\*3-磷酸甘油酸 3-phosphoglycerate 11.102

磷酸甘油酸变位酶 phosphoglyceromutase 03.584

磷酸甘油酸激酶 phosphoglycerate kinase 03.243

磷酸果糖激酶 phosphofructokinase, PFK 03.228

磷酸核糖甘氨酰胺甲酰基转移酶 phosphoribosyl glycinamide formyltransferase 03.187

磷酸核糖基焦磷酸 phosphoribosyl pyrophosphate, PRPP 11.264

磷酸化酶 phosphorylase 03.644

磷酸化酶激酶 phosphorylase kinase 03.234

磷酸肌醇 phosphoinositide 07.139

磷酸肌醇酶 phosphoinositidase 03.337

磷酸肌酸 creatine phosphate 11.282

\*磷酸激酶 phosphokinase 03.289

磷酸解 phosphorolysis 11.078

\*磷酸酪氨酸激酶 phosphotyrosine kinase 03.239

\*磷酸酪氨酸磷酸酶 phosphotyrosine phosphatase 03.335

磷酸葡糖变位酶 phosphoglucomutase, PGM 03.585

磷酸葡糖异构酶 phosphoglucoisomerase, glucose-phosphate isomerase 03.581

磷酸三酯法 phosphotriester method 12.507

\*磷酸脱氧核糖醛缩酶 deoxyriboaldolase 03.546

磷酸烯醇丙酮酸 phosphoenolpyruvic acid, phosphoenolpyruvate, PEP 11.103

磷酸烯醇丙酮酸羧化激酶 phosphoenolpyruvate car-

绿豆核酸酶　mungbean nuclease　03.360

绿脓蛋白　pyosin　02.762

绿色荧光蛋白　green fluorescence protein, GFP　12.691

绿苋毒蛋白　amaranthin　02.813

氯霉素乙酰转移酶　chloramphenicol acetyltransferase, CAT　03.199

滤膜杂交　filter hybridization　12.289

卵红蛋白　ovorubin　02.720

卵黄蛋白　livetin　02.710

卵黄高磷蛋白　phosvitin　02.716

卵黄类黏蛋白　vitellomucoid　02.713

卵黄磷蛋白　vitellin, ovotyrin　02.715

*卵黄生成素　vitellogenin　02.711

卵黄原蛋白　vitellogenin　02.711

*卵黄原蛋白Ⅱ　microvitellogenin　02.535

卵黄脂蛋白　lipovitellin, LVT　02.717

*卵黄脂磷蛋白　lipovitellin, LVT　02.717

卵类黏蛋白　ovomucoid　02.714

*卵磷脂　lecithin　07.116

卵磷脂-胆固醇酰基转移酶　lecithin-cholesterol acyltransferase, LCAT　03.200

卵黏蛋白　ovomucin　02.249

卵壳蛋白　chorionin　02.651

卵清蛋白　ovalbumin　02.248

*卵运铁蛋白　ovotransferrin　02.250

罗斯曼折叠模式　Rossman fold　02.181

DNA 螺距　DNA pitch　04.410

α 螺旋　α-helix　02.184

β 螺旋　β-helix　02.188

螺旋参数　helix parameter　01.067

螺旋度　helicity　01.066

螺旋-环-螺旋模体　helix-loop-helix motif, HLH motif　02.200

螺旋结构　helical structure　01.065

螺旋去稳定蛋白质　helix-destabilizing protein, HDP　02.526

α 螺旋束　α-helix bundle　02.185

裸基因　naked gene　04.500

# M

麻疯树毒蛋白　curcin　02.817

麻蝇抗菌肽　sarcotoxin　02.152

马达蛋白质　motor protein　02.516

马克萨姆-吉尔伯特法　Maxam-Gilbert DNA sequencing, Maxam-Gilbert method　12.488

马来酸　maleic acid　07.035

马尿酸　hippuric acid　11.193

麦醇溶蛋白　gliadin　02.625

麦谷蛋白　glutenin　02.629

麦角毒素　ergotoxin　02.104

*麦角钙化[固]醇　ergocalciferol　10.378

麦角固醇　ergosterol　10.382

麦角肽　ergopeptide　02.103

麦胚抽提物　wheat-germ extract　12.707

麦胚凝集素　wheat-germ agglutinin, WGA　06.310

麦芽糖　maltose　06.155

麦芽糖糊精　maltodextrin　06.214

麦芽糖孔蛋白　maltoporin　02.761

麦芽糖酶　maltase　03.385

脉冲电场凝胶电泳　pulsed-field gel electrophoresis, PFGE　12.111

脉冲傅里叶变换核磁共振[波谱]仪　pulsed Fourier transform NMR spectrometer, PFT-NMR spectrometer　12.377

*脉冲交变电场凝胶电泳　pulse alternative field gel electrophoresis　12.111

脉冲追踪标记　pulse-chase labeling　12.547

牻牛儿[基]焦磷酸　geranylpyrophosphate　11.158

莽草酸　shikimic acid　11.230

蟒蛇胆酸　pythonic acid　07.082

毛透明蛋白　trichohyalin　02.764

毛细管等电聚焦　capillary isoelectric focusing, CIEF　12.138

毛细管等速电泳　capillary isotachophoresis, CITP　12.129

毛细管电泳　capillary electrophoresis, CE　12.126

毛细管凝胶电泳　capillary gel electrophoresis, CGE　12.127

毛细管气相层析　capillary gas chromatography　12.187

毛细管区带电泳　capillary zone electrophoresis, CZE　12.130

毛细管自由流动电泳　capillary free flow electrophoresis, CFFE　12.128

锚蛋白　ankyrin　02.545

膜转位蛋白　membrane translocator　08.078

膜转运　membrane transport　08.117

膜阻抗　membrane impedance　08.031

末端标记　end-labeling　12.549

末端补平　end-filling, filling-in　12.628

末端反向重复[序列]　inverted terminal repeat, ITR　04.318

末端分析　terminal analysis　12.464

cDNA 末端快速扩增法　rapid amplification of cDNA end, RACE　12.769

末端酶　terminase　03.661

末端内含子　outron　05.185

末端尿苷酸转移酶　terminal uridylyltransferase, TUTase　03.273

末端缺失　terminal deletion　04.328

末端糖基化　terminal glycosylation　06.052

末端脱氧核苷酸转移酶　terminal deoxynucleotidyl transferase, TdT　03.269

末端氧化酶　terminal oxidase　03.174

茉莉酸　jasmonic acid, JA　10.336

*莫内甜蛋白　monellin　02.727

母体效应基因　maternal-effect gene　04.498

木鳖毒蛋白 S　momorcochin S　02.808

木瓜蛋白酶　papain　03.453

木聚糖　xylan　06.217

木聚糖酶　xylanase　03.374

木蜡酸　lignoceric acid　07.078

木葡聚糖　xyloglucan　06.200

木素纤维素　lignocellulose　06.240

木糖　xylose　06.075

木糖异构酶　xylose isomerase　03.579

木[质]素　lignin　06.239

# N

纳克　nanogram, ng　12.398

纳米　nanometer, nm　12.399

纳米电机系统　nanoelectromechanical system, NEMS　12.590

纳米技术　nanotechnology　12.401

纳米晶体分子　nanocrystal molecule　12.589

纳米微孔　nanopore　12.400

*纳入体　receptosome　09.067

*钠钾泵　sodium potassium pump　03.497

钠钾 ATP 酶　Na⁺, K⁺-ATPase　03.497

南瓜子氨酸　cucurbitin　02.048

*囊包蛋白　involucrin　02.541

囊性纤维化穿膜传导调节蛋白　cystic fibrosis transmembrane conductance regulator, CFTR　08.089

脑发育调节蛋白　drebrin　02.766

脑啡肽　enkephalin　02.088

脑啡肽酶　enkephalinase　03.467

脑啡肽原　proenkephalin　02.089

脑苷脂　cerebroside　07.149

*脑激素　brain hormone　10.252

脑脊膜　meninges　08.055

脑磷脂　cephalin　07.119

脑钠肽　brain natriuretic peptide, BNP　10.124

脑羟脂酸　cerebronic acid　07.079

脑衰蛋白　collapsin　02.765

*脑酰胺　ceramide, Cer　07.137

脑源性神经营养因子　brain-derived neurotrophic factor, BDNF　10.207

*内部启动子　internal promoter　05.105

*内单加氧酶　internal monooxygenase　03.145

内毒素　endotoxin　02.768

内翻外　inside out　08.138

内啡肽　endorphin　02.087

内分泌　endocrine　10.308

内分泌功能亢进　hypercrine　10.013

内含肽　intein　02.075

内含子　intron　05.059

内含子编码核酸内切酶　intron-encoded endonuclease　03.519

内含子分支点　intron branch point　05.187

内含子归巢　intron homing　05.060

内含子套索　intron lariat　05.188

内化　internalization　08.131

内磺蛋白　endosulfine　02.579

*内混合功能氧化酶　internal mixed functional oxidase　03.145

内联蛋白　endonexin　02.540

内披蛋白　involucrin　02.541

内皮联蛋白　endoglin　02.542

内皮肽　endothelin, ET　10.145

内皮肽转化酶 endothelin-converting enzyme, ECE 03.473

内皮唾液酸蛋白 endosialin 06.260

内皮细胞源性血管舒张因子 endothelium-derived relaxing factor, EDRF 10.286

内皮抑制蛋白 endostatin 02.543

内切核酸酶 endonuclease 03.310

内切核糖核酸酶 endoribonuclease 03.513

*内切几丁质酶 endochitinase 03.376

内切葡聚糖酶 endoglucanase 03.371

内切糖苷酶 endoglycosidase 03.363

内切脱氧核糖核酸酶 endodeoxyribonuclease 03.512

内收蛋白 adducin 02.544

内水体积 inner volume 12.176

内体 endosome 09.067

β内酰胺酶 β-lactamase 03.487

内源性阿片样肽 endogenous opioid peptide 02.086

*内在蛋白质 intrinsic protein 02.660

内在终止子 intrinsic terminator 05.122

内酯 lactone 11.055

能荷 energy charge 11.276

能量传递 energy transfer 11.277

能量代谢 energy metabolism 11.002

能障 energy barrier 11.275

*尼克酸 nicotinic acid, niacin 10.364

*尼克酰胺 nicotinamide, niacinamide 10.365

尼龙膜 nylon membrane 12.580

拟反馈抑制 pseudo-feedback inhibition 11.035

*拟球蛋白 pseudoglobulin 02.264

拟糖物 glycomimetics 06.015

逆流分配 countercurrent distribution 12.004

逆向火箭免疫电泳 reverse rocket immunoelectrophoresis 12.148

*逆转录PCR reverse transcription PCR, RT-PCR 12.319

逆转录 reverse transcription, RT 05.147

逆转录病毒载体 retroviral vector 12.818

逆转录聚合酶链反应 reverse transcription PCR, RT-PCR 12.319

逆转录酶 reverse transcriptase 03.254

逆转录酶抑制剂 revistin 03.715

逆转录元件 retroelement 05.148

逆转录转座 retrotransposition, retroposition 05.150

逆[转录]转座子 retrotransposon, retroposon 05.149

黏蛋白 mucin 02.712

黏度计 viscometer 12.042

黏端 cohesive end, cohesive terminus, sticky end 04.236

*黏多糖 mucopolysaccharide 06.012

黏多糖贮积症 mucopolysaccharidosis 06.062

黏附蛋白 adhesin 02.698

黏附性蛋白质 adhesion protein 02.699

黏结蛋白聚糖 syndecan 06.300

*黏结蛋白聚糖2 syndecan-2 06.301

*黏结蛋白聚糖4 syndecan-4 06.302

黏菌素 colistin 02.700

黏粒 cosmid 12.827

黏粒文库 cosmid library 12.690

黏着斑蛋白 vinculin 02.701

黏着斑激酶 focal adhesion kinase, FAK 03.287

鸟氨酸 ornithine 11.182

鸟氨酸氨甲酰基转移酶 ornithine carbamyl transferase, OCT 03.191

鸟氨酸循环 ornithine cycle 11.181

*鸟氨酸转氨甲酰酶 ornithine transcarbamylase 03.191

鸟氨胭脂碱 ornaline 11.261

鸟催产素 mesotocin 10.111

*鸟二磷 guanosine diphosphate, GDP 04.068

鸟苷 guanosine, G 04.033

鸟苷二磷酸 guanosine diphosphate, GDP 04.068

鸟苷三磷酸 guanosine triphosphate, GTP 04.069

鸟苷酸 guanylic acid 04.066

鸟苷肽 guanylin 02.105

鸟苷一磷酸 guanosine monophosphate, GMP 04.067

mRNA鸟苷转移酶 mRNA guanyltransferase 03.272

鸟嘌呤 guanine 04.015

鸟嘌呤核苷酸交换因子 guanine nucleotide exchange factor, GEF 09.028

*鸟嘌呤核苷酸结合蛋白质 guanine nucleotide binding protein 09.026

鸟嘌呤核苷酸解离抑制蛋白 guanine nucleotide dissociation inhibitor, GDI 09.029

*鸟枪法 shotgun method 12.620

鸟枪法测序 shotgun sequencing 12.491

鸟枪克隆法 shotgun cloning method 12.620

*鸟三磷 guanosine triphosphate, GTP 04.069

*鸟一磷 guanosine monophosphate, GMP 04.067

扭转　twist　04.217
扭转数　twisting number　04.218
DNA 扭转应力　DNA torsional stress　04.417

农杆糖酯　agrocinopine　06.102
*浓缩胶　stacking gel　12.142

# O

偶氮苯还原酶　azobenzene reductase　03.110
偶氮还原酶　azoreductase　03.168
偶联磷酸化　coupled phosphorylation　11.283

偶联氧化　coupled oxidation　11.292
偶联因子　coupling factor　11.294
*偶联柱层析　coupled column chromatography　12.184

# P

排氨型代谢　ammonotelism　11.039
排比　alignment　01.162
排尿素型代谢　ureotelism　11.040
排尿酸型代谢　uricotelism　11.041
蒎烯　pinene　07.205
潘糖　panose　06.175
盘状凝胶电泳　disk gel electrophoresis　12.107
旁侧序列　flanking sequence　04.229
旁分泌　paracrine　10.310
旁路途径　alternative pathway　11.049
泡蛙肽　physalaemin　02.129
胚胎干细胞法　embryonic stem cell method　12.869
HAT 培养基　HAT medium　12.875
DNA 配对　DNA pairing　04.409
配体　ligand　01.160
配体蛋白　ligandin　02.319
配体交换层析　ligand exchange chromatography　12.229
配体结合口袋　ligand-binding pocket　09.083
*配体门控离子通道　ligand-gated ion channel　09.042
*配体门控受体　ligand-gated receptor　09.042
配体-配体相互作用　ligand-ligand interaction　09.086
配体提呈　ligand presentation　09.082
配体印迹法　ligand blotting　12.283
配体诱导胞吞　ligand-induced endocytosis　09.084
配体诱导二聚化　ligand-induced dimerization　09.069
配体诱导内化　ligand-induced internalization　09.085
皮啡肽　dermorphin　02.096
皮克　pictogram, pg　12.397
皮脑啡肽　dermenkaphaline　02.091
皮抑菌肽　dermaseptin　02.155
*皮质醇　cortisol　10.022
*皮质醇结合球蛋白　cortisol-binding globulin　02.429
皮质类固醇　corticosteroid　10.017

*皮质类固醇结合球蛋白　corticosteroid-binding globulin, CBG　02.429
*皮质素　cortin　10.018
皮质酮　corticosterone　10.020
毗邻序列分析　nearest neighbor sequence analysis　12.490
脾白细胞激活因子　tuftsin　10.281
匹配序列　matched sequence　04.253
β 片层　β-sheet, β-pleated sheet　02.191
片段化蛋白　fragmin　02.320
片段化酶　fragmentin　03.516
*胼胝质　callose　06.190
嘌呤　purine, Pu, Pur　04.013
嘌呤核苷　purine nucleoside　04.030
嘌呤核苷磷酸化酶　purine nucleoside phosphorylase, PNP　03.214
嘌呤核苷酸　purine nucleotide　04.054
嘌呤核苷酸循环　purine nucleotide cycle　11.263
嘌呤霉素　puromycin　12.445
平端　blunt end, blunt terminus, flush end　04.237
平端化　blunting　12.629
*平衡 PCR　balanced PCR　12.312
平衡常数　equilibrium constant　01.227
平衡聚合酶链反应　balanced PCR　12.312
平衡透析法　equilibrium dialysis　12.010
平均残基量　mean residue weight　02.070
平行 DNA 三链体　parallel DNA triplex　04.361
苹果酸　malic acid　11.119
苹果酸酶　malic enzyme　03.084
苹果酸-天冬氨酸循环　malate-aspartate cycle　11.290
苹果酸脱氢酶　malate dehydrogenase　03.083
苹婆酸　sterculic acid　07.059
破伤风毒素　tetanus toxin　02.787

脯氨酸 proline, Pro 02.030

脯氨酰氨基酸二肽酶 prolinase 03.412

葡甘露聚糖 glucomannan 06.251

＊葡激酶 staphylokinase 03.305

葡聚糖 glucan, glucosan 06.188

葡聚糖酶 dextranase 03.375

DEAE-葡聚糖凝胶 diethylaminoethyl dextran gel, DEAE-dextran gel 12.152

葡聚糖水解酶 glucanase 03.517

葡糖胺 glucosamine 06.109

葡糖胺聚糖 glucosaminoglycan 06.236

葡糖淀粉酶 glucoamylase 03.368

葡糖苷酶 glucosidase 03.382

α 葡糖苷酶 α-glucosidase 03.383

β 葡糖苷酶 β-glucosidase 03.384

＊葡糖苷神经酰胺 glucocerebroside 07.156

葡糖基化 glucosylation 06.039

葡糖基转移酶 glucosyltransferase 03.288

葡糖激酶 glucokinase 03.226

葡糖-1-磷酸 glucose-1-phosphate 11.096

葡糖-6-磷酸 glucose-6-phosphate 11.095

葡糖-6-磷酸脱氢酶 glucose-6-phosphate dehydrogenase 03.081

＊葡糖磷酸变位酶 phosphoglucomutase, PGM 03.585

葡糖脑苷脂 glucocerebroside 07.156

葡糖脑苷酯酶 glucocerebrosidase 03.395

葡糖醛酸 glucuronic acid 06.113

葡糖醛酸基 glucuronyl 06.123

葡糖醛酸内酯 glucuronolactone 06.122

＊葡糖神经酰胺酶 glucosylceramidase 03.395

葡糖酸 gluconic acid 06.120

＊葡糖酸磷酸支路 phosphogluconate shunt 11.110

葡糖酸内酯 gluconolactone 06.121

＊78 kDa 葡糖调节蛋白 78 kDa glucose-regulated protein, GRP78 02.274

葡糖效应 glucose effect 11.094

葡糖氧化酶 glucose oxidase 03.088

葡糖异构酶 glucose isomerase 03.580

葡糖转运蛋白 glucose transporter 06.138

[葡萄球菌]凝固酶 staphylocoagulase 03.656

葡萄糖 glucose 06.079

葡萄糖-丙氨酸循环 glucose-alanine cycle 11.128

＊普里昂 prion 02.822

普里布诺框 Pribnow box 05.130

普列克底物蛋白 pleckstrin 02.321

# Q

七穿膜域受体 seven transmembrane domain receptor 08.108

七糖 heptaose 06.180

七叶苷 esculin 06.117

齐变模型 concerted model 03.062

奇异果甜蛋白 thaumatin 02.726

歧化酶 dismutase 03.095

启动子 promoter 05.100

启动子捕获 promoter trapping 12.634

启动子封堵 promoter occlusion 05.110

启动子解脱 promoter escape 05.109

启动子清除 promoter clearance 05.108

启动子元件 promoter element 05.101

启动子阻抑 promoter suppression 05.111

起始 tRNA initiator tRNA 04.131

起始点识别复合体 origin recognition complex, ORC 04.449

起始复合体 initiation complex 05.259

起始密码子 initiation codon, start codon 05.226

起始因子 initiation factor 05.073

＊起始转移核糖核酸 initiator tRNA 04.131

起始子 initiator 05.075

气固层析 gas-solid chromatography, GSC 12.190

气菌溶胞蛋白 aerolysin 02.772

气相层析 gas chromatography, GC 12.185

气相层析-质谱联用 gas chromatography-mass spectrometry, GC-MS 12.186

气相蛋白质测序仪 gas-phase protein sequencer 12.484

气液层析 gas-liquid chromatography, GLC 12.188

千碱基 kilobase, kb 04.009

千碱基对 kilobase pair, kbp 04.008

迁移度 mobility 12.085

迁移速率 migration rate 12.084

牵出试验 pull down experiment 12.731

前阿黑皮素原 preproopiomelanocortin, pre-POMC

02.820

前蛋白质原  preproprotein  02.216

前导链  leading strand  04.442

前导肽  leading peptide  02.071

＊前导肽酶  leader peptidase  03.446

前导序列  leader sequence, leader  01.074

前基因组  pregenome  04.477

前激素原  preprohormone  10.250

前激肽释放酶  prekallikrein  03.645

前胶原  procollagen  02.632

前列环素  prostacyclin, PGI₂  10.293

前列腺蛋白  prostatein  02.386

前列腺素  prostaglandin, PG  10.294

前列腺素类激素  prostanoid  10.296

前列腺烷酸  prostanoic acid  10.295

前脑啡肽原  preproenkephalin  02.090

前清蛋白  prealbumin  02.253

前生命化学  prebiotic chemistry  01.005

前体  precursor  01.174

＊mRNA 前体  mRNA precursor  05.089

tRNA 前体  tRNA precursor  04.141

前稳态  presteady state  03.054

前沿层析  frontal chromatography  12.181

前胰岛素原  preproinsulin  02.387

钳合蛋白  sequestrin  02.581

钳位均匀电场电泳  contour clamped homogenous electric field electrophoresis, CHEF electrophoresis  12.113

嵌合 DNA  chimeric DNA  04.368

嵌合蛋白  chimerin  02.582

嵌合基因  chimeric gene  04.487

嵌合抗体  chimeric antibody  01.155

嵌合体  chimera  01.170

嵌合型蛋白质  chimeric protein  02.227

嵌合质粒  chimeric plasmid  04.422

DNA 嵌入剂  DNA intercalator  12.427

强啡肽  dynorphin  02.094

强啡肽原  prodynorphin  02.095

强碱型离子交换剂  strong base type ion exchanger  12.254

强酸型离子交换剂  strong acid type ion exchanger  12.253

＊强阳离子交换剂  strong cation exchanger  12.253

＊强阴离子交换剂  strong anion exchanger  12.254

羟胺还原酶  hydroxylamine reductase  03.112

25-羟胆钙化醇  25-hydroxycholecalciferol  10.380

β 羟丁酸  β-hydroxybutyric acid  11.146

羟化酶  hydroxylase  03.172

＊α 羟基丙酸  lactic acid  11.106

羟基丙酮酸还原酶  hydroxypyruvate reductase  03.082

β-羟[基]-β-甲戊二酸单酰辅酶 A  β-hydroxy-β-methyl-glutaryl-CoA, HMG-CoA  11.152

3-羟[基]-3-甲戊二酸单酰辅酶 A 还原酶  3-hydroxy-3-methylglutaryl coenzyme A reductase  03.085

羟基磷灰石  hydroxyapatite, HA  12.431

羟基磷酸丙酮酸  hydroxypyruvate phosphate  11.202

羟基神经酸  hydroxynervonic acid  07.080

N-羟基-2-乙酰胺基芴还原酶  N-hydroxy-2-acetamidofluorene reductase  03.113

羟甲基转移酶  hydroxylmethyl transferase  03.186

3-羟-3-甲戊醛酸  mevaldic acid  11.155

羟赖氨酸  hydroxylysine, Hyl  02.040

羟脑苷脂  cerebron, phrenosin  07.150

17-羟皮质类固醇  17-hydroxycorticosteroid  10.016

羟脯氨酸  hydroxyproline, Hyp  02.031

5-羟色氨酸  5-hydroxytryptophane  11.243

5-羟色胺受体  serotonin receptor  09.053

＊20-羟蜕皮激素  ecdysteroid hormone  10.055

N-羟乙酰神经氨酸  N-glycolylneuraminic acid, N-hydroxyacetylneuraminic acid  06.145

＊12-羟油酸  ricinolic acid, ricinoleic acid  07.067

桥蛋白质  pontin protein  02.690

桥粒斑蛋白  desmoplakin  02.692

桥粒胶蛋白  desmocollin  02.693

桥粒黏蛋白  desmoglein  02.694

壳多糖  chitin  06.235

壳多糖酶  chitinase  03.376

＊壳聚糖  chitosan  06.236

＊壳糖胺  chitosamine  06.109

壳硬蛋白  sclerotin  02.650

鞘氨醇  sphingosine, 4-sphingenine, sphingol  07.143

鞘氨醇半乳糖苷  psychosine  06.131

鞘磷脂  sphingomyelin, sphingophospholipid  07.145

鞘磷脂酶  sphingomyelinase  03.338

鞘糖脂  glycosphingolipid, glycosylsphingolipid  07.147

鞘脂  sphingolipid  07.142

切变  shearing  12.865

切除核酸酶  excision nuclease  03.515

切割蛋白  severin  02.456

切口　nick　04.243

*切口闭合酶　nick-closing enzyme　03.589

切口酶　nickase　03.639

切口平移　nick translation　12.721

*切口移位　nick translation　12.721

亲雌激素蛋白　estrophilin　02.325

亲代 DNA　parental DNA　04.386

亲代基因组印记　parental genomic imprinting　12.725

亲和标记　affinity labeling　12.552

亲和层析　affinity chromatography　12.230

DNA 亲和层析　DNA affinity chromatography　12.238

Rab 亲和蛋白　rabphilin　02.287

亲和柱　affinity column　12.231

亲环蛋白　cyclophilin　02.731

亲棘蛋白　spinophilin　02.448

亲硫吸附层析　thiophilic absorption chromatography　12.203

*亲硫作用层析　thiophilic interaction chromatography　12.203

亲水性　hydrophilicity　01.188

亲油性化合物　oleophyllic compound　07.203

亲脂凝胶层析　lipophilic gel chromatography　12.217

亲脂素　lipophilin　07.229

亲脂性　lipophilicity　01.190

亲中心体蛋白　centrophilin　02.515

青霉素酶　penicillinase　03.528

青霉素酰胺酶　penicillin amidase　03.482

*青霉素酰胺水解酶　penicillin amidohydrolase　03.482

*青霉素酰化酶　penicillin acylase　03.482

氢氘交换　deuterium exchange　12.538

氢化可的松　hydrocortisone　10.022

氢化酶　hydrogenase　03.141

氢键　hydrogen bond　01.059

清蛋白　albumin　02.243

清蛋白激活蛋白　albondin　02.244

清道夫受体　scavenger receptor　09.051

鲭组蛋白　scombron, scombrone　02.571

*氰钴胺素　cyanocobalamin　10.371

氰钴胺素还原酶　cyanocobalamin reductase　03.161

琼脂凝胶　agar gel　12.150

琼脂糖　agarose　06.204

琼脂糖酶　agarase　03.402

琼脂糖凝胶　agarose gel　12.151

琼脂糖凝胶电泳　agarose gel electrophoresis　12.118

蚯蚓血红蛋白　hemerythrin, haemerythrin　02.348

球蛋白　globulin　02.259

*α 球蛋白　fetuin　02.299

*γ 球蛋白　gamma globulin　02.260

球系列　globo-series　06.025

球状蛋白质　globular protein　02.221

β 巯基丙酮酸　β-mercaptopyruvate　11.210

巯基蛋白酶　thiol protease, sulfhydryl protease　03.450

巯基乙胺　mercapto-ethylamine　11.063

*IG 区　intergenic region, IG region　05.049

区带电泳　zonal electrophoresis, ZE　12.096

区带离心　zonal centrifugation　12.064

驱动蛋白　kinesin　02.519

驱动蛋白结合蛋白　kinectin　02.520

驱蛔萜　ascaridole　07.219

趋化物　chemotaxin　10.319

趋化性　chemotaxis　01.185

趋化性激素　chemotactic hormone　10.057

趋化因子　chemokine　10.186

趋化脂质　chemotactic lipid　07.187

取代型载体　replacement vector　12.820

去甲肾上腺素　noradrenalin, norepinephrine　10.140

去磷蛋白　dephosphin　02.512

去磷酸化　dephosphorylation　11.076

去糖基化　deglycosylation　06.040

全蛋白质　holoprotein　02.224

全局调节　global regulation　01.129

*全局调控　global regulation　01.129

全酶　holoenzyme　03.002

醛胺缩合　aldimine condensation　11.053

醛醇缩合　aldol condensation　11.052

醛固酮　aldosterone　10.024

醛赖氨酸　allysine　11.214

醛缩酶　aldolase　03.547

醛糖　aldose　06.106

醛糖酸　aldonic acid　06.105

醛脱氢酶　aldehyde dehydrogenase　03.089

醛氧化酶　aldehyde oxidase　03.092

犬尿酸　kynurenic acid　11.246

犬尿酸原　kynurenine　11.245

*炔诺酮　aethisteron　10.050

缺口　gap　04.242

*缺口基因　gap gene　04.490

缺氧诱导因子　hypoxia-inducible factor, HIF　10.222

# R

＊PAP 染色　peroxidase-anti-peroxidase staining, PAP staining　12.527

＊染色体步查　chromosome walking　12.611

染色体匍移　chromosome crawling　12.608

＊染色体跳查　chromosome jumping　12.609

染色体跳移　chromosome jumping　12.609

染色体外 DNA　extrachromosomal DNA　04.342

染色体显微切割术　chromosome microdissection　12.848

染色体印迹　chromosome blotting　12.264

染色质组装因子 1　chromatin assembly factor-1, CAF-1　04.474

热激蛋白　heat shock protein, Hsp　02.528

热激基因　heat shock gene　04.480

热启动　hot start　12.698

热球蛋白　pyroglobulin　02.261

＊热休克基因　heat shock gene　04.480

P1 人工染色体　P1 artificial chromosome, PAC　12.844

人绝经促性腺素　human menopausal gonadotropin, HMG　10.068

人类基因组计划　human genome project, HGP　01.252

人两栖调节素　human amphiregulin　10.221

人绒毛膜促性腺素　human chorionic gonadotropin, HCG　10.065

绒毛蛋白　villin　02.459

绒毛膜促甲状腺素　chorionic thyrotropin　10.070

绒毛膜促性腺素　chorionic gonadotropin　10.069

绒毛膜生长催乳素　chorionic somatomammotropin, choriomammotropin, placental lactogen　10.067

溶基质蛋白酶　stromelysin　03.468

溶剂干扰法　solvent-perturbation method　12.597

溶菌酶　lysozyme　03.379

溶酶体　lysosome　03.692

溶酶体酶类　lysosomal enzymes　03.523

溶酶体水解酶　lysosomal hydrolase　03.524

溶酶体酸性脂肪酶　lysosomal acid lipase　03.525

溶细胞酶　lyticase, zymolyase, zymolase　03.535

溶血磷脂酶　lysophospholipase　03.313

溶血磷脂酸　lysophosphatidic acid　07.134

溶血磷脂酰胆碱　lysophosphatidylcholine　07.133

＊溶血卵磷脂　lysolecithin　07.133

＊溶源菌　lysogen　12.834

溶源性　lysogeny　12.836

＊熔解　melting　04.298

熔球态　molten-globule state　02.193

融合　fusion　01.239

融合蛋白　fusion protein　12.642

融合基因　fusion gene　12.641

融合膜　nexus　08.057

融膜蛋白　parafusin　02.583

鞣化激素　bursicon　10.303

鞣酸酶　tannase　03.318

肉毒杆菌毒素　botulinus toxin　02.785

肉毒碱脂酰转移酶　carnitine acyltransferase　03.203

肉桂酸　cinnamic acid　11.226

肉碱　carnitine　11.140

蠕虫血红蛋白　helicorubin　02.349

蠕动泵　peristaltic pump　12.243

乳白密码子　opal codon　05.228

乳杆菌酸　lactobacillic acid　07.043

乳过氧化物酶　lactoperoxidase　03.137

乳链菌肽　nisin　02.156

乳糜　chyle　07.015

乳糜尿　chyluria　07.244

乳糜微粒　chylomicron, CM　07.014

乳清蛋白　lactalbumin, lactoalbumin　02.247

乳清苷　orotidine　04.100

乳清苷酸　orotidylic acid　04.101

＊乳清苷一磷酸　orotidine monophosphate　04.101

乳清酸　orotic acid　11.268

乳球蛋白　lactoglobulin　02.263

＊β 乳球蛋白　β-lactoglobulin　02.263

乳酸　lactic acid　11.106

乳酸脱氢酶　lactate dehydrogenase, LDH　03.080

乳糖　lactose　06.153

乳糖胺聚糖　lactosaminoglycan　06.228

乳糖操纵子　*lac* operon, *lac*　05.095

乳糖酶　lactase　03.403

乳糖酸　lactobionic acid　06.165

乳糖系列　lacto-series　06.022

\*乳铁蛋白　lactoferrin　02.418

乳运铁蛋白　lactotransferrin　02.418

朊病毒　prion　02.822

软骨蛋白聚糖　chondroproteoglycan　06.287

软骨钙结合蛋白　chondrocalcin　02.704

软骨鱼催产素　glumitocin　10.112

软骨粘连蛋白　chondronectin　02.703

软木脂　suberin　07.108

\*软脂酸　palmitic acid　07.049

\*软脂酸鲸蜡酯　cetin, spermaceti wax　07.224

软脂酰 $\Delta^9$ 脱饱和酶　palmitoyl $\Delta^9$-desaturase　03.155

弱化子　attenuator　05.119

弱化[作用]　attenuation　05.118

弱碱型离子交换剂　weak base type ion exchanger　12.256

弱酸型离子交换剂　weak acid type ion exchanger　12.255

\*弱阳离子交换剂　weak cation exchanger　12.255

\*弱阴离子交换剂　weak anion exchanger　12.256

# S

腮腺素　parotin　10.170

3,5,3′-三碘甲腺原氨酸　3, 5, 3′-triodothyronine, $T_3$　10.134

\*三丁酰甘油　tributyrin　07.095

三股螺旋　triple helix　04.198

\*三癸酰甘油　tricaprin　07.096

三环结构域　Kringle domain　02.206

三级结构　tertiary structure　01.056

三级氢键　tertiary hydrogen bond　01.061

\*三己酰甘油　tricaproin　07.097

三甲基鸟苷　trimethylguanosine, TMG　04.104

\*2,2,7-三甲基鸟苷　trimethylguanosine, TMG　04.104

三脚蛋白[复合体]　triskelion　02.476

\*三联体密码　triplet code　05.225

\*三链体 DNA　triplex DNA　04.360

DNA 三链体　DNA triplex　04.360

\*三磷酸肌醇磷脂　triphosphoinositide　07.123

三羟甲基氨基甲烷　trihydroxymethyl aminomethane, Tris　12.432

\*三软脂酰甘油　tripalmitylglycerol　07.102

三十四烷酸　gheddic acid　07.087

三羧酸循环　tricarboxylic acid cycle　11.111

三糖　trisaccharide　06.170

三酰甘油　triacylglycerol, TAG　07.092

三酰甘油脂肪酶　triglyceride lipase, TGL　03.312

\*三辛酰甘油　tricaprylin　07.098

三叶草结构　cloverleaf structure　04.281

三叶肽　trefoil peptide　02.080

\*三乙酰甘油　triacetin　07.094

\*三硬脂酰甘油　tristeroylglycerol　07.103

\*三月桂酰甘油　trilaurin　07.099

\*散布重复序列　interspersed repeat sequence　05.076

散在重复序列　interspersed repeat sequence　05.076

桑格-库森法　Sanger-Coulson method　12.487

桑椹[胚]黏着蛋白　uvomorulin　02.702

扫描共焦显微镜术　scanning confocal microscopy　12.335

扫描隧道电镜　scanning tunnel electron microscope, STEM　12.336

\*扫描隧道显微镜　scanning tunneling microscope, STM　12.336

色氨酸　tryptophan, tryptophane, Trp　02.011

色氨酸操纵子　*trp* operon, *trp*　05.097

色氨肽　tryptophyllin　02.130

色胺　tryptamine　11.242

色蛋白　chromoprotein　02.332

鲨胆固醇　scymnol　07.173

鲨肝醇　batyl alcohol　07.109

鲨肌醇　scyllitol, scyllo-inositol　07.207

鲨烷　squalane　07.163

鲨烯　squalene　07.164

鲨油醇　selachyl alcohol　07.174

筛选　screening　12.761

山梨聚糖　sorbitan　06.198

山梨糖　sorbose　06.091

山梨糖醇　sorbitol　06.092

山萮酸　behenic acid　07.076

闪烁计数仪　scintillation counter　12.854

闪烁液　scintillation cocktail　12.857

商陆毒蛋白　dodecandrin　02.814

\*上皮生长因子　epidermal growth factor, epithelial growth factor, EGF　10.196

示踪物　tracer　12.542

视蛋白　opsin　02.549

*视黄醇　retinol　10.344

视黄醇结合蛋白质　retinol-binding protein, RBP
　10.350

视黄醛　retinal　10.346

视黄醛脱氢酶　retinal dehydrogenase　03.091

视黄醛氧化酶　retinal oxidase　03.094

视黄酸　retinoic acid　10.347

视黄酸受体　retinoic acid receptor, RAR　10.349

视青质　iodopsin　02.556

视色蛋白质　visual chromoprotein　02.557

视锥蛋白　visinin　02.558

视紫[红]质　rhodopsin　02.553

*视紫蓝质　iodopsin　02.556

试剂盒　kit　12.435

饰胶蛋白聚糖　decorin　06.288

室温　room temperature　12.896

适配体　aptamer　04.123

适应酶　adaptive enzyme　03.500

释放素　liberin　10.079

释放因子　release factor　05.261

嗜铬粒蛋白　chromogranin　02.278

嗜铬粒蛋白 A　chromogranin A　02.279

嗜铬粒蛋白 B　chromogranin B　02.280

嗜铬粒膜蛋白　chromomembrin　02.585

嗜铬粒抑制肽　chromostatin　02.081

嗜热菌蛋白酶　thermolysin, thermophilic protease
　03.471

嗜乳脂蛋白　butyrophilin　02.586

嗜酸性粒细胞趋化性多肽　eosinophil chemotactic pep-
　tide　10.174

嗜酸性粒细胞趋化因子　eotaxin　10.189

嗜酸性粒细胞生成素　eosinophilopoietin　10.175

*嗜伊红粒细胞趋化性多肽　eosinophil chemotactic pep-
　tide　10.174

*嗜伊红粒细胞生成素　eosinophilopoietin　10.175

嗜异性抗原　heterophil antigen　06.278

噬斑　plaque　12.728

噬斑形成单位　plaque forming unit, pfu　12.729

噬菌体　phage　12.833

DNA 噬菌体　DNA phage　04.421

*噬菌体表面展示　phage surface display　12.726

λ 噬菌体末端酶　λ phage terminase　03.662

噬菌体随机肽文库　phage random peptide library
　12.688

噬菌体肽文库　phage peptide library　12.687

噬菌体展示　phage display　12.726

收缩蛋白质　contractile protein　02.433

EF 手形　EF hand　02.204

手性　chirality　01.196

寿命蛋白　mortalin, MOT　02.534

受体　receptor　01.164

KDEL 受体　KDEL receptor　08.090

受体超家族　receptor superfamily　09.049

*cAMP 受体蛋白　cAMP receptor protein, CRP
　05.169

受体蛋白激酶　receptor kinase　03.232

*cAMP 受体蛋白质　cAMP receptor protein, CRP
　02.310

受体介导的胞吞　receptor-mediated endocytosis　09.055

受体介导的胞饮　receptor-mediated pinocytosis　09.056

受体介导的调节作用　receptor-mediated control　09.054

受体酪氨酸激酶　receptor tyrosine kinase, RTK　03.275

受体破坏酶　receptor destroying enzyme, RDE　03.381

瘦蛋白　leptin, LP　10.095

疏/亲水性[分布]图　hydropathy profile, hydropathy plot
　02.203

疏水层析　hydrophobic chromatography　12.223

疏水性　hydrophobicity　01.189

疏水作用　hydrophobic interaction　01.064

疏油性化合物　oleophobic compound　07.202

舒-法斯曼分析　Chou-Fasman analysis　12.386

舒-法斯曼算法　Chou-Fasman algorithm　12.385

RNA 输出　RNA export　04.175

鼠李糖　rhamnose　06.132

束缚配体　tethered ligand　09.057

*束缚因子　commitment factor　05.134

树眼镜蛇毒素　dendrotoxin　02.796

树脂　resin　12.259

DNA 数据库　DNA database　12.469

数量性状基因座　quantitative trait locus　04.509

衰变加速因子　decay accelerating factor, DAF　02.283

衰老蛋白　presenilin　02.673

双半乳糖甘油二酯　digalactosyl diglyceride　07.151

双丙烯酰胺　bisacrylamide　12.411

双波长分光光度计　double wavelength spectrophotometer
　12.346

双翅菌肽　diptericin　02.164

双倒数作图法　double-reciprocal plot, Lineweaver-Burk plot　03.010

双分子脂膜　bimolecular lipid membrane　08.012

双甘露糖二酰甘油　dimannosyldiacyl glycerol　07.152

双-γ-谷氨酰半胱氨酸还原酶　bis-γ-glutamylcystine reductase　03.125

＊双固氮酶　dinitrogenase　03.617

＊双固氮酶还原酶　dinitrogenase reductase　03.618

双光束分光光度计　double beam spectrophotometer　12.345

双加氧酶　dioxygenase　03.170

双库尼茨抑制剂　bikunin　03.705

双链　double strand　04.195

双链 DNA　double-stranded DNA, dsDNA　04.357

双链 RNA　double-stranded RNA, dsRNA　04.129

双链互补 DNA　double-strand cDNA, dscDNA　04.350

双链 DNA 结合域　dsDNA-binding domain　04.358

双链 RNA 结合域　dsRNA-binding domain　04.312

＊双链螺旋　double-stranded helix　04.193

双链体　duplex　04.196

＊双链体 DNA　duplex DNA　04.359

DNA 双链体　DNA duplex　04.359

双链体形成　duplex formation　04.197

2,3-双磷酸甘油酸　2,3-bisphosphoglycerate, 2,3-BPG　11.107

2,3-双磷酸甘油酸支路　2,3-bisphosphoglycerate shunt　11.108

＊双磷酸肌醇磷脂　biphosphoinositide　07.122

＊双磷脂酰甘油　diphosphatidylglycerol　07.126

双螺旋　double helix　04.193

＊双螺旋模型　double helix model　04.194

双面角　dihedral angle　02.201

双栖蛋白聚糖　amphiglycan　06.302

双氢睾酮　dihydrotestosterone, DHT　10.032

双顺反子 mRNA　bicistronic mRNA　05.052

双缩脲反应　biuret reaction　12.458

＊双糖　disaccharide　06.150

双糖链蛋白聚糖　biglycan　06.285

双调蛋白　amphiregulin　02.674

双萜　diterpene　07.213

＊双脱氧法　dideoxy termination method　12.487

双脱氧核苷三磷酸　dideoxyribonucleoside triphosphate, ddNTP　04.103

双脱氧核苷酸　dideoxynucleotide　04.102

＊2′,3′-双脱氧核苷酸　dideoxynucleotide　04.102

＊2′,3′-双脱氧核糖核苷-5′-三磷酸　dideoxyribonucleoside triphosphate, ddNTP　04.103

双向层析　two-dimensional chromatography　12.211

双向电泳　two-dimensional electrophoresis　12.108

双向凝胶电泳　two-dimensional gel electrophoresis　12.109

双向启动子　bi-directional promoter　05.102

双向转录　bi-directional transcription　05.083

双义 RNA　ambisense RNA　04.156

双义基因组　ambisense genome　05.044

双杂交系统　two-hybridization system　12.846

双载蛋白　amphiphysin　02.506

水钴胺素还原酶　aquacobalamin reductase　03.160

水合酶　hydratase　03.625

水解　hydrolysis　07.017

水解酶　hydrolase, hydrolytic enzyme　03.308

水母蛋白　aequorin　02.602

水平板凝胶电泳　horizontal slab gel electrophoresis　12.110

＊水平转头　swing-out rotor　12.054

水溶性维生素　water-soluble vitamin　10.342

水苏糖　stachyose, lupeose　06.177

水通道蛋白　aquaporin　02.587

水螅肽　pedin　02.135

水杨酸　salicylic acid, SA　10.337

水蛭素　hirudin　02.804

＊δ睡眠肽　δ-sleep inducing peptide, δ-SIP　02.100

＊睡眠诱导肽　sleep inducing peptide, SIP　02.100

δ睡眠诱导肽　δ-sleep inducing peptide, δ-SIP　02.100

＊顺丁烯二酸　maleic acid　07.035

顺反异构　cis-trans isomerism　01.203

顺反异构酶　cis-trans isomerase　03.574

顺反子　cistron　05.046

顺反子间区　intercistronic region　05.050

[顺]芥子酸　erucic acid, sinapic acid　07.077

顺式剪接　cis-splicing　05.176

顺式切割　cis-cleavage　05.209

顺式调节　cis-regulation　01.130

＊顺式异构　cis-isomerism　01.203

顺式异构体　cis-isomer　01.206

顺式作用核酶　cis-acting ribozyme　03.648

顺式[作用]元件　cis-element, cis-acting element

05.017

顺乌头酸 *cis*-aconitic acid 11.113

顺乌头酸酶 aconitase 03.553

顺向构象 cisoid conformation 01.200

*瞬时表达 transient expression 12.807

蒴莲根毒蛋白 volkensin 02.806

丝氨酸 serine, Ser 02.019

*丝氨酸蛋白酶 serine proteinase 03.537

丝氨酸/苏氨酸蛋白酶 serine/threonine protease, serine/threonine proteinase 03.418

丝氨酸酯酶 serine esterase 03.537

丝甘蛋白聚糖 serglycan 06.304

丝胶蛋白 sericin 02.656

丝酶抑制蛋白 serpin 03.697

丝切蛋白 cofilin 02.655

丝石竹毒蛋白 gypsophilin 02.805

丝束蛋白 fimbrin, plastin 02.654

丝心蛋白 fibroin 02.653

斯卡查德方程 Scatchard equation 12.389

斯卡查德分析 Scatchard analysis 12.388

斯卡查德作图 Scatchard plotting 12.390

斯坦尼钙调节蛋白 Stanniocalcin, STC 10.271

斯托克斯半径 Stokes' radius 12.382

斯韦德贝里单位 Svedberg unit 12.058

死亡基因 thanatogene 12.782

死亡受体 death receptor 09.039

四次穿膜蛋白 tetraspanin 08.080

*四碘甲腺原氨酸 thyroxine, Thx, $T_4$ 10.133

四级结构 quaternary structure 02.182

四联凝[集]素 tetranectin 06.325

*四链体 DNA tetraplex DNA 04.362

DNA 四链体 DNA tetraplex 04.362

四螺旋束 four-helix bundle 02.180

四氢叶酸 tetrahydrofolic acid, THF 10.363

四氢叶酸脱氢酶 tetrahydrofolate dehydrogenase 03.100

四糖 tetrasaccharide 06.176

松弛 DNA relaxed DNA 04.388

松弛蛋白 relaxation protein 03.690

*松弛环状 DNA relaxed circular DNA 04.388

松弛素 relaxin 10.116

松弛型质粒 relaxed plasmid 12.828

松二糖 turanose 06.167

松果体激素 pineal hormone 10.092

松萝酸 usnic acid, usninic acid, usnein 07.068

松三糖 melezitose 06.173

苏氨酸 threonine, Thr 02.009

苏氨酸脱氨酶 threonine deaminase 03.564

*苏氨酸脱水酶 threonine dehydrase, threonine dehydratase 03.564

苏糖 threose 06.066

苏[糖]型构型 threo-configuration 06.021

速固醇 tachysterol 07.181

速激肽 tachykinin 02.109

速流技术 rapid flow technique 12.864

速率区带离心 rate-zonal centrifugation 12.073

酸败 rancidity 07.023

酸碱代谢 acid-base metabolism 11.010

酸性成纤维细胞生长因子 acid fibroblast growth factor, aFGF 10.198

酸性磷酸[酯]酶 acid phosphatase 03.327

$\alpha_1$ 酸性糖蛋白 $\alpha_1$-acid glycoprotein 06.267

酸值 acid number, acid value 07.022

*随机 PCR random PCR 12.324

随机寡核苷酸诱变 random oligonucleotide mutagenesis 12.777

随机聚合酶链反应 random PCR 12.324

随机扩增多态性 DNA randomly amplified polymorphic DNA, RAPD 12.768

随机引物 random primer 12.496

随机引物标记 random primer labeling 12.550

髓过氧化物酶 myeloperoxidase 03.138

髓磷质 myelin 07.135

*髓磷脂蛋白脂质 myelin proteolipid 07.229

髓鞘蛋白质 myelin protein 02.588

髓鞘寡突胶质糖蛋白 myelin oligodendroglia glycoprotein 06.266

髓鞘碱性蛋白质 myelin basic protein 02.589

髓鞘相关糖蛋白 myelin associated glycoprotein, MAG 06.318

*髓鞘质 myelin 07.135

DNA 损伤 DNA damage 04.399

DNA 损伤剂 DNA damaging agent 04.400

梭菌蛋白酶 clostripain 03.455

γ 羧化 γ-carboxylation 11.256

羧化酶 carboxylase 03.596

羧基蛋白酶 carboxyl protease 03.458

*羧基端 carboxyl terminal 02.064

γ 羧基谷氨酸 γ-carboxyl glutamic acid, Gla 11.255

· 495 ·

4-羧基固醇3-脱氢酶 sterol-4-carboxylate 3-dehydrogenase 03.086

羧基歧化酶 carboxydismutase 03.542

羧基转移酶 carboxyl transferase 03.189

羧甲基纤维素 carboxymethyl cellulose, CM-cellulose 12.251

羧肽酶 carboxypeptidase 03.416

羧肽酶原 procarboxypeptidase 03.674

*缩胆囊素 cholecystokinin, CCK 10.143

缩胆囊肽 cholecystokinin, CCK 10.143

缩醛 acetal 06.041

缩醛磷脂 acetal phosphatide, plasmalogen 07.127

缩酮 ketal 06.043

索氏提取器 Soxhlet extractor 12.047

锁核酸 locked nucleic acid, LNA 04.124

锁链素 desmosine 02.082

锁钥学说 lock and key theory 03.013

# T

塌陷多肽链 collapsed polypeptide chain 02.208

塔格糖 tagatose 06.093

塔罗糖 talose 06.094

胎盘球蛋白 placental globulin 02.267

胎球蛋白 fetuin 02.299

*台盼蓝 trypan blue 12.433

肽 peptide 02.054

肽单元 peptide unit 02.068

肽合成 peptide synthesis 12.463

肽核酸 peptide nucleic acid, PNA 12.632

*肽基二肽酶A peptidyl-dipeptidase A 03.414

肽基脯氨酰基顺反异构酶 peptidyl-prolyl *cis-trans* isomerase, PPIase 03.575

肽键 peptide bond 02.055

肽聚糖 peptidoglycan 06.202

肽链 peptide chain 02.062

肽酶 peptidase 03.408

肽-酶联免疫吸附分析 peptide-ELISA 12.525

肽平面 peptide plane 02.067

肽扫描技术 peptide scanning technique, pepscan 12.466

肽-*N*-糖苷酶F peptide-*N*-glycosidase F 03.484

肽图 peptide map 12.465

肽文库 peptide library 02.066

肽酰tRNA peptidyl tRNA 04.135

肽酰位 peptidyl site, P site 04.273

肽酰转移酶 peptidyl transferase 03.204

肽转运蛋白体 peptide transporter 02.590

泰威糖 tyvelose 06.133

弹连蛋白 elastonectin 02.642

弹性蛋白 elastin 02.640

弹性蛋白酶 elastase 03.435

弹性蛋白酶抑制剂 elafin 03.711

弹性蛋白酶原 proelastase 03.675

*弹性蛋白微原纤维界面定位蛋白 elastin microfibrin interface located protein 02.491

檀香萜 santalene 07.218

探针 probe 12.561

DNA探针 DNA probe 12.563

RNA探针 RNA probe 12.564

*探针阻滞分析 probe retardation assay 12.103

碳链裂解酶 desmolase 03.150

*碳水化合物 carbohydrate 06.001

碳酸酐酶 carbonic anhydrase 03.551

碳同化 carbon assimilation 11.087

唐南平衡 Donnan equilibrium 08.070

糖 （1）saccharide（2）sugar 06.002

糖胺聚糖 glycosaminoglycan 06.012

糖胺聚糖结合蛋白质 glycosaminoglycan-binding protein 06.327

糖测序 carbohydrate sequencing 12.510

糖醇 alditol 06.104

糖蛋白 glycoprotein 02.695

T-H糖蛋白 Tamm-Horsfall glycopotein 06.268

糖萼 glycocalyx 06.270

糖二酸 aldaric acid, saccharic acid 06.103

*糖复合体 glycoconjugate 06.255

糖苷 glycoside 06.046

糖苷键 glycosidic bond 06.049

DNA *N*-糖苷酶 DNA *N*-glycosylase 03.406

糖苷配基 aglycon, aglycone 06.048

*糖核苷酸 sugar nucleotide 06.140

糖核苷酸转运蛋白 sugar nucleotide transporter 06.139

糖化 glycation 06.035

糖化淀粉酶　saccharogenic amylase　03.369

糖基　glycone　06.047

糖基甘油酯　glycoglyceride　07.111

糖基化　glycosylation　06.036

*N*-糖基化　*N*-glycosylation　06.037

*O*-糖基化　*O*-glycosylation　06.038

糖基化蛋白质　glycosylated protein　06.271

糖基磷脂酰肌醇　glycosylphosphatidyl inositol, GPI
　06.276

糖基磷脂酰肌醇化　glypiation　06.277

＊糖基脂酰甘油　glycosyl acylglycerol　07.111

糖基转移酶　glycosyltransferase　03.207

糖酵解　glycolysis　11.091

糖类　carbohydrate　06.001

＊*N*-糖链　asparagine-linked oligosaccharide　06.182

糖蜜　molasses　06.241

糖皮质[激]素　glucocorticoid, glucocorticosteroid
　10.019

糖醛酸　alduronic acid　06.107

糖醛酸磷壁酸　teichuronic acid　06.220

糖生物学　glycobiology　01.022

＊糖酸　aldonic acid　06.105

糖肽　glycopeptide　06.014

糖形　glycoform　06.028

糖型　glycotype　06.029

糖异生　gluconeogenesis　11.127

糖原　glycogen　06.205

糖原蛋白　glycogenin　06.256

糖原分解　glycogenolysis　11.125

＊糖原-6-葡聚糖水解酶　glycogen 6-glucanohydrolase
　03.400

糖原生成　glycogenesis　11.126

糖脂　glycolipid　07.146

糖指纹分析　carbohydrate fingerprinting　12.508

糖缀合物　glycoconjugate　06.255

糖组　glycome　01.045

糖组学　glycomics　01.031

糖作图　carbohydrate mapping　12.509

淘选　panning　12.076

套索 RNA　lariat RNA　05.189

＊套索中间体　lariat intermediate　05.189

cGMP 特异性磷酸二酯酶　cGMP specific phosphodiester-
　ase　03.506

梯度电泳　gradient electrophoresis　12.135

梯度离心　gradient centrifugation　12.071

梯度凝胶电泳　gradient gel electrophoresis　12.114

梯度洗脱　gradient elution　12.169

梯度洗脱层析　gradient elution chromatography　12.218

梯度形成器　gradient former　12.245

DNA 梯状标志　DNA ladder marker　12.717

体内　*in vivo*　12.700

体外　*in vitro*　12.701

体外包装　*in vitro* packaging　12.840

体外重组　*in vitro* recombination　12.702

体外翻译　*in vitro* translation　12.704

体外转录　*in vitro* transcription　12.703

体细胞基因治疗　somatic gene therapy　12.664

体液因子　humoral factor　09.031

替代环　displacement loop, D-loop　04.309

[天蚕]杀菌肽　cecropin　02.144

天冬氨酸　aspartic acid, Asp　02.018

＊天冬氨酸蛋白酶　aspartic protease　03.458

天冬氨酸转氨甲酰酶　aspartate transcarbamylase, AT-
　Case　03.190

＊天冬氨酸转氨酶　aspartate aminotransferase　03.223

天冬苯丙二肽酯　aspartame　02.084

天冬酰胺　asparagine, Asn　02.017

天冬酰胺连接寡糖　asparagine-linked oligosaccharide
　06.182

天冬酰胺酶　asparaginase　03.475

天花粉蛋白　trichosanthin　02.819

天青蛋白　azurin　02.360

天线　antenna　06.031

＊添补反应　anaplerotic reaction　11.044

甜菜毒蛋白　betavulgin　02.809

甜菜碱　betaine　11.199

条带移位分析　band-shift analysis　12.102

调蛋白　heregulin, HRG　02.745

调节　regulation　01.124

调节部位　regulatory site　01.142

调节回路　regulatory circuit　09.074

调节基因　regulatory gene　04.512

调节级联　regulatory cascade　01.143

调节酶　regulatory enzyme　03.047

调节区　regulatory region　01.141

调节物　regulator　01.136

调节亚基　regulatory subunit　03.048

调节因子　regulatory factor　01.139

透明质酸　hyaluronic acid, hyaluronan　06.224

*透明质酸和凝集素结合的调制蛋白聚糖　hyaluronan-and lectin-binding modular proteoglycan, HLPG　06.292

透明质酸酶　hyaluronidase　03.393

透凝蛋白聚糖　hyalectan　06.292

透析　dialysis　12.008

透析袋　dialysis bag　12.012

*透析管　dialysis tube　12.012

透析液　dialysate　12.013

凸起　bulge　01.070

突变　mutation　04.322

突变体　mutant　04.323

*ts 突变体　temperature-sensitive mutant, ts mutant　05.078

突变子　muton　04.325

*UAG 突变阻抑基因　UAG mutation suppressor　05.265

突出末端　protruding terminus　04.232

突触蛋白　synapsin　02.370

突触蛋白聚糖　agrin　06.283

突触核蛋白　synuclein　02.371

突触结合蛋白　synaptotagmin　02.372

突触孔蛋白　synaptoporin　02.373

突触融合蛋白　syntaxin　02.374

突触小泡蛋白　synaptophysin　02.375

突触小泡磷酸酶　synaptojanin　02.377

突触小体相关蛋白质　synaptosome-associated protein, SNAP　02.378

*突破曲线　breakthrough curve　12.181

图像分析　image analysis　12.364

退化蛋白　degenerin　02.592

退火　annealing　01.095

蜕皮类固醇激素　ecdysteroid hormone　10.055

蜕皮素　ecdysone　10.054

蜕壳激素　eclosion hormone　10.298

褪黑[激]素　melatonin　10.091

吞蛋白　endophilin　02.527

脱氨酶　deaminase, desaminase　03.569

脱氨作用　deamination　11.071

脱饱和酶　desaturase　03.154

脱氮作用　denitrification　11.068

脱辅蛋白质　apoprotein　02.225

脱辅[基]酶　apoenzyme　03.003

脱钙钙调蛋白　apocalmodulin　02.414

脱钙肌钙蛋白　apotroponin　02.415

脱甲基作用　demethylation　11.057

脱甲酰酶　deformylase　03.485

脱落蛋白质　split protein　02.760

脱落菌素　exfoliatin　02.777

脱落酸　abscisic acid, ABA, abscisin, dormin　10.330

脱镁叶绿素　pheophytin　11.299

*脱嘧啶核酸　apyrimidinic acid　04.117

脱敏　desensitization　09.087

*脱嘌呤核酸　apurinic acid　04.116

脱嘌呤作用　depurination　04.263

脱壳酶　uncoating enzyme　03.533

脱壳 ATP 酶　uncoating ATPase　03.499

脱氢表雄酮　dehydroepiandrosterone, DHEA　10.038

7-脱氢胆固醇　7-dehydrocholesterol　10.381

脱氢酶　dehydrogenase　03.169

NADH 脱氢酶复合物　NADH dehydrogenase complex　03.108

3-脱氢视黄醇　3-dehydroretinol　10.348

脱氢作用　dehydrogenation　11.067

脱水酶　dehydratase, anhydrase　03.550

脱水作用　dehydration　11.065

脱羧酶　decarboxylase　03.539

脱羧作用　decarboxylation　11.064

脱铁铁蛋白　apoferritin　02.428

脱铁运铁蛋白　apotransferrin　02.419

脱酰 tRNA　deacylated tRNA　04.136

脱腺苷酸化　deadenylation　04.250

脱盐　desalting　12.003

脱氧胞苷　deoxycytidine, dC　04.044

脱氧胞苷二磷酸　deoxycytidine diphosphate, dCDP　04.081

脱氧胞苷三磷酸　deoxycytidine triphosphate, dCTP　04.082

脱氧胞苷酸　deoxycytidylic acid　04.079

脱氧胞苷一磷酸　deoxycytidine monophosphate, dCMP　04.080

*脱氧次黄苷三磷酸　deoxyinosine triphosphate　04.098

脱氧胆酸　deoxycholic acid　11.165

脱氧核苷　deoxynucleoside　04.041

脱氧核苷二磷酸　deoxyribonucleoside diphosphate　04.052

脱氧核苷三磷酸　deoxyribonucleoside triphosphate 04.053

脱氧核苷酸　deoxynucleotide 04.050

脱氧核苷一磷酸　deoxyribonucleoside monophosphate 04.051

脱氧核酶　deoxyribozyme 03.652

脱氧核糖　deoxyribose 06.115

脱氧核糖变位酶　deoxyribomutase 03.586

*脱氧核糖二嘧啶光裂合酶　deoxyribodipyrimidine photolyase 03.549

*脱氧核糖核苷　deoxyribonucleoside 04.041

*脱氧核糖核苷二磷酸　deoxyribonucleoside diphosphate 04.052

*脱氧核糖核苷三磷酸　deoxyribonucleoside triphosphate 04.053

*脱氧核糖核苷酸　deoxyribonucleotide 04.050

*脱氧核糖核苷一磷酸　deoxyribonucleoside monophosphate 04.051

脱氧核糖核酸　deoxyribonucleic acid, DNA 04.188

脱氧核糖核酸酶　deoxyribonuclease, DNase 03.349

脱氧核糖醛缩酶　deoxyriboaldolase 03.546

脱氧肌苷　deoxyinosine 04.097

脱氧肌苷三磷酸　deoxyinosine triphosphate 04.098

*脱氧硫胺　thiochrome 10.358

脱氧鸟苷　deoxyguanosine, dG 04.042

脱氧鸟苷二磷酸　deoxyguanosine diphosphate, dGDP 04.072

脱氧鸟苷三磷酸　deoxyguanosine triphosphate, dGTP 04.073

脱氧鸟苷酸　deoxyguanylic acid 04.070

脱氧鸟苷一磷酸　deoxyguanosine monophosphate, dGMP 04.071

脱氧尿苷　deoxyuridine 04.045

脱氧尿苷酸　deoxyuridylic acid, deoxyuridine monophosphate, dUMP 04.087

*脱氧尿苷一磷酸　deoxyuridylic acid, deoxyuridine monophosphate, dUMP 04.087

脱氧皮质醇　deoxycortisol 10.026

脱氧皮质酮　deoxycorticosterone, DOC 10.025

*11-脱氧皮质酮　deoxycorticosterone, DOC 10.025

脱氧葡萄糖　deoxyglucose 06.114

脱氧糖　deoxysugar 06.116

脱氧腺苷　deoxyadenosine 04.043

脱氧腺苷二磷酸　deoxyadenosine diphosphate, dADP 04.063

脱氧腺苷三磷酸　deoxyadenosine triphosphate, dATP 04.064

脱氧腺苷酸　deoxyadenylic acid 04.061

脱氧腺苷一磷酸　deoxyadenosine monophosphate, dAMP 04.062

β脱氧岩藻糖　abequose 06.101

脱乙酰作用　deacetylation 11.060

脱支酶　debranching enzyme 03.399

DNA 拓扑学　DNA topology 04.416

DNA 拓扑异构酶　DNA topoisomerase 03.588

拓扑异构体　topoisomer, topological isomer 04.214

唾液淀粉酶　ptyalin, salivary amylase 03.529

唾液酸　sialic acid 06.135

唾液酸寡糖　sialyloligosaccharide 06.185

*唾液酸结合凝集素　sialic acid-binding lectin 06.317

*唾液酸酶　sialidase 03.380

唾液酸酶抑制剂　siastatin 03.717

唾液酸黏附蛋白　sialoadhesin 06.261

唾液酸鞘糖脂　sialoglycosphingolipid 07.158

唾液酸糖蛋白　sialoglycoprotein 06.264

唾液酸糖肽　sialoglycopeptide 06.273

唾液酰基转移酶　sialyltransferase 03.219

# W

蛙紧张肽　ranatensin 02.127

蛙皮降压肽　sauvagine 10.265

蛙皮肽　frog skin peptide 02.120

*蛙肽　ranatensin 02.127

瓦尔堡呼吸计　Warburg respirometer 12.040

瓦氏高速捣碎器　Waring blender 12.041

*瓦氏呼吸计　Warburg respirometer 12.040

外壁性蛋白质　exine-held protein 02.502

外毒素　exotoxin 02.769

外分泌腺　eccrine gland 10.306

外膜　outer membrane 08.005

外切核酸酶　exonuclease 03.311

外切核酸酶Ⅲ　exonuclease Ⅲ, exo Ⅲ 03.345

外切葡聚糖酶　exoglucanase 03.372

外切糖苷酶 exoglycosidase 03.364

外切体复合体 exosome complex 05.211

外水体积 void volume 12.175

外显肽 extein 02.077

外显子 exon 05.054

外显子捕获 exon trapping 12.635

外显子插入 exon insertion 05.055

外显子重复 exon duplication 05.057

外显子混编 exon shuffling 05.056

外显子跳读 exon skipping 05.058

外消旋化 racemization 01.197

外源DNA foreign DNA 04.354

外源基因 exogenous gene 04.481

*外在蛋白质 extrinsic protein 02.659

外周蛋白 peripherin 02.593

外周髓鞘型蛋白质 peripheral myelin protein 02.594

DNA弯曲 DNA bending 04.395

弯曲DNA bent DNA 04.365

弯形DNA curved DNA 04.366

豌豆球蛋白 vicilin 02.618

DNA烷基化 DNA alkylation 04.393

烷基醚脂酰甘油 alkylether acylglycerol 07.104

万古霉素 vancomycin 06.275

网柄菌凝素 discoidin 06.320

网蛋白 plectin 02.496

网钙结合蛋白 reticulocalbin 02.368

网格蛋白 clathrin 02.367

网硬蛋白 reticulin 02.649

网织红细胞裂解物 reticulocyte lysate 12.706

微RNA microRNA, miRNA 04.180

微不均一性 microheterogeneity 01.220

DNA微不均一性 DNA microheterogeneity 04.407

微管成束蛋白 syncolin 02.498

微管蛋白 tubulin 02.497

微管连接蛋白 nexin 02.499

微管切割性蛋白质 microtubule severing protein 02.500

微管相关蛋白质 microtubule-associated protein, MAP 02.501

微环境 microenvironment 01.250

微菌素 microcin 02.157

微孔过滤 millipore filtration 12.016

微粒体酶类 microsomal enzymes 03.634

微量分析 microanalysis 12.574

微量离心 microcentrifugation 12.065

微卵黄原蛋白 microvitellogenin 02.535

微球蛋白 microglobulin 02.296

$\beta_2$微球蛋白 $\beta_2$-microglobulin, $\beta_2$M 02.297

微球菌核酸酶 micrococcal nuclease 03.361

微团 micelle 07.012

微卫星DNA microsatellite DNA 04.380

微卫星DNA多态性 microsatellite DNA polymorphism 12.764

微原纤维蛋白质 microfibrillar protein 02.536

微载体 microcarrier 12.814

微阵列 microarray 12.649

*DNA微阵列 DNA microarray 12.652

*维甲醇结合蛋白质 retinol-binding protein, RBP 10.350

*维甲酸 retinoic acid 10.347

维罗毒素 verotoxin 02.789

维生素 vitamin 10.340

维生素A vitamin A 10.344

*维生素$A_2$ 3-dehydroretinol 10.348

维生素$B_1$ vitamin $B_1$ 10.357

维生素$B_2$ vitamin $B_2$ 10.359

*维生素$B_3$ pantothenic acid 10.360

*维生素$B_5$ nicotinic acid, niacin 10.364

维生素$B_6$ vitamin $B_6$ 10.366

维生素$B_{12}$ vitamin $B_{12}$ 10.371

维生素C vitamin C 10.375

维生素D vitamin D 10.376

维生素$D_2$ vitamin $D_2$ 10.378

维生素$D_3$ vitamin $D_3$ 10.379

维生素E vitamin E 10.383

*维生素H biotin 10.374

维生素K vitamin K 10.384

*维生素$K_1$ phytylmenaquinone 10.385

*维生素$K_2$ menaquinone 10.387

*维生素$K_3$ menadione 10.386

维生素PP vitamin PP 10.388

*维生素$A_1$酸 retinoic acid 10.347

维生素原 provitamin, previtamin 10.343

*维生素A原 $\beta$-carotene 10.355

*维生素$D_3$原 provitamin $D_3$ 10.381

尾促皮质肽 urocortin 10.098

尾紧张肽 urotensin 10.099

尾随离子 trailing ion 12.141

鲔精蛋白　thynnin　02.600

卫星 DNA　satellite DNA　04.379

α 卫星 DNA　α-satellite DNA　04.383

卫星 RNA　satellite RNA　04.159

*A 位　aminoacyl site, A site　04.272

*E 位　exit site, E site　04.275

*P 位　peptidyl site, P site　04.273

*nut* 位点　*nut* site　04.327

位点专一诱变　site-directed mutagenesis, site-specific mutagenesis　12.774

味[多]肽　gustin　02.112

胃肠激素　gastrointestinal hormone　10.152

胃蛋白酶　pepsin　03.459

胃蛋白酶抑制剂　pepstatin　03.716

胃蛋白酶原　pepsinogen　03.672

胃酶解血管紧张肽　pepsitensin　10.264

*胃泌素　gastrin　10.151

*胃生长激素释放素　ghrelin　10.157

温度敏感基因　temperature-sensitive gene　04.518

温度敏感突变　temperature-sensitive mutation, ts mutation　12.770

温度敏感突变体　temperature-sensitive mutant, ts mutant　05.078

温和噬菌体　temperate phage　12.834

文库　library　12.674

*cDNA 文库　cDNA library　12.680

DNA 文库　DNA library　12.678

稳定表达　stable expression　12.806

稳定性　stability　01.147

mRNA 稳定性　mRNA stability　04.171

RNA 稳定性　RNA stability　04.170

稳定转染　stable transfection　12.800

稳态　steady state　03.053

蜗牛肠酶　snail gut enzyme　03.532

沃森-克里克碱基配对　Watson-Crick base pairing　04.201

沃森-克里克模型　Watson-Crick model　04.194

乌贼蛋白　squidulin　02.603

无规卷曲　random coil　02.192

无花果蛋白酶　ficin　03.454

无脊椎动物血红蛋白　erythrocruorin　02.604

无碱基位点　abasic site　04.241

无嘧啶核酸　apyrimidinic acid　04.117

无嘧啶位点　apyrimidinic site　04.239

无嘌呤核酸　apurinic acid　04.116

*无嘌呤嘧啶裂合酶　AP lyase　03.560

无嘌呤嘧啶位点　apurinic-apyrimidinic site, AP site　04.240

无嘌呤位点　apurinic site　04.238

无唾液酸糖蛋白　asialoglycoprotein, ASGP　06.262

无唾液酸血清类黏蛋白　asialoorosomucoid, ASOR　06.263

无细胞翻译系统　cell-free translation system　12.705

无效突变　null mutation　04.326

无氧发酵　anaerobic fermentation　11.090

无氧呼吸　anaerobic respiration　11.016

*无义介导的 mRNA 降解　nonsense-mediated mRNA degradation　04.148

无义介导的 mRNA 衰变　nonsense-mediated mRNA decay, NMD　04.148

*无义密码子　nonsense codon　05.227

无义突变　nonsense mutation　05.271

无义突变体　nonsense mutant　05.272

无义阻抑　nonsense suppression　05.273

无义阻抑基因　nonsense suppressor　05.274

*无义阻抑因子　nonsense suppressor　05.274

"无用"DNA　junk DNA　04.370

五级结构　quinary structure　02.183

五肽促胃液素　pentagastrin　10.171

五糖　pentaose　06.178

*戊二烯化　isoprenylation, prenylation　10.391

戊聚糖　pentosan　06.009

戊糖　pentose　06.071

戊糖磷酸途径　pentose-phosphate pathway　11.110

物理图[谱]　physical map　12.759

P 物质　substance P, SP　10.100

# X

西葫芦毒蛋白　pepocin　02.792

吸附层析　adsorption chromatography, absorbent chromatography　12.202

吸能反应　endergonic reaction　11.273

吸收池　absorption cell　12.043

吸收光谱　absorption spectrum　12.353

吸收光谱法　absorption spectrometry　12.352

希尔方程　Hill equation　12.391

希尔作图法　Hill plotting　12.392

希腊钥匙模体　Greek key motif　02.209

*烯醇丙氨酸磷酸羧激酶　phosphoenolpyruvate carboxykinase, PEPCK　03.541

烯醇丙酮酸　enolpyruvic acid　11.105

烯醇化酶　enolase　03.554

*5-烯醇式丙酮酰莽草酸-3-磷酸合酶　5-enolpyruvylshikimate-3-phosphate synthase, EPSP synthase　03.220

*烯脑苷脂　nervon　07.157

烯脂酰辅酶A　enoyl CoA　11.141

硒代半胱氨酸　selenocysteine　02.024

硒尿苷　selenouridine　04.038

稀有核苷　minor nucleoside　04.024

稀有碱基　unusual base, minor base　04.002

洗脱　elution　12.168

洗脱体积　elution volume　12.178

洗脱物　eluate　12.171

系统素　systemin　10.321

*CHO细胞　Chinese hamster ovary cell, CHO cell　12.886

细胞癌基因　cellular oncogene　04.522

细胞靶向　cell targeting　09.078

细胞表面识别　cell surface recognition　09.062

细胞表面受体　cell surface receptor　09.034

细胞程序性死亡　programmed cell death　01.236

细胞凋亡　apoptosis　01.237

细胞分裂素　cytokinin, kinetin　10.327

细胞核蛋白聚糖　nuclear proteoglycan　06.296

*细胞激动素　cytokinin, kinetin　10.327

细胞角蛋白　cytokeratin　02.538

细胞膜　cell membrane　08.002

细胞内受体　intracellular receptor　09.041

细胞黏附受体　cell adhesion receptor　09.036

细胞亲和层析　cell affinity chromatography　12.237

细胞绒毛蛋白　cytovillin　02.460

NADH-细胞色素$b_5$还原酶　NADH-cytochrome $b_5$ reductase　03.107

*T细胞生长因子　T cell growth factor, TCRF　10.212

[细]胞外基质　extracellular matrix　01.240

细胞信号传送　cell signaling　09.010

细胞因子　cytokine　10.182

细胞因子信号传送阻抑物　suppressor of cytokine signaling, SOCS　10.277

细胞质基因　plasmagene, cytogene　04.503

*T细胞置换因子　T cell replacing factor　10.215

细蛋白　parvulin　03.576

细菌解旋酶　bacterial helicase　03.608

*细菌内毒素　endotoxin　02.768

细菌人工染色体　bacterial artificial chromosome, BAC　12.843

[细菌]十一萜醇　undecaprenol　06.058

细菌素　bacteriocin　02.783

*细菌萜醇　undecaprenol　06.058

细丝蛋白　filamin　02.475

虾卵绿蛋白　ovoverdin　02.719

狭线印迹法　slot blotting　12.279

下丘脑激素　hypothalamic hormone　10.078

*下丘脑调节肽　hypothalamic regulatory peptide　10.078

*下丘脑因子　hypothalamic factor　10.078

*下调[节]　down regulation　01.126

下调物　down regulator　01.138

下游　downstream　01.075

下游处理　downstream processing　12.890

下游序列　downstream sequence　01.076

夏格夫法则　Chargaff's rule　04.200

仙茅甜蛋白　curculin　02.725

先导离子　leading ion　12.140

纤胶凝蛋白　ficolin　02.452

纤连蛋白　fibronectin　02.329

纤溶酶　plasmin　03.425

纤溶酶抑制剂　antiplasmin　03.698

$\alpha_2$纤溶酶抑制剂　$\alpha_2$-antiplasmin　03.699

纤溶酶原　plasminogen　03.673

纤丝成束蛋白质　filament bundling protein　02.330

纤丝切割性蛋白质　filament severing protein　02.331

纤丝状肌动蛋白　filamentous actin　02.435

纤调蛋白聚糖　fibromodulin　06.289

纤维蛋白聚糖　fibroglycan　06.301

*纤维蛋白溶酶　fibrinolysin　03.425

*纤维蛋白溶酶原　profibrinolysin　03.673

纤维二糖　cellobiose　06.156

*纤维二糖酶　cellobiase　03.384

纤维二糖醛酸　cellobiuronic acid　06.157

纤维寡糖　cello-oligosaccharide　06.184

香石竹毒蛋白　dianthin　02.791

镶嵌蛋白质　mosaic protein　02.226

镶嵌基因组　mosaic genome　04.499

镶嵌结构　mosaic structure　08.013

响尾蛇毒素　crotoxin　02.774

相变　phase transition　08.062

相变温度　phase transition temperature　08.063

削平　end polishing　12.627

β消除　β-elimination　06.034

消减探针　subtracted probe　12.569

消减 cDNA 文库　subtracted cDNA library　12.677

消减杂交　subtracting hybridization　12.291

*消解酶　lyticase, zymolyase, zymolase　03.535

消去蛋白　destrin　02.436

消色点　achromatic point　12.603

消旋酶　racemase　03.572

硝基喹啉-N-氧化物还原酶　nitroquinoline-N-oxide reductase　03.111

硝酸纤维素　cellulose nitrate, nitrocellulose, CN, NC　12.300

*硝酸纤维素滤膜　nitrocellulose filter membrane　12.301

硝酸纤维素膜　nitrocellulose membrane, NC membrane　12.301

硝酸盐还原酶　nitrate reductase　03.109

小沟　minor groove　04.204

小规模制备　minipreparation, miniprep　12.577

小核菌聚糖　scleroglucan　06.238

小核酶　minizyme　03.649

小 GTP 酶　small GTPase　03.655

小脑肽　cerebellin　02.092

小清蛋白　parvalbumin　02.254

小突触小泡蛋白　synaptobrevin　02.376

小卫星 DNA　minisatellite DNA　04.381

小细胞　minicell　12.883

效价　titer　12.602

效应物　effector　01.105

协同部位　cooperative site　01.115

协同催化　concerted catalysis　03.028

协同反馈抑制　cooperative feedback inhibition, concerted feedback inhibition　11.036

协同受体　co-receptor　09.037

协同调节　coordinate regulation　01.135

协同性　cooperativity　01.186

协同转运　co-transport　08.119

协同转运蛋白　cotransporter　02.510

协同作用　synergism　01.110

*协阻遏物　corepressor　05.091

协作抑制　concurrent inhibition　03.029

缬氨酸　valine, Val　02.013

缬酪肽　valosin　02.118

谢瓦格抽提法　Sevag method　12.572

心房钠尿肽　atrial natriuretic peptide, ANP, atrial natriuretic factor, ANF　10.123

*心房肽　atriopeptin　10.123

心磷脂　cardiolipin　07.126

*心钠素　cardionatrin　10.123

DNA 芯片　DNA chip　12.652

辛二酸　suberic acid　07.041

辛纳毒蛋白　cinnamomin　02.810

辛酸甘油酯　caprylin　07.098

辛糖　octose　06.098

辛酮糖　octulose　06.099

辛酮糖酸　octulosonic acid　06.100

锌蛋白酶　zinc protease　03.466

锌酶　zinc enzyme　03.633

锌肽酶　zinc peptidase　03.465

锌指　zinc finger　02.199

新陈代谢　metabolism　11.001

新霉素　neomycin　12.439

新霉素磷酸转移酶　neomycin phosphotransferase, NPT　03.296

新内啡肽　neoendorphin　02.093

新乳糖系列　neolacto-series　06.023

*新生 RNA　nascent RNA　05.089

新生链转录分析　nascent chain transcription analysis　12.723

新生肽　nascent peptide　02.074

*信号斑　signal patch　09.025

信号发散　signal divergence　09.019

信号放大　signal amplification　09.017

信号会聚　signal convergence　09.018

信号锚定序列　signal-anchor sequence　09.022

信号识别颗粒　signal recognition particle, SRP　09.016

*信号识别颗粒受体　signal recognition particle receptor, SRP receptor　02.503

信号素　alarmone　10.315

信号肽　signal peptide　02.072

person 01.192

旋光性 optical rotation, optical activity 01.194

旋光异构 optical isomerism 01.193

旋转薄层层析 rotating thin-layer chromatography 12.210

*旋转异构酶 rotamase 03.575

旋转蒸发器 rotary evaporator 12.046

漩涡振荡器 vortex 12.039

选凝素 selectin 06.315

选择培养基 selective medium 12.876

选择通透膜 permselective membrane 12.026

选择性标志 selectable marker, selective marker 12.712

*选择性剪接 alternative splicing 05.178

*选择性剪接 mRNA alternatively spliced mRNA 05.179

血卟啉 hemoporphyrin 11.321

血管活性肠收缩肽 vasoactive intestinal contractor, VIC 10.254

血管活性肠肽 vasoactive intestinal peptide, VIP 10.255

血管活性肽 vasoactive peptide 10.256

血管紧张肽 angiotensin, angiotonin 10.261

血管紧张肽Ⅰ angiotensinⅠ 10.262

血管紧张肽Ⅱ angiotensinⅡ 10.263

血管紧张肽原 angiotensinogen 10.260

血管紧张肽原酶 renin 03.461

血管紧张肽Ⅰ转化酶 angiotensinⅠ-converting enzyme, ACE 03.414

血管紧张肽Ⅰ转化酶抑制肽 ancovenin 03.695

血管内皮生长因子 vascular endothelial growth factor, VEGF 10.285

血管生成蛋白 angiogenin 10.259

血管生成因子 angiogenic factor 10.258

血管舒张剂刺激磷酸蛋白 vasodilator-stimulated phospho-protein 02.709

血管舒张肽 vasodilatin 10.257

血管细胞黏附分子 vascular cell adhesion molecule,

VCAM 10.284

血红蛋白 hemoglobin, haemoglobin, Hb 02.339

血红素 heme 11.310

血红素蛋白质 hemoprotein 02.340

血红素黄素蛋白 hemoflavoprotein 02.341

*血浆凝固酶 coagulase 03.609

血浆凝血激酶 plasma thromboplastin component, PTC 03.424

血浆型激肽释放酶 plasma kallikrein 03.432

血蓝蛋白 hemocyanin, haemocyanin 02.358

血凝素 hemagglutinin, HA 06.321

*血清类黏蛋白 orosomucoid 06.267

*血清铺展因子 vitronectin 02.366

血清胸腺因子 serum thymic factor 10.268

血色蛋白 hemochromoprotein 02.333

血色素结合蛋白 hemopexin 02.334

血栓收缩蛋白 thrombosthenin 02.322

*血栓烷 thromboxane, TX 10.291

血糖稳态 glucose homeostasis 06.057

血铁黄素蛋白 hemosiderin 02.342

血纤蛋白 fibrin 02.305

血纤蛋白原 fibrinogen, profibrin 02.304

血纤肽 fibrinopeptide 02.168

β血小板球蛋白 β-thromboglobulin, β-TG 02.323

血小板生成素 thrombopoietin, TPO 10.278

血小板应答蛋白 thrombospondin 02.324

血小板[源性]生长因子 platelet-derived growth factor, PDGF 10.266

血型糖蛋白 glycophorin 06.259

血型物质 blood group substance 06.032

血影蛋白 spectrin 02.361

血影细胞 ghost 08.074

*寻靶作用 targeting 12.784

循环光合磷酸化 cyclic photophosphorylation 11.302

*鲟精蛋白 sturin 02.133

鲟精肽 sturin 02.133

覃环十肽 antamanide 02.158

# Y

压抑 quelling 04.178

芽孢杆菌 RNA 酶 barnase 03.503

亚氨基酸 imino acid 02.049

亚基 subunit 01.179

亚基缔合 subunit association 01.226

亚基交换层析 subunit-exchange chromatography 12.233

亚家族 subfamily 01.182

液泡质子 ATP 酶　vacuolar proton ATPase　03.496

液体闪烁计数仪　liquid scintillation counter　12.855

液相层析　liquid chromatography, LC　12.191

液液层析　liquid-liquid chromatography, LLC　12.198

液液分配层析　liquid-liquid partition chromatography　12.201

一级结构　primary structure　01.054

一碳代谢　one carbon metabolism　11.086

一碳单位　one carbon unit　11.085

一氧化氮　nitric oxide, NO　11.188

一氧化氮合酶　nitric oxide synthase, NOS　03.147

衣壳蛋白　capsid protein　02.652

RNA 衣壳化　RNA encapsidation　04.163

*依钙结合蛋白　calpactin　02.666

依赖 cAMP 的蛋白激酶　cyclic AMP-dependent protein kinase, cAMP-dependent protein kinase　03.284

依赖 cGMP 的蛋白激酶　cGMP-dependent protein kinase, PKG　03.282

依赖 ATP 的蛋白酶　ATP-dependent protease　03.439

依赖 Ca²⁺/钙调蛋白的蛋白激酶　Ca²⁺/calmodulin-dependent protein kinase　03.280

依赖双链 RNA 的蛋白激酶　double-stranded RNA-dependent protein kinase, PKR　03.286

依赖 ρ 因子的终止　ρ-dependent termination　05.124

依赖于 Ras 的蛋白激酶　Ras-dependent protein kinase　03.300

*依赖于 DNA 的 DNA 聚合酶　DNA-dependent DNA polymerase　03.253

*依赖于 DNA 的 RNA 聚合酶　DNA-dependent RNA polymerase　03.256

*依赖于 RNA 的 DNA 聚合酶　RNA-directed DNA polymerase　03.254

*依赖于 RNA 的 RNA 聚合酶　RNA-dependent RNA polymerase　03.257

依赖于泛素的蛋白酶解　ubiquitin-dependent proteolysis　03.667

贻贝抗菌肽　myticin　02.149

贻贝抗真菌肽　mytimycin　02.150

贻贝杀菌肽　mytilin　02.151

胰蛋白酶　trypsin　03.420

α₁ 胰蛋白酶抑制剂　α₁-antitrypsin　03.706

胰蛋白酶原　trypsinogen　03.678

胰岛素　insulin　10.163

胰岛素受体底物　insulin receptor substrate, IRS　10.246

胰岛素受体底物 1　insulin receptor substrate-1, IRS-1　09.033

*胰岛素调理素　insulinotropin　10.164

胰多肽　pancreatic polypeptide, PP　10.169

胰高血糖素　glucagon　10.168

*胰高血糖素样肽　glucagon-like peptide　10.148

胰激肽　kallidin　10.180

胰激肽原　kallidinogen　10.165

胰凝乳蛋白酶　chymotrypsin　03.419

胰凝乳蛋白酶抑制剂　antichymotrypsin　03.700

α₁ 胰凝乳蛋白酶抑制剂　α₁-antichymotrypsin　03.701

胰凝乳蛋白酶原　chymotrypsinogen　03.671

胰弹性蛋白酶　pancreatic elastase　03.436

胰抑释素　pancreastatin　10.166

*胰抑肽　pancreastatin　10.166

*胰脂肪酶　steapsin, steapsase　03.312

移动界面电泳　moving boundary electrophoresis　12.092

*移动区带电泳　moving zone electrophoresis　12.092

移动性蛋白质　movement protein　02.234

移动抑制因子　migration inhibition factor, MIF　10.232

移动增强因子　migration enhancement factor, MEF　10.231

移框阻抑　frameshift suppression　05.267

移码　frameshift　05.242

移码突变　frameshift mutation　05.243

*遗传标记　genetic marker　12.711

遗传标志　genetic marker　12.711

遗传霉素　geneticin　12.437

*遗传切换　genetic switch　05.063

*遗传图谱　genetic map　05.066

遗传修饰生物体　genetically modified organism, GMO　12.696

乙醇酸　glycollic acid　11.201

乙底酚　diethylstilbestrol, DES　10.051

乙二胺四乙酸　ethylenediaminetetraacetic acid, EDTA　12.423

乙二醇双(2-氨基乙醚)四乙酸　ethylene glycol bis(2-aminoethyl ether)tetraacetic acid, EGTA　12.424

N-乙基马来酰亚胺　N-ethylmaleimide, NEM　08.115

乙醛酸　glyoxylic acid　11.194

乙醛酸循环　glyoxylate cycle　11.122

乙醛酸循环体　glyoxysome　11.124

乙醛酸支路　glyoxylate shunt　11.123

乙炔睾酮　aethisteron　10.050

乙炔酸　acetylenic acid　07.038

乙酸甘油酯　acetin　07.094

乙酸纤维素薄膜电泳　cellulose acetate film electrophoresis　12.121

乙酸纤维素膜　acetyl cellulose membrane, cellulose acetate membrane　12.261

乙烯　ethylene　10.331

*N-乙酰氨基半乳糖　N-acetylgalactosamine, GalNAc　06.112

*N-乙酰氨基葡糖　N-acetylglucosamine, GlcNAc　06.111

乙酰胺酶　acetamidase　03.478

N-乙酰半乳糖胺　N-acetylgalactosamine, GalNAc　06.112

N-乙酰胞壁酸　N-acetylmuramic acid　06.148

N-乙酰胞壁酰五肽　N-acetylmuramyl pentapeptide　06.274

乙酰胆碱酯酶　acetylcholinesterase　03.315

乙酰辅酶 A　acetyl-CoA　11.059

*乙酰辅酶 A C-酰基转移酶　acetyl-CoA C-acyltransferase　03.595

乙酰谷氨酸合成酶　acetylglutamate synthetase　03.195

乙酰化　acetylation　11.058

乙酰化值　acetylation number　07.021

N-乙酰葡糖胺　N-acetylglucosamine, GlcNAc　06.111

乙酰葡糖胺糖苷酶　acetylglucosaminidase　03.397

N-乙酰葡糖胺转移酶　N-acetylglucosaminyl transferase　03.208

N-乙酰乳糖胺　N-acetyllactosamine　06.163

N-乙酰神经氨酸　N-acetylneuraminic acid　06.144

乙酰乙酸　acetoacetic acid　11.145

椅型构象　chair conformation　06.017

异丙基硫代-β-D-半乳糖苷　isopropylthio-β-D-galactoside, IPTG　12.428

异常剪接　aberrant splicing　05.180

异常脂蛋白血症　dyslipoproteinemia　07.237

异促效应　heterotropic effect　01.109

异淀粉酶　isoamylase　03.400

异构化　isomerization　01.202

异构酶　isomerase　03.570

异构体　isomer　01.205

异构现象　isomerism　01.201

*异红细胞系列糖鞘脂　isoglobo-series　06.026

异化[作用]　dissimilation　11.008

异黄酮　isoflavone　11.229

异亮氨酸　isoleucine, Ile　02.036

*8-异亮氨酸催产素　mesotocin　10.111

异硫氰酸苯酯　phenylisothiocyanate, PITC　12.429

异硫氰酸荧光素　fluorescein isothiocyanate, FITC　12.425

异柠檬酸　isocitric acid　11.114

异球系列　isoglobo-series　06.026

异锁链素　isodesmosine　02.083

异肽键　isopeptide bond　02.056

异头物　anomer　06.030

异位表达　ectopic expression　05.008

异戊二烯　isoprene　10.389

异戊二烯化　isoprenylation, prenylation　10.391

异戊烯二磷酸 △³-△² 异构酶　isopentenyl-diphosphate △³-△²-isomerase　03.582

异戊烯焦磷酸　isopentenyl pyrophosphate, IPP　11.156

异形 DNA　anisomorphic DNA　04.363

异源翻译系统　heterologous translational system　12.708

异源基因　heterologous gene　04.482

异源双链　heteroduplex　12.692

异源双链分析　heteroduplex analysis　12.694

异株泻根毒蛋白　bryodin　02.811

抑癌蛋白 M　oncostatin M　10.247

抑癌基因　antioncogene, tumor suppressor gene, cancer suppressor gene　04.524

抑蛋白酶多肽　aprotinin, trasylol　03.704

抑瘤蛋白　tumstatin　02.734

抑素　chalone　10.093

抑胃素　gastrone　10.153

抑咽侧体神经肽　allatostatin　10.288

抑酯酶素　esterastin　03.713

抑制　inhibition　01.116

*抑制蛋白　arrestin　02.462

NFκB 抑制蛋白　inhibitor-κ binding protein　09.068

*抑制基因　inhibiting gene　05.282

抑制结构域　inhibition domain　03.027

抑制素　inhibin　10.086

抑制性细胞表面受体　inhibitory cell surface receptor　09.032

译码　decoding　05.220

*易错 PCR　error-prone PCR　12.315

易错聚合酶链反应　error-prone PCR　12.315

· 510 ·

易化扩散　facilitated diffusion　08.124

易位　translocation　01.233

易位蛋白质　translocator, translocation protein　02.229

＊益己素　allomone　10.318

＊益它素　kairomone　10.317

ρ因子　ρ-factor　05.123

阴离子交换层析　anion exchange chromatography　12.225

＊阴离子交换剂　anion exchanger　12.246

阴离子交换树脂　anion exchange resin　12.248

阴性对照　negative control　01.118

银环蛇毒素　bungarotoxin　02.773

银染　silver staining　12.595

引发　priming　04.450

引发酶　primase　03.265

＊DNA引发酶　DNA primase　03.265

引发体　primosome　04.451

引发体前体　preprimosome　04.452

引物　primer　01.175

＊引物步查　primer walking　12.489

引物步移　primer walking　12.489

引物修补　primer repair　12.502

引物延伸　primer extension　12.501

吲哚甘油磷酸合酶　indole glycerol phosphate synthase　03.543

＊吲哚乙酸　indole-3-acetic acid, IAA　10.329

吲哚-3-乙酸　indole-3-acetic acid, IAA　10.329

隐蔽剪接位点　cryptic splice site　05.183

隐蔽卫星DNA　cryptic satellite DNA　04.382

隐防御肽　cryptdin　02.146

印迹　blotting　12.263

DNA印迹法　Southern blotting　12.268

＊Farwestern印迹法　Farwestern blotting　12.278

＊Northern印迹法　Northern blotting　12.269

RNA印迹法　Northern blotting　12.269

＊Southern印迹法　Southern blotting　12.268

＊Western印迹法　Western blotting　12.274

印迹膜　blotting membrane　12.280

茚三酮反应　ninhydrin reaction　12.460

樱草糖　primeverose　06.130

荧光法DNA测序　fluorescence-based DNA sequencing　12.492

荧光分光光度法　fluorospectrophotometry　12.350

荧光分光光度计　fluorescence spectrophotometer, spec-

trofluorometer, spectroflurimeter　12.342

荧光分析　fluorescence analysis　12.405

荧光光谱　fluorescence spectrum　12.406

荧光激活细胞分选仪　fluorescence-activated cell sorter, FACS　12.407

荧光计　fluorometer, fluorimeter　12.341

荧光显影　fluorography　12.409

荧光原位杂交　fluorescence *in situ* hybridization, FISH　12.298

萤光素酶　luciferase　03.146

营养缺陷型　auxotroph　12.605

＊影印培养　replica plating　12.877

应答元件　response element, responsive element　01.178

cAMP应答元件结合蛋白质　cAMP response element binding protein, CREB protein　02.311

应激蛋白质　stress protein　02.233

应激激素　stress hormone　10.320

应乐果甜蛋白　monellin　02.727

硬蛋白　scleroprotein　02.644

硬脂酸　stearic acid　07.053

硬脂酸甘油酯　stearin, tristearin　07.103

硬脂酰Δ⁹脱饱和酶　stearoyl Δ$^9$-desaturase　03.156

泳道　lane, track　12.080

优球蛋白　euglobulin　02.262

优势选择标志　dominant selectable marker　12.811

由内向外调节　inside-out regulation　09.012

由内向外信号传送　inside-out signaling　09.011

油酸　oleic acid　07.055

油酸甘油酯　olein, triolein　07.100

＊油桐酸　eleostearic acid, aleuritic acid　07.066

＊油酰甘油　olein, triolein　07.100

油质蛋白　oleosin　02.728

柚皮苷　naringin　06.127

＊游离脂肪酸　free fatty acid, FFA　07.025

有氧代谢　aerobic metabolism　11.014

有氧呼吸　aerobic respiration　11.015

有氧糖酵解　aerobic glycolysis　11.092

有义密码子　sense codon　05.236

右旋糖　dextrose　06.082

右旋糖酐　dextran　06.189

右旋异构体　dextroisomer　01.208

诱导酶　inducible enzyme　03.049

诱导契合学说　induced fit theory　03.014

诱导型表达　inducible expression　05.010

诱导型启动子　inducible promoter　05.107
诱饵受体　decoy receptor　09.040
鱼精蛋白　protamine　02.598
鱼鳞硬蛋白　ichthylepidin　02.606
鱼卵磷蛋白　ichthulin　02.718
雨滨蛙肽　litorin　02.124
雨蛙肽　caerulin　02.122
玉米醇溶蛋白　zein　02.627
玉米黄质二葡糖苷　zea xanthin diglucoside　06.166
玉米素　zeatin　10.328
*玉米因子　maize factor　10.328
芋螺毒素　conotoxin　02.138
预电泳　pre-electrophoresis　12.090
*预引发复合体　prepriming complex　04.452
预杂交　prehybridization　12.286
域　domain　01.080
SH2 域　Src homology 2 domain, SH2 domain　09.075
SH3 域　Src homology 3 domain, SH3 domain　09.076
愈伤激素　wound hormone　10.339
愈伤葡聚糖合成酶　callose synthetase　03.211
愈伤葡萄糖　callose　06.190
愈伤酸　traumatic acid　10.338
元件　element　04.336
*ARS 元件　ARS element　04.465
*Ty* 元件　Ty element　05.018
*原癌基因　proto-oncogene　04.522
原卟啉　protoporphyrin　11.320
原代培养　primary culture　12.871
原肌球蛋白　tropomyosin　02.469
原肌球蛋白调节蛋白　tropomodulin　02.470
原基因　protogene　04.478
原胶原　tropocollagen　02.633

原聚体　protomer　02.210
原始生物化学　protobiochemistry　01.003
*原噬菌体　prophage　12.834
原弹性蛋白　tropoelastin, proelastin　02.641
*原位 PCR　*in situ* PCR　12.316
原位合成　*in situ* synthesis　12.534
原位聚合酶链反应　*in situ* PCR　12.316
原位杂交　*in situ* hybridization　12.287
原纤蛋白　fibrillin　02.637
圆二色性　circular dichroism, CD　12.365
圆形纸层析　circular paper chromatography　12.205
援木蛙肽　hylambatin　02.136
源株　ortet　12.882
远侧序列　distal sequence　04.230
远距[离]分泌　telecrine　10.312
月桂酸　lauric acid　07.044
月桂酸甘油酯　laurin　07.099
匀浆器　homogenizer　12.035
允许细胞　permissive cell　12.885
孕二醇　pregnanediol　10.046
孕固烷　pregnane　10.045
孕激素　progestogen, gestagen　10.044
孕酮　progesterone　10.049
孕烷二酮　pregnanedione　10.047
孕烯醇酮　pregnenolone　10.048
运货受体　cargo receptor　09.035
运皮质激素蛋白　transcortin　02.429
RNA 运输　RNA trafficking　04.173
运铁蛋白　transferrin, iron binding globulin　02.416
运行缓冲液　running buffer　12.081
运载 DNA　carrier DNA　04.355
[运]载体　carrier　12.813

# Z

杂多糖　heteropolysaccharide　06.206
杂合启动子　hybrid promoter　12.699
杂合体　hybrid　01.167
杂交　hybridization　12.284
DNA 杂交　DNA hybridization　04.402
杂交测序　sequencing by hybridization, SBH　12.494
杂交分子　hybrid molecule　04.259
杂交核酸　hybrid nucleic acid　04.258
杂交探针　hybridization probe　12.568

杂交体　hybrid　01.168
杂交严格性　hybridization stringency　12.299
*甾类化合物　steroid　07.160
载芳基蛋白　arylphorin　02.688
载肌动蛋白　actophorin　02.686
*载糖蛋白　glycophorin　06.259
载体　vector　12.812
T 载体　T-vector　12.824
载体共沉淀　carrier coprecipitation　12.516

载体小件　vectorette　12.825

载唾液酸蛋白　sialophorin　06.265

＊载涎蛋白　sialophorin　06.265

载脂蛋白　apolipoprotein, Apo　02.683

藻胆［蛋白］体　phycobilisome　02.359

藻红蛋白　phycoerythrin　02.355

藻蓝蛋白　phycocyanin　02.356

皂草毒蛋白　saporin　02.812

皂化值　saponification number　07.019

皂化作用　saponification　07.018

造血生长因子　hematopoietic growth factor, hemopoietic growth factor　10.203

造血细胞因子　hematopoietic cytokine, hemopoietic cytokine　10.202

增感屏　intensifying screen　12.853

增强体　enhancesome, enhancosome　05.116

增强元　enhanson　05.115

增强子　enhancer　05.113

增强子捕获　enhancer trapping　12.636

增强子元件　enhancer element　05.114

增色效应　hyperchromic effect　04.302

增殖蛋白　proliferin　02.362

增殖细胞核抗原　proliferating cell nuclear antigen, PCNA　02.363

＊窄沟　narrow groove　04.204

张力蛋白　tensin　02.439

章胺　octopamine　11.236

＊章鱼氨酸　octopine　11.259

章鱼碱　octopine　11.259

章鱼碱合酶　octopine synthase, OS　03.102

樟脑　camphor　07.186

兆核酸酶　meganuclease　03.630

兆碱基　megabase, Mb　04.010

＊兆碱基大范围限制性核酸内切酶接头　megalinker　04.264

兆碱基接头　megalinker　04.264

折叠　folding　01.088

RNA 折叠　RNA folding　04.164

β［折叠］链　β-strand, beta strand　02.190

折叠酶　foldase　03.623

折叠模式　fold　02.205

折回 DNA　fold-back DNA　04.369

赭石密码子　ochre codon　05.229

赭石突变　ochre mutation　05.275

赭石突变体　ochre mutant　05.276

赭石阻抑　ochre suppression　05.277

赭石阻抑基因　ochre suppressor　05.278

＊赭石阻抑因子　ochre suppressor　05.278

蔗糖　sucrose　06.151

蔗糖酶　sucrase　03.396

针形蛋白　aciculin　02.440

真核起始因子　eukaryotic initiation factor, eIF　05.258

真核载体　eukaryotic vector　12.823

真空转移　vacuum transfer　12.125

阵列　array　12.646

整合蛋白质　integral protein　02.660

整合酶　integrase　03.626

整联蛋白　integrin　02.489

正比计数器　proportional counter　12.404

正超螺旋　positive supercoil　04.207

正超螺旋 DNA　positively supercoiled DNA　04.213

正超螺旋化　positive supercoiling　04.209

正反馈　positive feedback　11.033

正亮氨酸　norleucine　02.038

正调节　positive regulation　01.125

正调物　positive regulator　01.137

正五聚蛋白　pentraxin　02.575

正相层析　normal-phase chromatography　12.192

正向突变　forward mutation　12.773

正向引物　forward primer　12.499

正效应物　positive effector　01.106

正缬氨酸　norvaline　02.014

支链氨基酸　branched chain amino acid　02.004

支链淀粉　amylopectin　06.209

脂沉积症　lipoidosis, lipid storage disease　07.240

脂单层　lipid monolayer　08.008

脂蛋白　lipoprotein　02.682

脂蛋白脂肪酶　lipoprotein lipase　03.320

脂多态性　lipid polymorphism　08.017

脂多糖　lipopolysaccharide, LPS　06.280

＊脂筏　membrane raft　07.184

＊脂肪动员激素　lipotrophin, lipotropin, lipotropic hormone, LPH　10.096

脂肪酶　lipase　03.328

脂肪生成　lipogenesis　11.134

脂肪酸　fatty acid　07.024

脂肪酸合酶　fatty acid synthase　03.202

脂肪酸结合蛋白质　fatty acid-binding protein　02.235

转化生长因子　transforming growth factor, TGF　10.279

转化生长因子-β　transforming growth factor-β　10.280

转化体　transformant　12.795

＊转化子　transformant　12.795

转换　transition　04.334

＊转换数　turnover number　03.011

转基因　transgene　12.808

转基因生物　transgenic organism　12.810

转基因学　transgenics　01.028

转基因组　transgenome　01.040

转基因作用　transgenesis　12.809

＊转甲基酶　transmethylase　03.177

β转角　β-turn, β-bend, reverse turn　02.189

转硫酸基作用　transsulfation　11.083

转录　transcription　05.081

转录保真性　transcription fidelity　05.161

转录单位　transcription unit　05.167

转录复合体　transcription complex　05.158

转录后成熟　post-transcriptional maturation　05.169

转录后加工　post-transcriptional processing　05.170

转录机器　transcription machinery　05.163

转录激活　transcription activation　05.156

转录激活因子　activating transcription factor, ATF　05.087

转录间隔区　transcribed spacer　05.154

转录酶　transcriptase　03.256

＊RNA转录酶　RNA transcriptase　03.257

转录泡　transcription bubble　05.157

转录起始　transcription initiation　05.162

转录起始因子　transcription initiation factor　05.074

转录调节　transcription regulation, transcriptional regulation　05.165

转录停滞　transcriptional arrest　05.168

转录物　transcript　05.088

转录物组　transcriptome　01.041

转录物组学　transcriptomics　01.036

转录延伸　transcription elongation　05.159

转录因子　transcription factor　05.160

转录暂停　transcription pausing　05.164

转录终止　transcription termination　05.128

转录终止因子　transcription termination factor　05.129

转录阻遏　transcription repression　05.166

转羟基作用　transhydroxylation　11.080

＊转羟甲基酶　transhydroxylmethylase　03.186

＊转羟乙醛基酶　glycolaldehyetransferase　03.192

转氢酶　transhydrogenase　03.106

转醛醇酶　transaldolase　03.193

转染　transfection　12.796

DNA转染　DNA transfection　12.803

RNA转染　RNA transfection　12.802

转染率　transfection efficiency　12.797

转染子　transfectant　12.798

＊转羧基酶　transcarboxylase　03.189

转肽基作用　transpeptidylation　11.082

＊转肽酰酶　transpeptidylase　03.204

＊转糖基酶　transglycosylase　03.207

转糖基作用　transglycosylation　11.081

转酮酶　transketolase　03.192

＊转酰基酶　transacylase　03.194

转酰基作用　transacylation　11.062

转亚氨基作用　transimidation　11.073

转移DNA　transfer DNA, T-DNA　12.792

＊转移RNA　transfer ribonucleic acid, transfer RNA, tRNA　04.130

转移核糖核酸　transfer ribonucleic acid, transfer RNA, tRNA　04.130

转移酶　transferase　03.175

转移-信使RNA　transfer-messenger RNA, tmRNA　04.142

转移因子　transfer factor, TF　10.322

转乙酰基作用　transacetylation　11.061

转运　transport　01.148

RNA转运　RNA transport　04.174

转运蛋白　transport protein　08.083

转运肽　transit peptide　02.073

转运体　transporter　08.082

转酯基作用　transesterification　11.079

＊转轴酶　swivelase　03.589

转座　transposition　05.013

转座蛋白质　transposition protein　02.230

转座酶　transposase　03.663

转座元件　transposable element　05.014

转座子　transposon, Tn　05.015

桩蛋白　paxillin　02.327

装配　assembly　01.224

壮观霉素　spectinomycin　12.440

锥虫蓝　trypan blue　12.433

缀合蛋白质　conjugated protein　02.223